现代数学译丛 7

有向图的理论、算法及其应用

〔丹〕J. 邦詹森　〔英〕G. 古廷　著

姚　兵　张忠辅　译

科 学 出 版 社

北　京

图字: 01-2007-3537 号

内 容 简 介

本书作者从近 30 年关于有向图理论研究的数千篇论文中精选了具有理论意义、重要算法及其实际应用的结果, 涵盖了有向图理论中从最基本到较为高深的重要专题. 主要内容有: 有向图的基本知识和理论、连通性、图的定向、网络流、哈密尔顿性的深入研究、有向图的路和圈、子模流、竞赛图的推广以及有向图的推广、Menger 定理和 NP 完全问题等. 书中介绍了有向图研究中数十个未解决的问题和猜想, 尽可能为读者在主要方向上提供最新的研究成果. 对于计算机科学领域的学者来说, 书中的大量算法以及实际应用的例子提供了难得的帮助. 此外, 配备了练习题 700 多道、方便查询的参考文献 762 篇, 以及记号和术语索引等.

本书适合数学及应用数学、离散数学、运筹学、计算机科学等专业的本科生、研究生、教师及研究人员阅读, 也可供人工智能、社会科学以及工程技术人员参考.

图书在版编目(CIP)数据

有向图的理论、算法及其应用/(丹)J. 邦詹森, (英)G. 古廷著; 姚兵, 张忠辅译. —北京: 科学出版社, 2009
(现代数学译丛; 7)

ISBN 978-7-03-022804-8

I. 有… II. ① 邦… ② 古… ③ 姚… ④ 张… III. 有向图 IV. O157. 5

中国版本图书馆 CIP 数据核字(2008) 第 124261 号

责任编辑: 赵彦超 / 责任校对: 刘小梅
责任印制: 徐晓晨 / 封面设计: 王 浩

科 学 出 版 社 出版
北京东黄城根北街 16 号
邮政编码: 100717
http://www.sciencep.com

北京凌奇印刷有限责任公司 印刷
科学出版社发行 各地新华书店经销
*
2009 年 1 月第 一 版 开本: B5(720×1000)
2020 年 5 月第四次印刷 印张: 42 3/4
字数: 835 000

POD定价: 198.00元
(如有印装质量问题, 我社负责调换)

前　言

图论是离散数学中普及最广的学科之一, 不仅是由于它自身理论的迅速发展, 而且是因为它在实际中有着大量的重要应用. 近几十年来的许多深刻的理论结果也导致了图论学科的快速成长. 然而, 作为一个研究领域, 图论仍然还是一门相对年轻的学科.

图的理论可以分为无向图理论和有向图理论两大分支. 虽然这两大理论分支有着大量且重要的应用, 但由于诸多的原因, 无向图比有向图得到更为广泛的研究. 首先因为无向图在一定程度上是有向图的一个特殊类 (对称有向图), 所以, 凡能够表述为无向图和有向图的问题通常用有向图的方法解决较为容易; 另一个原因是, 不像无向图的情形, 除了几本重要的书包含两类图的传统和近期的结果, 近 25 年来没有一本专门介绍关于有向图研究的完整结果的著作. 在一般的教科书中, 大多数作者用一章来讲述有向图, 或者只有少量的有向图基本知识与结论.

尽管如此, 在近 30 年中, 有向图理论还是得到了长足的发展. 超过 3000 篇的研究论文不仅涵盖了具有理论意义的结果, 而且包括了重要的算法及其应用. 为了实际的需要, 本书概括了有向图的基本知识, 并从深层次的角度介绍了理论和算法这两个方面的研究成果及应用.

本书竭力为专题研究填补文献与实用手册间的沟壑. 书中的基本内容是针对具有大学数学基础知识的读者, 然后在几个研究领域 (包括连通性、图的定向、子模流、有向图的路和圈、竞赛图的推广以及有向图的推广等) 的主要方向上逐步到达最新的研究成果. 我们为本书配备了超过 700 道练习题、大量应用以及适宜讨论的专题. 对于我们所期望的不同群体的读者 (研究生、本科生、离散数学研究者、计算机科学中各个领域的研究者、运筹学研究、人工智能、社会科学以及工程技术人员等) 来说, 书中所有的专题不可能对全体读者均有同等的意义. 然而, 我们相信, 每位读者都能从这本书里找到吸引自己的有趣专题.

显然, 本书不可能是关于有向图的百科全书, 但是, 我们尽可能地提供了许多有意义的结论. 书中数量众多的证明和技巧为读者详细地说明了有向图理论和算法中所使用的各种各样的方法和手段.

强调算法是本书最主要的特色之一, 而这一点却在一些图论书中被遗憾地省略. 首先, 算法常常在不少领域的研究中扮演着重要的角色, 尤其是在计算机科学和数值计算的研究中. 其次, (有向) 图的许多问题本身就是算法问题, 因此我们尽可能给出许多结论的构造性证明. 利用这些构造性证明, 读者就可以从所研究的问题中提取一些有效的算法. 虽然本书描述了许多算法, 但鉴于篇幅限制, 我们没有提供全部必需的细节以使得读者能够正确地运用这些算法. 这属于计算科学的范畴 (常常是极为不平凡的工作), 建议读者去阅读数据结构方面的书籍.

本书的另一个重要的特色是精选了数量可观的练习题, 它们不仅可以帮助读者理解, 而且可以使读者能够通过大量的材料吃透书中所介绍的内容. 尝试解决这些习题 (绝大部分是在本书中第一次出现) 将有助于读者掌握所学的专题以及主要的研究技巧.

通过从易到难的广泛而不间断地学习和训练, 对于一些专门的问题, 如 (有向) 图论、组合优化和图算法, 读者将会发现本书的作用. 此外, 本书也可以应用于某些热门课题, 如流、圈和连通性等. 书中含有大量的解说, 以帮助读者读懂不易理解的概念和深奥的证明.

出于使这本书成为一个便捷的研究参考书或大学教科书的考虑, 我们增添了综合性的记号和术语索引. 可以确信, 详细的术语索引能够帮助读者找到所需要的对象而不必通读整个章节. 特别地, 书后的索引列出了许多关于公开问题和猜想的条目. 本书所讨论的每一类有向图均拥有自己的条目, 即在讨论这类图的主要页上. 作为次条目, 例如证明技巧条目, 我们编制了不同证明技巧的索引, 并标注出这些技巧所在的页码.

本书涵盖了有向图的从相当基本到较为高深范围的主要且重要的专题. 根据我们的经验, 这本书在今后的几十年内将有助于教学和参考文献搜索. 我们在下面通过叙述一些重要的内容给出本书的轮廓, 需要详细信息的读者可以参见目录或书后的术语索引.

第 1 章包括了本书所使用的大部分术语、记号以及一些基本结论, 它们不仅在其他章节中被频繁地使用, 而且被用作解释有向图的概念. 进而, 我们还将介绍几个基于这些结论的有向图的应用, 并在本章的末尾处给出一个具体的应用. 关于算法及其复杂性的基本概念也在这一章里一并介绍. 依据综合性术语和记号索引, 读者不必读完整个第 1 章后才进入其他章节的阅读与学习.

第 2 章和第 3 章讨论距离和网络中的流. 尽管这两个专题的概念是最基本的, 然而, 有向图中距离以及网络流的理论和算法特征却是相当重要的, 因为它们对有向图的其他理论问题和大量实际问题有着高度的可应用性, 尤其是作为强有力的模型工具.

关于距离, 我们首先介绍赋权和未赋权有向图中最短路问题以及几个传统算法. 第 2 章的主要内容是有向图中距离参数的最小化和最大化. 我们将用下列问题结束这一章：单行道问题、闲话问题、指数邻集局部搜索, 并介绍一个关于组合优化问题寻找近似优化解的方法.

第 3 章给出有关网络流的基本内容以及高级专题, 介绍几个可适用于最大流问题、可行流和循环、网络中的最小费用流以及流应用的算法. 同时, 介绍关于线性规划初对偶算法, 并将其应用到运输问题中. 虽然也有关于流的综合性书籍, 我们坚信短小而极为详细的专题将给读者传授大量的有效知识. 掌握了这一章中所介绍的技巧, 读者就具备了解决一些实际问题的能力.

第 4 章的内容涉及几类重要的有向图. 例如, 线有向图、de Bruijn 有向图、Kautz 有向图、系列平行有向图、竞赛图的推广以及平面有向图等. 我们将专注于这几类图的特征、识别以及分解, 它们的许多性质将在本书的其余章节中加以详细地研究.

第 5 章介绍有向图的哈密尔顿路和哈密尔顿圈存在性的大量结果, 给出了支撑路和圈组的存在性特征, 尤其是 Gallai-Millgram 定理以及 Yeo 不可约圈因子定理. 关于哈密尔顿问题, 我们将给出一系列 “收敛” 于哈密尔顿性的必要条件. 本章的许多结论是针对竞赛图的, 读者将会看到几个相当大的图类与竞赛图共同拥有的优美性质. 特别地, 对于这些图中的绝大部分图来说, 哈密尔顿路和哈密尔顿圈问题是多项式可解的. 此外, 本章还要介绍证明哈密尔顿性质的几个方法 (如多重插入技巧等).

第 6 章为读者介绍大量有关哈密尔顿性的有价值的专题, 其中包括具有预先指定端点的哈密尔顿路、泛圈性、竞赛图中哈密尔顿路和哈密尔顿圈的定向以及寻找强有向图中最小规模的强支撑有向子图等. 我们用 Havet 和 Thomassé 得到的个有关哈密尔顿路定向的 Rosenfeld 猜想的证明作为本章的主要内容, 并设计了一个在竞赛图中寻找具有预先指定端点哈密尔顿路的多项式算法. 作为本章的结束, 我们将简要地介绍一个近似算法的新方法 —— 支配分析, 并通过将有向图中哈密尔顿圈的结果应用于旅行售货员问题来说明这一方法.

(有向) 图的连通性是一个非常重要的专题, 这个研究领域包含了大量深刻而优美的结论, 也包括了在一般的数学和图论以及其他研究领域中的应用. 在第 7~9 章中, 我们介绍连通性专题的综合性结论, 这些结论几乎囊括了全连通性、图的定向以及局部连通性的研究.

第 7 章首先介绍耳朵分解和著名的 Menger 定理这些重要而基本的内容, 然后逐步过渡到较高级的研究课题, 例如论证连通性、最小 k (弧) 强有向图的性质、有向图的高连通定向、在有向图中拼装有向割等. 本章将介绍 Mader 和 Lovász 的撕裂技巧, 并运用 Frank 的一个算法解释撕裂技巧的重要作用, 该算法是寻找给有向图 D 添加最小基数的新弧集, 从而产生预先指定数目的弧强连通性. 对于寻找 k (弧) 强连通性的一个小认证问题, 我们将介绍最近由 Cheriyan 和 Thurimella 为 Mader 的结论给出的一个关于最小 k (弧) 强有向图的应用. 这一章的不少证明中所使用的重要技巧向读者表明它们是基于定义在有向图上的度函数的子模性.

第 8 章概括了无向图和混合图定向的重要特征, 其中也包括一些有向图类的底图. 无处零整流是流的一个特殊情形, 讨论无向图 (边) 着色将涉及到 Tutte 的

5 流猜想, 此猜想是图论中未解决的重要问题之一. 本章要介绍保持弧强高度连通定向中著名的 Nash-Williams 定理, 并且用撕裂技巧处理一致弧强连通的弱版本. 子模流形成网络中循环的一个强有力的推广. 这一章将详细介绍子模流, 并解释如何使用这个工具得到图论中许多结果的 (算法) 证明 (包括 Lucchesi-Younger 定理、Nash-Williams 定向定理的一致性版本). 最后, 我们要介绍一个由 Frank 给出的应用, 它是关于定向混合图问题的子模流应用, 从而达到保持预先指定的弧强连通性.

第 9 章处理有向图中 (弧) 不交的路和 (弧) 不交的树问题, 并给出 2 路问题对任意有向图是 $\mathcal{NP}$ 完全的证明, 但对无圈有向图 2 路问题却是多项式可解的. 本章还要讨论平面有向图、欧拉有向图、几类竞赛图推广中的路链接问题, 证明关于弧不交分枝的 Edmonds 定理以及该重要结果的几个应用. 在赋权有向图中寻找最小费用出分枝问题推广了最小支撑树问题, 我们介绍 Frank 为寻找如此出分枝所给出的 Fulkerson 2 阶段贪婪算法的扩张.

第 10 章的结论是关于有向图中 (一般的) 非哈密尔顿圈、圈空间、寻找 "算法" 长度的路和圈的多项式算法、不交圈和反馈集 (包括 Reed, Robertson, Seymour 和 Thomas 解决 Younger 猜想的一个方案)、Markov 链在有向图中圈的应用、偶圈问题 (包括 Thomassen 偶圈定理). 本章也介绍了多部分竞赛图中的最短圈、有向图的围长、圈的弦以及 Ádám 猜想. 在这一章中, 我们尽力为读者展示各种各样的证明技巧, 包括一些代数、算法、组合和概率方法等.

在第 11 章中, 考虑了两种不同的可以推广有向图的方法, 即边着色图和超有向图. 边着色图中的交错 2 边着色图推广了二部分有向图中圈的概念. 一些关于二部分有向图中圈的结果是边着色完全图的特殊情形, 如哈密尔顿二部分竞赛图的特征. 还有几个其他方面的应用, 尤其是使用关于二部分竞赛中哈密尔顿圈的结论证明了 2 边着色完全图的特征是具有一个交错哈密尔顿圈. 本章给出交错哈密尔顿圈在遗传学上的一个应用. Camion, Landall 和 Redéi 把传统的定理推广到超竞赛图中.

第 12 章的专题是没有出现在前面诸章节中的一些重要内容, 即 Seymour 第二邻集猜想在竞赛图情形下的一个初等证明、各种类型的配对比较有向图顶点的序、核、最近由 Galvin 使用有向图核证明的关于列表着色的 Dinitz 猜想, 以及同态 (着色的一个漂亮推广, 是研究介于 $\mathcal{P}$ 问题和 $\mathcal{NP}$ 完全问题边缘的一个有用的工具). 本章介绍拟阵的基本概念和涉及拟阵算法有效性的问题, 并简要地介绍模拟退火算法, 这是一个广泛应用的亚直观探索方法, 运用它能够得到优化问题的近似优化解, 尤其是对有向图. 同时, 我们也简要地讨论如何运行、调整模拟退火算法以产生较好的解.

说明

我们尝试把所有习题按它们的预设难度进行分类. 对于一部分习题, 我们按照难度的增加分别用 (–), (+) 和 (++) 标注. 大部分习题并没有被标注, 这表明它们的难度适中. 标有 (–) 的习题并不需要对主要定义和结论过多的理解, 标有 (+) 的习题则需要不平凡的思路, 或者要付出一定的努力. 只有少量的习题标注为 (++), 需要深刻的思想和艰苦的工作. 实际上, 这种标注是出于我们个人的对于题目难度的评估, 供广大读者参考. 有些习题开始的句子用黑体字是为了引起读者的注意, 我们的用意是指明这些习题包括书中没有详细讨论的重要而有用的结论. 在证明的末尾我们加上记号 "□", 说明再没有进一步的证明要给出或留作习题. 书中少量部分的内容需要线性规划的基础知识, 特别是对偶定理, 还需要少许的概率论知识.

我们将非常感谢对本书的评价和建议, 请用 email 发送到 jbjimada.sdn.dk. 我们为本书的印刷错误和其他信息设立了一个网页:

http://www.imada.sdu.dk/Research/Digraphs

致谢

我们对下列给予本书不同版本手稿提出建议和帮助的同行致以诚挚的感谢: Adrian Bondy, Thomas Böhme, Samvel Darbinyan, Reinhard Diestel, Odile Favaron, Herbert Fleischner, András Frank, Vladimir Gurvich, Frédéric, Havet, Bill Jackson, Hao Li, Martin Loebl, Wolfgang Mader, Crispin Nash-Williams, Jarik Nešetřil, Gert Sabidussi, Paul Seymour, Alexander Schrijver, Stéphan Thomassé, Carsten Thomassen, Bjarne Toft and Ke-Min Zhang.

我们对下列阅读本书并提供有价值的增添内容的同行致以特别的致谢: Noga Alon, Alex Berg, Jens Clausen, Charles Delorme, Yubao Guo, Jing Huang, Alice Hubenko, Tommy Jensen, Tibor Jordán, Thor Johnson, Ilia Krasikov, Gary MacGillivray, Steven Noble, Erich Prisner, Eng Guan Tay, Meike Tewes, Lutz Volkmann and Anders Yeo.

当然, 我们对于书中难免存在的错误负有责任.

十分感谢英国伦敦 Springer-Verlag 出版社, 尤其是 David Anderson, Karen Barker, Beverly Ford, Stephanie Harding, Sally Tickner 以及 Nicolas Wilson 给予我们的帮助和支持. 同时, 也要感谢 Springer 出版社的匿名审稿人对于我们的方案和建议给予的极富帮助的鼓励和反馈意见.

非常感谢南丹麦大学数学与计算机科学系的同事和技术人员给予的鼓励和帮助以及系里给予的财政支持. 特别感谢 Andrew Swann 对于我们的手稿编排格式的帮助. 感谢丹麦国家研究院给予我们的财政支持 (第 9701393 号). 最重要的是感

谢我们的家庭, 尤其是我们的妻子 Lene 和 Irina, 没有她们始终如一的支持, 我们是不可能完成这个项目的.

J. 邦詹森　丹麦欧登塞

G. 古廷　英国伦敦

2000 年 8 月

目 录

第 1 章　基本术语及结论

本书的大部分术语和记号在这一章中介绍, 其中大量的例子、图示和结论将有助于读者更好地理解这些术语和记号. 本章中简单而又重要的结论形成有向图的一组基本定理, 我们使用常规标准的术语和记号. 因此, 读者在快速阅读本章之后就可以学习其他章节, 对于那些不熟悉的术语和记号均可以在所阅读的章节或者从书后的索引里找到.

1.1 节复习集合和矩阵的基本术语和记号. 1.2 节介绍有向图、有向伪图、有向子图、赋权有向伪图、邻集、半度以及其他关于有向图理论的若干基本概念. 1.3 节介绍有向图的同构和有向图之间的运算. 在 1.4 节中, 我们要认识途径、迹、路和圈, 并学习竞赛图和无圈图的一些性质. 强连通、单侧连通的概念和无向图将分别放在 1.5 节和 1.6 节中介绍. 此外, 欧拉有向多重图、具有入 (出) 分支的有向图以及具有强有向性的图也放在 1.6 节中介绍. 1.7 节学习混合图和超图. 1.8 节介绍几类重要的有向图和无向图. 在 1.9 节中给出算法的初步认识. 最后一节的内容是介绍求解 2 可满足性问题的一个应用.

1.1　集合、子集、矩阵和向量

英文花体大写字母 $\mathcal{R}$, $\mathcal{Q}$ 和 $\mathcal{Z}$ 分别表示实数集、有理数集和整数集. 定义正整数集 $\mathcal{Z}_+ = \{z \in \mathcal{Z}:\ z > 0\}$ 和非负整数集 $\mathcal{Z}_0 = \{z \in \mathcal{Z}:\ z \geqslant 0\}$. 类似地, 可定义正实数集 $\mathcal{R}_+$、非负实数集 $\mathcal{R}_0$、正有理数集 $\mathcal{Q}_+$ 和非负有理数集 $\mathcal{Q}_0$. 本节要建立全书要用到的有限集方面的术语和记号, 故而认为读者熟悉集合的基本运算. 对于集合 A 和 B, 它们的**交** (intersection) 记作 $A \cap B$, 它们的**并** (union) 记作 $A \cup B$. 如果 $A \cap B = \varnothing$, 即表示两个集合的交是空集, 则可直接用记号 $A + B$ 取代 $A \cup B$. A 和 B 的**差** (difference) 记为 $A \setminus B$ (本书中常写为 $A - B$). 记号 $A \cap B = \varnothing$ 表示集合 A 和 B 是**不交的** (disjoint). 一般, 我们不区分只有一个元素的集合 $\{x\}$ 和它的元素 x. 例如, 用记号 $A \cup b$ 代替 $A \cup \{b\}$. 定义集合 $X_1, X_2, \cdots, X_p$ 的**笛卡儿积** (Cartesian product) 为

$$X_1 \times X_2 \times \cdots \times X_p = \{(x_1, x_2, \cdots, x_p):\ x_i \in X_i, 1 \leqslant i \leqslant p\}.$$

设有集合 A 和 B, 记号 $A \subseteq B$ 表示 A 是 B 的**子集** (subset), 且 $A \subseteq B$ 表示 $A \subset B$ 或 $A \neq B$. 如果非空集 B 是 A 的**真子集** (proper subset), 则记为 $B \subset A$.

若存在集合 S 的一组子集 $S_1, S_2, \cdots, S_t$, 使对所有的 $1 \leqslant i \neq j \leqslant t$, 有 $S_i \cap S_j = \varnothing$, 我们说这个组是 S 的一个**子划分** (subpartition). 若子划分 $S_1, S_2, \cdots, S_t$ 满足 $S = \bigcup_{i=1}^{t} S_i$, 则称这个子划分是 S 的一个**划分** (partition). 我们常把一组具有某些共同的确定性质的若干个集合叫做**族** (family). 一个族 $\mathcal{F} = \{X_1, X_2, \cdots, X_n\}$ 的元素 (集合) 被另一个集合 S **覆盖** (covering), 是指对于每一个 $i = 1, 2, \cdots, n$, 均有 $S \cap X_i \neq \varnothing$, 故称集合 S 为族 $\mathcal{F}$ 的一个**覆盖** (cover). 设 X 是一个有限集, 它的元素的个数记为 $|X|$. 在本书中, 数值 $|X|$ 也叫做集合 X 的**基数** (cardinality), 集合 X 被称为 $|X|$ 元素集 (或简称为 $|X|$ 集). 具有性质 $\mathcal{P}$ 的集合 S 叫做**最大性质 $\mathcal{P}$ 集** (maximum property $\mathcal{P}$-set), 若不存在具有性质 $\mathcal{P}$ 的集合 S', 使得 $|S'| > |S|$ $(S \subset S')$. 读者可以类比地给出**最小性质 $\mathcal{P}$ 集**的定义.

在本书的个别地方, 我们使用了**多重集** (multiset), 它们不是通常意义下的集合, 即在一个集合里允许某些元素重复 (倍数) 出现. 一个多重集 M 的基数 $|M|$ 等于 M 中全体元素的个数, 其中包括了重复元素的数目①. 以下我们常用 “族” 或 “组” 来取代 “多重集”.

一个 $m \times n$ 阶矩阵 $S = [s_{ij}]$ 的**转置矩阵** (transposed matrix) 是一个 $n \times m$ 阶矩阵 $S^{\mathrm{T}} = [t_{ji}]$, 使对 $i = 1, 2, \cdots, m$ 和 $j = 1, 2, \cdots, n$, 均有 $t_{ji} = s_{ij}$ 成立. 若无特别申明, 这里的向量均是指列向量, 对列向量实施转置运算就可以得到行向量.

1.2　有向图、有向子图、邻集和度数

一个**有向图** (directed graph 或 digraph) D 由非空有限集 $V(D)$ 和 $A(D)$ 构成. $V(D)$ 和 $A(D)$ 分别叫做有向图 D 的**顶点集** (vertex set) 和**弧集** (arc set), 顶点集 $V(D)$ 的每一个元素称为有向图 D 的**顶点** (vertex), $A(D)$ 的每一个元素称为有向图 D 的**弧** (arc). 一个有向图 D 常被简记为 $D = (V, A)$, 其中 V 和 A 分别表示有向图 D 的顶点集和弧集. 有向图 D 的**阶** (order) 是 D 中顶点的数目, D 的阶可以被直接写作 $|D|$; 有向图 D 的**规模** (size) 是 D 中弧的数目. 例如, 图 1.1 中的有向图 D 的阶和规模均为 6, 它的顶点集和弧集分别为 $V(D) = \{u, v, w, x, y, z\}$ 和 $A(D) = \{(u, v), (u, w), (w, u), (z, u), (x, z), (y, z)\}$. 在不会产生混淆的情况下, 用 n 和 m 分别表示一个有向图的阶和规模.

弧 (u, v) 中的第一个顶点 u 叫做它的**尾** (tail), 第二个顶点 v 叫做它的**头** (head). 可以形象地说, 弧 (u, v) 离开尾 u 进入头 v. 一条弧的尾和头也叫做它的**端点** (end-vertices), 即这 2 个端点是**相邻的** (adjacent), 我们常称顶点 u 相邻于顶点

① 如 $M = \{x, d, x, 2, t, 2, 2, 3, y, d, t\}$ 是一个多重集, 其中 x 和 d 均重复出现 2 次, 而数字 2 重复出现 3 次. 这个多重集的基数 $|M| = 11$. —— 译者注

v[①], 或称顶点 v 相邻于顶点 u. 对于一条弧 (u,v), 也称顶点 u **支配** (domination) 顶点 v. 反之, 则称顶点 v 被顶点 u 支配, 记为 $u\to v$. 如果一个顶点 u 是一条弧 (u,v) 的尾或头, 我们称顶点 u 与弧 (u,v) **邻接** (incident), 也称顶点 u 与弧 (u,v) **关联**. 为简便起见, 我们常把弧 (x,y) 简写为 xy.

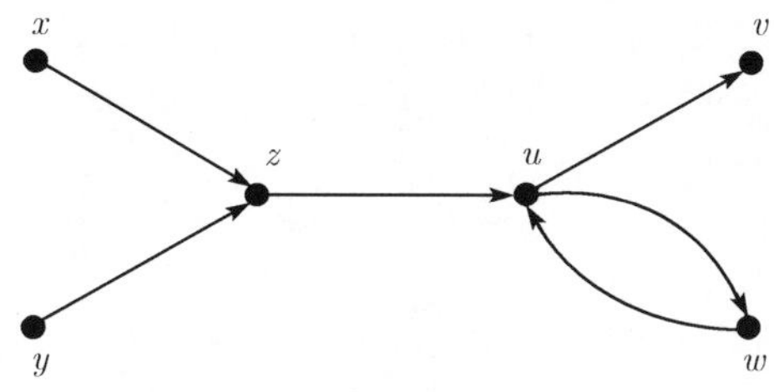

图 1.1　一个有向图 D

设 X 和 Y 是有向图 D 的顶点子集, 定义 $(X,Y)_D=\{xy\in A(D):\ x\in X,\ y\in Y\}$ 为 D 的弧子集, 即弧集合 $(X,Y)_D$ 包含了有向图 D 中全体尾在 X、头在 Y 中的弧. 例如, 对于图 1.2 中的有向图 H, 有 $(\{u,v\},\{w,z\})_H=\{uw\}$, $(\{w,z\},\{u,v\})_H=\{wv\}$ 和 $(\{u,v\},\{u,v\})_H=\{uv,vu\}$.

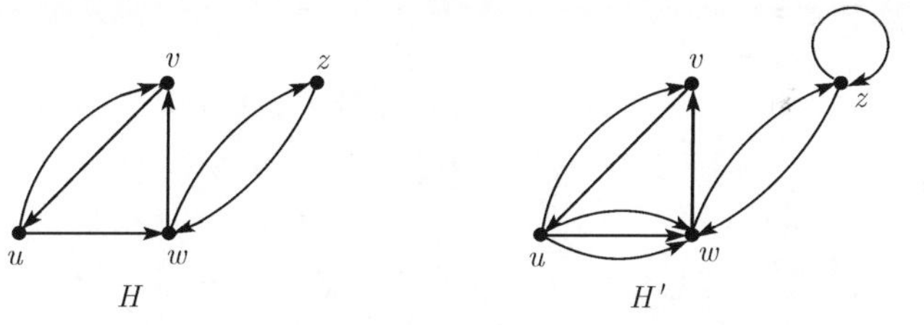

图 1.2　一个有向图 H 和一个有向伪图 H'

对于 $V(D)$ 中不交的顶点子集 X 和 Y, 记号 $X\to Y$ 表示 X 中的每一个顶点支配 Y 中的每一个顶点, 而记号 $X\Rightarrow Y$ 则意味着 $(Y,X)_D=\varnothing$. 记号 $X\mapsto Y$ 表示上述两种情形同时成立. 在图 1.1 中, 易见 $u\to\{v,w\}$, $\{x,y,z\}\Rightarrow\{u,v,w\}$ 以及 $\{x,y\}\mapsto z$.

在有向图的定义中, 我们允许有向图 D 中的数条弧共享一对相同的端点, 例如图 1.2 中的有向图 H 有弧 uv 和弧 vu. 但是, 不允许一对相邻顶点拥有 2 条以上方向相同的弧出现在有向图 D 中, 这些弧也称为**平行弧** (parallel arcs) (或称为**多重弧** (multiple arcs)). 如果一条弧的尾和头是同一个顶点 (头和尾重合), 我们把

① 也有人用 "顶点 x 相邻于顶点 y" 简洁地意指有一条从 x 到 y 的弧, 而不是本书里的先说存在 D 的弧 xy 或 yx.

它叫做**自环** (loop). 具有平行弧和自环的图叫做**有向伪图** (directed pseudograph), 无自环的有向伪图也叫做**有向多重图** (directed multigraph). 在图 1.2 中, 有向伪图 H' 是在有向图 H 中添加一条自环 zz 和 2 条从 u 到 w 的平行弧而得到的. 显然, 在一个有向伪图 D 中, $A(D)$ 和 $(X,Y)_D$ (D 的每一对子集 X 和 Y) 是多重集合 (例如, 平行弧就是重复出现的元素). 用记号 $\mu_D(x,y)$ 表示有向伪图 D 中从顶点 x 到顶点 y 的弧的数目. 特别地, $\mu_D(x,y)=0$ 表示不存在从顶点 x 到顶点 y 的弧.

通常, 我们仅对有向图介绍术语和记号, 除非要将它们中的部分延伸到有向伪图时, 才给予必要的注释. 在以下的叙述中, 设 $D=(V,A)$ 是有向伪图. 对于 D 的一个顶点 v, 定义集合

$$N_D^+(v)=\{u\in V-v:\ vu\in A\},\quad N_D^-(v)=\{w\in V-v:\ wv\in A\}.$$

分别称集合 $N_D^+(v)$, $N_D^-(v)$ 以及集合 $N_D(v)=N_D^+(v)\cup N_D^-(v)$ 为顶点 v 的**出邻集** (out-neighbourhood)、**入邻集** (in-neighbourhood) 和**邻集** (neighbourhood). 集合 $N_D^+(v)$, $N_D^-(v)$ 和 $N_D(v)$ 中的顶点分别叫做顶点 v 的**出邻点** (out-neighbours)、**入邻点** (in-neighbours) 和**邻点** (neighbours). 图 1.2 中给出邻集 $N_H^+(u)=\{u,w\}$, $N_H^-(u)=\{v\}$, $N_H(u)=\{v,w\}$, $N_{H'}^+(w)=\{v,z\}$, $N_{H'}^-(w)=\{u,z\}$ 以及 $N_{H'}^+(z)=\{w\}$. 对于一个子集合 $W\subseteq V$, 令

$$N_D^+(W)=\bigcup_{w\in W}N_D^+(w)-W,\quad N_D^-(W)=\bigcup_{w\in W}N_D^-(w)-W,$$

也就是说, $V-W$ 中的若干个顶点构成 $N_D^+(W)$, 这些顶点中的每一个至少是 W 中的一个顶点的出邻点. 在图 1.2 中, $N_H^+(\{w,z\})=\{v\}$, $N_H^-(\{w,z\})=\{u\}$.

子集合 $W\subseteq V$ 的**出度** (out-degree) (记为 $d_D^+(W)$) 是全体尾在 W 中、头在集合 $V-W$ 中的弧的数目, 即 $d_D^+(W)=|(W,V-W)_D|$. 子集合 W 的**入度** (in-degree) 是 $d_D^-(W)=|(V-W,W)_D|$. 特别地, 一个顶点 v 的出度是全体以 v 为尾且不是自环的弧的数目. 当 D 为有向图时, 也就是 D 不含自环和多重弧, 则 D 中一个顶点的出度就等于这个顶点的出邻点的个数. 一个集合 W 的出度或入度均叫做这个集合的**半度** (semi-degree), 集合 W 的**度** (degree) $d_D(W)$ 是它的两个半度之和, 即 $d_D(W)=d_D^+(W)+d_D^-(W)$. 例如, 由图 1.2 可得 $d_H^+(u)=2$, $d_H^-(u)=1$, $d_H(u)=3$, $d_{H'}^+(w)=2$, $d_{H'}^-(w)=4$, $d_{H'}^+(z)=d_{H'}^-(z)=1$ 和 $d_H^+(\{u,v,w\})=d_H^-(\{u,v,w\})=1$. 在计算半度时, 有时自环是有用的. 例如, 有向伪图 D 的一个顶点 v 的**出伪度** (out-pseudodegree) 是全体以 v 为尾的弧的数目. 类似地, 读者可以定义顶点 v 的**入伪度** (in-pseudodegree). 在图 1.2 中, 有向伪图 H' 的顶点 z 的出伪度和入伪度均为 2. 有向图 D 的**最小出度** (minimum out-degree) 和**最小入度** (minimum in-degree) 分别定义为

$$\delta^+(D)=\min\{d_D^+(x):\ x\in V(D)\},\quad \delta^-(D)=\min\{d_D^-(x):\ x\in V(D)\}.$$

有向图 D 的**最小半度** (minimum semi-degree) 是 $\delta^0(D) = \min\{\delta^+(D), \delta^-(D)\}$. 类似地, 读者可以定义有向图 D 的**最大出度** (maximum out-degree) $\Delta^+(D)$ 以及 D 的**最大入度** (maximum in-degree) $\Delta^-(D)$. 有向图 D 的**最大半度** (maximum semi-degree) 定义为 $\Delta^0(D) = \max\{\Delta^+(D), \Delta^-(D)\}$. 如果 $\delta^0(D) = \Delta^0(D)$, 则说 D 是**正则的** (regular), 也称 D 为 $\delta^0(D)$ **正则有向图**.

对于度数、半度和其他参数以及有向图的集合, 如果所讨论的有向图是清楚的而不会引起混淆, 本书常常省去某些记号中的下标. 根据有向多重图弧的数目等于这些弧尾巴的个数, 则有如下的有向图理论的最基本结果.

命题 1.2.1 对于每个有向多重图 D, 总有

$$\sum_{x \in V(D)} d^-(x) = \sum_{x \in V(D)} d^+(x) = |A(D)|.$$

显然, 命题 1.2.1 可以应用到有向伪图中, 只要把出度和入度分别换成出伪度和入伪度就可以了. 一个有向图 H 是另一个有向图 D 的**有向子图** (subdigraph), 则有 $V(H) \subseteq V(D)$ 和 $A(H) \subseteq A(D)$, 而且 $A(H)$ 的每一条弧的 2 个端点均在 $V(H)$ 中. 如果 $V(H) = V(D)$, 则称 H 是 D 的**支撑有向子图** (spanning subdigraph), 或是 D 的**因子** (factor). 图 1.2 中的有向图 H 具有一个支撑有向子图 L, 且 L 的顶点集为 $\{u, v, w, z\}$, 弧集为 $\{uv, uw, wz\}$. 如果 $A(D)$ 中的 2 个端点都在 $V(H)$ 中的每一条弧属于 $A(H)$, 则称 H 是由 $X = V(H)$ 导出的, 记为 $H = D\langle X\rangle$, 也称 H 为 D 的一个**导出有向子图** (induced subdigraph). 若 L 不是 D 的一个导出有向子图, 则存在一条弧 xy, 使得顶点 $x, y \in V(L)$, 但弧 $xy \in A(D) - A(L)$. 这条弧 xy 叫做 D 的一条**弦** (chord). 具有顶点集 $\{u, v, w\}$ 和弧集 $\{uw, wv, vu\}$ 的有向图 G 是图 1.2 中的有向图 H 的一个有向子图, 它既不是 H 的支撑有向子图, 也不是 H 的一个导出有向子图. 给有向图 G 添加弧 uv (G 的一条弦) 就得到 H 的一个导出有向子图. 对于子集 $A' \subseteq A(D)$, 由弧集 A' 导出的有向子图记为 $D\langle A'\rangle = (V', A')$, 其中 V' 是 V 的子集, 且 V' 中的每一个顶点至少邻接于弧集 A' 中的一条弧. 例如, 在图 1.2 中, 弧导出的有向子图 $H\langle\{zw, uw\}\rangle$ 具有顶点集 $\{u, w, z\}$ 和弧集 $\{zw, uw\}$. 若 H 是 D 的有向子图, 则 D 被叫做 H 的**母有向图** (superdigraph).

将上述有向子图的定义推广到有向伪图是容易的. 为了避免过长的术语, 用 "部分" 代替有向伪图的有向子伪图. 对于有向图 D 的有向子图 H 和 L, 可用简短的记号 $(H, L)_D$, $H \to L$, $H \Rightarrow L$ 和 $H \mapsto L$ 分别取代 $(V(H), V(L))_D$, $V(H) \to V(L)$, $V(H) \Rightarrow V(L)$ 和 $V(H) \mapsto V(L)$.

伴有映射 $c: A(D) \to \mathcal{R}$ 的有向伪图 D 叫做**赋权有向伪图** (weighted directed pseudograph). 于是, 一个赋权有向伪图可以写成三元组 $D = (V(D), A(D), c)$. 也可考虑**顶点赋权有向伪图** (vertex-weighted directed pseudograph), 即顶点赋权有向

伪图 D 伴有映射 $c\colon\ A(D)\rightarrow\mathcal{R}$, 见图 1.3.

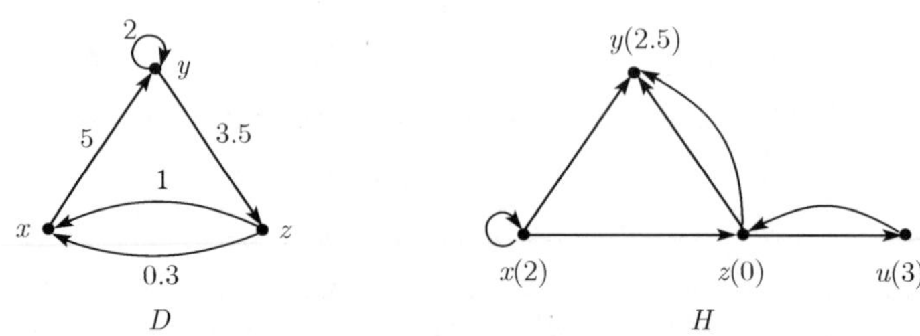

图 1.3　赋权有向伪图 D 和顶点赋权有向伪图 H (其中顶点的权是括号里的数字)

设 a 是赋权有向伪图 $D=(V(D),A(D),c)$ 的一个顶点或一条弧, 称 $c(a)$ 是 a 的**权** (weight) 或**费用** (cost). 一个 (未赋权的) 有向伪图可以看成全部元素的权是 1 的赋权有向伪图. 一个赋权有向伪图 $D=(V,A,c)$ 的弧子集 B 的权定义为 $c(B)=\sum_{a\in B}c(a)$. 类似地, 读者可以定义赋权有向伪图顶点子集的权. 赋权有向伪图 D 的有向子图 H 的权是全体 H 中弧 (或顶点) 的权之和. 我们来看图 1.3 中的赋权有向伪图 D, 弧集 $\{xy,yz,zx\}$ 的权是 9.5, 这里假定使用了权是 1 的弧 zx. 图 1.3 中的赋权有向伪图 H 的一个子集 $U=(\{u,x,z\},\{xz,zu\})$ 的权是 5.

1.3　有向图的同构及其基本运算

设 $D=(V,A)$ 是一个有向多重图, 删去 D 中的多重弧, 即可得到一个有向图 $H=(V,A')$, 使得弧 $xy\in A'$ 当且仅当 $\mu_D(x,y)\geqslant 1$. 将 D 中的弧 xy **反转** (reversing), 即用弧 yx 取代弧 xy, 得到一个新的有向多重图 D', 且有 $\mu_{D'}(x,y)=\mu_D(x,y)-1$ 和 $\mu_{D'}(y,x)=\mu_D(y,x)+1$.

一对 (未赋权的) 有向多重图 D 和 H 是**同构的** (isomorphic) (记为 $D\cong H$), 如果存在一个双射 $\phi: V(D)\rightarrow V(H)$, 使对 D 的每一对顶点 x,y, 均有 $\mu_D(x,y)=\mu_H(\phi(x),\phi(y))$, 称 ϕ 为**同构映射** (isomorphic mapping). 一般不区分同构有向图或同构有向伪图. 例如, 常说仅有一个有向图它拥有一个顶点, 存在 3 个 2 阶的有向图. 当然, 具有阶 2 和规模 2 的有向图是唯一的. 但是, 具有阶 2 和规模 2 的有向多重图仅有 3 个 (习题 1.4). 设 Ψ 是有向伪图集, 如果有向伪图 D 同构于 Ψ 的一个元素, 则称有向伪图 D 属于 Ψ, 或称它是 Ψ 的一个**成员** (member). 一般不区分同构的有向伪图, 而将 2 个同构的有向伪图 D 和 H 简记为 $D=H$, 而不是 $D\cong H$.

在需要区分同构的有向图中, 我们通常使用**标定有向图** (labeled digraphs). 此时, 一对有向图 D 和 H 是不可区分的充分必要条件是它们为同一的, 即 $V(D)=V(H)$ 和 $A(D)=A(H)$. 特别地, 存在四个以 $\{1,2\}$ 为顶点集的标定有向图, 如标定有向图 $(\{1,2\},\{1,2\})$ 和 $(\{1,2\},\{2,1\})$ 是不同的, 尽管它们是同构的.

反转有向多重图 D 的每一条弧的方向后所得到的有向多重图叫做 D 的**逆** (converse). 依据同构和逆的定义, 容易验证一对有向多重图是同构的当且仅当它们的逆是同构的 (习题 1.9). 应用以下有向图上的**删除运算** (deletion operation) 可以得到有向子图. 给定一个有向多重图 D 和它的弧子集 $B \subseteq A(D)$, 有向多重图 $D-B$ 是 D 的支撑有向子图, 其弧集为 $A(D)-B$. 对 $X \subseteq V(D)$, 有向多重图 $D-X$ 是由 $V(D)-X$ 导出的有向子图, 即 $D-X=D\langle V(D)-X\rangle$. 对于 D 的一个有向子图 H, 常记 $D-H=D-V(H)$. 由于不区分具有一个元素的集合 $\{x\}$ 与其元素 x, 故把 $D-\{x\}$ 简写为 $D-x$. 如果 H 是 D 的一个非导出有向子图, 则可以给 H 添加一条弦 a 而得到 D 的另一个有向子图 H', 且有 $H'=H+a$.

设 G 是有向多重图 D 的一个有向子图, G 的**收缩运算** (contraction operation) 产生一个有向多重图 D/G, 且具有 $V(D/G)=\{g\}\cup(V(D)-V(G))$, 其中 g 是一个新添加的顶点, 注意到有向多重图 D/G 中无自环, 对所有的 $x,y\in V(D)-V(G)$, 则有 $\mu_{D/G}(x,y)=\mu_D(x,y)$ 和

$$\mu_{D/G}(x,g)=\sum_{v\in V(G)}\mu_D(x,v),\quad \mu_{D/G}(g,y)=\sum_{v\in V(G)}\mu_D(v,y).$$

设 $G_1,G_2,\cdots,G_t$ 是 D 的顶点不交的有向子图, 则有

$$D/\{G_1,G_2,\cdots,G_t\}=(\cdots((D/G_1)/G_2)\cdots)/G_t.$$

显然, 产生的新有向多重图 $D/\{G_1,G_2,\cdots,G_t\}$ 并不依赖于诸有向子图 $G_1,G_2,\cdots,G_t$ 的阶数. 收缩运算能够由顶点集定义, 而不是有向子图. 我们可以将一个顶点集 X 看成是一个具有顶点集 X 且无弧的有向子图. 图 1.4 描述了一个有向图 H 及其收缩 H/L, 其中 L 是由顶点 y 和 z 导出的 H 的有向子图.

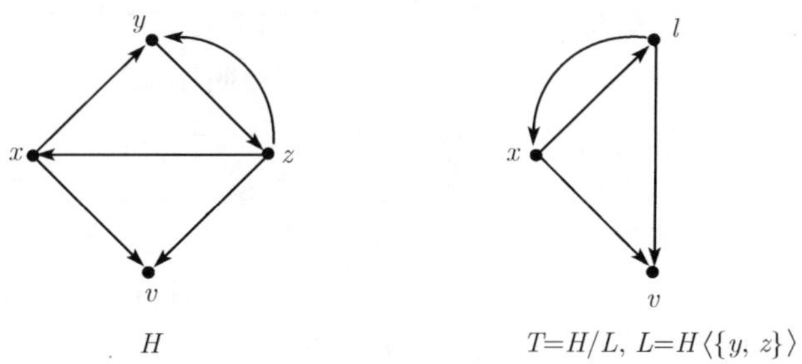

图 1.4 一个有向图 H 及其收缩 H/L

为了用 "较小的" 有向图构造 "较大的" 有向图, 故要使用定义在有向图上的**合成运算** (composition operation). 设 D 是一个具有顶点集 $\{v_1,v_2,\cdots,v_n\}$ 的有向

图, 并设 $G_1, G_2, \cdots, G_n$ 是两两顶点不交的有向图. 合成 $D[G_1, G_2, \cdots, G_n]$ 是一个有向图 L, 其顶点集为 $V(L) = \bigcup_{i=1}^{n} V(G_i)$, 弧集为

$$A(L) = \bigcup_{i=1}^{n} A(G_i) \cup \{g_i g_j :\ g_i \in V(G_i),\ g_j \in V(G_j),\ v_i v_j \in A(D)\}.$$

图 1.5 给出了一个合成 $T[G_x, G_l, G_v]$, 其中 G_x 由一对顶点和以这对顶点为端点的弧构成, G_l 仅由一个顶点构成, G_v 是由一对顶点和以这对顶点为端点的一对方向相反的弧组成, 有向图 T 取之如图 1.4.

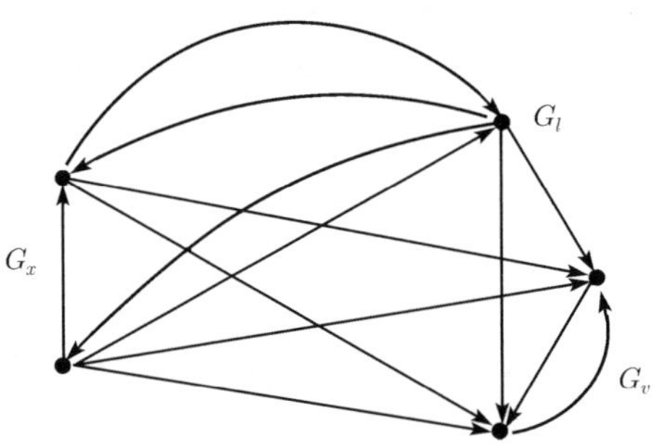

图 1.5　$T[G_x, G_l, G_v]$

设 Φ 是一个有向图集, 一个有向图 D 是 Φ **可分解的** (Φ-decomposable), 如果 D 是 Φ 的一个成员, 或有某 $H \in \Phi$, 使得可选择两两顶点不交的有向图 $S_1, S_2, \cdots, S_h$, 得到合成 $D = H[S_1, S_2, \cdots, S_h]$, 其中 $h = |V(H)| \geqslant 2$, 称这个分解为 **Φ 分解** (Φ-decomposition). 一个有向图 D 被叫做**全 Φ 可分解的** (totally Φ-decomposable), 如果 $D \in \Phi$, 或有一个 Φ 分解 $D = H[S_1, S_2, \cdots, S_h]$, 使得 $h \geqslant 2$, 且每一个 S_i 也是全 Φ 可分解的. 此时, 如果 $D \notin \Phi$, 且 D 有一个 Φ 分解 $D = H[S_1, S_2, \cdots, S_h]$, 每一个 S_i 的 Φ 分解 $S_i = H_i[S_{i1}, S_{i2}, \cdots, S_{ih_i}]$ 不在 Φ 中, 其中 S_{ij} 的 Φ 分解不在 Φ 中, 如此进行下去, 形成一个分解序列, 把这个序列叫做 D 的一个**全 Φ 分解** (total Φ-decomposion). 如果 $D \in \Phi$, 则 D 的全 Φ 分解就是其自身.

为了解释上一段落里的 Φ 分解概念, 我们考察一个有向图的集合 $\Psi = \{\overleftrightarrow{K}_1, \overleftrightarrow{K}_2, D_2\}$, 其中 $\overleftrightarrow{K}_1$ 是单点有向图, $\overleftrightarrow{K}_2$ 是 2 个顶点和 2 条弧的 (完全) 有向图, D_2 有 2 个顶点 $\{1,2\}$ 和一条弧 $(1,2)$. 在图 1.5 中的有向图 G_l 里删除一对弧, 构造出有向图 D, 这个有向图 D 是全 Ψ 可分解的. 事实上, $D = D_2[D_2, Q]$ 是 D 的一个 Ψ 分解, 其中 Q 是由 $V(G_l) \cup V(G_v)$ 导出的 D 的一个有向子图. 进一步, $Q = D_2[\overleftrightarrow{K}_1, \overleftrightarrow{K}_2]$ 是 Q 的一个 Ψ 分解. 上述两个分解形成 D 的一个全 Ψ 分解.

若 $D = H[S_1, S_2, \cdots, S_h]$, 且两两顶点不交的有向图 $S_1, S_2, \cdots, S_h$ 中的任何一个均无弧, 称 D 是 H 的一个**扩张** (extension). 如果两个不同的顶点 x 和 y 在

$D-\{x,y\}$ 中有相同的入邻点和出邻点, 则称 x 和 y 是**相似的** (similar). 对于每一个 $i=1,2,\cdots,h$, 每一个 S_i 的顶点在 D 中是相似的. 对任意有向图集合 Φ, Φ^{ext} 表示 Φ 中全体有向图的扩张之 (无限) 集, 也叫做可扩张 Φ 有向图. 若有 $\Phi=\Phi^{\text{ext}}$, 则说 Φ 是**扩张封闭** (extension-closed) 的.

一族有向图 $D_1,D_2,\cdots,D_n$ 的笛卡儿积的结果仍然是一个有向图 D, 将它记作 $D_1\times D_2\times\cdots\times D_n$, 或 $\prod_{i=1}^{n}D_i$, 其中 $n\geqslant 2$, 而且

$$\begin{aligned}V(D)&=V(D_1)\times V(D_2)\times\cdots\times V(D_n)\\&=\{(w_1,w_2,\cdots,w_n):\ w_i\in V(D_i),\ i=1,2,\cdots,n\}.\end{aligned}$$

在这个笛卡儿积 D 中, 若有 $r\in\{1,2,\cdots,n\}$, 使得 $u_rv_r\in A(D_r)$ 和 $u_i=v_i$ $(i\in\{1,2,\cdots,n\}-\{r\})$, 则说顶点 $(u_1,u_2,\cdots,u_n)$ 支配顶点 $(v_1,v_2,\cdots,v_n)$, 见图 1.6 中的例子.

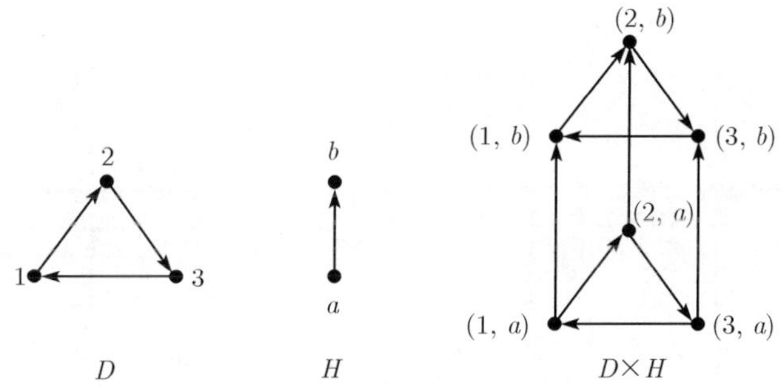

图 1.6 2 个有向图的笛卡儿积

关于有向图 D 的一个顶点 v 上的**撕裂运算** (splitting operation) 是用 2 个新的顶点 u 和 w 构成的一条弧 uw 取代顶点 v, 原来形如 xv 的弧成为弧 xu, 原来形如 vy 的弧成为弧 wy. 有向图 D 的一条弧 uv 上的**剖分运算** (subdivision operation) 是用 2 条新弧 uw 和 wv 来取代旧弧 uv, 其中 w 是新添加的顶点. 如果 H 能由剖分 D 的一条或多条弧得来, 则称 H 是 D 的一个**剖分** (subdivision). 注意, 剖分运算允许在已剖分的弧上再次进行剖分. 设有正整数 p 和 有向图 D, 我们定义有向图 D 的 p **次幂** (p-th power) D^p 为: $V(D^p)=V(D)$, 若 $x\neq y$, 且存在 $k\leqslant p-1$ 和 $z_1,z_2,\cdots,z_k$, 使得在 D 中有 $x\to z_1\to z_2\to\cdots\to z_k\to y$, 则在 D^p 中有 $x\to y$. 按照这个定义, 有 $D^1=D$. 例如, 对于有向图 $H_n=(\{1,2,\cdots,n\},\ \{(i,i+1):\ i=1,2,\cdots,n-1\})$, 它的 2 次幂是

$$H_n^2=(\{1,2,\cdots,n\},\ \{(i,j):\ 1\leqslant i<j\leqslant i+2\leqslant n\}\cup\{n-1,n\}).$$

图 1.7 展示了一个有向图 D 和它的 2 次幂 D^2.

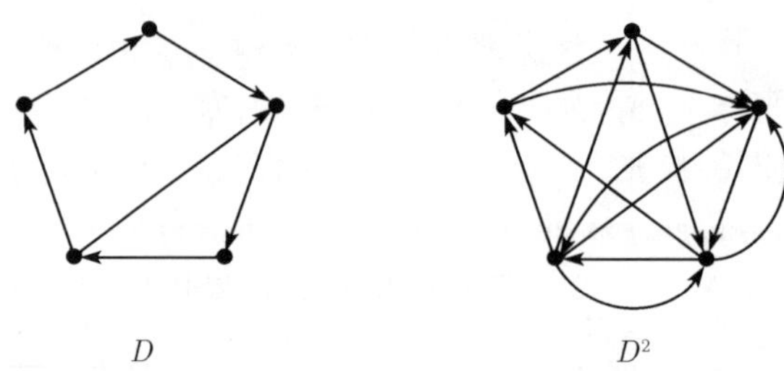

图 1.7 一个有向图 D 与其 2 次幂 D^2

设 H 和 L 是有向伪图, 我们定义 H 和 L 的**并** (union) $H \cup L$ 是一个有向伪图 D, 它的顶点集 $V(D) = V(H) \cup V(L)$, 且对 D 中每一对顶点 x 和 y 总有 $\mu_D(x,y) = \mu_H(x,y) + \mu_L(x,y)$. 这里总假定函数 μ_H (对函数 μ_L 的解释是相同的) 是自然延伸的, 即当 x 和 y 中的一个不在 $V(H)$ 内时, 有 $\mu_H(x,y) = 0$. 图 1.8 中的例子是这个定义的一个解释.

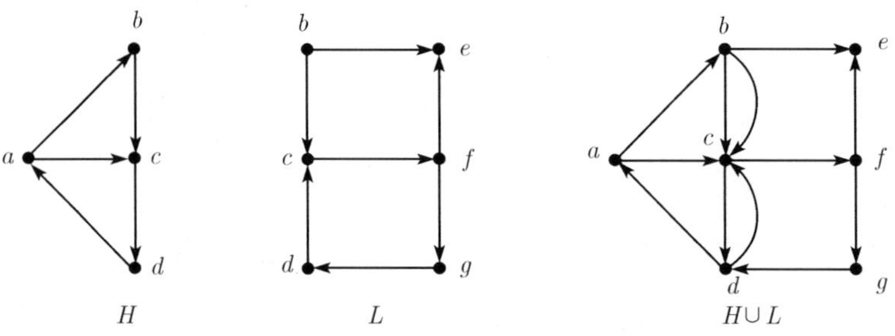

图 1.8 2 个有向伪图 H 和 L 的并 $H \cup L$

1.4 途径、迹、路、圈和路圈有向子图

在下面的讨论中, 若无特别申明, D 总表示一个有向伪图. D 中的一条**途径** (walk) 是一个由顶点 x_i 和弧 a_j **交错**(alternating) 排列的序列 $W = x_1a_1x_2a_2x_3 \cdots x_{k-1}a_{k-1}x_k$, 使对 $i = 1, 2, \cdots, k-1$, W 中弧 a_i 的尾是顶点 x_i、头是顶点 x_{i+1}. 当 $x_1 = x_k$ 时, W 叫做**闭途径** (closed walk); 不然, 称 W 为**开途径** (open walk). $V(W)$ 表示顶点集 $\{x_1, x_2, \cdots, x_k\}$, $A(W)$ 表示弧集 $\{a_1, a_2, \cdots, a_{k-1}\}$. 我们也称 W 是一条从 x_1 到 x_k 的 (x_1, x_k) **途径**. 如果 W 是开途径, 则称顶点 x_1 是它的**起点** (initial vertex), 顶点 x_k 是它的**终点** (terminal vertex), 这些点皆称为途径 W 的**端点** (end-vertices). W 的**长度** (length) 是它所含弧的数目 $k-1$. 如果 W 的长度是偶数 (奇数), 则称 W 是**偶途径** (even walk) (**奇途径** (odd walk)). 当上下文里 W 的弧不会引起混淆时, 则简记 $W = x_1x_2 \cdots x_{k-1}x_k$.

如果一条途径 W 中的任何 2 条弧是不相同的, 则称 W 为**迹** (trail). 有时,

我们把一条迹 W 看作是一个**有向伪图** $(V(W), A(W))$, 即它是 D 的一个**有向子图**. 如果一条迹 W 中的顶点是互不相同的, 则称 W 为**路** (path). 如果在一条路 $W = x_1x_2\cdots x_{k-1}x_k$ 中, 有 $x_i \neq x_j$ $(1 \leqslant i \neq j \leqslant k-1)$, 且 $x_1 = x_k$, 则称 W 是一个**圈** (cycle). 注意到路和圈均是途径的特殊情形, 它们的长度和途径的长度定义是相同的, 且相同的参数和记号均可应用到路和圈中, 如 (x, y) 路. 用 $[x, y]$ **路** P 表示 P 或是一条 (x, y) 路, 或者它是一条 (y, x) 路. 有向伪图 D 中的**最长路** (longest path) (**最长圈** (longest cycle)) 是长度最大的路 (圈).

若 W 是一个圈, x 是 W 上一个顶点, 则称 W 是一个通过 x 的圈. 有向伪图 D 中的自环可认为是长度为 1 的圈. 长度为 k 的圈也叫做 k **圈** (k-cycle). 有向伪图 D 的全体圈中最小圈长叫做 D 的**围长** (girth), 记为 $g(D)$. 若 D 无圈, 则规定 $g(D) = \infty$. 若 $g(D)$ 是有限的, 则圈长为 $g(D)$ 的圈就是 D 的**最短圈**.

给定 $V(D)$ 的 2 个子集 X 和 Y, 如果一条 (y, x) 路 P 满足 $x \in X$, $y \in Y$ 以及 $V(P) \cap (X \cup Y) = \{x, y\}$, 则称 P 为 (X, Y) 路. 要注意的是, 若 $X \cap Y \neq \varnothing$, 则一个顶点 $x \in X \cap Y$ 由其自身形成一条 (X, Y) 路. 偶尔, 我们会说到 (H, H') 路, 其中 H 和 H' 均是 D 的有向子图, 其实就是 D 中的一条 $(V(H), V(H'))$ 路.

有向伪图 D 的一条 (x_1, x_n) 路 $P = x_1x_2\cdots x_n$ 是一条**最小的路** (minimal path), 如果对 D 的任何一条 (x_1, x_n) 路 Q, 总有 $V(P) = V(Q)$ 或至少有 Q 的一个顶点不在 $V(P)$ 中. 圈 $C = x_1x_2\cdots x_px_1$ 的下标总是取模 p 的, 即对 $i \equiv s \pmod p$, 有 $x_s = x_i$. 在前面关于迹的定义中已经指出路和圈均为有向子图, 当然, 它们自身就是有向图. 设 $\vec{P}_n$, $\vec{C}_n$ 分别表示一条路和一个圈, 则有 $\vec{P}_n = (\{1, 2, \cdots, n\}, \{(1, 2), (2, 3), \cdots, (n-1, n)\})$ 和 $\vec{C}_n = \vec{P}_n + (n, 1)$.

如果有向图 D 的一条途径 (圈, 路) W 满足 $V(W) = V(D)$, 则称它是一条**哈密尔顿途径** (**哈密尔顿圈**, **哈密尔顿路**). 若 D 含有一个哈密尔顿圈, 则称 D 是**哈密尔顿有向图**(Hamilton digraph), 或者说 D 是**哈密尔顿的** (Hamiltonian). 如果 D 含有一条哈密尔顿路, 我们常说 D 是**可描绘的** (traceable). D 中一条迹 $W = x_1x_2\cdots x_k$ 是**欧拉迹**, 则它满足 $A(W) = A(D)$, $V(W) = V(D)$ 和 $x_1 = x_k$. 若有向多重图 D 含有一条欧拉迹, 则 D 被叫做**欧拉图**.

我们用图 1.9 解释上面给出的几个概念. 在 H 中, $x_1x_2x_6x_3x_4x_6x_7x_4x_5x_1$ 是哈密尔顿途径, $x_5x_1x_2x_3x_4x_6x_7$ 是一条哈密尔顿路; $x_1x_2x_3x_4x_6$ 是一条 (x_1, x_6) 路, $x_2x_3x_4x_6x_3$ 是一条 (x_2, x_3) 迹; 一个 5 圈是 $x_1x_2x_3x_4x_5x_1$; H 的围长是 3, 它的最长圈是 6.

设 $W = x_1x_2\cdots x_k$ 和 $Q = y_1y_2\cdots y_t$ 是有向图 D 的一对途径, 若有 $V(W) \cap V(Q) = \varnothing$, 则称 W 和 Q 是**不交的** (disjoint); 若有 $A(W) \cap A(Q) = \varnothing$, 则称 W 和 Q 是**弧不交的** (arc-disjoint). 如果 W 和 Q 是开途径, 且 $V(W) \cap \{y_2, y_3, \cdots, y_{t-1}\} = \varnothing$ 和 $\{x_2, x_3, \cdots, x_{k-1}\} \cap V(Q) = \varnothing$, 则称 W 和 Q 是**内部不交的** (internally disjoint).

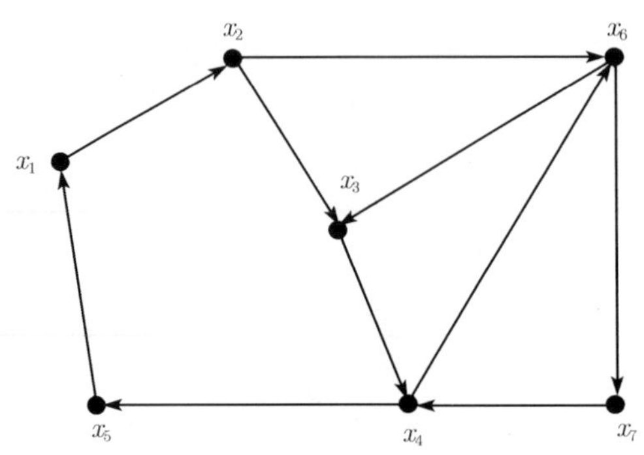

图 1.9　一个有向图 H

对于一条路或一个圈 $W=x_1x_2\cdots x_k$ (注意, 当 $x_1=x_k$ 时, W 是一个圈), 我们将使用记号 $W[x_i,x_j]=x_ix_{i+1}\cdots x_j$ 表示一条路. 显然, 当 $x_i\neq x_j$ 时, $W[x_i,x_j]$ 是一条路, 也称它为 W 的一条从 x_i 到 x_j 的**子路** (subpath). 对 $1<i\leqslant k$, W 上的顶点 x_i 的**前趋** (predecessor) 是 x_{i-1}, 用 x_i^- 表示, 它的**后继** (successor) 是 x_{i+1}, 记为 x_i^+. 类似地, 可以定义 $x_i^{++}=(x_i^+)^+$ 和 $x_i^{--}=(x_i^-)^-$. 实际上, 当 W 是一个圈时, 这些运算总是存在的.

对于子集 $X\subseteq V(W)$, 令 $X^+=\{x^+: x\in X\}$, $X^-=\{x^-: x\in X\}$ 和 $X^{++}=(X^+)^+$ 等等. 当所考虑的一个顶点 x 属于唯一的途径 W 时, 就使用如此的记号; 否则, W 被认作是一个下标, 例如, x_W^+.

命题 1.4.1　设 D 是一个有向图, x 和 y 是 D 的不同顶点. 如果 D 有一条 (x,y) 途径 W, 则 D 含一条 (x,y) 路 P, 使得 $A(P)\subseteq A(W)$. 如果 D 有一条闭 (x,x) 途径 W, 则 D 包含一个通过 x 的圈 C, 使得 $A(C)\subseteq A(W)$.

证明　考虑有向图 D 中的一条从 x 到 y 且弧都在途径 W 中以及长度最小的途径 P, 欲证明 P 是一条路. 设 $P=x_1x_2\cdots x_k$, 其中 $x=x_1$ 和 $y=x_k$. 如果对 $1\leqslant i<j\leqslant k$, 有 $x_i=x_j$, 则 $P[x_1,x_i]P[x_{j+1},x_k]$ 是比 P 短的途径①, 矛盾. 故 P 中的任何 2 个顶点是互不相同的. 所以, P 是满足要求的路, 即有 $A(P)\subseteq A(W)$.

设 $W=z_1z_2\cdots z_k$ 是从 $x=z_1$ 到 $x=z_k$ 的一条闭途径. 因为 D 无自环, 则有 $z_{k-1}\neq z_k$. 取一条从 $y_1=z_1$ 到 $y_t=z_{k-1}$ 的最短的途径 $y_1y_2\cdots y_t$, 在上面已知途径 $y_1y_2\cdots y_t$ 是一条路. 于是, $y_1y_2\cdots y_ty_1$ 是一条通过顶点 $y_1=x$ 的圈. □

如果有向图 D 不含任何圈, 则说它是**无圈的** (acyclic). 无圈有向图是得到深入研究的一个图族, 主要是因为它们具有以下重要的性质.

命题 1.4.2　任何一个无圈有向图具有一个零入度的顶点和一个零出度的顶点.

① $P[x_1,x_i]P[x_{j+1},x_k]=P-P[x_{i+1},x_j]=P[x_1,x_i]+P[x_{j+1},x_k]$. —— 译者注

证明 假设有向图 D 的每一个顶点具有正出度, 我们将推证 D 含有一个圈. 任取 D 的一个顶点 v_1, 由于 $d^+(v_1) > 0$, 则有一个顶点 v_2, 使得 $v_1 \rightarrow v_2$. 又因 $d^+(v_2) > 0$, 存在顶点 v_3, 使得 $v_2 \rightarrow v_3$. 如此进行下去, 则有一条形如 $v_1 v_2 \cdots v_k$ 的途径. 注意到 $V(D)$ 是有限的, 则存在最小的 $k > 2$, 使得 $v_k = v_i$, $1 \leqslant i < k$. 显然, $v_i v_{i+1} \cdots v_k$ 是 D 的一个圈. □

命题 1.4.2 使我们能够检查一个有向图 D 是否为无圈有向图, 具体的方法是: 若 D 有一个出度为零的顶点, 则从 D 中删除它; 再考虑剩余的有向图, 直到剩余的有向图没有出度为零的顶点为止. 如果剩余的有向图没有顶点, 则 D 是无圈有向图; 不然, D 含一个圈.

对给定的有向图 D 和它的一个顶点序 $x_1, x_2, \cdots, x_n$, 若对 D 中的每一条弧 $x_i x_j$, 总有 $i < j$, 则称这个序是 D 的**无圈序** (acyclic ordering). 显然, D 的一个无圈序导出 D 的每一个有向子图 H 的一个无圈序. 因为任何圈的顶点没有无圈序. 自然地, 无圈有向图有一个无圈序. 另外, 我们有如下的命题成立:

命题 1.4.3 任何一个无圈有向图含有顶点的一个无圈序.

证明 我们采用构造法产生一个过程以便生成无圈有向图 D 中的一个顶点无圈序. 第一步可选择一个入度为零的顶点 v (按照命题 1.4.2, 这个顶点存在). 令 $x_1 = v$, 并从 D 中删除 x_1. 在第 i 步中, 在余下的无圈有向图中找到一个零入度顶点 u, 设 $x_i = u$, 然后从这个无圈有向图中删去 x_i. 这个过程总共有 $|V(D)|$ 步.

假定在 D 中有 $x_i \rightarrow x_j$, 但是 $i > j$. 由于 x_j 的选择是在 x_i 之前, 这意味着 x_j 在第 j 步中不是零入度顶点, 与前面的选择矛盾. □

我们将在 1.9 节中介绍算法的复杂性概念. 习题 1.69 要求读者验证命题 1.4.3 中给出的算法能够在时间 $O(|V(D)| + |A(D)|)$ 内完成.

命题 1.4.4 设 D 是一个无圈有向图且具有一个入度 (或出度) 为零的顶点 x (或 y). 则对每一个顶点 $v \in V(D)$, 在 D 中存在一条 (x, v) 路和一条 (v, y) 路.

证明 一条从 v 出发的最长路就是一条 (v, y) 路. 类似地, 一条终止于 v 的最长路就是一条 (x, v) 路. □

一个**定向图** (oriented graph) 是一个没有 2 长圈的有向图. 一个**竞赛图** (tournament) 是任何 2 个顶点均相邻的定向图. 换句话说, 一个具有顶点集 $\{v_1, v_2, \cdots, v_n\}$ 的有向图 T 是竞赛图当且仅当对 $i \neq j \in \{1, 2, \cdots, n\}$, 仅有弧 $v_i v_j$ 和 $v_j v_i$ 中的一条弧在 T 中. 图 1.10 给出了一对竞赛图. 一个较为简单的习题是验证它们中的每一个都含有一条哈密尔顿路. 这并不是巧合于下面的 Rédei 定理[625]. 实际上, Rédei 证得了一个更强的结论: 每个竞赛图包含奇数条哈密尔顿路.

定理 1.4.5 竞赛图是可描绘的.

证明 设 T 是具有顶点集 $\{v_1, v_2, \cdots, v_n\}$ 的竞赛图. 假定 T 的顶点被标号使得向后弧的数目是最小的, **向后弧**(backward arc) 是形如 $v_j v_i$ ($j > i$) 的弧. 于

是, $v_1v_2\cdots v_n$ 是 T 的一条哈密尔顿路. 如果不是这个情形, 存在下标 $i<n$, 使得 $v_iv_{i+1}\notin A(T)$，则有 $v_{i+1}v_i\in A(T)$. 在此情形下，我们可以在 T 的顶点标号中交换 v_i 和 v_{i+1} 以减少向后弧的数目，矛盾. □

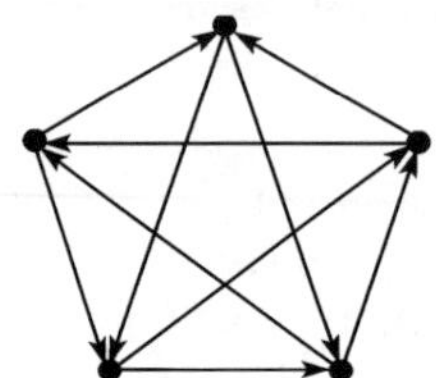
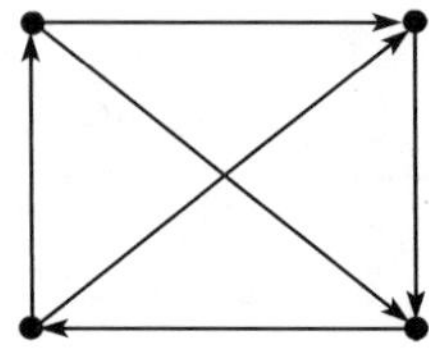

图 1.10　2 个竞赛图

有向图 D 的一个 q **路圈有向子图**(q-path-cycle subdigraph)$\mathcal{F}$ 是 q 条路 $P_1, P_2,\cdots,P_q$ 和 t 条圈 $C_1,C_2,\cdots,C_t$ 的全体，并使 $P_1,P_2,\cdots,P_q$, $C_1,C_2,\cdots,C_t$ 是两两不相交的 (可能的情形是 $q=0$，或有 $t=0$)，记为

$$\mathcal{F}=P_1\cup P_2\cup\cdots\cup P_q\cup C_1\cup C_2\cup\cdots\cup C_t,$$

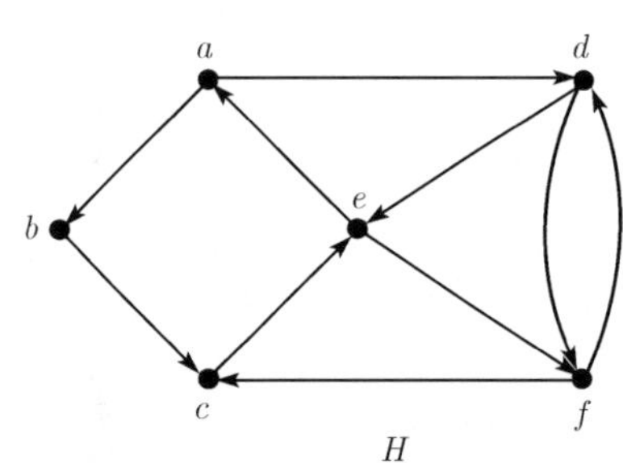

图 1.11　一个有向图 H

且总是将路写在前面. 今后，我们会经常地考虑和使用 q 路圈因子，即 q 路圈支撑有向子图. 如果 $t=0$ 且 $q\neq 0$，我们称 $\mathcal{F}$ 是一个 q 路有向子图，如果它是支撑的，则称它为 q **路因子** (q-path factor). 如果 $q=0$ 且 $t\neq 0$, 则说 $\mathcal{F}$ 是一个 t 圈有向子图, 如果它是支撑的, 我们也称 $\mathcal{F}$ 是一个 t **圈因子** (t-cycle factor). 在图 1.11 中，$abc\cup defd$ 是一个 1 路圈因子; $abcea\cup dfd$ 也是一个圈因子 (准确地说, 它是一个 **2 圈因子**).

有向图 D 的**路覆盖数** $\mathrm{pc}(D)$ (path covering number) 是最小的正整数 k，使得 D 含有一个 k 路因子. 特别地，$\mathrm{pc}(D)=1$ 当且仅当 D 是可描绘的. D 的**路圈覆盖数**(path-cycle covering number)$\mathrm{pcc}(D)$ 是最小的正整数 k，使得 D 含有一个 k 路圈因子. 显然，有 $\mathrm{pcc}(D)\leqslant \mathrm{pc}(D)$. 以下关于路覆盖数的简单而有用的结论的证明留给读者作为习题 (习题 1.34).

命题 1.4.6　设 D 是一个有向图，k 是正整数. 则下列陈述是相互等价的:

(i) $\mathrm{pc}(D)=k$.

(ii) 存在 $k-1$ 条 (新的) 弧 $e_1,e_2,\cdots,e_{k-1}$，使得 $D+\{e_1,e_2,\cdots,e_{k-1}\}$ 是可描绘的，但是不存在具有此性质的 $k-2$ 条弧的集合.

(iii) $k-1$ 是最小的正整数 s，使得给 D 添加 s 个顶点以及在 $V(D)$ 和这些新顶点之间添加新弧产生一个可描绘的有向图.

1.5 强连通性和单侧连通性

如果有向图 D 中存在一条 (x,y) 途径，则称 D 的顶点 y 从 x 是**可达的** (reachable). 特别地，一个顶点从自身是可达的. 依据命题 1.4.1，y 从 x 是可描绘的当且仅当有向图 D 含一条 (x,y) 路. 一个有向图 D 是**强连通的** (strongly connected) (或简单地说成 "强的"), 如果 D 的每一对顶点 x 和 y 之间都存在一条 (x,y) 途径或一条 (y,x) 途径. 换句话说, 如果有向图 D 的每一个顶点 v 均可以由 D 中任何一个顶点达到 v, 则称 D 是强连通的. 自然地, 只有一个顶点的有向图是强连通的. 容易看到, D 是强的当且仅当它含有一条闭哈密尔顿途径 (习题 1.47). 因为 $\vec{C}_n$ 是强连通的, 所以每个**哈密尔顿有向图**是强连通的. Moon 给出下述有关竞赛图的基本结论.

定理 1.5.1 (Moon 定理)[570] 设 T 是一个具有 n $(\geqslant 3)$ 个顶点的强竞赛图. 对于每一个顶点 $x\in V(T)$ 和整数 $k\in\{3,4,\cdots,n\}$, T 中存在一条通过 x 的 k 圈. 特别地, 一个竞赛图是哈密尔顿的当且仅当它是强的.

证明 令 x 是顶点数目 n 不小于 3 的强竞赛图 T 的一个顶点. 我们关于正整数 k $(3\leqslant k\leqslant n)$ 采用数学归纳法. 首先证明 T 有一条通过顶点 x 的 3 圈. 因为 T 是强的, 集合 $O=N^+(x)$ 和 $I=N^-(x)$ 是非空的. 进而知弧集合 (O,I) 是非空的. 取弧 $yz\in(O,I)$, 则 $xyzx$ 是 T 的一个 3 圈. 设 $C=x_0x_1x_2\cdots x_t$ 是 T 的一个圈, 其中 $x=x_0=x_t$ 和 $t\in\{3,4,\cdots,n-1\}$. 下证 T 有一条通过顶点 x 的 $(t+1)$ 圈.

若有 $V(T)-V(C)$ 中的一个顶点 y 支配 C 上的一个顶点, 而且 y 又被 C 的某一个顶点支配, 易知存在下标 i, 使得 $x_i\rightarrow y$ 和 $y\rightarrow x_{i+1}$, 则 $C[x_0,x_i]yC[x_{i+1},x_t]$① 是 T 的一个通过 x 的 $(t+1)$ 圈. 因而, 可以假定 C 外的每一个顶点要么支配 C 上的一个顶点, 要么被 C 上的一个顶点支配. 则 $V(T)-V(C)$ 中支配 C 的每一个顶点的顶点形成一个顶点集 R, 剩余的顶点形成集合 $S=(V(T)-V(C))\setminus R$. 注意到 T 是强的, 故 R 和 S 均不为空, 弧子集合 (S,R) 也不空. 因而可取弧 $sr\in(S,R)$, 使得 $x_0srC[x_2,x_0]$ 是 T 的一条通过顶点 x 的 $(t+1)$ 圈. □

推论 1.5.2 (Camion 定理)[140] 每个强竞赛图是哈密尔顿图.

对于每一对顶点 x 和 y, 如果有向图 D 总含有弧 xy 和弧 yx, 则称 D 是**完全有向图** (complete digraph). 对于一个强有向图 $D=(V,A)$, 集合 $S\subset V$ 称为 D 的

① $C[x_0,x_i]yC[x_{i+1},x_t]=C[x_0,x_i]+x_iy+yx_{i+1}+C[x_{i+1},x_t]$. —— 译者注

一个**分离因子** (separator) (也称为**分离集**), 如果 $D-S$ 不是强的. 若 $|V|\geqslant k+1$ 且 D 没有 k 个顶点的分离因子, 称 D 是 k **强连通有向图** (k-strongly connected digraph), 或简称为 k **强的**. 按照强连通的定义, n 个顶点的完全有向图是 $(n-1)$ 强连通的, 但不是 n 强连通有向图. 使得有向图 D 是 k 强连通的最大的整数 k 叫做 D 的**顶点强连通度** (vertex-strong connectivity), 记作 $\kappa(D)$. 如果 D 不是强的, 则记 $\kappa(D)=0$. 设 s 和 t 是有向图 D 的 2 个顶点, 对于一个顶点子集 $S\subseteq V(D)-\{s,t\}$, 如果有向图 $D-S$ 不含 (s,t) 路, 则说 S 是 D 的一个 (s,t) **分离因子**. 设 W 是强有向图 $D=(V,A)$ 的一个弧子集, 若 $D-W$ 不是强的, 则称 W 是 D 的一个**割集** (cut set). 若有向图 D 不含数目少于 k 条弧的割集, 称 D 是 k **弧强连通的** (k-arc-strongly connected), 或 k **弧强的** (k-arc-strong). 使得 D 是 k 弧强连通的最大的整数 k 叫做 D 的**弧强连通度** (arc-strong connectivity), 记为 $\lambda(D)$. 当 D 不是弧强的, 则令 $\lambda(D)=0$.

D 的一个**强分支** (strong component) 是一个最大的导出强连通有向子图. 若 $D_1,D_2,\cdots,D_t$ 是 D 的强分支, 显然有 $V(D)=V(D_1)\cup V(D_2)\cup\cdots\cup V(D_t)$. 可知, 仅有一个顶点的有向图是强的. 此外, $V(D_i)\cap V(D_j)=\varnothing$ $(i\neq j)$; 否则, $V(D_i)\cup V(D_j)$ 的所有的顶点是相互可达的, 这也说明 $V(D_i)\cup V(D_j)$ 的顶点属于 D 的同一个强分支. 我们把 $D_1\cup D_2\cup\cdots\cup D_t$ 叫做 D 的**强分解** (strong decomposition). 有向图 D 的**强分支有向图** (strong component digraph) $SC(D)$ 是由收缩 D 的强分支并删去在这个过程中所产生的平行弧而得到. 换句话说, 如果 $D_1,D_2,\cdots,D_t$ 是 D 的强分支, 则有 $V(SC(D))=\{v_1,v_2,\cdots,v_t\}$ 和 $A(SC(D))=\{v_iv_j:\ (V(D_i),V(D_j))_D\neq\varnothing\}$. D 的一个有向子图若是由 D 的一个圈的顶点导出, 则它是强的, 也就是说它被 D 的一个强分支所包含, 故 $SC(D)$ 是无圈的. 根据命题 1.4.3, $SC(D)$ 的顶点有一个无圈序. 这意味着可以标号 D 的强分支为 $D_1,D_2,\cdots,D_t$, 使得没有从 D_j 到 D_i 的弧除非有 $j<i$, 我们称这样的序为 D 的强分支的**无圈序** (acyclic ordering). 对应 $SC(D)$ 中零入度 (零出度) 的顶点的强分支是 D 的初始 (终止) 强分支, 其余 D 的强分支叫做 D 的**中间强分支** (intermediate strong component).

图 1.12 展示了一个有向图 D 和它的强分支有向图 $SC(D)$. 注意到顶点 s_1,s_2, s_3, s_4, s_5 是 $V(SC(D))$ 的一个无圈序. 容易看到, 一个竞赛图 T 的强分支有向图是一个无圈竞赛图. 于是, 存在 T 的强分支的唯一的无圈序 $T_1,T_2,\cdots,T_t$, 使对每一对 $i<j$, 总有 $T_i\to T_j$. 显然, 每个竞赛图仅有一个初始 (终止) 强分支.

对于一个有向图 D 的每一对顶点 x 和 y, 若 x 是从 y 可达的, 或 y 是从 x 可达的 (或二者均存在), 则称 D 是**单侧的** (unilateral). 所以每一个强有向图是单侧的, 一条路 $\vec{P}_n$ 也是单侧的. 因而, 存在单侧性是有向图可描绘性的必要条件. 下面给出单侧有向图的一个特征.

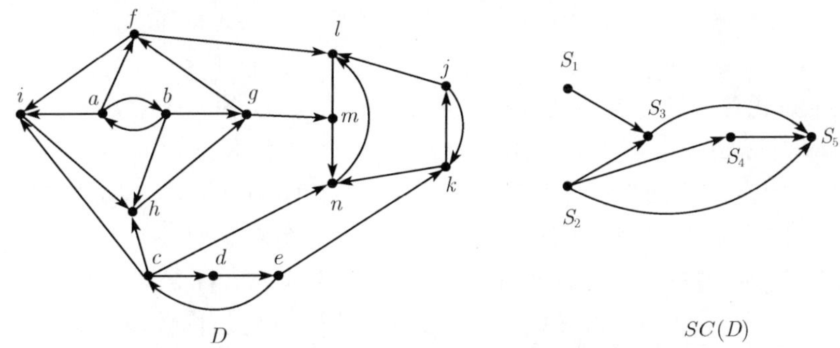

图 1.12 一个有向图 D 和它的强分支有向图 $SC(D)$

顶点 s_1, s_2, s_3, s_4, s_5 是由收缩顶点集 $\{a, b\}, \{c, d, e\}, \{f, g, h, i\}, \{j, k\}$ 和 $\{l, m, n\}$ 所对应的 D 的强分支得来的. D 有 2 个初始强分支 D_1 和 D_2 以及 $V(D_1) = \{a, b\}$ 和 $V(D_2) = \{c, d, e\}$, 一个终止强分支 D_5 且 $V(D_5) = \{l, m, n\}$, 它有 2 个中间分支 D_3 和 D_4 以及 $V(D_3) = \{f, g, h, i\}$ 和 $V(D_4) = \{j, k\}$

命题 1.5.3 有向图 D 是单侧的充分且必要条件为 D 中存在强分支唯一的无圈序 $D_1, D_2, \cdots, D_t$, 其中 $(V(D_i), V(D_{i+1})) \neq \varnothing$, $i = 1, 2, \cdots, t-1$.

证明 充分性是显然的, 我们仅证必要性. 如果 $(V(D_i), V(D_{i+1})) = \varnothing$, 则没有 $V(D_{i+1})$ 的顶点是从 $V(D_i)$ 的任何一个顶点可达到的, 反之也真. 若对 $i = 1, 2, \cdots, t-1$, 有 $(V(D_i), V(D_{i+1})) \neq \varnothing$, 因为 D 的强分支有向图 $SC(D)$ 有一条哈密尔顿路 (见习题 1.18), 则 $D_1, D_2, \cdots, D_t$ 是 D 的唯一的强分支无圈序. □

1.6 无向图、双定向和定向性

一个**无向图** (undirected graph) (或直接叫做**图**) $G = (V, E)$ 是由元素叫做**顶点** (vertex) 的非空有限集 $V = V(G)$ 和元素叫做**边** (edge) 的无序顶点对之集 $E = E(G)$ 构成. 通常, $V(G)$ 叫做 G 的**顶点集** (vertex set), $E(G)$ 叫做 G 的**边集合** (edge set). 换句话说, 一条边 $\{x, y\}$ 就是 $V(G)$ 的一个 2 元素子集. 因而, 我们常把边 $\{x, y\}$ 记作 xy. 若 $xy \in E(G)$, 则称顶点 x 和顶点 y 是**相邻的** (adjacent). 注意, 上面图的定义中不允许有自环 (无序顶点对中的 2 个顶点是同一个顶点) 和平行边 (2 个以上的无序顶点对共享一对端点) 出现. 一个图 G 的**补图** $\overline{G}$ 具有顶点集 $V(G)$, 且 $\overline{G}$ 中的 2 个顶点相邻当且仅当这 2 个顶点在 G 中不相邻.

当平行边和自环出现在 G 中, 则称 G 是**伪图** (pseudograph), 没有自环的伪图也叫做**多重图** (multigraph). 对于图 G 的一对顶点 u 和 v, 记号 $\mu_G(u, v)$ 表示顶点 u 和 v 之间的边的数目. 特别地, $\mu_G(u, u)$ 表示顶点 u 上的自环数目. 给定一个伪图 G, 一个有向图 D 叫做 G 的**双定向** (biorientation), 如果可用 D 中的弧 xy 或 yx, 或弧对 xy, yx 取代图 G 的每一条边 $\{x, y\}$, 其中 G 的自环 xx 用一条顶点 x

上的有向自环代替. 注意, G 中边 xy 的不同拷贝可用 D 的不同的弧所代替. 于是, 若 $\mu_G(x,y)=3$, 边 $\{x,y\}$ 可以被弧 xy 代替, 另一条边被弧 yx 代替, 第 3 条边是被弧对 xy, yx 代替. 图 G 的一个**定向** (orientation) 是 G 的一个双定向, 它也是一个定向图 (即无 2 圈和自环的有向图). 显然, 每个有向图是双定向的, 而且每个定向图是某无向图定向的结果. 一个有向图 D 的**底图** (underlying graph) $UG(D)$ 是唯一的图 G, 使得 D 是 G 的一个双定向. 图 G 的完全双定向 $\overleftrightarrow{G}$ 是 G 的一个双定向 D, 使得 $xy \in A(D)$ 隐含 $yx \in A(D)$. 有向图 $D=(V,A)$ 是**对称的** (symmetric), 若对于每一条弧 $xy \in A$ 均有弧 $yx \in A$. D 是对称的充分且必要条件是 D 是某图的完全双定向. 一条**定向路** (oriented path) (**定向圈** (oriented cycle)) 是一条无向路 (无向圈) 的一个定向.

一个伪图 G 的完全双定向 $\overleftrightarrow{G}$ 是强连通有向图, 我们称 G 是**连通图** (connected graph). 相似地, 若 $\overleftrightarrow{G}$ 是 k 强有向图, 则说 G 是 k **连通图** (k-connected). $\overleftrightarrow{G}$ 的强分支是**连通分支** (connected component) 就是 G 的**分支**. 连通伪图 G 的一座**桥** (bridge) 是 G 的一条边, 使得删去这条边后余图是不连通的. 若从伪图 G 中任意删去至多 $k-1$ 条边后所得到的图仍然是连通的, 则称 G 是 k **边连通的** (k-edge-connected). 所以, 一个伪图无桥当且仅当它是 2 边连通的. G 中顶点 x 的邻集 $N_G(x)$ 是与之相邻的顶点之集. G 中顶点 x 的**度数** (degree) $d(x)$ 是与之邻接的边的数目, 其中 $d(x)$ 未计数顶点 x 上的自环. 图 G 的**最大度** (maximum degree) 定义为 $\Delta(G)=\max\{d(x): x\in V(G)\}$, **最小度** (minimum degree) 定义为 $\delta(G)=\min\{d(x): x\in V(G)\}$. 若 $\Delta(G)=\delta(G)$, 则称 G 是**正则的** (regular), 或 $\delta(G)$ 正则的. 若 $\overleftrightarrow{G}$ 和 $\overleftrightarrow{H}$ 是同构的, 则称 2 个图 G 和 H 是**同构的** (isomorphic).

当一个有向图的底图是连通的, 则称这个有向图是**连通的** (connected). 无向伪图中的途径、路和圈的概念相似于有向伪图 (极少忽视定向性) 中对应的概念. 无向伪图中的 xy 路是一条以 x 和 y 为端点的路. 当考虑有向图 D 与其底图 $UG(D)$ 时, 总是把 D 的途径叫做有向的, 同样地叫有向路、有向圈和有向迹, 原因是与 D 的底图中相同概念有区别. 底图的**森林** (forest) 是无圈的. 一个连通的森林叫做**树** (tree). 容易看到, 每个连通无向图都含有一棵**支撑树** (spanning tree), 即一棵树支撑子图 (习题 1.41). 如果有向图 D 是一个森林的定向结果, 则称 D 是**定向森林** (oriented forest). 有向图 D 的一个子图 T 是 D 的 **支撑定向树** (spanning oriented tree), 如果 $UG(T)$ 是 $UG(D)$ 的一棵支撑树. 如果有向图 D 的子图 T 是 D 的一棵支撑定向树并且 T 仅有一个零出度 (零入度) 的顶点 s, 则称 T 是 D 的一个**入分枝** (in-branching) (**出分枝** (out-branching)), 并称 s 为 T 的**根** (root) (见图 1.13). 在所讨论的问题中, 常常使用记号 F_s^+, F_s^- 分别表示有向图中以顶点 s 为根的出分枝、入分枝.

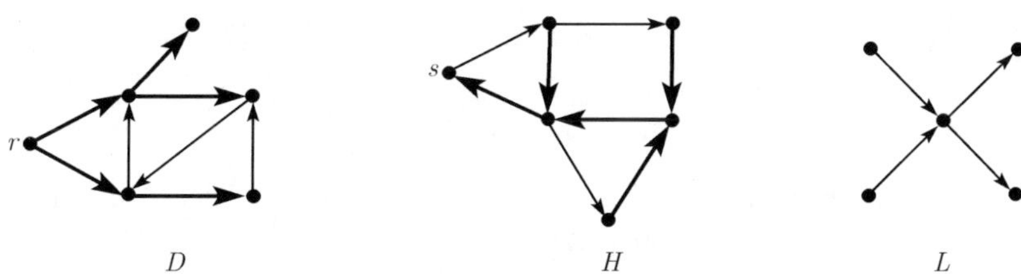

图 1.13 有向图 D 有一个根为 r 的出分枝 (用粗弧表示); 有向图 H 的一个根为 s 的入分枝 (用粗弧表示); 有向图 L 既没有出分枝也没有入分枝

因为连通有向图的支撑定向树 R 作为无向图来说是无圈的, 所以 R 至少含有一个零出度顶点和一个零入度顶点 (见命题 1.4.2). 因而, 出分枝和入分枝刻画了对应顶点唯一性的重要特征. 下面给出具有入分枝或出分枝的有向图的一个特征.

命题 1.6.1 连通有向图 D 包含一个出分枝 (入分枝) 当且仅当 D 仅有一个初始 (终止) 强分支.

证明 不失一般性, 我们仅证明这个连通有向图 D 包含一个出分枝. 实际上, 关于第 2 个结论, 只要把 D 的每一条弧反转, 其余论述按照第一个结论的证明就可以了. 假定 D 至少有 2 条初始强分支 D_1 和 D_2, 且设 T 是 D 的任意一棵支撑定向树, 则 $T\langle D_1\rangle$ 和 $T\langle D_2\rangle$ 均含有一个零入度顶点. 按照初始强分支的定义, 这 2 个顶点都是 T 的零入度顶点. 因而, T 本身不是一个出分枝, 而且 T 也没有出分枝. 如果 D 包含一个出分枝, 则它仅含有一个初始强分支.

假定 D 仅含有一个初始强分支 D_1, 且 r 是 D_1 的任意一个顶点, 欲证 D 有一个以 r 为根的出分枝. 在 $SC(D)$ 中, 对应 D_1 的顶点 x 是唯一的零入度顶点. 因而, 依照命题 1.4.4, $SC(D)$ 的每一个顶点是从 x 可达的. 所以, D 的每一个顶点是从 r 可达的. 我们来构造一棵定向树 T. 第一步, T 由 r 构成. 在第 i ($\geqslant 2$) 步中, 对在前一个步骤中附加到 T 的每一个顶点 y 给 T 添加顶点 $z \notin V(T)$ 和弧 yz, 使得 $y \to z$. 当没有顶点可以给 T 添加时, 这个过程就停止. 由于 D 的每一个顶点是从 r 可达的, 则 T 是支撑的. 显然, r 是 T 中唯一的零入度顶点, 说明 T 是一个出分枝. □

在命题 1.6.1 中构造的定向树 T 是 D 的一棵 BFS 树 (参见第 2 章). 我们有著名的 Robbins 定理.

定理 1.6.2(Robbins 定理)[637] 连通图 G 有一个强连通定向当且仅当 G 不含桥.

证明 如果 G 有一座桥, 显然 G 无强定向. 假定 G 是无桥的, 则每一条边 uv 被一个圈包含 (参见习题 1.38). 选择 G 的一个圈 C, 定向 C, 则有一个定向圈 T_1. 假定已经选择 $T_1, T_2, \cdots, T_k$, 并定好向, 使得 T_{i+1} ($1 \leqslant i < k$) 是一个圈, 且与 $T^i = T_1 \cup T_2 \cup \cdots \cup T_i$ 有唯一的公共顶点, 或者 T_{i+1} 是与 T^i 有唯一的公共初始和

终止顶点的路. 若 $UG(T^k) = G$, 根据归纳假定, 已证得结论, 即 T^k 是强的. 否则, 存在一条不在 $UG(T^k)$ 中的边 xy, 使得 x 在 $UG(T^k)$ 中. 设 C 是一个包含 xy 的圈, 定向 C 到一个 (有向) 圈 Z. 令 $UG(T^k)$ 中的顶点 z 是离开 x 后的第一个在穿过 Z 时与其相遇的顶点, 则 $T_{k+1} = Z[x,z]$ 满足上面所说的性质. 注意到 $E(G)$ 是有限的, 经过 ℓ ($\leqslant m-1$) 次的重复, 则有 $UG(T^\ell) = G$. □

下面, 我们将叙述并证明著名的欧拉有向多重图的特征. 显然, 删去一个有向伪图 D 的自环并不影响 D 是或不是欧拉图的性质. 这个定理的 "无向" 版本是图论的开始[225], 读者可在 Fleischner 编著的书里面看到欧拉的原始文章和翻译成英文的一个版本[240]; 在 Biggs, Lloyd 和 Wilson 编著的书[119] 以及 Wilson 撰写的文章[737] 均论述了有关这部分内容的历史.

定理 1.6.3(欧拉定理 ①)　有向多重图 D 是欧拉图的充要条件为 D 是连通的, 且对 D 的每一个顶点 x, 有 $d^+(x) = d^-(x)$.

证明　显然, 定理的 2 个条件是必须的. 我们建立一个欧拉迹 T, 从而给出充分性的构造性证明. 假定 T 的初始状态是空的. 选择有向多重图 D 的一个顶点 x, 注意到 D 是连通的, 存在顶点 $y \in N^+(x)$, 我们把 x 和一条从 x 到 y 的弧添加到 T. 因为 $d^-(y) = d^+(y)$, 则有以 y 为尾的弧 yz, 再将顶点 y 和弧 yz 添加到 T 中. 如此进行下去, 当一条弧 uv 被包含在 T 中, 就用一条不属于 T 的弧 a 把 v 添加到 T 中, 其中弧 a 的尾是 v. 因为对于每个顶点 $w \in V(D)$ 均有 $d^+(w) = d^-(w)$, 上面的过程只有当以下情况发生才会终止: 最后一条弧伸展到 T, 且这条弧的头为 x, 而 D 中以 x 为尾的弧早已在 T 中. 如果 D 的每一条弧均在 T 中, 证明结束. 假定不是这种情形. 由于 D 是连通的, 这就意味着 T 包含一个顶点 p, 它是一条不在 T 中的弧 pq 的尾. 循环地 "转换" T 中的顶点和弧, 使得 T 开始和终止均在顶点 p 上. 现在把弧 pq 加到 T 中, 然后运用上面的过程, 当只有最后延伸的弧的尾是 p, 而且离开 p 的每一条弧均在 T 中时, 就停止这个过程. 当 D 的每一条弧都在 T 中时, 就证得了定理, 或者能够找到一个新的顶点再进行如此的过程. 但是 $V(D)$ 是有限的, 若干个过程之后, T 就包含了 D 的每一条弧. □

定理 1.6.3 的证明所描述的算法能够实施运行 $O(|V(D)| + |A(D)|)$ 次, 见习题 1.72, 并且该定理的推广在定理 11.1.2 中给出. 对于欧拉有向多重图, 我们有如下关于出度和入度的更强的条件.

推论 1.6.4　设 D 是有向多重图, 对非空子集 $W \subset V(D)$, 则总有 $d^+(W) = d^-(W)$.

证明　注意, 有

$$\sum_{w \in W} d^+(w) = |(W,W)| + d^+(W), \quad \sum_{w \in W} d^-(w) = |(W,W)| + d^-(W). \tag{1.1}$$

① 欧拉的原始文章仅论述了无向图, 然而容易将他的结果推广到有向图[226] (见习题 1.44).

按照定理 1.6.3、等式 $\sum_{w\in W} d^+(w) = \sum_{w\in W} d^-(w)$ 和 (1.1) 式, 结论得证. □

有向伪图 (或无向伪图) G 的一个**匹配** (matching) M 是一个没有公共端点的弧 (边) 集合, M 中的任何一个元素均不是自环. 我们经常说一个匹配中的弧 (边) 是相互**独立的** (independent). G 的**最大** (maximum) 匹配 M 是包含了尽可能多的相互独立的弧 (边). 若最大匹配 M 的弧 (边) 的数目恰是 G 的顶点数目一半, 则称 M 是 G 的一个**完美匹配** (perfect matching). 有向或无向伪图 H 的一个顶点集 Q 是独立的, 如果导出图 $H\langle Q\rangle$ 是无弧 (边) 的. H 的**独立数**(independence number) $\alpha(H)$ 是最大整数 k, 使得 H 有一个基数为 k 的独立集. 有向或无向图 H 的一个**正常着色** (proper coloring) 是划分 $V(H)$ 为若干个互不相交的独立集, 最少的独立集的个数记为 $\chi(H)$, 叫做 H 的**色数** (chromatic number).

1.3 节中介绍了有向图的合成运算. 考虑无向图的完全双定向, 我们就能够容易地定义无向图的**合成运算** (composition operation). 设 H 是顶点集为 $\{v_1, v_2, \cdots, v_n\}$ 的无向图, $G_1, G_2, \cdots, G_n$ 是两两不交的无向图. 合成 $H[G_1, G_2, \cdots, G_n]$ 是顶点集为 $V(G_1) \cup V(G_2) \cup \cdots \cup V(G_n)$ 的一个图 L, 它的边集合为

$$E(L) = \bigcup_{i=1}^{n} E(G_i) \cup \{g_i g_j:\ g_i \in V(G_i),\ g_j \in V(G_j),\ v_i v_j \in E(H)\}.$$

如果每个无向图 $G_i(i = 1, 2, \cdots, n)$ 都无边, 则称合成 $L = H[G_1, G_2, \cdots, G_n]$ 为图 H 的一个**扩张** (extension).

1.7 混合图和超图

混合图 (mixed graph) 作为有向图和无向图的推广是非常有用的. 更重要的是, 在图的双定向的几个证明中均要用到混合图.

一个混合图 $M = (V, A, E)$ 包含弧 (A 中顶点有序对) 和边 (E 中顶点无序对). 这里不允许有自环和平行边, 但 M 可能有一条弧和一条边, 使得它们有相同的端点. 为简便起见, 混合图的弧和边均叫做边. 于是, 一条弧可以被看成是一条定了向的边. 在一般情形下, 一条无定向的边就认为是一条边. 混合图 $M = (V, A, E)$ 的双定向是把 M 中每一条无定向的边 xy 用弧 xy, 或弧 yx, 或弧对 xy, yx 来代替. 如果没有无定向边被一对弧代替, 则说是一个混合图的**定向**①. 混合图 M 的**完全双定向** (complete biorientation) 是 M 的一个双定向 $\overleftrightarrow{M}$, 使得每一条无定向边 $xy \in E$ 在 M 中被弧对 xy 和 yx 代替. 使用混合图的双定向就不难给出 M 中途径、迹、路和圈的定义. 唯一的附加的条件是 $\overleftrightarrow{M}$ 中由 M 中一条边的替换而得到

① 注意, 一个混合图 $M = (V, A, E)$ 可以包含一个有向 2 圈. 此时, 没有 M 的定向是一个定向的图 (因为某些 2 圈的存在).

的弧对, 可以被看成是一件事物的 2 种表现. 例如, 若如此弧对中的一条弧出现在一条迹 T 中, 那么第 2 条就不能出现在 T 中. 混合图 M 是**强的** (strong) 当且仅当 $\overleftrightarrow{M}$ 是强的. 相似地, 读者可以给出强分支的定义. 仅当 $\overleftrightarrow{M}$ 是连通的, 我们说混合图 M 是连通的. 若连通混合图 M 中的一条边 ℓ 使得 $M-\ell$ 不连通, 则称这条边为 M 的一座**桥** (bridge).

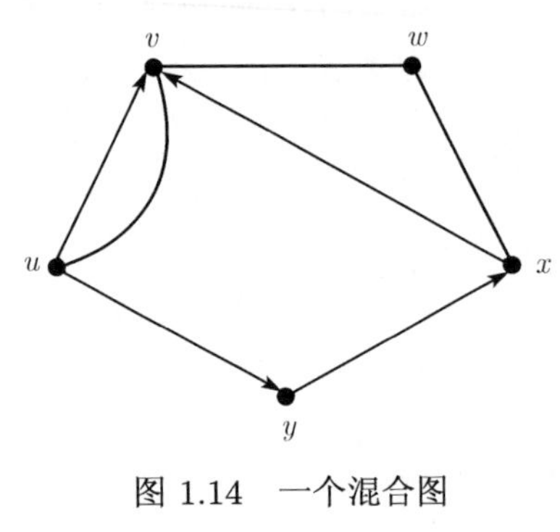

图 1.14 一个混合图

图 1.14 解释了混合图的概念. 图 1.14 中所描绘的混合图 M 是强的; M 的一个圈是 $u(u,v)v\{v,u\}u$; $M-x$ 有 2 个强分支, 一个由 y 构成, 另一个由 $M'=M\langle\{u,v,w\}\rangle$ 构成. 边 $\{v,w\}$ 是 M' 的桥, 弧 (u,v) 和边 (u,v) 不是 M' 的桥; M 是无桥的.

Boesh 和 Tindell 得到了下面的定理 1.7.1[120], 而且该定理是定理 1.6.2 的一个推广. Volkmann 给出了定理 1.7.1 的一个简短证明[730]. Chung, Garey 和 Tarjan 发现了另一个可导出线性时间算法的证明[157].

定理 1.7.1 已知 e 是一个强混合图 M 的一条无定向边, 则边 e 可以被一条弧 (具有相同端点) 代替, 使得新混合图 M' 是强的充要条件为无定向边 e 不是桥.

证明 如果无定向边 e 是桥, 显然在一个强混合图中无法产生 e 的定向. 假定 e 不是桥, 且令 $M'=M-e$. 若 M' 是强的, 则 e 的任意一个定向产生一个强混合图, 于是假设 M' 不是强的. 由于 e 不是桥, 所以 M' 是连通的, 则有 M' 的强分支 $L_1,L_2,\cdots,L_k$. 注意到, M 是强的, 有唯一的初始强分支, 比如是 L_1, 它的唯一的终止分支是 L_k. 令 e 的**端点** u 和 v 分别属于 L_1 和 L_k, 依照 $L_1,L_2,\cdots,L_k$ 的强连通性和命题 1.4.4 (应用到 $\overleftrightarrow{M}'$ 的强分支有向图上), 则知 $M'+(v,u)$ 是强的. □

有向图 D 的一个**定向** (orientation) 是 D 的一个有向子图, 它是删去 D 内每对弧 xy 和 yx 在 D 中的一条后得到的有向子图. 图 1.15 给出了这个概念的一个解释.

由于可以利用一条无向边来替代每一个 2 圈, 从而可以将一个有向图转换为一个混合图, 于是, 我们重新表述定理 1.7.1 如下:

推论 1.7.2 一个强有向图有一个强定向当且仅当底图 $UG(D)$ 无桥.

一个**超图** (hypergraph) 是一个有序对 $H=(V,\mathcal{E})$, 其中 V 是一个集合 (H 的顶点集), $\mathcal{E}$ 是一族 V 的子集 (叫做 H 的边集合). H 的**秩** (rank) 是 H 中最大边集合的基数. 例如, $H_0=(\{1,2,3,4\},\{\{1,2,3\},\{2,3\},\{1,2,4\}\})$ 就是一个超图, 它的

秩为 3. 超图 H 的顶点个数叫做 H 的**阶** (order). 若有一个映射 $f: V \to \{0,1\}$, 使对每一条边 $E \in \mathcal{E}$, 都存在一对顶点 $x, y \in E$, 有 $f(x) \neq f(y)$, 我们说超图 H 是 2 可着色的, 函数 f 叫做 H 的一个 2 **着色** (2-coloring). 不难验证, H_0 是 2 可着色的. 特别地, $f(1) = f(2) = 0$, $f(3) = f(4) = 1$ 是 H_0 的一个 2 着色. 如果超图的全体边集合的基数相同, 则称这个超图是**齐超图** (uniform hypergraph). 于是, 每一个无向图是 2 齐超图.

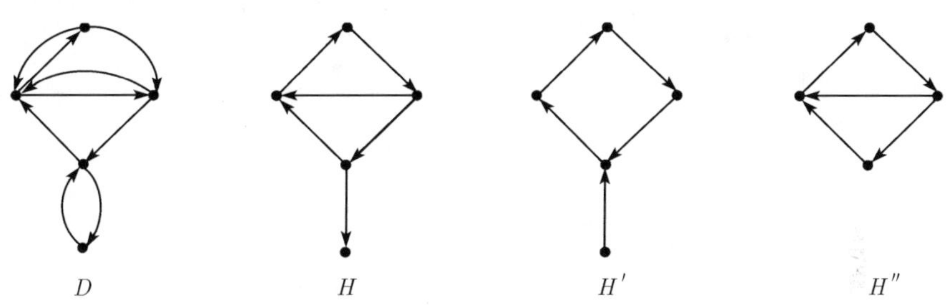

图 1.15 一个有向图 D 及其子图 H, H' 和 H''

H 是 D 的一个定向, 其余 2 个图 H', H'' 皆不是 D 的定向

1.8 有向图和无向图的分类

本节将定义某些特殊类型的有向和无向多重图, 当然, 在后面的章节中将要使用这些图.

一个多重图 G 是**完全的** (complete) 当且仅当它的任何 2 个不同顶点是相邻的. K_n 表示一个具有 n 个顶点的完全图, 它的补图 $\overline{K}_n$ 是无边图.

若能划分多重图 H 的顶点集 $V(H)$ 为 p 个**部分集** $V_1, V_2, \cdots, V_p$, (即 $V(H) = \bigcup_{i=1}^{p} V_i$, 且当 $i \neq j$, 有 $V_i \cap V_j = \varnothing$), 使得 H 的每条边的端点分别在不同的部分集合中, 则称 H 是 p **部分多重图** (p-partite multigraph). 当 $p = 2$ 时, 是 p 部分多重图的特殊情形, 叫做**二部分图** (bipartite graph), 或偶图, 用 $B = (V_1, V_2; E)$ 表示一个二部分图 B. 一个 p 部分多重图 H 是完全 p **部分的**, 则对任意的顶点 $x \in V_i$ 和 $y \in V_j$ $(i \neq j)$, H 总含有边 xy. 具有 n 个顶点的完全图显然是完全 n 部分图, 每部分只有一个顶点. 用完全 p 部分图 H 的顶点部分集的基数 $n_1, n_2, \cdots, n_p$ 来表示 $H = K_{n_1, n_2, \cdots, n_p}$. 完全 p 部分图也叫做**完全多部分图** (complete multipartite graph).

为了简化一些结论的证明, 下面转换有向多重图 $D = (V, A)$ 的有向子图成为二部分多重图的变换是极为有用的. 设 $BG(D) = (V', V''; E)$ 表示部分集为 $V' = \{v' : v \in V\}$ 和 $V'' = \{v'' : v \in V\}$ 的二部分多重图, 使对顶点 $u, w \in V(D)$, 有 $\mu_{BG(D)}(u'w'') = \mu_D(uw)$. 我们常把 $BG(D)$ 叫做 D 的**二部分表示** (bipartite representation), 一个转换的例子在图 1.16 中给出.

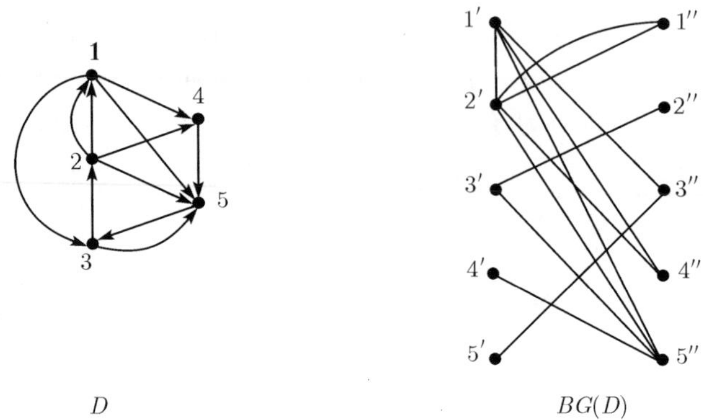

图 1.16 一个有向图及其二部分表示

一个 p **部分有向图**(p-partite digraph) 是 p 部分图的一个双定向, 见图 1.17(b). 二部分有向图是有意义的, 一个著名的结论 (早已被 König 证明 [497]) 是无向

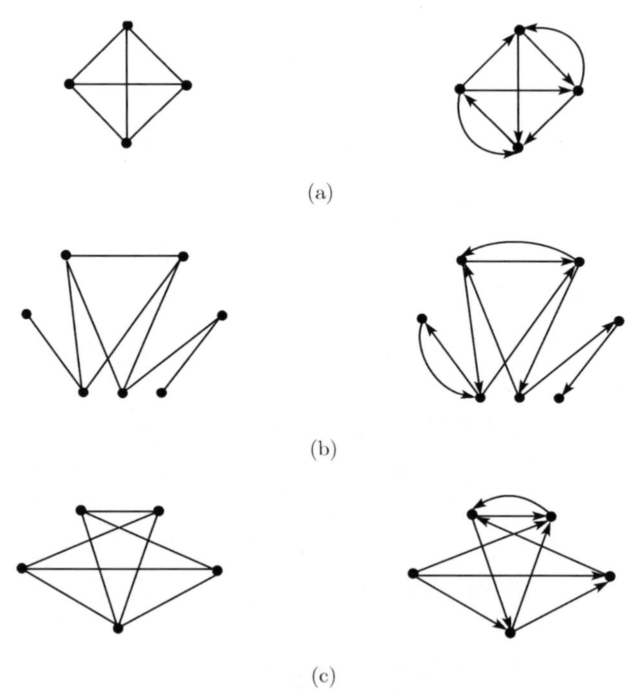

图 1.17 图和有向图的分类

(a) K_4 和一个 4 阶半完全图; (b) 一个 3 部分图 G 和 G 的双定向;

(c) 完全 3 部分图 $K_{2,1,2}$ 和一个半完全 3 部分有向图 D

图为二部分图的充要条件是它不含奇圈, 这个关于圈的陈述推广到有向图是不成立的. 具有顶点集 $\{x,y,z\}$ 和弧集 $\{xy,xz,yz\}$ 非二部分有向图就是这样的一个例子, 而且很容易推广这个例子到一般情形中. 然而, 这个陈述的推广对强二部分有向图是成立的. 读者可在 Harary, Norman 和 Cartwright 编写的书中找到下面的定理 1.8.1[404].

定理 1.8.1 强连通有向图是二部分的充要条件是它没有奇圈.

证明 当 D 是二部分的, 则易看到 D 不含有奇圈. 为证充分性而设 D 无奇圈. 固定 D 的一个顶点 x, 对于每一个顶点 $y \in V(D)-x$, 我们有断言: (x,y) 路 P 和 (y,x) 路 Q 的长度在模 2 下是相等的.

反设对这个顶点 y, 路 P 和 Q 的选择却不使这个结论成立. 我们可以这样来选择 y, P 和 Q, 使得路 P 和 Q 的长度奇偶性不相同, 且 $|V(P)|+|V(Q)|$ 是在全体这种 (x,y) 路和 (y,x) 路中的最小者. 若 $V(P)\cap V(Q)=\{x,y\}$, 则 PQ 是一个奇圈, 与充分性假设矛盾. 因而有 $V(P)\cap V(Q)$ 的顶点 $z\notin\{x,y\}$, 且 z 是沿 Q 从 y 向 x 走的第一个顶点, 于是 $P[z,y]Q[y_Q^+,z]$ 是一个圈, 依照假设, 它是偶长圈.

显然, 路 $P[x,z]$ 和 $Q[z,x]$ 的奇偶性是不同的, 这与 y,P 和 Q 的选择矛盾, 从而前面的断言得证. 实际上, 对于每一个顶点 $y\in V(D)-x$, 从 x 到 y 的所有路的长度具有相同的奇偶性, 令 $U=\{y:\ (x,y)$ 路的长度为偶数 $\}$ 和 $U'=\{y:\ (x,y)$ 路的长度为奇数 $\}$. 这是 $V(D)$ 的一个二部划分, U 和 U' 均不含 2 个顶点, 使得这 2 个顶点是 D 的一条弧的端点. 不然, 这将隐含从 x 到某些顶点的路有不同的奇偶性. □

这个定理可被扩展到在模 k $(\geqslant 2)$ 下圈长为零的有向图中, 读者可参见定理 10.5.1.

前面我们已经定义竞赛图是完全图的定向, 一个**半完全有向图** (semicomplete digraph) 是一个完全图的双定向 (见图 1.17 (a)). 完全图的完全双定向是**完全有向图** (complete digraph), 记为 $\overleftrightarrow{K}_n$. 我们能够用不同的方式扩张半完全图的概念和它们的特殊竞赛图类. 一个完全 p 部分 (多部分) 图的双定向是一个**半完全 p 部分 (多部分) 有向图** (semicomplete p-partite multipartite digraph), 见图 1.17 (c) 中的例子. 一个**多部分竞赛图** (multipartite tournament) 是一个完全多部分图的一个定向. 一个半完全 2 部分有向图也叫做**半完全二部分有向图** (semicomplete bipartite digraph). 一个**二部分竞赛图** (bipartite tournament) 是一个无 2 圈的半完全二部分有向图.

运用 1.3 节中介绍的扩张运算来定义上述有向图类的扩张概念, 这些扩张分别叫做**扩张半完全有向图** (extended semicomplete digraph) (或半完全有向图的扩张)、**扩张半完全多部分有向图** (extended semicomplete multipartite digraph) 等等. 显然, 每个扩张半完全有向图是一个半完全多部分有向图, 也不必须是半完全有向图, 每个扩张半完全多部分有向图就是一个半完全多部分有向图. 所以, 半完全多部分有向图类是**扩张封闭的** (extension-closed). 然而, 半完全有向图类却不是扩张封闭的.

注意到无圈有向图 D 不含圈, 显然, 每个无圈有向图是一个定向的图. 有向图 D 是**可传递的** (transitive), 如果 D 的每对弧 xy 和 yz 满足 $x \neq z$, 则弧 xz 也在 D 中. 不难证明: 一个竞赛图是可传递的当且仅当它是无圈的 (习题 1.46). 有时会遇到可传递定向图的问题, 即无 2 长圈可传递图问题. 有向图 D 是**拟可传递的** (quasi-transitive), 如果 D 的 3 个不同的顶点 x,y 和 z 使得 D 含弧 xy 和弧 yz, 且在 x 和 z 之间至少有一条弧. 显然, 半完全有向图是拟可传递的. 注意, 如果 x 和 z 之间仅有一条弧, 那么其方向可能是任意的. 因此, 拟可传递有向图一般不是可传递有向图 (如图 1.18).

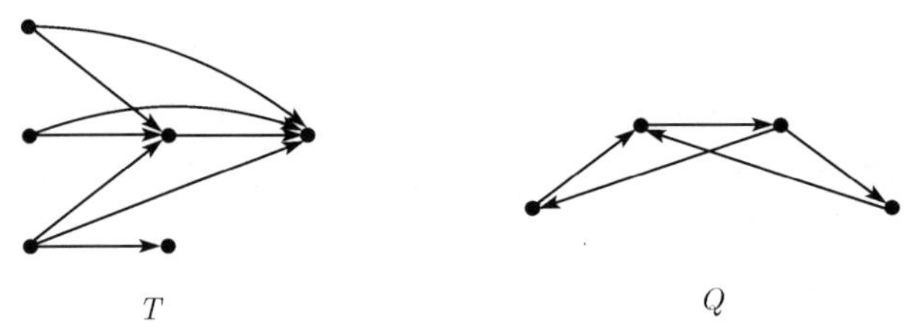

图 1.18　一个可传递有向图 T 和一个拟可传递有向图 Q

1.9 算法简介

我们在本书中经常会描述或分析有向图的一些算法, 因而更多地关注这些算法方面的图理论, 而不是注重它在计算机上的实际运行 (实际上, 有时不去证明一个算法的最佳复杂性, 而多数情形是提供较好的复杂性作为参考). 下面给出涉及到数据结构和算法的基本概念, 需要组合算法设计和分析的详细介绍的读者可以阅读有关此专题的书籍, 或阅读 Aho, Hopcroft 和 Ullman[6], Brassard 和 Bratley[134] 以及 Cormen, Leiserson 和 Rivest[169] 的书.

1.9.1　算法及其复杂性

若无特别声明, n 和 m 分别表示所考虑的有向多重图的顶点数目和弧数目. 除非专门的基外, 以下算法库 (algorithm base) 均为 2 库. 已知 $f(k)$ 和 $g(k)$ 为非负整变量 k 的函数, 如果存在正常数 c 和 k_0, 使得对所有的 $k \geqslant k_0$, $0 \leqslant f(k) \leqslant cg(k)$ 成立, 则记 $f(k) = O(g(k))$. 如果有 $0 \leqslant cf(k) \leqslant g(k)$, 则记 $g(k) = \Omega(f(k))$. 显然, $f(k) = O(g(k))$ 的充要条件是 $g(k) = \Omega(f(k))$. 若二者同时成立, 则说 $f(k)$ 和 $g(k)$

同阶 (the same order), 记为 $f(k) = \Theta(g(k))$.

在算法分析中, 首当其冲的是**时间复杂性** (time complexity), 它反映所对应的计算机程序在不同计算机上的运行时间. 为了使时间复杂性的测量具有广泛性, 总假定计算是在某些抽象计算机上运行. 计算机在常量时间内执行**初等运算** (elementary operation), 也就是算术运算、比较判断、数据移动和控制分流. 由于仅仅关注于执行时间的近似值, 一个算法初等运算的数量被看作是它的时间复杂性. 在大规模情形中, 一个算法的时间复杂性 (常常简称为**复杂性**) 依赖于对它的输入规模. 如果输入规模为 n 的一个算法 $\mathcal{A}$ 关于输入规模的函数 $g(n)$ 的运行时间绝对不超过 $cg(n)$, 这里 c 为常数 (仅仅依赖于 $\mathcal{A}$), 我们说算法 $\mathcal{A}$ 是 $O(g(n))$ 算法.

因为本书所考虑的典型算法输入是赋权有向多重图, 故输入的规模均用顶点和弧的数目衡量, 即 n 和 m. 对于弧赋权 (顶点赋权) 的有向图, 用 $\log|c_{\max}|$, 其中 $|c_{\max}|$ 是弧权 (顶点权) 的绝对值的最大值. 复杂性为 $O(P(n, m, \log|c_{\max}|))$ 的算法是**多项式时间** (polynomial time) 算法 (或简称为**多项式的**), 如果 $P(n, m, \log|c_{\max}|)$ 是 n, m 和 $\log|c_{\max}|$ 的多项式. 具有多项式算法的相等有效算法的概念由 Edmonds 提出[210], 它是现代直观有效算法概念的最流行表示. 当 n 是输入的规模, 并不把复杂性 $\Theta(n^{1000})$ 的算法叫做有效性算法, 十分稀少的多项式算法的确有如此高的伴随多项式.

用于计算目的的 2 个著名却经常使用的方式是表示一个有向图 $D = (V, A)$ 为相邻列表族以及相邻矩阵.

对于有向多重图 $D = (V, A)$ 的**相邻矩阵表示** (adjacency matrix representation), 我们假定 D 的顶点用某种任意但又固定的方式标号为 $v_1, v_2, \cdots, v_n$. 有向图 D 的**相邻矩阵** (adjacency matrix) $M(D) = [m_{ij}]$ 是一个 $n \times n$ 阶矩阵, 使得当 $v_i \to v_j$, 有 $m_{ij} = 1$; 否则, 皆有 $m_{ij} = 0$. 对有向伪图, 则令 $m_{ij} = \mu(v_i, v_j)$, 也就是说, m_{ij} 是从 v_i 到 v_j 的弧的数目. 相邻矩阵表示法则是一个非常方便而快捷地检测是否有一条从一个顶点到另一个顶点的弧. 这种表示法的弱点是它检查了全部的相邻顶点, 而没有使用除相邻矩阵外其他的信息, 因而需要 $\Omega(n^2)$ 次检测. 于是运用相邻矩阵算法的主部不能有低于 $\Omega(n^2)$ 的复杂性 (特别地, 如果包括建立相邻矩阵所需要的时间, 这种说法是成立的).

有向伪图 $D = (V, A)$ 的**相邻列表表示** (adjacency list representation) 是由一对列表 Adj^+ 和 Adj^- 组成. Adj^+ 和 Adj^- 中的每一个则由 V 的每一个顶点的 $|V|$ 个 (链接的) 列表构成. 对于每一个顶点 $x \in V$, 链接列表 $Adj^+(x)$ 在某种固定次序中包含了全体被 x 支配的顶点, 链接列表 $Adj^-(x)$ 在某种固定次序中包含了全体支配 x 的顶点, 见图 1.19 的解释. 应用相邻列表表示, 在 $O(|Adj^+(x)|)$ $(O(|Adj^-(x)|))$ 时间内就可得到全体出邻点 (入邻点). 一般相邻列表表示的缺点是需要大于常数时间来检测 $x \to y$. 实际上, 为了确定 $x \to y$, 就要接连不断地搜索 $Adj^+(x)$ (或

$Adj^{-}(x)$), 直到找到 y (或 x) 为止, 或者是到达列表的终端.

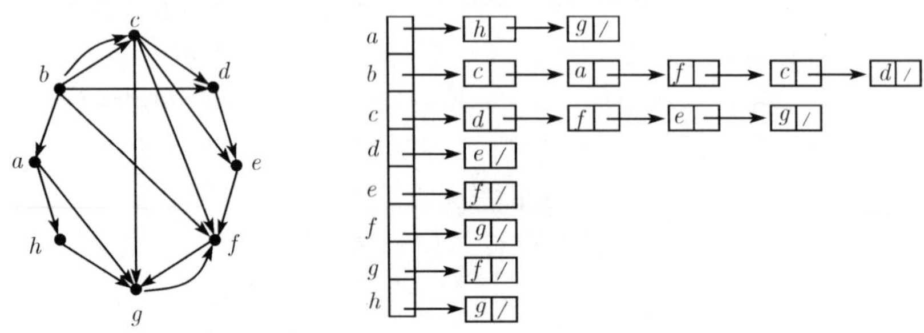

图 1.19 一个有向多重图和它的一个相邻列表 Adj^{+} 表示

为了解释本节所描述的定义, 我们考虑竞赛图的哈密尔顿问题. 定理 1.4.5 指出竞赛图是可描绘的. 然而, 这个定理的证明是非构造性的, 也就是说, 它不能够提供一个在竞赛图中寻找哈密尔顿路的多项式算法. 我们将给出定理 1.4.5 的 2 个构造性证明, 说明如何得到在竞赛图中构造哈密尔顿路的多项式算法.

定理 1.4.5 的归纳式证明 只有一个顶点的竞赛图有一条哈密尔顿路, 就是它自身. 假定对顶点数目少于 n $(\geqslant 2)$ 的竞赛图定理成立. 我们来考虑 n 个顶点的竞赛图 T, 取一个顶点 $x \in V(T)$. 根据归纳假定, 竞赛图 $T-x$ 有一条哈密尔顿路 $P = y_1y_2\cdots y_{n-1}$. 如果 $x \to y_1$, 则 xP 就是 T 的一条哈密尔顿路. 若 $y_{n-1} \to x$, 那么 Px 也是 T 的一条哈密尔顿路. 假设 $y_1 \to x$ 和 $x \to y_{n-1}$. 容易证明, 存在下标 $i < n-1$, 使得 $y_i \to x$ 和 $x \to y_{i+1}$. 于是, 路 $P[y_1, y_i]xP[y_{i+1}, y_{n-1}]$ 是 T 的一条哈密尔顿路. □

上面的构造性证明给出了下面寻找竞赛图中哈密尔顿路的简便算法, 该算法简单性的理由之一因为它是**可递推算法** (关于递推算法的讨论读者可参见 Cormen, Leiserson 和 Rivest 的书[169]).

HamPathTour 算法

输入: 一个顶点标定为 $x_1, x_2, \cdots, x_n$ 的竞赛图 T 和 T 的相邻矩阵 $M = [m_{ij}]$.

输出: T 的一条哈密尔顿路.

1. 令 $P := x_1$ 和 $i := 2$.
2. 如果 $i > n$, 则转到第 7 步.
3. 令 $P = y_1y_2\cdots y_{i-1}$ 是当前的路.
4. 如果 $x_i \to y_1$, 则 $P := x_iP$. 令 $i := i+1$ 并转到第 2 步.
5. 如果 $y_{i-1} \to x_i$, 则 $P := Px_i$. 令 $i := i+1$ 并转到第 2 步.
6. 对 $j = 1$ 到 $i-2$ 作: 若 $y_j \to x_i \to y_{j+1}$, 则令 $P := P[y_1, y_j]x_iP[y_{j+1}, y_{i-1}]$. 令 $i := i+1$ 并转到第 2 步.
7. 返回路 P.

这个算法的正确性已在上面的证明中得证, 我们来说明这个算法为什么是一个 $O(n^2)$ 算法. 观察到这个算法有 2 个嵌套的自循环, 每一个自循环需要 $O(n)$ 次运算 (计算查询相邻矩阵为常量时间), 而其他所有步骤取常量时间, 于是复杂性为 $O(n^2)$.

熟悉排序数算法的读者能够注意到 HamPathTour 极相似于**算法插入排序** (algorithm insertion-sort), 它在一个列表中一次插入一个数来排序数[169]. 这种相似性不是巧合, 实际上, 给定 n 个不同实数的集合 $\mathcal{S}=\{a_1,a_2,\cdots,a_n\}$, 可以形成一个无圈竞赛图 $T(\mathcal{S})$, 它的顶点集和弧集分别为 $V(T(\mathcal{S}))=\mathcal{S}$ 和 $A(T(\mathcal{S}))=\{a_ia_j: a_i<a_j,\ 1\leqslant i\neq j\leqslant n\}$. $\mathcal{S}$ 上的正确 (排序的) 增长序对应于 $T(\mathcal{S})$ 中唯一的哈密尔顿路 $a_{\pi(1)}a_{\pi(2)}\cdots a_{\pi(n)}$, 它也是 $V(T(\mathcal{S}))$ 的唯一无圈序 (见习题 1.18). 于是, 在竞赛图中寻找哈密尔顿路可以被应用于数的排序 (利用寻找对应于 $T(\mathcal{S})$ 的顶点间弧的定向来比较数①). 相反地, 一些排序算法能够被转换成解决竞赛图中寻找哈密尔顿有向图的更一般性问题的算法, 这样的一个典型例子是 **Mergesort 算法**[169], 也就是要转换成竞赛图中的语言. 为简便起见, 假定新输入的竞赛图的顶点个数为 2 的次幂. 读者能够把它推广到一般情形中, 见习题 1.70. 为方便地把这个算法叙述为一个递推算法, 我们为这个算法指定一个参数, 并假定竞赛图是能够跑遍自己的相邻矩阵.

MergeHamPathTour (T)

1. 撕裂 T 为 2 个具有相同顶点数目的竞赛图 T_1 和 T_2.
2. $P_i :=$ MergeHamPathTour (T_i), $i=1,2$.
3. $P :=$ MergePath (P_1,P_2).
4. 返回 P.

这里的 MergePaths 是一个过程, 它给出竞赛图 T 的 2 条**不交的路** P,P', 融合它们成为一条路 P^*, 使得 $V(P^*)=V(P)\cup V(P')$. 这种方式可以运用于融合 2 个数的排序列表成为一个大的排序列表.

运行 MergePaths (P,P'):

输入: 路 $P=x_1x_2\cdots x_k$ 和路 $P'=y_1y_2\cdots y_r$.

输出: 一条路 P^*, 满足 $V(P^*)=V(P)\cup V(P')$.

1. 如果 P' 是空的, 则 $P^*:=P$.
2. 如果 P 是空的, 则 $P^*:=P'$.
3. 如果 x_1 支配 y_1, 则 $P^*:=x_1$ MergePaths $(P-x_1,P')$.
4. 如果 y_1 支配 x_1, 则 $P^*:=y_1$ MergePaths $(P,P'-y_1)$.
5. 返回 P^*.

---

① 这仅仅是一个实际的描述, 在这个情形里并不需要构造相邻矩阵. 我们只需要简单地比较 2 个数 x 和 y 以及 $x\to y$ 当且仅当 $x<y$.

有关 MergeSort 算法的常规分析[169] 表明 MergeHamPathTour 算法使用了 $O(n\log n)$ 次比较去分类 n 个实数. 相似地, 通过上面已经叙述的事实: 在对 T 的相邻顶点进行 $O(n\log n)$ 次询问之后, MergeHamPathTour 算法将找到 n 个顶点竞赛图的一条哈密尔顿路, 可以证得该算法的正确性. 注意到, 要补偿这个算法并不需要为递推调用中所考虑的每一个竞赛图来建立相邻矩阵. 实际上, 当使用原来竞赛图的相邻矩阵时, 所有相邻均可以被查询到. 因此, 如果仅需要计数次数的话, 则只需要看一条弧的方向, 从而说明 MergeHamPathTour 算法快于 HamPathTour 算法.

1.9.2 $\mathcal{NP}$ 完全问题和 $\mathcal{NP}$ 困难问题

已知关于有向图的许多问题的算法不是多项式算法, (按它们的判定形式所表述的) 这些问题中不少属于 $\mathcal{NP}$ 完全问题 ($\mathcal{NPC}$ 类), 在 Garey 和 Johnson 编写的书中可以看到有关 $\mathcal{NP}$ 完全问题的详细介绍[303]. 一个问题叫做**判定** (decision) 问题, 如果它要求回答 "yes" 或 "no". 一个**问题**应准确地理解为一个由诸多事例构成的族. 例如, 考虑一个有向图中的哈密尔顿圈问题: 已知一个有向图, 判定它是否有一个哈密尔顿圈. 每个有向图就为这个问题提供了一个事例. **旅行售货员问题** (TSP) 相似于如下问题: 给定一个**赋权有向完全图** D 和一个实数 B, 判定 D 是否有一个权至多为 B 的哈密尔顿圈. 后面问题的一个事例是由一个有向完全图及其弧上的一个特定赋权所构成.

一个判定问题 $\mathcal{S}$ 属于复杂类 $\mathcal{P}$ 当且仅当存在一个多项式算法 $\mathcal{A}$, 对给定 $\mathcal{S}$ 的任何一个事例在集合 { "yes", "no" } 中产生一个答案, 使得在由 $\mathcal{A}$ 输入 x 的答案是 "yes" 当且仅当 x 是关于 $\mathcal{S}$ 的一个 "yes" 事例①. 由于 $\mathcal{A}$ 是多项式, 最多经历 $p(|x|)$ 个步骤后就产生答案, 记号 $|x|$ 表示输入 x 的规模, p 是一个固定的 (依赖于 $\mathcal{S}$) 多项式.

一个判定问题属于类 $\mathcal{NP}$ (或 co-$\mathcal{NP}$), 如果对问题的每一个 "yes" 事例 ("no" 事例), 都存在一个多项式规模 (依照 n, m 和 $\log|c_{\max}|$) 的短 "证明", 把它叫做**认证** (certificate), 使得我们使用认证可以在多项式时间内来验证确为 "yes" ("no") 的事例. 认证依赖于问题的事例, 但问题的全体事例必须有相同的结构. 为了解释这个定义, 我们来验证哈密尔顿圈问题和旅行售货员问题都属于 $\mathcal{NP}$ 类. 已知有向图 D 顶点的一个置换 π (π 是对 D 的哈密尔顿性的认证), 不难证明这个置换是否对应 D 中的哈密尔顿圈 (注意, 对问题的每一个事例这个认证都有相同的结构, 即顶点的一个置换). 实际上, 设 $V(D)=\{1,2,\cdots,n\}$, 简单地检查 $\pi(i)\pi(i+1)$ 是否为 D 的一条弧, 其中顶点 $n+1$ 等于顶点 1. 如果给弧赋权, 也容易验证所找

① 于是, 当输入的有向图确有一个哈密尔顿圈时, 关于哈密尔顿问题的一个归纳多项式算法必须明确地产生答案 "yes".

到的哈密尔顿圈的权至多为 B. 注意这里的情形不是对称的：不知道哈密尔顿问题的逆向问题 (给出一个有向图, 检查它没有哈密尔顿圈) 是否也在 $\mathcal{NP}$ 类内. 实际上, 很难想象到用什么样的认证能够使一个多项式算法可以判定一个有向图不是哈密尔顿的. 准确地说, 如此一个认证将肯定地回答著名的复杂性问题：是否有 $\mathcal{NP} = \text{co-}\mathcal{NP}$[303]? 找到这个问题的正确答案似乎超出现有的算法能力.

给定 2 个判定问题 $\mathcal{S}$ 和 $\mathcal{T}$, 说 $\mathcal{S}$ 是多项式地**可简约** (reducible) 到 $\mathcal{T}$ (记为 $\mathcal{S} \leqslant_{\mathcal{P}} \mathcal{T}$), 若存在多项式 $\mathcal{A}$, 它把 $\mathcal{S}$ 的一个事例 x 转换成 $\mathcal{T}$ 的一个事例 $\mathcal{A}(x)$, 使得第二个事例具有和第一个事例相同的答案. 也就是说, x 是 $\mathcal{S}$ 的一个 "yes" 事例当且仅当 $\mathcal{A}(x)$ 是 $\mathcal{T}$ 的一个 "yes" 事例. 有些**多项式简约**是不困难的. 例如, 能够把哈密尔顿圈问题简约到旅行售货员问题：对已知有向图 D, 考虑 $\overleftrightarrow{K}_n$ 的一个拷贝使得 $V(D) = V(\overleftrightarrow{K}_n)$, 对 $\overleftrightarrow{K}_n$ 的每一条弧 e, 如果 $e \in A(D)$, 则 e 的权重为 1, 不然, 它的权重为 2. 取 $B = n$, 则 D 是哈密尔顿有向图的充要条件是赋有前面所定义的权的 $\overleftrightarrow{K}_n$ 有一个权重不超过 B 的哈密尔顿圈. 显然, 上面的变换可以由一个式项式算法实现.

一个判定问题是 $\mathcal{NP}$ **困难问题** ($\mathcal{NP}$-hard problem), 如果能够把 $\mathcal{NP}$ 内的所有问题多项式简约到这个问题上. 如果一个 $\mathcal{NP}$ 困难问题也属于 $\mathcal{NP}$, 则称它为 $\mathcal{NP}$ **完全问题** ($\mathcal{NP}$-complete problem). 类 $\mathcal{NPC}$ 是由全体 $\mathcal{NP}$ 完全问题构成. 为了证明一个判定问题 $\mathcal{W}$ 是一个 $\mathcal{NP}$ 困难问题, 必须证明 $\mathcal{NP}$ 内的每一个问题能够被多项式简约到 $\mathcal{W}$, 这似乎是一个不可能完成的任务. 然而, 多项式变换非常接近于合成, 即当 $\mathcal{S} \leqslant_{\mathcal{P}} \mathcal{T}$ 和 $\mathcal{T} \leqslant_{\mathcal{P}} \mathcal{K}$, 就意味着 $\mathcal{S} \leqslant_{\mathcal{P}} \mathcal{K}$ (习题 1.73). 因此, 为证明 $\mathcal{W}$ 是一个 $\mathcal{NP}$ 困难问题, 只要证明有某些 $\mathcal{NP}$ 完全问题能够多项式简约到 $\mathcal{W}$ 就足够了 (习题 1.75). 当然, 这仅仅依赖于建立存在某些属于类 $\mathcal{NPC}$ 的 $\mathcal{NP}$ 完全问题. 这个极其重要而非凡的步骤是 Cook 在 1971 年确立的[165], Levin 独立地给出了一个相似的结果[513].

由于有大量的 $\mathcal{NP}$ 完全问题, 使得证明一个给定的问题为 $\mathcal{NP}$ 完全问题有时并不困难. 另一方面, 在许多情形中, 这项工作是极为不简单的. 本书将给出一定数量的 $\mathcal{NP}$ 完全性和 $\mathcal{NP}$ 困难性的证明. Karp 在他的典型的文章中证明了著名的哈密尔顿问题是 $\mathcal{NP}$ 完全问题[474]. 利用上面提到的变换, 旅行售货员问题也是 $\mathcal{NP}$ 完全问题.

实际上, 人们常常要处理**最优化问题** (optimization problems) 而不是判定问题. 为一个给定的问题找到一个最优化解就导致一个最优化问题, 而这种问题又有一个判定相似. 例如, 在旅行售货员问题一般表示中, 目标是在赋权完全图中找到一个最小权哈密尔顿圈. 上面说判定相似, 如果一个最优化问题的判定相似是 $\mathcal{NP}$ 困难问题, 我们说这个最优化问题是 $\mathcal{NP}$ **困难的** ($\mathcal{NP}$-hard). 因此, 旅行售货员问题的最优化版本是 $\mathcal{NP}$ 困难问题. 关于 $\mathcal{NP}$ **困难最优化问题** ($\mathcal{NP}$-hard optimization problem) 及其可近似性的性质等, 读者可阅读 Ausiello, Crescenzi, Gambosi, Kann, Marchetti-Spaccamela 和 Protasi 编写的书[33].

依照复杂性观点, 判定问题和它的最优化相似 (如果存在) 没有明显的区别. 为解释这个表述, 我们来看判定一个强有向图是否有长度至少为 k 的圈问题 (这里 k 是输入部分). 最优化相似问题是在强有向图中寻找最长圈. 如果解决了最优化问题, 则容易得到一个判定问题的解, 即检查最长圈的圈长至少是 k. 另一方面, 通过使用双搜索来解决一定数量的判定问题从而找到最优化问题的解. 这里的例子是先检查所考虑的有向图是否含有一个圈长至少为 $n/2$ 的圈. 因此, 用 $n/4$ (如果 D 无长度至少为 $n/2$ 的圈) 或 $3n/4$ (如果 D 有长至少为 $n/2$ 的圈) 代替 $n/2$ 来解决相似问题, 等等. 所以, 我们需要解决 $O(\log n)$ 个判定问题, 从而得到最优化问题的一个解.

1.10 应用：求解 2 可满足性问题

本节涉及的问题不是有向图的问题, 但它却具有关于有向图的某些应用, 尤其是判定一个已知无向图是否具有某些特性的定向. 第 8 章将给出这样的例子, 第 4 章给出如何对有向图强分支使用算法来有效地解决这个问题.

一个**布尔变量** (Boolean variable) x 是一个取值 0 或 1 的变量. 当至少某一个 x_i 的值为 1 时, 布尔变量 $x_1 + x_2 + \cdots + x_k$ 的**和**定义为 1, 否则定义这个和为零. 布尔变量 x 的**否定**(negation)是取值为 $1 - x$ 的变量 $\overline{x}$, 则有 $\overline{\overline{x}} = x$. 设 X 是布尔变量的一个集合. 对于每一个布尔变量 $x \in X$, 还有 x 有 2 种字面上的意思, 即 x 本身与其否定 $\overline{x}$. 在一个布尔变量集 X 上的**子句** (clause) C 是 X 中全体变量文字之和, 一个**子句的规模**是它所包含文字的数目. 例如, u, v 和 w 是具有值 $u = 0$, $v = 0$ 和 $w = 1$ 的布尔变量, 则 $C = (u + \overline{v} + \overline{w})$ 是规模 3 的子句, 它的值是 1, C 中的文字是 u, $\overline{v}$ 和 $\overline{w}$. 给一个布尔表达变量集 X 分配值叫做**真分配** (truth assignment). 设有变量 $x_1, x_2, \cdots, x_k$, 我们用 $t = (t_1, t_2, \cdots, t_k)$ 表示一个真分配, 其中对 $i = 1, 2, \cdots, k$, 应理解为给变量 x_i 分配值 t_i.

2 可满足性问题 (2-satisfiability problem), 也简称为 **2-SAT**. 设 $X = \{x_1, x_2, \cdots, x_k\}$ 是一布尔变量集, 并有一组子句 $C_1, C_2, \cdots, C_r$, 每一个子句的规模为 2, 每一个文字跑遍 X. 判定是否有一个关于 X 中变量的真分配 $t = (t_1, t_2, \cdots, t_k)$, 使得每一个子句的值为 1. 这等价于要求布尔表达式 $\mathcal{F} = C_1 * C_2 * \cdots * C_p$ 能否取值 1 ①, 如果是, 则称 $\mathcal{F}$ 是**可满足的** (satisfiable), 否则称 $\mathcal{F}$ 是**未满足的** (unsatisfiable). 这里符号 “$*$” 代表**布尔乘法** (Boolean multiplication), 即 $1 * 1 = 1, 1 * 0 = 0 * 1 = 0 * 0 = 0$. 对于一个已知真分配 $t = (t_1, t_2, \cdots, t_k)$ 和文字 q, 当使用真分配 t 时, 用 $q(t)$ 表示

① 原文写为 C_r.—— 译者注

q 的值 (也就是若 $q = \overline{x_3}$ 和 $t_3 = 1$, 则 $q(t) = 1 - 1 = 0$).

现在给出这个定义的一个解释. 令 $X = \{x_1, x_2, x_3\}$, $C_1 = (\overline{x_1} + \overline{x_3})$, $C_2 = (x_2 + \overline{x_3})$, $C_3 = (\overline{x_1} + x_3)$ 和 $C_4 = (x_2 + x_3)$, 不难检验 $\mathcal{F} = C_1 * C_2 * C_3 * C_4$ 是可满足的, 取 $x_1 = 0$, $x_2 = 1$ 和 $x_3 = 1$, 便可得 $\mathcal{F} = 1$.

如果允许每个子句有多于 2 个文字, 就得到更一般的**可满足性** (也叫做 **SAT**) 问题. 它是 $\mathcal{NP}$ 完全问题, 甚至对规模为 3 的子句也是如此. 这种情形也叫做 3-**SAT**[600](在一个 $\mathcal{NP}$ 完全问题的扩张证明中, Cook 使用了可满足性问题, 并且揭示了 $\mathcal{NP}$ 类中的每一个问题如何能够简约到这个问题上来). 下面将说明如何把一个 2-SAT 简约到在一个确定的有向图中寻找强分支的问题, 如果一个满足真分配是存在的, 也将说明如何找到它. 在应用中这个步骤是重要的, 对第 8 章中的那些内容也是如此.

设 $C_1, C_2, \cdots, C_r$ 是规模为 2 的一组子句, 并在 $x_1, x_2, \cdots, x_k$ 中取文字和它们的否定, 令布尔表达式 $\mathcal{F} = C_1 * C_2 * \cdots * C_r$ 是一个 **2-SAT** 事例, 下面将要构造一个有向图 $D_{\mathcal{F}}$, 令 $V(D_{\mathcal{F}}) = \{x_1, x_2, \cdots, x_k, \overline{x_1}, \overline{x_2}, \cdots, \overline{x_k}\}$ (即对于每一个布尔变量, 有向图 $D_{\mathcal{F}}$ 有 2 个与之对应的顶点, 一个是变量本身, 一个是它的否定). 若选择 $p, q \in V(D_{\mathcal{F}})$, 使得某些子句 C_i 形如 $C_i = (p + q)$, 则 $A(D_{\mathcal{F}})$ 就包含从 $\overline{p}$ 到 q 的一条弧和一条从 $\overline{q}$ 到 p 的弧 (注意, $\overline{\overline{x}} = x$). 图 1.20 中给出 **2-SAT** 表达的事例及其所对应的有向图. 第一个表达式是可满足的, 第 2 个表达式却不是可满足的.

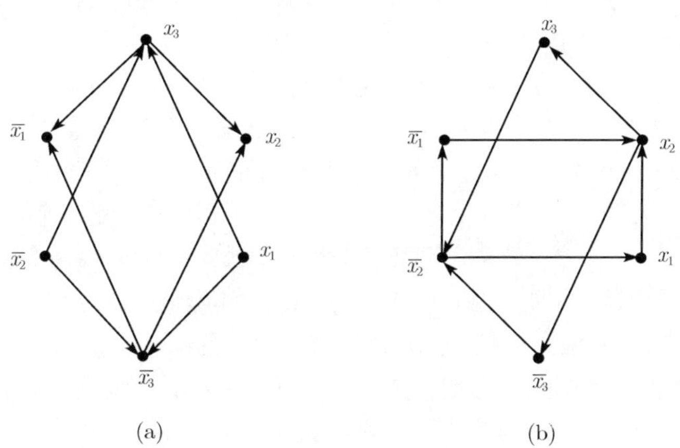

图 1.20 有向图 $D_{\mathcal{F}}$ 有 2 个 2-SAT 的事例

在 (a) 中, $\mathcal{F} = (\overline{x_1} + \overline{x_3}) * (x_2 + \overline{x_3}) * (\overline{x_1} + x_3) * (x_2 + x_3)$;

在 (b) 中, $\mathcal{F} = (x_1 + x_2) * (\overline{x_1} + x_2) * (\overline{x_2} + x_3) * (\overline{x_1} + \overline{x_3})$

引理 1.10.1 设有向图 $D_{\mathcal{F}}$ 有一条 (p, q) 路, 则它也有一条 $(\overline{q}, \overline{p})$ 路. 特别地, 若 p, q 属于有向图 $D_{\mathcal{F}}$ 的同一个强分支中, 则 $\overline{p}$, $\overline{q}$ 也同属于 $D_{\mathcal{F}}$ 的一个强分

支中.

证明 对最短 (p,q) 路的长度运用数学归纳法进行证明, 使得 $(x,y)\in A(D_{\mathcal{F}})$ 当且仅当 $(\overline{y},\overline{x})\in A(D_{\mathcal{F}})$, 即可容易地证得此引理. □

引理 1.10.2 若有向图 $D_{\mathcal{F}}$ 包含一条从 p 到 q 的路, 则对于每个满足真分配 t, $p(t)=1$ 隐含 $q(t)=1$.

证明 考察布尔表达式 $\mathcal{F}$ 包含一个形如 $(\overline{a}+b)$ 的子句, 每个子句在任何满足真分配下取值 1. 于是, 按有向图 $D_{\mathcal{F}}$ 的定义, t 是一个满足真分配, 对于每条弧 $(a,b)\in A(D_{\mathcal{F}})$, 则 $a(t)=1$ 隐含 $b(t)=1$. 关于 $D_{\mathcal{F}}$ 中最短 (p,q) 路的长度运用数学归纳法即可证得本引理的结论. □

下面的结论显然是引理 1.10.1 和引理 1.10.2 的一个推论.

推论 1.10.3 若 t 是一个满足真分配, 对 $D_{\mathcal{F}}$ 的每一强分支 D' 和选择不同的顶点 $p,q\in V(D')$, 则有 $p(t)=q(t)$. 此外, 也有 $\overline{p}(t)=\overline{q}(t)$.

引理 1.10.4 布尔表达式 $\mathcal{F}$ 是可满足的充要条件是对于每一个 $i=1,2,\cdots,k$, 不存在有向图 $D_{\mathcal{F}}$ 的一个强分支同时包含变量 x_i 和它的否定 $\overline{x_i}$.

证明 设 t 是布尔表达式 $\mathcal{F}$ 的一个满足真分配, 在有向图 $D_{\mathcal{F}}$ 的某强分支中同时存在变量 x_i 及其否定 $\overline{x_i}$. 不失一般性, 设有 $x_i(t)=1$. 依照引理 1.10.2, $D_{\mathcal{F}}$ 包含一条从 x_i 到 $\overline{x_i}$ 的路, 故有 $\overline{x_i}(t)=1$, 这是不可能的. 若 $\mathcal{F}$ 是可满足的, 则对 $i=1,2,\cdots,k$, 有向图 $D_{\mathcal{F}}$ 的任何强分支不可能同时包含变量 x_i 及其否定 $\overline{x_i}$.

下设没有 $D_{\mathcal{F}}$ 的一个强分支同时包含变量 x_i 及其否定 $\overline{x_i}$ $(1\leqslant i\leqslant k)$. 为证明 $\mathcal{F}$ 是可满足的, 我们构造 $\mathcal{F}$ 的一个满足真分配如下.

设 $D_1,D_2,\cdots,D_s$ 为 $D_{\mathcal{F}}$ 的强分支无圈序 (即若 $i<j$, 不存在从 D_j 到 D_i 的弧). 根据命题 1.4.3, 如此的序存在. 我们断言下面的算法确定 $\mathcal{F}$ 的一个满足真分配. 首先标注每一个顶点 "未分配的"(意指真值空而不定), 下面的过程是反过来从 D_s 开始到 D_1 而终止. 若存在 $v\in V(D_i)$, 使得 $\overline{v}$ 早已被分配一个值, 则给 D_i 的每一个顶点分配值 0, 不然, 给 D_i 的每一个顶点分配 1. 对于每一个变量 x_i, 意味着对属于最高下标强分支的 x_i 和 $\overline{x_i}$ 中一个, 则给分配值 1. 为实现这一点, 令 p 表示属于最高下标 j 的强分支的 x_i 和 $\overline{x_i}$ 中的一个. 选择 $i<j$, 使得 $\overline{p}\in D_i$. 假定给 p 分配值 0, 这意味着在正当考虑 p 的时刻, 有 $q\in D_j$, 且对某 $f>j$, 使得 $\overline{q}\in D_f$. 但 $\overline{p}\in D_f$, 由引理 1.10.1, 这与 $i<f$ 的事实矛盾.

显然, $V(\mathcal{F})$ 的每一个顶点都会被分配一个值, 由前面的论证, 这与 $\mathcal{F}$ 的变量的一个真分配一致. 因而, 要证明在这个分配下每一个子句有值 1. 反设在这个分配下子句 $C_f=(p+q)$ 取值 0. 按照上面的观察, 不给 p 分配值 1 的理由是正巧在考虑它时已经给 $\overline{q}$ 分配了值 1, 而且 $\overline{p}$ 属于的分支 D_j 的下标比包含 p 的分支 D_i 的下标高. 于是弧 $(\overline{p},q)\in A(D_{\mathcal{F}})$ 的存在意指对某 $h\geqslant j$, 有 $q\in D_h$. 对 q 运用相似的论述, 故可断定 $\overline{q}$ 在某分支 D_g 里, 其中 $g>h$. 然而, 依据弧 $(\overline{q},p)$ 的存在性,

有 $i \geqslant g > h \geqslant j > i$, 矛盾. 这意味着我们确实找到了 $\mathcal{F}$ 的一个正确的真分配, 从而完成证明. □

在第 4 章中, 我们将看到可在时间 $O(n+m)$ 内找到有向图 D 的强分支以及关于这些强分支的无圈序. 由于有向图 $D_{\mathcal{F}}$ 的弧数目是 2 倍于 $D_{\mathcal{F}}$ 中子句的数目, 而且 $D_{\mathcal{F}}$ 的顶点数目是 2 倍于 $D_{\mathcal{F}}$ 的变量数目, 不难看到上面构造的算法可在时间 $O(k+r)$ 内运行, 则有如下的结论:

定理 1.10.5 问题 2-SAT 在关于子句数目的线性时间内是可解的.

这里采用的过程在 Papadimitriou 和 Steiglitz 的书中习题 15.6 里给出[600], 也可在 Even 等人的文章中找到它[230]. 值得注意的是, 代替询问布尔表达式 $\mathcal{F}$ 是可满足的, 而去问是否存在某真分配, 使得至少有 ℓ 个子句的值为 1 (其中 ℓ 是对问题输入的部分)? 这个问题叫做 **MAX-2-SAT**, Garey, Johnson 和 Stockmeyer 已经证明 MAX-2-SAT 问题是 $\mathcal{NP}$ 完全问题[304].

1.11 习 题

1.1 设 X 和 Y 是有限集, 证明: $|X \cup Y| + |X \cap Y| = |X| + |Y|$.

1.2 设 X 和 Y 是有限集, 证明: $|X \cup Y|^2 + |X \cap Y|^2 \geqslant |X|^2 + |Y|^2$.

1.3 $H = (V', A')$ 是 $D = (V, A)$ 的一个有向子图当且仅当 $V' \subseteq V$ 和 $A' \subseteq A$ 成立. 在这个有向子图的 "定义" 中找出一个错误.

1.4 (−) 画出阶和规模皆为 2 的六个非同构的有向伪图.

1.5 (−) 证明: 在有向图中奇度数顶点的个数总为偶数. 提示: 利用命题 1.2.1.

1.6 证明: 对 $n \geqslant 2$, 存在唯一的 n 个顶点的竞赛图, 它的顶点的出度是各不相同.

1.7 (−) 证明: $n\ (\geqslant 2k+2)$ 个顶点的竞赛图有一个顶点的出度至少是 $k+1$.

1.8 证明: 任意无向图有 2 个度数相同的顶点.

1.9 (−) 证明: 若 D 和 H 是同构的有向伪图, 则它们的逆也是同构的.

1.10 给出一个无穷有向伪图族 $\mathcal{F}$, 使得族 $\mathcal{F}$ 中没有有向伪图 D 同构于它自己的逆.

1.11 (−)**路的可传递性 (transitivity of paths)**. 已知 D 是一个有向图, x, y 和 z 是 D 的顶点, 且 $x \neq z$. 证明: 若 D 有一条 (x, y) 路和一条 (y, z) 路, 则它也包含一条 (x, z) 路.

1.12 (−) **分解一个闭途径为若干个圈**. 证明: 可以分解每个闭途径为一组圈 (不一定要求是不交的).

1.13 **开途径的分解**. 证明: 可以分解每个开途径为一条路和若干圈 (无需是互不相交的).

1.14 (−) 证明: 如果有向图 D 的每一个顶点的入度是正的, 则 D 有一个圈.

1.15 (−) 设 x 和 y 是有向图 D 的 2 个不同的顶点, 并设有 D 的圈序列 $C_1, C_2, \cdots, C_k$, 使得 x 在 C_1 中, y 在 C_k 中, 且 C_i 和 C_{i+1} 至少有一个公共的顶点 $(1 \leqslant i \leqslant k-1)$. 证明 D 有一条 (x, y) 路.

1.16 证明命题 1.4.6.

1.17 (−) 设 G 是一个 (无向) 多重图, 运用命题 1.2.1 证明: G 的顶点度数之和等于其边数目的 2 倍.

1.18 **无圈序的唯一性**. 证明：无圈有向图 D 有唯一的无圈序当且仅当 D 是可描绘的.

1.19 (−) 设 D 是图 1.21 中的有向图.

(a) 对 D 的每一个顶点确定其出邻集和入邻集.

(b) 确定 D 的半度.

(c) 确定 $\delta^0(D)$ 和 $\Delta^0(D)$.

(d) D 是正则的吗?

1.20 (−) 设 D 是图 1.21 中的有向图.

(a) 分别画出由顶点集 $\{a,b,c,d,e\}$ 和 $\{a,d,f,g,h\}$ 导出的有向子图.

(b) 分别画出由弧集 $\{ab,cd,ed,hc,ha\}$ 和弧集 $\{ab,bc,dc,fb,bg\}$ 导出的有向子图.

(c) 设 H 是 D 的有向子图, 有顶点集 $V(H)=\{a,b,c,d,e,h\}$ 和弧集 $A(H)=\{ab,bc,ed,eh,ae\}$. 例举出 H 的每一条弦.

(d) 设 H 是 (c) 中的有向子图, H 是导出的, 还是弧导出的?

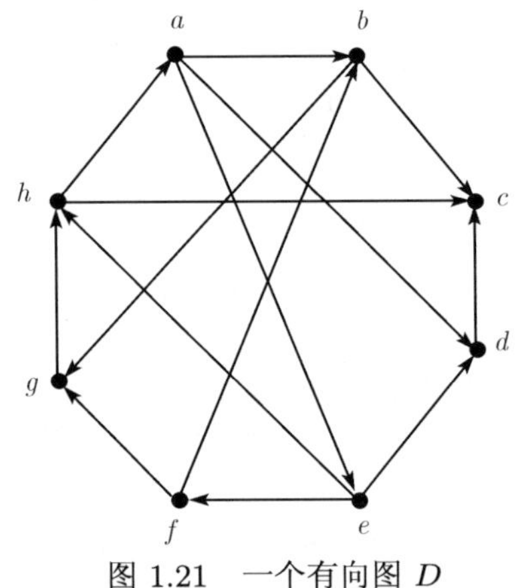

图 1.21　一个有向图 D

1.21 (−) 设 D 是图 1.21 里所描述的有向图, 画出有向多重图 $D/\{a,b,c,d,e,h\}$ 和 $D/\{e,f,h\}$.

1.22 (−) 证明：无向图是欧拉图的充要条件是它有一个欧拉定向.

1.23 (−) 已知 D 是图 1.21 中的有向图, 确定 D 的独立数 $\alpha(D)$.

1.24 确定图 1.21 中有向图 D 的底图 $UG(D)$ 的色数.

1.25 假设竞赛图 $T=(V,A)$ 的每一个顶点都在一个圈上. 证明：对于每一条弧 $a\in A$, 有向图 $T-a$ 是非单侧的.

1.26 证明：若竞赛图 T 有一个圈, 则它有 2 条不同的哈密尔顿路.

1.27 设 D 是一个半完全多部分有向图, 使得 D 的每一个顶点都在 D 的某圈上. 证明：D 不是单侧的.

1.28 已知 G 是无向图, 证明：G 与其补图 $\overline{G}$ 中至少一个是连通的.

1.29 证明：至少有 4 个顶点的强竞赛图有 2 个不同的顶点 x 和 y, 使得 $T-x$ 和 $T-y$ 均为强的.

1.30 **有向图中强连通性等价于圈连通性**. 一个有向图 D 是**圈连通的** (cyclically connected),

则对 D 的每对顶点 x 和 y 存在一个圈序列 $C_1, C_2, \cdots, C_k$, 使得 x 在 C_1 中, y 在 C_k 中, 且 C_i 和 C_{i+1} 至少有一个公共顶点 $(1 \leqslant i \leqslant k-1)$. 证明: 有向图 D 是强的当且仅当它是圈连通的.

1.31 (−) D 是图 1.21 给出的有向图, 找到 D 中一个以顶点 a 为根的出分枝.

1.32 (−) 证明: 有向多重图 D 是强的当且仅当对 D 的每一个顶点 v, D 含以 v 为根的一个出分枝.

1.33 (+) **圈保持有向子图**. 设强有向图 D 具有如下的性质: 对于每对顶点 x 和 y, 删去 x 和 y 之间的每一条弧产生一个连通有向图. 设 $\mathcal{F} = C_1 \cup C_2 \cup \cdots \cup C_t$ 是 D 的圈有向子图, 每个圈 C_i 的长度至少是 3. 证明: D 有一个包含 $\mathcal{F}$ 的强支撑定向子图. 提示: 使用推论 1.7.2[730].

1.34 证明命题 1.4.6.

1.35 (−) 验证每个有向图 D 包含一条长至少为 $\delta^0(D)$ 的路.

1.36 对于每一个具有 n 个顶点的定向的图 D, 且有 $\delta^0(D) \geqslant \lceil (n-1)/4 \rceil$, 则 D 是强的. 按照 $\delta^0(D)$, 验证这是最好的.

1.37 证明: 一个连通有向图是强的当且仅当它的每条弧被包含在一个圈中. 提示: 利用习题 1.30 的结论.

1.38 证明: 2 边连通图的每一条边在一个圈中.

1.39 (−) 证明: n 阶无向树有 $n-1$ 条边.

1.40 证明: 每棵无向树至少有一个 1 度顶点①.

1.41 证明: 每个无向连通图 G 有一棵支撑树. 提示: 具有最少边的 G 的连通支撑子图是一棵树.

1.42 利用上面 2 个习题的结论, 证明: 每个连通无向图 G 有一个顶点, 使得 $G-x$ 是连通的②.

1.43 如果无向多重图 G 包含一个闭迹 T, 使得 $A(T) = A(G)$, 则 G 是欧拉图. 不使用定理 1.6.3 来证明: G 是欧拉图当且仅当 G 是连通, 而且 G 的每一个顶点 x 的度数 $d(x)$ 是偶数.

1.44 利用习题 1.43 来证明: 若无向图 $G = (V, E)$ 没有奇度数顶点, 则它有一个定向 $D = (V, A)$, 对于每一个顶点 $x \in V$, 总有 $d_D^+(x) = d_D^-(x)$.

1.45 设 $G = (V, E)$ 是欧拉图. 利用习题 1.43 和推论 1.6.4, 证明: 对于 V 的每一个真子集 W, $d(W)$ 是偶数.

1.46 (−) 证明: 竞赛图是可传递的当且仅当它是无圈的. 提示: 应用定理 1.5.1.

1.47 **强有向图中的哈密尔顿途径**. 证明: 有向图是强的当且仅当它有一个哈密尔顿闭途径.

1.48 (−) 证明: 每个强有向图 H 有一个扩张 $D = H[\overline{K}_{n_1}, \overline{K}_{n_2}, \cdots, \overline{K}_{n_h}]$, 其中 $h = |V(H)|$, 使得 D 是哈密尔顿有向图. 提示: 考虑 H 中的一个哈密尔顿闭途径.

1.49 有向图 D 的一个**可传递 3 元组** (transitive triple) 是 3 个顶点 x, y 和 z 的集合, 使得 D 含有弧 xy, yz 和 xz. 证明: 若 2 强有向图 D 包含一个可传递 3 元组, 则 D 有 2 个圈, 且这 2 个圈的圈长的差为 1.

---

① 每棵无向树 T 至少有 $\Delta(T)$ 个 1 度顶点. —— 译者注

② 对 G 的任何一棵树 T, 连通无向图 G 至少有 $\Delta(T)$ 个顶点 x_i $(1 \leqslant i \leqslant \Delta(T))$, 使得无向图 $G - \{x_i : 1 \leqslant i \leqslant \Delta(T)\}$ 是连通的. —— 译者注

1.50 例举出图 1.12 中的有向图 $SC(D)$ 的全体无圈序.

1.51 (−) **圈的哈密尔顿扩张**. 刻画圈的哈密尔顿扩张.

1.52 已知有向图 $D = \vec{C}_r[\overline{K}_{n_1}, \overline{K}_{n_2}, \cdots, \overline{K}_{n_r}]$ 是一个圈的扩张, 证明 $\kappa(D) = \min\{n_i : 1 \leqslant i \leqslant r\}$.

1.53 (+) **可描绘半完全二部分有向图的特征**. 证明: 一个半完全二部分有向图 B 是可描绘的充要条件为它包含一个 1 路圈因子 $\mathcal{F}$. 提示: 若 $\mathcal{F}$ 仅由一条路和一个圈构成, 说明 B 是可描绘的, 利用它来建立所期望的结论[355], 也见本书的第 5 章.

1.54 (+) 设强半完全二部分有向图 B 包含一个由 2 个圈组成的圈因子. 证明: B 是哈密尔顿有向图[353].

1.55 (+) **哈密尔顿半完全二部分有向图的特征**. 利用习题 1.54 的结论证明: 半完全二部分有向图 B 是哈密尔顿的当且仅当 B 是强的, 且包含一个圈因子[353], 也见本书的第 5 章.

1.56 (−) 验证拟可传递有向图的每个定向均是拟可传递有向图.

1.57 证明: 任何 n ($\geqslant 3$) 阶强拟可传递有向图有一个强定向, 每个强半完全二部分有向图 (每个顶点部分集的基数至少为 2) 也有一个强定向. 提示: 应用推论 1.7.2.

1.58 (−) 证明: 如果二部分竞赛图有一个圈, 则它包含一个 4 圈.

1.59 (−) 刻画一族无穷多个不含 6 圈的二部分强竞赛图.

1.60 刻画 2 连通无向图, 使得它的每一个圈的长度为奇数.

1.61 (−) 验证: 对 n 个顶点的无向图 G, 总有 $\chi(G) \geqslant \lceil n/\alpha(G) \rceil$.

1.62 证明: 有向图 D 有圈因子当且仅当它的二部分表示 $BG(D)$ 包含一个完美匹配.

1.63 刻画一族无穷多个强多部分竞赛图, 使得族中的每个图有一个圈因子, 但它不是哈密尔顿有向图.

1.64 刻画一族无穷多个强拟可传递有向图, 使得族中的每个图有一个圈因子, 但它不是哈密尔顿有向图.

1.65 给出哈密尔顿完全 3 部分无向图的特征.

1.66 给出一族无穷多个强可扩张竞赛图, 使得族中的每个强可扩张竞赛图不是哈密尔顿的.

1.67 **二部分竞赛图中的** 4 **王**. 有向图 D 的顶点 v 是 D 的一个 k 王 (k-king), 则对每一个顶点 $u \in V(D) - \{v\}$, 存在长至多为 k 的 (v, u) 路. 证明: 强二部分竞赛图的一个最大出度的顶点是一个 4 王. 对所有的 $s, t \geqslant 4$, 构造一个具有二部分顶点集的基数为 s 和 t 的强二部分竞赛图, 使得它不含 3 王[356].

1.68 (+) **最大独立集问题的特殊情形**. 最大独立集问题是在给定的无向图 G 中找到一个最大基数的独立集. 本习题的目的是证明最大独立集问题的一个特殊情形, 它等价于 2 可满足性问题, 并可使用任何一个 **2-SAT** 的算法来解决.

(a) 设 $G = (V, E)$ 是 $2k$ 个顶点的图, 且 G 有一个完美匹配 (即一组相互无公共端点的边 $e_1, e_2, \cdots, e_k$). 构造 **2-SAT** 的一个事例 $\mathcal{F}$, 且 $\mathcal{F}$ 是可满足的充要条件是 G 含有一个 k 个顶点的独立集. 提示: 固定 G 的一个完美匹配 M, 让 M 中的每条边对应一个变量和它的否定.

(b) 证明 (a) 中结论的逆, 即若 $\mathcal{F}$ 是 2 可满足性问题的任意一个事例, 则存在具有一个完美匹配的图 $G = (V, E)$, 使得 G 有一个规模为 $|V(G)|/2$ 的独立集当且仅当 $\mathcal{F}$ 是可满足的.

(c) 证明下述问题是 $\mathcal{NP}$ 完全问题: 判定一个已知图 G 有一个规模至少为 ℓ 的独立集, 即

使 G 有一个完美匹配也是如此. 提示: 应用 **MAX-2-SAT** 的一个简约.

1.69 **寻找无圈有向图的一个无圈序的线性时间算法**. 验证: 当使用相邻列表表示法时, 在命题 1.4.3 证明中给出的算法能够作为一个 $O(n+m)$ 算法被执行.

1.70 说明如何推广 MergeHamPathTour 算法 (见 1.9.1 小节), 使得它关于任何数目顶点的竞赛图成立.

1.71 依据定理 1.5.1 的证明, 给出一个寻找长分别为 $3,4,\cdots,n$ 且通过强竞赛图 T 的一个已知顶点的圈的多项式算法. 你的算法的复杂性是什么? 你是如何存储 T 的信息和所寻找到的圈?

1.72 (+) **关于欧拉迹的快速算法**. 验证如何把定理 1.6.3 证明中的算法作为一个 $O(n+m)$ 算法执行. 提示: 使用一个合适的数据结构上的相邻列表法存储当前所构造的迹.

1.73 设 $\mathcal{S},\mathcal{T}$ 和 $\mathcal{K}$ 是判定问题, 且有 $\mathcal{S}\leqslant_{\mathcal{P}}\mathcal{T}$ 和 $\mathcal{T}\leqslant_{\mathcal{P}}\mathcal{K}$. 证明: $\mathcal{S}\leqslant_{\mathcal{P}}\mathcal{K}$.

1.74 **独立集问题**是对给定的图 $G=(V,E)$ 和自然数 k, 判定 G 是否有一个规模至少为 k 的独立集. 证明独立集问题属于复杂性类 $\mathcal{NP}$.

1.75 假定 $\mathcal{W}$ 是一个 $\mathcal{NP}$ 完全问题, 且 $\mathcal{T}$ 是一个判定问题, 有 $\mathcal{W}\leqslant_{\mathcal{P}}\mathcal{T}$. 证明: $\mathcal{T}$ 是 $\mathcal{NP}$ 困难问题.

1.76 **寻找有向图的最大权重圈**. 验证寻找弧上赋权有向图的一个最大权重圈问题是 $\mathcal{NP}$ 困难问题. 提示: 说明如何运用一个多项式简约把哈密尔顿圈问题简约到这个问题.

1.77 **无圈有向子图问题**. 设 $\mathcal{S}$ 是判定问题: 给定有向图 D 和自然数 k, D 包含一个至少有 k 个顶点导出的无圈有向子图吗? 证明独立集问题可多项式地简约到 $\mathcal{S}$ ①.

1.78 验证: 若一个判定问题 $\mathcal{S}$ 属于复杂类 $\mathcal{P}$, 则 $\mathcal{S}$ 也属于类 $\mathcal{NP}$.

1.79 证明: $\mathcal{P}\subseteq\mathcal{NP}\cap$ co-$\mathcal{NP}$.

1.80 证明: 如果存在属于类 $\mathcal{P}$ 又属于 $\mathcal{NPC}$ 的某判定问题 $\mathcal{S}$, 则 $\mathcal{P}=\mathcal{NP}$.

1.81 (+) **把哈密尔顿圈问题简约到可满足性问题**. 描述一个从哈密尔顿圈问题到可满足性问题的多项式简约. 提示: 用不同子句集来模型化不同的分配. 比如, 你要用一个子句族确保每一个顶点至少是一条弧的尾.

1.82 给出一个从判定无向图是否有一个规模为 k 的匹配问题到 **MAX-2-SAT** 问题的多项式简约.

1.83 **寻找 1 最大圈**. 有向图 D 的一个圈 C 是 1 最大的, 如果 D 不含圈 C', 则有 C 的某条弧 a, 使得 $C-a$ 是圈 C' 的一条子路. 构造在强有向图中寻找一个 1 最大圈的多项式算法, 你的算法的复杂性是什么? 提示: 将它与定理 1.5.1 的证明进行比较.

1.84 给出一个线性时间算法, 它可以检验一个给定的无圈有向图是否具有 2 个以上的无圈序. 提示: 应用习题 1.18 的结论.

1.85 **竞赛图中可传递子竞赛图**. 证明: 具有 8 个顶点的每一个竞赛图包含 4 个顶点的可传递竞赛图 (作为一个导出的有向子图). 提示: 从最大出度顶点开始, 使用上面的思路来证明具有 n 个顶点的每一个竞赛图包含一个规模为 $\Omega(\log n)$ 的可传递竞赛图.

---

① 独立集问题: 对给定的无向图 G 和一个自然数 k, 问 G 是否包含一个规模至少为 k 的独立集?

第 2 章　距　　离

本章将介绍在赋权有向图和未赋权有向图以及某些涉及复杂性结论中寻找距离的多项式算法. 我们要考虑关于有向图的某些距离参数的界, 并且介绍几个结果是关于最小化 (最大化) 图定向的直径, 同时介绍有向图的距离在旅行售货员问题、单行道问题和闲话问题上的应用.

2.1 节补充几个术语和记号, 接着在 2.2 节中介绍赋权有向图的最短路结构方面的基本结果. 2.3 节介绍如何在赋权有向图或未赋权有向图中寻找从一个已知顶点到其余顶点的最短路, 并用 Floyd-Warshall 算法计算赋权图中每对顶点间的距离. 2.4 节介绍有向图的出半径、入半径、半径和直径的界, 并在 2.5 节中研究无桥图的强定向直径最大化问题. 2.6 节 ~2.9 节主要是关注无桥图的强定向直径最小化问题, 其原因是这个问题可应用单行道问题和闲话问题. 值得注意的是寻找最大直径或最小直径的定向问题均是 $\mathcal{NP}$ 困难问题, 按图理论的观点, 前者远远复杂于后者.

关于有向图类中王的概念涉及生物学和社会学的支配研究, 我们将在 2.10 节中研究几类有向图中的王. 本章最后 2 节的内容是针对有向图距离的应用. 2.11 节讨论单行道问题和闲话问题以及它们在有向图中的推广, 并给出有关这 2 个专题的最近的研究成果. 特别地, 我们要介绍关于半完全二部分有向图和伪可传递有向图最小直径定向的不可改进上界. 一个计算旅行售货员问题的近似最优化解新的方法在 2.12 节中介绍, 这个方法叫做指数邻集局部搜索 (ENLS), 我们在该节中说明如何于 ENLS 研究中使用距离的记号和结论.

2.1　关于距离的术语和记号

设 $D=(V,A)$ 是一个有向伪图. 在第 1 章中, 我们已经分别定义顶点集 V 的一个子集 W 的出邻集和入邻集如下：

$$N_D^+(W)=\bigcup_{w\in W}N^+(w)-W,\quad N_D^-(W)=\bigcup_{w\in W}N^-(w)-W.$$

令 $N_D^0(W)=W$, $N_D^{+1}(W)=N_D^+(W)$ 和 $N_D^{-1}(W)=N_D^-(W)$. 对于每一个正整数 p, 定义 W 的**第 p 个出邻集** (p-th out-neighbourhood) 为

$$N_D^{+p}(W)=N_D^+(N_D^{+(p-1)}(W))-\bigcup_{i=0}^{p-1}N_D^{+i}(W).$$

读者可类似地定义 W 的**第 p 个入邻集** $N_D^{-p}(W)$ $(p \geqslant 1)$. 特别地, 有 $N^{+2}(W) = N^+(N^+(W)) - (W \cup N^+(W))$. 有时, 也称 $N_D^{+p}(W)$ (或 $N_D^{-P}(W)$) 为 W 的**第 p 个开出邻集** (open pth out-neighbourhood) (或**第 p 个开入邻集**), 并且使用 D 的顶点集合 W 的**第 p 个闭入邻集和闭出邻集**, 它们的定义分别是

$$N_D^0[W] = W, \quad N_D^{+p}[W] = \bigcup_{i=0}^{p} N_D^{+i}(W), \quad N_D^{-p}[W] = \bigcup_{i=0}^{p} N_D^{-i}(W).$$

应用相似的记号可得 $N_D^+[W] = N_D^{+1}[W]$ 和 $N_D^-[W] = N_D^{-1}[W]$. 关于上述概念的解释, 读者可参见图 2.1.

设有向多重图 $D = (V, A, c)$ 弧权重函数 $c : A \to \mathcal{R}$. D 的一个有向子图 $D' = (V, A')$ 的权重被定义为 $c(A') = \sum_{a \in A'} c(a)$. 我们说一个途径的长度时, 均指这个途径关于 c 的权重. 如果赋权有向图 $D = (V, A, c)$ 中圈 W 的权重 $c(W)$ 是负数, 则说 W 是**负圈** (negative cycle).

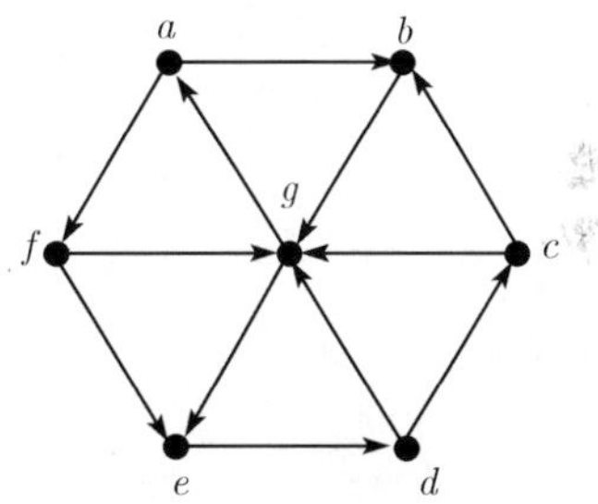

图 2.1 一个有向图 D

集合 $W = \{a, b\}$ 的出邻集分别是
$N^+(\{a,b\}) = \{f, g\}$,
$N^{+2}(\{a,b\}) = \{e\}$,
$N^{+3}(\{a,b\}) = \{d\}$,
$N^{+4}(\{a,b\}) = \{c\}$;
W 的闭邻集分别是
$N^+[\{a,b\}] = \{a, b, f, g\}$,
$N^{+2}[\{a,b\}] = \{a, b, e, f, g\}$,
$N^{+3}[\{a,b\}] = \{a, b, d, e, f, g\}$,
$N^{+4}[\{a,b\}] = \{a, b, c, d, e, f, g\}$

假定 D 无负圈, 不然的话, 下面的定义将是无意义的. 对于有向图 D 的顶点 x 和 y, 若顶点 y 从 顶点 x 是可达的, **从 x 到 y 的距离** $\mathrm{dist}(x, y)$ 是 (x, y) 途径的最小长度, 否则记 $\mathrm{dist}(x, y) = \infty$. 因为 D 无负数权重的圈, 对 $x \in V$, 总有 $\mathrm{dist}(x, x) = 0$. 命题 1.4.1 指出存在最短的 (x, y) 途径. 实际上, 它就是一条路 (如果 D 不含零权的圈, 最短途径就是路). 此外, 根据命题 1.4.1, 对于每一个顶点 3 元组 x, y 和 z, 距离函数满足下列的三角不等式

$$\mathrm{dist}(x, z) \leqslant \mathrm{dist}(x, y) + \mathrm{dist}(y, z). \tag{2.1}$$

我们能够将上面的定义推广到无权有向多重图中. 其实道理很简单, 只要给每条弧赋权 1, 这时, 一条途径的赋权和未赋权就成为一致. 在有向图 D 中, 从一个顶点集 X 到另一个顶点集 Y 之间的距离定义为

$$\mathrm{dist}(X, Y) = \max\{\mathrm{dist}(x, y) :\ x \in X,\ y \in Y\}^{①}. \tag{2.2}$$

① 这个定义看来好像不自然 (用 max 代替 min), 但它简化了本章中的若干个记号, 而且也非常实用.

有向图 D 的**直径**定义为 $\mathrm{diam}(D) = \mathrm{dist}(V, V)$. 显然, 当 D 是强的, 则 D 的直径是有限的. D 的**出半径** (out-radius) $\mathrm{rad}^+(D)$ 和**入半径** (in-radius) $\mathrm{rad}^-(D)$ 分别定义为

$$\mathrm{rad}^+(D) = \min\{\mathrm{dist}(x, V):\ x \in V\}, \quad \mathrm{rad}^-(D) = \min\{\mathrm{dist}(V, x):\ x \in V\}.$$

因为出半径和入半径具有明显的对偶性, 故在许多情形中, 我们只考虑它们中的一个. 有向图 D 的**半径** (radius) $\mathrm{rad}(D)$ 等于

$$\mathrm{rad}(D) = \min\left\{(\mathrm{dist}(x, V) + \mathrm{dist}(V, x))/2:\ x \in V\right\}.$$

利用图 2.1 中的有向图 D, 我们来解释上面的概念. 易知

$$\mathrm{dist}(a, V) = \mathrm{dist}(b, V) = \mathrm{dist}(e, V) = 4,$$

$$\mathrm{dist}(c, V) = \mathrm{dist}(d, V) = \mathrm{dist}(f, V) = \mathrm{dist}(g, V) = 3.$$

此外, 又有

$$\mathrm{dist}(V, c) = \mathrm{dist}(V, f) = 4, \quad \mathrm{dist}(V, a) = \mathrm{dist}(V, b) = \mathrm{dist}(V, d) = 3$$

和 $\mathrm{dist}(V, e) = \mathrm{dist}(V, g) = 2$. 现在, 我们可以看到 $\mathrm{rad}^+(D) = 3$, $\mathrm{rad}^-(D) = 2$, $\mathrm{rad}(D) = 2.5$ 和 $\mathrm{diam}(D) = 4$, 且不难计算出 $\mathrm{dist}(\{a, c\}, \{b, f\}) = 3$.

下面的命题给出了具有有限出半径的赋权有向图的一个特征.

命题 2.1.1 一个赋权有向图 D 有有限出半径的充要条件是 D 有唯一的初始强分支.

证明 具有 2 个或更多初始强分支的有向图明显是无限出半径的. 设有向图 D 拥有唯一的初始强分支, 依据命题 1.6.1, 那么 D 包含一个出分枝, 所以有 $\mathrm{rad}^+(D) < \infty$. □

这个命题也导致一个赋权有向图 D 有有限入半径的充要条件是有向图 D 含唯一的终止强分支. 注意到, $\mathrm{rad}(D) < \infty$ 当且仅当 D 是强的. 对于无向图 G 来说, 也可考虑介绍双定向 $\overleftrightarrow{G}$ 中顶点对、顶点集之间的距离以及半径概念等等. 对于一个整数 r, 若 $\mathrm{dist}(v, V) \leqslant r$, 则说顶点 v 是 r **王**. 图 2.1 中图例的顶点 c 就是 3 王.

2.2 最短路结构

本节要介绍的赋权有向图的最短路性质虽然是最基本的, 但也是相当重要的. 同时, 我们也考虑有向混合赋权图中关于路的某些复杂性结论. 下设 $D = (V, A, c)$ 是无负圈的赋权有向图.

命题 2.2.1 若 $P = x_1x_2\cdots x_k$ 是 D 的一条最短 (x_1, x_k) 路, 则对所有的 $1 \leqslant i \leqslant j \leqslant k$, 路 $P[x_i, x_j]$ 也是最短 (x_i, x_j) 路.

证明 设 x_iQx_j 是一条长度小于路 $P[x_i, x_j]$ 的 (x_i, x_j) 路. 于是

$$W = P[x_1, x_i]QP[x_j, x_k]$$

是一个权小于 P 的长度的途径. 但是, 按照命题 1.4.1 和有向图 D 无负圈的事实, W 包含一条长度至多是 W 的长度的 (x_i, x_j) 路 R, 而且路 R 的长度小于路 P 的长度, 这与路 P 长度的最短性矛盾. □

设 s 是有向图 D 的一个固定顶点, 使得 $\mathrm{dist}(s, V) < \infty$. 考虑 D 的每个支撑有向子图, 它们中的每一个包含一条从顶点 s 到有向图 D 的其余顶点间的最短路. 下面定理的证明将指出: 对有向图 D 的支撑有向子图 D', 可构造以 s 为根的 D' 的一个出分枝, 使对每一个顶点 $u \in V - s$, 该分枝包含一条最短 (s, u) 路.

定理 2.2.2 设支撑有向子图 D' 和固定顶点 s 如上所描述. 则存在一个出分枝 F_s^+, 对于每一个顶点 $u \in V$, 在 F_s^+ 中唯一的 (s, u) 路是 D 的最短 (s, u) 路.

证明 我们将给出一个构造性证明, 说明如何从任意组 $\{P_v : v \in V - s\}$ 来建立 F_s^+, 其中 P_v 是 从 s 到其余顶点间的最短路. 任选一个顶点 $u \in V - s$, 初始设置 $F_s^+ := P_u$. 依照命题 2.2.1, 对于每一个顶点 $x \in V(F_s^+)$, 出分枝 F_s^+ 中唯一的 (s, x) 路是 D 的最短 (s, x) 路. 所以, 当 $V(F_s^+) = V$, 已经证得本定理. 现假设存在顶点 $w \notin V(F_s^+)$. 令 z 是 F_s^+ 中在路 P_w 上的最后一个顶点. 分别定义有向图 H 的顶点集和弧集如下:

$$V(H) := V(F_s^+) \cup V(P_w[z, w]), \quad A(H) := A(F_s^+) \cup A(P_w[z, w]).$$

我们断言: 对于 $P_w[z, w]$ 中的每一个顶点 x, H 中唯一的 (s, x) 路是有向图 D 的最短 (s, x) 路. 根据命题 2.2.1, $P_w[s, z]$ 是 D 的最短 (s, z) 路. 因为 $z \in V(F_s^+)$, 知 H 中唯一的 (s, z) 路 Q 的长度与路 $P_w[s, z]$ 的长度相等. 所以, 路 $QP_w[z, x]$ 是 H 中唯一的 (s, x) 路. 令 $F_s^+ := H$, 再使用类似的方法, 我们可得到有向图 D 的全部顶点, 并保持所期望的 F_s^+ 的性质. □

上面定理的构造性证明隐含了构造最终出分枝的一个多项式算法的存在性. 从一组由顶点 s 到其余每一个顶点的最短路开始, 我们把这样的出分枝叫做一条**根为 s 的最短路树** (shortest path tree from s). 正如将在习题 2.8 和习题 2.9 中看到的, 在搜索最短路的过程中, 在上一节所描绘的算法可以很容易地被修改为直接构造一条最短路树.

如果允许有向图 D 有负权的圈, 则有以下关于最短路的结果 (前面在负圈的概念中的最短途径的长度未定义, 然而最短路的长度却已经定义).

命题 2.2.3　在已知赋权有向图的一对顶点间寻找最短路问题是 $\mathcal{NP}$ 困难问题.

证明　在 (未赋权) 有向图 $D=(V,A)$ 中取 2 个不同的顶点 x 和 y. 对于每一条弧 $uv\in A$, 令 $c(uv)=-1$, 于是得到一个赋权有向图 $D'=(V,A,c)$. 显然, D' 有一条长为 $1-n$ 的 (x,y) 路当且仅当 D 有一条**哈密尔顿 (x,y) 路**. 因为寻找哈密尔顿 (x,y) 路的问题是 $\mathcal{NP}$ 完全问题 (见习题 6.3), 而且能够在多项式时间内由 D 构造出 D', 结论成立. □

显然, 命题 2.2.3 证明中的赋权有向图 D' 有一个负圈当且仅当 D 有任意的定向圈. 在 2.3.2 小节中, 只要应用一个对**最短路问题**的简约, 就能够在多项式时间内找到无圈有向图的一条最短路. 在 2.3 节中, 读者可看到在多项式时间内检查赋权有向图是否含有负圈. 然而, 除非有 $\mathcal{P}=\mathcal{NP}$, 这个结论是不可能扩展到赋权混合图中去, 原因可见下面的定理[28].

定理 2.2.4　在一个给定的赋权混合图中, 确定一个负圈的存在性问题是 $\mathcal{NP}$ 完全问题.

遵照命题 2.2.3, 在赋权混图的一对顶点之间寻找一条最短路问题是 $\mathcal{NP}$ 困难问题. 更为有趣的是, 如果限制赋权混合图无负圈, Arkin 和 Papadimitriou 证得了与定理 2.2.4 的结论相同的结论[28].

2.3　寻找有向图距离的算法

本节介绍在赋权有向图和未赋权有向图中寻找距离的著名算法, 所有要表述的算法几乎是用于寻找从一个固定顶点到其余顶点间的距离. 如果给定的有向图是未赋权的, 则可用简便而又快捷的**宽度优先搜索算法** (breadth-first search (BFS) algorithm), 我们将在 2.3.1 小节中介绍. 在 2.3.2 小节中, 对赋权无圈有向图介绍基于**动态规划**的快速而简单的方法. 第 2.3.3 小节里介绍应对那些权为非负数有向图的 Dijkstra 算法. 在 2.3.4 小节中, Bellman-Ford-Moore 算法适用于那些有负权但无负圈的有向图, 这个算法具有一个特别有用的性质, 即它可以被用于检查负圈 (如果存在).

我们的注意力将被放在确定赋权有向图中全体顶点对之间的距离, 从 D 的每一个顶点起应用 Bellman-Ford-Moore 算法. 然而, Floyd 和 Warshall 却提供了一个相当快速的算法, 2.3.5 小节介绍这个算法. 从 Cherkassky 和 Goldberg 的文章[153] 以及 Cherkassky, Goldberg 和 Radzik 的文章[154], 读者能够看到有关这个专题的理论以及实际结果的综合评述.

2.3.1　宽度优先搜索 (BFS)

宽度优先搜索 (简称为 BFS) 能够使我们在未赋权有向图 $D=(V,A)$ 中快速地寻找从一个固定顶点 s 到其余顶点之间的距离. BFS 是基于如下的简单想法: 从 s 开始, 访问每一个被 s 支配的顶点 x. 设置 $\mathrm{dist}'(s,x)=1$ 和 $s:=\mathrm{pred}(x)$ (顶点 s 是 x 的前趋). 访问那些不受与 s 距离为 1 的顶点 x 所支配的顶点 y, 则有 $\mathrm{dist}'(s,y):=2$ 和 $x:=\mathrm{pred}(y)$. 继续这种过程, 直至达到所有的顶点. 这些顶点是从 s 可达的 (根据命题 1.4.1, 这种重复迭代至多发生 $n-1$ 次). 对于那些不能从 s 可达的剩余顶点 z, 令 $\mathrm{dist}'(s,z):=\infty$. 换句话说, 访问了 s 的第一个 (开) 出邻集, 然后是它的第 2 个 (开) 出邻集等等. BFS 较为正式的表述是在算法的结尾处, $\mathrm{pred}(v):=\mathrm{nil}$ 意味着或有 $v=s$, 或者 v 从 s 是不可达的. 由于对于每一个顶点 $x\in V$, 有 $\mathrm{dist}(s,x)=\mathrm{dist}'(s,x)$, 可证得算法的正确性. 我们在下面给出 BFS 算法的详细证明.

BFS 算法

输入: 一个有向图 $D=(V,A)$ 和一个顶点 $s\in V$.

输出: 对于每一个顶点 $v\in V$, $\mathrm{dist}'(s,v)$ 和 $\mathrm{pred}(v)$.

1. 对于每一个顶点 $v\in V$, 设置 $\mathrm{dist}'(s,v):=\infty$ 和 $\mathrm{pred}(v):=\mathrm{nil}$.
2. 令 $\mathrm{dist}'(s,s):=0$. 建立由 s 构成的一个询问 Q.
3. 当 Q 不为空时, 进行如下工作: 从 Q 中删去一个顶点 u, 它是 Q 的头, 并一个接一个地考虑 u 在 D 中的出邻集. 若对 u 的出邻点 v, 有 $\mathrm{dist}'(s,v)=\infty$, 则令 $\mathrm{dist}'(s,v):=\mathrm{dist}'(s,u)+1$, $\mathrm{pred}(v):=u$, 然后把顶点 v 放在询问 Q 的尾部.

如果有向图 D 是由相邻列表所表示, 上面算法的复杂性是 $O(n+m)$. 实际上, 第 1 步则需要 $O(n)$ 时间. 运行第 3 步的时间为 $O(m)$, 根据命题 1.2.1, 每个顶点的出邻集仅被考虑一次, 且 $\sum_{x\in V}d^+(x)=m$.

要证明 BFS 算法的正确性, 我们只需证明, 对于每一个顶点 $x\in V$, $\mathrm{dist}(s,x)=\mathrm{dist}'(s,x)$. 依据算法的第 2 步和第 3 步, $\mathrm{dist}(s,x)\leqslant\mathrm{dist}'(s,x)$. 事实上, $v_1v_2\cdots v_k$ 是一条 (s,x) 路, 其中 $v_1=s$, $v_k=x$ 和 $v_i=\mathrm{pred}(v_{i+1})$, $1\leqslant i\leqslant k-1$. 对数 $\mathrm{dist}(s,x)$ 采用数学归纳法, 这已经证得等式成立. 如果 $\mathrm{dist}(s,x)=0$, 则 $x=s$, 结论成立. 假定 $\mathrm{dist}(s,x)=k>0$, 我们考虑最短的 (s,x) 路 P. 设 y 是 x 的前趋, 即 $y=x_P^-$. 根据归纳假定, $\mathrm{dist}'(s,y)=\mathrm{dist}(s,y)=k-1$. 因为 y 支配 x, 按照 BFS 算法, 有 $\mathrm{dist}'(s,x)\leqslant\mathrm{dist}'(s,y)+1=k=\mathrm{dist}(s,x)$. 将 $\mathrm{dist}(s,x)\leqslant\mathrm{dist}'(s,x)$ 和 $\mathrm{dist}'(s,x)\leqslant\mathrm{dist}(s,x)$ 结合, 证明得以完成.

在时间 $O(n^2+nm)$ 内, 我们可以将 BFS 算法用于计算一个有向图的半径、出半径、入半径和直径. 使用编排前趋, 则可产生精确的路. 在结束本节之前, 我们以命题的形式给出下面 2 个主要结果. 命题 2.3.1 可由 BFS 算法的描述而得到, 命题 2.3.2 早已被证明. 在这 2 个命题中, $D=(V,A)$ 表示有向多重图, s 是 D 的一个特定顶点.

命题 2.3.1 令 U 是从 s 可达的全体顶点之集. 则 (U, B) 是 $D\langle U\rangle$ 中以 s 为根的一个出分枝, 其中 $B = \{(\text{pred}(v), v):\ v \in U - s\}$.

把上面命题中的出分枝叫做 $D\langle U\rangle$ 的**根为 s 的 BFS 树** (BFS tree from s). 自然会联想到将命题 2.3.1 与定理 2.2.2 进行比较.

命题 2.3.2 设 $\text{dist}(s, V) < \infty$. 对于每一个非负整数 $p \leqslant \text{dist}(s, V)$, 则有

$$N^{+p}(s) = \{v \in V:\ \text{dist}(s, v) = p\}.$$

给定一个有向多重图 $D = (V, A)$, 设 s 为 D 的一个顶点, 集合

$$N^0(s), N^+(s), N^{+2}(s), N^{+3}(s), \cdots$$

叫做**根为 s 的距离类** (distance classes from s). 依据上面的命题, $N^{+i}(s)$ 是由与 s 之间距离恰为 i 的顶点构成. 图 2.2 给出 BFS 树的一个解释, 列出了对应的距离类. 综上所述, 我们有如下的定理:

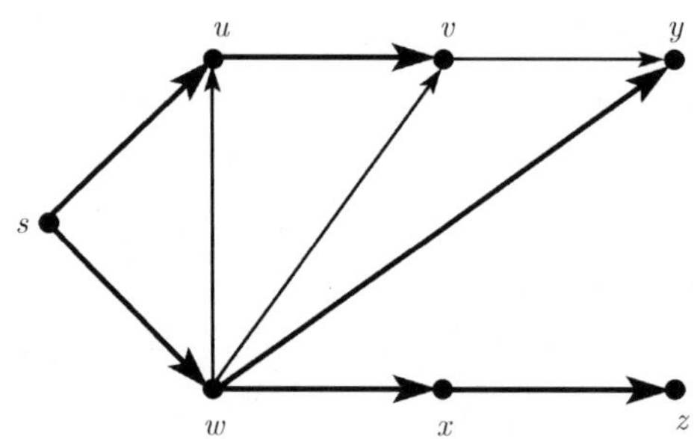

图 2.2 一个有向图 D 及其由粗弧表示的一棵 BFS 树

出自 s 的距离类是 $N^0(s) = \{s\}$, $N^+(s) = \{u, w\}$, $N^{+2}(s) = \{v, x, y\}$ 和 $N^{+3}(s) = \{z\}$

定理 2.3.3 对有向多重图 D 及其顶点 s 运用 BFS 算法, 则可在时间 $O(n+m)$ 内准确地确定一棵根为 s 的 BFS 树 T. 此外, D 中根为 s 的距离类相同于 T 中根为 s 的距离类.

2.3.2 无圈有向图

$D = (V, A, c)$ 是无圈赋权有向图, 下面将展示用动态规划可以相当容易地找到一个顶点 s 到其余每一个顶点之间的距离. 不失一般性, 假定顶点 s 的入度是零. 设 $\mathcal{L} = v_1, v_2, \cdots, v_n$ 是 D 的顶点无圈序, 且有 $v_1 = s$. 显然, $\text{dist}(s, v_1) = 0$. 对于每一个 i $(2 \leqslant i \leqslant n)$, 有

$$\text{dist}(s, v_i) = \begin{cases} \min\{\text{dist}(s, v_j) + c(v_j, v_i) : v_j \in N^-(v_i)\}, & 若\ N^-(v_i) \neq \varnothing, \\ \infty, & 其他. \end{cases} \tag{2.3}$$

下面的论述将证明公式 (2.3) 的正确性. 设 v_i 是从 s 可达的, 由于 $\mathcal{L}$ 是无圈的, 从 s 到 v_i 的最短路 P 的顶点属于集合 $\{v_1, v_2, \cdots, v_i\}$. 设 v_k 是 P 中支配 v_i 的顶点, 按照数学归纳法, 运用 (2.3) 式可正确地计算 $\mathrm{dist}(s, v_k)$, 而且项 $\mathrm{dist}(s, v_k)+c(v_k, v_i)$ 是 (2.3) 式右端诸项之一, 即最小的.

这个算法有 2 个阶段: 先找出一个无圈序, 然后执行 (2.3) 式. 算法的复杂性为 $O(n+m)$, 这是因为第一阶段运行用了时间 $O(n+m)$ (见 4.1 节), 并且由命题 1.2.1 在第 2 个阶段中相同近似的时间为公式 $\sum_{x\in V} d^-(x) = m$. 至此, 我们已经证得如下的结论:

定理 2.3.4 对于无圈有向图 D, 能够于时间 $O(n+m)$ 内找到 D 中一个特定的顶点 s 到 D 的其余顶点间的最短路.

用 $-c(uv)$ 来取代每条弧 uv 上的权重 $c(uv)$, 则在线性时间内可以找到无圈有向图的最长 (s, x) 路的长度. 特别地, 我们看到无圈有向图最长路问题可在多项式时间内解决. 事实上, 一个无圈有向图的最长路总可以在线性时间内找到.

定理 2.3.5 能够在时间 $O(n+m)$ 内找到无圈有向图的最长路.

证明留作习题 2.6.

2.3.3 Dijkstra 算法

为在赋权有向图 $D=(V, A, c)$ 中寻找从一个已知顶点 s 到其余顶点之间的距离 Dijkstra 给出如下的算法, 其中有向图 D 的每一条弧上的权均为非负实数[192].

在运行 Dijkstra 算法的过程中, 赋权有向图 D 的全体顶点被划分成 2 个部分集合 P 和 Q, 并为每个顶点 $v\in V$ 分配一个参数 δ_v. 在开始 Dijkstra 算法时, D 的每一个顶点均位于 Q 中. 算法的过程是将从 s 可达的顶点从 Q 中移到 P 中, 当 v 在 Q 中, 所对应的参数 δ_v 是 $\mathrm{dist}(s, v)$ 的一个上界, 一旦顶点 v 被移进 P, 就令 $\delta_v = \mathrm{dist}(s, v)$. 我们正规地表述 Dijkstra 算法如下:

Dijkstra 算法

输入: 一个赋权有向图 $D=(V, A, c)$, 对于每一条弧 $a\in A$, 有 $c(a)\geqslant 0$, 一个固定的顶点 $s\in V$.

输出: 对于每一个顶点 $v\in V$, 参数 $\delta_v = \mathrm{dist}(s, v)$.

1. 设置 $P:=\varnothing$, $Q:=V$, $\delta_s:=0$ 和 $\delta_v:=\infty, v\in V-s$.
2. 当 Q 是非空时, 进行如下的过程:

   找到 $v\in Q$, 使得 $\delta_v = \min\{\delta_u:\ u\in Q\}$.

   令 $Q:=Q-v$, $P:=P\cup v$.

   对于每一个顶点 $u\in Q\cap N^+(v)$, 令 $\delta_u:=\min\{\delta_u,\ \delta_v + c(v, u)\}$.

要知道 Dijkstra 算法的正确性, 我们只要证明下面的命题成立就可以了.

命题 2.3.6 在 Dijkstra 算法运行的任何时间上, 则有

(a) 对每一个顶点 $v \in P$, $\delta_v = \mathrm{dist}(s, v)$.

(b) 对每一个顶点 $u \in Q$, δ_u 是 D 内由 $P \cup u$ 导出的有向子图中从 s 到 u 的距离.

证明　当 $P = \varnothing$ 时, 显然有 $\delta_s = \mathrm{dist}(s, s) = 0$, 且对 $u \in V - s$, 有 $\delta_u = \infty$.

设 $P = P_0$ 和 $Q = Q_0$ 是使命题成立的陈述. 若 $Q_0 = \varnothing$, 则证明完成. 否则, 存在算法所选择的下一个顶点 v. 因为 (b) 可由 (a) 证得以及算法更新参数 δ_u 的方式, 故可仅证 (a). 反设有 $P = P_0 \cup u$, 使得 (a) 不成立, 即 $\delta_v > \mathrm{dist}(s, v)$, 我们取 D 中最短的 (s, v) 路 W. 由于 $\delta_v > \mathrm{dist}(s, v)$, 则路 W 必包含 $Q = Q_0 - v$ 的一个顶点, 设 u 是第一个不在 P_0 中且在 W 中的顶点, 显然 $u \neq v$. 按照命题 2.2.1 以及 $u \in W$ 的事实, 即有 $\mathrm{dist}(s, u) \leqslant \mathrm{dist}(s, v)$. 再根据这个命题对 P_0 和 Q_0 成立的陈述, 便得 $\mathrm{dist}(s, u) = \delta_u$, 可见 $\delta_u = \mathrm{dist}(s, u) \leqslant \mathrm{dist}(s, v) < \delta_v$, 或 $\delta_u < \delta_v$, 但这与由算法所确定的 v 的选择矛盾. □

每当选择一个新顶点, 我们就使用 $O(n)$ 次比较来寻找数 $\min\{\delta_u: u \in Q\}$ 以及用时间 $O(n)$ 来更新参数, 因为第 2 步要运行 $n-1$ 次, 从而能够断定 Dijkstra 算法的复杂性为 $O(n^2)$. 事实上, 运用 Fibonacci **堆积** (heap) 可以证明, 能够在时间 $O(n \log n + m)$ 内运行这个算法[278]. 综上所述, 我们有

定理 2.3.7　Dijkstra 算法能够在时间 $O(n \log n + m)$ 内确定从一个特定的顶点 s 到其余所有顶点之间的距离.

图 2.3 给出了一个解释 Dijkstra 算法的例子. 这里有一个富有挑战性的公开问题: 是否存在一个线性算法可以计算一个无负圈有向图中从一个特定的顶点到其余每一个顶点之间的距离? 容易看出 Dijkstra 算法是按照与 s 之间的距离来给顶点分类, Fredman 和 Tarjan 证明: 如果 Dijkstra 算法能够被证实为线性时间的算法, 那么就可在线性时间里分类若干个数[278]. Thorup 证明了此结论的逆也成立, 即若能够在线性时间内分类若干个数, 则 Dijkstra 算法可以当作一个线性时间算法来运行[715]. 至今我们还不知道如何在线性时间内把 n 个数进行分类①.

当 D 是无向图 G 的完全定向, 则对 D 的每一条弧 uv, 有 $c(u, v) = c(v, u)$ 成立. 最近, Thorup 给出一个线性算法用于计算从一个固定顶点到所有顶点之间的最短路, 他利用建立一个分层吊桶结构, 重合可能在任何序中被访问到的顶点对[716]. 从而, Thorup 算法避免了分类瓶颈的困扰.

2.3.4　Bellman-Ford-Moore 算法

Bellman-Ford-Moore 算法最初源于 Bellman 的文章[102]、Ford 的文章[245] 以及 Moore 的文章[572]. 设 $D = (V, A, c)$ 为赋权有向图, 可能有负权的弧存在. 以下

① 由于有些读者知道有一个 $\Omega(n \log n)$ 的下界用于分类 n 个数的集合, 此时它们可能被混乱了. 然而, 这个算法仅仅对基于分类的比较有效, 有许多关于分类 n 个数的算法比 $\Omega(n \log n)$ 快[25].

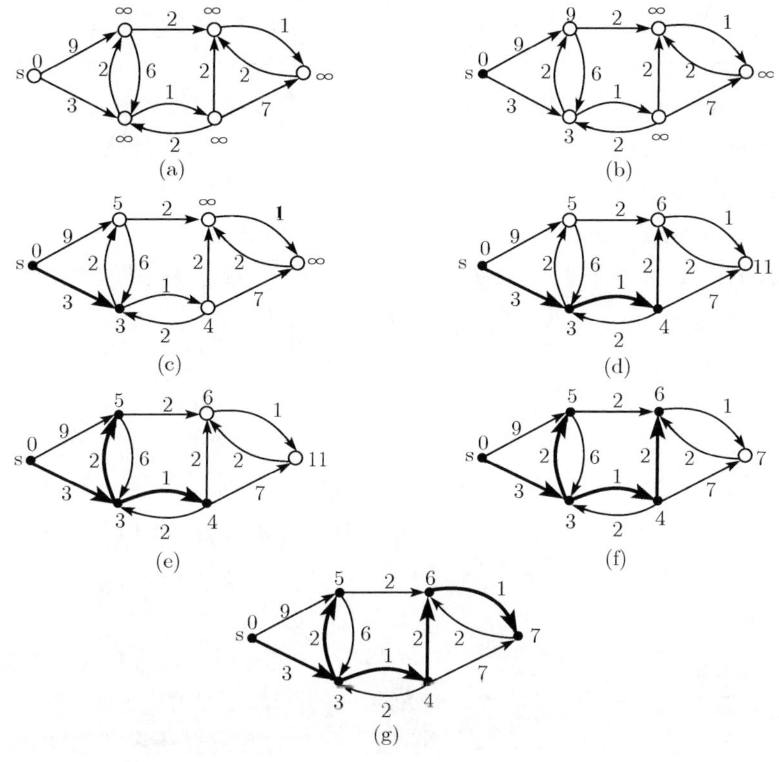

图 2.3 运行 Dijkstra 算法

白色顶点在 Q 中, 黑色顶点属于 P, 在每一个顶点上的数值是参数 δ 的当前值. (a) 运行算法的第一步状态; (b)~(g) 是运行算法的第 2 步中在循环连接重复迭代后的状态. 粗弧表示由在习题 2.8 中扩张的算法所找到的最短路树

我们要介绍的算法可以运用到寻找 D 中从已知顶点 s 到其余顶点之间的距离, 并要求 D 是无负圈的.

最多有 m 条弧且是最短 (s,v) 路的长度记为 $\delta(v,m)$. 显然有 $\delta(s,0)=0$; 对于每一个顶点 $v\in V-s$, 有 $\delta(v,0)=\infty$. 关于每一个顶点 $v\in V$, 我们要证明: 对每一个整数 $m\geqslant 0$, 有

$$\delta(v,m+1)=\min\{\delta(u,m),\ \min\{\delta(u,m)+c(u,v):\ u\in N^-(v)\}\}. \tag{2.4}$$

采用数学归纳法来证明 (2.4) 式. 当 $m=0$, (2.4) 式自然成立. 对于 $m\geqslant 1$ 的情形, 下面的论述将说明 (2.4) 式成立. 设有弧不超过 $m+1$ 的最短 (s,v) 路 P. 如果 P 最多有 m 条弧, 则它的长度为 $\delta(v,m)$, 不然, P 有 $m+1$ 条弧. 根据命题 2.2.1, 有某顶点 $u\in N^-(v)$, 使得 P 由具有 m 条弧的最短 (s,u) 路和弧 uv 构

成. 如果每一条最短 (s,v) 路的弧均多于 $m+1$ 条, 则没有顶点 v 的入邻点 u, 使得 $\delta(u,m)<\infty$. 所以, 公式 (2.4) 指出 $\delta(v,m+1)=\infty$.

由于没有多于 $n-1$ 条弧的路, 则对于每一个顶点 $v\in V-s$, 有 $\delta(v,n-1)=\mathrm{dist}(s,v)$. 因此, 对 $m=0,1,\cdots,n-2$ 应用 (2.4) 式, 从而得到从 s 到 D 的其余顶点之间的距离, 这就产生了如下的算法:

Bellman-Ford-Moore 算法

输入: 一个赋权有向图 $D=(V,A,c)$, 且 D 无负圈, 一个固定顶点 $s\in V$.

输出: 参数 δ_v $(v\in V)$; 对所有的顶点 $v\in V$, 使得 $\delta_v=\mathrm{dist}(s,v)$.

1. 令 $\delta_s:=0$, 对于每一个顶点 $v\in V-s$, 有 $\delta_v:=\infty$.
2. 从 $i=1$ 到 $n-1$ 作: 对于每一条弧 $vu\in A$, 用设置 $\delta_u:=\min\{\delta_u,\delta_v+c(v,u)\}$ 来更新参数 δ_u.

不难验证这个算法的复杂性为 $O(nm)$, 因而有下面的定理:

定理 2.3.8　给定一个赋权无负圈有向图 $D=(V,A,c)$ 以及它的一个顶点 s, Bellman-Ford-Moore 算法能够在时间 $O(nm)$ 内准确地确定出从 s 到 D 的每一个顶点之间的距离.

图 2.4 给出了一个图例, 这个例子解释了 Bellman-Ford-Moore 算法是如何运行的. 余下的工作是检查 D 是否含有负圈. 先设 D 是强的, 如果 D 不是强的, 就一个接一个地考虑 D 的强分支; 建立在强分支上的有效算法将在第 4 章中介绍, 我们先把下面的步骤扩充到算法中.

3. 对于每一条弧 $vu\in A$, 作: 若 $\delta_u>\delta_v+c(v,u)$, 则返回消息 "有向图含有一个负圈".

定理 2.3.9　强赋权有向图 D 含有负圈当且仅当在第 2 步返回它的消息.

证明　假定 D 无负圈, 依据步骤 2 和命题 2.2.1, 对于每一条弧 $vu\in A$, 有 $\delta_u\leqslant\delta_v+c(v,u)$①. 因此, 无消息返回.

设 D 有一个负圈 $Z=v_1v_2\cdots v_kv_1$, 出于用反证法的打算, 我们假设 Bellman-Ford-Moore 算法的第 3 步不返回消息. 特别地, 因有 $\delta_{v_i}\leqslant\delta_{v_{i-1}}+c(v_{i-1},v_i)$ $(1\leqslant i\leqslant k)$, 其中 $v_0=v_k$, 便得

$$\sum_{i=1}^{k}\delta_{v_i}\leqslant\sum_{i=1}^{k}\delta_{v_i-1}+\sum_{i=1}^{k}c(v_{i-1},v_i).$$

由于在最后的不等式中的前面 2 个和是相等的, 则得 $0\leqslant\sum_{i=1}^{k}c(v_{i-1},v_i)=c(Z)$, 与 Z 是负圈的假设矛盾. □

① 注意, 有 $c(v,u)=c(vu)$, 原因是弧 vu 也可以写为 (v,u).—— 译者注

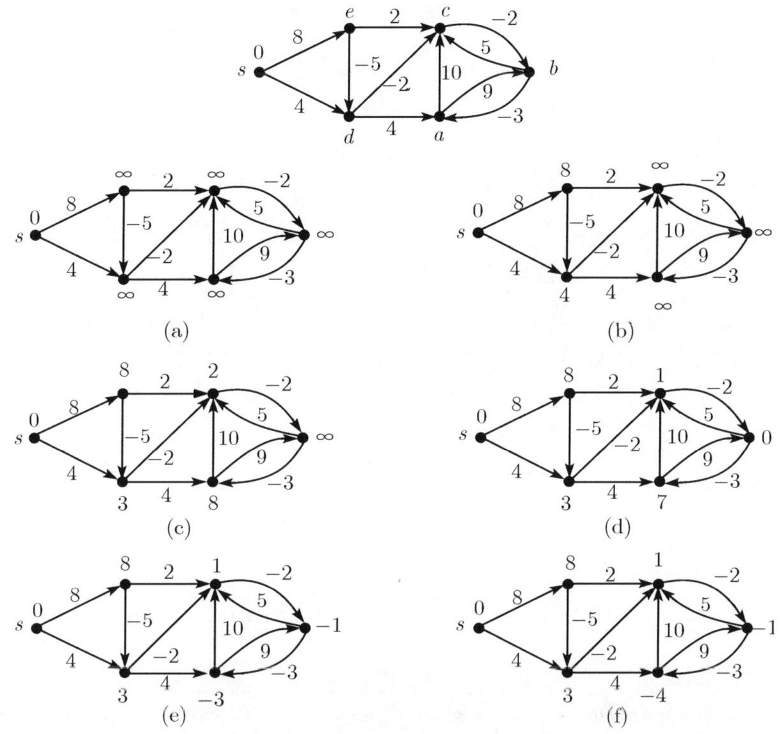

图 2.4 运行 Bellman-Ford-Moore 算法

顶点标号和弧的权在第一个图中给出, 参数 δ 的值靠近有向图 (a)~(f) 的顶点, 在算法第 2 步的内循环中所考虑的弧按字母顺序为 $ab, ac, ba, bc, cb, da, dc, ec, ed, sd, se$. (a) 是运行算法第 1 步后的状态; (b)~(f) 是运行算法的第 2 步, 运行 5 个连续内循环的每一个后的状态

2.3.5 Floyd-Warshall 算法

前一小节里介绍的算法能够对全体顶点运行, 从而找到强有向图 D 的全部顶点对之间的距离. 然而, 若 D 有负数权的弧, 但不含负圈, 则要使用 n 次 Bellman-Ford-Moore 算法, 这将产生时间 $O(n^2m)$ (见习题 2.19 中的一个快速方法). Floyd-Warshall 算法找到所要求的距离则较快些, 时间是在 $O(n^3)$ 内. 在实际中, 该算法甚至好过在 n 个顶点上运用 Dijkstra 算法 (当 D 的权均不为负数时)[674], 主要归因于其代码的简单性 (于是, Floyd-Warshall 算法在时间复杂性中隐藏了常数). 这个算法最初分别出现在 Floyd 的文章[243] 和 Warshall 的文章[734] 中. 假定已知 $D=(V,A,c)$ 是强赋权有向图, 且无负圈. 本节中, 我们总记顶点集 $V=\{1,2,\cdots,n\}$.

导出有向图 $D\langle\{1,2,\cdots,m-1\}\cup\{i,j\}\rangle$ $(1\leqslant m\leqslant n-1)$ 中的最短 (i,j) 路的长度记为 δ_{ij}^m. 特别地, δ_{ij}^1 是路 ij 的长度. 可以观察到, 有向图 $D\langle\{1,2,\cdots,m\}\cup\{i,j\}\rangle$ 中的最短 (i,j) 路如果不含顶点 m, 在这种情形下, 有 $\delta_{ij}^{m+1}=\delta_{ij}^m$; 或当它含顶点 m

时, 便有 $\delta_{ij}^{m+1}=\delta_{im}^{m}+\delta_{mj}^{m}$. 所以, 总有

$$\delta_{ij}^{m+1}=\min\{\delta_{ij}^{m},\ \delta_{im}^{m}+\delta_{mj}^{m}\}. \tag{2.5}$$

特别地, $\delta_{ii}^{m}=0$, $1\leqslant i\leqslant n$. 此外, 对于每对不同的 i 和 j, 若有弧 $ij\in A$, 则 $\delta_{ij}^{1}=c(i,j)$, 否则, 有 $\delta_{ij}^{1}=\infty$. 当 $D\langle\{1,2,\cdots,m\}\cup\{i,j\}\rangle$ 中没有 (i,j) 路, 公式 (2.5) 也是正确的. 显然, δ_{ij}^{n+1} 是 D 中最短 (i,j) 路的长度. 不难验证, 对所有的顶点对 i 和 j, 需要 $O(n^3)$ 次运算来计算 δ_{ij}^{n+1}.

上面的断言可以被看作是一个正规算法 (Floyd-Warshall 算法, 见习题 2.14). Floyd-Warshall 算法允许我们在 $O(n^3)$ 时间内去寻找无负圈赋权有向图的直径和半径. 运用这个算法, 我们能够检查 D 是否含有负圈. 为简便起见, 假定 D 是强, 验证将依据于下面的定理[509], 它的证明作为练习题留给读者.

定理 2.3.10 赋权有向图 D 有负圈的充要条件是对某 m, 有 $\delta_{ii}^{m}<0$ $(1\leqslant i\leqslant n)$.

2.4 半径、出半径和直径之间的不等式

由于一个网络能够表示现实世界的某个系统, 当增加系统的可靠性时, 总期望它有一个较小的直径[236]. 小的出半径意味着系统有一个元素, 使得由这个元素可以快速地到达其他的元素 (例如, 给它们送一个消息), 关于入半径和半径也有类似地解释. 然而, 表示现实系统的网络为避免高昂费用的构造不能够使用过多的弧. 最小化直径或半径 (出半径) 的对象和有向图的规模在客观上是相互矛盾的. 所以, 对于设计者来说, 重要的是知道能够发展什么样的平衡. 这一节的不等式将给出这个问题的若干回答.

2.4.1 强有向图的半径和直径

众所周知, 在连通无向图 G 中, 总有 $\mathrm{rad}(G)\leqslant\mathrm{diam}(G)\leqslant 2\mathrm{rad}(G)$. 按照本书的半径定义, 这个不等式对强有向图也成立.

命题 2.4.1 设 D 为强有向图, 则有 $\mathrm{rad}(D)\leqslant\mathrm{diam}(D)\leqslant 2\mathrm{rad}(D)$.

证明 不等式 $\mathrm{rad}(D)\leqslant\mathrm{diam}(D)$ 是显然的. 取一个顶点 $x\in D$, 使得

$$\frac{\mathrm{dist}(x,V)+\mathrm{dist}(V,x)}{2}=\mathrm{rad}(D),$$

且设 D 的顶点 y 和 z 满足 $\mathrm{dist}(y,z)=\mathrm{diam}(D)$. 因为

$$\mathrm{dist}(y,z)\leqslant\mathrm{dist}(y,x)+\mathrm{dist}(x,z)\leqslant 2\mathrm{rad}(D),$$

于是有 $\mathrm{diam}(D)\leqslant 2\mathrm{rad}(D)$. □

下面关于强有向图的阶数的简单界 (也叫做 **Moore 界**) 在一些应用中是非常重要的[236], 它的证明留作习题 2.25.

命题 2.4.2 设 n, d 和 t 分别是强有向图 D 的阶、最大出度和直径, 则有

$$n \leqslant 1 + d + d^2 + \cdots + d^t.$$

当 $d = 1$ 时, 圈 $\vec{C}_{t+1}$ 达到 Moore 界. 对 $t = 1$ 时的情形, $d + 1$ 个顶点的完全图也达到 Moore 界. 但是对 $d > 1$ 和 $t > 1$, 这个界是不可达的[136,609], 所以有 $n < (d^{t+1} - 1)/(d - 1)$. 此外, 利用简单的代数变换, 我们有如下的结论:

命题 2.4.3 设 n, d 和 t 分别是强有向图 D 的阶、最大出度和直径. 若 $d > 1$ 和 $t > 1$, 总有 $t \geqslant \lfloor \log_d(n(d-1)+1) \rfloor$.

对情形 $d = 2, 3$, 已有特殊的研究结论. 当 $d = 2$ 时, Miller 和 Fris 证得: 没有直径 $t \geqslant 3$ 和阶 $n = d + d^2 + \cdots + d^t$ 的 2 正则有向图[566]. 还有 k 的许多值, 也不存在阶 $n = d + d^2 + \cdots + d^t - 1$ 的 2 正则图[565]. 当 $d = 3$ 时, Baskoro, Miller, Plesník 和 Znám 研究过 $n = d + d^2 + \cdots + d^t$ 阶的 3 正则有向图[96].

2.4.2 出半径和直径的极值

本节将介绍关于下列问题的结论: 具有 n 个顶点和 m 条弧的强有向图的直径和出半径的最小 (最大) 值是多少? 我们从出半径最小化问题开始介绍这一节的内容, 先介绍下面的 Goldberg 定理:

定理 2.4.4[327] 设 D 是强有向图, 令 $f(n,m) = \left\lceil \frac{n-1}{m-n+1} \right\rceil$. 则有 $\mathrm{rad}^+(D) \geqslant f(n,m)$. 对整数 $m \geqslant n \geqslant 2$, 存在 n 阶和 m 规模的有向图 $D(n,m)$ (也称为 **Goldberg 有向图** $D(n,m)$), 使得它的出半径为 $f(n,m)$.

证明 取 D 的一个顶点 v, 使得 $\mathrm{dist}(v,V) = \mathrm{rad}^+(D)$. 设 T 是以 v 为根的 BFS 树, W 是 V 中满足 $d_T^+(w) = 0$ 的全体顶点 w 的集合. 对顶点 $w \in W$, $P(w)$ 是除顶点 v 外在 T 的 (v,w) 路上顶点之集, 则有

$$n - 1 = \left| \bigcup_{w \in W} P(w) \right| \leqslant \sum_{w \in W} |P(w)| \leqslant |W| \mathrm{dist}(v,V) = |W| \mathrm{rad}^+(D).$$

于是

$$|W|\ \mathrm{rad}^+(D) \geqslant n - 1. \tag{2.6}$$

由于有向图 D 是强的, 每一个顶点 $w \in W$ 是 $D - A(T)$ 中某条弧的尾. 设 T 是一棵树, T 有 $n - 1$ 条弧 (习题 1.39). 因而有 $|W| \leqslant m - (n-1)$, 将这个不等式与 (2.6) 式结合, 得到 $\mathrm{rad}^+(D) \geqslant f(n,m)$.

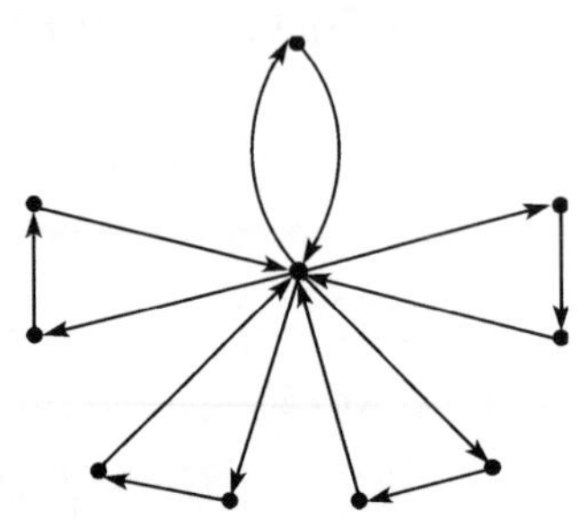

图 2.5 Goldberg 有向图 $D(10,14)$

设 $r=n-1-(m-n+1)(f(n,m)-1)$, 不难验证 $0<r\leqslant m-n+1$. 现在构造有向图 $D(n,m)$: 取 r 个长为 $f(n,m)+1$ 的圈, $m-n+1-r$ 个长为 $f(n,m)$ 的圈, 在每个圈上标注一个顶点 v, 然后把这 $m-n+1$ 个圈在顶点 v 上捏合在一起, 从而形成 $D(n,m)$. 因为 $r>0$, 所以 $D(n,m)$ 中至少有一个圈包含 $f(n,m)+1$ 个顶点, 于是有 $\mathrm{dist}(v,V(D(n,m)))=f(n,m)$, 即 $\mathrm{rad}^+(D(n,m))=f(n,m)$. □

图 2.5 描述了有向图 $D(10,14)$. 显然, $\mathrm{rad}^+(D(10,14))=2$.

十分清楚的是, 当前的文献中均没有报道关于寻找 n 阶和 m 规模的有向图的出半径的紧上界问题的研究结论. 强有向图直径的上、下界在下面的定理中给出. Goldberg 证明了定理 2.4.5[328], Ghouila-Houri 推证了定理 2.4.6[314].

定理 2.4.5 设 D 为 n 阶和 m 规模强有向图, $m\geqslant n+1$, 并令 $g(n,m)=\lceil(2n-2)/(m-n+1)\rceil$, 则有 $\mathrm{diam}(D)\geqslant g(n,m)$, 而且这个界是最好的.

定理 2.4.6 设 D 是 n 阶和 m 规模强有向图, 则当 $n\leqslant m\leqslant(n^2+n-2)/2$, 有 $\mathrm{diam}(D)\leqslant n-1$; 否则

$$\mathrm{diam}(D)\leqslant\left\lfloor n+\frac{1}{2}-\sqrt{2m-n^2-n+\frac{17}{4}}\right\rfloor.$$

Füredi, Horak, Pareek 和 Zhu 讨论了直径为 2 和 (关于固定的阶 n) 最小规模的定向图[285].

2.5 定向图的最大有限直径

设 G 是无桥连通多重图, 令 G' 表示 G 的一个具有最大有限直径的定向, 记号 $\mathrm{lp}(G)$ 代表 G 的一条最长路的长度. Gutin 给出了下面的定理[366].

定理 2.5.1 设 G 是连通无桥图, 则 $\mathrm{diam}(G')=\mathrm{lp}(G)$.

证明 对 G 的每个强连通定向 G_0, 有 $\mathrm{diam}(G_0)\leqslant\mathrm{lp}(G)$. 因此, 只要构造出 G 的定向 G_1, 使得 $\mathrm{diam}(G_1)=\mathrm{lp}(G)$, 我们就证得这个定理.

设 $P=x_1x_2\cdots x_k$ 是 G 的一条最长路, 每一个顶点 x_i 有标号 $r(x_i)=i$. 因为 G 不含桥, 故边 $x_{k-1}x_k$ 不是桥. 接下来, 存在不同于路 $x_{k-1}x_k$ 的一条 $(\{x_1,x_2,\cdots,x_{k-1}\},x_k)$ 路 R_1, 令 x_i 是 R_1 的起点. 对于每一个顶点 $v\in V(R_1)-\{x_k\}$, 定义 $r(v)=i$. 因为弧 $x_{i-1}x_i$ 不是桥, 则有 (S_{i-1},T_i) 路 R_2, 其中 $S_{i-1}=\{x_1,x_2,\cdots,$

$x_{i-1}\}$, $T_i=\{x_i,x_{i+1},\cdots,x_k\}\cup V(R_1)$. R_2 不同于路 $x_{i-1}x_i$, 设 x_j 为路 R_2 的初始顶点 (注意 $j<i$), 则对 R_2 中除终止顶点外的其余的每一个顶点 v, 定义 $r(v)=j$. 类似地, 我们能够建立 $R_3,R_4,\cdots$, 并为路 $R_3,R_4,\cdots$ 的顶点定义标号 $r(\cdot)$, 直到找到路 R_s 具有初始顶点 x_1, 并对 $v\in V(R_s)$ 且不是终止顶点, 设置 $r(v)=1$.

现在给出路 P 从 x_1 到 x_k 的定向 (从而得到一条有向路 Q), 定向每一条路 R_i $(1\leqslant i\leqslant s)$ 从它的具有较大下标号**端点** (end vertex) 到其他一个端点 (得到有向路 Q_i). 不难检查由路 $\bigcup_{i=1}^{s}Q_i\cup Q$ 的弧导出的定向图是强的. 定义顶点子集

$$X=V(G)-\left(\bigcup_{i=1}^{s}(V(R_i)\cup V(P))\right).$$

假定 $X\neq\varnothing$ (情形 $X=\varnothing$ 是容易讨论的). 因 G 无桥, 则存在一个顶点 $v\in X$ 以及 2 条除了顶点 v 外无公共顶点的路, 每条路是从 v 到 $V(G)-X$ 中的某顶点 (见习题 7.18). **重合**这 2 条路成为一条路 S_1, 然后定向这条路 S_1, 从它的有较大标号的端点到有小标号的端点, 若 2 个终点的标号一致, 则这个定向是任意的. 此外, 路 S_1 的其余顶点标号与这条路的终点的标号相同.

若 $X-V(S_1)\neq\varnothing$, 我们将跑遍 X 的其余顶点继续构造路 $S_2,S_3,\cdots$, 直到出现 $\bigcup_{i=1}^{t}V(S_i)=X$, 这里定向和标号是用相同方式选择的. 最后定向那些还没有定向的边 uv, 若 $r(u)\geqslant r(v)$, 则从 u 到 v, 否则从 v 到 u. 设 D 表示所得到定向图, 则 D 包含一个强连通支撑子图. 所以, D 也是强连通的. 由于 D 中除了在 P 中的弧外所有弧 (u,w) 均被定向, 使得 $r(u)\geqslant r(w)$, 则没有从 x_1 到 x_k 长度小于 $k-1$ 的路, 因而有 $\mathrm{diam}(D)=k-1$. □

由于无向图的最长路问题是 $\mathcal{NP}$ 困难问题[303], 最后的这个定理隐含了寻找图的最大有限直径定向问题也是 $\mathcal{NP}$ 困难问题.

2.6 多重图定向的最小直径

实际上, 相同的复杂性结果对寻找图的最小直径定向问题是成立的, 我们有如下的结论:

定理 2.6.1[164] 判定无向图是否有一个直径为 2 的定向问题是 $\mathcal{NP}$ 完全问题.

设 G 是一个无桥多重图, 记号 $\mathrm{diam_{min}}(G)$ 表示 G 的一个定向的最小直径. 这里给出定理 2.6.1 的原始证明[164], 我们要对这个证明作小小的调整, 主要差别是使用了引理 2.6.2 (在这一节中, 我们将 2 次用到这个引理). 以下 BT_S 表示一个二部分竞赛图, U 和 W 分别为它的二部分顶点集, 且有相同的基数 s. 设 $U=\{u_1,u_2,\cdots,u_s\}$ 和 $W=\{w_1,w_2,\cdots,w_s\}$. 顶点 u_i 仅仅支配顶点 $w_i,w_{i+1},\cdots,w_{i+[s/2]-1}$ $(i=1,2,\cdots,s)$, 下标号取模 s.

引理 2.6.2　设 $s \geqslant 2$, 有 $\operatorname{diam}(BT_s) = 3$. 特别地, $\operatorname{dist}(U,U) = \operatorname{dist}(W,W) = 2$.

证明　显然, 只要证明 $\operatorname{dist}(U,U) = \operatorname{dist}(W,W) = 2$ 即可完成证明. 当 $i \neq j$ 时, 有 $N^+(u_i) - N^+(u_j) \neq \varnothing$. 所以, 存在顶点 $w \in W$, 使得 $u_i \to w \to u_j$. □

Lovász 证得: 判定秩为 3 的超图①是否为 2 可着色问题是 $\mathcal{NP}$ 困难问题[520]. 依照 Lovász 的结果, 定理 2.6.1 可由下面的定理得到.

定理 2.6.3　已知 H 为秩 3 的 n 阶超图, 则可在多项式时间内 (按 n) 构造一个图 G, 使得 $\operatorname{diam}_{\min}(G) = 2$ 当且仅当 H 是 2 可着色的.

证明　设整 k 满足 $8 \leqslant k \leqslant 11$, 且 $n+k$ 可以被 4 整除. 给 H 加进 k 个新顶点 $v_1, v_2, \cdots, v_k$, 得到新的超图 H_0. 此外, 若 H 有奇数条边, 则在 H_0 中新加进 3 条边 $\{\{v_i, v_{i+1}\}: i = 1,2,3\}$, 否则, 加进 4 条边 $\{\{v_i, v_{i+1}\}: i = 1,2,3,4\}$. 可见 H_0 有偶数条边, 且至少为 4. 为了构造 G, 取 2 个**不交的集合** R 和 Q, 使得 R (或 Q) 的元素与 H_0 的顶点 (或边) 是一一对应的. 设 $G\langle R\rangle$ 和 $G\langle Q\rangle$ 均为完全图, $p \in R$ 和 $q \in Q$ 是相邻的当且仅当 p 所对应的顶点属于 q 所对应的边 (在 H_0 中).

添加 4 个新顶点 w_1, w_2, w_3, w_4, 将它们每一个均与 $R \cup Q$ 的全体顶点相连, 然后再加进一个顶点 x, 使它与 R 的所有顶点相连, 我们来证明上面构造的图 G 具有所期望的性质 (显然, 能够在多项式时间内构造出 G).

假定 G 有一个直径为 2 的定向 G^*. 对于顶点 $u \in R$, 令 $f(u) = 0$ 当且仅当在 G^* 中有 $x \to u$; 否则, 令 $f(u) = 1$. 因对每一个 $q \in Q$, 有 $\operatorname{dist}_{G^*}(x,q) = 2$ (或有 $\operatorname{dist}_{G^*}(q,x) = 2$), H 的每一条边 e 包含一个顶点 y, 使得 $f(y) = 0$ (或有 $f(y) = 1$), 即 H 是 2 可着色.

现设 H 是 2 可着色的, 则 H_0 有一个 2 着色, 使得 $R = R_1 \cup R_2$, H_0 的每一条边有一个顶点对应 R_i 的一个元素, 并且 $|R_i| \geqslant 4$, $i = 1,2$. 现给出 G 的一个直径为 2 的定向 G' 如下: 在每个完全图 $G\langle L\rangle \in \{G\langle R_1\rangle, G\langle R_2\rangle, G\langle Q\rangle\}$ 中定向边, 使得所产生的竞赛图包含二部分竞赛图 $BT_{|L|}$. 设 A_i 和 B_i 是 $G\langle R_i\rangle$ 中二部分竞赛图的部分顶点集, A 和 B 是 $G\langle Q\rangle$ 中二部分竞赛图的部分顶点集, G 中其余边的定向如下:

$$\begin{aligned}
&x \to R_1 \to R_2 \to x, && R_1 \to Q \to R_2,\\
&(A_1 \cup A_2) \to w_1 \to A, && B \to w_1 \to (B_1 \cup B_2),\\
&(A_1 \cup A_2) \to w_2 \to B, && A \to w_2 \to (B_1 \cup B_2),\\
&(B_1 \cup B_2) \to w_3 \to A, && B \to w_3 \to (A_1 \cup A_2),\\
&(B_1 \cup B_2) \to w_4 \to B, && A \to w_4 \to (A_1 \cup A_2),
\end{aligned}$$

使用引理 2.6.2, 不难证明直径 $\operatorname{diam}(G') = 2$. 例如, 易证 $\operatorname{dist}_{G'}(A_1, V(G')) \leqslant 2$ 以及 $\operatorname{dist}_{G'}(V(G'), A_1) \leqslant 2$, 可见 $\operatorname{dist}_{G'}(A_1, A_2) = 2$, 并有

① 注意, 超图的秩是其最大边的基数.

$$\begin{aligned} B_1 \cup R_2 \cup Q \cup \{w_1, w_2\} &\subseteq N^+(A_1), \\ \{x, w_3, w_4\} &\subseteq N^+(B_1 \cup R_2 \cup Q \cup \{w_1, w_2\}), \\ B_1 \cup \{x, w_3, w_4\} &\subseteq N^-(A_1), \\ N^-(B_1 \cup \{x, w_3, w_4\}) &\subseteq R_2 \cup Q \cup \{w_1, w_2\}. \end{aligned}$$ □

Chvátal 和 Thomassen 研究了下面叫做**强半径** (strong radius) 的参数[164]. 定义强连通有向图 $D=(V,A)$ 的强半径 $\mathrm{srad}(D)$ 为

$$\mathrm{srad}(D) = \min\{\max\{\mathrm{dist}(v,V), \mathrm{dist}(V,v)\}: v \in V\}.$$

Chvátal 和 Thomassen 证得: 判定一个图是否有一个强半径 2 的强连通定向问题是 $\mathcal{NP}$ 困难问题[164]. 强半径是有意义的, 特别地是因为

$$\mathrm{srad}(D) \leqslant \mathrm{diam}(D) \leqslant 2\mathrm{srad}(D)$$

对每个强连通有向图 D 成立 (可从命题 2.4.1 和每个强有向图 D 有 $\mathrm{rad}(D) \leqslant \mathrm{srad}(D)$ 证得这个结论). 依据文献 [164], 我们为无桥连通多重有向图的一个强定向的强半径值来建立一个紧的上界. 在图 2.6 中给出了定理 2.6.4 证明的第一部分的解释.

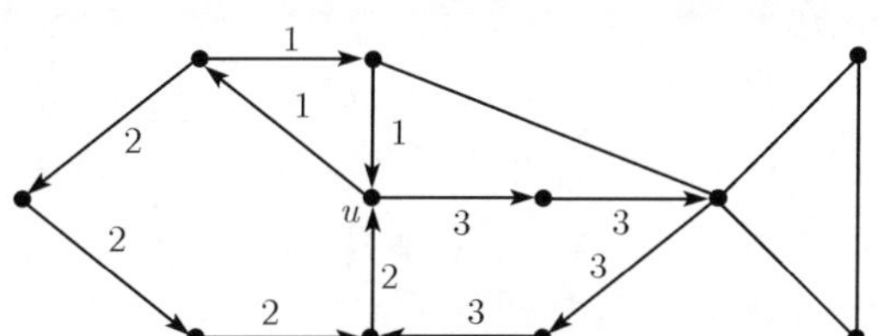

图 2.6 在定理 2.6.4 证明中构造的 H 的定向 D

弧上的整数表示得到 D 的过程中的步骤数

定理 2.6.4[164] 每一无桥连通无向多重图 $G=(V,E)$ 承认强半径至多为 $[\mathrm{rad}(G)]^2+\mathrm{rad}(G)$ 的一个定向.

证明 这里将证明一个略为广泛的结果. 任取 $u \in V$, 并记 $\mathrm{dist}_G(u,V)=r$. 则有 G 的一个定向 L, 使得 $\mathrm{dist}_L(u,V) \leqslant r^2+r$ 和 $\mathrm{dist}_L(V,u) \leqslant r^2+r$. 因 G 是无桥的, 每一条边 uv 在 G 的某个无向圈中, 令 $k(v)$ 表示通过边 uv 的最短圈的长度. 不难证明 (见习题 2.28): 对于每一个顶点 $v \in N(u)$, 有

$$k(v) \leqslant 2r+1. \tag{2.7}$$

我们断言, 无向多重图 G 有具有如下性质的一个子图 H 以及 H 的一个定向 D:

(a) $N_G(u) \subseteq V(H)$.

(b) 对于每一个顶点 $v \in N(u)$, 定向 D 有 $k(v)$ 长的圈 C_v 包含弧 uv, 或弧 vu.

(c) 定向 D 是圈 C_v 的并.

按照这个推断和 (2.7) 式, 则有

$$\max\{\mathrm{dist}_D(u, V(D)),\ \mathrm{dist}_D(V(D),\ u)\} \leqslant 2r. \tag{2.8}$$

为证明上面的断言, 下面逐步构造子图 H 和定向 D. 取 G 的一条边 uv, 设 Z_v 是长为 $k(v)$ 且通过边 uv 的一个无向圈. 定向 Z_v 为一个有向圈, 并设 C_v 表示由这种方式得到的圈. 设置 $H := Z_v$ 和 $D := C_v$, 这是第一步. 在第 i 步 $(i \geqslant 2)$, 选择边 uw, 使 $w \notin V(H)$ 和 G 的一个无向圈 $Z = w_1w_2\cdots w_kw_1$, 使得 $w_1 = u$ 和 $w_2 = w$ 以及 $k = k(w)$. 若 $Z_w - u$ 中无顶点属于 H, 则延伸有向圈 $C_w = w_1w_2\cdots w_kw_1$ 到 D 以及圈 Z 到 H, 然后进入下一步. 不然, 有一个顶点 w_i $(2 \leqslant i \leqslant k)$, 使得 $w_i \in V(H)$ (因而有 $w_i \in V(D)$). 假定 w_i 是具有这个性质下标最小的. 因为 $w_i \in V(D)$, 有 u 的某邻点 v, 使得 $w_i \in C_v$ (注意 C_v 是一个有向圈). 设 $C_v = v_1v_2\cdots v_tv_1$, 其中 $u = v_1, v \in \{v_2, v_t\}$ 和对某 j, 有 $w_i = v_j$. 因为可以考虑 D 的逆, 不失一般性, 可假定 $v = v_2$. 有以下 2 种情形需要我们考虑.

情形 1. $w_k \neq v$. 在此情形中, 定义有向圈 $C_w = uw_2w_3\cdots w_iC_v[v_{j+1}, u]$, 其长为 $k(w)$(若 C_w 有多于 $k(w)$ 条弧, 路 $C_w[w_i, u]$ 比路 $P_2 = w_iw_{i+1}\cdots w_ku$ 长. 此时, 包含边 uv 的途径 $Z_v[u, v_j]P_2[w_{i+1}, u]$ 的长度比 $k(v)$ 大, 矛盾). 令 $Z_w := UG(C_w)$, 给 D 添加 C_w, 再把 Z_w 添加到 H 上, 然后进入下一步.

情形 2. $w_k = v$. 此时, 定义有向圈 $C_w = C_v[u, v_j]w_{i-1}w_{i-2}\cdots w_2u$, 可知 C_w 的长为 $k(w)$ (最后这个事实的证明类似于情形 1 的证明). 令 $Z_w = UG(C_w)$, 把 C_w 加到 D 中, 把 Z_w 加到 H 中, 尔后进入下一步.

由于 $V(G)$ 是有限的, 在每一步中给 H 至少添加了一个新顶点, 这个过程将终止在所期望的子图 H 和它的定向 D 上, 于是证得推断.

我们考虑有向多重图 D. 在 G 中收缩 D 的全体顶点成为一个新顶点 u^* (关于无向多重图的收缩运算是相似于有向多重图的收缩运算), 我们得到一个新多重图, 记为 G^*. 注意到 G^* 是无桥的, 由上面的断言 (a) 得到 $\mathrm{dist}_{G^*}(u^*,\ V(G^*)) \leqslant r - 1$. 根据归纳假定, 有 G^* 的一个定向 L^*, 使得

$$\mathrm{dist}_{L^*}(u^*, V(L^*)) \leqslant r^2 - r \quad 和 \quad \mathrm{dist}_{L^*}(V(L^*), u^*) \leqslant r^2 - r. \tag{2.9}$$

考虑 G 的一个定向 L, 它是将 L^* 结合到 D, 把 G 的其余边任意定向而得到的定向. 运用 (2.8) 式和 (2.9) 式, 有

$$\mathrm{dist}_L(u, V(L)) \leqslant r^2 + r \quad 和 \quad \mathrm{dist}_L(V(L), u) \leqslant r^2 + r,$$

从而完成本定理的证明. □

定理 2.6.4 中界的不可改进性在文献 [164] 中被证明, 该定理隐含了如下的结论:

推论 2.6.5 半径为 r 的无桥连通多重图 G 满足 $\mathrm{diam}_{\min}(G) \leqslant 2r(r+1)$.

Plesník 把定理 2.6.4 和推论 2.6.5 推广到赋权多重图的定向中[607].

定理 2.6.6 设 G 是无桥连通多重图, 其每一条边的权在 1 和 W 之间. 如果 G 的半径是 r, 则 G 有强半径至多为 $r(r+W)$ 且直径至多为 $2r(r+W)$ 的一个定向.

Plesník 证明前面定理的结论关于强半径是不可改进的[607]. Chung, Garey 和 Tarjan 把推论 2.5.6 推广到混合图中[157], 他们证明了下面的结论:

定理 2.6.7 每个半径为 r 的无桥连通混合图 G 承认直径至多为 $8r(r+1)$ 的一个定向, 且能够在时间 $O(r^2(n+m))$ 内找到这个定向.

2.7 完全多重图的最小直径定向

许多人研究了无桥图 G 的参数 $\rho(G) := \mathrm{diam}_{\min}(G) - \mathrm{diam}(G)$. 对于许多图 G 来说, 研究结果是有意义的, 有 $\rho(G) = 0, 1$ 或 2 (有一个完全不同于定理 2.6.4 证明中证得的 "不乐观" 界的结论). 本节介绍完全多部分图的最小直径定向的几个结果. Šoltés 得到下面关于完全二部分图的结论[676].

定理 2.7.1 设 $n_1 \geqslant n_2 \geqslant 2$, 当 $n_1 \leqslant \binom{n_2}{\lfloor n_2/2 \rfloor}$, 有 $\rho(K_{n_1,n_2}) = 1$; 否则, 有 $\rho(K_{n_1,n_2}) = 2$.

定理 2.7.1 的原始证明是相当长的, Gutin 使用 Sperner 引理①得到了这个定理的一个简短证明[361]. 下面我们将给出这个证明的一个更新版本[361], 先从 Sperner 引理开始. 如果集合 $\{1, 2, \cdots, n\}$ 的一个子集族 $\mathcal{F}$ 中的任何一个集合不被其中任何一个集合所包含, 称 $\mathcal{F}$ 为一个**反链** (antichain).

引理 2.7.2 设 $\mathcal{F}$ 是 $\{1, 2, \cdots, n\}$ 上的一个反链, 则 $|\mathcal{F}| \leqslant \binom{n}{\lfloor n/2 \rfloor}$. 当取 $\mathcal{F}$ 是一个规模为 $\lfloor n/2 \rfloor$ 的子集族时, 这个上界是可达的.

定理 2.7.1 的证明 令 $n_1 \geqslant n_2 \geqslant 2$, 设 $\mathcal{O}(K)$ 是完全二部分图 $K = K_{n_1,n_2}$ 的强连通定向的集合, 容易看到没有 $\mathcal{O}(K)$ 中的图直径为 2. 则当 $n_1 \leqslant \binom{n_2}{\lfloor n_2/2 \rfloor}$, 只要证明存在直径为 3 的定向 $D \in \mathcal{O}(K)$ 以及当 $n_1 > \binom{n_2}{\lfloor n_2/2 \rfloor}$ 时, 存在直径为 4 定向 $D \in \mathcal{O}(K)$ 而没有直径为 3 的定向 $D \in \mathcal{O}(K)$.

先设 $n_1 \leqslant \binom{n_2}{\lfloor n_2/2 \rfloor}$. 如果 $n_1 = n_2$, 则在引理 2.6.2 之前定义的二部分竞赛图 BT_{n_1} 提供所需要的定向 (见引理 2.6.2). 考虑 $n_1 > n_2$ 的情形. 令 V_1 和 V_2 是 K

① Alon 和 Sperner 给出了 Sperner 引理的一个漂亮的概率证明[14].

的部分集, $|V_i| = n_i$ $(i = 1, 2)$. 取 V_1 的一个子集 U, 使有 $|U| = n_2$, 然后给 U 和 V_2 之间的边定向, 使得所产生的有向图 D' 同构于 BT_{n_2}, 且对每一个顶点 $v \in U$, 有 $d^+(v) = \lfloor n_2/2 \rfloor$. 显然, $\{N^+(v):\ v \in U\}$ 是 V_2 上的一个反链 (见引理 2.7.2), 这个反链由基数为 $\lfloor n_2/2 \rfloor$ 的 V_2 的某些子集形成. 因为 $|V_1| \leqslant \binom{n_2}{\lfloor n_2/2 \rfloor}$, 则有 V_2 的 $\binom{n_2}{\lfloor n_2/2 \rfloor}$ 个子集 (每个集合的基数是 $\lfloor n_2/2 \rfloor$) 形成一个 (最大的) 反链, $V_1 - U$ 中顶点的出邻集可以用如此的方式来选择, 即族 $\mathcal{F} = \{N^+(v):\ v \in V_1\}$ 是一个反链. 族 $\mathcal{F}$ 确定了 K 的一个定向, 记为 D. 按照引理 2.6.2, 有 $\mathrm{dist}_{D'}(V_2, V_2) = 2$, 于是 $\mathrm{dist}_D(V_2, V_2) = 2$. 由于 V_1 中的每对顶点的出邻集是相互不包含的, 有 $\mathrm{dist}_D(V_1, V_1) = 2$. 于是, 当 D 中的每一个顶点被另外一个顶点所支配时, 有 $\mathrm{diam}(D) = 3$.

现假定 $n_1 > \binom{n_2}{\lfloor n_2/2 \rfloor}$. 取 $H \in \mathcal{O}(K)$, V_1, V_2 是 K 的部分集, 使得 $|V_i| = n_i$ $(i = 1, 2)$. 根据引理 2.7.2, 存在一对顶点 $x, y \in V_1$, 使得 $N_H^+(x) \subseteq N_H^+(y)$. 所以, 有 $\mathrm{dist}_H(x, y) > 2$. 因此, 根据显然的奇偶性, $\mathrm{dist}_H(x, y) \geqslant 4$. 于是, K 没有直径为 3 的定向. 为给出 K 的直径为 4 的定向 H, 选择基数为 $\binom{n_2}{\lfloor n_2/2 \rfloor}$ 的子集 $W \subset V_1$. 定向 $K\langle W \cup V_2 \rangle$ 的边, 使得所产生的有向图 H' 同构于上面所定义的有向图 D. 令 w 是 W 的一个固定顶点. 对每一个顶点 $v \in W \cup V_2$, 令 $N_H^+(v) = N_{H'}^+(v)$, 且对每一个顶点 $v \in V_1 - W$, 设置 $N_H^+(v) = N_H^+(w)$, 这已证得 $\mathrm{diam}(H')$=3. 剩余的是要证明 $\mathrm{dist}(V_1 - W, V(H)) \leqslant 4$ 和 $\mathrm{dist}(V(H), V_1 - W) \leqslant 4$. 实际上, 依照 H 的定义, 仅需证明 $\mathrm{dist}(w, w') = 4$, 这里 $w' \in V_1 - W$. 最后的这个事实可由 $\mathrm{dist}_H(w, V_2) \leqslant 3$ 和 $N_H^-(w') \cap V_2 \neq \varnothing$ 而证得. □

设 $f(n_1, n_2, \cdots, n_k)$ 是具有规模为 $n_1, n_2, \cdots, n_k$ 的部分顶点集的 k 部分竞赛图的最小直径. 当 $k = 2$ 时, 这个函数的值已经在定理 2.7.1 中确定 (如果 $\min\{n_1, n_2\} = 1$, 则 $f(n_1, n_2) = \infty$). 当 $k \geqslant 3$ 时, 确定函数 $f(n_1, n_2, \cdots, n_k)$ 的问题由 Gutin[366] 和 Plesník[607] 各自独立地提出. 容易证明不等式

$$2 \leqslant f(n_1, n_2, \cdots, n_k) \leqslant 3$$

对每一个 $k \geqslant 3$ 和正整数 $n_1, n_2, \cdots, n_k$ 成立 (见命题 2.7.4). 因而, 当 $n_1 = n_2 = \cdots = n_k$, 除 $k = 4$, $n_i = 1$ $(1 \leqslant i \leqslant 4)$ 外, 只需找到 $f(n_1, n_2, \cdots, n_k) = 2$ (易知 $f(1, 1, 1, 1) = 3$). Koh 和 Tan 推广了这个结果[488]. 一个有序整数对 p 和 q 叫做**共对** (co-pair), 若有 $1 \leqslant p \leqslant q \leqslant \binom{p}{\lfloor p/2 \rfloor}$. 如果 p 和 q 是共对的, 且 p 和 r 是共对的, 则称这个有序正整数 3 元组 p, q 和 r 为**共 3 元** (co-triple).

定理 2.7.3 当 k 是偶数时, 如果 $m_1, m_2, \cdots, m_k$ 可被划分为共对; 当 k 为奇数, 它们均可被划分为共对和一个共 3 元, 则 $f(m_1, m_2, \cdots, m_k) = 2$.

由于这个定理对上面所提到的问题不能提供一个完全的解, 我们仅给出关于 $f(n_1, n_2, \cdots, n_k)$ 的最基本结果的证明, Plesník[607] 和 Gutin[361] 各自独立地发现了这个证明.

命题 2.7.4 对正整数 $n_1, n_2, \cdots, n_k$ $(k \geqslant 3)$, 则 $2 \leqslant f(n_1, n_2, \cdots, n_k) \leqslant 3$.

证明 $f(n_1, n_2, \cdots, n_k) \geqslant 2$ 是显然的. 若 k 为奇数, 设 $R(n_1, n_2, \cdots, n_k)$ 表示一个多部分竞赛图, 它的部分集为 $V_1, V_2, \cdots, V_k$ 和 $|V_i| = n_i$ $(1 \leqslant i \leqslant k)$, 使得 $V_i \to V_j$ 当且仅当 $j - i \equiv 1, 2, \cdots, \lfloor k/2 \rfloor \pmod{k}$. 若 k 为偶数, 那么, 定义 $R(n_1, n_2, \cdots, n_k)$ 为 $R(n_1, n_2, \cdots, n_k) - V_k \cong R(n_1, n_2, \cdots, n_{k-1})$, 以及

$$V_k \to V_i \ (i = 1, 3, 5, \cdots, k-1), \quad V_j \to V_k \ (j = 2, 4, 6, \cdots, k-2).$$

于是, 对于每一个 $k \geqslant 3$, 只需要证明 $\mathrm{diam} R(n_1, n_2, \cdots, n_k) \leqslant 3$.

情形 1. k 为奇数, 且 $k \geqslant 3$. 对 $1 \leqslant i \leqslant k$, 仅需证明 $\mathrm{dist}(V_1, V_i) \leqslant 3$. 如果 $1 < j \leqslant \lfloor k/2 \rfloor + 1$, 则由定义, 有 $V_1 \to V_j$. 如果 $\lfloor k/2 \rfloor + 1 < j \leqslant k$, 则 $V_{\lfloor k/2 \rfloor + 1} \to V_j$, 因而 $\mathrm{dist}(V_1, V_j) = 2$. 由于 $V_1 \to V_{\lfloor k/2 \rfloor + 1} \to V_{\lfloor k/2 \rfloor + 2} \to V_1$, 得到 $\mathrm{dist}(V_1, V_1) \leqslant 3$.

情形 2. k 为偶数, 且 $k \geqslant 4$. 因 $R(n_1, n_2, \cdots, n_k) - V_k \cong R(n_1, n_2, \cdots, n_{k-1})$, 对所有 $1 \leqslant i, j \leqslant k-1$, 有 $\mathrm{dist}(V_i, V_j) \leqslant 3$. 此外有 $V_k \to V_i \to V_{i+1}$, $i = 1, 3, 5, \cdots, k-3$, 并且 $V_k \to V_{k-1}$. 因而, 有 $\mathrm{dist}(V_k, V_t) \leqslant 2$ $(1 \leqslant t \leqslant k-1)$. 类似地, 有 $V_i \to V_{i+1} \to V_k$ $(i = 1, 3, 5, \cdots, k-3)$ 以及 $V_{k-1} \to V_1 \to V_2 \to V_k$. 因此, $\mathrm{dist}(V_t, V_k) \leqslant 3$ $(1 \leqslant t \leqslant k-1)$. 最终得到 $V_k \to V_1 \to V_2 \to V_k$, 故有 $\mathrm{dist}(V_k, V_k) \leqslant 3$. □

2.8 图扩张的最小直径定向

Koh 和 Tay 把命题 2.7.4 推广到图的扩张[496, 691]. 在第 1 章中, 图扩张的定义为: 设 H 是顶点集为 $\{1, 2, \cdots, h\}$ 的图, $n_1, n_2, \cdots, n_h$ 皆为正整数, 则 $G = H[\overline{K}_{n_1}, \overline{K}_{n_2}, \cdots, \overline{K}_{n_h}]$ 是这样的一个图, 其顶点集为 $\{(p_i, i): 1 \leqslant i \leqslant h, 1 \leqslant p_i \leqslant n_i\}$, 使得 G 的 2 个顶点 (p_i, i) 和 (p_j, j) 相邻当且仅当 $ij \in E(H)$ (称 G 为 H 的一个**扩张** (extension)).

定理 2.8.1[496] 设 H 是 h $(\geqslant 3)$ 阶的连通图. 对 $n_i \geqslant 2$ $(1 \leqslant i \leqslant h)$, 令 $G = H[\overline{K}_{n_1}, \overline{K}_{n_2}, \cdots, \overline{K}_{n_h}]$. 则有 $\mathrm{diam}(H) \leqslant \mathrm{diam}_{\min}(G) \leqslant \mathrm{diam}(H) + 2$.

利用图 2.7 中的图例可以解释这个定理. 正如在定理 2.7.1 所看到的 ($\mathrm{diam}(K_2) = 1$), 对 $n_1 \geqslant 3$, $\mathrm{diam}_{\min}(K_2[\overline{K}_{n_1}, \overline{K}_2]) = 4$, 要求 $h \geqslant 3$ 是重要的. 显然, 对 G 的任何一个定向 D, 总有 $\mathrm{diam}(H) \leqslant \mathrm{diam}(D)$. 为了证明定理 2.8.1 中不等式的最难的部分, 我们将要使用下面的引理.

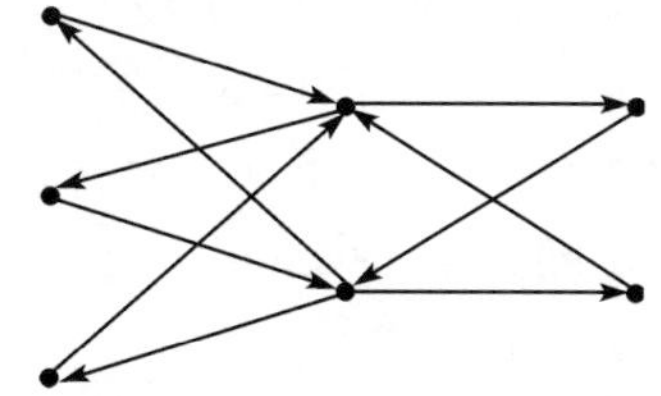

图 2.7 $G = P_3[\overline{K}_3, \overline{K}_2, \overline{K}_2]$ 的一个定向 F, 有 $\mathrm{diam}(G) = 2$ 和 $\mathrm{diam}(F) = 4$

引理 2.8.2[496] 设有正整数 h, t_i 和 n_i, 使得 $2 \leqslant t_i \leqslant n_i$ $(1 \leqslant i \leqslant h)$. 如果图 $G' = H[\overline{K}_{t_1}, \overline{K}_{t_2}, \cdots, \overline{K}_{t_h}]$ 承认一个定向 F', 且定向 F' 的每一个顶点均在长不超过 s 的一个圈上. 则 $G = H[\overline{K}_{n_1}, \overline{K}_{n_2}, \cdots, \overline{K}_{n_h}]$ 有一个定向 F, 使得 F 的直径不超过数 $\max\{s, \mathrm{diam}(F')\}$.

证明 已知 F' 是 G' 的一个定向, 定义 G 的一个定向 F. 在 F 中, $(p,i) \to (q,j)$ 当且仅当下列情形之一成立:

(a) 在 F' 中, $p < t_i$, $q < t_j$ 和 $(p,i) \to (q,j)$.

(b) 在 F' 中, $p < t_i$, $q \geqslant t_j$ 和 $(p,i) \to (t_j,j)$.

(c) 在 F' 中, $p \geqslant t_i$, $q < t_j$ 和 $(t_i,i) \to (q,j)$.

(d) 在 F' 中, $p \geqslant t_i$, $q \geqslant t_j$ 和 $(t_i,i) \to (t_j,j)$.

设 $u = (p,i)$ 和 $v = (q,j)$ 是定向 F 的一对不同的顶点. 如果 $i \neq j$, 显然有 $\mathrm{dist}_F(u,v) \leqslant \mathrm{diam}(F')$ (可以使用修改定向 F' 中对应的路). 若有 $i = j$, 但 $p < t_i$, 或 $q < t_i$, 则有相同结论. 如果 $i = j$ 和 $p, q \geqslant t_i$, 使用圈 C_u, 立即得到 $\mathrm{dist}_F(u,v) \leqslant s$. □

定理 2.8.1 的证明 我们要证明存在 G 的一个定向 D, 使得

$$\mathrm{diam}(D) \leqslant \mathrm{diam}(H) + 2.$$

当 $\mathrm{diam}(H) = 1$. 这个推断由命题 2.7.4 即可得到, 因而下设 $\mathrm{diam}(H) \geqslant 2$.

定义 $H[T_1, T_2, \cdots, T_h]$ 的一个定向 F', 其中 $T_i = \overline{K}_2$ 以及

$$(1,i) \to (1,j) \to (2,i) \to (2,j) \to (1,i) \text{ 当且仅当 } i < j. \tag{2.10}$$

设 $u = (p,i)$ 和 $v = (q,j)$ 是定向 F' 中 2 个不同的顶点, 我们来证明不等式 $\mathrm{dist}_{F'}(u,v) \leqslant \mathrm{diam}(H) + 2$. 设 H 中长为 $s + 1 = \mathrm{dist}_H(i,j)$ 的路为 $ik_1k_2\cdots k_sj$, 则有路 $Q = (p,i)(k_1^*, k_1)(k_2^*, k_2)\cdots(k_s^*, k_s)(j^*, j)$, 其中 $x^* = 1, 2$, 在 F' 中路 Q 的长度是 $\mathrm{dist}_H(i,j)$. 若 $j^* = q$, 则证得这个不等式. 若 $j^* \neq q$, 则 $Q(3 - k_s^*, k_s)(q,j)$ 是定向 F' 中长为 $\mathrm{dist}_H(i,j) + 2$ 的路. 因而有 $\mathrm{dist}_{F'}(u,v) \leqslant \mathrm{diam}(H) + 2$, 于是有 $\mathrm{diam}(F') \leqslant \mathrm{diam}(H)$. 依据 (2.10) 式, 定向 F' 的每一个顶点均在长为 4 的圈上, 再由引理 2.8.2, 我们证得这个定理. □

按照扩张定向运用于扩张的每一个独立集至少有 2 个顶点的最小直径和 $\mathrm{diam}(G)$ 之间的差, 我们可以把无桥无向图的全非平凡扩张 (运用于扩张的每一个独立集至少有 2 个顶点) 分为 3 类. 这 3 类中的某些宽子类在文献 [496, 691] 中均已被构造, 这些构造大概可以说明如下的猜想成立.

猜想 2.8.3[496] 若定理 2.8.1 中的连通图 H 的直径至少为 3, 则可以用 diam (H) +1 替换 $\mathrm{diam}_{\min}(G)$ 的上界.

2.9 笛卡儿积图的最小直径定向

一族有限多个无向图 $G_1, G_2, \cdots, G_n$ 的**笛卡儿积**记为

$$G = G_1 \times G_2 \times \cdots \times G_n \text{ 或 } \prod_{i=1}^{n} G_i, \quad n \geqslant 2.$$

笛卡儿积 G 的顶点集定义为

$$\begin{aligned} V(G) &= V(G_1) \times V(G_2) \times \cdots \times V(G_n) \\ &= \{(w_1, w_2, \cdots, w_n):\ w_i \in V(G_i),\ 1 \leqslant i \leqslant n\}. \end{aligned}$$

G 中的一对顶点 $(u_1, u_2, \cdots, u_n)$ 和 $(v_1, v_2, \cdots, v_n)$ 相邻当且仅当存在 $r \in \{1, 2, \cdots, n\}$, 使有 $u_r v_r \in E(G_r)$, 且对所有 $i \in \{1, 2, \cdots, n\} - \{r\}$, 使得 $u_i = v_i$. 设 P_n (或 C_n, K_n) 是 n 阶 (无向) 路 (圈、完全图), T_n 代表 n 阶树. Roberts 和 Xu (注意, 他们研究了关于无向路的笛卡儿积的对象函数而不是 ρ) [638~641] 以及 Koh 和 Tan 估算 $\rho(P_k \times P_s)$[484], Koh 和 Tay 证明了这方面的大量结果能够被扩展为如下的结果[491]:

定理 2.9.1 对 $n \geqslant 2$, $k_1 \geqslant 3$, $k_2 \geqslant 6$ 以及 $(k_1, k_2) \neq (3, 6)$, 总有

$$\rho\left(\prod_{i=1}^{n} P_{k_i}\right) = 0.$$

特别地, 这个定理推广了关于 n 立方图 $\prod_{i=1}^{n} P_2$ 的 McCanna 的结论[558]. 对 r, $k \geqslant 2$, Koh 和 Tay 还得到 $q(r, k) = \rho(C_{2r} \times P_k)$ 的值为[490]:

(a) 若 $k \geqslant 4$, 则 $q(r, k) = 0$.

(b) 若 $k = 2$, 且 r 是偶数, 则 $q(r, k) = 2$.

(c) 对于其他的情形, 则有 $q(r, k) = 1$.

他们也估计了 $\rho(K_m \times P_k)$, $\rho(K_m \times C_{2r+1})$ 和 $\rho(K_m \times K_n)$ 的值[492], $\rho(K_m \times C_{2r})$ 的值[495], $\rho(T_m \times T_n)$ 的值[493]. König, Krumme 和 Lazard 研究了圈的笛卡儿积, 证得下面有意义的结论[500]:

定理 2.9.2 设整数 p, $q \geqslant 6$, 若 p, q 中至少一个是偶数, 则 $\rho(C_p \times C_q) = 0$; 若 p, q 二者均为奇数, 则有 $\rho(C_p \times C_q) = 1$.

当 p 和 q 的最小者小于 6 时, König, Krumme 和 Lazard 估计了很多情形下 $\rho(C_p \times C_q)$ 的值[500]. 他们也把定理 2.9.2 中 $\rho(C_p \times C_q) = 0$ 的部分结果推广到 3 个或更多的圈的笛卡儿积上, 这些结果的详细介绍可在文献 [691] 中见到. Koh 和 Tay 推广了上面结果的一部分[491], 并证得如下的结果:

定理 2.9.3　对 $m \geqslant 2,\ r \geqslant 0,\ k_1 \geqslant 3,\ k_2 \geqslant 6$ 和 $(k_1, k_2) \neq (3,6)$, 则有

$$\rho\left(\prod_{i=1}^{m} P_{k_i} \times \prod_{i=1}^{r} C_{n_i}\right) = 0.$$

Koh 和 Tay 给出这些结果更多的推广[494], 本节其余结果均引用文献 [494].

令 $\mathcal{G}$ 是全体特定的二部分图 G 之集, 即对每个 $G \in \mathcal{G}$, 有 $\mathrm{diam}(G) \geqslant 3$, G 承认直径为 $\mathrm{diam}(G)$ 的一个定向 (叫做 $\mathcal{G}$ **定向**), G 的每一个顶点被长至多为 $\mathrm{diam}(G)$ 的一个圈包含. 令 $\mathcal{G}^*$ 是这样的二部分图 G 之集, 即 $\mathrm{diam}(G) \geqslant 3$, 每一个二部分图 G 有直径为 $\mathrm{diam}(G)$ 的一个定向 F (叫做 $\mathcal{G}^*$ **定向**), 每一个顶点在 F 的一个圈长至多为 $\mathrm{diam}(G)$ 的圈中, 若 F 中有 $u \to v$, 则存在长至少是 3 至多是 $\mathrm{diam}(G)$ 的 (u,v) 途径.

令 $\mathcal{S}$ 是全体具有如下性质的图 G 之集: 每一个图 G 承认一个定向 H (叫做 $\mathcal{S}$ **定向**), 对 $u, v \in V(H)$, 使得下列情形中至少一种情形发生:

(a) $\min\{\mathrm{dist}_H(u,v), \mathrm{dist}_H(v,u)\} \leqslant \mathrm{diam}(G)$.

(b) 存在顶点 y 和 z, 使得

$$\max\{\mathrm{dist}_H(u,y) + \mathrm{dist}_H(v,y), \mathrm{dist}_H(z,u) + \mathrm{dist}_H(z,v)\} \leqslant \mathrm{diam}(G).$$

令集合 $\mathcal{S}^*$ 包含的每个图 G 承认一个定向 H (叫做 $\mathcal{S}^*$**定向**), 对 $u, v \in V(H)$, 使得下列情形中至少一种情形成立:

(a) $\min\{\mathrm{dist}_H(u,v), \mathrm{dist}_H(v,u)\} \leqslant \mathrm{diam}(G)$.

(b) 存在一个顶点 y, 使得 $\mathrm{dist}_H(u,y) + \mathrm{dist}_H(v,y) \leqslant \mathrm{diam}(G)$.

(c) 存在一个顶点 z, 使得 $\mathrm{dist}_H(z,u) + \mathrm{dist}_H(z,v) \leqslant \mathrm{diam}(G)$.

显然有 $\mathcal{G}^* \subseteq \mathcal{G}$ 和 $\mathcal{S} \subseteq \mathcal{S}^*$. Koh 和 Tay 证得以下的结论[494]:

(a) 对 $m \geqslant 2$ 和 $k \geqslant 4$, 有 $C_{2m} \times P_k \in \mathcal{G}^*$.

(b) $C_4 \times C_4 \in \mathcal{G}$.

(c) 对 $m \geqslant 2$ 和 $n \geqslant 3$, 有 $C_{2m} \times P_{2n} \in \mathcal{G}^*$.

(d) 如果 T' 和 T'' 皆是直径至少为 4 的树, 则 $T' \times T'' \in \mathcal{G}^*$.

(e) $\{P_j:\ j \geqslant 2\} \cup \{C_j : j \geqslant 3\} \cup \{K_j:\ j \geqslant 1\} \cup \{G:\ \rho(G) = 0\} \subset \mathcal{S}$, 也有 $\{K_{p,q}:\ 2 \leqslant p \leqslant q\} \subset \mathcal{S}$.

(f) 如果 T 是一棵树而不是一条路, 则 $T \in \mathcal{S}^*$.

(g) 若 $\mathcal{G}_2$ 是全体直径为 2 的图的集合, 则有 $\mathcal{G}_2 \subset \mathcal{S}^*$.

因为图的集合族 $\mathcal{G}, \mathcal{G}^*, \mathcal{S}$ 和 $\mathcal{S}^*$ 中的图相当大, 由 Koh 和 Tay 所证明的下列结果毫无疑问是有趣的[494].

定理 2.9.4　若 $G \in \mathcal{G}$ 以及 $A_i \in \mathcal{S}$ $(1 \leqslant i \leqslant n)$, 则 $\rho(G \times \prod_{i=1}^{n} A_i) = 0$.

定理 2.9.5　若 $G \in \mathcal{G}^*$ 以及 $A_i \in \mathcal{S}^*$ $(1 \leqslant i \leqslant n)$, 则 $\rho(G \times \prod_{i=1}^{n} A_i) = 0$.

这里仅证明定理 2.9.4, 因为相似性, 定理 2.9.5 的证明留作习题 2.32.

定理 2.9.4 的证明 设 $k=\mathrm{diam}(G)$, 且 U 和 W 分别是 G 的部分集, 设 F (或 H_i) 是 G ($A_i, 1\leqslant i\leqslant n$) 的一个 $\mathcal{G}$ 定向 (或 $\mathcal{S}$ 定向). 下面递推地定向 $G\times\prod_{i=1}^{n}A_i$.

(1) 定向 G 为 F, 定向 A_1 为 H_1. 在 $G\times A_1$ 中, 定向一条从 (x,i) 到 (x,j) 的边 $\{(x,i),(x,j)\}$ 当且仅当有 $x\in U$ 和 $ij\in A(H_1)$, 或有 $x\in W$ 和 $ji\in A(H_1)$; 定向一条从 (x,i) 到 (y,i) 的边 $\{(x,i),(y,i)\}$ 当且仅当弧 $xy\in A(F)$.

(2) 假定 $G\times\prod_{i=1}^{r}A_i$ $(1\leqslant r\leqslant n-1)$ 已经被定向. 现将 A_{r+1} 定向为 H_{r+1}. 再定向 $G\times\prod_{i=1}^{r+1}A_i$, 使得 $G\times\prod_{i=1}^{r}A_i\times\{j\}$ 的定向同构于 $G\times\prod_{i=1}^{r}A_i$ 的定向, 对于每一个 $j\in V(A_{r+1})$, 并定向从 $(x,a_1,a_2,\cdots,a_r,i)$ 到 $(x,a_1,a_2,\cdots,a_r,j)$ 的边 $\{(x,a_1,a_2,\cdots,a_r,i),(x,a_1,a_2,\cdots,a_r,j)\}$ 当且仅当要么 $x\in U$ 和 $ij\in A(H_{r+1})$, 要么 $x\in W$ 和 $ji\in A(H_{r+1})$.

设 F^* 是定向 $G\times\prod_{i=1}^{n}A_i$ 后的结果, 并定义下列集合:

$R_{1i}=\{(u,v)\in V(H_i\times H_i):\ \mathrm{dist}_{H_i}(u,v)\leqslant\mathrm{diam}(A_i)\}$.

$R_{2i}=\{(u,v)\in V(H_i\times H_i):\ (u,v)\notin R_{1i},\mathrm{dist}_{H_i}(v,u)\leqslant\mathrm{diam}(A_i)\}$.

$R_{3i}=\{(u,v)\in V(H_i\times H_i):\ (u,v)\notin R_{1i}\cup R_{2i}$, 存在 $y,z\in V(H_i)\}$.

$\max\{\mathrm{dist}_{H_i}(u,y)+\mathrm{dist}_{H_i}(v,y),\mathrm{dist}_{H_i}(z,u)+\mathrm{dist}_{H_i}(z,v)\}\leqslant\mathrm{diam}(A_i)$.

注意, R_{1i}, R_{2i}, R_{3i} 形成 $V(H_i\times H_i)$ 的一个划分.

已知 $(x,a_1,a_2,\cdots,a_n)$ 和 $(y,b_1,b_2,\cdots,b_n)$ 是 F^* 的一对不同顶点, 在 F^* 中构造一条从 $(x,a_1,a_2,\cdots,a_n)$ 到 $(y,b_1,b_2,\cdots,b_n)$ 的路 $P_1P_2P_3P_4$, 且其长至多为 $\mathrm{diam}(G\times\prod_{i=1}^{n}A_i)=k+\sum_{i=1}^{n}\mathrm{diam}(A_i)$ (见习题 2.29).

不失一般性, 假定 $x\in U$ (可以类似地处理 $x\in W$ 的情形). 当 $x\neq y$, 令 x' 是 x 在 F 中最短 (x,y) 路上的后继, 或当 $x=y$, 顶点 x' 在过 x 的最短圈上. 显然, $x'\in W$.

路 P_1 是从 $(x,a_1,a_2,\cdots,a_n)$ 到 $(x,c_1,c_2,\cdots,c_n)$ 的最短路, 其中 c_i $(1\leqslant i\leqslant n)$ 的定义如下:

(a) 当 $(a_i,b_i)\in R_{1i}$ 时, $c_i=b_i$.

(b) 当 $(a_i,b_i)\in R_{2i}$ 时, $c_i=a_i$.

(c) 如果 $(a_i,b_i)\in R_{3i}$, 设 $c_i=y_i$, 其中顶点 y_i 满足:

$$\mathrm{dist}_{H_i}(a_i,y_i)+\mathrm{dist}_{H_i}(b_i,y_i)\leqslant\mathrm{diam}(A_i).$$

因为路 P_2 是从顶点 $(x,c_1,c_2,\cdots,c_n)$ 到顶点 $(x',c_1,c_2,\cdots,c_n)$ 的最短路, 路 P_3 是从顶点 $(x',c_1,c_2,\cdots,c_n)$ 到顶点 $(x',b_1,b_2,\cdots,b_n)$ 的最短路, 路 P_4 是从顶点 $(x',b_1,b_2,\cdots,b_n)$ 到顶点 $(y,b_1,b_2,\cdots,b_n)$ 的最短路. 注意到 P_1 和 P_3 的总长不超过 $\sum_{i=1}^{n}\mathrm{diam}(A_i)$, 而路 P_2 和路 P_4 的总长至多为 k. □

2.10 有向图中的王

本节的内容是研究竞赛图、半完全部分有向图和其他广义竞赛图中的 r 王, 重点是强调半完全多部分有向图的 4 王. 2 王的概念和关于竞赛图中 2 王的若干结果将在 12.3.2 小节中得到推广.

2.10.1 竞赛图的 2 王

通过研究某些动物团体中的支配 (统治), 数学社会学家 Landau 观察到每个竞赛图中有 2 王[508]. 事实上, 在每一个竞赛图 T 中的每一个最大出度顶点 x 是一个 2 王. 其实, 对于每一个顶点 $y \in V(T)$, 且 $y \neq x$, 要么 $x \to y$, 要么存在 x 的一个出邻点, 它也是 y 的一个入邻点. 在这 2 种情形中, 均有 $\text{dist}(x, y) \leqslant 2$. 注意到, 如果竞赛图 T 有一个零入度顶点, 则对每一个正整数 r, 这个顶点就是 T 中唯一的 r 王. Moon 证得如下的结论[569].

定理 2.10.1 任何没有零入度顶点的竞赛图至少有 3 个 2 王.

证明留作习题 2.35.

下面的例子说明 Moon 给出的 2 王数目的界是不可更改的. 设 T_n 是一个竞赛图, 它的顶点集为 $\{x_1, x_2, \cdots, x_n\}$, 弧集为 $A = X \cup Y \cup \{x_{n-2}x_n\}$, 其中

$$X = \{x_i x_{i+1}:\ i = 1, 2, \cdots, n-1\},$$

$$Y = \{x_j x_i:\ 1 \leqslant i < j-1 \leqslant n-1,\ (j, i) \neq (n, n-2)\}.$$

容易验证, 对 $n \geqslant 5$, 顶点 x_{n-3}, x_{n-2} 和 x_{n-1} 是 T_n 仅有的 3 个 2 王 (习题 2.37), 见图 2.8.

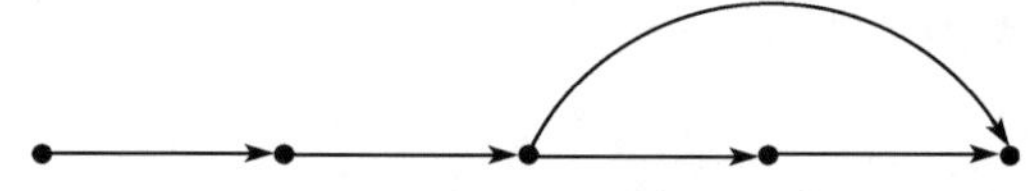

图 2.8 具有 3 个 2 王的竞赛图例子, 没有画出来的弧被从右到左定向

因为竞赛图的逆仍然是竞赛图, 上面 2 个关于 2-serf 的结论可以被重新表述 (如果 $\text{dist}(V, x) \leqslant 2$, 我们说顶点 x 是 **2-serf**). 竞赛图的 2 王和 2-serf 概念受到数学家和政治科学家 (后者是研究所谓大多数人的偏好) 的大量研究, 有兴趣的读者可参见 Reid 为这个专题所写的综合性评述[630].

2.10.2 半完全多部分有向图中的王

易见, 命题 2.1.1 隐含了一个多部分竞赛图 T 有有限出半径当且仅当 T 最多包含一个零入度顶点 (习题 2.38). 此外, 有令人吃惊的断言: 一个多部分竞赛图

有有限出半径, 且其出半径至多是 4. 换句话说, 每个多部分竞赛图至多具有一个零入度顶点, 包含一个 4 王 (相似结论对拟可传递有向图和一类包括多部分竞赛图的有向图成立, 读者可参见 2.10.3 小节). 这个结果由 Gutin[356] 以及 Petrovic 和 Thomassen[605] 各自独立地证明. 此外, 这个界是不可改进的, 因为对每一个 $p \geqslant 2$, 存在着无穷多个不含 3 王的 p 部分竞赛图[356]. 实际上, 二部分竞赛图 $\vec{C}_4[\overline{K}_q, \overline{K}_q, \overline{K}_q, \overline{K}_q]$ $(q \geqslant 2)$ 不含 3 王 (对出自同一个 $\overline{K}_q$ 的不同顶点 u 和 v, 有 $\mathrm{dist}(u, v) = 4$). 显然, 每一个具有形如 $\vec{C}_4[\overline{K}_q, \overline{K}_q, \overline{K}_q, \overline{K}_q]$ $(q \geqslant 2)$ 的初始强分支的多部分竞赛图也不含 3 王.

因而, 在多部分竞赛图中, 4 王是有特别意义的. 在不少的文章中, 无零入度顶点多部分竞赛图中 4 王的最少数目得到了研究 (如果一个多部分竞赛图仅有一个零入度顶点, 则它只有一个 4 王, 这是平凡情形)[361,485,486,489,604,630]. 按我们的观点, 本节最有意义的是 Koh 和 Tan 的结论[485].

定理 2.10.2 设 T 是无零入度顶点的 k 部分竞赛图. 若 $k = 2$, 则 T 至少含 4 个 4 王; 如果它的初始强分支由一个 4 长圈构成, 则它恰含 4 个 4 王. 对 $k \geqslant 3$, 则 T 至少含有 3 个 4 王; 如果它的初始强分支由一个 3 长圈组成, 则它恰有 3 个 4 王.

对 $k \in \{1, 2, 3, 4\}$ $(k \in \{1, 2, 3\})$, 这个定理可以被认为具有 k 个 4 王的二部分 (p 部分, $p \geqslant 3$) 竞赛图的一个特征, 下面由 Gutin 和 Yeo 给出的定理涉及 4 王的精确数目和所考虑的图类[376].

定理 2.10.3 设 $D = (V, A)$ 是半完全多部分有向图, k 是 D 中 4 王的个数, 则

(1) $k = 1$ 当且仅当 D 只有一个零入度顶点.

(2) $k = 2, 3$ 或 4 当且仅当 D 的初始强分支仅有 k 个顶点.

(3) $k = 5$ 当且仅当 D 的初始强分支 Q 仅有 5 个顶点, 或者 Q 至少有 6 个顶点且含有一条路 $P = p_0p_1p_2p_3p_4$, 使得 $\mathrm{dist}(p_0, p_4) = 4$ 和 $\{p_1, p_2, p_3, p_4\} \Rightarrow V - V(P)$.

可以看到竞赛图中最大出度顶点是 2 王. 证明二部分竞赛图中最大出度顶点是 4 王则稍为有点困难 (习题 1.67). 对于 $k \geqslant 3$, 考虑具有 4 王的 k 部分竞赛图, 然而情形较为复杂, 读者不难从下面由 Goddard, Kubicki, Oellermann 和 Tian 得到的定理中可以看到这一点[321].

定理 2.10.4 设 T 为 n $(\geqslant 8)$ 阶强连通 3 部分竞赛图, 若 v 是 T 的最大出度顶点, 则 $\mathrm{dist}(v, V(T)) \leqslant \lfloor n/2 \rfloor$, 且这个界是最好的.

在本小节的剩余内容将采用文献 [376] 的思路证明下面的定理.

定理 2.10.5 每个至多具有一个零入度顶点的半完全多部分有向图有一个 4 王.

我们需要以下几个引理来帮助我们完成上面定理 2.10.5 的证明.

引理 2.10.6 如果 $P = p_0p_1\cdots p_\ell$ 是半完全多部分有向图 D 的一条从 p_0 到 p_ℓ 的最短路, 并且 $\ell \geqslant 3$, 则在 $D\langle V(P)\rangle$ 中存在长至多为 4 的一条 (p_ℓ, p_0) 路.

证明 由于 $\ell \geqslant 3$ 和 P 是 D 的最短路, 则有 $(\{p_0, p_1\}, p_\ell) = \varnothing$. 若有 $p_\ell \to p_0$, 此时证明完成. 假定 p_ℓ 和 p_0 同属于 D 的一个部分集, 这隐含了 $p_\ell \to p_1$. 相似地, 有 $(p_0, \{p_2, p_3\}) = \varnothing$, 这说明 $p_\ell p_1 p_2 p_3 p_0$ 或者 $p_\ell p_1 p_2 p_0$ 是 $D\langle V(P)\rangle$ 中长至多为 4 的 (p_ℓ, p_0) 路. □

引理 2.10.7 设 D 是半完全多部分有向图, Q 是 D 的一个初始强分支. 若 Q 至少有 2 个顶点, 则 D 仅有一个初始强分支. Q 中的 4 王也是 D 中的 4 王.

证明 设 $|V(Q)| \geqslant 2$, 但 D 有另一个初始强分支 Q', 因为 Q 包含相邻的顶点, 存在一条位于 Q 和 Q' 之间的弧, 矛盾.

设 x 是 Q 的 4 王, 任取 $y \in V(D) - V(Q)$. 如果 x 和 y 是相邻的, 显然 $x \to y$. 假设 x 和 y 不相邻, 由于 Q 是强的, 则它含有一个被 x 支配的顶点 z, 显然有 $x \to z \to y$, 所以 $\mathrm{dist}(x, y) \leqslant 2$, 可见 x 是 D 的一个 4 王. □

引理 2.10.8 设 D 是强半完全多部分有向图, w 是 D 的一个顶点. 对 $i \geqslant 3$, 若 $N^{+i}(w) \neq \varnothing$, 则有 $\mathrm{dist}(N^{+i}(w), N^{+i}[w]) \leqslant 4$.

证明 任取 $z \in N^{+i}(w)$, 由于从 w 到 z 的最短路的长是 $i \geqslant 3$, 由引理 2.10.6, 则有 $\mathrm{dist}(z, w) \leqslant 4$. 令 $q \in N^{+i}[w] - \{w, z\}$, 并设 $r_0r_1\cdots r_j$ 是 D 中一条最短 (w, q) 路. 若 $1 \leqslant j \leqslant 3$, 则因 z 支配 r_0 和 r_1 中的至少一个, 或者 $zr_0r_1\cdots r_j$, 或者 $zr_1r_2\cdots r_j$ 是 D 的长至多为 4 的 (z, q) 路. 若 $j \geqslant 4$, 则因 z 至少支配 r_{j-3} 和 r_{j-2} 中的一个, 要么 $zr_{j-3}r_{j-2}r_{j-1}r_j$ 或 $zr_{j-2}r_{j-1}r_j$ 是 D 的长至多为 4 的 (z, q) 路. □

定理 2.10.5 的证明 设 D 为半完全多部分有向图, 且 D 至多含有一个零入度顶点. 如果 D 有一个零入度顶点 x, 那么 x 是 D 的一个 2 王. 现假设 D 没有零入度顶点, 则 D 的每个初始强分支 Q 至少有 2 个顶点, 根据命题 2.10.7, Q 是唯一的, 且 Q 的每个 4 王也是 D 的 4 王. 剩下的工作是证明 Q 确有一个 4 王, 若 Q 的每一个顶点是 4 王, 则定理得证. 反设 Q 有一个不是 4 王的顶点 w, 则 $r = \mathrm{dist}_Q(w, V(Q)) \geqslant 5$. 利用引理 2.10.8, 有 $\mathrm{dist}_Q(N_Q^{+r}(w), N_Q^{+r}[w]) \leqslant 4$, 即知 $N_Q^{+r}(w)$ 中的每一个顶点均是 Q 的 4 王 (这是因为 $N_Q^{+r}[w] = V(Q)$). □

2.10.3 广义竞赛图中的王

Bang-Jensen 和 Huang 考虑了拟可传递有向图中王的问题[80], 他们的主要结果如下:

定理 2.10.9 设 D 是拟可传递有向图, 则有

(1) D 有一个 3 王当且仅当它有有限的出半径①.

(2) D 有一个 3 王, 则下列情形成立:

① 见命题 2.1.1.

(a) D 的每一个最大出度顶点是 3 王.

(b) 若 D 无零入度顶点, 则 D 至少有 2 个 3 王.

(c) 如果 D 的唯一初始强分支至少有 3 个顶点, 则 D 至少有 3 个 3 王.

在下面的拟可传递有向图族中, 每个有向图有一个 3 王, 但不含 2 王: $\vec{C}_3[\overline{K}_{k_1}, \overline{K}_{k_2}, \overline{K}_{k_3}]$, k_1, k_2, $k_3 \geqslant 2$. Petrovic 和 Thomassen 得到了如下的结论[605]:

定理 2.10.10　设 G 是无向图, 它的分支是相互不交的完全图、路和圈的并. 则 G 的每一个至多有一个零入度顶点的定向至少含有一个 6 王.

2.11　应用: 单行道问题和闲话问题

本节将说明单行道问题和闲话问题是如何引发研究有向图的最小直径定向. 已知有向图 D 的一个定向 H 是 D 的一个子图, 如果不同顶点 x 和 y 之间在 D 中均有弧 xy 和 yx 存在, 则从 D 中只删去这 2 条弧中的一条弧, 从而得到 H. 关于有向图最小直径定向的一些结果在已知图类中给出, 如半完全二部分有向图和拟可传递有向图.

2.11.1　单行道问题和有向图的定向

单行道问题的图论模型可追溯到 Robbins 所写的经典文章[637]. 已知单行道的介绍通常是减少汽车事故数量, 能够简化交通控制. 按照 Robbins 定理 (见定理 1.6.2), 一个连通图 G 有强连通定向当且仅当 G 无桥, 这个定理证明单行道系统能够被引用. 单行道不能够被应用到任何地方的原因之一是如此安排将导致交通距离的增加. 为最小化单行道交通系统的这个缺陷, 故而选择某些方面的设计, 以最小化某些不利的因素. 3 个这样的准则由 Roberts 和 Xu 所讨论[638~641], 大多数人关于这个专题仅仅处理了一个规则: 最小化必须走的最长路, 即表示街道结构为图的一个定向的直径. 我们把讨论限制到这个对象函数上.

实际当中关于这个专题的每一篇文章均是考虑无向图的定向, 原因是要对应到转换街道, 把最初的双行街道变为单行道[492,493,495,500,608]. 这种模型是相当严格的, 有些街本身就单行道, 对于这类街道的考虑, 我们不得不研究有向图的定向而不是无向图的定向. 然而, 也有少数的文章论及了有向图的有限直径[120,157,730]. 很清楚, 只有文献 [378] 讨论了最小化有向图定向的直径, 特别是下面由 Gutin 和 Yeo 证明的结果[378]. 对于一个有向图 D, 如同在无向图的情形, 令 $\mathrm{diam}_{\min}(D)$ 表示 D 的一个定向的最小直径.

定理 2.11.1　设 D 是 n $(\geqslant 3)$ 阶强拟可传递有向图, 则有

$$\mathrm{diam}_{\min}(D) \leqslant \max\{3, \mathrm{diam}(D)\}.$$

存在一族无穷多个强拟可传递有向图 $\mathcal{Q}$, 对于每一个 $Q \in \mathcal{Q}$, 有 $\mathrm{diam}(Q) = 2$, 但是不存在 Q 的直径为 2 的定向①.

定理 2.11.2 设 D 是 n ($\geqslant 4$) 阶强半完全二部分有向图, 使得 $D \neq \overleftrightarrow{K}_{1,n-1}$, 则

$$\mathrm{diam}_{\min}(D) \leqslant \max\{5, \mathrm{diam}(D)\}.$$

存在一族无穷多个强半完全二部分有向图 $\mathcal{B}$, 使对每一个强半完全二部分有向图 $B \in \mathcal{B}$, 有 $\mathrm{diam}(B) = 4$, 但是 $\mathrm{diam}_{\min}(B) = 5$.

这些定理中的上界的不可改进性可以在下面的例子中看到. 对 $k \geqslant 3$, 设 T_k 是一个 (可传递) 竞赛图, 它的顶点为 $x_1, x_2, \cdots, x_k$ 以及弧 x_ix_j, $1 \leqslant i < j \leqslant k$. 令 y 是 T_k 以外的一个顶点, 除 x_k 外, y 支配 T_k 的每一个顶点, 同时 y 也被除 x_1 外 T_k 的每一个顶点所支配 (见图 2.9). 所得到的半完全有向图 D_{k+1} 有直径 2. 然而, 删去 D_{k+1} 中顶点 y 和 $\{x_2, x_3, \cdots, x_{k-1}\}$ 之间的任何一条弧都将使剩余的图的直径是 3. 其实, 若删去 yx_i (或 x_iy), $2 \leqslant i \leqslant k-1$, 则最短 (x_k, x_i) 路 (或 (x_i, x_1) 路) 的长度变为 3.

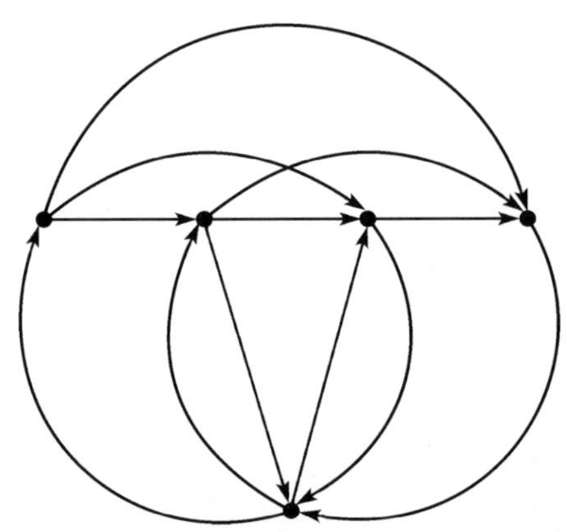

图 2.9 一个直径为 2 的半完全有向图不具有直径为 2 的定向

设 H 是一个强半完全二部分有向图, 其顶点二部分集 V_1 和 V_2 以及弧集 A 分别如下: $V_1 = \{x_1, x_2, x_3\}$, $V_2 = \{y_1, y_2, y_3\}$ 和

$$A = \{x_1y_1, y_1x_1, x_1y_2, y_3x_1, x_2y_1, y_2x_2, y_3x_2, y_1x_3, x_3y_3, x_3y_2\}.$$

令 $H' = H - x_1y_1$ 和 $H'' = H - y_1x_1$. 不难验证 $\mathrm{diam}(H) = 4$ $(\mathrm{dist}(y_2, y_3) = 4)$ 以及 $\mathrm{diam}(H') = \mathrm{diam}(H'') = 5$ (H' 中的最短 (x_1, y_3) 路和 H'' 中的最短 (y_2, x_1)

① 注意到, 依据习题 1.57, 每一个 n ($\geqslant 3$) 阶强拟可传递有向图有一个强定向. 每一个强半完全二部分有向图也是如此, 当然, 它的每一个顶点部分集的基数至少是 2. 此外, $\overleftrightarrow{K}_{1,n-1}$ ($n \geqslant 2$) 没有强定向.

路的长均为 5). 可以用有向图 H 产生具有上面性质的半完全二部分有向图的无穷族, 例如可以用一个**顶点独立集**取代单一顶点 x_3.

2.11.2 闲话问题

有 n 位女士, 每位知道一条别人不知道的丑闻, 她们用电话相互联系, 而且当二位女士通电话时, 她们继续与其他人通话, 期望知道尽可能多的丑闻. 问要打多少个电话才能使她们中的每一个人知道所有的丑闻？这就是所谓的闲话问题 (似乎是由 Boyd 提出的), 1972 年, Hajnal, Milner 和 Szemerédi 也叙述了该问题[392]. 关于这个问题的研究已有大量的文章发表[248,409,433], 其重要原因是闲话问题具有高度可应用性, 尤其是在计算机网络中的应用.

上面所介绍的仅仅是闲话问题的一个特殊情况. 在较为一般的情形中, 这个问题可以被表述为：设 G 是 n 阶连通图, G 的每个顶点 v 最初拥有消息 $I(v)$ (不同于其他顶点的消息), 一个顶点在一个步骤上把它现有的消息传递给它的全体或部分邻点. 研究目的是寻找把所有的消息集合 $\{I(v):\ v \in V(G)\}$ 传给每一个顶点 u 所需要步骤的最小数目.

这个问题可以被特定为仅允许单向通讯 (像在广播通讯中多于一个频道或 email), 在每一个给定的步骤中, 对于每对相邻顶点 u 和 v, 要么 u 可以把它所掌握的全部消息传给 v, 或者 v 把自己所掌握的全部消息传给 u, 但不是二者都发生[248], 这种特定型通常叫做**半双倍** (half-duplex). 半双倍闲话问题是 $\mathcal{NP}$ 困难问题[248]. 另一方面, 从应用的角度来看, 仅对某些特别的图族, 如用于实际的圈的笛卡儿积可建立 Intel △ 原型[622] 和许多基于 transputer ① 基机器[557], 这个问题也是很有意义的. Fraigniaud 和 Lazard 讨论了几类特殊而重要的图族[248]. 关于这些图族的解是基于一个上界, 作为主要项该界包括了一个已知无向图的一个定向的最小直径[248].

在半双倍闲话问题中, 可以考虑对称有向图 $\overleftrightarrow{G}$ 而代替无向图 G. 半双倍模型能够从某些对称扩展到任意的有向图 D, 其中一个顶点 v 可以把所有的消息仅传递给这样的顶点 u, 使得 vu 是 D 的一条弧. 当安全重点是监视某些禁止通讯的方面时, 使用任意有向图将是有意义的.

这里, 我们仅考虑强有向图 D 上的半双倍模型. 令 $s(G)$ 代表这个模型中传闲话步骤的数目. 由于传递一个顶点 u 上的所有的消息到另外一个顶点 v 的最小步骤数是 $\mathrm{dist}(u,v)$, 便有 $s(D) \geqslant \mathrm{diam}(D)$.

Gutin 和 Yeo 给出如下的关于 $s(D)$ 的一个简单上界[378], 它是对称有向图情形中与文献 [248] 中的一个相似上界的改进.

---

① “transputer (transistor computer)” 是 20 世纪 80 年代一家英国半导体公司的一种创新计算机设计. 今天, 它的初始设计思路还应用于现代信息处理建筑学. —— 译者注

定理 2.11.3　设 $D = (V, A)$ 是强有向图, 则有

$$s(D) \leqslant \min\{2\mathrm{rad}(D),\ \mathrm{diam}_{\min}(D)\}.$$

证明　设 H 是 D 的具有最小直径的一个定向. D 中每一个顶点把它的消息传递给在 H 中的每一个出邻点. 不断地进行这个重复迭代, 直到每一个顶点掌握了全部的消息. 显然, 所需要的重复迭代数目是 H 中最长路的长度, 即 $s(D) \leqslant \mathrm{diam}(H) = \mathrm{diam}_{\min}(D)$.

取 D 的顶点 x, 使得 $\mathrm{rad}(D) = (\mathrm{dist}(x, V) + \mathrm{dist}(V, x))/2$. 设 F_x^+ (F_x^-) 是 D 中以 x 为根的 BFS 树 (D 的逆中根为 x 的一棵 BFS 树的逆). 在最初的 $\mathrm{dist}(V, x)$ 个步骤中, 沿着 F_x^- 的弧从顶点到它们的出邻点传递消息. 于是, 在结束时, x 掌握了所有的消息. 在接下来的 $\mathrm{dist}(x, V)$ 个步骤中, 沿着 F_x^+ 的弧, 从顶点到它们的出邻点传递全部的消息. 所以, 每个顶点在结束时获得全部的消息, 因而有 $s(D) \leqslant 2\mathrm{rad}(D)$. □

当 D 满足 $\mathrm{diam}(D) = \mathrm{diam}_{\min}(D)$ 时, 定理 2.11.3 的界是有特别意义的. 此时, D 的一个最小直径定向为闲话问题提供了一个最优化解, 因而定向 H 的直径乘上一个较小的常数可能超过 $\mathrm{diam}(G)$, 从而导致闲话问题一个好的近似解 (给定 H, 关于 $g(D)$ 能够在多项式时间内计算上界 $\min\{2\mathrm{rad}(D), \mathrm{diam}(H)\}$). 在前面的小节里, 我们已经看到只要对某些重要的有向图族作一些小的调整, 等式 $\mathrm{diam}(D) = \mathrm{diam}_{\min}(D)$ 依然是成立的.

2.12　应用: 旅行售货员问题的指数邻集局部搜索

本节要介绍一个新方法, 从而为旅行售货员问题 (TSP) 找到近似最优化解. 主要思路是用特别构造的指数基数的解集合在多项式时间内找出一个最优解. 这个想法不仅可以用于 TSP, 而且可以应用到其他 $\mathcal{NP}$ 困难问题组合最优化问题中. 这个一般性的思想早已被使用在 Sarvanov 和 Doroshko 的文章中[651, 652], 还有 Gutin 所写的文章里[354].

2.12.1　TSP 局部搜索

我们来陈述 TSP 的定义. 给定一个**赋权完全有向图** ($\overleftrightarrow{K}_n, c$), 在其中找到最小费用的哈密尔顿圈. 在本节和其他论讨 TSP 的地方常把 $\overleftrightarrow{K}_n$ 中的一个哈密尔顿圈叫做**游历** (tour), 也设 $V(\overleftrightarrow{K}_n) = \{1, 2, \cdots, n\}$. TSP 是一个得到较好研究又具有大量应用的 $\mathcal{NP}$ 困难问题[166,466,511,632]. 由于 TSP 是 $\mathcal{NP}$ 困难问题, 已知没有精确的多项式时间算法来解决这个问题. 然而, 关于大规模的 TSP 的事例却存在着一个良好检测方法[466], 它在合理的时间内提供了近似优化解 (它们在大多

数应用中是有效的). 这个方法由 2 个阶段组成：在第一个阶段中, 一个构造**直观探索**(heuristic) 快速产生一个解, 它虽离最优化还很远, 但优于一个随机解① (某些 TSP 的构造直观探索在本书稍后的地方叙述). 在第 2 个阶段中, 使用一个局部搜索过程. 在这个直观探索的每一个重复迭代中, 考虑一个当前的最好解的一个邻集, 并找到一个较好的解 (在某些情形中, 最好解就在邻集中). 当邻集中没有最好解存在时, 这个过程就终止 (上述描述有几个变化[466]).

许多研究情形使用了所谓的 3-Opt. 在 3-Opt 中, 一个哈密尔顿圈 C 的邻集由 $\overleftrightarrow{K}_n$ 中的全体游历构成, 每个游历是从 C 中删去 3 条弧再加上 3 条弧 (可以推广这个记号为 k-Opt, $k \geqslant 3$). 这个邻集的基数大概是 $\Theta(n^3)$, 也就是说, 需要时间 $O(n^3)$ 可以完全地搜索这个邻集 (从而找到最好的哈密尔顿圈). 如果一个接一去搜索这个邻集的游历, 毫无疑问, 对大规模 TSP 来说, 需要消耗的时间是令人无法接受的. 然而, 3-Opt 却广泛使用于实际当中, 这是因为在找到最优解之前, 通常仅需要搜索一小段邻集. 尽管 3-Opt 允许我们在大规模 TSP 寻找好的解, 但是一步一步找解的方式似乎不是有效的方法.

在 20 世纪 80 年代, Sarvanov 和 Doroshko[651, 652] 以及 Gutin[354] 各自独立地介绍了几个指数规模的邻集, 其中最优解能够在多项式时间内得到. 最近, 关于 TSP 的各种指数规模的邻集被提出并加以研究[37,137,318,320,611,616], Deineko 和 Woeginger 的文章是这个专题的非常出色的综述[188]. Balas 和 Simonetti[37] 以及 Carlier 和 Villon[448] 使用了**指数邻集构造**并运行了局部搜索算法, 他们的结果是相当鼓舞人心的. 同时, 他们也给出了这个专题进一步的理论研究的必要性.

在文献 [188, 466] 中可以见到关于 TSP 的许多不同类型邻集. 下面的 TSP 的一个邻集结构的定义归功于 Deineko 和 Woeginger[188]. 在这个定义中, 假定每一个游历 $T=\pi(1)\pi(2)\cdots\pi(n)\pi(1)$ 从顶点 1 开始, 即 $\pi(1)=1$. 因而把 T 等同于置换 $\pi(1)\pi(2)\cdots\pi(n)$. 一个**邻集结构** (neighbourhood structure) 由关于每一个游历 T 的邻集 $N(T)$ 构成, 使得邻集 $N(\pi(1)\pi(2)\cdots\pi(n))=\pi * N(12\cdots n)$, 其中 $\pi(1)=1$, 记号 “*” 代表置换乘法 (从右到左使用). 这个定义多少有些严格了 (例如, 它需要邻集的基数是相同的), 但它却反映了邻集的最重要的 “转换” 性质, 它可以从任意的游历的集合中区分出它们来. 游历 T 的邻集 $N(T)$ 的另一个重要性质通常被隐藏, 它能够在以 n 为变量的多项式时间内计算出 $N(T)$ 的最优游历, 这一点对任何有效局部搜索是必须的, 满足这个性质的邻集叫做**多项式可搜索邻集** (polynomially researchable neighbourhood).

已知最大多项式可搜索邻集是那些规模为 $2^{\Theta(n\log n)}$ 的邻集 (注意 $\overleftrightarrow{K}_n$ 中有 $(n-1)!$ 个游历以及 $(n-1)!=2^{\Theta(n\log n)}$). 这样的邻集在文献 [354, 616, 652] 中被独立

① 对于若干 TSP 事例族, 某些构造直观推断自身产生最优的游历, 读者可参见文献 [319]. 对于如此的情形, 局部搜索是不必要的.

地介绍, Punnen 邻集是它们中最一般的[616]. 这里将考虑这些邻集的一个特定族, 它在文献 [354, 652] 中是较为一般的, 称它们为**分配邻集** (assignment neighbourhoods) (关于这种邻集的定义见 2.12.3 小节). 文献 [369] 研究了这些邻集的若干特征. Gutin 证明[369]: 对每一个 $\beta > 0$, 存在一个基数为 $2^{\Theta(n \log n)}$ 的邻集, 可以在时间 $O(n^{1+\beta})$ 内搜索到它. Deineko 和 Woeginger 证明了只需时间 $\Omega(n^{1+\beta})$ $(\beta > 0)$ 就可以搜索到一个基数为 $2^{\Theta(n \log n)}$ 的邻集[188].

因为**邻集结构有向图**的直径 (稍后定义) 对于搜索来说具有某些重要性, 这个参数早已被研究过, 我们在 2.12.4 小节中给出这个专题的近期结果.

2.12.2 TSP 的线性时间可搜索指数邻集

本节将介绍如何使用 2.3.2 小节中的算法去搜索一些指数邻集, 所介绍的指数规模邻集是基于 Glover 和 Punnen 所刻画的一个方法[320]. 假定 $(\overleftrightarrow{K}_n, c)$ 的阶 n 在模 3 下等于 1 (当 n 在模 3 下不等于 1 时, 容易看到如何调整我们的方法). 设 $\overleftrightarrow{K}_n$ 的一个哈密尔顿圈为 $C = vv_1^0v_1^1v_1^2v_2^0v_2^1v_2^2 \cdots v_t^0v_t^1v_t^2v$, 定义 C 的一个邻集如下:

$$NB(C) = \{vv_1^{s_1}v_1^{s_1+1}v_1^{s_1+2} \cdots v_t^{s_t}v_t^{s_t+1}v_t^{s_t+2}v:\ s_i \in \{0,1,2\},\ i = 1, 2, \cdots, t\},$$

其中所有的下标取模 3. 显然, $|NB(C)| = 3^{\lfloor n/3 \rfloor}$.

我们来说明如何在时间 $O(n)$ 内找到 $NB(C)$ 的一个最好的哈密尔顿圈. 构造一个辅助赋权有向图 $D = (V, A, w)$ 如下:

$$V = \{p, q, u_i^0, u_i^1, u_i^2:\ i \in \{1, 2, \cdots, t\}\},$$

$$A = \{pu_1^j, u_t^k q, u_i^j u_{i+1}^k:\ j, k \in \{0, 1, 2\},\ i \in \{1, 2, \cdots, t-1\}\},$$

且对每一个 $j \in \{0,1,2\}$, 有 $w(p, u_1^j) = c(v, v_1^j) + c(v_1^j, v_1^{j+1}) + c(v_1^{j+1}, v_1^{j+2})$, 而且对所有的 $i \in \{1, 2, \cdots, t-1\}$ 和 $j, k \in \{0, 1, 2\}$, 有

$$w(u_i^j, u_{i+1}^k) = c(v_i^{j+2}, v_{i+1}^k) + c(v_{i+1}^k, v_{i+1}^{k+1}) + c(v_{i+1}^{k+1}, v_{i+1}^{k+2}),$$

以及对每一个 $k \in \{0,1,2\}$, 有 $w(u_t^k, q) = c(v_t^{k+2}, v)$.

D 中的每一条 (p, q) 路是形如 $pu_1^{s_1}u_2^{s_2} \cdots u_t^{s_t}q$, 其中 $s_i \in \{0,1,2\}$ 和 $1 \leqslant i \leqslant t$. 所以, 映射

$$\phi:\ pu_1^{s_1}u_2^{s_2} \cdots u_t^{s_t}q \to vv_1^{s_1}v_1^{s_1+1}v_1^{s_1+2} \cdots v_t^{s_t}v_t^{s_t+1}v_t^{s_t+2}v$$

是一个从 D 中 (p, q) 路之集到 $NB(C)$ 的一一映射. 此外, 对于 D 中每一条 (p, q) 路, 有 $w(R) = c(\phi(R))$. 因此, 为了找到 $NB(C)$ 的最小权哈密尔顿圈, 只需计算 D

中一条最短 (p,q) 路. 这项工作能够在时间 $O(|A|)=O(n)$ 内由 2.3.2 小节中所描述的算法完成. 此外, 由于能够给出 D 中顶点的一个无圈序, 故不需要使用 2.3.2 小节中算法的第一阶段.

2.12.3 分配邻集

本小节介绍分配邻集. 设 $C=x_1x_2\cdots x_kx_1$ 是 $\overleftrightarrow{K}_n$ 的一个圈, 一个顶点 x_i $(1\leqslant i\leqslant k)$ 的**移去运算** (removal operation) 的结果是圈 $x_1x_2\cdots x_{i-1}x_{i+1}\cdots x_kx_1$ (于是, x_i 的移去运算不是从 C 中删去它). 令 y 是 $\overleftrightarrow{K}_n$ 中不在 C 上的顶点, 在 C 中的一条弧 x_ix_{i+1} 上插入顶点 y 的**插入运算** (insertion operation) 产生一个圈 $x_1x_2\cdots x_iyx_{i+1}\cdots x_kx_1$, 我们也说将 y 插入 C 是 y 在 x_ix_{i+1} 中的一个插入 $(1\leqslant i\leqslant k)$. 对于不在 C 中的顶点集合 $Z=\{z_1,z_2,\cdots,z_s\}$ $(s\leqslant k)$, 一个 Z 插入 C 意指一个 z_1 插入 C, 接着在所产生的圈中插入 z_2, 等等. 此外, 要求将 Z 的全体顶点插入 C 后没有 Z 中的一对顶点在当前圈上是相邻的.

设 $T=x_1x_2\cdots x_nx_1$ 是 $\overleftrightarrow{K}_n$ 的一个游历, $Z=\{x_{i_1},x_{i_2},\cdots,x_{i_s}\}$ 是 T 中两两不相邻的顶点集合. T 关于 Z 的**分配邻集** (assignment neighborhood) $N(T,Z)$ 是由以下游历组成: 从 T 中一个接一个地去掉 Z 的顶点, 然后在剩余图的圈中再把 Z 插入就可以得到每一个游历. 来看一个例子, $H=x_1x_2x_3x_4x_5x_1$ 以及

$$N(H,\{x_1,x_3\})=\{x_2x_ix_4x_jx_5x_2,x_2x_ix_4x_5x_jx_2,x_2x_4x_ix_5x_jx_2:\{i,j\}=\{1,3\}\}.$$

令 $T=x_1x_2\cdots x_nx_1$ 以及 $s=|Z|$. 则易验证: $|N(T,Z)|=(n-s)!/(n-2s)!$ (显然, 有 $n-s\geqslant s$).

现在证明 $N(T,Z)$ 中最优游历可在时间 $O(n^3)$ 内找到[369, 616]. 从 T 中移走 Z 后所得到的圈记为 $C=y_1y_2\cdots y_{n-s}y_1$, 并记 $Z=\{z_1,z_2,\cdots,z_s\}$. 设 ϕ 是从 Z 到 $Y=\{y_1,y_2,\cdots,y_{n-s}\}$ 的一个内射, 当在弧 y_jy_{j+1} 中插入 z_i, 则 C 的权会增加到 $c(y_jz_i)+c(z_iy_{j+1})-c(y_jy_{j+1})$. 所以, 当把 z_i $(1\leqslant i\leqslant s)$ 插入 $y_{\phi(i)}y_{\phi(i)+1}$ 中, 则 C 的权增加了

$$f(\phi)=\sum_{i=1}^{s}[c(y_{\phi(i)}z_i)+c(z_iy_{\phi(i)+1})-c(y_{\phi(i)}y_{\phi(i)+1})].$$

显然, 为找到 $N(T,Z)$ 的最小权游历, 仅需要在全体从 Z 到 Y 的映射 ϕ 的集合上去最小化 $f(\phi)$. 这项工作可以用下面的赋权完全二部分图 B 来完成. B 的顶点部分集为 Z 和 Y, 每条边 z_iy_j 的权定义为 $c(y_jz_i)+c(z_iy_{j+1})-c(y_jy_{j+1})$.

根据 B 的定义, B 的每一个最大匹配 M 对应于一个从 Z 到 Y 的映射 ϕ_M. 接下来, M 的权与 ϕ_M 一致. 利用解分配问题 (见 3.12 节), 能够找到 B 的一个最小权最大匹配. 所以, 在时间 $O(n^3)$ 内能够找到 $N(T,Z)$ 的一个最优游历.

2.12.4　关于 TSP 的邻集结构有向图的直径

已知 $\overleftrightarrow{K}_n$ 的每一个游历 T 有一个邻集 $N(T)$ (即某些**邻集结构**), 对应的 ($(n-1)!$ 阶) **邻集有向图** (neighbourhood digraph) 是一个有向图, 其顶点集由 $\overleftrightarrow{K}_n$ 的全体游历组成, 其弧集对 (T',T'') 有 $T'' \in N(T')$. 当所有的邻集 $N(T)$ 是多项式可搜索时, 所对应的有向图是多项式可搜索的, 邻集有向图的直径是邻集结构和对应局部搜索问题的最重要特征[188, 318, 448]. 很清楚, 具有一个较小直径的邻集有向图的邻集结构看起来比具有较大直径的邻集有向图更有用, 而不同于具有无限大直径有向图的邻集结构 (在最后的情形里, 局部搜索过程中某些游历不能从初始游历可达).

例如, 对于 Carlier 和 Villon 所介绍的多项式可搜索 "金字塔" 邻集[448], 邻集有向图具有直径 $d_n = \Theta(\log n)$ (已经证得 $d_n \leqslant \log n$, 金字塔型邻集的基数是 $2^{\Theta(n)}$, 游历总数是 $2^{\Theta(n\log n)}$, 从而得到下界 $d_n = \Omega(\log n)$[448]).

在这一小节中, 我们使用分配邻集来多项式地构造几个可搜索 "复合" 邻集, 其有向图的直径被一个小的常数所界定, 下面将采用 Gutin 和 Yeo 的表示法[375].

对正整数 $k \leqslant n/2$, 邻集有向图 $\Gamma(n,k)$ 的顶点集由 $\overleftrightarrow{K}_n$ 的全体游历构成. 在 $\Gamma(n,k)$ 中, 一个游历 T 支配另一个游历 R, 若存在 T 的 k 个非相邻顶点之集 Z, 使得 $R \in N(T,Z)$. 显然, T 支配 R 的充要条件是 R 支配 T, 即 $\Gamma(n,k)$ 是对称的. 用 $\mathrm{dist}_k(T,R)$ 表示 $\Gamma(n,k)$ 中从 T 到 R 的距离.

对于 $\overleftrightarrow{K}_n$ 中的一个游历 T, 令 $\mathcal{I}_{nk}$ 表示 T 中的 k 个不相邻顶点集合之族, 则 $\Gamma(n,k)$ 中游历 T 的邻集 $N_k(T)$ 等于 $\bigcup_{Z\in\mathcal{I}_{nk}} N(T,Z)$. 于是, 对于某 k, $i(n,k) = |\mathcal{I}_{nk}|$ 是关于 n 的多项式. 由于 $N(T,Z)$ 是多项式可搜索的, 从而导致 $\Gamma(n,k)$ 也是多项式可搜索的. 不然, $\Gamma(n,k)$ 是非多项式可搜索的. 我们的主要兴趣是在多项式可搜索的 $\Gamma(n,k)$ 上, 故在定理 2.12.1 中从计算 $i(n,k)$ 开始. 对于固定的 k, 定理 2.12.1 指出 $i(n,k)$ 和 $i(n,n-k)$ 均是多项式的.

定理 2.12.1[375]　$i(n,k) = \binom{n-k}{k} + \binom{n-k-1}{k-1}$.

推论 2.12.2　令 p 是非负固定整数, 且 $p < \lfloor n/2 \rfloor$, 则 $\Gamma(n,p+1)$ 和 $\Gamma(n,\lfloor n-p/2 \rfloor)$ 均为多项式可搜索的.

证明　按照定理 2.12.1 和 $\binom{m}{k} = \binom{m}{m-k}$, 即得结论. □

可以证明 (习题 2.47): 当 n 为偶数, $\Gamma(n,n/2)$ 由指数数目的强连通分支构成. 于是, 它的直径是无限的 (例如, $x_1x_2\cdots x_nx_1$ 和 $x_1x_2\cdots x_{n-2}x_nx_{n-1}x_1$ 属于这个有向图的不同的强分支). 所以, 下面仅考虑 $k < n/2$ 时的 $\Gamma(n,k)$.

定理 2.12.3[375]　$\mathrm{diam}(\Gamma(n,\lfloor (n-1)/2 \rfloor)) \leqslant 4$.

证明　当 $2 \leqslant n \leqslant 4$ 时, 可以直接验证这个结论, 下设 $n \geqslant 5$. 设 $C = x_1x_2\cdots x_nx_1$ 和 $T = y_1y_2\cdots y_ny_1$ 是 $\overleftrightarrow{K}_n$ 中 2 个不同的游历, 记 $k = \lfloor (n-1)/2 \rfloor$.

我们将要证明 $\mathrm{dist}_k(T,C)\leqslant 4$, 从而得到 $\mathrm{diam}(\Gamma(n,k))\leqslant 4$.

称一个顶点关于游历 C 是奇的 (偶的), 如果 $v=x_j$ 且 j 是奇数 (偶数), $1\leqslant j\leqslant n$. 对于 $\overleftrightarrow{K}_n$ 的一个顶点集 X, 记号 X_{odd} (或 X_{even}) 表示 X 中**奇 (偶) 顶点之集**.

首先考虑 n 是偶数时的情形, 即 $k=(n/2)-1$. 证明由以下 2 步组成. 第一步, 证明存在一个游历 T'', 它的顶点是奇偶交错, 并使得 $\mathrm{dist}_k(T,T'')\leqslant 2$. 接下来, T'' 有一对连续的顶点, 它们也是 C 的连续顶点. 在第 2 步中, 当 T'' 的奇顶点和偶顶点 (除去上面的那对顶点) 能够分别被重新排序而形成 C, 我们将给出 $\mathrm{dist}_k(T'',C)\leqslant 2$, 接着就可推出 $\mathrm{dist}_k(T,C)\leqslant 4$, 下面进行证明.

显然, T 有一对顶点 y_j 和 y_{j+1}, 使得 y_{j+1} 是奇顶点, y_j 是偶顶点, 令 $Z=\{y_{j+2}, y_{j+4},\cdots,y_{j+2k}\}$ 以及 $s=|Z_{\mathrm{odd}}|$, 从 T 中移去 Z 的顶点, 然后在弧 $y_{j+1}y_{j+3}$, $y_{j+5}y_{j+7},\cdots,y_{j+2s-1}y_{j+2s+1}$ 之间插入 Z 的 s 个奇顶点, 接着在弧 $y_{j+2s+1}y_{j+2s+3}$, $y_{j+2s+3}y_{j+2s+5},\cdots,y_{j+2k-1}y_{j+2k+1}$ 之间插入 Z 的 $k-s$ 个偶顶点, 从而得到一个游历

$$T'=y_jy_{j+1}v_{j+2}y_{j+3}v_{j+4}y_{j+5}\cdots y_{j+2k-1}v_{j+2k}y_{j+2k+1}y_j,$$

其中 $\{v_{j+2},v_{j+4},\cdots,v_{j+2k}\}=Z$.

令 $Z'=\{y_{j+3},y_{j+5},\cdots,y_{j+2k+1}\}$ 和 $|Z'_{\mathrm{even}}|=t$. 因为在 $V(\overleftrightarrow{K}_n)-\{y_j,y_{j+1}\}$ 中奇顶点的个数等于 $k=|Z_{\mathrm{odd}}|+|Z'_{\mathrm{odd}}|=s+k-t$, 则有 $s=t$. 从 T' 中移去 Z', 并在弧 $y_{j+1}v_{j+2},v_{j+2}v_{j+4},v_{j+6}v_{j+8},\cdots,v_{j+2s-2}v_{j+2s}$ 之间插入 Z' 的 t 个偶顶点. 然后, 再把 Z' 的 $k-s$ 个奇顶点插入到弧 $v_{j+2s+2}v_{j+2s+4},\cdots,v_{j+2k-2}v_{j+2k},v_{j+2k}y_j$ 中. 我们已经找到一个游历 $T''=u_1u_2\cdots u_nu_1$. 显然, T'' 的顶点是奇偶交替的, 即对每一个 m, 若 u_m 是奇顶点, 则 u_{m+1} 就是偶顶点.

现在证明 Z 和 Z' 的插入过程可以在这样的一种方式进行, 即 T'' 包含一对连续的顶点, 它们在 C 中也是连续的 (即存在下标 p 和 q, 使得 $u_p=x_q$ 和 $u_{p+1}=x_{q+1}$). 因为 $1<|Z'|<n$, 故存在一对不同的下标 i 和 m, 使得 $x_i,x_m\in Z'$ 和 $x_{i+1},x_{m-1}\notin Z'$. 不失一般性, 假定 i 是奇数, 有以下 2 种情形需讨论.

情形 1. $|Z'_{\mathrm{odd}}|\geqslant 2$. 欲证明可以选择下标 $q=i$. 因 $x_{i+1}\notin Z'$ 以及 $i+1$ 为偶数, 则有 $y_j=x_{i+1}$ 或 $x_{i+1}\in Z_{\mathrm{even}}$. 如果 $x_{i+1}\in Z_{\mathrm{even}}$, 在 Z 的插入过程中, 把 x_{i+1} 插入弧 $y_{j+2k-1}y_{j+2k+1}$ 中, 即 $x_{i+1}=v_{j+2k}$. 而在 Z' 的插入过程中, 当 $x_{i+1}=y_j$ 时, 把 x_i 插入弧 $v_{j+2k}y_j$ 中; 不然, 就把 x_i 插入弧 $v_{j+2k-2}v_{j+2k}$ 之中 (即 $x_{i+1}=v_{j+2k}$).

情形 2. $|Z'_{\mathrm{odd}}|=1$, 于是 m 是偶的, 由于 $n\geqslant 6$, 由 $|Z'_{\mathrm{even}}|\geqslant 2$, 即得结论. 类似于情形 1, 可取 $q=m-1$.

不失一般性, 假设 $u_{n-1}=x_i$, $u_n=x_{i+1}$. 因为 $C_{\mathrm{even}}=\{u_2,u_4,\cdots,u_{2k},x_{i+1}\}$,

则从 T'' 中删去集合 $\{u_2, u_4, \cdots, u_{2k}\}$, 然后在所得到的圈中把它插入以得到圈

$$C' = u_1 x_{i+3} u_3 x_{i+5} u_5 \cdots u_{2k-1} x_{i-1} u_{n-1} x_{i+1} u_1$$

所确定的游历 C'. 类似地, 可从 C' 中删去 $\{u_1, u_3, \cdots, u_{2k-1}\}$, 再把它重新插回而得到游历 C, 可见 $\mathrm{dist}_k(T, C) \leqslant 4$.

现设 n 是奇数, 即 $k = (n-1)/2$. 注意到, 不妨设 $x_n = y_n$ (设法固定 T 和 C 的初始标号), 考虑 $\overleftrightarrow{K}_{n+1}$ 中的游历

$$X = x_1 x_2 \cdots x_n x_{n+1} x_1 \text{ 和 } Y = y_1 y_2 \cdots y_{n-1} y_n y_{n+1} y_1,$$

这里 $y_n = x_n$, $y_{n+1} = x_{n+1}$, 若有 $j = n$, $j+1 = n+1$, 相似于 n 是偶数时的情形, 可得到一个游历 Y'', 使得 Y'' 的顶点奇偶交错 (关于它们在 X 中的下标), 在 Y'' 中 x_{n+1} 跟随 x_n, 则有 $\mathrm{dist}_k(Y, Y'') \leqslant 2$. 现设 $i = n, i+1 = n+1$, 则相似于偶数 n 的情形, 可证得 $\mathrm{dist}_k(Y'', X) \leqslant 2$, 且有 $\mathrm{dist}_k(Y, X) \leqslant 4$. 注意到在由 Y 构造 X 的全部过程中, 一直没有移走 x_n 和 x_{n+1}, 也没有在弧 $x_n x_{n+1}$ 中插入任何顶点. 因而, 我们可以收缩弧 $x_n x_{n+1}$ 为一个顶点 x_n, 在上述 4 个步骤中由 T 而得到 C, 这已经证明 $\mathrm{dist}_k(T, C) \leqslant 4$. □

运用下面的结论可以推广定理 2.12.3.

定理 2.12.4[375] 关于游历 T 和 C, 令 $\mathrm{dist}_k(T, C) = 1$, 设 m 是比 k 小的正整数, 则 $\mathrm{dist}_m(T, C) \leqslant \lceil k/m \rceil$.

推论 2.12.5 对于每一个整数 $m \leqslant \lfloor (n-1)/2 \rfloor$, 有 $\mathrm{diam}(\Gamma(n, m)) \leqslant 4\lceil \lfloor (n-1)/2 \rfloor / m \rceil$. 特别地, 如果 p 是固定的正整数, 当 $n \geqslant 2p+1$ 时, 则有 $\mathrm{diam}(\Gamma(n, \lfloor (n-p)/2 - 1 \rfloor)) \leqslant 8$.

证明 第一个不等式可由前面 2 个定理和关于图距离的三角不等式得到, 同时它也隐含了第 2 个不等式. 实际上, 不等式 $n \geqslant 2p+1$ 意味着

$$\frac{(n-1)/2}{(n-p-1)/2} \leqslant 2 \quad \text{和} \quad Q = \frac{\lfloor (n-1)/2 \rfloor}{\lfloor (n-p)/2 \rfloor} \leqslant 2.$$

因而有 $\lceil Q \rceil \leqslant 2$. □

2.13 习 题

2.1 表述最短 (s, t) 路问题为一个线性规划问题. 提示: 对于每一条弧使用一个变量.

2.2 (−) 用例子说明: 以 s 为根的最小权出分枝不一定是根为 s 的最短路树.

2.3 (−) 利用图 2.10 中的无圈有向图来解释无圈有向图的最短路算法 (2.3.2 小节).

2.4 **在赋权无圈有向图中寻找从一个固定顶点到全体顶点的最长路**. 构造一个在赋权无圈有向图中寻找从一个固定顶点到全部顶点的最长路的多项式算法, 最好使得这个算法能够在线性时间内运行.

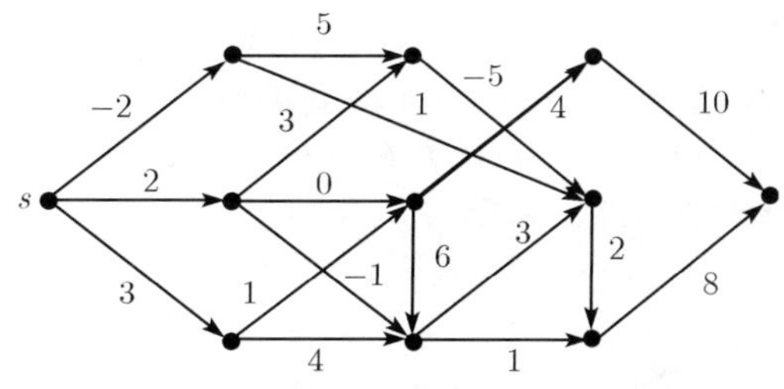

图 2.10　一个赋权无圈有向图

2.5 运用在习题 2.4 中所设计的算法在图 2.10 中的赋权无圈有向图里找出从特定顶点 s 到所有顶点的最长路.

2.6 **在赋权无圈有向图中用线性时间找到一条最长路.** 说明如何在线性时间内找到赋权无圈有向图的一条最长路. 提示：使用 (2.3) 式中动态线性规划法的一个变形, 或者构造 D 的一个母有向图 D', 使得我们能够从 D' 中以根为某顶点 s 的一条最短路树中读出 D 的一条最长路.

2.7 (−) 在图 2.11 中的有向图上运行 Dijkstra 算法.

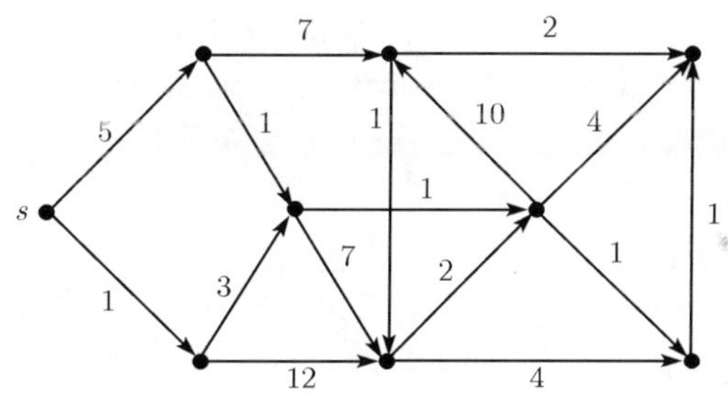

图 2.11　弧上无负数权的有向图

2.8 完成 2.3.3 小节中 Dijkstra 算法的表述, 使得不仅可以计算从 s 到 D 的每一个顶点之间距离, 也可以找到真实的最短路.

2.9 完成 2.3.4 小节中 Bellman-Ford-Moore 算法的表述, 使得不仅可以计算从 s 到 D 的每一个顶点之间距离, 也可以找到真实的最短路.

2.10 (−) 在图 2.12 中表述的有向图上运行 Bellman-Ford-Moore 算法, 用字典序来操作弧搜索.

2.11 **应用 Bellman-Ford-Moore 算法的探测负圈.** 证明定理 2.3.10.

2.12 应用 Bellman-Ford-Moore 算法的推广, 在图 2.13 中的有向图上演示如何探测负圈.

2.13 如果某些赋权有向图 D 的某些弧有负数, 即使 D 无负圈, 给出一个例子来说明 Dijkstra 算法不能够在 D 中找到正确的距离.

2.14 (−) 说明如何在时间 $O(n^3)$ 内运行 Floyd-Warshall 算法.

2.15 证明定理 2.3.10.

2.16 **有向图弧的重新赋权.** 设 $D=(V,A,c)$ 是一个赋权有向图, 并设 $\pi: V\rightarrow \mathcal{R}$ 是 D 的

顶点集上一个函数, 定义一个新的赋权函数 c^*, 对 $v \in V$, 有 $c^*(u,v) = c(u,v) + \pi(u) - \pi(v)$. 设 dist^* 表示关于有向图 $D^* = (V, A, c^*)$ 的距离函数, 令 P 是 D 中一条 (x,y) 路. 证明: P (关于 c) 是 D 的一条最短 (x,y) 路当且仅当 P (关于 c^*) 是 D^* 的一条最短 (x,y) 路. 提示: 注意在进行上述变换之后路的长度发生了什么变化.

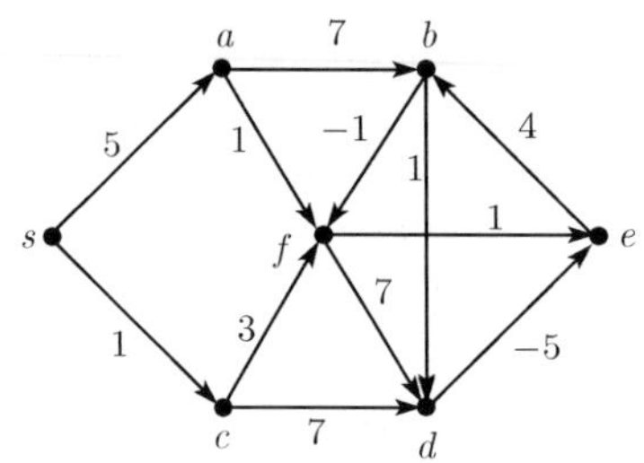

图 2.12　一个弧赋权且无负圈的有向图

图 2.13　具有负圈的赋权有向图

2.17 (−) 利用习题 2.16 介绍的权函数, 证明: 在从 $D = (V, A, c)$ 到 $D^* = (V, A, c^*)$ 的变换下, D 的一个圈的权没有发生变化.

2.18 **利用重新赋权摆脱负权弧**. 设 $D = (V, A, c)$ 是具有负权弧的一个赋权有向图, 且无负圈. 设 $D' = (V \cup s, A', c')$ 是给 D 加进一个新顶点 s 以及所有形如 sv 的弧 $(v \in V)$ 后得到的有向图. 设对每一个顶点 $v \in V$, 有 $c'(s,v) = 0$, 且对所有 $u, v \in V$, 有 $c'(u,v) = c(u,v)$. 令 $\pi(v) = \mathrm{dist}_{D'}(s,v)$ $(v \in V)$. 对所有 $u, v \in V$, 定义 $c^*(u,v) = c(u,v) + \pi(u) - \pi(v)$. 证明: 对所有 $u, v \in V$, 有 $c^*(u,v) \geqslant 0$.

2.19 **最短路的 Johnson 算法**. 结合对习题 2.16～ 习题 2.18 的观察, 证明: 存在一个关于无负圈有向图中的所有顶点对之间的最短路问题的 $O(n^2 \log n + nm)$ 算法[463].

2.20 设 $M = [m_{ij}]$ 是有向图 $D = (V, A)$ 的相邻矩阵, $V = \{1, 2, \cdots, n\}$, 且 k 是自然数. 证明: D 中存在一条长为 k 的 (i,j) 途径当且仅当 M 中元素 (i,j) 的 k 次幂是正的.

2.21 说明如何在时间 $O(p(n) \log n)$ 内计算 n 阶有向图相邻矩阵元素 (i,j) 的 k 次幂, 其中 $p(n)$ 是计算 2 个 $n \times n$ 阶矩阵乘积所需要的时间.

2.22 **寻找有向图的最短圈**. 给出一个寻找有向图最短圈的多项式算法. 提示: 使用习题 2.20.

2.23 (+) **广义三角不等式**. 设有一个弧赋权有向图 $D = (V, A, c)$, 若对任何 2 条 (x,y) 路 P 和 Q $(x, y \in V(D))$, 总有 $|A(P)| \leqslant |A(Q)|$ 隐含 $c(P) \leqslant c(Q)$, 则说 D 满足**广义三角不等式**. 给出一个检查弧赋权有向图是否满足广义三角不等式的多项式算法.

2.24 广义三角不等式如习题 2.23 中所定义. 证明: 在一个满足广义三角不等式赋权有向图中, 可以在时间 $O(n+m)$ 内找到从一个固定顶点到所有顶点的最短路.

2.25 证明命题 2.4.2.

2.26 (−) 画出 Goldberg 有向图 $D(12, 15)$ (读者可参见定理 2.4.4 的证明).

2.27 (−) 为完全 k 部分图 $K_{n_1, n_2, \cdots, n_k}$ 的定向的最大直径推导出一个公式. 提示: 运用定理 2.5.1.

2.28 **通过一条边的最短圈**. 设 $G = (V, E)$ 是 2 边连通图, $uv \in E$. 证明: G 有一条长度至

多是 $2\text{dist}(u,V)+1$ 且通过边 uv 的圈. 提示: 使用从 u 到 v 的 (无向) 距离类以及 uv 不是桥的事实.

2.29 设 $G_1, G_2, \cdots, G_p$ 是连通无向图. 证明: $\text{diam}\left(\prod_{i=1}^{p} G_i\right) = \sum_{i=1}^{p} \text{diam}(G_i)$.

2.30 证明[500]: 当 p 和 q $(p, q \geqslant 3)$ 为奇数时, $\rho(C_p \times C_q) > 0$.

2.31 构造直径为 8 的 $P_3 \times P_6$ 和 $P_3 \times P_7$ 的定向.

2.32 证明定理 2.9.5.

2.33 (−) 对奇数 $n \geqslant 3$, 给出一个 n 阶竞赛图 T 的例子, 使得 T 的每一个顶点是 2 王.

2.34 (−) T 是 4 个顶点的竞赛图. 证明: T 有一个不是 2 王的顶点.

2.35 证明定理 2.10.1[571].

2.36 (−) 描绘一个无穷半完全有向图族, 使得族中的每一个成员只有 2 个 2 王.

2.37 当 $n \geqslant 5$ 时, 证明 2.10.1 小节中的竞赛图 T_n 只有 3 个 2 王.

2.38 证明: 多部分竞赛图 T 有有限出半径当且仅当 T 至多包含一个零入度顶点. 提示: 运用命题 2.1.1.

2.39 (−) 在多部分竞赛图中刻画 2 王.

2.40 **拟可传递有向图的 3 王**. 证明: 具有有限半径的拟可传递有向图有一个 3 王[80].

2.41 证明定理 2.9.5 ①.

2.42 证明定理 2.12.1.

2.43 证明定理 2.12.4.

2.44 对于闲话问题 (见 2.11 节) 的半双倍模型, 证明: $s(G) \leqslant \text{diam}(G) + 1$ 对于每个连通图 G 成立[504].

2.45 使用前一个习题的上界来证明: 对于每一个整数 $k \geqslant 2$, 有 $s(C_{2k}) = k + 1$.

2.46 (−) 估计关于 TSP 的 k-Opt 中邻集的基数 $(k \geqslant 3)$.

2.47 (−) **穷等指数邻集**. 证明: 若 n 为偶数, $\Gamma(n, n/2)$ 由指数数目的强连通分支构成, 则它有无限直径 (见 2.12.4 小节).

2.48 (−) 找到具有 n 个顶点和 $k = |Z|$ 的 TSP 的分配邻集 $N(T, Z)$ 的基数[369].

2.49 **最大化指数邻集**. 寻找 $k = |Z|$ 的值, 使得关于 n 个顶点的 TSP 的分配邻集 $N(T, Z)$ 的基数是最大的[369].

① 注意, 此题与习题 2.32 重复.—— 译者注

第3章 网 络 流

本章主要介绍网络流理论的基本知识及其应用. 对于有向图的应用, 甚至是对所有的图应用来说, 网络流仍然是一个最重要的工具. 从数学理论的角度看, 流问题研究了最短路问题以及寻找从一个给定的顶点到另一个顶点的内部 (弧) 不交路问题的一个共同的优美推广. 流理论容易被理解且是相当的简单, 与大量的实际生活问题的结合与应用就使得流成为一个吸引人的研究专题. 在当今流网络流理论中, 流的研究已经远远高于基本的实际问题. 例如, 寻找从一个已知源到一个已知收点的最大流, 或关注刻画如此流的规模等等. 总之, 这个专题是当今较为活跃的研究领域之一, 其中存在着不少的富有挑战性的**公开问题**(open problem), 例如, 判断是否存在一般最大流问题的 $O(nm)$ 算法①.

我们介绍几本几乎是各自独立论述了流的书, 如文献 [7, 199, 246, 578]. 特别地, 文献 [7, 578] 包括了大量有关流的应用. 本章仅仅概括了很少部分的网络流理论及其应用. 然而, 我们尝试多样性地介绍这个专题, 向读者展示关于流的若干理论和实际方面的应用. 这一章的许多结果将会在本书其他的章节中用到, 例如那些介绍连通性和哈密尔顿圈的章节.

3.1 定义及基本性质

一个**网络** (network) 是一个有向图 $D=(V,A)$, 它具有下列定义在集合 $V\times V$ 上的三个函数: 对于每一个 $(i,j)\in V\times V$, 有一个**下界** (lower bound) 函数 $l_{ij}\geqslant 0$, 一个**容量** (capacity) 函数 $u_{ij}\geqslant l_{ij}$ 以及一个**费用** (cost) 函数 c_{ij}. 这些函数 (以下叫做 "参数") 满足下列的要求: 对 $(i,j)\in V\times V$, 若 $ij\notin A$, 则

$$u_{ij}=l_{ij}=0. \tag{3.1}$$

为了简化本章的记号, 对任意的 $(i,j)\in V\times V$, 总规定

$$c_{ij}=-c_{ji}. \tag{3.2}$$

这个规定看起来似乎严格些, 但纯粹是术语上的方便, 可以使随后的定义叙述等变得更为简洁 (特别是为了第 3.1.2 小节剩余网络的费用定义). 当对各种各样含有费

① 在本章中, n 总是表示所论及网络的顶点数目, m 则是该网络的弧数目.

用的流问题执行算法时，我们可以容易地避开这个设定 (习题 3.2). 若 i 和 j 之间无任何方向的弧，规定 $c_{ij}=0$.

有时，我们还需要**平衡向量** (balance vector) $b: V \to \mathcal{R}$，使得 D 的每个顶点 v 伴随着一个实数 $b(v)$，且总规定：

$$\sum_{v \in V} b(v) = 0. \tag{3.3}$$

我们使用一个速写记号 $\mathcal{N}=(V,A,l,u,b,c)$ 表示一个网络，它对应着一个有向图 $D=(V,A)$ 以及参数 l, u, b 和 c. 若没有费用规定，则没有上面所说的平衡向量 b，我们就可以从网络的记号中省去相关的字母. 值得注意的是，无论怎样考虑一个网络 $\mathcal{N}=(V,A,l,u,b,c)$，当省去其他的参数时，必须留下有向图 $D=(V,A)$.

取网络 $\mathcal{N}=(V,A,l,u)$ 的顶点集合 V 的 2 个子集 U, W (不一定是互不相交的)，f 是 $V \times V$ 上的函数，令 f_{ij} 表示 f 在对 (i,j) 上的值，记

$$f(U,W) = \sum_{i \in U,\ j \in W} f_{ij}. \tag{3.4}$$

以下总认为 $n=O(m)$ 的设定对于每一个有意义的网络成立. 在实际当中，我们所接触的网络几乎总是连通有向图.

3.1.1 流及流平衡向量

网络 $\mathcal{N}$ 的**流** (flow) 是一个定义在 $\mathcal{N}$ 的弧集上的函数 $x: A \to \mathcal{R}_0$，用记号 x_{ij} 表示弧 ij 上函数 x 的值. 为方便起见，我们把函数 x 看作定义在 $V \times V$ 上，只需规定当 $ij \notin A$ 时，有 $x_{ij}=0$ (见 (3.7) 式中剩余容量的定义). 网络 $\mathcal{N}$ 的一个**整流** (integer flow) x 是对每一条弧 $ij \in A$，值 x_{ij} 是非负整数，即 $x_{ij} \in \mathcal{Z}_0$. 关于网络 $\mathcal{N}$ 的一个流 x 的平衡向量是下面定义在顶点集上的函数 b_x：对任意的顶点 $v \in V$，有

$$b_x(v) = \sum_{vw \in A} x_{vw} - \sum_{uv \in A} x_{uv}. \tag{3.5}$$

也就是说，$b_x(v)$ 是以 v 为头的弧流之和与以 v 为尾的弧流之和的差. 按照顶点的平衡值 $b_x(v)$，我们能够将网络 $\mathcal{N}$ 的全体顶点分为三大类：若有 $b_x(v)>0$，顶点 v 被叫做网络 $\mathcal{N}$ 的**源** (source)；如果有 $b_x(v)<0$，称顶点 v 为网络 $\mathcal{N}$ 的**收点** (sink)；当 $b_x(v)=0$ 时，称 v 是网络 $\mathcal{N}$ 的一个**平衡顶点** (balanced vertex). 如果不存在混淆的可能性 (即所讨论的问题中只有一个流)，则可以不写平衡向量 b_x 的下标 x，我们说 b 是关于流 x 的**平衡向量**.

称网络 $\mathcal{N}=(V,A,l,u,b,c)$ 中的流 x 是**可行的** (feasible)，若对于每一条弧 $ij \in A$，总有 $l_{ij} \leqslant x_{ij} \leqslant u_{ij}$，并且 $b_x(v)=b(v)$ $(v \in V)$. 如果网络没有被指定一个平衡向量，那么仅要求可行流对于每一条弧 $ij \in A$，使不等式 $l_{ij} \leqslant x_{ij} \leqslant u_{ij}$ 成立.

网络 $\mathcal{N}=(V,A,l,u,c)$ 的流 x 的**费用**由

$$c^T x=\sum_{ij\in A} c_{ij}x_{ij} \tag{3.6}$$

确定. 图 3.1 给出了一个可行流的例子.

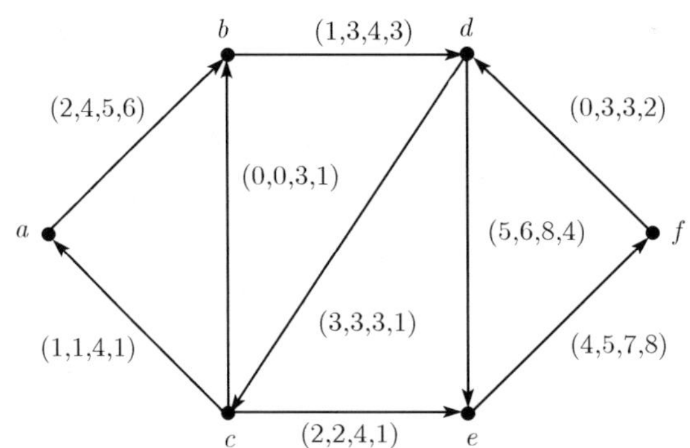

图 3.1 具有一个特定的可行流 x 的网络 $\mathcal{N}=(V,A,l,u,c)$

每一条弧 ij 上的数据是 $(l_{ij}, x_{ij}, u_{ij}, c_{ij})$. 流的费用是 109

需要指出的是：当所有下界为零 (正如将要在 3.2 节看到的一个假定, 不是流的模型化幂的一个限制) 时, 如果 iji 是网络 $\mathcal{N}$ 的一个 2 圈, x 是 $\mathcal{N}$ 的流, 则假设 x_{ij} 和 x_{ji} 中至少一个是零, 称这种流为**纯净流** (netto flow). 关于这种限制的实际动机是人们经常使用流来模拟活动变化的物体 (水、电力、电话、消息等等), 它们按时地从一处地方移动到另一处地方. 比如说, 从 i 到 j 送出 3 个单位, 从 j 到 i 送出 2 个单位. 这就等同于从 i 到 j 送出 1 个单位, 从 j 到 i 送零个单位 (也就是说, 那 2 个单位被删去了). 在下面的定义中使用纯净流就使得叙述变得十分容易.

流的概念也可以推广到有向图的路中. 事实上, 设 P 是有向图 $D=(V,A)$ 的一条 (s,t) 路, 我们可为网络 $\mathcal{N}=(V,A,l\equiv 0,u\equiv 1)$ 定义一个可行流 x, 使当 ij 是路 P 的一条弧时, 有 $x_{ij}=1$; 否则, 令 $x_{ij}=0$. 关于这个流的平衡向量是

$$b_x(v)=\begin{cases} 1, & 若\ v=s; \\ -1, & 若\ v=t; \\ 0, & 其他. \end{cases}$$

易见, 若有向图 D 的弧已经被赋权, 则令网络 $\mathcal{N}$ 继承这些权作为弧的费用. 那么, 上面定义中流的费用就等于路的长度 (权). 因而, 最短路问题是关于上面所

描绘的平衡向量 (主要是这里不明显地使用了关于 D 中从一个流运行到一条 (s,t) 路的定理 3.3.1) 的最小费用流问题的一个特殊情形 (将在 3.10 节中介绍). 我们可以使用类似的方式将流推广到有向图的圈中. 关于流的一个重要且相当有用的事实就是在某些研究情形中我们可以采用其他方法. 正如要在定理 3.3.1 中所看到的, 我们能够分解具有 n 个顶点和 m 条弧的网络的一个流为不多于 $n+m$ 个路流和圈流. 此外, 在寻找最优化流中, 路和圈在不少的算法中扮演着最基本的角色, 其中最优化性是涉及稍后要定义的度量.

3.1.2 剩余网络

剩余网络的概念曾被 Ford 和 Fulkerson 不经意地介绍过[246]. 设 x 是网络 $\mathcal{N}=(V,A,l,u,c)$ 的一个流, 定义从 i 到 j 的**剩余容量** (residual capacity) r_{ij} 为

$$r_{ij}=(u_{ij}-x_{ij})+(x_{ji}-l_{ji}). \tag{3.7}$$

关于流 x 的**剩余网络** (residual network) $\mathcal{N}(x)$ 定义为: $\mathcal{N}(x)=(V,A(x),\tilde{l}\equiv 0,r,c)$, 其中 $A(x)=\{ij:\ r_{ij}>0\}$. 于是, 剩余网络 $\mathcal{N}(x)$ 的费用函数与原来网络 $\mathcal{N}$ 的费用函数①相同, 且 $\mathcal{N}(x)$ 的所有下界均为零. 图 3.2 给出了剩余网络的一个例子.

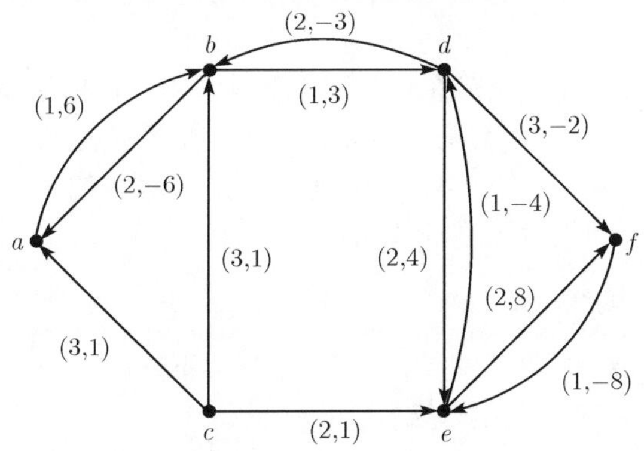

图 3.2 对应图 3.1 中的流的剩余网络 $\mathcal{N}(x)$. 每一条弧上的数据是 (r,c)

剩余网络的弧有一个较为自然的表示. 对 $ij\in A$, 若 $x_{ij}=5<7=u_{ij}$, 在每个单位费用 c_{ij} 上对弧 ij 给流 x 增加 2 个单位. 接着, 如果有 $l_{ij}=2$, 则可选择减少流 x, 给弧 ij 减少 3 个单位. 准确地, 这个减少的费用是每单位 $c_{ji}=-c_{ij}$. 注意, 沿弧 ij 流的减少可以被认作是沿剩余弧 ji 把流送进相反的方向, 然后删除.

① 这个定义不同于其他教科书的定义, 比如文献 [7]. 但是可以做到这点, 因为我们事先对 (3.2) 式作了假设.

3.2　网络模型的简约

本节的内容是说明能够限制所考虑网络的一般定义, 且仍然保持模型的一般性. 同时, 这里也将说明可以按照网络使用关于顶点上的下界、容量和费用来模型化网络, 而在前面的小节里, 所有的这些数据仅定义在网络的弧上.

3.2.1　消除下界

我们从以下容易观察到的结论来解释在一般的模型中所有下界为零的假定并不限制模型.

引理 3.2.1　设 $\mathcal{N}=(V,A,l,u,b,c)$ 是一个网络.

(a) 设对每一条弧 $ij\in A$, 有 $l_{ij}>0$. 网络 $\mathcal{N}'$ 是对网络 $\mathcal{N}$ 作了如下的变化后的结果: $b(j):=b(j)+l_{ij}$, $b(i):=b(i)-l_{ij}$, $u_{ij}:=u_{ij}-l_{ij}$ 和 $l_{ij}:=0$. 则网络 $\mathcal{N}$ 的每个可行流 x 对应网络 $\mathcal{N}'$ 的一个可行流 x', 反之亦真. 而且, 2 个流的费用满足 $c^Tx=c^Tx'+\sum_{ij\in A}l_{ij}c_{ij}$ ①.

(b) 存在所有下界为零的网络 $\mathcal{N}_{l\equiv 0}$, 使得 $\mathcal{N}$ 的每个可行流 x 对应 $\mathcal{N}_{l\equiv 0}$ 的一个可行流 x', 反之亦然. 特别地, 2 个流的费用满足 $c^Tx=c^Tx'+\sum_{ij\in A}l_{ij}c_{ij}$.

证明　(a) 留作习题 3.3. 因为可以消去下界, 对弧的数目运用数学归纳法, 即可由 (a) 证得 (b). □

非常有意义的是, 我们能够在 $O(n+m)$ 时间内利用网络 $\mathcal{N}$ 构造网络 $\mathcal{N}'$, 并在时间 $O(m)$ 内由流 x' 重新构造流 x. 因此, 在原先的网络中消去下界并重新构造一个流的时间是可以被忽略的, 这是因为关于网络的全体算法正好需要时间 $O(n+m)$ 以将整个网络输入到计算机中.

3.2.2　单源单收点网络

设 s,t 是网络 $\mathcal{N}=(V,A,l\equiv 0,u,c)$ 的 2 个不同的顶点. 一个 (s,t) **流** ((s,t) flow)) 是一个流 x, 对某非负实数 k, 流 x 满足:

$$b_x(v)=\begin{cases}k, & 若\ v=s;\\ -k, & 若\ v=t;\\ 0, & 其他.\end{cases}$$

(s,t) 流 x 的值记为 $|x|$, 或

$$|x|=b_x(s). \tag{3.8}$$

① 原文写为 $c^Tx=c^Tx'+l_{ij}c_{ij}$.—— 译者注

下面的引理 3.2.2 与引理 3.2.1 结合则能够说明仅使用 (s,t) 流就可以模型化每一件事, 只要这件事能够通过一般网络模型的流被模型化.

引理 3.2.2 给定网络 $\mathcal{N}=(V,A,l\equiv 0,u,b,c)$, 令 $M=\sum_{\{v:\ b(v)>0\}} b(v)$ ①. 可定义网络 $\mathcal{N}_{st}=(V\cup\{s,t\},A',l'\equiv 0,u',b',c')$, 其中

(a) $A'=A\cup\{sr:\ b(r)>0\}\cup\{rt:\ b(r)<0\}$.

(b) $u'_{ij}=u_{ij},\ ij\in A$; 对所有的 r, 有 $u_{sr}=b(r)$, 使得 $b(r)>0$; 对所有的 q, 有 $u_{qt}=-b(q)$, 使得 $b(q)<0$.

(c) $c'_{ij}=c_{ij},\ ij\in A$; 对离开 s 的每一条弧或进入 t 的每一条弧, 有 $c'=0$.

(d) $b'(v)=0,\ v\in V$; $b'(s)=M$ 和 $b'(t)=-M$.

那么, 网络 $\mathcal{N}$ 的每个可行流 x 对应网络 $\mathcal{N}_{st}$ 的一个可行流 x', 反之亦真. 此外, 2 个流的费用满足 $c^Tx=c'^Tx'$. 可参见图 3.3.

证明留作习题 3.4.

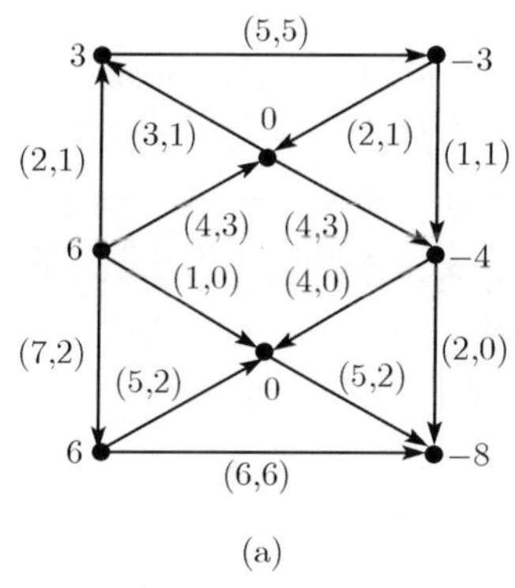

(a)

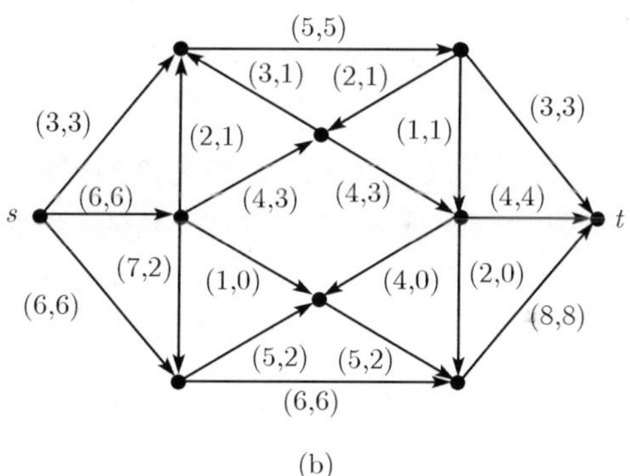

(b)

图 3.3

(a) 给出一个网络 $\mathcal{N}$, 它有一个可行流关联到指定在每个顶点上的平衡向量. 弧上的数据是 (容量, 流). 为简明起见, 省去了费用. (b) 给出引理 3.2.2 所定义的网络 $\mathcal{N}_{st}$ 及其一个可行流 x'

根据引理 3.2.2, 对于一个所有下界为零的网络 $\mathcal{N}$, 我们能够检查网络 $\mathcal{N}$ 中可行流的存在性. 利用构造相应的网络 $\mathcal{N}_{st}$, 并且检查这个网络是否有一个 (s,t) 流 x, 满足引理 3.2.2 中所定义的 $|x|=M$. 随后进行的工作是寻找 $\mathcal{N}_{st}$ 中的可行 (s,t) 流的一个最大值, 3.5~3.7 节将对这个问题再进行广泛深入地研究, 也可见定理 3.8.3.

3.2.3 循环

网络中的一个**循环** (circulation) 是一个流 x, 对于每一个顶点 $v\in V$, 总有 $b_x(v)=0$. 我们将下面的结论与引理 3.2.1 及引理 3.2.2 结合就能够说明模型化每

① 注意: 根据 (3.3) 式, 也有 $M=-\sum_{\{v:\ b(v)<0\}} b(v)$.

一件如此的事情, 在一般的 (流) 网络中可以用看起来较为严格的循环模型化它们. 要注意的是, 使用这个简约还不能够完全地确定下界 (习题 3.5).

引理 3.2.3　设 $\mathcal{N}=(V,A,l\equiv 0,u,b,c)$ 是一个具有不同顶点 s,t 的网络, 且对于每一个顶点 $v\in V-\{s,t\}$, 网络 $\mathcal{N}$ 的平衡向量 $b(v)=0$, 且存在某实数 $M\in\mathcal{R}_0$, 使得 $b(s)=M$ 和 $b(t)=-M$. 设 $\mathcal{N}^*=(V,A\cup\{ts\},l'',u'',c'')$ 是给 $\mathcal{N}$ 添加一条新弧 ts 而得到的网络, 且有下界 $l_{ts}=M$, 容量 $u_{ts}=M$ 和费用 $c''_{ts}=0$, 并保持原有弧的下界、容量和费用, 不给 $\mathcal{N}^*$ 的平衡向量加以限制. 则 $\mathcal{N}$ 中的每个可行流 x 对应 $\mathcal{N}^*$ 中的一个可行循环 x'', 反之亦真. 特别地, 2 个流的费用由方程 $c^Tx=c''^Tx''$ 所确定.

证明留作习题 3.5.

网络的循环概念是一个非常有用的工具, 尤其是对 3.11 节中介绍的有关 (有向) 图的 (有向) 子图问题的应用.

3.2.4　顶点上有费用及下界的网络

在一些流的应用中, 我们不是对弧上没有下界和容量不感兴趣, 而是不喜欢顶点上有下界和容量. 这样的例子是寻找一个圈子图, 它包含了某顶点集 X 的每一个顶点, 或其他可能的顶点 (参见 3.11 节). 另一个例子是寻找一个路因子, 它覆盖了有向图的全部顶点 (见 5.3 节). 按照标准网络的定义, 它的所有的函数除平衡向量外均是关于弧的. 我们将介绍如何模型化顶点上有下界、容量和费用 (也可能在弧上) 的网络. 先介绍一个非常有用的变换, 它可以将一个有向图转换到一个二部分有向图, 这个变换不仅仅用于解决这一节中的问题, 在本书的其他章节中也要用到它.

对给定的有向图 $D=(V,A)$, 我们来构造一个新有向图 D_{ST}, 对于每一个顶点 $v\in V$, 有向图 D_{ST} 包含 2 个顶点 v_s, v_t 和弧 v_tv_s, 且对于每一条弧 $xy\in A(D)$, 弧集 $A(D_{ST})$ 包含弧 x_sy_t, 参见图 3.4. 我们把 D_{ST} 叫做利用**顶点撕裂程序**从 D 构造的有向图.

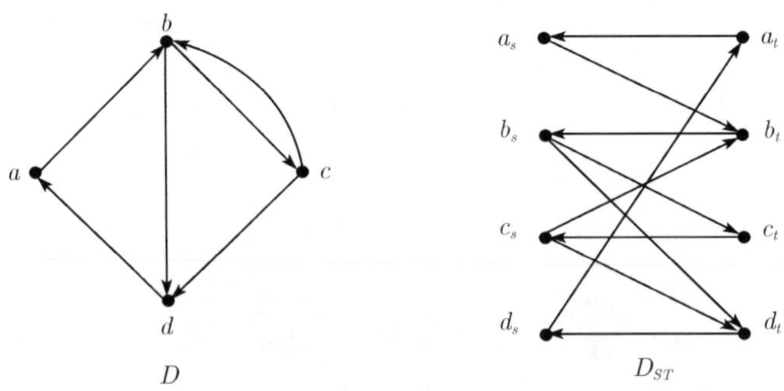

图 3.4　顶点撕裂程序

设 $\mathcal{N}=(V,A,l,u,b,c,l^*,u^*,c^*)$ 是一个网络, 它有预先指定的平衡向量 b、弧上的下界 l、容量 u 和费用 c (当没有这些特别规定时, 问题是容易被模型化的, 只要取 $l\equiv 0$, $u\equiv\infty$ 和 $c\equiv 0$), 还有顶点上的下界 l^*、容量 u^* 和费用 c^*. 如果需要精确度, 我们还需要定义这些新参数的意义. 在这样一个定义里有些自由性, 但是对于应用来说需要这样做, 使用这个定义就足够了. $l^*(v)$ 是最小的, $u^*(v)$ 是通过顶点 v 的流的最大量, 通过 v 传送如此单位流的费用是 $c^*(v)$. "通过" 意味着这样明显的事实, 即 $b(v)=0$. 如果 $b(v)>0$ (或者 $b(v)<0$), 就认为 $l^*(v)$, $u^*(v)$ 和 $c^*(v)$ 分别是关于流出 (或流进) 顶点 v 的流的每单位总量的界和费用.

令 D_{ST} 是对 $D=(V,A)$ 运用顶点撕裂程序后所得到的有向图. 给 D_{ST} 添加界、容量和费用之后就定义了一个新的网络 $\mathcal{N}'$:

(a) 对于每一条弧 i_sj_t (对应 A 的一条弧 ij), 规定 $h'(i_sj_t)=h(ij)$, 其中 $h\in\{l,u,c\}$.

(b) 对于每一条弧 i_ti_s (对应 V 的一个顶点 i), 则令 $h'(i_ti_s)=h^*(i)$, 其中 $h^*\in\{l^*,u^*,c^*\}$.

最后定义函数 b' 如下:

如果 $b(i)=0$, 则令 $b'(i_s)=b'(i_t)=0$;

如果 $b(i)>0$, 则令 $b'(i_t)=b(i)$ 和 $b'(i_s)=0$;

如果 $b(i)<0$, 则令 $b'(i_t)=0$ 和 $b'(i_s)=b(i)$.

图 3.5 给出了一个由 $\mathcal{N}$ 构造 $\mathcal{N}'$ 的例子, 不难证明如下的结论:

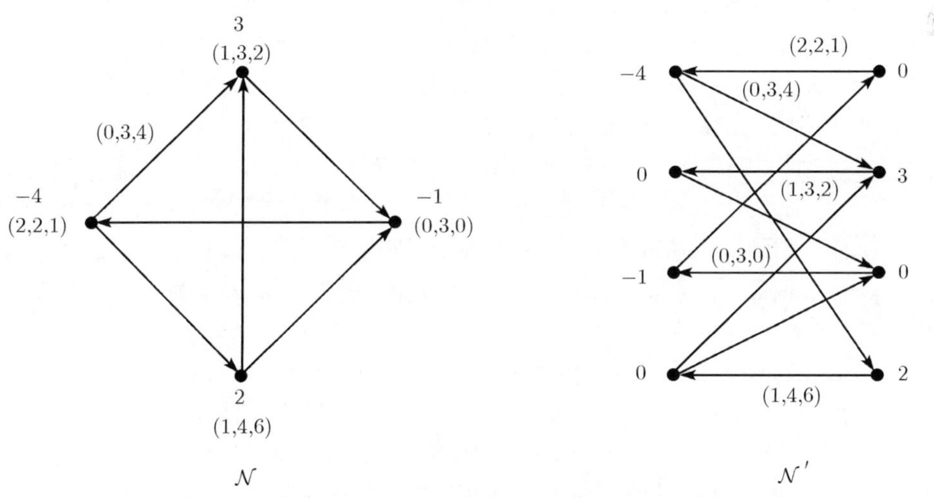

图 3.5 由 $\mathcal{N}$ 构造 $\mathcal{N}'$, 所有数据是平衡向量和 (l,u,c)

为简便起见, 仅对 $\mathcal{N}$ 的弧有费用和界的描述

引理 3.2.4 网络 $\mathcal{N}$ 和 网络 $\mathcal{N}'$ 是如上所描述定义的, 则 $\mathcal{N}$ 中的每个可行

流对应 $\mathcal{N}'=(V(D_{ST}),A(D_{ST}),l',u',b',c')$ 中的一个可行流, 反之亦真. 此外, 2 个流的费用是相等的.

证明留作习题 3.6.

3.3 流 分 解

本节主要考虑基于有向图 $D=(V,A)$ 的网络 $\mathcal{N}=(V,A,l\equiv 0,u)$. 网络 $\mathcal{N}$ 中的一条路和一个圈就是指 D 的一条有向路和一个有向圈. 我们要说明网络中的每个流可以被分解为同一个网络的几个较为简单的流, 除了它是一个非常好的数学结果外, 在后面的章节中就能够很清楚地看到它也是一个非常重要的算法过程.

沿网络 $\mathcal{N}$ 的一条路 P 的**路流** (path flow) $f(P)$ 是具这样性质的流: 存在实数 $k\in\mathcal{R}_0$, 若 ij 是 P 的一条弧, 有 $f(P)_{ij}=k$; 否则, $f(P)_{ij}=0$. 类似地, 可以定义 $\mathcal{N}$ 的任何圈 W 上的**圈流** (cycle flow) $f(W)$. 2 个流 x, x' 的**弧和** (arc sum) 就是简单地将 2 个流的弧两两相加, 记为 $x+x'$.

定理 3.3.1 网络 $\mathcal{N}$ 的每个流可以被表示成几个路流 $f(P_1),f(P_2),\cdots,f(P_\alpha)$ 和圈流 $f(C_1),f(C_2),\cdots,f(C_\beta)$ 的弧和, 且具有如下的性质:

(a) 每一条有向路 P_i $(1\leqslant i\leqslant\alpha)$ 具有正流, 且连通一个源到一个收点.

(b) $\alpha+\beta\leqslant n+m$ 和 $\beta\leqslant m$.

证明 设 x 是 $\mathcal{N}$ 的一个非零流. 假定有某顶点 $i_0\in V$, 使得 $b_x(i_0)>0$. 根据 (3.5) 式, 则有一条离开 i_0 的弧 i_0i_1, 使得 $x_{i_0i_1}>0$. 如果 $b_x(i_1)<0$, 则已经找到一条从 i_0 到收点 i_1 的路. 不然的话, 则有 $b_x(i_1)\geqslant 0$, 根据 (3.5) 式和 $x_{i_0i_1}>0$, 必有一条离开 i_1 的弧 i_1i_2, 使得 $x_{i_1i_2}>0$. 如此进行下去, 就可以找到一条从 i_0 到 i_k 的路 P, 使得 x 在 P 的每条弧上是正的, 或者先前检查过的某顶点在第二次就必定达到. 在后面的情形中, 则能够探测到一个圈 $C=i_ri_{r+1}\cdots i_{p-1}i_pi_r$, 使得 x 在 C 的每一条弧上是正的. 下面改变流 x:

(i) 若探测到一条从 i_0 到收点 i_k 的路 P, 则令 $\delta=\min\{x_{i_qi_{q+1}}: i_qi_{q+1}\in A(P)\}$, 定义 $\mu=\min\{b_x(i_0),-b_x(i_k),\delta\}$. 设 $f(P)$ 是沿 P 的值为 μ 的路流. 在 P 上流 x 减少了 μ 个单位.

(ii) 在 (i) 不成立的情况下, 则探测到一个圈 C, 定义 $\mu=\min\{x_{i_qi_{q+1}}: i_qi_{q+1}\in A(C)\}$, 并设 $f(C)$ 是沿 C 值为 μ 的圈流. 在圈 C 上流 x 减少了 μ 个单位.

在进行上述改变之后, 若没有弧运载正流, 证明完成. 不然的话, 继续进行上述过程. 如果在流 x 等同到零之前每一个顶点 v 关于当前流是平衡的 (即 $b_x(v)=0$), 则从一个顶点 i_0 开始, 它有弧 i_0i_1, 且具有正流 $x_{i_0i_1}>0$. 在此, 仅从上面所描述的子过程中提取出圈流.

在这些重复迭代的每一步中, 要么产生一个顶点关于当前流变成平衡的, 要么

一条弧 ij 丢失它的全部流, x_{ij} 变为零, 即从当前流提取一条路流或一条圈流, 重复的总次数最多为 $n+m$. 根据上述讨论以及 (a), 证得 (b) 的第一部分. (b) 的第二部分可由每次提取一个圈流至少有一条弧丢失了流的事实证得. □

上面定理的证明提供了一个算法, 如果使用 DFS 来寻找下一个路流或要提取的圈流, 可在时间 $O(m^2)$ 内寻找到如此的一个分解. 然而, 如果使用一个合适的数据结构和一个较小的情形, 则可以改进这个复杂性.

引理 3.3.2 已知 x 是 $\mathcal{N}$ 的任意一个流, 则可在时间 $O(nm)$ 内将它分解为至多 $n+m$ 条路流和圈流, 其中至多有 m 个圈流.

证明留作习题 3.7.

下面有用的结论是定理 3.3.1 的一个推论.

推论 3.3.3 一个网络 $\mathcal{N}$ 中的每一个循环可以被分解为不多于 m 个圈流.

3.4 讨论剩余网络

设 $\mathcal{N}$ 是一个网络, x 和 x' 是它的 2 个流. 我们自然要问：这 2 个流之间有什么关系呢? 显然, 可以沿每条弧适当地进行变换, 就可以从一个流得到另一条流. 但是, 在下面读者将会看到非常多而有意义的关系被揭示出来. 如果 x 是网络 $\mathcal{N}$ 的一个可行流, x' 是网络 $\mathcal{N}$ 的另一个可行流, 则能够用 x 和剩余网络 $\mathcal{N}(x)$ 的某可行流表示 x'. 另一方面, x 是 $\mathcal{N}$ 中可行的流, y 是 $\mathcal{N}(x)$ 中可行的流, 则可把 y "加到" x 上形成 $\mathcal{N}$ 的一个新可行流. 这 2 个性质指出：为了研究网络 $\mathcal{N}$ 中的流, 只要找到它的一个可行流 x, 然后在剩余网络 $\mathcal{N}(x)$ 上进行工作就可以了. 所以, 我们在以下的讨论中总假定所有下界为零, 根据在 3.2 节中的结论, 这种限制并不限定我们的模型化能力.

第一个引理将给出：如果 x 是 $\mathcal{N}=(V,A,l\equiv 0,u,b,c)$ 的一个可行流, $\tilde{x}$ 是 $\mathcal{N}(x)$ 的一个可行流, 则可以把 $\tilde{x}$ **加**到 x 上, 从而得到 $\mathcal{N}$ 的一个新流. 这里的 "相加" 是指每条弧上的 2 个流值相加. 在下面给出表示定义, 假定是在处理纯净流.

定义 3.4.1 设 x 是 $\mathcal{N}=(V,A,l\equiv 0,u,c)$ 的一个可行流, $\tilde{x}$ 是 $\mathcal{N}(x)$ 中的一个可行流, 定义流 $x^*=x\oplus\tilde{x}$ 如下：对于每一条弧 $ij\in A$, 先令 $x^*_{ij}:=x_{ij}$, 然后对 $\mathcal{N}(x)$ 的每条弧 ij, 有 $\tilde{x}_{ij}>0$, 调整 x^* 如下 (见图 3.6)：

(a) 如果 $x_{ji}=0$, 则令 $x^*_{ij}:=x_{ij}+\tilde{x}_{ij}$.

(b) 如果 $x_{ij}=0$ 且 $x_{ji}<\tilde{x}_{ij}$, 则令 $x^*_{ij}:=\tilde{x}_{ij}-x_{ji}$ 和 $x^*_{ji}:=0$.

(c) 如果 $x_{ji}\geqslant\tilde{x}_{ij}$, 则令 $x^*_{ji}:=x_{ji}-\tilde{x}_{ij}$.

注意, 根据 (3.7) 式, 如果 $0<x_{ji}<\tilde{x}_{ij}$, 则有 $ij\in A$. 应用 x 是纯净流, 容易验证所得到的流 x^* 也是一个纯净流.

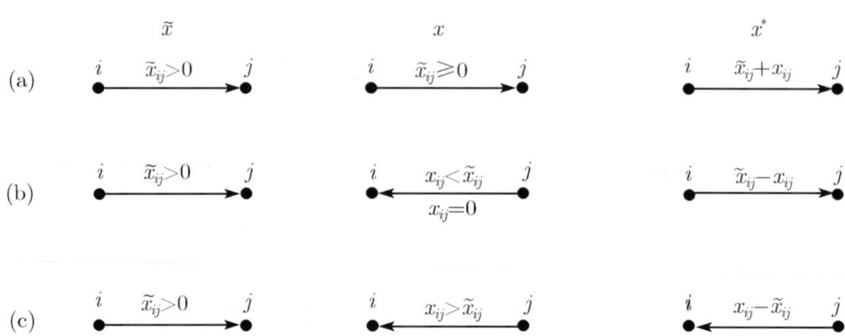

图 3.6 定义 3.4.1 中的三种不同情形

3 个列分别表示 3 个流 $\tilde{x}$, x 和 x^*, 展示 i 和 j 之间的一条弧, 除在这条弧所对应的流是零外

定理 3.4.2 设 x 是网络 $\mathcal{N}=(V,A,l\equiv 0,u,c)$ 是一个可行流, 且有一个平衡向量 b_x; $\tilde{x}$ 是 $\mathcal{N}(x)=(V,A(x),r,c)$ 的一个可行流及其平衡向量 $b_{\tilde{x}}$. 则 $x^*=x\oplus\tilde{x}$ 是具有平衡向量 $b_x+b_{\tilde{x}}$ 的网络 $\mathcal{N}$ 的可行流, 且 x^* 的费用满足 $c^Tx^*=c^Tx+c^T\tilde{x}$.

证明 首先证明不等式 $0\leqslant x^*_{ij}\leqslant u_{ij}$ 对于每一条弧 $ij\in A$ 成立. 从设置 $x^*_{ij}:=x_{ij}\ (ij\in A)$ 开始构造流 x^*. 因此, 考虑那些使得 $\tilde{x}_{ij}>0$ 的对 (i,j). 分别考虑定义 3.4.1 中的 (a)~(c) 三种情形. 在情形 (a) 中, 有 $x^*_{ji}=0$ 以及由 $x_{ji}=0$, 得

$$0<x^*_{ij}=x_{ij}+\tilde{x}_{ij}\leqslant x_{ij}+r_{ij}=x_{ij}+(u_{ij}-x_{ij}+x_{ji})=u_{ij}.$$

在情形 (b) 中, 将有 $x^*_{ji}=0$, 又因情形 (b) 中 $x_{ij}=0$ 的假设, 则有

$$0\leqslant x^*_{ij}=\tilde{x}_{ij}-x_{ji}\leqslant r_{ij}-x_{ji}=(u_{ij}-x_{ij}+x_{ji})-x_{ji}=u_{ij}.$$

在情形 (c) 中, 容易得到 $x^*_{ij}=0$ 以及 $0\leqslant x^*_{ji}<u_{ji}$.

现在考察所得到的流 x^* 的平衡向量. 欲证 x^* 的平衡向量满足 $b_{x^*}=b_x+b_{\tilde{x}}$, 也就是说, 对于每一个顶点 $i\in V$, 有

$$b_{x^*}(i)=\sum_{ij\in A}x^*_{ij}-\sum_{ji\in A}x^*_{ji}=b_x(i)+b_{\tilde{x}}(i). \tag{3.9}$$

它可以直接由关于 x 和 $\tilde{x}$ 的平衡表达式的定义证得. 然而, 这个方法过于冗长, 应用定理 3.3.1, 则可以有一个归纳式的证明. 如果 $\tilde{x}$ 恰是 $\mathcal{N}(x)$ 的一个圈流, 容易看到 x^* 的平衡向量等于 x 的平衡向量 (习题 3.12). 类似地, 如果 $\tilde{x}$ 恰是沿一条 (p,q) 路 P 值为 δ 的路流, 则对 P 的内部顶点 v, 或不在 P 上的顶点 v 来说, 有 $b_{x^*}(v)=b_x(v)$, 对不同的顶点 $p,q\in V$, 有 $b_{x^*}(p)=b_x(p)+\delta$, $b_{x^*}(q)=b_x(q)-\delta$. 在一般情形中, 当 $\tilde{x}$ 既不是 $\mathcal{N}(x)$ 的路流也不是圈流, 则由定理 3.3.1, 我们可以考虑关于流 x^* 的一个路流和圈流的分解. 应用上面的结论和定理 3.3.1 (隐含在一个分

解中, 加上所有路和圈的平衡向量之后, 就得到 $\tilde{x}$ 的平衡向量), 对分解中路和圈的数目采用数学归纳法即可证得 (3.9) 式.

使用相同于上面的方法, x^* 的费用是由 $c^Tx^* = c^Tx + c^T\tilde{x}$ 所确定, 此证明留作习题 3.12. □

下面的定理给出一个网络中 2 个可行流的差可以被表示为关于这 2 个流之一的剩余网络中的一个可行流.

定理 3.4.3 设 $\mathcal{N} = (V, A, l \equiv 0, u, c)$ 是一个网络, x 和 x' 是 $\mathcal{N}$ 的可行纯净流, 且分别具有平衡向量 b_x 和 $b_{x'}$. 则存在 $\mathcal{N}(x)$ 的一个可行流 $\tilde{x}$, 它具有平衡向量 $b_{\tilde{x}} = b_{x'} - b_x$, 使得 $x' = x \oplus \tilde{x}$. 此外, 这 3 个流的费用满足 $c^T\tilde{x} = c^Tx' - c^Tx$.

证明 设 x 和 x' 分别是网络 $\mathcal{N} = (V, A, l \equiv 0, u, c)$ 的可行纯净流, 我们定义剩余网络 $\mathcal{N}(x)$ 的一个流 $\tilde{x}$. 对于每一条弧 $pq \in \mathcal{N}(x)$, 令 $\tilde{x}_{pq} := 0$, 则对弧 $ij \in A$, 使 $x_{ij} > 0$ 或 ${x'}_{ij} > 0$ 成立; 再调整 $\tilde{x}$ 如下:

(a) 若 $x_{ij} > {x'}_{ij}$, 则 $\tilde{x}_{ji} := x_{ij} - {x'}_{ij} + {x'}_{ji}$.

(b) 若 ${x'}_{ij} > x_{ij}$, 则 $\tilde{x}_{ij} := {x'}_{ij} - x_{ij} + x_{ji}$.

因为 x 和 x' 均是 $\mathcal{N}$ 的可行纯净流, 则可证得 $\tilde{x}$ 也是 $\mathcal{N}(x)$ 的可行纯净流 (习题 3.13). 根据定义 3.4.1, 有 $x' = x \oplus \tilde{x}$. 所以, 最后 2 个关于平衡向量和费用的断言可由定理 3.4.2 证得. □

下面的结论是定理 3.4.3 和推论 3.3.3 的一个推论, 在 3.10 节中将利用它来研究最小费用流.

推论 3.4.4 设 x 和 x' 分别是网络 $\mathcal{N} = (V, A, l \equiv 0, u, c)$ 的可行流, 且有 $b_x = b_{x'}$. 则在剩余网络 $\mathcal{N}(x)$ 中至多存在 k 个圈 $W_1, W_2, \cdots, W_k$ 及其圈流 $f(W_1), f(W_2), \cdots, f(W_k)$, 使得下列式子成立:

(a) $x' = x \oplus \left[\sum_{i=1}^{k} f(W_i)\right] = (\cdots((x \oplus f(W_1) \oplus f(W_2)) \oplus \cdots) \oplus f(W_k)$.

(b) $c^Tx' = x^Tx + \sum_{i=1}^{k} c^Tf(W_i)$.

3.5 最大流问题

本节和下一节均讨论所有下界为零的网络中的 (s, t) 流, 也就是考虑形如 $\mathcal{N} = (V, A, l \equiv 0, u)$ 的网络, 其中 s 和 t 是 V 的 2 个特殊顶点. 我们主要关注具有 $b_x(s) = -b_x(t)$ 的流 x, 以及对任何顶点 $v \in V - \{s, t\}$, 有 $b_x(v) = 0$. 所以, 称顶点 s 为网络 $\mathcal{N}$ 的**源** (source), 顶点 t 为网络 $\mathcal{N}$ 的**收点** (sink). 根据定理 3.3.1, 每一个 (s, t) 流 x 可以被分解为若干条沿 (s, t) 路的路流和若干个圈流. 由于圈流的值并不影响流 x 的值, 基于这种观点, 称 x 是从 s 到 t 的**流**.

依据 (3.8) 式, 一个 (s,t) 流 x 的值是 $|x| = b_x(s)$. 有意义的工作是确定一个最大值 k, 使得 $\mathcal{N}$ 有一个值为 k 的可行 (s,t) 流①, 这个流叫做 $\mathcal{N}$ 的**最大流** (maximum flow). 在一个网络中寻找一条从 s 到 t 的最大流问题就是著名的**最大流问题** (maximum flow problem)[246], 其中 s 是该网络的源, t 是网络的收点.

一个 (s,t)**割** (cut) 是一个形如 $(S,\overline{S})$ 的弧集合, 其中 S 和 $\overline{S}$ 形成 V 的一个顶点集划分, 使得 $s \in S$ 和 $t \in \overline{S}$. 一个 (s,t) 割 $(S,\overline{S})$ 的容量是一个实数 $u(S,\overline{S})$, 也就是那些尾在 S 中的弧的容量之和 (参见 (3.4) 式). 这种类型的割关联到最大流问题是非常重要的, 在下面的结论中就可以看到这一点.

引理 3.5.1 对于每一个 (s,t) 割 $(S,\overline{S})$ 和每一个 (s,t) 流 x, 总有

$$|x| = x(S,\overline{S}) - x(\overline{S},S). \tag{3.10}$$

证明 根据 $|x|$ 的定义, 且对于每一个顶点 $v \in S - s$, 有 $b_x(v) = 0$, 故

$$\begin{aligned}|x| &= b_x(s) + \sum_{i\in S-s} b_x(i) = \sum_{i\in S}\left(\sum_{ij\in A} x_{ij} - \sum_{ji\in A} x_{ji}\right)\\ &= x(S,V) - x(V,S) = x(S,S) + x(S,\overline{S}) - x(\overline{S},S) - x(S,S)\\ &= x(S,\overline{S}) - x(\overline{S},S).\end{aligned}$$

这里使用了 (3.4) 式. □

因为一个可行流 x 满足 $x \leqslant u$, 则对于每一个 (s,t) 割 $(S,\overline{S})$, 每个可行 (s,t) 流必须满足:

$$x(S,\overline{S}) \leqslant u(S,\overline{S}). \tag{3.11}$$

一个**最小** (s,t) **割**$(S,\overline{S})$ 满足:

$$u(S,\overline{S}) = \min\{u(S',\overline{S'}) : (S',\overline{S'}) \text{ 是网络 } \mathcal{N} \text{ 的一个 } (s,t)\text{割}\}.$$

依据 (3.11) 式和引理 3.5.1, 任何一个 (s,t) 割的容量为网络中可行流 x 的值 $|x|$ 提供了一个上界, 于是有如下的结论.

引理 3.5.2 如果流 x 对某 (s,t) 割有值 $|x| = u(S,\overline{S})$, 则有 $x(S,\overline{S}) = 0$, 并且 x 是一个最大 (s,t) 流, $(S,\overline{S})$ 是一个最小 (s,t) 割.

设 x 是网络 $\mathcal{N}$ 的一个 (s,t) 流, P 是网络 $\mathcal{N}(x)$ 的一条 (s,t) 路, 使对 P 的每一条弧 ij, 有 $r_{ij} \geqslant \varepsilon > 0$. 设 x'' 是 $\mathcal{N}(x)$ 中的值为 ε 的 (s,t) 路流, 它沿路 P 送出 ε 个单位的流. 根据定理 3.4.2, 可以得到 $\mathcal{N}$ 的一个值为 $|x| + \varepsilon$ 的新流

① 根据 $l \equiv 0$ 的假定, 网络 $\mathcal{N}$ 总含有一个可行流.

$x' = x \oplus x''$, 可见 x 不是 $\mathcal{N}$ 的最大流. 我们称上面提到的路 P 为关于流 x 的**增广路** (augmenting path), 增广路 P 的容量为

$$\delta(P) = \min\{r_{ij}: \ ij \text{ 是 } P \text{ 的一条弧}\}. \tag{3.12}$$

如果路 P 上的弧 ij 满足 $x_{ij} < u_{ij}$, 则称弧 ij 为路 P 的**向前弧** (forward arc), 如果有 $x_{ji} > 0$, 则称弧 ij 为 P 的**向后弧** (backward arc).

当把路流 x'' “添加” 到 x 上, 按照定义 3.4.1, 则说沿路 P 增加了 ε 个单位. 根据 $\delta(P)$ 的定义和定理 3.4.2, 利用 $\delta(P)$ 是最大值, 可以沿 P 增广 x, 直到获得 $\mathcal{N}$ 的一条可行流.

至此, 上述的准备工作可以使我们来证明如下的基本定理, 它是著名的 Ford-Fulkerson 最大 (s,t) 流最小 (s,t) 割的定理.

定理 3.5.3(最大流最小割定理)[246] 设 $\mathcal{N} = (V, A, l \equiv 0, u)$ 是一个源为 s 收点为 t 的网络. 关于 $\mathcal{N}$ 中的每个可行 (s,t) 流 x, 有下列相互等价的陈述:

(a) 流 x 是一个最大 (s,t) 流.

(b) $\mathcal{N}(x)$ 中不存在一条 (s,t) 路.

(c) 存在一个 (s,t) 割 $(S,\overline{S})$, 使得 $|x| = u(S,\overline{S})$.

证明 我们要进行的推证过程为 (a) $\Rightarrow$ (b) $\Rightarrow$ (c) $\Rightarrow$ (a).

(a) $\Rightarrow$ (b) 设 x 是 $\mathcal{N}$ 的一个最大流, 再假定 $\mathcal{N}(x)$ 包含一条 (s,t) 路 P, 令 P 的容量为 $\delta(P) > 0$. 设 x' 是 $\mathcal{N}(x)$ 中 (s,t) 路流, x' 沿 P 送出 $\delta(P)$ 个单位的流. 根据定理 3.4.2, $x \oplus x'$ 是 $\mathcal{N}$ 中一条值为 $|x| + \delta(P)$ $(> |x|)$ 的可行流, 可见 x 不是最大流, 矛盾, 从而证得断言 (b).

(b) $\Rightarrow$ (c) 假定 $\mathcal{N}(x)$ 中不存在 (s,t) 路. 令

$$S = \{y \in V: \ \mathcal{N}(x) \text{ 包含一条 } (s,y) \text{ 路}\}.$$

S 的定义说明 $\mathcal{N}(x)$ 中没有从 S 到 $\overline{S}$ 的弧. 于是, 由 $\mathcal{N}(x)$ 的定义可得: 对于每一条弧 $ij \in (\overline{S}, S)$, 有 $x_{ij} = u_{ij}$; 对于每一条弧 $ij \in (\overline{S}, S)$, 有 $x_{ij} = 0$ (见图 3.7). 这说明 $|x| = x(S,\overline{S}) - x(\overline{S},S) = u(S,\overline{S}) - 0 = u(S,\overline{S})$, 这已证得断言 (c).

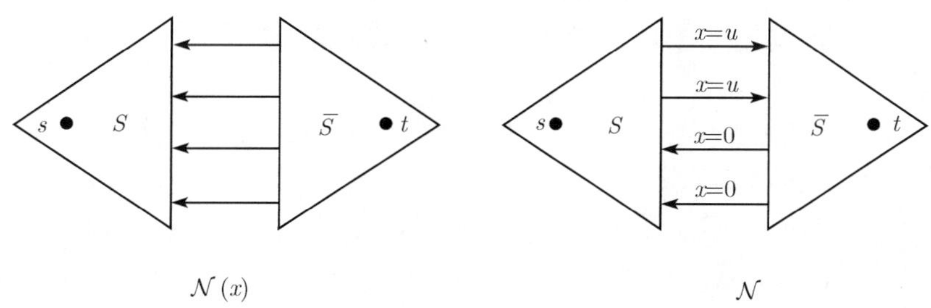

图 3.7 解释 (b) $\Rightarrow$ (c), 集合 S 由 $\mathcal{N}(x)$ 中可从 S 达到的顶点构成

左边的部分揭示了在剩余网络中的情形, 其中有 $\overline{S} \Rightarrow S$, 右边的部分是 $\mathcal{N}$ 中与之相对应的情形

(c) ⇒ (a) 由引理 3.5.2 可直接证得结论. □

3.5.1 Ford-Fullkerson 算法

定理 3.5.3 的证明为在所有下界为零的网络中寻找一条最大 (s,t) 流提供了一个简洁的算法. 从 $x \equiv 0$ 开始. 因对于每一条弧 $ij \in A$, 有 $0 = l_{ij} \leqslant u_{ij}$, 这是一个可行流. 尝试在 $\mathcal{N}(x)$ 中寻找一条 (s,t) 路 P. 如果这样的路 P 存在, 则沿路 P 给流 x 增广 $\delta(P)$ 个单位. 如此进行下去, 直到 $\mathcal{N}(x)$ 中没有 (s,t) 路, 其中 x 是当前流. 这个方法是 Ford 和 Fulkerson 发现的[246], 通常称为 **Ford-Fulkerson 算法**.

严格地说, 如果不验证如何搜寻一条增广 (s,t) 路, 这的确不是一个算法. 可以证明 (见习题 3.1), 当容量允许取非有理数值时, 没有选择增广路 (而不是沿当前的路尽可能大的去增广) 的限制. 那么, 上面的过程可以不确定地连续进行, 甚至不会收敛到一个最大流的准确值 (习题 3.17). 而在现实应用中, 这个问题是不会发生的, 这是因为表现在计算机中的数是实数的有理逼近, 从而算法必定会终止 (习题 3.18).

定理 3.5.4 若网络 $\mathcal{N} = (V, A, l \equiv 0, u)$ 具有整数容量, 则 Ford-Fulkerson 算法在时间 $O(m|x^*|)$ 内能够找到一条最大 (s,t) 流, 其中 x^* 是 $\mathcal{N}$ 的一条最大 (s,t) 流.

证明 下面的过程叫做**标号算法** (labelling algorithm). 如果存在一条增广路, 该算法可在剩余网络 $\mathcal{N}(x)$ 中于时间 $O(n+m)$ 内可找到这条增广路①. 除 s 外, 该算法在其余未被标号、也未被扫描过的顶点上开始. 在一般的步骤中, 将选择一个标定但未被扫描过的顶点 v, 然后给 v 的那些未标号的出邻点标号 (按向后指针给出标号一个顶点的位置) 过程里扫描它的全体出邻点. 如果 t 被这种方法标定, 则过程停止, 我们找到一条由向后指针所决定的增广路. 如果全部顶点扫描完, 但 t 未被标号, 则过程停止. 设 S 为全部标定顶点之集, $\overline{S} = V - S$ 为 S 的补集, 它们对应了网络的一个最小 (s,t) 割 $(S, \overline{S})$ (参见定理 3.5.3 的证明).

注意, 每次沿一条增广路将当前流的值至少增广了 1, 这是因为剩余网络中的容量全部为整数 (在第一次重复迭代中是成立的, 可以用数学归纳法来建立有关算法的其余的重复迭代). 因而, 上述关于一条路的搜索不会多于 $|x^*|$ 次重复迭代, 复杂性得证. □

定理 3.5.4 中的算法在实际当中所花费的时间估计是令人泄气的, 我们来看图 3.8 中的网络, 那里特别指定了一系列的增广路. 熟悉流知识的读者可以看到我们的例子不同于那些介绍流的书中的例子, 关于这一点其原因是如果把 Ford-Fulkerson 算法精确地表达成它在文献 [246, 第 18 页] 中所描述的形式 (参见定理 3.5.4 的证

① 也可使用路来寻找算法, 例如 BFS 和 DFS, 但是原始的算法归功于 Ford-Fulkerson, 仅仅使用了一般标号方式, 读者也可参见 3.6 节.

明), 则该算法对常规的例子不会较差的表现, 关于图 3.8 中的例子, 它的表现仍然令人沮丧.

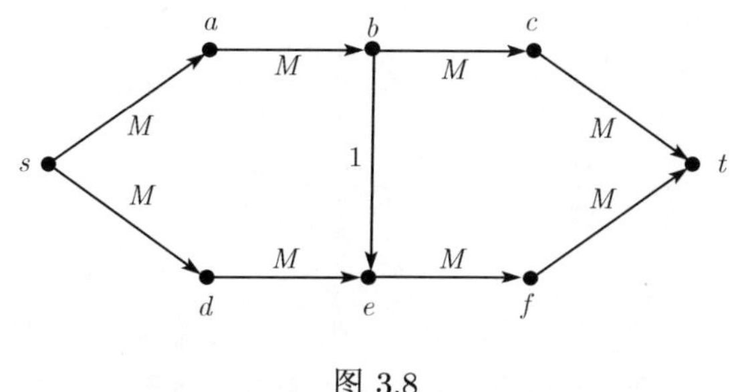

图 3.8

对于 Ford-Fulkerson 算法来说, 这可能是一个坏的网络, 其中字母 M 代表一个很大的整数. 如果选择形如 $sabeft$ 的增广路, 经过奇数次重复迭代增广容量 1. 选择形如 $sdebct$ 的增广路, 经过偶数次重复迭代增广容量 1, 经过 $2M$ 次增广就找到值为 $2M$ 的最大流 x. 显然, 用取代第一次沿 $sabct$ 增广, 而是沿 $sdeft$ 增广, 每次增广 M 个单位, 只要经过 2 次增广就可找到一条最大流

图 3.8 中的网络含值为 $2M$ 的最大流, 这说明 Ford-Fulkerson 算法的复杂性没有被界于一个输入规模的多项式 (在第 1 章中, 假定用双记号表示数字) 内. 值得注意的是定理 3.5.4 隐含: 若所有的容量是较小的整数, 那么由于它的简单性, 我们得到一个快速且易执行的算法. 下面的结论虽然简单, 却是定理 3.5.3 的一个重要推论.

定理 3.5.5(最大 (s,t) 流的整定理)[246] 设 $\mathcal{N}=(V,A,l\equiv 0,u)$ 是源为 s 收点为 t 的网络. 如果所有的容量是整数, 则 $\mathcal{N}$ 中存在一个最大整值 (s,t) 流.

证明 按照对 Ford-Fulkerson 算法的描述进行证明. 从 $x\equiv 0$ 开始, 每次加一条值为 $\delta(P)\in\mathcal{Z}_+$ 的整数值路流来增广流, 所以新的 (s,t) 流也是整的. 根据所有的容量是整数, 在有限次步骤之后, 就得到一个最大流 (根据引理 3.5.1, $|x|$ 不超过任何割的容量). 现在关于找到最大流所需增广的数目应用数学归纳法就能够证明定理的结论. □

网络 $\mathcal{N}$ 的一个 (s,t) 流是**最高的**, 如果 $\mathcal{N}$ 中的每一条 (s,t) 路至少使用一条弧 pq, 使得 $x_{pq}=u_{pq}$ (如此的弧也叫做**饱和弧** (saturated arc)). 也就是说, 要么 x 是最大流, 要么沿 P 增广后所得新流 x', 且对某弧 ij, 有 $x'_{ij}<x_{ij}$①. 这等价于这样的说法: 当 P 被看成是 $\mathcal{N}$ 中的一条定向的路时, 关于 x 的每一条增广路至少包含一条向后弧. 重要的是区分最高流和最大流. 一个 (s,t) 流是最高的, 如果它是最大值的, 或者将它增广到一个具有较高值的流, 因而在某些弧上必须简化流, 见图 3.9.

① 注意, 我们总是在纯净流上工作.

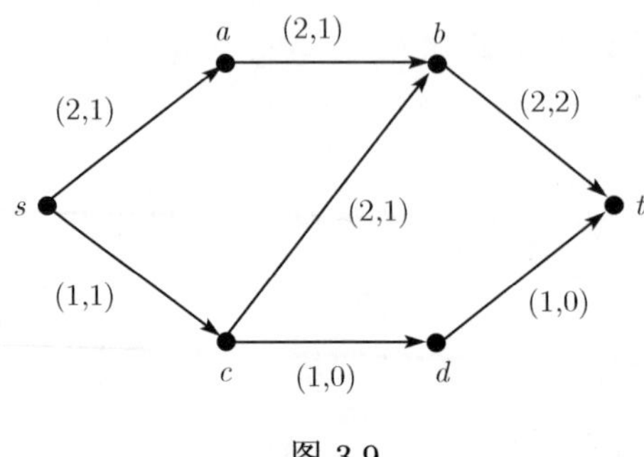

图 3.9

当 $P = sabcdt$ 是 $\mathcal{N}(x)$ 的一条 (s, t) 路时, 网络 $\mathcal{N}$ 的流 x 是最高的, 但不是最大的. 注意到弧 bc 是 P 的一个向后弧. 每条弧上的数据是 (容量, 流)

3.5.2　最大流与线性规划

现在暂时要离开主题转而对最大流和线性规划之间的关系做些解释. 首先可观察到 (具有所有下界为零) 最大流问题等价于如下的线性规划问题:

$$\max \quad k,$$

$$\text{s.t.} \quad b_x(v) = \begin{cases} k, & \text{若 } v = s; \\ -k, & \text{若 } v = t; \\ 0, & \text{其他}. \end{cases}$$

$$0 \leqslant x_{ij} \leqslant u_{ij}, \ \forall \ ij \in A.$$

定义这个线性规划的限制条件矩阵 T 为 $T = [{S \atop I}]$, 其中 S 是网络的底有向图的顶点弧关联矩阵①, I 是 $m \times m$ 阶单位阵. 矩阵 S 具有这样的性质: 每列只有一个 "+1" 和一个 "−1". 这说明 S 是**全一致模** (totally unimodular), 即 S 的每个方块子矩阵有行列式 $0, 1$ 或 -1[166]. 则由习题 3.19, 矩阵 T 也是全一致模的. 所以, 立即由 Hoffmann-Kruskal 的全一致模性的特征可证得关于最大流的整定理 (定理 3.5.5)[166].

因为最大流问题恰好是一个线性规划问题, 借助解一般线性规划问题的方法总能够找到一个最大流. 特别地, 当网络的全体容量皆为整数时, 根据 T 的全一致模性, **单纯形算法** (simplex algorithm) 总能返回一个整值最大流. 然而, 归因于问题的特定自然性, 在探索流问题结构时, 可以发现更多而有效的算法. 最后需说明的是最大流最小割定理可以由线性规划的对偶定理证得[600].

① 有向图 $D = (V, A)$ 的一个**顶点弧关联矩阵** (vertex-arc incidence matrix) $S = [s_{ij}]$ 具有 V 中顶点的标定的行和 A 中弧所标定的列: 如果顶点 v_i 是弧 a_j 的尾, 元素 $s_{v_i,a_j} = 1$; 若 v_i 是 a_j 的头, 则 $s_{v_i,a_j} = -1$. 否则, $s_{v_i,a_j} = 0$.

3.6 寻找最大 (s,t) 流的多项式算法

我们可以用各种方法调整 Ford-Fulkerson 算法以确保它成为一个多项式算法, 下面介绍 2 种 (见习题 3.25 和 3.26). 之后, 我们要描述一种不同的方法, 而不是即时地依照一条路增广流. 最初的 2 个小节需要用到以下定义.

定义 3.6.1 一个**分层网络** (layered network) 是具有下列性质的网络 $\mathcal{N}=(V,A,l\equiv 0,u)$:

(a) 存在 V 的一个划分 $V=\bigcup_{i=0}^{k+1}V_i$, 其中 $V_0=\{s\}$ 和 $V_{k+1}=\{t\}$.

(b) A 中的每一条弧是从某一层 V_i 到下一层 V_{i+1} $(0\leqslant i\leqslant k)$.

图 3.10 给出了一个分层网络的例子.

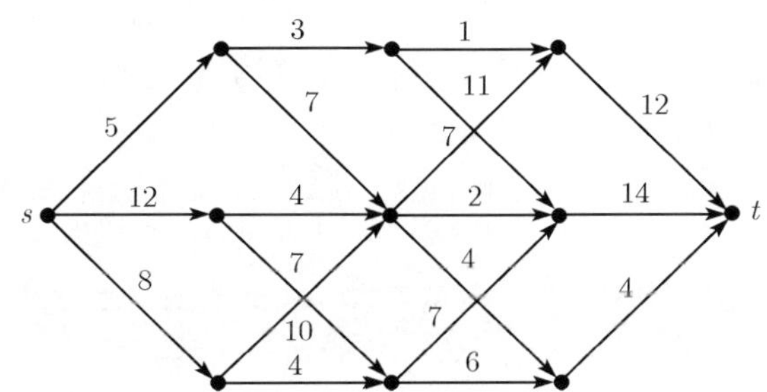

图 3.10 一个具有源 s 和收点 t 的分层网络, 弧上的数字是容量

3.6.1 沿最短增广路的流增广

Edmonds 和 Karp 观察到[216]: 为了调整 Ford-Fulkerson 算法而得到一个多项式算法, 只要选择增广路作为最短路, 这里的最短是对路的弧数目而言.

设 x 是网络 $\mathcal{N}$ 的一个可行 (s,t) 流, 用 $\delta_x(s,t)$ 表示剩余网络 $\mathcal{N}(x)$ 的最短 (s,t) 路的长度. 若不存在如此的路, 则记 $\delta_x(s,t)=\infty$.

假定剩余网络 $\mathcal{N}(x)$ 中存在增广路, 且设 P 是最短增广路, r 为 P 的弧数目. 我们利用 $\mathcal{N}(x)$ 定义一个新网络 $\mathcal{LN}(x)$: 从 $\mathcal{N}(x)$ 中的距离类 $V_0,V_1,\cdots,V_r$ 中取顶点, 其中 $V_i=\{v:\ \mathrm{dist}_{\mathcal{N}(x)}(s,v)=i\}$ 以及按照弧的容量 r_{ij} 属于 $(V_i,V_{i+1})_{\mathcal{N}(x)}$ $(0\leqslant i\leqslant r-1)$ 的每一条弧. 根据距离类的定义可知, $\mathcal{LN}(x)$ 包含了全部关于 $\mathcal{N}(x)$ 的流 x 的最短增广路. 下面的引理指出沿最短路增广是一个好方法.

引理 3.6.2[216] 设 x 是 $\mathcal{N}$ 的一个可行 (s,t) 流, x' 是从 x 增广剩余网络 $\mathcal{N}(x)$ 中最短路而得到的流, 则有

$$\delta_{x'}(s,t)\geqslant\delta_x(s,t).\tag{3.13}$$

证明 设 x' 是由 x 增广 $\mathcal{N}(x)$ 的一条最短路 P 得到. 关于 x', x, 反设 (3.13) 式不成立. 根据上面的注释, $\mathcal{LN}(x)$ 包含了全部 $\mathcal{N}(x)$ 中的增广最短路 (关于流 x), 令 $r=\delta_x(s,t)$. 依照上面的假定, $\mathcal{N}(x')$ 包含一条长不大于 r 的 (s,t) 路 P'. 则 P' 中必有一条弧 $ij \notin A(\mathcal{N}(x))$. 然而, 每一条在 $\mathcal{N}(x')$ 中而不在 $\mathcal{LN}(x)$ 中的弧是形如 ji, 其中 ij 是路 P 的一条弧, 或者 ij 在 $\mathcal{LN}(x)$ 的一个层中, 可见路 P' 至少有 $r+1$ 条弧, 与假设矛盾. □

注意, 如果 $\mathcal{N}(x')$ 不含长为 $\delta_x(s,t)$ 的 (s,t) 路, 但它仍然包含长为 $\delta_x(s,t)+1$ 的路, 这是因为使用了在 $\mathcal{LN}(x)$ 层中的一条弧.

定理 3.6.3[216] 如果总沿最短增广路增广, Ford-Fulkerson 算法的复杂性为 $O(nm^2)$.

证明 根据引理 3.6.2, 当前的增广路的长度在算法的运行中单调增加. 利用引理 3.6.2 的证明, 如果下一个增广路的长度并不增加的话, 那么这条路也是 $\mathcal{LN}(x)$ 中的一条路. 注意到至少有一条从 V_i 到 V_{i+1} 的弧在每次增广后就消失 (注意, 在每一次增广中, 沿当前的增广路 P 增广 $\delta(P)$ 个单位). 因而, 重复迭代的次数最多为 m, 这是因为每次重复迭代中当前的增广路的长度停留在常数上. 由于长度最多可增加 $n-2$ 次 (注意, 一条 (s,t) 路的长度最小是 1, 最大为 $n-1$), 因而使用 BFS 就可在时间 $O(n+m)$ 内找到下一条增广路, 这正是所期望的复杂性. □

Zadeh 构造了 n 个顶点和 m 条弧的网络, 使得运用 Edmonds-Karp 算法在 $\Omega(nm)$ 次增广后就能够找到最大流 [753]. 因而, 在最坏的情形估计复杂性是正确的.

3.6.2 在分层网络和 Dinic 算法中的块化流

设 $\mathcal{L}=(V=\bigcup_{i=0}^{k} V_i, A, l\equiv 0, u)$ 是一个分层网络, 其中 $V_0=\{s\}$ 和 $V_k=\{t\}$. 分层网络 $\mathcal{L}$ 中的一个 (s,t) 流 x 是**块化** (blocking) 流, 如果在剩余网络 $\mathcal{L}(x)$ 中没有长为 k 的 (s,t) 路. 注意到, 一个块化流也是一个最高流 (注意, 在 3.5.1 小节结束处对最高流和最大流之间差别的解释), 也就是说, 每一条关联到 x 的增广路至少使用一条弧 pq, 使对某 $j \geqslant i$, 有 $p\in V_j$ 和 $q \in V_i$.

由上面的论述可知, 如果沿最短增广路实施增广, 可使一条最短增广路的长度单调增加. 因而, 如果有一个方法可在时间 $O(p(n,m))$ 内于分层网络中找到一个块化流, 那么就可以使用该方法得到一个 $O(np(n,m))$ 算法, 使得在任何给定的网络中此算法能够寻找一个最大 (s,t) 流.

上面的 Edmonds-Karp 方法可在时间 $O(m^2)$ 内找到一个块化流. Dinic 发现 (他也是最早发现并使用最短增广路方法的人), 能够在时间 $O(nm)$ 内找到分层网络中的一个块化流[195], 随之产生了有关最大流的 $O(n^2m)$ 算法, 其主要思路是用深度优先搜索 (DFS) 方式去搜索最短增广路. 下面, 我们要稍加调整深度优先搜索

算法 (见 4.1 节), 向量 π 被用作记忆探测发现的增广路的弧.

Dinic 算法(一阶段)

输入: 一个分层网络 $\mathcal{L}=(V=\bigcup_{i=0}^{k}V_i, A, l\equiv 0, u)$.

输出: $\mathcal{L}$ 中的一个块化流 x.

1. **初始化步骤**: 对 A 中的每一条弧 ij, 设置 $x_{ij}:=0$; 令 $v:=s$ 是当前的顶点, 且 $A':=A$.
2. **搜索步骤**: 如果 A' 中不存在具有尾 v 的弧 (在剩余的弧中, 从 v 到下一个层), 若 $v=s$, 转到第 5 步; 否则, 就转到第 4 步; 如果有一条弧 $vw\in A'$, 则令 $v:=w$, $\pi(w):=v$. 如果 $v\neq t$, 重复第 2 步.
3. **增广步骤**: 使用 π 标号发现所探测到的增广路 P, 沿 P 给 x 增广 $\delta(P)$ 个单位, 删去 A' 中每一条具有 $x_{ij}=u_{ij}$ 的弧 ij. 擦去所有顶点上的标号 (即对于每一个 $i\in V$, $\pi(i):=\text{nil}$), 令 $v:=s$, 转到第 2 步.
4. **弧删除步骤**: (上面的搜索已经表明没有 (v,t) 路在当前的有向图 $D'=(V, A')$ 中, 进而有 $v\neq s$). 删去 A' 中每一条头是顶点 v 或尾是顶点 v 的弧, 令 $v:=\pi(v)$, 然后转到第 2 步.
5. **终止步骤**: 返回块化流 x.

定理 3.6.4 在一个已知的分层网络中, Dinic 算法 (一阶段) 在时间 $O(nm)$ 内能够正确地确定一个块化流.

证明 设 $\mathcal{L}=(\bigcup_{i=0}^{k}V_i, A, l\equiv 0, u)$. 每一次用该算法来增广当前流是沿着一条长为 k 的增广路变化流. 我们仅删去一条出自 A' 且不再出现在剩余网络 $\mathcal{L}(x)$ 中的弧, 其中 x 是当前流. 因此, 未被删除的弧可以被关于当前流的一条长为 k 的增广路使用. 此外, 在算法终止时, 在当前的有向图 $D'=(V,A')$ 中没有 (s,t) 路. 因此, 构成 A' 的从一层到下一层的弧容量并没有被当前流 x 所充满, 这说明算法终止于一个块化流.

复杂性可由如下的事实得到. 我们的操作至多进行了 $O(n)$ 步, 其间删除一条弧的原则是: 要么它是饱和的 (通过实际的增广路 P), 要么它进入一个顶点, 已经删去以这个顶点为头或为尾的每一条弧 (见第 4 步). □

3.6.3 前置流推进算法

不难看到, 前面所介绍的几个流算法均有一个共性, 即它们都是一次沿一条增广路来增加流. 常常在搜索一条增广路时, 人们发现一条路 P 包含这样的一条弧 rq, 其容量与这条路前段 $P[s,r]$ 的容量相比是相对地小 (见图 3.11), 这意味着沿 $P[s,r]$ 能够用一个大容量的流来进行增广, 但因弧 rq 的容量较小, 仅用那个较小的总量来进行增广, 并在此之上重新开始. 在 Dicnic 算法中, 就可以考虑取代在此之上重新开始的做法, 而是向后追踪, 直到在分层网络中找到一个新的向前弧. 然而, 该算法仍然被局限于一次寻找一条路. 现在介绍一个由 Goldberg 和 Tarjan 发现的算法[324, 325], 该算法允许我们一次可以在多于一条的增广路上工作, Goldberg 和 Tarjan 的算法也叫做**前置流推进算法** (preflow-push algorithm). 该算法力图把尽可能多的流一起推向 t, 先利用由 s 送出的绝对最大值, 即 $\sum_{sr\in A} u_{sr}$, 然后尽力把它推向 t. 在某点处, 无流可以被送向 t, 算法再返回多余的流到 s. 将在下面对这个相当含糊的描述给予精确的表述 (读者可把它与习题 3.25 中所描述的 MKM 算法进行比较).

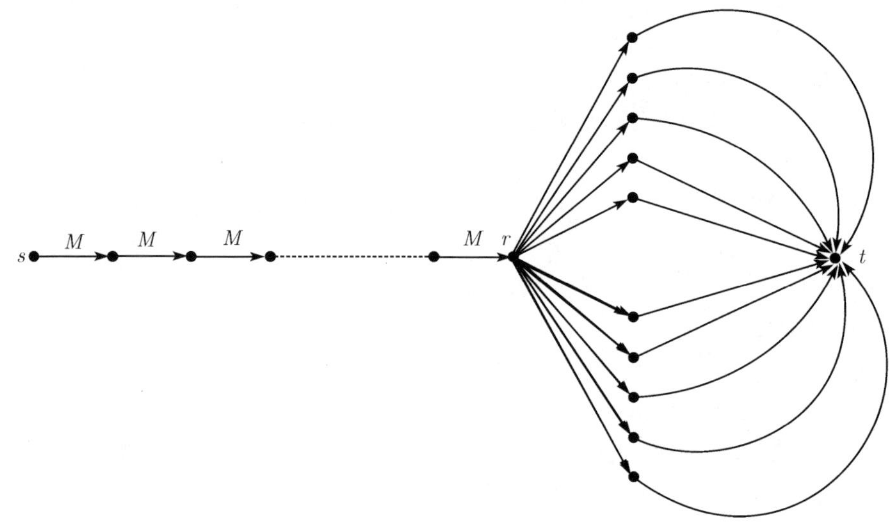

图 3.11 关于标准流算法的一个坏例子, 如对 Edmonds-Karp 算法

如果没有数标出, 弧容量是 1, 或是 M, 其中 M 是一个很大的数. 许多算法, 比如 Edmonds-Karp 算法, 将沿从 s 到 r 的路增广 M 次, 但从 r 到 t 仅增广了 1 个单位

设 $\mathcal{N} = (V, A, l \equiv 0, u)$ 是源为 s 收点为 t 的网络. $\mathcal{N}$ 中的一个可行流 x 叫做**前置流** (preflow), 如果对于每一个顶点 $v \in V - s$, 总有 $b_x(v) \leqslant 0$. 注意, 每一个 (s,t) 流 x 也是一个前置流, 因为当 $v \in V - \{s,t\}$ 时, 有 $b_x(v) = 0$ 以及 $b_x(t) = -b_x(s) \leqslant 0$. 因而, 前置流推广了 (s,t) 流. 我们将使用一个观察如下: 设 x 是网络 $\mathcal{N}$ 的一个前置流, **关于 x 的一个高度函数** (height function with respect to x) 是函数 $h : V \to \mathcal{Z}_0$, 它满足: $h(s) = n$, $h(t) = 0$; 对于每一条弧 $pq \in \mathcal{N}(x)$, 有

$$h(p) \leqslant h(q) + 1. \tag{3.14}$$

下面的引理是定理 3.3.1 (a) 的一个直接推论.

引理 3.6.5 设 $\mathcal{N} = (V, A, l \equiv 0, u)$ 是源为 s 收点为 t 的网络, x 是 $\mathcal{N}$ 的一个前置流, 并假定有一个顶点 v 满足 $b_x(v) < 0$. 则 $\mathcal{N}(x)$ 包含一条 (v, s) 路.

证明 根据前置流的定义, s 是唯一的顶点 r, 使得 $b_x(r)>0$. 再由定理 3.3.1 (a), 每一个分解流 x 成为路流和圈流的分解中含有一条 (s,v) 路 P. 因为 P 的每一条弧 e 在 $\mathcal{N}$ 中有正流, 这导致 $\mathcal{N}(x)$ 包含一条与 e 的定向相反的弧, 从而 $\mathcal{N}$ 包含一条 (v,s) 路. □

下面介绍 (一般) 前置流推进算法. 在算法运行其间, 若有一个顶点 v 满足 $b_x(v)<0$, 称顶点 v 是**活动的** (active). 当 $h(p)=h(q)+1$, 就说 $\mathcal{N}(x)$ 的弧 pq 是**可接纳的** (admissible). 该算法使用了 2 个基本的运算: **推进** (push) 运算和**提升** (lift) 运算.

推进 (pq): 设有顶点 p, 使 $b_x(p)<0$, pq 是 $\mathcal{N}(x)$ 中可接纳弧. **推进**(pq) 运算将 x_{pq} 变为 $x_{pq}+\rho$, 其中 $\rho=\min\{-b_x(p),r_{pq}\}$.

提升 (p): 设有顶点 p, 使 $b_x(p)<0$, 且对 $\mathcal{N}(x)$ 的每一条弧 pq, 有 $h(p)\leqslant h(q)$. **提升**(p) 运算改变 p 的高度为: $h(p):=\min\{h(z)+1: pz$ 是 $\mathcal{N}(x)$ 的一条弧 $\}$.

根据引理 3.6.5 的证明后的注释, 已经定义数 $h(p)$. 提升运算的一个例子在图 3.12 中给出.

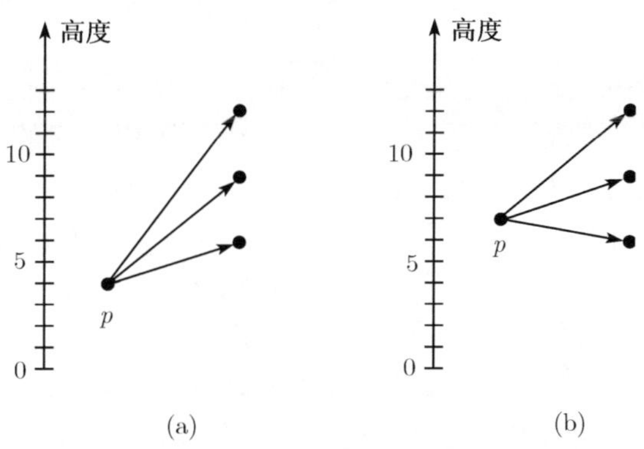

图 3.12 把顶点 p 从高度 4 提到高度 7

引理 3.6.6 设 x 是网络 $\mathcal{N}$ 的一个前置流, 函数 h 由 (3.14) 式定义. 如果顶点 $p\in V$ 满足 $b_x(p)<0$, 则**推进**(pq) 运算和**提升**(p) 运算中的至少一个是可应用的.

证明 假定 $b_x(p)<0$, 但不能实施一个出自 p 的推进, 也就是说, 没有以 p 为尾的可接纳的弧, 因而对于每一条弧 $pq\in\mathcal{N}(x)$, 有 $h(p)\leqslant h(q)$. 根据引理 3.6.5, 至少有 $\mathcal{N}(x)$ 中出自 p 的弧 pq, 从而就能够实施**提升**(p) 运算. □

一般前置流推进算法

输入: 一个具有源为 s 收点为 t 的网络 $\mathcal{N}=(V,A,l\equiv 0,u)$.

输出: $\mathcal{N}$ 的一个最大 (s,t) 流.

运行步骤:

(a) 对于每一个顶点 $p \in V$, 令 $h(p) := \mathrm{dist}_{\mathcal{N}}(p,t)$;

(b) 令 $h(s) := n$;

(c) 对 $\mathcal{N}$ 中每一条出自 s 的弧, 令 $x_{sp} := u_{sp}$;

(d) 对 $\mathcal{N}$ 中其余的弧 ij, 设置 $x_{ij} := 0$.

主循环

当存在活动的顶点 $p \in V - t$ 时, 作:

如果 $\mathcal{N}(x)$ 包含一条可接纳弧 pq, 则**推进**(pq) 或**提升**(p).

定理 3.6.7　一般前置流推进算法能够在时间 $O(n^2m)$ 内正确地确定网络 $\mathcal{N}$ 中的一个最大 (s,t) 流.

证明　首先要证明函数 h 在一般前置流推进算法的整个运行过程中始终保持高度功能. 这也是初始的情形, 由于使用了精确的距离标号, 而且在 $\mathcal{N}(x)$ 中没有出自 s 的弧 (习题 3.20). 观察每一个顶点 p, 当实施**提升**(p) 运算时, $h(p)$ 才变化, 而且它的变化要保持条件 (3.14) 式. 此外, **推进**(pq) 可能引出 $\mathcal{N}(x)$ 中的一条新的弧 qp, 但是这条弧满足 $h(q) = h(p) - 1$, 因而也不与 (3.14) 式冲突, 从而证实 h 在该算法运行过程中始终是高度函数.

在一般前置流推进算法运行过程中不难看到, 保持 x 为前置流, 这是因为一个推进运算仅仅影响当前流 x, 而由定义该运算保持了前置流的条件.

如果该算法终止, 这将证明它已经找到一个最大流. 假定算法终止, 这意味着不存在顶点 $v \in V$, 使得 $b_x(v) < 0$. 故由前置流定义, 此时 x 就是一个 (s,t) 流. 欲证 x 确实是最大流, 只需证明 $\mathcal{N}(x)$ 中无 (s,t) 路. 这一点可以由函数 h 的性质立即证得, 因为 h 在算法全过程中始终是一个高度函数. 根据 (3.14) 式, $\mathcal{N}(x)$ 的每条弧 pq 满足不等式 $h(p) \leqslant h(q) + 1$, 并总有 $h(s) = n$, $h(t) = 0$. 因为没有多于 $n-1$ 条弧的 (s,t) 路, 则 $\mathcal{N}(x)$ 中不存在 (s,t) 路. 依据定理 3.5.3 知, x 是最大流.

要证实该算法终止和确定算法的复杂性, 只要区分 2 种类型的推进. 我们说**推进**(p,q) 运算的一个运行是**饱和推进** (saturating push), 如果在推进之后弧 pq 被充满容量, 即在推进之后弧 pq 不是 $\mathcal{N}(x)$ 的一条弧. 没有饱和的推进叫做**非饱和推进** (unsaturating push).

下面, 我们为一般前置流推进算法的复杂性建立几个断言:

(A) **提升的总数是** $O(n^2)$: 根据引理 3.6.5, 每一个具有 $b_x(p) < 0$ 的顶点 p 在 $\mathcal{N}(x)$ 中有一条通向 s 的路. 根据 (3.14) 式, 有 $h(p) \leqslant 2n-1$. 由于在每次实施**提升**(p) 运算后, 顶点 p 的高度至少增长 1, 可见没有顶点可以被提升超过 $2n-2$ 次, 结论得证.

(B) **饱和推进的总数是** $O(nm)$: 先考虑一条固定的弧 pq, 在算法中找出沿这条弧的饱和推进数目的一个上界. 当沿弧 pq 实施一个饱和推进时, 则有 $h(p) =$

$h(q)+1$, 且弧 pq 从剩余网络中消失. 在稍后实施的某**推进**(qp) 运算中, 当流被从 q 推向 p 时, 这条弧 pq 才出现在当前的剩余网络中. 此时, 有 $h(p)=h(q)+1$. 这一点和 h 保持一个高度函数以及在任何顶点 h 不减少, 均表明在运行一个沿 pq 的新饱和推进之后 $h(p)$ 至少增加了 2. 上述论证推导出 $h(p)\leqslant 2n-1$, 故可断定沿已知弧的饱和推进至多有 $O(n)$ 个. 所以, 饱和推进的总数为 $O(nm)$.

(C) **非饱和推进的总数是** $O(n^2m)$: 令 $\Phi=\sum_{b_x(v)<0}h(v)$. 在算法运行中, 则有 $\Phi\geqslant 0$, 并因为在运行的任何时间上有 $h(v)<2n$, 故在先前处理步骤中有 $\Phi\leqslant 2n^2$. 在实施不同类型的运算之后, 检查 Φ 的值发生了什么变化. 一个提升运算最多增大 Φ 为 $2n-1$. 因此, 根据断言 (A) 中的结论, 对 Φ 的总贡献是 $O(n^3)$. 一个从 p 到 q 的饱和推进增大 Φ 至多是 $h(q)\leqslant 2n-1$ (如果 p 变为平衡的, 这可能减少 Φ, 在此不考虑这种情形). 所以, 由断言 (B), 饱和推进增大 Φ 是 $O(n^2m)$. 注意, 因为当 p 变为平衡并且 $h(p)=h(q)+1$ (在 q 是平衡的之前, Φ 至少减少了 1, 在其他情形中, Φ 要减少 $h(p)$) 时, 一个从 p 到 q 的非饱和推进使 Φ 至少要减少 1.

综合上面的各种考虑, 在一般前置流推进算法运行期间, Φ 的总增加量是 $O(n^2m)$. 根据 $\Phi\geqslant 0$ 和断言 (C) 的论证, 从而证得该算法的复杂性为 $O(n^2m)$. □

多少有些令人惊奇的是, 上面的简单方法所产生的算法具有如此低的复杂性, 且复杂性的界与在一个顶点选择推进或提升无关, 这表明该方法的威力. 然而, 这个算法也有弱点. 如果不去控制算法的运行方向 (如朝向哪些顶点实施推进或提升), 将花费大量的时间, 而无益于最终的最大流. 在习题 3.21 中, 要求读者给出一个例子说明若没有附加帮助给予推进的选择, 就会实施大量的无用工作. 存在几个改进前置流推进算法的方法, 这里叙述它们中的 2 个, 在文献 [7] 中可以看到更多的细节.

(a) 如果在**先入先出** (first-in first-out) (FIFO) 程序中检查活动的顶点, 将得到一个 $O(n^3)$ 算法[325].

(b) 如果总是可以从一个顶点 p 推进, 而 p 是全体活动顶点中具有最大高度 $h(p)$ 的顶点, 这将得到一个 $O(n^2\sqrt{m})$ 算法[149, 325].

Cheriyan 和 Maheshwari 用例子来说明有关 FIFO 的最坏情形下的界, 最大高度变量是不可改进的[149]. 另一个在实际中用于改进一般算法的实施方法在习题 3.22 中给出.

3.7 单位容量网络和简单网络

本节考虑网络的 2 个特殊情形: 一是它们的应用性; 二是由于它们的特殊结构, 故有较快的算法能够寻找到它们中的最大流. 本节论及的网络均假定有一个源 s 和一个收点 t.

3.7.1 单位容量网络

一个**单位容量网络** (unit capacity network) 是 $\mathcal{N}=(V,A,l\equiv 0,u\equiv 1)$, 即每一条弧的容量为 1. 单位容量网络在流的应用中是重要的, 比如在二部分图中寻找最大匹配 (见 3.11.1 小节), 寻找覆盖特定顶点的圈有向子图 (见 3.11.5 小节) 等等.

引理 3.7.1 如果 $\mathcal{N}$ 是一个单位容量网络, 且无 2 圈, x 是 $\mathcal{N}$ 的一个可行 (s,t) 流, 则 $\mathcal{N}(x)$ 也是一个单位容量网络.

证明留作习题 3.39.

设 $\mathcal{N}=(V,A,l\equiv 0,u\equiv 1)$ 是源为 s 收点为 t 的单位容量网络. 因为 $\mathcal{N}$ 中一个最小 (s,t) 割的值至多是 $n-1$ (考虑割 $(s,V-s)$), 则由定理 3.5.4, Ford-Fulkerson 算法可在时间 $O(nm)$ 内找到一个最大 (s,t) 流. 本节要给读者展示一个相当快的算法, 我们的论述主要基于 Even 和 Tarjan 的思路[232].

引理 3.7.2 设有分层单位容量网络 $\mathcal{L}=(\bigcup_{i=0}^{k}V_i,A,l\equiv 0,u\equiv 1)$, 其中 $V_0=\{s\}$ 和 $V_k=\{t\}$, 那么可在时间 $O(m)$ 内可找到 $\mathcal{L}$ 的一个块化 (s,t) 流.

证明 易见, 每一条增广路的容量是 1, 且没有 2 条长度相同的增广路能够使用相同的弧. 因此, 利用 Dinic 算法就可以在时间 $O(m)$ 内找到一个块化流. □

定理 3.7.3 设 $\mathcal{N}=(V,A,l\equiv 0,u\equiv 1)$ 是一个单位容量网络, x^* 是 $\mathcal{N}$ 的一个最大 (s,t) 流, 则有

$$\text{dist}_{\mathcal{N}}(s,t)\leqslant 2n/\sqrt{|x^*|}. \tag{3.15}$$

证明 设 $\omega=\text{dist}_{\mathcal{N}}(s,t)$, $V_0=\{s\},V_1,V_2,\cdots,V_\omega$ 是出自 s 的第一 ω 距离类. 因为 $\mathcal{N}$ 没有多重弧, 从 V_i 到 V_{i+1} 的弧至多有 $|V_i|\,|V_{i+1}|$ 条 $(0\leqslant i\leqslant \omega-1)$. 因为 (V_i,V_{i+1}) 中的弧对应于那些相交于 $\mathcal{N}$ 的一个 (s,t) 割的弧, 则有 $|x^*|\leqslant|V_i|\,|V_{i+1}|$ $(0\leqslant i\leqslant\omega-1)$. 此外, 又有 $\sqrt{|x^*|}\leqslant\max\{|V_i|,|V_{i+1}|\}$ $(0\leqslant i\leqslant\omega-1)$, 易见

$$n=|V|\geqslant\sum_{i=0}^{\omega}|V_i|\geqslant\sqrt{|x^*|}\left\lfloor\frac{\omega+1}{2}\right\rfloor. \tag{3.16}$$

上式隐含了 $\omega\leqslant 2n/\sqrt{|x^*|}$. □

定理 3.7.4[232] 关于单位容量网络 Dinic 算法的复杂性为 $O(m\sqrt[3]{n^2})$.

证明 设 $\mathcal{N}$ 是源为 s 收点为 t 的单位容量网络. 为简单起见, 假定 $\mathcal{N}$ 无 2 圈, 这是因为容易处理 $\mathcal{N}$ 有 2 圈的情形 (习题 3.41). 设 q 是用 Dinic 算法找到 $\mathcal{N}$ 中一条最大 (s,t) 流前的阶段数目. 令 $0\equiv x^{(0)},x^{(1)},\cdots,x^{(q)}$ 表示 $\mathcal{N}$ 中在算法的连续阶段之后被计算的 (s,t) 流. 于是, $x^{(0)}$ 是起始流, 也是零流, $x^{(i)}$ 表是算法的第 i 阶段后的流. 令 $\tau=\lceil\sqrt[3]{n^2}\rceil$, K 为 $\mathcal{N}$ 中最大 (s,t) 流的值.

根据引理 3.7.1 和引理 3.7.2, 只要证明阶段总数 q 是 $O(\sqrt[3]{n^2})$ 即可. 情形 $K\leqslant\tau$ 是清楚的, 因为在每个阶段可以增广流 1 个单位. 现设 $K>\tau$. 选择 j, 使

得 $|x^{(j)}| < K - \tau$ 和 $|x^{(j+1)}| \geqslant K - \tau$. 按照定理 3.4.2 和定理 3.4.3, 在 $\mathcal{N}(x^{(j)})$ 中的最大流的值是 $K - |x^{(j)}| > \tau$.

对网络 $\mathcal{N}(x^{(j)})$ 应用引理 3.7.1 和引理 3.7.3 , 则有 $\text{dist}_{\mathcal{N}(x^{(j)})}(s,t) \leqslant 2\sqrt[3]{n^2}$. 再由引理 3.6.2 和 Dinic 算法的每个阶段产生一个块化流可知, $j \leqslant 2\sqrt[3]{n^2}$. 故在阶段 j 之后至多剩余 τ 个阶段, 故可断定阶段总数 q 等于 $O(\sqrt[3]{n^2})$. □

3.7.2 简单网络

一个**简单网络** (simple network) 是源为 s 收点为 t 的网络 $\mathcal{N} = (V, A, l \equiv 0, u)$, 且对于每一个顶点 $v \in V - \{s,t\}$, 只有一条以 v 为尾的弧, 或只有一条以 v 为头的弧. 图 3.13 提供了一个简单网络的例子.

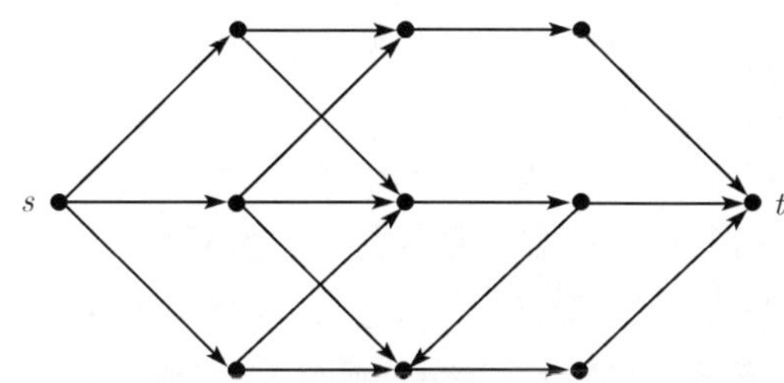

图 3.13 一个简单网络. 没有给出容量

在下面的讨论中, 总设所考虑的简单网络没有 2 圈. 由习题 3.42, 读者能够明白这不是一个苛刻的限制.

引理 3.7.5 设 $\mathcal{N} = (V, A, l \equiv 0, u \equiv 1)$ 是 n 个顶点上的简单单位容量网络, x^* 是 $\mathcal{N}$ 的一个最大 (s,t) 流, 则有

$$\text{dist}_{\mathcal{N}}(s,t) \leqslant n/|x^*|. \tag{3.17}$$

证明 设 $\omega = \text{dist}_{\mathcal{N}}(s,t)$ 以及 $V_0 = \{s\}, V_1, V_2, \cdots, V_\omega$ 是出自 s 的第一 ω 距离类. 从 s 到 t 的每个单位的流通过层 V_i $(1 \leqslant i \leqslant \omega - 1)$. 此外, 因为 $\mathcal{N}$ 是一个简单的单位容量网络, 至多 1 个单位的流能够通过每一个顶点 $v \in V$. 于是, $|V_i| \geqslant |x^*|$ $(1 \leqslant i \leqslant \omega - 1)$, 且有

$$|V| \geqslant \sum_{i=1}^{\omega-1} |V_i| \geqslant (\omega - 1)|x^*|,$$

可见 $\omega \leqslant |V|/|x^*|$. □

引理 3.7.6 如果 $\mathcal{N}$ 是一个简单单位容量网络, 则剩余网络 $\mathcal{N}(x)$ 也是一个简单单位容量网络.

证明留作习题 3.40.

使用引理 3.7.5 和引理 3.7.6, 我们能够证明下面 Even 和 Tarjan 的结论, 证明的细节留作习题 3.43.

定理 3.7.7[232] 关于简单单位容量网络的 Dinic 算法的复杂性为 $O(m\sqrt{n})$.

我们要强调的是, 在一个简单网络中, Dinic 算法可以在时间 $O(m\sqrt{n})$ 内找到一个最大 (s,t) 流, 甚至当简单网络的容量不是 1, 只要网络中至多 1 个单位的流能够通过任何顶点 $v \in V-\{s,t\}$. 特别地, 一个顶点可以是容量为 ∞ 的一条弧的尾, 只有它是至多一条具有单位容量的头. 在 3.11 节中将使用定理 3.7.7 的推广.

3.8 循环与可行流

本节考虑一般的流模型, 即下界出现在弧上. 我们期望确定对给定弧上有下界和容量以及一个预先给定平衡向量的网络是否有可行流存在其中. 正如在 3.2 节中所指明的, 为了研究一般的网络, 只要研究循环情形的网络, 这是因为借助引理 3.2.1～ 引理 3.2.3 可以把一般的网络变换成循环的网络. 本节总设网络的所有数据均为整数 (即 l 和 u 均为整数), 且需要如下的简单观察, 其证明相似于引理 3.5.1.

引理 3.8.1 设 x 是 $\mathcal{N}$ 的一个循环, 则对 V 的每一个划分 S, $\overline{S}$, 有 $x(S,\overline{S}) = x(\overline{S},S)$.

图 3.14 中的例子是探测什么原因能够阻止一个可行循环存在的一个出发点.

设 $\mathcal{N}$ 是图 3.14 中的网络, 取 $S=\{b\}$, 有 $\overline{S}=\{a,c\}$. 于是, $l(\overline{S},S)=3>2=u(S,\overline{S})$. 现在使用引理 3.8.1, 若 x 是 $\mathcal{N}$ 的一个可行流, 则有

$$2=u(S,\overline{S})\geqslant x(S,\overline{S})=x(\overline{S},S)\geqslant l(\overline{S},S)=3,$$

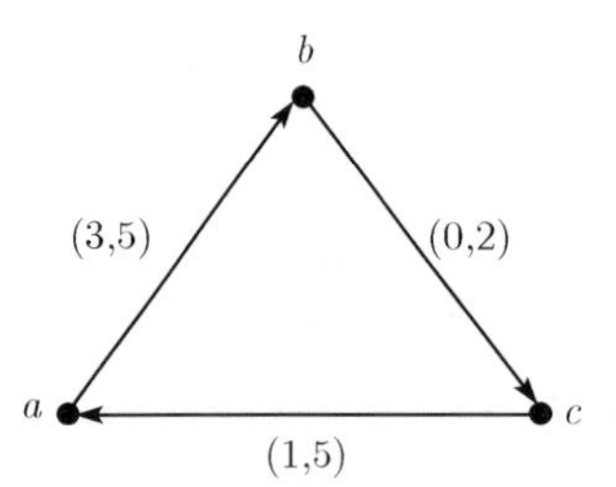

图 3.14 一个没有可行循环的网络, 弧上的数据是 (l,u)

矛盾, 可见 $\mathcal{N}$ 中无可行流. 一般地, 若网络 $\mathcal{N}=(V,A,l,u)$ 有 V 的一个划分 $S,\overline{S}$, 使得 $l(\overline{S},S)>u(S,\overline{S})$, 故断定 $\mathcal{N}$ 中不存在可行循环, Hoffman 证明其逆也成立[431].

在证明定理 3.8.2 之前, 需要说明定理 3.4.2 对具有非零下界的网络也是成立的, 只不过要对 $x\oplus\overline{x}$ 的定义稍加作调整 (见习题 3.30).

定理 3.8.2(Hoffman 循环定理)[431] 具有弧上非负下界的网络 $\mathcal{N}=(V,A,l,u)$ 有一个可行循环当且仅当对于每一个真子集 $S\subset V$, 有

$$l(\overline{S},S)\leqslant u(S,\overline{S}). \tag{3.18}$$

证明 设 $\mathcal{N}=(V,A,l,u)$ 是一个网络. 在前面我们已经证明: 若 x 是 $\mathcal{N}$ 的一个可行循环, 对 V 的每一个划分 $(S,\overline{S})$, 总有 $l(\overline{S},S)\leqslant u(S,\overline{S})$.

现来证明其逆, 即充分性. 设对所有的真子集 $S\subset V$, 有 (3.18) 式成立. 我们将给出一个算法证明来说明如何从一个全零循环开始构造出一个可行循环. 显然, $x\equiv 0$ 就是 $\mathcal{N}$ 的一个循环, 如果 $l\equiv 0$, 结论得证. 因而, 设有某弧 $ij\in A$, 使得 $l_{ij}>x_{ij}$.

我们要找到剩余网络 $\mathcal{N}(x)$ 的一条 (j,i) 路. 如果存在这样的路 P, 则令 $\delta(P)$ (>0) 是 P 上一条弧的最小剩余容量, 再令 $\varepsilon=\min\{\delta(P),l_{ij}-x_{ij}\}$. 按照定理 3.4.2 (先前已经说明, 当某些下界是非零时, 此定理也成立), 则能沿圈 iP 给当前流 x 增加 ε 个单位, 从而得到一个新的循环.

我们断定这种过程可以继续进行下去, 直到对于每一条弧 $ij\in A$, 关于当前流 x 有 $l_{ij}\leqslant x_{ij}\leqslant u_{ij}$ 为止. 也就是说, 得到网络 $\mathcal{N}$ 的一个可行流 (注意上面的过程保持不等式 $x\leqslant u$). 反设不是这样的, 即在某些处, 存在弧 st, 使有 $x_{st}<l_{st}$, 并且网络 $\mathcal{N}(x)$ 中没有 (t,s) 路. 定义顶点集合 $T=\{r:\ \mathcal{N}(x)$ 中存在 (t,r)路$\}$. 则由剩余网络 $\mathcal{N}(x)$ 的定义 (尤其是 (3.7) 式), 在 $\mathcal{N}$ 中, 对全部满足 $i\in T$ 和 $j\in\overline{T}$ 的弧 ij, 有 $x_{ij}=u_{ij}$, 且对满足 $q\in\overline{T}$ 和 $r\in T$ 的弧 qr, 有 $x_{qr}\leqslant l_{qr}$. 使用 $s\in\overline{T}$ 和 $x_{st}<l_{st}$, 便可得

$$u(T,\overline{T})=x(T,\overline{T})=x(\overline{T},T)<l(\overline{T},T),$$

这与 (3.18) 式矛盾. 结合网络的每一个数据是整数, 上面所描述的算法确实能够找到 $\mathcal{N}$ 中的一个可行循环. □

我们可以容易地将上述证明转变成一个多项式算法, 在一个已知网络 $\mathcal{N}=(V,A,l,u)$ 中运用该算法就能够找到一个可行循环 x, 或者找到一个与 (3.18) 式冲突的子集 S (习题 3.29).

对于在一般网络中寻找关于任何平衡向量的可行流, 这里有一个注解式的结论. 该问题是许多流算法的一个出发点, 可以用 3.2 节的结果以及能够将前置流推进算法转变为一个 $O(n^3)$ 算法 (运用 FIFO 过程) 来解决问题, 有如下的结果:

定理 3.8.3 存在一个在给定的网络 $\mathcal{N}=(V,A,l,u,b)$ 中寻找可行流的 $O(n^3)$ 算法. 此外, 若 l,u 和 b 皆为整函数, 则能够在时间 $O(n^3)$ 内找到一个整值可行流.

运用引理 3.2.2 和定理 3.8.2 可推导出下面有关流的 Gale **可行性定理** (习题 3.44).

定理 3.8.4[289] 在网络 $\mathcal{N}=(V,A,l\equiv 0,u,b)$ 中存在一个可行流的充要条件是对任意的子集 $S\subset V$, 总有

$$\sum_{s\in S}b(s)\leqslant u(S,\overline{S}). \tag{3.19}$$

3.9　最小值可行 (s,t) 流

设 $\mathcal{N}=(V,A,l,u)$ 是源为 s 收点为 t 且在所有弧上的下界为非负数的网络. $\mathcal{N}$ 中**最小值**可行 (s,t) 流是这样的一条可行 (s,t) 流, 在全体可行 (s,t) 流中其值是最小的. 最初对这个问题的感觉是有些艺术化, 其实在许多应用中确实需要用到最小值可行流 (参见 5.3 节和 5.9 节).

为了估计一个最小值 (s,t) 流, 我们给出**需求** (demand) 的定义：一个 (s,t) 割 $(S,\overline{S})$ 的需求 $\gamma(S,\overline{S})$ 是数

$$\gamma(S,\overline{S})=l(S,\overline{S})-u(\overline{S},S). \tag{3.20}$$

设 x 是一个可行流, 由引理 3.5.1, 对于每个 (s,t) 割 $(S,\overline{S})$, 有

$$|x|=x(S,\overline{S})-x(\overline{S},S)\geqslant l(S,\overline{S})-u(\overline{S},S)=\gamma(S,\overline{S}). \tag{3.21}$$

因此, 任何一个 (s,t) 割的需求为一个最小值可行 (s,t) 流的值提拱了一个下界. 下面的结论说明, 一个 (s,t) 流的最小值确实等于一个 (s,t) 割的最大需求.

定理 3.9.1(最小流最大需求定理)　设 $\mathcal{N}=(V,A,l,u)$ 是弧上的下界为非负的网络, 若 x 是 $\mathcal{N}$ 的一个最小值可行 (s,t) 流, 则有

$$|x|=\max\{\gamma(S,\overline{S}):\ s\in S,\ t\in\overline{S}\}. \tag{3.22}$$

证明　设 x 是网络 $\mathcal{N}$ 的一个可行 (s,t) 流. 若 $|x|=0$, 则 x 显然是最小值可行 (s,t) 流 (因为所有下界是非负的). 因而, 以下假定 $|x|>0$. 设 y 是剩余网络 $\mathcal{N}(x)$ 的一个可行 (s,t) 流, 这是由于定理 3.4.2 (在上一节中已经注释过这个引理, 它对于一般的非零下界情形也成立), 则 $x\oplus y$ 就是网络 $\mathcal{N}$ 的值为 $|x|-|y|$ 的可行流. 现设 y 是 $\mathcal{N}(x)$ 的一个最大 (s,t) 流, 对 y 和 $\mathcal{N}(x)$ 应用定理 3.5.3, 并设 $(T,\overline{T})$ 是 $\mathcal{N}(x)$ 中最小的 (t,s) 割. 由定义, $(T,\overline{T})$ 的容量等于 $r(T,\overline{T})$, 这里 r 是 $\mathcal{N}(x)$ 的容量函数. 根据剩余网络的定义和 $(T,\overline{T})$ 的选择以及引理 3.5.1, 得到

$$\begin{aligned}|y|=r(T,\overline{T})&=\sum_{ij\in(T,\overline{T})}(u_{ij}-x_{ij})+\sum_{qp\in(\overline{T},T)}(x_{qp}-l_{qp})\\&=u(T,\overline{T})-l(\overline{T},T)+x(\overline{T},T)-x(T,\overline{T})\\&=u(T,\overline{T})-l(\overline{T},T)+|x|.\end{aligned} \tag{3.23}$$

重新整理 (3.23) 式, 使得 $|x|-|y|=l(\overline{T},T)-u(T,\overline{T})$, 可见流 $x\oplus y$ (它的值为 $|x|-|y|$) 是 $\mathcal{N}$ 的一个最小 (s,t) 流, 从而证得 (3.22) 式.

现在, 我们来说明如何找到网络 $\mathcal{N}$ 的最小值 (s,t) 流. 依据上面的论证, 一旦得到 $\mathcal{N}$ 的一个可行 (s,t) 流, 按照最大流计算就可以找到 $\mathcal{N}$ 的一个最小值 (s,t) 流. 另一方面, 根据引理 3.2.1 和引理 3.2.2, 如果网络 $\mathcal{N}$ 中存在一个可行 (s,t) 流, 则能够找到它, 只要在这 2 个引理之间实施上面所说的 2 个变换, 然后使用最大流算法来检测在最后构造的网络中是否存在可行流 (此时的可行性关系到 $b(s)$ 的值和所有下界为零). □

3.10 最小费用流

本节研究那些弧上具有费用的网络的**最小费用流问题** (minimum cost flow problem), 即在已知网络 $\mathcal{N}=(V,A,l,u,b,c)$ 中找到最小费用可行流 (注意, 一个流的费用等于 $\sum_{ij\in A}x_{ij}c_{ij}$). 不失一般性, 根据 3.2 节的结论, 仅对所有下界为零的网络来研究这个问题. 此外, 假定寻找值为 $b(s)$ 的 (s,t) 流, 或是寻找最小费用循环. 无论怎样, 这样的做法对于不同的应用、不同的网络模型可能会比其他的方式更为方便些. 因而, 除去总是假定下界为零的情形外, 我们还将处理一般的情形, 自然也包括以下的每一种特殊情形.

在 3.2 节中曾提到最短路问题是最小费用流的一个特殊情况, 我们来解释这一说法. 设 $D=(V,A,c)$ 是一个赋权有向图, 它有 2 个特定的顶点 s 和 t, 且 D 无负权圈. 给 D 的每条弧添加一个零下界和单位容量, 从而得到一个网络 $\mathcal{N}=(V,A,l\equiv 0,u\equiv 1,c)$, 把每条弧上的数认作是它在 $\mathcal{N}$ 中的费用, 我们说 D 中一条最短 (s,t) 路对应 $\mathcal{N}$ 中值为 1 的一条最小费用整值 (s,t) 流. 显然, 只要采用沿路 P 运送 1 个单位流的方法, D 中任何权为 M 的 (s,t) 路 P 均可以被变换成 $\mathcal{N}$ 中一条费用为 M 的 (s,t) 流. 于是, 只要证明每个值为 1 和费用为 M 的 (s,t) 流能够被转换为 D 中一条权至多为 M 的 (s,t) 路. 再由定理 3.3.1, 把流 x 分解成值为 1 的一条 (s,t) 路流 P' 和数条圈流. 因 D 无负圈, 故所有这样的圈流具有非负费用, 这就推得 P' 的费用至多是 M. 依照上面的事实, $\mathcal{N}$ 中每个值为 1 的最小费用 (s,t) 流可以被分解为与其费用相同的一条 (s,t) 路流和费用为零的若干个圈流.

在习题 3.47 中, 要求读者证明最大流问题是最小费用流问题的一个特殊情形. 然而最小费用流问题的意义不仅仅是它推广了这 2 个问题, 而且是由于大量的实际应用问题可以被精确表述为最小费用流问题. Ahuja, Magnanti 和 Orlin 编写了综合性较强的书[7], 其中包含了大量的此类型应用, 我们来表述并讨论这些应用中的一个问题.

一个小货运公司用一条容量固定的货船去搬运最多 r 个单位的货物. 这条货船要航行一个较长的行程, 比如说从南安普敦 (Southampton) 港到亚历山大 (Alexandria) 港, 航行期间有部分需要停顿的港口. 在这些港口里, 可能要卸下一部分货物,也可能要装上一些新的货物. 在每个港口里, 有总量为 b_{ij} 的货物等待着从港口 i 运送到港口 $j\ (>i)$ (总是可以把要访问的港口排好序). 用 f_{ij} 表示该公司把 1 个单位的货物从港口 i 转送到港口 j 的收入, 货运公司的目标是计划如何在每个港口装运最多的货物, 使得收益最大化, 而又不超出货船允许的运载容量. 下面解释如何模型化这个问题, 我们把它叫做**船运问题** (ship loading problem). 作为一个最小费用流问题, 我们不仅说明有时较容易地在一般模型上工作, 并且可以简化地表述允许弧上有负费用.

设起始港口到终止港口的全体港口数为 n, 定义网络 $\mathcal{N}=(V,A,l\equiv 0,u,c)$ 为

$$V=\{v_1,v_2,\cdots,v_n\}\cup\{v_{ij}:\ 1\leqslant i<j\leqslant n\},$$

$$A=\{v_1v_2,v_2v_3,\cdots,u_{n-1}v_n\}\cup\{v_{ij}v_i,v_{ij}v_j:\ 1\leqslant i<j\leqslant n\}.$$

弧 $v_iv_{i+1}\ (1\leqslant i\leqslant n-1)$ 上的容量是 r, 其余弧的容量为 ∞. 弧 $v_{ij}v_i$ 的费用为 $-f_{ij}\ (1\leqslant i<j\leqslant n)$, 其余的弧的费用均为零 (包括那些形如 $v_{ij}v_j$ 的弧). v_{ij} 的平衡向量是 $b_{ij}\ (1\leqslant i<j\leqslant n)$, v_i 的平衡向量是 $-(b_{1i}+b_{2i}+\cdots+b_{i-1i})$, 其中 $1\leqslant i\leqslant n$. 见图 3.15 中的一个例子.

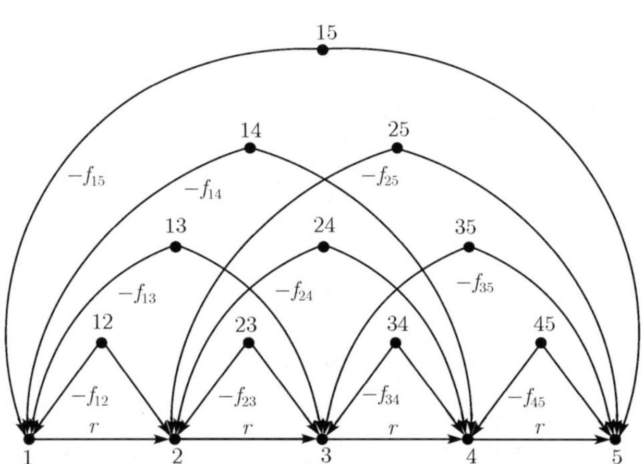

图 3.15 关于船运问题的网络, 它有 3 个中间站

为易读, 顶点均用数字命名. 费用 (容量) 是那些 (有限的) 非负数, 平衡向量被特定为文中所描述的, 即顶点 34 的平衡向量是 b_{34}, 顶点 4 的平衡向量是 $-(b_{14}+b_{24}+b_{34})$

这个网络就是船运问题的数学模型. 设 $t_{12},t_{13},\cdots,t_{1n},t_{23},\cdots,t_{n-1n}$ 是货物数目, 这里, $t_{ij}\ (\leqslant b_{ij})$ 表示货船将从港口 i 转运到港口 j 的货物总量, 但不能超出货船的容量, 再设来自于这些货物运输的总收益是 $I=\sum_{1\leqslant i<j\leqslant n}t_{ij}f_{ij}$. 设 x 是在下面所定义的网络 $\mathcal{N}$ 中的一个流. 在形如 $v_{ij}v_i$ 的弧上的流是 t_{ij}, 在形如 $v_{ij}v_j$ 的

弧上的流量是 $b_{ij}-t_{ij}$, 而且在形如 v_iv_{i+1} $(1\leqslant i\leqslant n-1)$ 的弧上的流即是 t_{ab} 之和, 其中 $a\leqslant i$ 和 $b\geqslant i+1$. 由于 t_{ij} $(1\leqslant i<j\leqslant n)$ 是合理的货物数, x 是关于平衡向量和容量限制的可行流, 不难看到, x 的费用是 $-I$.

反过来, 设 x 是费用为 J 的网络 $\mathcal{N}$ 的一个可行流, 则有一个具有收入为 $-J$ 的可行货物分配 s_{ij} $(1\leqslant i<j\leqslant n)$, 并设 s_{ij} 是 x 在弧 $v_{ij}v_i$ 上的值. $\mathcal{N}$ 中的最小费用流对应货船的一个最优化运输, 反之亦真, 这是容易检查的, 细节留给读者.

这里将详细地研究最小费用流问题. 我们在 3.11 节里给出最小费用流的应用, 在 3.12 节中介绍最小费用流问题的 2 个重要的特殊情形.

我们将在网络中使用一条路或圈的**费用**概念, 其实就是这条路或圈上全体弧的费用之和. 关于网络 $\mathcal{N}$ 的一个已知流 x 的一条**增广**路 (圈) 是剩余网络 $\mathcal{N}(x)$ 的一条路 (圈), 只要说到一条增广圈或路 P 时, 总是用 $\delta(P)$ 来表示剩余网络 $\mathcal{N}(x)$ 中路 P 上一条弧的最小剩余容量. 此外, 对于每一个 $\beta\leqslant\delta(P)$, 用 $x':=x\oplus\beta P$ 表示这样的一个流, 它是对 x 沿 P 增广 β 个单位而得到的. 当说到 x 是 $\mathcal{N}$ 的一个**最优化流** (optimal flow) 时, 是指流 x 是 $\mathcal{N}$ 中全体具有平衡向量 b_x 的流费用中的最小者.

3.10.1 刻画最小费用流

在 3.5.3 小节中, 当考虑最大 (s,t) 流时, 我们利用剩余网络关于当前流没有 (s,t) 路来验证最优化性. 结果表明, 对于具有同一个平衡向量的全体流来说, 可以运用剩余网络来检查网络 $\mathcal{N}=(V,A,l,u,c)$ 的一个已知可行流是否有最小费用. 先设 x 是 $\mathcal{N}$ 的一个可行流, 并有 $\mathcal{N}(x)$ 的某圈 W, 使得 W 的费用 $c(W)$ 是负值. 令 δ 是 W 上弧的最小剩余容量, x' 是 $\mathcal{N}(x)$ 中的一个圈流, 它围绕 W 送出 δ 个单位. 则由定理 3.4.2, $\mathcal{N}$ 中具有和 x 相同平衡向量的流 $x\oplus x'$ 的费用满足: $c^Tx+c^Tx'=c^Tx+\delta c(W)<c^Tx$. 于是, 当 $\mathcal{N}(x)$ 包含负费用圈时, 则流 x 不是 $\mathcal{N}$ 中关于平衡向量 b_x 的最小费用流.

有意义的是充分性条件也成立. 事实上, 设 x 在 $\mathcal{N}=(V,A,l,u,b,c)$ 中是可行的, 且 $\mathcal{N}(x)$ 不含负费用圈, 再令 y 是 $\mathcal{N}$ 中任意一个可行流. 因为已经为 $\mathcal{N}$ 特定了一个平衡向量 b, 则由推论 3.4.4, $\mathcal{N}(x)$ 中存在至多 m 个圈 $W_1,W_2,\cdots,W_k$ 的圈流 $f(W_1),f(W_2),\cdots,f(W_k)$, 使得 $c^Ty=c^Tx+\sum_{i=1}^k c(W_i)\delta_i$, 其中 δ_i (>0) 是在 $\mathcal{N}(x)$ 中流 $f(W_i)$ 沿圈 W_i 送出的流量. 因为 $\mathcal{N}(x)$ 无负费用圈, 故有 $c(W_i)\geqslant 0$ $(1\leqslant i\leqslant k)$, 从而导致 $c^Ty\geqslant c^Tx$①. 我们现在就能够为最小费用流问题建立如下重要的最优化性准则.

定理 3.10.1 设 x 是网络 $\mathcal{N}=(V,A,l,u,b,c)$ 的一个可行流, 那么 x 是最小

① 事实上, 这里论证了 $c^Ty=c^Tx$ 的充要条件是通过在 $\mathcal{N}(x)$ 中给 x 添加零个或更多的圈流, 且每个圈流具有零费用, 从而由流 x 构造出流 y.

费用流当且仅当 $\mathcal{N}(x)$ 不含负费用圈.

自然要问到这个最优化性准则如何有用? 首先是运用 Bellman-Ford-Moore 算法 (见 2.3.4 小节), 我们得到下面由 Klein 给出的算法, 它能够在时间 $O(nm)$ 内检查任何网络是否包含一个负圈[480], 最终找到网络 $\mathcal{N}$ 的一个最小费用流.

圈删除算法

输入: 一个网络 $\mathcal{N}=(V,A,l,u,b,c)$.

输出: $\mathcal{N}$ 的一个最小费用流.

1. 在 $\mathcal{N}$ 中找到一个可行流 x .
2. 在 $\mathcal{N}(x)$ 中搜索负圈.
3. 如果搜索到负圈 W, 则沿 W 给 x 增广 $\delta(W)$ 个单位, 并转到第 2 步.
4. 返回流 x.

与 Ford-Fulkerson 算法中的情形一样, 如果容量不是有理数时, 圈删除算法将不会终止. 容易调整习题 3.17 中的例子来说明这一点. 尽管圈删除算法不是一个快速算法, 而当所有下界和容量是整数 (或是有理数) 时, 这个算法就有效. 图 3.16 给出该算法的一个解释.

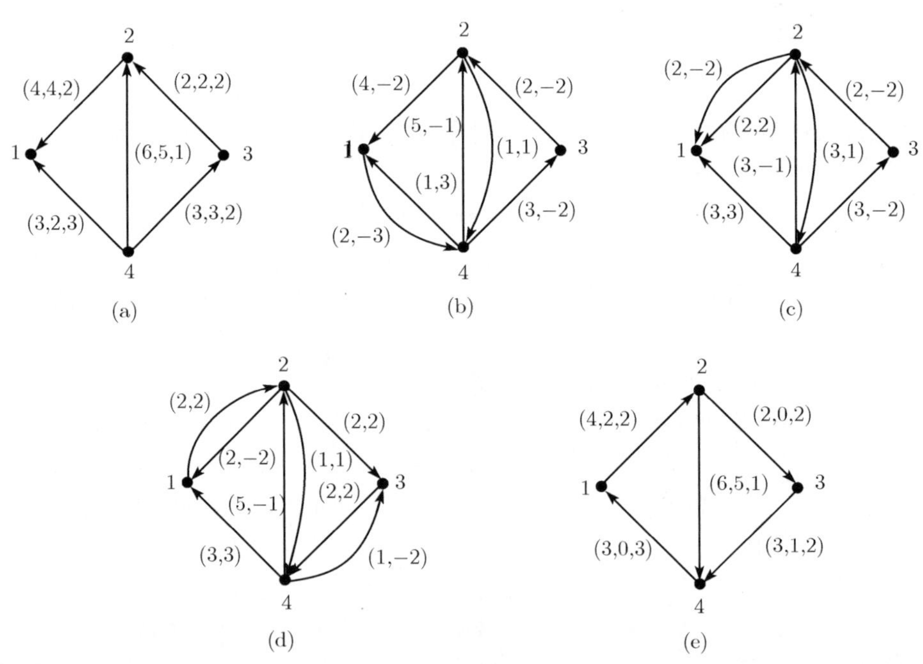

图 3.16　圈删除算法的一个解释

(a) 具有一个关于平衡向量 $(b(1), b(2), b(3), b(4)) = (2,3,1,-6)$ 和可行流 x 的网络. 弧上的数据是 (容量, 流, 费用); (b) 剩余网络 $\mathcal{N}(x)$, 弧上的数据是 (剩余容量, 费用); (c) 沿圈 1421 增广 2 个单位后的剩余网络; (d) 沿圈 2432 增广 2 个单位后的剩余网络; (e) 最终的最优化流

记号 U 和 C 分别表示 $\mathcal{N}$ 的最大容量和 $\mathcal{N}$ 的所有费用中最大费用值.

定理 3.10.2 若输入网络 $\mathcal{N}$ 的所有下界、容量、费用和平衡向量均为整数, 则圈删除算法能够在时间 $O(nm^2CU)$ 内找到一个最优化流.

证明 根据定理 3.8.3, 圈删除算法能够在时间 $O(n^3)$ 内找到 $\mathcal{N}$ 的一个行流 x. 因此, 算法的步骤 1 可以在所承诺的时间界限内运行, 这是因为在本章中假定总有 $m = \Omega(n)$. $\mathcal{N}$ 中一个可行流的最大费用为 mUC, 并且最小费用是 $-mUC$. 在第 3 步骤中, 由于减少当前流的费用至少是 1, 这说明至多运行 $O(mUC)$ 次第 3 步骤就可得到一个最小费用流. 使用 Bellman-Ford-Moore 算法在时间 $O(nm)$ 内能够运行步骤 2, 从而证得圈删除算法的复杂性. □

接下来, 相似于最大流中的情形, 存在一个漂亮的整值性性质.

定理 3.10.3(最小费用流的整值性定理) 如果网络 $\mathcal{N}$ 的所有下界、容量和平衡向量均为整数, 则存在一个整值最小费用流.

证明 这是定理 3.10.2 证明的一个简单推论. 利用定理 3.8.3, 可设在第 1 步之后流 x 是整值流. 对圈删除算法得到的增广数目使用数学归纳法就可证得结论, 这是因为在每次增广中, 沿增广圈的弧对当前流增加了一个整值量. □

对于任何一个所有数据为整数的网络, 圈删除算法的复杂性并不令人高兴的. 而且, 该算法不是多项式的, 这是因为在最大容量和最大 (绝对值) 费用中算法的运行时间是指数形式的. 容易构造这样的例子, 使得算法在没有如何选择下一个负圈的帮助下可以使用 $O(mUC)$ 次增广后就达到一个最优化流 (习题 3.52). 然而, 对于某些应用, 比如在有向图中寻找某些特定的结构, 当数 U 和 C 较小时, 该算法是相当吸引人的, 主要是因为它的简单性 (参见 3.11 节中的几个结论).

1972 年, Edmonds 和 Karp 提出为最小费用流问题寻找强多项式算法①的问题[216]. 直到 1985 年, Tardos 发现了第一个这样的算法[687]. 在上面我们曾提及到, 如果在第 3 步使用负圈, 则圈删除算法可能使用一个非多项式次数的重复迭代. Goldberg 和 Tarjan 证得下面的算法变量是强多项式的[326]. 一个圈 W 的**平均费用** (mean cost) 是数 $c(W)/|A(W)|$.

定理 3.10.4[326] 如果在第 3 步中总可以沿最小平均费用圈 (尽可能地为负平均费用) 增广, 则圈删除算法的复杂性为 $O(n^2m^3\log n)$, 甚至对某些弧上拥有非有理数数据的网络此复杂性也成立.

依据定理 3.10.1, 算法的正确性提供了终止性, 因为当前的剩余网络在终止处无负圈. 鉴于本书的容量, 这里不再证明定理的复杂性部分, 建议有兴趣的读者去阅读文献 [7, 578], 以获得这个算法复杂性的完整证明. 值得一提的是, 定理 3.10.4

① 如果一个图算法的 (把每一个算术运算计为一个常量时间) 运算次数界于一个 n 和 m 的多项式中, 则称它是**强多项式算法** (strongly polynomial algorithm).

的原始证明并不简单, 作者为使证明畅通而使用了关于一些新概念下流的基本定义.

3.10.2 创建最优化解

圈删除算法是从一个 (一般的) 非最优化可行流开始, 经过一系列可行流而找到一个最优化流 (具有算法的终止保证). 这一节将给出另外一个方法, 它是由 Jewell[460] 以及 Busacker 和 Gowen[138] 分别独立地发现的. 这个方法从一个 (一般的) 入可行流开始, 而且这个入可行流是最优化的①, 然后经过一系列最优的非入可行流, 直至找到一个可行最优化流.

定理 3.10.5(集结定理)[138,460] 设 x 是网络 $\mathcal{N}=(V,A,l\equiv 0,u,c)$ 的一个最小费用可行流, $\mathcal{N}$ 有平衡向量 $b_x=b$. 设 P 是 $\mathcal{N}(x)$ 中最小费用 (p,q) 路, $\alpha\leqslant\delta(P)$; 设 $f(P)$ 是 $\mathcal{N}(x)$ 中路流的值. 那么 $x':=x\oplus f(P)$ 是 $\mathcal{N}$ 中关于平衡向量 b' 的一个最小费用流, 其中平衡向量 b' 为

$$b'(v)=\begin{cases} b(v), & 若\ v\notin\{p,q\},\\ b(p)+\alpha, & 若\ v=p,\\ b(q)-\alpha, & 若\ v=q. \end{cases}$$

证明 按照定理 3.10.1, 只要证明 $\mathcal{N}(x')$ 中没有负圈即可完成证明. 因为 x 是最优化流, 故网络 $\mathcal{N}(x)$ 无负圈. 如果 $\mathcal{N}(x')$ 含有一个负圈 W, 则由 x' 的定义, $\mathcal{N}(x')$ 中的每条弧或是 $\mathcal{N}(x)$ 的弧, 或是最小费用 (p,q) 路 P 上某条弧的反向弧. 考虑由 $A(P)\cup A(W)$ 得到的有向多重图 H, 把 $A(P)\cup A(W)$ 看成一个多重集合要删去所有这样的弧 a, 若 a 与其反向弧均在 $A(P)\cup A(W)$ 中. 不难看到, 当把弧 qp 添加给 H 后, 则得到一个新有向多重图 M, 使得 M 的每个连通分支是欧拉图. 因而, 则由习题 3.8, 能够把 $A(H)$ 分解成一条 (p,q) 路 P' 和若干个圈 $W_1,W_2,\cdots,W_k$. 根据上面的注解和定义 H 的方法知, P' 和 W_i $(1\leqslant i\leqslant k)$ 的每一条弧均为 $\mathcal{N}(x)$ 的弧. 依据 (3.2) 式, 有相反弧的费用被删除, 因而使用 $c(W)<0$, 即得

$$c(P)>c(P)+c(W)=c(P')+\sum_{i=1}^{k}c(W_i)\geqslant c(P'),$$

这是因为每一个 W_i 是 $\mathcal{N}(x)$ 的圈, 故 W_i 的费用必是非负数. 于是, P' 是一条 (p,q) 路, 其费用小于 P 的费用, 这与 P 的最小性矛盾. 故断定 W 不存在, 完成定理的证明. □

按照定理 3.10.5, 可以构造一个算法能够在网络 $\mathcal{N}=(V,A,l\equiv 0,u,b,c)$ 中寻找一个最优化可行流, 称这个算法为**集结算法** (buildup algorithm)[138,460]. 下面所

① 最优化性是关于全体具有相同平衡向量的流而言的.

说的算法仅仅有效于在开始时网络无负圈, 这个限制并不影响实际问题, 按照习题 3.49, 我们能够把一般最小费用流问题转化成所有的费用为非负的情形. 在此假设下, 网络 $\mathcal{N}$ 无负圈, 流 $x \equiv 0$ 是 $\mathcal{N}$ 的一个最优化循环. 在集结算法运行的任何时刻, 关于当前流 x 分别定义集合 U_x 和 Z_x 为

$$U_x = \{v \mid b_x(v) < b(v)\}, Z_x = \{v \mid b_x(v) > b(v)\}.$$

注意到, $U_x = \varnothing$ 当且仅当 $Z_x = \varnothing$.

集结算法 (building algorithm)

输入: 一个网络 $\mathcal{N} = (V, A, l \equiv 0, u, b, c)$.

输出: $\mathcal{N}$ 中关于平衡向量 b 的一个最小费用可行流, 或给出无可行解的证明.

1. 对于每一条弧 $ij \in A$, 令 $x_{ij} := 0$.
2. 如果 $U_x = \varnothing$, 则转向第 8 步.
3. 如果 $\mathcal{N}(x)$ 中无 (U_x, Z_x) 路, 则转向第 9 步.
4. 选择 $p \in U_x$ 和 $q \in Z_x$, $\mathcal{N}(x)$ 包含一条 (p, q) 路.
5. 寻找 $\mathcal{N}(x)$ 中的一条最小费用 (p, q) 路.
6. 令 $\varepsilon = \min\{\delta(P), b(p) - b_x(p), b_x(q) - b(q)\}$, 这里 $\delta(P)$ 是 P 的剩余容量.
7. 令 $x := x \oplus \varepsilon P$; 调整 U_x 和 Z_x, 然后转向第 2 步.
8. 返回流 x.
9. 返回 "无可行解".

关于集结算法的一个解释可见图 3.17 中的例子.

定理 3.10.6[138, 460] 设网络 $\mathcal{N} = (V, A, l \equiv 0, u, b, c)$ 的所有数据均为整数且无负费用. 集结算法能够正确地确定 $\mathcal{N}$ 中一个最小费用可行流 x, 或探测出 $\mathcal{N}$ 中无可行流存在. 该算法可在时间 $O(n^2 mM)$ 内运行, 其中 $M = \max_{v \in V} |b(v)|$. 此外, 若 $\mathcal{N}$ 有一个可行流, 则该算法可找到 $\mathcal{N}$ 的一个最优化整值可行流.

证明留作习题 3.50.

下面的结论说明在考虑最小费用 (s, t) 流时, 连贯地增广 (s, t) 路的费用形成一个单调增函数. 关于这个结论有更一般的叙述 (习题 3.51), 但为简便性, 这里仅考虑 (s, t) 流.

命题 3.10.7 设 $\mathcal{N}$ 是一个网络, s, t 是它的不同顶点, x 是 $\mathcal{N}$ 的一个最优化 (s, t) 流. 假设 x' 是沿 $\mathcal{N}(x)$ 中一条最小费用 (s, t) 路 P 增广 x 所得到的流, x'' 是沿 $\mathcal{N}(x')$ 中一条最小费用 (s, t) 路 P' 增广 x' 所得到的流, 则有

$$c^T x - c^T x' \geqslant c^T x' - c^T x''. \tag{3.24}$$

证明 设流 x, x', x'' 和路 P, P' 是命题所确定的. 类似于定理 3.10.5 的证明方法, 则存在有向多重图 H', 它由 $A(P) \cup A(P')$ 的弧的多重集所得到, 删去 2

条路 P, P' 中相反方向的弧. 能够分解 H' 为 2 条 (s,t) 路 Q 和 R 以及若干个圈 $W_1, W_2, \cdots, W_p$, 使得这些路和圈上的弧均在 $\mathcal{N}(x)$ 中. 因为 x 是最优化流, 应用定理 3.10.1, 便得每一个圈 W_i $(1 \leqslant i \leqslant p)$ 具有非负费用. 利用 P 是 $\mathcal{N}(x)$ 中一条最小费用 (s,t) 路, 则可断定 R 和 Q 中的每一个至少有费用 $c(P)$, 可见 $c(P') \geqslant c(P)$, 即 (3.24) 式成立. □

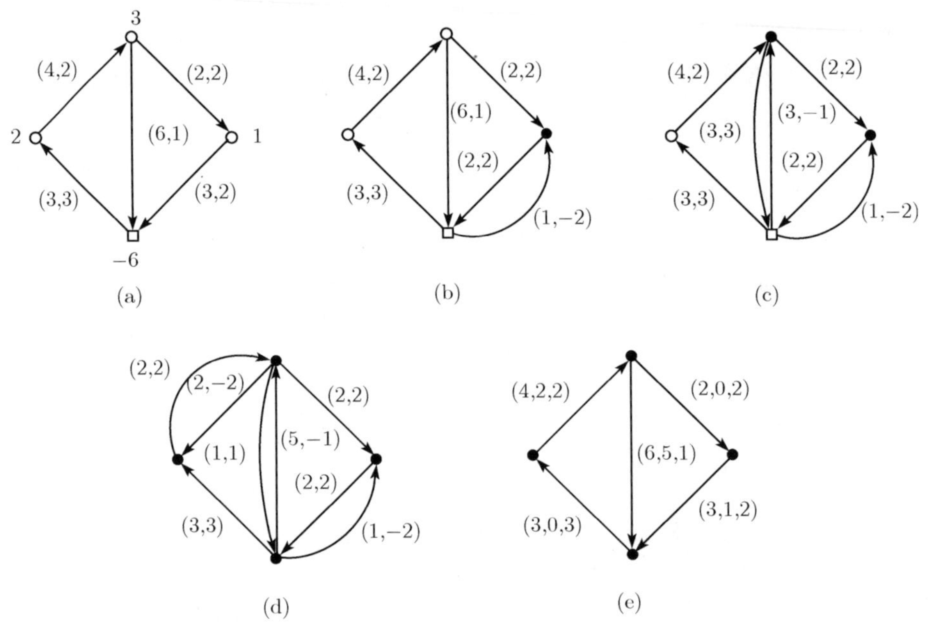

图 3.17　在图 3.16 (a) 中的网络上实施集结算法

(a)~(b) 说明关于流 x 的当前剩余网络, 在 (a) 中从 $x \equiv 0$ 开始. 每一条弧有特定的数据对 (u, c), 且在 (a) 中, $b(v)$ 是关于每一个顶点的. 白色小圆圈对应集合 U_x, 白色方盒对应集合 Z_x. 黑色圆圈代表已经达到所期望平衡值的顶点. (e) 给出最终的最优化流

3.11　流 的 应 用

本节介绍流在来源于理论和实际的大量问题中的应用, 有关流的更多的应用读者可参见 3.12 节和第 7 章. 由于在后面的章节需要用到若干结论, 本节讨论的重点是寻找有向图的某些子结构.

3.11.1　二部分图的最大匹配

设 $G = (V, E)$ 是一个无向图. 前面已经定义 G 的一个匹配是边集合 E 的一个子集, 匹配中的任何 2 条边不共享一个顶点, 最大匹配是 G 的全体匹配中基数最大的一个匹配. 匹配问题出现在许多的应用中, 例如下面的**日程表制定问题**: 已知 $T = \{t_1, t_2, \cdots, t_r\}$ 是一个任务集 (例如操作一台机器) 等待着被人的集合 $P = \{p_1, p_2, \cdots, p_s\}$ 操作, 其中每个人 p_i 有能力去操作 T 中的一些任务. 目标是找到有关任务的一个最大值, 使得每个任务可以由某人来操作, 且这个人不可操作其他的任务, 也就是说没有一个任务可以被 2 个以上的人所操作. 此问题可以表述为如下的匹配问题. 设 $B = (P, T; E)$ 代表一个二部分图, 其顶点集为 $P \cup T$, 边集 E 包含形如 $p_i t_j$ 的边, 它表示人 p_i 能够操作任务 t_i, 使得 $1 \leqslant i \leqslant s$ 和 $1 \leqslant j \leqslant r$. 现在可看到, 上面问题的解等于寻找二部分图 B 中的一个最大匹配, 使得这个匹配尽可能多地覆盖 T 的顶点 (见习题 3.53). 对于任意图来说, 快速地寻找到一个最大匹配是相当复杂的, Edmonds 的多项式算法是一个重大突破[210]. 对于二部分图情形, 我们来介绍一个基于流的简单算法.

定理 3.11.1 关于二部分图, 最大匹配问题在时间 $O(m\sqrt{n})$ 内是可解的.

证明 设 $B = (X, Y; E)$ 是具有顶点二部划分 (X, Y) 的无向二部分图. 现构造一个网络 $\mathcal{N}_B = (X \cup Y \cup \{s, t\}, A, l \equiv 0, u)$ 如下 (参见图 3.18):

$$A = \{ij: \ i \in X, j \in Y, ij \in E\} \cup \{si: \ i \in X\} \cup \{jt: \ j \in Y\},$$

对所有的弧 $ij \in (X, Y)$, $u_{ij} = \infty$; 当 $i \in X$ 时, $u_{si} = 1$; 当 $j \in Y$ 时, $u_{jt} = 1$.

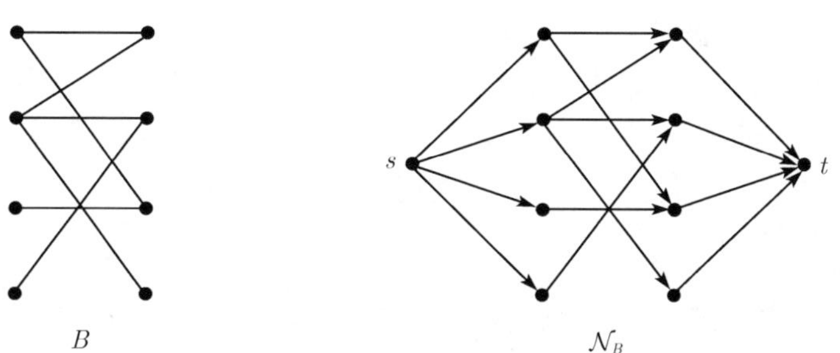

图 3.18 一个二部分图和它所对应的网络

形如 sv 和 ut 的每一条弧的容量是 1, 对应到 B 中边的所有弧的容量为 ∞

我们断言: $\mathcal{N}_B$ 中的一个最大 (s, t) 流的值等于 B 中一个最大匹配的规模. 设 x 是 $\mathcal{N}$ 中值为 k 的一个整值流. 设 $M = \{ij: \ i \in X, \ j \in Y, \ x_{ij} > 0\}$. 对于每一个 $i \in X$, 弧 si 上的流 x_{si} 是零, 或者是 1. 此外, 若 $x_{si} = 1$, 由流 x 是整值的以及 $b_x(i) = 0$, 则只有一条从 i 到 Y 的弧具有非零流. 类似地, 对于每一个 $j \in Y$, 若 $x_{jt} = 1$, 则只有一条从 X 到 j 的弧具有非零流. 因为 M 是 B 中规模为 k 的匹配, 再由定理 3.5.5 知, B 中一个最大规模的匹配等于 $\mathcal{N}_B$ 中一个最大流的值.

另一方面, 若有 B 的一个匹配 $M' = \{q_i r_i: \ q_i \in X, \ r_i \in Y, \ 1 \leqslant i \leqslant h\}$, 则可

沿内部不交的每一条路 sq_ir_it 送出 1 个单位的流, 从而得到网络 $\mathcal{N}_B$ 中值为 h 的一个可行 (s,t) 流. 这说明相反的不等式也成立. 证得我们的断言.

依据上面的论证知, x 是一个整值最大流, 则可得到 B 的一个最大匹配, 方法是仅仅取形如 u_iv_i $(u_i \in X,\ v_i \in Y)$ 且其流值等于 1 的弧. 注意到, 这是一个简单网络, 运用定理 3.7.7 (注意, 这个复杂性对不是所有容量为 1 的简单网络也有效, 且网络中至多有 1 个单位的流能够通过不同于 s 和 t 的任何顶点) 可以在时间 $O(m\sqrt{n})$ 内找到 $\mathcal{N}$ 的最大流的事实就能够证明复杂性结论. □

对于密集的图情形, 一个较快的复杂性为 $O(n^{1.5}\sqrt{m/\log n})$ 的算法由 Alt, Blum, Mehlhorn 和 Paul 给出[23]. 关于在一般图中寻找一个最大匹配的问题, 也有不少的快速算法[690]. 然而, 似乎不太可能把任意图的最大匹配问题表述为某个网络最大流问题的一个事例. Kocay 和 Stone 研究了流的一个推广, 使得一般图的最大匹配问题成为该推广的一个特殊情形[482].

无向图 $G=(V,E)$ 的一个**顶点覆盖** (vertex cover) 是 V 的一个子集 U, 使得 E 的每一条边至少有一个端点在 U 中. 因为一个匹配中没有二条边共享一个顶点, 又因 G 中每一个顶点相邻于顶点覆盖中的一个顶点, 于是 U 的规模至少是最大匹配的规模. 对于一般图来说, 最大匹配的规模和最小顶点覆盖的规模之间不存在等式. 例如 5 圈, 它的最大匹配的规模是 2, 而顶点覆盖的顶点个数不要小于 3. 下面将证明 König 的一个结论[498], 它揭示对二部分图这个等式的确成立, 而且证明方法体现了最大流最小割定理的威力.

定理 3.11.2 (König 定理)[498] 设 $B=(X,Y;E)$ 是一个具有顶点二部划分 (X,Y) 的无向二部分图, 则 B 中最大匹配规模等于 B 的最小顶点覆盖的规模.

证明 设 $\mathcal{N}_B=(V\cup\{s,t\},A,l\equiv 0,u)$ 是定理 3.11.1 证明中的网络, x 是 $\mathcal{N}_B$ 的一个最大流, $(S,\overline{S})$ 是定理 3.5.3 证明中关于流 x 的最小割 (见图 3.19). 注意, S

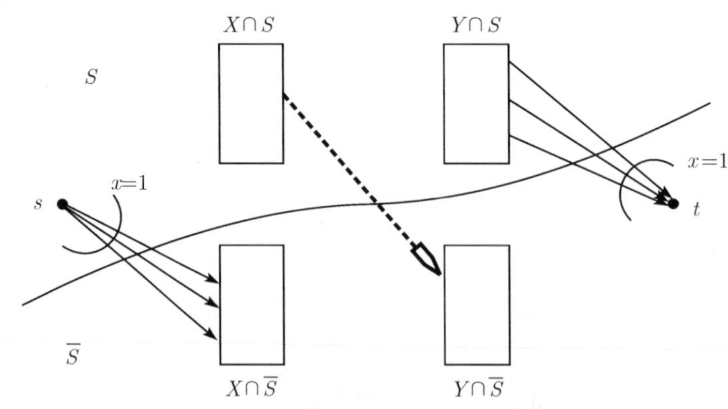

图 3.19 找到一个最大流的情景

粗点状弧表示 2 个集合 $X\cap S$ 和 $Y\cap\overline{S}$ 之间无弧

是由 $\mathcal{N}_B(x)$ 中从 S 可达的属于 $V\cup\{s,t\}$ 的顶点组成. 由于从 X 到 Y 的每一条弧的容量是 ∞, 从而 G 中没有从 $S\cap X$ 到 $\overline{S}\cap Y$ 的边. 于是, 集合 $U=(X\cap\overline{S})\cup(Y\cap S)$ 是 B 的一个顶点覆盖. 根据 S 的定义, 对于所有的 $i\in X\cap\overline{S}$, 有 $x_{si}=1$, 且对 $j\in Y\cup S$, 得 $x_{jt}=1$, 可见 $|x|=|X\cap\overline{S}|+|Y\cap S|$. 在定理 3.11.1 的证明中已经证得 $|M^*|=|x|=|X\cap\overline{S}|+|Y\cap S|$, 其中 M^* 是 B 的一个最大匹配. 从而有 $|M^*|=|U|$, 可见 U 是 B 的一个最小顶点覆盖, 完成证明. □

图的一个匹配是完美的, 则它覆盖了图的每一个顶点. 由上面的论述可见, 只要将定理 3.11.1 的证明简单地修改一下, 就可得到 König 定理的证明. 不惊奇的是, 我们也能够推导出有完美匹配的二部分图特征, 下面定理的结论弱于 Hall 的结论[393] (处理匹配时将会遇到二部分图的一个顶点二部划分类的所有顶点). 对于无向图 $G=(V,E)$ 以及其子集 $U\subset V$, 用记号 $N(U)$ 表示全体与 U 中至少一个顶点相邻且属于 $V-U$ 的顶点之集.

定理 3.11.3(Hall 定理)[393] 一个二部分图 $B=(X,Y;E)$ 有一个完美匹配当且仅当 $|X|=|Y|$, 且对任何子集 $U\subset V$, 有

$$|U|\leqslant|N(U)|. \tag{3.25}$$

证明 $|X|=|Y|$ 和 (3.25) 式是显然的, 又因为 B 有一个完美匹配时, U 中的每一个顶点必然要对应于 Y 中的一个顶点, 所以必要性得证.

假定 (3.25) 式成立, 且 $|X|=|Y|$. 设 x 是网络 $\mathcal{N}_B$ 中的一个整值最大流, 其中 $\mathcal{N}_B$ 是定理 3.11.1 证明中的网络. 如果能够证明 $|x|=|X|$, 则由定理 3.11.1 的证明可推出 B 有完美匹配. 现假设 $|x|<|X|$. 应用定理 3.11.2 的证明, 则有 $|x|=|X\cap\overline{S}|+|Y\cap S|$, 这里 S 是网络 $\mathcal{N}_B(x)$ 中从顶点 s 可达的全体顶点之集. 再由 (3.25) 式和在定理 3.11.2 的证明中所得到的事实: $X\cap S$ 的所有邻点均在 $Y\cap S$ 中, 可推出

$$|X|=|X\cap S|+|X\cap\overline{S}|\leqslant|Y\cap S|+|X\cap\overline{S}|=|x|<|X|,$$

矛盾, 则必有 $|x|=|X|$, 完成定理的证明. □

3.11.2 有向中国邮递员问题

在一个小城镇里, 一位邮递员不得不跑遍该城镇的每一条街道传送邮件①. 再进一步假设, 单行街道的邮箱均安置在道路的一侧, 双行街道的邮箱则分布在道路的两侧. 一个显然的理由是: 邮递员希望最小化他的路程, 使得他送完所有的邮件再返回出发点②. 我们要说明如何应用最小费用流在多项式时间内解决这个问题.

① 假设邮递员可以一次带上所有要送的邮件, 如果没有这种假设, 此问题将变得更加困难.

② 1962 年, 中国山东大学的数学家管梅谷提出此问题, 后该问题在全世界被称为**中国邮递员问题**.——译者注

我们用一个有向图 $D=(V,A)$ 为这个问题建立数学模型. 存在一个赋权函数 $w: A \to \mathcal{R}_+$, 其中城内全部街道交叉点是 V 的顶点, 弧代表街道. 一个 2 圈对应一条双行街道, 不在 2 圈上的弧对应一条单行街道, 一条弧的权对应它所表示的街道的长度. 不难理解, 邮递员的一个最优化路线是 D 的一个闭途径, 且走过每条弧至少一次.

在定理 1.6.3 中, 我们已经证明一个欧拉图包含一条闭迹, 且每条弧在闭途径中出现且仅出现一次. 如果 D 是欧拉图, 则最优化途径就是 D 的一个欧拉迹 (每条弧仅使用一次). 关于解决一般的情形, 我们介绍如何简约这个问题到最小费用循环问题. 首先看到, 当 D 不是强连通的时候, 这个问题没有解, 这是由于闭有向途径本身就是一个强连通有向图. 因而, 以下总设所论及的有向图是强连通的, 当考虑邮递员问题时, 这也是最实际的假设.

设 $D=(V,A)$ 是强有向图, c 是弧集 A 上的一个赋权函数, 一个途径 W 的费用 $c(W)$ 是 $\sum_{ij\in A} c_{ij}W_{ij}$, 这里 W_{ij} 表示弧 ij 出现在 W 中的次数. 定义网络 $\mathcal{N}=(V,A,l\equiv 1,u\equiv\infty,c)$, 即所有的弧有下界 1, 容量为无穷大, 费用等于每条弧的权重.

定理 3.11.4　网络 $\mathcal{N}$ 中最小费用循环的费用等于 D 中中国邮递员途径的最小费用.

证明　设 W 是 D 的一个闭途径, 每条弧出现在 W 的次数记为 W_{ij}, 自然有 $W_{ij}\geqslant 1$. 不难看到, 沿每条弧 $ij\in A$ 传送 W_{ij} 个单位的流就可得到 $\mathcal{N}$ 中费用为 $c(W)$ 的一个可行循环.

相反, 设 x 是 $\mathcal{N}$ 中的一个整值可行循环. 构造一个有向多重图 $D'=(V,A')$, 使得 A' 包含弧 $ij\in A$ 的 x_{ij} 个拷贝. 因为 x 是一个整值循环, 则 D' 是一个欧拉有向多重图 (见图 3.20). 因此, 根据定理 1.6.3, D' 有一个欧拉游历 T. 因为游历 T 对应 D 中的一个闭途径 W, 每一条弧出现在 W 至少一次, 显然有 $c(W)=c^Tx$. □

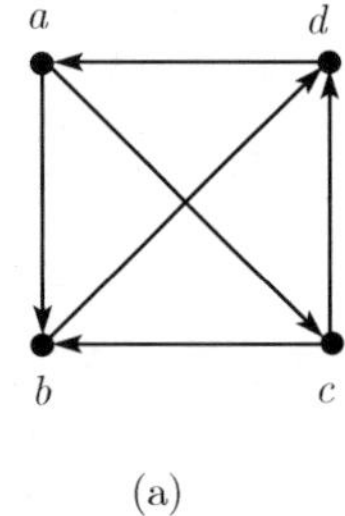

(a)

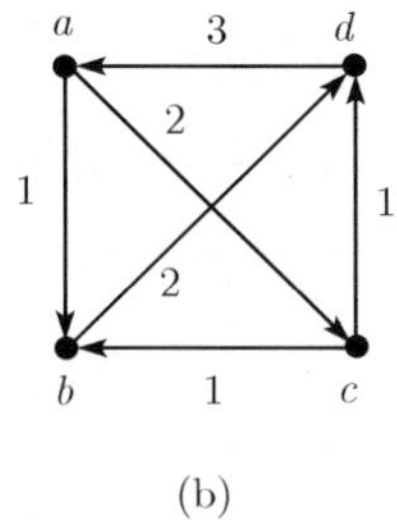

(b)

图 3.20

(a) 说明每一条弧的费用为 1 (没有标出来) 的一个有向图.

(b) 在所对应网络一个最小费用循环的值, 循环对应邮递员游历 $abdacdacbda$

3.11.3 寻找具有预先指定度的有向子图

在涉及有向多重图的一些算法中，一个重要的问题是判定一个有向多重图 D 是否包含一个顶点上具有预先指定度的有向子图．这样的一个事例是检查 D 是否包含一个圈因子 (参见第 5 章)．我们将说明如何用流来回答这些问题或有关它们的一般化问题．习题 3.67 给出了一个流的应用问题，它相似于具有特定出度、入度有向多重图的结构的问题．本节所给出的另一个技术性应用将在 7.16 节中用到．

定理 3.11.5 关于下面的问题存在一个多项式算法．已知有向图 $D=(V,A)$ 的顶点集 $V=\{v_1,v_2,\cdots,v_n\}$，对给定的整数 a_i, b_i $(1\leqslant i\leqslant n)$，则能够找到 D 的一个有向子图 $D'=(V,A^*)$，使得 $d^+_{D'}(v_i)=a_i$ 和 $d^-_{D'}(v_i)=b_i$ $(1\leqslant i\leqslant n)$，或者证明 D 无此类子图．此外，若每一条弧有指定的费用，则可在多项式时间内找到最便宜 (最小费用) 的且满足度条件的有向子图．

证明 可设 $a_i\leqslant d^+_D(v_i)$, $b_i\leqslant d^-_D(v_i)$ $(1\leqslant i\leqslant n)$ 以及 $\sum_{i=1}^n a_i=\sum_{i=1}^n b_i$．关于 D' 的存在性来说，这些条件显然是必要的，且可在时 $O(n)$ 内检查完它们．令 $M=\sum_{i=1}^n a_i$，并定义网络 $\mathcal{N}=(V'\cup V''\cup\{s,t\},A',l\equiv 0,u)$，其中 $V'=\{v'_i:\ 1\leqslant i\leqslant n\}$, $V''=\{v''_i:1\leqslant i\leqslant n\}$ 以及 $A'=\{sv'_i:\ 1\leqslant i\leqslant n\}\cup\{v''_jt:\ 1\leqslant i\leqslant n\}$，再令 $u_{sv'_i}=a_i$ 和 $u_{v''_it}=b_i$ $(1\leqslant i\leqslant n)$，其余弧的容量皆为 1．

显然，$\mathcal{N}$ 中 (s,t) 流的最大值为 M．我们说 $\mathcal{N}$ 有一个值为 M 的 (s,t) 流当且仅当 D 有所期望的有向子图．

假定有向子图 $D'=(V,A^*)$ 满足 $d^+_{D'}(v_i)=a_i, d^-_{D'}(v_i)=b_i$ $(1\leqslant i\leqslant n)$．则有 $\mathcal{N}$ 的一个值为 M 的 (s,t) 流：$x_{sv'_i}=a_i$, $x_{v''_it}=b_i$ $(1\leqslant i\leqslant n)$，且对于每一条弧 $v_iv_j\in A^*$，有 $x_{v'_iv''_j}=1$；不然，当 $v_iv_j\notin A^*$ 时，有 $x_{v'_iv''_j}=0$．

现设 x 是 $\mathcal{N}$ 中值为 M 的一个整值 (s,t) 流，并令 $A^*=\{v_iv_j:\ x_{v'_iv''_j}=1\}$，则 $D'=(V,A^*)$ 就是所期望的子图．

综上所述，利用寻找网络最大流的任何一个多项式算法，就可以在多项式时间内找到所期望的有向子图．也可看到，如果有一个定义在 D 的弧上的费用函数 c，用直接的方式令 $\mathcal{N}$ 继承费用 (关联于 s 或 t 的弧有零费用)，于是寻找最小费用有向子图 D' 的问题可以借助最小费用流的算法得以解决． □

根据定理 3.11.5，我们能够在多项式时间内判定给定的有向图是否含有一个支撑 k 正则有向子图，其中 k 是预先指定的自然数．事实上，使用最小费用流能够在弧上有费用的情形中找到如此最便宜的有向子图．如果不要求正则子图是支撑子图的话，将会发生什么事呢？设 $k=1$，则问题的存在是平凡的，因为这样的子图存在的话，除非 D 是无圈的．Yannakakis 和 Alon 发现：当 $k\geqslant 2$ 时，该问题的存在性问题是 $\mathcal{NP}$ 完全问题，在文献 [279] 中可以看到这方面内容的详细介绍．

3.11.4　有向多重图的路圈因子

在上一节中, 我们可以运用流去寻找一个给定有向图中一个圈因子, 或是证明不存在这样的因子. 这一节将说明流在研究有向图的一般路圈因子中是非常有用的. 寻找这类有向子图对于一些算法来说是重要的任务, 例如, 关于广义竞赛图的哈密尔顿路和哈密尔顿圈的几个多项式算法 (参见第 5 章).

我们从有向图圈因子的 3 个充要条件开始介绍本小节的内容, 给出这 3 个结论的原因是在某些情形中, 它们中的一个会提供比其他 2 个较好些的方式来处理所研究的问题. 前面的 2 个充要条件在 Ore 的书 中可看到[595], 最后一个充要条件是 Yeo 发现的[748].

命题 3.11.6　设 $D=(V,A)$ 是一个有向多重图.

(a) D 有一个圈因子当且仅当 D 的二部分表示 $BG(D)$ 有一个完美匹配.

(b) D 有一个圈因子当且仅当不存在 V 的子集 X, 使得

$$\left|\bigcup_{v\in X} N^+(v)\right| < |X| \quad 或 \quad \left|\bigcup_{v\in X} N^-(v)\right| < |X|.$$

(c) D 有一个圈因子当且仅当 V 不能够被划分为 Y, Z, R_1, R_2, 使得 $(Y,R_1)=\varnothing, (R_2, R_1\cup Y)=\varnothing$, Y 是独立集且 $|Y|>|Z|$.

证明　(a) 要求读者在习题 1.62 里证明 (a), 为了完整性, 我们在这里给出全部的证明. 设 $BG(D)$ 含有一个由边 $v'_1v''_{\pi(1)}, v'_2v''_{\pi(2)},\cdots,v'_nv''_{\pi(n)}$ 构成的完美匹配, 其中 π 是集合 $\{1,2,\cdots,n\}$ 的一个置换. 于是弧 $v_1v_{\pi(1)}, v_2v_{\pi(2)},\cdots, v_nv_{\pi(n)}$ 形成一个圈因子. 事实上, 在由这些弧所导出的有向图中, 每一个顶点的出度和入度均为 1, 说明这种有向图仅仅是不交圈的并 (习题 3.57).

相反地, 设 $C_1\cup C_2\cup\cdots\cup C_k$ 是 D 的一个圈因子, 对于每一个顶点 $v_i\in V$, 则在包含 v_i 的圈上令 $\pi(i)$ 是 v_i 的后继者的下标. 因而, π 导出 V 的一个置换, 集合 $\{v_iv_{\pi(i)}:\ v_i\in V\}$ 是 $BG(D)$ 的一个完美匹配.

(b) 显然, D 有一个圈因子当且仅当 D 的逆也有一个圈因子. 因此, 只要证明 D 有圈因子当且仅当不存在子集 X, 使得 $|\bigcup_{v\in X}N^+(v)|<|X|$. 必要性是显然的, 如果存在子集 X, 使得 $|\bigcup_{v\in X}N^+(v)|<|X|$ 成立, 则不存在圈有向子图可以覆盖 X 的每一个顶点 (没有足够的互不相同的出邻点). 现设 $|\bigcup_{v\in X}N^+(v)|\geqslant|X|$ 对全部子集 $X\subset V$ 成立. 则容易看到对 $BG(D)$ 的每一个子集 $X'\subset V'$ (这里 $V(BG(D))=V'\cup V''$, 见 1.6 节), 有 $|N(X')|\geqslant|X'|$ 成立. 根据定理 3.11.3, $BG(D)$ 有一个完美匹配, 再由 (a) 的结论知, D 有一个圈因子.

(c) 先证明必要性, 假定 D 有一个圈因子 $\mathcal{F}$. 设 $V(D)$ 有一个如 (c) 所描述的划分: Y, R_1, R_2 和 Z. 从 $\mathcal{F}$ 的圈中适当地删去若干条弧, 就可找到一组 $|Y|$ 条顶点不交的路, 使得起点在 Y 中、终点在 $V-Y$ 中的每一条路支配 Y 的某顶点 (这

里使用了 Y 是独立集). 由于 $|Z|<|Y|$, 在 D 中至多有 $|Z|$ 条这样的路 (每条路必须通过 Z), 这与在 (c) 中所描述的划分 Y, R_1, R_2 和 Z 矛盾.

假设 D 没有圈因子, 则根据 (b) 的结论, 存在 $V(D)$ 的子集 X, 使得 $|\bigcup_{v\in X} N^+(v)|<|X|$ 成立. 设 $Y=\{v\in X:\ d^-_{D\langle X\rangle}(v)=0\}$, $R_1=V-X-N^+(X)$, $R_2=X-Y$, $Z=N^+(X)$. 则有 $(Y,R_1)=\varnothing$, $(R_2,R_1\cup Y)=\varnothing$ 以及 Y 是独立集. 再由 $|\bigcup_{v\in X} N^+(v)|<|X|$, 有

$$|Z|+|X-Y|=\left|\bigcup_{v\in X} N^+(v)\right|<|X|=|X-Y|+|Y|,$$

可见 $|Z|<|Y|$, 从而推导出 Y, Z, R_1 和 R_2 正是 (c) 所描述的 $V(D)$ 的划分. □

不难验证命题 3.11.6 对有向伪图 (允许有自环) 也成立, 只要把自环视为一个圈 (习题 3.58), 下面要使用这个推广. 结合命题 3.11.6 和定理 3.11.1, 则有

推论 3.11.7 在时间 $O(m\sqrt{n})$ 内可检测到有向图的圈因子的存在性. 如果存在一个圈因子, 则可在相同的时间内找到它.

已知有向伪图中路圈覆盖数 $\mathrm{pcc}(D)$ 是最小的正整数 k, 使得 D 有一个 k 路圈因子. 下一个结论 (证明留作习题 3.68) 和定理 3.11.1 指出: 能够在多项式时间里计算有向伪图的覆盖数 $\mathrm{pcc}(D)$.

命题 3.11.8 设 n 是有向伪图 D 的顶点数目, ν 是 D 的二部分表示 $BG(D)$ 的最大匹配的边数. 如果 $\nu=n$, 则覆盖数 $\mathrm{pcc}(D)=1$; 不然, $\mathrm{pcc}(D)=n-\nu$.

Gutin 和 Yeo 给出如下的命题 3.11.6 (c) 的一个推广.

推论 3.11.9[377] 有向图 D 有一个 k 路圈因子 ($k\geqslant 0$) 当且仅当 $V(D)$ 不能够被划分为 Y, Z, R_1, R_2, 使得 $(Y,R_1)=\varnothing$, $(R_2,R_1\cup Y)=\varnothing$, Y 是独立集且 $|Y|>|Z|+k$.

证明 设 $k\geqslant 1$, 给 D 添加 k 个新顶点 $u_1,u_2,\cdots,u_k$ 以及弧 $\{u_iw, wu_i:\ w\in V(D),\ 1\leqslant i\leqslant k\}$, 从而得到一个辅助有向图 D'. 注意, D 有 k 路圈因子当且仅当 D' 有一个圈因子. 按照命题 3.11.6(c), D' 有一个圈因子当且仅当它的顶点集不能够被划分为 Y, Z', R_1, R_2, 使得 $(Y,R_1)=\varnothing$, $(R_2,R_1\cup Y)=\varnothing$, $|Y|>|Z'|$ 以及 Y 是一个独立集. 注意, 如果 D' 中有如此的划分 Y, Z', R_1, R_2 存在, 则 $u_1,u_2,\cdots,u_k$ 必在 Z' 中, 令 $Z=Z'-\{u_1,u_2,\cdots,u_k\}$. 显然, 子集 Y, Z, R_1, R_2 满足 $(Y,R_1)=\varnothing$, $(R_2,R_1\cup Y)=\varnothing$, $|Y|>|Z|+k$, 且 Y 是一个独立集. □

上面定理的证明和推论 3.11.7 隐含了下面命题的第一部分.

命题 3.11.10 设 D 是有向伪图, k 是一个固定的非负整数. 则有

(a) 能够在时间 $O(m\sqrt{n})$ 内检测 D 是否有一个 k 路圈因子, 并将其构造出来 (如果存在).

(b) 已知 D 有一个 k 路圈因子, 则能够在时间 $O(m)$ 内检测 D 是否含有一个 $(k-1)$ 路圈因子, 并可将其构造出来 (如果存在).

证明留作习题 3.69.

3.11.5 覆盖指定顶点的圈有向子图

在解决一些算法问题的过程中, 例如, 在扩张半完全有向图或半完全二部分有向图中寻找最长圈而产生一个重要的子问题, 即寻找圈有向子图使得它尽可能多地覆盖母图的顶点. 我们借助 Alon 对分配问题的一个简约来说明如何解决这个问题[363].

定理 3.11.11 对任意的有向图 D, 存在一个寻找圈有向子图的 $O(n^3)$ 算法, 使得该圈有向子图覆盖了 D 的最大数目的顶点.

证明 设 D 是一个有向图, 给 D 的每个顶点添加一个自环, 则得有向伪图 D'. 现在给 D' 的二部分表示图 $BG(D')$ 的边作如下的赋权, 我们能够构造一个赋权二部分图 B: 当 $x \neq y$, B 的一条边 xy' 的权是 1 ; 如果 $x = y$, 则边 xy' 的权是 2. 不难看到 (见习题 3.63), 利用解决关于 B 的分配问题 (在时间 $O(n^3)$ 内, 见 3.12 节) 并从所得的解中移去权为 2 的边, 就得到 B 的一个边集, 且它对应 D 的一个最大阶的 1 正则有向子图. □

关于有向图圈因子的存在性, Jackson 和 Ordaz 证得如下的充分性条件[452] (对于无向图来说, 相似的条件导致图有一个哈密尔顿圈[161]).

命题 3.11.12[452] 如果 D 是一个 k 强有向图, 使得 D 的独立集的最大规模至多是 k, 那么 D 含有支撑的圈有向子图.

现在证明这个结论的一个推广并讨论它所关联的一个问题: 在一些广义竞赛图中寻找通过特定顶点集的圈. 当 $|X| = 2$ 时, 在任意有向图中判定是否有一个圈包含了预先指定的一个顶点集 X 的全部顶点问题已经被证明是 $\mathcal{NP}$ 完全问题 (见定理 9.2.3 和定理 9.2.6). 在下面由 Bang-Jensen, Gutin 和 Yeo 得到的定理中, 命题 3.11.12 是 $X = V$ 的一个特殊情形.

定理 3.11.13[70] 设 $D = (V, A)$ 是 k 强有向图, 设有子集 $X \subset V(D)$, 使得 $\alpha(D\langle X\rangle) \leqslant k$, 则 D 有一个覆盖 X 的圈有向子图 (不一定是支撑的).

证明 直接由定理 3.8.2 (习题 3.65) 就可以证得这个定理. 我们借助命题 3.11.6 给出一个简单的证明, 此命题对有向伪图也成立 (见习题 3.58).

设 D 和 X 是定理题设所定义的有向图和顶点集合. 给 D 中不属于 X 的每个顶点添加一个自环, 则得一有向伪图 D'. 则 D 有一个覆盖 X 的圈有向子图充要条件是 D' 有圈因子, 这是因为新添加的弧不能够形成那些覆盖集合 X 的顶点的圈. 设 D' 不含圈因子, 则由命题 3.11.6 (c), 我们能够将 V 划分成 4 个部分 Y, Z, R_1, R_2, 使得 $(Y, R_1) = \varnothing$, $(R_2, R_1 \cup Y) = \varnothing$, $|Y| > |Z|$ 以及 Y 是独立集. 注意

到在独立集中的顶点无自环 (见 1.6 节中有关顶点独立集的定义), 于是有 $Y \subseteq X$. 依据上面关于集合间弧的描述, 因在 $D-Z$ 中, 没有从 Y 到 R_1 的路, 而 D 又是 k 强有向图, 则必有 $|Z| \geqslant k$, 从而产生矛盾的式子

$$k \leqslant |Z| < |Y| \leqslant \alpha(D\langle X\rangle) \leqslant k.$$

因此, 有向伪图 D' 有一个圈因子, 从而导致 D 含有一个覆盖 X 的圈有向子图. □

定理 3.11.13 指出: 关于覆盖一个特定子集 X 的圈因子的存在性 (存在一组**不交的圈**覆盖 X) 的必要条件在许多情形中是能够得到满足的. 例如, D 是 k 强有向图, 我们可以把 X 取得很大, 且使 D 的独立数低于 $k+1$.

这里需要指出的是: 当 $|X|=k$ 以及 D 是 k 强有向图, 则圈有向子图覆盖 X 的存在性可以借助 Menger 定理 (定理 7.3.1) 而证得, 见习题 7.17. 把上面的证明与定理 3.11.11 的证明相结合, 即意味着如下的结论:

定理 3.11.14 对于一个已知有向图 $D=(V,A)$ 以及预先指定的子集 $X \subseteq V$, 存在一个 $O(n^3)$ 算法可判定 D 中是否存在一个覆盖 X 的圈有向子图.

3.12 分配问题和运输问题

本节将介绍最小费用流问题的 2 个特殊事例, 它们频繁地出现在实际应用中, 由于它们是最小费用流问题的特殊情形, 因而可以用 3.10 节所提供的算法解决它们. 本节还要介绍一个一般性方法 —— 初对偶算法, 即将运输问题作为解线性规划问题的一个事例. 为了阅读本节的部分内容, 我们假定读者已经掌握了线性规划的部分基础知识以及线性规划的对偶定理[600].

在**分配问题** (assignment problem) 中, 组成输入的是: 人员 $P_1, P_2, \cdots, P_m$ 所构成的集合, 工作 $J_1, J_2, \cdots, J_n$ 所构成的集合和一个元素皆为非负整数的 $m \times n$ 阶矩阵 $M=[M_{ij}]$, 这里 M_{ij} 是关于人员 P_i 操作工作 J_j 的技能的一种测度 (数值越小则表明 P_i 操作 J_j 越好). 目标是寻找到一个人员对工作的分配 π, 使得每个人仅有一项工作, 且和式 $\sum_{i=1}^{m} M_{i\pi(i)}$ 的值达到最小. 注意, 容易把赋权二部分匹配问题 (在一个给定边赋权的完全无向二部分图 $K_{n,n}$ 中寻找一个最小全权的匹配①) 转化为分配问题的一个事例. 另一方面, 不难看到, 关于分配问题的一个事例可以形成一个完全二部分图 $B=(U,V;E)$, 其中 $U=\{P_1,P_2,\cdots,P_m\}$ 和 $V=\{J_1,J_2,\cdots,J_n\}$, 且 E 包含具有权 M_{ij} 的边 P_iJ_j $(1 \leqslant i \leqslant m,\ 1 \leqslant j \leqslant n)$. 这说明分配问题等价于赋权二部分匹配问题②.

① 图是完全的假定并不是限制, 因为总可以用权为 ∞ 的边去取代非边.

② 在本段落中, 原文写为 P_n, $n \times n$ 阶矩阵, $\sum_{i=1}^{n} M_{i\pi(i)}$.—— 译者注

由此可见, 分配问题也是最小费用流的一个 (非常) 特殊情形. 事实上, 把 M_{ij} 看作是费用, 所要找的是一个最小费用流, 使得每一个 P_i 的平衡向量是 1 ($1 \leqslant i \leqslant m$), 每一个 J_j 的平衡向量是 -1 ($1 \leqslant j \leqslant n$).

在一个**运输问题** (transportation problem) 中, 有一个生产工厂 $S_1, S_2, \cdots, S_m$ 的集合, 其中每个工厂生产一种产品, 所有产品运送给销售商 $T_1, T_2, \cdots, T_n$. 关于每一对 (S_i, T_j), 从工厂 S_i 到销售商 T_j 运送 1 个单位产品的实数值费用是 c_{ij}, 每个工厂在每单位时间内生产 a_i 个单位产品 ($1 \leqslant i \leqslant m$), 每个销售商在每时间单位内需要 b_j 个单位产品 ($1 \leqslant j \leqslant n$). 在以下论述中, 假定 $\sum_{i=1}^{m} a_i = \sum_{j=1}^{n} b_j$ (正如习题 3.71 所解释的, 这不是对模型的限制). 目标是为全体产品找到一个运输时间表 (即从 S_i 到 T_j 运送多少个单位的产品, $1 \leqslant i \leqslant m$, $1 \leqslant j \leqslant n$), 以便最小化总运输费用.

仍然可以把运输问题看成是最小费用流问题的一个事例. 考虑二部分网络 $\mathcal{N}$, 其顶点集二部划分为 $S = \{S_i : 1 \leqslant i \leqslant m\}$ 和 $T = \{T_j : 1 \leqslant j \leqslant n\}$. 对于从 S_i 到 T_j 的所有可解的弧 S_iT_j 的容量是 ∞, 沿 S_iT_j 传送一个单位流的费用是 c_{ij}. 现在容易看到: 一个最优化运输时间表对应 $\mathcal{N}$ 中一个最小费用流, 其平衡向量

$$b(S_i) = a_i \ (1 \leqslant i \leqslant m), \quad b(T_j) = -b_j \ (1 \leqslant j \leqslant n).$$

分配问题和运输问题均为最小费用流问题的特殊情形告诉我们, 可以把寻找最小费用流的算法用来解决它们. 我们将描述如何为分配问题和运输问题寻找更有效的算法, 并将采用解决线性规划问题的**初对偶算法** (primal-dual algorithm). 首先把运输问题转化为如下的线性规划问题:

$$\begin{aligned}
\min \quad & \sum_{i=1}^{m}\sum_{j=1}^{n} c_{ij}x_{ij}, \\
\text{s.t.} \quad & \sum_{j=1}^{n} x_{ij} = a_i,\ i = 1, 2, \cdots, m, \\
& \sum_{i=1}^{m} x_{ij} = b_j,\ j = 1, 2, \cdots, n, \\
& x_{ij} \geqslant 0,\ \ 1 \leqslant i \leqslant m,\ 1 \leqslant j \leqslant n.
\end{aligned} \tag{3.26}$$

运输问题的线性规划的对偶是

$$\begin{aligned}
\max \quad & \sum_{i=1}^{m} \alpha_i a_i + \sum_{j=1}^{n} \beta_j b_j, \\
\text{s.t.} \quad & \alpha_i + \beta_j \leqslant c_{ij},\ \ 1 \leqslant i \leqslant m,\ 1 \leqslant j \leqslant n, \\
& \alpha_i,\ \beta_j\ \text{不受限制},\ \ 1 \leqslant i \leqslant m,\ 1 \leqslant j \leqslant n.
\end{aligned} \tag{3.27}$$

这里的对偶变量 $\alpha_1, \alpha_2, \cdots, \alpha_m$ 对应到运输问题中的等式的第一个集合, 对应到运输问题中等式的第 2 个集合的对偶变量是 $\beta_1, \beta_2, \cdots, \beta_n$.

假定存在对偶 (3.27) 式的一个可行解 $\alpha_1, \alpha_2, \cdots, \alpha_m, \beta_1, \beta_2, \cdots, \beta_n$, 我们定义一个下标集合 $\mathcal{IJ} = \{(i,j):\ \alpha_i + \beta_j = c_{ij}\}$. 现设 x 是运输问题的一个可行解以及对 $(i,j) \notin \mathcal{IJ}$, 有 $x_{ij} = 0$. 则

$$\begin{aligned}\sum_{i=1}^{m}\sum_{j=1}^{n} c_{ij}x_{ij} &= \sum_{(i,j)\in\mathcal{IJ}} c_{ij}x_{ij} = \sum_{(i,j)\in\mathcal{IJ}} (\alpha_i + \beta_j)x_{ij} \\ &= \sum_{i=1}^{m}\alpha_i\left(\sum_{\{j:\ (i,j)\in\mathcal{IJ}\}} x_{ij}\right) + \sum_{j=1}^{n}\beta_j\left(\sum_{\{i:\ (i,j)\in\mathcal{IJ}\}} x_{ij}\right) \\ &= \sum_{i=1}^{m}\alpha_i a_i + \sum_{j=1}^{n}\beta_j b_j.\end{aligned}$$

把上式与线性规划中的弱偶定理结合①, 则说明 x 是运输问题的一个最优化解.

为了学习如何算法式地使用这种方法, 这里介绍关于已知对偶解 (α, β) 的**限制初始问题** (restricted primal problem):

$$\begin{aligned} \min \quad & \sum_{i=1}^{m+n} r_i, \\ \text{s.t.} \quad & \sum_{j=1}^{n} x_{ij} + r_i = a_i,\ i = 1, 2, \cdots, m, \\ & \sum_{i=1}^{m} x_{ij} + r_{m+j} = b_j,\ j = 1, 2, \cdots, n, \\ & x_{ij} \geqslant 0,\quad \forall\ (i,j) \in \mathcal{IJ}, \\ & x_{ij} = 0,\quad \forall\ (i,j) \notin \mathcal{IJ}, \\ & r_i \geqslant 0,\quad i = 1, 2, \cdots, m+n. \end{aligned} \tag{3.28}$$

通常称变量 r_i $(1 \leqslant i \leqslant m+n)$ 为**松散变量** (slack variable), 它们保证 (3.28) 式总有一个可行解. 此外, 在 (3.28) 式中最优化值是零当且仅当 (3.26) 式有一个可行解. (3.28) 式的对偶叫做**限制初始问题的对偶** (the dual of the restricted primal problem), 其定义如下:

$$\max \quad \sum_{i=1}^{m}\alpha_i a_i + \sum_{j=1}^{n}\beta_j b_j,$$

① 当初始是最小化问题时, 对于任何一对有关对偶和初始的可行解来说, 对偶对象函数的值至多是始初对象函数的值.

$$\text{s.t.}\quad \alpha_i + \beta_j \leqslant 0,\ \forall\,(i,j) \in \mathcal{IJ},$$
$$\alpha_i, \beta_j \leqslant 1,\quad 1 \leqslant i \leqslant m,\ 1 \leqslant j \leqslant n. \tag{3.29}$$

令 x 和 r 是限制初始问题的一个最优化解 (也就是最小化 $\sum_{i=1}^{m+n} r_i$ 的一个解). 注意当 $r \equiv 0$ 时, x 也是运输问题的一个可行解. 又因对所有的 $(i,j) \notin \mathcal{IJ}$, 有 $x_{ij} = 0$, 从上面的论述知 x 确实是运输问题的一个最优化解. 再由 (3.28) 式, 最小化 $\sum_{i=1}^{m+n} r_i$ 等价于如下的最大化问题:

$$\begin{aligned} \max\quad & \sum_{(i,j)\in\mathcal{IJ}} x_{ij}, \\ \text{s.t.}\quad & \sum_{i=1}^{m} x_{ij} \leqslant a_i,\ i = 1, 2, \cdots, m, \\ & \sum_{j=1}^{n} x_{ij} \leqslant b_j,\ j = 1, 2, \cdots, n, \\ & x_{ij} \geqslant 0,\quad \forall\,(i,j) \in \mathcal{IJ}, \\ & x_{ij} = 0,\quad \forall\,(i,j) \notin \mathcal{IJ}. \end{aligned} \tag{3.30}$$

这正是最大流问题. 设 $\mathcal{N}_{(\alpha,\beta)} = (V, A, l \equiv 0, u)$ 是一个网络, 其顶点集 $V = X \cup Y \cup \{s,t\}$, 其中 $X = \{s_i:\ 1 \leqslant i \leqslant m\}$ 和 $Y = \{t_i:\ 1 \leqslant i \leqslant n\}$, 且它的弧集为

$$A = \{ss_i:\ 1 \leqslant i \leqslant m\} \cup \{t_j t:\ 1 \leqslant j \leqslant n\} \cup \{s_i t_j:\ (i,j) \in \mathcal{IJ}\}.$$

弧 ss_i 的容量是 a_i $(1 \leqslant i \leqslant m)$, 弧 $t_j t$ 的容量是 b_j $(1 \leqslant j \leqslant n)$, 其他形如 $s_i t_j$ 的弧的容量皆为 ∞. 称 $\mathcal{N}_{(\alpha,\beta)}$ 是关于 (α,β) 的**可接纳网络** (admissible network with respect to (α,β)). 不难证明, 在 $\mathcal{N}_{(\alpha,\beta)}$ 的最大 (s,t) 流和 (3.30) 式的最优化解之间存在着一一对应关系.

如果 $\mathcal{N}_{(\alpha,\beta)}$ 中最大 (s,t) 流的值是严格地小于 $\sum_{i=1}^{m} a_i$ (注意, 这等价于 (3.28) 式的最优化值严格大于零), 我们能够做些什么? 在此情形中, 限制在弧集合 $\{s_i t_j:\ (i,j) \in \mathcal{IJ}\}$ 上的流 x 不是运输问题一个可行解. 然而这却是初对偶算法进入运行的主要步骤处, 我们来说明总可以调整当前的对偶解 (α,β) 使之成为一个新的可行对偶解 (α',β'). 使用这样的方法可使网络 $\mathcal{N}_{(\alpha',\beta')}$ 中一个最大 (s,t) 流的值与 $\mathcal{N}_{(\alpha,\beta)}$ 中对应的一个最大 (s,t) 流的值至少一样大. 此外, 如果上述的 2 个 (s,t) 流的值是相等的, 则经过有限次对偶解的反复变化, 在当前的可接纳网络中的最大流的值将会增加.

设 x 是 $\mathcal{N}_{(\alpha,\beta)}$ 中的一个最大流, 设 $|x| < \sum_{i=1}^{m} a_i$. 设 S 是在 $\mathcal{N}_{(\alpha,\beta)}(x)$ 中从 s 可达的全体顶点之集, 再令 $I = \{1, 2, \cdots, m\}$, $J = \{1, 2, \cdots, n\}$, 定义

$$I^* = \{i \in I:\ s_i \in S\} \quad 和 \quad J^* = \{j \in J:\ t_j \in S\}.$$

正如在定理 3.5.3 的证明中所看到的, $(S,\overline{S})$ 是 $\mathcal{N}_{(\alpha,\beta)}$ 的一个最小 (s,t) 割. 特别地, 由于形如 s_it_j 的每一条弧容量为 ∞, 故当 $i\in I^*$ 和 $j\in J-J^*$, 不存在这样的对 $(i,j)\in\mathcal{IJ}$ (读者可把这里的论述与定理 3.11.2 的证明相比较). 于是, 使用在定理 3.11.2 的证明里所作的论证以及定理 3.5.3, 便得

$$|x|=\sum_{i\in I-I^*}a_i+\sum_{j\in J^*}b_j. \tag{3.31}$$

现在回到问题 (3.30), 利用 $|x|$ 确实是该问题的一个最优化解值, 由 (3.31) 式可得当前的问题 (3.28) 的最优解为

$$\begin{aligned}\min\sum_{i=1}^{n+m}r_i&=\sum_{i=1}^{m}a_i+\sum_{j=1}^{n}b_j-2|x|\\&=\sum_{i=1}^{m}a_i+\sum_{j=1}^{n}b_i-2\left(\sum_{i\in I-I^*}a_i+\sum_{j\in J^*}b_j\right)\\&=\sum_{i\in I^*}a_i-\sum_{i\in I-I^*}a_i+\sum_{j\in J-J^*}b_i-\sum_{j\in J^*}b_i.\end{aligned}$$

这说明如下的可行解 $(\overline{\alpha},\overline{\beta})$ 也是 (3.29) 式的最优解:

$$\overline{\alpha}_i^*=\begin{cases}1, & 若\ i\in I^*,\\-1, & 若\ i\in I-I^*,\end{cases}\qquad \overline{\beta}_j^*=\begin{cases}-1, & 若\ j\in J^*,\\1, & 若\ j\in J-J^*.\end{cases} \tag{3.32}$$

令

$$\begin{aligned}\varepsilon:&=\min\left\{\frac{c_{ij}-\alpha_i-\beta_j}{\overline{\alpha}_i+\overline{\beta}_j}:\ (i,j)\notin\mathcal{IJ}\ 和\ \overline{\alpha}_i+\overline{\beta}_i>0\right\}\\&=\min\left\{\frac{c_{ij}-\alpha_i-\beta_j}{2}:\ i\in I^*,\ j\in J-J^*\right\}.\end{aligned} \tag{3.33}$$

再定义 (α^*,β^*) 如下:

$$\alpha_i^*=\begin{cases}\alpha_i+\varepsilon, & 若\ i\in I^*,\\\alpha_i-\varepsilon, & 若\ i\in I-I^*,\end{cases}\qquad \beta_j^*=\begin{cases}\beta_j-\varepsilon, & 若\ j\in J^*,\\\beta_j+\varepsilon, & 若\ j\in J-J^*.\end{cases} \tag{3.34}$$

因此, 由 $|x|<\sum_{i=1}^m a_i=\sum_{j=1}^n b_j$ 得 $I^*\neq\varnothing$ 和 $J-J^*\neq\varnothing$. 此外, 由于没有弧 s_it_j 具有 $(i,j)\notin\mathcal{IJ}$, 则对如此的对 (i,j), 有 $c_{ij}-\alpha_i-\beta_j>0$, 从而证得 ε 存在, 且它是严格大于零的.

引理 3.12.1 设 α,β,α^* 和 β^* 是如上所定义. 下列陈述成立:

(a) (α^*,β^*) 是运输问题的对偶 (3.27) 的一个可行解.

(b) 若对 $\mathcal{N}_{(\alpha,\beta)}$ 中的每一条弧 s_it_j, 使得 x 是非零的, 则弧 s_it_j 也是 $\mathcal{N}_{(\alpha^*,\beta^*)}$ 的一条弧.

(c) $\mathcal{N}_{(\alpha^*,\beta^*)}$ 至少包含一条弧 s_it_j, 使得 $i \in I^*$ 和 $j \in J - J^*$.

(d) $\mathcal{N}_{(\alpha^*,\beta^*)}$ 中最大 (s,t) 流的值至少和 $\mathcal{N}_{(\alpha,\beta)}$ 中当前最大流 x 的值一样大.

证明留作习题 3.72.

综上所述, 我们得到如下关于运输问题的算法.

运输问题的初对偶算法

输入: 运输问题的一个事例.

输出: 一个最优化运输时间表①.

1. 初始化对偶变量如下:

   对 $i := 1$ 到 m, 令 $\alpha_i := \min\{c_{ij}:\ 1 \leqslant j \leqslant n\}$,

   对 $j := 1$ 到 n, 令 $\beta_j := \min\{c_{ij} - \alpha_i:\ 1 \leqslant i \leqslant m\}$.

2. 构造可接纳网络 $\mathcal{N}_{(\alpha,\beta)}$.
3. 找到 $\mathcal{N}_{(\alpha,\beta)}$ 的一个最大流 x.
4. 如果 $|x| = \sum_{i=1}^{m} a_i$, 则返回 x.
5. 按照 (3.33) 式和 (3.34) 式更新对偶变量.
6. 构造新的可接纳网络, 转入第 3 步.

定理 3.12.2 对于任何一个具有 m 个工厂和 n 个销售商的运输问题, 初对偶算法能在时间 $O(M(n+m)^2)$ 内找到一个最优化解, 其中 $M = \sum_{i=1}^{m} a_i = \sum_{j=1}^{n} b_j$.

证明 对于复杂性 $O(M(n+m)^3)$ 结论, 我们仅给出证明的一个简明轮廓. 在习题 3.74 中要求读者说明如何运行算法以得到所预料的复杂性.

不难验证, 在第一步中计算的对偶变量就是一个可行解, 且可接纳网络至少包含一条从 X 到 Y 的弧. 我们能够在时间 $O((n+m)^2)$ 内形成网络 $\mathcal{N}_{(\alpha,\beta)}$, 并且使用 Ford-Fulkerson 算法 (定理 3.5.4) 能够在时间 $O(M(n+m)^2)$ 内找到第一个最大流.

我们可以在时间 $O((n+m)^2)$ 内由 $\mathcal{N}_{(\alpha,\beta)}$ 轻易地构造出 $\mathcal{N}_{(\alpha^*,\beta^*)}$. 依据引理 3.12.1 (b), 并不需要跑遍所更新的可接纳网络 $\mathcal{N}_{(\alpha^*,\beta^*)}$ 来计算一个最大流. 事实上, 当前流 x (用显式表达的) 就是 $\mathcal{N}_{(\alpha^*,\beta^*)}$ 的一个可行流. 于是, 从 x 开始, 在剩余网络中搜寻一条增广路, 使得这条增广路被找到, 或者在时间 $O((n+m)^2)$ 内探测到当前流 x 仍然是最大的. 由于总可以用一个整数流量来增广, 为了证明算法的复杂性是 $O(M(n+m)^2)$, 只要证明可接纳网络中最大流的值下 2 个连续增加间的对偶变量变化的数目至多是 m 就可以了.

① 在一个最优化流的式子中, 可以容易地读出时间表.

假设当前流 x 的值小于 $\sum_{i=1}^{m} a_i$, 我们来估计能够变化对偶变量的次数, 而不导致流值的增加. 设 (α,β) 是实际的对偶变量, S 是 $\mathcal{N}_{(\alpha,\beta)}(x)$ 中从 s 可达的全体顶点之集. 类似地, 可为 $\mathcal{N}_{(\alpha^*,\beta^*)}$ 定义顶点集合 S^*. 根据引理 3.12.1 (b), 当我们将 $\mathcal{N}_{(\alpha,\beta)}$ 变化到 $\mathcal{N}_{(\alpha^*,\beta^*)}$ 时, 没有运载流的弧消失, 这说明 $S \subset S^*$. 再由引理 3.12.1(c), 我们至少添加了一条新弧 s_it_j, 使得 $s_i \in S$ 和 $t_j \in \overline{S}$ (在 $\mathcal{N}_{(\alpha,\beta)}$ 中不存在这样的弧, 因为它们的容量为 ∞), 因而得到 $|S^* \cap Y| > |S \cap Y|$. 注意到 $|Y| = m$. 也就是说, 至多进行了对偶变量的 m 次改变后, 我们就能够在当前的可接纳网络中增加流. □

对于分配问题, 当 $n = m$ 和 $M = n$ 时, 则有如下的结论成立 (见习题 3.76).

定理 3.12.3 具有 n 个人员和 n 个工作的分配问题在时 $O(n^3)$ 内是可解的.

Kuhn 给出了上述初对偶 $O(n^3)$ 算法关于分配问题的运行[505], 这个算法也叫做 **Hungarian 方法**. 有兴趣的读者可以在 Murty 的书中看到在运输问题和分配问题上运行初对偶算法的更多细节[578].

实际当中并不必须在具体的网络 $\mathcal{N}_{(\alpha,\beta)}$ 上工作. 现设对于实际的运输问题和实际的对偶变量 (α,β), 有一张包含下列信息的表: 费用矩阵, 关于运输问题实际事例的供应和需求以及对偶变量 (α,β) 的实际值, 可以紧凑地表示为

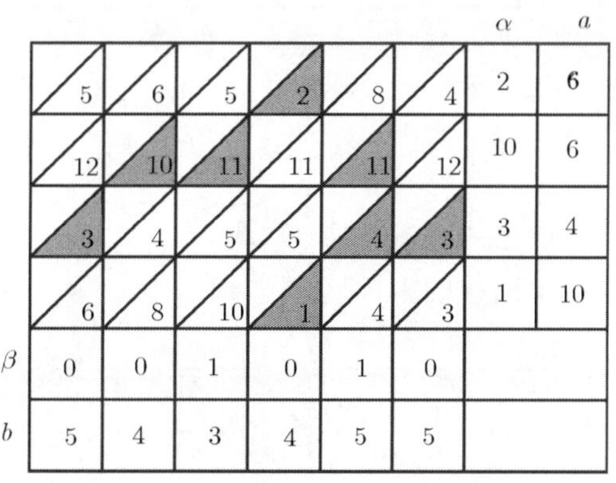

							α	a
	5	6	5	2	8	4	2	6
	12	10	11	11	11	12	10	6
	3	4	5	5	4	3	3	4
	6	8	10	1	4	3	1	10
β	0	0	1	0	1	0		
b	5	4	3	4	5	5		

费用矩阵在图表的左上部分. 每一个小方格对应矩阵的一个元素且被分成上下 2 个部分, 在小格的下半部分指定 c_{ij} 为从工厂 i 到销售商 j 运送 1 个单位产品所需的费用. 此时, 每个小格上半部分没有指定任何数. 供需的值分别被指定为向量 a (最右端的列) 和向量 b (图表的最后一行). 有一列指定为向量 α 的初始值, 一行指定为向量 β 的初始值. 表中数据是按照初始对偶算法的第 1 步计算得到的, 其中带阴影的小方格表示集合 $\mathcal{IJ}$.

我们配备了这样一张图表, 按照**贪婪法** (greedy approach), 首先可以在当前的可接纳网络中寻找第一个可行流 x, 它可能是最大的, 也可能不是最大的. 可以在

图表中加进少量信息模型化关于 x 的一个新增广路搜索. 也就是说, 可以用标号说明一个搜索是如何进行的. 先把行 i ($\leqslant m$) 中 $b_x(i) < a_i$ 的元素标为 "$s,+$". 然后来搜索一条增广 (s,t) 路 (与定理 3.5.4 的证明进行比较) 如下:

若一行 i' 已标定, 此行上每一列 j' 的元素 $i'j'$ 是可接纳的 (所对应的弧是可接纳网络的一条弧), 则可标定这一列 (容量是 ∞), 把它标为 "$i',+$". 如果一列 j 已经被标定, 且 $x_{ij} > 0$, 则把行 i 标为 "$j,-$".

如果在某点处标注了一行 j, 且有 $b_x(j) < b_j$, 则有一个冲断: 对应到我们能够从 j 向后追踪标号的一条增广路已经找到. 此时, 尽可能大地增广流, 然后删去所有顶点的标号, 再重新开始标号过程. 如果没有行或列可以被标号, 则过程停止.

不难看出, 上述过程仅仅是在关于 x 的剩余网络和当前的可接纳网络的 Ford-Fulkerson 算法的一个特定过程.

当 $\mathcal{N}_{(\alpha,\beta)}$ 中的一个最大流被找到后, 其值小于 $\sum_{i=1}^{m} a_i$, 则初对偶算法更新对偶变量. 对于上面的标号, 我们可把标定的行和列等同于 I^*, J^*, 然后依照 (3.34) 式来计算新的对偶变量 (α^*, β^*). 注意, 为了避免 α^*, β^* 有分数值, 更方便地是使用以下关于新对偶变量 α^*, β^* 的选取 (这里的 ε 是在 (3.33) 式中所定义的). 在习题 3.77 中, 要求读者证明对 α^*, β^* 的如此选择仍然给出一个可行解, 在 (3.27) 式中关于对象函数有较高的值.

$$\alpha_i^* = \begin{cases} \alpha_i + 2\varepsilon, & \text{若 } i \in I^*, \\ \alpha_i, & \text{若 } i \in I - I^*, \end{cases} \qquad \beta_j^* = \begin{cases} \beta_j - 2\varepsilon, & \text{若 } j \in J^*, \\ \beta_j, & \text{若 } j \in J - J^*. \end{cases} \tag{3.35}$$

下面给出关于上面例子的算法的图示, 从 $\mathcal{N}_{(\alpha,\beta)}$ 的一个最大流开始. 注意, 阴影的格子表示当前可接纳网络的弧.

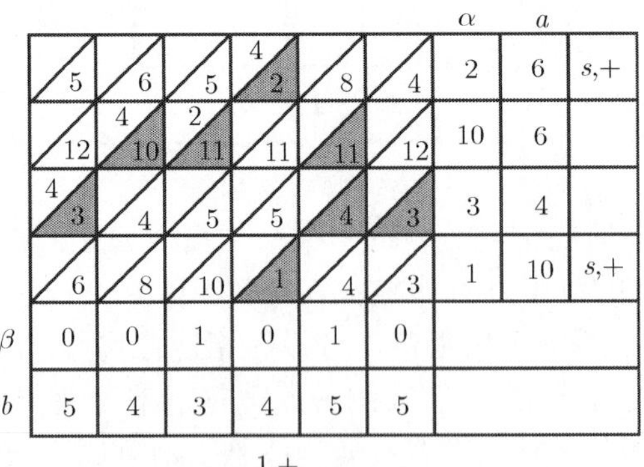

没有找到增广路, 故作一个对偶变换:

$$\varepsilon_1 = \min\{\ 5\text{-}2\text{-}0,\ 6\text{-}2\text{-}0,\ \underline{5\text{-}2\text{-}1},\ 8\text{-}2\text{-}1,\ \underline{4\text{-}2\text{-}0}\ \} = 2,$$

$$\varepsilon_4=\min\{\ 6\text{-}1\text{-}0,\ 8\text{-}1\text{-}0,\ 10\text{-}1\text{-}1,\ \underline{4\text{-}1\text{-}1},\ \underline{3\text{-}1\text{-}0}\ \}=2,$$
$$2\varepsilon=\min\{\varepsilon_1,\ \varepsilon_4\}=2.$$

更新对偶变量以及用阴影表示的可接纳弧, 下面给出这个新图表的新标号步骤.

							α	a	
	5	6	5	4 2	8	4	2	6	s,+
	12	4 10	2 11	11	11	12	10	6	
	4 3	4	5	5	4	3	3	4	
	6	8	10	1	4	3	3	10	s,+
β	0	0	1	0	1	0			
b	5	4	3	4	5	5			
			1,+	1,+		1,+			

冲断

沿路 ss_1t_3t 和路 ss_1t_6t 分别增广 1 个单位. 在此之后, 标列 4, 5 和 6 为 "4, +", 并且沿路 ss_4t_5t 送 5 个单位, 沿路 ss_4t_6t 送 4 个单位. 在此增广后, 下一个标号步骤产生在如下的图表中.

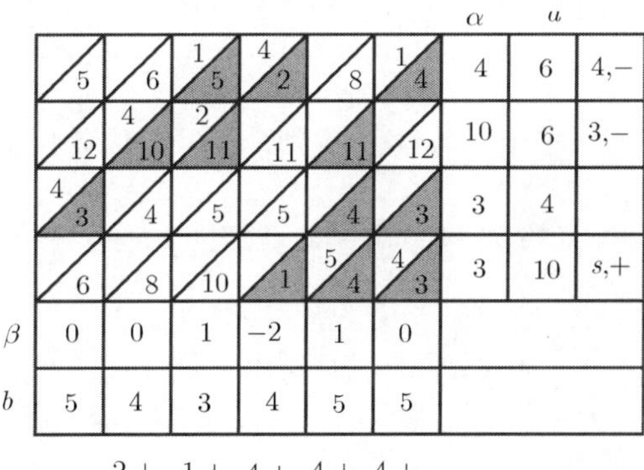

							α	a	
	5	6	1 5	4 2	8	1 4	4	6	4,−
	12	4 10	2 11	11	11	12	10	6	3,−
	4 3	4	5	5	4	3	3	4	
	6	8	10	1	5 4	4 3	3	10	s,+
β	0	0	1	−2	1	0			
b	5	4	3	4	5	5			
		2,+	1,+	4,+	4,+	4,+			

由于没有增广路存在, 所以作一个对偶变换:

$$\varepsilon_1=\min\{\ 5\text{-}4\text{-}0\ \}=1,$$
$$\varepsilon_2=12\text{-}10\text{-}0=2,$$
$$\varepsilon_4=6\text{-}3\text{-}0=3,$$
$$2\varepsilon=\min\{\varepsilon_1,\varepsilon_2,\varepsilon_4\}=1.$$

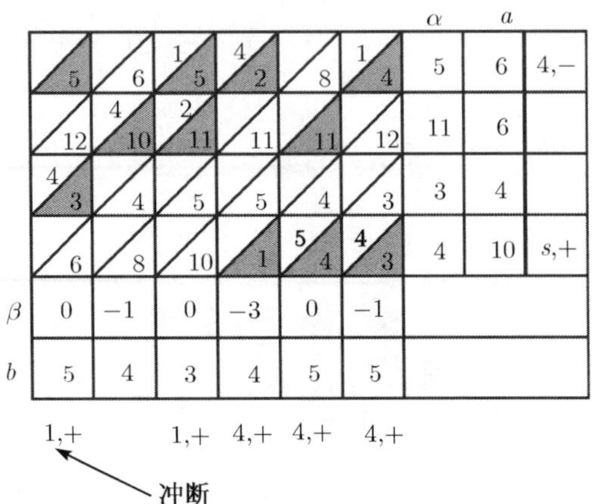

现在能够沿路 $ss_4t_4s_1t_1t$ 增广 1 个单位.

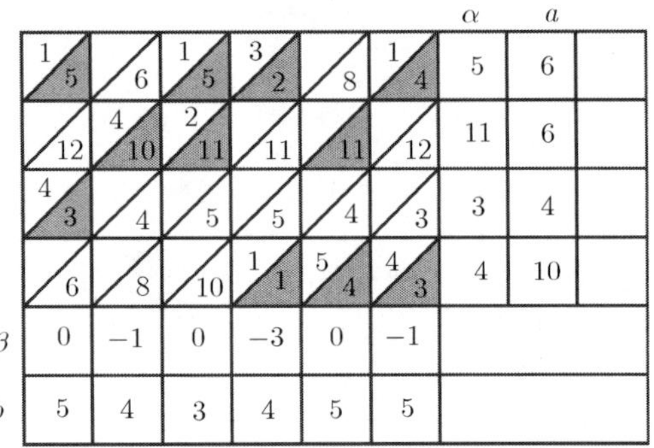

对于 (3.26) 式来说, 一个可行解已找到. 关于最优化性控制是

$$\sum_{i=1,j+1}^{m,n} c_{ij}x_{ij} = 5+5+6+4+40+22+12+1+20+12 = \underline{127},$$

$$\sum_{i=1}^{m} \alpha_i a_i + \sum_{j=1}^{n} \beta_j b_j = 30+66+12+40-4-12-5 = \underline{127}.$$

上面解释了初对偶算法在运输问题上的应用, 需要强调的是这个方法具有一般性, 从而, 当任何一个线性规划和其对偶均有可行解时, 该方法可以在这个问题上有效地运行. 建议读者去阅读 Papadimitriou 和 Steiglitz 编写的书[600], 从而获得大量优秀的初对偶方法.

3.13　习　　题

除特别声明外, 下列习题中的所有数据均为整数.

3.1 在图 3.21 的网络 $\mathcal{N}$ 中找到一个可行流.

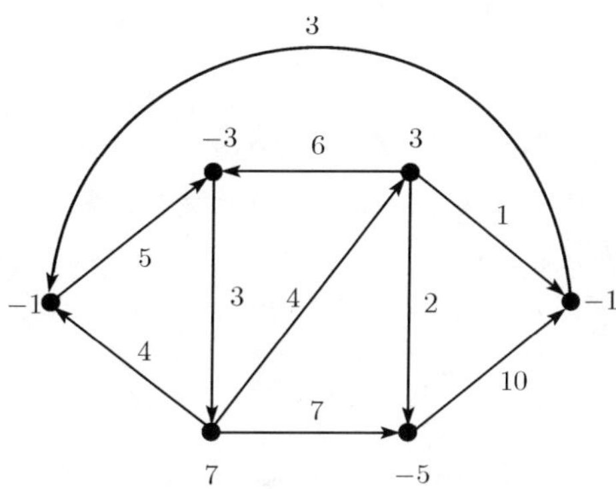

图 3.21　每一个顶点具有平衡向量 b 的网络 $\mathcal{N}$. 所有下界及费用均为零, 容量标在弧上

3.2 设网络 $\mathcal{N}=(V,A,l,u,b,c)$ 有一个 2 圈 iji, 它使 $c_{ij}\neq -c_{ji}$. 说明如何把 $\mathcal{N}$ 转换成另一个无 2 圈的网络 $\mathcal{N}'$, 使得 $\mathcal{N}$ 中的每个可行流对应 $\mathcal{N}'$ 中一个具有相同费用的可行流. 这个变换的复杂性是多少?

3.3 证明引理 3.2.1(a).

3.4 证明引理 3.2.2.

3.5 证明引理 3.2.3. 特别地, 要论述为什么取 $l_{ts}=M$, 而不取 $l_{ts}=0$.

3.6 证明引理 3.2.4.

3.7 (+) **流的快速分解**. 证明引理 3.3.2.

3.8 **分解一个欧拉有向多重图为弧不交的圈**. 证明: 每个欧拉有向多重图的弧集合可从被分解成弧不交的圈. 提示: 在一个合适网络里形成一个循环, 然后采用定理 3.3.1.

3.9 找出对应于图 3.22 中的网络和流的剩余网络.

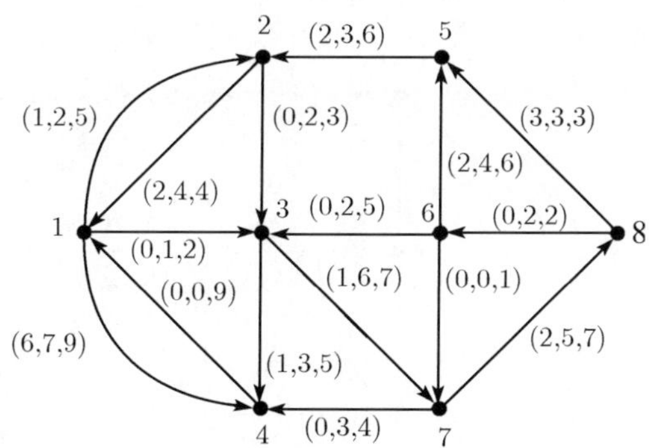

图 3.22　具有流 x 的网络, 弧上的数据为 (l,x,u)

3.10 找出图 3.22 中网络的流 x 的平衡向量 b_x.

3.11 **在最大流问题中消去弧上的下界**. 说明如何把弧上具有非零下界的网络 $\mathcal{N}$ 的最大 (s,t) 流问题简约到具有源 s' 和收点 t' 以及下界全为零的网络 $\mathcal{N}'$ 的最大 (s',t') 流问题.

3.12 设 x 是网络 $\mathcal{N}=(V,A,l\equiv 0,u,c)$ 的一个流 x, $f(W)$ 是 $\mathcal{N}(x)$ 中值为 δ 的一个圈流. 证明: 流 $x^*=x\oplus f(W)$ 的平衡向量与 $\mathcal{N}$ 中流 x 的平衡向量相同, 并且 x^* 的费用等于 $c^Tx+c^Tf(W)$.

3.13 证明: 定理 3.4.3 的证明中定义的流 $\tilde{x}$ 是 $\mathcal{N}(x)$ 的一个可行流.

3.14 设 x 是 $\mathcal{N}=(V,A,l\equiv 0,u,c)$ 的一个可行流, y 是 $\mathcal{N}(x)$ 的一个可行流. 证明: $\mathcal{N}(x\oplus y)=\mathcal{N}(x)(y)$, 这里 $\mathcal{N}(x)(y)$ 表示关于 y 的 $\mathcal{N}(x)$ 的剩余网络. 也就是说, 要证明 2 个网络包含相同的弧, 并且有相同的剩余容量.

3.15 **流的交错分解**. 考察定理 3.3.1 的证明, 假定用 $\mu=\delta$ 来代替

$$\mu=\min\{b_x(i_0),-b_x(i_k),\delta\}.$$

可以得到什么类型的路流和圈流的分解? 关于它们的个数的界是多少?

3.16 **最小 (s,t) 割的结构**. 判断下列陈述哪一个是对的, 哪一个是错的. 在每一个情形中, 要么给出一个反例, 要么给出其正确性的证明.

(a) 如果所有的弧容量不同, 则存在唯一的最小 (s,t) 割.

(b) 如果给每一条弧的容量乘上一常数 k, 则最小 (s,t) 割的结构 (作为顶点的子集) 不发生变化.

(c) 如果给每一条弧的容量加上一个常数 k, 则最小 (s,t) 割的结构 (作为顶点的子集) 不发生变化.

3.17 (+) **当容量为实数时, Ford-Fulkerson 算法绝对不会终止**. 设 $\mathcal{N}$ 是图 3.23 中的网络, 其中 r 为黄金分割率, 即 $r^2=1-r$. 因而有 $r^{n+2}=r^n-r^{n+1}$, $n=1,2,\cdots$.

(a) 证明 $1+r+r^2=2$ 是 $\mathcal{N}$ 的一个最大流值.

(b) 在当前的剩余网络中发明一个无穷增广序列, 沿适当选择的增广路, 使得流值收敛于 $1+\sum_{i=2}^{\infty}r^i=2$. 可见当容量不是有理数时, Ford-Fulkerson 算法将会不终止. 提示: 沿适当选择的增广路, 第一次增广 1 个单位, 在第 i $(\geqslant 2)$ 次增广步骤中增广 r^i 个单位.

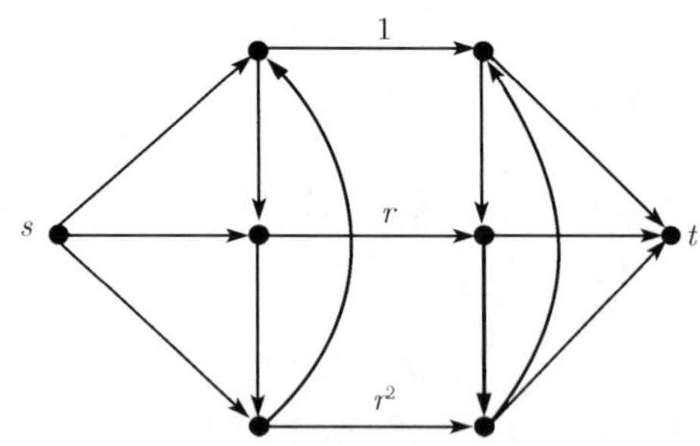

图 3.23　对于一般的 Ford-Fulkerson 算法的一个环网络

除了在中间的 3 条弧外, 其余弧的容量均为 $r+2$. 中间 3 条弧的容量分别为 1, r 和 r^2, 其中 r 为黄金分割率

3.18 (+) 证明: 如果所有的容量是有理数, 则 Ford-Fulkerson 算法必定会终止.

3.19 设 S 是全一致模 $p \times q$ 阶矩阵, I 是 $p \times p$ 阶单位阵. 证明: 距阵 $[SI]$ 也是全一致模的.

3.20 **精确距离标号确定前置流推进算法的一个高度函数**. 设 $\mathcal{N}$ 是源为 s 收点为 t 的网络, x 是它的一个前置流, 使得 $\mathcal{N}(x)$ 中没有 (s,t) 路. 证明: 对 $i \in V-s$ 和 $h(s)=n$, 如果 $h(i)$ 是 $\mathcal{N}(x)$ 中从 i 到 t 的距离, 则得到一个高度函数.

3.21 **前置流推进算法的坏执行**. 举出一个例子来说明前置流推进算法可能会使用很多次推进和提升, 但没有传送任何多余的流进入 t 或是返回到 s.

3.22 **在前置流推进算法中消去无用功**. 设 $\mathcal{N}=(V,A,l\equiv 0,u)$ 是源为 s 收点为 t 的网络, 假定在 $\mathcal{N}$ 上运行一般的前置流推进算法. 设 h 是关于 $\mathcal{N}$ 和 x 的高度函数, 对某 $i<n$, 在算法运行的某点上, 则称 h 在位置 $i+1$ 上有一个**洞** (hole), 如果下列陈述同时成立: 对于每一个 $j \leqslant i$, 有

$$|\{v:\ h(v)=j\}|>0 \text{ 和 } |\{v:\ h(v)=i+1\}|=0.$$

定义 h' 为:

当 $h(v)\in\{1,2,\cdots,i\}\cup\{n,n+1,\cdots,2n-1\}$ 时, 令 $h'(v)=h(v)$.

当 $i<h(v)<n$ 时, 令 $h'(v)=n+1$.

(a) 证明 h' 是一个高度函数, 即满足 (3.14) 式.

(b) 描述如何有效地执行这个高度函数的修改, 使得可以用它作为前置流推进算法的一个子过程.

(c) 解释为什么将高度函数作上面的变化, 探测到一个洞反而是帮助加速前置流推进算法.

3.23 **在前置流推进算法终止后, 运用高度函数来探测一个最小割**. 假定 x 是在网络 $\mathcal{N}=(V,A,l\equiv 0,u)$ 上运行前置流推进算法所找到的一个最大 (s,t) 流. 使用在算法终止高度函数的值来描述一个在 $O(n)$ 个步骤内探测一个最小 (s,t) 割的算法.

3.24 (+) **重新优化最大 (s,t) 流**. 设 x 是网络 $\mathcal{N}=(V,A,l\equiv 0,u)$ 的一个最大流. 说明在下列情形中如何重新最优化 x (也就是说, 把它变成一个具有最大值的可行流):

(a) 给每条弧的容量增加 k 个单位, 证明能够在时间 $O(km)$ 内找到新的最优化解.

(b) 给每条弧的容量减少 k 个单位, 证明能够在时间 $O(km)$ 内找到新的最优化解. 提示: 应用定理 3.3.1.

3.25 (+) **推进流和拉回流, MKM 算法**. 这个习题介绍一个非常有效的方法, 该方法可在一个分层网络中找到一个块化 (s,t) 流, Malhotra Kumar 和 Maheshwari 发现了它[544]. 设 $\mathcal{L}=(V=\bigcup_{i=0}^{k}V_i,A,l\equiv 0,u)$ 是一个分层网络, 其中 $V_0=\{s\},V_k=\{t\}$. 设 y 是 $\mathcal{L}$ 的一个可行 (s,t) 流, 但不是块化流. 对于每一个顶点 $i\in V-\{s,t\}$, 定义

$$\alpha_i=\sum_{ji\in A}u_{ji}-y_{ji}, \tag{3.36}$$

$$\beta_i=\sum_{ij\in A}u_{ij}-y_{ij}, \tag{3.37}$$

$$\rho_i=\min\{\alpha_i,\beta_i\}, \tag{3.38}$$

以及

$$\rho_s=\sum_{sj\in A}u_{sj}-y_{sj},\quad \rho_t=\sum_{jt\in A}u_{jt}-y_{jt}. \tag{3.39}$$

最后, 令 $\rho = \min_{i \in V}\{\rho_i\}$. 假设 $\rho > 0$, 选取 $i \in V$, 使得 $\rho = \rho_i$.

(a) 证明: 在分层网络 $\mathcal{L}$ 中, 可以从 i 到 t 传送 ρ 个单位流的一个附加量 (叫做**从 i 推进到 t**), 从 s 到 i 传递流的 ρ 个单位 (叫做**从 s 拉回到 i**). 提示: 使用网络是分层的.

上面的观察引出以下在分层网络中寻找一个块化流的算法 $\mathcal{A}$, MKM 算法, 其中 ρ 值总是关于当前流的.

MKM 算法

1. 从零流 $y \equiv 0$ 开始, 并对于每一个顶点 $i \in V$, 计算 ρ_i. 如果有某 $\rho_i = 0$, 则转向第 6 步;
2. 选择 i, 使得 $\rho_i = \rho$;
3. 从 i 到 t 推进 ρ 个单位的流, 从 s 到 i 拉回 ρ 个单位的流;
4. 删去关于新流的全部饱和的弧. 如果产生某顶点的出度或入度为零, 则删去这个顶点和与之关联的弧. 继续下去, 直到没有弧可供删除为止;
5. 在当前的分层网络中对于每一个顶点计算 ρ_i. 如果 $\rho_i > 0$ 对全部顶点成立, 则转向第 2 步; 否则, 就转向第 6 步;
6. 若 $\rho_s = 0$ 或 $\rho_t = 0$, 则停止;
7. 若存在顶点 i, 使得 $\rho_i = 0$, 则删去全部如此的顶点和与它们关联的弧;
8. 转向第 5 步.

(b) 证明: 上述算法在所输入的分层网络 $\mathcal{L}$ 中能够正确地确定一个块化流. 算法 $\mathcal{A}$ 的复杂性依赖于如何运行这些不同的步骤, 尤其是步骤 3. 假设使用如下的规则来运行步骤 3: 总是一次在一个层上推进/拉回 ρ 个单位. 如果希望从 (到) 当前的顶点 j 传送流到 (从) 下 (上) 一个层, 总是用尾 (头) j 完全充满一条弧, 如果仍有足够的流留下, 那么尽可能多地充满下一条弧.

(c) 采用上面的规则来论证: 能够在时间 $O(n^2)$ 内运行这个算法. 提示: 在 2 个连贯的应用步骤 3 中, 至少要删去一个顶点. 此外, 可以有效地保持 ρ 值的更新 (解释原因).

(d) 在图 3.10 中的分层网络上解释这个算法.

3.26 **使用剥离法寻找最大 (s,t) 流.** 设 $\mathcal{N} = (V, A, l \equiv 0, u)$ 是源为 s 收点为 t 的网络, 令 U 表示 $\mathcal{N}$ 中一条弧的最大容量.

(a) (−) 证明一个最小 (s,t) 割的容量至多是 $U|A|$;

(b) 设 C 是一个常数, x 是 $\mathcal{N}$ 的一个可行 (s,t) 流. 证明: 在时间 $O(|A|)$ 内可找到容量至少为 C 的一条增广路, 或者探测到 $\mathcal{N}(x)$ 中不存在如此的路. 提示: 考虑 $\mathcal{N}(x)$ 中仅包含那些容量至少为 C 的弧的子网络.

(c) 考虑下面的算法:

使用剥离法最大流

1. $U := \max\{u_{ij} : ij \in A\}$.
2. 对所有的弧 $ij \in A$, $x_{ij} := 0$.
3. $C := 2^{\lfloor \log_2 U \rfloor}$.
4. 当 $C \geqslant 1$ 作:
5. 当 $\mathcal{N}(x)$ 包一条容量至少为 C 的增广路 P, 沿 P 对 x 实施增广.
6. $C := C/2$.
7. 返回 x.

证明：此算法可在输入的网络 $\mathcal{N}$ 中正确地确定一个最大流.

(d) 论证：每次运行步骤 4 时, 每一个最小 (s,t) 割的剩余容量至多是 $2C|A|$.

(e) 论证：再次运行第 6 步之前, 在第 5 步中实施增广的次数至多是 $O(|A|)$.

(f) 结论：能够执行**剥离法最大流**, 使得它的复杂性变为 $O(|A|^2 \log U)$. 把这个复杂性与本章其他流算法的复杂性进行比较.

3.27 说明如何在图 3.24 中所提供的网络里找到一个最大 (s,t) 流, 应用：

(a) Ford-Fulkerson 算法.

(b) Dinic 算法.

(c) 前置流推进算法.

(d) MKM 算法 (见习题 3.25).

(e) 剥离算法 (见习题 3.26).

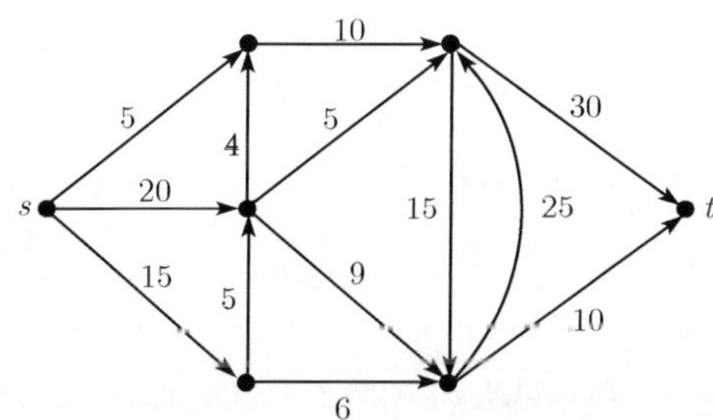

图 3.24　一个弧上具有下界和费用均为零的网络, 容量被表示在弧上

3.28 (+) **舍入实值流**. 设 $\mathcal{N}=(V,A,l,u)$ 是源为 s 收点为 t 的网络, 其弧上所有的数据是非负整数 (注意某些下界可能为零). 假定 x 是 $\mathcal{N}$ 中的一个实值可行流, 使得至少有一条弧具有非负整数 x_{ij}.

(a) 证明：存在 $\mathcal{N}$ 的一个整值可行流 x', 对于每一条弧 $ij \in A$, 满足 $|x_{ij}-x'_{ij}|<1$.

(b) 设 $|x|$ 是一个整数. 证明：存在 $\mathcal{N}$ 的一个整值可行流 x'', 使得 $|x''|=|x|$.

(c) 描述一个寻找上述的流 x' 和 x'' 的算法. 你所能够完成的算法的复杂性最好是多少?

3.29 **寻找可行循环**. 把定理 3.8.2 的证明转换成一个多项式算法, 使得它可找到一个可行循环, 要么证明不存在这样的循环. 这个算法的复杂性是多少?

3.30 **具有非零下界网络的剩余网络**. 说明如何调整 $x \oplus \tilde{x}$ 的定义, 以便得到一个证明, 使得它类似于定理 3.4.2 的证明, 且适用于具有非零下界的网络.

3.31 证明：利用一个合适的网络的最大流计算, 总可以找到一个可行循环 (如果存在). 提示：把网络变换成所有下界均为零的一个 (s,t) 流网络.

3.32 (+) **具有预先指定区间的平衡向量的流**. 设 $\mathcal{N}=(V,A,l,u)$ 是一个网络, 其中 $V=\{1,2,\cdots,n\}$, 且 $a_i \leqslant b_i$ 均为整数 $(1 \leqslant i \leqslant n)$. 证明：存在 $\mathcal{N}$ 的一个流 x, 且满足:

$$l_{ij} \leqslant x_{ij} \leqslant u_{ij}, \quad \forall\, ij \in A, \tag{3.40}$$

$$a_i \leqslant b_x(i) \leqslant b_i, \quad \forall\, i \in V. \tag{3.41}$$

当且仅当下述 3 个条件被满足:

$$\sum_{i\in V} a_i \leqslant 0, \tag{3.42}$$

$$\sum_{i\in V} b_i \geqslant 0, \tag{3.43}$$

$$u(X,\overline{X}) \geqslant l(\overline{X},X) + \max\{a(X), -b(\overline{X})\}, \quad \forall X \subset V, \tag{3.44}$$

其中 $a(X)=\sum_{i\in X} a_i$. 提示: 构造一个网络, 使得它具有可行循环当且仅当 (3.40) 式和 (3.41) 式成立, 然后运用定理 3.8.2.

3.33 **关于割的容量函数的子模性**. 设 $\mathcal{N}=(V,A,l,u)$ 是源为 s 收点为 t 的网络. 证明: 若 $(S,\overline{S})$ 和 $(T,\overline{T})$ 分别是 (s,t) 割, 则 $u(S,\overline{S})+u(T,\overline{T}) \geqslant u(S\cap T,\overline{S\cap T})+u(S\cup T,\overline{S\cup T})$. 提示: 考虑每一条弧对上述 4 个割的贡献.

3.34 证明: 如果 $(S,\overline{S})$ 和 $(T,\overline{T})$ 是最小 (s,t) 割, 则 $(S\cap T,\overline{S\cap T})$ 和 $(S\cup T,\overline{S\cup T})$ 也是最小 (s,t) 割. 提示: 使用习题 3.33.

3.35 (+) **寻找特殊最小割**. 设 x 是网络 $\mathcal{N}=(V,A,l,u)$ 的一个最大 (s,t) 流, 令

$$U=\{i: \text{存在 } \mathcal{N}(x) \text{ 中的 } (s,i)\text{路}\}, \quad W=\{j: \text{存在 } \mathcal{N}(x) \text{ 中的 } (j,t)\text{路}\}.$$

证明: $(U,\overline{U})$ 和 $(\overline{W},W)$ 均是最小 (s,t) 割, 且对于每一个最小 (s,t) 割 (S,T), 有 $U\subseteq S$ 和 $W\subseteq T$.

3.36 (+) 设 x 是网络 $\mathcal{N}=(V,A,l,u)$ 的一个 (s,t) 流, 解释如何在多项式时间内找到最大容量的增广路. 提示: 使用 Dijkstra 算法的一个变型.

3.37 (+) **沿最大容量增广路进行增广**. 证明: 如果总能够沿具有最大剩余容量的增广路进行增广, 那么 Ford-Fulkerson 算法就会变成多项式算法[216]. 提示: 证明增广的次数是 $O(m\log U)$, 其中 U 是一条弧的最大容量.

3.38 **转换最大前置流为最大 (s,t) 流**. 设 $\mathcal{N}=(V,A,l\equiv 0,u)$ 是源为 s 收点为 t 的网络. 对于 $\mathcal{N}$ 中一个前置流 x, 如果 $|b_x(t)|$ 等于 $\mathcal{N}$ 中一个最大 (s,t) 流的值, 则称流 x 是**最大的**.

(a) 设 y 是上述网络 $\mathcal{N}$ 的一个最大前置流. 证明: 存在 $\mathcal{N}$ 的一个最大 (s,t) 流 x, 对于每一条弧 $ij\in A$, 不等式 $x_{ij}\leqslant y_{ij}$ 成立. 提示: 使用流分解.

(b) 如何很快地将最大前置流转换为最大 (s,t) 流?

3.39 (−) 证明引理 3.7.1.

3.40 (−) 证明引理 3.7.6.

3.41 证明: 对于单位容量网络, Dinic 算法的复杂性保持 $O(m\sqrt[3]{n^2})$, 甚至允许网络含有 2 圈. 提示: 证明引理 3.7.3 的一个修正版本, 然后应用在定理 3.7.4 的证明中使用引理 3.7.3 的做法.

3.42 **消除简单网络中的 2 圈**. 设 $\mathcal{N}=(V,A,l\equiv 0,u\equiv 1)$ 是源为 s 收点为 t 的单位容量网络, uvu 是 $\mathcal{N}$ 的一个 2 圈. 证明: 总可以删去 2 条弧 uv 和 vu 中的一条, 而不影响 $\mathcal{N}$ 中最大 (s,t) 流的值.

3.43 证明定理 3.7.7. 提示: 参见定理 3.7.4 的证明.

3.44 说明如何利用引理 3.2.2 和定理 3.8.2 来证明定理 3.8.4.

3.45 **关于等同匹配的工作安排时间表**. 设 J 是工作集合, 它被运行在一个等同匹配集合上 (例如, 过程、飞机、卡车等), 每项工作由一台机器执行. 存在一个固定的工作时间表, 指定工作 $j \in J$ 必须在时间 s_j 开始, 于时间 f_j 结束. 此外, 存在一个转换时间 t_{ij}, 它是建立一台机器执行完工作 i 转换去执行工作 j (例如, 工作是卡车装运, 时间 t_{ij} 是驾驶一辆卡车从装载 i 的地点到装载 j 的地点) 所需要的时间. 我们的目标是找到一个可行的时间表, 使得采用尽可能少的机器来完成工作. 说明如何把这个问题精确地表述为一个最小值 (s,t) 流问题.

3.46 **项目监督时间表**. 这个习题要处理如下的一个实际问题: 如何在一个课程里把学生分配到不同的项目上, 每位学生至少选择一个项目, 且全部项目由一位或多位有能力的教师来指导, 每位学生只能由一位教师指导. 设有 n 个学生, m 个项目和 t 位指导教师.

令 b_i $(1 \leqslant i \leqslant m)$ 表示选择同一个项目的最大的学生人数 (他们单独工作, 因而需要个别指导). 对于每个项目 i $(1 \leqslant i \leqslant m)$, 存在教师的一个子集 $A_i \subseteq \{1,2,\cdots,t\}$, A_i 中的每位教师有能力指导第 i 个项目. 最后, 对于每位教师 j $(1 \leqslant j \leqslant t)$, 他 (她) 能够指导学生人数的上限是 k_j.

每位学生必须有且仅有一个项目, 同时也假设对全部的项目每位学生有喜欢它们的级别, 按喜欢的程度从 1 到 m 标号它们. 例如, 把最喜欢的项目标为 1. 学生 i 喜爱的项目 j 的级别记为 r_{ij}. 此时的任务是寻找学生对项目的一个分配 $p(1), p(2), \cdots, p(n)$ (即给学生 i 分配项目 $p(i)$). 同时, 按照上面的要求最小化和式 $\sum_{i=1}^{n} r_{ip(i)}$.

(a) 说明如何把这个问题准确地表述为最小费用流问题.

(b) 如果仅需要找到一个可行分配 (是一个不与上面所要求的分配冲突的分配), 你能设计哪一个最快的算法?

(c) 对于已经在 (a) 中表述的问题, 3.10 节中的哪一个最小费用流的算法是最快的算法?

(d) 设 $p(1), p(2), \cdots, p(n)$ 是学生对项目的一个最优分配. 假定在项目实际监督 (指导) 开始之前, 某指导教师 $j \in \{1,2,\cdots,t\}$ 从 k_j 到 k'_j $(< k_j)$ 降低了他/她的指导容量.

关于新的限制给出一个快速算法, 证明没有可行分配, 或者能够把分配 $p(1), p(2), \cdots, p(n)$ 改变为一个新的最优分配 $p'(1), p'(2), \cdots, p'(n)$.

(e) 现设指导容量的改变仅仅发生在学生开始项目工作之后. 当在同时安排尽可能少的学生到新项目时 (假定重新安排学生必须重新开始上面所有的步骤), 目标是找到一个新的最优化可行解, 或是证明不存在可行解. 简要地解释如何解决问题的这个变化. 提示: 在最小费用流模型中, 对重新安排一位学生设计费用测量.

3.47 (−) 设 $\mathcal{N} = (V, A, l \equiv 0, u)$ 是源为 s 收点为 t 的网络. 给 $\mathcal{N}$ 添加一条新弧 ts 得一个新的网络 $\mathcal{N}' = (V, A', l' \equiv 0, u', c')$, 其中 $u_{ts} = \infty$, $c_{ts} = -1$; 对 $ij \in A$, 取 $u'_{ij} = u_{ij}$ 和 $c'_{ij} = 0$. 证明: 在 $\mathcal{N}'$ 的最小费用循环和 $\mathcal{N}$ 的最大 (s,t) 流之间存在着一一对应关系.

3.48 设网络 $\mathcal{N} = (V, A, l \equiv 0, u, b, c)$ 的某些弧容量为无穷大, 某些弧具有负费用.

(i) 证明: 关于最小费用流问题存在一个有限最优解 (在 $\mathcal{N}$ 中寻找一个最小费用可行流) 的充要条件是 $\mathcal{N}$ 无负费用圈 C, 使得 C 的每一条弧有无穷大容量. 提示: 研究任意可行流与有限费用固定解之间的差别.

(ii) 令 K 是全体有限容量与那些正的 b 值之和. 证明: 如果对于 $\mathcal{N}$ 的最小费用流问题存在一个有限最优解, 则也存在一个有限最优解, 使得没有弧的流值多于 K. 提示: 使用流的分解.

3.49 **在最小费用流问题中消去负费用弧**. 假定网络 $\mathcal{N}=(V,A,l\equiv 0,u,b,c)$ 包含一条负费用弧 uv, 但没有负费用, 具有无穷大容量化的圈 (见习题 3.48). 推导一个与引理 3.2.1 相似的结论, 它可把 $\mathcal{N}$ 转换成一个新的网络 $\mathcal{N}^+$, 其中所有的费用均是非负的, 并使得对给定的 $\mathcal{N}^+$ 中的任意一个可行流 x^+, 能够从 $\mathcal{N}$ 中得到一个可行流 x, 并且由已知的 x^+ 的费用可以有效地得到 x 的费用. 提示：反向具有负费用的每一条弧, 给它们的费用乘 -1, 然后更新平衡向量.

3.50 证明定理 3.10.6.

3.51 尝试把命题 3.10.7 的陈述移植到路 P 和 P' 不必须有相同起终点的情形中去. 提示：考虑引理 3.2.2 中的网络 $\mathcal{N}_{st}$.

3.52 用一个例子说明在到达一个最优化流之前圈删除算法可以使用 $\Omega(mUC)$ 个增广.

3.53 (−) 说明如何把在二部分图 $B=(X,Y;E)$ 中寻找一个关联 X 中顶点最多的匹配问题转化成在二部分图中寻找最大匹配问题.

3.54 (+) 证明：设 D 是 n 个顶点的 k 正则半完全有向图, D 包含一个正则或几乎正则 ($|\delta^+(T)-\delta^-(T)|\leqslant 1$) 的支撑竞赛图 T, 则依赖于 n 是否为奇数或为偶数. 注意, 每个正则竞赛图有奇数个顶点[47].

3.55 (+) **无向图的广义匹配**. 设 $G=(V,E)$ 是一个无向图. 对真子集 $S\subset V$, 记号 $N_G(S)$ 表示 $V-S$ 中与 S 的某一个顶点相邻的全体顶点之集. 证明：G 有顶点不交的一组边 $e_1,e_2,\cdots,e_k$ 和奇圈 $C_1,C_2,\cdots,C_r$, 它们覆盖了 V, 或者 G 有真子集 $S\subset V$, 使得 S 是独立集且满足 $|N_G(S)|<|S|$. 从你的证明中推导出一个算法, 用它可找到一个所期望的广义匹配, 或是一个满足 $|N(S)|<|S|$ 的独立集 S. 提示：在一个合适的网络上运用定理 3.8.2.

3.56 证明 König 定理：正则二部分图有一个完美匹配[499].

3.57 (−) 1 **正则图**. 证明：如果 D 是 1 正则有向图, 则对某 $k\geqslant 1$, D 仅是一组顶点不交的圈 $C_1,C_2,\cdots,C_k$.

3.58 **有向伪图的圈因子**. 证明：命题 3.11.6 对有向伪图也成立, 注意, 把自环视为圈.

3.59 (+) **计算有向图中路圈覆盖数**. 说明如何在时间 $O(m\sqrt{n})$ 内找到最小的整数 k, 使得有向图 D 含有一个由 k 条路构成的路圈因子. 提示：在一个适当构造的简单网络中使用最小值流.

3.60 (+) **有向图扩张的路圈覆盖数**. 设 R 是 r 个顶点的有向图, $l_i\leqslant u_i$ $(1\leqslant i\leqslant r)$ 是 $2r$ 个非负整数, 用 I_p 表示 p 个顶点的独立集, 说明如何在时间 $O(n^3)$ 内找到 $\min\{\mathrm{pcc}(R[I_{p_1},I_{p_2},\cdots,I_{p_r}]):\ l_i\leqslant p_i\leqslant u_i,\ i=1,2,\cdots,r\}$. 提示：推广你在习题 3.59 中所使用的网络[65, 365].

3.61 设有整数 $k\in\mathcal{Z}_+$, 证明：有向图 $D=(V,A)$ 有一个 k 路圈因子的充要条件是

$$\left|\bigcup_{v\in X}N^+(v)\right|\geqslant |X|-k \quad 和 \quad \left|\bigcup_{v\in X}N^-(v)\right|\geqslant |X|-k.$$

3.62 对于一个输入的有向图 D 和它的 2 个指定的顶点 x 和 y, 说明如何在时间 $O(m\sqrt{n})$ 内判定 D 是否有一个 1 路圈因子, 使得因子中的路是 x 与 y 之间的路.

3.63 完成定理 3.11.11 的证明.

3.64 **有向图的最重圈有向子图**. 给出一个 $O(n^3)$ 算法, 它可以在弧上具有非负权的有向图中找到一个最大权圈有向子图. 提示：使用和定理 3.11.11 证明中相同的方法.

3.65 (+) 由定理 3.8.2 直接证明定理 3.11.13, 说明你的证明隐含了一个算法. 对于一个 k

强有向图 D 和一个子集 $X \subseteq V(D)$, 使用此算法可找到覆盖 X 的一组不交的圈, 或是规模大于 k 的一个独立集 $X' \subseteq X$.

3.66 在图 3.25 的网络中寻找一个最小费用的中国邮递员途径.

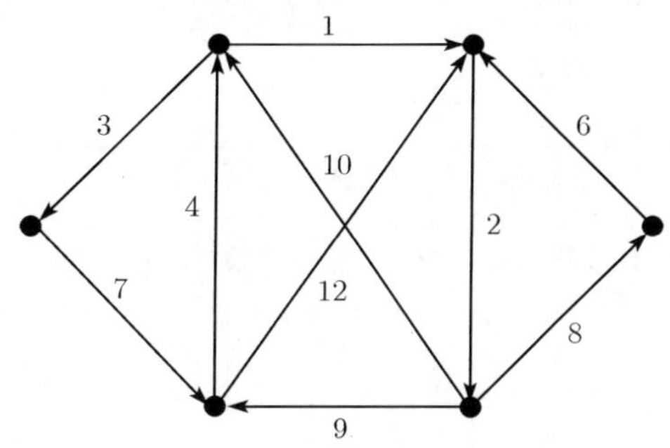

图 3.25 一个弧上具有权的有向图

3.67 说明如何将下面的问题准确地表述为一个流问题: 已知 2 个非负整数序列 a_i $(1 \leqslant i \leqslant n)$ 和 b_j $(1 \leqslant j \geqslant n)$, 判定是否存在一个有向图 $D = (\{v_1, v_2, \cdots, v_n\}, A)$, 使得 $d_D^+(v_i) = a_i$ 和 $d_D^-(v_i) = b_i$, $1 \leqslant i \leqslant n$. 提示: 使用定理 3.11.3 或是这个定理的证明思路.

3.68 证明命题 3.11.8.

3.69 证明命题 3.11.10. 提示: 使用与习题 3.59 中相同的网络.

3.70 证明: **正则有向多重图有圈因子**.

3.71 对于运输问题, 说明如何将 $\sum_{i=1}^m a_i \neq \sum_{j=1}^n b_j$ 的情形转化成等式的情形. 提示: 引进新的销售商或新的工厂.

3.72 证明引理 3.12.1.

3.73 考虑在 (3.35) 式中所更新的对偶变量 α^*, β^*, 证明命题 3.12.1 也成立.

3.74 (+) 用合适的数据结构, 并保持标号 (在先前对增广路的搜索中所使用的), 直至找到一条新的增广路 (隐含了能够增加当前流的值). 证明: 可在时间 $O(M(n+m)^2)$ 内对运输问题执行初对偶算法.

3.75 用初对偶算法解决如下的分配问题.

12	9	10	8	11
8	6	6	5	9
13	10	10	11	11
6	2	4	3	5
11	7	10	9	11

3.76 证明：可以应用 3.10 节的集结算法于时间 $O(n^3)$ 内解决分配问题.

3.77 证明：如果按照 (3.35) 式来更新对偶变量, 仍将得到 (3.27) 式的一个可行解, 它的对象函数值严格高于 α, β 的值.

3.78 在 3.12 节所勾画的初对偶方法某些迭代后, 来说明如下的运输问题的一个事例, 并完成关于这个事例的算法.

							α	a
		3	7	1	8		5	4
	2	6	12	5	1	11	5	3
	1	8	2	4	8		2	3
	9	6	10	1	10	9	7	7
β	0	−2	1	−2	2	0		
b	3	3	6	2	1	2		

3.79 **流问题的树解**. 设 $\mathcal{N} = (V, A, l \equiv 0, u, b, c)$ 是 n 个顶点的网络, 它有一个可行流, $D = (V, A)$ 是 $\mathcal{N}$ 的底有向图. 证明：$\mathcal{N}$ 中存在一个可行流 x, 使得那些具有 $0 < x_{ij} < u_{ij}$ 的弧的数目至多是 $n-1$, 我们称这种可行流为**树解** (tree solution). 提示：证明事实：若 C 是 $UG(D)$ 的一个圈, 且 C 的每一条弧满足 $0 < x_{ij} < u_{ij}$, 则可改变当前流, 使所得到的新流 x' 是零或 u_{ij}, 或者对 C 的至少一条弧 ij, 并且没有创造满足 $0 < x'_{pq} < u_{pq}$ 的新弧 pq.

3.80 设网络 $\mathcal{N} = (V, A, l \equiv 0, u, b, c)$ 有 n 个顶点和一个可行流. 证明：存在一个是树解的最优化可行流.

3.81 **顶点潜势和流**. 设 x 是网络 $\mathcal{N} = (V, A, l \equiv 0, u, b, c)$ 的一个可行流. 证明：x 是一个最优化流的充要条件是存在一个函数 $\pi : V \to \mathcal{R}$, 使对 $\mathcal{N}(x)$ 的每一条弧 ij, 均有 $c^{\pi}_{ij} \geqslant 0$. 这里 $c^{\pi}_{ij} = c_{ij} - \pi(i) + \pi(j)$ 是**减约费用函数** (reduced cost function) 以及用 $\mathcal{N}(x)$ 中关于 c^{π} 的费用代替 c. 提示：见习题 2.16～2.18.

3.82 **关于流的最优化性的补充松弛条件**. 设 x 是网络 $\mathcal{N} = (V, A, l \equiv 0, u, b, c)$ 的一个可行流. 证明：x 是一个最优化流的充要条件为存在一个函数 $\pi : V \to \mathcal{R}$, 使得如下式子成立：

$$c^{\pi}_{ij} > 0 \Rightarrow x_{ij} = 0, \tag{3.45}$$

$$c^{\pi}_{ij} < 0 \Rightarrow x_{ij} = u_{ij}, \tag{3.46}$$

$$0 < x_{ij} < u_{ij} \Rightarrow c^{\pi}_{ij} = 0, \tag{3.47}$$

这里 $c^{\pi}_{ij} = c_{ij} - \pi(i) + \pi(j)$. 提示：参见习题 3.81.

3.83 (+) **最小费用流的初对偶算法**. 设网络 $\mathcal{N} = (V, A, l \equiv 0, u, c)$ 的源为 s 收点为 t, 它的一个最大 (s,t) 流的值是正数 K. 设 x 是值为 $k < K$ 的一个最优化 (可行) (s,t) 流, 并且选

择函数 $\pi: V \to \mathcal{R}$, 使对 $\mathcal{N}(x)$ 的每一条弧, 有 $c_{ij}^{\pi} \geqslant 0$ (见习题 3.81). 定义 A_0 为全体 $\mathcal{N}(x)$ 中具有 $c_{ij}^{\pi} = 0$ 的弧 ij, 设 $\mathcal{N}_0$ 是由 A_0 的弧导出的 $\mathcal{N}(x)$ 的子网络.

(a) 证明: 若 y 是 $\mathcal{N}_0$ 中值为 p 的一个可行 (s,t) 流, 则 $x' = x \oplus y$ 是 $\mathcal{N}$ 中值为 $k+p$ 的一个最优化 (s,t) 流. 提示: 对 $\mathcal{N}(x')$ 中的每一条弧 ij, 验证 $c_{ij}^{\pi} \geqslant 0$.

(b) 设 y 是 $\mathcal{N}_0$ 的一个最大 (s,t) 流, 但流 $x' = x \oplus y$ 的值小于 K. 设 S 是 $\mathcal{N}_0(y)$ 中从 s 可达的顶点之集, 分别定义 $\varepsilon_1, \varepsilon_2$ 如下:

$$\varepsilon_1 = \min\{c_{ij}^{\pi} \mid i \in S,\ j \in \overline{S},\ c_{ij}^{\pi} > 0, x_{ij} < u_{ij}\},$$

$$\varepsilon_2 = \min\{-c_{ij}^{\pi} \mid i \in \overline{S},\ j \in S,\ c_{ij}^{\pi} < 0, x_{ij} > 0\},$$

其中, 如果在所对应的集合中没有弧, 则令 $\varepsilon_i = \infty$ $(i = 1,2)$. 定义 $\varepsilon = \min\{\varepsilon_1, \varepsilon_2\}$, 证明 $\varepsilon < \infty$.

(c) 定义 π' 如下: 若 $v \in S$, 令 $\pi'(v) := \pi(v) + \varepsilon$; 若 $v \in \overline{S}$, 令 $\pi'(v) := \pi(v)$. 设 $\mathcal{N}'_0$ 包含全体 $\mathcal{N}(x')$ 中, 使 $c_{ij}^{\pi'} = 0$ 的弧 ij, 并设用 S' 表示 $\mathcal{N}'_0$ 中从 s 可达的顶点之集. 证明: S 是 S' 的一个真子集, 且对 $\mathcal{N}(x')$ 的每一条弧均有 $c_{ij}^{\pi'} \geqslant 0$ 成立. 提示: 运用习题 3.14.

(d) 若 $t \notin S'$, 则可改变上面的 π' (基于 S' 而不是 S). 在至多 $n-1$ 次如此向量 π' 的更新后, 证明当前的网络 $\mathcal{N}'_0$ 包含一条 (s,t) 路.

(e) 运用上面的结论来设计一个算法, 借助解决一系列最大流问题使得该算法可找到 $\mathcal{N}$ 中值为 K 的一个最小费用 (s,t) 流. 这个算法的复杂性是多少?

第4章　有 向 图 类

本章中的几类有向图虽然在第 1 章中已经被介绍过, 但在这一章里我们要深入研究它们的特征、识别和分解, 同时考虑这几类有向图的一些基本性质, 并在本书稍后的章节中还要研究它们的其他性质.

首先, 我们介绍深度优先搜索 (DFS) 算法, 它是图算法中的一个重要技巧, 在本章和后面的章节中均要用它来设计快速的算法. 特别是在 4.2 节中, 我们要用 DFS 算法来建立一个寻找无圈有向图中的无圈序的算法. 4.3 节介绍并研究可传递闭包和有向图的可传递简约, 这些概念将在 4.7 节中使用. 4.4 节给出一个基于 DFS 算法的寻找有向图强分支的线性时间算法.

4.5 节介绍线有向图的几个特征和一个识别性算法. 2 个特殊的 de Bruijn 有向图和 Kautz 有向图的基本性质及其推广将在 4.6 节中介绍. 在 4.7 节中, 我们要研究关于直径和顶点强连通性的有向图的极值和几乎极值, 并介绍研究系列平行图. 研究这类图的意义是因为它们的应用性, 如在时间表等问题中的应用. 在研究系列平行有向图中, 我们需要用到 4.3 节和 4.5 节中介绍的一些概念及结论.

4.8 节介绍可传递有向图的一个有意义的扩张, 即拟可传递有向图类. 4.9 节研究有向图的路重合性质, 它在某些有向图类包括竞赛图的研究中起着相当重要的作用. 2 类路可重合的有向图在 4.10 节中定义, 它们是局部入半完全有向图和局部出半完全有向图, 从而拓展了竞赛图类, 这一节研究这 2 类图的基本性质, 这 2 类图的交构成局部半完全有向图类, 这个图类放在 4.11 节中研究. 我们给出一个非常有用的局部半完全有向图类, 它将被应用于其他几章的一些结论证明中. 这一节还将证明局部半完全有向图的一个叫做圆有向图的特殊子类的特征.

三类全可分解有向图形成拟可传递有向图的一个重要特征以及其他在上面小节中介绍研究的几类有向图. 第 4.12 节主要研究识别这三类全可分解有向图. 4.13 节的内容是介绍有向图相交的若干性质. 4.14 节介绍有向图在解线性方程组中的一个应用.

4.1　深度优先搜索

本节中的**深度优先搜索算法** (DFS)(depth-first search algorithm) 是算法图论中一个简单但又非常重要的技巧. 尽管深度优先搜索 (DFS) 算法多少有些相似于宽度优先搜索 BFS 算法 (见 2.3.1 小节), 但是, 它们各自的特征完全决定了它们是互不相同的程序.

设 $D=(V,A)$ 是一个有向图. DFS 算法可以从 D 的任何一个顶点开始. 在 DFS 算法的每一个步骤中, 我们将**访问** (visit)D 的某一个顶点 x. 如果 x 有一个**未访问** (unvisited) 的出邻点 y, 就访问 y①, 称弧 xy 为**树弧**(tree arc). 若 x 没有未被访问的出邻点, 则称 x 为**探测完毕** (explored), 并返回到 x 的前趋 pred(x)(从这个顶点移动到 x). 如果 x 没有前趋, 则另找一个未被访问的顶点 "重新开始" 上面的过程. 如果不存在未被访问的顶点, 则终止程序.

在 DFS 算法的正式表述中, 有向图 D 的每一个顶点 x 有 2 个**时间印章**(time-stamp): 记号 tvisit(x) 表示 x 已被访问过, 而记号 texpl(x) 则宣布 x 被探测完毕.

深度优先搜索 (DFS) 算法

输入: 一个有向图 $D=(V,A)$.

输出: 对于每一个顶点 $v\in V$, pred(v), tvisit(v) 和 texpl(v).

1. 对每一个顶点 $v\in V$, 令 pred(v) :=nil, tvisit$(v):=0$ 和 texpl$(v):=0$.
2. 设置 time $:=0$.
3. 对每一个顶点 $v\in V$, 作: 若 tvisit$(v)=0$, 运行程序 DFS-PROC(v) 算法.

DFS-PROC(v)算法

1. 令 time := time + 1 和 tvisit(v) := time.
2. 对于每一个顶点 $u\in N^+(v)$, 作: 若 tvisit$(u)=0$, 则令 pred$(u):=v$, 并运行 DFS-PROC(u) 算法.
3. 设置 time := time + 1 和 texpl(v) := time.

显然, DFS 算法的主体运行时间为 $O(n)$, 关于不同的调用运行程序 DFS-PROC 算法的总时间是 $O(m)$(根据命题 1.2.1, $\sum_{x\in V}d^+(v)=m$). 因此, DFS 算法的时间复杂性为 $O(n+m)$.

DFS 算法的结束部分不像 BFS 算法的结束部分, 因为树弧可以形成 D 的一个不连通支撑有向子图 F (注意, 我们从一个预先指定的顶点来运行 BFS 算法). F 的弧集是 $\{(\text{pred}(v),v):v\in V,\text{pred}(v)\neq\text{nil}\}$. 因为 $UG(F)$ 的每个分支是树, 故 F 是森林, 因而称 F 为一个 **DFS森林**(DFS forest), F 中的每一个分支叫做 **DFS树**(DFS tree), 一棵 DFS 树的**根**(root) 是一个顶点 v 在 DFS 算法的主体第 3 步用于开始运行程序 DFS-PROC. 显然, 一棵 DFS 树 T 的根 r 是 T 中唯一的入度为零的顶点. 按照上面对 DFS 的描述, DFS 树 T 的每一个顶点可以从 r 沿一条路而达到 (因而 T 在由 $V(T)$ 所导出的有向子图中是一个根为 r 的出分枝). 称 T 的一个顶点 x 为 T 的另一个顶点 y 的**后代** (descendant)(记为 $x\succ y$), 如果 y 位于 T 的 (r,x) 路中. 注意, 一般情况下一个有向图 D 可能有几个不同的 DFS 森林.

① 如果 x 有多于一个的未访问的出邻点, 就任选其中一个未访问的出邻点为 y.

利用有向图 $D=(V,A)$ 的一个已知 DFS 森林，可以很方便地将有向图 D 的非树弧分类. 如果访问一个顶点 x，考虑 x 的一个已经被访问过的出邻点 y，将会发生下列情形：

(1) 顶点 y 是探测完毕的，即 $\text{texpl}(y) \neq 0$. 这意味着 x 和 y 属于不同的 DFS 树，则称弧 xy 为**交叉弧**(cross arc).

(2) 顶点 y 未被探测. 如果有 $x \succ y$，则 xy 是**向后弧**(backward arc). 若有 $y \succ x$，则 xy 是**向前弧**(forward arc). 如果上述 2 种变化不发生，则 xy(仍然) 是一条交叉弧.

在图 4.1 中解释了 DFS 算法以及上述弧的分类. 树弧是粗的，非树弧依照它们是向后弧、交叉弧或向前弧分别被标上 B,C 或 F. 如果 $\text{tvisit}(u)$, $\text{texpl}(u)$ 中的 1 个或 2 个从初始零值被改变的话，对于每一个顶点 u，则给顶点 u 加上时间印章.

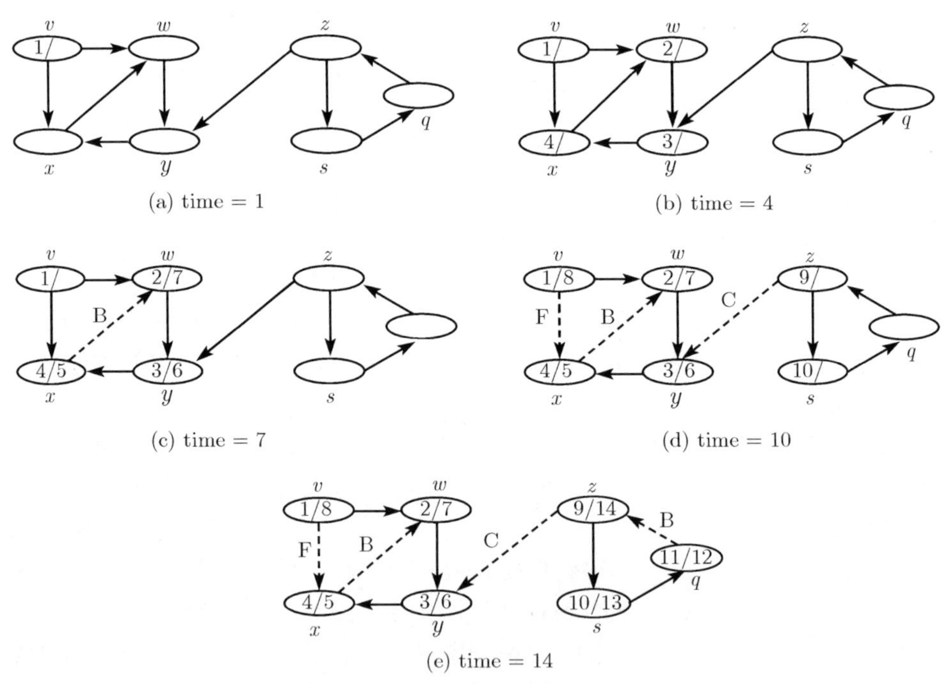

图 4.1　在一个有向图上从一个顶点 v 开始的 DFS 算法的某些步骤

根据观察，对于每一个顶点 $v \in V$，有 $\text{tvisit}(v) < \text{texpl}(v)$. 不存在一对顶点 u,v，使得 $\text{tvisit}(u) = \text{tvisit}(v)$ 或 $\text{tvisit}(u) = \text{texpl}(v)$，或 $\text{texpl}(u) = \text{texpl}(v)$，这是因为给 $\text{tvisit}(\cdots)$ 或 $\text{texpl}(\cdots)$ 分配任何时间之前，**时间值**是增加的. 现在考虑 DFS

算法的几个附加的简单性质. 用 $[t, t']$ 表示从时间 t 到时间 $t'(> t)$ 的区间, 如果区间 I' 包含了区间 I, 则记为 $I \subseteq I'$.

命题 4.1.1　设有 $D = (V, A)$, 对 $v \in V$, 数 $\text{tvisit}(v)$ 和 $\text{texpl}(v)$ 是由 DFS 算法计算的. 对于每一对顶点 u 和 v, 下列断言之一是成立的:

(1) 区间 $[\text{tvisit}(u), \text{texpl}(u)]$ 和区间 $[\text{tvisit}(v), \text{texpl}(v)]$ 是不交的;

(2) $[\text{tvisit}(u), \text{texpl}(u)] \subseteq [\text{tvisit}(v), \text{texpl}(v)]$;

(3) $[\text{tvisit}(v), \text{texpl}(v)] \subseteq [\text{tvisit}(u), \text{texpl}(u)]$.

证明　不失一般性, 可设 $\text{tvisit}(u) < \text{tvisit}(v)$. 如果 $\text{texpl}(u) < \text{texpl}(v)$, 则第一个断言成立. 因而, 设 $\text{texpl}(u) > \text{texpl}(v)$, 即当 u 被访问过但没有被探测完毕时, v 被访问到. 于是, 在 DFS 森林中存在一条从 u 到 v 的有向路, 即 $v \succ u$. 由于当 v 是未探测完毕时, u 不能变为探测完毕, 则有 $\text{texpl}(v) < \text{texpl}(u)$, 可见第三个断言成立. □

利用这个命题, 即可证得如下推论:

推论 4.1.2　对有向图 D 的一对顶点 x 和 y, 则 y 是 x 的后代, 即 $y \succ x$ 的充要条件为 $\text{tvisit}(x) < \text{tvisit}(y) < \text{texpl}(y) < \text{texpl}(x)$.

命题 4.1.3　设 F 是有向图 $D = (V, A)$ 的一个 DFS 森林, x 和 y 是 F 中的同一棵 DFS 树 T 的顶点. 则 $y \succ x$ 的充要条件是在时刻 $\text{tvisit}(x)$ 沿一条路从 x 可达到 y, 这条路上的内部顶点均未被访问过.

证明　设 $y \succ x$. 令 z 是 T 中 (x, y) 路的内部顶点. 于是, 有 $z \succ x$. 由推论 4.1.2 得 $\text{tvisit}(x) < \text{tvisit}(z)$. 因此, z 在时间 $\text{tvisit}(x)$ 未被访问.

设 y 是从 x 沿一条未被访问的顶点的路 P 在时刻 $\text{tvisit}(x)$ 可达的, 反设 $y \not\succ x$. 可假定 $z = y_P^-$(路 P 上 y 的前趋) 是 T 中 x 的后代, 也就是 $z \succ x$ 成立. 依据推论 4.1.2, $\text{texpl}(z) < \text{texpl}(x)$. 因为 y 是 z 的一个出邻点, 在 z 是探测完毕之前 y 被访问, 因而有 $\text{tvisit}(y) < \text{tvisit}(z)$. 显然, $\text{texpl}(x) < \text{tvisit}(y)$, 所以有 $\text{tvisit}(x) < \text{tvisit}(y) < \text{texpl}(x)$. 依照命题 4.1.1, 可见区间 $[\text{tvisit}(y), \text{texpl}(y)]$ 被区间 $[\text{tvisit}(x), \text{texpl}(x)]$ 包含. 按照推论 4.1.2, 则有 $y \succ x$, 与假设矛盾. □

4.2　无圈有向图中的顶点无圈序

无圈有向图在有向图的理论和应用中均扮演着重要的角色 (读者可在本书的这一章和后面的章节里看到这一点). 在 1.4 节中, 我们已经介绍过无圈有向图的一些基本性质, 例如, 每个无圈有向图 D 有一个顶点无圈序 (命题 1.4.3). 本节介绍如何快速地找到有向图的一个无圈序①.

① 注意, 在大量的文献中, 一个无圈序被叫做一个拓扑分类. 我们认为无圈序是最合适的名称, 因为没有拓扑的卷入. Knuth 是第一个为拓扑分类给出线性时间算法的人[481].

设 D 是无圈有向图, $v_1, v_2, \cdots, v_n$ 是 D 的一个顶点序. 前面曾说到, 如果 D 中一条弧 v_iv_j 的存在隐含 $i < j$, 则这个序是无圈的. 根据命题 1.4.3, 每个无圈有向图有它自己顶点的一个无圈序. 我们使用 DFS 算法来证明能够在 (最优化) 线性时间内找到 D 的一个顶点无圈序.

以下假定输入到 DFS 算法里的是一个有向图 $D = (V, A)$. 在 DFS 算法的正规表述中, 我们给 DFS 算法的主体里第 2 行里加入 $i := n + 1$, 在 DFS-PROC 算法的最后一行中加进 $i := i - 1, v_i := v$. 从而得到如下叫做 DFSA 的算法:

DFSA(D)算法

输入: 一个有向图 $D = (V, A)$.

输出: D 的一个无圈序 $v_1, v_2, \cdots, v_n$.

1. 对于每一个顶点 $v \in V$, 令 pred(v) :=nil, tvisit(v) := 0 和 texpl(v) := 0.
2. 设置 time := 0, $i := n + 1$.
3. 对于每一个顶点 $v \in V$, 作: 如果 tvisit(v) = 0, 则运行 DFSA-PROC(v).

DFSA-PROC(v)

1. 设置 time := time + 1, tvisit(v) := time.
2. 对于每一个顶点 $u \in N^+(v)$, 作: 若 tvisit(u) = 0, 则令 pred(u) := v, 并运行 DFSA-PROC(u).
3. 设置 time := time + 1, texpl(v) = time, $i := i - 1$ 和 $v_i := v$.

定理 4.2.1 DFSA 算法能够在时间 $O(n+m)$ 内正确地确定任何一个无圈有向图的一个无圈序.

证明 因为这个算法是线性的(由于DFS算法是线性的), 只要证明序$v_1, v_2, \cdots, v_n$ 是无圈的即可. 依据这个算法, 有

$$\text{texpl}(v_i) > \text{texpl}(v_j)\text{当且仅当 } i < j. \tag{4.1}$$

假定 D 有一条弧 v_kv_s, 使得 $k > s$. 因而, texpl(v_s) > texpl(v_k). 弧 v_kv_s 不是一条交叉弧, 如果不是这样的话, 根据命题 4.1.1 和推论 4.1.2, 关于 v_k 和 v_s 的区间是不相交的, 即 v_k 将被访问, 且在 v_s 被访问之前而探测完毕; 这一点和 (4.1) 式说明 v_kv_s 的存在性是不可能的. 弧 v_kv_s 不是向前弧, 如果是的话, 有 texpl(v_s) < texpl(v_k). 所以, v_kv_s 必须是向后弧, 即 $v_k \succ v_s$. 因而存在 D 的一条 (v_s, v_k) 路, 显然, 这条路和弧 v_kv_s 形成一个圈, 这明显与 D 是无圈有向图的题设矛盾. □

图 4.2 给出了对一个无圈有向图实施 DFSA 算法后的结果, 产生的无圈序是 z,w,u,y,x,v. 在 4.4 节中, 我们在任意一个不必须是无圈的有向图上实施 DFSA 算法, 就可以看到由 DFSA 算法得到的序 $v_1, v_2, \cdots, v_n$ 对于确定有向图的强分支是非常有用的.

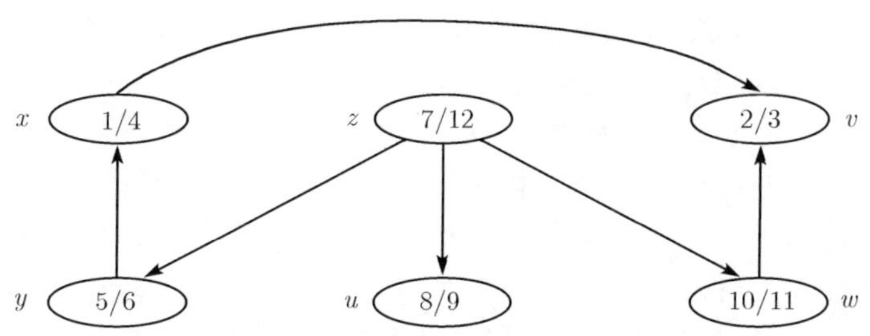

图 4.2 对任意一个无圈有向图应用 DFSA 算法的结果

4.3 可传递有向图、可传递闭包和简约

已知一个有向图 D 是可传递的, 则对 D 中每一对弧 xy,yz 和 $x \neq z$, 则弧 xz 也在 D 中. 可传递有向图在一些应用中形成底图理论的模型. 例如, 可传递有向图相当自然地对应到偏序 (见 5.3 节中关于偏序的术语、可传递有向图与偏序之间的对应关系及其基本性质). 本节将简要地浏览可传递有向图的若干性质和可传递闭包以及有向图的简约.

显然, 一个强有向图 D 为可传递的当且仅当 D 是完全的①. 下面的结论是可传递有向图的一个简单特征, 它的证明被放在习题 4.2 中.

命题 4.3.1 设有向图 D 的强分支有一个无圈序 $D_1, D_2, \cdots, D_p$, 则 D 是可传递的充要条件是每一个 D_i 是完全的. 收缩 $D_1, D_2, \cdots, D_p$, 然后删去多重弧所得到有向图 H 是可传递有向图. 换句话说, $D = H[D_1, D_2, \cdots, D_p]$.

有向图 D 的**可传递闭包**(transitive closure)$TC(D)$ 是一个具有 $V(TC(D)) = V(D)$ 的有向图, 对于不同的顶点 u, v, 弧 uv 属于 $A(TC(D))$ 的充要条件是 D 有一条 (u, v) 路. 显然, 若 D 是强的, 则 $TC(D)$ 是一个完全有向图. 一个有向图的可传递闭包的唯一性是显然的. 可以运用第 2 章中的 Ford-Fulkerson 算法来计算一个有向图的可传递闭包. 为了得到这个问题的一个较快的算法, 我们可以应用所发现的事实[238,286], **可传递闭包问题**和**矩阵乘法问题**是紧密相连的: 对 $a \geqslant 2$, 存在一个计算 n 阶有向图可传递闭包的 $O(n^2)$ 算法充要条件是能够在时间 $O(n^a)$ 内计算 2 个布尔 $n \times n$ 阶矩阵的积. Coppersmith 和 Winograd 证明了对于矩阵乘法存在一个 $O(n^{2.376})$ 算法[168]. Goralcikova 和 Koubek 为 n 个顶点的无圈有向图 D 的可传递闭包设计了一个 $O(nm_{\text{red}})$ 算法[333], 其中 m_{red} 是 D 的可传递简约 (下面将介绍可传递简约的概念) 的弧数目. Mehlhorn[561] 和 Simon[672] 各自再次研究并且改进了这个算法.

① 按照可传递有向图的定义, 一个 2 圈 xyx 并不强迫在 x 和 y 上有一个自环.

有向图 D 的一条弧 uv 是**多余的**(redundant), 如果存在 D 的一条不包含弧 uv 的 (u,v) 路. 有向图 D 的一个**可传递简约**(transitive reduction) 是 D 的支撑有向子图 H, 且 H 不含多余弧, 使得 D 和 H 的可传递闭包是一致的. 不是每一个有向图 D 都有唯一的可传递简约. 事实上, 若 D 有一对哈密尔顿圈, 则每一个圈都是 D 的可传递简约. 下面要说明一个无圈有向图的可传递简约是唯一的, 也可以叫做无圈有向图的可传递简约. 具有相同的顶点集 V 的有向图 $D_1, D_2, \cdots, D_k$ 的**相交**(intersection) 是有向图 H, 使有顶点集 $V(H) = V$ 和弧集 $A(H) = A(D_1) \cap A(D_2) \cap \cdots \cap A(D_k)$. 相似地, 可以定义具有相同顶点集的若干个有向图的**并**(见 1.3 节). 设 $\mathcal{S}(D)$ 是 D 的全体支撑有向子图 L 之集, 其中 $TC(L) = TC(D)$.

定理 4.3.2[5]　对任何无圈有向图 D, 存在唯一的一个有向图 D' 具有性质 $TC(D') = TC(D)$, 且 D' 的每一个真有向子图 H 满足 $TC(H) \neq TC(D')$. 有向图 D' 是 $\mathcal{S}$ 中的有向图的交.

Aho,Garey 和 Ullman 首先给出了这个定理的证明, 我们也可利用下面的引理 4.3.3 和引理 4.3.4 来证明定理 4.3.2.

引理 4.3.3　设 D 和 H 是同一个顶点集上的无圈有向图, 使得 $TC(D) = TC(H)$ 以及 $A(D) - A(H) \neq \varnothing$. 则对每一条弧 $e \in A(D) - A(H)$, 有 $TC(D - e) = TC(D)$.

证明　令 $xy = e \in A(D) - A(H)$. 因 $e \notin A(H)$, 则 H 必含有一条通过某一个顶点 z 的 (x,y) 路, 因而得到 D 的一条 (x,z) 路 P_{xz} 和一条 (z,y) 路 P_{zy}. 若 P_{xz} 包含弧 e, 则 D 有一条 (y,z) 路, 这条路的存在矛盾于路 P_{zy} 的存在以及题设 D 是无圈的. 同理可证 P_{zy} 不包含弧 e. 因此, $D - e$ 含有一条 (x,y) 路, 可见 $TC(D - e) = TC(D)$.　□

引理 4.3.4　设 D 是一个无圈有向图, 则集合 $\mathcal{S}(D)$ 关于并和交的运算皆是封闭的.

证明　设 G 和 H 是集合 $\mathcal{S}(D)$ 的 2 个有向图, 因为 $TC(G) = TC(H) = TC(D)$, 故 $G \cup H$ 是 $TC(D)$ 的有向子图. $TC(D)$ 的可传递性意味着 $TC(G \cup H)$ 是 $TC(D)$ 的一个有向子图. 又因 G 是 $G \cup H$ 的一个有向子图, 于是 $TC(D)(= TC(G))$ 是 $TC(G \cup H)$ 的一个有向子图. 这就证得 $TC(G \cup H) = TC(D)$ 和 $G \cup H \in \mathcal{S}(D)$.

设 $e_1, e_2, \cdots, e_p$ 是 $G - A(G \cap H)$ 的弧, 反复运用引理 4.3.3, 则得

$$TC(G - e_1 - e_2 - \cdots - e_p) = TC(G).$$

这说明 $TC(G \cap H) = TC(G) = TC(D)$, 因而 $G \cap H \in \mathcal{S}(D)$.　□

当 $a \geqslant 2$ 时, Aho,Garey 和 Ullman 证明存在一个 $O(n^a)$ 算法[5], 该算法可以计算任何 n 阶有向图 D 的可传递闭包当且仅当可以在时间 $O(n^a)$ 内能够构造 D 的一个可传递简约, 因而有

命题 4.3.5 对任何有向图 D, 能够在时间 $O(n^{2.376})$ 内计算 D 的可传递闭包和一个可传递简约.

Simon 描述了在强有向图 D 中寻找一个可传递简约的 $O(n+m)$ 算法[673]. 这个算法使用了 DFS 算法和保持 $TC(D)$ 的 2 个有向图变换. 这意味着, 存在从某一类 $\mathcal{D}$ 里寻找有向图可传递简约的一个线性时间算法, 只需为 $\mathcal{D}$ 中有向图的强分支有向图的可传递简约设计一个线性时间算法 (在前面的定义中, 一个有向图 D 的强分支有向图 $SC(D)$ 是在 D 中收缩每个强分支成为一个顶点, 然后删去所有的平行弧而得到的图). Habib,Morvan 和 Rampon 研究了这样的算法[385].

虽然 Simon 的线性时间算法能够找到强有向图 D 的一个最小有向图 D', 使得 $TC(D')=TC(D)$[673], 迄今为止还没有发现可在强有向图 D 中寻找一个具有最少数目弧的有向子图 D'' 的多项式算法, 使得 $TC(D'')=TC(D)$. 这些现象并不使人惊奇, 原因是它们所对应的最优化问题均是 $\mathcal{NP}$ 困难问题. 事实上, 验证 n 阶强有向图 D 是否有一个规模为 n 的有向子图 D'' 满足 $TC(D'')=TC(D)$ 的问题等价于**哈密尔顿圈问题**, 应用定理 5.0.1, 可断定后者是 $\mathcal{NP}$ 完全问题.

如果有向图 D 的一个具有最少弧数目的有向子图 D'' 满足 $TC(D'')=TC(D)$, 我们称 D'' 为 D 的**最小等价有向子图**(minimum equivalent subdigraph). 依据上述论讨可见, 无圈有向图的一个最小等价有向子图是唯一的, 且可在多项式时间内找到它. 这意味着在任意有向图中寻找最小等价有向子图的主要困难是对 D 的强分支寻找这样的有向子图. 这个问题放在 6.11 节关于本章所研究的几个有向图类中进行讨论. 对于 6.11 节的图类, 最小等价有向子图问题在多项式时间内是可解的.

4.4 强 有 向 图

在许多有向图的问题中, 我们只要考虑强有向图就足够了. 例如, 期望在有向图 D 中寻找通过一个顶点 x 的圈, 仅需要考虑 D 中含 x 的强分支. 进一步地说, 某些性质, 比如哈密尔顿性, 均要求所研究的对象是强有向图. 这一节要介绍一个在有向图中快速寻找强分支的算法, 特别是针对识别强有向图.

Tarjan 是首位得到计算有向图强分支 $O(n+m)$ 算法的人[688]. 本节先介绍这个算法, 然后证明其正确性, 并讨论其复杂性. 这里引用了 Cormen,Leiserson 和 Rivest 编写的书中的部分内容[169].

强分支SCA(D) 算法

输入: 一个有向图 D.

输出: D 的强分支的顶点集.

1. 调用 DFSA(D) 程序计算 “无圈” 序 $v_1,v_2,\cdots,v_n$.
2. 计算 D 的逆 D'.

3. 在 DFS 算法的主循环中调用 DFS(D') 程序, 按照序 $v_1, v_2, \cdots, v_n$ 考虑顶点. 在 DFS(D') 程序中输出每一棵 DFS 树的顶点作为 D 的强分支顶点.

图 4.3 解释了强分支算法 (SCA 算法). 显然, SCA 算法的复杂性是 $O(n+m)$. 最困难的是建立 SCA 算法的正确性, 我们需要以下几个引理. 第一个引理的证明是简单的, 留作习题 4.3.

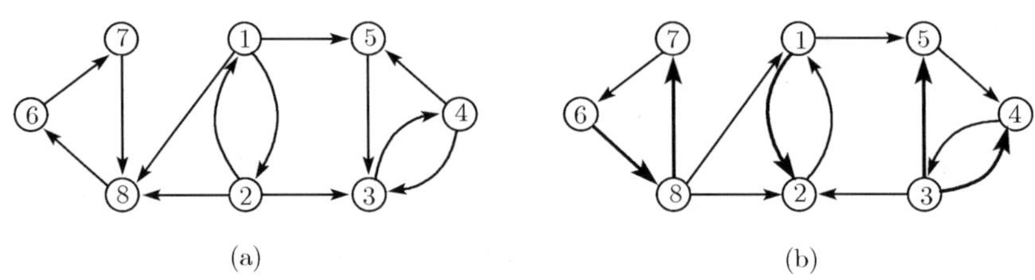

图 4.3

(a) 一个有向图 D, 解释用 DFSA 算法找到顶点序; (b) D 的逆 D', 粗弧是关于 D' 的 DFS 森林的弧

引理 4.4.1 如果一对顶点 x 和 y 同属于有向图 D 的一个强分支 S, 则 x 和 y 之间的每一条路的顶点都在 S 中.

引理 4.4.2 在有向图上的任何运行 DFS 程序中, 同一个强分支的全部顶点均被安置在同一棵 DFS 树中.

证明 设 S 是有向图 D 的强分支, r 是 DFS 程序访问 S 的第一个顶点. 取 S 的另一个顶点 x, 考虑 DFS 程序的时间 tvisit(r). 根据引理 4.4.1, 在 (r, x) 路上的每一个顶点均属于 S, 且除顶点 r 外均是未被访问的. 于是, 根据命题 4.1.3, 顶点 x 属于 r 所在的 DFS 树中. □

在本节的剩余部分, tvisit(u) 和 texpl(u) 是在强分支 SCA 算法的第一个步骤里所计算的时间印章 (已知它们依赖于程序 DFS 所访问的顶点序). 顶点 u 的**祖先**(forefather)$\phi(u)$ 是从 u 可达的顶点 w, 使得 texpl(w) 是最大的. 因为 u 从自身可达, 便得

$$\text{texpl}(u) \leqslant \text{texpl}(\phi(u)). \tag{4.2}$$

显然, 按照祖先的定义, 对 $v, u, \in V$, 如果 v 是从 u 可达的, 有

$$\text{texpl}(\phi(v)) \leqslant \text{texpl}(\phi(u)). \tag{4.3}$$

接下来的引理给出了术语 “祖先” 的一个判断.

引理 4.4.3 在有向图 D 的任何运行 DFS 程序中, 每一个顶点 $u \in V(D)$ 是其祖先 $\phi(u)$ 的一个后代.

证明 如果 $\phi(u)=u$, 这个引理是自然成立的, 故下设 $\phi(u)\neq u$. 考虑关于 D 的 DFS 程序的时刻 tvisit(u), 观察 $\phi(u)$ 的状态. 顶点 $\phi(u)$ 不可能早已被探测完毕, 因为意味着 $\text{texpl}(\phi(u))<\text{texpl}(u)$, 这是不可能的. 如果 $\phi(u)$ 已被访问过, 但没探测完毕, 则由推论 4.1.2 知, u 是 $\phi(u)$ 的后代, 引理得证.

我们要证明在时刻 tvisit(u) 之前顶点 $\phi(u)$ 确实被访问过. 反设不真, 考虑一条 $(u,\phi(u))$ 路 P. 除顶点 u 外, 如果 P 上的其余顶点均未被访问 (在时刻 tvisit(u)), 则由命题 4.1.3, 顶点 $\phi(u)$ 是 u 的后代, 即 $\text{texpl}(\phi(u))<\text{texpl}(u)$, 这是不可能的. 现设 x 是 P 上的一个未访问的顶点, 它不同于 u. 假定 x 是路 P 中最后一个还没有被访问的顶点 (从 u 向 $\phi(u)$ 走). 显然, x 也是未探测完毕 (因为 x 支配着一个未访问的顶点). 对 $P[x,\phi(u)]$ 应用命题 4.1.3, 其中 $\phi(u)$ 是 x 的一个后代, 则有 $\text{texpl}(\phi(u))<\text{texpl}(x)$, 这与 $\phi(u)$ 的定义矛盾.

上述论证说明 $\phi(u)$ 在时刻 tvisit(u) 之前确实被访问过, 完成引理的证明. □

引理 4.4.4 在有向图 D 的每一个应用 DFS 程序中, D 的每一个顶点 u 和顶点 $\phi(u)$ 同属于 D 的一个强分支.

证明 根据祖先的定义, 存在一条 $(u,\phi(u))$ 路. 再由引理 4.4.3, 存在从顶点 $\phi(u)$ 到顶点 u 的一条路. □

下面的引理是比引理 4.4.4 更强的版本.

引理 4.4.5 对于 DFS 程序在有向图 D 的每一个运行以及顶点 $u,v\in V(D)$, 则顶点 u 和 v 同属于 D 的一个强分支的充要条件是 $\phi(u)=\phi(v)$.

证明 如果顶点 u 和 v 同属于 D 的一个强分支, 则每一个从它们中的一个可达的顶点也是从另一个顶点可达的. 所以有 $\phi(u)=\phi(v)$, 依据引理 4.4.4, u 和 v 同属于它们的祖先所在的一个强分支中. 因而 $\phi(u)=\phi(v)$ 意味着顶点 u 和顶点 v 在 D 的同一个强分支中. □

定理 4.4.6 强分支算法 SCA 能够正确地找到有向图 D 的一个强分支.

证明 我们的证明方法是对在 D' 上运行 DFS 程序时所发现的 DFS 树的数目采用数学归纳法, 这些树中的每一棵的顶点均导出 D 的一个强分支. 推导论证的每一步要证明在 D' 中形成的 DFS 树的所有顶点导出 D 的一个强分支, 并且先前的每一棵 DFS 树的顶点均导出 D 的一个强分支. 归纳的基本点是平凡的, 因为所得到的第一棵树没有前树, 故假设成立. 根据强分支算法 SCA 的运行, 在第二次应用 DFS 程序中, 总是从一个顶点开始一棵新的 DFS 树, 在全体顶点 (不在 DFS 森林整个结构) 中这个顶点的 texpl 的值是最高的.

考察在运行 DFS(D') 程序中所产生的以 r 为根的一棵 DFS 树 T. 依照祖先的定义, 有 $\phi(r)=r$. 事实上, r 从自身是可达的, 并在所有从 r 可达的顶点中具有最高的 texpl 值. 令 $S(r)=\{v\in V(D):\phi(v)=r\}$, 我们来证明

$$V(T)=S(r). \tag{4.4}$$

按照引理 4.4.2 和引理 4.4.5, $S(r)$ 中的每一个顶点都在同一棵 DFS 树中. 因为 $r \in S(r)$, 且 r 是 T 的根, 故 $S(r)$ 的每一个顶点均属于 T. 欲完成对 (4.4) 式的证明, 要证对 $u \in V(T)$, 则有 $u \in S(r)$, 即若 $\text{texpl}(\phi(x)) \neq \text{texpl}(r)$, 则 x 不在 T 中. 假定有某个顶点 x 使 $\text{texpl}(\phi(x)) \neq \text{texpl}(r)$. 根据归纳假定, 可设 $\text{texpl}(\phi(x)) < \text{texpl}(r)$, 不然的话, x 可以被安置在根为 $\phi(x) \neq r$ 的树中. 如果 x 被安置在 T 中, 则由 (4.3) 式和 $\phi(r) = r$, 则 r 将是从 x 可达的, 这就导致 $\text{texpl}(x) \geqslant \text{texpl}(\phi(r)) = \text{texpl}(r)$, 矛盾. □

4.5 线有向图

设 D 为有向伪图, 线有向图 $Q = L(D)$ 具有顶点集 $V(Q) = A(D)$ 以及弧集

$$A(Q) = \{ab : a, b \in V(Q),\ \text{在 } D \text{ 中 } a \text{ 和 } b \text{ 首尾相连}\}.$$

一个有向伪图 H 是一个**线有向图**(line digraph), 如果存在一个有向伪图 D, 使得 $H = L(D)$, 见图 4.4 中的例子. 显然, 线有向图没有平行弧; 而且, 线有向图 $L(D)$ 在一个顶点 $a \in A(D)$ 上有一个自环当且仅当 a 是 D 的一个自环.

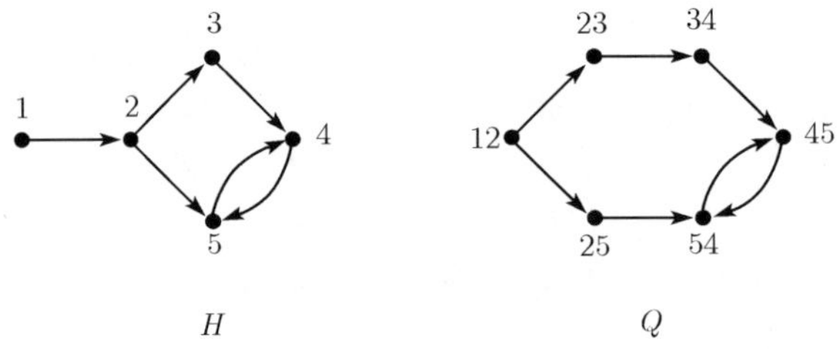

图 4.4　一个有向图 H 及其线有向图 $Q = L(H)$

下面的定理为我们提供了线有向图的几个等价特征. 在这些特征中, 结论 (ii) 是 Harary 和 Norman 发现的[403], 结论 (iii) 归属 Heuchenne[425], 结论 (iv) 和结论 (v) 由 Richards 得到[634]; 其中结论 (ii) 和结论 (iii) 被多次发现, 读者可参见 Beineke 和 Hemminger 的综述性文章[419]. 这里采用了文献 [419] 中的证明. 在一个 $n \times n$ 阶矩阵 $M = [m_{ik}]$ 中, 若有 $\sum_{k=1}^{n} m_{ik}m_{jk} = 0$, 我们说行 i 与行 j 是**直交的**(orthogonal). 类似地, 读者可以给出直交列的定义.

定理 4.5.1　设 D 是没有平行弧的有向伪图, 它有顶点集 $\{1, 2, \cdots, n\}$ 和相邻矩阵 $M = [m_{ij}]$①. 则下列断言相互等价:

(i) D 是线有向图;

① $M = [m_{ij}]$ 是 $n \times n$ 阶矩阵, 使当 $ij \in A(D)$ 时, 有 $m_{ij} = 1$; 不然, $m_{ij} = 0$.

(ii) 存在 $V(D)$ 的 2 个划分 $\{A_i\}_{i\in I}$ 和 $\{B_i\}_{i\in I}$, 使得 $A(D)=\bigcup_{i\in I} A_i\times B_i$①;

(iii) 若 vw, uw 和 ux 是 D 的弧, 则 vx 也是 D 的弧;

(iv) M 的任何 2 行是等同的, 或是直交的;

(v) M 的任何 2 列是等同的, 或是直交的.

证明 按 (i)⇔(ii),(ii)⇒(iii),(iii)⇒(iv),(iv)⇔(v) 和 (iv)⇒(ii) 的关联及等价性进行证明.

(i)⇒(ii) 令 $D=L(H)$. 对每一个顶点 $v_i\in V(H)$, 设 A_i 和 B_i 分别是在 v_i 上的进来弧和出去弧的集合, 则由 $A_i\cup B_i$ 导出的有向子图的弧集等于 $A_i\times B_i$. 如果 $ab\in A(D)$, 则有一个 i, 使得 $a=v_jv_i$ 和 $b=v_iv_k$. 因此 $ab\in A_i\times B_i$, 结论得证.

(ii)⇒(i) 设有向伪图 Q 的顶点为有序对 (A_i,B_i), 对于每一对 i 和 j(包括 $i=j$), Q 包含了 $|A_j\cap B_i|$ 条从 (A_i,B_i) 到 (A_j,B_j) 的弧. 设 σ_{ij} 是从 $A_j\cap B_i$ 到 Q 的这个弧集合 (从 (A_i,B_i) 到 (A_j,B_j)) 的一一映射. 则有定义在 $V(D)$ 上的函数 σ, 取 σ 是在 $A_j\cap B_i$ 上的 σ_{ij}, 即 $V(D)$ 到 $V(L(Q))$ 的一个定义好的函数, 这是因为 $\{A_j\cap B_i\}_{i,j\in I}$ 是 $V(D)$ 的一个划分. 又因 σ_{ij} 是一一映射, 则 σ 也是一一映射. 易见 σ 是从 D 到 $L(Q)$ 的一个同构 (留作习题 4.4).

(ii)⇒(iii) 如果 vw, uw 和 ux 是 D 的弧, 则存在 i,j, 使得 $\{u,v\}\subseteq A_i$ 和 $\{w,x\}\subseteq B_j$. 因此, $(u,x)\in A_i\times B_j$ 和 $ux\in D$.

(iii)⇒(iv) 反设断言 (iv) 不成立, 这说明存在行 i 和行 j, 它们既不等同, 也不直交. 于是, 存在 k,h, 使得 $m_{ik}=m_{jk}=1, m_{ih}=1$ 和 $m_{ik}=0$(或是 $m_{ih}=0, m_{jh}=1$). 因此, ik, jk 和 ih 在 $A(D)$ 内, 但 jh 不在 $A(D)$ 内, 这与断言 (iii) 矛盾.

(iv)⇔(v) 断言 (iv) 和断言 (v) 均等价于陈述: 对所有的 i,j,h 和 k, 若 $m_{ih}=m_{ik}=m_{jk}=1$, 则 $m_{jh}=1$.

(iv)⇒(ii) 对具有 $m_{ij}=1$ 的每一对 i 和 j, 令 $A_{ij}=\{h: m_{hj}=1\}$ 和 $B_{ij}=\{k: m_{ik}=1\}$. 则由 (iv), A_{ij} 是 D 中这样的顶点之集, 它们在 M 中的行向量是等同于第 i 行向量, 以及 B_{ij} 是 D 中这样的顶点之集, 它们在 M 中的列向量等同于第 j 列向量 (这里使用了前面已经证明的断言 (iv) 和断言 (v) 是等价的). 于是, $A_{ij}\times B_{ij}\subseteq A(D)$, 更有 $A(D)=\cup\{A_{ij}\times B_{ij}: m_{ij}=1\}$. 依据直交的条件, A_{ij} 和 A_{hk} 或是相等, 或是不交, 与 B_{ij} 和 B_{hk} 的情形相同. 对于 M 中的零行向量 i, 令 A_{ij} 是那些顶点之集, 它们在 M 中的行向量是零向量, 并令 $B_{ij}=\varnothing$. 对 M 的零列向量作相同的工作, 完成如同断言 (ii) 中的划分. □

上面定理的断言 (ii)、断言 (iii) 和断言 (v) 隐含了一个可以验证所给定的有向伪图是否为线有向图的多项式算法. 按照断言 (iii) 和断言 (v), 这个事实是显然的; 进行稍为复杂的证明工作后, 我们能够用断言 (ii) 构造出一个相当有效的算法. 在

① 注意, 这里用的是 2 个集合的笛卡儿积运算, 即 $X\times Y=\{(x,y): x\in X, y\in Y\}$.

命题 4.5.3 之后, 我们确实要为无圈有向图设计这样的一个算法 (作为用一个列子来解释的一对程序). 断言 (iii) 也提供了下面借助禁用导出有向子图刻画线有向图的一个特征, 证明留作习题 4.5.

推论 4.5.2　有向图 D 是线有向图的当且仅当 D 不含任何由图 4.5 中之一添加零条或多条弧 (不是点状弧) 所得到的有向伪图 (其中点状弧消失) 作为其导出有向子图.

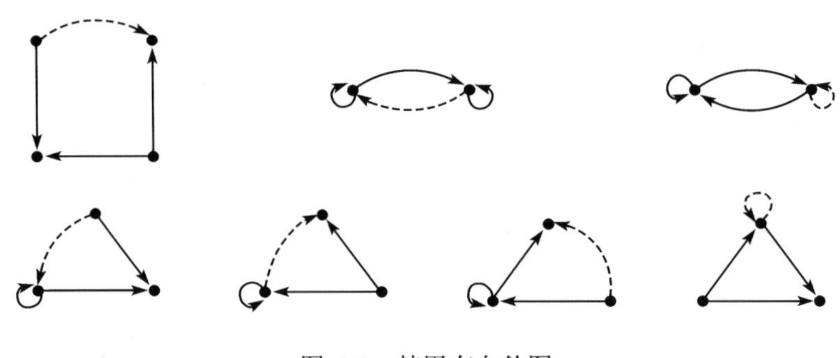

图 4.5　禁用有向伪图

注意, 图 4.5 中的 4 阶有向图对应定理 4.5.1 的断言 (iii) 中不同顶点的情形, 2 个 2 阶有向伪图分别对应 $x = u \neq v = w$ 和 $u = w \neq v = x$ 的情形.

显然, 定理 4.5.1 隐含了一组有向图 (无平行弧和自环) 的线有向图的特征, 在文献 [419] 中可看到它们. 几类线有向图和迭代线有向图的特征可在 Hemminger 和 Beineke 的综述性文章[419] 以及 Prisner 的文章[614] 中找到.

线有向图的许多应用是处理特殊有向图类的线有向图. 例如, 一般的正则有向图和特殊的完全有向图, 尤其可见 Du,Lyuu 和 Hsu 的文章[207] 以及 Fiol,Yebra 和 Alegre 的文章[236] 提供的例子. 4.7 节中需要用到 Harary 和 Norman 得到的特征, 即无圈有向多重图的线有向图的特征, 它是定理 4.5.1 中断言 (i) 和断言 (ii) 的特殊情形, 因其证明容易, 故留作习题 4.6.

命题 4.5.3[403]　有向图 D 是一个无圈有向多重图的线有向图的充要条件是 D 无圈, 且存在 $V(D)$ 的 2 个划分 $\{A_i\}_{i\in I}$ 和 $\{B_i\}_{i\in I}$, 使得 $A(D) = \bigcup_{i\in I} A_i \times B_i$.

下面将说明如何非常有效地用命题 4.5.3 来识别一个给定无圈有向图 R 是否为无圈有向多重图 H 的线有向图, 即 $R = L(H)$. 利用图 4.8 可构造和解释 2 个程序, 能够应用它们准确地去识别和表示 (也就是构造 H, 使得 $R = L(H)$) 任意的线有向图 (见定理 4.5.1 的断言 (i) 和断言 (ii)).

首先, 用命题 4.5.3 检查上述的 H 是否存在, 可以使用如下的程序**检测** H(check-H). 最初, R 的弧和顶点均未被标注. 在每一次迭代上选择 R 的一条未被标注

的弧 uv, 将 $N^+(u)$ 中的顶点全部标为 "B", $N^-(v)$ 的顶点全部被标为 "A", 在 $(N^-(v),N^+(u))_R$ 中的弧全部被标注为 "C". 如果 $(N^-(v),N^+(u))_R \neq N^-(v)\times N^+(u)$, 或者某一个顶点或一条弧被相同的记号标注 2 次 (从另一条弧 $u'v'$ 开始), 则这个程序就终止. 因无 H, 使得 $L(H)=R$(把这种条件叫做**阻断**(obstruction)). 如果这个程序能够运行到结尾 (也就是每一个顶点和每一条弧均已被标注过), 则 H 存在. 易见, 利用命题 4.5.3, 检测 H 能够正确地判定 H 的存在性.

为了解释检测 H, 我们来看图 4.8(a) 中的有向图 R_0. 假定先选弧 ab, 在第一次迭代中, 则它与弧 af 以及弧 ag 一起被标注. 顶点 a 被标为 "A", 顶点 b,f,g 分别被标为 "B". 假定在第 2 个迭代中选中弧 fi, 于是弧 fh,fi,gh,gi 被标注, 顶点 f,g 均被标为 "A", 顶点 h,i 被标为 "B". 在第 3 个迭代中选定弧 bc, 可见在此迭代中, bc 是唯一的被标注的弧, 顶点 b 被标为 "A", 顶点 c 是 "B". 最后选择弧 ce, 标注弧 cd 和 ce. 顶点 c 被标为 "A", 顶点 d,e 均接受 "B". 于是所有的弧都被标注而没有发生阻断. 这说明存在有向图 H_0, 使得 $H_0=L(R_0)$.

假设 H 存在, 下面的程序**构造** H(build-H) 是用来构造如此的有向多重图 H. 根据命题 4.5.3, 如果 H 存在, 则 R 的所有的弧能够被划分成若干个二部分竞赛图的弧集, 每个二部分竞赛图具有顶点集二部划分 A_i 和 B_i 以及弧集 $A_i\times B_i$, 把这些有向图记为 $T_1,T_2,\cdots,T_k$(可以用检测 H 来计算它们, 不仅用 "C" 来标注每一个 $(N^-(v),N^+(u))_R$, 而且用从 1 开始的第二个记号 "i" 来标注, 在程序的每次迭代上增加 1). 我们来构造 H 如下, H 的顶点集是 $\{t_0,t_1,\cdots,t_k,t_{k+1}\}$, H 的弧集由以下的程序产生. 对于 R 的每一个顶点 v, 按照下列规则产生有向多重图 H 的一条弧 a_v.

(a) 如果 $d_R(v)=0$, 则 $a_v:=(t_0,t_{k+1})$;

(b) 如果 $d_R^+(v)>0$ 和 $d_R^-(v)=0$, 则 $a_v:=(t_0,t_i)$, 其中 i 是 T_i 的下标, 使得 $v\in A_i$;

(c) 如果 $d_R^+(v)=0$ 和 $d_R^-(v)>0$, 则 $a_v:=(t_j,t_{k+1})$, 其中 j 是 T_j 的下标, 使得 $v\in B_j$;

(d) 如果 $d_R^+(v)>0$ 和 $d_R^-(v)>0$, 则 $a_v:=(t_i,t_j)$, 其中 i 和 j 是 T_i 和 T_j 的下标, 使得 $v\in A_j\cap B_i$.

我们能够直接验证 $R=L(H)$. 注意构造 H 总是用唯一的零入度顶点和唯一的零出度顶点来构造有向多重图 H.

为了解释程序构造 H, 我们再来考察图 4.8 中的有向图 R_0. 在前面已经说明存在有向图 H_0, 使得 $R_0=L(H_0)$, 下面构造这个有向图 H_0. 先前用来验证 H_0 存在性的程序已经隐式地构造了有向图 $T_1=(\{a,b,f,g\},\{ab,af,ag\})$,$T_2=(\{f,g,h,i\},\{fh,fi,gh,gi\})$,$T_3=(\{b,c\},\{bc\})$ 和 $T_4=((\{c,d,e\},\{cd,ce\}))$. 于是, H_0 有顶点 $t_0,t_1,\cdots,t_5$, 用字典序考察 R_0 的顶点, 则得 H_0 的弧 (按这个序): t_0t_1,t_1t_3,

t_3t_4,t_4t_5,t_4t_5,t_1t_2,t_1t_2,t_2t_5,t_2t_5. 有向多重图 H_0 在图 4.8(c) 中画出, 易见 $R_0 = L(H_0)$.

定义**迭代线有向图**(iterated line digraph)$L^{k+1}(D)$ 为 $L^1(D) = L(D)$, $L^{k+1}(D) = L(L^k(D))$, $k \geqslant 1$. 用数学归纳法可以证明 $L^k(D)$ 同构于一个有向图 H(习题 4.8), 其中 H 的顶点集由 D 的长为 k 的途径构成; 对于每一个顶点 $v_{k+1} \in V(D)$, 使有 $v_kv_{k+1} \in A(D)$, H 的一个顶点 $v_0v_1\cdots v_k$(它是 D 的一个途径) 支配每一个顶点 $v_1v_2\cdots v_kv_{k+1}$. 线有向图和迭代线有向图的新特征由 Liu 和 West 给出[518]. 可以对 $k(\geqslant 1)$ 采用数学归纳法来完成下面命题的证明 (习题 4.10).

命题 4.5.4 设 D 是 n 阶直径为 t 的强 d 正则有向图 $(d > 1)$. 则有向图 $L^k(D)$ 的阶为 d^kn, 直径为 $t + k$.

4.6 de Bruijn 有向图和 Kautz 有向图及其特征

下面的问题在**网络设计**中是重要的. n 和 d 是正整数, 构造最大出度至多为 d 的 n 阶有向图 D, 使得直径 $\mathrm{diam}(D)$ 尽可能地小, 顶点强连通度 $\kappa(D)$ 尽可能地大. 于是, 产生一个 2 **对象最优化问题**(2-objective optimization problem), 关于这个问题没有一般的解能够最大化又最小化 2 对象函数. 然而, 对这个特定的问题, 存在几乎最大化又最小化 2 对象函数的解. 本节将介绍上述问题的解, 即 de Bruijn 有向图和 Kautz 有向图以及它们的若干性质. 要获得关于上述有向图类更多信息的读者可阅读 Du,Cao 和 Hsu 的综合性文章[204], 需要知道这 2 类有向图在平行 (系列) 建筑和大信息包广播网络设计中的应用, 参阅 Bermond 和 Hell 的文章[113]、Bermond 和 Peyrat 的文章[114] 以及 Samatan 和 Pradhan 的文章[649].

令 V 是 $t(\geqslant 2)$ 个坐标的向量之集, 每个坐标是从集合 $\{0, 1, \cdots, d-1\}(d \geqslant 2)$ 中提取. **de Bruijn 有向图**(de Bruijn digraph)$D_B(d,t)$ 是有向伪图, 其顶点集为 V, 使得顶点 $(x_1, x_2, \cdots, x_t)$ 支配顶点 $(y_1, y_2, \cdots, y_t)$ 当且仅当 $x_2 = y_1, x_3 = y_2, \cdots, x_t = y_{t-1}$. 见图 4.6(a) 中的例子. 令 $D_B(d, 1)$ 是 d 阶完全有向图, 且在每一个顶点上有自环.

用 de Bruijn 命名这些有向伪图的原因归结为他第一个研究了这类图[185]. 显然, $D_B(d,t)$ 有 d^t 个顶点, 每个顶点的出伪度和入伪度均等于 d. 这个有向伪图无平行弧, 每一个具有相同坐标的顶点上有自环. 自然地, 我们把有向图 $D_B(d,t)$ 叫做 d **伪正则**(d-pseudoregular) 有向图 (注意, 在半度的定义中, 没有计数自环).

因为有向图 $D_B(d,t)$ 在某些顶点上有自环, 故有向图 $D_B(d,t)$ 的顶点强连通性至多是 $d-1$(事实上可以删去自环而不影响连通性). Imase, Soneoka 和 Okada 证得 $D_B(d,t)$ 是 $(d-1)$ 强有向图[444]. 此外, 对于不同的顶点 x, y, 存在长度至多是 $t+1$ 的内部不交的 $d-1$ 条 (x,y) 路, 我们需要下面 2 个引理来证明这个事实.

第一个引理被 Fiol,Yebra 和 Aleger 证明, 证明留作习题 4.11.

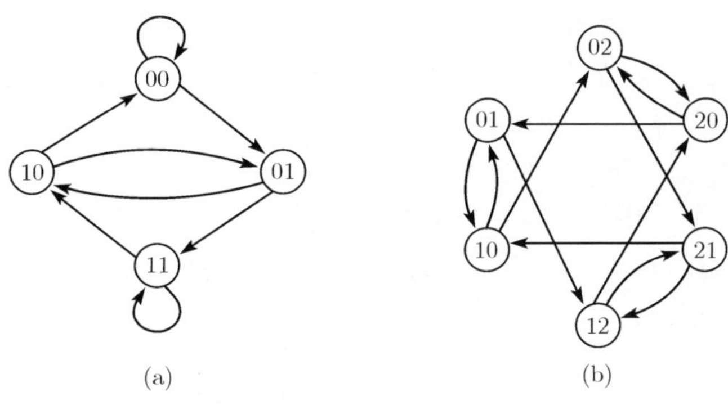

(a) (b)

图 4.6

(a) de Bruijn 有向图 $D_B(2,2)$; (b) Kautz 有向图 $D_K(2,2)$

引理 4.6.1[236] 对 $t \geqslant 2$, 有向图 $D_B(d,t)$ 是有向图 $D_B(d,t-1)$ 的线有向图.

引理 4.6.2 设 x,y 是有向图 $D_B(d,t)$ 的 2 个不同的顶点, 且有 $x \to y$. 则存在 $d-2$ 条内部不交的 (x,y) 路, 每条路不同于弧 xy 且长度至多为 $t+1$.

证明 令 $x=(x_1,x_2,\cdots,x_t)$ 和 $y=(x_2,x_3,\cdots,x_t,y_t)$. 考察途径 $W_k=(x_1,x_2,\cdots,x_t),(x_2,x_3,\cdots,x_t,k),(x_3,x_4,\cdots,x_t,k,x_2),\cdots,(k,x_2,x_3,\cdots,x_t),(x_2,x_3,\cdots,x_t,y_t)$, 其中 $k \neq x_1,y_t$. 对于每一个正整数 k, 途径 W_k 的每一个内部顶点有坐标形成相同的多重集 $M_k=\{x_2,x_3,\cdots,x_t,k\}$. 因对不相同的 k, 多重集 M_k 也不相同, 途径 W_k 是内部不交的. 每一条途径的长度是 $t+1$. 所以, 按照命题 1.4.1, 存在有向图 $D_B(d,t)$ 的 $d-2$ 条内部不交的 (x,y) 路 P_k, 且 $A(P_k) \subseteq A(W_k)$. 注意 $k \neq x_1,y_t$, 我们可以形成路 P_k, 使得它们中的任何一条与弧 xy 不一致. □

定理 4.6.3[444] 对有向图 $D_B(d,t)$ 中的任何 2 个不同的顶点 x,y, 存在 $d-1$ 条内部不交的 (x,y) 路, 其中一条路的长度至多是 t, 其余路的长度不超过 $t+1$.

证明 证明方法是对参数 $t(\geqslant 1)$ 采用数学归纳法. 当 $t=1$ 时, 结论显然成立, 这是因为 $D_B(d,1)$ 包含一个支撑有向子图 $\overleftrightarrow{K}_d$. 对 $t \geqslant 2$, 按照引理 4.6.1, 有

$$D_B(d,t)=L(D_B(d,t-1)). \tag{4.5}$$

设 x,y 是有向图 $D_B(d,t)$ 的 2 个不同顶点, 且 e_x 和 e_y 是有向图 $D_B(d,t-1)$ 的 2 条弧, 按照 (4.5) 式, 它们分别对应于 x,y. 设 u 是 e_x 的头, v 是 e_y 的尾.

若 $u \neq v$, 根据归纳假定, 有向图 $D_B(d,t-1)$ 有 $d-1$ 条内部不交的 (u,v) 路, 一条路的长度至多是 $t-1$, 其余路的长度至多是 t. 则这些路与弧 e_x 以及弧 e_y 一

起对应到有向图 $D_B(d,t)$ 的 $d-1$ 条内部不交的 (x,y) 路, 其中一条路的长度至多是 t, 其余路的长度至多为 $t+1$.

若 $u=v$, 则在有向图 $D_B(d,t-1)$ 中, 有 $x\to y$. 应用引理 4.6.2 易知, 有向图 $D_B(d,t)$ 中存在 $d-1$ 条内部不交的 (x,y) 路, 其中有一条长度为 1 的路, 其余是 $d-2$ 条长度至多为 $t+1$ 的路. □

依照这个定理和推论 7.3.2, 便有 $\kappa(D_B(d,t))=d-1$. 再由定理 4.6.3 和命题 2.4.3. 可得到下面简单而又重要的性质.

命题 4.6.4 de Bruijn 有向图 $D_B(d,t)$ 在 d^t 阶和最大出度至多为 d 的有向伪图中达到最小直径 t.

对 $t\geqslant 2$, **Kautz 有向图**$D_K(d,t)$ 由下列方式得到：在有向图 $D_B(d+1,t)$ 中删去全体形如 $(x_1,x_2,\cdots,x_t)$ 的顶点, 其中对某些 i, 使有 $x_i=x_{i+1}$, 见图 3.6(b). 定义 $D_K(d,1):=\overleftrightarrow{K}_{d+1}$. 显然, $D_K(d,t)$ 无自环, 且是 d 正则的. 由于对 $D_K(d,t)$ 的一个顶点的第一个坐标有 $d+1$ 种选择, 而对其余坐标的每一个存在 d 种选择, $D_K(d,t)$ 的阶是 $(d+1)d^{t-1}=d^t+d^{t-1}$. 易见, 命题 4.6.4 关于 Kautz 有向图也是成立的.

下面的引理相似于引理 4.6.1 和引理 4.6.2, 证明留作习题 4.12 和习题 4.13.

引理 4.6.5 对 $t\geqslant 2$, Kautz 有向图 $D_K(d,t)$ 是 $D_K(d,t-1)$ 的线有向图.

引理 4.6.6 设 xy 是有向图 $D_K(d,t)$ 的一条弧, 存在 $d-1$ 条内部不交的 (x,y) 路且不同于 xy, 其中一条路的长度不超过 $t+2$, 其余路的长度至多是 $t+1$.

下面的结论归功于 Du,Cao 和 Hsu[204], 在一定程度上, 也就是从局部顶点强连通性的观点上看, 该结论说明 Kautz 有向图优于 de Bruijn 有向图. 可以用相似于定理 4.6.3 的证明方法来证得这个引理, 其证明留作习题 4.14.

引理 4.6.7[204] 设 x,y 是有向图 $D_K(d,t)$ 的 2 个不同顶点. 则有向图 $D_K(d,t)$ 中存在 d 条内部不交的 (x,y) 路, 其中的一条路的长度不大于 t, 还有一条路的长度至多为 $t+2$, 其余路的长度均不超过 $t+1$.

注意, 上面的定理说明 $D_K(d,t)$ 是 d 强有向图.

de Bruijn 有向图被 Imase 和 Itoh[441] 以及 Reddy, Pradhan 和 Kuhl[624] 用如下的方式各自独立地加以推广. 我们可以把坐标取自 $Z_d=\{0,1,\cdots,d-1\}$ 的每一个向量 $(x_1,x_2,\cdots,x_t)$ 转换成 $Z_{d^t}=\{0,1,\cdots,d^t-1\}$ 中的一个整数, 这要利用多项式 $P(x_1,x_2,\cdots,x_t)=x_1d^{t-1}+x_2d^{t-2}+\cdots+x_{t-1}d+x_t$. 不难看到, 这个多项式是从 Z_d 到 Z_{d^t} 的一个双射①. 接下来, 对 $i,j\in Z_{d^t}$, 在 $D_B(d,t)$ 中, $i\to j$ 当且仅当有某 $k\in Z_d$, 使得 $j\equiv di+k(\bmod d^t)$.

① 原文写为：Z_d^t 到 Z_{d^t} 的一个双射. —— 译者注

设 d 和 n 是 2 个自然数, 且 $d < n$. **广义 de Bruijn 有向图**(generalized de Bruijn digraph)$D_G(d,n)$ 是一个有向伪图, 其弧集是 $\{(i, d_{i+k}(\text{mod } n)) : i, k \in Z_d\}$, 顶点集为 Z_n. 例如, $V(D_G(2,5)) = \{0,1,2,3,4\}$ 和

$$A(D_G(2,5)) = \{(0,0),(0,1),(1,2),(1,3),(2,4),(2,0),(3,1),(3,2),(4,3),(4,4)\}.$$

显然, $D_G(d,n)$ 是 d 伪正则有向图, 易证 $\text{diam}(D_G(d,n)) \leqslant \lceil \log_d n \rceil$. 根据命题 2.4.3, 最大出度不大于 $d(\geqslant 2)$ 和阶为 n 的有向图具有不小于 $\lfloor \log_d n(d-1)+1 \rfloor$ 的直径. 于是, 广义 de Bruijn 有向图是最优化或几乎最优化直径的. Imase, Soneoka 和 Okada 已经证明 $D_G(d,n)$ 是 $(d-1)$ 强有向图[443]. 依据这些结果, 广义 de Bruijn 有向图有几乎最小直径和几乎最大顶点强连通性.

Imase 和 Itoh 推广了 Kautz 有向图[442]. 设自然数 d 和 n 满足 $d < n$. Imase-Itoh 有向图 $D_I(d,n)$ 是顶点集为 Z_n 的有向图, 使得 $i \to j$ 当且仅当对某 $k \in Z_d$, 有 $j \equiv -d(i+1)+k(\text{mod} n)$. Du,Cao 和 Hsu 证得 $D_I(d,n)$ 是 (几乎) 最优化直径和顶点强连通性 (在文献 [204] 中可见到一个简短的论证).

在文献 [206] 中, Du,Cao 和 Hsu 给出了一类有向图, 这类有向图同时推广了广义 de Bruijn 有向图和 Imase-Itoh 有向图. 设自然数 n 和 d 满足 $d < n$, 已知 $q \in Z_n - \{0\}$ 和 $r \in Z_n$, **连贯 d 有向图**(consecutive-d digraph)$D(d,n,q,r)$ 是顶点集为 Z_n 的有向伪图, 使得 $i \to j$ 当且仅当对某 $k \in Z_d$, 有 $j \equiv qi + r + k(\text{mod} n)$. 在文献 [204] 中能够找到关于连贯 d 有向图的直径、顶点强连通和弧强连通性以及其他性质的结论. 5.11 节介绍关于连贯 d 有向图的哈密尔顿性的结论.

4.7　系列平行有向图

这一节研究顶点系列平行有向图和弧系列平行有向多重图. Lawler 介绍了顶点系列平行有向图[510], Monma 和 Sidney 把它们作为时间表问题的模型[568]. 顶点系列平行有向图一直在时间表问题和排序问题的有效算法设计中扮演着重要角色, 由于其自身以及关联到其他最优化问题, 这些图被广泛深入地研究[36,116,633,682], Duffin 首先介绍弧系列平行有向多重图 (先于顶点系列平行图) 作为电子网络的数字模型[209].

对于无圈有向图 D, 设 F_D, I_D 分别是 D 中零出度的顶点之集和零入度的顶点之集. 在定义顶点系列平行图之前, 先介绍**最小顶点系列平行 (MVSP) 有向图**(minimal vertex series-parallel digraph).

仅有一个顶点、无弧的有向图是一个 MVSP 有向图. 如果 $D_1 = (V, A)$ 和 $D_2 = (U, B)$ 是一对 MVSP 有向图, 由下列运算之一所构造的无圈有向图也是 MVSP 有向图 (见图 4.7).

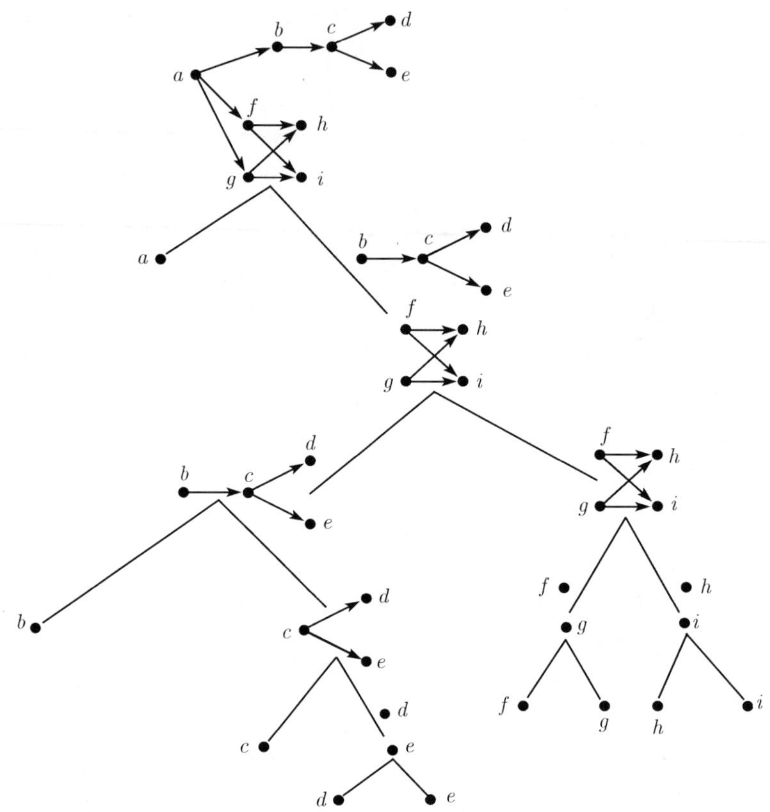

图 4.7　一个 MVSP 有向图 R_0 由系列和平行合成 (分解) 的构造 (解体)

(a) **平行合成**(parallel composition)：$P = (V \cup U, A \cup B)$;

(b) **串行合成**(series composition)：$S = (V \cup U, A \cup B \cup (F_D \times I_H))$.

有意思地是可以把每个 MVSP 有向图 D 嵌入笛卡儿平面, 使得顶点 u 和 v 分别有坐标 (x_u, y_u) 和 (x_v, y_v), 则 D 中有一条 (u, v) 路的充要条件是 $x_u \leqslant x_v$ 和 $y_u \leqslant y_v$. 这个不太困难的证明出现在 Valdes, Tarjan 和 Lawler 的文章中[726], 留作习题 4.15, 读者也可参见图 4.9.

无圈有向图 D 是**顶点系列平行**(VSP) **有向图** (vertex series-parallel digraph), 如果 D 的可传递简约是一个 MVSP 有向图 (见 4.3 节关于可传递简约的定义), 参见图 4.8.

下面的内容涉及 VSP 有向图的无圈有向多重图类, 就是**弧系列平行** (ASP) **有向多重图** (arc series-parallel directed multigraph). 有向图 $\vec{P}_2$ 是一个 ASP 有向多重图, 如果 D_1 和 D_2 是 ASP 有向多重图, 则由下列运算 (见图 4.10) 之一所构造的无圈有向多重图也是 ASP 有向多重图:

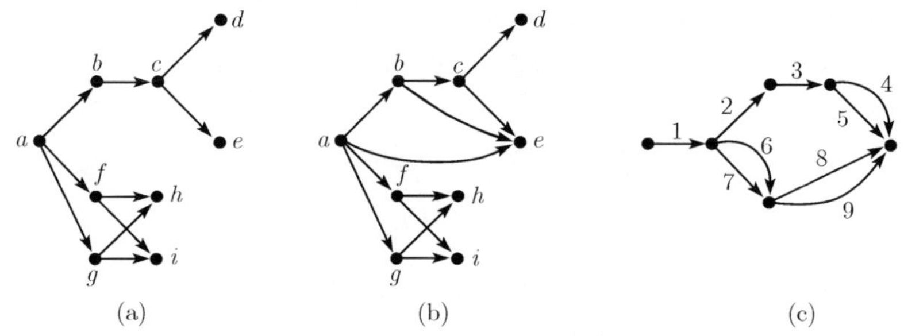

图 4.8 系列平行有向多重图

(a) 一个 MVSP 有向图 R_0; (b) 一个 VSP 有向图 R_1; (c) 一个 AVSP 有向多重图 H_0

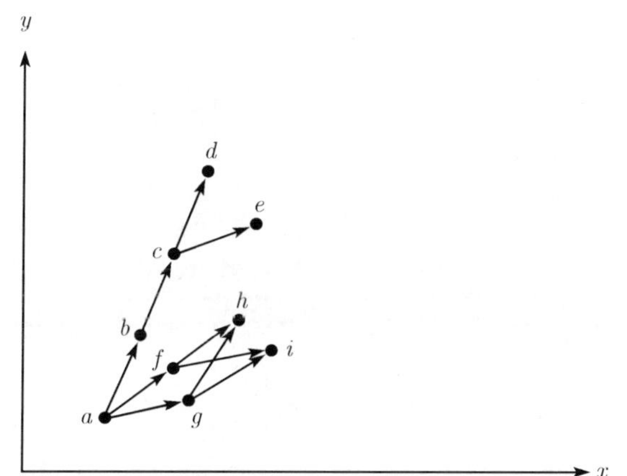

图 4.9 图 4.7 中的 MVSP 有向图 R_0 在笛卡儿坐标系中的嵌入, 使得 R_0 中每一条 (u,v) 路满足 $x_u \leqslant x_v$ 和 $y_u \leqslant y_v$(反之亦真)

(a) **2 终极平行合成**(two-terminal parallel composition): 在 D 中选择一个零出度顶点 u_i 和一个零入度顶点 $v_i(i=1,2)$, 将 u_1 等同于 u_2 形成一个顶点, 并且 v_1 等同于 v_2 形成一个顶点;

(b) **2 终极串行合成**(two-terminal series composition): 选择 $u \in F_{D_1}$ 和 $v \in I_{D_2}$, 然后将 u 等同到 v 形成一个顶点.

建议读者去阅读 Battista, Eades, Tamassia 和 Tollis 编写的书[97], 书中有几个算法可以帮助我们绘画出优美的图, 尤其是绘画出 ASP 有向图. 下面的结果揭示了上面介绍的有向图类间的一个关系.

定理 4.7.1 设无圈有向多重图 D 具有唯一的零出度顶点和唯一的零入度顶点, 则 D 是 ASP 的充要条件是线有向图 $L(D)$ 为 MVSP 有向图.

证明 我们运用下列事实:

(i) $L(\vec{P}_2) = \vec{P}_1$ 是一个 MVSP 有向图;

(ii) D_1 和 D_2 的 2 终极系列 (平行) 合成的线有向图是 $L(D_1)$ 和 $L(D_2)$ 的系列 (平行) 合成.

对弧数目 $|A(D)|$ 使用数学归纳法, 即可证得此定理. □

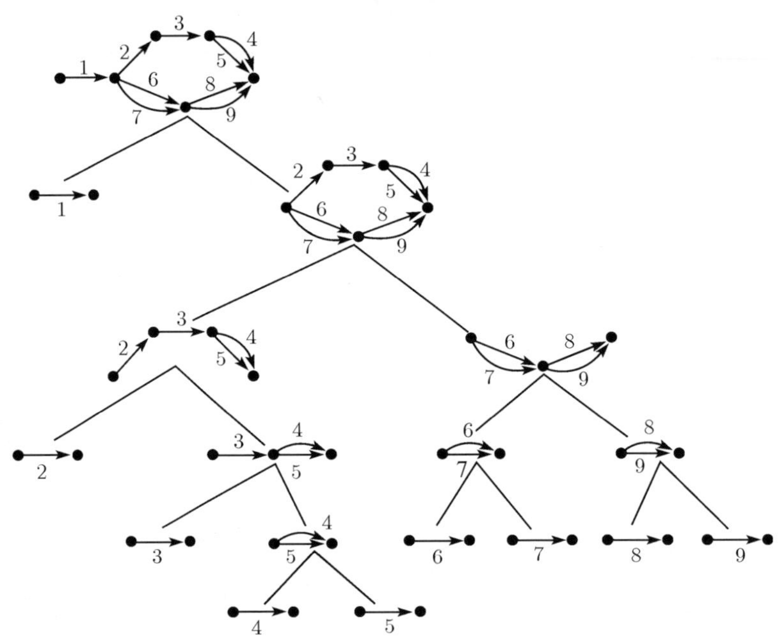

图 4.10　根据 2 终极串行和平行合成 (分解), 一个 ASP 有向多重图 H_0 的构造 (解体)

对于图 4.8 中给出的有向多重图 H_0 和 R_0, 容易验证 $L(H_0) = R_0$. 下面的在一个有向多重图 D 上的运算叫做**简约**(reduction).

(a) **串行简约**(series reduction): 用弧 uw 取代路 uvw, 其中 $d^+_D(v) = d^-_D(v) = 1$;

(b) **平行简约**(parallel reduction): 用一条从 u 到 v 的弧来替换一对从 u 到 v 的平行弧.

Duffin 首次发现了下面的命题[726], 该命题给出了 ASP 有向多重图的一个特征, 它的证明留作习题 4.16.

命题 4.7.2[209]　一个有向多重图 D 为 ASP 的充要条件是可用一组串行简约和平行简约将 D 简约到 $\vec{P}_2$.

建议读者对图 4.8 中的有向多重图 R_0 应用一组平行简约和串行简约, 从而得到一个同构于 $\vec{P}_2$ 的有向图. 从算法的观点上看, 每一组平行简约和串行简约把一个有向多重图转换到相同的有向图上去是非常重要的. 其实, 这包含了一个明显的多项式算法来验证一个给定的有向多重图是否为 ASP. 下面定理的证明归功于

Harary, Krarup 和 Schwenk, 留作习题 4.17.

命题 4.7.3[401] 对于每个无圈有向多重图 D, 应用串行简约和平行简约直到能够使用这样的简约的结果是唯一的有向图 H.

在文献 [726] 中, Valdes, Tarjan 和 Lawler 展示了如何构造一个线性时间算法来识别 ASP 有向多重图, 该线性算法基于命题 4.7.2 和命题 4.7.3. 他们也给出一个较为繁琐的线性时间算法来识别 VSP 有向图. 限于篇幅, 这里不再讨论线性时间算法的细节, 取而代之的是考察下面特定用于识别 VSP 有向图的多项式算法.

识别 VSP 算法

输入: 一个无圈有向图 D.

输出: 如果 D 是 VSP, 则 YES, 否则, NO.

1. 计算 D 的可传递简约 R.
2. 尝试计算一个无圈有向多重图 H, 其中 $|I_D|=|F_D|=1$, 使得 $L(H)=R$. 如果没有如此的 H, 则输出 NO.
3. 验证 H 是否为 ASP 有向多重图. 如果是, 则输出 YES, 否则输出 NO.

首先证明这个算法的正确性. 如果输出 YES, 则由定理 4.7.1, 可传递简约 R 是 MVSP, 于是 D 为 VSP. 如果第 2 步中的 H 没有找到, 则由定理 4.7.1, R 不是 MVSP, 这也暗示 D 不是 VSP. 如果 H 不是 ASP, 则由相同的定理知, 可传递简约 R 不是 MVSP.

其次证明该算法是多项式的. 根据命题 4.3.5, 第 1 步可在多项式时间内运行. 当使用 4.5 节结束处的程序构造 H, 第 2 步能够被执行. 这个程序隐含: 如果存在 H, 使得 $L(H)=R$, 则也存在如此的 H, 具有附加性质 $|I_D|=|F_D|=1$. 所以, 这个程序是多项式的. 最终, 按照命题 4.7.2 之后的注解, 第 3 步是多项式的.

4.8 拟可传递有向图

拟可传递有向图在 1.8 节中已经介绍过. 本节将要推导拟可传递有向图的一个递归特征, 它可以帮助我们研究有关拟可传递有向图的一些问题, 包括最长路和最长圈问题是多项式可解的 (见定理 5.10.2). 这个特征解决了每一个拟可传递有向图是全 Ψ 可分解的, 其中 Ψ 是全体可传递有向图和全体扩张半完全有向图的并. 下面的主要内容是基于文献 [79].

命题 4.8.1 设 D 是一个拟可传递有向图. 设 $P=x_1x_2\cdots x_k$ 是一条最小 (x_1,x_k) 路, 则由 $V(P)$ 导出的有向子图是一个半完全有向图, 且对 $2\leqslant i+1<j\leqslant k$, 有 $x_j\rightarrow x_i$, 除去 $k=4$ 的情形, 因为 x_1 和 x_k 之间的弧可能不存在.

证明 情形 $k=2,3,4,5$ 是容易验证的. 作为一个例子, 考察情形 $k=5$. 若 x_i 和 x_j 是相邻的, 并且 $2\leqslant i+1<j\leqslant 5$, 则得 $x_j\rightarrow x_i$, 这是因为 P 是最小的. 注

意到 D 是拟可传递的, 对 $i=1,2,3$, 顶点 x_i 和 x_{i+2} 是相邻的, 这个事实和 P 的最小性说明: $x_3\to x_1, x_4\to x_2$ 和 $x_5\to x_3$. 从这些弧和 P 的最小性可知 $x_5\to x_1$. 弧 x_4x_5 和 x_5x_1 则指出 $x_4\to x_1$. 相似地, $x_5\to x_1\to x_2$ 导出 $x_5\to x_2$.

对 $k\geqslant 6$ 的情形, 我们关于 k 采用数学归纳法进行证明. $k=5$ 时的情形在前面已证明, 根据归纳假定, $D\langle\{x_1,x_2,\cdots,x_{k-1}\}\rangle$ 和 $D\langle x_2,x_3,\cdots,x_k\rangle$ 中的每一个均是半完全有向图, 且对 $1<j-i\leqslant k-2$, 有 $x_j\to x_i$. 故有 x_3 支配 x_1 和 x_k 支配 x_3, 再由 P 的最小性知, x_k 支配 x_1. □

推论 4.8.2 如果拟可传递有向图 D 有一条 (x,y) 路, 但 x 不支配 y, 则有 $y\to x$, 或者存在 $u,v\in V(D)-\{x,y\}$, 使得 $x\to u\to v\to y$ 以及 $y\to u\to v\to x$.

证明 应用一条最小 (x,y) 路和命题 4.8.1, 容易证得此推论. □

引理 4.8.3 设 A 和 B 是拟可传递有向图 D 的不同的强分支, 且 D 至少有一条从 A 到 B 的弧, 那么 $A\mapsto B$.

证明 设 A 和 B 是 D 的不同的强分支, 使得存在一条从 A 到 B 的弧. 关于每一对顶点 $x\in A$ 和 $y\in B$ 的选择, D 中存在一条从 x 到 y 的路. 因为 A 和 B 是不同的强分支, 推论 4.8.2 中的交错不成立, 因此 $x\to y$. □

引理 4.8.4[79] 设 D 是至少有 2 个顶点的拟可传递有向图, 则下列断言成立:

(a) 底图 $\overline{UG(D)}$ 是不连通的;

(b) 若 S 和 S' 是 D 的 2 个有向子图, 使得 $\overline{UG(S)}$ 和 $\overline{UG(S')}$ 是底图 $\overline{UG(D)}$ 的 2 个不同的连通分支, 则有 $S\mapsto S'$, 或者有 $S'\mapsto S$, 或同时有 $S\to S'$ 和 $S'\to S$ 以及 $|V(S)|=|V(S')|=1$.

证明 断言 (b) 容易由拟可传递有向图的定义以及 S 和 S' 在 D 中是完全相邻的事实证得 (习题 4.18). 我们使用关于 $|V(D)|$ 的数学归纳法来证明断言 (a). 当 $|V(D)|=2$ 和 3, 断言 (a) 是显然的. 对 $n>3$ 的情形, 假设断言 (a) 对 $|V(D)|(<n)$ 成立.

假设存在一个顶点 z, 使得 $D-z$ 不是强的. 则在 $D-z$ 中存在一条从每一个终止分支到 z 的弧, 在 $D-z$ 中存在一条从 z 到每一个初始分支的弧, 因为 D 是拟传递的, 上述事实和引理 4.8.3 导致对 $D-z$ 的每一个初始 (终止) 强分支 $X(Y)$, 有 $X\mapsto Y$. 相似的论证可以证明 $D-z$ 的每一个强分支或支配某终止分支, 或者受 $D-z$ 的某初始分支支配 (中间的强分支满足 2 种情形). 这说明 z 是相邻于 $D-z$ 中的每一个顶点. 所以, 底图 $\overline{UG(D)}$ 包含由顶点 z 构成的分支, 即底图 $\overline{UG(D)}$ 是不连通的, 断言 (a) 得证.

假设有某顶点 v, 使得 $D-v$ 是强的. 因为 D 也是强的, 则 D 包含从 v 到 $D-v$ 的一条弧 vw. 根据归纳假定, $\overline{UG(D-v)}$ 是不连通的, 选择 $\overline{UG(D-v)}$ 的 2 个连通分支 S 和 S', 使得 $w\in S$, 且在 D 中 $S\mapsto S'$(这里使用断言 (b) 和 $D-v$是

强的事实). 则在 D 中, v 是完全地相邻于 S'(因为 $v \to w$). 因此, $\overline{UG(S')}$ 是底图 $\overline{UG(D)}$ 的一个连通分支, 引理得证. □

在递归的情形中 (见图 4.11), 下面的定理完全地刻画了拟可传递有向图.

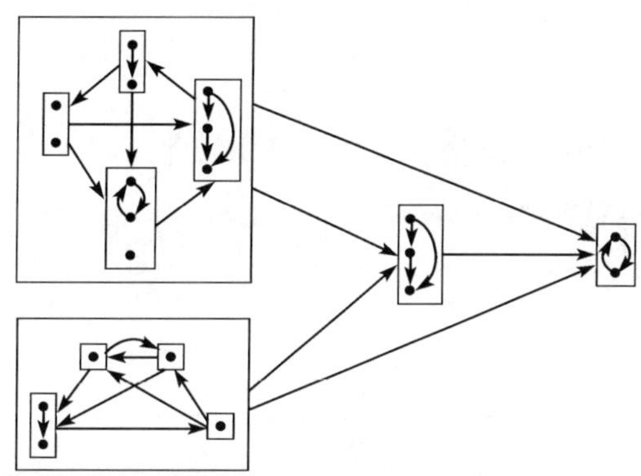

图 4.11 一个非强拟可传递有向图的分解

在盒子状的集合之间的大弧表示在所指的方向中存在着一个完全支配

定理 4.8.5[79] 设 D 是拟可传递有向图.

(a) 如果 D 不是强的, 则存在一个可传递有向图 T, 具有顶点集 $V(T) = \{u_1, u_2,\cdots,u_t\}$ 和若干个强拟可传递有向图 $H_1, H_2,\cdots,H_t$, 使得 $D = T[H_1, H_2,\cdots,H_t]$, 其中 u_i 可以替代 $H_i(1 \leqslant i \leqslant t)$.

(b) 如果 D 是强的, 则存在一个具有顶点集 $\{v_1, v_2, \cdots, v_s\}$ 的强半完全有向图 S 和若干个拟可传递有向图 $Q_1, Q_2, \cdots, Q_s$, 使得每一个 Q_i 或是一个顶点, 或者不是强的, 并且 $D = S[Q_1, Q_2, \cdots, Q_s]$, 这里每一个 Q_i 可以被 u_i 替代, $1 \leqslant i \leqslant s$.

证明 设 D 不是强的, 令 $H_1, H_2, \cdots, H_t$ 是 D 的强分支. 按照引理 4.8.3, 如果 H_i 和 H_j 之间有一条弧, 则有 $H_i \mapsto H_j$, 或有 $H_j \mapsto H_i$. 若有 $H_i \mapsto H_j \mapsto H_k$, 则由拟传递性, $H_i \mapsto H_k$. 因而可以将每一个 H_i 收缩成为一个顶点 h_i, 从而得到一个具有 $h_1, h_2, \cdots, h_t$ 的可传递有向图 T, 可见 $D = T[H_1, H_2, \cdots, H_t]$.

现设 D 是强的, 令 $Q_1, Q_2, \cdots, Q_s$ 是 D 的有向子图, 使得每一个 $\overline{UG(Q_i)}$ 是底图 $\overline{UG(D)}$ 的一个连通分支. 按照引理 4.8.4 的断言 (a), 每个 Q_i 不是强的, 或恰是一个孤立顶点. 从而, 如果每一个 Q_i 合同于一个顶点, 由引理 4.8.4 的断言 (b), 则得到一个强半完全有向图 S, 这就证明 $D = S[Q_1, Q_2, \cdots, Q_s]$. □

4.9 路重合性质和路可重合有向图

若对一个有向图 D 的任意 2 个顶点 x, y 以及任何一对内部不交的 (x, y) 路 P 和 Q, 总存在 D 的一条 (x, y) 路 R, 使得 $V(R) = V(P) \cup V(Q)$, 我们称有向图 D

是**路可重合的**(path-mergeable). 在本书的几个地方均可看到路可重合有向图的概念在定理的证明和算法设计中是非常有用的, 这也使得研究路可重合有向图变得有价值. 本节所介绍的结果均来自文献 [50], 其中 Bang-Jensen 是第一个发起研究路可重合有向图的人.

下面的定理给出路可重合有向图的一个特征, 此特征说明可以有效地识别路可重合有向图.

定理 4.9.1　有向图 D 是路可重合的充要条件是对任何 2 个顶点 $x, y \in V(D)$ 以及 D 中任何 2 条内部不交的 (x, y) 路 $P = xx_1x_2\cdots x_ry, P' = xy_1y_2\cdots y_sy (r, s \geqslant 1)$, 或存在一个 $i \in \{1, 2, \cdots, r\}$, 使得 $x_i \to y_1$, 或有一个 $j \in \{1, 2, \cdots, s\}$, 使得 $y_j \to x_1$(见图 4.12).

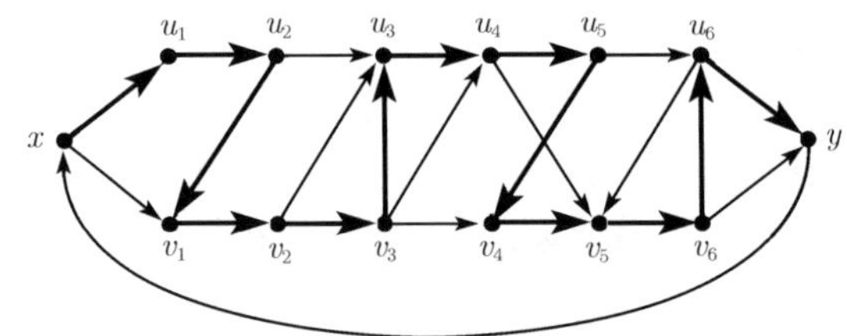

图 4.12　一个路可重合的有向图

粗弧表示从 x 到 y 的路 $xu_1u_2v_1v_2v_3u_3u_4u_5v_4v_5v_6u_6y$, 它是重合 2 条 (x, y) 路 $xu_1u_2u_3u_4u_5u_6y$ 和 $xv_1v_2v_3v_4v_5v_6y$ 后得到的路

证明　仅证充分性, 我们关于 $r + s$ 运用数学归纳法进行证明. 当 $r = s = 1$ 时, 结论是显然的, 故设 $r + s \geqslant 3$. 若在顶点集 $\{x_1, x_2, \cdots, x_r\}$ 和 $\{y_1, y_2, \cdots, y_s\}$ 之间没有弧, 显然不可能把 P 和 P' 融合成一条路. 因而, 不失一般性, 存在一条弧 x_iy_j, 其中 $1 \leqslant i \leqslant r$ 和 $1 \leqslant j \leqslant s$. 如果 $j = 1$, 则结论得证. 不然的话, 对路 $P[x, x_i]y_j$ 和路 $xP'[y_1, y_j]$ 应用归纳假定, 即可证得结论.

必要性证明留给读者, 因为它与下面的命题 4.9.3 的证明相似. □

下面结论的证明留作习题 4.23.

推论 4.9.2　能够在多项式时间内识别路可重合有向图.

接下来的结论将为我们指出: 若有向图是路可重合的, 则总可以用一个特殊而漂亮的方法来完成路的重合.

命题 4.9.3　设 D 是路可重合有向图, 且 D 有 2 条内部不交的路

$$P = xx_1x_2\cdots x_ry, \quad P' = xy_1y_2\cdots y_sy (r, s \geqslant 0).$$

则可重合 P 和 P' 成为一条 (x, y) 路 P^*, 使得出自 $P(P')$ 的顶点在新路中仍保持原有的序. 特别地, 重合过程可在 $2(r + s)$ 个步骤内完成.

证明 关于 $r+s$ 采用数学归纳法进行证明. 当 $r=0$ 或 $s=0$, 结论是显然的, 因此设 $r,s\geqslant 1$. 按照定理 4.9.1, 存在一个 i, 或使得 $x_i\to y_1$, 或有 $y_i\to x_1$. 一次性在 2 条路中向前扫描一条弧, 至多要 $2i$ 步就可找到 i. 不失一般性, 设 $x_i\to y_1$. 对路 $P[x_i,x_r]y$ 和 $x_iP'[y_1,y_s]y$ 应用归纳假定, 按照要求的序保持法在至多 $2(r+s-i)$ 步内可以将它们重合成一条单一的路 Q. 在 $2(r+s)$ 个步骤内就可找到 P^*, 串连路 $xP[x_1,x_i]$ 和 Q 后就得到所要求的路 P^*, 正如所期望的. □

4.10 局部入半完全有向图和局部出半完全有向图

如果有向图 D 的每一个顶点 x 的全体入邻点 (出邻点) 导出一个半完全有向图, 则称 D 为**局部入半完全有向图**(locally in-semicomplete digraph)(**局部出半完全有向图**(locally out-semicomplete digraph)). 显然, 一个局部入半完全有向图的逆就是一个局部出半完全有向图, 反之亦真. 如果有向图既是入半完全有向图又是出半完全有向图, 则称它为**局部半完全有向图**(locally semicomplete digraph), 见图 4.13. 自然地, 每个半完全有向图就是局部半完全有向图, 一个无 2 圈局部入半完全有向图叫做**局部入竞赛有向图**(locally in-tournament digraph). 类似地, 可以定义局部出竞赛有向图和局部竞赛有向图. 为方便起见, 有时将局部竞赛有向图所简称为**局部竞赛图**(local tournament), 局部入竞赛 (出竞赛) 有向图简称为**局部入竞赛图**(**局部出竞赛图**).

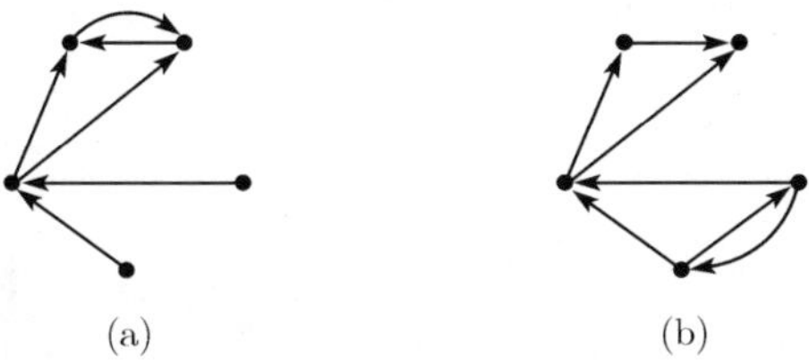

图 4.13

(a) 一个局部出半完全有向图, 但不是局部入半完全的; (b) 一个局部半完全有向图

命题 4.10.1 揭示了局部入半完全和局部出半完全有向图形成路可重合有向图类的子类. 特别地, 这意味着每个竞赛图是路可重合的. 在许多关于竞赛图的定理和算法中被作为最基本的性质使用. 在有些情形中, 使用这个性质可以帮助我们简化在竞赛图及其推广或加快证明关于这些图的算法的一些结论.

命题 4.10.1[50] 每个局部入半完全 (出半完全) 有向图是路可重合的.

证明 设 D 是局部出半完全有向图, $P=y_1y_2\cdots y_k$ 和 $Q=z_1z_2\cdots z_t$ 是 D 中 2 条内部不交的 (x,y) 路, 其中 $y_1=z_1=x$ 和 $y_k=z_t=y$. 欲找到 D 的一条 (x,y) 路 R, 使得 $V(R)=V(P)\cup V(Q)$. 当 $|A(P)|+|A(Q)|=3$ 时, 结论是显然的.

对情形 $|A(P)|+|A(Q)|\geqslant 4$, 因为 D 是出半完全的, 则有 $y_2\to z_2$, 或有 $z_2\to y_2$(或 2 种情形均存在). 则由定理 4.9.1, 此结论得证. 又因出半完全有向图的逆是入半完全图有向图, 从而完成命题的证明. □

能够用一个自然的方式推广路可重合的性质. 如果对于每一个顶点 $y\in V(D)$ 以及 D 中 2 条内部不交且享有共同终点 y 的路 P 和 Q, 则总存在一条路 R, 使得 $V(R)=V(P)\cup V(Q)$, 且路 R 以 y 为终点, 起点是 P,Q 之一 (或 2 者均可能有) 的某顶点, 则称有向图 D 是**入路可重合**(in-path-mergeable). 注意, 在这个定义中, P 和 Q 的起点可能是一致的. 所以, 每个入路可重合的有向图是路可重合的. 然而, 容易看到并不是所有的路可重合有向图都是入路可重合的 (见习题 4.19). 如果有向图 D 的逆是入路可重合的, 则称 D 是**出路可重合的**(out-path-mergeable). 显然, 每个入路可重合 (出路可重合) 有向图是局部入半完全 (局部出半完全) 的, 其逆也真 (因而, 这也是一种刻画入半完全图的方式). 命题 4.10.2 的证明留作习题 4.20.

命题 4.10.2 每一个局部入半完全 (出半完全) 有向图是入路 (出路) 可重合的.

我们把局部入半完全有向图的几个简单但又有用的性质叙述在如下的结论中 (在文献 [81] 中, Bang-Jensen, Huang 和 Prisner 给出关于局部竞赛有向图的结论, 因而下面的最初由 Bang-Jensen 和 Gutin 给出的叙述是这些结论的简单推广[65]). 此外, 一个局部出半完全有向图 (也是局部入半完有向图的逆) 也具有类似的性质 (见习题 4.26). 图 4.14 中的图例解释了定理 4.10.4.

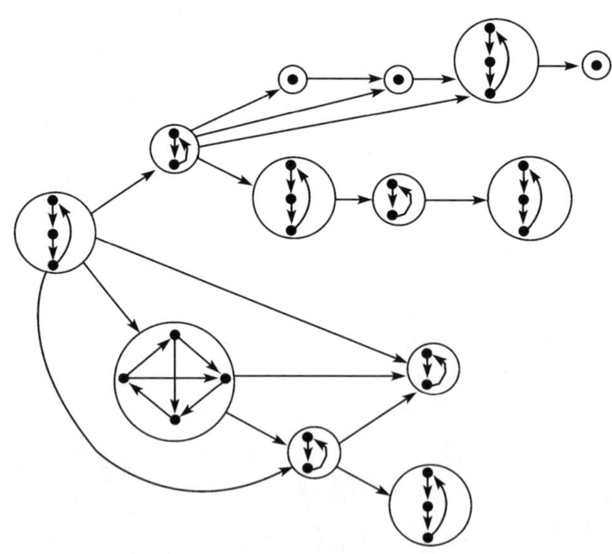

图 4.14 一个非强局部入半完全有向图的强分解

大圆圈表示强分支, 在 2 个分支之间从分支 A 到分支 B 的粗弧表示至少存在一个顶点 $a\in A$, 使得 $a\mapsto B$

引理 4.10.3 每个连通局部入半完全有向图 D 仅有一个出分枝.

证明 根据命题 1.6.1, 只要证明连通局部入半完全有向图 D 仅有一个初强分支即可. 假设 D 有 2 个初强分支 D_1 和 D_2(即无弧进入 D_1 或 D_2). 取 $y_i \in V(D_i)(i=1,2)$, 在 D 的底图 G 中, $P = x_1x_2\cdots x_s$ 是 $V(D_1)$ 和 $V(D_2)$ 之间最短的路. 因为没有弧进入 D_1 或 D_2, 则存在下标 $k \leqslant s$, 使得 $x_1x_2\cdots x_{k-1}$ 是 D 中的一条路, 但是 $x_k \to x_{k-1}$. 注意到 D 是入半完全有向图, 顶点 x_{k-2} 和 x_k 是相邻的. 然而, 这又矛盾于 P 是 G 中位于 $V(D_1)$ 和 $V(D_2)$ 之间的一条最短路. □

定理 4.10.4 已知 D 是一个局部入半完全有向图.

(i) 设 A 和 B 是 D 的 2 个不同的强分支, 若有顶点 $a \in A$ 支配 B 中某一个顶点, 则 $a \mapsto B$.

(ii) 若 D 是连通的, 则 D 的强分支有向图 $SC(D)$ 有一个出分枝.

证明 设 A 和 B 是 D 的强分支, 有一条从 A 到 B 的弧 (a,b). 因为 B 是强的, 则对每一个顶点 $b' \in B$, 强分支 B 中有一条 (b',b) 路. 依照局部入半完全有向图的定义和没有从强分支 B 到强分支 A 的弧, 则有 $a \to b'$, 证得结论 (i).

因为强分支有向图 $SC(D)$ 是其自身的局部入竞赛有向图, 再根据引理 4.10.3, 即可证得结论 (ii). □

4.11 局部半完全有向图

1990 年, Bang-Jensen 介绍了局部半完全有向图[44]. 正如在本书几个地方所看到的, 这类有向图与其真子图类半完全有向图具有共同的优美性质. 本节主要是介绍局部半完全有向图的分类, 这个工作由 Bang-Jensen, Guo,Gutin 和 Volkmann 首次完成[55]. 在推导这个分类的过程中, 我们将给出局部半完全有向图的几个重要性质. 先从圆有向图开始介绍本节的内容, 它是局部半完全有向图中的一个漂亮而特殊的子类.

4.11.1 圆有向图

如果 n 个顶点的有向图 D 的顶点可标号为 $v_1, v_2, \cdots, v_n$, 使对每一个 i, 总有 $N^+(v_i) = \{v_{i+1}, v_{i+2}, \cdots, v_{i+d^+(v_i)}\}$ 和 $N^-(v_i) = \{v_{i-d^-(v_i)}, v_{i-d^-(v_i)+1}, \cdots, v_{i-1}\}$(所有的下标均取模 n), 称 D 是**圆有向图**(round digraph), 称序 $v_1, v_2, \cdots, v_n$ 为 D 的一个**圆标号**(round labelling). 见图 4.15 中的一个圆有向图. 当 $v_1, v_2, \cdots, v_n$ 是一个圆标号时, 因为 $v_1v_2\cdots v_nv_1$ 形成一个哈密尔顿圈, 因而, 每个强圆有向图是哈密尔顿的. 圆有向图类是局部半完全有向图类的一个子类. 下面读者将会看到, 在研究局部半完全有向图中, 圆有向图扮演着重要

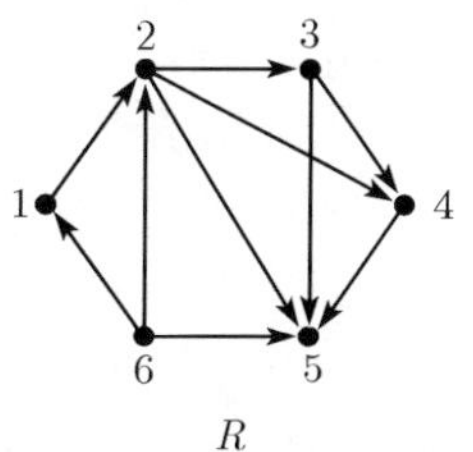

图 4.15 具有圆标号的圆有向图

的角色.

命题 4.11.1[438]　每个圆有向图是局部半完全的.

证明　设 D 是一个圆有向图, 它的一个圆标号为 $v_1, v_2, \cdots, v_n$. 考察任意一个顶点 v_i, 设 x, y 是 v_i 的 2 个出邻点. 我们欲证明 x 和 y 是相邻的. 不失一般性, 设顶点 v_i, x, y 顺次出现在圆标号的圆序中. 因为 $v_i \to y$, 所以 y 的入邻点均出现在 y 之前, 则必有 $x \to y$, 可见 v_i 的出邻点两两相邻. 相似地, 可证得 v_i 的全体入邻点是两两相邻的. 从而, D 是局部半完全有向图. □

本节的其余部分介绍 Huang 所发现的圆有向图的特征[438], 这个特征推广了分别由 Bang-Jensen[44] 以及 Alspach 和 Tabib[22] 所得到的圆局部竞赛图和竞赛图中相对应的特征.

对于 D 的一条弧 xy, 如果反方向的弧 yx 不在 D 中, 则称弧 xy 为 D 的**正常弧**(ordinary arc). 一个圈或路是正常的, 如果圈或路上的每一条弧是正常的. 在证明定理 4.11.4 之前, 需要证明下面由 Huang 所得到的 2 个引理[438].

引理 4.11.2　设 D 是圆有向图, 则下列陈述成立:

(a) D 的每个导出有向子图是圆有向图.

(b) 图 4.16 中的每个有向图不是 D 的导出有向子图.

(c) 对于每一个顶点 $x \in V(D)$, 由 $N^+(x) - N^-(x)$ 和 $N^-(x) - N^+(x)$ 导出的有向子图是可传递竞赛图.

证明留作习题 4.29.

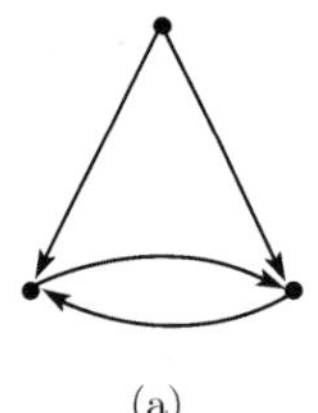
(a)

(b)

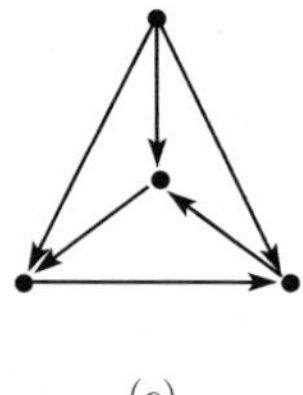
(c)

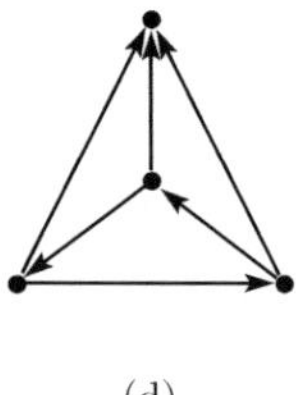
(d)

图 4.16　Huang 特征中的几个禁用有向图

引理 4.11.3　设 D 是一个圆有向图, 则对 D 的每一个顶点 x, 由 $N^+(x) \cap N^-(x)$ 导出的有向子图不含正常圈.

证明　反设由某顶点子集 $N^+(x) \cap N^-(x)$ 导出的有向子图包含一个正常圈 C. 设圆有向图 D 的一个圆标号是 $v_1, v_2, \cdots, v_n$. 不失一般性, 设有 $x = v_1$. 则 C 必包含一条弧 v_iv_j, 使得 $v_jv_i \notin A(D)$, 并且 $i > j$. 于是, 有 $v_1 \in N^-(v_i)$, 但 $v_j \notin N^-(v_i)$, 这与 $v_1, v_2, \cdots, v_n$ 是 D 的一个圆标号矛盾. □

定理 4.11.4[438]　一个连通局部半完全有向图 D 是圆有向图的充要条件是对于每一个顶点 $x \in V(D)$, 下列断言成立:

(a) $N^+(x) - N^-(x)$ 和 $N^-(x) - N^+(x)$ 导出可传递竞赛图; 以及

(b) $N^+(x) \cap N^-(x)$ 导出一个 (半完全) 不含正常圈的有向子图.

证明 由引理 4.11.2(c) 和引理 4.11.3 能够证得必要性. 为证充分性, 我们需要考虑以下 2 种情形.

情形 1. D 有一个正常圈. 首先要证明 D 包含一个正常哈密尔顿圈. 设 $C = x_1x_2\cdots x_kx_1$ 是 D 中最长正常圈, 且 $k \neq n$, 其中 n 为 D 的顶点个数. 因 D 是连通的, 则存在一个顶点 $v \in V(D) - V(C)$, 使得 v 与 C 上的某一个顶点相邻.

设 v 与 C 上的某顶点 x_1 之间有一条正常弧. 不失一般性, 设正常弧是 x_1v(事实上, 如果必须的话, 可考虑 D 的逆而代替 D). 因为 v 和 x_2 是 x_1 的出邻点, 故 v 与 x_2 相邻. 位于 v 和 x_2 之间的弧必定是正常的, 这是因为 D 不含图 4.16(a) 所描述的导出有向子图. 由于 C 是最长圈, v 不支配 x_2. 于是 $x_2 \mapsto v$. 类似地, 对 $i = 3, 4, \cdots, k$, 可证得 $x_i \mapsto v$. 所以 $N^-(v) - N^+(v)$ 包含了 C 的每一个顶点, 这与 $N^-(v) - N^+(v)$ 导出一个可传递竞赛图的假定矛盾.

因为在 v 和 C 之间没有正常弧, 可设 vx_1v 是 D 的一个 2 圈. 运用 D 是局部半完全的, 不难推得 $V(C) \subseteq N^+(v) \cap N^-(v)$, 这又与 $N^+(v) \cap N^-(v)$ 不含正常圈的假定矛盾. 于是, D 有一个正常哈密尔顿圈, 这意味着对于每一个顶点 $x \in V(D)$, 有 $N^+(v) - N^-(v) \neq \varnothing$.

我们应用下面的算法来寻找 D 的一个圆标号. 任选一个顶点 y_1, 对 $i = 1, 2, \cdots$, 令 y_{i+1} 是由 $N^+(y_i) - N^-(y_i)$ 导出的 (可传递) 竞赛图中零入度顶点. 设 $y_1, y_2, \cdots, y_r$ 是由算法产生的不同顶点, 使得由 $N^+(y_r) - N^-(y_r)$ 导出的竞赛图中零入度顶点 w 在 $\{y_1, y_2, \cdots, y_{r-2}\}$ 中.

现在证明 $w = y_1$. 如果 $w = y_j (j > 1)$, 则有 $\{y_{j-1}, y_r\} \mapsto y_j$. 于是, y_{j-1} 和 y_r 是相邻的, 它们被一条正常弧连接 (因这个有向图在图 4.16(b) 中是禁用的). 但有 $y_{j-1} \mapsto y_r$, 或有 $y_r \mapsto y_{j-1}$, 与 y_j 是由 $N^+(y_{j-1}) - N^-(y_{j-1})$ 或 $N^+(y_r) - N^-(y_r)$ 所导出的竞赛图中的零入度顶点矛盾. 故有 $w = y_1$, 且 $C' = y_1y_2\cdots y_ry_1$ 是一个正常圈.

接下来证明 $r = n$. 不妨设 $r < n$, 则有不在 C' 中的顶点 u, 它与 C' 中的某一个顶点 y_i 相邻, 先设 $u \in N^+(y_i) - N^-(y_i)$. 由于 y_{i+1} 是 y_i 的出邻点, 顶点 y_{i+1} 与 u 相邻. 因为 D 不含导出有向子图同构于图 4.16(a) 中的任何一个图, 则 y_{i+1} 是由 $N^+(y_i) - N^-(y_i)$ 所导出的有向子图的零入度顶点, 从而有 $u \in N^+(y_{i+1}) - N^-(y_{i+1})$, 这说明 u 与 y_{i+2} 相邻. 同理, 则必定有 $u \in N^+(y_{i+2}) - N^-(y_{i+2})$. 如此进行下去, 对于每一个 $k (1 \leqslant k \leqslant r)$, 可见有 $u \in N^+(y_k) - N^-(y_k)$. 因此, C' 被包含在由 $N^-(u) - N^+(u)$ 导出的有向子图中, 矛盾.

对于 $u \in N^-(y_i) - N^+(y_i)$ 的情形, 论证是相似地, 所以可设 $u \in N^+(y_i) \cap N^-(y_i)$, 且在 u 与 C' 之间无正常弧. 应用 D 是局部半完全的事实易见, 由 $N^+(u) \cap$

$N^-(u)$ 导出的有向子图包含了 C', 矛盾. 于是 $r = n$, 即算法可标定 D 的每一个顶点. 要完成情形 1 的证明, 只要证明 $y_1, y_2, \cdots, y_n$ 是一个圆标号就可以了. 反设不是这样的, 则存在列入在所标的圆序上的 3 个顶点 y_a, y_b, y_c. 不失一般性, 使有 $y_a \to y_c$, 但没有 $y_a \to y_b$. 假定所选择的 3 个顶点使从 y_b 到 y_c 在圆序上的顶点数目尽可能地少, 这说明 $c = b + 1$. 由于 y_a 和 y_b 都是 y_c 的入邻点, 所以它们是相邻的, 即有 $y_b \mapsto y_a$. 注意到 $y_b \mapsto y_c$(根据圆标号的定义, 有 $y_c \in N^+(y_b) - N^-(y_b)$), 并且 D 不含导出有向子图同构于图 4.16(a) 中的有向图, 便得 $y_a \mapsto y_c$. 可见, y_c 不是由 $N^+(y_b) - N^-(y_b)$ 导出的竞赛图的零入度顶点, 但这与 y_c 的选取矛盾.

情形 2. D 不含正常圈. 若 D 无正常弧, 则 D 是完全的, 因而 D 的任何标号均是圆的. 假设 D 有一条正常弧, 但 D 无正常圈, 因而我们断言 D 有一个顶点 z_1, 使得 $N^-(z_1) - N^+(z_1) = \varnothing$ 和 $N^+(z_1) - N^-(z_1) \neq \varnothing$. 其实, 令 w_2w_1 是 D 的一条正常弧. 可设 $z_1 = w_2$, 除非 $N^-(w_2) - N^+(w_2) \neq \varnothing$. 在最后的情形中, 存在以 w_2 为头的一条正常弧, 设 w_3w_2 是这条正常弧. 那么, 可设 $z_1 = w_3$, 或者存在一条正常弧 w_4w_3. 由于 D 是有限的, 且不含正常圈, 上述过程又不重复使用顶点, 因而在某一个顶点 w_j 上就停止了, 使有 $z_1 = w_j$.

我们要应用下面的算法找到 D 的一条路. 从 z_1 开始, 对于每一个 $i = 1, 2, \cdots$, 令 z_{i+1} 是由 $N^+(z_i) - N^-(z_i)$(除这个点集是空集外) 导出的 (可传递) 竞赛图的零入度顶点. 由于 D 无正常圈, 这就产生一条路 $P = z_1z_2\cdots z_s$, 且 $N^+(z_s) - N^-(z_s) = \varnothing$. 应用相似于上面的论证可以证明, 序 $z_1, z_2, \cdots, z_s$ 是由 $V(P)$ 导出的有向子图的一个圆标号. 如果 P 包含了 D 的所顶点, 那么 D 的一个圆标号就已建立. 所以, 设有顶点 v 不在 P 中, v 与 P 上某一个顶点相邻. 易知 v 和 P 之间不存在正常弧, 这说明 $v \in N^+(z_i) \cap N^-(z_i)(1 \leqslant i \leqslant s)$. 事实上, 不难证明, 对 $V(D) - V(P)$ 中的每一个顶点 v 这个结论都成立. 所以, 使用上述算法从一个不在 P 中的合适的顶点开始 ("z_1 型"), 就可得到一条新的正常路 Q, 且 $V(Q) \cap (P) = \varnothing$. 尽可能多地使用上述算法, 从而得到一组顶点不交的路 $P^k = z_1^k z_2^k \cdots z_{m_k}^k (1 \leqslant k \leqslant t)$. 令 $z_1^{t+1}, z_2^{t+1}, \cdots, z_{m_{t+1}}^{t+1}$ 是剩余的顶点 (它们形成一个完全有向图). 可以验证, 按照顺序

$$z_1^1, z_2^1, \cdots, z_{m_1}^1, z_1^2, z_2^2, \cdots, z_{m_2}^2, \cdots, z_1^{t+1}, z_2^{t+1}, \cdots, z_{m_{t+1}}^{t+1}$$

给 D 的顶点标号, 就产生 D 的一个圆标号. 其实, 上面的证明已经隐含: 设 D_i 是由上标为 i 的顶点导出的有向子图 $(1 \leqslant i \leqslant t+1)$, 则有 $D = \overleftrightarrow{K}_{t+1}[D_1, D_2, \cdots, D_t, D_{t+1}]$ (见图 4.17). □

作为练习题, 读者要验证定理 4.11.4 的证明中隐含着一个多项式算法, 运用该算法可以判定有向图 D 是否为圆有向图, 或当 D 是圆有向图时, 找出 D 的一个圆标号.

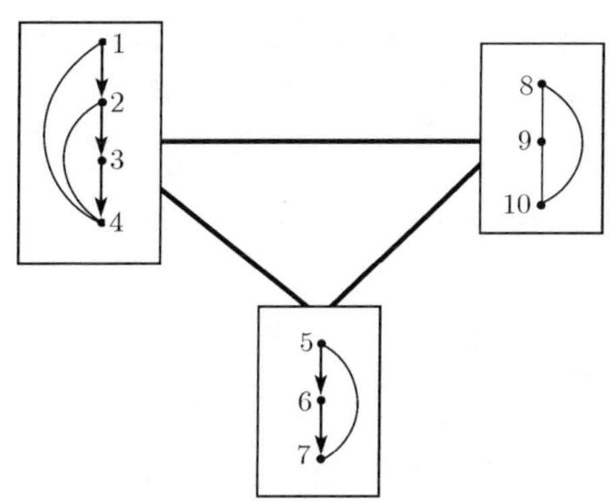

图 4.17 包含 2 圈的圆有向图的一个例子

无向边代表 2 圈, 2 个盒子之间的粗边代表所对应的顶点之间的两个方向的完全连通

推论 4.11.5[44] 一个连通局部竞赛图 D 是圆有向图的充要条件是对每一个顶点 $x \in V(D)$, 顶点集合 $N^+(x)$ 和 $N^-(x)$ 均导出可传递竞赛图.

4.11.2 非强局部半完全有向图

下面的定理给出 Bang-Jensen 得到的连通非强局部半完全有向图的强分支的最基本性质.

定理 4.11.6[44] 设 D 是一个连通局部半完全有向图, 但不是强的. 则以下关于 D 的结论成立:

(a) 若 A 和 B 是 D 的 2 个不同的强分支, 且在它们之间至少有一条弧, 则有 $A \mapsto B$ 或 $B \mapsto A$.

(b) 设 A 和 B 是 D 的强分支, 使得 $A \mapsto B$, 则 A 和 B 均是半完全有向图.

(c) 可以用唯一的方式将 D 的强分支排序 $D_1, D_2, \cdots, D_p$, 当 $j > i$ 时, 使得不存在从 D_j 到 D_i 的弧, 且 D_i 支配 $D_{i+1}(1 \leqslant i \leqslant p-1)$.

证明 已知一个局部半完全有向图是局部入半完全有向图以及局部出半完全有向图. (a) 可由定理 4.10.4(i) 立即证得, 对局部出半完全图的论证是相似的. 容易从局部半完全有向图的定义证得 (b). 用定理 4.10.4 的证明中 D 的强分支有向图 $SC(D)$ 有一个出分枝和一个入分枝就可证得 (c)(对局部出半完全图的证明与这相似). 其实一个有向图既是出分枝, 又是入分枝, 则唯一的情形是它为一条哈密尔顿路. □

一个局部半完全有向图 D 是**圆可分解的**(round decomposable), 如果存在一个具有 $r(\geqslant 2)$ 个顶点的圆局部竞赛图 R, 使得 $D = R[S_1, S_2, \cdots, S_r]$, 其中每一个 S_i 是强半完全有向图 $(1 \leqslant i \leqslant r)$, 则称 $R[S_1, S_2, \cdots, S_r]$ 为 D 的一个**圆分解**(round decomposition)(见图 4.18). 下面的结论是定理 4.11.6 的一个推论 (证明留作习题 4.30), 它揭示了连通但非强连通局部半完全有向图是圆可分解的.

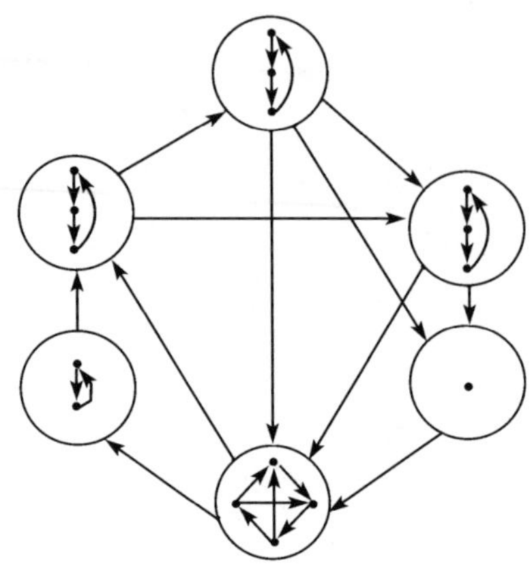

图 4.18　一个圆可分解局部半完全有向图 D

大圆圈代表在分解 $D = R[W_1, W_2, \cdots, W_6]$ 中所对应的集合 $W_1, W_2, \cdots, W_6$, 其中 R 是圆局部半完全有向图, 它可用一个顶点取代每一个大圆圈而得到. 粗弧代表所指示的方向上有一个完全支配

推论 4.11.7[44]　每一个连通但非强连通局部半完全有向图 D 有唯一的圆分解 $R[D_1, D_2, \cdots, D_p]$, 其中 $D_1, D_2, \cdots, D_p$ 是 D 的强分支的无圈序, R 是圆局部竞赛图, 且不含从每一个 $D_i (1 \leqslant i \leqslant p)$ 里取一个顶点构成的圈.

我们来叙述由 Guo 和 Volkmann 得到的局部半完全图的另一种类型的分解定理, 这个定理的证明留作习题 4.31. 图 4.19 解释了这个定理.

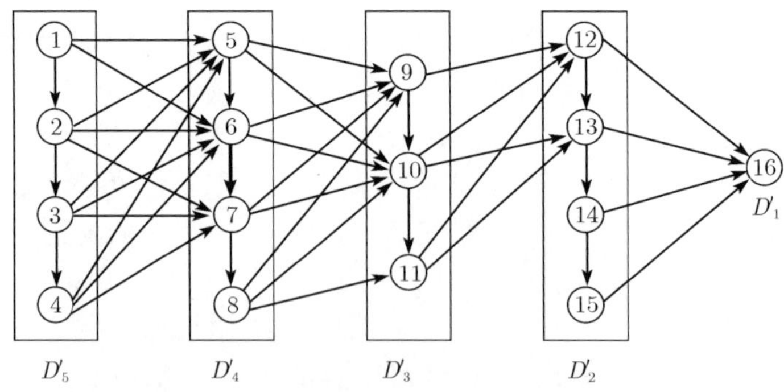

图 4.19　具有 16 个强分支 (数字 1~16 对应着无圈序) 的非强局部半完全有向图的半完全分解

每个圆圈表示一个强分支, 每个盒子代表由连贯分支形成的半完全有向子图, 每个盒子中的强分支都支配下一个盒子里的第一个强分支. 为简单起见, 在所有分支的弧以及在一个半完全有向子图 D'_i(从上向下走) 里的分支的弧均被省略

定理 4.11.8[349,351] 设 D 是一个非强连通局部半完全有向图, 令 $D_1, D_2,\cdots, D_p$ 是 D 的强分支的无圈序. 则 D 能够被分解为 $r(\geqslant 2)$ 个如下的导出有向子图 $D'_1, D'_2,\cdots,D'_r$:

$$D'_1 = D_p, \quad \lambda_1 = p,$$
$$\lambda_{i+1} = \min\{j : N^+(D_j) \cap V(D'_i) \neq \varnothing\},$$
$$D'_{i+1} = D\langle V(D_{\lambda_{i+1}}) \cup V(D_{\lambda_{i+1}+1}) \cup \cdots \cup V(D_{\lambda_i - 1})\rangle.$$

有向子图 $D'_1, D'_2, \cdots, D'_r$ 满足下列性质:

(a) 对 $1 \leqslant i \leqslant r, D'_i$ 由 D 的某些强分支构成, 且是半完全的.

(b) D'_{i+1} 支配 D'_i 的初始分支, 不存在从 D'_i 到 D'_{i+1} 的弧 $(1 \leqslant i \leqslant r-1)$.

(c) 若 $r \geqslant 3$, 则当 $|j-i| \geqslant 2$ 时, D'_i 和 D'_j 之间不存在弧.

对连通但非强连通局部半完全有向图 D 来说, 定理 4.11.8 中的唯一的序 D'_1, $D'_2, \cdots, D_r{}'$ 叫做 D 的**半完全分解**(semicomplete decomposition).

4.11.3 强圆可分解局部半完全有向图

在前面的小节中, 我们已经看到每个连通非强局部完全有向图是圆可分解的, 但是对于强局部半完全有向图来说这个性质并不成立 (见引理 4.11.14). Bang-Jensen,Guo,Gutin 和 Volkmann 在下面的断言中为强局部半完全有向图的圆分解提供了重要的性质.

命题 4.11.9[55] 设 $R[H_1, H_2, \cdots, H_\alpha]$ 是强局部半完全有向图 D 的一个圆分解. 则对于每一个最小分离集 S, 存在 2 个整数 i 和 $k \geqslant 0$, 使得 $S = V(H_i) \cup V(H_{i+1}) \cup \cdots \cup V(H_{i+k})$.

证明 首先证明: 若 $V(H_i) \cap S \neq \varnothing$, 则

$$V(H_i) \subseteq S. \tag{4.6}$$

假定存在 H_i, 使得 $V(H_i) \cap S \neq \varnothing \neq V(H_i) - S$. 利用这个假定欲证明 $D - S$ 是强的, 这将与 S 的定义矛盾.

任取顶点 $s' \in V(H_i) \cap S$. 欲证 $D-S$ 是强的, 考察 $D-S$ 中的 2 个不同的顶点 x 和 y, 要证 $D-S$ 有一条 (x,y) 路. 因 S 是最小的分离集, 则有向图 $D' = D-(S-s')$ 是强的. 在 D' 内所有的 (x,y) 路中, 我们取 P 是一条最短的 (x,y) 路, 且它最多使用了每一个 H_j 的 2 个顶点. 因为 R 是强的, 故这样的路 P 是存在的. 由于在 D' 中 H_i 的顶点有相同的入邻点和出邻点, 则路 P 至多包含 H_i 的一个顶点, 除非 $x,y \in V(H_i)$, 此时, 路 P 包含 H_i 的 2 个顶点. 如果顶点 s' 不在 P 中, 则完成证明, 反设顶点 s' 在 P 中. 因为路 P 是最短的, x 不属于 H_i, 且 y 也不属于 H_i, 则可用 $V(H_i) - S$ 的一个顶点来取代顶点 s'. 所以, $D-S$ 有一条 (x,y) 路, (4.6) 式得证.

假设 S 由不交的集合 $T_1, T_2, \cdots, T_\ell$ 构成, 使对 $i \in \{1, 2, \cdots, \ell\}$, 有

$$T_i = V(H_{j_i}) \cup \cdots \cup V(H_{j_i+k_i})和(V(H_{j_i-1}) \cup V(H_{j_i+k_i+1})) \cap S = \varnothing.$$

如果 $\ell \geqslant 2$, 则 $D - T_i$ 是强的. 又因为 R 是圆有向图, 知 H_{j_i-1} 支配 $H_{j_i+k_i+1}(1 \leqslant i \leqslant \ell)$, 从而推出 $D - S$ 是强的, 矛盾. □

推论 4.11.10[55] 如果局部半完全有向图 D 是圆可分解的, 则它有唯一的圆分解 $D = R[D_1, D_2, \cdots, D_\alpha]$.

证明 设 D 有 2 个不同的圆分解 $D = R[D_1, D_2, \cdots, D_\alpha]$ 和 $D = R'[H_1, H_2, \cdots, H_\beta]$.

根据推论 4.11.7, 可设 D 是强的. 由圆分解的定义知 $\alpha, \beta \geqslant 3$. 设 S 是 D 的最小分离集. 利用命题 4.11.9, 不失一般性, 对某 i 和 j, 设 $S = V(D_1 \cup D_2 \cup \cdots \cup D_i) = V(H_1 \cup H_2 \cup \cdots \cup H_j)$. 由于 $D - S$ 是非强的, 则由推论 4.11.7, $D_{i+1} = H_{j+1}, D_{i+2} = H_{j+2}, \cdots, D_\alpha = H_\beta$(特别地, $\alpha - i = \beta - j$). 只需证明

$$D_1 = H_1, D_2 = H_2, \cdots, D_i = H_j(特别地, i = j). \tag{4.7}$$

如果 $D\langle S\rangle$ 是非强的, 则由推论 4.11.7 可证得 (4.7) 式. 如果 $D\langle S\rangle$ 是强的, 先考虑 $\alpha = 3$ 的情形. 则有 $S = V(D_1)$, 这是因为 $D - S$ 是非强的, 且 $\alpha = 3$. 假定 $j > 1$, 便得到由 S 导出的 D 的有向子图的强圆分解, 这与 R' 是局部竞赛图矛盾, 这是因为 R' 中的顶点 r'_{j+1} 的入邻集包含一个圈 (其中 r'_p 对应于 H_p,$1 \leqslant p \leqslant \beta$). 所以, (4.7) 式对 $\alpha = 3$ 的情形成立. 当 $\alpha > 3$, 能够在 $D\langle S\rangle$ 中找到一个分离集, 然后用数学归纳法证得 (4.7) 式. □

命题 4.11.9 允许我们构造一个多项式算法来检查一个局部半完全有向图是否为圆可分解有向图.

命题 4.11.11[55] 存在一个判定已知局部半完全有向图 D 是否有圆分解的多项式算法, 并当圆分解存在时能够找到它.

证明 这里仅给出该算法的一个框架. 对于每一个顶点 $x \in V(D)$, 从 $S' = N^+(x)$ 开始来寻找 D 中的一个最小分离集, 并从 S' 中删去顶点直到获得一个最小分离集. 构造 $D\langle S\rangle$ 和 $D - S$ 的强分支, 并把这些强分支标号为 $D_1, D_2, \cdots, D_\alpha$, 其中 $D_1, D_2, \cdots, D_p (p \geqslant 1)$ 形成 $D\langle S\rangle$ 的强分支的无圈序, $D_{p+1}, D_{p+2}, \cdots, D_\alpha$ 形成 $D - S$ 的强分支的无圈序. 对于每一对 D_i 和 $D_j (1 \leqslant i \neq j \leqslant 2)$, 我们来检查, 若 D_i 和 D_j 之间存在弧, 则 $D_i \mapsto D_j$ 或 $D_j \mapsto D_i$. 如果找到一对 D_i 和 D_j, 它们使上面的条件不成立, 则 D 不是圆可解的. 否则, 我们可构造一个有向图 $R = D\langle\{x_1, x_2, \cdots, x_\alpha\}\rangle$, 其中 $x_i \in V(D_i)$,$1 \leqslant i \leqslant \alpha$. 依据推论 4.11.5, 我们检查 R 是否为圆有向图. 若 R 不是圆有向图, 则 D 不是圆可分解的. 不然, D 是圆可分解的, 且有 $D = R[D_1, D_2, \cdots, D_\alpha]$.

不难验证我们的算法是多项式的. □

4.11.4 局部半完全有向图类

我们从关于局部半完全有向图的最小分离集的一个引理开始本节的内容介绍,并利用引理 7.13.4 来证明这个引理. 对于强局部半完全有向图 D 及其一个最小分离集 S, 知 $D-S$ 是连通的.

引理 4.11.12[55] 如果强局部半完全有向图 D 不是半完全的, 则存在一个最小分离集 $S\subset V(D)$, 使得 $D-S$ 不是半完全的. 此外, 若 $D_1,D_2,\cdots,D_p$ 是 D 的强分支的无圈序, $D'_1,D'_2,\cdots,D'_r$ 是 $D-S$ 的半完全分解, 则对 $r\geqslant 3$, $D\langle S\rangle$ 是半完全的, 并有 $D_p\mapsto S\mapsto D_1$.

证明 假设对于每一个最小分离集 S, 有向图 $D-S$ 是半完全的. 则对所有的分离集 S 来说, $D-S$ 是半完全的. 因此, D 是半完全的, 因为任何一对不相邻的顶点可以被某分离集 S 分开, 这就证得引理的第一个断言.

设 S 是最小分离集, 且使 $D-S$ 不是半完全的. 显然, 若 $r=2$(在定理 4.11.8 中), 则 $D-S$ 是半完全的. 因而, 有 $r\geqslant 3$. 依照 S 的最小性, 每一个顶点 $s\in S$ 支配 D_1 的一个顶点, 且又被 D_p 的一个顶点所支配. 于是, 有顶点 $x\in D_p$ 被顶点 $s\in S$ 支配, 则由局部半完全有向图的定义, 得 $D_1\mapsto D_p$, 这与 $r\geqslant 3$ 的事实矛盾. 所以 (使用 D_p 是强连通的), 有 $D_p\mapsto S$, 同理有 $S\mapsto D_1$. 依据最后的论述, S 是半完全的. □

我们来考察这样的强连通局部半完全有向图, 它们既不是半完全的, 也不是圆可分解的. 首先要证明 $D-S$ 的半完全分解只有 3 个分支, 且当 S 是最小分离集时, 使得 $D-S$ 不是半完全的.

引理 4.11.13[55] 设 D 是强局部半完全有向图, 但不是半完全的. 于是, D 是圆可分解的, 或 D 有一个最小分离集 S, 使得 $D-S$ 的半完全分解只有 3 个分支 D'_1,D'_2 和 D'_3.

证明 根据引理 4.11.12, 强局部半完全有向图 D 有一个最小分离集 S, 使得 $D-S$ 的半完全分解至少有 3 个分支.

现假定 $D-S$ 的半完全分解有多于 3 个的分支 $D'_1,D'_2,\cdots,D'_r$ $(r\geqslant 4)$. 设 $D_1,D_2,\cdots,D_p$ 是 $D-S$ 的强分支的无圈序. 按照定理 4.11.8(c), 当 $|i-j|\geqslant 2$ 时, D'_i 和 D'_j 之间没有弧, 按照局部半完全有向图的定义, 则得

$$\text{对 } i\geqslant 3,\ N^+(D'_i)\cap S=\varnothing,\ \text{且对 } j\leqslant r-2,\ N^-(D'_j)\cap S=\varnothing. \tag{4.8}$$

根据引理 4.11.12, $D\langle S\rangle$ 是半完全的, 且 $S=N^+(D_p)$. 设 D_{p+1},D_{p+2},$\cdots$,D_{p+q} 是 $D\langle S\rangle$ 的强分支的无圈序. 使用 (4.8) 和 $r\geqslant 4$ 的假定易验证, 若存在一条位于 D_i 和 D_j 之间的弧 $(1\leqslant i\neq j\leqslant p+q)$, 则有 $D_i\mapsto D_j$ 或 $D_j\mapsto D_i$. 令 $R=D\langle\{x_1,x_2,\cdots,x_{p+q}\}\rangle$, 其中 $x_i\in V(D)$,$1\leqslant i\leqslant p+q$. 现在只要证明 R 是圆局部竞赛图.

因为 R 是 D 的一个有向子图, 且没有一对 D_i, D_j 导出一个强有向子图, 因而 R 是局部竞赛图. 依据推论 4.11.7, 有向子图 $R' = R - \{x_{p+1}, x_{p+2}, \cdots, x_{p+q}\}$,$R'' = R - V(R) \cap V(D'_{r-1})$ 和 $R''' = R - V(R) \cap V(D'_2)$ 中的每一个均是圆有向图. 因对每一个顶点 $v \in V(R)$, 顶点集 $N^+(v) \cap V(R)$(以及 $N^-(v) \cap V(R)$) 完全被 3 个顶点集 $V(R'), V(R'')$ 和 $V(R''')$ 之一所包含, 可见 R 是圆有向图.

从而, 当 $r \geqslant 4$ 时, D 是圆可分解的. □

接下来的结果是那些局部半完全但不是半完全的、也不是圆可解的有向图的一个特征. Guo 是第一个证明这个特征的人[341]. 最早, Bang-Jensen 给出了这个特征的一个较弱的形式[49], 这里的证明引自文献 [55].

引理 4.11.14　设 D 是强局部半完全有向图, 但不是半完全的. 则 D 不是圆可分解的充要条件是下列条件被满足:

(a) 存在一个最小分离集使得 $D-S$ 不是半完全的, 且对于每一个如此的分离集 S, 有向图 $D\langle S\rangle$ 是半完全的, $D-S$ 的半完全分解只有三个分支 D'_1,D'_2 和 D'_3.

(b) 存在整数 α, β, μ, ν, 满足 $\lambda_2 \leqslant \alpha \leqslant \beta \leqslant p-1$ 和 $p+1 \leqslant \mu \leqslant \nu \leqslant p+q$, 使得

$$N^-(D_\alpha) \cap V(D_\mu) \neq \varnothing \text{ 和 } N^+(D_\alpha) \cap V(D_\nu) \neq \varnothing, \text{或}$$

$$N^-(D_\mu) \cap V(D_\alpha) \neq \varnothing \text{ 和 } N^+(D_\mu) \cap V(D_\beta) \neq \varnothing,$$

其中 $D_1, D_2, \cdots, D_p$ 和 $D_{p+1}, D_{p+2}, \cdots, D_{p+q}$ 分别是 $D-S$ 和 $D\langle S\rangle$ 的强分支的无圈序以及 D_{λ_2} 是 D'_2 的初始分支.

证明　若 D 是圆可分解的且满足条件 (a), 则必有 $D = R[D_1, D_2, \cdots, D_{p+q}]$, 其中 R 是 D 中收缩每一个 D_i 为一个顶点后所得到的有向图. 根据推论 4.11.7 以及 $D-S$ 和 $D-V(D'_2)$ 的每一个有圆分解与这个结构一致. 易见, D 不满足条件 (b).

假定 D 不是圆可分解的. 根据引理 4.11.12 和引理 4.11.13, D 满足条件 (a), 因此, 我们仅证它满足条件 (b).

如果没有从 S 到 D'_2 的弧, 易见 D 有一个圆分解. 如果存在分支 D_{p+i} 和 D_j 满足 $V(D_j) \subseteq V(D'_2)$, 使得在 D_{p+i} 和 D_j 之间的 2 个方向上都有弧存在, 则 D 满足条件 (b). 因而, 可假定对来自 $D_1, D_2, \cdots, D_{p+q}$ 中的任何一对集合, 在它们之间无弧, 或者存在一个集合完全支配其余所有的集合. 从而, 按照推论 4.11.5, D 是圆可分解的. 其圆分解 $D = R[D_1, D_2, \cdots, D_{p+q}]$ 如上确定, 除非有 3 个有向子图 $X, Y, Z \in \{D_1, D_2, \cdots, D_{p+q}\}$, 使得 $X \mapsto Y \mapsto Z \mapsto X$, 存在一个有向子图 $W \in \{D_1, D_2, \cdots, D_{p+q}\} - \{X, Y, Z\}$, 使得 $W \mapsto X, Y, Z$, 或者 $X, Y, Z \mapsto W$.

有向子图 X, Y, Z 之一是 $D\langle S\rangle$ 的一个强分支, 不失一般性, 设 X 就是这个强分支. 如果有 $V(Y) \subseteq S$, 则 $V(Z) \subseteq V(D'_2)$, 并且 W 在 $D\langle S\rangle$ 中, 或在 D'_2 中 (对于

W, 满足 $W \mapsto X,Y,Z$, 或 $X,Y,Z \mapsto W$, 有 4 种可能的位置). 在这些情形中的每一个均可见 D 满足条件 (b). 例如, 若 W 是在 $D\langle S\rangle$ 内, 且 $W \mapsto X,Y,Z$, 则从 W 到 Z 和 Z 到 X 之间的任何弧满足条件 (b) 的第一部分. 当 $V(Y) \subseteq V(D'_3)$ 时, 证明是相似的. 因而, 可以假设 $V(Y) \subseteq V(D'_2)$. 如果 $Z = D_p$, 那么 W 必在 $D\langle S\rangle$ 内, 且 $X,Y,Z \mapsto W$, 或 $V(W) \subseteq V(D'_2)$ 以及 $W \mapsto X,Y,Z$(这意味着对 $\lambda_2 \leqslant i < j < p$, 有 $W = D_i$ 和 $Y = D_j$). 在这 2 种情形中, 均可知 D 满足条件 (b). 最后的情形 $V(Y)$,$V(Z) \subseteq V(D'_2)$ 均可被类似地处理. □

我们可以叙述一类局部半完全有向图如下:

定理 4.11.15[55] 设 D 是一个连通局部半完全有向图, 下列陈述只有一个成立:

(a) D 是圆可分解的, 且圆分解是唯一的, 使得 $D = R[D_1, D_2, \cdots, D_\alpha]$, 其中 R 是有 $\alpha(\geqslant 2)$ 个顶点的圆局部竞赛图, 每一个 $D_i(1 \leqslant i \leqslant \alpha)$ 是强半完全有向图.

(b) D 不是圆可分解的, 也不是半完全的, 它具有引理 4.11.14 所描述的结构.

(c) D 是半完全有向图, 但不是圆可分解的.

我们用下面的命题来结束这一节, 该命题的证明留作习题 4.35.

命题 4.11.16[55] 设 D 是强非圆分解局部半完全有向图, S 是 D 的一个最小分离集, 使得 $D-S$ 不是半完全的. 设 $D_1, D_2,\cdots,D_p$ 是 $D-S$ 的强分支的无圈序, 并且 $D_{p+1},D_{p+2},\cdots,D_{p+q}$ 是 $D\langle S\rangle$ 的强分支的无圈序. 假定存在从 S 到 D'_2 的一条弧 $s \to v$, 且 $s \in V(D_i)$ 和 $v \in V(D_j)$, 则有$D_i \cup D_{i+1} \cup \cdots \cup D_{p+q} \mapsto D'_3 \mapsto D_{\lambda_2} \cup \cdots \cup D_j$.

4.12 全 Φ_i 可分解有向图

为了给拟可传递有向图的哈密尔顿圈的问题构造多项式算法 (见第 5 章), 定理 4.8.5 是一个非常重要的出发点, 我们用这类有向图可以解决更一般的问题. 这个定理也揭示拟可传递有向图是全 Φ 可分解的, 其中集合 Φ 是扩张半完全有向图和可传递有向图的并. 因为扩张半完全有向图和可传递有向图是 2 类较宽广的有向图类, 自然地要研究 Φ 可分解有向图. 这个集合 Φ 是比扩张半完全图和可传递有向图的并更为一般的图类. 然而, 应当把类 Φ 的候选者限制在这样的规定内, 即能够为某些重要问题构造出多项式算法, 如在哈密尔顿圈问题上应用 Φ 中的有向图的性质. 这个想法最初是 Bang-Jensen 和 Gutin 用于介绍下列三类有向图[62]:

(a) Φ_0 是全体半完全多部分有向图、连通扩张局部半完全有向图以及无圈有向图图类的并集.

(b) Φ_1 是全体半完全二部分有向图、连通扩张局部半完全有向图以及无圈有向图图类的并集.

(c) Φ_2 是全体连通扩张局部半完全有向图和无圈有向图图类的并集.

本节要证明可以在多项式时间内识别全 Φ_i 可分解有向图, $i=0,1,2$(如果这些识别不是多项式的, 那么对全 Φ 可分解有向图的性质研究将是毫无意义的). 一个有向图的集合 Φ 是**遗传类**(hereditary), 如果 $D\in\Phi$ 就有 D 的每一个导出有向子图也在 Φ 中. 可以看到, 每个 $\Phi_i(i=0,1,2)$ 是遗传集合.

引理 4.12.1 设 Φ 是一个有向图的遗传类. 如果有向图 D 是全 Φ 可分解的, 则 D 的每一个导出有向子图 D' 也是全 Φ 可分解的. 换句话说, 全 Φ 可分解性是一个遗传性质.

证明 我们关于 D 的顶点数目运用数学归纳法进行证明. 当 D 的顶点小于 3 时, 结论是真实的.

若 $D\in\Phi$, 结论由 Φ 是遗传类而不证自明. 因而, 可设 $D=R[H_1,H_2,\cdots,H_r](r\geqslant 2)$, 其中 $R\in\Phi$, 且每一个 $H_i(1\leqslant i\leqslant r)$ 是全 Φ 可分解的.

设 D' 是 D 的一个导出有向子图, 若有一个下标 i, 使得 $V(D')\subset V(H_i)$, 则由归纳假定, D' 是全 Φ 可分解的. 否则, 有 $D'=R'[T_1,T_2,\cdots,T_{r'}]$, 其中 $r'\geqslant 2$ 和 $R'\in\Phi$, 有向图 D' 是 R 的有向子图, 是由 R 的那些顶点 i(H_i 与 $V(D')$ 的交是空集) 所导出的有向子图, 而且 T_j 是对应限制在 D' 的顶点之上的 H_i. 注意到 $R'\in\Phi$, 这是由于 Φ 是遗传类. 根据归纳假定, 每一个 T_j 是全 Φ 可分解的, 故 D' 也是全 Φ 可分解的. □

引理 4.12.2 存在一个 $O(mn+n^2)$ 算法, 它可以检测具有 n 个顶点和 m 条弧的有向图 D 是否可以分解为 $D=R[H_1,H_2,\cdots,H_r](r\geqslant 2)$, 其中每一个 $H_i(1\leqslant i\leqslant r)$ 是任意的有向图, 且 R 是无圈的, 或是半完全多部分, 或是半完全二部分图, 或是连通可扩张局部半完全的.

证明 如果 D 不是连通的, 则有分支 $D_1,D_2,\cdots,D_c$ 以及 $D=\overline{K}_c[D_1,D_2,\cdots,D_c]$. 因而, 在定理证明的其余部分中设 D 是连通的. 我们将一个接一个地分析 R 的各种可能性.

检查 R 是否为无圈有向图. 首先找出 D 的强分支 $D_1,D_2,\cdots,D_k$. 若 $k=1$, 则 R 不可能是无圈的, 故停止检验可能性, 下设 $k\geqslant 2$.

如果找到 2 个强分支 D_i 和 D_j, 且在它们之间有一条弧, 但是却存在 2 个不相邻顶点 $x\in D_i$ 和 $y\in D_j$. 此时, 用并 $D_i\cup D_j$ 来替换掉 D_i 和 D_j, 使用这种调整是因为 D_i 和 D_j 不可能在一个分解中位于不同的集合 H_s 和 H_t 中. 重复这个步骤, 对新 "分支"D' 和 D'' 检查, 是否在 D' 和 D'' 之间有任何方向的弧. 在最后的情形中, 用并 $D'\cup D''$ 来替换 D' 和 D''. 连续进行这个过程, 直到剩下的集合满足在它们之间没有弧, 或是找出从一个集合到另一个集合所有的弧. 令 $V_1,V_2,\cdots,V_r(r\geqslant 1)$ 表示所得到的 "分支" 的不同顶点的集合. 如果 $r=1$, 则不能够找到一个相同于 R 的无圈图. 不然, $D=R[V_1,V_2,\cdots,V_r](r\geqslant 2)$, 则从每个 V_i 中提取一个顶点就得到 R.

检查 R 是否为半完全多部分有向图. 寻找 D 的底图 $UG(D)$ 的补图的连通分支 $\overline{G}_1, \overline{G}_2,\cdots,\overline{G}_c(c \geqslant 1)$. 如果 $c=1$, 则 R 不可能是半完全多部分的. 因而, 在下面的讨论中均设 $c \geqslant 2$. 设 G_j 是底图 $UG(D)$ 的补图的第 j 个分支 $\overline{G}_j$ 的顶点集 V_j 导出的 $UG(D)$ 的子图, 再设 G_j 有连通分支 $G_{j1}, G_{j2}, \cdots, G_{jn_j}(n_j \geqslant 1)$, 简记 $V_{jk}=V(G_{jk})$.

从 $W=\{V_1, V_2, \cdots, V_c\}$ 开始, 合并 2 个集合 V_i 和 V_j, 如果存在 V_{ia} 和 $V_{jb}, a \in \{1,2,\cdots,n_i\}$, $b \in \{1,2,\cdots,n_j\}$, 使得没有这样的可能性 $V_{ia} \mapsto V_{jb}, V_{jb} \mapsto V_{ia}$, 或者 2 种情形同时出现, 即 $V_{ia} \mapsto V_{jb}$ 和 $V_{jb} \mapsto V_{ia}$. 显然, 所得到的集合 $V_i \cup V_j$ 导出 D 的连通有向子图. 令 $Q_1, Q_2, \cdots, Q_r$ 表示所得到的集合, 重复这个过程直到不再发生变化为止. 如果 $r=1$, 则 R 不可能是半完全多部分有向图. 否则, R 是半完全多部分有向图, 可收缩每一个 Q_i 的连通分支为一个顶点后得到 R.

检查 R 是否为半完全二部分有向图, 或是连通可扩张局部半完全有向图的工作留作习题 4.38.

对于 R 是无圈有向图或是半完全多部分有向图, 不难看到, 上述过程可以被实现为一个 $O(mn+n^2)$ 算法. 关于半完全二部分有向图和连通可扩张局部半完全有向图有相同的复杂性, 证明留作习题 4.38. □

定理 4.12.3[62] 存在一个 $O(n^2m+n^3)$ 算法, 可以检查一个具有 n 个顶点和 m 条弧的有向图是否为 Φ_i 可分解的, $i=0,1,2$.

证明 现在给出一个检查 Φ_i 可分解性的递归算法. 在引理 4.12.2 中已经说明如何验证是否有 $D=R[H_1, H_2, \cdots, H_r]$, $r \geqslant 2$, 其中 R 是无圈有向图, 或是半完全多部分有向图, 或是半完全二部分有向图, 或是连通可扩张局部半完全有向图. 每当找到一个可以使用的 R, 则算法在递归运行中检查 $H_1, H_2, \cdots, H_r$ 的全 Φ_i 可分解性.

注意, 算法使用了全 Φ_i 可分解性是可遗传的这一事实 (见引理 4.12.1), 即若发现某 R 是合适的, 则 R 可以被使用. 因为若 D 是全 Φ_i 可分解的, 那么 $H_1, H_2, \cdots, H_r$(是 D 的一个导出有向子图) 中的每一个必须是全 Φ_i 可分解的. 由于有 $O(n)$ 次递归运行, 所以算法的复杂性为 $O(n^2m+n^3)$. □

4.13 相交有向图

设有 2 个集合 U 和 V, 且 $\mathcal{F}=\{(S_v, T_v): S_v, T_v \subseteq U 和 v \in V\}$ 是一族 U 的有序子集 (对于每一个顶点 $v \in V$). 对应 $\mathcal{F}$ 的一个**相交有向图**(intersection digraph) 是有向图 $D_{\mathcal{F}}=(V, A)$, 使得 $vw \in A$ 当且仅当 $S_v \cap T_w \neq \varnothing$, 其中集合 U 叫做 $D_{\mathcal{F}}$ 的**全集**(universal set). 上面的有序对族形成 D 的一个**表示**(representation). 相交有向图的概念自然地相似于交图的概念, 它是由 Beineke 和 Zamfirescu[101], 以

及 Sen,Das, Roy 和 West 所介绍[661]. 因为一条弧就是一个有序顶点对, 则每个线有向图 $L(D)$ 是族 $A(D')$ 的相交有向图, 其中 D' 是 D 的逆. 依据相交有向图的定义, 每个有向图 D 是族 $\{(A^+(v), A^-(v)) : v \in V(D)\}$ 的相交有向图, 这里 $A^+(v)(A^-(v))$ 是离开 (进入) 顶点 v 的弧集合, 全集是 $A(D)$.

显然, 一个有向图可以被表示成多种多样的有序对族的相交有向图. 自然会问到, 全集 U 究竟有多大? 对于一个有向图 D, U 中元素的最少数目, 使对 U 的子集某有序对族 $\mathcal{F}$, 有 $D = D_{\mathcal{F}}$, 称这个数目为 D 的**相交数**$\text{in}(D)$(iutersection number). Sen,Das, Roy 和 West 为任意有向图 D 的相交数给出了如下的定理[661]. 对于一个有向图 $D = (V, A)$, 集合 $B \subseteq A$ 叫做**单行**(one-way), 如果存在一对集合 $X, Y \subset V$(叫做**生成对**(generating pair)), 使得 $B = (X, Y)_D$, 也就是说, B 是所有从 X 到 Y 的弧集合.

定理 4.13.1[661] 有向图 $D = (V, A)$ 的相交数等于覆盖 A 的**单行集**的最小个数.

证明 设 $B_1,B_2,\cdots,B_k$ 是一组最小的能够覆盖 A 的单行集, 并且 (X_1, Y_1), $(X_2,Y_2),\cdots,(X_k,Y_k)$ 是对应的生成对. 设 $S_v = \{i : v \in X_i\}$ 和 $T_v = \{i : v \in Y_i\}$, 则 $S_v \cap T_w \neq \varnothing$ 当且仅当 $vw \in A$, 可见 $\text{in}(D) \leqslant k$.

现设 U 是基数为 $u = \text{in}(D)$ 的全集, 使得 D 具有 U 的子集有序对 (S_v, T_v) 的集合的一个代表. 可设 $U = \{1, 2, \cdots, u\}$. 我们定义覆盖 A 的 u 个单行集: x 属于 X_i 的充要条件是 $i \in S_v$ 以及 $v \in Y_i$ 当且仅当 $i \in T_v$. 则弧 vw 属于 A 的充要条件是对某 i, 有 $v \in X_i$ 和 $w \in Y_i$. 于是, 有 $k \leqslant \text{in}(D)$. □

一个**子树相交有向图**(subtree intersection digraph) 是这样的一个有向图, 可以将它表示为一个无向树中子树有序对族的相交有向图. 一个**匹配图示有向图**(matching diagram digraph) 是一个有向图, 可以表示此图为在 2 条平行线之间有序直线段对族的相交有向图. 一个**区间有向图**(interval digraph) 是这样的一个有向图, 它可以被表示成实数轴上有序闭区间对族的相交有向图. 子树相交有向图、匹配图示有向图和区间有向图分别是弦图、置换图和区间图的 “有向的” 相似类, 其中子树、直线段和实数轴上的区间皆被用作代表[331]. 然而弦图形成一个特殊无向图族. Harary, Kabell 和 McMorris 证得每个有向图是一个子树相交有向图.

命题 4.13.2[400] 每一个有向图是一个子树相交有向图.

证明 设 $D = (V, A)$ 是任意一个有向图. 令 $G = (U, E), U = V \cup \{x\}, E = \{\{x, v\} : v \in V\}, x \notin V$. 显然, G 是一棵无向树. 设置 $S_v = G\langle\{v\}\rangle$ 和 $T_v = G\langle\{x\} \cup \{w : wv \in A\}\rangle$ 就是所需要的代表. □

下面由 Müller 给出的构造能够说明每个区间有向图就是一个匹配图示有向图[576]. 设 $\{([a_v,b_v],[c_v, d_v]) : v \in V(D)\}$ 是一个区间有向图 D 的一个代表. 为了得到作为一个匹配图示有向图的 D 的一个代表 $\{(S_v, T_v) : v \in V(D)\}$, 我们设置 S_v

是平面上点 $(a_v, 0)$ 和 $(b_v, 1)$ 之间的线段, 且 T_v 是连接点 $(c_v, 1)$ 和 $(d_v, 0)$ 的直线段. 需要区间有向图的详细特征的读者可阅读文献 [650, 736]. 我们取其中的一个特征叙述如下:

定理 4.13.3[661] 一个有向图 D 是区间有向图的充要条件是存在 D 的相邻矩阵 $M(D)$ 的独立行列置换, 其结果是产生矩阵 M', 使得 M' 的零元素可被标为 R 或 C, 使得每一个 R 的上面和右面的每一个位置均是 R, 且每一个 C 的下面和左面的位置全是 C.

文献 [650, 736] 中所给出的特征没有说明存在一个多项式算法能够识别区间有向图. Müller 得到了一个这样的算法[576], 即当区间有向图的区间代表皆是长度相同的区间时, 识别单位区间有向图的一个算法在文献 [576] 中给出.

4.14 平面有向图

本节讨论平面 (有向) 图, 也就是 (有向) 图可以在平面中被画出, 使得没有不在顶点处相交错的边 (弧). 显然, 这个性质并不依赖于弧的定向, 因而在给出一个正式定义时可以忽视弧的定向. 此外, 这一节的大多数结论和概念均是关于无向图的, 但对那些底图是平面图的有向图来说, 这些结论也是成立的.

一个无向图 $G = (V, E)$ 是**平面的**(planar), 如果存在如下的一个从 G 到 $\mathcal{R}^2$ 的映射 f:

- 每个顶点 v 被映射到 $\mathcal{R}^2$ 中的一个点 $f(v)$, 且不同顶点对应 $\mathcal{R}^2$ 中不同的点.
- E 的每条边 uv 被映射到一条从 $f(u)$ 到 $f(v)$ 的简单曲线 (即非自相交的曲线)C_{uv}, 且对应不同的边的任何 2 条曲线除在端点处外, 它们是不相交的.

为了算法的目的以及讨论平面图, 允许任意曲线出现在平面图的嵌入是方便的. 一条从 u 到 v 的**多边形曲线**(polygonal curve) 是一条逐段线性的曲线, 它由有限条直线段构成, 使得第一条直线段由 u 开始, 最后一条直线段结束在 v, 其他直线段从前一条直线段的最后一个点开始. 由于可以很好地用一条多边形曲线近似代替任意一条曲线, 因而假定在嵌入中所使用的曲线就是多边形曲线.

一个平面图 G 可以有多种不同的平面嵌入 (每一个嵌入对应上面所说的一个映射 f). 有时, 我们希望参照 G 的一个简单嵌入的性质. 此时, G 被叫做具有平面嵌入 f 的**平面图**(plane)(也就是说, 已经在平面中将 G 嵌入好了). 一个平面图 G 把 $\mathcal{R}^2$ 划分为若干个叫做 (拓扑)**面**(faces) 的连通区域. 这些面中仅有一个是无界的, 称为平面图 G 的**外部面**(outer face). 对于平面图 G 的任何一个非外部面 F, 容易看到, 可以将 G 重新嵌入平面, 使得面 F 变成新平面嵌入的外部面. 一个面 F 的边界记为 $bd(F)$, 且 $bd(F)$ 中的顶点总是可以按顺时针方向围绕 F 有规则地一一列出 (对于平面图的无界面, 这种对应是将该无界面边界上的顶点按逆时针方向一一列出). 图 4.20 中的例子是这个定义的一个解释.

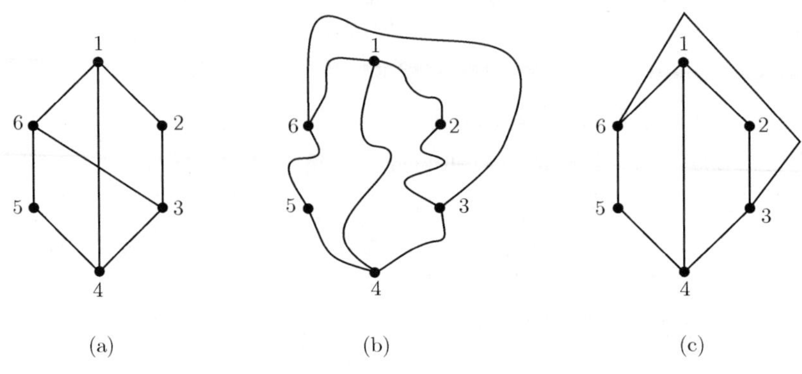

图 4.20

(a) 一个图 H 的非平面嵌入; (b) H 的平面嵌入; (c) H 的一个多边形的平面嵌入. 关于平面嵌入 (c), 有面 12341, 14561, 16321 和 36543, 其中只有一个外部面 36543

注意, 如果给图 4.20 中的图加上边 25, 则得到一个非平面图, 它同构于 $K_{3,3}$. 事实上, Kuratowski 给出了平面图的一个著名特征.

定理 4.14.1 (Kuratowski 定理)[507]　一个图有一个平面嵌入的充要条件是它不含 K_5 或 $K_{3,3}$ 的一个剖分①.

基于这个定理, 我们能够证明可以有效地识别平面图 (因而, 对平面有向图也成立). 事实上, Hopcroft 和 Tarjan 证明[432]：若一个图是平面的, 则可在线性时间识别它, 且可在相同的时间内可找到它的一个平面嵌入. 下面是关于平面图的顶点个数、边数目和面的个数之间的一个关系式, 叫做**欧拉公式**, 对平面有向图面的个数应用数学归纳法就可证得欧拉公式.

定理 4.14.2　设 G 是连通无重边的平面图, 它有 n 个顶点和 m 条边, 则

$$n - m + \phi = 2,$$

其中 ϕ 表示在 G 的一个平面嵌入中面的个数. 特别地, 对 G 的任何平面嵌入, 面的个数是恒定的.

读者可推导下面定理 4.14.2 的推论 (见习题 4.42).

推论 4.14.3　对于具有 $n(\geqslant 3)$ 个顶点 m 条边且无重边的每一个平面图, 总有 $m \leqslant 3n-6$.

如果允许多重边的话, 则不能够进行上面对边的数目所作的定界. 然而, 关于平面有向图, 有下述简单的推论：

① 一个图 H 的一个剖分 H' 是将 H 的每条边用一条路来替换, 这些路上的内部顶点皆为 2 度.

推论 4.14.4 不存在 $n(\geqslant 3)$ 个顶点的平面有向图具有多于 $6n-12$ 条弧.

欲了解绘制图方面信息(尤其是平面图的嵌入)的读者可阅读由Battista, Eades, Tamassia 和 Tollis 最近编写的书[97], 这本书包含了大量的如何运用有向图技巧 (尤其是网络流) 来得到 (有向) 图的精美图像.

4.15 应用：高斯消去法

在许多的应用中, 比如用微分方程组为一个问题建立数学模型, 然后用数值方法来解这个方程组[208]. 所考虑问题解的最终形式是由解线性方程组 $Ax=b$ 构成, 其中 $A=[a_{ij}]$ 是一个 $n\times n$ 阶系数矩阵, b 是 n 维向量, x 是未知数向量. 在大量的应用中, 矩阵 A 是稀疏的, 即它的很多元素为零. 我们常用高斯消去法来解方程组 $Ax=b$, 使用这种方法的唯一的要求是矩阵 A 的对角线元素 a_{ii} 能够被变成非零行和列的置换.

在许多的实际情形中, 一个稀疏矩阵 A 往往有较为特殊的结构, 使得比直接运用高斯消去法来解方程组快. 这些最重要的结构之一是块三角结构. 令 $n_1, n_2, \cdots, n_k$ 是自然数, 且有 $n_1<n_2<\cdots<n_k=n$ 和 $n_0=0$. 称子矩阵 $A^{(p)}=[a_{i_p,j_p}](n_{p-1}+1\leqslant i_p, j_p\leqslant n_p)$ 为**主** $(n_1,n_2,\cdots,n_p)$ **块**(main $(n_1,n_2,\cdots,n_p)$-blocks), 或叫**主块**(main blocks). 如果位于矩阵 A 主块下的每一个元素为零, 则称 A 有 $(n_1,n_2,\cdots,n_p)$**块三角结构矩阵**(或块三角结构)($(n_1,n_2,\cdots,n_p)$-block-triangular structure matrix). 准确地说, 这种结构称为上块三角结构[208], 但是这里并不考虑下块三角结构, 故而省去“上”这个字. 矩阵

$$\begin{bmatrix} 3 & 2 & 4 & 1 \\ 5 & 6 & 0 & 0 \\ 3 & 0 & 7 & 9 \\ 0 & 0 & 0 & 3 \end{bmatrix}$$

有 (3,1) 块三角结构, 见图 4.21.

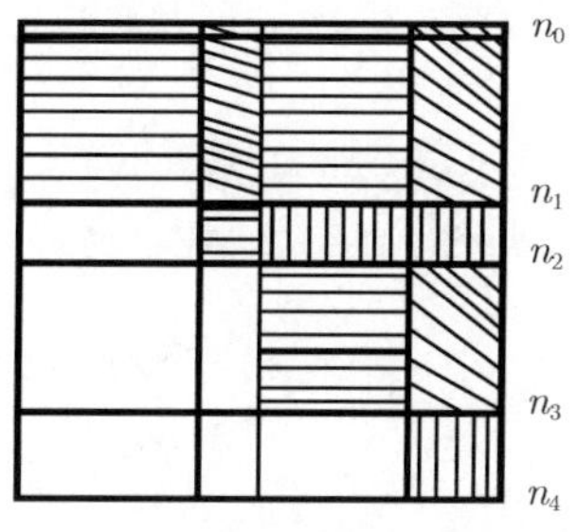

图 4.21 一个 (n_1,n_2,n_3,n_4) 块三角结构, 白色地方是等于零的元素

如果矩阵 A 有块三角结构, 先解线性方程组 $A^{(p)}x^{(p)} = b^{(p)}$, 其中 $x^{(p)}(b^{(p)})$ 是向量 $x(b)$ 中最后的 n_p 个坐标构成的向量. 我们所找到的 $x^{(p)}$ 的坐标值等于在方程组 $Ax = b$ 中对应未知数的值, 这是因为在 A 的最后的 n_p 个行中, 除了最后的 n_p 列的元素外, 其余元素均为零. 现在假定 $x^{(p)}$ 的坐标值已经被找到, 则可使用块 $A^{(p-1)}$ 来计算 $x^{(p-1)}$ 的坐标值. 相似地, 在使用 A 的所有块 (按下标递减顺序) 之后, 即可计算出向量 x 的所有坐标的值.

然而, 通常矩阵 A 的块三角结构是**隐藏的**, 即它没有明显的块三角结构, 但是可以分别通过行的某些置换 π 和列的某些置换 τ 的变换, 将它变为一个具有块三角结构的矩阵. 此做法的主要目的是使用高斯消去法来解线性方程组, 并假定 A 的主对角元素为非零 (也有这种可能, 找到 A 的行列置换使得 A 的主对角线元素为非零, 即在二部分图中使用完美匹配[208]). 因而, 我们并不希望改变 A 的对角线元素. 这种愿望是可以达到的, 就是仅仅使用行和列的同时置换, 即 $\pi = \tau$.

为了找到矩阵 A 的隐藏块三角结构, 我们可以使用下面的方法. 先把 A 的非零元素全部换为 1, 得到矩阵 $B = [b_{ij}]$, 可以把 B 看成某有向伪图 D 的相邻矩阵, D 的顶点集是 $\{v_1, v_2, \cdots, v_n\}$, 则 $b_{ij} = 1$ 的充要条件是在 D 中 $v_i \to v_j$(显然, D 无平行弧, 依据关于对角线上元素的假设, 在每一个顶点上有一个自环). 假定 D 不是强的, $D_1, D_2, \cdots, D_p$ 是 D 的强分支的无圈序 (即当 $j > i$ 时, 没有从 D_j 到 D_i 的弧), D 的顶点序为 $v_{\pi(1)}, v_{\pi(2)}, \cdots, v_{\pi(n)}$, 使得

$$V(D_i) = \{v_{\pi(n_i+1)}, v_{\pi(n_i+2)}, \cdots, v_{\pi(n_i+1)}\}.$$

易见 B 有 $(n_1, n_2, \cdots, n_p)$ 块三角结构, 这也说明 A 有块三角结构, 通过上面的观察即得以下寻找 A 的隐藏块三角结构的程序.

1. 将 A 的非零元素替换为 1, 得一个 $(0,1)$ 矩阵 B.

2. 构造顶点集为 $\{v_1, v_2, \cdots, v_n\}$ 的有向伪图 D, 使得 B 是 D 的相邻矩阵.

3. 找出 D 的强分支. 如果 D 是强的, 则矩阵 B(于是矩阵 A) 没有隐藏的块三角结构①. 如果 D 不是强的, 设 $D_1, D_2, \cdots, D_p$ 是 D 的强分支 (处于无圈序状态), 找到 $\{1, 2, \cdots, n\}$ 的一个置换 π, 使得 $V(D_i) = \{v_{\pi(n_i+1)}, v_{\pi(n_i+2)}, \cdots, v_{\pi(n_i+1)}\}$. 这个置换给出了矩阵 B 的隐藏块三角结构. 使用置换 π 来变换 A 的行和列以及 x 和 b 的坐标.

注意, 在运行步骤 3 时, 可以应用 4.4 节中的 Tarjan 算法. 我们用一个解线性方程组的例子来解释上面的程序:

$$\begin{aligned} x_1 \qquad\quad +3x_3 \ +8x_4 &= 2, \\ x_2 \qquad\qquad\quad +5x_4 &= 1, \end{aligned}$$

① 保证不改变 A 的主对角线元素之集.

$$
\begin{aligned}
2x_1 \quad +2x_2 \quad +4x_3 \quad +9x_4 &= 6,\\
3x_2 \qquad\qquad +2x_4 &= 3.
\end{aligned}
$$

先构造矩阵 B 和有向伪图 D, 有 $V(D) = \{v_1, v_2, v_3, v_4\}$ 和

$$A(D) = \{v_1v_3, v_1v_4, v_2v_4, v_3v_1, v_3v_2, v_3v_4, v_4v_2\} \cup \{v_iv_i : i = 1, 2, 3, 4\}.$$

有向图 D 有 2 个强分支 $D^{(1)}$ 和 $D^{(2)}$, 它们分别是由 $\{v_1, v_3\}$ 和 $\{v_2, v_4\}$ 导出的 D 的有向子图, 对 A 的行和列以及 x 的元素和右边 b 的元素, 这 2 个分支给出置换 π, 有 $\pi(i) = i(i = 1, 4), \pi(2) = 3$ 和 $\pi(3) = 2$. 结果是

$$
\begin{aligned}
x'_1 \quad +3x'_2 \qquad\qquad +8x'_4 &= 2,\\
2x'_1 \quad +4x'_2 \quad +2x'_3 \quad +9x'_4 &= 6,\\
x'_3 \quad +5x'_4 &= 1,\\
3x'_3 \quad +2x'_4 &= 3,
\end{aligned}
$$

其中, 对 $i = 1, 4$, 有 $x'_i = x_i$ 以及 $x'_2 = x_3$ 和 $x'_3 = x_2$.

分别解最后 2 个方程, 得 $x'_3 = 1, x'_4 = 0$. 现在来解前面 2 个方程, 有 $x'_1 = 2, x'_2 = 0$. 因而, 该线性方程组的解是 $x_1 = 2$,$x_2 = 1$ 和 $x_3 = x_4 = 0$.

需要了解实际当中联系并运用块三角结构讨论的读者可参见文献 [208].

4.16 习　题

4.1 设 $\phi(u)$ 是 4.4 节中所定义的顶点 u 的祖先, 结合 (4.2) 式和 (4.3) 式, 证明 $\phi(\phi(u)) = \phi(u)$.

4.2 证明命题 4.3.1.

4.3 证明引理 4.4.1.

4.4 在定理 4.5.1 的证明中的 (ii)⇒(i), 证明 $\sigma(D) = L(Q)$.

4.5 由定理 4.5.1(iii) 证明推论 4.5.2.

4.6 (−) 利用定理 4.5.1(i) 和 (ii) 证明命题 4.5.3.

4.7 证明下列线有向图的简单性质:

(i)$L(D) \cong \vec{P}_{n-1}$ 当且仅当 $D \cong \vec{P}_n$;

(ii)$L(D) \cong \vec{C}_n$ 当且仅当 $D \cong \vec{C}_n$.

4.8 设 D 是有向图. 用数学归纳法证明: 迭代线有向图 $L^k(D)$ 同构于有向图 H, 且 H 的顶点由 D 中长为 k 的途径组成. 对于每一个顶点 $v_{k+1} \in V(D)$, 有向图 H 中一个顶点 $v_0v_1 \cdots v_k$ 支配另一个顶点 $v_1v_2 \cdots v_kv_{k+1}$, 使得 $v_kv_{k+1} \in A(D)$.

4.9 运用习题 4.7 的结论来证明下列迭代线有向图的初等性质: 设 D 是有向图, 则

(i) 对某些 k, $L^k(D)$ 是无弧有向图的充要条件是 D 无圈.

(ii) 若 D 有 2 个由一条路 (可能长度为零) 连在一起的圈, 则有 $\lim\limits_{k\to\infty} n_k = \infty$, 其中 n_k 是 $L^k(D)$ 的阶数.

(iii) 如果没有 2 个由一条路连在一起的圈, 则对足够大的 k, $L^k(D)$ 的每一个连通分支至多含有一个圈.

4.10 对 $k(\geqslant 1)$ 运用数学归纳法证明命题 4.5.4.

4.11 证明引理 4.6.1.

4.12 证明引理 4.6.5.

4.13 证明引理 4.6.6.

4.14 证明定理 4.6.7.

4.15 MVSP **有向图的向上嵌入**. 证明：可以把每一个 MVSP 有向图 D 嵌入直角坐标系, 如果顶点 u 和 v 的对应坐标分别为 (x_u, y_u) 和 (x_v, y_v), 且存在 D 中的一条 (u,v) 路, 则有 $x_u \leqslant x_v$ 和 $y_u \leqslant y_v$. 提示：分别考虑串行合成和平行合成.

4.16 证明命题 4.7.2. 提示：对 "必要" 部分应用的简约数目和 "充分" 部分的弧数目使用数学归纳法.

4.17 证明命题 4.7.3.

4.18 证明引理 4.8.4(b). 提示：如果 u 和 v 在 S 中, 则在 $\overline{UG(S)}$ 中有一条从 u 到 v 的路. 相似地, 可处理 x 和 y 在 S' 中的情形, $\overline{UG(S')}$ 中有一条从 x 到 y 的路. 使用这些路 (对应 D 中非相邻顶点的序列) 证明, 如果 xu 和 vy 是弧, 则当 D 是拟可传递有向图时, 必有 $x=y$ 和 $u=v$.

4.19 (−) 构造一族无穷多个路可重合有向图, 使得族中每一个有向图不是入路可重合的.

4.20 证明命题 4.10.2.

4.21 (−) 证明如此的 "断言" 是错误的：设 D 是局部入半完全有向图, D 有 2 条内部不交的路 P_1 和 P_2, 使得 P_i 是一条 (x_i, y) 路 $(i=1,2)$, 且 $x_1 \neq x_2$, 那么 x_1 和 x_2 是相邻的.

4.22 **路可重合有向图的定向**. 证明：一个路可重合有向图的每一个定向是一个路可重合定向的图.

4.23 (+) 证明推论 4.9.2.

4.24 **路可重合有向图既不是局部入半完全有向图, 也不是局部出半完全有向图**. 用一个构造证明：存在一族无穷多个路可重合有向图, 使得族中的每一个路可重合有向图不是局部入半完全的, 也不是局部出半完全的. 将你的构造伸展到任意程度的顶点强连通性上去. 提示：考虑图的扩张.

4.25 (−)**路可重合传递有向图**. 证明：一个可传递有向图 $D=(V,A)$ 是路可重合的充要条件是对 $x, y \in V$ 和每对长为 2 的 (x,y) 路 xuy, xvy, 使有 $u \to v$, 或有 $v \to u$ 成立.

4.26 对于局部出半完全有向图重新表述引理 4.10.3 和定理 4.10.4.

4.27 **局部入半完全有向图的定向**. 证明：局部入半完全有向图的每一个定向是局部入竞赛有向图.

4.28 **强局部入半完全有向图的强定向**. 证明：每一个强局部入半完全有向图有一个强定向.

4.29 证明引理 4.11.2.

4.30 证明推论 4.11.7.

4.31 证明定理 4.11.8.

4.32 **识别圆有向图**. 证明：定理 4.11.4 的证明里隐含了一个多项式算法, 它可判别 D 是否为圆有向图, 并找到 D 的一个圆标号 (如果 D 是圆有向图).

4.33 (+) 运用引理 4.11.13 来证明: 如果 D 是非圆可分解局部半完全有向图, 则底图 $UG(D)$ 的独立数至多是 2.

4.34 (−) 举出一个具有 4 个顶点、无 2 王的局部半完全图的例子.

4.35 证明命题 4.11.16.

4.36 利用引理 4.11.14 和命题 4.11.16 证明习题 4.33 中的断言.

4.37 **扩张入路可重合性**. 证明: P 和 Q 分别是一个扩张局部入半完全有向图 D 的 2 条内部不交的 (x,z) 路和 (y,z) 路, 并且没有 $P-z$ 的顶点相似于 $Q-z$ 的顶点, 则 D 中存在一条从 x 到 z, 或从 y 到 z 的路 R, 使得 $V(R)=V(P)\cup V(Q)$.

4.38 证明: 存在一个 $O(mn+n^2)$ 算法可以检查具有 n 个顶点和 m 条弧的有向图 D 是否有一个分解 $D=R[H_1,H_2,\cdots,H_r](r\geqslant 2)$, 其中每一个 H_i 是任意的有向图, 有向图 R 是半完全二部分有向图, 或是连通扩张局部半完全有向图.

4.39 (−) 证明: 若连通有向图 D 既是拟可传递有向图又是局部半完全有向图, 则 D 是半完全有向图.

4.40 (−) 证明: 如果连通有向图 D 既是拟可传递有向图又是局部入半完全有向图, 则它的底图 $UG(D)$ 的直径至多是 2.

4.41 (−) 证明: 设 D 是一个 n 阶有向图, 其相交数 $\mathrm{in}(D)\leqslant n$. 则此上界是不可改进的[661].

4.42 证明推论 4.14.3. 提示: 利用每条边仅位于 2 个面的边界上, 而且每个面至少有 3 条边.

4.43 (−) 检验如下的 4×4 阶矩阵 $A=[a_{ij}]$ 有隐藏的块三角结构 (元素没有指定为零), 行和列的同时置换是允许的.

(a) 当 $i=1,2,3$ 时, $a_{1i}=i+1$; 对 $i=2,3,a_{2i}=a_{3i}=i$; 对 $i=2,3,4,a_{4i}=2$;

(b) $a_{12}=a_{21}=a_{14}=a_{41}=a_{34}=a_{43}=2$, 且对 $i=1,2,3,4$, 有 $a_{ii}=1$.

第 5 章　哈密尔顿性及其相关问题

在这一章中，我们将要考虑有向图的哈密尔顿路和哈密尔顿圈问题以及若干相关问题，例如最长路和最长圈问题以及最小路因子问题等，并将叙述和证明这个领域内的几个结论，然后介绍一些未解决的难题.

有向图 D 的一个 k 路因子是一组顶点不交且完全盖住 $V(D)$ 的 k 条路，使得 D 有 k 路因子的最小正整数 $k = \mathrm{pc}(D)$ 叫做 D 的路覆盖数，D 的 $\mathrm{pc}(D)$ 路因子也叫做 D 的**最小路因子**(minimum path factor). 我们称含哈密尔顿路的有向图是可描绘的. 对于任意的有向图来说，哈密尔顿路和哈密尔顿圈问题是非常困难的，二者均为 $\mathcal{NP}$ 完全问题[303]. 为了方便使用及参考，我们将这些事实叙述为定理.

定理 5.0.1　判定有向图是否包含哈密尔顿圈的问题是 $\mathcal{NP}$ 完全问题.

定理 5.0.2　判定有向图是否包含哈密尔顿路的问题是 $\mathcal{NP}$ 完全问题.

值得注意的是，较为简单的有向图类的哈密尔顿圈和哈密尔顿路问题仍然是 $\mathcal{NP}$ 完全问题. Garey,Johnson 和 Tarjan 指出 [305]：就是对于平面 3 正则有向图类，这个问题仍然是 $\mathcal{NP}$ 完全问题. 根据定理 5.0.1 和定理 5.0.2 容易判定，最小路因子以及最长路和最长圈问题仍然是 $\mathcal{NP}$ 困难问题. 如同有向图的最优化问题，$\mathcal{NP}$ 困难问题对几类特殊的有向图也是成立的. 然而，对于有些重要的有向图类，这些问题却又是多项式时间可解的，无圈有向图类就是其中的一个图类 (参见定理 2.3.5 和 5.3 节)，在这一章里我们能够找到许多这样的图类.

在 5.1 节中，Gutin 和 Yeo 得到了关于有向图是哈密尔顿的几个强有力的必要条件，应用下面的简单观察就可把这些条件运用到哈密尔顿路问题上去.

命题 5.0.3　有向图 D 有哈密尔顿路的充要条件是给 D 添加一个新顶点 x^*，使得 x^* 支配 D 的每一个顶点且又被 D 的每一个顶点所支配，所得新有向图 D^* 是哈密尔顿有向图.

5.2 节将证明一个有向图的路覆盖数不超过它的独立数. 5.3 节将说明可以相当有效地解决无圈有向图的最小路因子问题. 此外，我们也指出，在无圈有向图中寻找最小路因子的算法于大量的应用中是非常有用的.

在 5.4 节中，关于路可重合有向图为哈密尔顿的充分且必要条件是 Bang-Jensen 得到的. 因为局部入半完全的、出半完全有向图是路可重合有向图的真子类 (见命题 4.10.1)，在 5.5 节中，我们使用这些条件去推导作为推论的哈密尔顿局部入半完全有向图和出半完全有向图的一个特征，得到关于局部半完全有向图相应的结论，从而为有向图的哈密尔顿性提供了若干个度型充分条件. 该节还要介绍一个最近得到的强有力的证明技巧, 叫做**多重插入技巧**, 可以用于证明许多关于哈密尔顿有向图的定理.

近十年来, 相当多的文章是研究半完全多部分有向图的最长圈和路的结构. 5.7 节介绍这个研究领域中迄今为止最重要的一些结果, 其中包括 Yeo 所得到的令人惊讶的结论, 并且这一节的证明中提供了较为详细的多重插入技巧. 在 5.8 节中, 我们要把哈密尔顿圈和可描绘的扩张半完全有向图的特征推广到扩张局部半完全有向图上去. 5.9 节和 5.10 节主要讨论拟可传递有向图, 给出 2 个非常有意义的方法来处理有关这类图的哈密尔顿路和哈密尔顿圈的问题以及最长路和最长圈问题. 由 Bang-Jensen 和 Gutin 得到的第 2 个方法可以使得我们在多项式时间内寻找到拟可传递有向图中偶顶点最重路和最重圈 (权重是在顶点上). 最后一节的内容是关于那些没有出现在本章前面诸节中的几个特殊类有向图上哈密尔顿路和圈的结果. Thomassen 得到了定理 5.11.2 的证明, 并解释了在证明有向图的更一般的结果中如何应用竞赛图的性质.

需要知道有关哈密尔顿图和可描绘有向图的其他信息的读者可参见文献 [61,66, 126, 368, 728,729].

5.1 有向图哈密尔顿性的必要条件

一个有向图是哈密尔顿图的必要条件为它是强的, 而另外一个明显而强有力的必要条件即是有向图圈因子的存在性①. 能够在多项式时间内检验这 2 个条件 (见 4.4 节和 3.11.4 小节). 本节的内容是介绍一系列非常强有力的条件, 叫做 k **拟哈密尔顿性**(k-quasi-hamiltonicity), 它是由 Gutin 和 Yeo 最近介绍的概念 [379]. 最早 Babel 和 Woeginger 对无向图研究了 1 拟哈密尔顿性和伪哈密尔顿性的等价形式 [35].

不难证明: 每一个 $(k+1)$ 拟哈密尔顿有向图也是 k 拟哈密尔顿有向图 (然而, 有些是 k 拟哈密尔顿的有向图却不是 $(k+1)$ 拟哈密尔顿有向图). 本节还要介绍一个算法, 在时间 $O(nm^k)$ 内用它检验具有 n 顶点、m 条弧的有向图是否为 k 拟哈密尔顿性. 从而, 对较小的 k 能够有效地检验这些条件, 并在研究有向图 (或无向图) 性质的软件系统中被合并在一起. Delorme, Ordaz 和 Quiroz 描绘了如此的一个系统[189]. 我们将证明: $(n-1)$ 拟哈密尔顿性一致于哈密尔顿性, 并且 1 拟哈密尔顿性等价于伪哈密尔顿性.

5.1.1 路收缩

出于技术上的原因, 本节主要考虑有向多重图, 并且使用一个关于有向多重图

① Häggkvist 提出寻找一类有向图, 使得这类有向图强连通和圈因子的存在是哈密尔顿性的充分性保证 [387]. 本章要研究具有此性质的几类有向图.

的顶点集的收缩运算, 这个运算也叫做**路收缩**(path-contraction), 它的定义是: 设 P 是有向多重图 $D=(V,A)$ 的一条 (x,y) 路, 记号 $D//P$ 表示这样的一个有向多重图, 它的顶点集为 $V(D//P)=V\cup\{z\}-V(P)$, 其中 $z\notin V$; 对于每一对不同的顶点 $u,v\in V-V(P)$, 且有 $\mu_{D//P}(uv)=\mu_D(uv)$,$\mu_{D//P}(uz)=\mu_D(ux)$,$\mu_{D//P}(zv)=\mu_D(yv)$. 换句话说, $D//P$ 是从 D 中删去路 P 的每一个顶点, 然后添加一个新顶点 z, 使得每条具有头 x(尾 y) 和尾 (头) 在 $V-V(P)$ 的弧变成头 (尾) 为 z 和相同尾 (头) 的弧. 注意, 有向图的一个路收缩仍然产生一个有向图 (无平行弧出现), 故对长度为 1 的路 (弧) 经常实施路收缩运算. 显然, 有向多重图 D 含有一个通过弧 e 的 k 圈 ($k\geqslant 3$) 当且仅当 $D//e$ 有一个通过顶点 z 的圈. 注意, 对于无向多重图来说, 相似的路收缩运算却没有如此漂亮的性质, 本节将用到这一事实. 图 5.1 中的例子解释了 (普通) 收缩 (也叫做**集合收缩**(set-contraction)) 和路收缩之间的差别.

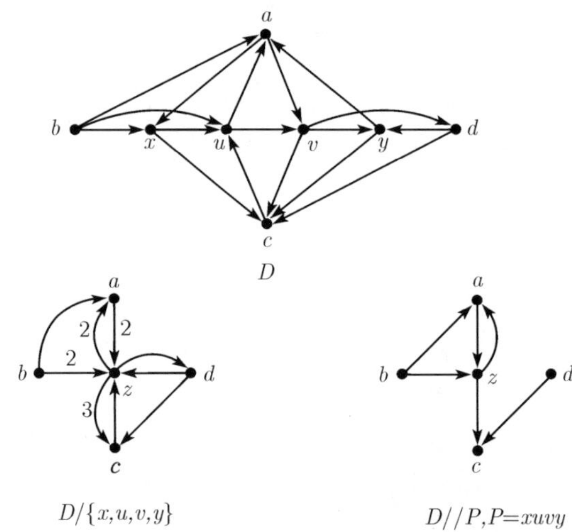

图 5.1 2 种不同类型的收缩: 集合收缩与路收缩

整数 2 和 3 表示对应平行弧的数目

如同集合收缩, 对于 D 中顶点不交的路 $P_1,P_2,\cdots,P_t$, 路收缩 $D//\{P_1,P_2,\cdots,P_t\}$ 定义为有向多重图 $(\cdots((D//P_1)//P_2)\cdots)//P_t$. 显然, 收缩的结果并不依赖于路 $P_1,P_2,\cdots,P_t$ 的顺序.

5.1.2 拟哈密尔顿性

本节的部分结果是 Gutin 和 Yeo 首先发现的. 设 $D=(V,A)$ 是有向多重图, 设 $QH_1(D)=(V,A_1)$ 是弧集为

$$A_1=\{e\in A: e \text{ 在 } D \text{ 的一个圈因子中}\}$$

的有向多重图. 对 $k\geqslant 2$, 图 $QH_k(D)=(V,A_k)$ 是有向多重图, 它的弧集定义为

$A_k = \{e \in A : QH_{k-1}(D//e)$是强的$\}$. 如果 $QH_k(D)(k \geqslant 1)$ 是强的, 则说有向多重图 D 是 k **拟哈密尔顿的**(k-quasi-hamiltonian). 根据这个定义, 每个有向多重图是 0 拟哈密尔顿的. n 阶有向多重图 D 的拟哈密尔顿数 $\mathrm{qhn}(D)$ 是最大的整数 $k(< n)$, 使得 D 是拟 k 哈密尔顿有向图.

图 5.2 中的例子解释了拟哈密尔顿性概念. 有向多重图 H 是 0 拟哈密尔顿的, 但不是 1 拟哈密尔顿的 $(QH_1(H) = H - \{(3,4),(4,3)\})$. 因此, $\mathrm{qhn}(H) = 0$. 图 5.2 中的有向多重图 D 是 1 拟哈密尔顿的, 因为 $QH_1(D) = D$ 是强的 (D 的每一条弧属于一个圈因子). 但是, D 不是 2 拟哈密尔顿有向图, 这是由于 $QH_2(D)$ 不是强的 (事实上, $QH_1(D//(3,4)) = QH_1(L)$ 不是强的), 故有 $\mathrm{qhn}(D) = 1$.

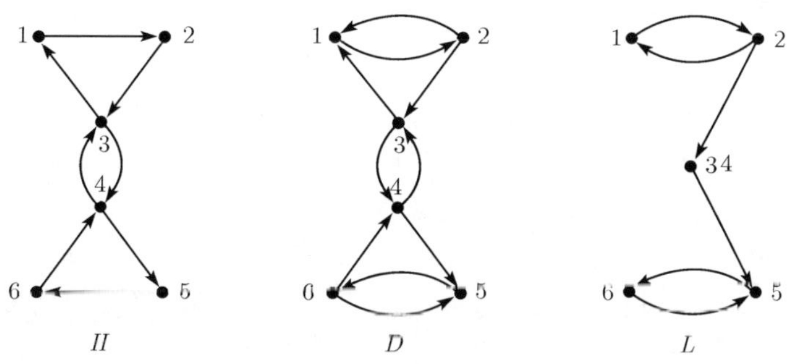

图 5.2 3 个有向图

先从几个关于 k 拟哈密尔顿性的基本事实开始本小节的内容介绍.

命题 5.1.1[379] 设 D 是 $n(\geqslant 2)$ 阶有向多重图, $k \in \{2,3,\cdots,n-1\}$. 则有 $A(QH_k(D))\subseteq A(QH_{k-1}(D))$. 特别地, 若 D 是 k 拟哈密尔顿有向图, 则它也是 $(k-1)$ 拟哈密尔顿有向图.

证明 对自然数 k 运用数学归纳法. 对任意的弧 $e \in A(QH_2(D))$, $QH_1(D//e)$ 是强有向多重图, 尤其是意味着 $D//e$ 有一个圈因子, 故有 $e \in A(QH_1(D))$. 现设 $k \geqslant 3$ 以及 $e \in A(QH_k(D))$, 便知 $QH_{k-1}(D//e)$ 是强的. 按照归纳假定, $QH_{k-2}(D//e)$ 也是强有向多重图, 因而有 $e \in A(QH_{k-1}(D))$. □

定理 5.1.2[379] 有向多重图是哈密尔顿的充要条件为它是 $(n-1)$ 拟哈密尔顿有向图.

证明 显然, 每个 2 阶哈密尔顿有向多重图是 1 拟哈密尔顿的. 设 $n-1$ 阶哈密尔顿有向多重图是 $(n-2)$ 拟哈密尔顿的, 并设 D 是 n 阶哈密尔顿有向图. 当收缩一个哈密尔顿圈上的一条弧时, 就得到一个 $n-1$ 阶哈密尔顿有向图, 当然它也是 $(n-2)$ 拟哈密尔顿有向图. 从而, 一个哈密尔顿圈的每条弧均在 $QH_{n-1}(D)$ 中, 可见 $QH_{n-1}(D)$ 是强的, 即 D 是 $(n-1)$ 拟哈密尔顿有向图. 必要性得证.

现在证充分性. 设 D 是有向多重图, 且 $QH_{n-1}(D)$ 是强的, 任取 $QH_{n-1}(D)$ 中的一条弧 e_1. 因为 $QH_{n-2}(D//e_1)$ 是强的, 故在 $QH_{n-2}(D//e_1)$ 中有弧 e_2; 又因 $QH_{n-3}((D//e_1)//e_2)$ 是强的, 则 $QH_{n-3}((D//e_1)//e_2)$ 中有弧 e_3; 如此进行下去, 就得到弧 $e_1, e_2, \cdots, e_{n-2}$, 使得有向多重图 $QH_1((((D//e_1)//e_2)\cdots)//e_{n-2})$ 是强的. 设 $D' = (((D//e_1)//e_2)\cdots)//e_{n-2}$, 注意到 $QH_1(D')$ 是强的, 且 D' 有 2 个顶点, 则有向图 D' 必是哈密尔顿的. 将弧 $e_1, e_2, \cdots, e_{n-2}$ 插进 D' 的一个哈密尔顿圈中, 就得到 D 的一个哈密尔顿圈. □

下面定理的证明作为一个略有难度的习题留给读者 (习题 5.1).

定理 5.1.3 对于每个整数 $k \geqslant 0$, 存在有向图 D, 使得 $\mathrm{qhn}(D) = k < n$.

5.1.3 伪哈密尔顿性和 1 拟哈密尔顿性

设 h 为一个正整数, 一个 n 阶有向多重图中顶点 $Q = v_1v_2\cdots v_{hn}v_1$ 的序列叫做h **伪哈密尔顿途径**(h-pseudo-hamiltonian walk), 如果 D 的每个顶点在序列 $v_1v_2\cdots v_{hn}$ 中出现 h 次, 且对 $i = 1, 2, \cdots, hn(v_{hn+1} = v_1)$, 有 $v_iv_{i+1} \in A(D)$, 也称具有此序列的有向多重图 D 为 h**伪哈密尔顿的**(h-pseudo-hamiltonian). 使得 D 是 h 伪哈密尔顿的最小正整数 h 叫做 D 的**伪哈密尔顿数**$\mathrm{ph}(D)$. 若对任意正整数 h, D 无 h 伪哈密尔顿途径, 则 $\mathrm{ph}(D) = \infty$; 若 $\mathrm{ph}(D) < \infty$, 则说有向多重图 D 是**伪哈密尔顿有向多重图**.

在图 5.2 中, 有向图 D 是 2 伪哈密尔顿的, 1212346565431 是 D 中的一个 2 伪哈密尔顿途径. 由于 D 不是哈密尔顿有向图, 所以这个图不是 1 伪哈密尔顿的, 即得 $\mathrm{ph}(D) = 2$. 不难看到, 图 5.2 中的 H 不是伪哈密尔顿有向图. 已知 D 是 1 拟哈密尔顿有向图, 但 H 不是. 上述关于 D 和 H 是伪哈密尔顿有向图的结论可以从定理 5.1.5 得到.

引理 5.1.4 可以由这样的事实形成：每个正则有向多重图有一个圈因子 (见习题 3.70), 从而说明能够分解每个 h 正则有向多重图为 h 个圈因子.

引理 5.1.4 一个正则有向多重图的每一条弧在一个圈因子中.

定理 5.1.5[379] 有向多重图是伪哈密尔顿的当且仅当它是 1 拟哈密尔顿的.

证明 设 D 是伪哈密尔顿有向多重图, 令 Q 是 D 的一条 h 伪哈密尔顿途径, 并设 $A(Q) = (v_1v_2, v_2v_3, \cdots, v_{h_{n-1}}v_{h_n}, v_{h_n}v_1)$ 是 Q 中弧的序列. 我们来构造一个新的有向多重图 $H(D,Q)$. 对于每一对满足 $\mu_D(xy) > 0$ 的顶点 x, y, 将 D 中全体从 x 到 y 的弧替换成从 x 到 y 的 $t(\geqslant 0)$ 条平行弧, 其中 t 是弧 xy 在 $A(Q)$ 中出现的次数. 按照 h 伪哈密尔顿途径的定义, $H(D,Q)$ 是一个 h 正则有向多重图, 依据引理 5.1.4, $H(D,Q)$ 中的每一条弧 xy 在一个圈因子中. 所以, $\mu_{H(D,Q)}(xy) > 0$ 导出 $\mu_{QH_1(D)}(xy) > 0$. 由于 $H(D,Q)$ 是强的, 那么 $QH_1(D)$ 也是强的, 即 D 是 1 拟哈密尔顿有向图.

现设 D 是 1 拟哈密尔顿有向多重图, 即 $QH_1(D)$ 是强的. 对 $QH_1(D)$ 中每一条弧 e, 用 $\mathcal{F}_e$ 表示 D 中包含 e 的一个圈因子. 令 $D' = \bigcup_{e\in A(QH_1(D))} \mathcal{F}_e$. 因为 D' 是圈因子的并, 故 D' 是正则的. 根据 $QH_1(D)$ 是强的, 即得 D' 也是强的. 因而 D' 有一个欧拉迹, 它对应 D 中的一个伪哈密尔顿途径. □

下面的定理为有向图的伪哈密尔顿数提供了一个紧上界.

定理 5.1.6[379] 设对伪哈密尔顿有向图 D, 有 $\mathrm{ph}(D) \leqslant (n-1)/2$. 则对每个整数 $n \geqslant 3$, 存在一个 n 阶有向图 H_n, 使得 $\mathrm{ph}(H_n) = \lfloor (n-1)/2 \rfloor$.

证明留作习题 5.2.

5.1.4 关于伪哈密尔顿性和拟哈密尔顿性的算法

我们容易检验一个有向图是否为 1 拟哈密尔顿的 (根据定理 5.1.5, 它也是伪哈密尔顿图). 事实上, 能够在时间 $O(n+m)$ 内判定 $QH_1(D)$ 是否为强的 (见 4.4 节). 因而, 只要说明如何验证每一条弧 xy 是否在某个圈因子上. 仅用路 xzy 来取代弧 xy, 其中 z 不是 D 的顶点, 然后检验新的有向图是否有一个圈因子. 按照推论 3.11.7, 能够在时间 $O(m\sqrt{n})$ 内完成此项工作. 于是, 总的时间是 $O(\sqrt{n}m^2)$. Gutin 和 Yeo 证得了以下复杂性的界 [379].

定理 5.1.7 能够在时间 $O(nm)$ 内检验一个有向图 D 是否为伪哈密尔顿的.

证明留作习题 5.3.

下面的定理说明, 可以在多项式时间内检验 k 拟哈密尔顿性, 其中 k 是一个常数.

定理 5.1.8[379] 可以在时间 $O(nm^k)$ 内检验一个有向多重图是否为 k 拟哈密尔顿的.

证明 在这个证明里, 将给出一个算法 $\mathcal{A}$, 使得在时间 $T(k)$ 内可以检测一个有向多重图 D 是否为 k 拟哈密尔顿的, 接着将证明 $T(k) = O(nm^k)$.

若 $k=1$, 算法 $\mathcal{A}$ 就是定理 5.1.7 中的算法 $\mathcal{B}$, 即 $T(1) = O(nm)$. 当 $k \geqslant 2$ 时, 对于 D 的每一条弧 e, 算法 $\mathcal{A}$ 验证 $D//e$ 是否为 $(k-1)$ 拟哈密尔顿有向图. 算法 $\mathcal{A}$ 从所有的弧 e 形成 $QH_k(D)$, 使得 $D//e$ 是 $(k-1)$ 拟哈密尔顿有向图. 最终, 算法 $\mathcal{A}$ 检验 $QH_k(D)$ 是否为强的 (在时间 $O(m)$ 内). 这说明对 $k \geqslant 2$, 有 $T(k) \leqslant mT(k-1) + O(m)$. 由于 $T(1) = O(nm)$, 便得 $T(k) = O(nm^k)$. □

5.2 路 覆 盖 数

下面有向图 D 的路覆盖数的可达下界 $\mathrm{pcc}(D) \leqslant \mathrm{pc}(D)$ 是平凡的. 在本章稍后的部分我们将会看到, 一个无圈有向图或半完全多部分有向图 D 满足 $\mathrm{pcc}(D) = \mathrm{pc}(D)$. 在这个很短的小节里, 我们的目标是得到 $\mathrm{pc}(D)$ 的稍为平凡但可达到的上界, 因为在几个应用中均使用了这个界 (参见 5.3 节).

已知有向图 D 的独立数 $\alpha(D)$ 是 D 中最大独立顶点集的基数 (一个顶点集合 $X \subseteq V(D)$ 是独立的当且仅当 X 不含任何一对相邻的顶点). 可以说 Rédei 定理 (定理 1.4.5) 是具有独立数 1 的有向图有一条哈密尔顿路, 故它的路覆盖数等于 1. Gallai 和 Milgram 推广了这个结论.

定理 5.2.1 (Gallai-Milgram 定理)[298] 对于每一个有向图 D, 有 $\text{pc}(D) \leqslant \alpha(D)$.

这个定理是下面引理的一个直接推论, Bondy 发现了此引理[126].

引理 5.2.2 设 D 为有向图, $\mathcal{P} = P_1 \cup P_2 \cup \cdots \cup P_s$ 是 D 的一个 s 路因子, 令 $i(\mathcal{P}), t(\mathcal{P})$ 分别表示 $\mathcal{P}$ 中路的起、终点集合. 假定 $s > \alpha(D)$, 则存在 D 的一个 $(s-1)$ 路因子 $\mathcal{P}'$, 使得 $i(\mathcal{P}') \subset i(\mathcal{P})$ 和 $t(\mathcal{P}') \subset t(\mathcal{P})$.

证明 关于 D 的阶 n 应用数学归纳法进行证明. 当 $n = 1$ 时, 是无意义的. 设 $\mathcal{P}$ 是题设的 s 路因子, $\mathcal{P}$ 中的一条路 $P_j = x_{j1}x_{j2}\cdots x_{jr_j}(1 \leqslant j \leqslant s)$. 由于 $s > \alpha(D)$, 则有 $k \neq j(1 \leqslant k, j \leqslant s)$, 使得有向子图 $D\langle i(\mathcal{P})\rangle$ 必含弧 $x_{k1}x_{j1}$.

如果 $r_k = 1$, 则可用 $x_{k1}P_j$ 来取代 P_k, P_j, 从而得到所期望的路因子. 现设 $r_k > 1$, 考虑有向图 $D^* = D - x_{k1}$ 和路因子 $\mathcal{P}^*$, 其中 $\mathcal{P}^*$ 是在 $\mathcal{P}$ 中的路 P_k 上删去顶点 x_{k1} 而得到的. 显然, $\alpha(D^*) \leqslant \alpha(D)$, 且有 $i(\mathcal{P}^*) = i(\mathcal{P}) - x_{k1} + x_{k2}$,$t(\mathcal{P}^*) = t(\mathcal{P})$. 于是, 根据归纳假定, D^* 有一个 $(s-1)$ 路因子 $\mathcal{Q}$, 使得 $t(\mathcal{Q}) \subset t(\mathcal{P}^*)$,$i(\mathcal{Q}) \subset i(\mathcal{P}^*)$.

如果 $x_{k2} \in i(\mathcal{Q})$, 取 $\mathcal{Q}$ 中起点为 x_{k2} 的路 Q_p, 用 $x_{k1}Q_p$ 来取代 Q_p, 则得 D 的具有所要求性质的路因子. 设 x_{k2} 不是 $\mathcal{Q}$ 中任何路的起点, 那么必有 $x_{j1} \in i(\mathcal{Q})$, 则 $\mathcal{Q}$ 中有以 x_{j1} 为起点的路 Q_r, 于是用 $x_{k1}Q_r$ 来取代 $\mathcal{Q}$ 中具有起点 x_{j1} 的路 Q_r 后就得到所期望的路因子. □

利用定理 5.2.1 不难得到下面 Erdös 和 Szekeres 的定理[596].

定理 5.2.3 设 n, p 和 q 均为正整数, 满足 $n > pq$, 令 $I = (i_1, i_2, \cdots, i_n)$ 是 n 个不同整数的序列. 则存在 I 的一个不少于 p 个整数的**递减子序列**, 或存在 I 的一个不少于 q 个整数的**递增子序列**.

证明 设有向图 $D = (V, A)$ 的顶点集为 $V = \{i_1, i_2, \cdots, i_n\}$ 和弧集 $A = \{i_m i_k : m < k, \text{且 } i_m < i_k\}$, 注意到, 在 D 的独立集和 I 的递减子序列之间存在显然的对应 (或者 D 的路和 I 的递增子序列之间的对应). 设 $\mathcal{F} = P_1 \cup P_2 \cup \cdots \cup P_s$ 是 D 的最小路因子, 根据定理 5.2.1, 得 $s \leqslant \alpha(D)$. 因而, $\alpha(D) \cdot \left(\max_{j=1}^{s} |P_j|\right) \geqslant n > pq$. 于是得 $\alpha(D) > p$, 即存在一个具有 $\alpha(D)$ 个整数的递减子序列, 或者 $\max_{j=1}^{s} |P_j| > q$, 即存在多于 q 个整数的递增子序列. □

最近, Thomassé对强有向图的情形证得了定理 5.2.1 的一个改进, 它曾经是 Las Vergnas 提出的一个猜想[107].

定理 5.2.4[695] 若有向图 D 是强的, 则有 $\text{pc}(D) \leqslant \max\{\alpha(D) - 1, 1\}$.

Las Vergnas 还证明了定理 5.2.1 的一个推广[106].

定理 5.2.5 每一个具有有限出半径的有向图 D 含有一个至多有 $\alpha(D)$ 个零出度顶点的出分枝.

注意, 定理 5.2.5 包含了定理 5.2.1(习题 5.7).

5.3 无圈有向图的路因子及其应用

对于无圈有向图来说, 我们可以相当有效地解决最小路因子问题. 重要的是最小路因子问题有着许多的应用, 一个具体的例子如下.

一位新闻经理打算掌握一组事件 $E_1, E_2, \cdots, E_n$, 这些事件将要在下周预先规定的时间 T_i 中出现. 每一个事件 E_i 的持续时间 t_i 和几何位置 O_i 是确定的, 新闻经理想要对于每一个事件有一个记者出现在此事件的全程中, 同时又要使用尽可能少的记者. 假定对 $1 \leqslant i, j \leqslant n$, 从 O_i 到 O_j 的路程需用时间 t_{ij}.

我们为这个问题建立一个数学模型. 设有向图 $D = (V, A)$ 的顶点集合为 $V = \{v_1, v_2, \cdots, v_n\}$, 对于选择每一对 $i \neq j$, 如果 $T_j \geqslant T_i + t_i + t_{ij}$, 则 A 中存在一条从 v_i 到 v_j 的弧. 不难看出, D 是无圈的. 此外, 如果所有事件能被 k 个记者覆盖的话, 则 D 有一个 k 路因子 (由记者运动的路线来确定). 显然, 其逆也成立. 因而, 无圈有向图最小路因子问题的算法就为这个问题以及大量类似的问题提供了解 (如飞机的飞行时间表问题和油轮的航行时间表问题, 见习题 5.8).

对于每一个无圈有向图 D, 显然有 $\mathrm{pc}(D) = \mathrm{pcc}(D)$. 借助网络流, 我们能够有效地找到任何有向图 D 的一个 $\mathrm{pcc}(D)$ 路圈因子 (见习题 3.59 和习题 3.7). 因为一个无圈有向图中的一个 k 路圈因子不含圈, 这表明无圈有向图中的最小路因子问题不是困难的 (从算法的角度上看至少是容易的).

定理 5.3.1 在时间 $O(m\sqrt{n})$ 内无圈有向图的最小路因子问题是可解的.

无圈有向图的路覆盖数的另一个应用是有关偏序的. 一个**偏序**(partial order) 是由一个集合 X 和一个可传递的 2 元关系 “$\prec$” 组成, 其中 “$\prec$” 是可传递的 (也就是, 若有 $x \prec y$, $y \prec z$, 即意味着 $x \prec z$). 令 $P = (X, \prec)$ 是一个偏序, 2 个元素 $x, y \in X$ 是**可相比**(comparable), 如果有 $x \prec y$, 或有 $y \prec x$ 成立; 不然的话, 则说 x 和 y 是**不可相比**(incomparable). P 中的一个**偏序链**(chain of a partial order) 是 X 的一个全序子集 Y, 即是 Y 中的元素两两可相比的. P 中的一个**偏序反链**(antichain of a partial order)X 的一个子集 Z, Z 中的任何 2 个元素是不可相比的. Dilworth 证得下面著名的链与反链的最小最大结果.

定理 5.3.2 (Dilworth 定理)[193] 设 $P = (X, \prec)$ 是一个偏序. 则覆盖 X 所需的偏序链的最少数目等于一个偏序反链中元素的最大数目.

证明 对已知 $P = (X, \prec)$, 设 $D = (X, A)$ 是这样的有向图, 使对不同的顶点 $x, y \in X$, 有 $xy \in A$ 当且仅当 $x \prec y$. 显然, D 是可传递的. 此外, D 中的一

条路 (一个独立集) 对应 P 中的一个偏序链 (偏序反链), 欲证 $\mathrm{pc}(D)=\alpha(D)$. 根据定理 5.2.1, 得 $\mathrm{pc}(D)\leqslant\alpha(D)$. 设 $\mathcal{F}=P_1\cup P_2\cup\cdots\cup P_k$ 是 D 的一个最小路因子, 按照 D 的可传递性, 每个顶点集 $V(P_i)$ 导出 $UG(D)$ 的一个完全子图. 因而, $\alpha(D)=\alpha(UG(D))\leqslant k=\mathrm{pc}(D)$. 综合上述论证, 得 $\mathrm{pc}(D)=\alpha(D)$. □

定理 5.3.2 可以重新被表述为: 对于每一个可传递定向图 D, 有 $\mathrm{pc}(D)=\alpha(D)$. 我们用一个相似于扩张半完全有向图的扩张来结束这一节, 在 6.11 节中将使用下面的引理 5.3.3.

引理 5.3.3　设 D 是一个具有 $\alpha(D)=k$ 的无圈扩张半完全有向图, 则下列断言成立:

(a) $\mathrm{pc}(D)=k$.

(b) 通过选择 D 的一条最长路 P, 然后移去 $V(P)$, 如此进行下去, 可以得到 D 的一个最小路因子.

(c) 借用 (b) 中的贪婪算法, 可以在时间 $O(n\log n)$ 内 (使用相邻矩阵) 找到一个最小路因子.

证明　根据定理 5.2.1 得 $\mathrm{pc}(D)\leqslant k$. 另一方面, 因为没有路包含同一个独立集中的 2 个顶点, 不然将导致 D 包含一个圈. 因此, $\mathrm{pc}(D)=k$. 现来证明断言 (b). 设 P 是 D 的一条最长路, 根据上面的论证, 有 $\alpha(D-P)\geqslant k-1$. 另外, 可以将 D 表示为 $D=S[\overline{K}_{a_1},\overline{K}_{a_2},\cdots,\overline{K}_{a_s}]$, 其中 S 是一个半完全有向图, $s=|V(S)|$. 根据 Rédei 定理 (定理 1.4.5), S 有一条哈密尔顿路 P'. 在 D 中, 这条路 P' 对应着一条包含每个最大独立集一个顶点的路 Q. 从而, 由上面的注释, Q 是 D 的一条最长路, 得 $\alpha(D-Q)=k-1$. 依据关于 k 的归纳法即可证得第 2 个断言 (b). 第三个断言可由 1.9.1 小节中所描述的 MergeHamPathTour 程序得到, 在假定存在 D 的相邻矩阵表示下, 删去所找到的路, 总的复杂性仍然是 $O(n\log n)$. □

5.4　路可重合有向图的哈密尔顿路与圈

4.9 节介绍了路可重合有向图类, 并研究了此类图的若干性质. 本节将给出 Bang-Jensen 所得到的哈密尔顿路可重合有向图的一个特征[50].

先介绍一个简单的引理, 这个引理将是证明定理 5.4.2 的基础. 给定一个圈 C, 一条 C **悬挂路**(C-bypass path) 是一条长至少为 2 的路, 起终点均在 C 中, 但路的内部顶点皆不在 C 中.

引理 5.4.1[50]　设 D 是路可重合有向图, C 是 D 的一个圈. 如果 D 中存在一条 C 悬挂路 P, 则 D 含有一个包含了 $V(C)\cup V(P)$ 的每一个顶点的圈.

证明　设 P 是一条 (x,y) 路, 则路 P 和路 $C[x,y]$ 可以被重合成一条 (x,y) 路 R, 且路 R 与路 $C[y,x]$ 形成所期望的圈. □

定理 5.4.2[50] 一个阶为 $n(\geqslant 2)$ 的路可重合有向图 D 是哈密尔顿的充要条件为 D 是强的, 且底图 $UG(D)$ 是 2 连通的.

证明 必要性是显然的, 我们仅证充分性. 设 D 是强的, 且 $UG(D)$ 是 2 连通的, 但 D 不是哈密尔顿有向图. 设 $C = u_1u_2\cdots u_pu_1$ 是 D 中的最长圈, 根据引理 5.4.1, D 不含 C 悬挂路. 对于每一个 $i \in \{1,2,\cdots,p\}$, 用 X_i(或 Y_i) 表示沿 $D-(V(C)-u_i)$ 中的一条路从 u_i 可达 $D-V(C)$ 中的顶点之集 (或是从它们可达到 u_i). 由于 D 是强的, 便得

$$X_1 \cup X_2 \cup \cdots \cup X_p = Y_1 \cup Y_2 \cup \cdots \cup Y_p = V(D) - V(C).$$

又因 D 不含任何 C 悬挂路, 每一条从 X_i 中一个顶点出发且终止在 C 中一个顶点的路, 必须是终止在顶点 u_i, 可见 $X_i \subseteq Y_i$. 同理可证 $Y_i \subseteq X_i$, 从而有 $X_i = Y_i$. 注意到 D 不含 C 悬挂路, 故顶点集合 $X_i(1 \leqslant i \leqslant p)$ 是相互不交的. 因为先前假设 D 不是哈密尔顿有向图, 则至少有一个顶点集是非空的, 不妨设是 X_1. 根据底图 $UG(D)$ 是 2 连通的, 则存在一个端点在 X_1 中、另一个端点在 $V(D)-(X_1 \cup u_1)$ 中的一条弧, 无论这条弧的定向如何, 均可见 D 有一条 C 悬挂路, 矛盾. □

运用定理 5.4.2 的证明, 再结合引理 5.4.1 和命题 4.9.3, 不难得到下面的结论 (习题 5.10):

推论 5.4.3[50] 存在判定一个已知路可重合强有向图是否有一个哈密尔顿圈的 $O(nm)$ 算法; 如果存在一个哈密尔顿圈, 则可找到它.

显然, 定理 5.4.2 和推论 5.4.3 已经包含了路可重合有向图中最长圈的一个明显特征以及寻找最长圈的一个多项式算法. 目前, 关于路可重合有向图的哈密尔顿路问题, 既没有特征条件, 也没有关于复杂性的任何结论. Bang-Jensen 和 Gutin 提出了以下问题:

问题 5.4.4[65] 刻画可描绘路可重合有向图. 是否存在判定路可重合有向图为可描绘的多项式算法?

命题 6.3.2 叙述了一个相关的结论, 它被认为是可描绘路可重合有向图的一个特征. 然而, 从复杂性观点上看, 这个特征似乎没有多么大的价值.

5.5 局部入半完全有向图的哈密尔顿路和圈

按照命题 4.10.1, 每个局部入半完全有向图是路可重合的. 在习题 5.12 里, 每个局部入半完全强有向图有一个 2 连通的底图. 于是, 定理 5.4.2 隐含了以下哈密尔顿局部入半完全有向图的特征①.

① 实际上, 这个特征以及本节中的其他结论最初仅证明对定向图成立. 然而, 正如在习题 4.27 和习题 4.28 中所看到的, 关于定向图的结论即可推出本节中的结论.

定理 5.5.1[81] 一个 $n(\geqslant 2)$ 阶局部入半完全有向图 D 是哈密尔顿的当且仅当 D 是强的.

这个定理推广了关于强竞赛图的 Camion 定理 (定理 1.5.2). Bang-Jensen 和 Hell 指出, 关于局部半完全有向图类的推论 5.4.3 可以被改进为如下形式的结论:

定理 5.5.2[75] 存在一个在局部入半完全强有向图中寻找哈密尔顿圈的 $O(m+n\log n)$ 算法.

在 5.4 节中, 我们曾经指出: 路可重合有向图的哈密尔顿路问题迄今为止未被解决. 但是, 对于这类图的一个子类局部入半完全有向图来说, Bang-Jensen, Huang 和 Prisher 给出了一个漂亮的特征如下:

定理 5.5.3[81] 局部入半完全有向图是可描绘的充要条件是它包含一个入分枝.

证明 由于一条哈密尔顿路就是一个入分枝, 故仅需要说明每个具有入分枝 T 的局部半完全有向图 D 是可描绘的. 对 T 中零入度顶点的个数 b 运用数学归纳法来证明这个断言.

当 $b=1$ 时, 断言是成立的. 设 $b\geqslant 2$, 考察 T 中 2 个零入度顶点 x,y. 根据入分枝的定义, 存在 T 中的另一个顶点 z, 使得 T 含一条 (x,z) 路 P 和一条 (y,z) 路 Q, 假定 P 和 Q 只有一个公共顶点 z.

根据命题 4.10.2, D 中有一条路 R, 从 x 或从 y 开始, 且终止在 z 以及 $V(R)=V(P)\cup V(Q)$. 利用这条路 R, 可以用一个具有 $b-1$ 个零入度顶点的入分枝来取代 T, 然后对断言应用归纳假定. □

显然, 定理 5.5.3 暗示着一个局部出半完全有向图是可描绘的当且仅当它含有一个出分枝. 根据命题 1.6.1, 有

推论 5.5.4 一个局部入半完全有向图是可描绘的充要条件是它仅含有一个终止强分支.

Bang-Jensen 和 Hell 利用推论 5.5.4 证得如下结论[75]:

定理 5.5.5 可以在时间 $O(m+n\log n)$ 内找到局部入半完全有向图 D 中的一条最长路.

结合推论 5.5.4 和引理 4.10.3, 我们得到:

推论 5.5.6[44] 一个局部半完全有向图含有哈密尔顿路当且仅当它是连通的.

关于这个推论有一个漂亮的证明 (运用命题 4.10.2), 它极其相似于 1.9.1 小节内演示 HamPathTour 程序中 Rédei 定理的典型证明, 读者也可参见习题 5.14.

5.6 具有度约束条件的有向图的哈密尔顿圈和路

5.6.1 小节将给出关于有向图哈密尔顿性的若干个度约束型的充分性条件, 其中部分条件不能被其余的条件证得, 也就是说, 可以使用某一条件但不能用其余的条件来证明某些有向图是哈密尔顿的 (要求读者在习题中说明这一点).

5.6.3 小节将给出几个充分条件的证明, 并解释一个最近得到的叫做**多重插入技巧**(multi-insertion technique) 的作用 (这个技术可以被追溯到关于无向图的 Ainouche 的文章[9], 关于有向图的 Bang-Jensen 的文章[48], 以及 Bang-Jensen,Gutin 和 Huang 的文章[68]). 我们将在 5.6.2 小节中介绍这个技巧, 多重插入技巧的威力是能够证明哈密尔顿圈的存在而不用将哈密尔顿圈展示出来. 此外, 这里所说的哈密尔顿圈具有更复杂的结构. 例如, 可以将定理 5.6.1 证明中的哈密尔顿圈与定理 1.4.5 归纳证明中所构造的哈密尔顿路进行比较, 在本书其他的地方也将用到多重插入技巧, 比如说 5.7 节.

设 x 和 y 是有向图 D 的 2 个不同的顶点. 我们说一个对 $\{x, y\}$ 被一个**顶点** z **支配**, 如果有 $z \to x$ 和 $z \to y$, 也称这个对 $\{x, y\}$ 是**被支配的**. 类似地, 如果 $x \to z$ 和 $y \to z$, 就说这个对 $\{x, y\}$**支配顶点** z. 一般地, 称对 $\{x, y\}$ 是**支配对**(dominating pair).

5.6.1 充分性条件

考虑有向图的逆并运用定理 5.5.1, 我们就可看到：一个局部出半完全有向图是哈密尔顿的当且仅当它是强的. 可以将这个结论推广如下 (定理 5.6.1 的证明放在 5.6.3 节中):

定理 5.6.1[69] 设 D 是 $n(\geqslant 2)$ 阶强有向图. 假定关于每一个支配对 $\{x, y\}$, 顶点 x 和 y 是不相邻的, 且 $d(x) \geqslant n$ 和 $d(y) \geqslant n-1$, 或者 $d(x) \geqslant n-1$ 和 $d(y) \geqslant n$, 则 D 是哈密尔顿有向图.

下面的例子说明定理 5.6.1(和定理 5.6.5) 的条件是不可更改的, 见图 5.3. 设 G 和 H 是 2 个不交的可传递竞赛图, 且 $|V(G)| \geqslant 2$ 和 $|V(H)| \geqslant 2$. 设 w 是 D 中的一个零出度顶点, w' 是 H 中的一个零出度顶点, 将 w 与 w' 捏合成一个顶点 z, 从而得到一个新的有向图, 再给它添加 4 个顶点 x, y, u, v 和弧 $\{xv, yv, ux, uy\} \cup \{xz, zx, yz, zy\} \cup \{rg : r \in \{x, y, v\}, g \in V(G)-w\} \cup \{hs : h \in V(H)-w', s \in \{u, x, y\}\}$, 用 Q_n 表示最终得到的有向图, 其中 n 是 Q_n 的阶. 不难验证 Q_n 是强的, 且是非哈密尔顿的 (习题 5.17). 因而, x, y 是唯一的一对不相邻且可支配 (或被支配) 的顶点, 易算出

$$d(x) = d(y) = n - 1 = d^{+}(x) + d^{-}(y) = d^{-}(x) + d^{+}(y).$$

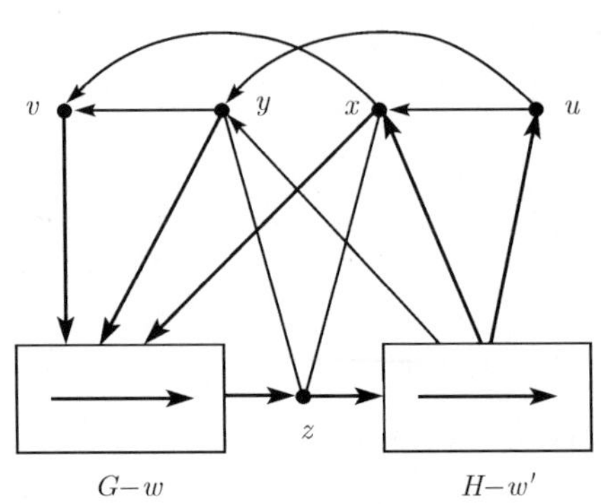

图 5.3　有向图 Q_n

2 条未定向的边表示 2 圈

将定理 5.6.1 与命题 5.0.3 结合, 我们得到一个有向图是可描绘的充分性条件 (参见习题 5.16). 定理 5.6.1 也有下面直接的推论.

推论 5.6.2[315]　如果有向图 D 中的每一个顶点的度数至少是 n, 则 D 是哈密尔顿有向图.

推论 5.6.3　设 D 是 n 阶有向图, 且 D 的最小半度 $\delta^0(D) \geqslant n/2$, 则 D 是哈密尔顿有向图.

利用推论 5.6.3 可以很轻松地判定一个非哈密尔顿图. 特别地, Darbinyan 证得[177]:

推论 5.6.4　设 D 是 $n(\geqslant 4)$ 阶有向图, D 的每个顶点的度至少是 $n-1$, 且满足 $\delta^0(D) \geqslant n/2-1$. 那么, D 是哈密尔顿有向图, 或者 D 属于一个非哈密尔顿有向图的非空有限族.

根据定理 5.5.1, 一个局部半完全有向图是哈密尔顿的当且仅当它是强的[44]. Bang-Jensen,Gutin 和 Li 推广了这个结论[69]:

定理 5.6.5　设 D 是 n 阶强有向图. 如果对于每对可支配 (被支配) 非相邻顶点 $\{x,y\}$, D 满足 $\min\{d^+(x)+d^-(y), d^-(x)+d^+(y)\} \geqslant n$, 则 D 是哈密尔顿有向图.

我们将在后面的 5.6.3 小节中证明这个定理. 定理 5.6.5 隐含了推论 5.6.3 以及下面由 Woodall 得到的结论[739].

推论 5.6.6　设 D 是 $n(\geqslant 2)$ 阶强有向图, 若对所有的顶点 x, y 且不存在从 x 到 y 的弧, 总有 $d^+(x)+d^-(y) \geqslant n$ 成立, 则 D 是哈密尔顿有向图.

下面的定理 5.6.7 推广了推论 5.6.2、推论 5.6.3 和推论 5.6.6, 定理 5.6.7 中的不等式可能是最好的. 考察完全有向图 $\overleftrightarrow{K}_{n-2}(n \geqslant 5)$, 固定这个有向图的一个顶点 u, 我们来构造有向图 H_n. 给 $\overleftrightarrow{K}_{n-2}$ 添加 2 个新顶点 v, w, 且使 $\overleftrightarrow{K}_{n-2}$ 的每一个

顶点被这 2 个顶点所支配, 然后将事先固定的顶点 u 去支配顶点 v 和顶点 w, 见图 5.4. 不难看到, H_n 是强的但非哈密尔顿的 (H_n-u 不是可描绘的). 然而, v,w 是 H_n 中唯一的一对不相邻的顶点, 且满足 $d(v)+d(w)=2n-2$.

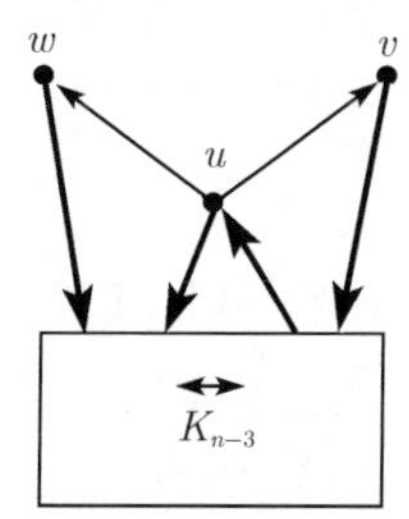

图 5.4 有向图 H_n

定理 5.6.7 (Meyniel 定理)[564] 设 D 是 $n(\geqslant 2)$ 阶强有向图. 如果对 D 中每对不相邻的顶点 x,y, 总有 $d(x)+d(y)\geqslant 2n-1$, 则 D 含一个哈密尔顿圈.

Overbeck-Larisch[597] 以及 Bondy 和 Thomassen[128] 分别给出了 Meyniel 定理的简短证明, 第 2 个证明比第一个证明略微简单些, 在 West 编写的书 (定理 8.4.38) 中可以看到这些证明[735]. 运用命题 5.0.3, 我们能够把 Meyniel 定理中的 $2n-1$ 换为 $2n-3$, 从而就得到关于可描绘性的充分性条件 (注意, 对于可描绘性, 并不需要强连通性). 利用对 Meyniel 定理中度型条件减少 1, Darbinyan 证得下面较强的结论[180]:

定理 5.6.8[180] 设 D 是 $n(\geqslant 3)$ 阶有向图, 如果对 D 中每对不相邻的顶点 x,y, 总有 $d(x)+d(y)\geqslant 2n-2$, 则 D 含有一条哈密尔顿路, 它的起点支配终点.

Berman 和 Liu 推广了定理 5.6.7[111]. 对于一个 n 阶有向图 D, 一个集合 $M\subseteq V(D)$ 是**Meyniel 集合**, 如果对 M 中每一对非相邻顶点 x 和 y, 总有 $d(x)+d(y)\geqslant 2n-1$. 下面定理 5.6.9 的证明是依据多重插入技巧.

定理 5.6.9[111] 设 M 是 $n(\geqslant 2)$ 阶强有向图 D 的一个 Meyniel 顶点集, 则 D 中存在一个包含了 M 的每一个顶点的圈.

Heydemann 得到了 Meyniel 定理的另一个推广[428].

定理 5.6.10[428] 设 h 是一个非负整数, D 是 $n(\geqslant 2)$ 阶强有向图. 如果每一对非相邻顶点 x 和 y, 均满足 $d(x)+d(y)\geqslant 2n-2h+1$, 则 D 含有一个圈长大于或等于 $1+\lceil (n-1)/(h+1)\rceil$ 的圈.

Manoussakis 证得如下的充分性条件, 它涉及 3 个顶点, 而不是 2 个顶点[547]. 值得注意的是下面的定理 5.6.11 并不隐含定理 5.6.1、定理 5.6.5 和定理 5.6.7 中的任何一个[69].

定理 5.6.11[547] 设 $n(\geqslant 2)$ 阶强有向图 D 满足以下条件: 对于每 3 个顶点 $x,y,z\in V(D)$, 且 x 和 y 不相邻.

(a) 如果不存在从 x 到 z 的弧, 有 $d(x)+d(y)+d^+(x)+d^-(z)\geqslant 3n-2$.

(b) 如果不存在从 z 到 x 的弧, 有 $d(x)+d(y)+d^-(x)+d^+(z)\geqslant 3n-2$.

则 D 是哈密尔顿有向图.

接下来的定理 5.6.12 实际上是把定理 5.6.5 和定理 5.6.7 拼装在一起, 然而该定理并不隐含它们中的任何一个. 可以用定理 5.6.7 前面所介绍的有向图 H_n 证明定理 5.6.12 中的不等式是不可改进的.

定理 5.6.12[758] 设 D 是 $n(\geqslant 2)$ 阶强有向图. 如果不等式

$$d^+(x) + d^+(y) + d^-(u) + d^-(v) \geqslant 2n - 1$$

对于每一对支配顶点 x, y 和每一对被支配顶点 u, v 成立, 则 D 是哈密尔顿有向图.

定理 5.6.5 和定理 5.6.12 支持下面由 Bang-Jensen,Gutin 和 Li 提出的猜想.

猜想 5.6.13[69] 设 D 是 $n(\geqslant 2)$ 阶强有向图. 如果关于每一对非相邻且可支配 (被支配) 顶点 $\{x, y\}$, 总有 $d(x) + d(y) \geqslant 2n - 1$, 则 D 是哈密尔顿有向图.

Bang-Jensen,Gutin 和 Yeo 把猜想 5.6.13 中度条件换为 $d(x) + d(y) \geqslant 5n/2 - 4$, 从而证明了 D 是哈密尔顿有向图; 他们也为猜想 5.6.13 提供了附加的支持, 即证得每一个满足猜想 5.6.13 的条件的有向图含有一个圈因子[57]. 大概可以把猜想 5.6.13 推广到以下由 Bang-Jensen,Gutin 和 Li 所提出的猜想.

猜想 5.6.14[69] 设 D 是 $n(\geqslant 2)$ 阶强有向图. 假定对于每一对被支配的非相邻顶点 $\{x, y\}$, 总有 $d(x) + d(y) \geqslant 2n - 1$, 则 D 是哈密尔顿有向图.

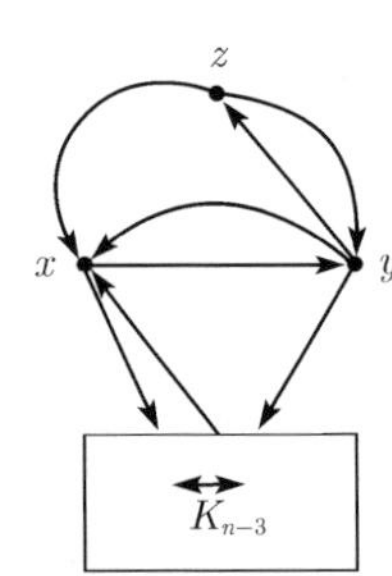

图 5.5 有向图 F

设 F 是一个由完全有向图 $\overleftrightarrow{K}_{n-3}$ 构造得到的有向图, 构造方法是给 $\overleftrightarrow{K}_{n-3}$ 添加 3 个新顶点 $\{x, y, z\}$ 以及弧 $\{xy, yx, yz, zy, zx\} \cup \{xu, ux, yu : u \in V(\overleftrightarrow{K}_{n-3})\}$, 见图 5.5. 显然 F 是强连通的, 且它的底图是 2 连通的. 但是, F 不是哈密尔顿有向图. 尽管 $F - x$ 中有从 z 出发的哈密尔顿路, 但 x 不支配 z. F 中不相邻顶点对是 z 和 $V(\overleftrightarrow{K}_{n-3})$ 中的任何一个顶点 u, 且满足 $d(z) + d(u) = 2n - 2$. 因而, 上面的 2 个猜想可能是最好的.

在哈密尔顿有向图的研究领域中最早的猜想之一是 Nash-Williams 给出的:

猜想 5.6.15[586,587] 设 $n(\geqslant 3)$ 阶有向图 D 满足下列条件:

(i) 对于每一个小于 $(n-1)/2$ 的正整数 k, 出度小于或等于 k 的顶点个数比 k 小.

(ii) 出度小于或等于 $(n-1)/2$ 的顶点个数小于或等于 $(n-1)/2$.

(iii) 对于每一个小于 $(n-1)/2$ 的正整数 k, 入度小于或等于 k 的顶点个数小于 k.

(iv) 入度小于或等于 $(n-1)/2$ 的顶点个数小于或等于 $(n-1)/2$.

则 D 是哈密尔顿有向图.

解决猜想 5.6.15 似乎是相当困难的[587,588], 这个猜想启发于无向图中相对应的一个定理[610]. Pósa 的结论隐含了这个猜想至少关于对称有向图是正确的, 即那些有向图 D 满足对 $xy \in A(D)$, 总有 $yx \in A(D)$.

人们尝试从无向图中各种各样度型充分性条件来得到有向图中的相似结论, 例如 Chvátal 定理[159]：对于每个 k, 如果一个无向图的度序列 $d_1 \leqslant d_2 \leqslant \cdots \leqslant d_n$ 满足条件 $d_k \leqslant k < \frac{n}{2} \Rightarrow d_{n-k} \geqslant n-k$, 故这个图是哈密尔顿的. 类似地, 可以问如果一个强有向图有非减度序列 $d_1 \leqslant d_2 \leqslant \cdots \leqslant d_n$, 且满足

$$d_k \leqslant 2k < n \Rightarrow d_{n-k} \geqslant 2(n-k), \quad k=1,2,\cdots,n-1. \tag{5.1}$$

那么, 这个有向图是哈密尔顿的吗?

对于一个有向图 D, 能够得到非减出度序列 $d_1^+ \leqslant d_2^+ \leqslant \cdots \leqslant d_n^+$ 以及非减入度序列 $d_1^- \leqslant d_2^- \leqslant \cdots \leqslant d_n^-$(通常, 这 2 个序列中 D 的顶点顺序是不同的). 使用这 2 个序列, 可以假设以下相似于 (5.1) 式的条件

$$\begin{aligned} &d_k^+ \leqslant k < \frac{n}{2} \Rightarrow d_{n-k}^+ \geqslant n-k \text{ 和} \\ &d_k^- \leqslant k < \frac{n}{2} \Rightarrow d_{n-k}^- \geqslant n-k, \quad k=1,2,\cdots,n-1. \end{aligned} \tag{5.2}$$

不难构造满足 (5.1) 式和 (5.2) 式的一族无穷多个非哈密尔顿强有向图 (习题 5.25). 然而, 如果把 (5.2) 式中的出度和入度混合, 就得到下面由 Nash-Williams 给出的猜想.

猜想 5.6.16[588] 如果一个有向图 D 的非减出度和入度序列满足条件

$$\begin{aligned} &d_k^+ \leqslant k < \frac{n}{2} \Rightarrow d_{n-k}^- \geqslant n-k \text{ 和} \\ &d_k^- \leqslant k < \frac{n}{2} \Rightarrow d_{n-k}^+ \geqslant n-k, \quad k=1,2,\cdots,n-1, \end{aligned}$$

则 D 是哈密尔顿有向图.

可以期望关于定向图 (不具有 2 圈的有向图) 比推论 5.6.3 更强的一个结论成立. Häggkvist 证得如下的定理, 并给出了一个非常强的猜想[387]. 注意, Häggkvis 构造了具有 $\delta^0(D) \geqslant n/3$ 的非哈密尔顿定向图 (这些定向图甚至不包含圈因子)[387].

定理 5.6.17[387] 设 D 是 n 阶定向图, 且 $\delta^0(D) \geqslant (\frac{1}{2} - 2^{-18})n$, 则 D 是哈密尔顿有向图.

猜想 5.6.18[387] 设 D 是 n 阶定向图, 且 $\delta^+(D) \geqslant (3n-2)/8$, 则 D 是哈密尔顿有向图.

Jackson 猜测关于正则定向图的一个更强的断言成立.

猜想 5.6.19[449] 每一个阶至多为 $4k+1$ 的 k 正则定向图含有一个哈密尔顿圈, 其中 $k \neq 2$.

5.6.2 多重插入技巧

设 $P = u_1u_2\cdots u_s$ 是有向图 D 的一条路, $Q = v_1v_2\cdots v_t$ 是 $D - V(P)$ 的一条路. 如果存在下标 $i \in \{1,2,\cdots,t-1\}$, 使得 $v_i \to u_1$ 和 $u_s \to v_{i+1}$, 则说P

可以被插入到 Q **中**. 实际上, 这种情形里的路 Q 被扩张成一条新的 (v_1, v_t) 路 $Q[v_1, v_i]PQ[v_{i+1}, v_t]$. 如果存在整数 $1 = i_1 < i_2 < \cdots < i_m = s+1$, 对于每一个 $k = 2, 3, \cdots, m$, 子路 $P[u_{i_{k-1}}, u_{i_k - 1}]$ 可以被插进 Q 中, 就说路P **可以被分段多重插入** Q **中**. 对于每一个 $k = 2, 3, \cdots, m$, 子路 $P[u_{i_{k-1}}, u_{i_k - 1}]$ 序列是 P 的一个**多重插入划分**(multi-insertion partition). 对于 Q 是圈的情形, 读者可给出类似的定义.

这一节中的算法复杂性是借用询问一个有向图的相邻矩阵次数来度量的, 并将证明几个对使用多重插入技巧是非常有用的结论. 然而要说明的是, 这些结论中的部分结论在本节里使用, 其余的结论将要出现在本书其他的地方. 下面的引理是由 Bang-Jensen, Gutin 和 Li 所得到的一个引理的推广[69].

引理 5.6.20 设 P 是 D 的一条路, $Q = v_1 v_2 \cdots v_t$ 是 $D - V(P)$ 的一条路 (或一个圈). 如果 P 可以被多重插入到 Q 中, 则有 D 的一条 (v_1, v_t) 路 R(或一个圈), 使得 $V(R) = V(P) \cup V(Q)$. 已知 P 的一个多重插入划分, 则能够在时间 $O(|V(P)||V(Q)|)$ 内找到路 R.

证明 考虑 Q 是一条路的情形, 这是因为对于 Q 是圈的情形可以类比地进行证明. 令 $P = u_1 u_2 \cdots u_s$. 设有整数 $1 = i_1 < i_2 < \cdots < i_m = s + 1$ 是使得子路 $P[u_{i_{k-1}}, u_{i_k - 1}] (k = 2, 3, \cdots, m)$ 形成 P 的一个重插入划分.

我们关于 m 运用归纳法进行证明. 如果 $m = 2$, 则断言是显然的, 故设 $m \geqslant 3$. 取弧 $xy \in A(Q)$, 使得子路 $P[u_{i_1}, u_{i_2 - 1}]$ 可以被插入 Q 中的顶点 x 和 y 之间, 且选择尽可能大的 r, 使得 $u_{i_r - 1} \to y$. 显然, $P[u_{i_1}, u_{i_r - 1}]$ 可以被插入 Q 中, 从而形成一条 (v_1, v_t) 路 Q^*. 于是, 当 $r = m$, 结论得证. 不然的话, 对路 $P[u_{i_r}, u_s]$ 和 Q^* 应用归纳假定 (注意, 根据 r 的选取方式, 没有 $P[u_{i_r}, u_s]$ 的重插入划分子路能够被插入 Q 中的顶点 x 和 y 之间. 于是, 每一个如此的子路可以被插入 Q^* 中).

如果不急于 R 的实际构造, 等到找到 P 的一个新的重插入划分 $\mathcal{M}$ 以及所有的不同顶点对时, $\mathcal{M}$ 的子路可以插入到它们之间, 那么这个引理的复杂性结论就容易得证. □

接下来的 2 个推论分别是 Rang-Jensen, Gutin 和 Huang 以及 Yeo 得到的. 用引理 5.6.20 容易证明它们, 具体证明留作习题 (见习题 5.21).

推论 5.6.21[68] 设 $P = u_1 u_2 \cdots u_r$ 是有向图 D 中一条路, C 是 $D - V(P)$ 的一个圈. 假定对于每一个 $i = 1, 2, \cdots, r-1$, 则有弧 $u_i u_{i+1}$ 或是顶点 u_i 能够被插入到 C 中, 且假定 u_r 可以被插进 C. 则 D 含有一个以 $V(P) \cup V(C)$ 为顶点集的圈 Z, 且能够在时间 $O(|V(P)||V(C)|)$ 内找到 Z.

推论 5.6.22[744] 设 $P = u_1 u_2 \cdots u_r$ 是有向图 D 中一条路, C 是 $D - V(P)$ 的一个圈. 如果对于每一个奇下标 i, 弧 $u_i u_{i+1}$ 能够被插进 C 中, 并且假定当 r 为奇数时, u_r 也能够被插进 C. 则 D 中存在一个以 $V(P) \cup V(C)$ 为顶点集的圈 Z, 且可以在时间 $O(|V(P)||V(C)|)$ 内构造出 Z.

推论 5.6.23[68] 设 C 是有向图 D 中长为偶数的圈, Q 是 $D-V(C)$ 的一个圈. 如果对 C 的每一条弧 uv, 顶点 u 或是弧 uv 可以被插进 Q, 则 D 含一个以 $V(C)\cup V(Q)$ 为顶点集的圈 Z, 且能够在时间 $O(|V(C)||V(Q)|)$ 内构造出 Z.

证明 如果存在 C 的一个顶点 x 可以被插入到 Q 中, 那么, 对 $C[x^+,x]$ 和 Q 应用命题 5.6.21. 否则, C 的每一条弧可以被插入到 Q 中, 我们对 $C[y^+,y]$ 和 Q 使用推论 5.6.22, 其中 y 是 C 上任意一个顶点. □

5.6.3 定理 5.6.1 和定理 5.6.5 的证明

下面的引理是对 Bondy 和 Thomassen 的一个引理进行略微调整后得到的[128], 由于它的证明并不困难, 故留给读者作为习题 (见习题 5.18).

引理 5.6.24 设 $Q=v_1v_2\cdots v_t$ 是有向图 D 的一条路, 顶点 w,w' 属于 $V(D)-V(Q)$(可能有 $w=w'$). 如果 Q 中没有顶点 v_i,v_{i+1}, 使得 v_iw 和 $w'v_{i+1}$ 是 D 的弧, 则有 $d_Q^-(w)+d_Q^+(w')\leqslant t+\xi$, 其中, 当 $v_t\to w$ 时, $\xi=1$, 不然, $\xi=0$.

在上面命题中的特殊情形 $w=w'$, 有如下引理 5.6.25 的表达.

引理 5.6.25 设 $Q=v_1v_2\cdots v_t$ 是有向图 D 中的一条路, 顶点 $w\in V(D)-V(Q)$, 如果 w 不能被插进 D, 则有 $d_Q(w)\leqslant t+1$. 此外, 如果 v_t 不支配 w, 则 $d_Q(w)\leqslant t$.

设 C 是有向图 D 的一个圈, (x,y) 路 P 是一个 C 悬挂路, 即有 $|V(P)|\geqslant 3, x\neq y$ 以及 $V(C)\cap V(P)=\{x,y\}$. 称路 $C[x,y]$ 的长度是 P 关于 C 的**间隔**(gap).

定理 5.6.1 的证明 假设 D 不是哈密尔顿有向图, 设 $C=x_1x_2\cdots x_mx_1$ 是 D 中的一个最长圈. 先证 D 有一个 C 悬挂, 如果 D 中无 C 悬挂, 由于 D 是强的, 则它必含一个圈 Z, 使得 $|V(Z)\cap V(C)|=1$. 不失一般性, 设有 $V(Z)\cap V(C)=\{x_1\}$, 顶点 z 是 Z 上 x_1 的后继, 因为 D 无 C 悬挂, 故 z 和 x_2 不相邻. 由于 z 和 x_2 都是被支配的, 有 $d(z)+d(x_2)\geqslant 2n-1$. 另一方面, 因 D 无 C 悬挂, 有 $d_{C-x_1}(z)=d_{Z-x_1}(x_2)=0$ 和 $|(\{z,x_2\},y)\cup(y,\{z,x_2\})|\leqslant 2$ 对于每一个顶点 $y\in V(D)-(V(C)\cup V(Z))$ 成立, 于是有 $d(z)+d(x_2)\leqslant 2(n-1)$, 矛盾.

设 $P=u_1u_2\cdots u_s$ 是 D 的一个 C 悬挂 $(s\geqslant 3)$. 不失一般性, 设 $u_1=x_1,u_s=x_{\gamma+1}$,$0<\gamma<m$. 假设 P 的间隔 γ 在全体 C 悬挂的间隔中是最小者.

由于 C 是 D 的最长圈, 则 $\gamma\geqslant 2$. 令 $C'=C[x_2,x_\gamma]$, $C''=C[x_{\gamma+1},x_1]$, $R=D-V(C)$. 再令 x_j 是 C' 上的顶点, 使得 $x_1\to x_j$, 顶点 x_k 是 C' 上的任意一个顶点. 首先证明不等式

$$d_{C''}(x_j)\geqslant |V(C'')|+2. \tag{5.3}$$

注意到 C 是最长圈, P 有关于 C 的最小间隔, u_2 不与 C' 中的任何顶点相邻, 则不存在 $y\in V(R)-\{u_2\}$, 使得 $u_2\to y\to x_k$, 或者 $x_k\to y\to u_2$. 所以, 有

$$d_{C'}(x_k)+d_{C'}(u_2)\leqslant 2(|V(C')|-1), \tag{5.4}$$

$$d_R(x_k) + d_R(u_2) \leqslant 2(n-m-1). \tag{5.5}$$

由 C 的最大性, u_2 不能够被插进 C'' 中, 因此, 由引理 5.6.25 得

$$d_{C''}(u_2) \leqslant |V(C'')| + 1. \tag{5.6}$$

根据 (5.4)~(5.6) 式, 不相邻顶点对 $\{x_j, u_2\}$ 是被 x_1 支配, 可见

$$2n-1 \leqslant d(x_j) + d(u_2) \leqslant d_{C''}(x_j) + 2n - |V(C'')| - 3,$$

从而导致 (5.3) 式.

根据 (5.3) 式和引理 5.6.25, 顶点 x_2 可以被插到 C'' 中. 因为 C 是最长圈, 由引理 5.6.20, 存在 $\beta \in \{3, 4, \cdots, \gamma\}$, 使得子路 $C[x_2, x_{\beta-1}]$ 可以被多重插入到 C'' 中, 但是 $C[x_2, x_\beta]$ 不可以这样做. 特别地, x_β 不能够被插进 C''. 于是, 根据 (5.3) 式和引理 5.6.25, 顶点 x_1 不支配 x_β, 且 $d_{C''}(x_\beta) \leqslant |V(C'')|$, 再根据 (5.4)~(5.6) 式, 得 $d(x_\beta) + d(u_2) \leqslant 2n-3$. 因 u_2 和 x_2 形成一个被支配对, 故有 $d(u_2) \geqslant n-1$, 便得

$$d(x_\beta) \leqslant n-2. \tag{5.7}$$

根据多重插入技巧定义, 存在 $\alpha \in \{2, 3, \cdots, \beta-1\}$ 和 $i \in \{\gamma+1, \gamma+2, \cdots, m\}$, 使得 $x_i \to x_\alpha$ 和 $x_{\beta-1} \to x_{i+1}$. 注意到, $x_{\beta-1}$ 支配顶点对 $\{x_\beta, x_{i+1}\}$. 于是, 由 (5.7) 式和定理的题设, 有 $x_\beta \to x_{i+1}$, 或者 $x_{i+1} \to x_\beta$. 如果 $x_\beta \to x_{i+1}$, 则路 $P[x_2, x_\beta]$ 可以被多重插入到 C'' 中, 这与先前的假定矛盾. 因而, 只有 $x_{i+1} \to x_\beta$, 考察顶点对 x_β, x_{i+2}. 可类似地推断 $x_{i+2} \to x_\beta$. 继续进行如此的过程, 最终可推出 $x_1 \to x_\beta$, 这与上面弧 x_1x_β 不存在的假定矛盾. □

定理 5.6.5 的证明 设有向图 D 是非哈密尔顿的, 且 $C = x_1x_2\cdots x_mx_1$ 是 D 的一个最长圈. 令 $R = D - V(C)$. 欲证 D 有一个具有 3 个顶点的 C 悬挂.

因为 D 是强的, 存在 R 的顶点 y 和 C 的顶点 x, 使得 $y \to x$. 如果 y 支配 C 的每一个顶点, 则 C 不是 D 的最长圈, 这是因为从 C 的一个顶点 x_i 到 y 的路 P, 使得 $V(P) \cap V(C) = \{x_i\}$, 再与弧 $y \to x_{i+1}$ 和路 $C[x_{i+1}, x_i]$ 一起形成 D 的一个最长圈. 因此, 要么存在 $x_r \in V(C)$, 使得 $x_r \to y \to x_{r+1}$, 此时存在所期望的悬挂, 要么存在 $x_j \in V(C)$, 使得 y 和 x_j 不相邻, 但 $y \to x_{j+1}$. 由于顶点对 $\{y, x_j\}$ 支配 x_{j+1}, 有 $d^+(x_j) + d^-(y) \geqslant n$, 这表明存在 $z \in V(D) - \{x_j, x_{j+1}, y\}$, 使得 $x_j \to z \to y$. 因为 C 是最长圈, 则有 $z \in V(C)$, 从而, $B = zyx_{j+1}$ 正是所期望的悬挂.

不失一般性, 可设 $z = x_1$, 路 B 关于 C 的间隔 j 是全部 3 个顶点 C 悬挂中的最小间隔. 显然, $j \geqslant 2$.

令 $C' = C[x_2, x_j]$ 和 $C'' = [x_{j+1}, x_1]$. 注意到 C 是最长的, C' 不可能被多重插进 C''. 按照引理 5.6.24, 得 $d^+_{C''}(x_j) + d^-_{C''}(x_2) \leqslant |V(C'')| + 1$. 再结合 C 的最长性

和引理 5.6.25, 有 $d_{C''}(y) \leqslant |V(C'')| + 1$. 采用相似于前面推导 (5.4) 式的方法, 则得 $d_R(y) + d_R^+(x_j) + d_R^-(x_2) \leqslant 2(n-m-1)$. 显然, $d_{C'}^+(x_j) + d_{C'}^-(x_2) \leqslant 2|V(C')| - 2$. 因有 $d_{C'}(y) = 0$, 最后的 4 个不等式导致如下的不等式:

$$d(y) + d^+(x_j) + d^-(x_2) \leqslant 2n - 2. \tag{5.8}$$

由于 y 既不相邻于 x_2, 也不相邻于 x_j, 则由定理 5.6.5 的题设, 得 $d^+(y) + d^-(x_2) \geqslant n$ 和 $d^-(y) + d^+(x_j) \geqslant n$, 这与 (5.8) 式冲突. □

5.7 半完全多部分有向图中的最长路和最长路圈

当哈密尔顿路和哈密尔顿圈问题对半完全多部分有向图是多项式可解时 (哈密尔顿圈问题对半完全多部分有向图曾经是困难的公开问题, 而就在最近被 Bang-Jensen, Gutin 和 Yeo 解决[72], 他们使用了半完全多部分有向图中关于圈和路的几个深刻结果[746]), 仅仅知道可描绘半完全多部分有向图的一个特征. 5.7.1 小节将介绍有关半完全多部分有向图中哈密尔顿路和圈以及最长路和圈的基本结果. 5.7.1 小节的几个结论的证明放在 5.7.3 小节中给出, 因为要使用 5.7.2 小节中的最重要的结论. 5.7.4 小节是介绍关于半完全多部分有向图中哈密尔顿圈的最重要的结果, 即 Yeo 不可约圈有向子图定理, 并证明几个由这个结果所得到的有意义的结论. 由于本书篇幅的局限, 关于哈密尔顿半完全多部分有向图的论述在某种程度上受到限制, 读者可参阅文献 [65,66,345,362,368,692,728,745] 以及这一节所引用的文章.

5.7.1 基本结论

先考虑半完全多部分有向图最长路问题. 以下特征的证明放到 5.7.3 小节.

定理 5.7.1[358,363] 一个半完全多部分有向图是可描绘的充要条件为它含有一个 1 路圈因子. 在时间 $O(n^{2.5})$ 内可以判定 D 是否为可描绘的, 并找到一条哈密尔顿路 (如果存在).

我们也可以重新表述这个定理为: 对半完全多部分有向图 D, $\mathrm{pc}(D) = 1$ 当且仅当 $\mathrm{pcc}(D) = 1$. 应用习题 3.59 的结论, 最后的这个叙述被 Gutin 推广为如下的结论:

定理 5.7.2[362] 设半完全多部分有向图 D 满足 $\mathrm{pc}(D) = \mathrm{pcc}(D)$, 那么在时间 $O(n^{2.5})$ 内能够找到 D 的路覆盖数.

根据定理 5.7.1, Gutin 给出了下面结论的非复杂性部分, 该结论的复杂性部分是定理 3.11.11 的一个简单推论.

定理 5.7.3[363] 设 D 是 n 阶半完全多部分有向图.

(a) $\mathcal{F}$ 是 D 中具有最大顶点数目的 1 路圈有向子图, 则 D 含有一条路 P, 使得 $V(P) = V(\mathcal{F})$.

(b) 可以在时间 $O(n^3)$ 内构造 D 的一条最长路.

从定理 5.7.1 中可以看到, 关于半完全多部分有向图的哈密尔顿路问题变为相对简单, 而关于这类图的哈密尔顿圈问题似乎是相当的困难. 相似于定理 5.7.1, 我们能够猜测到一个半完全多部分有向图是哈密尔顿的充要条件是它为强的并有一个圈因子. 尽管这 2 个条件 (强连通和一个圈因子存在) 对半完全二部分有向图和扩张半完全有向图是充分的 (见定理 5.7.4 和定理 5.7.5), 它们对半完全 k 部分有向图不是充分的 ($k \geqslant 3$)(见本小节稍后的一个例子). 下面的特征分别由 Gutin[353] 以及 Häggkvist 和 Manoussakis[389] 得到.

定理 5.7.4　一个半完全二部分有向图 D 是哈密尔顿的充要条件为 D 是强的, 且 D 含有一个圈因子. 可以在时间 $O(n^{2.5})$ 内检查 D 是否为哈密尔顿有向图, 并构造出 D 的一个哈密尔顿圈 (如果存在).

需要了解更多的有关二部分竞赛图的哈密尔顿存在的其他充分性条件的读者可以阅读 Gutin 的综述性文章[368].

定理 5.7.5[359]　一个扩张半完全有向图 D 是哈密尔顿的充要条件为 D 是强的且含一个圈因子. 在时间 $O(n^{2.5})$ 内可以判定 D 是否为哈密尔顿有向图, 并可构造出 D 的一个哈密尔顿圈.

我们可以推广上面的 2 个定理如下：

定理 5.7.6[357,362]　设 D 是强半完全二部分有向图. 则 D 中最长圈的长度等于 D 中最大阶圈有向子图的顶点数目, 且可以在时间 $O(n^3)$ 内找到一个最长圈.

定理 5.7.7[362]　设 D 是强扩张半完全有向图, $\mathcal{F}$ 是 D 的一个圈有向子图. 则 D 有一个包含 $\mathcal{F}$ 的每一个顶点的圈 C. 并可在时间 $O(n^3)$ 内找到 C. 特别地, 若 $\mathcal{F}$ 是最大的, 则 $V(C) = V(\mathcal{F})$, 即 C 是 D 的一个最长圈.

最后 2 个定理的证明放在 5.7.3 小节. 读者可以看到定理 5.7.5 的陈述比定理 5.7.6 的陈述较强些. 事实上, 对于半完全二部分有向图相似于定理 5.7.7 的结论并不成立[362], 参见习题 5.29. 下面的定理加强了定理 5.7.7, 其证明可以在文献 [82] 中看见.

定理 5.7.8[82]　设 $D = (V, A)$ 是一个强扩张半完全有向图, 具有分解 $D = [H_1, H_2, \cdots, H_s]$, 其中 $s = |S|$, 每一个 $V(H_i)$ 是 V 的一个最大独立集. 令 $m_i(1 \leqslant i \leqslant s)$ 表示被包含在 D 中的一个圈有向子图中那些 H_i 的顶点的最大数目, 则 D 的每一个最长圈均包含每个 H_i 中的 m_i 个顶点, $i = 1, 2, \cdots, t$.

有人会问：是否存在任意程度的强连通性, 它与一个圈因子一起可以充分地保证一个半完全多部分有向图 (或一个多部分竞赛图) 中存在一个哈密尔顿圈？答案是否定的. 其实, 不存在 s, 使得每个具有圈因子的 s 强多部分竞赛图有一个哈密尔顿圈. 图 5.6 给出了一个非哈密尔顿多部分竞赛图 T, 它是 s 强有向图 (s 是集合 A, B, C, D 和 X, Y, Z 中每一个的顶点数目) 且有一个圈因子, 验证 T 中无哈密尔顿圈的工作留给读者 (习题 5.28).

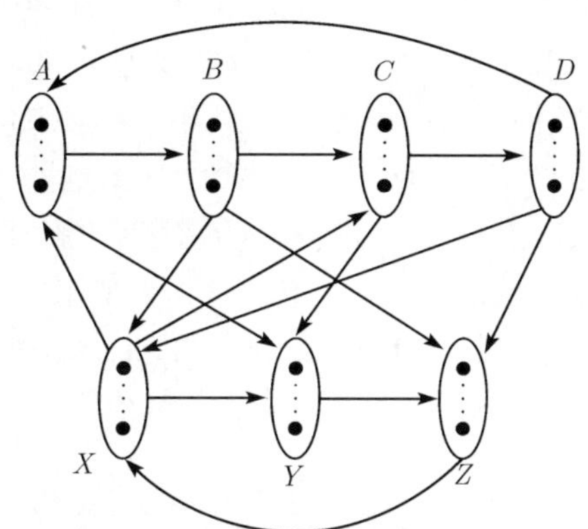

图 5.6 一个 s 强非哈密尔顿多部分竞赛图 T, 它有一个圈因子

集合 A, B, C, D 和 X, Y, Z 中的每一个导出一个具有 s 个顶点的独立集.

2 个集合之间所有的弧的方向如图所示

接下来, 我们用前面曾经提到重要的结论来结束关于哈密尔顿半完全有向图的基本结果的叙述.

定理 5.7.9[72] 可以在时间 $O(n^7)$ 内验证一个半完全多部分有向图 D 是否含有哈密尔顿圈, 如果如此的一个圈存在, 则可找到它.

不久前, Yeo 证实可以在时间 $O(n^5)$ 内解决这个问题[746].

5.7.2 良圈因子定理

在这一小节里, 我们要证明有关哈密尔顿半完全多部分有向图的几个充分性条件, 主要内容是基于 Bang-Jensen, Gutin 和 Huang 的文章[68].

设 $\mathcal{F} = C_1 \cup C_2$ 是有向图 D 的一个圈因子, 或是 1 路圈因子, 其中 C_1 是 D 的一个圈或是一条路, C_2 是一个圈. 一个顶点 $v \in V(C_i)$ 叫做关于 C_{3-i}**出单的**(out-singular)(或**入单的**(in-singular)), 如果 $v \Rightarrow C_{3-i}$(或 $C_{3-i} \Rightarrow v$). 若顶点 v 关于 C_{3-i} 是出单或入单的, 则称 v 关于 C_{3-i} 是**单的**.

引理 5.7.10[68] 设 $Q \cup C$ 是半完全多部分有向图 D 的一个圈因子. 假定圈 Q 没有单顶点 (关于 C), 且 D 不含哈密尔顿圈, 则对 Q 的每一条弧 xy, 弧 xy 自身可插入 C 中, 或顶点 x 和 y 均可被插进 C.

证明 不失一般性, 假设有 Q 的弧 xy, 使得顶点 x 不能被插入到 C 中, 弧

xy 也不能被插入 C. 因为 D 是半完全多部分有向图, x 是非单的, 且不能被插进 C, 则 C 上存在与 x 相邻的顶点 v, 有 $v^- \to x \to v^+$. 此外, 由于 x 和 y 相邻, 则 v 与 y 相邻, 注意到 x 不能被插入 C 中, 则有 $v \to y$. 于是 D 含一个哈密尔顿圈 $Q[y,x]C[v^+,v]y$, 这与引理的题设矛盾. □

引理 5.7.11[68] 设半完全多部分有向图 D 包含一个圈因子 $C_1 \cup C_2$, 使得对 $i=1,2$, 圈 C_i 不含关于圈 C_{3-i} 的单顶点, 则 D 是哈密尔顿有向图. 给定 C_1 和 C_2, 则可在时间 $O(|V(C_1)||V(C_2)|)$ 内找到 D 的一个哈密尔顿圈.

证明 如果 C_1 和 C_2 中至少一个是偶圈, 则由推论 5.6.23 和引理 5.7.10, 能在时间 $O(|V(C_1)||V(C_2)|)$ 内找到 D 的一个哈密尔顿圈. 于是, 设 C_1 和 C_2 均为奇圈. 如果圈 C_i 上某点可以被插入 C_{3-i} 中, $i=1,2$, 则由推论 5.6.21 和引理 5.7.10, 可以在时间 $O(|V(C_1)||V(C_2)|)$ 内找到 D 的一个哈密尔顿圈. 因而, 下设 C_i 上没有顶点可以被插入 C_{3-i} 中 $(i=1,2)$. 于是, 由引理 5.7.10, C_i 上的每一条弧可以被插入 C_{3-i} 中 $(i=1,2)$.

下面要证明: 要么 D 是哈密尔顿有向图, 要么可设 C_i 的每一条弧能够被插入到 C_{3-i} 上的 2 个不同顶点之间 $(i=1,2)$. 考察 C_1 的一条弧 x_1x_2. 由于 x_1 和 x_2 是非单的, 且不能被插入 C_2 中, 则存在 C_2 的顶点 v_1 和 v_2, 使得 v_i 不相邻于 x_i, 且有 $v_i^- \to x_i \to v_i^+ (i=1,2)$. 如果 $v_1 \to x_2$, 便得到一个哈密尔顿圈. 从而, 可设 x_2 和 v_1 之间的唯一的弧是 x_2v_1. 同理, 可设 v_2 支配 x_1, 但不被 x_1 支配, 现在弧 x_1x_2 可以被插入 v_1^- 和 v_1 之间以及 v_2 和 v_2^+ 之间.

因为弧 x_1x_2 不能够被插入 2 对顶点之间的唯一的情形是 $v_1^- = v_2$ 和 $v_1 = v_2^+$, 欲证明这个情形使得 D 是哈密尔顿有向图. 首先, 构造一个圈

$$C^* = C_1[x_2,x_1]C_2[v_1^+,v_2^-]x_2,$$

它包含了除 v_1^-, v_2 外 D 的其余顶点. 根据在此证明开始的注释, 弧 $v_1^-v_1$ 可以被插入到 C_1 中, 但是弧 $v_1^-v_1$ 不能够被插入顶点 x_1 和 x_2 之间, 这是因为 v_1 不支配 x_2, 并且 $v_1^- = v_2$ 不被 x_1 支配. 所以, 弧 $v_1^-v_1$ 可以被插入到 C^* 中, 形成 D 的一个哈密尔顿圈, 从而证得 D 是哈密尔顿的, 或者证明了 C_i 上的每一条弧可以被插进 C_{3-i} 的 2 个不同顶点之间.

不失一般性, 可设 C_2 的长度不大于 C_1 的长度, 则 C_1 有 2 条弧 $x_iy_i(i=1,2)$, 它们可被插入到 C_2 的同一对顶点 u,v 之间. 由于 C_1 是奇圈, 那么路 $Q=C_1[y_1^+,x_2^-]$ 和路 $C_1[y_2^+,x_1^-]$ 中的一个有奇数长度, 不妨设路 Q 的长度为奇数. 显然, $C^* = C_2[v,u]C_1[x_2,y_1]v$ 是 D 的一个圈. 依据上面的事实, 路 Q 的每一条弧能够被插入 C_2 上 2 个不同于 u,v 的顶点之间. 从而, Q 的每一条弧均可被插入 C^* 中. 根据推论 5.6.22, 因此可断定 D 含一个哈密尔顿圈 H, 且不难验证可以在时间 $O(|V(C_1)||V(C_2)|)$ 内找到 H. □

设 D 是半完全多部分有向图, $C \cup C'$ 是 D 的一个圈有向子图. 如果 C 有关于 C' 的单顶点, 且它们都是出单的, 另一方面, C' 有关于 C 的单顶点, 并且它们都是入单的, 则记此情形为 $C \simeq> C'$. 一个圈因子 $\mathcal{F} = C_1 \cup C_2 \cup \cdots \cup C_t$ 是**良圈因子**(good cycle factor), 若对 i 和 $j(1 \leqslant i < j \leqslant t)$, 既没有 $C_i \simeq> C_j$, 也没有 $C_j \simeq> C_i$.

由于这个定义和引理 5.7.12 的证明是相当重要的, 故在图 5.7 中解释它们. 注意到, 如果 C, C' 是半完全多部分有向图 D 的 2 个不交的圈, 则 (去交换 2 条圈的角色) 以下 4 个情形至少有一个可应用 (见图 5.7):

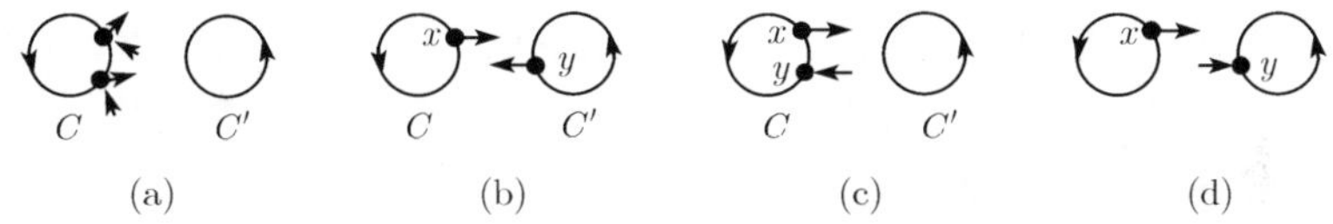

图 5.7 在半完全多部分有向图中 2 个不交圈之间的弧的 4 种可能的情形 (去切换 2 个圈的角色, 或反转所有的弧)

在 (a) 中, C 上的每一个顶点有到 C' 的弧和出自于 C' 的弧. 在 (b)~(d) 中, 粗弧代表所有的弧按指示的方向出自一个特定的顶点或进入这个特定顶点 (即 (b) 中所有 x 和 C' 之间离开 x 的弧)

(a) C 的每一个顶点拥有一条到 C' 的弧和一条来自于 C' 的弧.

(b) 存在顶点 $x \in V(C), y \in V(C')$, 使得 $x \Rightarrow V(C')$ 和 $y \Rightarrow V(C)$, 或者 $V(C') \Rightarrow x$ 和 $V(C) \Rightarrow y$.

(c) C 有 2 个顶点 x, y, 使得 $x \Rightarrow V(C')$ 和 $V(C') \Rightarrow y$.

(d) $C \simeq> C'$.

情形 (a)~(c) 满足良圈因子定义 (对仅包含一个圈或 2 个圈的圈因子), 而情形 (d) 则不满足良圈因子定义. 下面的引理揭示了包含 2 个圈的良圈因子的一个主要结果.

引理 5.7.12 设半完全多部分有向图 D 含有一个良圈因子 $C_1 \cup C_2$, 则 D 是哈密尔顿有向图. 可以在时间 $O(|V(C_1)||V(C_2)|)$ 内找到 D 的一个哈密尔顿圈.

证明 先证 C_1 和 C_2 中至少一个不含单顶点的情形 (图 5.7 中的情形 (a)). 如果 C_1 和 C_2 均无单顶点, 则依据引理 5.7.11, D 是哈密尔顿有向图, 我们能够在时间 $O(|V(C_1)||V(C_2)|)$ 内找到 D 的一个哈密尔顿圈. 假定它们中只有一个无单顶点, 不妨设 C_1 包含一个出单顶点 x,C_2 没有单顶点. 由于 C_2 中不存在单顶点, 则 C_1 中至少有一个顶点不是出单的. 设 $x \in V(C_1)$ 就是所选的顶点, 使得 x^+ 不是出单的. 从而, C_2 中存在顶点 y 支配 x^+. 如果 $x \to y$, 则 y 可以被插入到 C_1 中, 因而, 依照引理 5.7.10 和推论 5.6.21, D 是哈密尔顿有向图 (考虑 $C_2[y^+, y]$ 和 C_1). 否则, x 不相邻于 y. 此时, 有 $x \to y^+$, 且 D 有哈密尔顿圈 $C_1[x^+, x]C_2[y^+, y]x$. 容易

将上述论证转换成一个 $O(|V(C_1)||V(C_2)|)$ 算法.

考虑第 2 种情形：圈 C_1 和圈 C_2 中的每一个都含有关于另外一个的单顶点. 不失一般性, 设圈 C_1 有一个出单顶点 x_1, 如果圈 C_2 有一个出单顶点 x_2(图 5.7 中的情形 (b)), 则 x_1 不相邻于 x_2, 且 $x \to x_{3-i}^{+}(i=1,2)$. 所以, D 是哈密尔顿有向图. 如果圈 C_2 不含出单顶点, 则它有一个入单顶点. 注意, $C_1 \cup C_2$ 是一个良圈因子, 圈 C_1 包含出单和入单顶点 (图 5.7 中的情形 (c)). 此时, 因为 C_1 和 C_2 均包含有入单顶点, 则将 D 的每一条弧的方向反转得到新的有向图 D', 它有 2 个圈 C'_1 和圈 C'_2 均含有出单顶点, 故断定 D'(也就是 D) 是哈密尔顿有向图. 接下来, 我们能够将上述论证转化成一个 $O(|V(_1)||V(C_2)|)$ 算法. □

关于良圈因子的主要结论是由 Bang-Jensen, Gutin 和 Huang 给出的下面定理 5.7.13. 可以对良圈因子中圈的个数运用数学归纳法而证得这个定理. 因而, 我们将此证明留给读者作为练习题 (习题 5.39).

定理 5.7.13[68]　如果一个强半完全多部分有向图 D 含一个良圈因子 $\mathcal{F}=C_1 \cup C_2 \cup \cdots \cup C_t(t \geqslant 1)$, 则 D 是哈密尔顿有向图. 此外, 当一个良圈因子 $\mathcal{F}$ 存在时, 则能够在时间 $O(n^2)$ 内找到 D 的一个哈密尔顿圈.

5.7.3　引理 5.7.12 的推论

本小节的绝大多数内容引用文献 [68], 我们将要说明关于半完全多部分有向图的几个结论是引理 5.7.12 的推论.

定理 5.7.1 的证明　只要证明 P 是 D 的一条路和 C 是 D 的一个圈, 使得 $V(P) \cap V(C)=\varnothing$, 则 D 含一条路 P', 满足 $V(P')=V(P) \cup V(C)$. 令 P 和 C 是如此这样的对, P 的起点为 u, 终点为 v. 如果 u 关于 C 是非单顶点或入单顶点, 那么 P' 显然存在. 相似地, 如果 v 关于 C 是非单顶点或是出单顶点, 则 P' 存在. 现设 u 关于 C 是出单的, v 关于 C 是入单的.

给 D 添加一个新顶点 w 和弧 wu, 并且对所有的 $z \neq u$, 添加弧 zw, 得到半完全多部分有向图 D'. 从而, w 和 D' 中的 P' 一起形成一个圈 C', 且 $C \cup C'$ 是 D 的一个良圈因子. 所以, 根据引理 5.7.12, D' 有一个哈密尔顿圈, 从而说明 D 包含一条哈密尔顿路.

容易看到, 上述证明提供了一个在具有 1 路圈因子 $\mathcal{F}$ 的有向图 D 中寻找到一个哈密尔顿路的递归 $O(n^2)$ 算法. 于是, 这个定理的复杂性结论归结于在一个有向图中能否于时间 $O(n^{2.5})$ 内 (见习题 3.59) 构造出一个 1 路圈因子, 或者证明它不存在. □

为了得到这一小节其余结论的证明, 我们需要下面的引理:

引理 5.7.14[68]　设强半完全多部分有向图 D 含有一个圈有向子图 $\mathcal{F}=C_1 \cup C_2 \cup \cdots \cup C_t(t \geqslant 1)$, 使得对关于每一对 $i,j(1 \leqslant i<j \leqslant t)$, 有 $C_i \Rightarrow C_j$ 或 $C_j \Rightarrow C_i$

成立. 则 D 有一个长为 $|V(\mathcal{F})|$ 的圈 C, 可在时间 $O(n^2)$ 对已知的 $\mathcal{F}$ 找到 C. 如果 D 是一个扩张半完全有向图, 则可选取 C, 使得 $V(\mathcal{F}) \subseteq V(C)$.

证明 定义一个竞赛图 $T(\mathcal{F})$ 如下: $\{C_1, C_2, \cdots, C_t\}$ 形成 $T(\mathcal{F})$ 的顶点集, 在 $T(\mathcal{F})$ 内 $C_i \to C_j$ 当且仅当在 D 中有 $C_i \Rightarrow C_j$. 设 H 是由 $\mathcal{F}$ 的顶点导出的 D 的有向子图, 令 W 是 D 的一个部分集且含有 C_1 中的一个代表.

先考虑 $T(\mathcal{F})$ 是强的情形, 即它有一个哈密尔顿圈. 不妨设 $C_1C_2\cdots C_tC_1$ 是 $T(\mathcal{F})$ 的一个哈密尔顿圈. 如果每一个 $C_i(1 \leqslant i \leqslant t)$ 含有 W 的一个顶点, 则对 $i = 1, 2, \cdots, t$, 选取 $w_i \in V(C_i) \cap W$. 于是 $C_1[w_1, w_1^-]C_2[w_2, w_2^-]\cdots C_t[w_t, w_t^-]w_1$ 是 H 的一个哈密尔顿圈. 如果有某圈 C_i 不含 W 的顶点, 可假定 (如果需要, 转换圈的顺序)C_t 不含 W 中的顶点. 显然, H 有一条从一个顶点 $w \in W \cap V(C_1)$ 出发到 C_t 的某顶点 v 结束的哈密尔顿路. 因为 $v \to w$, 所以 H 是哈密尔顿有向图.

考虑 $T(\mathcal{F})$ 不是强的情形. 对于 $\mathcal{F}$ 中每一组圈 X, 它导出 $T(\mathcal{F})$ 的一个强分支. 用 X 导出的有向子图的一个哈密尔顿圈来取代 X, 这样就得到 D 的新的圈有向子图 $\mathcal{L}$, 使得 $T(\mathcal{L})$ 无圈. 有向子图 $T(\mathcal{L})$ 包含唯一的哈密尔顿路 $Z_1Z_2\cdots Z_s$, 其中 Z_i 是 $\mathcal{L}$ 的一个圈. 因为 D 是强的, 则 D 中存在一条路 P, 其起点在 Z_s 中, 终点在 $Z_q(1 \leqslant q \leqslant s)$ 内, 其他内部顶点皆不在 $\mathcal{L}$ 中. 设 q 是尽可能地小, 可用一个由 $P \cup Z_q \cup \cdots \cup Z_s$ 的全体顶点构成的圈来取代圈 $Z_q, \cdots, Z_s$, 除去一个圈外, 这就得到具有很少圈的新圈有向子图. 如此进行下去, 最终得到一个单圈.

在扩张半完全有向图 D 的情形中, 如果 $D\langle V(\mathcal{F})\rangle$ 不是强的, 则 $T(\mathcal{F})$ 也不是强的. $C_i \Rightarrow C_j$ 隐含 $C_i \mapsto C_j$. 结合上述关于半完全多部分有向图的讨论, 这就允许我们构造一个圈 C, 使得 $V(\mathcal{F}) \subset V(C)$.

使用上面的证明和一个在强竞赛图中构造哈密尔顿圈 (见定理 5.5.2, 或习题 5.15) 的 $O(n^2)$ 算法以及这些显然的数据结构, 我们得到一个 $O(n^2)$ 算法. □

引理 5.7.15[68] 设 $C \cup C'$ 是 n 阶强半完全多部分有向图 D 的一个圈因子, 则 D 有一个圈 Z, 其长至少为 $n-1$ 且包含了 C 的每一个顶点, 能够在时间 $O(|V(C)||V(C')|)$ 内找到 Z.

证明 反设 (存在性) 结论不真实. 按照引理 5.7.12, 证明 C 和 C' 的每一个都有关于另一个圈的单顶点, 并且在一个圈上的每一个单顶点是出单的, 在另一个圈上的每一个单顶点都是入单的. 不失一般性, 设 C 只有一个关于 C' 的出单顶点. 因为 D 是强的, 则 C 有一个非单顶点 x. 此外, 选择这样的顶点 x, 使得在 C 上它的前置顶点 x^- 是单的. 令 y 是 C' 的某顶点, 且有 $y \to x$. 如果 x^- 不相邻于 y^+, 则它是 C' 上 y 的后继者, 那么 D 有一个哈密尔顿圈. 不然的话, $x^- \to y^{++}$, 则 D 有一个圈, 其长至少为 $n-1$ 且包含了 C 的所有的顶点. 根据上述的论证, 容易得到复杂性结论. □

Gutin 给出了以下 2 个结论, 它们都是引理 5.7.15 的推论.

推论 5.7.16[353] 设 $C \cup C'$ 是半完全二部分强有向图 D 的一个圈因子. 则 D 有一个哈密尔顿圈 Z, 且可在时间 $O(|V(C)||V(C')|)$ 内找到 Z.

证明 因 D 是二部分图, 它不可能有长为 $n-1$ 的圈. □

推论 5.7.17[359] 设 $C \cup C'$ 是强扩张半完全有向图 D 的一个圈因子. 则 D 有一个哈密尔顿圈 Z, 且在时间 $O(|V(C)||V(C')|)$ 内可找到 Z.

证明 如果 C 和 C' 有一对不相邻顶点 $x, y(x \in V(C), y \in V(C'))$, 显然有 $x \to y^+, y \to x^+$, 并且 D 有一个哈密尔顿圈, 能够在时间 $O(|V(C)||V(C')|)$ 内找到它. 假定任何一对出自于 C 和 C' 的顶点均相邻, 则由引理 5.7.15, 完成证明. □

推论 5.7.15 和 5.7.17 立即导致下面有用的结论.

命题 5.7.18 如果 $\mathcal{F} = C_1 \cup C_2 \cup \cdots \cup C_k$ 是一个有向图 D 的圈因子, D 是半完全多部分有向图, 或是扩张半完全有向图, 并且不存在 $\mathcal{F}' = C'_1 \cup C'_2 \cup \cdots \cup C'_r$, 对于每一个 $i = 1, 2, \cdots, k$, 有 $j \in \{1, 2, \cdots, r\}$, 使得 $V(C_i) \subset V(C'_j)$ 成立. 则对所有 $i < j$, 均有 $C_i \Rightarrow C_j$.

由引理 5.7.15 立即可推出下面最先由 Ayel 证明的结论[449].

推论 5.7.19 如果 C 是半完全多部分有向图 D 的最长圈, 则 $D - V(C)$ 是无圈的.

定理 5.7.6 的证明 设 $\mathcal{F} = C_1 \cup C_2 \cup \cdots \cup C_t$ 是强半完全二部分有向图 D 中最大阶数的圈有向子图. 我们来构造一个半完全有向图 S, 它是引理 5.7.14 中的竞赛图 T 的一个推广. S 的顶点是 $\mathcal{F}$ 中的圈, 在 S 中有 $C_i \to C_j$ 当且仅当 D 有一条从 C_i 到 C_j 的弧. S 中长为 2 的圈代表 $\mathcal{F}$ 中的圈, 根据推论 5.7.16 可以重合这些圈在一起的. 故可以重合 $\mathcal{F}$ 中的圈直到 S 变成定向的, 即无 2 圈. 现在就可以运用引理 5.7.14.

复杂性部分的证明留给读者. □

定理 5.7.7 的证明 此证明相似于上面定理 5.7.6 的证明, 只是应用推论 5.7.17, 而不是应用推论 5.7.16. 证明的细节全部留给读者作为练习题 5.35. □

5.7.4 Yeo 不可约圈有向子图定理及其应用

尽管引理 5.7.12 是足够强的, 可以缩短一些特殊半完全多部分有向图族中有关最长圈结论的证明, 但是, 这个引理对于其他半完全多部分有向图族最长圈结构的证明未表现的强有力. 本小节的内容均采自 Yeo 的文章[744], 我们将介绍半完全多部分有向图中不可约圈有向子图的 Yeo 的深刻定理, 它是文献 [744] 的主要定理, 比这里的引理 5.7.12 更强. 利用 Yeo 定理的原始证明给出主要引理 (引理 5.7.20) 的一个证明, 但并不给出其余引理的证明, 因为它们会占用相当大的篇幅. 但是, 我们将证明这个定理的若干重要推论.

对于 D 的 2 个有向子图 X 和 Y, 前面已经定义一条 (X, Y) 路 P 是起点为 $x \in V(X)$、终点为 $y \in V(Y)$, 且满足 $V(P) \cap (V(X) \cup V(Y)) = \{x, y\}$.

引理 5.7.20[744] 设 D 是一个半完全多部分有向图, C_1 和 C_2 是 D 的不交的圈, 满足 $C_1 \simeq> C_2$ 和 $C_1 \not\Rightarrow C_2$. 假定 D 不含以 $V(C_1) \cup V(C_2)$ 为顶点集的圈. 则存在 D 的唯一的部分集 V, 对于每一条起点为 u 终点为 v 的 $(V(C_2), V(C_1))$ 路 P, 有 $\{u_{C_2}^+, v_{C_1}^-\} \subseteq V$, 或者 D 含一个圈 C^*, 使得 $V(C^*) = V(C_1) \cup V(C_2) \cup V(P)$.

证明 由于 $C_1 \simeq> C_2$ 和 $C_1 \not\Rightarrow C_2$, 则有顶点 $x \in V(C_1)$, 满足 $x \Rightarrow C_2$ 且 $x^+ \not\Rightarrow C_2$. 设 V 是包含顶点 x 的部分集. 选取 $y \in V(C_2)$, 使得 $y^- \to x^+$. 则有 $y \in V$, 不然, $C = C_2[y, y^-]C_1[x^+, x]y$ 是具有顶点集 $V(C) = V(C_1) \cup V(C_2)$ 的圈. 我们欲证明如下的断言:

$$V(C_1) \Rightarrow y. \tag{5.9}$$

给 C_2 的顶点标号, 使有 $C_2 = y_1 y_2 \cdots y_m y_1$, 其中 $y_1 = y$, 并假定 (5.9) 式不成立, 即 $V(C_1) \not\Rightarrow y_1$. 定义陈述 α_K 和 β_K 如下:

α_K: 对于每一个 $k = 1, 3, 5, \cdots, K$, 有顶点 $y_k \in V$ 和 $V(C_1) \not\Rightarrow y_k$.

β_K: 对于每一个 $k = 1, 3, 5, \cdots, K$, 弧 $y_k y_{k+1}$ 可以被插进 $C_1[x^+, x]$ 中.

我们将证明对于每一个奇数 $K(1 \leqslant K \leqslant m)$, 陈述 α_K 和 β_K 是真实的. 显然, α_1 是成立的, 如果我们证明下列 2 个蕴含陈述, 运用数学归纳法则可以完成引理的证明.

α_K 和 β_{K-2} 隐含 β_K(当 $K = 1$ 时, α_K 隐含 β_K): 如果能把 y_K 插入 C_1 中, 则它也可被插入 $C_1[x^+, x]$ 中, 这是因为 y_K 不能够被插入 x 和 x^+ 之间 (由 $\alpha_K, y_K \in V$). 再根据 β_{K-2} 和推论 5.6.22, 则能够把路 $C_2[y_1, y_K]$ 插入圈 $C_1[x^+, x]C_2[y_K^+, y_m]x^+$ 中. 所以, 可以假定 y_K 不能够被插入 C_1 中. 因为 $C_1 \not\Rightarrow y_K$, 必有一个顶点 $z_K \in V(C_1)$, 使得 $z_K \in V$ 和 $z_K^- \to y_K \to z_K^+$. 现在有 $y_K^+ \to z_K$, 不然的话, 将有 D 的一个圈 $C = C_2[y_K^+, y_K]C_1[z_K^+, z_K]y_K^+$, 它的顶点集为 $V(C) = V(C_1) \cup V(C_2)$. 于是, $y_K y_K^+$ 可以被插入 z_K^- 和 z_K 之间, 这表明 $y_K y_K^+$ 可以被插入 $C_1[x^+, x]$ 中, 这是因为 $z_K^- \neq x (z_K^- \notin V)$.

α_{K-2} 和 β_{K-2} 隐含 α_K: 则有 $y_K \in V$, 不然的话, 根据 β_{K-2} 和推论 5.6.22, 则可把路 $P = y_1 y_2 \cdots y_{K-1}$ 插进圈 $C_1[x^+, x]C_2[y_K, y_m]x^+$ 中, 并得到 D 中以 $V(C_1) \cup V(C_2)$ 为顶点集的一个圈.

如果 $V(C_1) \Rightarrow y_K$, 则有 $z_{K-2}^- \to y_K$, 其中 z_{K-2} 是前面在证明 β_{K-2} 时已经定义的. 当定义了 z_{K-2}, 就可发现 $y_{K-2}^+ \to z_{K-2}$. 圈

$$C = C_1[z_{K-2}, z_{K-2}^-]C_2[y_K, y_{K-2}^+]z_{K-2}$$

的顶点集是 $V(C) = V(C_1) \cup V(C_2)$, 矛盾, 这就完成了 α_K 成立的证明.

因为顶点 y_m 可以被插入 C_1 中 (即在 x 和 x^+ 之间), 根据推论 5.6.22, 能够把路 $C_2[y_1, y_m]$ 插进 C_1, 从而得到 D 中具有顶点集 $V(C_1) \cup V(C_2)$ 的新圈. 但这是一个矛盾, 因为它隐含了 (5.9) 式.

令 $u^+ = u^+_{C_2}$ 和 $v^- = v^-_{C_1}$. 要完成这个引理的证明, 只要证明以下 2 种情形.

情形 1. $\{u^+, v^-\} \cap V = \varnothing$. 于是圈

$$C^* = C_1[x^+, v^-]C_2[y, u]P[u^+_P, v^-_P]C_1[v, x]C_2[u^+, y^-]x^+$$

的顶点集为 $V(C^*) = V(C_1) \cup V(C_2) \cup V(P)$.

情形 2. 顶点 u^+ 和 v^- 在不同的顶点部分集中. 我们断定 D 有一个圈 C^*, 使得 $V(C^*) = V(P) \cup V(C_1) \cup V(C_2)$. 假定不是这样的情形, 即如此的圈 C^* 不存在. 按照情形 1, 有 $u^+ \in V$, 或有 $v^- \in V$, 但不是 2 种情形都出现. 现在可假定 $u^+ \to v^-$, 不然的话, 有 $C^* = C_1[v, v^-]C_2[u^+, u^-_{C_2}]P$ 将满足 $V(C^*) = V(P) \cup V(C_1) \cup V(C_2)$. 那么, 按照情形 1, 对于所使用的路 $P' = u^+v^-$, 有 $u^{++} \in V$ 或有 $v^{--} \in V$, 但不是二者均存在, 这是因为 $u^+ \in V$ 或有 $v^- \in V$. 继续进行这个过程, 使用 D 不含以 $V(P) \cup V(C_1) \cup V(C_2)$ 为顶点集的圈这个假设, 故得到 $u^+ \to v^-, u^{++} \to v^{--}, \cdots$, 显然这是不可能的, 因为 C_1 有一个关于 C_2 的出单顶点. 这样就得到矛盾, 从而 C^* 的存在性得以证明. □

引理 5.7.20 和文献 [744] 的几个其他的结果隐含了下面强有力的定理 5.7.21. 注意到 Yeo 实际证明了三组不可约有向子图性质, 在此仅给出其中 2 个最重要的性质.

定理 5.7.21 (Yeo 不可约圈有向子图定理)[744] 设 D 是具有部分集 $V_1, V_2, \cdots, V_c$ 的半完全多部分有向图. 令 $X \subseteq V(D)$, 且 $\mathcal{F}$ 是由 D 的可盖住 X 的 t 个圈构成的圈有向子图, 且使得 t 是最小的. 则有下列陈述成立:

(a) 存在 $\mathcal{F}$ 的圈标号 $C_1, C_2, \cdots, C_t$, 使当 $1 \leqslant i < j \leqslant t$, 有 $C_i \simeq> C_j$.

(b) 设圈 $C_1, C_2, \cdots, C_t$ 是在部分 (a) 中排好的序, 则存在圈 $C_{n_0}, C_{n_1}, \cdots, C_{n_m}$ $(n_0 = 1, n_m = t)$ 和整数 $q_1, q_2, \cdots, q_m \in \{1, 2, \cdots, c\}$, 使得以下陈述为真: 对于每一条起点为 u、终点是 v 的 (C_j, C_i) 路 P, 且满足 $V(P) \cap V(\mathcal{F}) = \{u, v\} (1 \leqslant i < j \leqslant t)$, 则存在一个整数 $k \in \{1, 2, \cdots, m\}$, 使得 $n_{k-1} \leqslant i < j \leqslant n_k$ 和 $\{u^+_{C_i}, v^-_{C_j}\} \subseteq V_{q_k} \cap X$.

经过对文献 [745] 中定理 5.7.21 的全部证明的仔细分析, 我们可得到

定理 5.7.22[745] 设 D 是半完全多部分有向图, 任取 $X \subseteq V(D)$. 设 $\mathcal{F}$ 是 D 中盖住 X 的圈有向子图. 则可在时间 $O(|V(D)|^3)$ 内找到 D 的一个新的盖住 X 的圈有向子图 $\mathcal{F}'$, 使得 $\mathcal{F}'$ 具有定理 5.7.21 中的性质 (a) 和性质 (b). 此外, 可找到 $\mathcal{F}'$, 使对 D 中的每个圈 C, $X \cap V(C)$ 的顶点被包含在 $\mathcal{F}'$ 的某个圈中.

定理 5.7.21 和定理 5.7.22 是文献 [72] 的重要出发点, 文献 [72] 建立了半完全多部分有向图中哈密尔顿圈问题的多项式可解性. 下面将证明定理 5.7.21 的几个推论, 并叙述更多的推论.

定理 5.7.23[744] 任意正则半完全多部分有向图是哈密尔顿有向图.

证明 设 D 是正则半完全多部分有向图. 依据习题 3.70, D 包含一个圈因子 $\mathcal{F} = C_1 \cup C_2 \cup \cdots \cup C_t$. 可以假定 $\mathcal{F}$ 是这样选择的, 使得 t 是最小的. 如果 $t = 1$, 那么 D 是哈密尔顿有向图, 所以下设 $t > 1$.

令 $X = V(D)$. 设 $C_{n_0}, C_{n_1}, \cdots, C_{n_m}$ 和 $q_1, q_2, \cdots, q_m$ 是在定理 5.7.21 中所定义的. 令 $yx \in A(D)$ 是一条从 $y \in V(C_i)(i \in \{2, 3, \cdots, t\})$ 到 $x \in V(C_1)$ 的弧. 定理 5.7.21(b) 指出 $x^-, y^+ \in V_{q_1}$. 定义 2 条不同的弧 $a_1(yx) = xy^+$ 和 $a_2(yx) = x^-y$. 根据定理 5.7.21, $a_1(yx)$ 和 $a_2(yx)$ 是 D 的弧, 其实 x 和 y^+(或 x^- 和 y) 是相邻的. 如果 $y^+ \to x$, 则有 $y^{++} \in V_{q_1}$, 这是不可能的.

若 $y'x'$ 和 yx 是 2 条从 $V(D) - V(C_1)$ 到 $V(C_1)$ 的弧, 则可见 $a_1(yx)$,$a_2(yx)$, $a_1(y'x')$ 和 $a_2(y'x')$ 是从 $V(C_1)$ 到 $V(D) - V(C_1)$ 的 4 条不同的弧. 这已经说明离开 $V(C_1)$ 弧的数目至少是进入 $V(C_1)$ 弧的数目的 2 倍. 然而, 这矛盾于 D 是欧拉有向图 (见推论 1.6.4). □

定理 5.7.24[744] 设 D 是 $(\lfloor k/2 \rfloor + 1)$ 强半完全多部分有向图, X 是 D 的任意一个顶点集, 使得 X 最多包含 k 个出自 D 的每一个部分集的顶点. 如果存在盖住 X 的圈有向子图 $\mathcal{F} = C_1 \cup C_2 \cup \cdots \cup C_t$, 则 D 有一个圈 C, 使得 $X \subseteq V(C)$.

证明 可简单地假定 $\mathcal{F}$ 具有定理 5.7.21 中所描述的性质, 不然的话, 当 $t \geqslant 2$ 时, 证明完成. 设 $C_{n_0}, C_{n_1}, \cdots, C_{n_m}$ 和 $q_1, q_2, \cdots, q_m$ 如定理 5.7.21 中所定义. 因为 X 至多包含 k 个出自于每个部分集的顶点, 便有

$$\min\{|V_{q_1} \cap V(C_1) \cap X|, |V_{q_1} \cap V(C_{n_1}) \cap X|\} = r \leqslant \lfloor k/2 \rfloor.$$

不失一般性, 令 $|V_{q_1} \cap V(C_{n_1}) \cap X| = r$. 根据 D 是 $(\lfloor k/2 \rfloor + 1)$ 强半完全多部分有向图, 在 $D - (C_{q_1} \cap V(C_{n_1}) \cap X)^-$ 中存在一条 (S, T) 路 $P = p_1 p_2 \cdots p_l$, 其中 $S = V(C_{n_1}) - (V_{q_1} \cap V(C_{n_1}) \cap X)^-$, $T = V(C_1) \cup V(C_2) \cup \cdots \cup V(C_{n_1 - 1})$. 假定 $p_l \in V(C_i)(1 \leqslant i \leqslant n_1)$. 根据定理 5.7.21, 又因为 $n_0 \leqslant i < n_1$ 和 $p_1^+ \notin X \cap V_{q_1}$, 则 (C_{n_1}, C_i) 路 P 矛盾于 $\mathcal{F}$ 的最小性. □

在文献 [744] 中所描述的一个半完全多部分有向图族表明不能够减弱这个定理的强连通性 $\lfloor k/2 \rfloor + 1$ 的值. 运用独立数至多为 k 的 k 强有向图有一个圈因子 (见命题 3.11.12) 以及定理 5.7.24, 我们能够得到以下 2 个推论:

推论 5.7.25[744] 如果一个 k 强半完全多部分有向图 D 的每一个部分集至多有 k 个顶点, 则 D 有一个哈密尔顿圈.

推论 5.7.26[744] 一个 k 强半完全多部分有向图包含通过任何 k 个顶点的圈.

对于一个有向图 D, 令 $i_l(D) = \max\{|d^+(x) - d^-(x)| : x \in V(D)\}$ 和 $i_g(D) = \triangle^0(D) - \delta^0(D)$(这 2 个参数分别叫做 D 的**局部非正则性**(local irregularity) 和**全局非正则性**(global irregularity)[748]). 显然, 对于每一个有向图 D, 有 $i_l(D) \leqslant i_g(D)$. 定理 5.7.23 被 Yeo 推广如下 (它的证明使用了定理 5.7.21 的证明)[748]:

定理 5.7.27[748]　设 D 是 n 阶半完全 c 部分有向图, 其 c 个部分集的基数分别为 $n_1, n_2, \cdots, n_c$, 使得 $n_1 \leqslant n_2 \leqslant \cdots \leqslant n_c$. 如果 $i_g(D) \leqslant 1 + (n - n_{c-1} - 2n_c)/2$, 或者 $i_l(D) \leqslant \min\{n - 3n_c + 1, (n - n_{c-1} - 2n_c)/2 + 1\}$, 则 D 是哈密尔顿有向图.

这个定理的结论是目前所见到的最好的结论. Yeo 还构造了一个无穷多个非哈密尔顿半完全多部分有向图族 $\mathcal{D}$[748]: 对于每一个有向图 $D \in \mathcal{D}$, 均有

$$i_l(D) = i_g(D) = (n - n_{c-1} - 2n_c + 1)/2 + 1 \leqslant n - 3n_c + 2.$$

Guo,Tewes,Vlokmann 和 Yeo 得到了定理 5.7.23 的另一个推广[348], 它的证明基于定理 5.7.21. 对于一个有向图 D 和正整数 k, 定义函数

$$f(D,k) = \sum_{x \in V(D), d^+(x) > k} (d^+(x) - k) + \sum_{x \in V(D), d^-(x) < k} (k - d^-(x)).$$

Ore 的书中定理 7.5.3 是关于二部分图完美匹配的存在性[595], 它可以容易地转换成有向图有圈因子的一个充分性条件, 现叙述这个条件如下: 对有向图 D 和正整数 k, 若有 $f(D,k) \leqslant k-1$, 则 D 有圈因子. 设正整数 $k \geqslant 2$, 并设 G'_k 是半完全 3 部分有向图, 其顶点部分集为 $V_1 = \{x\}, V_2 = \{y_1, y_2, \cdots, y_{k-1}\}$ 和 $V_3 = \{z_1, z_2, \cdots, z_k\}$ 以及弧集合

$$\{yx, xz, zy, yv : y \in V_2, z \in V_3, v \in V_3 - z_1\} \cup \{z_1 x\}.$$

有向图 G''_k 是 G'_k 的反转. 我们看到 $f(G'_k, k) = k-1$(习题 5.43), 而 G'_k 却不是哈密尔顿的, 这是因为一个哈密尔顿圈要包含弧 xz_1 和在圈上的每一个次顶点要属于部分集合 V_3. 由于在 $V_3 - z_1$ 中 x 没有入邻点, 这是不可能的. 显然, G''_k 也不是哈密尔顿图.

定理 5.7.28[348]　设 D 是一个半完全多部分有向图, 且 $f(D,k) \leqslant k-1$, 其中 k 为正整数. 若 D 不同构于 G'_k 或 G''_k, 则 D 是哈密尔顿有向图.

文献 [348] 还介绍了下面半完全多部分有向图族. 设 D 是半完全多部分有向图, 其顶点部分集为 $V_1, V_2, \cdots, V_k$. 对于每一个顶点 $x_i \in V_i$, 如果 $\min\{|(x_i, V_j)|, |(V_j, x_i)|\} \geqslant |V_j|/2$ 关于每一对 $1 \leqslant i, j \leqslant k$ 和 $j \neq i$ 成立, 则称 D 为**半划分完全有向图**(semi-partition complete digraph). 文献 [348] 的作者推证了几个充分性条件, 以确保半划分完全有向图的哈密尔顿性, 特别有下面的结论:

定理 5.7.29　设 n 阶强半划分完全有向图 D 的每一个顶点部分集有不多于 $n/2$ 个顶点, 则 D 是哈密尔顿有向图.

5.8　扩张局部半完全有向图的最长路和最长圈

在 5.5 节中, 我们可以看到哈密尔顿与可描绘局部半完全有向图的特征实际上相同于半完全有向图的那些特征, 即每个强局部半完全有向图是哈密尔顿的和每个

连通局部半完全有向图是可描绘的. 在前一节里, 我们已经推导了哈密尔顿和可描绘半完全有向图的特征, 读者可能猜测到相似的特征对扩张局部半完全有向图也成立, 这是真实的, 而且更多的是哈密尔顿性特征甚至可以推广到扩张局部入半完全有向图中去. 然而, 可描绘性却对局部入半完全有向图不成立. 我们在这一节简要地考察这些特征和它们在最长路和最长圈问题中的推广, 下面先介绍 Bang-Jensen 和 Gutin 给出的特征[62].

定理 5.8.1 一个扩张局部半完全有向图是哈密尔顿的当且仅当它是强连通的, 并有一个圈因子. 已知强扩张局部半完全有向图 D 含有一个圈因子, 则 D 的一个哈密尔顿圈可以在时间 $O(n^2)$ 内找到, 其中 n 是 D 的顶点数目.

这个定理能够被推广到扩张局部入半完全有向图中[59]. 定理 5.8.2 的证明留作习题 5.44, 该定理揭示了关于最长圈扩张局部半完全有向图比半完全二部分有向图仍然是 "完美些"(见定理 5.7.7 之后的评注).

定理 5.8.2[62] 设 D 是强连通扩张局部半完全有向图. 已知 D 的一个最大阶数的圈有向子图 $\mathcal{F} = C_1 \cup C_2 \cup \cdots \cup C_t$, 则能够在时间 $O(n^2)$ 内找到 D 的一个 (最长) 圈 C, 使得 $V(C) = V(C_1) \cup V(C_2) \cup \cdots \cup V(C_t)$.

定理 5.8.3[62] 一个连通扩张局部半完全有向图 D 有一条哈密尔顿路当且仅当它含有一个 1 路圈因子. 已知 D 有一个 1 路圈因子, 则可在时间 $O(n^2)$ 内构造出 D 的一条哈密尔顿路.

证明留作习题 5.45.

在下面的例子中, 我们将要看到: 不像定理 5.8.1, 我们不能将定理 5.8.3 推广到扩张局入半完全有向图中去. 图 5.8 中扩张局部入半完全有向图 L 包含一个 1 路圈因子, 它由路 1234 和圈 565 组成 (且是一个以顶点 6 为根的入分枝), 但 L 没有哈密尔顿路. 自然地, 我们会提出下面的问题:

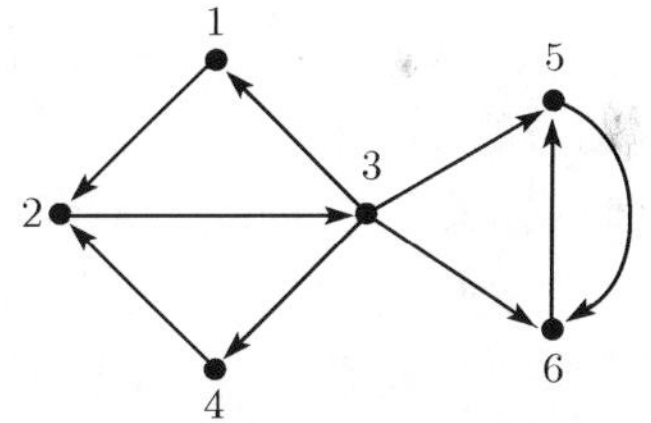

图 5.8 有向图 L

问题 5.8.4[65] (a) 找到可描绘扩张局部入丰完全有向图的特征. (b) 建立判定扩张局部入丰完全有向图是否有哈密尔顿路问题的复杂性.

定理 5.8.3 的结论可以容易地被推广到最长路上去.

定理 5.8.5[62] 一个扩张局部半完全有向图 D 中最长路的阶数等于 D 的 1 路圈有向子图的最大阶数. 此外, 已知一个扩张局部半完全有向图 D 有 1 路圈有向子图 $\mathcal{F}$, 可以在时间 $O(n^2)$ 内找到一条路 P, 使有 $V(P) = V(\mathcal{F})$.

5.9 拟可传递有向图中的哈密尔顿路和圈

由 Bang-Jensen 和 Huang[79] 以及 Gutin[365] 发展的方法可用于刻画哈密尔顿

和可描绘拟可传递有向图, 也能够为判定拟可传递有向图中哈密尔顿路和圈的存在性构造多项式算法, 且它们可以容易地被推广到更大范围的图类中[65]. 因而, 关于拟可传递有向图, 我们考虑在各种各样的集合 Φ 下的全 Φ 可分解有向图.

根据定理 4.8.5, 每个强拟可传递有向图有一个分解 $D=S[Q_1,Q_2,\cdots,Q_s]$, 其中 S 是一个强半完全有向图, $s=|V(S)|$, 每一个 $Q_i(1\leqslant i\leqslant s)$ 或是一个顶点, 或是一个非强拟可传递有向图. 也存在至少有 2 个顶点的非强拟可传递有向图 D 有一个分解 $D=T[H_1,H_2,\cdots,H_t]$, 其中 T 是一个可传递定向图, $t=|V(T)|$, 每一个 H_i 是强半完全有向图. 这些分解也叫做**传统分解**(canonical decomposition). 下面有关哈密尔顿拟可传递有向图的特征归功于 Bang-Jensen 和 Huang[79].

定理 5.9.1[79] 一个具有传统分解 $D=S[Q_1,Q_2,\cdots,Q_s]$ 的强拟可传递有向图 D 是哈密尔顿的充要条件是它有一个圈因子 $\mathcal{F}$, 没有 $\mathcal{F}$ 的圈是某个 Q_i 的圈.

证明 显然 D 的一个哈密尔顿圈与每一个 Q_i 交叉. 于是, 只要证明当 D 有一个圈因子 $\mathcal{F}$ 时, 使得没有 $\mathcal{F}$ 的圈是某 Q_i 的圈, 则 D 是哈密尔顿有向图. 注意 $V(Q_i)\cap\mathcal{F}$ 是 Q_i 的一个路因子 $\mathcal{F}_i, 1\leqslant i\leqslant s$. 删去 $\mathcal{F}_i(1\leqslant i\leqslant s)$ 中端点在 $\mathcal{F}_i$ 的路之间的弧, 不包括这些路上的弧, 然后对 $\mathcal{F}_i$ 中的全部路实施路收缩运算. 因此得到一个扩张半完全有向图 S'(因 S 是半完全的). 显然, S' 是强的, 且有一个圈因子. 因而, 由定理 5.7.5 知, S' 有一个哈密尔顿圈. 用 $\mathcal{F}$ 中对应的路来取代 S' 的每一个顶点, 我们就得到 D 的一个哈密尔顿圈. □

相似于定理 5.9.1, 我们可以证明下面有关可描绘拟可传递有向图的一个特征(见习题 5.47).

定理 5.9.2[79] 一个至少有 2 个顶点和传统分解 $D=R[G_1,G_2,\cdots,G_r]$ 的拟可传递有向图 D 是可描绘的当且仅当它有一个 1 路圈因子 $\mathcal{F}$, 使得没有 $\mathcal{F}$ 的路或圈完全被某 $D\langle V(G_i)\rangle$ 包含.

似乎定理 5.9.1 和 5.9.2 均没有隐含多项式算法可分别检验哈密尔顿性和可描绘性 (见习题 5.46). 下面哈密尔顿拟可传递有向图的特征出现在 Gutin 的文章中[365].

定理 5.9.3[365] 设 D 是具有传统分解 $D=S[Q_1,Q_2,\cdots,Q_s]$ 的强拟可传递有向图. 令 $n_1,n_2,\cdots,n_s$ 分别是有向图 $Q_1,Q_2,\cdots,Q_s$ 的阶, 则 D 是哈密尔顿的充要条件为扩张半完全有向图 $S'=S[\overline{K}_{n_1},\overline{K}_{n_2},\cdots,\overline{K}_s]$ 有一个圈有向子图, 对于每一个 $j=1,2,\cdots,s$, 它至少盖住 $\overline{K}_{n_j}$ 的 $\mathrm{pc}(Q_j)$ 个顶点.

证明 设 D 有一个哈密尔顿圈 H. 对于每个 $j=1,2,\cdots,s$, 顶点集 $V(Q_j)\cap H$ 导出 Q_j 的一个 k_j 路因子 $\mathcal{F}_j$. 根据覆盖数的定义, 有 $k_j\geqslant\mathrm{pc}(Q_j)$. 对于每一个 $j=1,2,\cdots,s$, 删去端点在 $\mathcal{F}_j$ 的路之间的弧, 但不包括这些路上的弧, 然后收缩 $\mathcal{F}_j$ 中的这些路, 则将 H 转换成 S' 的一个圈, 它至少含有 $\overline{K}_{n_j}$ 的 $\mathrm{pc}(Q_j)$ 个顶点.

假定 S' 有一个包含 $\overline{K}_{n_j}$ 的 $p_j(\geqslant \mathrm{pc}(Q_j))$ 个顶点的圈有向子图 $\mathcal{L}$, 因为 S' 是强扩张半完全有向图, 根据定理 5.7.7, S' 有一个圈 C, 满足 $V(C)=V(\mathcal{L})$. 显然, 每一个 Q_j 有一个 p_j 路因子 $\mathcal{F}_j$. 用 $\mathcal{F}_j$ 的路来取代 C 中 $\overline{K}_{n_j}$ 的 p_j 个顶点, 立即得到 D 的一个哈密尔顿圈. □

可以应用定理 5.9.3 证明拟可传递有向图的哈密尔顿圈问题是多项式可解的.

定理 5.9.4[365] 对于一个给定的拟可传递有向图 D, 存在一个 $O(n^4)$ 算法可返回 D 中一个哈密尔顿圈, 或验证不存在如此的圈.

在定理 5.9.3 和 5.9.4 证明中所使用的方法能够被推广到更为宽广的有向图族中去[365], 这是 Bang-Jensen 和 Gutin 早就观察到的[65], 下面给出文献 [65] 中的主要内容和思路.

定理 5.9.5 设 Φ 是有向图的扩张封闭集, 即 $\Phi^{\mathrm{ext}}=\Phi$, 它包括一个顶点的平凡有向图 $\overline{K}_1$. 假定对于每个有向图 $H\in\Phi$, 总有 $\mathrm{pcc}(H)=\mathrm{pc}(H)$. 设 D 是全 Φ 可分解有向图. 则当 D 有一个全 Φ 分解时, 可以在时间 $O(n^4)$ 内计算 D 的路覆盖数, 并找到一个最小路因子.

证明 我们用数学归纳法来证明这个定理. 对 $n=1$, 断言是平凡的.

设 D 是全 Φ 可分解有向图, $D=R[H_1,H_2,\cdots,H_r]$ 是 D 的一个 Φ 分解, 使得 $R\in\Phi, r=|V(R)|$, 且每一个 n_i 阶的 H_i 是全 Φ 可分解的. D 的一个限制到每一个 H_i 的 $\mathrm{pc}(D)$ 路因子对应 p_i 条盖住 $V(H_i)$ 的路的一个不交的组, 故有 $\mathrm{pc}(H_i)\leqslant p_i\leqslant n_i$. 所以, 相似于定理 5.9.3 证明中的论证, 可得

$$\mathrm{pc}(D)=\min\{\mathrm{pc}(R[\overline{K}_{p_1},\overline{K}_{p_2},\cdots,\overline{K}_{p_r}]):\mathrm{pc}(H_i)\leqslant p_i\leqslant n_i,\ i=1,2,\cdots,r\}.$$

因 Φ 是扩张封闭的, 对于每一个有向图 $Q\in\Phi$, 有 $\mathrm{pc}(Q)=\mathrm{pcc}(Q)$, 得到

$$\mathrm{pc}(D)=\min\{\mathrm{pcc}(R[\overline{K}_{p_1},\overline{K}_{p_2},\cdots,\overline{K}_{p_r}]):\mathrm{pc}(H_i)\leqslant p_i\leqslant n_i,1\leqslant i\leqslant r\}.\tag{5.10}$$

根据习题 3.60 的结论, 给定下界 $\mathrm{pc}(H_i)$ 和上界 $n_i(1\leqslant i\leqslant r)$, 就可以在时间 $O(n^3)$ 内确定 (5.10) 式中的最小值, 即 $\mathrm{pc}(D)$. 令 $T(n)$ 是找到 n 阶全 Φ 可分解有向图的路覆盖数所需要的时间, 则由 (5.10) 式, 即得

$$T(n)=O(n^3)+\sum_{i=1}^{r}T(n_i).$$

从而有 $T(1)=O(1)$, 所以 $T(n)=O(n^4)$. □

已知 (见 4.12 节)$\Phi_0(\Phi_2)$ 是全体半完全多部分、扩张局部半完全和无圈有向图族 (半完全二部分、扩张局部半完全和无圈有向图族). 显然, 这 2 个有向图族是扩张封闭的. 正如已知的, 对于每一个半完全多部分有向图 D(见定理 5.7.2)、每一个扩张局部半完全有向图 D(见定理 5.8.3) 以及每一个无圈有向图 D(它是平凡的),

均有 $\text{pc}(D)=\text{pcc}(D)$. 注意, 我们能够检测一个有向图 D 是否是 Φ_0 可分解的 (全 Φ_2 可分解的), 如果这是真实的, 则在时间 $O(n^4)$ 内可找到一个全 Φ_0 分解 (Φ_2 分解)(见 4.12 节). 所以, 定理 5.9.5 隐含了下面由 Bang-Jensen 和 Gutin 得到的定理.

定理 5.9.6[66]　能够在时间 $O(n^4)$ 内计算一个全 Φ_0 可分解有向图的路覆盖数.

推论 5.9.7[66]　可以在时间 $O(n^4)$ 内验证一个全 Φ_2 可分解有向图是否为哈密尔顿有向图.

证明　设 $D=R[H_1,H_2,\cdots,H_r](r=|R|,r\geqslant 2)$ 是强有向图 D 的一个分解. 则 D 是哈密尔顿的充要条件为下面有向图族 $\mathcal{S}$ 包含一个哈密尔顿有向图：

$$\mathcal{S}=\{R[\overline{K}_{p_1},\overline{K}_{p_2},\cdots,\overline{K}_{p_r}]:\text{pc}(H_i)\leqslant p_i\leqslant |V(H_i)|,i=1,\cdots,r\}.$$

现设 D 是一个全 Φ_2 可分解有向图. 那么, 每一个形如 $R[\overline{K}_{p_1},\overline{K}_{p_2},\cdots,\overline{K}_{p_r}]$ 的有向图在 Φ_2 中. 已知 (见定理 5.7.4 和定理 5.8.1) Φ_2 中每个有向图是哈密尔顿的充要条件为它是强的且含一个圈因子. 因而, 所有要做的工作为验证 $\mathcal{S}$ 中是否存在一个包含圈因子的有向图. 不难看到, $\mathcal{S}$ 中存在一个包含圈因子的有向图当且仅当由 R 形成的网络中存在一个循环, 即给 R 的每个顶点 v_i 上添加下界 $\text{pc}(H_i)$ 和上界 $|V(H_i)|(1\leqslant i\leqslant r)$. 由于所有下界可以在时间 $O(n^4)$(见定理 5.9.5) 内找到, 并且在时间 $O(n^3)$(见习题 3.31) 内能够检查一个循环的存在, 从而得到所要求的复杂性 $O(n^4)$.　□

因为每个拟可传递有向图是全 Φ_2 可分解的, 由这个定理可立即导出定理 5.9.4. 因为定理 5.9.4 中的最小路因子能够在时间 $O(n^4)$ 找到, 也就是说, 我们可以在时间 $O(n^4)$ 内构造出一个哈密尔顿全 Φ_2 可分解有向图中的一个哈密尔顿圈.

5.10　拟可传递有向图中顶点最重路和最重圈

上一节所介绍的方法似乎是不十分有助于为拟可传递有向图中最长路和圈及其应用构造多项式时间的算法. Bang-Jensen 和 Gutin 首先给出了一个有关此问题的更有效的方法, 也就是本节要介绍的方法[63].

以下假定所考虑的每个有向图 D 在顶点上无负权 $w(\cdot)$. 前面我们已经定义 D 的一个有向子图 H 的 (顶点) 权 $w(H)$ 是它的全部顶点权的和. 设 k 为正整数, 记号 $w_k(D)$ 表示 D 的一个**最重 k 路有向子图**的权, 即在全体 k 路有向子图中权最大的一个 k 路有向子图. 为方便起见, 定义 $w_0(D)=0$. 考虑 **HPS问题**(HPS problem)：给定一个 n 个顶点的有向图 D, 对于每一个自然数 $k=1,2,\cdots,n$, 寻找 D 的一个最重 k 路有向子图.

定理 5.10.1[63] 设 Φ 是全体有向图的集合也包括只有一个顶点的有向图, 假定 $\Phi = \Phi^{\mathrm{ext}}$, 且对于每一个具有 n 个顶点的有向图 $D \in \Phi$, 有

$$w_{k+1}(D) - w_k(D) \leqslant w_k(D) - w_{k-1}(D), \tag{5.11}$$

其中 $k = 1, 2, \cdots, n-1$. 若存在一个常数 $s \geqslant 2$, 对于每一个 $L \in \Phi$, 能够在时间 $D(|V(L)|^s)$ 内解决 HPS 问题, 则对每一个全 Φ 可分解有向图 D, 可以在时间 $O(|V(D)|^{s+1})$ 内解决 HPS 问题, 并给出 D 的一个全 Φ 分解.

证明 设 $D = R[H_1, H_2, \cdots, H_r]$ 是 D 的一个分解, 其中 $R \in \Phi$, 每一个 H_i 有 n_i 个顶点且是全 Φ 可分解的 $(i = 1, 2, \cdots, r)$. 设 $D_0 = R[E_1, E_2, \cdots, E_r]$, 其中 E_i 是具有 n_i 个顶点无弧有向图. 给 D_0 的顶点分配新权如下：给 E_j 的第 i 个顶点分配

$$\tilde{w}_{ij} = w_i(H_j) - w_{i-1}(H_j), \quad j = 1, 2, \cdots, r; i = 1, 2, \cdots, n_j.$$

下面将证明, 用关于 $H_1, H_2, \cdots, H_r$ 和 D_0 的 HPS 问题的一个已知解可以构造 D 上有关 HPS 问题的一个解, 从而导致一个所期望的递推算法.

设 $\mathcal{F}_k$ 是 D_0 中的一个最重 k 路有向子图, m_j 是 $\mathcal{F}_k$ 中属于 E_j 的顶点的个数 $(1 \leqslant j \leqslant r)$. 根据 (5.11) 式, 当 $q > i$ 时, 有 $\tilde{w}_{ij} \geqslant \tilde{w}_{qj}$. 所以, 利用 E_j 中的顶点是相似的, 总能够变换 $\mathcal{F}_k$ 的顶点, 使得 $\mathcal{F}_k$ 包含 E_j 的前 m_j 个顶点, $j = 1, 2, \cdots, r$. 现在假定就是这个情形, 对每一个 $j = 1, 2, \cdots, r$, 用 H_j 的一个最重 m_j 路有向子图取代 $\mathcal{F}_k$ 中属于 E_j 的顶点. 这个替换产生 D 的一个 k 路有向子图 $\mathcal{T}_k$. 容易检查

$$\tilde{w}(\mathcal{F}_k) = \sum_{j=1}^{r} \sum_{i=1}^{m_j} \tilde{w}_{ij} = \sum_{j=1}^{r} w_{m_j}(H_j) = w(\mathcal{T}_k) \leqslant w_k(D).$$

因此, D_0 中一个最重 k 路有向子图的权最多是 $w_k(D)$. 相似地, 从 D 的一个最重 k 路有向子图开始, 能够证明 D_0 中一个最重 k 路有向子图的权至少是 $w_k(D)$. 所以, $\mathcal{T}_k$ 是 D 的一个最重 k 路有向子图.

综合上面的论证, 我们得到下面的 $\mathcal{A}_{\mathcal{HPS}}$ 递推算法:

$\mathcal{A}_{\mathcal{HPS}}$递推算法

1. 使用 D 的全 Φ 分解来寻找分解 $D = R[H_1, H_2, \cdots, H_r]$.

2. 运用 $\mathcal{A}_{\mathcal{HPS}}$ 解决关于 $H_1, H_2, \cdots, H_r$ 的 HPS 问题.

3. 形成 D_0(具有权 $\tilde{w}_{ij}$), 使用一个 $O(|V(D)|^s)$ 时间算法来解决关于 D_0 上的 HPS 问题. 改变解 $\mathcal{T}_k$(如果必须的话), 使得每一个 $\mathcal{F}_k$ 包含 E_j 最前面的顶点, 而无“空档”, $j = 1, 2, \cdots, r$.

4. 借用第 2 步得到的解把每一个 $\mathcal{F}_k$ 转换成如上面所讨论的 D 的一个 k 路有向子图 $\mathcal{T}_k$.

容易验证, $\mathcal{A}_{\mathcal{HPS}}$ 算法的复杂性为 $O(|D|^{s+1})$. □

运用定理 5.10.1, 我们能够证明下面的结论.

定理 5.10.2[63] 对于每一个具有 n 个顶点的拟可传递有向图, 可以在时间 $O(n^5)$ 内解决以下 2 个问题:

(a) 对于每一个 $k = 1, 2, \cdots, n$, 找到 D 的一个最重 k 路有向子图.

(b) 找到 D 的一个最重圈.

设 Ψ 是全体可传递定向图和扩张半完全有向图类. 根据定理 4.8.5, 每个拟可传递有向图是全 Ψ 可分解的. 于是, 为证明定理 5.10.2 的第一部分, 只要证明当 $s = 4$ 时, 每一个 $D \in \Psi$ 满足定理 5.10.1 的条件.

定理 5.10.2(a) 的证明 考察具有 n 个顶点的有向图 $D \in \Psi^{\text{ext}}$, 我们将证明 D 满足情形 $s = 4$ 时定理 5.10.1 的条件. 已知在时间 $O(n^4)$ 内能够找到 D 的一个全 Ψ 分解, 参见 4.12 节. 设 k 是非负整数, $w'_k(D)$ 表示 D 的一个最重 k 路圈因子的权.

令 D' 是按照顶点撕裂程序由 D 得到的有向图. 换句话说, 用弧 $v'v''$ 来取代 D 的顶点 v, 使得 v'' 支配 u' 当且仅当 $v \to u$. 对于每一个顶点 $v \in V(D)$, 定义 $w(v'v'') = w(v)$, 对 D 中每对不同的顶点 u, v, 定义 $w(v''u') = 0$. 现构造一个网络 $\mathcal{N}_D$ 如下: 给 D' 添加一对新顶点 s, t, 对于 D 的每个顶点 v, 给 D' 添加弧 (s, v') 和 (v'', t); 给 $\mathcal{N}_D$ 的每条弧分配容量 1; 给相邻于 s 或 t 的弧分配零费用, 对于其他的弧 $a \in A(D')$, 则定义费用 $c(a) = -w(a)$.

根据习题 3.64, 能在时间 $O(n^3)$ 内找到 D' 中一个最大权圈因子 $\mathcal{L}$. 因为 s 和 t 不可能在 $\mathcal{N}_D$ 的任何圈中, 有向图 $\mathcal{L}$ 对应 $\mathcal{N}_D$ 中最小费用循环 f_0(见定理 3.3.1). 从 f_0 开始, 使用 3.10 节介绍的集结算法, 在时间 $O(n^4)$ 内能够构造 $\mathcal{N}_D$ 中值为 $1, 2, \cdots, n$ 的最小费用流 $f_1, f_2, \cdots, f_n$. 再依照定理 3.3.1, 每个流 f_k 是从源 s 到收点 t 值为 1 的 k 个流之和. 于是, f_k 提供了 k 条路和若干个圈的组 $\mathcal{F}_k$, 除去网络的源和收点, 使得这些路和圈均无公共顶点. 此外, 根据 $\mathcal{N}_D$ 的定义, 没有圈包含源或收点. 依照 $\mathcal{N}_D$ 的定义和 $\mathcal{N}_D$ 中最小费用流的事实, 这些在 $\{Q - \{s, t\} : Q \in \mathcal{F}_k\}$ 中的路和圈形成 D 的一个最重 k 路圈因子 $\mathcal{L}_k$. 特别地, 对于每一个 $k = 1, 2, \cdots, n$, 有 $c(f_k) = -w'_k(D)$.

如果 D 是扩张半完全有向图, 则由定理 5.7.1, 对于每一个 $k = 1, 2, \cdots, n$, 可构造一个 k 路圈因有向子图 $\mathcal{Q}_k$, 使得 $V(\mathcal{Q}_k) = V(\mathcal{L}_k)$. 如果 D 是无圈的, 则令 $\mathcal{Q}_k = \mathcal{L}_k$. 显然, $\mathcal{Q}_k$ 是 D 的一个最重的 k 路圈因有向子图. 注意可在时间 $O(n^4)$ 内找到 $\mathcal{Q}_1, \mathcal{Q}_2, \cdots, \mathcal{Q}_n$. 因为 $w_k(D) = w'_k(D) = -c(f_k)$, 由命题 3.10.7, 便知 (5.11) 式成立.

复杂性的界不超过 $O(n^5)$ 的证明留作习题 5.50. □

定理 5.10.2(b) 的证明 设 D 是 $n(\geqslant 2)$ 个顶点强拟可传递有向图, 并令 $D = R[H_1, H_2, \cdots, H_r]$, 其中 R 是半完全有向图, $H_1, H_2, \cdots, H_r$ 是拟可传递有向

图, $r \geqslant 2$ (如果 D 不是强的, 我们就一个接一个地考察 D 的强分支). 我们说 D 有一个最重圈 C, 且它包含了 $H_1, H_2, \cdots, H_r$ 中不止一个 H_i 上的顶点. 事实上, 设 C' 是 D 的一个最重圈, 它被某 H_i 完全包含. 因为 D 是强的, 存在 D 的长至少为 2 的一条路, 从 C' 的一个顶点 x 开始到 C' 的一个顶点 y 终止, 而不包括 H_i 中的其他的顶点. 从而, 根据 $R[H_1, H_2, \cdots, H_r]$ 的定义, 存在一条长至少为 2 的路, 从 x 出发到 x 的后继点 x'(在 C' 上) 结束且不含 H_i 的其他顶点. 显然, 最后的这条路和圈 C' 减去弧 (x, x') 就形成所期望的圈.

现在就不难看到以下寻找 D 的最重圈算法的正确性. 注意到, 我们的方法所找到的最重圈 C 至少包含 2 个 H_i 的顶点, 由上面的注解, 这也是 D 的最重圈.

(1) 使用 $\mathcal{A}_{\mathcal{HPS}}$ 算法解决关于 $H_1, H_2, \cdots, H_r$ 的 HPS 问题.

(2) 如同在定理 5.10.1 证明中的一样, 用权 $\tilde{w}_{ij}$ 形成 D_0 和网络 N_{D_0}.

(3) 构造 N_{D_0} 的一个最小费用循环 f_0. 删去 N_{D_0} 的源和收点形成 D_0 的一个最重圈 $\mathcal{Z}$.

(4) 运用定理 5.7.7, 用重合 $\mathcal{Z}$ 中的圈构造出 D_0 的一个最重圈.

(5) 应用步骤 1 的解和圈 C 形成 D 的一个最重圈 (相似于在定理 5.10.1 的证明中所做的工作).

我们把复杂性 $O(n^5)$ 的证明留作习题 5.50. □

定理 5.10.2 导出如下的结论:

推论 5.10.3[63] 对于 n 个顶点的拟可传递有向图 D, 可以在时间 $O(n^5)$ 内解决下列问题:

(a) 找到 D 的一条最长路.

(b) 找到 D 的一个最长圈.

(c) 对任何一个集合 $X \subseteq V(D)$, 检查 D 是否有通过 X 的圈, 如果存在, 构造出它来.

证明留作习题 5.51.

Bang-Jensen 和 Gutin 把定理 5.10.2 推广成为下面形式的结论 (见 4.12 节关于 Φ_i 可分解有向图的定义).

定理 5.10.4[62] 设 D 是 n 个顶点的有向图, 每一个顶点上赋有非负权. 则

(a) 若 D 是全 Φ_0 可分解的, 则对 $k = 1, 2, \cdots, n$, 能够在时间 $O(n^5)$ 内找到 D 的某些最重 k 路有向子图.

(b) 若 D 是全 Φ_0 可分解的, $X \subseteq V(D)$, 则可在时间 $O(n^5)$ 内检查 D 是否有一条盖住 X 的路, 并找到它 (如果存在).

(c) 若 D 是全 Φ_2 可分解的, 则可以在时间 $O(n^5)$ 找到 D 的一个最大权圈.

(d) 若 D 是全 Φ_2 可分解的, $X \subseteq V(D)$, 则可在时间 $O(n^5)$) 内找到 D 的一个包含 X 中的每一个顶点的圈 (如果它存在的话).

(e) 若 D 是全 Φ_1 可分解的, 则能够在时间 $O(n^5)$ 内找到 D 的一个最长圈.

5.11 有向图类的哈密尔顿路和圈

Grötschel 和 Harary 证得: 只有少数无桥图具有这样的性质[336], 即每个强定向是哈密尔顿有向图.

定理 5.11.1[336] 设 G 是无桥图, 如果 G 既不是圈也不是完全图, 则 G 包含一个强的非哈密尔顿定向.

然而, 存在相当多的图具有这样的性质, 即每个强定向是可描绘的.

定理 5.11.2[699] 设 G 是 2 边连通的无向图, 使得补图 $\overline{G}$ 的每个连通分支或是二部分图, 或是长至少为 5 的奇圈, 并假定 $\overline{G}$ 至多有一个非二部分图分支. 那么, G 的每个强定向是可描绘的.

为证明定理 5.11.2, 我们需要用到下面的引理, 它的证明留作习题 5.49.

引理 5.11.3 设 L 是一个奇圈 $u_1u_2\cdots u_{2k+1}u_1$ 的补图 $(k\geqslant 2)$, F 是 L 的一个定向. 则存在 $i,j\in\{1,2,\cdots,2k+1\}$, 且 $i\neq j$, 使得 $u_iu_ju_{i+1}$ 或 $u_{i+1}u_ju_i$ 是 F 的一条路.

定理 5.11.2 的证明 设 $G_1,G_2,\cdots,G_r$ 是 G 的补图 $\overline{G}$ 的二部分连通分支, 且设 A_i,B_i 是 G_i 的顶点二部分集, $1\leqslant i\leqslant r$. 设 $Z=u_1u_2\cdots u_{2k+1}u_1$ 是 $\overline{G}$ 的一个奇圈, 如果存在的话.

设 H 是 G 的一个强定向, 定义 $V(G)$ 的一个划分 A,B 如下: 令 $A^*=A_1\cup A_2\cup\cdots\cup A_r$ 和 $B^*=B_1\cup B_2\cup\cdots\cup B_r$. 如果 Z 不存在 (在 $\overline{G}$ 中), 则 $A=A^*,B=B^*$; 否则, 依据引理 5.11.3, 不失一般性, 存在 j 使得 $u_1u_ju_2$ 是 H 的一条有向路, 令 $A=A^*\cup\{u_3,u_5,\cdots,u_{2k+1}\}$, $B=B^*\cup\{u_2,u_4,\cdots,u_{2k}\}\cup\{u_1\}$, 根据这个构造, $H\langle A\rangle$ 是一个竞赛图, $H\langle B\rangle$ 或是一个竞赛图 (若 Z 不存在), 或者 H 有一条路 xzy, 使得 $x,y\in B$ 和 $xy\notin G\langle B\rangle$.

我们证明 H 有一个包含 A 的每一个顶点的圈 C. 如果 $H\langle A\rangle$ 是强的, 根据 Camion 定理 (见定理 1.5.2), 如此的 C 存在. 如果 $H\langle A\rangle$ 不是强的, 则 H 中有一条最短路 P, 它从 $H\langle A\rangle$ 的终止强分支出发到 $H\langle A\rangle$ 的初始强分支. 设 P 从顶点 u 出发到顶点 w 终止 (显然, 除了 u 和 w 外, P 的内部顶点均不在这 2 个分支中). 容易检查 $H\langle(A-V(P))\cup\{u,w\}\rangle$ 有一条哈密尔顿 (w,u) 路 Q, 则路 P 和 Q 形成一个包含 A 的每一个顶点的圈. 下设 C 是覆盖 A 的一个最长圈 $C=v_1v_2\cdots v_mv_1$.

如果 $H-V(C)$ 是一个竞赛图, 则有 C 的某顶点支配 $H-V(C)$ 的初强分支的一个顶点 v. 竞赛图 $H-V(C)$ 有一条从 v 出发的哈密尔顿路, 并且这条路可以被扩张成 H 的一条哈密尔顿路. 于是, 可设 $H-V(C)$ 不是竞赛图. 特别地, 有 $x,y\in V(H)-V(C)$. 我们考虑如下的 2 种情形.

情形 1. $z \in V(C)$. 先证 C 包含顶点 $v_i, v_{i+j}(1 \leqslant j \leqslant m-1)$, 使得 v_i 支配 x 和 y 中的一个, 顶点 v_{i+j} 被 x 和 y 中的另一个所支配. 因为 $\overline{G}$ 无三角形, z^+ 和 z^- 中的每一个均与 x, y 之一相邻. 根据 C 的最大性, 如果 z^+ 与 y 相邻, 则必有 $z^+ \to y$, 则 z, z^+ 是所期望的对. 因而假定 z^+ 与 x 相邻. 于是 z, z^+ 是所期望的对, 或者 $z^+ \to x$. 考察 z^-, 要证 z^-,z 是所期望的对, 或者 z^-, z^+ 是所期望的对.

在满足上述性质的全部顶点对 v_i, v_{i+j} 中选择一对, 使得 j 是最小的. 可假设(如果需要, 可以交换 x 和 y) $v_i \to x$ 和 $y \to v_{i+j}$, 现在证明 $j=1$. 反设 $j>1$. 由于 j 的最小性, x 不被 v_{i+s} 所支配 $(1 \leqslant s < j)$. 又因 C 的最大性, x 不支配 v_{i+1}. 因而 x 不与 v_{i+1} 相邻. 相似地, y 不相邻于 v_{i+j-1}, 也不支配顶点 $v_{i+s}(1 \leqslant s < j)$. 注意到补图 $\overline{G}$ 中无三角形, 有 $j \geqslant 3$ 和 $v_{i+1} \to y, x \to x_{i+j-1}$, 这矛盾于 j 的最小性. 因而可设 $v_i \to x, y \to v_{i+1}$.

给定向图 $H - V(C)$ 添加一条弧 yx, 得到一个竞赛图 T. 令 v 是 T 的初强分支中的一个顶点, v 被 C 中的某顶点 u 支配. 根据 Camion 定理, T 有一条从 v 出发终止在某顶点 w 的哈密尔顿路 P. 如果 yx 不在 P 中, 则 $C[u^+, u]P$ 是 H 的一条哈密尔顿路; 如果 yx 在 P 中, 则 $P[v, y]C[v_{i+1}, v_i]P[x, w]$ 是 H 的一条哈密尔顿路.

情形 2. $z \notin V(C)$. 如果有向图 $H - V(C)$ 是强的, 考虑 H 中在 x 和 C 之间任意一条弧 (当 x 在 $\overline{G}$ 中的度等于 2 时, 这条弧存在). 如果这条弧从 x 出发 (终止), 给 $H - V(C)$ 添加弧 xy(或 yx), 在所得到的竞赛图中考虑一个哈密尔顿圈. 使用这个圈和 C 以及 x 和 C 之间的弧, 则可容易地找到 H 的一条哈密尔顿路.

现设有向图 $H - V(C)$ 不是强的, 设 $H_1, H_2, \cdots, H_p$ 是 $H - V(C)$ 的强分支的一个无圈序. 不失一般性 (如果需要, 则可考虑 H 的逆), x 和 y 中最多有一个属于 $V(H_1)$, 显然, H_1 的某顶点 v 被 C 的一个顶点支配. 如同 $H - V(C)$ 是竞赛图时的情形, 能够找到 H 的一条哈密尔顿路, 除非有某 i, 使得 $V(H_i) = \{x\}$ 和 $V(H_{i+1}) = \{y\}$ 或 $V(H_{i-1}) = \{y\}$, 然而, 由于 xzy 的存在, 这是不可能的. □

在这个定理中, 补图 $\overline{G}$ 不含三角形是至关重要的. 事实上, 设 M 是一个多部分竞赛图, 它由具有固定顶点 u 的强竞赛图 T 和三个独立顶点 x_1, x_2, x_3 组成, 使得 $N^+(x_i) = \{y\}, i = 1,2,3$. 因为 $|N^+(\{x_1, x_2, x_3\})| < 2$(见习题 3.61), M 没有 1 路圈因子 (已知一个多部分竞赛图是可描绘的当且仅当它有 1 路圈因子, 见定理 5.7.1). 然而, Thomassen 指出定理 5.11.2 离最好的结论大概还很远, 同时, 他指出用这个定理证明中的方法不难揭示一个图的强定向有一条哈密尔顿路, 只要这个图的补图是 2 个 5 圈和若干个独立顶点的不交的并[699].

问题 5.11.4 找到定理 5.11.2 的一个非平凡扩张.

前面已经证得, 如果一个有向图 D 的任何一对不同顶点 x, y 之间存在一条路(不必须是 (x, y) 路和 (y, x) 路), 则 D 是单侧的. 对于定理 5.11.2 中的某些图,不仅所有的强定向是可描绘的, 而且所有单侧的定向均满足这个性质, 这些性质都被 Fink 和 Lesniak-Foster 所证明, 我们来看下面的定理:

定理 5.11.5[235] 设 G 是一个图, $\mathcal{F}=Q_1\cup Q_2\cup\cdots\cup Q_k$ 是 G 的一个路子图, 其中每条路 Q_i 的长为 1 或 2, 则 $G-\bigcup_{i=1}^{k}E(Q_i)$ 的一个定向是可描绘的当且仅当它是单侧的.

Erdös 和 Trotter 研究了 2 个有向图的笛卡儿积的哈密尔顿问题[223], 他们证得如下的结论 (其中 gcd 代表最大公因子):

定理 5.11.6 令 $d=\gcd(k,m)$, 则笛卡儿积 $\vec{C}_k\times\vec{C}_m$ 是哈密尔顿的充要条件为 $d\geqslant 2$. 此外, 存在正整数 d_1 和 d_2, 使得 $d_1+d_2=d$ 和 $\gcd(k,d_1)=\gcd(m,d_2)=1$.

定理 5.11.6 的一个推广是定理 10.10.5.

4.6 节介绍了 deBruijn 有向图 $D_B(d,t)$ 和 Kautz 有向图 $D_K(d,t)$ 及其的推广: $D_G(d,n)$, $D_I(d,n)$, $D(d,n,q,r)$(其中有向图 $D(d,n,1,r)$ 是特殊的循环有向图). 连贯 d 有向图 $D(d,n,q,r)$ 是上面列出的有向图中最一般的. 因此, 可限制我们的注意力在这些有向图类上, Du, Hsu 和 Hwang 对有向图 $D(d,n,q,r)$ 证得了下面的结论[206].

定理 5.11.7 如果 $\gcd(n,q)\geqslant 2$, 或者 $\gcd(n,q)=1$ 和 $q\geqslant 5$, 则 $D(d,n,q,r)$ 是哈密尔顿有向图.

Hwang 以及 Du 和 Hsu 对 $\gcd(n,q)=1$ 和 $d=1$(或 $d=2$) 刻画了哈密尔顿有向图 $D(d,n,q,r)$[205,439]. Chang, Hwang 和 Tong 证得每个有向图 $D(4,n,q,r)$ 是哈密尔顿的[143], 他们也给出了 $D(3,n,q,r)$ 不是哈密尔顿有向图的例子[142].

我们用 Cooper, Frieze 和 Molloy 给出的结论来结束这一章. 对于一个固定的整数 r 和一个性质 P, 我们说满足性质 P 的**几乎全部** r 正则有向图, 如果当 $n\to\infty$ 时, 具有 P 的 n 阶 r 正则有向图与全体 n 阶 r 正则有向图之比的极限为 1.

定理 5.11.8[167] 对固定整数 $r\geqslant 3$, 几乎全部 r 正则有向图是哈密尔顿有向图.

不难看到, 几乎全部 1 正则有向图是非哈密尔顿的 (习题 5.54). 几乎全部 2 正则有向图没有哈密尔顿圈的事实可根据随机一致选取的 2 正则有向图中哈密尔顿圈的期望数趋于零得到 (需要细节的读者可阅读 Alon 和 Spencer 的书的第 4 章第 3 节[14]).

5.12 习 题

5.1 (+) 设 G_k 是具有顶点集 $X\cup Z\cup Y$ 的无向图, 其中

$$X=\{x_1,x_2,\cdots,x_k\},\quad Y=\{y_1,y_2,\cdots,y_{k+1}\}\text{和}Z=\{z_1,z_2,\cdots,z_{k+1}\}$$

以及边集合

$$\{xv : x \in X, v \in Y \cup Z\} \cup \{y_i z_i : i = 1, 2, \cdots, k+1\}.$$

令 $D_k = \vec{G}_k$. 证明[379]: $\text{qhn}(D_k) = k$.

5.2 证明定理 5.1.6.

5.3 证明定理 5.1.7.

5.4 设有向图 Z 的顶点集为 $V(Z) = \{1, 2, \cdots, 6\}$, 其弧集为 $A(Z) = \{ij : j - i = 2或3(\text{mod}6)\}$, 计算 $\text{qhn}(Z)$, 有向图 Z 是哈密尔顿图吗?

5.5 (+) 不使用定理 5.2.1 来证明: 每个无圈有向图 D 有一个 $\alpha(D)$ 路因子. 提示: 运用定理 3.8.2.

5.6 **Gallai-Milgram 定理的加细**. 称一条从 x 到 y 的路 P 是**终端可扩张的**(end-extendable), 如果存在另一条路 P', 使得 $P = P'[x, y]$. 若没有如此的路 P' 存在, 则说 P 是**非终端可扩张的**(non-end-extendable), 证明下面加强型的 Gallai-Milgram 定理.

命题 5.12.1 每一个独立数 $\alpha(D) = \alpha$ 的有向图 D 有一个路因子 $P_1, P_2, \cdots, P_t (t \leqslant \alpha)$, 使得 P_1 在 D 中是非终端可扩张的, P_i 在 $D - V(P_1) \cup V(P_2) \cup \cdots \cup V(P_{i-1})$ 中是非终端可扩张的, $2 \leqslant i \leqslant t$.

提示: 说明如何把一条已知的路因子调整到具有上述性质的路因子上.

5.7 验证定理 5.2.5 隐含定理 5.2.1.

5.8 **航空时间表**. 一个机场有一定数量的跑道供飞机着陆使用. 如果一条跑道的每一次使用能够被确定为一个固定的时间间隔, 你怎样用最少的跑道来安排飞机的时间表 (必须留有空余的跑道, 时刻准备着为紧急着陆使用)?

5.9 (−) 用例子来说明: 引理 5.3.3 中的性质 (1) 和 (2) 不一定对任意无圈有向图成立.

5.10 运用定理 5.4.2、引理 5.4.1 和命题 4.9.3 的证明来证明推论 5.4.3.

5.11 证明关于路可重合有向图的定理 5.2.4.

5.12 证明: 每个强局部入半完全有向图有一个 2 连通底图.

5.13 用一个直接的方法证明: 一个局部半完全有向图有一个哈密尔顿圈当且仅当它是强的[44].

5.14 用一个直接的方法证明: 一个局部半完全有向图有一条哈密尔顿路当且仅当它是连通的[44]. 提示: 使用引理 4.10.2.

5.15 用一个直接的方法证明: 在时间 $O(n^2)$ 内我们能够在半完全有向图中找到一个最长圈[546].

5.16 (−) 应用命题 5.0.3 和定理 5.6.1 证明下面的结论:

定理 5.12.2 设 D 是 n 阶有向图. 假定对于每一个不相邻的支配对 $\{x, y\}$, 有 $d(x) \geqslant n-1$ 和 $d(y) \geqslant n-2$, 或者有 $d(x) \geqslant n-2$ 和 $d(y) \geqslant n-1$, 那么 D 是可描绘的.

5.17 证明: 在定理 5.6.1 中介绍的有向图 Q_n 是强的且是非哈密尔顿的.

5.18 证明引理 5.6.24.

5.19 找到一族满足定理 5.6.1 和定理 5.6.5 题设条件的无穷多个哈密尔顿有向图, 但不满足定理 5.6.7 的题设条件, 这族图既不是局部出半完全有向图, 也不是局部入半完全有向图[69].

5.20 找到一族无穷多个哈密尔顿有向图, 使得族中的每个有向图满足定理 5.6.12 的题设条件, 但不满足定理 5.6.7 的题设条件[758].

5.21 证明推论 5.6.21 和推论 5.6.22.

5.22 运用 Meyniel 定理证明：若一个强有向图 D 至少有 n^2-3n+5 条弧, 则 D 是哈密尔顿的.

5.23 证明：具有多于 $(n-1)^2$ 条弧的有向图是哈密尔顿的[514]①.

5.24 证明：如果 n 阶有向图 D 的最小半度至少为 $(n+1)/2$, 则 D 的每一条弧在 D 的一个哈密尔顿圈中.

5.25 构造一族无限多个非哈密尔顿强有向图, 使得族中的每个有向图满足 (5.1) 式和 (5.2) 式[115].

5.26 证明：半完全多部分有向图 D 的每一个顶点属于 D 的一条最长路[729].

5.27 (+) 给出定理 5.7.1 的第一个 (非算法的) 部分的一个直接证明[358,363].

5.28 说明图 5.6 中的多部分竞赛图是非哈密尔顿的.

5.29 证明关于半完全二部分有向图的相似于定理 5.7.7 的结论是不成立的, 即存在强半完全二部分有向图 D 及其一个最大圈有向子图 $\mathcal{F}$, 使得 $D\langle V(\mathcal{F})\rangle$ 不是哈密尔顿的[362].

5.30 一个定向图 $D=(V,A)$ 是**弧局部竞赛有向图**(arc-locally tournament digraph), 如果满足下列的 2 条性质：

(i) 当 x,y 是不同的顶点, 且存在一条弧 $uv\in A$, 使得 $xu,yv\in A$, 则在 D 中至少有一条弧位于 x 和 y 之间.

(ii) 当 x,y 是不同的顶点, 且存在一条弧 $zw\in A$, 使得 $zx,wy\in A$, 则 D 中至少有一条弧位于 x 和 y 之间.

证明：若 $D=(V,A)$ 是连通弧局部竞赛有向图, C 是它的一个圈, 则 $V-C$ 的每一个顶点与 C 上的一个顶点相邻.

5.31 (+)**弧局部竞赛有向图中的哈密尔顿路和圈**. 证明以下由 Bang-Jensen 得到的 2 个定理[48].

定理 5.12.3 一个弧局部竞赛有向图是哈密尔顿的当且仅当它是强的且有一个圈因子.

定理 5.12.4 一个弧局部竞赛有向图是可描绘的当且仅当它有一个 r 路圈因子.

提示：使用习题 5.30 并研究不交圈之间的弧的结构.

5.32 (−) 弧局部竞赛有向图的定义在习题 5.30 中给出. 证明：每个二部分竞赛有向图是弧局部竞赛有向图.

5.33 用关于 t 的数学归纳法证明定理 5.7.13.

5.34 检查推论 5.7.16 证明中的所有中间步骤, 证明下面的陈述成立. 构造一个二部分有向图 D：取 2 个不交的偶圈

$$C=u_1u_2\cdots u_{2k-1}u_{2k}u_1\text{和}Z=v_1v_2\cdots v_{2r-1}v_{2r}v_1$$

对 $1\leqslant i\leqslant k$ 和 $1\leqslant j\leqslant r$, 分别地给顶点 v_{2i-1} 和 u_{2j} 之间添加一条弧, 给顶点 v_{2i} 和 u_{2j-1} 之间添加一条弧 (任何方向, 如果可能的话, 每个方向上都有一条弧). 则 D 是哈密尔顿的当且

① 习题 5.22 和 5.23 中的 n 是有向图 D 的阶数. —— 译者注

仅当它是强的. 此外, 若 D 是强的, 圈 C 和 Z 如上定义, 可在时间 $O(|V(C)||V(Z)|)$ 内找到 D 的一个哈密尔顿圈[362].

5.35 证明定理 5.7.7.

5.36 证明引理 5.7.15 的推广：如果强半完全多部分有向图 D 有一个具有 $p(\leqslant n)$ 个顶点的圈有向子图 $\mathcal{F} = C_1 \cup C_2 \cup \cdots \cup C_t$, 则对每一个 i, 有向图 D 有长至少为 $p-t+1$ 且盖住 C_i 的每一个顶点的圈[68].

5.37 构造一个无穷多个半完全多部分有向图族来说明习题 5.36 的结果是最好的[68].

5.38 使用习题 5.36 的结果来证明：每个具有 1 路圈有向子图 $\mathcal{F} = P \cup C_1 \cup C_2 \cup \cdots \cup C_t$ 的 p 阶强半完全多部分有向图 D 有一条从 P 的起点出发且长至少为 $p-t-1$ 的路[68].

5.39 证明定理 5.7.13.

5.40 证明：设 D 是一个 n 阶强半完全多部分有向图, r 是 D 的最小顶点部分集的基数. 如果关于每一对支配且不相邻的顶点 x, y, 有 $d(x) + d(y) \geqslant \min\{2(n-r)+3, 2n-1\}$, 则 D 是哈密尔顿有向图[760].

5.41 (−) 证明：每一个最小入度和出度为 $k(\geqslant 2)$ 至多有 $2k+2$ 个顶点的定向图是多部分竞赛图, 其中每个顶点部分集至多有 2 个顶点.

5.42 证明下面的 Jackson 定理：

定理 5.12.5[449]　至多有 $2k+2$ 个顶点且最小入度和出度均为 $k(\geqslant 2)$ 的定向图是哈密尔顿的.

5.43 (−) 验证 $f(G'_k, k) = k-1$, 其中 G'_k 和函数 f 是定理 5.7.27 的证明之后所介绍的.

5.44 证明定理 5.8.2.

5.45 **可描绘的扩张局部半完全有向图的推广**. 证明定理 5.8.3.

5.46 (−) 证明下面的问题是 $\mathcal{NP}$ 完全问题：已知一个有向图 $D = (V, A)$ 及其一个顶点集划分 $V = V_1 \cup V_2 \cup \cdots \cup V_p$, 检查 D 是否有一个圈因子 $C_1 \cup C_2 \cup \cdots \cup C_k$, 使得没有 C_i 被包含在某一个 V_j 中, $1 \leqslant i \leqslant p$. 提示：考察 D 中任意一个顶点 x, 并令 $V_1 = V(D) - \{x\}$, $V_2 = \{x\}$.

5.47 (−)**可描绘拟可传递有向图的特征**. 用定理 5.7.1 来证明定理 5.9.2. 提示：参见定理 5.9.1 的证明.

5.48 (−)**可描绘拟可传递有向图的另一个特征**. 叙述并证明相似于定理 5.9.3 的可描绘拟可传递有向图的一个特征.

5.49 证明引理 5.11.3.

5.50 证明定理 5.10.2 的 2 个部分的复杂性的界.

5.51 (−) 由定理 5.10.2 来推证推论 5.10.3 的结论.

5.52 证明：若 D 是阶数至少为 3 的强定向图, 且 D 不包含图 5.9 中的任何一个图作为导出的有向子图, 则 D 是哈密尔顿有向图[477]. 提示：证明 D 是局部出半完全有向图, 并利用哈密尔顿局部出半完全有向图的特征[380].

5.53 **关于文献 [477] 中一个猜想的反例**. 考察竞赛图 D, 其中顶点集 $V(D) = \{x_1, x_2, x_3, x_4, x_5\}$ 和弧集 $A(D) = \{x_1x_2, x_2x_3, x_3x_4, x_4x_5, x_5x_1, x_1x_3, x_2x_4, x_3x_5, x_4x_1, x_5x_2\}$ 和任何一个具有 3 个顶点 y_1, y_2, y_3 的 2 强竞赛图 T, 使得 $\{y_1y_2, y_2y_3, y_3y_1\} \subseteq A(T)$. 现构造一个定向图

T^*, 它的顶点集为 $V(D) \cup V(T)$ 和弧集 $A(D) \cup A(T) \cup \{y_1x_2, x_4y_1, y_2x_2, x_4y_2, y_3x_4, x_2y_3\}$. 证明[380]:

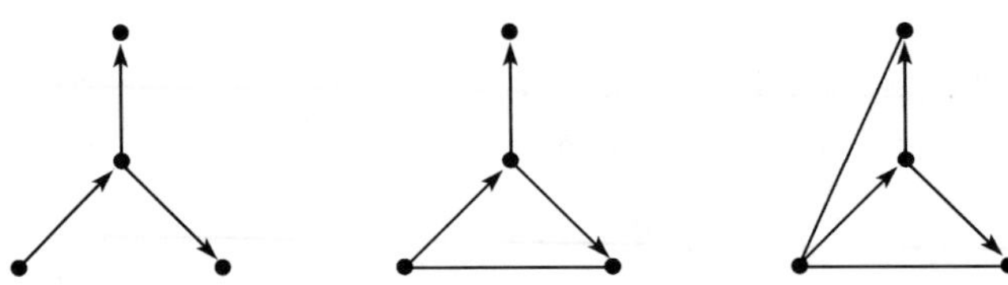

图 5.9　禁用有向图. 无定向弧是可以被任意定向的

(a) T^* 是强的.

(b) T^* 不包含 $K_{1,3}$ 的任何定向作为其导出有向子图.

(c) 对于每一个顶点 $v \in V(T^*)$, 有向图 $T^*\langle N(v)\rangle$ 是强的.

(d) T^* 不是哈密尔顿有向图.

5.54 (−) 证明: 几乎全部 1 正则有向图是非哈密尔顿有向图.

5.55 **某些半完全多部分有向图中的连通 (g,f) 因子**. 已知一个有向图 D, 对于每一个顶点 $x \in V(D)$, 有 2 个正整数 $f(x), g(x)$. D 的一个子图 H 叫做一个 (g,f) 因子, 如果对于每一个顶点 $x \in V(D)$, 有 $g(x) \leqslant d_H^+(x) = d_H^-(x) \leqslant f(x)$(或是 $g(x) \leqslant d_H(x) \leqslant f(x)$). 对于每一个顶点 x, 如果有 $f(x) = g(x) = 1$, 则一个连通 (g,f) 因子是哈密尔顿的. 证明下面由 Gutin 得到的定理.

定理 5.12.6[370]　设 D 是半完全二部分有向图, 或是扩张局部入半完全有向图. 则 D 有一个连通 (g,f) 因子当且仅当 D 是强连通的, 且含一个 (g,f) 因子. 可以在时间 $O(n^3)$ 内检查 D 是否有一个连通 (g,f) 因子.

5.56 **拟可传递有向图中的连通 (g,f) 因子**. 在这个习题中附加的术语已经在前一个习题中介绍并使用. 证明: 连通 (g,f) 因子问题关于拟可传递有向图类是多项式可解的[370].

5.57 设 G 是在 5 个顶点的完全图中删去一条边后得到的图, 找到 G 的一个不是哈密尔顿的强定向.

第 6 章　深入研究哈密尔顿性

本章将要讨论的结论是用另外一种方法来推广哈密尔顿性概念. 正如在本书目录中所看到的, 有相当数量的如此专题. 事实上, 有更多的内容可以添加进来, 但是我们认为本章的内容是最具代表性的.

我们先从研究具有预先指定的一个或多个终点的哈密尔顿路开始, 也就是说, 要研究从一个预先指定的顶点开始, 连接 2 个预先指定的顶点以及出发及终止都在预先指定的顶点上的路. 令人惊讶的是, 当固定越来越多的顶点时, 这些问题的难度将不断增长. 甚至对于竞赛图来说, 后面的问题仍然没有被完全解决.

接下来, 我们要讨论的专题是**泛圈性**(pancyclicity) 问题, 它被认为是哈密尔顿问题的一个推广. 首先研究 n 阶且含有长从 3 到 n 的每一个圈的有向图. 然后要研究这样的有向图, 对于每一个 $k \in \{3, 4, \cdots, n\}$, 该有向图的每一个顶点确实在一个 k 圈中. 之后, 我们将简要地讨论弧泛圈性, 即所有从 3 长到 n 长的圈通过每条弧. 这些问题是非常困难的, 几乎所有已知的结果涉及到的有向图类仅仅是竞赛图、竞赛图的推广和几乎是完全的有向图.

本章的另一个专题是研究那些避开或是通过预先指定弧的哈密尔顿圈. 这些问题是相当的困难, 就是对于竞赛图类也是相当的困难. 正如将在 6.7 节中介绍的几个结果表明, 给一个半完全有向图添加少量的顶点和弧所得到有向图的哈密尔顿圈存在性判定问题是极其艰难的. 事实上, 甚至对所研究的有向图只添加一个新顶点, 该判定问题也是不容易的. 本章将讨论 Kelly 猜想：每个正则竞赛图的弧可以被分解成弧不交的哈密尔顿圈, 这个问题也是极为不简单的.

我们还要研究哈密尔顿圈的定向, 并且较为详细地讨论主要工具之一是最近由 Havet 和 Thomassé 给出的深刻结果的一个证明, 即每一个至少有 8 个顶点的竞赛图包含一条哈密尔顿无向路的每一个定向.

本章另一个涉及哈密尔顿圈的问题是：寻找少数几个圈的集合问题, 此集合覆盖了一个有向图的每一个顶点. 研究内容要涉及 2 种情形：一种情形是允许这些圈两两相交的, 仅在一条路中两两相交; 另一种情形则要求这些圈是相互不交的.

最后 2 节的内容是应用. 对于几类广义竞赛图的强有向图 D, 可以在多项式时间内发现一个强连通支撑有向子图, 且是 D 中全体强连通支撑有向子图中弧数目最少的一个. 对于一般的有向图来说, 这个问题推广了哈密尔顿圈问题, 所以它是 $\mathcal{NP}$ 完全问题. 最后, 我们介绍讨论旅行售货员问题, 给出有关这个问题广泛使用的直观探索法所找到的游历对全部游历的一个比例 (依赖于 n), 同时也指明所找到的解可能是所期望的、质量可靠的解.

6.1 具有预先指定起 (终) 点的哈密尔顿路

本节讨论从一个预先指定的顶点出发或终止的哈密尔顿路, 除去其自身的意义外, 这种类型的结果对于联系具有 2 个预先指定顶点 (不必须是路的方向) 的哈密尔顿路的结论是非常有用的.

为了获得论证扩张竞赛图结构的感觉, 我们先介绍如下的一个简单结论:

命题 6.1.1 设扩张竞赛图 D 有一条 (x, y) 路 P, 使得 $D-P$ 有一个圈因子. 则 D 有一条从 x 出发的哈密尔顿路, 也有一条终止在 y 的哈密尔顿路.

证明 尽可能地选择一条从顶点 x 出发的路 P', 使得 $D-P'$ 含有一个由最小数目的圈 $C_1, C_2, \cdots, C_q$ 构成的圈因子. 则由命题 5.7.18, 当 $i<j$ 时, 可设 $C_i \Rightarrow C_j$. 设路 $P'=u_1u_2\cdots u_r$, 其中 $u_1=x$. 如果 $q \neq 0$, 根据 P' 的假定, u_r 是完全地被 C_1 支配. 因为 D 是强的, 存在一条从 P' 到 C_1 的弧, 设 u_i 是 P' 中具有最大下标 $i<r$ 的顶点, 使得有一条从 u_i 到 C_1 的弧 u_iz. 令 z^- 是圈 C_1 上 z 的前趋. 因为不存在从 u_{i+1} 到 C_1 的弧, 则有 $z^- \rightarrow u_{i+1}$. 我们在这里使用了一个扩张半完全有向图的非相邻顶点是相似的性质 (在第 1 章已经定义). 因而, $C_1[z, z^-]$ 可以被插入顶点 u_i 和 u_{i+1} 之间, 这与 P' 的选择矛盾. 所以, 必有 $q=0$, 即 P' 是从顶点 x 出发的哈密尔顿路. 用极为类似的方法可以证明 D 有一条终止在顶点 y 的哈密尔顿路. □

Bang-Jensen 和 Gutin 给出了下面的结果, 它说明对于那些半完全二部分有向图或扩张局部半完全有向图来说, 关于从一个预先指定的顶点出发的哈密尔顿路的存在性问题存在着一个漂亮的充要条件.

定理 6.1.2[66] 设 $D=(V, A)$ 是半完全二部分有向图, 或是扩张局部出半完全有向图, 令 $x \in V$. 则 D 有一条从 x 出发的哈密尔顿路的充要条件是 D 含有一个 1 路圈因子 $\mathcal{F}$, 使得 $\mathcal{F}$ 的路从 x 出发, 且对于每一个 $V-\{x\}$ 中的顶点 y, 存在 D 的一条 (x, y) 路①. 此外, 对 D 的已知 1 路圈因子 $\mathcal{F}$, 其中 $\mathcal{F}$ 的路从 x 出发, 可以在时间 $O(n^2)$ 内找到所期望的哈密尔顿路.

证明 必要性是显然的, 我们仅证充分性. 设 $\mathcal{F}=P \cup C_1 \cup C_2 \cup \cdots \cup C_t$ 是 D 的一个 1 路圈因子, 它是由一条从 x 出发的路 P 和若干个圈 $C_i (1 \leqslant i \leqslant t)$ 组成. 也设 D 的每一个顶点从 x 是可达的, 则不失一般性, 存在路 P 的一个顶点支配圈 C_1 的一个顶点. 令 $P=x_1x_2\cdots x_p, C_1=y_1y_2\cdots y_qy_1$, 其中 $x=x_1$ 和对 $k \in\{1,2, \cdots, p\}, s \in\{1,2, \cdots, q\}$, 有 $x_k \rightarrow y_s$. 下面将说明如何找到一条从 x 出发

①这等价于 D 有一个以 x 为根的出分枝的说法.

的新路, 它包含了 $V(P)\cup V(C_1)$ 的全部顶点. 重复这个过程, 直到找到所期望的路. 显然, 可以假定 $k<p$, 且没有从 x_p 到 $V(C_1)$ 的弧.

先设 D 是扩张局部出半完全有向图. 如果 P 有一个顶点 x_i, 它与 C_1 的一个顶点 y_j 相似, 则有弧 x_iy_{j+1}, $y_jx_{i+1}\in A$, 且当使用这 2 条弧后, 我们可以看到 $P[x_1,x_i]C[y_{j+1},y_j]P[x_{i+1},x_p]$ 就是一条从 x 出发且包含 $P\cup C_1$ 中全体顶点的路. 如果路 P 中没有顶点与圈 C_1 的顶点相似, 则可把习题 4.37 的结论应用到 $P[x_k,x_p]$ 和 $x_kC_1[y_s,y_{s-1}]$, 并把这 2 条路重合成一条从 x_k 出发的路 R, 它包含了 $P[x_k,x_p]\cup C_1$ 的每一个顶点. 现在可见, $P[x_1,x_{k-1}]R$ 就是从 x 出发并包含了 $P\cup C_1$ 的全部顶点的路.

其次设 D 是半完全二部分有向图. 则有 $x_{k+1}\to y_{s-1}$, 或有 $y_{s-1}\to x_{k+1}$, 而后者则暗示 $P[x_1,x_k]C_1[y_s,y_{s-1}]P[x_{k+1},x_p]$ 是从 x 出发并包含了 $P\cup C_1$ 的全部出顶点的一条路. 对 $x_{k+1}\to y_{s-1}$, 考察 x_{k+2} 和 y_{s-2} 之间的弧. 如果 $y_{s-2}\to x_{k+2}$, 则可构造所期望的路. 不然, 继续考察 x_{k+3} 和 y_{s-3} 之间的弧, 等等. 如果不能够用这种方式构造出所期望的路, 则可发现路 P 的最后一个顶点支配圈 C_1 的一个顶点, 这与上面的假设矛盾.

使用上面的过程和宽度优先搜索算法, 我们能够构造一个 $O(n^2)$ 算法来找到一条从顶点 x 出发的所期望的哈密尔顿路. □

正如寻找最小路因子问题推广了哈密尔顿路问题, 也可以把寻找从某预先指定顶点出发的哈密尔顿路的问题推广到寻找由尽可能少的路构成的路因子问题, 使得这些路中的某一条是从特定的顶点 x 出发. 我们说一个路因子出发在 x, 如果这个路因子中的一条路是从 x 出发的. 用 $\mathrm{pc}_x(D)$ 表示 D 中所有从 x 出发的路因子里路的条数最小者, 寻找一个从 x 出发具有 $\mathrm{pc}_x(D)$ 条路的路因子问题叫做 PFx 问题①.

设 Φ_1 是全体半完全二部分有向图、扩张局部半完全有向图和无圈有向图之集. 使用一个类似于 5.10 节中所使用过的方法, Bang-Jensen 和 Gutin 证明了下述结论:

定理 6.1.3[66] 设 D 是全 Φ_1 可分解有向图. 则在时间 $O(|V(D)|^4)$ 内, D 的 PFx 问题是可解的.

6.2 弱哈密尔顿连通有向图

已知一个有向图 $D=(V,A)$ 的 $[x,y]$ 路表示一条从 x 发点终止在 y 的路, 或是一条出发顶点与终止顶点相对换的路. 说 D 是弱哈密尔顿连通的, 如果对所选

---

① 注意, 对于每个有向图 D, 均有 $\mathrm{pc}_x(D)\leqslant \mathrm{pc}(D)+1$ 成立.

择的不同的顶点 $x,y \in V$, 有向图 D 总含有一条哈密尔顿 $[x,y]$ 路 (也称为 $[x,y]$ 哈密尔顿路). 显然, 对于不同的顶点 x,y 来说, 判定一个有向图 D 是否包含一条 $[x,y]$ 哈密尔顿路比判断 D 是否包含任何一条哈密尔顿路更为不容易, 而且对于一般的有向图来说, 根据定理 5.0.2, 这是一个 $\mathcal{NP}$ 完全问题 (也见习题 6.3). 本节将讨论在广义竞赛图上所得到的几个结论, 这些结论对寻找所期望的路均可导出多项式算法.

6.2.1 关于扩张竞赛图的结论

先介绍由 Thomassen 得到的一个定理[698], 在后面的小节里可以看到, 这个定理可以被推广到几类广义竞赛图中.

定理 6.2.1[698] 设 $D=(V,A)$ 是一个竞赛图, 且 x_1, x_2 是 D 的不同顶点. 则 D 有一条 $[x_1,x_2]$ 哈密尔顿路的充要条件是下列情形均不成立:

(a)D 不是强的, 且没有 x_1,x_2 中的一个属于 D 的初强分支, 或属于 D 的终止强分支 (或是二者).

(b)D 是强的, 对 $i=1,2$,$D-x_i$ 不是强的, x_{3-i} 既不属于 $D-x_i$ 的初强分支, 也不属于 $D-x_i$ 的终止强分支.

(c)D 同构于图 6.1 中 2 个竞赛图中的一个 (相对交换 x_1 和 x_2 的名称).

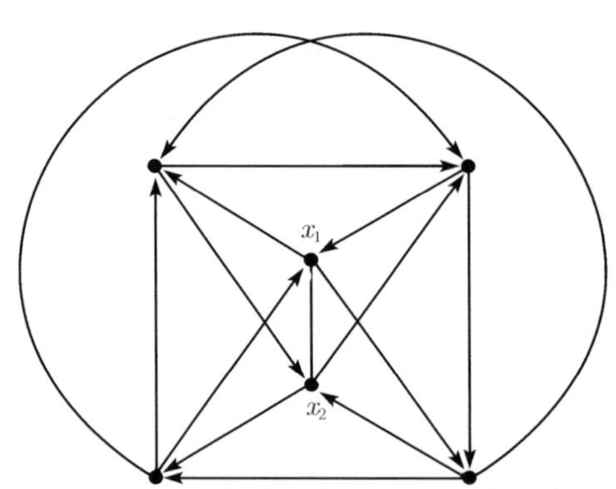

图 6.1 定理 6.2.1 中例外的竞赛图

在 x_1 和 x_2 之间的边可以被任意地定向

推论 6.2.2[698] 设 D 是强竞赛图, x,y,z 是 D 的不同的顶点, 则 D 含有一条连接集合 $\{x,y,z\}$ 中任意 2 个顶点的哈密尔顿路.

Thomassen 在定理 6.2.1 的证明中使用了一个漂亮的陷阱技术[698], 在归纳式证明中运用了推论 6.2.2, 我们介绍他的证明如下:

定理 6.2.1 的证明 设 x_1,x_2 是一个竞赛图 D 中的不同顶点. 容易证明: 如果情形 (a)~(c) 中的任何一个成立, 则 D 中不存在 $[x_1,x_2]$ 哈密尔顿路.

现假定情形 (a)~(c) 中的任何一个不成立, 关于 D 的顶点个数 n 运用数学归纳法, 我们欲证明 D 含有一条 $[x_1,x_2]$ 路. 当 $n\leqslant 4$ 时, 这是容易证明的, 故设 $n\geqslant 5$, 考虑具有不同的归纳假设步骤. 如果 D 不是强的, 则令 $D_1,D_2,\cdots,D_s(s\geqslant 2)$ 是 D 的强分支的无圈序. 因为情形 (a) 不成立, 不失一般性, 可设 $x_1\in V(D_1)$ 和 $x_2\in V(D_s)$. 注意 D_1 中有一条从顶点 x_1 出发的哈密尔顿路 P_1(习题 6.1), D_s 有一条终止于 x_2 的哈密尔顿路, 令 P_i 是 D_i 的哈密尔顿路 $(2\leqslant i\leqslant s-1)$. 从而, $P_1P_2\cdots P_{s-1}P_s$ 是一条 (x_1,x_2) 哈密尔顿路.

如果 $D-x_i$ 不是强的 $(i=1,2)$, 不妨设 $i=1$. 令 $D'_1,D'_2,\cdots,D'_p(p\geqslant 2)$ 是 $D-x_1$ 的强分支的无圈序. 由于情形 (b) 不成立, 如果需要可考虑 D 的逆, 可设顶点 x_2 属于 D'_p. 令 y 是 D'_1 中 x_1 的出邻点. 在前面的论证中已经隐含 $D-x_1$ 中有一条 (y,x_2) 哈密尔顿路, 即导致 x_1P 是 D 的一条 (x_1,x_2) 哈密尔顿路. 因而下设 $D-x_i$ 是强的 $(i=1,2)$.

如果 $D-\{x_1,x_2\}$ 不是强的, 容易证明 D 有一条 (x_i,x_{3-i}) 哈密尔顿路 $(i=1,2)$(习题 6.2). 故仅考虑 $D'=D-\{x_1,x_2\}$ 是强的情形. 设 $u_1u_2\cdots u_{n-2}u_1$ 是 D' 的一个哈密尔顿圈. 如果需要的话, 可考虑 D' 的逆, 不妨设 x_1 支配 u_1. 则 D 有一条 (x_1,x_2) 哈密尔顿路, 除非 x_2 支配 u_{n-2}, 因而可设这种情形出现. 依照相同的论证, 可看到所期望的路存在, 或者 x_1 支配 u_{n-3} 和 x_2 支配 u_{n-4}. 现在我们可看到: 要么所期望的路存在, 要么 $n-2$ 是偶数, 且有顶点 $x_1\mapsto\{u_1,u_3,\cdots,u_{n-3}\}$, 顶点 $x_2\mapsto\{u_2,u_4,\cdots,u_{n-2}\}$. 如果 x_1 和 x_2 支配其他的顶点而不是上面所说的顶点, 则重复上面的论证. 或可证明所期望的路存在, 或有 $\{x_1,x_2\}\mapsto V(C)$, 但由于 D 是强的, 这是不可能的. 因此, 可假定

$$
\begin{aligned}
&\{u_2,u_4,\cdots,u_{n-2}\}\mapsto x_1\mapsto\{u_1,u_3,\cdots,u_{n-3}\},\\
&\{u_1,u_3,\cdots,u_{n-3}\}\mapsto x_2\mapsto\{u_2,u_4,\cdots,u_{n-2}\}. \qquad (6.1)
\end{aligned}
$$

如果 $n=6$, 利用情形 (c) 不成立, 易知所期望的路存在, 故下设 $n\geqslant 8$. 根据归纳假定, 对全体 $n-2$ 个顶点的竞赛图, 这个定理和推论 6.2.2 成立. 于是, D' 含有一条哈密尔顿路 P, 它的出发点和终点均在集合 $\{u_1,u_3,u_5\}$ 中. 再根据 (6.1) 式, 我们可以扩张 P 成为 D 的一条 (x_1,x_2) 哈密尔顿路. □

我们把讨论的焦点放到扩张竞赛图上, 一个扩张竞赛图 D 并不总含有一条哈密尔顿路. 但在定理 5.7.1 中已经看到, 它满足下面明显的必要条件, 即存在 D 的一个 1 路圈因子. 于是, 对 $[x,y]$ 哈密尔顿路的存在性寻找一个充分条件必须要求 $[x,y]$ 路 P 的存在, 使得 $D-P$ 有一个圈因子 (这包含了 P 已经是哈密尔顿路的情形). 使用流就能够在多项式时间内检查任意有向图中是否有如此的圈因子, 见习题 3.62.

下面的结论相似于前面在定理 6.2.1 的证明中最后部分里所发现的结构.

引理 6.2.3[67] 设 D 是强扩张竞赛图, 包含不同的顶点 x 和 y, 使得 $D-\{x,y\}$ 有一个哈密尔顿圈 C, 但 D 无哈密尔顿 $[x,y]$ 路. 则 C 是偶圈, $N^+(x)\cap V(C)=N^-(y)\cap V(C)$, $N^-(x)\cap V(C)=N^+(y)\cap V(C)$, 并且 x 的邻点在 C 上按出邻点和入邻点相互交替出现.

证明留作习题 6.5.

Bang-Jensen, Gutin 和 Huang 对扩张竞赛图中 $[x,y]$ 哈密尔顿路的存在性给出了如下的特征, 注意它有着与定理 6.2.1 的结论非常强的相似性.

定理 6.2.4[67] 设 D 是扩张竞赛图, x_1,x_2 是 D 的不同顶点. 则 D 中存在一条 $[x_1,x_2]$ 路当且仅当 D 有一条 $[x_1,x_2]$ 路 P, 使得 $D-P$ 有一个圈因子, 并且 D 不满足下列情形中的任何一个:

(a) D 不是强的, D 的初分支或是终止分支 (或二者) 均不包含 x_1 和 x_2 中的任何一个顶点;

(b) D 是强的, 且对 $i=1$ 或 $i=2$ 下列陈述成立: 有向图 $D-x_i$ 不是强的, x_{3-i} 不属于 $D-x_i$ 的初分支或终止分支, 或者 x_{3-i} 属于 $D-x_i$ 的初 (终止) 分支, 但不存在 (x_{3-i},x_i) 路 ((x_i,x_{3-i}) 路)P', 使得 $D-P'$ 有一个圈因子.

(c)D,$D-x_1$ 和 $D-x_2$ 都是强的, D 同构于图 6.1 中的 2 个竞赛图的某一个.

在文献 [67] 中, 定理 6.2.4 的证明是构造性的, 它隐含了下面的结果 (其证明包括了定理 6.2.1 的大部分证明). 必须指出, 文献 [67] 中的证明很明显地使用了有向图没有 2 圈的事实. 因此, 这个证明仅对扩张竞赛图有效, 而对于一般的扩张半完全有向图是无效的, 这仍然是一个公开的问题.

定理 6.2.5[67] 存在一个 $O(m\sqrt{n})$ 算法, 用它可判定一个已知的扩张竞赛图是否有一条连接预先指定的 2 个顶点 x 和 y 哈密尔顿路. 此外, 在相同的时间内可找到一条 $[x,y]$ 哈密尔顿路, 如果它是存在的.

定理 6.2.4 也揭示了如下扩张竞赛图是弱哈密尔顿连通的一个特征 (见习题 6.7).

定理 6.2.6[67] 设 D 是一个扩张竞赛图. 则 D 是弱哈密尔顿连通的充要条件是它满足下列的每一个条件:

(a) D 是强连通的.

(b) 对 D 的不同的顶点 x,y, 存在一条 $[x,y]$ 路 P, 使得 $D-P$ 有一个圈因子.

(c) 对 D 的每一个顶点 x, $D-x$ 至多有 2 个强分支, 且若 $D-x$ 不是强的, 则对初 (分别是终止) 强分支的每一个顶点 y, 有一条 (y,x) 路 (或是一条 (x,y) 路)P', 使得 $D-P'$ 有一个圈因子.

(d) D 不同构于图 6.1 中的任何一个竞赛图.

下面的结果推广了推论 6.2.2. 注意, 为了有机会得到终点在集合 $\{x,y,z\}$ 中的一条哈密尔顿路, 必须假定所描述的路存在. 以下结果的证明解释了如何论证扩张竞赛图的结构.

推论 6.2.7[67] 设 x,y 和 z 是强扩张竞赛图 D 的 3 个顶点. 假定对于每一次 $u,v\in\{x,y,z\}$ 的选择, 存在 D 的一条 $[u,v]$ 路 P, 使得 $D-P$ 有一个圈因子, 则 D 中存在连接 $\{x,y,z\}$ 中任何 2 个顶点的哈密尔顿路.

证明 如果 $D-x$ 和 $D-y$ 均是强的, 则由定理 6.2.4, 或者 D 有一条连接 x 和 y 的哈密尔顿路, 或者 D 同构于图 6.1 中的某一个竞赛图, 这说明 D 有一条连接 x 和 z 的哈密尔顿路. 对 $D-x$ 和 $D-y$ 均是强的情形或者 $D-y$ 和 $D-z$ 均是强的情形, 也有类似的结论. 所以, 不失一般性, 假定 $D-x$ 和 $D-y$ 均不是强的, 设 $S_1,S_2,\cdots,S_t$ 是 $D-x$ 的强分支的无圈序. 因为 D 是强的, 故 S_t 有一条到 x 的弧.

先设对某 $1<i<t$, 有 $y\in V(S_i)$. 欲证 $D-y$ 是强的, 从而产生与假设的矛盾. 考察一条 $[x,y]$ 路 P 和 $D-P$ 的一个圈因子 $\mathcal{F}$. 不难看到, P 不含诸 $S_{i+1},S_{i+2},\cdots,S_t$ 中的任何一个顶点. 因而, 这些强分支中的每一个 $S_j(i+1\leqslant j\leqslant t)$ 均包含一个圈因子, 这个圈因子是由 $\mathcal{F}$ 中的若干圈组成. 特别地, 每一个 S_j 有至少 3 个顶点 (因它含有一个圈), $i+1\leqslant j\leqslant t$. 根据 P 和 $\mathcal{F}$ 的存在性, S_i 中的每一个顶点至少受到一个 $U=V(S_1)\cup V(S_2)\cup\cdots\cup V(S_{i-1})$ 中的顶点支配. 其实, 如果某 $z\in V(S_i)$ 不被 U 中任何的顶点支配, 则使用 $S_r\Rightarrow S_p(1\leqslant r<p\leqslant t)$, 知 z 似于 U 中的每一个顶点. 然而, 这又矛盾于 P 和 $\mathcal{F}$ 的存在性. 现在易见 $D-y$ 是强的, 这是因为 S_i-y 的每一个顶点被 U 中的某顶点支配, 而它又支配 $V(S_{i+1})\cup V(S_{i+2})\cup\cdots\cup V(S_t)$ 的一个顶点. 因此, 可假定 y 属于 S_1 或 S_t.

如果需要的话, 可考虑扩张竞赛图 D 的逆, 故可设 $y\in V(S_1)$. 根据定理 6.2.4(b), 反设不存在 (y,x) 路 W, 使得 $D-W$ 有一个圈因子. 于是, 由此推论的题设, 存在一条 (x,y) 路 $P'=v_1v_2\cdots v_r$, 其中 $v_1=x$ 和 $v_r=y$, 使得 $D-P'$ 有一个圈因子 $\mathcal{F}'$. 因为 S_1 包含了 $P'-x$. 从而, 依照上面的论证, 可以断定每一个 $S_i(i>1)$ 含有一个圈因子 (从 $\mathcal{F}'$ 继承来的). 因而, 由定理 5.7.7, S_i 含有一个哈密尔顿圈 C_i.

注意到, S_1 中那些不在 P' 上的顶点属于 $\mathcal{F}'$ 的某圈, 它们又完全在 S_1 内. 因此, 如果 $r=2$(也就是说, P' 正好是弧 $x\to y$), 则由命题 6.1.1(当所讨论的路长为零时, 该命题也是成立的), S_1 包含一条从 y 出发的哈密尔顿路. 可以容易地将这条路扩张成为 D 的一条 (y,x) 哈密尔顿路, 这是因为每一个 $S_i(i>1)$ 是哈密尔顿有向图. 于是, 设 $r\geqslant 3$.

若 S_1-y 是强的, 则 $D-y$ 也是强, 与上面的假设矛盾. 设 $T_1,T_2,\cdots,T_s(s\geqslant 2)$ 是 S_1-y 的强分支的一个无圈序. 注意到, 每一个 $V(T_i)$ 或是被 $D-P'$ 的圈因子 $\mathcal{F}'$ 的某一个圈盖住, 这时强分支 T_i 有一个哈密尔顿圈 (根据定理 5.7.5), 或者是被路 $P'[v_2,v_{r-1}]$ 的一条子路和 $\mathcal{F}'$ 的某圈 (可能为零) 盖住, 这时 T_i 有一条哈密尔顿路 (根据定理 5.7.1). 又注意到, 至少存在一条从 y 到 T_1 的弧, 至少有一条从 T_s 到

y 的弧. 如果 T_1 包含路 $P'[v_2, v_{r-1}]$ 的一段, 则很清楚, T_1 包含 v_2. 但是, $x \to v_2$ 导致 $D-y$ 是强的, 这又矛盾于上面的假设. 因而, 强分支 T_1 不含路 $P'[v_1, v_{r-1}]$ 上的任何顶点, 则由上面的论证, T_1 有一个哈密尔顿圈, 其上至少含有一条出自 y 的弧. 运用上面推导的结构, 可见扩张竞赛图 D 有一条 (y, x) 哈密尔顿路 (习题 6.6). □

从上面推论的结论中可看到, 当考虑弱哈密尔顿连通性时, 扩张竞赛图含有一个与竞赛图的结构紧密关联的结构. 为了明白定理 6.2.4 的结论不能移植到一般的多部分竞赛图, 我们来考察一个多部分竞赛图 D, 它是给具有二部分顶点集 X 和 Y 的哈密尔顿二部分竞赛图 B 添加 2 个新顶点 x 和 y, 而且添加所有从 x 到 X 和从 Y 的 x 的弧以及所有从 y 到 Y 和从 X 到 y 的弧, 最后再给 x 和 y 之间添加任何方向上的一条弧, 我们就得到这个有向图 D. 不难看到, D 不满足定理 6.2.4 中情形 (a)~(c) 的任何一条, 这说明不能够有一条起终点均为 D 的 x 和 y 的哈密尔顿路, 这是因为如此的路将包含 B 的一条从 Y 出发、终止在 X 的哈密尔顿路, 或是从 X 出发、终止在 Y 的哈密尔顿路. 根据奇偶性原则 ($|X| = |Y|$), 如此的路是不存在的. 注意, 也可选取 B, 使得所产生的多部分竞赛图具有较高的连通性.

Bang-Jensen 和 Manoussakis 还刻画了弱哈密尔顿连通二部分竞赛图[86], 他们证得关于二部分竞赛图中一条 $[x, y]$ 哈密尔顿路存在的一个充要条件. 这个特征的表述非常相似于定理 6.2.4 的叙述, 这 2 个特征叙述的唯一差别是在情形 (c)：在二部分竞赛图的特征刻画中, 禁用有向图的集合是极为不相同的, 而且是无穷多的.

6.2.2　关于局部半完全有向图的结论

我们的下一个任务是刻画局部半完全有向图 $[x, y]$ 哈密尔顿路问题的解. 值得注意的是, 这个解也覆盖了半完全有向图的情形, 尤其是把定理 6.2.1 推广到半完全有向图. 对于某些特殊局部半完全有向图我们先来建立记号, 在同构意义下, 存在 4 个顶点的唯一的强竞赛图, 特记为 $T_4^{\,1}$, 它的顶点集和弧集分别是

$$V(T_4^{\,1}) = \{a_1, a_2, a_3, a_4\}, \quad A(T_4^{\,1}) = \{a_1a_2, a_2a_3, a_3a_4, a_4a_1, a_1a_3, a_2a_4\}.$$

半完全有向图 $T_4^{\,2}$, $T_4^{\,3}$ 和 T_4^4 是给 $T_4^{\,1}$ 添加弧得到的, 具体是

$$A(T_4^{\,2}) = A(T_4^{\,1}) \cup \{a_3a_1, a_4a_2\},$$

$$A(T_4^{\,3}) = A(T_4^{\,1}) \cup \{a_3a_1\}, \quad A(T_4^4) = A(T_4^{\,1}) \cup \{a_1a_4\}.$$

令 $\mathcal{T}_4 = \{T_4^{\,1}, T_4^{\,2}, T_4^{\,3}, T_4^4\}$. 易见 $\mathcal{T}_4$ 中的每个有向图含有唯一的哈密尔顿圈, 这个哈密尔顿圈上 2 个不连续顶点间不存在哈密尔顿路 (称这 2 个顶点为**对立的**).

令 $\mathcal{T}_6$ 是全部具有顶点集 $\{x_1, x_2, a_1, a_2, a_3, a_4\}$ 的半完全有向图之集, $\mathcal{T}_6$ 的每一个成员 D 有一个圈 $a_1a_2a_3a_4a_1$, 且有向图 $D\langle\{a_1, a_2, a_3, a_4\}\rangle$ 同构于 $\mathcal{T}_4$ 中的一

个成员. 另外, 有 $x_i \to \{a_1, a_3\} \to x_{3-i} \to \{a_2, a_4\} \to x_i (i = 1, 2)$. 能够直接验证 $\mathcal{T}_6$ 包含 2 个竞赛图 (分别记为 T'_6 和 T''_6), 就是图 6.1 中的 2 个竞赛图, 并且有 $|\mathcal{T}_6| = 11$. 因为没有 $\mathcal{T}_4$ 中的有向图含有连接任意 2 个对立顶点的哈密尔顿路, 所以没有 $\mathcal{T}_6$ 中的有向图包含 x_1 和 x_2 之间的哈密尔顿路.

对于偶整数 $m \geqslant 4$, 存在 m 个顶点的唯一的 2 强 2 正则局部半完全有向图, 即是一个 m 圈的 2 次幂 $\vec{C}^{\,2}_m$(习题 6.8). 定义 $\mathcal{T}^* = \{\vec{C}^{\,2}_m \mid m$ 是偶数, 且 $m \geqslant 4\}$.

不难证明, $\mathcal{T}^*$ 中的每个有向图有唯一的哈密尔顿圈, 不是弱哈密尔顿连通的 (习题 6.9, 也见文献 [47]). 例如, 若 $\vec{C}^{\,2}_6$ 中唯一的哈密尔顿圈是 $u_1u_2u_3u_4u_5u_6u_1$, 则 $u_1u_3u_5u_1$ 和 $u_2u_4u_6u_2$ 是 $\vec{C}^{\,2}_6$ 的 2 个圈, 没有哈密尔顿路连接 $\{u_1, u_3, u_5\}$ 中的 2 个顶点或 $\{u_2, u_4, u_6\}$ 中的 2 个顶点.

设 $T^{\,1}_8$ 是给 $\vec{C}^{\,2}_6$ 添加 2 个新顶点 x_1 和 x_2, 使有 $x_1 \to \{u_1, u_3, u_5\} \to x_2 \to \{u_2, u_4, u_6\} \to x_1$ 后得到的有向图. 此外, 给 $T^{\,1}_8$ 添加弧 x_1x_2(或弧 $x_2x_1$①) 得到有向图 $T^{\,2}_8$(或 $T^{\,3}_8$). 令 $\mathcal{T}_8 = \{T^{\,1}_8, T^{\,2}_8, T^{\,3}_8\}$. 易知, $\mathcal{T}_8$ 的每一个成员是 3 强局部半完全有向图, 且不存在顶点 x_1 和 x_2 之间的哈密尔顿路.

在介绍主要结论之前, 我们要介绍 2 个由 Bang-Jensen, Guo 和 Volkmann 所得到的引理, 它们将被使用在定理 6.2.10 的证明中. 第一个引理推广了在定理 6.2.1 证明的最后部分所发现的结构.

引理 6.2.8[56] 设 D 是 $n(\geqslant 4)$ 阶强局部半完全有向图, x_1 和 x_2 是 D 的不同顶点. 如果 $D - \{x_1, x_2\}$ 是强的, 且 $N^+(x_1) \cap N^+(x_2) \neq \varnothing$, 或者 $N^-(x_1) \cap N^-(x_2) \neq \varnothing$, 则 D 有一条连接 x_1 和 x_2 的哈密尔顿路.

证明留作习题 6.10.

在定理 6.2.10 证明中另一个有用的部分是如下的链接结果. 对某个 $k \geqslant 1$, 一条**奇链**(odd chain) 是具有奇数个顶点的路 $\vec{P}_{2k+1}$ 的 2 次幂 $\vec{P}^2_{2k+1}$.

引理 6.2.9[56] 设 D 是连通的局部半完全有向图, 且 D 具有 $p(\geqslant 4)$ 个强分支, 这些强分支的无圈序为 $D_1, D_2, \cdots, D_p$. 假定 $V(D_1) = \{u_1\}$ 和 $V(D_p) = \{v_1\}$, 且对于每一个顶点 x,$D - x$ 是连通的. 则对于每次 $u_2 \in V(D_2)$ 和 $v_2 \in V(D_{p-1})$ 的选择, D 有 2 条顶点不交的路, 路 P_1 是从 u_2 到 v_1, 路 P_2 是从 u_1 到 v_2, 且 $V(P_1) \cup V(P_2) = V(D)$ 当且仅当 D 不是一条从 u_1 到 v_1 的奇链.

证明 如果 D 是一条奇链, 易见 D 没有 2 条顶点不交的 (u_i, v_{3-i}) 路, $i = 1, 2$(习题 6.11). 关于 p, 用数学归纳法证明其逆 (必要性) 也是成立的. 设 D 不是一条从 u_1 到 v_1 的奇链. 因对每一个顶点 x, $D - x$ 是连通的, 则对 $i \leqslant p - 2$, 有 $|N^+(D_i)| \geqslant 2$; 对 $j \geqslant 3$, 有 $|N^-(D_j)| \geqslant 2$. 如果 $p = 4$, 易见 D 有 2 条顶点不交的路, 路 P_1 是从 u_2 到 v_1, 路 P_2 是从 u_1 到 v_2, 且 $V(P_1) \cup V(P_2) = V(D)$(习

① 原文写为分别有弧 x_1x_2 和弧 x_2x_1. —— 译者注

题 6.13). 如果 $p=5$, 也容易验证 D 有所要求的 2 条路, 除非 D 是 5 个顶点的链. 下设 $p\geqslant 6$, 考察有向图 D', 它是从 D 中删去顶点集合 $\{u_1,v_1\}$,$V(D_2-u_2)$ 和 $V(D_{p-1}-v_2)$ 之后得到的有向图.

使用对 D 的假设, 不难证明 D' 是连通的, 但不是强连通局部半完全有向图, 且有它的强分支的无圈序 $\{u_2\},D_3,D_4,\cdots,D_{p-2},\{v_2\}$. 此外, 对 D' 的每一个顶点 y, 有向图 $D'-y$ 仍然是连通的. 令 u 是 D_3 的一个顶点, v 是 D_{p-2} 的任意一个顶点. 注意到 $D\langle\{u_1,u\}\cup V(D_2-u_2)\rangle$ 中存在一条 (u_1,u) 哈密尔顿路. 类似地, $D\langle\{v,v_1\}\cup V(D_{p-1}-v_2)\rangle$ 中有一条 (v,v_1) 哈密尔顿路. 从而, 如果 D' 含有盖住 D' 的每一个顶点且不交的 (u_2,v) 路和 (u,v_2) 路, 则 D 就有所要求的路. 因此, 可假定 D' 没有如此的路. 根据归纳假设, D' 是从顶点 u_2 到顶点 v_2 的一条奇链, 现在运用 D 不是从顶点 u_1 到顶点 v_1 的奇链, 就知 D 含所期望的路, 这部分证明的细节留给读者. □

在文献 [47, 定理 4.5] 中, 作者证得比引理 6.2.9 的结论较弱的一个版本. 下面给出一个由 Bang-Jensen,Guo 和 Volkmann 得到的特征, 它刻画了局部半完全有向图中 $[x,y]$ 哈密尔顿路的存在性, 注意到它与定理 6.2.1 的相似性.

定理 6.2.10[56] 设 D 是 n 个顶点的连通局部半完全有向图, x_1 和 x_2 是 D 的 2 个不同的顶点, 则 $D[x_1,x_2]$ 无哈密尔顿路当且仅当满足下列条件之一：

(1) D 是不是强的, D 的初分支或终止分支 (或二者) 不包含顶点 x_1 和 x_2 中的任何一个.

(2) D 是强连通的, 但不是 2 强的.

(2.1) 有某 $i\in\{1,2\}$, 使得 $D-x_i$ 不是强的, x_{3-i} 既不属于 $D-x_i$ 的初分支, 也不属于它的终止分支.

(2.2) $D-x_1$ 和 $D-x_2$ 是强的, s 是 D 的一个分离顶点, $D_1,D_2,\cdots,D_p$ 是 $D-s$ 的强分支的无圈序, $x_i\in V(D_\alpha)$ 和 $x_{3-i}\in V(D_\beta)$, 有 $\alpha\leqslant\beta-2$. 此外, $V(D_{\alpha+1})\cup V(D_{\alpha+2})\cup\cdots\cup V(D_{\beta-1})$ 包含 D 的一个分离顶点, 或者 $D'=D\langle V(D_\alpha)\cup V(D_{\alpha+1})\cup\cdots\cup V(D_\beta)\rangle$ 是从 x_i 到 x_{3-i} 的一条奇链, 具有 $N^-(D_{\alpha+2})\cap V(D-V(D'))=\varnothing$ 和 $N^+(D_{\beta-2})\cap V(D-V(D'))=\varnothing$.

(3) D 是 2 强的, 且同构于 T_4^2, 或着同构于 $\mathcal{T}_6\cup\mathcal{T}_8\cup\mathcal{T}^*$ 中的某一个成员, x_1, x_2 分别是定义中对应的顶点.

作为定理 6.2.10 的一个简单推论, 下面是弱哈密尔顿连通局部半完全有向图的一个特征, 它的证明留给有兴趣的读者作为习题 6.12.

定理 6.2.11[56] 具有至少 3 个顶点的局部半完全有向图 D 是弱哈密尔顿连通的充要条件是它满足下列全部的陈述：

(a) D 是强的.

(b) 对 D 的每一个顶点 x, 有向子图 $D-x$ 至多有 2 个分支.

(c)D 不同构于 $\mathcal{T}_6 \cup \mathcal{T}_8 \cup \mathcal{T}^*$ 中的任何一个成员.

6.3 哈密尔顿连通有向图

本节考虑通过预先指定出发顶点、终止顶点的哈密尔顿路. 一条 (x, y) 哈密尔顿路是从顶点 x 到顶点 y 的哈密尔顿路. 显然, 对于任意的有向图寻求这样的一条路比寻找 $[x, y]$ 哈密尔顿路的要求更强①. 对于一个有向图 $D = (V, A)$ 的任何 2 个不同的顶点 x, y, 如果 D 总含有一条 (x, y) 哈密尔顿路, 则称 D 是**哈密尔顿连通的**(hamiltonian-connected).

至今尚不清楚 (x, y) 哈密尔顿路存在的特征, 就是对竞赛图的情形也没有如此的特征②. 然而, 下一节中我们为这个问题构造了一个多项式算法, 使得在算法的范围内可以说是一个好的特征. 我们将在下一节的算法中使用下面 Thomassen 的非常重要而不完整的结果.

定理 6.3.1[698] 设 $D = (V, A)$ 是 2 强半完全有向图, x, y 是 D 的不同顶点. 如果满足下列 2 个条件之一, 则 D 含有一条 (x, y) 哈密尔顿路:

(a)D 包含 3 条长至少为 2 的内部不交的 (x, y) 路.

(b)D 包含一个被 $V - x$ 的每一个顶点支配的顶点 z, 且 D 包含 2 条长度至少为 2 的内部不交的 (x, y) 路.

显然, Thomassen 在他的证明中明显地使用了允许有向图含有 2 长圈的事实. 这样做的结果是简化了证明 (它仍然远离平凡), 因为人们可以使用收缩到一个较小的情形后, 然后采用数学归纳法进行证明.

注意, 定理 6.3.1 证明中的一个重要部分以及其他几个涉及半完全有向图 D 中 (x, y) 哈密尔顿圈存在性的证明里均证明了 D 含有一个支撑无圈有向图, 而且可以从顶点 x 到达其余所有顶点以及任何一个顶点皆可以达到顶点 y. 有关这个方面的原因可以从如下的结果中看到, 它推广了 Thomassen 的一个结果[698].

命题 6.3.2[50] 设 D 是一个路可重合有向图, 则 D 有 (x, y) 哈密尔顿路的充要条件是 D 包含一个支撑无圈有向图 H, 满足 $d_H^-(x) = d_H^+(y) = 0$, 使对于每一个顶点 $z \in V(D)$, 支撑无圈有向图 H 包含一条 (x, z) 路和一条 (z, y) 路.

证明留作习题 6.15.

根据定理 6.3.1 和 Menger 定理 (见定理 7.3.1), 我们立刻得到如下的结论, 另一个漂亮的推论可见习题 6.16.

定理 6.3.3[698] 如果半完全有向图 D 是 4 强的, 则 D 是哈密尔顿连通的.

① 已知没有一类有向图对 $[x, y]$ 哈密尔顿路问题是多项式可解的. 但是, (x, y) 哈密尔顿路问题是 $\mathcal{NP}$ 完全问题. 从复杂性的观点来看, 对任意的有向图来说, 它们是相互等价的 (习题 6.3).

② 这里所说的是一个结构特征, 它仅具有在多项式时间内能够进行检查的条件.

Themassen 还构造了一族无穷多个 3 强连通竞赛图, 使得族中每个成员具有这样的 2 个顶点 x, y, 且它不含 (x, y) 哈密尔顿路[698]. 因此, 从连通性的角度看, 定理 6.3.3 是最好的. 具有几个推论的定理 6.3.3 是非带重要的. 在几篇文章中, Thomassen 介绍了如何使用定理 6.3.3 得到半完全有向图中路和圈的支撑组, 读者可参见 Thomassen 的文章[699,701] 和本章的 6.7 节. 下面关于扩张竞赛图上定理 6.3.3 的推广是 Bang-Jensen, Gutin 和 Huang 曾经猜测的.

猜想 6.3.4[67] 如果 D 是 4 强扩张竞赛图, 它有一条 (x, y) 路 P, 且使得 $D-P$ 有一个圈因子, 那么 D 有一条 (x, y) 哈密尔顿路.

Guo 把定理 6.3.3 推广到局部半完全有向图中[342], 证得如下的结论:

定理 6.3.5[342] 设 D 是 2 强局部半完全有向图, x, y 是 D 的不同顶点. 如果下列的陈述 (a) 或 (b) 成立, 则 D 包含一条从 x 到 y 的哈密尔顿路:

(a) D 中存在 3 条内部不交的 (x, y) 路, 每条长至少为 2, 且 D 不同构于有向图 T_8^1 和 T_8^2(看前一节有关这 2 个图的定义) 中的任何一个.

(b) 有向图 D 含有一条从 x 出发或终止在 y 的路 P 以及 2 条长至少为 2 内部不交的 (x, y) 路 P_1, P_2, 且 P 与 P_1 和 P_2 只有唯一的公共顶点 x, 或唯一的公共顶点 y, 使得 $V(D)=V(P_1) \cup V(P_2) \cup V(P)$. 此外, 对任何顶点 $z \notin V(P_1) \cup (P_2), z$ 有一个在 $P_1-\{x, y\}$ 上的邻点当且仅当它有一个邻点在 $P_2-\{x, y\}$ 上.

因为在定理 6.3.5(a) 中的 2 个例外均不是 4 强的, 故该定理隐含了下面的推论:

推论 6.3.6[342] 若局部半完全有向图是 4 强的, 则它是哈密尔顿连通的.

在文献 [341] 中, Guo 利用定理 6.3.5 为那些 3 强连通、弧 3 圈 (每一条弧在一个 3 圈中) 局部竞赛图给出了一个完全的特征, 这些图对预先指定的顶点 x 和顶点 y, 没有从 x 到 y 的哈密尔顿路. 特别地, 这个特征表明存在无穷多个 3 强连通有向图, 它们是局部竞赛有向图 (但不是半完全有向图) 且不是哈密尔顿连通的. 于是, 只要论及这个问题, 它不是唯一的半完全有向图子类, 包含了局部半完全有向图类中最困难的情形. 值得注意的是, Guo 的证明并不依赖于定理 6.3.3. 然而, 由于是上面提到的个别非半完全的例外, 似乎使用定理 6.3.3 和定理 4.11.15 不能够发现推论 6.3.6 的一个简单证明.

自然地, 有几个关于有向图中哈密尔顿连通性的结论具有很多的弧, 例如下面由 Lewin 得到的结论:

定理 6.3.7[514] 每一个具有 $n(\geqslant 3)$ 个顶点和至少 $(n-1)^2+1$ 条弧的有向图是哈密尔顿连通的.

如果一个有向图 D 是哈密尔顿连通的, 则 D 也是哈密尔顿的 (因为每条弧在一个哈密尔顿圈上), 下一个结论是 Bermord 得到的, 它表明仅需要把定理 5.6.3 中度型条件略为加强些, 就可以得到强哈密尔顿连通性的一个充分条件.

定理 6.3.8[108] 具有 n 个顶点且满足 $\delta^0(D) \geqslant (n+1)/2$ 的有向图 D 是哈密尔顿连通的.

如果涉及弱哈密尔顿连通性, Overbeck-Larisch 证实可以用下面定理中的度型条件来取代关于半度的条件:

定理 6.3.9[597] 每一个 n 阶 2 强具有最小度至少为 $n+1$ 的有向图是弱哈密尔顿连通的.

Thomassen 曾问到: 如果 n 阶 3 强有向图 $D=(V,A)$ 对于每一个顶点 $x \in V$, 满足 $d^+(x)+d^-(x) \geqslant n+1$, 那么这个 3 强有向图 D 是否必为哈密尔顿连通的? 然而, 正如 Darbinyan 所证明的[179], 这个问题的答案是否定的.

6.4 在半完全有向图中寻找 (x,y) 哈密尔顿路

本节讨论关于半完全有向图 (x,y) 哈密尔顿路的算法特征, 主要结论是下面由 Bang-Jensen, Manoussakis 和 Thomassen 得到的定理:

定理 6.4.1[87] 半完全有向图的 (x,y) 哈密尔顿路问题是多项式可解的.

我们不打算在这里给出这个重要结论的证明, 而是大概地说一下文献 [87] 中有关这个不寻常证明的最有意义的部分. 正如通常所做的, 总使用 n 来表示所论及的有向图的顶点个数. 容易证明下面的第一个引理, 它对定理 6.4.1 的算法设计是非常有用的.

设 x,w,z 是有向图的不同的顶点, 则使用记号 $Q_{x,z}$ 和 $Q_{.,w}$ 表示 2 条不交的路, 使得第一条是 (x,z) 路, 第二条是终点在 w 的路, 且有 $V(Q_{x,z}) \cup V(Q_{.,w}) = V(D)$. 类似地, 记号 $Q_{z,x}$ 和 $Q_{w,.}$ 也表示 2 条不交的路, 使得第一条是 (z,x) 路, 第二条是起点为 w 的路, 且有 $V(Q_{z,x}) \cup V(Q_{w,.}) = V(D)$.

引理 6.4.2[87] 令 x,w,z 是半完全有向图 T 的不同顶点, 使得 T 中存在一对内部不交的 (x,w) 路 P_1 和 (x,z) 路 P_2. 令 $R=T-V(P_1)\cup V(P_2)$.

(a) 存在 T 的路 $Q_{x,w}, Q_{.,z}$, 或者路 $Q_{x,z}, Q_{.,w}$, 除非没有从 R_t 到 $V(P_1)\cup V(P_2)-x$ 的弧, 其中 R_t 是 $T\langle R\rangle$ 的终止分支.

(b) 在有从 R_t 到 $V(P_1)\cup V(P_2)-x$ 的一条弧的情形中, 可找到这对路的一条, 使得这条具有唯一的预先指定的终点的路长至少为 1, 除非 $V(P_1)\cup V(P_2)=\{w,x,z\}$.

(c) 存在一个 $O(n^2)$ 算法可找到上述这对路中的一条路, 如果它们皆存在.

证明 若 $R=\varnothing$, 则这对路存在. 因而, 可设 $R\neq\varnothing$. 假定存在一条弧 uv, 其中 $u\in R_t$ 和 $v\in(V(P_1)\cup V(P_2))-x$. 不失一般性, 设 $v\in V(P_1)$. 因为 $u\in R_t$,$T\langle R\rangle$ 有一条从某顶点 y 出发且终止在 u 的哈密尔顿路 Q, 根据命题 4.10.2, 半完全有向图 $T\langle R\cup V(P_1)-x\rangle$ 有一条哈密尔顿路, 从 y 出发或从 P_1 上 x 的后继者出发并终止在 w. 这条路与 P_2 一起形成所期望的 2 条路 $Q_{x,z}, Q_{.,w}$, 这就证得了 (a). 用相

同的论述, 容易验证 (b). 因为 $T\langle R\rangle$ 的强分支和它们中的每一个哈密尔顿圈能够在时间 $O(n^2)$ 内被找到 (定理 5.5.2), 因而可以在时间 $O(n^2)$ 内找到 Q 和 $Q_{x,z}$ 以及 $Q_{.,w}$. □

需要指出的是, 上面的证明表明引理 6.4.2 对局部入半完全有向图也是成立的. 下面的引理允许我们在寻找 (x,y) 哈密尔顿路时使用对称性以减少需要考虑的情形数目.

引理 6.4.3　设 x,y 是半完全有向图 T 的 2 个不同顶点, 使得 T 中存在 2 条内部不交的 (x,y) 路和一个 (x,y) 分离因子 $\{u,v\}$. 假定 u,v 不导出 2 圈, 即 $v \not\to u$. 给 T 添加弧 $v \to u$, 得新的半完全有向图 T'. 则 T 有一条 (x,y) 哈密尔顿路当且仅当 T' 有一条 (x,y) 哈密尔顿路.

证明留作习题 6.18.

下面的结论指出或半完全有向图 T 是 2 强的, 或者能够把问题简约到若干个较小的事例.

引理 6.4.4[87]　如果半完全有向图 T 不是 2 强的, 则 T 中存在所期望的路, 或者能将问题简约到一个或二个较小的问题, 使得在后面的情形中, 子问题的总规模至多是 $n+1$.

对于 (x,y) 哈密尔顿路问题, 我们可以勾画出文献 [87] 中算法的主要步骤, 首先要作几个假设, 但这并不改变问题的本质.

假定半完全有向图中没有从顶点 x 到顶点 y 的弧, 顶点 x,y 中的任何一个不在 2 圈中 (如果存在这样的圈包含 x(或 y), 则删去进入 x(或离开 y) 的弧). 易见, 新的半完全有向图有一条 (x,y) 哈密尔顿路的充要条件是原来的半完全有向图含一条 (x,y) 哈密尔顿路. 因此, 可设输入一个如上面所说的半完全有向图 T. 为了参考相同问题的较小的版本, 把该问题叫做**哈密尔顿问题**. 注意, 根据引理 6.4.4, 可设 T 是 2 强的 (否则, 就考虑较小的子问题).

依据上述的假设和定理 6.3.1, 如果 T 中存在 3 条内部不交的 (x,y) 路, 则所期望的哈密尔顿路存在. 于是, 按照引理 6.4.4, 有意义的部分是当 T 为 2 强时, 存在 2 条而不是 3 条内部不交的 (x,y) 路. 根据 Menger 定理 (将在第 7 章中介绍), T 中存在一个规模为 2 的 (x,y) 分离因子.

下面由 Bang-Jensen, Manoussakis 和 Thomassen 得到的定理推广了定理 6.3.1. 在定理 6.4.1 的证明中最重要的是关于相应的情形不可能进行简约 (见以下对算法的描述), 因而, 不得不直接证明存在所期望的路. 注意, 对于特殊的不同顶点 s,t, 一个 (s,t) 分离因子是一个子集 $S \subseteq V-\{s,t\}$, 使得 $D-S$ 中没有 (s,t) 路. 一个 (s,t) 分离因子是**平凡的**(trivial), 如果 $D-S$ 中有零出度顶点, 或是 $D-S$ 有零入度顶点.

定理 6.4.5[87] 设 T 是至少有 10 个顶点的 2 强半完全有向图, x,y 是 T 的顶点, 且有 $y \mapsto x$. 假定 $T-x$ 和 $T-y$ 均是 2 强的, 如果由 2 个顶点构成的 (x,y) 分离因子皆是平凡的, 则 T 有一条 (x,y) 哈密尔顿路.

除去上面提到的结论外, 哈密尔顿问题算法还需要用到如下的结论:

引理 6.4.6[87] 设 T 是 2 强的, 存在 x,y 的一个非平凡因子 $\{u,v\}$. 设 A,B 表示 $T-\{u,v\}$ 的一个划分, 使得 $y\in A, x\in B$ 和 $A\mapsto B$. 令 $T'=T\langle A\cup\{u,v\}\rangle, T''=T\langle B\cup\{u,v\}\rangle$. 则可把哈密尔顿问题简约到至多 4 个哈密尔顿子问题, 使得一个子问题的规模是 $\max\{|A|,|B|\}+2$ 或 $\max\{|A|,|B|\}+3$, 其余的子问题的规模至多是 $\min\{|A|,|B|\}+3$.

引理 6.4.7[87] 设 T 是 2 强的, $n\geqslant 6$. 所有规模为 2 的 (x,y) 分离因子是平凡的. 如果 $T-x$ 或 $T-y$ 不是 2 强的, 则 T 中有所期望的路, 或能将问题简约到一个或二个较小的问题, 使得在后面的情形中, 子问题的总规模至多是 $n+2$.

哈密尔顿问题算法

1. 若 $n\leqslant 9$, 则在常量时间内解决问题.
2. 若 T 不是 2 强的, 则用引理 6.4.4 就可解决问题, 或把问题简约到较小情形的哈密尔顿问题.
3. 如果不存在规模为 2 的 (x,y) 分离因子, 则由定理 6.3.1, T 包含所期望的路.
4. 如果所有规模为 2 的 (x,y) 分离因子是平凡的, 检查 $T-x$ 和 $T-y$ 是否为 2 强的, 则运用定理 6.4.5 或引理 6.4.7, 解决问题或简约问题.
5. 设 $\{u,v\}$ 是一个非平凡的 (x,y) 分离因子, A,B 形成 $T-\{u,v\}$ 的一个划分, 使得 $y\in A, x\in B$ 以及 $A\mapsto B$(能够在时间 $O(n^2)$ 内找到如此的划分, 使得 B 是 $T-\{u,v\}$ 中从 x 沿一条有向路可达的全体顶点之集, 然后取 $A=V-B-\{u,v\}$). 如果需要的话, 添加一条弧, 使得 u,v 导出一个 2 圈, 依照引理 6.4.3, 这种做法不会改变原来的问题.
6. 使用引理 6.4.2 的算法版本, 在 $T''=T(B\cup\{u,v\})$ 中寻找 $Q_{x,u}, Q_{.,v}$, 或 $Q_{x,v}, Q_{.,u}$, 并且使用类似的方法在 $T'=T(A\cup\{u,v\})$ 中寻找 $Q_{u,y}, Q_{v,.}, Q_{v,y}, Q_{u,.}$. 因 T 是 2 强的, 这些路皆存在, 能够选取长至少为 1 且具有非特定终点的路, 这是因为 A,B 二者的规模均至少为 2(我们使用了 $\{u,v\}$ 是一个非平凡的分离因子).
7. 如果这些路匹配存在, 则 T 有一条所期的 (x,y) 哈密尔顿路. 因此, 设 (若需要, 则可重新命名 u,v) 在 T'' 中找到 $Q_{x,u}, Q_{.,v}$, 在 T' 中找到 $Q_{u,y}, Q_{v,.}$.
8. 借助引理 6.4.6, 能够将问题简约到哈密尔顿问题的较小事例.

在上面哈密尔顿问题算法的第 7 步中, 如果有下列的事情成立, 则说 T'' 和 T' 中的 2 条路集合**匹配**: T'' 中的路是从 x 到 w 的路 P_1 和从 p 到 z 的路 P_2, T' 中的路是从 r 到 y 的路 R_1 和从 s 到 q 的路 R_2, 其中 $\{w,z\}=\{r,s\}=\{u,v\}$ 和

$w = s$, $z = r$. 在这种情形里, 根据第 5 步中 B 的定义, 有 $q \to p$, 所以路 $P_1R_2P_2R_1$ 就是所期望的哈密尔顿路.

上述的算法复杂性是 $O(n^5)$(事实上, 对于每一个 $\varepsilon > 0$, 有 $O(n^{4+\varepsilon})$). 在文献 [87] 中, 作者并不打算去改进算法的复杂性, 对此复杂性如果有重大的改进, 似乎是相当困难的.

值得注意的是, 不能够容易地调整上述算法来解决寻找半完全有向图中具有预先指定起终点的最长路问题. 在算法的几个地方均明显地使用了正在搜索哈密尔顿路, 对于判定从 x 到 y 的哈密尔顿路的存在性问题来说, 似乎没有任何关于这个问题的轻松简约.

猜想 6.4.8[65] 对于半完全有向图 D 和它的 2 个不同的顶点 x, y, 存在一个寻找最长 (x, y) 路的多项式算法.

注意, 如果是寻找竞赛图中的最长 $[x, y]$ 路, 则可用定理 6.2.1 给出答案 (见习题 6.19).

猜想 6.4.9[65] 对于已知有向图 D, 它是扩张半完全有向图或是局部半完全有向图, 并且 x, y 是 D 的 2 个不同的顶点. 则存在一个多项式算法可以判定 D 是否含有一条 (x, y) 哈密尔顿路, 并当如此的路存在时找到它.

6.5 有向图的泛圈性

一个 n 阶有向图 D 是**泛圈有向图**(pancyclic digraph), 如果它含有长分别为 $3, 4, \cdots, n$ 的每一个圈. 对任何顶点 $v \in V(D)$ 和任意的 $k \in \{3, 4, \cdots, n\}$, 如果有向图 D 中总存在长为 k 且包含 v 的圈, 我们说 D 是**顶点泛圈有向图**(vertex-pancyclic digraph). 此外, 若对每一个 $k = m, m+1, \cdots, n$, 有向图 D 包含一个 k 圈 (D 的每一个顶点在某一个 k 圈上), 则说 D 是 (顶点)m**泛圈有向图**((vertex-)m-pancyclic digraph). 注意, 为了使 D 是 (顶点) 泛圈有向图, 关于有向图的泛圈性的早期文章要求 D 是 (顶点)2 泛圈有向图[115], 我们认为这个定义的限制性太大, 因为对相当大的有向图类, 可证得泛圈性结论, 故在定义中去掉对 2 圈的要求.

6.5.1 度约束有向图的 (顶点) 泛圈性

Alon 和 Gutin 证得下列断言:

引理 6.5.1[11] 如果每一个具有 n 个顶点的有向图 $D = (V, A)$ 满足 $\delta^0(D) \geqslant n/2 + 1$, 则 D 是顶点 2 泛圈有向图.

证明 根据推论 5.6.3, $D - v$ 中存在一个哈密尔顿圈 $u_1u_2\cdots u_{n-1}u_1 (v \in V)$. 如果不存在通过 v 的 k 长圈, 则对于每一个 i, $|N^+(v) \cap \{u_i\}| + |N^-(v) \cap \{u_{i+k-2}\}| \leqslant 1$, 其中下标是取模 $n-1$. 关于所有 i 的值相加 $(1 \leqslant i \leqslant n-1)$, 便得 $|N^-(v)| + |N^+(v)| \leqslant n-1$, 这与 D 中所有顶点的出度和入度均不小于 $n/2$ 的题设矛盾. □

Thomassen 证得[696]: 对定理 5.6.7 中关于哈密尔顿性的度型条件加上 1, 就能够在满足度型条件的有向图中找到所有可能长的圈.

定理 6.5.2[696] 设 D 是 n 个顶点的强有向图, 对任何不相邻的顶点 x 和 y, 总有 $d(x)+d(y)\geqslant 2n$, 则 D 含有长度分别为 $2,3,\cdots,n$ 的圈, 或者 D 是一个竞赛图 (在此情形里, 它含有长度分别为 $3,4,\cdots,n$ 的圈), 或者 n 是偶数以及 D 同构于 $\overleftrightarrow{K}_{n/2,n/2}$.

下面取自文献 [696] 的例子表明定理 6.5.2 中的 $2n$ 不能够被 $2n-1$ 替换掉. 对某 $m\leqslant n$, 设 $D_{n,m}=(V,A)$ 是这样的一个有向图, 其顶点集和弧集分别为 $V=\{v_1,v_2,\cdots,v_n\}$, $A=\{v_iv_j \mid i<j, i=j+1\}-\{v_iv_{i+m-1} \mid 1\leqslant i\leqslant n-m+1\}$. 在习题 6.2.0 中, 要求读者证明 $D_{n,m}$ 是强的. 如果 $m>(n+1)/2$, 有向图 $D_{n,m}$ 不含 m 圈, 可是 $D_{n,m}$ 满足关于哈密尔顿性的 Meyniel 条件 (定理 5.6.7), 在文献 [176] 中, Darbinyan 刻画了满足 Meyniel 条件的有向图, 但它们不是泛圈有向图.

定理 6.5.2 拓展了 Moon 定理 (定理 1.5.1) 和推论 5.6.2 以及推论 5.6.6. 然而, 正如 Bermond 和 Thomassen 所指出的[115], 定理 6.5.2 并不隐含 Meyniel 定理 (定理 5.6.7). Häggkvist 得到了下面的结果:

定理 6.5.3[391] 每一个具有 n 个顶点和至少 $\frac{1}{2}n(n+1)-1$ 条弧的哈密尔顿有向图是泛圈有向图.

Song 推广了定理 5.12.5 中 Jackson 的结论, 并证得如下的定理[679]:

定理 6.5.4[679] 设 $D=(V,A)$ 是一个定向图, 有 $n(\geqslant 9)$ 个顶点和最小度 $n-2$. 则 D 是泛圈有向图, 如果 D 满足如下的性质

$$xy\notin A\Rightarrow d^+(x)+d^-(y)\geqslant n-3. \tag{6.2}$$

Song 也指出: 如果将定理 6.5.4 中的度型条件放宽, 则无法保证 D 是哈密尔顿有向图[679]. 使用定理 6.5.4 和定理 10.7.3, 在满足与定理 6.5.4 相同的条件下, Bang-Jensen 和 Guo 证得有向图实际上是顶点泛圈有向图.

定理 6.5.5[54] 设 D 是 $n(\geqslant 9)$ 个顶点的定向图, 且它满足定理 6.5.4 的题设条件, 则 D 是顶点泛圈有向图.

要注意的是, 每一个满足定理 6.5.4 的题设条件的有向图是具有独立数至多为 2 的多部分竞赛图. 还有一些关于具有较大最小度的有向图的泛圈性结论, 读者可参见 Darbinyan 的文章[174,175,178].

6.5.2 扩张半完全有向图和拟可传递有向图的泛圈性

在这一小节中, 我们将说明如何利用拟可传递有向图类和扩张半完全有向图类之间的紧密关系, 推导关于泛圈拟可传递有向图和顶点泛圈拟可传递有向图的结论, 这些结论相似于有关扩张半完全有向图的那些结论.

如果可以划分有向图 D 的顶点集为 3 个不交的集合 V_0, V_1, V_2, 使得 $V_0 \mapsto V_1 \mapsto V_2 \mapsto V_0$, 我们说有向图 D 是具有**划分三角形**(triangular with partition)V_0, V_1, V_2. 注意, 这等价于 $D = \vec{C}_3[D\langle V_0\rangle, D\langle V_1\rangle, D\langle V_2\rangle]$.

Gutin 刻画了泛圈扩张半完全有向图和顶点泛圈扩张半完全有向图[367]. 显然, 不存在至少 3 个顶点的形如 $D = \vec{C}_2[\overline{K}_{n_1}, \overline{K}_{n_2}]$ 的扩张半有向图是泛圈有向图, 这是因为所有的圈长均为偶数. 因此, 为得到一个泛圈扩张半完全有向图, 必须设至少有 3 部分顶点集合. 也容易看到: 4 个顶点上的 (唯一的) 强 3 部分扩张半完全有向图不是泛圈有向图 (因它无 4 圈). 这些观察和下面的定理一起完全地刻画了泛圈扩张半完全有向图和顶点泛圈扩张半完全有向图.

定理 6.5.6[367] 设 D 是 $n(\geqslant 5)$ 阶具有 k 部分顶点集 $(k \geqslant 3)$ 的哈密尔顿扩张半完全有向图, 则

(a) D 是泛圈有向图的充要条件为 D 不具有划分三角形 V_0, V_1, V_2, 且 V_0, V_1, V_2 中的任何二个导出无弧有向图, 使得 $|V_0| = |V_1| = |V_2|$, 或者没有 $D\langle V_i\rangle$ 包含长为 2 的路 $(i = 0, 1, 2)$.

(b) D 是顶点泛圈有向图当且仅当它是泛圈有向图, 且对 $k > 3$ 或 $k = 3$, D 包含长为 2 的 2 个圈 Z, Z', 使得 $Z \cup Z'$ 有三部分顶点集内的顶点.

不难看到, 定理 6.5.6 拓展了定理 1.5.1, 因为没有 $n(\geqslant 5)$ 个顶点的半完全有向图满足任何例外于结论 (a) 和 (b).

Bang-Jensen 和 Huang 得到了下面关于具有划分三角形有向图中关联于圈的 2 个引理[79], 他们使用了刻画泛圈拟可传递有向图和顶点泛圈拟可传递有向图的定理 6.5.9 的证明.

引理 6.5.7[79] 设 D 是具有划分三角形 V_0, V_1, V_2 的有向图, 且设 D 是哈密尔顿有向图. 如果 $D\langle V_1\rangle$ 包含一条弧 xy, 而且 $D\langle V_2\rangle$ 包含弧 uv, 则对每一个 $k = 3, 4, \cdots, n$, 顶点集 $V_0 \cup \{x, y, u, v\}$ 的每一个顶点在 D 的一个长为 k 的圈上.

证明 设 C 是 D 的一个哈密尔顿圈, 我们要用 D 来构造一个扩张半完全有向图 D'. 对于每一个 $i = 0, 1, 2$, 首先对 C 中包含在 $D\langle V_i\rangle$ 内的每一个最大子路进行路收缩①, 然后删去 $D\langle V_i\rangle$ 中剩余弧. 显然, D' 是 D 的一个有向子图, 并在这个过程中, 将 C 改变成 D' 的一个哈密尔顿圈 C'. 因此, D' 具有划分三角形 V'_0, V'_1, V'_2, 使对某 r, 有 $|V'_0| = |V'_1| = |V'_2| = r$(最后的事实可由 D' 中的哈密尔顿圈的存在性得到). 因而, D 的每一个顶点在一个长为 k 的圈上, 其中 $3r \leqslant k \leqslant |V(D)|$(使用在每一个 V_i 中 C 的 r 条子路的恰当的片段, 就可以证得这一点).

现设 $r \geqslant 2$, 我们要证明 $V_0 \cup \{x, y, u, v\}$ 中的每一个顶点在一个长为 $k(3 \leqslant k \leqslant 3r-1)$ 的圈上. 为了达到此目的, 需要将 D' 调整到另一个有向图 D''. 如果 x, y 是

① 参见 5.1.1 小节中关于路收缩的定义.

在 $D\langle V_1\rangle$ 里 C 的不同的最大子路 P_x, P_y 之中, 则 (在 D' 中) 添加一条弧, 它是从收缩 P_x 后的顶点到收缩 P_y 后的顶点. 如果顶点 x, y 是在 $D\langle V_1\rangle$ 里 C 的同一个最大子路 P 中, 则 (在 D' 中) 添加一条弧, 从 P 收缩的顶点到 V_1' 中的任何一个顶点. 对于 u, v 也作类似的调整. 从而得到一个有向图 D'', 它同构于 D 的某个有向子图. 有向图 D'' 也具有划分三角形 V_0'', V_1'', V_2'', 且使得 $|V_0''| = |V_1''| = |V_2''| = r$. 此外, $D''\langle V_1''\rangle$ 包含一条弧 $x'y'$, $D''\langle V_2''\rangle$ 包含一条弧 $u'v'$. 显然, $V_0'' \cup \{x', y', u', v'\}$ 的每一个顶点在一个长为 k 的圈上 $(3 \leqslant k \leqslant 3r-1)$. 关于这些圈使用相同的结构, 就可看到在 D 中, $V_0 \cup \{x, y, u, v\}$ 中的每一个顶点在长为 k 的每一个圈上, $3 \leqslant k \leqslant 3r-1$. □

引理 6.5.8[79] 设 D 是具有划分三角形 V_0, V_1, V_2 的有向图, 且有一个哈密尔顿圈 C. 若 $D\langle V_0\rangle$ 包含 C 的一条弧和一条长为 2 的路 P, 则对每一个 $k = 3, 4, \cdots, n$, 顶点集 $V_1 \cup V_2 \cup V(P)$ 中的每一个顶点在 D 的一个长为 k 的圈上.

证明留作习题 6.24.

容易验证, 4 个顶点的强拟可传递有向图是泛圈有向图当且仅当它是半完全有向图. 对情形 $n \geqslant 5$, 则有 Bang-Jensen 和 Huang 给出的如下特征：

定理 6.5.9[79] 设 $D = (V, A)$ 是 $n(\geqslant 5)$ 阶哈密尔顿拟可传递有向图.

(a) D 是泛圈有向图的充要条件为它不具有划分三角形 V_0, V_1, V_2, 任何二个顶点集导出无弧有向图, 使得 $|V_0| = |V_1| = |V_2|$, 或者无 $D\langle V_i\rangle (i = 0, 1, 2)$ 包含长为 2 的路.

(b) D 不是顶点泛圈有向图的充要条件是 D 不为泛圈有向图, 或者 D 是具有划分三角形 V_0, V_1, V_2, 使得下列情形之一发生：

(b1) $|V_1| = |V_2|$,$D\langle V_1\rangle$ 和 $D\langle V_2\rangle$ 均无弧, 存在一个顶点 $x \in V_0$, 使得 $D\langle V_0\rangle$ 中任何 2 长路不包含 x(在这种情形中, x 也不被任何 5 长圈包含).

(b2) $D\langle V_1\rangle$ 和 $D\langle V_2\rangle$ 中之一无弧, 另一个则无 2 长路, 且存在一个顶点 $x \in V_0$, 使得 x 不在 $D\langle V_0\rangle$ 中的任何长为 1 的路上 (在此情形里, x 也不在任何 5 长圈中).

证明 先证 (a) 中的必要条件, 设 D 具有划分三角形 V_0, V_1, V_2, 这些集合中的任何 2 个导出无弧有向图. 如果 $|V_0| = |V_1| = |V_2|$, 则 D 不含 $n-1$ 长圈. 如果没有 $D\langle V_i\rangle (0 \leqslant i \leqslant 2)$ 包含 2 长的有向路, 则 D 不含 5 长的圈.

我们来证明 (a) 中的充分性条件. 按照定理 4.8.5, 有某 $k \geqslant 3$, 存在 k 个顶点的半完全有向图 T, 使得在 T 中将每一个顶点 $v \in V(T)$ 用一个拟可传递有向图 H_v 代替 (若 H_v 有 2 个以上的顶点时, 它是非强的), 就得到 D. 设 C 是 D 的一个哈密尔顿圈. 在 D 上构造一个扩张半完全有向图 D'：对于每一个 $H_v, v \in V(T)$, 先路收缩 C 的每一个包含在 H_v 中的最大子路, 然后删去 H_v 中剩余的弧. 在这个过程中, C 变为 D' 的一个哈密尔顿圈 C'.

反设 D 不是泛圈的, 易知 D' 也不是泛圈的. 根据定理 6.5.6, D' 是具有划分三角形 V'_0, V'_1, V'_2. 设 $V_i \subset V$ 是被包含在 $V'_i(i=0,1,2)$ 中将所有顶点替换回 C 的曾经收缩的子路. 则 D 是具有划分三角形 V_0, V_1, V_2 的. 此外, 对某个 r, 每一个 $D\langle V_i \rangle$ 被 C 中的 r 个不同的子路覆盖.

按照引理 6.5.7, V_0, V_1, V_2 中的 2 个, 比如是 V_1 和 V_2 导出无弧有向子图. 如果 $|V_0|=|V_1|=|V_2|$, 则得到 (a) 中的第一个例外. 因而, 假定 $|V_0|>|V_1|=|V_2|$, 则 $D\langle V_0 \rangle$ 包含 C 的一条弧. 再由引理 6.5.8, 知 $D\langle V_0 \rangle$ 不含 2 长的路, 这就完成了 (a) 的证明.

(b) 的证明留作习题 6.25. □

6.5.3 泛局部半完全有向图和顶点泛局部半完全有向图

上一小节中已经说明关于拟可传递有向图的结构定理 (即定理 4.8.5) 是如何有助于寻找 (顶点) 泛圈拟可传递有向图的一个特征. 本节要证明对局部半完全有向图的结构定理 (定理 4.11.15) 也是非常有助于寻找那些局部有向图具有 (顶点) 泛圈性的特征. 本小节的第一个任务 (引理 6.5.13) 是刻画那些圆可分解为 (顶点) 泛圈局部半完全有向图.

引理 6.5.10 设 R 是强圆局部竞赛图, 至少有 $k(\geqslant 3)$ 个顶点的圈 C 是 R 的最短圈. 则对 R 的每一个圆标号 $v_0, v_1, v_2, \cdots, v_{n-1}$, 使得 $v_0 \in V(C)$, 存在下标 $0<a_1<a_2<\cdots<a_{k-1}<n$, 有 $C=v_0 v_{a_1} v_{a_2} \cdots v_{a_{k-1}} v_0$.

证明 设 C 是一个最短圈, $\mathcal{L}=v_0, v_1, \cdots, v_{n-1}$ 是 R 的一个圆标号, 顶点 $v_0 \in V(C)$. 如果断言不真, 则存在 $2 \leqslant l<k-1$, 使得 $C=v_0 v_{a_1} v_{a_2} \cdots v_{a_{k-1}} v_0$, 其中 $0<a_1<a_2<\cdots<a_{l-1}$ 和 $a_l<a_{l-1}$. 因 $\mathcal{L}$ 是 R 的圆标号, 则有 $v_{l-1} \rightarrow v_0$, 这与 C 是 R 的一个最短圈矛盾. □

已知 $D=(V, A)$ 是一个有向图, 其最短圈的圈长就是它的围长 $g(D)$. 对于一个顶点 $v \in V$, 令 $g_v(D)$ 表示包含 v 的最短圈的圈长. 下面的引理将说明每个圆局部竞赛图 R 是 $g(R)$ 泛圈有向图.

引理 6.5.11 具有 r 个顶点的强圆局部竞赛图有圈长分别为 $k, k+1, \cdots, r$ 的每一个圈, 其中 $k=g(R)$.

证明 按照引理 6.5.10, 可以设 R 包含一个形如 $v_{i_1} v_{i_2} \cdots v_{i_k} v_{i_1}$ 的圈, 其中 $0=i_1<i_2<\cdots<i_k<r$. 因为 R 是强的, v_{i_m} 支配所有的顶点 $v_{i_m+1}, v_{i_m+2}, \cdots, v_{i_{m+1}}, m=1,2,\cdots,k$. 容易见到 R 有圈长分别为 $k, k+1, \cdots, r$ 且通过顶点 $v_{i_1}, v_{i_2}, \cdots, v_{i_k}$ 的每一个圈. □

下面是关于通过一个圆局部竞赛图上一个已知顶点的圈有一个漂亮的结构, 它的证明留作习题 6.26.

引理 6.5.12 如果 r 个顶点的强圆局部竞赛图有一个通过一个顶点 v 的 k 长圈, 则它有通过这个顶点 v 的圈长分别为 $k, k+1, \cdots, r$ 的每一个圈.

引理 6.5.13[55] 设 D 是强连通圆可分解局部半完全有向图, $D=R[S_1,S_2,\cdots,S_p]$ 为其圆分解. 设 $V(R)=\{r_1,r_2,\cdots,r_p\}$, 其中 r_i 是 R 中对应 S_i 的顶点. 则有

(1) D 是泛圈有向图的充要条件为 R 的围长是 3, 或 $g(R)\leqslant\max_{1\leqslant i\leqslant p}|V(S_i)|+1$.

(2) D 是顶点泛圈有向图当且仅当对于每一个 $i=1,2,\cdots,p$, 有 $g_{r_i}(R)=3$, 或有 $g_{r_i}(R)\leqslant|V(S_i)|+1$.

证明 由于每一个 S_i 是半完全有向图, 故它有一条哈密尔顿路 P_i. 再由 R 是强局部半完全有向图, 按照定理 5.5.1, R 是哈密尔顿有向图. 于是, 从一个 p 圈开始, 其上包含每个 S_i 的一个顶点, 能够得到长为 $p+1,p+2,\cdots,n$ 的每一个圈, 只要恰当地取在 $S_1,S_2,\cdots,S_p$ 中的哈密尔顿路 $P_1,P_2,\cdots,P_p$ 的片段. 当 $g(R)=3$, 则由引理 6.5.11, D 是泛圈有向图. 如果 $g(R)\leqslant\max_{1\leqslant i\leqslant r}|V(S_i)|+1$, 则由引理 6.5.11 和每一个 S_i 含有圈长分别为 $3,4,\cdots,|V(S_i)|$ 的每一个圈 (根据 Moon 定理), 则 D 是泛圈有向图. 如果 $g(R)>3$, 且对于每一个 $i=1,2,\cdots,r$, 有 $g(R)>|V(S_i)|+1$, 则因 D 不含 $g(R)-1$ 长的圈, 故 D 不是泛圈有向图. 引理的第二部分的证明相似于第一部分的证明. 对于每一个 $i=1,2,\cdots,p$, 半完全有向图 S_i 中的每一个顶点在圈长分别为 $g_{r_i}(R),g_{r_i}(R)+1,\cdots,n$ 的每一个圈上 (使用引理 6.5.12), 然后应用定理 1.5.1 就可完成证明. □

(顶点) 泛圈局部半完全有向图的特征的主要部分是要证明下面的引理 (参见定理 4.11.15).

引理 6.5.14[55] 设 D 为 n 个顶点的强局部半完全有向图, 但不是圆可分解的, 则 D 是顶点泛圈有向图.

证明 若 D 是半完全的, 则由 Moon 定理证得断言. 因而设 D 不是半完全有向图, 于是 D 有引理 4.11.14 所描述的结构.

设 S 是 D 的一个最小分离集, 使得 $D-S$ 不是半完全有向图, 令 $D_1,D_2,\cdots,D_p$ 是 $D-S$ 的强分支的无圈序. 因为有向子图 $D\langle S\rangle$ 是半完全有向图, 它有自己的强分支的唯一的无圈序 $D_{p+1},D_{p+2},\cdots,D_{p+q}(q\geqslant 1)$. 根据引理 4.11.14(a), $D-S$ 的半完全分解只含 3 个分支 D'_1,D'_2,D'_3. 注意 D'_2 的初分支的下标是 λ_2, 由定理 4.11.8 和引理 4.11.12 可知, $D'_2\Rightarrow D'_1\Rightarrow S\Rightarrow D_1$, 且在 D'_1 和 D'_3 之间不存在任何方向的弧.

先考察 D 的支撑有向子图 D^*, 它是在 D 中删去 S 和 D'_2 之间所有的弧剩余的图. 按照引理 4.11.14, D^* 是圆可分解的局部半完全有向图, 且 $D^*=R^*[D_1,D_2,\cdots,D_{p+q}]$, 其中 R^* 是由 D^* 构造得到的圆局部半完全有向图, 即把 D^* 中每个 D_i 收缩成一个顶点 (或等价地说, 只留下每一个 D_i 的一个顶点, 而删去其他的顶点后得到 R^*). 不难检验, 对于每一个顶点 $v\in V(R^*)$, 有 $g_v(R^*)\leqslant 5$. 于是, 根据引理 6.5.13 证明中的注解 (在 $n=4$ 的情形里, 易知 D 是顶点泛圈有向图, 故设 $n\geqslant 5$), D^* 是顶点 5 泛圈有向图. 因而, 只剩下证明 D 的每一个顶点在一个 3 圈和一个 4

圈上. 定义

$$t = \max\{i : N^+(S) \cap V(D_i) \neq \varnothing, \lambda_2 \leqslant i < p\}, \quad A = V(D_{\lambda_2}) \cup \cdots \cup V(D_t),$$

$$t' = \min\{j : N^+(D_j) \cap V(D'_2) \neq \varnothing, p+1 \leqslant j \leqslant p+q\},$$

$$B = V(D_{t'}) \cup \cdots \cup V(D_{p+q}).$$

根据命题 4.11.16, 有 $B \mapsto D'_3 \mapsto A$.

因为 $S \mapsto D_1 \mapsto D_{\lambda_2} \mapsto D'_1 \mapsto S$, 所以 S 的每一个顶点在一个 4 圈上. 又因为 $B \mapsto D'_3 \mapsto A \mapsto D'_1 \mapsto S$, 因而集合 $V(D'_3) \cup A \cup V(D'_1)$ 的每一个顶点在一个 4 圈上.

由 t' 和 A 的定义, 存在一条从 $D_{t'}$ 到 A 的弧 sa. 按照引理 4.11.14(b), 存在从 A 到 B 的弧 $a's'$. 任取 $v \in V(D'_1)$ 和 $w \in V(D'_3)$, 则 $savs$ 和 $s'wa's'$ 均为 3 圈.

假定 D'_2 有一个不在 A 中的顶点 x, 则有 $A \mapsto x$, 也有 $x, s' \in N^+(a')$, 这意味着 $x \to s'$, 从而导致 $x \mapsto D_{t'}$. 特别地, $x \to s$. 所以, $xsax$ 是 3 圈, $xvsax$ 是 4 圈. 因而, 余下要证明 $S \cup A$ 的每一个顶点在一个 3 圈中.

令 u 是 S 的一个顶点, D_ℓ 是包含 u 的强分支. 若 D_ℓ 至少有 3 个顶点, 根据定理 1.5.1, 顶点 u 在一个 3 圈中. 故可设 $|V(D_\ell)| \leqslant 2$. 若 $\ell < t'$, 因 D_ℓ 支配 B 的顶点 s', 则 u 和 a' 是相邻的. 若 $\ell \geqslant t'$, 则 $u = s$, 或者 $s \to u$(如果 $V(D_\ell) = \{s, u\}$, 则 usu 是一个 2 圈), 因而知 u 和 a 是相邻的. 所以, 无论在哪一种情形中, 顶点 u 必相邻于 $\{a, a'\}$ 中的一个顶点. 不失一般性, 设顶点 a 与顶点 u 相邻. 若 $u \to a$, 则 $uavu$ 是 3 圈. 如果 $a \to u$, 则 $uwau$ 是 3 圈, 这是因为 $D'_3 \to A$. 因此, S 的每一个顶点均满足所期望的性质.

最后, 注意到 $S' = N^+(D'_3)$ 是 $V(D'_2)$ 的一个子集, 它也是 D 的一个最小分离集. 从而知 $D - S'$ 不是半完全的. 上面的证明说明 S' 的每一个顶点也在一个 3 圈中, 根据 $A \subseteq S'$, 我们完成这个定理的证明. □

结合引理 6.5.13 和引理 6.5.14, Bang-Jensen,Guo,Gutin 和 Volkmann 得到了下面刻画泛圈局部半完全有向图和顶点泛圈局部半完全有向图的特征.

定理 6.5.15[55]　一个强局部半完全有向图 D 是泛圈有向图当且仅当它不是形如 $D = R[S_1,S_2,\cdots,S_p]$, 其中 R 是 p 个顶点的圆局部竞赛图, 且有围长 $g(R) > 1 + \max\{2, |V(S_1)|, |V(S_2)|, \cdots, |V(S_p)|\}$. 则 D 是顶点泛圈有向图的充要条件为 D 不等于 $D = R[S_1, S_2, \cdots, S_p]$, 其中 R 是圆局部竞赛有向图, 且对每一个 $i \in \{1, 2, \cdots, p\}$, 有 $g_{r_i}(R) > 1 + \max\{2, |V(S_i)|\}$, 其中 r_i 是 R 中对应于 S_i 的顶点.

6.5.4 关于图泛圈性的其他结果

刻画泛局部入半完全有向图问题似乎是比刻画泛局部半完全有向图问题更为困难. Tewes 研究了这个问题, 我们叙述他得到的几个非完整的结论如下[692]:

定理 6.5.16[692] 设 D 是 n 个顶点的局部入半完全有向图, 令整数 k 满足 $3 \leqslant k \leqslant n$, 使得 $\delta^-(D) > \frac{1}{2}\left(\frac{3n}{k+1} - 1\right)$. 此外, 当 $k \geqslant 2\delta^-(D) + 2$, 可设 D 是强的. 则 D 有一个 k 长圈. 对 $k \geqslant \sqrt{n+1}$, 这个界是不可改进的.

对固定的 n, 函数 $f(k)$ 的定义如下:

$$f(k) = \begin{cases} \dfrac{n+1}{k} + \dfrac{k-1}{2}, & \text{若}k\text{是偶数}, \\ \dfrac{n+2}{k} + \dfrac{k-5}{2}, & \text{若}k\text{是奇数}. \end{cases}$$

定理 6.5.17[692] 设 D 是 n 阶强连通局部入半完全有向图, 且对 $3 \leqslant k \leqslant \sqrt{n+1}$, 有 $\delta^-(D) > f(k)$. 则 D 包含圈长分别为 $k, k+1, \cdots, n$ 的每一个圈.

因为每一个正则竞赛图是强的 (习题 6.23), 由 Moon 定理, 则它也是泛圈有向图. 此外, 依据定理 5.7.23, 每一个正则多部分竞赛图是哈密尔顿的, 这就激发了 Volkmann 猜测如下的问题:

猜想 6.5.18[728] 对整数 $p \geqslant 4$, 每一个正则 p 部分竞赛图是泛圈有向图.

注意到, 在 3 部分竞赛图 $D = \vec{C}_3[\overline{K}_k, \overline{K}_k, \overline{K}_k]$ 中, 所有圈的圈长是 3 的倍数. 因而, 在上面的猜想中, 条件 $p \geqslant 4$ 是不可缺少的.

对于 $p \geqslant 5$, 猜想 6.5.18 可以由 Yeo 的强有力结论证得 (文献 [728] 中有 Yeo 的证明的轮廓)[747].

定理 6.5.19[747] 每一个至少有 5 部分的正则多部分竞赛图是顶点泛圈有向图.

除去有限数目的例外, Yeo 使用概率方法还证得全体正则 4 部分竞赛图是顶点泛圈有向图 (特别地, 每一个至少有 488 个顶点的正则 4 部分竞赛图是顶点泛圈有向图)[749]. 下面所给出的正则且非泛圈的 3 部分竞赛图无穷族表明没有如此的结论对 3 部分竞赛图成立. 显然, 上面强有力的结论支持了如下的猜测:

猜想 6.5.20[749] 如果一个 4 部分竞赛图是正则的, 则它是顶点泛圈有向图.

我们猜测唯一的非顶点泛圈的正则 3 部分竞赛图是三角形有向图.

猜想 6.5.21 如果一个 3 正则半完全多部分有向图 D 对任何的自然数 k 均不是 $D = \vec{C}_3[\overline{K}_k, \overline{K}_k, \overline{K}_k]$, 则 D 是顶点泛圈有向图.

我们给读者推荐 Bermond 和 Thomassen 的综合性文章[115], 其中包含了相当数量的有关借助一个包含精确 k 长圈的有向图弧的数目而得到不少有关充分性条件的结论的参考文献.

对给定的有向伪图 $D=(V,A)$, 已知 D 的有向线图 $L(D)$ 具有顶点集 A, 仅当 a 的头在 D 中等于 a' 的尾 (注意 D 的一个自环也产生 $L(D)$ 的一个自环), $a\to a'$ 是 $L(D)$ 的一条弧. 设 $D=(V,A)$ 是有向伪图, 对于每一个 $q\in\{3,4,\cdots,|A|\}$, 如果 D 包含长为 q 的闭迹, 称 D 是**泛循环**(pancircular). 因为 D 中闭迹的集合与 $L(D)$ 中圈的集合之间自然地存在着一个一一对应, 则有

命题 6.5.22 $L(D)$ 是泛圈有向图当且仅当 D 是泛循环有向图.

Imori, Matsumoto 和 Yamada 介绍了泛循环性的概念[445], 同时, 他们证得了下面的定理:

定理 6.5.23 设 D 是正则泛循环有向伪图, 则 $L(D)$ 也是正则泛循环有向图.

这个定理曾经被应用去证明 de Bruijn 有向图是泛圈有向图和泛循环有向图[445].

定理 6.5.24[445] 每一个 de Bruijn 有向图 $D_B(d,t)$ 是泛圈有向图和泛循环有向图.

证明 对 $d\geqslant 2$ 和 $t\geqslant 1$, 前面已介绍了 de Bruijn 有向图 $D_B(d,t)$. 设 $D_B(d,0)$ 是由一个顶点和 d 个自环构成. 显然, $D_B(d,1)=L(D_B(d,0))$. 因为对 $t\geqslant 1$, 有

$$D_B(d,t+1)=L(D_B(d,t)), \tag{6.3}$$

依据命题 4.6.1, 对 $t\geqslant 0$, 便知 (6.3) 式成立. 下面关于 $t(\geqslant 0)$ 用数学归纳法来证明这个定理. 显然, $D_B(d,0)$ 是泛圈有向图和泛循环有向图. 假定 $D_B(d,t)$ 是泛圈有向图和泛循环有向图. 根据定理 6.5.23, $L(D_B(d,t))$ 是泛循环有向图. 再由命题 6.5.22, $L(D_B(d,t))$ 是泛圈有向图. 利用 (6.3) 式, 便得 $D_B(d,t+1)=L(D_B(d,t))$. 于是, $D_B(d,t+1)$ 是泛圈有向图和泛循环有向图. □

6.5.5 有向图的圈可扩张性

Hendry 给出了如下的定义[420]. 一个有向图 D 中的非哈密尔顿圈 C 是**可扩张的**, 如果存在某圈 C', 有某顶点 $y\in V-V(C)$, 使得 $V(C')=V(C)\cup\{y\}$. 如果至少有一个圈的有向图 D 的每个非哈密尔顿圈是可扩张的, 称 D 是**圈可扩张的**(cycle extendable). 显然, 一个圈可扩张有向图 D 是泛圈有向图的充要条件是它含有一个 3 圈, 并且 D 是顶点泛圈有向图的充要条件是它的每一个顶点在一个 3 圈中.

下面的结论是定理 1.5.1 证明的一个简单推论.

定理 6.5.25[571] 一个强竞赛图 $T=(V,A)$ 是圈可扩张的, 除非可以将顶点集 V 划分为集合 U,W,Z, 使得 $W\mapsto U\mapsto Z$, 且 $T\langle U\rangle$ 是强的.

关于圈可扩张性, Hendry 还研究了具有很多弧的有向图[420], 并得到了下列 2 个结论:

定理 6.5.26[420] 每一个 n 阶且至少有 n^2-3n+5 条弧的强有向图是圈可扩张的.

Hendry 还揭示了拥有较大入度和出度的有向图可能不是圈可扩张的, 这一点可与无向图中的对应情形进行比较. Hendry 在文献 [421, 推论 8] 中证得: 除了某些个别的图例外, 每个满足哈密尔顿性的 Dirac 条件 (对于每一个顶点 $x, d(x) \geqslant n/2$[198]) 的图也是圈可扩张的 (对于无向图, 圈可扩张定义相似于有向图的). 文献 [420] 中的主要结论如下:

定理 6.5.27[420] 设 D 是 $n(\geqslant 7)$ 阶有向图, 且满足 $\delta^0(D) \geqslant (2n-3)/3$. 则有某整数 r, 除情形 $n=3r$, 以及情形 D 含有支撑有向子图 F_n 和 D 是 G_n 的一个支撑有向子图外, D 是圈可扩张的.

见图 6.2 中关于 F_n 和 G_n 的定义.

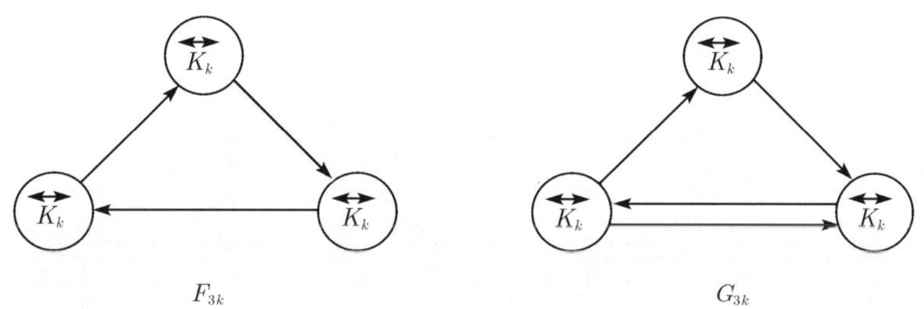

图 6.2 有向图 F_n 和 G_n

在所展示的方向上所有弧表示完全支配

6.6 弧泛圈性

对某 $k \in \{3,4,\cdots,n\}$, 如果一个 n 阶有向图 D 的每一条弧均在一个 k 长圈上, 则称它是**弧 k 圈**(arc-k-cyclic). 一个有向图 $D=(V,A)$ 是**弧泛圈有向图**(arc-pancyclic digraph), 如果对于每一个 $k \in \{3,4,\cdots,n\}$, 它是弧 k 圈的. 要求一个有向图为弧泛圈有向图的规定是相当强的, 因为每一条弧必须在一个哈密尔顿圈上. 所以, 有关弧泛圈有向图的大多数结论是针对竞赛图和广义竞赛图类的事实并不令人惊奇. 然而, Moon 却证明了几乎所有的竞赛图是弧 3 圈的[571], 这对于竞赛图来说不是一个苛刻的要求, 见下面定理 6.6.1 的解释.

Tian,Wu 和 Zhang 刻画了全体竞赛图是弧 3 圈的, 但不是弧泛圈的. 见图 6.3 中给出的类 $\mathcal{D}_6, \mathcal{D}_8$ 的定义.

定理 6.6.1[718] 一个弧 3 圈的竞赛图是弧泛圈有向图, 除非它不是族 $\mathcal{D}_6, \mathcal{D}_8$ 中的一个成员 (在此情形中, 弧 yx 不属于一个哈密尔顿圈).

利用定理 6.6.1, 容易推导出下列的 2 个结论:

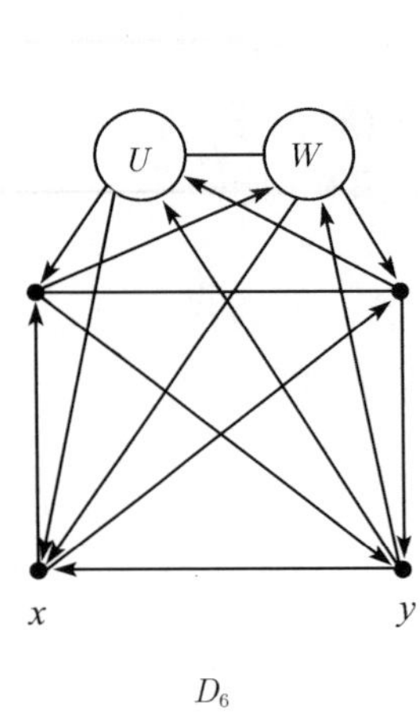

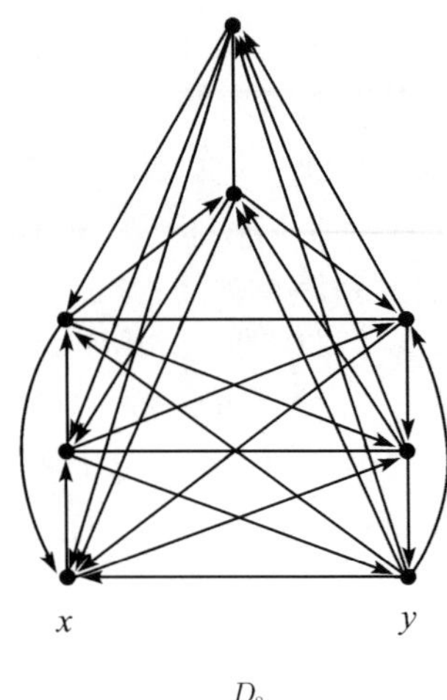

图 6.3　2 类非弧泛圈的弧 3 圈竞赛图

集合 U 和 W 的每一个表示一个弧 3 圈竞赛图.

没有方向的边可以任意的定向, 但是全体 U 和 W 之间的弧均有相同的方向

推论 6.6.2[718]　每一个弧 3 圈竞赛图最多有一条弧不在圈长分别为 $3, 4, \cdots, n$ 的每一个圈中.

证明留作习题 6.31.

推论 6.6.3[741]　一个竞赛图是弧泛圈的充要条件是它是弧 3 圈的和弧 n 圈的.

证明留作习题 6.32.

下面由 Alspach 得到的结论也是一个较为容易的推论:

推论 6.6.4[19]　每个正则竞赛图是弧泛圈有向图.

最后, 注意到在无穷族 $\mathcal{D}_6$ 中的每个竞赛图是 2 强的, 弧 yx 不在任何一个哈密尔顿圈中, 便有 Thomassen 的结果如下:

定理 6.6.5[698]　存在无穷多个 2 强竞赛图, 它们中的每一个均包含一条不在任何哈密尔顿圈中的弧.

在文献 [341,343] 中, Guo 研究了弧泛圈局部竞赛图, 并得到上述几个结论的推广. 尤其是他得到了一个重要的发现, 即可以得到更一般的结论, 对所有的弧 xy 不出现而不是弧 yx 出现 (这种情形是对竞赛图的过程) 的情形研究从 x 到 y 的路.

定理 6.6.6[343]　设 D 是弧 3 圈局部竞赛图, x, y 是 D 的不同顶点, 且没有从 x 到 y 的弧. 则对于每一个 $k(2 \leqslant k \leqslant n-1)$, D 含 k 长 (x, y) 路, 除非 D 是同构于

局竞赛图 T_8^1,T_8^2(在 6.2 节中定义) 之一, 或者 D 是属于族 $\mathcal{D}_6$ 或属于族 $\mathcal{D}_8$(图 6.3 中定义), 再可能是 D 中没有从 y 到 x 的弧.

定理 6.6.1 和定理 6.6.6 的证明是非常专业的, 它们由较多的分析情形而构成, 故在这里不可能给出这些证明. 但是, 我们能够用部分结论的证明来结束这一节, 这也是 Guo 在他的定理 6.6.6 的证明中曾经使用过的.

定理 6.6.7[343] 设 D 是连通弧 3 圈非 2 强的局部竞赛图. 则 D 同构于 $\vec{C}_3[T_1,T_2,\{s\}]$, 其中 $T_i(i=1,2)$ 是弧 3 圈竞赛图, 并且 s 是一个孤立顶点. 此外, D 是弧泛圈局部竞赛图.

证明 由于 D 是连通的且为弧 3 圈的局部竞赛图, 我们先考察 D 是强连通的. 因为 D 不是 2 强的, 所有它有一个分离顶点 s. 设 $T_1,T_2,\cdots,T_k$ 是 $D-s$ 的强分支的无圈序. 如果存在一条从 $V(T_1)$ 到 s 的弧 xs, 则在 3 圈中没有从 x 到 $V(T_2)$ 的弧. 因而, 必须有 $s\mapsto V(T_1)$, 类似得 $V(T_k)\mapsto s$. 注意到 D 是弧 3 圈的, T_1 和 T_k 必须是弧 3 圈竞赛图.

如果 $k\geqslant 3$, 对于每一个顶点 $u\in V(T_2)$, 或是没有从 $V(T_1)$ 到 u 的弧, 或者没有从 u 到 $V(T_3)$ 的弧能够在一个 3 圈中, 这与题设矛盾. 于是, 只有 $k=2$, 故证得 $D=\vec{C}_3[T_1,T_2,\{s\}]$.

下面要证明的是 D 为弧泛圈局部竞赛图. 因为强分支 T_1 和 T_2 均有哈密尔顿路, 易知不属于强分支 T_1 和 T_2 中任何一个的每一条弧是在任何可能长的圈上. 所以, 要考虑强分支 T_1 或 T_2 内的弧. 如果 $|V(T_1)|=|V(T_2)|=1$, 无需证明. 不失一般性, 可设 $|V(T_1)|\geqslant 3$. 令 T_1 的一个哈密尔顿圈为 $u_1u_2\cdots u_ru_1(r\geqslant 3)$. 设 u_iu_j 是强分支 T_1 的任意一条弧. 如果 T_1-u_i 是强的, 则 T_1-u_i 有一个哈密尔顿圈, 从而 T_1 有一条从弧 u_iu_j 开始的哈密尔顿路. 使用这条哈密尔顿路与强分支 T_2 的一条哈密尔顿路, 就可得到 D 中通过 u_iu_j 的长分别为 $3,4,\cdots,n$ 的每一个圈. 现设 T_1-u_i 不是强的, 则 T_1-u_i 满足定理的题设, 故由归纳假定知它有与 D 相同的结构, 且 u_j 必属于 T_1-u_i 的初分支, 我们仍然可以找到 T_1 中一条从弧 u_iu_j 开始的哈密尔顿路, 从而得到同上的结论.

情形 $|V(T_2)|\geqslant 3$ 的论证是类似的, 把上述证明应用到 T_2 的每一条弧上去. 我们已经证得 D 是弧泛圈局部竞赛图. □

十分有意思的是刻画弧泛圈半完全有向图的问题仍然是公开的, 似乎是非常困难的. Darrah,Liu 和 Zhang 给出了一个不完整的结果[181].

6.7 包含或避开预先指定弧的哈密尔顿圈

本节关注具有附加条件的有向图的哈密尔顿圈, 这些哈密尔顿圈要包含或避开预先指定弧子集 A' 的每一条弧. 很显然, 这类问题是相当困难的, 甚至对半完全有向图也是如此. 如果对 A' 的规模没有约束, 则可把任意有向图上的哈密尔顿圈问题表述为半完全有向图中的一个避开问题. 因此, 无约束的避开问题的确是 $\mathcal{NP}$ 完全问题. 下面将从连通和复杂性角度研究这 2 种类型的问题. 需要指出的是：当包含在一个哈密尔顿圈中要避开的弧的数目是某常数时, 以复杂性的观点来看, 避开问题不比包含问题困难. 最后, 对那些给半完全有向图添加少量顶点和弧的有向图来说, 就是添加一个顶点的哈密尔顿圈问题也是相当困难的, 极为不简单的.

6.7.1 包含预先指定弧的哈密尔顿圈

研究寻找一条包含某些预先指定弧 $e_1, e_2, \cdots, e_k$ 的哈密尔顿圈的问题也称为k-HCA **问题**. 对一般的有向图来说, 这个问题是极为艰难的, 我们将会看到就是对半完全有向图来说, 该问题也是一个困难的问题. 当 $k=1$ 时, k-HCA 问题是 (x,y) 哈密尔顿路问题的特殊情形, 根据 6.4 节中的结论, 存在一个判定半完全有向图中包含一条预先指定弧的哈密尔顿圈的存在性的多项式算法.

基于定理 6.4.1 中的明显事实, Bang-Jensen,Manoussakis 和 Thomassen 提出了如下的猜想. 正如上面所提到的, 对 $k=1$ 的情形, 这个猜想已经由定理 6.4.1 解决.

猜想 6.7.1[87] 对于每个固定的正整数 k, 有关半完全有向图的 k-HCA 问题是多项式可解的.

当 $k=2$ 时, 问题似乎变的非常困难. 尤其是在以下讨论中, 有意思的是涉及到给半完全有向图添加少量顶点而得到的有向图中哈密尔顿圈问题. Bang-Jensen 和 Thomassen 证得：对不固定的 k, 就是关于竞赛图 k-HCA 问题也是 $\mathcal{NP}$ 完全问题[89].

在文献 [89] 中关于这个结论的证明里面存在一个有意义的思路, 后来 Bang-Jensen 和 Gutin 推广了这个思路[60]. 考察有向图 D 包含有 k 个顶点的集合 W, 且使得 $D-W$ 是半完全的. 现构造一个新的半完全有向图 D_W 如下. 先把 W 中的每一个顶点 w 撕裂成为 2 个顶点 w_1, w_2, 使得所有进入 w 的弧进入 w_1, 所有离开 w 的弧离开 w_2. 添加上所有从下标为 1 的顶点到下标为 2 的顶点的弧 (使得相对方向上的弧不出现). 给相同下标的顶点之间都添加上边, 方向是随机的. 最后, 对于每一个顶点 $z \in V(D)-W$, 添加上所有的弧 w_1z 和 zw_2,$w \in W$, 见图 6.4. 易见如下的结论成立：

命题 6.7.2[60] 设 W 是有向图 D 的 k 个顶点的集合, 且使得 $D-W$ 是半完全有向图. 则 D 中存在包含 W 的每一个顶点的长为 $c(\geqslant k)$ 的圈的充要条件是半完全有向图 D_W 有一个长为 $c+k$ 且通过 $\{w_1w_2 : w \in W\}$ 中全部弧的圈.

证明留作习题 6.36.

设 $D=(V,A)$ 是半完全有向图, $A'=\{u_1v_1, u_2v_2, \cdots, u_kv_k\}$ 是弧集 A 的一个子集. 把 D 中的弧 $u_iv_i \in A'$ 用一条路 $u_iw_iv_i$ 替换 $(1 \leqslant i \leqslant k)$, 其中 w_i 是新添

加的顶点, 从而得到一个新有向图 D'. 则 D 中使用了 A' 的每一条弧的圈 C 对应 D' 中的圈 C', 且 C' 包含了顶点集合 $W=\{w_1,w_2,\cdots,v_k\}$ 的每一个顶点. 这个观察和命题 6.7.2 允许我们研究通过有向图 D 中特殊顶点集合 W 的圈, 使得 $D-W$ 是半完全有向图而代替研究半完全有向图中包含 $k=|W|$ 条固定弧的圈.

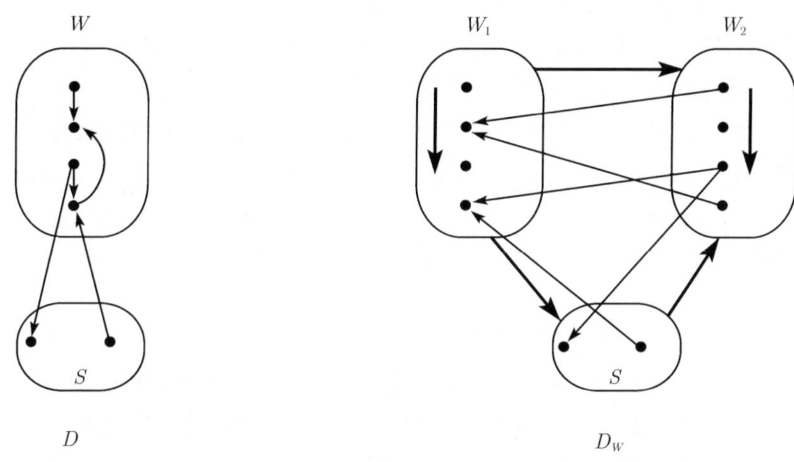

图 6.4 由 D 和 W 得到 D_W 的结构

从 W_1 到 W_2 的粗弧表示不是从 W_2 到 W_1(如同 D 中弧的拷贝) 的所有弧按照指出的方向. 其他 4 条粗弧表示所有按指定方向可能出现的弧

注意到, 如果 k 不是固定的, 判定一个有向图 D 中通过 k 个顶点的圈的存在性问题是 $\mathcal{NP}$ 完全问题, 而且可以给一个半完全有向图添加 k 个新顶点和若干条弧产生 D. 事实上, 取 $k=|V(D)|$, 这就是一般有向图的哈密尔顿圈问题, 从而证明了关于半完全有向图的 k-HCA 问题是 $\mathcal{NP}$ 完全问题.

我们能够重新表述猜想 6.7.1 为如下的等价形式:

猜想 6.7.3[60] 令 k 是一个固定的自然数. 存在一个判定已知有向图 D 是否有一个哈密尔顿圈的多项式算法, 其中 D 是给一个半完全有向图添加至多 k 个新顶点和若干条新弧而得到的.

由命题 6.7.2 和定理 6.4.1, 对 $k=1$, 这个猜想已被证实. 令人吃惊的是, 对 $|W|=2$, 问题却变得异乎寻常的困难 (参见 6.4 节和上面的注释, 甚至是对 $|W|=1$ 的情形, 它也是极为不寻常的).

我们给出高连通竞赛图中关于 k-HCA 问题的几个结果来结束这一小节. 对于具有较高强连通性 (函数 $f(k)$ 是递推式的, $f(1)=1$ 和 $k\geqslant 2$, 有 $f(k)=2(k-1)f(k-1)+3$) 竞赛图, Thomassen 得到了下面的定理[701], 其证明可以关于 k 采用数学归纳法, 且使用定理 6.3.3 中建立的 $k=1$ 的情形 (这也是定理 6.3.3 重要性的一个解释).

定理 6.7.4[701] 设 $\{x_1, y_1, x_2, y_2, \cdots, x_k, y_k\}$ 是一个 $h(k)$ 强竞赛图 T 的不同顶点之集, 其中 $h(k)=f(5k)+12k+9$. 则 T 有一个 k 路因子 $P_1 \cup P_2 \cup \cdots \cup P_k$, 使得每一个 P_i 是一条 (x_i, y_i) 路, $1 \leqslant i \leqslant k$.

定理 6.7.4 隐含了下面的结论:

定理 6.7.5[701] 如果 $h(k)$ 强竞赛图 T 中的弧 $a_1, a_2, \cdots, a_k$ 均无公共的头或均无公共的尾, 则 T 有一个哈密尔顿圈, 按圈序包含了 $a_1, a_2, \cdots, a_k$.

利用上面所说的避开和包含的思想, Thomassen 证得下面的结论:

定理 6.7.6[701] 对于 $h(k)$ 强竞赛图 T 中至多有 k 条弧的集合 A_1, 并对 $T-A_1$ 中至多有 k 条**独立弧**的集合 A_2, 有向图 $T-A_1$ 中存在一个包含了 A_2 的每一条弧的哈密尔顿圈.

6.7.2 避开预先指定弧的哈密尔顿圈

从一个强竞赛图中究竟删去多少条弧, 使得剩余的有向图中仍然有一个哈密尔顿圈? 这是一个困难问题, 但是容易看到, 对某些竞赛图来说答案是去掉一条弧就可以摧毁所有的哈密尔顿圈. 如果某顶点有出度或入度 1, 则删去这条弧就足以破坏所有的哈密尔顿圈. 另一方面, 对于每一个 p 可以构造一族无穷多个强竞赛图 $\mathcal{S}$, 使对该族中的每个强竞赛图 $T \in \mathcal{S}$, 有 $\delta^0(T) \geqslant p$, 并且存在 T 的某条弧, 它在 T 的每个哈密尔顿圈上 (见习题 6.35). 根据定理 6.7.7, 所有如此的竞赛图是强的, 但不是 2 强的.

我们可以把这个问题推广到 k 强竞赛图上去. 此外, 显然存在出度或入度 k(由连通性假定, 这是最小的可能性) 的顶点 v, 则删去所有 k 条出自 v 的弧, 或 k 条进入 v 的弧, 便可得到一个不含哈密尔顿圈的有向图. Thomassen 曾猜测: 在一个 k 强竞赛图中, k 是最小的可删去弧的数目, 使得删去这 k 条弧后剩余图中的所有的哈密尔顿圈遭到破坏[699]. 下面由 Fraisse 和 Thomassen 得到的定理肯定了这个猜测.

定理 6.7.7[249] 对于每个 k 强竞赛图 $D=(V, A)$ 和每一个弧子集 $A' \subset A$, 使得 $|A| \leqslant k-1$, 则 $D-A'$ 总含有一个哈密尔顿圈.

这个定理的证明是长而不简单的, 尤其是使用了定理 6.3.3. 现在叙述由 Bang-Jensen,Gutin 和 Yeo 给出的另一个较强的结论[71]. 作者使用了多部分竞赛图中不可约圈因子的结果证得定理 6.7.8, 尤其是运用了 Yeo 的不可约圈因子定理 (定理 5.7.21), 这恰好是定理 5.7.21 作用的又一个例证.

定理 6.7.8[71] 设 $T=(V, A)$ 是具有 n 个顶点的 k 强竞赛图, $X_1, X_2, \cdots, X_p(p \geqslant 1)$ 是 V 的一个划分, 使得 $1 \leqslant |X_1| \leqslant |X_2| \leqslant \cdots \leqslant |X_p|$. 删去 T 中那些头和尾

均在同一个集合 X_i 中的弧, 则得到有向图 D(即 $D = T - \bigcup_{i=1}^{p} A(T\langle X_i\rangle)$). 如果 $|X_p| \leqslant n/2$ 和 $k \geqslant |X_p| + \sum_{i=1}^{p-1}\lfloor |X_i|/2\rfloor$, 则 D 是哈密尔顿有向图. 换句话说, T 有一个哈密尔顿圈, 它避开了头尾均在同一个 X_i 中的所有弧.

出于太专业的原由, 我们不打算给出这个定理的证明, 但给出这个证明的主要思路. 第一个要注意的是 D 为多部分竞赛图, 可以从构造它的方式上证实. 由于我们的目标是把定理 5.7.21 运用到 D 上来, 故需要假设 D 是强的 (见习题 6.40), 且有一个圈因子 (见习题 6.41). 现在可以应用定理 5.7.21 来证明 D 的每个不可约圈因子是一个哈密尔顿圈, 最后的这个步骤是不简单的 (习题 6.42). 以下结果表明定理 6.7.8 中对 k 的界是不可改进的:

定理 6.7.9[71] 设 $2 \leqslant r_1 \leqslant r_2 \leqslant \cdots \leqslant r_p$ 是任意整数. 则存在一个竞赛图 T 和一组不交的顶点集合 $X_1, X_2, \cdots, X_p$, 使得

(a) T 是 $(r_p - 1 + \sum_{i=1}^{p-1}\lfloor r_i/2\rfloor)$ 强竞赛图.

(b) $|X_i| = r_i, 1 \leqslant i \leqslant p$.

(c) $D = T - \bigcup_{i=1}^{p} A(T\langle X_i\rangle)$ 不是哈密尔顿有向图.

事实上, 文献 [71] 涉及到下面更一般性问题的特征:

问题 6.7.10[71] 完全图 K_n 的哪一个边集合 B 具有这样的性质, 使得 K_n 的每一个 k 强定向导出 $K_n - B$ 的一个哈密尔顿有向图?

当 B 最多有 $k-1$ 条边时, Fraisse-Thomassen 的定理就论及到这种情形. 定理 6.7.8 指出, 当 $\sum_{i=1}^{l}\lfloor r_i/2\rfloor + \max_{1\leqslant i\leqslant l}\{\lceil r_i/2\rceil\} \leqslant k$ 时, 规模为 $r_1, r_2, \cdots, r_p$ 的不交的**团**(clique) 的并就具有这个性质. 根据定理 6.7.9, 对团的并来说这是最好的结果.

我们来说明定理 6.7.8 隐含了定理 6.7.7. 设 T 是 n 个顶点的 k 强竞赛图, T 的 $k-1$ 条弧的集合为 $A' = \{e_1, e_2, \cdots, e_{k-1}\}$. 在 T 的底图 $UG(T)$ 中, 这些弧导出连通的分支为 $X_1, X_2, \cdots, X_p (1 \leqslant p \leqslant k-1)$. 用 a_i 表示 A' 中连接 X_i 中 2 个顶点的弧的数目, $1 \leqslant i \leqslant p$. 则有 $\sum_{i=1}^{p} a_i = k-1$ 和 $|X_i| \leqslant a_i + 1 (1 \leqslant i \leqslant p)$. 可设所选择的数目满足 $|X_1| \leqslant |X_2| \leqslant \cdots \leqslant |X_p|$, 注意有 $|X_p| \leqslant k < n/2$. 此外, 由于每一个 $a_i \geqslant 1$, 便得到 $|X_p| \leqslant (k-1) - (p-1) + 1 = k - p + 1$. 我们能够计算

$$\begin{aligned}
|X_p| + \sum_{i=1}^{p-1}\left\lfloor \frac{|X_i|}{2} \right\rfloor &= \left\lceil \frac{|X_p|}{2} \right\rceil + \sum_{i=1}^{p}\left\lfloor \frac{|X_i|}{2} \right\rfloor \\
&\leqslant \left\lceil \frac{|X_p|}{2} \right\rceil + \left\lfloor \frac{1}{2}\sum_{i=1}^{p}|X_i| \right\rfloor \\
&\leqslant \left\lceil \frac{k-p+1}{2} \right\rceil + \left\lfloor \frac{1}{2}\sum_{i=1}^{p}(a_i+1) \right\rfloor \\
&= \left\lceil \frac{k-p+1}{2} \right\rceil + \left\lceil \frac{k-1+p}{2} \right\rceil = k.
\end{aligned}$$

按照定理 6.7.8, T 有一个哈密尔顿圈, 它避开所有头尾均在同一个 X_i 的弧, 尤其也避开了 A' 中的每一条弧. 这就表明定理 6.7.8 隐含了定理 6.7.7.

注意到, 如果 A' 导出一棵树和 $UG(T)$ 中若干条不交的边, 那么定理 6.7.8 并不比定理 6.7.7 强. 这一说法可在上面的计算中的等式看到. 定理 6.7.8 的其他情形则提供了一个较强的界.

关联到问题 6.7.10, 自然地要研究在集合 B 的不同情形中关于 k 的界. 特别地, 当 B 是 K_n 的支撑森林由 m 条分别包含 $r_1, r_2, \cdots, r_m$ 个顶点不交的路构成时, 关于 k 的不可改进的界是多少? 同类型的问题是用 "星" 代替 "路", 或者用 "圈" 代替 "路"(在最后的情形中, "支撑森林" 应被 "支撑圈有向子图" 代替).

如何能够容易地判定一个已知半完全有向图 $D=(V,A)$ 对其一个弧子集 $A' \subseteq A$ 是否有一个避开 A' 中每一条弧的哈密尔顿圈 C? 正如早些时候提到的, 如果不对 A' 的弧进行约束, 这个问题是 $\mathcal{NP}$ 完全问题. 如果 A' 确实是那些位于 V 的某划分 $X_1, X_2, \cdots, X_r$ 中的弧集合, 在这种情形下, 则可以在多项式时间里判定 C 的存在性. 其实, 根据 $D\langle A-A'\rangle$ 是一个半完全多部分有向图和定理 5.7.9, 对于半完全多部分有向图来说, 哈密尔顿圈问题是多项式可解的. 相同的论证可以证明下面猜想中 $k=1$ 时的情形.

猜想 6.7.11　对于每个 k 和一个半完全有向图 $D=(V,A)$ 及其一个弧子集 $A' \subseteq A$ 以及 $|A'|=k$, 存在一个能够判断 D 是否有一个避开 A' 中所有弧的哈密尔顿圈的多项式算法.

乍一看, 避开确定弧的圈要做的工作少于包含预先指定弧的圈. 然而, 多少有些令人惊奇的是, 如果猜想 6.7.1 成立, 那么猜想 6.7.11 也成立①.

假定猜想 6.7.1 为真, 则由 6.7.1 小节中的讨论, 猜想 6.7.3 也成立. 因而, 对固定的 k, 存在一个多项式算法 $\mathcal{A}_k$, 对给定的有向图 $D=(V,A)$ 和它的一个真子集 $W \subset V$, 且使得 $D-W$ 是半完全有向图以及 $|W| \leqslant k$, 算法 $\mathcal{A}_k$ 能够判定 D 是否含有哈密尔顿圈. 设 k 是固定的, D 是半完全有向图, $A'(|A'| \leqslant k)$ 是 D 的一个预先指定弧的集合. 设 W 是一个顶点集合, 使得 A' 中弧的头或尾在 W 中. 于是, $|W| \leqslant 2|A'|$ 和 D 含有一个避开 A' 中每一条弧的哈密尔顿圈的充要条件是有向图 $D-A'$ 中存在一个哈密尔顿圈. 根据上面的注解, 我们就能够用多项式算法 $\mathcal{A}_r$ 判定这一点, 其中 $r=|W|$.

6.7.3　避开 2 圈中弧的哈密尔顿圈

在第 4 章中, 如果一条弧 xy 不在任何 2 圈中, 就说它是正常的. 判定一个给定的有向图是否有一个哈密尔顿圈 C, 使得 C 上每一条弧是正常的, 当然它也是一个 $\mathcal{NP}$ 完全问题, 这是因为对定向图的哈密尔顿圈问题是 $\mathcal{NP}$ 完全问题. 这也表

① 十分感谢 Thomassen 为我们指明了这个推论 (1999 年 8 月的私人通信).

明这个问题就是关于半完全有向图也是 $\mathcal{NP}$ 完全问题. Tuza 对半完全有向图研究了这个问题[724], 并提出了如下的猜想:

猜想 6.7.12[724] 设 s 是正整数, $D=(V,A)$ 是半完全有向图, 使对每一个 $Y\subset V$ 和 $|Y|<s$, 导出的半完全有向图 $D\langle V-Y\rangle$ 是强的, 并且至少含有一条正常弧. 那么, D 有一个至少包含了 s 条正常弧的哈密尔顿圈.

以下结论表明只要证明存在具有此性质的长至少是 $s+1$ 的圈就足够了.

命题 6.7.13[724] 如果强半完全有向图 T 有一条长至少为 $s+1$ 的圈, 其上至少有 s 条正常弧, 则 T 中存在一个至少有 s 条正常弧的哈密尔顿圈.

对于情形 $s=1,2$, Tuza 还证得如此圈的存在性[724]. 不难看到, 不可以取代命题 6.7.13 中的 $s+1$(习题 6.43).

6.8 弧不交的哈密尔顿路和圈

利用欧拉定理 (定理 1.6.3), 我们容易证得下面由 Veblen 得到的结果 (读者可参见习题 6.44)[115].

定理 6.8.1 能够划分一个有向图的全体弧为圈的并当且仅当对于每一个顶点 x, 总有 $d^+(x)=d^-(x)$.

Kotzig 给出了有关正则有向图的定理 6.8.1 的一个加强型结论, 其证明留作习题 6.46.

定理 6.8.2[503] 设 D 是正则有向图, 则 D 的弧集可以被划分成圈因子.

我们来考虑把一个有向图的弧集分解成若干个哈密尔顿圈. 对于一般的有向图来说, 判定如此的一个分解的存在性是一个极端困难的问题, 甚至对完全有向图也是不平凡的. Walecki 得到的一个老的结果[20]: 完全无向图 K_n 的边集合可以被分解成若干个哈密尔顿圈当且仅当 n 是奇数 (如果 n 为偶数, 于是每一个顶点有奇度数, 如此分解不存在). 当 n 是奇数, 运用这个结果则容易地断定 $\overleftrightarrow{K}_n$ 的弧集可以被分解成若干个圈. 至于 n 是偶数的情形, 根据上面的注释, 则需要另外一种方式.

容易验证, $\overleftrightarrow{K}_4$ 的弧集不能够被分解为若干个哈密尔顿圈. 其实, 不失一般性, 在如此的分解中, 第一个哈密尔顿圈是 12341, 其中 $\overleftrightarrow{K}_4$ 的顶点标号分别为 $1,2,3,4$. 在移走第一个哈密尔顿圈的弧之后, 余下的是一个强半完全有向图, 它有唯一的一个哈密尔顿圈 14321, 因而所期望的分解不存在. 略为费点力气就不难证明 $\overleftrightarrow{K}_6$ 的弧集不可能分解为 5 个哈密尔顿圈 (习题 6.45). 此外, 对其他的 n 值, Tillson 证实如此的分解的确存在.

定理 6.8.3 (Tillson 分解定理)[719] $\overleftrightarrow{K}_n$ 的弧集可以被分解为哈密尔顿圈当且仅当 $n\neq 4,6$.

在 6.12 节中, 我们将使用定理 6.8.3 回答 Alspach,Bermond 和 Sotteau 的一个问题. Ng 把定理 6.8.3 推广为[591]:

定理 6.8.4[591] $\overleftrightarrow{K}_{r,r,\cdots,r}$ (s 个部分) 的弧集可以被分解成哈密尔顿圈当且仅当 $(r,s)\neq(4,1)$ 和 $(r,s)\neq(6,1)$.

Kelly 给出了如下的猜想, 此猜想大概是竞赛图理论中已知的最好的猜想之一[571].

猜想 6.8.5 (Kelly 猜想) n 阶正则竞赛图的弧集可以被划分 $(n-1)/2$ 个哈密尔顿圈.

当 $n\leqslant 9$, Alspach 已经证得这个猜想[115]. Jackson 证明了每一个阶至少为 5 的正则竞赛图包含一个哈密尔顿圈 C 和一条与 C 弧不交的哈密尔顿路[449]. 对于 $n\geqslant 5$ 的情形, Zhang 证得有 2 条弧不交的哈密尔顿圈[754]. 一个有向图 D 是**几乎正则的**(almost regular), 如果 $\Delta^0(D)-\delta^0(D)\leqslant 1$. Thomassen 证得如下的结论:

定理 6.8.6[699] 每一个 n 阶正则或几乎正则竞赛图至少有 $\lfloor\sqrt{n/1000}\rfloor$ 个弧不交的哈密尔顿圈.

Häggkvist 改进定理 6.8.6 的结果如下:

定理 6.8.7[387] 存在一个正常数 c(实际上, $c\geqslant 2^{-18}$), 使得每一个 n 阶正则竞赛图至少包含 cn 个弧不交的哈密尔顿圈.

Thomassen 还证实: 每一个 n 阶正则竞赛图的弧集可以被 $12n$ 个哈密尔顿圈完全覆盖[703].

迄今为止, 关于 Kelly 猜想发表的结果表明它仍然没有被完全解决, 找到这个长期未解决而有意义的猜想的证明对每一个人是一个强有力的挑战. 关于哈密尔顿圈分解的其他结论, 建议读者阅读 Alspach, Bermond 和 Sotteau 的文章[20] 以及 Ng 的文章[592].

设 T 为 $n=4m+2$ 个顶点的竞赛图, 它是由 2 个 $2m+1$ 个顶点的正则竞赛图 T_1 和 T_2 构成, 再添加从 T_1 的顶点到 T_2 的顶点之间的全部弧 (即在 T 中有 $V(T_1)\mapsto V(T_2)$). 显然 T 不是强的, 也没有哈密尔顿圈, T 的最小出度和最小入度是 m, 大约为 $n/4$, Bollobás 和 Häggkvist 指出: 如果增加 T 的最小出度和最小入度, 不仅可以得到很多弧不交的哈密尔顿圈, 而且还可以得到一个如此圈的非常结构化的集合[123].

定理 6.8.8[123] 对于每一个 $\varepsilon>0$ 和每一个自然数 k, 存在一个具有如下性质的自然数 $n(\varepsilon,k)$, 如果 T 是 $n(>n(\varepsilon,k))$ 阶竞赛图, 且满足 $\delta^0(T)\geqslant(\frac{1}{4}+\varepsilon)n$, 则 T 包含一个哈密尔顿圈的 k 次幂.

不难证明, 每一个 n 阶具有最小入出度至少为 $n/4$ 的竞赛图是强连通的 (见习题 1.36).

我们来关注其他的一些结论, 它们涉及到竞赛图中弧不交的哈密尔顿圈和路. Thomassen 完全刻画了具有至少 2 条弧不交的哈密尔顿路的竞赛图[699]. 一个竞赛图是**几乎可传递的**(almost transitive), 如果可以这样来构造它, 将一个具有无圈序 $u_1, u_2, \cdots, u_n$(即对 $1 \leqslant i < j \leqslant n$, 有 $u_i \rightarrow u_j$) 的可传递竞赛图的弧 u_1u_n 反转. 设一个非强竞赛图 T 的强分支的无圈序为 $T_1, T_2, \cdots, T_k$, 称这 2 个分支 T_i 和 T_{i+1} 是**连贯的**($1 \leqslant i \leqslant k-1$).

定理 6.8.9[699] 一个竞赛图 T 不含 2 条弧不交的哈密尔顿路的充要条件为 T 有一个强分支是奇阶**几乎可传递竞赛图**, 或者 T 有 2 个阶为 1 的连贯强分支.

判定已知竞赛图 T 是否有一条哈密尔顿路 P 和一个哈密尔顿圈 C, 使得 P 和 C 是弧不交的问题似乎很困难. 对于弧 3 圈竞赛图, Thomassen 找到了如下的分解:

定理 6.8.10[699] 设 T 是至少 3 阶的弧 3 圈竞赛图, 则 T 有一条哈密尔顿路 P 和一个与 P 是弧不交的哈密尔顿圈, 除非 T 是 3 圈, 或者是一个 5 阶竞赛图, 它是给一个 3 圈添加 2 个顶点 x, y 和弧 xy, 然后让 y 支配这个 3 圈的每一个顶点, 使得 x 被这个 3 圈的每一个顶点支配.

易知正则竞赛图都是弧 3 圈的 (习题 6.47), 因而定理 6.8.10 推广了上面 Jackson 的结果. 但是, 正如在 6.6 节中说到的, 定理 6.8.10 适用的范围更广, 这是因为几乎所有的竞赛图满足这个定理的题设[571]. 在某种程度上, 下面的猜想推广了 Kelly 猜想, 它是由 Thomassen 提出来的.

猜想 6.8.11[699] 对任何 $\varepsilon > 0$, 几乎所有的 n 阶竞赛图中存在 $\lfloor(0.5-\varepsilon)n\rfloor$ 个弧不交的哈密尔顿圈.

Erdös 提出了如下的问题[699]:

问题 6.8.12 是否几乎所有的竞赛图 T 含有 $\delta^0(T)$ 个弧不交的哈密尔顿圈?

我们曾经在 6.7 节的开始处指出: 没有度型条件可以保证一个强竞赛图包含 2 个弧不交的哈密尔顿圈. 事实上, 甚至可以轻松地证明高强连通性不能够排除一条弧在所有的哈密尔顿圈中的存在性 (见习题 6.35). Thomassen 提出了如下的猜想:

猜想 6.8.13[699] 对于每个整数 $k \geqslant 2$, 存在一个整数 $\alpha(k)$, 使得每个 $\alpha(k)$ 强竞赛图有 k 条弧不交的哈密尔顿圈.

Thomassen 用一个例子说明 $\alpha(2) > 2$, 并猜测 $\alpha(2) = 3$. 同时, 他的例子也表明没有线性函数可以作为 α 的阶.

6.9 定向的哈密尔顿路和圈

由于每个竞赛图有一条哈密尔顿方向路, 自然地会问到: 是否每个竞赛图包含一条哈密尔顿无向路的每一个定向? 这并不真实, 读者可以从图 6.5 中的例子看到这一点.

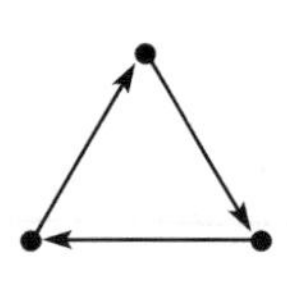
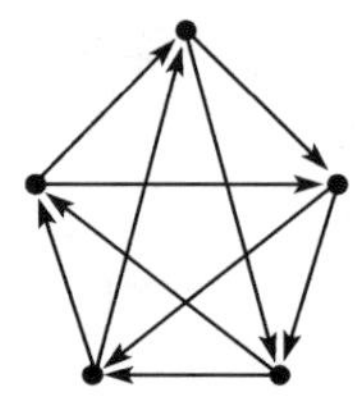
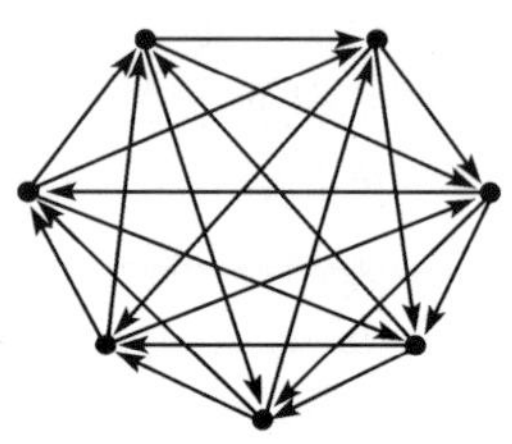

图 6.5　不具有反定向哈密尔顿路的唯一的竞赛图

一条路是**反定向的**(anti-directed), 如路上每一条弧的定向与它的前趋定向相反. 读者可以容易地验证图 6.5 中 3 个竞赛图均不含反定向哈密尔顿路 (习题 6.48). Grünbaum 证实: 不是图 6.5 中 3 个竞赛图之一的每一个竞赛图均含有一条反定向哈密尔顿路[340]. 这个结论后来被 Rosenfeld[644] 所加强.

定理 6.9.1[644]　在至少有 9 个顶点的竞赛图中, 它的每一个顶点都是一条反定向哈密尔顿路的起始点.

Rosenfeld 还猜测: 存在一个自然数 N, 使得每一个至少有 N 个顶点的竞赛图包含一条哈密尔顿无向路的每一个定向. Grünbaum 的例子表明, 必须是 $N \geqslant 8$. Roseufeld 的猜想受到广泛圈的研究, 产生了许多不完全的解, 直到它被 Thomassen 完全证明 (也见定理 6.9.3)[694]. 我们将给出这些不完整结论中的一个[21,683].

Forcade 发现了如下的漂亮结论, 它推广了顶点个数为 2 的次幂的竞赛图的 Redei 定理.

定理 6.9.2[244]　对某个自然数 r, 设 T 是阶为 $n = 2^r$ 的竞赛图, 则对 n 个顶点的路的每一个定向 P, T 包含了奇数次 P 的出现.

Thomassé对 N 小于数 2^{128} 的情形证得 Rosenfeld 猜想[694]. 他也猜测 $N = 8$ 应该是正确的数. 最近, Havet 和 Thomassé证实了这一点[408].

定理 6.9.3 (Havet-Thomassé定理)[408]　每一个至少有 8 个顶点的竞赛图包含一条哈密尔顿路的每一个定向.

在文献 [408] 中, 定理 6.9.3 的证明是相当长的 (包括了大量的情形). 但是它使用了将在下面描述的一个漂亮的部分结论, 我们需要几个记号. 设 $P = u_1u_2\cdots u_n$ 是一条定向的路, 顶点 u_1, u_n 分别是 P 的**原点**和**止点**(terminus). P 的一个**区间**是一条最大的子路 $P' = P[u_i, u_j]$①, 使得 P' 是一条有向路 (即是 (u_i, u_j) 路, 或是 (u_j, u_i) 路). 图 6.6 给出一个解释. 从 u_1 开始, 区间被标记为 $I_1, I_2, \cdots, I_{t(P)}$. 第 i 个区间的**长度**$\ell_i(P)$ 是对应 I_i 的有向子路中弧的数目. 如果 P 的第一个区间是从 u_1 出来的方向, 则说 P 是一条**出路**(out-path), 不然, 就称 P 为**入路**(in-path). 可以用标记的序列 $\mathrm{sgn}(P)(\ell_1, \ell_2, \cdots, \ell_{t(P)})$ 表示任何一条定向的路 P, 其中 $\mathrm{sgn}(P)$

①其中, 我们对有向路使用相同的记号, 即当 $i \leqslant j$ 时, $P[u_i, u_j] = u_iu_{i+1}\cdots u_j$.

为 "+" 表示 P 是出路, P 为入路时, $\mathrm{sgn}(P)$ 为 "−"; 以下使用记号 $*P$ 来表示子路 $P[u_2, u_n]$.

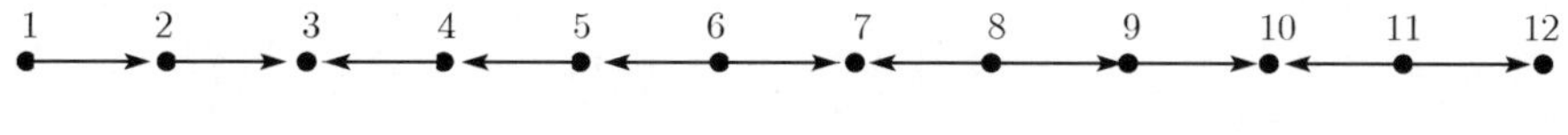

图 6.6 一条具有区间 [1,3],[3,6],[6,7],[7,8],[8,10],[10,11],[11,12] 的定向路

对竞赛图 $T = (V, A)$ 中的每个子集 $X \subseteq V$, 定义顶点集合 $R^+(X)$ 的每一个顶点可以被从 X 中一个顶点沿一条有向路可达, $R^-(X)$ 中的每一个顶点可沿一条有向路到达 X 中的一个顶点. 由定义知, $X \subseteq R^+(X) \cap R^-(X)$. 一个顶点是 T 的一个**出生成因子**(out-generator)(或**入生成因子**(in-generator)), 如果有 $R^+(u) = V$(或 $R^-(U) = V$). 注意, 由定理 1.4.5, 每个竞赛图 T 至少有一个出生成因子 (入生成因子) 当且仅当它至少是 T 中一条哈密尔顿路的初始 (终止) 顶点.

Havet 和 Thomassé得到了下面的定理, 该定理论及了竞赛图中一条定向路覆盖了除一个顶点外 V 的其余顶点, 它将在定理 6.9.3 的证明中扮演着一个重要的角色[408].

定理 6.9.4[408] 设 $T = (V, A)$ 是 $n + 1$ 个顶点的竞赛图. 则

(1) 对于每一条 n 个顶点的出路 P 和每一对不同的顶点 x, y, 有 $|R^+(\{x, y\})| \geqslant \ell_1(P) + 1$, 且 x 或 y 是 T 中 P(一个拷贝) 的一个原点.

(2) 对于每一条 n 个顶点的入路 P 和每一对不同的顶点 x, y, 有 $|R^-(\{x, y\})| \geqslant \ell_1(P) + 1$, 且 x 或 y 是 T 中 P(一个拷贝) 的一个原点.

下面的推论实际是定理 6.9.4 的一个简单推论, 由于在归纳证明中要用到, 故先叙述它.

推论 6.9.5[694] 每一个 n 个顶点的竞赛图 T 包含 $n - 1$ 个顶点的每一条定向路 P. 此外, 每个含有 $\ell_1(P) + 1$ 个顶点的子集包含 P 的一个原点. 特别地, 在 T 中的 P 至少有 2 个不同的原点.

定理 6.9.4 的证明[408] 关于 n 的采用数学归纳法进行证明. 对 $n = 1$, 结论显然成立. 现假设定理对全体 n 个顶点的竞赛图成立. 因为只要考虑 T 和 P 的逆, (2) 就可以由 (1) 推证得到, 故只需要证明 (1).

设路 $P = u_1u_2\cdots u_n$ 是已知的, x, y 是不同的顶点, 且使得 $|R^+(\{x, y\})| \geqslant \ell_1(P) + 1$. 可设 $x \to y$, 因而有 $R^+(x) = R^+(\{x, y\})$. 考虑下列 2 种情形.

情形 1. $\ell_1(P) \geqslant 2$. 如果 $|N^+(x)| \geqslant 2$, 设 $z \in N^+(x)$ 是 $T\langle R^+(x) - x\rangle$ 的一个出生成因子, 取 $t \in N^+(x)$ 不同于 z. 根据 z 的定义, 有 $|R^+_{T-x}(\{t, z\})| = |R^+(x)| - 1 > \ell_1(*P)$. 因为 $\ell_1(P) > 1$,$*P$ 是一条出路. 根据归纳假定, z 或 t 是 $T - x$ 中路 $*P$ 的一个原点, 这隐含顶点 x 也是 T 中路 P 的一个原点.

于是可设 $N^+(x)=\{y\}$. 因为 $|R^+(\{x,y\})|\geqslant \ell_1(P)+1\geqslant 3$, 易知 $N^+(y)\neq\varnothing$. 令 q 是 $T\langle N^+(y)\rangle$ 的一个出生成因子, 则 q 也是 $T\langle R^+(\{x,y\})-y\rangle$ 的一个出生成因子, 于是 $q\to x$ 和 $|R^+_{T-y}(\{x,q\})|=|R^+(\{x,y\})|-1>\ell_1(*P)$. 根据归纳假定, x 或 q 是 $T-y$ 中路 $*P$ 的原点, 又因在 $T-y$ 中 x 没有出邻点, 只有 q 是原点. 所以, 顶点 y 是 T 中路 P 的原点.

情形 2. $\ell_1(P)=1$. 先来考虑 $|N^+(x)|\geqslant 2$ 的子情况. 令 $X:=R^-_{T-x}(N^+(x))$, 考察 V 的划分 $(X,Y,\{x\})$, 其中 $Y=V-X-x$. 根据这些集合的定义, 可知 $Y\mapsto x$,$X\mapsto Y$ 和 $y\in X$. 如果 $|X|\geqslant\ell_2(P)+1$, 则可断定 x 是 T 中路 P 的一个原点; 再令 $p\in N^+(x)$ 是 $T\langle X\rangle$ 的一个入生成因子, 并且取 $u\in N^+(x)-p$. 根据归纳假定, 在 $T-x$ 中顶点 p 或顶点 u 为 $*P$ 的一个原点, 这说明 x 是 T 中路 P 的一个原点.

故可设 $|X|\leqslant\ell_2(P)$. 注意到 $\ell_2(P)\leqslant n-2$ 总是成立 (记住, 我们计数弧). 因而, 有 $|Y|>1$, 这是因为 T 有 $n+1$ 个顶点. 令 s 是 $T\langle Y\rangle$ 的一个入生成因子. 因有 $d^+(x)>1$ 和 $X\mapsto Y$, 便得 $R^-_{T-y}(s)=V-y$. 任取顶点 $w\in Y-s$, 根据归纳假定, 顶点 w 或顶点 s 是 $T-y$ 中路 $*P$ 的一个原点, 这导致顶点 y 是 T 中路 P 的一个原点.

考察 $N^+(x)=\{y\}$ 时的情形, 假定 $|N^-_{T-x}(y)|\geqslant n-2$. 由归纳假定和定理 6.9.4, 对于 $T-\{x,y\}$, 命题 6.9.5 成立. 于是 $N^-_T(y)$ 中的某顶点是路 $**P$ 的一个原点. 因此, 顶点 x 是 T 中 P 的一个原点 (使用 $x\to y$ 和一条从 $T-\{x,y\}$ 中路 $**P$ 的一个原点进入顶点 y 的弧). 于是, 可设 $|N^+(y)|\geqslant 2$. 令 $U=R^-_{T-y}(N^+(y))$ 和 $W=V-U-\{x,y\}$. 则有 $W\mapsto\{x,y\}$ 和 $U\mapsto W\cup\{x\}$. 如果有 $|U|\geqslant\ell_2(P)+1$, 则利用上面曾使用的相同证明 (情形 2 开始处), 可证得顶点 y 是路 P 的一个原点. 故设 $|U|\leqslant\ell_2(P)$. 特别地, 有 $\ell_2(P)\geqslant|N^+(y)|\geqslant 2$.

如果 $|W|\geqslant 2$, 则令 $w\in W$ 是 $T-\{x,y\}$ 的一个入生成因子, 任取 $w'\in W-w$. 根据归纳假定, 顶点 w 或顶点 w' 是入路 $**P$ 的一个原点 (注意 $\ell_2(P)\geqslant 2$, 因而 $**P$ 是一条入路). 因而, 使用弧 xy 和一条从 W 中 $**P$ 的原点进入 y 的弧, 知 x 是 P 的原点. 最后, 考察 $|W|=1$ 时的情况 (注意有 $|W|=n-1-|U|\geqslant 1$, 这是因为 $|U|\leqslant\ell_2(P)\leqslant n-2$). 则由 $|U|=n-2$ 和 $\ell_2(P)=n-2$(因为在上面已设 $\ell_2(P)\geqslant|U|$), 因此, $*P$ 是一条有向入路. 因为顶点 y 是 $T-x$ 的一个入生成因子, 则顶点 x 是路 P 的一个原点, 从而完成定理的证明. □

如果定理 6.9.4 中的路有 $n+1$ 个顶点而不是 n 个顶点, 则陈述就不再为真. 然而, 例外的情形是可以刻画的 (对于 $n+1$, 定理 6.9.4 的 $n+1$ 版本)[408], 基于这个特征, Havet 和 Thomassé证明图 6.5 中的竞赛图确实是仅有的且不含一条哈密尔顿路的每一个定向的竞赛图.

在文献 [408] 中, Havet 和 Thomassé 还证明了下面具有独立意义的优美结果:

命题 6.9.6[408] 设 P 是 n_1 个顶点的出路, Q 是 n_2 个顶点的入路. 设 $T=(V,A)$ 是 $n=n_1+n_2$ 个顶点的竞赛图. 若 $x\in V$ 是 T 中 P 和 Q 的一个拷贝原点, 则可选择 P 和 Q 的拷贝, 使得 $V(P)\cap V(Q)=\{x\}$, 并且 x 是 2 个拷贝的原点.

如何轻松地找到竞赛图中一条哈密尔顿路 P 的预先指定定向的一个显现? 如果 P 是一条有向路, 这个问题可以在时间 $O(n\log n)$ 内解决 (见 1.9.1 节) ①. 能够快速找到一些模型; Bampis,Hell,Manoussakis 和 Rosenfeld 证明[42]：可以在时间 $O(n)$ 内找到一条反定向哈密尔顿路. 这是文献 [415] 中最好的结果. 下面由 Hell 和 Rosenfeld 给出的结论多少有些使人惊奇, 它揭示了寻找不同的模型则需要相当不同的复杂性.

定理 6.9.7[415] 对于每一个 $0\leqslant\alpha\leqslant1$, 存在 n 个顶点的路的一个定向 P, 使得在 n 个顶点的竞赛图 T 中每一个用于检查 P 显现的算法在最坏情形下必须有 $\Omega(n\log^{\alpha}n)$ 次参考 T 的相邻矩阵.

根据定理 6.9.3, Havet 还证得如下的结论：

定理 6.9.8[405] 存在一个 $O(n^2)$ 算法, 输入 $n(\geqslant 8)$ 个顶点的竞赛图 T 和最多 n 个顶点的一条定向路 P, 并且返回 T 中 P 的一个显现.

不知道是否存在路的定向, 在最坏情形中需要 $\Omega(n^{1+\varepsilon})$ 次参考一个竞赛图的相邻矩阵 (对某 $\varepsilon>0$). 在某些情形中, 这意味着需要许多步骤来寻找所期望的路, 或者断定不存在如此的路.

代替考虑竞赛图中哈密尔顿路的定向, 考虑竞赛图中哈密尔顿圈的定向. 然而, 一个特殊的圈, 即有向哈密尔顿圈只能在强竞赛图中找到. Rosenfeld 曾猜测有向哈密尔顿圈是一个哈密尔顿圈 P 的唯一定向, 其中 P 可以由任意多个顶点的竞赛图避开[645]. 这个猜想被 Thomason 解决, 则有如下的结论：

定理 6.9.9[694] 对于 $n\geqslant 2^{218}$, 可能除有向哈密尔顿圈外, 每一个具有 n 个顶点的竞赛图包含长为 n 的每一个定向圈.

Thomason 也猜测关于 n 的下界的正确性应是 9. 容易得到一个具有 8 个顶点的竞赛图没有反定向哈密尔顿圈, 只要对图 6.5 中 7 个顶点的竞赛图添加一个新顶点 v, 然后任意连接 v 到其他的 7 个顶点. 如果这个猜想为真, 则 9 是最好的下界.

运用文献 [408] 中的方法以及若干新的思路, Havet 证得下面的结论[406]. 注意, 每个强竞赛图有一个哈密尔顿圈.

定理 6.9.10[406] 对于 $n\geqslant 68$, 可能除有向哈密尔顿圈外, 每一个具有 n 个顶点的竞赛图包含长为 n 的每一个定向圈.

自然地, 如果一个有向图是几乎完全的, 则它将包含一条哈密尔顿无向路的全部定向. 下面的结论是由 Heydemann, Sotteau 和 Thomassen 得到的.

① 需再提醒读者, 在估计复杂性中, 我们仅仅计算有多少次必须询问一条已知弧的定向.

定理 6.9.11[427]　设 D 是 n 个顶点的有向图, 且至少有 $(n-1)(n-2)+3$ 条弧. 设 C 是 n 长圈的任意一个定向, 除 D 不是强的以及 C 是一个有向哈密尔顿圈的情形外, 则 D 包含 C 的一个拷贝.

6.10　用少量圈覆盖一个有向图的全部顶点

本节考虑另一个相似于哈密尔顿圈的问题, 就是用少量的圈盖住一个有向图的每一个顶点. 在某些情形中, 我们坚持要求这些圈是两两不交的以及有圈的预先指定数目; 就其他一些情形而论, 则允许这些圈相交, 但仅限于在一个预先指定的模型中.

6.10.1　具有固定圈数目的圈因子

如果一个有向图 $D=(V,A)$ 的 2 个圈 X,Y 满足 $V(X)\cap V(Y)=\varnothing$ 和 $V(X)\cup V(Y)=V$, 则称它们是**互补的**(complementary), 也可以说二者形成了 D 的一个 2 圈因子.

因为每个强竞赛图含有一个哈密尔顿圈, 则一个竞赛图 T 含有 2 圈因子当且仅当可以划分 T 为 2 个强子竞赛图. Thomassen 提出了如下的问题, 它推广了竞赛图中 2 圈因子存在问题.

问题 6.10.1[629]　对于 2 个任意的自然数 r,s, 存在一个具有如下性质的自然数 $f(r,s)$: 关于每一对 r,s, 除去有限多个例外, 每一个 $f(r,s)$ 强竞赛图 T 可以被分为一个 r 强竞赛图 T_1 和一个 s 强竞赛图 T_2, 这真实吗?

对于情形 $r=s=1$, Reid 证得如下结论 (也见习题 6.52):

定理 6.10.2[629]　每一个至少有 8 个顶点的 2 强竞赛图有一个 2 圈因子, 它由一个 3 圈和 $(n-3)$ 圈构成.

Song 把这个结论扩展到每对长为 k 和 $n-k$ 的圈, 其中 $k=3,4,\cdots,n-3$[678]. 根据这些结论, 有 $f(1,1)=2$. 值得注意的是, 关于半完全有向图中确定相似于 $f(1,1)$ 的 $f'(1,1)$ 的问题仍然是公开的. 因为每个 3 强半完全有向图包含一个支撑 2 强竞赛图 (命题 7.14.5), 对于半完全有向图, 则有 $2\leqslant f'(1,1)\leqslant 3$.

已有不少关于二部分竞赛图的 2 圈因子的结论, 其中一个是下面 Song 给出的结论:

定理 6.10.3[677]　设 R 是每个部分具有 $2k+1$ 个顶点的二部分竞赛图 $(k\geqslant 4)$. 如果 R 的每个顶点至少有出度 k 和入度 k, 除去 R 同构于 $\vec{C}_4[\overline{K}_{k+1},\overline{K}_{k+1},\overline{K}_k,\overline{K}_k]$ 外, 则对 R 的任何一个顶点 x, R 包含一个 2 圈因子 $C\cup C'$, 使得圈 C 包含顶点 x, 且 C 的圈长至少是 6.

需要更多的有关半完全二部分有向图的 2 圈因子结论的读者可阅读文献 [756, 757].

判定半完全 p 部分有向图 ($p \geqslant 3$) 中存在 2 圈因子的问题似乎是相当困难的, 目前还不知道关于这个问题的任何不平凡的结果. 对于一个具有 p 部分集 $V_1, V_2, \cdots, V_p$ 的半完全多部分有向图 D, 独立数 $\alpha(D)$ 等于诸 V_i 的规模中的最大者. Volkmann 提出了下面的猜想:

猜想 6.10.4[728] 设 D 是具有部分集 $V_1, V_2, \cdots, V_p$ 的一个 p 部分竞赛图, 令 $\alpha = \alpha(D)$. 若 D 是 $(\alpha+1)$ 强的, 则 D 有一个 2 圈因子, 除非 D 是一个有限多部分竞赛图族中的成员.

事实上, 猜想 6.10.4 只是下面 Volkmann 提出的 Meta 猜想的一个特例 (1997 年私人通信). 对于 k 强竞赛图成立的结果则对每一个 $(\alpha(D)+k-1)$ 半完全多部分有向图 D 也成立, 其中的一个已知真实事例是关于哈密尔顿圈问题 (见定理 5.7.25).

对于含有一个 2 圈因子的有向图 D 来说, 一个显然的必要条件是 D 的围长至多是 $n/2$. 一个奇圈的 2 次幂 $D = \vec{C}^2_{2k+1}$ 的围长是 $k+1$, 且 D 是 2 强局部半完全有向图, 这表明定理 6.10.2 不可能扩展到局部半完全有向图中. 为证明 Bang-Jensen 的一个猜想[47], Guo 和 Volkmann 证明了奇圈的幂是 $n \geqslant 8$ 时仅有的例外.

定理 6.10.5[351] 设 D 是 $n(\geqslant 8)$ 个顶点的局部半完全有向图. 则 D 有一个 2 圈因子, 使得 2 个圈长至少是 3 的充要条件为 D 不是一个奇圈的 2 次幂.

Guo 和 Volkmann 还证明: 尽管不能够将定理 6.10.2 扩展到局部半完全有向图, 仍然有充分性结构允许有不同长度的 2 圈因子, 关于这方面的详细介绍建议读者去阅读文献 [352].

下面的猜想是由 Bang-Jensen, Guo 和 Yeo 提出, 它接近问题 6.10.1, 可以看作迈向在高连通竞赛图中研究划分为包含预先指定顶点的子竞赛图的第一步.

猜想 6.10.6[58] 对于所有的自然数 r, s, 存在一个自然数 $g(r,s)$, 使得每一对 r, s 的选择, 下列叙述除对不多于有限个例外是真实的: 对于每一个 $g(r,s)$ 强竞赛图 T 以及不同的顶点 $x, y \in V(T)$, 存在 T 的顶点不交的子竞赛图 T_x, T_y, 使得 $V(T_x) \cup V(T_y) = V(T)$, 且 T_x 是 r 强竞赛图, T_y 是 s 强竞赛图以及 $x \in V(T_x)$ 和 $y \in V(T_y)$.

注意到, 在多项式时间内容易判定一个竞赛图 T 是否包含 2 个不交的圈 C_x 和 C_y, 使得 $x \in V(C_x)$ 和 $y \in V(C_y)$. 根据 Moon 定理, 每个强连通竞赛图是顶点泛圈的. 因此, C_x 和 C_y 存在当且仅当 T 包含不交的 3 圈, 一个包含顶点 x, 另一个包含顶点 y. 这就导出每个 4 强竞赛图包含如上所说的圈 C_x 和 C_y. Bang-Jensen,Guo 和 Yeo 证明了这个问题对 3 强竞赛图成立, 并给出了一族无穷多个 2 强反例[58]. 因此, 有 $g(1,1) = 3$.

Little,Yeo 和 Wang 的文章研究了二部分图中一个 2 圈因子存在, 使得每一个圈包含预先指定的顶点和指定的长度[516,733]. 我们来考察多于 2 个圈的圈因子问题. Bollobás 提出了如下的问题[678]:

问题 6.10.7 设 k 是正整数. 除去有限个例外, 最小整数 $g(k)$ 为何值时, 使得所有的 $g(k)$ 强竞赛图包含一个 k 圈因子?

Chen,Gould 和 Li 回答了这个问题[147], 证得 $g(k) \leqslant 3k^2+k$. 关联到问题 6.10.7, Song 则给出了更强的猜想:

猜想 6.10.8[678] 对于 k 个整数 $n_1, n_2, \cdots, n_k$, 满足 $n_i \geqslant 3(1 \leqslant i \leqslant k)$ 和 $n = n_1 + n_2 + \cdots + n_k$. 除了有限个例外, 所有的 n 个顶点的 k 强竞赛图均包含一个 k 圈因子, 使得这 k 个圈的长度分别为 $n_1, n_2, \cdots, n_k$.

如果换掉竞赛图, 考虑几乎是完全的有向图, Amar 和 Raspaud 给出的结论能够几乎完全地指定一个圈因子中圈的长度.

定理 6.10.9[24] 设 D 是具有 n 个顶点强有向图, 且至少有 $(n-1)(n-2)+3$ 条弧. 对于每一个划分 $n = n_1 + n_2 + \cdots + n_k$, 其中 $n_i \geqslant 3(1 \leqslant i \leqslant k)$, 除去情形 (a)$n = 6, n_1 = n_2 = 3$ 和 $\alpha(D) = 3$; 或情形 (b)$n = 9, n_1 = n_2 = n_3 = 3$ 和 $\alpha(D) = 4$ 外, 则 D 包含一个 k 圈因子 $C_1 \cup C_2 \cup \cdots \cup C_k$, 使得每一个 C_i 的圈长为 $n_i(1 \leqslant i \leqslant k)$.

6.10.2 关于路和圈的支撑结构中 $\alpha(D)$ 的作用

因为半完全有向图有着丰富的结构, 自然地会使人相信某些结构出现在具有较小独立数的有向图中, 尤其是那些独立数为 2 的有向图中. 如果 2 个圈 C, C' 是不交的, 或者它们的交是 2 个圈中的一条子路, 则称圈 C, C' 是**一致的**. Chen 和 Manalastras 证得如下的结论:

定理 6.10.10[146] 如果 D 是强的, 且 $\alpha(D) \leqslant 2$, 则 D 是哈密尔顿有向图, 或者它有 2 个支撑的一致圈.

Bondy 利用引理 5.2.2 证得定理 6.10.10[125]. 在第 7 章中, 我们要介绍强有向图的耳朵分解概念, 利用这个概念可知: 如果 D 有 2 个一致圈, 它们是支撑的且不交的, 则 D 中所有剩余的弧 (不在 C 和 C' 上) 形成一个具有 2 个不平凡耳朵的耳朵分解, 反之亦真.

根据定理 6.10.10, 可立即推导出如下的结论, 它包含了定理 5.2.4 中 $\alpha(D) = 2$ 的情形:

推论 6.10.11[146] 如果 D 是强的, 且使 $\alpha(D) \leqslant 2$, 则 D 是可描绘的.

我们试问: 是否可把推论 6.10.11 推广为每一个具有 $\alpha(D) \leqslant k+1$ 的 k 强有向图 D 是可描绘的? 然而, 在图 6.7 中, 由 Bondy 给出的例子说明这种推广是不可能实现的[125]. 参见猜想 12.6.2, 对于一个较弱的猜想这可能是真实的.

注意到, 如果有向图 $D = (V, A)$ 有一条哈密尔顿路, 则对它的每一个子集 $X \subset V$, 有 $\mathrm{pc}(D - X) \leqslant |X| + 1$(见命题 1.4.6). 在图 6.7 中, 当 X 是由左面二个顶点组

成时, 得 $\mathrm{pc}(D-X)=3=|X|+1$. 因而, 图 6.7 中的例子也表明, 上面的条件对保证有向图中有一条哈密尔顿路并不总是充分的.

Gallai 提出了下面的猜想. 对 $\alpha=2$, 此猜想可以由定理 6.10.10 证得.

猜想 6.10.12[296] 每一个强有向图 D 有一个由 $\alpha(D)$ 个圈构成的支撑组, 它们不必须是不交的.

一个有向图 (无向图)$D=(V,A)$ 的**圈数** (cyclomatic) 是参数 $|A|-|V|+c(D)$, 其中 $c(D)$ 表示底图 $UG(D)$ 的连通分支数目. 一个有向图 D 是**圈化的**(cyclic), 如果它的每一个顶点属于一个圈.

Bondy 认为以下猜想 [125] 归功于 Chen 和 Manalastras[146], 它推广了上面 Gallai 猜想和定理 5.2.4.

猜想 6.10.13[125,146] 每个强有向图 D 包含一个具有圈数至多是 $\alpha(D)$ 的圈支撑有向子图.

下面由 Favaron 给出的例子说明[125], 对于每个强有向图 D, 我们不可能找到 D 的一个强支撑有向子图, 它具有至多为 $\alpha(D)$ 的圈数.

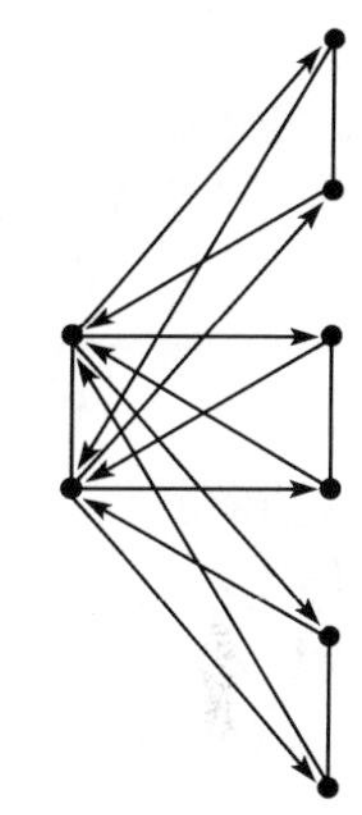

图 6.7 具有 $\alpha(D)=3$ 的 2 强有向图 D, 但无哈密尔顿路

铅直的边对应到有向 2 圈

令 $r\geqslant 2$, 取 4 个顶点的强竞赛图的 r 个拷贝 $T_1,T_2,\cdots,T_r$, 给它们的顶点标号, 使得第 i 个拷贝中哈密尔顿圈是 $u_ix_iv_iy_iu_i(1\leqslant i\leqslant r)$. 给 $T_1,T_2,\cdots,T_r$ 的不交并添加弧, 对所有的奇数 $i(1\leqslant i\leqslant r)$, 添加弧 u_iu_{i+1} 和 $v_{i+1}v_i$; 对所有的偶数 $i(1\leqslant i\leqslant r)$, 则添加弧 $u_{i+1}u_i$ 和 v_iv_{i+1}, 从而获得一个新有向图 D_r. 显然, D_r 是强的, $\alpha(D_r)=r$, 并且可证得 D_r 没有强支撑有向子图具有小于 $2r-1$ 的圈数 (习题 6.53). 此外, D 的每个圈子撑有向子图具有圈数 r, 且由 r 个不交的 4 圈构成.

6.11 最小强支撑有向子图

这一节考虑 **MSSS问题**(MSSS 是 "最小支撑强有向子图 (minimum spanning strong subdigraph)" 的缩写): 已知 D 是强连通有向图, 寻找 D 的一个强连通支撑有向子图 D', 使得 D' 有尽可能少的弧. 显然, MSSS 问题推广了哈密尔顿圈问题, 自然是$\mathcal{NP}$困难问题. 由于MSSS问题的实际意义, 它被广泛地研究[5,317,434,478,479,673]. 我们将在 7.16 节中再论及到这个问题, 并讨论关于高连通性的相关问题.

因为 MSSS 问题是 $\mathcal{NP}$ 困难问题, 自然会研究具有某些附设条件下的 MSSS 问题. 要寻找这样的有向图类, 使得能够在多项式时间内解决这些有向图类的 MSSS

问题. 同时, 我们也考虑这样的有向图类, 能够在多项式时间内解决哈密尔顿圈问题. 所以, 若能够在多项式时间内解决 MSSS 问题, 则也能够在多项式时间内解决哈密尔顿圈问题.

6.11.1 关于一般有向图的一个下界

已知有向图 D 的路圈覆盖数 $\mathrm{pcc}(D)$ 是在 D 的一个 k 路圈因子中路的最小数目. 对于每个有向图 D, 定义 $\mathrm{pcc}^*(D)$ 为

$$\mathrm{pcc}^*(D)=\begin{cases}0, & \text{如果}D\text{有一个圈因子},\\ \mathrm{pcc}(D), & \text{其他}.\end{cases}$$

命题 6.11.1 对于每一个 n 阶强连通有向图 $D=(V,A)$, D 的每一个支撑强子有向图至少有 $n+\mathrm{pcc}^*(D)$ 条弧.

证明 设 D 是强的, D' 是它的一个支撑强有向子图, 且有 $n+k$ 条弧. 可以假设 (如果需要, 则可以删去若干条弧) 没有合适的有向子图 D' 是强的、支撑的. 关于 k 运用数学归纳法, 我们能够证明 D' 可以被分解为一个圈 $P_0=C$ 和 k **条弧不交的路**, 或者圈 $P_1,P_2,\cdots,P_k$, 且具有如下性质 (其中 D_i 表示具有顶点 $\bigcup_{j=0}^{i}V(P_j)$ 和弧 $\bigcup_{j=0}^{i}A(P_j)$①):

(1) 对 $i=1,2,\cdots,k$, 若每一个 P_i 是圈, 则它与顶点集 $V(D_{i-1})$ 只有一个公共顶点; 否则, P_i 的**端点**(end-vertices) 是 $V(D_{i-1})$ 的不同顶点, 且 P_i 的其余顶点均不属于 $V(D_{i-1})$.

(2) $\bigcup_{j=0}^{k}A(P_j)=A(D')$.

根据对 D' 的最小生成假设, 每一个 P_i 的长度至少为 2. 于是, D 有一个 k 路圈因子, 它是由圈 C 和 k 条路 P'_i 构成 $(1\leqslant i\leqslant k)$, 其中每一个 P'_i 是从 P_i 中移走与 $V(D_{i-1})$ 是公共的顶点 (如上定义) 后得到的有向图. 这表明 $\mathrm{pcc}^*(D)\leqslant k$. □

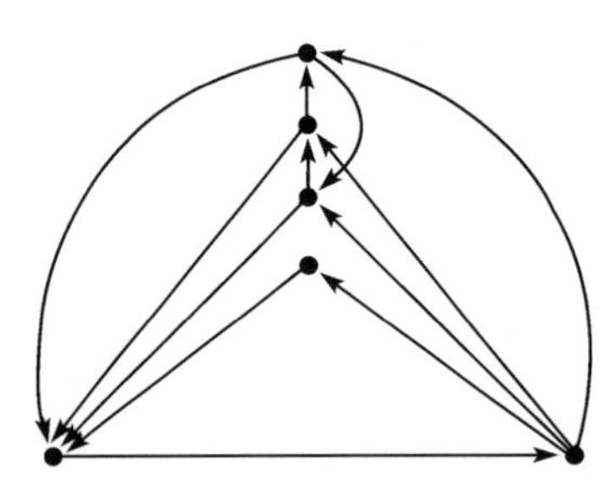

图 6.8 具有 $\mathrm{pcc}^*(D)=0$ 的拟可传递有向图 D, 但它不含哈密尔顿圈

在下一小节里, 我们将证明引理 6.11.5 中的不等式在扩张半完全有向图中实际上是一个等式. 在文献 [90] 中, 作者指出这一事实对半完全二部分有向图也成立. 但对一般的半完全多部分有向图, 引理 6.11.5 中的不等式也不总是等式, 例如有向图含有圈因子却不是哈密尔顿的 (见 5.7 节). 甚至对拟可传递有向图来说, 引理 6.11.5 中的严格不等式可能成立. 在图 6.8 中的拟可传递有向图有一个由 2 个 3 圈组成的圈因子, 因而 $\mathrm{pcc}^*(D)=0$, 但是, D 却不是哈密尔顿有

① 这一致于 7.2 节中有关耳朵分解的定义.

向图, 易见 D 的最小支撑强有向子图有 7 条弧①.

6.11.2 关于扩张半完全有向图的 MSSS 问题

下面将要给出的 Bang-Jensen 和 Yeo 的结果表明：命题 6.11.1 中的不等式对于半完全有向图扩张有向图实际上是一个等式. 该证明的主要工具是定理 5.7.8 中给出的扩张有向图中最长圈的特征.

定理 6.11.2[90] 设 $D=(V,A)$ 是一个扩张半完全有向图, 令 $\tilde{D}=(V,\tilde{A})$ 是 D 的最小支撑强有向子图. 则有 $|\tilde{A}|=n+\text{pcc}^*(D)$.

证明 主要思路设 $D=S[H_1,H_2,\cdots,H_s]$ 是强扩张有向图, $s=|V(S)|$, 其中分解是使得 S 为半完全有向图. 对于每一个 $i=1,2,\cdots,s$, 令 m_i 表示 H_i 中能够被 D 中任何一个圈有向子图盖住的顶点的最大数目. 设 C 是 D 的一个最长圈, 根据定理 5.7.8, C 恰好包含每个 H_i 中的 m_i 个顶点 $(1\leqslant i\leqslant s)$. 如果 D 是哈密尔顿有向图, 则 $\text{pcc}^*(D)=0$, 无需再证下去, 故下设 $\text{pcc}^*(D)>0$. 根据推论 5.7.19, 扩张半完全有向图 $D'=D-C$ 是无圈的. 令 $k=\alpha(D')$, 由引理 5.3.3, D' 有一个路因 $P_1\cup P_2\cup\cdots\cup P_k$, 其中 P_1 是 D' 的一条最长路, P_2 是 $D-P_1$ 的最长路, 依次推断下去.

令 $H:=(V(C),A(C))$. 因为 P_1 是 D' 的最长路, 它的初始 (或终止) 顶点 x(或 y) 在 D' 中无弧进入 (或离开). 于是, 按照 D 是强的, 存在弧 ux 和 yv, 使得 u,v 是 H 的顶点. 我们这样来改变 H, 给它添加 P_1 的顶点和 P_1 的所有的弧②, 伴随着到 H 的弧 ux,yv. 现在考虑 $D'-P_1$ 中的路 P_2, 利用 P_2 是 $D'-P_1$ 的最长路, 仍然可以断定存在从 $V(H)$ 到 P_2 的初始顶点的一条弧和从 P_2 的终止顶点到 H 的一条弧, 现在就容易看到如何继续并终止在一个强的支撑有向子图 H, 且它有 $n+k$ 条弧.

证明的剩余部分是最优化. 根据上面注释 $\text{pcc}^*(D)>0$ 和命题 6.11.1, 只要证明 $k=\text{pcc}(D)$ 即可. 令 $p=\text{pcc}(D)$, 且 $R_1,R_2,\cdots,R_p,\mathcal{Q}$ 是 D 的任意一个 p 路圈因子, 其中 $\mathcal{Q}$ 由一个或多个圈构成, 每一个 R_i 是一条路 $(1\leqslant i\leqslant p)$. 如果某路 R_i 包含 2 个位于同一个 H_i 的顶点, 则可以用一条新的路 R_i' 和圈 C_i 来取代 R_i(习题 6.54). 进行这样的工作, 直到 $R_1,R_2,\cdots,R_p$ 中的任何一个不包含 2 个独立顶点, 就可终止在一组路 $R_1',R_2',\cdots,R_p'$, 其中每一个 R_i' 是从 $D\langle R_i\rangle$ 中移走零个或多个圈后所得到的有向图③. 考虑圈有向子图 $\mathcal{Q}'$, 它是由 $\mathcal{Q}$ 和所有在上面抽取出来的圈构成. 依据 m_i 的定义, $\mathcal{Q}'$ 至多包含 m_i 个 H_i 中的顶点, 于是有 $\alpha(D-V(\mathcal{Q}'))\geqslant k$. 又因为 R_i' 不含 2 个独立的顶点, 这表明必有 $p\geqslant k$. □

① 原文在这段中三处均写为命题 6.11.5. —— 译者注

② 原文 2 处 P_1 均写为 P.—— 译者注

③ 注意, 根据 p 的定义, 每一个有向图 R_i' 是非空的.

推论 6.11.3[90] 在时间 $O(n^{5/2})$ 内可找到一个扩张半完全有向图的最小支撑强有向子图.

证明留作习题 6.55.

6.11.3 关于拟可传递有向图的 MSSS 问题

本小节先给任何强拟可传递有向图的任意一个最小支撑强有向子图 (MSSS) 的弧数目确定一个下界, 使用在拟可传递有向图中寻找哈密尔顿圈的 Gutin 算法 (定理 5.9.4) 以及定理 5.9.5 的算法就可以计算出这个界, 并将证明拟可传递有向图能够达到这个界, 这个证明使用了定理 5.7.8.

定义 6.11.4 设 D 是强拟可传递有向图并定义 $\mathrm{pc}^*(D)$ 为: 如果 D 是哈密尔顿有向图, 则 $\mathrm{pc}^*(D)=0$; 不然, 有 $\mathrm{pc}^*(D)=\mathrm{pc}(D)$.

引理 6.11.5 任意强连通拟可传递有向图 D 的每一个支撑强有向子图至少有 $n+\mathrm{pc}^*(D)$ 条弧.

证明留作习题 6.57.

事实上, 引理 6.11.5 对任何有向图均成立, 这并不与定理 6.11.2 矛盾, 因为根据定理 5.7.2 和定理 5.7.5, 每一个扩张半完全多部分强有向图 D 均有 $\mathrm{pcc}^*(D)=\mathrm{pc}^*(D)$. 我们来刻画拟可传递有向图的 MSSS 问题的最优化解, 并证明这个问题在多项式时间内是可解的.

定理 6.11.6[82] 拟可传递有向图 D 的每一个最小支撑强有向子图具有 $n+\mathrm{pc}^*(D)$ 条弧. 此外, 可以在时间 $O(n^4)$ 内找到 D 的一个最小支撑强有向子图.

证明 按照定理 4.8.5, $D=S[W_1,W_2,\cdots,W_s](s=|V(s)|\geqslant 2)$ 是强拟可传递有向图 D 的一个分解. 运用定理 5.9.4 中的算法, 能够检查 D 是否为哈密尔顿有向图并找到一个哈密尔顿圈, 如果这个圈存在. 若 D 是哈密尔顿有向图, 则它的任意哈密尔顿圈是最优化的支撑强有向子图. 下设 D 不是哈密尔顿有向图, 尤其是根据定义 6.11.4, 有 $\mathrm{pc}^*(D)=\mathrm{pc}(D)$.

设 $D_0=S[H_1,H_2,\cdots,H_s]$ 是扩张半完全有向图, 它是删去在每一个 W_i 中的每一条弧 (也就是说, $|V(H_i)|=|V(W_i)|$, H_i 是从 W_i 中删去所有的弧而得到的无弧图) 后得到的. 对于每一个 $i=1,2,\cdots,s$, 令 m_i 表示 H_i 中可以被 D_0 的任何圈有向子图盖住的顶点的最大数目. 按照定理 5.7.8, D_0 中的每一个最长圈 C 恰好包含每一个 H_i 的 m_i 个顶点 $(1\leqslant i\leqslant s)$. 依据定理 5.7.8, 我们能够在时间 $O(n^3)$ 内找到最长圈 C. 令

$$k=\max\{\mathrm{pc}(W_i)-m_i:i=1,2,\cdots,s\}. \tag{6.4}$$

注意, 由定理 5.9.3, 则有 $k\geqslant 1$, 这是因为 D 不包含哈密尔顿圈. 令 $m_i^*=\max_{1\leqslant i\leqslant s}\{\mathrm{pc}(W_i),m_i\}$. 定义 D 的扩张半完全有向图 $D^*=S[H_1^*,H_2^*,\cdots,H_s^*]$, 其中

H_i^* 是包含 m_i^* 个顶点的独立集 $(1 \leqslant i \leqslant s)$. 因为 D 的一个独立集中的顶点有相同的入邻点和出邻点, 故可认为 C 是 D^* 的一个最长圈 (即 C 恰好包含每一个 H_i 的 m_i 个顶点, $1 \leqslant i \leqslant s$). 根据推论 5.7.19, D^* 是无圈的, 再由引理 5.3.3, D^*-C 可以被 k 条路 $P_1^*, P_2^*, \cdots, P_k^*$ 盖住, 使得每一条路 P_i^* 是 $D^*-(V(P_1^*) \cup V(P_2^*) \cup \cdots \cup V(P_{i-1}^*))$ 中的一条最长路 $(1 \leqslant i \leqslant k)$.

利用定理 6.11.2 的证明, 能够把 P_1^* 粘贴到 C 上, 然后把 P_2^* 粘贴到前面得到的有向图上等等, 直到 D^* 的一个有 $|V^*|+k$ 条弧的支撑强有向子图 D^{**} 被找到.

接下来可以得到拟可传递有向图 D 的一个支撑强有向子图. 因为 $m_i^* \geqslant \mathrm{pc}(W_i)$ $(1 \leqslant i \leqslant s)$, 每一个 W_i 包含一组 $t_i = m_i^*$ 条路 $P_{i1}, P_{i2}, \cdots, P_{it_i}$, 使得这些路覆盖了 W_i 的每一个顶点. 我们能够由一个具有 $\mathrm{pc}(W_i)$ 条路的已知组容易地构造如此的一组路, 它们盖住了 $V(W_i)$. 令 $\{x_{i1}, x_{i2}, \cdots, x_{it_i}\}$ 是 H_i^* 的顶点集 $(1 \leqslant i \leqslant s)$. 在 D^{**} 中用路 P_{ij} 取代 x_{ij}, 其中 $1 \leqslant j \leqslant t_i$ 和 $1 \leqslant i \leqslant s$. 这就得到 D 的一个支撑强有向子图 D', 它的弧数目是

$$\begin{aligned}|A(D')| &= \sum_{i=1}^{s}(|W_i| - m_i^*) + (|V^*| + k) \\ &= (n - |V^*|) + (|V^*| + k) = n + k.\end{aligned} \tag{6.5}$$

余下的部分是证明 D' 的最小性. 根据引理 6.11.5, 只要证明 $\mathrm{pc}^*(D) \geqslant k$ 就可以了.

由于这部分证明相似于定理 6.11.2 的证明, 我们仅给出证明的主要思路. 设 $P_1, P_2, \cdots, P_r$ 是 D 的一个最优化路覆盖. 路收缩在某 W_i 中的所有的子路, 设 $P'_1, P'_2, \cdots, P'_r$ 表示所得到路. 删去在这个运算之后仍然留在 W_i 中的弧, 这就得到扩张半完全有向图的一个路覆盖, 可以把它认作是 D_0 的一个有向子图.

正如在定理 6.11.2 的证明中, 能够在当前的组中继续用一个圈或一条路来取代这些路, 直到在当前的组中每条路最多包含一个 H_i 中的一个顶点. 令 $P''_1, P''_2, \cdots, P''_r$ 是在移去所有如此的圈之后的最终组. 使用相似于定理 6.11.2 证明中最后部分的论证, 就可以由 $r \geqslant k$ 推断出有向子图 D' 是最优化的. □

6.11.4 可分解有向图的 MSSS 问题

下面将看到, 定理 6.11.6 的证明对较大有向图类确实是有效的. 对于每个自然数 t, 设 Ψ_t 是全体能在多项式时间 $O(n^t)$ 内找到一个最小路因子的有向图类. 对于每一个自然数 t, 设 Ω_t 是全体形如 $D = S[H_1, H_2, \cdots, H_s]$ 的有向图类, 其中 S 是强半完全有向图和 $s = |S| \geqslant 2$, 且 $H_i \in \Psi_t (1 \leqslant i \leqslant s)$. 根据定理 5.9.5, 类 Ω_4 包含了全体拟可传递有向图.

下面的结果是把定理 5.9.3 的结论扩展到一个相当大的有向图族中.

定理 6.11.7 设 t 是自然数, D 是属于 Ω_t 的强有向图, 且具有分解 $D = S[W_1, W_2, \cdots, W_s]$, 其中 $s = |S|$, $W_i \in \Psi_t(1 \leqslant i \leqslant s)$, 并且 S 是一个强半完全有向图. 设 $D_0 = S[H_1, H_2, \cdots, H_s]$ 是删去 W_i 中的每一条弧 (即有 $|V(H_i)| = |V(W_i)|$) 得到的扩张半完全有向图, 则 D 是哈密尔顿有向图充要条件是 D_0 含有一个圈有向子图, 它盖住了每一个 H_i 的至少 $\mathrm{pc}(W_i)$ 个顶点 $(1 \leqslant i \leqslant s)$.

证明留作习题 6.58.

解决拟可传递有向图的哈密尔顿圈问题中的 Gutin 方法可以被移植到下面结论的证明中.

定理 6.11.8 对于每一个自然数 t, 则关于 Ω_t 中的有向图的哈密尔顿圈问题在时间 $O(n^{t+1})$ 内是可解的.

证明留作习题 6.59.

设 $D = S[H_1, H_2, \cdots, H_s]$ 是 Ω_t 的一个有向图. 为了在 D 中寻找一个最小支撑强有向子图, 令 D' 是由 D 得到的扩张半完全有向图, 即删去 H_i 中的每一条弧 $(1 \leqslant i \leqslant s)$. 根据定理 5.7.7, 可以找到 D' 的一个最长圈 C. 令 $m_i = |V(H_i) \cap V(C)| (1 \leqslant i \leqslant s)$, 并设 $k = \max\{\mathrm{pc}(H_i) - m_i : i = 1, 2, \cdots, s\}$. 采用类似于定理 6.11.6 的证明方法可以证明：当 $k \geqslant 1$ 时, D 的最小支撑强有向子图包含 $n + k$ 条弧, 并且当 $k \leqslant 0$ 时, 该子图是一个哈密尔顿圈. 把这一事实与定理 6.11.7 和定理 6.11.8 相结合, 便得到如下的结论：

定理 6.11.9 对于每一个自然数 t, 最小支撑强有向子图问题对 Ω_t 中的每个有向图是时间 $O(n^{t+1})$ 内可解的.

最后, 我们用 Bang-Jensen 和 Yeo 的一个猜想来结束这一节：

猜想 6.11.10[90] 在半完全多部分有向图的情形中, 存在一个关于最小支撑强有向子图问题的多项式算法.

6.12 应用：TSP 直观探索法的控制数

在 1.9 节中, 我们已经介绍 (非对称) 旅行售货员问题 (TSP), 其中语词 "非对称" 则是简明地表示在 2 圈中 2 条弧的费用是不相同的.

对于一个最优化问题 $\mathcal{R}$, 一个**直观探索法**(heuristic) 是一个算法, 对 $\mathcal{R}$ 中的一个确定事例 R, 找到关于 R 的某解 s, 但是与 R 的一个最优化解 s^* 比较而言, 解 s 没有质量保证. 因而, 对于 TSP 问题, 一个直观探索法是任何一个算法, 返回输入完全图 $\overleftrightarrow{K}_n$ 的顶点的某些置换. 关于直观探索法的更多细节, 读者可参见 12.8 节.

Glover 和 Punnen 介绍了下面有关算法控制数概念的一个等价[320]. 关于 TSP 问题的一个直观探索法 $\mathcal{A}$ 的**控制数**domn$(\mathcal{A}, n)$ 是一个最大整数 $d = d(n)$, 使得对 n 个城市 TSP 的每个事例 $\mathcal{I}$, 直观探索法 $\mathcal{A}$ 产生一个游历 T, 它与 $\mathcal{I}$ 中至少 d

个游历包括 T 自身相比并不是最坏的. 显然, 每一个精确的 STP 算法具有控制数 $(n-1)!$. 于是, 一个接近于 $(n-1)!$ 的控制数的算法被认为是一个高质量算法的指标.

Glover 和 Punnen 曾问到[320]：是否存在一个算法 $\mathcal{A}$, 它的运行时间是 n 的多项式, 它的控制数 $\mathrm{domn}(\mathcal{A},n) \geqslant n!/p$ 对某些 p 是一个常数, 或者是 n 的偶多项式. 他们猜测：除非 $\mathcal{P}=\mathcal{NP}$, 不然, 关于这个问题的答案是否定的. 在文献 [381] 中, 对 Glover-Punnen 问题, Gutin 和 Yeo 给出了肯定的答案. 当 $p=n-1$ 时, 他们证明了如此的一个算法的存在性. 文献 [381] 中主要结果 (见定理 6.12.1) 的证明使用了 Tillson 定理 6.8.3.

运用定理 6.12.1, Punuen 和 Kabadi 证得几个著名且广泛使用的 TSP 结构直观探索法[615], 比如各种各样的**顶点插入算法**(insertion algorithm) 和 Karp 的**圈拼凑算法**(cycle patching algorithm), 它们皆至少有控制数 $(n-2)!$.

这一节要证明定理 6.12.1 以及定理 6.12.2 和关于顶点插入算法的 Punnen-Kabadi 结论.

设 $(\overleftrightarrow{K}_n,c)$ 表示 n 个顶点的完全有向图, 它的弧由一个权函数 c 所赋权. $(\overleftrightarrow{K}_n,c)$ 中所有的哈密尔顿圈的总费用是 $\sigma(n,c)$. $(\overleftrightarrow{K}_n,c)$ 中所有弧的费用之和记为 $c(\overleftrightarrow{K}_n)$. 我们把 $(\overleftrightarrow{K}_n,c)$ 中的一个**哈密尔顿圈的平均费用**记为 $\tau(n,c)$. 由于 $(\overleftrightarrow{K}_n)$ 的每一条弧位于 $(n-2)!$ 个哈密尔顿圈中, $\tau(n,c)=\sigma(n,c)/(n-1)!=(n-2)!c(\overleftrightarrow{K}_n)/(n-1)!$. 因而, 有 $\tau(n,c)=c(\overleftrightarrow{K}_n)/(n-1)$. 这个公式也可以用线性期望 (linear expectation) 证得[14]. 注意, 在 $\overleftrightarrow{K}_n$ 中, 一个游历是指一个哈密尔顿圈. 一个有向图 D 的**自同构**(automorphism) 是一个双射 $\phi: V(D)\to V(D)$, 使得 $xy\in A(D)$ 当且仅当有 $\phi(x)\phi(y)\in A(D)$.

定理 6.12.1[381] 设 H 是 $\overleftrightarrow{K}_n$ 的一个游历, 且使 $c(H)\leqslant \tau(n,c)$. 如果 $n\neq 6$, 则 $\overleftrightarrow{K}_n$ 至少存在 $(n-2)!$ 个游历, 且每一个游历的费用至少为 $c(H)$.

证明 对于 $n=2,3$ 的情形, 结论是自然的. 当 $n=4$ 时, 结论可由简单的事实证得, 即 $\overleftrightarrow{K}_n$ 中最贵的游历 T 有费用 $c(T)\geqslant c(H)$.

假定 $n\geqslant 5$ 和 $n\neq 6$. 设 $D_1=\{C_1,C_2,\cdots,C_{n-1}\}$ 是 $\overleftrightarrow{K}_n$ 的一个弧分解为游历 (由定理 6.8.3, 如此的分解存在). 给定 $\overleftrightarrow{K}_n$ 的一个游历 T, 显然有 $\overleftrightarrow{K}_n$ 的一个自同构, 把 C_1 映射进 T. 所以, 把 D_1 与 $\overleftrightarrow{K}_n$ 的分解 $(D_1,D_2,\cdots,D_{(n-1)!})$ 放在一起来考虑, 其中 $(D_1,D_2,\cdots,D_{(n-1)!})$ 是在 D_1 中使用把顶点 1 映射成自身的 $\overleftrightarrow{K}_n$ 的自同构而得到的, 将得到在诸 D_i 之一中的 $\overleftrightarrow{K}_n$ 的每个游历. 此外, 每个游历只在分解 $(D_1,D_2,\cdots,D_{(n-1)!})$ 的 $n-1$ 个里 (用映射一个游历 C_i 进入另一个游历 C_j 来固定自同构, $1\leqslant i,j\leqslant n-1$).

在弧分解为游历的诸 D_i 中的每一个里选择最贵的游历, 形成用这种方式得到的不同游历集合 $\mathcal{E}$. 显然, $|\mathcal{E}|\geqslant (n-2)!$. 因为 $\sum_{i=1}^{n-1}c(C_i)=c(\overleftrightarrow{K}_n)$, 集合 $\mathcal{E}$ 中的每

一个游历 T 有费用 $c(T) \geqslant \tau(n,c)$. 故对于每一个 $T \in \mathcal{E}$, 便有 $c(H) \leqslant c(T)$. □

我们运行关于 TSP 问题的顶点插入算法如下：首先, 找到 $(\overleftrightarrow{K}_n, c)$ 的顶点的某序 $v_1, v_2, \cdots, v_n$, 然后运行 $n-1$ 步. 在第一步, 形成圈 $v_1v_2v_1$. 在第 k 步, $2 \leqslant k \leqslant n-1$, 从前一步给定的 k 圈 $v_{\pi(1)}v_{\pi(2)}\cdots v_{\pi(k)}v_{\pi(1)}$ 内找到 j_0, 具有最小化表达式 $c(v_{\pi(j)}v_{k+1})+c(v_{k+1}v_{\pi(j+1)})-c(v_{\pi(j)}v_{\pi(j+1)})$, $1 \leqslant i \leqslant k$, 然后在 $v_{\pi(j_0)}$ 和 $v_{\pi(j_0+1)}$ 之间插入 v_{k+1}, 从而形成一个 $(k+1)$ 圈.

最快的算法是随机插入算法, 其中初始顶点序是随机的 (有关这个算法的计算试验和其他对 (非对称)TSP 的直观探索法见 Glover,Gutin, Yeo 和 Zverovich 的文章[319]). 我们来证明下面 Punnen-Kabadi 的结果：

定理 6.12.2[615] 设游历 H_n 是由关于 $(\overleftrightarrow{K}_n, c)$ 上 TSP 的一个顶点插入算法构造而来, 则有 $c(H_n) \leqslant \tau(n,c)$.

证明 我们关于 n 用数学归纳来证明这个结论. 当 $n=2$ 时, 定理是自然成立的. 设 $H_{n-1} = v_{\pi(1)}v_{\pi(2)}\cdots v_{\pi(n-1)}v_{\pi(1)}$ 是在算法的步骤 $n-2$ 中构造的圈, 并假定在步骤 $n-1$ 中, 为得到 H_n, 我们把 v_n 插入 $v_{\pi(j_0)}$ 和 $v_{\pi(j_0+1)}$ 之间, 则有

$$\begin{aligned}
c(H_n) &= c(H_{n-1}) + c(v_{\pi(j_0)}v_n) + c(v_nv_{\pi(j_0+1)}) - c(v_{\pi(j_0)}v_{\pi(j_0+1)}) \\
&\leqslant c(H_{n-1}) + \frac{\sum_{i=1}^{n-1}[c(v_{\pi(i)}v_n) + c(v_nv_{\pi(i+1)}) - c(v_{\pi(i)}v_{\pi(i+1)})]}{n-1} \\
&= c(H_{n-1}) + \frac{c(V-v_n, v_n) + c(v_n, V-v_n) - c(H_{n-1})}{n-1} \\
&\leqslant \frac{(n-2)\tau(n-1,c) + c(V-v_n, v_n) + c(v_n, V-v_n)}{n-1} \\
&= \frac{c(\overleftrightarrow{K}_n - v_n) + c(V-v_n, v_n) + c(v_n, V-v_n)}{n-1} \\
&= \frac{c(\overleftrightarrow{K}_n)}{n-1} = \tau(n,c),
\end{aligned}$$

其中 $\tau(n-1,c)$ 是 $\overleftrightarrow{K}_n - v_n$ 中一个游历的平均费用. □

定理 6.12.1 和定理 6.12.2 隐含了以下由 Punnen 和 Kabadi 得到的结果：

定理 6.12.3[615] 对于任意的顶点插入算法 $\mathcal{A}$, 总有 $\operatorname{domn}(\mathcal{A}, n) \geqslant (n-2)!$.

6.13 习 题

6.1 (−) 证明：对于每一个顶点 $x \in V(D)$, 强半完全有向图 D 有一条从 x 出发的哈密尔顿路.

6.2 证明：设 D 是强半完全有向图, x, y 为 D 的不同顶点, 使得 $D-x$ 和 $D-y$ 皆是强有向图, 但 $D-\{x,y\}$ 不是强有向图. 则 D 有一条 (x,y) 哈密尔顿路和一条 (y,x) 哈密尔顿路.

6.3 (−) 证明：按照复杂性观点, 哈密尔顿路问题、$[x,y]$ 哈密尔顿路和 (x,y) 哈密尔顿路问题是相互等价的, 也就是说, 可以在多项式时间内将它们中的每一个简约到其余 2 个中的任何一个.

6.4 利用定理 6.2.1 证明推论 6.2.2.

6.5 证明引理 6.2.3.

6.6 证明推论 6.2.7 证明中最后的断言.

6.7 利用定理 6.2.4 证明定理 6.2.6.

6.8 **2 正则 2 强局部半完全有向图.** 证明：对于每一个 $n \geqslant 5$, 存在 (到同构) 唯一的一个 2 强和 2 正则局部半完全有向图, 即一个 n 圈的 2 次幂 $\vec{C}_n^2$.

6.9 证明：若 D 是一个偶圈的 2 次幂, 则 D 包含唯一的一个哈密尔顿圈. 接下来证明 D 不是弱哈密尔顿连通的.

6.10 证明引理 6.2.8.

6.11 证明：若 D 是一条奇路 $P_{2k+1} = u_1u_2\cdots u_{2k+1}$ 的 2 次幂 $\vec{P}_{2k+1}^2$, 则 D 中不存在不交的 (u_1,u_{2k}) 路和 (u_2,u_{2k+1}) 路.

6.12 证明定理 6.2.11.

6.13 设 $D=(V,A)$ 是非强局部半完全有向图, 它具有强分解 D_1,D_2,D_3,D_4, 使对每一个顶点 $x\in V$, 有向图 $D-x$ 是连通的. 令 $u_i\in V(D_i)$ 是预先指定的顶点 $(1\leqslant i\leqslant 4)$. 证明：$D$ 包含不交的 (u_1,u_3) 路 P 和 (u_2,u_4) 路 Q, 使得 $V=V(P)\cup V(Q)$.

6.14 (+) 证明：设 T 是 2 强半完全有向图, x,y 是 T 的顶点, 使得 $T-x$ 和 $T-y$ 均为 2 强的和 $x\not\rightarrow y$, 且 x 和 y 均不在 2 圈中. 如果 $T-\{x,y\}$ 不是 2 强的, 则 T 含一条 (x,y) 哈密尔顿路. 提示：考虑一个形如 $\{u,x,y\}$ 的最小分离因子.

6.15 (+) 证明命题 6.3.2.

6.16 (−)**半完全有向图中包含一条预先指定弧的哈密尔顿圈**. 利用定理 6.3.1 证明：每个 3 强半完全有向图 $D=(V,A)$ 有一个包含预先指定弧 $a\in A$ 的圈.

6.17 (++) 证明定理 6.4.5.

6.18 证明引理 6.4.3.

6.19 **竞赛图中的最长 $[x,y]$ 路**. 为竞赛图中一条最长 $[x,y]$ 路的长度寻找一个特征. 提示：使用定理 6.2.1.

6.20 **满足 Meyniel 条件的非泛圈有向图.** 证明：如果 $m>(n+1)/2$, 在定理 6.5.2 之后所描述的有向图 $D_{n,m}$ 满足哈密尔顿性的 Meyniel 条件, 但它无 m 圈.

6.21 **满足哈密尔顿性的 Woodall 条件的泛圈有向图**. 证明：如果有向图 D 满足推论 5.6.6 的条件, 则 D 是泛圈有向图, 或者 n 是偶数以及 $D=\overleftrightarrow{K}_{n/2,n/2}$. 提示：运用定理 6.5.2.

6.22 证明 Overbeck-Larisch 的结论[598]：如果关于每一对不相邻的顶点 $x,y\in V$, 有向图 $D=(V,A)$ 总是满足 $d(x)+d(y)\geqslant 2n+1$, 则 D 是泛圈有向图. 提示：运用定理 6.5.2.

6.23 (−) 证明：每个正则竞赛图是强的.

6.24 (+) 证明引理 6.5.8. 提示：使用一个相似于引理 6.5.7 证明中的方法.

6.25 (+)**顶点泛圈拟可传递有向图**. 证明定理 6.5.9(b). 提示：使用一个相似于 (a) 证明的方法, 把问题简约到关于扩张半完全有向图中的问题, 然后运用定理 6.5.6.

6.26 证明引理 6.5.12. 提示：考察通过 v 的一个最短圈, 按假定圈长至多为 k.

6.27 证明[420]：设 $C = v_1v_2\cdots v_kv_1$ 是 n 个顶点有向图 $D = (V, A)$ 的一个非可扩展圈, 其中 $2 \leqslant k \leqslant n-1$, 令 $u \in V - V(C)$. 则

(a) 对于每一个 $1 \leqslant i \leqslant k$, D 最多包含弧 u_iu 和 uv_{i+1} 中的一条;

(b) $|(u, V(C))| + |(V(C), u)| \leqslant k$;

(c) 对于每一个 $1 \leqslant i \leqslant k$,$|(v_i, V - V(C))| + |(V - V(C), v_{i+1})| \leqslant n - k$; 和

(d) 如果 $v_{i-1}u, uv_{i+1} \in A$, 则对 $1 \leqslant h \leqslant i-2$ 或 $i+1 \leqslant h \leqslant k$,$D$ 至多包含弧 v_hv_i 和 v_iv_{h+1} 中的一条, 并有 $|(v_i, V(C) - v_i)| + |(V(C) - v_i, v_i)| \leqslant k$.

6.28 刻画**圈可扩张正则竞赛图**.

6.29 刻画**圈可扩张局部半完全有向图**.

6.30 (+)**弱圈可扩张有向图**. 称有向图 D 是**弱圈可扩张的**(weakly cycle extendable), 如果 D 的不是最长圈的圈 C 被包含在某个较大的圈 C' 中, 即有 $V(C) \subset V(C')$. 对下列每一类有向图刻画弱圈可扩张有向图:

- 扩张半完全有向图.
- 路可重合有向图.
- 入半完全有向图.

6.31 证明推论 6.6.2.

6.32 证明推论 6.6.3.

6.33 (+) 设二部分有向图 $D = (V, A)$ 有偶数 n 个顶点. D 是**偶 (顶点) 泛圈有向图**(even (vertex)-pancyclic digraph), 如果它含有长为 $4, 6, 8, \cdots, n$ 的每一个圈 (通过每一个顶点 $v \in V$). 证明下面 Zhang 的结论[755]：

定理 6.13.1 一个二部分竞赛图 D 是偶泛圈有向图当且仅当 D 是哈密尔顿有向图, 且它不同构于 $\vec{C}_4[\overline{K}_{n/4}, \overline{K}_{n/4}, \overline{K}_{n/4}, \overline{K}_{n/4}]$.

6.34 把定理 6.13.1 的结论移植到半完全二部分有向图中[367].

6.35 对于每一个 $p \geqslant 1$, 构造一个有无穷多个强竞赛图的图族 $\mathcal{S}$, 使对每一个 $T \in \mathcal{S}$, 有 $\delta^0(T) \geqslant p$, 且存在某弧 $a \in A(T)$, 它属于 T 的每一个哈密尔顿圈. 延伸你的构造使在任意高弧强连通性中也成立.

6.36 证明命题 6.7.2.

6.37 (+)**几乎无圈有向图中的哈密尔顿图**. 证明：对每一个固定的 k, 存在一个判定已知有向图 D 中是否有一个哈密尔顿圈的多项式算法, 其中 D 是给一个无圈有向图 $H = (V, A)$ 添加 k 个新顶点的集合 S 以及形如 st 的一些弧而得到的有向图, 其中 $s \in S$ 和 $t \in V \cup S$. 提示：使用无圈有向图中的 $\boldsymbol{k}$ **路问题**是多项式的, 也见定理 9.2.14.

6.38 设 D 是习题 6.37 中所构造的有向图, 证明：若 k 不固定 (也就是说, k 是输入的部分), 则上述问题是 $\mathcal{NP}$ 完全问题.

6.39 设 T 为竞赛图, T 中顶点集合 $Y_1, Y_2, \cdots, Y_s (s \geqslant 1)$ 是相互不交的, 且设 x, y 是顶点集合 $V(T) - (Y_1 \cup Y_2 \cup \cdots \cup Y_s)$ 中任意的 2 个不同顶点. 证明：若 T 中存在 k 条不交的 (x, y) 路, 则在 $T - \bigcup_{i=1}^{s} A(T\langle Y_i \rangle)$ 中至少存在 $k - \sum_{i=1}^{s} \lfloor |Y_i|/2 \rfloor$ 条不交的 (x, y) 路.

6.40 (+) 设 $X_1, X_2, \cdots, X_p$ 和 D 是定理 6.7.8 中所定义的. 证明 D 是强的. 提示：先证

明下列 2 个断言, 然后把它们结合在一起去证明 D 是强的:

(a) 如果 $x \in X_i$ 和 $y \in X_j (1 \leqslant i \neq j \leqslant l)$, 则在 $D_{i,j}$ 中存在 $\lfloor |X_i|/2 \rfloor + \lfloor |X_j|/2 \rfloor + \lceil |X_l|/2 \rceil$ 条不交的 (x, y) 路.

(b) 如果 $x, y \in X_i (x \neq y)$, 则在 D_i 中存在 $|X_i|$ 条不交的 (x, y) 路. 此外, D 中有一条 (x, y) 路[71].

6.41 (+) 证明: 定理 6.7.8 中的有向图 D 有一个圈因子[71]. 提示: 设 D' 是对 D 进行顶点撕裂技巧 (3.2 节) 而得到的有向图. 给 D' 中形如 $v_t v_s$ 的弧设置下界 1, $v \in V(D)$ 和其余弧的下界均为零, 形成一个网络, 给形如 $v_t v_s$ 的弧赋于容量 1, 其余弧的容量赋为 ∞. 现在可以应用定理 3.8.2, 并能够使用一个假定的坏割 $(S, \overline{S})$ 的结构来推证所期望的结论.

6.42 (+) 证明: 定理 6.7.8 中的有向图 D 是哈密尔顿的[71]. 提示: 考察任何一个不可约因子. 应用定理 5.7.21 并推断圈因子是一个哈密尔顿圈.

6.43 用一个例子说明命题 6.7.13 中的 $s+1$ 不可以被取代为 s.

6.44 说明可由定理 1.6.3 证明定理 6.8.1.

6.45 证明: $\overleftrightarrow{K}_6$ 的弧不可以被分解为 5 个哈密尔顿圈.

6.46 (−) 证明定理 6.8.2. 提示: 使用习题 3.70.

6.47 (−) 证明: 每个正则竞赛图是弧 3 圈的, 并说明对于正则半完全有向图这个叙述并不总是为真.

6.48 (−) 验证图 6.5 中的任何一个竞赛图不包含一条反定向哈密尔顿路.

6.49 证明定理 6.8.9.

6.50 **强竞赛图中路的定向**. 证明下列的陈述: 设 T 是 n 个顶点的强竞赛图, P 是一条 $n-1$ 个顶点的出路, 则

(a) 可能除一个顶点外, T 的每一个顶点是 P 的一个原点; 并且

(b) 若 $\ell_l(P) \geqslant 2$, 则每一个出度至少为 2 的顶点是 P 的一个原点.

6.51 **2 强竞赛图中路的定向.** 设 T 为 n 个顶点的 2 强竞赛图, P 是一条 $n-1$ 个顶点的定向路. 证明: T 的每一个顶点是 P 的一个原点.

6.52 说明存在唯一的 7 个顶点的 2 强竞赛图, 它不含 2 圈因子.

6.53 设 D_r 是 6.10.2 小节的末尾处所定义的有向图. 证明: D_r 的每一个强支撑有向子图至少有圈数 $2r-1$. 接下来证明具有圈数 r 的 D_r 的每一个圈支撑有向子图是一个由 4 圈构成的 r 圈因子.

6.54 证明: 如果一个扩张半完全有向图 D 的一条路 P 包含 D 中同一个独立集 I 里的 2 个顶点, 则存在 D 的一条路 P' 和一个圈 C', 使得 $V(P) = V(P') \cup V(C')$.

6.55 (+) 证明推论 6.11.3. 提示: 证明是算法的, 等同运行不同步骤所需的子程序, 也见习题 3.59.

6.56 说明: 能够将定理 6.11.6 的证明转化成一个 $O(n^4)$ 算法可以在拟可传递有向图中寻找最小支撑强有向子图.

6.57 (+) 证明引理 6.11.5. 提示: 考虑命题 6.11.1 证明中所使用的方法.

6.58 (+) 证明定理 6.11.7. 提示: 使用与定理 5.9.1 证明中相同的方法.

6.59 (+) 证明定理 6.11.8. 提示: 使用与定理 5.9.4 证明中相同的方法.

第 7 章　全连通性

连通性是 (有向) 图论中最基本的概念之一, 大量的实际问题可以归结为有向图的连通性问题. 因而, 从实际应用的观点来看, 研究这个有意义的理论部分也是重要的. 关于连通性的研究通常是相当困难的, 在得到这个领域内的结论之前需要对连通性进行深层次的理解与观察. 本章介绍几个重要的专题以及成功解决全连通性问题的若干技术. 这些专题中的部分问题, 比如在 7.6 和 7.7 节中连通性增广问题, 具有重大的实际意义. 由于有如此大量的有关连通性方面的重要成果, 我们把这一章以及第 8 章和第 9 章都纳入到这个领域中来. 本章主要介绍全连通性的特征, 就是有向多重图是 k(弧) 强的, 或者添加一些新弧使它变成 k(弧) 强的, 其中 $k \geqslant 0$.

我们在这一章里较多地考虑有向多重图而不是有向图, 因为在这个大的图类中有几个关于弧强连通性方面的结论成立, 并且也容易证明许多其他的结果. 然而, 当考虑顶点强连通性时, 多重弧并无用场, 故认为讨论对象是有向图. 此时, 除非有特别申明外, 我们总设定在有向图 (即无多重弧) 上进行工作.

在本章开始的小节里, 我们介绍几个术语和一个将有向多重图表示成一个网络的有效方式, 之后学习强有向多重图的耳朵分解, 介绍如何利用这个有效的工具来缩短证明过程并得到几个有关连通性方面的基本结果. 因此, 我们将叙述并证明图论中最基本的 Menger 定理. 依据 Menger 定理, 我们能够描述各种各样的算法判定有向多重图的弧强连通性和顶点强连通性. 7.5 节介绍撕开一对邻接于一个顶点的弧的运算, 并证明 Mader 的撕裂定理, 这将有助于我们对有向多重图的几个重要结果运用数学归纳法进行证明. 我们可以利用 Mader 定理描述有关寻找最小新弧集, 把这个新弧集添加到一个有向多重图上而产生一个 k 弧强多重图问题的 Frank 的解. 7.7 节将叙述关于顶点强连通性相似问题的 Frank 和 Jordán 的解.

已知增长有向图的弧强连通性或顶点强连通性的另一个方式是反转某些弧的方向, 我们在 7.9 节中讨论这种方法, 并介绍由 Bang-Jensen 和 Jordán 给出的关于半完全有向图的一个有意义的结果. 在 7.10 节里, 我们主要研究 k 弧强有向多重图的结构, 以及在该类图中移走若干条弧后会破坏 k 弧强性质, 并介绍由 Mader 给出的关于此类有向多重图结构的一个深刻结论. 第 7.11 节处理 k 强有向图, 即没有顶点可以删去而不减少余图的顶点强连通性. 7.12 节简单地讨论那些具有尽可能大的弧强连通度的有向多重图, 即等于有向多重图的最小度. 7.13 节介绍可分解有向图具有的一个非常有意义的连通性结构.

7.14 节研究由 Jackson 和 Thomassen 提出的一个有意义的问题, 它涉及到具有高连通性有向图的高连通定向的存在性, 并说明如此的定向存在于局部半完全有向图和拟可传递有向图中. 7.15 节给出 Lucchesi-Younger 定理的 Lovász 证明, 这个定理涉及有向多重图中弧不交的有向割. 7.16 节考虑寻找有向多重图 D 中最小支撑有向子图, 它们具有与母图 D 相同的弧强连通度或顶点强连通度.

7.1 附加的概念和预备知识

令 $D=(V,A)$ 是有向多重图, $X,Y\subseteq V$ 是 V 的 2 个子集合. 记号 $d^+(X,Y)$ 表示尾在 $X-Y$ 中、头在 $Y-X$ 中的弧的数目, 即 $d^+(X,Y)=|(X-Y,Y-X)_D|$. 此外, 令 $d(X,Y)=d^+(X,Y)+d^+(Y,X)$, 因而有 $d^+(X)=d^+(X,V-X)$ 和 $d^-(X)=d^+(V-X,X)$. 一条弧 xy **离开**一个集合 X, 如果有 $x\in X$ 和 $y\in V-X$. 如果集合 $X-Y, X\cap Y, Y-X$ 均不为空集, 称集合 X,Y 是**相交**的. 此外, 如果也有 $V-(X\cup Y)\neq\varnothing$, 则说 X 和 Y 为**交叉**(crossing).

设 $\mathcal{F}$ 是集合 S 的子集族, 称 $A\in\mathcal{F}$ 为 $\mathcal{F}$ 的**成员**(member). 说 $\mathcal{F}$ 是**相交族**(intersecting family)(**交叉族**(crossing family)), 如果对任何 $A,B\in\mathcal{F}$ 且 A,B 为 $\mathcal{F}$ 的相交 (交叉) 成员, 总有 $A\cup B\in\mathcal{F}, A\cap B\in\mathcal{F}$. 集合 S 的子集族 $\mathcal{F}$ 是**片层**(laminar), 如果它不含有 2 个相交成员, 也就是说, 对 $A,B\in\mathcal{F}$ 和 $A\cap B\neq\varnothing$, 那么有 $A\subseteq B$ 或者有 $B\subseteq A$ 成立. 如果一个**集合族**不含有 2 个交叉成员, 则称它是**禁用交叉族**(cross-free family).

对于任意的有向多重图 $D=(V,A)$ 及其顶点 $x,y\in V$, 用记号 $\lambda(x,y)$ 表示 D 中弧不交的 (x,y) 路的最大数目, 用记号 $\kappa(x,y)$ 表示 D 中内部不交的 (x,y) 路的最大数目. 数 $\lambda(x,y)$ 和 $\kappa(x,y)$ 分别被称为从 x 到 y 的**局部弧强连通度**(local arc-strong connectivity) 和从 x 到 y 的**局部顶点强连通度**(local vertex-strong connectivity). 此外, 令

$$\lambda'(D)=\min_{x,y\in V}\lambda(x,y),\qquad \kappa'(D)=\min_{x,y\in V}\kappa(x,y). \tag{7.1}$$

利用相似于第 3 章中定义 (s,t) 流的割的方法, 定义一个 (s,t)**割**((s,t)-cut) 是形如 $(U,\bar{U})$ 的弧集合, 其中 $\bar{U}=V-U, s\in U$ 和 $t\in\bar{U}$. 已知一个 (s,t) 分离因子是一个子集 $X\subseteq V(D)-\{s,t\}$, 使得 $D-X$ 中不存在 (s,t) 路, 也就是说 X 将 s 与 t **分离开**(separates s from t). 于是, 有向图 D 的一个分离因子是一个顶点集合 S, 使对顶点 $s,t\in V(D)$, 集合 S 是一个 (s,t) 分离因子 (见 1.5 节中分离因子的定义). 有向图 D 的一个**最小分离因子**(minimum separator) 是 D 中最小基数的分离因子 X.

以下的简单观察在许多连通性结果证明中扮演着一个中心的角色.

命题 7.1.1 设 $D=(V,A)$ 为有向多重图, X 和 Y 是 V 的子集, 则有如下的等式成立:

$$d^+(X)+d^+(Y)=d^+(X\cup Y)+d^+(X\cap Y)+d(X,Y),$$
$$d^-(X)+d^-(Y)=d^-(X\cup Y)+d^-(X\cap Y)+d(X,Y). \tag{7.2}$$

此外, 若 $d^-(X\cap Y)=d^+(X\cap Y)$, 则有

$$d^+(X)+d^+(Y)=d^+(X-Y)+d^+(Y-X)+\varepsilon,$$
$$d^-(X)+d^-(Y)=d^-(X-Y)+d^-(Y-X)+\varepsilon, \tag{7.3}$$

其中 $\varepsilon=d(X\cap Y,V-(X\cup Y))$.

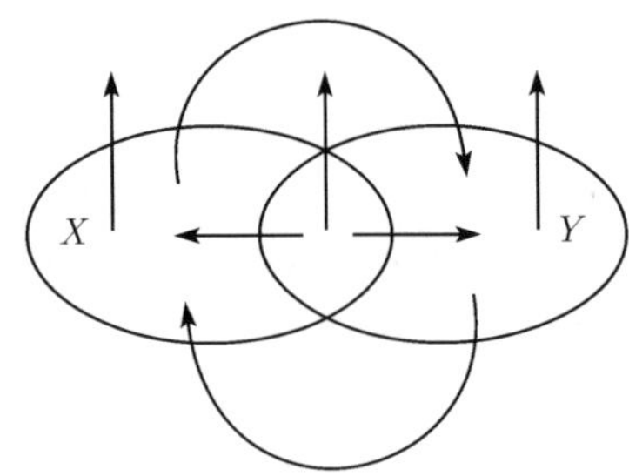

图 7.1 贡献于集合 $X,Y,X\cap Y$ 和 $X\cup Y$ 的出度的各种类型的弧

证明 只要考察在等式一端所计算的不同类型的弧, 均可容易地证明这些等式中的每一个. 例如, 图 7.1 给出了在第一个等式中一端弧的数目. □

如果一个定义在**基集合** S 上的集合函数 f 对所有的子集 $X,Y\subseteq S$, 使得 $f(X)+f(Y)\geqslant f(X\cup Y)+f(X\cap Y)$ 成立, 则 f 被称为 S 上的一个**子模**(submodular). 下面可由命题 7.1.1 直接证明的推论是非常有用的, 在这一章中我们将要多次地用到它.

推论 7.1.2 对于任意的有向多重图 D, d_D^+ 和 d_D^- 皆是 $V(D)$ 上的子模函数.

对于 $V(D)$ 的一个真子集 X, 前面已经定义 $N^+(X)$ 是 X 的出邻点之集. 以下结论表明, 函数 $|N^-|$ 和 $|N^+|$ 均是子模函数.

命题 7.1.3 设 $D=(V,A)$ 是有向图, X,Y 是 V 的子集. 则以下不等式成立:

$$|N^+(X)|+|N^+(Y)|\geqslant|N^+(X\cap Y)|+|N^+(X\cup Y)|,$$

$$|N^-(X)|+|N^-(Y)|\geqslant|N^-(X\cap Y)|+|N^-(X\cup Y)|.$$

证明 只要考察集合 $X,Y,X\cap Y$ 和 $X\cup Y$ 的不同类型邻点的数目, 便可验证这 2 个不等式的正确性 (习题 7.1). □

有向多重图的网络表示

在许多涉及有向多重图的证明和算法中, 把一个有向多重图看成一个网络 (流) 是相当方便的. 因此, 我们给出有向多重图的网络表示, 并证明一个稍后要用到的结论.

定义 7.1.4 设 $D=(V,A)$ 为有向多重图, D 的**网络表示**(network representation) 记为 $\mathcal{N}(D)$. 定义 $\mathcal{N}(D)=(V,A',\ell\equiv 0,u)$, 其中当 D 有从 i 到 j 的弧时, A' 只含一条弧 ij. 对于每一条弧 $ij\in A'$, 用 u_{ij} 表示 D 中从 i 到 j 的弧的数目, 见 7.2 图中的一个例子.

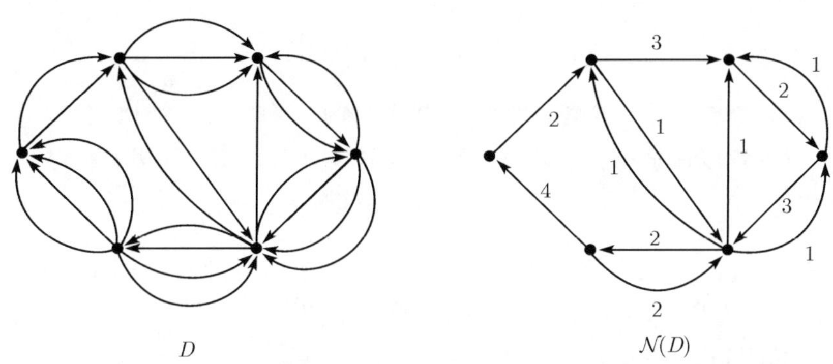

图 7.2 一个有向多重图 D 和它的网络表示 $\mathcal{N}(D)$

弧上的数字表示 $\mathcal{N}(D)$ 中的容量

下面的引理给出了 D 中弧不交的路和 D 的网络表示 $\mathcal{N}(D)$ 中流之间的一个重要联系.

引理 7.1.5 设 $D=(V,A)$ 为有向多重图, s,t 是 V 的不同顶点. 则 $\lambda(s,t)$ 等于 $\mathcal{N}(D)$ 中的一个最大 (s,t) 流的值.

证明 设 $P_1,P_2,\cdots,P_r$ 是 D 中的一组两两弧不交的 (s,t) 路. 这些路可能使用同一对顶点 i 和 j 之间的一条弧的不同拷贝, 但因这些路是弧不交的, 总数上没有多于弧 ij 的 u_{ij} 个拷贝. 因而, 可以构造 $\mathcal{N}(D)$ 中一个值为 r 的可行 (s,t) 流, 沿 $P_1,P_2,\cdots,P_r$ 中的每条路送入 1 个单位的流. 相反地, 如果 x 是 $\mathcal{N}(D)$ 中一个值为 k 的 (s,t) 流 (参见定理 3.5.5), 则由定理 3.3.1, 可以将 x 分解为 k 条值为 1 的 (s,t) 路流 $f(P_1),f(P_2),\cdots,f(P_k)$(可以用沿相同路的 r 条值为 1 的 (s,t) 路流取代那些具有较高值 $r>1$ 的流) 和某些圈流. 按照弧上的容量约束, 最多有 u_{ij} 条路流使用了弧 ij. 所以, 借助上面得到 D 中 k 条弧不交的 (s,t) 路的方法, 可以用 D 中的弧来替换被每个流 $f(P_i)$ 所使用的弧, 这就证得了引理. □

7.2 耳朵分解

这一节要认识强连通有向图的结构. 通过介绍耳朵分解概念 (参见图 7.3) 以及由这个定义推导的几个有意义的结论, 我们将重新证明第 1 章中的几个结论.

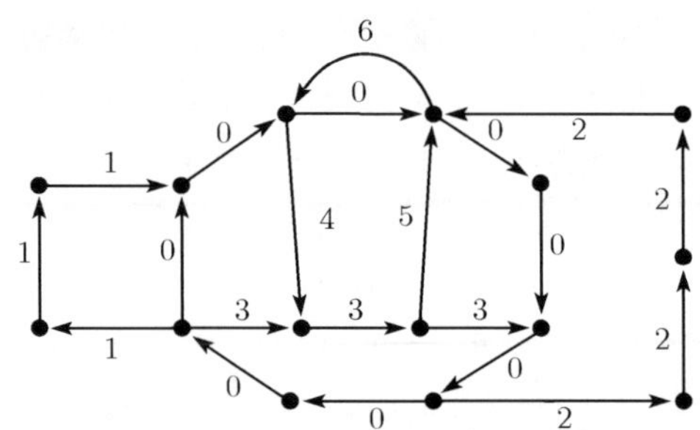

图 7.3 一个有向图的一个耳朵分解 $\varepsilon = \{P_0, P_1, \cdots, P_6\}$

每条弧上的数字表示这条弧所属的耳朵的数目, 耳朵 P_0, P_1, P_2, P_3 是不平凡的,

耳朵 P_4, P_5, P_6 是平凡的

定义 7.2.1 有向多重图 $D = (V, A)$ 的一个**耳朵分解**(ear decomposition)是一个序列 $\mathcal{E} = \{P_0, P_1, P_2, \cdots, P_t\}$, 其中 P_0 是一个圈①, 每一个 P_i 是一条路, 或是具有下列性质的圈:

(a) 当 $i \neq j$ 时, P_i 和 P_j 是弧不交的.

(b) 对于每一个 $i = 1, 2, \cdots, t$, 如果 P_i 是圈, 则它与 $V(D_{i-1})$ 只有一个公共顶点. 否则, P_i 的**端点**是 $V(D_{i-1})$ 中不同的顶点, P_i 的其他顶点则不属于 $V(D_{i-1})$. 这里 D_i 表示具有顶点集 $\bigcup_{j=0}^{i} V(P_j)$ 和弧集 $\bigcup_{j=0}^{i} A(P_j)$ 的有向图.

(c) $\bigcup_{j=0}^{t} A(P_j) = A$.

每一个 $P_i (0 \leqslant i \leqslant t)$ 叫做 $\mathcal{E}$ 的一个**耳朵**, $\mathcal{E}$ 中耳朵的数目是 $t+1$, 一个耳朵 P_i 称为**平凡的**, 如果有 $|A(P_i)| = 1$; 否则, 称它为**不平凡耳朵**.

定理 7.2.2 一个有向多重图是强的充分且必要条件是它有一个耳朵分解. 此外, 如果 D 是强的, 则对于每一个顶点 v, 可以将每一个包含 v 的圈 C 用作 D 的一个耳朵分解的起始圈 P_0.

证明 设 $|V(D)| \geqslant 3$, 否则断言是自然成立的. 先设 D 有一个耳朵分解 $\mathcal{E} = \{P_0,P_1,P_2,\cdots,P_t\}$, 注意到有向图 P_0 是强的, 对 $\mathcal{E}$ 中耳朵的数量用数学归纳法进行证明, 易证 D 是强的. 如果 D_i 是强的, 则 D_{i+1} 也是强的, 这是因 D_{i+1} 是给 D_i 的 2 个端点 x, y 加上一条路和 $V(D_i)$ 中其他所有顶点而构造得到的.

相反地, 设 D 是强的, 任取 $V(D)$ 中任意一个顶点 v. 因为 $|V(D)| \geqslant 3$ 和 D 是强的, 存在通过 v 的圈 $C = u_1 u_2 \cdots u_r$, 其中 $u_1 = u_r = v$. 令 $P_0 := C, i = 0$, 我们运行下面的阶段 1 和阶段 2 算法:

阶段 1

1. 如果 $V(D)$ 的每一个顶点均在 $V(D_i)$ 中, 则转向阶段 2.

① 有些作者把 P_0 取作一个顶点, 但是易见 2 个定义对至少有一条弧的强有向多重图是等价的.

2. 令 $i := i + 1$, 设顶点 u 不在 $V(D_{i-1})$ 中, 使得存在从 $V(D_{i-1})$ 到 u 的弧xu.
3. 令 P_i 是从 u 到 $V(D_{i-1})$ 的最短路.
4. 取 xP_i 作为下一个耳朵, 并重复阶段 1.

阶段 2

1. 对 D 中每一条剩余的弧 vw, 它不在 $A(D_i)$ 中 (i 是上面的计数), 做如下工作:
2. 令 $i := i + 1$, 令 $P_i = vw$(也就是说, 包括了这些弧为平凡耳朵).

为了能够看到上面的算法可以找到 D 的一个耳朵分解, 只要验证总可找到阶段 1 所断言的一条弧 xu 和一条从 u 到 $V(D_i)$ 的路, 从而就证得 D 是强有向图. □

利用定理 7.2.2 及其证明就能够得到以下几个有趣的推论:

推论 7.2.3 具有 n 个顶点和 m 条弧的强有向图的每一个耳朵分解有 $m - n + 1$ 个耳朵.

证明留作习题 7.2.

推论 7.2.4 每一个具有 n 个顶点的强有向多重图 D 包含一个至多有 $2n-2$ 条弧的支撑强有向子图. 此外, 存在有向多重图, 它们中的每一个支撑强有向子图至少有 $2n-2$ 条弧.

证明 首先证明可以在 D 的任意一个耳朵分解中移走平凡耳朵而不破坏强连通性. 于是, 只需估算不平凡耳朵中的弧的数目. 令 $\mathcal{E} = P_0, P_1, \cdots, P_r, P_{r+1}, \cdots, P_t$ 是 D 的一个耳朵分解, 其中 $P_0, P_1, \cdots, P_r$ 是不平凡的耳朵. 令 P'_i 是路 $P_i - V(D_{i-1})$. 因为每一个 $P_i(1 \leqslant i \leqslant r)$ 至少添加了一个新顶点, 不会多于 $n - |V(P_0)|$ 个顶点. 给每一个新耳朵 P_i 添加 $|V(P'_i)| + 1$ 条新弧, 从而有如下的估算:

$$
\begin{aligned}
|A(D_r)| &= |V(P_0)| + \sum_{i=1}^{r}(|V(P'_i)| + 1) \\
&= |V(P_0)| + r + \sum_{i=1}^{r}|V(P'_i)| \\
&= n + r \\
&\leqslant n + n - |V(P_0)| \\
&\leqslant 2n - 2,
\end{aligned}
\tag{7.4}
$$

其中, 等式成立仅当 $|V(P_0)| = 2$ 以及每一个 $P_i(1 \leqslant i \leqslant r)$ 的长度为 2. 只要考察 n 个顶点的一条路的完全双定向, 易见 $2n-2$ 是最好的界. □

推论 7.2.5 存在一个寻找强有向多重图 D 的耳朵分解的线性算法.

证明 可以借用定理 7.2.2 的证明, 因为其证明本身是算法的. 不难看到, 如果使用宽度优先搜索 (见 2.3.1 小节) 和一个合适的数据结构来寻找一条从 u 到 $V(D_{i-1})$ 的路, 就会得到一个线性运算, 证明的细节留作习题 7.21. □

推论 7.2.6 判定有向图 D 是否含有一个至多有 r 个不平凡耳朵的耳朵分解是 $\mathcal{NP}$ 完全问题. 判定一个给定的有向图 D 是否含有一个耳朵分解, 其不平凡耳朵至多含有 q 条弧的问题是 $\mathcal{NP}$ 完全问题.

证明 注意, 在 2 种情形中分别假定数 r,q 为输入到问题中的部分. 一个强有向图 D 仅含有一个不平凡耳朵的耳朵分解 (或在不平凡的耳朵中只有 n 条弧) 的充要条件是 D 有一个哈密尔顿圈. 由定理 5.0.1, 即可证得这 2 个断言. □

下面的 2 个推论在第 1 章中已经证明过, 这里重新证明它们是为了说明耳朵分解的应用. 已知一个无向图 G 的一座桥是一条边 e, 且使得 $G-e$ 不连通.

推论 7.2.7[637] 一个强有向图 D 包含一个强支撑定向子图的充要条件为底图 $UG(D)$ 是无桥的.

证明 如果底图 $UG(D)$ 有一座桥 xy, 则 D 含一个 2 圈 xyx, 因为它是强的. 注意到, 无论删去这 2 条弧 xy,yx 中的哪一条弧, 都将得到一个非强的有向图.

反设底图 $UG(D)$ 不含桥. 仍然考虑定理 7.2.2 的证明, 如果总能选取一条从 u 到 $V(D_{i-1})$ 的路, 使得它不终止在 x, 或者至少包含一个内点, 这可依据使用最短路没有耳朵 $P_i(i \geqslant 1)$ 含有一个 2 圈. 在余下的情形中, 从 u 到 $V(D_{i-1})$ 的唯一的路是弧 ux. 因此, 2 圈 xux 是底图 $UG(D)$ 的一座桥. 余下证明要避开在起始点使用 2 圈 (也就是 P_0). 这是可以解决的, 除非 D 中的每一个圈均为 2 圈. 如果这种情形出现, 则底图 $UG(D)$ 是一棵树, 它的每一条边是一座桥, 这与充分性的假设矛盾. □

推论 7.2.8[120] 一个混合图 M 有一个强定向当且仅当 M 是强连通的且无桥.

证明 可以由推论 7.2.7 证得本推论. 因为, 将一个混合图 $M=(V,A,E)$ 的每条边换成一个 2 圈, 就得到一个有向图 D. 显然, 删去一个 D 中 2 圈上的一条弧就得到 M 中相应边的定向. □

读者可以类似地定义无向图的耳朵分解, 它们在无向图的许多证明中扮演着重要的角色, 尤其是匹配理论[525].

7.3 Menger 定理

下面的 Menger 定理是图论中最重要的基本定理之一[562].

定理 7.3.1 (Menger 定理)[562] 设 D 为有向多重图, $s,t \in V(D)$ 是一对不同的顶点, 则下列陈述成立:

(a) 弧不交 (s,t) 路的最大数目等于覆盖 (s,t) 路的所有弧的最小数目, 且这个

最小值可由某 (s,t) 割 $(U,\bar{U})$ 达到.

(b) 如果弧 st 不在 $A(D)$ 中, 则内部不交的 (s,t) 路的最大数目等于最小 (s,t) 分离因子的顶点数目.

证明 首先说明包含顶点不交路的 (b) 可以被弧不交的 (a) 容易地证明. 前面曾说到, 对 (内部) 顶点不交的路来说, 多重弧在此问题中无作用, 因而可设所涉及的有向多重图实际为一个有向图. 定向图 $D=(V,A)$ 和 $u,v\in V$, 用顶点撕裂运算 (见 3.2.4 节) 来构造有向图 D_{ST}. 容易检查 D_{ST} 中弧不交 (u_s,v_t) 路对应于 D 中内部不交 (u,v) 路 (如果对某顶点 $x\neq u,v$, D_{ST} 中一条 (u_s,v_t) 路包含顶点 x_t(或 x_s), 则必包含 x_t(或 x_s)). 此外, 对任何覆盖了 D_{ST} 中所有 (u_s,v_t) 路的 ℓ 条弧的集合, 存在形如 $w_t^1w_s^1, w_t^2w_s^2,\cdots,w_t^\ell w_s^\ell$ 的 ℓ 条弧的集合具有相同性质, 如此的一个集合对应到 D 中一个 (s,t) 分离因子 $X=\{w^1,w^2,\cdots,w^\ell\}$. 因而, 我们仅证 (a).

不惊奇地是, 因为 Menger 定理 (在 (a) 中) 与最大流最小割定理 (定理 3.5.3) 之间的相似性, 能够使用定理 3.5.3 证明 Menger 定理 (a). 在 7.1.1 小节中已经做过部分工作, 其中证实 $\lambda(s,t)$ 等于 $\mathcal{N}(D)$ 中最大 (s,t) 流的值. 相似地, 易知 D 中的每一个 (s,t) 割 $(U,\bar{U})$ 对应于 $\mathcal{N}(D)$ 中容量为 $|(U,\bar{U})|$ 的一个 (s,t) 割 $(U,\bar{U})$, 反之也真. 于是, 依照定理 3.5.3, 证得 (a). □

正如在习题 7.16 中所见到的, 对所有容量是整数的网络, 能够从 Menger 定理推导出最大流最小割定理.

为了解释子模性在有向图的连通性证明中的作用, 现在给出定理 7.3.1(a) 的第二个证明, 它是由 Frank 给出的 (注意, 这个证明不需要任何先决条件, 即不是命题 7.1.1)[260]:

Menger 定理 (a) 的第二个证明 显然, 弧不交的 (s,t) 路最大数目不能够大于最小 (s,t) 割的规模.

剩余的证明是关于 D 中弧的数目运用数学归纳法. 令 k 表示最小 (s,t) 割的规模. 基本的情形是当 D 只有 k 条弧, 则它们全部是从 s 到 t, 于是 D 有 k 条弧不交 (s,t) 路. 因而, 我们能够进行归纳过程. 我们说一个顶点集合 U 是**紧的**, 如果存在 $s\in U, t\notin U$ 以及 $d^+(U)=k$. 如果存在某弧 xy 不离开任何紧的集合, 则可移走它后不会产生规模为 $(k-1)$ 的一个 (s,t) 割, 由数学归纳法则可证得结论. 因而可假设 D 中每一条弧均离开一个紧的集合.

断言 如果 X 和 Y 是紧的, 则 $X\cap Y$ 和 $X\cup Y$ 也是紧的.

欲证得这个断言, 需要使用 d^+ 的子模性. 首先要注意到, 集合 $X\cap Y$ 和 $X\cup Y$ 中的每一个包含 s, 而不包含 t. 故由假设, 则在 D 中它们均至少有 k 度, 使用 (7.2) 式和上面的注释, 可以肯定

$$k+k=d^+(X)+d^+(Y)\geqslant d^+(X\cup Y)+d^+(X\cap Y)\geqslant k+k. \tag{7.5}$$

可见 $X \cup Y$ 和 $X \cap Y$ 均是紧的, 断言得证.

如果 D 中每条弧均形如 st, 则完成证明. 所以, 假设存在一条弧 su, 使得 $u \neq t$. 令 T 是全体紧集之并, 但不含顶点 u. 因为弧 su 离开一个紧集, 则 $T \neq \varnothing$. 按照上面的断言, T 也是紧集. 现在考察集合 $T \cup \{u\}$. 如果不存在从 u 到 $V-T$ 的弧, 则有 $d^+(T \cup \{u\}) \leqslant k-1$, 矛盾, 这是因为 $T \cup \{u\}$ 包含了 s 而不含 t. 因而, 必有一个顶点 $v \in V-T-u$, 使得 $uv \in A(D)$. 在 D 中用一条弧 sv 取代 2 条弧 su, uv, 得到一个有向图 D'. 假定 D' 包含规模小于 k 的一个 (s,t) 割. 这说明 D' 有某一个含 s 而不含 t 的集合 X, 它的出度至多为 $k-1$. 由于 $d_D^+(X) \geqslant k$, 易见必有 s, $v \in X$ 和 $u \notin X$. 因此, $d_D^+(X) = k$, 这却与 T 的定义 (由于已知 $v \notin T$) 矛盾. 于是, D' 的每一个 (s,t) 割至少有规模 k. 又因 D' 有比 D 少的弧, 根据归纳法假设, D' 包含 k 条弧不交的 (s,t) 路. 这些路中至多一条路使用了新弧 sv(在这个情形里, 又用删去的 2 条弧再换掉这条弧). 这已证得 D 有 k 条弧不交的 (s,t) 路. □

推论 7.3.2 设 $D=(V,A)$ 为有向多重图, 则下列陈述成立:

(a) D 是 k 弧强的当且仅当对于每一对不同顶点 $s,t \in V$ 的选择, D 包含 k 条弧不交的 (s,t) 路.

(b) D 是 k 强有向多重图当且仅当 $|V(D)| \geqslant k+1$, 且对任意选择的不同顶点 $s,t \in V$,D 均含 k 条内部顶点不交的 (s,t) 路.

证明 按照定义, 一个有向多重图 $D=(V,A)$ 是 k 弧强当且仅当对于每一个弧子集 $A' \subset A$ 且 $|A'| \leqslant k-1$, 新有向多重图 $D-A'$ 是强的. 现由定理 7.3.1(a), 可立即证得 (a). 我们证明 (b) 如下: 根据定义 (见第 1 章), D 是 k 强有向多重图充要条件是 $|V(D)| \geqslant k+1$, 且对于每一个 $X \subset V$, 若有 $|X| \leqslant k-1$, 则 $D-X$ 是强的. 再设 D 至少有 $k+1$ 个顶点, 但不是强的. 于是, 可找到规模至多为 $k-1$ 的一个子集 $X \subset V$, 使得 $D-X$ 不是强的. 令 $D_1, D_2, \cdots, D_r (r \geqslant 2)$ 是 $D-X$ 的强分支的无圈序. 取 $s \in V(D_r)$ 和 $t \in V(D_1)$, 则没有从 s 到 t 的弧, X 是规模小于 k 的 (s,t) 分离因子. 根据由定理 7.3.1(b), D 不含从 s 到 t 的 k 条内部顶点不交的路.

反设存在顶点 $s,t \in V(D)$, 使得 D 中没有 k 条内部不交的 (s,t) 路. 如果不存在从 s 到 t 的弧, 则由定理 7.3.1(b) 知, D 含一个规模小于 k 的 (s,t) 分离因子 X. 因而由定义, $D-X$ 不是强有向多重图, 则 D 不是 k 强有向多重图. 因而, 可设 D 中存在一条弧 st, 令 r 是 D 中从 s 到 t 的弧数目 (即 $\mu(s,t)=r$). 如果 $r \geqslant k$, 则这些弧形成所期望的 (s,t) 路, 根据对 s 和 t 的假定, 有 $r<k$. 现考察从 D 中移走从 s 到 t 的每一条弧后得到的有向图 D'. 在 D' 中, 不能够有 $k-r$ 条内部不交的 (s,t) 路 (不然的话, 这些路与那 r 条从 s 到 t 的弧将给出一组 k 条内部不交的 (s,t) 路). 于是, 依照定理 7.3.1(b), 存在一个规模小于 $k-r$ 的集合 $X' \subset V$, 它形成 D' 的一个 (s,t) 分离因子.

令 A,B 是顶点集 $V-X'$ 的一个划分，使得 $s\in B, t\in A$，并且在 D' 中没有从 B 到 A 的弧．因为 $|V|\geqslant k+1$，A 和 B 中至少有一个包含多于一个的顶点．不失一般性，设 A 包含一个不同于 t 的顶点 v．因而，$X'\cup\{t\}$ 是 D 中规模小于 $k-r+1\leqslant k$ 的一个 (s,t) 分离因子，并且没有 D 中从 s 到 t 的弧，对上面说到的这个顶点应用定理 7.3.1(b)，知 D 不是 k 强有向多重图． □

根据在 (7.1) 式中定义的数 $\lambda'(D)$ 和 $\kappa'(D)$，我们有如下的结论：

推论 7.3.3 设 D 为有向多重图，数 $\lambda'(D)$ 等于最大的 k，使得 D 是 k 弧强的．数 $\kappa'(D)$ 等于最大的 k，有 $k\leqslant|V|-1$，且 D 是 k 强的．则有 $\lambda'(D)=\lambda(D)$ 和 $\kappa'(D)=\kappa(D)$．

7.4 应用：确定弧强连通度和顶点强连通度

在一般的应用中，重要的是能够计算有向多重图的弧强连通度或顶点强连通度，可以把寻找 $\kappa_D(x,y)$ 的问题简约到在有向图 D_{ST} 中寻找从 x_s 到 y_t 的局部弧强连通性，其中 D_{ST} 是对 D 进行顶点撕裂运算得到的有向图 (见定理 7.3.2 的证明)．因而，只需要考虑弧强连通性．依据 Menger 定理和引理 7.1.5，使用 $O(n^2)$ 流计算就可找到弧强连通度 $\lambda(D)$，也就是对任意选取的 $x,y\in V(D)$，确定 $\lambda(x,y)$ 的值．然而，正如读者稍后将要看到的，运用 $O(n)$ 流计算就可准确地找到弧强连通度 $\lambda(D)$．在习题 7.7 中可以见到一个如此的简单例子．

命题 7.4.1[654] 对于任意有向多重图 $D=(V,A)$ 及其顶点集 $V=\{v_1,v_2,\cdots,v_n\}$，D 的弧强连通度满足：

$$\lambda(D)=\min\{\lambda(v_1,v_2),\lambda(v_2,v_3),\cdots,\lambda(v_{n-1},v_n),\lambda(v_n,v_1)\}.$$

证明 令 $k=\lambda(D)$．由 (7.1) 式和推论 7.3.3，弧强连通度 $\lambda(D)$ 不会大于数 $\lambda(v_1,v_2)$,$\lambda(v_2,v_3)$,$\cdots$,$\lambda(v_{n-1},v_n)$,$\lambda(v_n,v_1)$ 中的最小者．因而，对 $i(1\leqslant i\leqslant n)$，只要证明 $k=\lambda(v_i,v_{i+1})$(其中 $v_{n+1}=v_1$)．按照推论 7.3.3 和定理 7.3.1，存在某顶点集 $X\subset V$ 有出度 k．若有下标 $i\leqslant n-1$，使得 $v_i\in X$ 和 $v_{i+1}\in V-X$，则由 Menger 定理得 $\lambda(v_i,v_{i+1})\leqslant k$，断言得证．如果不存在如此的下标，则必有某 $r(1<r\leqslant n)$，使得 $X=\{v_r,v_{r+1},\cdots,v_n\}$．再依照 Menger 定理，便得 $\lambda(v_n,v_1)\leqslant k$，完成证明． □

将上面的命题与引理 7.1.5 结合在一起，立刻有下面 Schnorr 的结论[654]：

推论 7.4.2 可以用 $\mathcal{N}(D)$ 中的 $O(n)$ 最大流计算来计算一个有向多重图 D 的弧强连通性．

如果 D 无多重弧，则它的网络表示 $\mathcal{N}(D)$ 的所有容量均为 1，根据定理 3.7.4，可以在时间 $O(n^{2/3}m)$ 内找到 $\mathcal{N}(D)$ 的一个最大流．因而，可在时间 $O(n^{5/3}m)$ 内计算出 $\lambda(D)$．

Esfahanian 和 Hakimi 证得关于最大流计算的次数 n 的界可以被至少为 2 的一个因子改进[224].

注意, 对与 m 相比不是太大的某 k 值, 如果仅有兴趣确定是否有 $\lambda(D) \geqslant k$, 那么最好使用 Ford 和 Fulkerson 的简单标号算法 (见第 3 章). 在这个情形中, 仅需检查值至少为 k 的流, 用 k 条流增广路, 且在时间 $O(km)$ 内对每个源点和收点的选择就可以完成这个工作. 寻找 $\lambda(D)$ 的全部复杂性是 $O(knm)$[229]. 可以略为改进这个复杂性[295]. 需要知道其他基于流的连通性算法的读者请看文献 [228,232].

也许有人会问到：是否存在一个不使用流的方法能够判定一个有向多重图 D 是否为 k(弧) 强的? Linial, Lovász 和 Wigderson[515] 拓展了这个问题[523], Cheriyan 和 Reif 对有向图的 k 强连通性给出了 Monte-Carlo 和 Las Vegas① 类型算法[150]. 文献 [150] 中的 2 个算法基于 k 强有向图通过在欧几里得空间 $\mathcal{R}^{k-1}$ 中嵌入的特征, 使得它们比上面提到的算法快. 但代价是有错误的机率 (对 Monte-Carlo 算法而言), 或仅要求给出所期望的运行时间 (对 Las Vegas 算法而言). 建议读者参见文献 [150] 以获得算法的更多细节.

当前确定弧强连通性的最快算法使用了拟阵相交 (参见 12.7 节中拟阵相交问题的定义), 这归功于 Gabow[287]. 这个算法可以在时间 $O(\lambda(D)m\log(n^2/m))$ 内找到一个有向图 D 的弧强连通度, 它基于 Edmonds 分枝定理 (定理 9.5.1). 在第 9 章中, 我们将继续讨论弧强连通性和**弧不交分枝**, 因为 Gabow 算法要用到它们. 当希望对某些 k 判定是否有 $\lambda(D) \geqslant k$ 时, Gabow 算法运行的十分有效.

对于确定顶点强连通度 $\kappa(D)$ 的现行最快算法是由 Henzinger, Rao 和 Gabow 给出的[422]. 这个算法基于流并结合了文献 [228,232,295,398] 中的思想和方法, 它的复杂性为 $O(\min\{\kappa(D)^3+n, \kappa(D)n\}m)$.

Ibaraki 和 Nagamochi 找到了一个关于无向图的漂亮而有效的方法[579], 它能够计算边连通度却不使用流算法. 我们将简单地描述他们的方法[269,580].

无向图 $G=(V,E)$ 的一个**最大相邻序**(maximum adjacency ordering) 是它的顶点的一个序 $v_1, v_2, \cdots, v_n$, 且具有如下的性质：

$$d(v_{i+1}, V_i) \geqslant d(v_j, V_i), \quad i=1,2,\cdots,n,\ i<j \leqslant n, \tag{7.6}$$

其中 $V_i=\{v_1, v_2, \cdots, v_i\}$, 记号 $d(X,Y)$ 表示 2 个端点分别在 $X-Y$ 和 $Y-X$ 中的全体边的数目.

定理 7.4.3[579]　G 是 n 个顶点的无向图, 则

(a) 在时间 $O(n+m)$ 内能够找到从预先指定的顶点 v_1 开始的 G 的一个最大相邻序.

① 一个 Monte-Carlo 算法总会终止, 但却会制造具有小概率的错误. 然而, 一个 Las Vegas 算法可能 (具有小概率) 绝不会终止, 如果它终止了, 则给出的答案一定是正确的[134].

(b) 对于 G 的每一个最大相邻序 $v_1, v_2, \cdots, v_n$, 有 $\lambda(v_{n-1}, v_n) = d_G(v_n)$.

推论 7.4.4[579] 存在一个 $O(nm + n^2)$ 算法可以确定 n 个顶点和 m 条边的图的边连通度.

证明 对选顶点 $x, y \in V(D)$, 有

$$\lambda(G) = \min\{\lambda(x,y), \lambda(G/\{x,y\})\} \tag{7.7}$$

是定理 7.4.3(b) 的一个简单推论, 其中 $G/\{x,y\}$ 是在 G 中收缩集合 $\{x,y\}$ 后得到的图, 等式 (7.7) 遵从于 $\lambda(G)$ 等于 G 中一个最小割 $(X, V-X)$ 的规模. 如果这个割分离开 x 和 y, 则由 Menger 定理, 有 $\lambda(G) = \lambda(x,y)$; 否则, X 仍然是 $G/\{x,y\}$ 的一个割, 可见 $\lambda(G) = \lambda(G/x,y)$(这与不减少边连通性矛盾). 因此, 可以从任何一个最大相邻序 $v_1, v_2, \cdots, v_n$ 开始, 这给出 $\lambda(v_{n-1}, v_n)$, 存储这个数, 收缩 $\{v_{n-1}, v_n\}$, 并继续工作于 $G/\{v_{n-1}, v_n\}$ 的一个最大相邻序. G 的边连通性是所存储数中的最小者. 余下的细节留给有兴趣的读者[581]. □

一个有意义的公开问题是：是否能用某些序的相似类来寻找有向多重图的弧强连通性. 注意, (7.7) 式对任意有向多重图不成立, 在图 7.4 中可以容易地看到这一点.

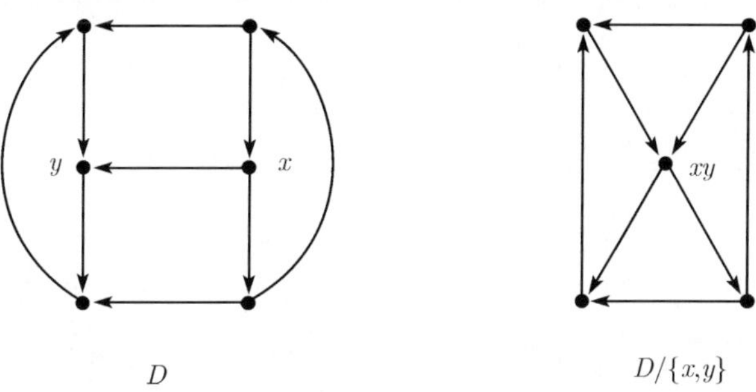

图 7.4 一个有向图 D, 且 $\lambda(D) = 0, \lambda(x,y) = 2$ 和 $\lambda(D/\{x,y\}) = 1$

7.5 撕裂运算

在 7.3 节 Menger 定理的 Frank 证明中, 我们已经看到如何用一条弧代替 2 条相邻于一个顶点的弧的应用, 然后运用数学归纳法进行证明的思路. 在这一节中也将看到另一个指标法, 这种类型的运算是非常有用的. 现在考察具有一个特殊顶点 s 的有向多重图 D, 总设

$$d_D^+(s) = d_D^-(s). \tag{7.8}$$

为了强调 s 是一个特殊的顶点, 指定 D 为 $D=(V+s,A)$, 或者 $D=(V+s,E\cup F)$, 其中 F 是具有一个端点在 s 上的全体弧的集合. 此外, 将假定 V 中每对顶点 x,y 之间的局部弧强连通性至少是 k, 依据 Menger 定理, 这等价于

$$d^+(U),d^-(U)\geqslant k,\quad \varnothing\neq U\subset V. \tag{7.9}$$

对某 k, 若有向图 $D=(V+s,A)$ 满足 (7.9) 式, 则 D 被叫做是 V 内 k **弧强**(k-arc-strong).

用一条新弧 uv 来替换关联到 s 的一个弧对 (us,sv) 的运算, 实施这个代换的运算叫做**撕开**(splitting off) 运算, 或者就叫**撕裂**(splitting) 弧对 (us,sv) 运算. 用 D_{uv} 表示运算所产生的有向多重图. 如果 (7.9) 式在 D_{uv} 中成立, 则称弧对 (us,sv) 的撕裂是**可容许的**. 此时, 称弧对 (us,sv) 是一个**可容许对**(admissible pair)(或者一个**可容许撕裂**(admissible splitting)).

一个非空集合 $X\subset V$ 是 $\boldsymbol{k}$ **入临界的**(k-in-critical)($\boldsymbol{k}$ **出临界的**(k-out-critical)), 如果有 $d^-(X)=k(d^+(X)=k)$. 当不希望特别指定 X 是否为 k 入临界的, 还是 k 出临界的时候, 统称 X 是 $\boldsymbol{k}$ **临界的**(k-critical). 下面有用的引理是 Frank 给出的：

引理 7.5.1[258]　如果 X 和 Y 是相交的 k 临界集合, 则下列陈述之一成立：

(a) $X\cup Y$ 是 k 临界的.

(b) $Y-X$ 是 k 临界的, 并有 $d(X\cap Y,V+s-(X\cup Y))=0$.

证明　需要考虑下列三种情形：

情形 1. $X\cup Y\neq V$, 且 X,Y 均为 k 出临界的, 或者均为 k 入临界的.

设 X,Y 均为 k 出临界的, 则由 (7.9) 式, 有 $d^+(X\cup Y),d^+(X\cap Y)\geqslant k$. 运用 d_D^+ 的子模性, 便有

$$k+k=d^+(X)+d^+(Y)\geqslant d^+(X\cup Y)+d^+(Y\cap X)\geqslant k+k. \tag{7.10}$$

并且利用这一点, 知 $X\cup Y$ 是 k 临界的, 证得 (a). 对 X,Y 均为 k 入临界的情形, 可以类似地证得结论.

情形 2. $X\cup Y=V$, 且 X,Y 均是 k 出临界的, 或者皆为 k 入临界.

假定 X,Y 都是 k 出临界的, 其余情形的证明类同. 令 $S=V+s-X$ 和 $T=V+s-Y$. 则有 $d^-(S)=d^-(T)=k$ 和 $S\cap T=\{s\}$. 因为 $S-T=Y-X$ 和 $T-S=X-Y$, 按照 (7.9) 式, 有 $d^-(S-T),d^-(T-S)\geqslant k$, 再由 $d^-(s)=d^+(s)$, 应用 (7.3) 式, 便得

$$\begin{aligned}k+k&=d^-(S)+d^-(T)\\&=d^-(S-T)+d^-(T-S)+d(S\cap T,V+s-(S\cup T))\\&\geqslant k+k+d(V-S,T).\end{aligned} \tag{7.11}$$

从上面的推证可知, $Y-X=S-T$ 是 k 入临界的, 从而有 $d(S\cap T, V+s-(S\cup T))=0$. 因为 $X\cap Y = V+s-(S\cup T)$ 和 $V+s-(X\cup Y)=\{s\}=S\cap T$, 则也有 $d(X\cap Y, V+s-(X\cup Y))=0$. 于是 (b) 成立.

情形 3. X,Y 中的一个是 k 入临界的, 另一个是 k 出临界的.

现在考察 X 是 k 入临界的以及 Y 是 k 出临界的情形, 其余情形的证明与此雷同. 令 $Z=V+s-X$, 则有 $d^+(Y)=d^+(Z)=k, Y\cap Z=Y-X$ 和 $Y\cup Z=V+s-(X-Y)$. 因而有 $d^+(Y\cap Z)=d^+(Y-X)\geqslant k$ 和 $d^+(Y\cup Z)=d^-(V+s-(Y\cup Z))=d^-(X-Y)\geqslant k$. 现应用 (7.2) 式, 得

$$\begin{aligned}k+k&=d^+(Y)+d^+(Z)\\&=d^+(Y\cap Z)+d^+(Y\cup Z)+d(Y,Z)\\&\geqslant k+k+d(Y,Z).\end{aligned}\tag{7.12}$$

这说明 $d^+(Y-X)=d^+(Y\cap Z)=k$ 以及 $d(Y,Z)=0$. 由于 $Z-Y=V+s-(X\cup Y)$ 和 $Y-Z=X\cap Y$, 最后的等式导致 $d(X\cap Y, V+s-(X\cup Y))=0$, 从而证得 (b) 成立. □

以上的准备工作使我们能够证明下面 Mader 的重要结果.

定理 7.5.2 (Mader 有向撕裂定理)[537] 设 $D=(V+s, E\cup F)$ 满足 (7.9) 式, 并且 $d^+(s)=d^-(s)$. 则对于每一条弧 sv, 存在一条弧 us, 使得 (us,sv) 是一个可容许撕裂对.

证明 我们引用 Frank 的证明[258]. 首先注意到, 对 (us,sv) 能够被撕开而又保持 (7.9) 式当且仅当没有包含 u 和 v 的 k 临界集. 因此, 如果不存在包含 v 的 k 临界集, 则证明完成. 如果 X 和 Y 是包含 v 的相交 k 临界集, 则在引理 7.5.1 中唯有陈述 (a) 成立, 这是因为弧 sv 的存在意味着 $d(V+s-(X\cup Y), X\cap Y)\geqslant 1$. 所以, 全体包含 v 的 k 临界集的并 T 也是 k 临界的. 如果能找到 $V-T$ 中 s 的一个出邻点 u, 则证明完成. 因为由 T 的选取, 没有包含 u 和 v 的 k 临界集, 故设 s 的每一个入邻点均在 T 中, 如果 T 是 k 出临界的, 则有

$$\begin{aligned}d^-(V-T)&=d^+(T)-d^+(T,s)+d^+(s,V-T)\\&\leqslant k-(d^-(s)-d^+(s)+1)=k-1,\end{aligned}$$

这是依照 $V-T$ 中 s 没有入邻点, 并且 sv 是一条从 s 到 T 的弧 (我们使用了 $d^+(s)=d^-(s)$). 这与 (7.9) 式矛盾, 因而 T 不可能是 k 出临界的. 但若 T 为 k 入临界的, 则有

$$\begin{aligned}d^+(V-T)&=d^-(T+s)=d^-(T)-d^+(s,T)+d^+(V-T,s)\\&\leqslant k-1+0<k,\end{aligned}$$

又得到一个矛盾. 从而说明 (us,sv) 是一个可容许对, 完成证明. □

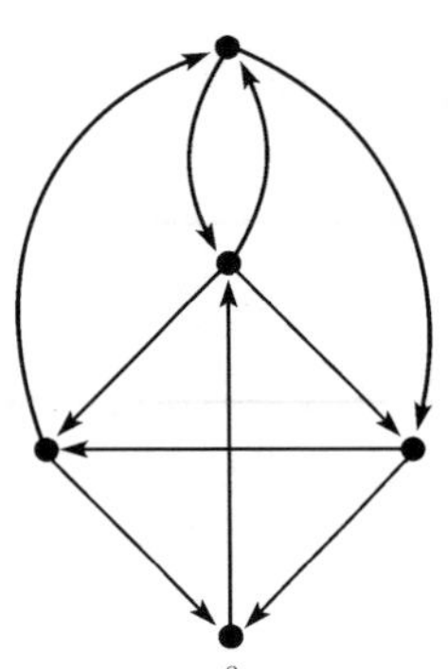

图 7.5　一个有向图 $D=(V+s,A)$ 它是 V 内 2 弧强的, 在 s 处没有可容许撕裂. 注意, $d^-(s)=2\neq 1=d^+(s)$

我们必须指出, 定理 7.5.2 中的条件 $d^-(s)=d^+(s)$ 是不能够被取消的, 图 7.5 给出了一个有向图 $D=(V+s,A)$, 在 s 处它不具有可容许撕裂.

推论 7.5.3　设 $D=(V+s,E+F)$ 满足 (7.9) 式, 且有 $d^+(s)=d^-(s)$. 则存在进入 s 的弧与离开 s 的弧对 $((u_1s,sv_1),(u_2s,sv_2),\cdots,(u_rs,sv_r)),r=d^-(s)$, 使得用弧 u_1v_1, u_2v_2, $\cdots$, u_rv_r 取代全体与 s 关联的弧, 然后删去顶点 s, 就得到一个 k 弧强有向多重图 D'.

在图 7.6 中给出一个有向图的完全撕裂的例子. Frank 和 Jackson 证明对欧拉有向多重图可以得到一个更强的结果, 即撕开与一个特殊顶点 s 关联的所有弧, 使得所有局部弧强连通性于 V 内得以保持.

定理 7.5.4[257,451]　设 $D=(V+s,A)$ 是欧拉有向多重图. 则对于每一条弧 $us\in A$, 存在弧 $sv\in A$, 使得对所有的 $x,y\in V$, 有 $\lambda_{D_{uv}}(x,y)=\lambda_D(x,y)$.

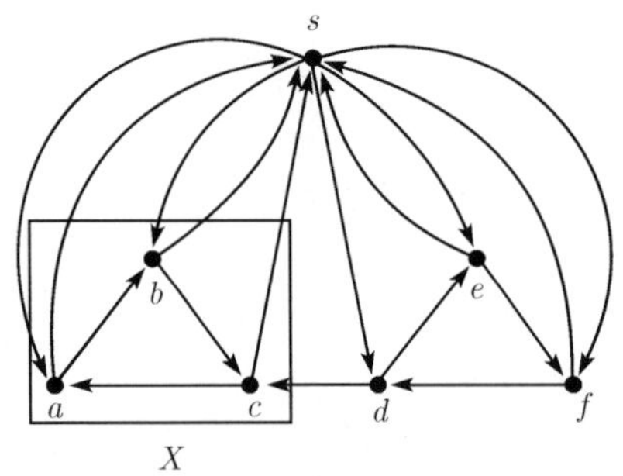

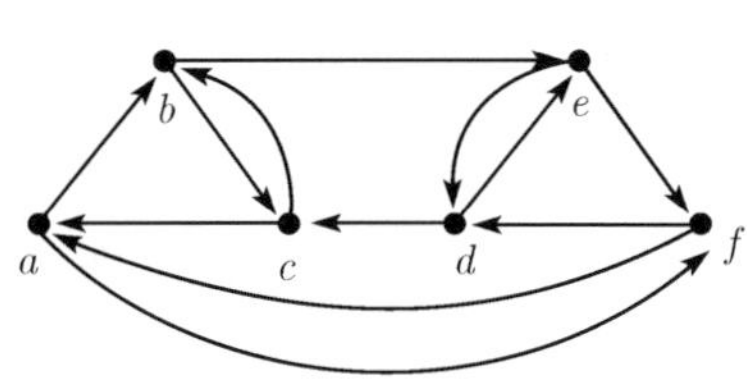

图 7.6　一个有向图 $D=(V+s,A)$ 是 V 内 2 弧强的

当移走 s 后, 弧的一个完全撕裂在右边给出. 集合 X 表示不能够撕裂 2 个弧对 (as,sb) 和 (cs,sa), 这将使离开 X 具有出度 1

关于一般无向图, 有一个涉及局部连通性保持撕裂的相似结果, Mader 证得了这个强有力的结论[536]. 欧拉有向图与一般无向图之间关于某些性质的如此相像性似乎是相当普遍的, 我们有大众化的说法：欧拉有向图经常表现的像无向图. 读者可在 9.7.2 小节中见到关于这种现象的另一个例子.

Bang-Jensen, Frank 和 Jackson 证得定理 7.5.4 和 Mader 有向撕裂定理 (定理 7.5.2) 到混合图中更一般的推广, 由于它的叙述过于太专业, 建议有兴趣的读者去阅读原证明所在的文章[53].

Enni 在文献 [218] 中指出：不能将定理 7.5.4 的结果移植到任意有向图中去，即不可能盼望保持 $\lambda(x,y)$ 和 $\lambda(y,x)$ 的最小性. 关于定理 7.5.2 的其他 2 个推广，读者可参见文献 [288,684].

7.6 最优化增长弧强连通性

考虑如下的问题：给定一个不是 k 弧强有向多重图 $D=(V,A)$, 寻找一个最小基数的新弧集 F, 把它添加给 D, 使新有向多重图 $D'=(V,A\cup F)$ 是 k 弧强的. 称 D' 为 D 的**最优增广**(optimal augmentation), 并为这个问题给出一个由 Frank 得到的解[258]. 在解决这个问题中, Frank 为新弧最小数目提供了一个**最小最大公式**以及一个寻找最小新弧集合的多项式算法. 我们先来做一个简单的观察, 因为可以在一个固定的顶点 $v\in V$ 和 V 的其余顶点之间添加 2 个方向上的 k 条平行弧 (易见, 所得的有向多重图将是 k 弧强的). 因而, 如此的集合 F 的确存在.

定义 7.6.1 设 $D=(V,A)$ 为有向多重图, 则 $\gamma_k(D)$ 是最小的整数 γ, 使对 V 的每一个子划分 $\mathcal{F}=\{X_1,X_2,\cdots,X_t\}$, 有

$$\sum_{X_i\in\mathcal{F}}(k-d^-(X_i))\leqslant\gamma \quad 和 \quad \sum_{X_i\in\mathcal{F}}(k-d^+(X_i))\leqslant\gamma,$$

则称 $\gamma_k(D)$ 为**弧强连通性的子划分下界**(subpartition lower bound for arc-strong connectivity).

依据 Menger 定理, D 是 k 弧强有向图当且仅当 $\gamma_k(D)\leqslant 0$. 事实上, 若 D 是 k 弧强的, 则对 V 的每一个真子集 X, 有 $d^+(X),d^-(X)\geqslant k$ 成立. 因而, 有 $\gamma_k(D)\leqslant 0$. 反之, 如果 D 不是 k 弧强的, 令 X 是使 $d^-(X)<k$ 的集合, 取 $\mathcal{F}=\{X\}$, 便得 $\gamma_k(D)\geqslant k-d^-(X)>0$.

引理 7.6.2[258] 设 $D=(V,A)$ 为有向多重图, k 是正整数, 且使 $\gamma_k(D)>0$. 则能够将 D 扩张到一个新的有向多重图 $D'=(V+s,A\cup F)$, 其中弧子集 F 由 $\gamma_k(D)$ 条头是 s 的弧和 $\gamma_k(D)$ 条尾是 s 的弧构成, 使得 (7.9) 式在 D' 中成立.

证明 给 D 添加 $\gamma_k(D)$ 条从 V 到 s 的弧, 所得新图满足: 对所有的非空子集 $X\subset V$, 有

$$d^+(X)\geqslant k. \tag{7.13}$$

相似地 (可考虑 D 的逆), 给 D 中添 $\gamma_k(D)$ 条从 s 到 V 的弧, 使得新图满足: 对所有的非空子集 $X\subset V$, 有

$$d^-(X)\geqslant k. \tag{7.14}$$

先对每一个顶点 $v\in V$, 给 D 添加 k 条从 v 到 s 的平行弧, 这将构造出满足 (7.13) 式的有向多重图. 现在删去尽可能多的新弧以至于再删去一条新弧使得余图

不再保持 (7.13) 式 (也就是说, 每一条留下的新弧 vs 离开一个 k 出临界集合). 令 $\tilde{D}$ 表示在这个删除阶段之后当前的有向多重图, S 表示顶点 v 的集合, v 在 $\tilde{D}$ 中有一条到 s 的弧. 令 $\mathcal{F}=\{X_1,X_2,\cdots,X_r\}$ 是一个 k 出临界集族, 使得每一个顶点 $v\in S$ 均被包含在 $\mathcal{F}$ 的某个成员 X_i 中, 并假定具有此性质的 $\mathcal{F}$ 有尽可能少的成员. 显然, 这种选择表明 $\mathcal{F}$ 是 V 的一个子划分, 或者 $\mathcal{F}$ 中存在一对相交集 X_i,X_j.

情形 1. $\mathcal{F}$ 是 V 的一个子划分. 有

$$kr=\sum_{i=1}^{r}d_{\tilde{D}}^{+}(X_i)=\sum_{i=1}^{r}(d_D^{+}(X_i)+d_{\tilde{D}}^{+}(X_i,s))=\sum_{i=1}^{r}d_D^{+}(X_i)+d_{\tilde{D}}^{-}(s).$$

按照 $\gamma_k(D)$ 的定义, 从而有 $d_{\tilde{D}}^{-}(s)=\sum_{i=1}^{r}(k-d_D^{+}(X_i))\leqslant\gamma_k(D)$.

情形 2. $\mathcal{F}$ 中有某对集合 X_i,X_j 是相交的. 若集合 X_i,X_j 是交叉的, 则 $d_{\tilde{D}}^{+}$ 的子模性和 (7.9) 式表明 $X_i\cup X_j$ 也是 k 出临界的. 因而, 可以在 $\mathcal{F}$ 中用一个并集 $X_i\cup X_j$ 替换掉 2 个集合 X_i,X_j, 但这与选择 $\mathcal{F}$ 有尽可能少的成员矛盾. 所以, 必有 $V=X_i\cup X_j$ 和 $\mathcal{F}=\{X_1,X_2\}$, 其中不妨有 $i=1,j=2$. 令 $X=V-X_1=X_2-X_1$ 和 $Y=V-X_2=X_1-X_2$, 则有 $d_D^{-}(X)=d_D^{+}(X_1)$ 和 $d_D^{-}(Y)=d_D^{+}(X_2)$, 故得

$$\begin{aligned}\gamma_k(D)&\geqslant(k-d_D^{-}(X))+(k-d_D^{-}(Y))\\&=k-d_D^{+}(X_1)+k-d_D^{+}(X_2)\\&\geqslant k-d_{\tilde{D}}^{+}(X_1)+k-d_{\tilde{D}}^{+}(X_2)+d_{\tilde{D}}^{-}(s)\\&=d_{\tilde{D}}^{-}(s),\end{aligned}$$

这是因为在 $\tilde{D}$ 中 X_1,X_2 均为 k 出临界集. 于是得到 $d_{\tilde{D}}^{-}(s)\leqslant\gamma_k(D)$, 正如所断言的. □

定理 7.6.3 (Frank 弧强连通性增广定理)[258]　设 $D=(V,A)$ 为有向图, k 是自然数, 使得 $\gamma_k(D)>0$. 为产生一个 k 弧强有向图 $D'=(V,A\cup F)$, 给 D 添加新弧的最小数目等于 $\gamma_k(D)$.

证明　易知, 至少要使用 $\gamma_k(D)$ 条弧, 只要证明若 X,Y 是不交的集合, 则没有新弧能够增加 2 个集合的出度 (入度). 因此, 实现定义 7.6.1 中 γ_k 值的一个子划分 $\mathcal{F}$ 是一个认证, 即至少使用 $\gamma_k(D)$ 条新弧.

另一方面, 我们将使用 Mader 撕裂定理和引理 7.6.2. 按照引理 7.6.2, 通过给 D 添加一个新顶点 s 和 $\gamma_k(D)$ 条从 V 到 s 的和从 s 到 V 的弧, 可以把 D 扩展成一个新有向图 $\tilde{D}$. 注意, 并不需要在 2 个方向上的 $\gamma_k(D)$ 条弧, 但是由证明开始的注释, 则需要 2 个方向之一上有一条弧. 此时, 少量的弧是需要的, 比如从 V 到 s, 则可任意到添加从 V 到 s 的弧, 使得最后的总数目等于 $\gamma_k(D)$.

根据推论 7.5.3, 所有与 s 关联的弧不可以被撕裂开而又不与 (7.9) 式发生冲突. 这就是说, 当移走顶点 s 后, 所得到的有向图 D' 是 k 弧强的. □

图 7.7 是一个解释定理 7.6.3 的例子.

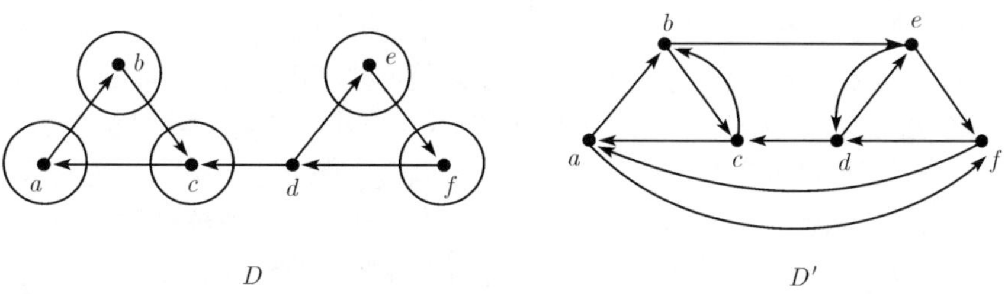

图 7.7 一个具有 $\gamma_2(D)=5$ 的有向图 D

大圆圈表示一个子划分, 它实现 $\gamma_2(D)$. 图的右边部分给出了 D 的一个最优化 2 弧强增广 D', 是给 D 添加 5 条新弧后得到 D'. 与图 7.6 进行比较, 其中右边部分的有向图相同于增广的有向图 D'

读者可能已经注意到, 在引理 7.6.2 的证明中, 并没有精确地指出如何得到从 V 到 s 的最小弧集, 使得 (7.13) 式成立. 证明对于每一个如此的集合是有效的, 且这个集合关于弧删除是最小的. 特别地, 这意味着可以使用贪婪法来寻找一个弧集合. 我们开始设置从每一个顶点 $v\in V$ 到 s 的 k 条平行弧作为出发点, 这就是下面的 Frank 算法[258], 该算法能够最优化增广一个不是 k 弧强的有向图 D 到 k 弧强连通有向图:

Frank 弧强连通性增广算法

输入: 一个有向多重图 $D=(V,A)$ 和一个自然数 k, 使有 $\gamma_k(D)>0$.

输出: D 的一个 k 弧强最优化增广 D^*.

1. 令 $v_1,v_2,\cdots,v_n$ 是 V 的一个固定序, s 是一个新顶点.
2. 对每一个 i, $1\leqslant i\leqslant n$, 添加 k 条从 v_i 到 s 和从 s 到 v_i 的平行弧.
3. 从 $i:=1$ 开始, 尽可能地移走从 v_i 到 s 的弧而不破坏 (7.13) 式; 如果 $i<n$, 则令 $i:=i+1$, 然后重复这个步骤.
   令 γ^- 表示在所得到的有向图中剩余的从 V 到 s 的弧数目.
4. 从 $i:=1$ 开始, 尽可能地移走从 s 到 v_i 的弧而不与 (7.13) 式冲突; 如果 $i<n$, 则令 $i:=i+1$, 重复这个步骤.
   令 γ^+ 表示在所得到的有向图中剩余的从 s 到 V 的弧数目.
5. 令 $\gamma=\max\{\gamma^-,\gamma^+\}$. 如果 $\gamma^-<\gamma^+$, 则添加 $\gamma^+-\gamma^-$ 条从 v_1 到 s 的弧; 如果 $\gamma^+<\gamma^-$, 则添加 $\gamma^--\gamma^+$ 条从 s 到 v_1 的弧.
6. 令 D' 表示当前的有向图. 在 D' 中, 有 $d^-_{D'}(s)=d^+_{D'}(s)$ 和 (7.9) 式成立. 撕开 D' 中所有与 s 关联的弧, 连续应用定理 7.5.2 γ 次. 令 D^* 表示最后得到的有向多重图.

7. 返回 D^*.

利用流, 可以使这个算法成为一个增广已知有向图的弧强连通性的多项式算法[258], 见习题 7.28 和习题 7.30.

Frank 指出这个算法对**顶点赋权弧强连通性增广问题**(vertex-weighted arc-strong connectivity augmentation problem) 行之有效[258], 其中顶点上的权重是 $c(v)$, 添加一条从 u 到 v 的弧的费用等于 $c(u)+c(v)$. 在上面算法中唯一需要变化的是顶点的序应为 $c(v_1)\leqslant c(v_2)\leqslant\cdots\leqslant c(v_n)$. 按照某一个**多形拟阵结构**(polymatroidal structure) 出现的事实[258,274], 这个贪婪性方法有效的原因在文献 [258] 中给出.

现在考虑的情形是允许弧上赋有权, 以寻求一个新弧的最小权重集, 把它添加到 D 上得到一个 k 弧强有向图 D'. 于是, 得到**赋权弧强连通性增广问题**(weighted arc-strong connectivity augmentation problem).

定理 7.6.4 赋权弧强连通性增广问题是 $\mathcal{NP}$ 困难问题.

证明 只要证明在多项式时间内可以将哈密尔顿圈问题简约到赋权弧强连通性增广问题, 根据定理 5.0.1, 就可证明本定理的正确性.

令 $D=(V,A)$ 是 n 个顶点的有向图, $V=\{1,2,\cdots,n\}$, 定义具有顶点集 V 的完全有向图 $\overleftrightarrow{K}_n$ 的弧权 $c(ij)$ 如下:

$$c(ij)=\begin{cases}1, & ij\in A,\\ 2, & ij\notin A.\end{cases}\tag{7.15}$$

令 $D_0=(V,\varnothing)$(也就是具有顶点集 V 的无弧有向图). 因为一个强有向图的每一个顶点至少是一条弧的尾, 则至少需要 n 条弧才能保证 D_0 是强的. 现在易知, 使用总权至多为 n 的弧可以使 D_0 是强连通的充要条件是 D 有一个哈密尔顿圈. 因而, 这已经把哈密尔顿圈问题简约到赋权强连通性增广问题上. 显然, 这个推证可以在多项式时间内完成. □

我们利用 Cheng 和 Jordán 给出的一个有意义的结论来结束本节, 该结论表明对弧强连通性所谓的**连贯增广性**(successive augmentation property) 成立.

定理 7.6.5[148] 设 D 是具有弧强连通度 $\lambda(D)=\ell$ 的有向多重图, 则存在有向多重图的一个无穷序列 $D=D_0,D_1,D_2,\cdots$, 对于每一个 $i\geqslant 0$, D_{i+1} 是 D_i 的超有向图, $V(D_i)=V(D)$, 且 D_i 是 D 的一个最优化 $(\ell+i)$ 弧强增广.

文献 [148] 用一个例子说明了对下面将要考虑的顶点强连通性增广问题的一个相似性质不成立.

7.7 最优化增长顶点强连通性

在这一节中, 我们把注意力转到**顶点强连通性增广问题**(vertex-strong connectivity augmentation problem): 已知 $D=(V,A)$ 是至少有 $k+1$ 个顶点的有向图, 寻

求一个最小的新弧集 F, 使得新有向图 $D' = (V, A \cup F)$ 是 k 强有向图.

当我们转到研究顶点强连通性时, 多重弧并无用场, 故总考虑有向图 (结论可以被移植到有向多重图中). 尤其是在本节中, 对于一个有向图 D 的任何一个顶点 v, 总有 $d_D^+(v) = |N_D^+(v)|$.

先考察如果不允许有多重弧, 则不能够界定所需要添加的弧数目, 而得到一个按照 $\gamma_k(D)$ 的函数的 k 强有向图 D(见定义 7.6.1). 要明白这一点, 仅需要注意到存在 k 弧强有向图, 但不是 k 强有向图. 为了得到任意高的 k 强超有向子图, 可以按照需要添加新弧的数目来构造如此的有向图 (见习题 7.31).

设 X 是有向图 D 的一个顶点集合, 使得 $N^+[X] \neq V$ 以及 $|N^+(X)| < k$(注意 $N^+[X] = X \cup N^+(X)$). 依据 Menger 定理, 再因集合 $N^+(X)$ 是把 X 中每一个顶点与 $V - N^+[X]$ 中的每一个顶点分离开, 则 D 不是 k 强有向图. 此外, 为了得到一个 k 强有向图, 至少要给 D 添加 $k - |N^+\{X\}|$ 条尾在 X 中、头在 $V - X$ 中的新弧.

类似于定义 7.6.1 中定义参数 $\gamma_k(D)$, 定义参数 $\gamma_k^*(D)$ 如下:

定义 7.7.1 令 $D = (V, A)$ 是一个有向图, 则 $\gamma_k^*(D)$ 是最小的整数 γ, 对 V 的每一个划分 $\mathcal{F}^-$,$\mathcal{F}^+$ 的选取, 使得

$$\sum_{X \in \mathcal{F}^-} (k - |N^-(X)|) \leqslant \gamma \text{ 和 } \sum_{X \in \mathcal{F}^+} (k - |N^+(X)|) \leqslant \gamma,$$

其中, 每一个 $X \in \mathcal{F}^-$ 满足 $N^-[X] \neq V$, 每一个 $X \in \mathcal{F}^+$ 满足 $N^+[X] \neq V$.

不难看到, 如同弧强连通性, 对于给 D 添加新弧数目以得到 k 强有向图, $\gamma_k^*(D)$ 是一个下界. 这一点可以从 $\mathcal{F}^-$ 中的集合是不交的事实得证, 因而没有新弧能够增加出自 $\mathcal{F}^-$(或 $\mathcal{F}^+$) 的 2 个集合的入邻集 (出邻集). 称数 $\gamma_k^*(D)$ 为**关于顶点强连通性的子划分下界**(subpartition lower bound for vertex-strong connectivity).

为得到一个 k 强有向图, 令 $a_k(D)$ 表示必须添加给有向图 $D = (V, A)$ 的新弧的最小数目. 易知 $a_k(D)$ 是被定义在 D 至少有 $k+1$ 个顶点上, 也称 $a_k(D)$ 为 D 的 k **强增广数**(k-strong augmentation number).

7.7.1 单行对

首先, 我们要指出的情形是对顶点强连通性增广子划分下界不再是充分的, 也就是说, 不可能对 D 添加 $\gamma_k^*(D)$ 条弧就得到新的 k 强有向图. 图 7.8(a) 中的一个图例解释了这种说法, 其中有 $k = 2$, 且不难验证 $\gamma_k^*(D) = 2$. 然而, 不可能给 D 添加 2 条新弧就得到 2 强有向图. 为了解释这一点, 需要几个新定义. 令 X, Y 是 V 中不交的非空子集, 有序对 (X, Y) 是 $D = (V, A)$ 中的一个**单行对**(one-way pair), 如果 D 中没有尾在 X 中、头在 Y 中的弧 (也就是 $Y \Rightarrow X$). Frank 和 Jordán 给出了单行对定义[272], 称 X(或 Y) 为如此的对 (X, Y) 的**尾**(或**头**). 令 $h(X, Y) = |V - X - Y|$,

一个单行对 (X,Y) 关于 k 强连通性**不足**(deficiency) 被定义为

$$\eta_k(X,Y) = \max\{0, k - h(X,Y)\}. \tag{7.16}$$

例如, 若有 $N^+[X] \neq V$, 则 $(X, V - N^+[X])$ 是一个单行对, 它的不足

$$\eta_k(X, V - N^+[X]) = \max\{0, k - |N^+(X)|\}.$$

注意, 单行对十分接近于 k 强连通性.

引理 7.7.2[272] $D = (V, A)$ 是 k 强有向图当且仅当对 D 的每个单行对 (X,Y), 均有 $h(X,Y) \geqslant k$.

证明 先设 D 是 k 强有向图. 依照推论 7.3.2, 对不同的顶点 $s,t \in V$ 的每次选取, 存在 D 的 k 条内部不交的 (s,t) 路. 现设 (X,Y) 是一个单行对, 并取 $s \in X, t \in Y$. 对于每组 k 条内部不交的从 s 到 t 的路, 如此的每条路必有一个顶点在 $V - X - Y$ 中, 因而有 $h(X,Y) \geqslant k$. 反过来, 假定对于每个单行对 (X,Y), 有 $h(X,Y) \geqslant k$. 令 S 是 D 的一个最小分离因子. 根据分离因子的定义, 可以把 $V - S$ 分为 2 个集合 X, Y, 使得 $D - S$ 中没有从 X 到 Y 的弧 (即 s, t 被 S 分开, 令 X 表示 $D - S$ 中能从 S 达到的顶点之集, 并设 $Y = V - X - S$). 于是, (X,Y) 是一个单行对, $h(X,Y) = |S|$, 从而说明 $|S| \geqslant k$, 故 D 是 k 强有向图. □

如果 2 个单行对 $(X,Y), (X',Y')$ 的头不相交, 或者它们的尾不相交, 则称它们是**独立的**(independent). 因此, 作为定义 7.7.1 中单行对总的和是独立的, 因为这些对中的所有头是不相交的, 或者所有的尾是不相交的. 正如在图 7.8 中所看到的, 跑遍所有头不交的或者尾不交的单行对上不足的和并不总是为构造 k 强有向图要添加新弧的数目提供正确的下界.

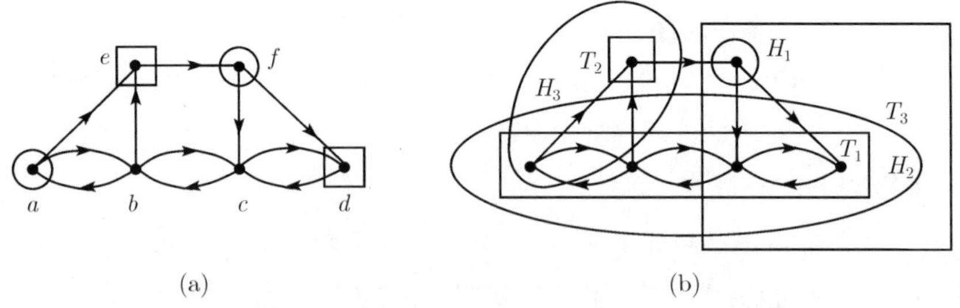

图 7.8 Jordán 在文献 [468, 图 3.9.1] 中给出的一个例子, 用以说明子划分下界并不总是可达到的

所期望的连通性为 $k = 2$, 且 $\gamma_2^*(D)$ 的值为 2, 可由子划分 $\{\{d\},\{e\}\},\{\{a\},\{f\}\}$ 分别地加以实现 (见 (a)). (b) 给出了 3 个相互独立的单行对 (T_1, H_1), (T_2, H_2), (T_3, H_3)(方盒子表示尾). 可见 $a_2(D) \geqslant 3$. 事实上, 因为添加弧 af, ed, da 将产生一个 2 强有向图, 故有 $a_2(D) = 3$

按照引理 7.7.2, 为了得到 D 的一个 k 强超有向图, 必须添加足够多的新弧以消除全部具有 $\eta_k(X,Y) > 0$ 的单行对 (X,Y)(必须添加不少于 $\eta_k(X,Y)$ 条从 X 到 Y 的弧). 显然, 若 $(X,Y),(X',Y')$ 是独立的单行对, 则没有新边能够同时减少 $\eta_k(X,Y)$ 和 $\eta_k(X',Y')$. 这说明, 若 $\mathcal{F}$ 是 D 中任何一个两两独立的单行对族, 则至少给 D 添加

$$\eta_k(\mathcal{F}) = \sum_{(X,Y)\in\mathcal{F}} \eta_k(X,Y) \tag{7.17}$$

条新弧才可以得到一个 k 强有向图. 称参数 $\eta_k(\mathcal{F})$ 为 $\mathcal{F}$ 的**不足**(deficiency). 现来考察图 7.8(b), 我们已经指明单行对 $(T_i,H_i),i=1,2,3$, 它们相互独立且总的不足是 3. 于是, 综合以上讨论, 至少需要添加 3 条弧才能使 D 变为 k 强有向图. 事实上, 正如在图 7.8 中所指出的一样, 此情形中的 3 条弧是充分的.

7.7.2 最优化的 k 强增广

Frank 和 Jordán 得到了下面的定理, 它表明跑遍独立单行对族的最大不足为顶点强连通性增广问题提供了正确的下界.

定理 7.7.3 (Frank-Jordán 顶点强连通性增广定理)[272] 对于每一个至少有 $k+1$ 个顶点的有向图 D, 它的 k 强增广数为

$$a_k(D) = \max\{\eta_k(\mathcal{F}) : \mathcal{F} \text{ 是 } D \text{ 中独立单行对族}\}. \tag{7.18}$$

7.8 节将用涉及到弧连通性增广的推广的一个更一般的结论来推证定理 7.7.3.

定理 7.7.4[272] 对给定的有向图 $D=(V,A)$ 和自然数 k, 存在一个多项式算法能够寻找最小基数的新弧集合 F, 使得给 D 添加 F 后产生一个 k 强有向图.

这个算法依赖于定理 7.7.3 和**椭圆法**①, 因而不是一个组合式算法. 在文献 [273] 中, 对固定的 k, 该文作者找到了一个组合式算法, 然而, 叙述这些算法将会超出本书的范围. 文献 [273] 中的组合算法依赖于详细研究单行对的结构, 我们把引理 7.10.6 的证明作为使用单行对结构证明的一个例子.

尽管如在图 7.8 中所看到的, 有 $a_k(D) > \gamma_k^*(D)$, 但是 Frank 和 Jordán 证实 (见下面的命题 7.7.5), 这个参数的差不可能是任意的大. 一个独立单行对族 $\mathcal{F}$ 是**子划分型**(subpartition-type), 如果所有尾在 $\mathcal{F}$ 中单行对是相互不交的, 或者头在 $\mathcal{F}$ 中的单行对是相互不交的. 不难看到, 当 $\eta_k(\mathcal{F}) \leqslant \gamma_k^*(D)$ 时, $\mathcal{F}$ 则是子划分型的.

命题 7.7.5[273] 对任何有向图 $D=(V,A)$ 以及任何一个目标连通性 k, 存在一个独立单行对族 $\mathcal{F}$, 使得 $\mathcal{F}$ 的不足 $\eta_k(\mathcal{F})$ 等于 $a_k(D)$, 并且 $\mathcal{F}$ 是子划分型的, 或者 $\mathcal{F}$ 是子划分型族的不交的并. 因而, 有 $a_k(D) \leqslant 2\gamma_k^*(D)$.

下面的结果表明: 如果需要给 D 添加许多的弧 (按 k 计算), 使它变成 k 强有

① 要获得椭圆法及其组合最优化结论的完整彻底的论述, 读者可参见文献 [339].

向图, 则将会达到子划分的下界.

命题 7.7.6[273] 如果 $\mathcal{F}$ 是独立单行对族, 且有 $\eta_k(\mathcal{F}) \geqslant 2k^2-1$, 则 $\mathcal{F}$ 是子划分型. 因而当 $a_k(D) \geqslant 2k^2-1$, 则得 $\gamma_k^*(D) = a_k(D)$.

如果期望将 $\kappa(D)$ 从 k 增大为 $k+1$, 可考虑顶点强连通性增广问题的特殊情形. Frank 和 Jordán 给出下面的结果:

定理 7.7.7[273] 如果顶点强连通度 $\kappa(D) = k$ 以及 $a_{k+1}(D) \geqslant 2k+2$, 则有 $a_{k+1}(D) = \gamma_{r+1}^*(D)$.

Frank 和 Jordán 也证明: 当使连通性增大 1 时, 能够限制新弧集的结构.

定理 7.7.8[272] 如果顶点强连通度 $\kappa(D) = k$, 通过添加不交的圈和路, 则能够最优化地将 D 增广到一个 $(k+1)$ 强有向图. 特别是当 D 为 k 强和 k 正则有向图时, 存在盖住 V 的不交的若干个圈, 把它们添加到 D 上就产生一个 $(k+1)$ 强、$(k+1)$ 正则有向图.

将这个定理与定理 7.10.7 比较是有意义的. 最近, Frank 还证实增大连通性为 1 的问题能够在多项式时间内解决, 而且不使用椭圆法.

定理 7.7.9[266] 存在一个使有向图的顶点强连通性增大 1 的多项式算法.

7.7.3 特殊类有向图

对于一般有向图的独立单行对族的结构没有太多的结果, 但是我们仍将看到可以找到有向图类的很多 (非平凡的) 优美结构, 因而可以给出 $a_k(D)$ 值的一个好的估计. 第一个涉及到入分枝的结果是 Masuzawa, Hagihara 和 Tokura 给出的.

定理 7.7.10[555] 令 $B = (V, A)$ 是一个入分枝, 则有

$$a_k(B) = \sum_{v \in V} \max\{0, k - d^+(v)\}.$$

文献 [555] 中对这个定理的证明是不短的, 然而 Frank 和 Jordán 却发现了基于定理 7.7.3 上的一个简短证明[273]. 对于任意有向图 D, 参数 η_k^-, η_k^+ 分别定义为

$$\eta_k^-(D) = \sum_{v \in V} \max\{0, k - d^-(v)\}, \tag{7.19}$$

$$\eta_k^+(D) = \sum_{v \in V} \max\{0, k - d^+(v)\}. \tag{7.20}$$

Frank 提出了下面的猜想, 对于无圈有向图 D, 大概有 $a_k(D) = \gamma_k(D)$.

猜想 7.7.11[261] 对至少有 $n+1$ 个顶点的无圈有向图 D, 总有

$$a_k(D) = \max\{\eta_k^-(D),\ \eta_k^+(D)\}.$$

Frank 和 Jordán 给出了如下的一个不完整解[273]:

引理 7.7.12[273] 设 $D=(V,A)$ 是一个无圈有向图, 且 $a_k(D)=\gamma_k^*(D)$. 则有

$$a_k(D)=\max\{\eta_k^-(D),\ \eta_k^+(D)\}.$$

证明 由于有 $a_k(D)=\gamma_k^*(D)$, 则存在某独立单行对族 $\mathcal{F}$, 具有 $\eta_k(\mathcal{F})=a_k(D)$, 使得所有头在 $\mathcal{F}$ 中的或者所有尾在 $\mathcal{F}$ 中的单行对是两两不相交的. 如果需要也可考虑 D 的递, 故设 $\mathcal{F}$ 中的尾 $\{T_1,T_2,\cdots,T_t\}$ 是两两不相交的.

因为 D 是无圈的, 则由 T_i 导出的有向子图也是无圈的 $(1\leqslant i\leqslant t)$. 因而, 每个 T_i 包含 $D\langle T_i\rangle$ 中一个零出度顶点 x_i. 于是, $N^+(x_i)\subseteq N^+(T_i)$, 且对于每个 $i=1,2,\cdots,t$, 有 $k-d^+(x_i)\geqslant k-|N^+(T_i)|\geqslant k-h(T_i,H_i)$. 从而有

$$a_k(D)\geqslant\eta_k^+(D)\geqslant\sum_{i=1}^{t}(k-d^+(x_i))\geqslant\sum_{i=1}^{t}(k-h(T_i,H_i))\geqslant a_k(D),$$

可见, $a_k(D)=\eta_k^+(D)$. □

1994 年, Bang-Jensen 在匈牙利首都布达佩斯的一次会议上提出了如下的猜想:

猜想 7.7.13 对于每一个至少有 $k+1$ 个顶点的半完全有向图 D, 有 $a_k(D)\leqslant k(k+1)/2$.

如果是真实的, 这将是最好的结论. 因为一个至少有 n $(\geqslant k+1)$ 个顶点的可传递竞赛图 T 需要这么多条弧. 要证明这一点, 对 $v_1,v_2,\cdots,v_n$ 是 T 中顶点的唯一的无圈序, 只要考察前 k 个顶点分别需要 $k,k-1,\cdots,2,1$ 条新弧进入它们以使得满足入度至少为 k 的条件. 不难验证 (习题 7.20), 总可以给一个可传递竞赛图添加 $k(k+1)/2$ 条新弧, 从而得到一个 k 强有向图. 下面的部分结果引用了 Frank 和 Jordán 的工作结果[273].

命题 7.7.14 对于至少有 $k+1$ 个顶点的半完全有向图 D, 有 $a_k(D)\leqslant k^2$.

证明 我们来证明: 如果 D 是至少有 $r+2$ 个顶点的 r 强半完全有向图, 则至多需要 $2r+1$ 条新弧就可以将它变成 $(r+1)$ 强半完全有向图. 这说明至多需要 k^2 条弧就可以把任何半完全有向图变为 k 强的.

先设 D 不是强连通半完全有向图. 因为每个半完全有向图有一条哈密尔顿路 (依据定理 1.4.5), 从而给 D 添加一条弧就使新图是强有向图.

现设 $r\geqslant1$, 存在某 r 强半完全有向图 D, 至少给 D 添加 $2r+2$ 条弧才可以得到一个 $(r+1)$ 强半完全有向图. 于是, 有 $a_{r+1}(D)\geqslant 2r+2$, 则由定理 7.7.7, 得 $a_{r+1}(D)=\gamma_{r+1}^*(D)$. 因而, 按照 $\gamma_{r+1}^*(D)$ 的定义, 存在 $2r+2$ 个两两不相交的集合 $X_1,X_2,\cdots,X_{2r+2}$, 使得每一个集合 X_i 满足 $|N^+(X_i)|=r$, 或者满足 $|N^-(X_i)|=r$. 如果必要的话, 我们也可以考虑 D 的逆, 下设对每一个 i, 有 $|N^+(X_i)|=r$. 令 X' 是从每一个 X_i 内取一个顶点 x_i 而构成的集合, 令 $D'=D\langle X'\rangle$. 因为 D' 是半完全有向图且有 $2r+2$ 个顶点, 易知, 在 D' 中某顶点 x_i 至少有 $r+1$ 个出邻点. 然

而, 这些顶点的每一个均贡献 $|N_D^+(X_i)|$, 矛盾. □

7.7.4 保持 k 强连通性的撕裂

正如在 7.5 节中所看到的情形, 关于有向多重图弧强连通性, 总可以撕裂开关联到一个顶点 v 的所有的弧而不减少新有向多重图的弧强连通性, 且有 $d^+(v) = d^-(v)$. 易见, 不能够将这个结论推广到顶点强连通性. 考察图 7.8 中的有向图 D, 如果添加一个新顶点 s 和弧 ds, es, sa, sf, 则得到一个 2 强有向图 D'. 然而, 却有 $a_2(D) = 3$ (如前面论证过的, 见图 7.8), 不可能存在 D' 中在 s 上的一个完全撕裂, 使所得到的新有向图 (在移走 s 之后) 是 2 强的.

我们将证明一个关于顶点强连通性的撕裂结果, 它是 Frank 和 Jordán 最先得到的, 这样做的原因是解释某些证明技巧能够被应用到这个领域中. 读者会注意到, 它们却是不相同于弧强连通性证明的, 尽管它们有着公共的成分.

在一个 k 强有向图 D 中的弧 a 是 k **临界的** (k-critical), 如果不删去它, 就不能够破坏 D 是 k 强的性质. 注意, 如果一条弧是 k 临界的, 则它进入一个满足 $|N_D^-(X)| = k$ 的集合 X 以及 $|N_{D-a}^-(X)| = k-1$. 而它离开一个满足 $|N_D^+(Y)| = k$ 的集合 Y 以及 $|N_{D-a}^+(Y)| = k-1$.

对于 k 强有向图 $D = (V, A)$ 的一个子集 $U \subset V$, 如果有 $|V - U| \geqslant k+1$ 和 $|N_D^+(U)| = k$ (或是 $|N_D^-(U)| = k$), 称 U 是**出紧的** (out-tight) (或是**入紧的** (in-tight)).

引理 7.7.15[84] 令 $D = (V, A)$ 是一个 k 强有向图, $e = xy$ 是 D 的一条 k 临界弧. 则在 $D - e$ 中存在唯一的最小出紧集 K 和唯一的最小入紧集 B, 且不存在从 K 到 B 的弧. 此外, 对任何一条弧 $f = uv$, 其中 $u \in K$ 和 $v \in B$, 图 $(D-e)+f$ 是 k 强有向图.

证明 因为弧 e 是 k 临界的, 则强连通度 $\kappa(D-e) = k-1$. 设有向图 $D-e$ 中存在 2 个不同的最小出紧集 K_1 和 K_2. 令 $H_1 = V - K_1 - N_{D-e}^+(K_1)$ 和 $H_2 = V - K_2 - N_{D-e}^+(K_2)$. 则 (K_1, H_1) 和 (K_2, H_2) 是 $D-e$ 的单行对, 且有 $h_{D-e}(K_i, H_i) = k-1$, $i = 1, 2$. 因为可以给 $D-e$ 添加弧 e 使它变成 k 强有向图, 这些单行对不是独立的, 可见 $x \in K_1 \cap K_2$ 和 $y \in H_1 \cap H_2$. 于是, 在 $D-e$ 中有 $N_{D-e}^-(y) \subseteq V - K_1 \cup K_2$. 因而, 依据 Menger 定理和 $D-e$ 是 $(k-1)$ 强有向图的事实, 即得 $|V - (K_1 \cup K_2)| \geqslant k$, $|N^+(K_1 \cap K_2)|$ 和 $|N^+(K_1 \cup K_2)| \geqslant k-1$. 依据命题 7.1.3 和 $D-e$ 是强有向图的事实, 便有

$$\begin{aligned} k-1+k-1 &= |N_{D-e}^+(K_1)| + |N_{D-e}^+(K_2)| \\ &\geqslant |N_{D-e}^+(K_1 \cap K_2)| + |N_{D-e}^+(K_1 \cup K_2)| \\ &\geqslant k-1+k-1. \end{aligned}$$

这就推出 $|N^+(K_1 \cap K_2)| = k-1$, 与 K_1 的最小性矛盾. 同理可证 B 的唯一性.

考虑第二个陈述. 注意到对任何出紧集 L 和唯一的最小出紧集 X, 有 $K \subseteq L$ 和 $B \subseteq (V-L-N^+(L))$ (特别地, 有 $K \cap B = \varnothing$). 因此, 添加任何一条从 K 到 B 的弧将消除所有的具有 $h(X,Y)=k-1$ 的单行对 (X,Y). □

Frank 和 Jordán 给出下面关于顶点强连通性的撕裂结果.

定理 7.7.16[271] 设 $D=(V+s,A\cup F)$ 是 k 强有向图, 且使 $|N^+(s)|=|N^-(s)|=d\geqslant 2k-1$ 成立, 每一条关联 s 的弧是 k 临界的. 则关联于 s 的弧可以被完全地撕开, 使得新的有向图 D' (移走 s 后) 是 k 强有向图.

证明 如果 $k=1$, 因 D 无多重弧, 则得 $d_D^-(s)=d_D^+(s)$. 由定理 7.5.2, 断言成立, 以下设 $k\geqslant 2$.

令 $N^-(s)=\{u_1,u_2,\cdots,u_d\}$ 和 $N^+(s)=\{v_1,v_2,\cdots,v_d\}$. 注意到每一条关联于 s 的弧是 k 临界的, 依照引理 7.7.15, 存在唯一的出紧集 $O_1,O_2,\cdots,O_d$ 和唯一的入紧集 $I_1,I_2,\cdots,I_d$, 使得 $u_i\in O_i$, 并且 O_i 是 $D-u_is$ 的唯一的最小出紧集, 且有 $v_i\in I_i$, 使得 I_i 是 $D-sv_i$ 的唯一的最小入紧集 $(1\leqslant i\leqslant d)$. 对 $1\leqslant i<j\leqslant d$, 我们断言有 $O_i\cap O_j=\varnothing$ 和 $I_i\cap I_j=\varnothing$. 反设这不是真实的, 不妨设 $i\neq j$, 使得 $O_i\cap O_j\neq\varnothing$. 注意到 u_rs 是 D 中唯一的一条从 O_r 到 s 的弧 $(1\leqslant i\leqslant d)$, 这是因为在有向图 $D-u_rs$ 中, O_r 仅有 $k-1$ 个出邻点. 故有 $u_i\in O_i-O_j$ 和 $u_j\in O_j-O_i$, 且 $O_i\cap O_j$ 不含到 s 的弧. 根据 $|N^-(s)|\geqslant 2k-1>k$ (因 $k\geqslant 2$), 便得 $|V-(O_i\cup O_j)|\geqslant k-1$, 这个不等式与 Menger 定理一起推出 $|N_{D-s}^+(O_i\cap O_j)|$, $|N_{D-s}^+(O_i\cup O_j)|\geqslant k-1$. 再把命题 7.1.3 运用到 $D-s$ (它是 $(k-1)$ 强有向图) 中的 O_i, O_j, 则得

$$
\begin{aligned}
(k-1)+(k-1) &= |N_{D-s}^+(O_i)|+|N_{D-s}^+(O_j)| \\
&\geqslant |N_{D-s}^+(O_i\cap O_j)|+|N_{D-s}^+(O_i\cup O_j)| \\
&\geqslant (k-1)+(k-1). \qquad (7.21)
\end{aligned}
$$

从而 (7.21) 式导出 $|N_{D-s}^+(O_i\cap O_j)|=k-1$, 且由 $O_i\cap O_j$ 不含到 s 的弧, 故得矛盾的式子 $|N_D^+(O_i\cap O_j)|=k-1$, 这就证得 $O_1,O_2,\cdots,O_d$ 是不相交的. 类似地, 可以证明 $I_1,I_2,\cdots,I_d$ 也是互不相交的.

这也说明 $\gamma_k^*(D-s)\geqslant d=2k-1$, 因而由定理 7.7.7 得 $a_k(D-s)=\gamma_k^*(D-s)$. 因为 D 是 k 强有向图, $\gamma_k^*(D-s)$ 不能够大于 d, 这是因为从 s 来和到 s 的 d 条弧消去了全部小于 k 个邻点的集合. 于是, 有 $a_k(D-s)=d$. 剩下的证明是给 $D-s$ 添加 d 条弧的集合来产生一个 k 强有向图, 这个弧集合形成 $\{u_1,u_2,\cdots,u_d\}$ 与 $\{v_1,v_2,\cdots,v_d\}$ 的对.

令 F 是任意一个由 d 条弧构成的最优化增广集合, 使得给 $D-s$ 添加 F 的弧而产生一个 k 强有向图 D^*. 那么, 因为 $O_1,O_2,\cdots,O_d$ 和 $I_1,I_2,\cdots,I_d$ 均不相交, F 只包含一条尾在 O_i 中的弧, 一条头在 I_i 中的弧 $(1\leqslant i\leqslant d)$. 这就给出对

$(O_1, I_{\pi(1)}), (O_2, I_{\pi(2)}), \cdots, (O_d, I_{\pi(d)})$, 其中 π 是 $\{1,2,\cdots,d\}$ 的一个置换. 注意到, 在 $D-s$ 中集合 $\tilde{O}_i = V - (O_i \cup N^+_{D-s}(O_i))$ 是入紧的. 令 e_i 是 F 中唯一的一条弧, 它的头在 $I_{\pi(i)}$ 中、尾在 O_i 中. 则 e_i 的头必在 $\tilde{O}_i$ 中 (因为在添加 F 之后, $\tilde{O}_i$ 有一个 O_i 的入邻点). 依据 $I_{\pi(i)}$ 的最小性和命题 7.1.3, 得 $I_{\pi(i)} \subseteq \tilde{O}_i$.

显然, D^* 中的弧 e_i 是 k 临界的, 因为它是唯一的一条来自 F 且尾在 O_i 中的弧. 根据引理 7.7.15, 在有向图 $D^* - e_i$ 中存在唯一包含了 e_i 的尾的最小出紧集 O, 唯一包含了 e_i 的头的最小入紧集 I. 我们断定 $O = O_i$ 和 $I = I_{\pi(i)}$. 显然由 O_i 是 $D^* - e_i$ 中的出紧集, 得 $O \subseteq O_i$. 如果没有等式 $O = O_i$, 这又会矛盾于 $D - u_i s$ 中 O_i 的最小性 (我们使用了在 O_i 中 s 仅有一个入邻点). 现在按照引理 7.7.15, 就可以用任意一条从 O_i 到 $I_{\pi(i)}$ 的弧来取代弧 e_i, 记这条弧为 $u_i v_{\pi(i)}$, 我们仍然得到一个最优化增广集 F'. 这表明能够一条接一条地取代 F 中的弧, 直至得到最优化增广集 $F^* = \{u_1 u_{\pi(1)}, u_2 u_{\pi(2)}, \cdots, u_d v_{\pi(D)}\}$, 至此完成证明. □

要获得保持顶点强连通性撕裂方面更多结果的读者可以参阅文献 [271,272,467, 468].

7.8 弧强连通性的一个推广

下面介绍把顶点强连通性增广问题简约到一个弧强连通性增广问题的推广.

令 $D = (V, A)$ 是具有 2 个特定的顶点集合 S, T (不一定要求不相交) 的有向多重图. 如果关于每一对顶点 $s \in S$ 和 $t \in T$ 的选取, D 中总存在 k 条弧不交的 (s,t) 路, 就称 D 是 k-(S,T) **弧强的** (k-(S,T)-arc-strong). 因而, 当 $S = T = V$ 时, 这个定义就是前面 D 是 k 强有向图的定义.

在前面有关 Menger 定理 (定理 7.3.1) 的证明中, 我们利用了顶点撕裂技巧 (见图 3.4) 把局部顶点强连通性简约到局部弧强连通性. 应用定理 7.3.1 的证明, 则知一个有向图 $D = (V, A)$ 是 k 强有向图当且仅当 D_{ST} 是 k-(S,T) 弧强有向图, 其中 $S = \{v_s : v \in V\}$, $T = \{v_t : v \in V\}$. 如果 2 个子集 X, Y 满足 $X \cap Y \cap T = \varnothing$, 或者 $S \subset X \cup Y$, 则称它们是 (S,T) **独立的** ((S,T)-independent). V 的一个子集族 $\mathcal{F}$ 是 (S,T) **独立的**, 如果 $\mathcal{F}$ 中的集合是两两 (S,T) 独立的. 一个集合 $X \subset V$ 是**本质的** (essential), 如果它满足 $X \cap T \neq \varnothing$ 和 $S - X \neq \varnothing$.

Frank 和 Jordán 刻画了一个新弧最小基数集的规模, 把这个新弧集添加给一个具有特定集合 $S, T \subseteq V$ 的有向图 $D = (V, A)$, 就会得到一个 k-(S,T) 弧强有向图[272].

定理 7.8.1[272] 设 $D = (V, A)$ 是具有一对非空子集 $S, T, \subseteq V$ (可以相交) 的有向图. 最多给 D 添加 γ 条尾在 S 中、头在 T 中的弧, 使它变为 k-(S,T) 弧强的充要条件是对 V 的每一个子集 (S,T) 独立族 $\mathcal{H}$, 有下面的式子成立

$$\sum_{Z\in\mathcal{H}}(k-d^-(Z))\leqslant\gamma. \tag{7.22}$$

为了理解这个定理, 确实需要考察 (S,T) 独立族的不足 (不是一类子划分下界), 考虑具有 4 个顶点 $\{s_1,s_2,t_1,t_2\}$ 的无弧有向图. 如果取 $k=1$, 则易知, 如果能够仅添加从 S 到 T 的弧, 至少需要 4 条弧 s_it_j $(i,j=1,2)$ 才可得到一个 1-(S,T) 弧强有向图. 因而, 具有 4 个成员的唯一的 (S,T) 独立族是 $\{\{s_i,t_j\}:\ i,j=1,2\}$.

迄今为止, 对于一般的 k, 我们并不知道存在可用于 (S,T) 弧强连通性增广问题的组合多项式算法. 当 $k=1$ 时, Enni 给出了一个如此的算法[219].

定理 7.8.1 不仅仅是定理 7.6.3 中弧强连通性增广结果的一个推广 (因而, 隐含了定理 7.6.3 可以由解习题 7.39 而得到验证), 下面将看到定理 7.8.1 还隐含了定理 7.7.3.

定理 7.7.3 的证明[273] 设有向图 $D=(V,A)$ 具有 $\kappa(D)<k$, 欲证改变 D 成为 k 强有向图. 我们运用顶点撕裂程序 (把每个顶点 v 撕开成为 2 个顶点 v_s,v_t, 见图 3.4) 来构造有向图 $D'=(S\cup T,A')$. 依据本节开始处的注释, D' 是 l-(S,T) 弧强当且仅当 D 是 l 强有向图. 令 $\gamma_{k,S,T}(D')$ 表示 D 的 k-(S,T) **弧强连通增广数** (k-(S,T)-arc-strong connectivity augmentation number), 即尾在 S 中、头在 T 中新弧的最小数目, 把这些新弧添加到 D_{ST} 上, 我们就得到一个 k-(S,T) 弧强有向图. 此外, 令 $\eta_k(D)$ (或 $\eta_{k,S,T}(D')$) 表示跑遍 D 中所有的单行对独立族 (或是 D' 中**本质集** (essential set) (S,T) 独立族) 关于 k 的最大不足.

按照 D' 的构造和定理 7.3.1 的证明易知, 若 F 是一个尾在 S 中、头在 T 中新弧集, 使给 D' 加上 F 就得到 k-(S,T) 弧强有向图, 则对应到加在 D 上的弧集将产生一个 k 强有向图. 因而有

$$a_k(D)\leqslant\gamma_{k,S,T}(D'). \tag{7.23}$$

下证 $\eta_k(D)\geqslant\eta_{k,S,T}(D')$, 要说明存在某 (S,T) 独立本质集族 $\mathcal{F}'$, 具有不足 $\eta_{k,S,T}(\mathcal{F}')=\eta_{k,S,T}(D')$, 应用 $\mathcal{F}$ 就可以构造 D 中的一个单行对独立族 $\mathcal{F}$, 且有 $\eta_k(\mathcal{F})=\eta_{k,S,T}(\mathcal{F}')$. 为了达到这个目的, 选取具有不足 $\eta_{k,S,T}(D')$ 的 $\mathcal{F}'=\{Z_1,Z_2,\cdots,Z_r\}$, 以满足下面的性质:

$$|\mathcal{F}'|\ \text{是最小的, 且关于}\ \sum_{j=1}^{r}(|T-Z_j|+|S\cap Z_j|)\ \text{是最大的.} \tag{7.24}$$

断言 A 对于每一个 $Z_j\in\mathcal{F}'$, 不存在从 $S-Z_j$ 到 $T\cap Z_j$ 的弧.

证明 假定有某 j 满足 $1\leqslant j\leqslant r$, 使得存在一条从 $S-Z_j$ 到 $T\cap Z_j$ 的弧 st. 如果 $|T\cap Z_j|\geqslant 2$, 则用 Z_j-t 取代 Z_j, 就得到一个新的本质集 (S,T) 独立族 $\mathcal{F}''$.

由 $d^+_{D'}(t)=1$ 知, $\mathcal{F}''$ 的不足至少是 $\mathcal{F}'$ 的不足, 但是 $\mathcal{F}''$ 矛盾于满足 (7.24) 式 $\mathcal{F}'$ 的选取, 因而 $T\cap Z_j=\{t\}$. 因对每一个顶点 $v\in V$, 顶点 $v_t\in T$ 支配 $v_s\in S$, 有 $|S-Z_j|\geqslant 2$ (不然的话, $d^-(Z_j)\geqslant |T|-1=|V|-1\geqslant k$, 这就可以从 $\mathcal{F}'$ 中删去 Z_j 而不减少不足, 这与 (7.24) 式矛盾), 在 $\mathcal{F}'$ 中用 $Z_j\cup\{s\}$ 来取代 Z_j, 新族 $\mathcal{F}^*$ 仍由本质集构成, 并至少有相同的不足. 这与 (7.24) 式矛盾, 完成对断言 A 的证明. □

注意, 根据断言 A, 有

$$d^-_{D'}(Z_j)=|\{v_t:\ v_t\notin Z_j \text{ 和 } v_s\in Z_j\}|. \tag{7.25}$$

断言 B　对于每一个 $Z_j\in\mathcal{F}'$, 存在某顶点 $v\in V$, 使得 v_s 和 v_t 均属于 Z_j.

证明　反设有某 Z_j 不满足这样的性质. 选取 $v_s\notin Z_j$, 使得 $v_t\in Z_j$. 如果 $S-Z_j\neq\{v_s\}$, 在 $\mathcal{F}'$ 中用 $Z_j\cup\{s\}$ 替换 Z_j, 新族 $\mathcal{F}^*$ 仍然是由本质集构成, 至少有相同于 $\mathcal{F}'$ 的不足, 这与 (7.24) 式矛盾. 因而, 可以假设 $S-Z_j=\{v_s\}$. 按照假定, Z_j 不含任何对 v_s, v_t, 则有 $T\cap Z_j=\{v_t\}$, 而且正如在上面所看到的, 可以从 $\mathcal{F}'$ 中删去 Z_j, 这又与 (7.24) 式矛盾. □

定理 7.7.3 的证明　对 $1\leqslant j\leqslant r$, 令

$$X_j=\{v\in V:\ v_s\notin Z_j\},\quad Y_j=\{v\in V:\ v_s\in Z_j \text{ 和 } v_t\in Z_j\}.$$

依据 Z_j 是本质集和断言 B, 得到 $X_j\neq\varnothing$ 和 $Y_j\neq\varnothing$. 此外, 按照断言 A, (X_j,Y_j) 是一个单行对, 再由 (7.25) 式, 则有不足 $k-d^-_{D'}(Z_j)$. 令 $F=\{(X_1,Y_1),(X_2,Y_2),\cdots,(X_r,Y_r)\}$. 因为 $\mathcal{F}'$ 是 (S,T) 独立的, $\mathcal{F}$ 由独立单行对组成, 且由上面的注解, $\mathcal{F}$ 的不足等于 $\eta_{k,S,T}(D')$. 这说明 $\eta_k(D)\geqslant\eta_{k,S,T}(D')$, 与 (7.23) 式结合, 即有

$$\eta_{k,S,T}(D')\leqslant\eta_k(D)\leqslant a_k(D)\leqslant\gamma_{k,S,T}(D').$$

根据定理 7.8.1, 上面的等式处处成立, 定理 7.7.3 得证. □

7.9　弧反转和顶点强连通性

假如期望通过重新定向弧而不是添加新弧来增加一个有向图的顶点强连通性, 这就导出如下的问题:

问题 7.9.1　给定自然数 k 和一个至少有 $k+1$ 个顶点的有向图 $D=(V,A)$, 寻找 D 的一个最小弧集合 $F\subset A$, 使得反转 F 中的每一条弧后所得新图 D' 是 k 强有向图.

如果如此的弧子集存在, 则令 $r_k(D)=|F|$, 其中 F 是 A 的一个最小基数子集, 使得 F 的反转而产生一个 k 强有向图. 否则, 令 $r_k(D)=\infty$.

对于任意的有向图尚不清楚如何判定如此的一个反转的存在, 更不用说找到一个最优化判定 (除非尝试所有的可能性, 这需要指数时间), 现在看来这的确是一个相当困难的问题 (也见猜想 8.6.7). 显然, 如果 $r_k(D) < \infty$, 则 D 的 k 强增广数

$$a_k(D) \leqslant r_k(D). \tag{7.26}$$

因为代替在 D 中反转, 可以添加那些由反转得到的新弧并且保持原有的弧.

引理 7.9.2[84] 如果半完全有向图 D 至少有 $2k+1$ 个顶点, 那么 $r_k(D)$ 是有限的, 并被限制于一个仅仅依赖于 k 的函数.

证明 使用下面的 2 个结论就足以完成证明, 它们的证明留给读者作为习题 7.26 和习题 7.36.

(a) 若 D 是一个 k 强有向图, 则可由 D 构造 D' 如下: X, Y 均为 D 中 k 个不同顶点的集合, 给 D 添加一个新顶点 x, 然后添加从 x 到 X 中每个顶点的弧, 再添加从 Y 的每一个顶点到 x 的弧, 从而得到 D'. 则 D' 是 k 强有向图.

(b) 若 T 是一个至少有 $4k-1$ 个顶点的半完全有向图, 则 T 包含一个出度和入度均至少为 k 的顶点.

依据 (a) 和 (b), 对于每个半完全有向图 T, 存在 T 的某个具有 $|V(T')| \leqslant 4k-2$ 的有向子图 T', 使得 $r_k(T) \leqslant r_k(T')$. 继续移走顶点, 只要能够找到一个出度和入度至少为 k 的顶点, 或者当前的有向图有 $2k+1$ 个顶点, 当这个过程停止之后, 在当前的半完全有向图 T' 中, 有 $2k+1 \leqslant |V(T')| \leqslant 4k-2$. 则能够反转 T' 的某些弧, 再按照删除的反向顺序加回那些曾经被移走的顶点, 就得到一个 k 强有向图. 这就为 $r_k(T)$ (因而也为 D 的 k 强增广数 $a_k(T)$) 提供了一个变元为 k 的函数的简单上界, 即至多需要反转 $(4k-2)(4k-3)/4$ 条弧. □

注意, 上面的程序可能不会导致原来的半完全有向图的一个最优化反转 (按反转弧的数目), 甚至不会有 T' 中最优化反转 (见习题 7.40). 多少令人吃惊的是, Bang-Jensen 和 Jordán 证明了只要给定半有向图 D 的顶点的数目足够高 (仅仅依赖于 k), 为了要得到一个 k 强半完全有向图而在 D 中需要反转的弧的最小数目等于要得到一个给 D 添加新弧产生 k 强半完全有向图所需要的新弧的最小数目.

定理 7.9.3[84] 对 $k \geqslant 2$, 设 D 是至少有 $3k-1$ 个顶点的半完全有向图, 则有 $a_k(D) = r_k(D)$.

证明 $r_k(D) \leqslant a_k(D)$ 的思路是要说明 D 的一个确定的最优化增广集 F 具有这样的性质: 如果反转 D 中 F 现有的 (相反) 弧, 则可得一个 k 强半完全有向图. 正如在稍后要指出的, 甚至对半完全有向图, 不可能借助这个情形使得任何一个最优化集具有这样的性质. 在文献 [84] 中, 已证明 $3k-1$ 对半完全有向图是最好的. 然而, 在 D 为竞赛图的情形中, 判定这个界是否为最好的问题仍然是开的, 下面的猜想曾经被不公开地叙述过.

猜想 7.9.4[84]　对于每一个至少有 $2k+1$ 个顶点的竞赛图 D, 总有 $a_k(D)=r_k(D)$.

我们大概要讨论仅限制在相邻顶点之间添加弧, 则对任意有足够大数目的顶点以及有限的 $a_k(D)$ 和 $r_k(D)$ 的有向图 D 来说, 有 $a_k(D)=r_k(D)$. 但是, 这并不真实, 我们来看如下的例子:

令 T_1 和 T_2 是不交的 2 强有向图, 取 $u\in V(T_1)$, $v\in V(T_2)$ 作为固定顶点, D 是给 T_1 和 T_2 添加新顶点 x,y,z 和下面的弧得到的有向图 (见图 7.9):

$$\{r\to y:\ r\in V(T_1)\}\cup\{y\to s:\ s\in V(T_2)\}\cup\{s\to r:\ s\in V(T_2),r\in V(T_1)\}$$
$$\cup\{r\to x:\ r\in V(T_1)-u\}\cup\{s\to z:\ s\in V(T_2)-v\}\cup\{x\to u,z\to v,z\to x\}.$$

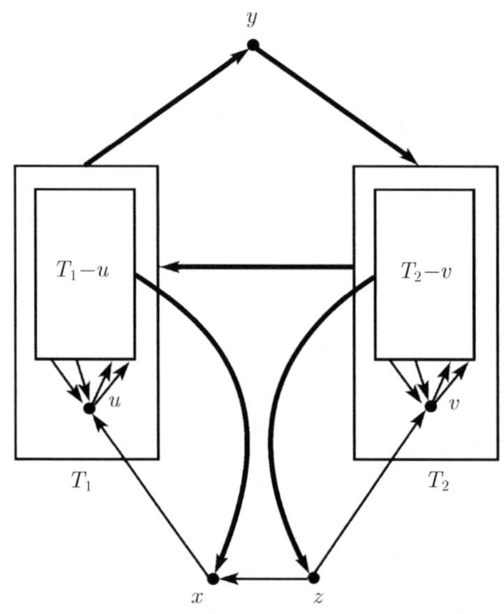

图 7.9　一个有向图 D 具有 $a_2(D)=1$ 和 $r_2(D)=2$

有向图 T_1 和 T_2 是 2 强的, 在顶点集合之间的粗弧表示这些集合之间在指定的方向所有的弧均出现

不难看到, $a_2(D)=1$, 任何给 D 添加弧产生 2 强有向图有尾 x 和头均在 $T_2\cup z$ 中. 另一方面, 易知 $r_2(D)\geqslant 2$ (习题 7.34). 这个例子可以修正为对任意的 k ($\geqslant 1$) 成立 (习题 7.35).

如果给上面所说的有向图 D 添加弧而不增加 x 的出邻点个数, z 的出邻点个数, 就可以构造任意给定规模的半完全有向图 D', 弧 xz 对 D' 是最优化增广, 但反转 xz 就不能将 D' 变为 2 强的. 这说明, 对 $k\geqslant 2$, 关于较高连通性的相似结构,就是对于半完全有向图, 不能够反转任何一个最优化增广集.

下面的猜想 7.9.5 比猜想 7.7.13 更强, 它是 Bang-Jensen 在 1994 年匈牙利的首都布达佩斯的会议上提出来的, 如果是真实的, 对 n ($\geqslant 2k+1$) 个顶点的可传递竞赛图来说, 可以说这个界是最好的.

猜想 7.9.5 对于每一个 n 阶竞赛图 T, 设正整数 k 满足 $n \geqslant 2k+1$, 则有 $r_k(T) \leqslant k(k+1)/2$.

Frank 证得确定要反转任意一个有向图的弧的数目, 从而得到 k 弧强有向图的问题是多项式可解的[254]. 8.8.4 小节将转到这个问题上, 说明如何运用子模流来解决这个问题.

我们用下面的结论来结束这一节, 该结论将在 7.14 节中用到.

引理 7.9.6[44, 344] 设 $D=(V,A)$ 是 k 强有向图, xy 是 D 的一条弧. 如果 D 至少含有 $k+1$ 条内部不交的且长至少为 2 的 (x,y) 路, 则在 D 中用弧 yx 代替弧 xy (如果有 $yx \in A$, 就删去 xy) 得到的图 D' 是 k 强有向图. 此外, 如果 D' 不是 $(k+1)$ 强有向图, 则 D' 的每一个最小分离集 S' 也是 D 的分离集.

证明 假设 D' 不是 $(k+1)$ 强有向图. 令 S' 是 D 的最小分离因子, 则 $|S'| \leqslant k$, 在 D' 中存在被 S' 分离的顶点 x,y, 按照对 $\kappa(x,y)$ 的题设, 有 $S' \cap \{x,y\} \neq \varnothing$ 或者 S' 不能够分离开 x,y. 由此, 有 $\{a,b\} \neq \{x,y\}$, 其中 a,b 在 D 中被 S' 分离. 可见 D' 中的每一个最小分离集也是 D 的最小分离集. 因为 D 是 k 强有向图, 则得 $|S'|=k$. 于是, D' 是 k 强有向图. □

7.10 最小 k(弧) 强有向多重图

如果一个有向多重图 $D=(V,A)$ 是 k(弧) 强的, 但对于每一条弧 $e \in A$, 有向图 $D-e$ 不是 k(弧) 强的, 我们说 D 是**最小 k(弧) 强的** (minimally k-(arc)-strong). 从应用的观点看, 最重要的是能够等同一个 k(弧) 强有向多重图的较小的有向子图, 它是支撑的, 且仍然是 k(弧) 强的. 理由是: 如果 D 的许多弧是多余的, 即可抛弃它们. 如果正在写一个程序为寻找基于 k(弧) 强连通性的某结构, 尤其是与 n 比较 k 是相当小的时候, 在较小的有向子图上工作将会加速算法的运行.

然而要注意的是, 对给定的 k(弧) 强有向多重图 D, 寻找 D 的支撑 k(弧) 强有向子图的最小弧数目是 $\mathcal{NP}$ 困难问题. 然而, n 个顶点的强有向图 D 有一个具有 n 条弧强支撑子图的充要条件是 D 有一个哈密尔顿圈. 所以, 必须解决寻找具有相对较少弧的支撑子图. 因为每一个具有 n 个顶点的 k 弧强有向多重图至少含有 kn 条弧, 定理 7.10.1 的证明和习题 9.27 指明, 存在一个多项式算法, 可以找到一个支撑 k 弧强子图且具有不多于最佳的弧数目的 2 倍. 这个专题将放到 7.16 节中进行详细讨论.

7.10.1 最小 k 弧强有向多重图

本节将给出几个由 Mader 得到的重要的度型结果. 将这些结果与定理 7.5.2 结合, 即可得到一个构造性方法 (是 Mader 的), 它可被用于产生全体的 k 弧强有向多重图. 先介绍 Dalmazzo 的一个结果, 此结果给出了关于任何 n 阶最小 k 弧强有向多重图的弧数目的一个上界.

定理 7.10.1[172] 一个 n 阶最小 k 弧强有向多重图至多有 $2k(n-1)$ 条弧, 而且 $2k(n-1)$ 是最好的上界.

证明 设有向多重图 $D=(V,A)$ 是 k 弧强的, s 是 D 的一个固定顶点. 根据定理 7.3.2, 对于每一个非空子集 $U\subset V$, 有 $d^+(U),d^-(U)\geqslant k$. 因而, 依据 Edmonds 分枝定理 (定理 9.5.1), 有向多重图 D 包含 k 个弧不交的以 s 为根的出分枝 $F^+_{s,1},F^+_{s,2},\cdots,F^+_{s,k}$ 和以 s 为根的 k 个弧不交的入分枝 $F^-_{s,1},F^-_{s,2},\cdots,F^-_{s,k}$. 令

$$A'=A(F^-_{s,1})\cup A(F^-_{s,2})\cup\cdots\cup A(F^-_{s,k})\cup A(F^+_{s,1})\cup A(F^+_{s,2})\cup\cdots\cup A(F^+_{s,k}),$$

以及 $D'=(V,A')$. 则 D' 是 k 弧强的, 且至多有 $2k(n-1)$ 条弧. 于是, 若 D 是最小 k 弧强的, 则有 $A=A'$. 要说明界 $2k(n-1)$ 是不可改进的, 只需考虑由一棵树 T (作为无向图) 得来的有向多重图用从 u 到 v 的 k 条弧和从 v 到 u 的 k 条弧来取代 T 的每条边 uv. □

若 $D=(V,A)$ 是最小 k 弧强有向多重图, 不难看到, 每条弧 uv 离开一个 k 出临界集① 并进入一个 k 入临界集. 应用 (7.2) 式就可得到下面的引理 7.10.2, 它隐含每条弧 uv 只离开一个最小 k 出临界集 X_u, 然后只进入一个最小 k 入临界集 Y_u. 这里, 最小即意味着包括.

引理 7.10.2 如果 X,Y 是 D 中交叉 k 入临界集, 则 $X\cap Y$ 和 $X\cup Y$ 也是 k 入临界集, 且有 $d(X,Y)=0$.

证明 设 X,Y 是交叉 k 入临界的, 运用 (7.2) 式, 有

$$\begin{aligned}k+k&=d^-(X)+d^-(Y)\\&=d^-(X\cup Y)+d^-(X\cap Y)+d(X,Y)\\&\geqslant k+k.\end{aligned}$$

可见 $X\cap Y$ 和 $X\cap Y$ 均是 k 入临界集, 故有 $d(X,Y)=0$. □

从直觉上看, 引理 7.10.2 隐含了最小 k 弧强有向多重图有较小的入度顶点和较小的出度顶点, 下一个由 Mader 给出的结论表示这确实是真实的情形. 实际上, 还有更强的叙述成立.

定理 7.10.3[535] 每一个最小 k 弧强有向多重图至少有 2 个顶点 x,y, 使得 $d^+(x)=d^-(x)=d^+(y)=d^-(y)=k$.

---

① 注意, 这意味着存在某 $X\subset V$, 使得 $u\in X,v\in V-X$ 和 $d^+(X)=k$.

证明 我们采用 Frank 的证明[260]. 令 $\mathcal{R}$ 是 k 入临界集族, 具有如下的性质:

$$D \text{ 中每条弧至少进入 } \mathcal{R} \text{ 的一个成员.} \tag{7.27}$$

因为 D 是最小 k 弧强的, 由上面的注解, 如此的族在 D 中是存在的.

第一个任务是将 $\mathcal{R}$ 变为禁用交叉 (即用一个新的 k 入临界集族 $\mathcal{R}^*$ 来代替 $\mathcal{R}$, 使得 $\mathcal{R}^*$ 仍然满足 (7.27) 式, 且 $\mathcal{R}^*$ 中的任何 2 个成员是不交叉的). 要做到这一点, 要应用**无交叉技术** (uncrossing technique), 在几个证明中它将是非常有用的, 如果 $\mathcal{R}$ 中存在交叉成员 X, Y, 由引理 7.10.2, 则 $X \cap Y$ 和 $X \cup Y$ 是 k 入临界的, $d(X,Y) = 0$. 因而, 每一条进入 X 或 Y 的弧也进入 $X \cup Y$, 或者进入 $X \cap Y$. 于是, 在 $\mathcal{R}$ 中可以用 $X \cap Y, X \cup Y$ 来取代集合 X, Y (如果它们不在 $\mathcal{R}$ 中, 我们仅添加集合). 因为 $|X \cap Y|^2 + |X \cup Y|^2 > |X|^2 + |Y|^2$, 且在 $\mathcal{R}$ 中的集合的个数并没有增长, 这个过程最后终止在一个禁用交叉族 $\mathcal{R}$. 注意, 已经得到如此的一个族通过直接选取 $\mathcal{R}$ 中的成员作为由 A 的弧进入的唯一的最小 k 入临界集. 然而, 这种选取将使证明更为复杂, 因为将丢失与满足 (7.27) 式无交叉族工作的自由性, 在下面的情形 2 中我们将使用这种自由性. 现假定

$$\mathcal{R} \text{ 是禁用交叉.} \tag{7.28}$$

现在的隐井技术是考虑一个任意的固定顶点 s, 并证明 $V - s$ 包含一个出度和入度均为 k 的顶点, 这将完成证明定理.

令 s 是固定的, 并且分别定义族 $\mathcal{S}$ 和 $\mathcal{U}$ 如下:

$$S = \{X \in \mathcal{R}:\ s \notin X\}, \quad \mathcal{U} = \{V - X:\ s \in X \in \mathcal{R}\}. \tag{7.29}$$

令 $\mathcal{L} = \mathcal{L}(\mathcal{R}) = \mathcal{S} \cup \mathcal{U}$.

断言 A 族 $\mathcal{L}$ 是片层.

证明 必须证明 $\mathcal{L}$ 的任何 2 个成员是不相交的. 反设 $X, Y \in \mathcal{L}$ 是相交的, 则 X, Y 不能同时来自 $\mathcal{S}$, 因为它们是交叉的, 这与 (7.28) 式矛盾. 类似地, X, Y 不能同时来自 $\mathcal{U}$, 这是因为 $V - X, V - Y$ 是 $\mathcal{R}$ 的交叉成员, 又是一个矛盾. 最后, 若有 $X \in \mathcal{S}$ 和 $Y \in \mathcal{U}$, 则 X 和 $V - Y$ 是 $\mathcal{R}$ 的交叉成员, 与 (7.28) 式矛盾, 这就证明了族 $\mathcal{L}$ 是片层. □

按照 $\mathcal{S}$ 和 $\mathcal{U}$ 的选取, 则有下列的性质:

$$\text{每条弧或进入 } \mathcal{S} \text{ 的一个成员, 或离开 } \mathcal{U} \text{ 的一个成员 (或二者均有).} \tag{7.30}$$

假定选取 $\mathcal{R}$, 使得 (7.27) 和 (7.28) 成立, 而且

$$\sum_{X \in \mathcal{L}} |X| \text{ 是最小的.} \tag{7.31}$$

为了完成证明还需论证下面的 2 个情形.

情形 1. $\mathcal{L}$ 的每一个成员的规模为 1.

令 $X=\{x\in V-s:\ \{x\}\in\mathcal{S}\}$ 和 $Y=\{y\in V-s:\ \{y\}\in\mathcal{U}\}$. 则 X 不可能是空的, 因为每一条离开固定顶点 s 的弧进入 X. 同理, Y 也是非空的. 如果 $X\cap Y=\varnothing$, 由 X 的定义和 (7.30) 式, 则无弧离开 X. 然而 $d^+(X)\geqslant k$, 因为 D 是 k 弧强的, 这就证得 $X\cap Y\neq\varnothing$. 令 t 是 $X\cap Y$ 中的一个元素, 于是有 $d^+(t)=d^-(t)=k$.

情形 2. $\mathcal{L}$ 中的某成员 Z 至少有规模 2.

选取 Z, 使得 $|Z|$ 是 $\mathcal{L}$ 中所有规模至少为 2 的成员中最小者.

注意, 如果考虑 D 的逆 D^*, 令 $\mathcal{R}^*=\{V-X:X\in\mathcal{R}\}$, 并定义 $\mathcal{S}^*,\mathcal{U}^*$ 如同上面通过 $\mathcal{R}$ 定义的 $\mathcal{S},\mathcal{U}$, 则有 $\mathcal{S}^*=\mathcal{U}$ 和 $\mathcal{U}^*=\mathcal{S}$. 此外, 所对应的族 $\mathcal{L}^*$ 满足 (7.30) 式和 (7.31) 式. 这表明, 不妨设 $Z\in\mathcal{S}$. 于是, 我们断定

$$\text{有向多重图 } D\langle Z\rangle \text{ 是强连通的.} \tag{7.32}$$

反设不存在这个情形, 令 Z_1,Z_2 是 Z 的一个划分且没有从 Z_2 到 Z_1 的弧. 则有 $k\leqslant d^-(Z_1)\leqslant d^-(Z)=k$, 这隐含 Z_1 是 k 入临界, 每一条进入 Z 的弧也进入 Z_1. 令 $\mathcal{R}'=\mathcal{R}-\{Z\}+\{Z_1\}$, $\mathcal{S}'=\mathcal{S}-\{Z\}+\{Z_1\}$, 以及 $\mathcal{L}'=\mathcal{S}'\cup\mathcal{U}$. 则 $\mathcal{L}'$ 仍然满足 (7.30) 式, 且有

$$\sum_{X\in\mathcal{L}'}|X|<\sum_{X\in\mathcal{L}}|X|.$$

但是, 这与 $\mathcal{R}$ 的选取矛盾 (见 (7.31) 式), 从而证得 $D\langle Z\rangle$ 是强连通的, 即 (7.32) 式成立.

现在我们能够进行定理的证明. 令 $A=\{z\in Z:\ \{z\}\in\mathcal{S}\}$, $B=\{z\in Z:\ \{z\}\in\mathcal{U}\}$. 如果 $A\cap B\neq\varnothing$, 则对任何顶点 $t\in A\cap B$, 有 $d^+(t)=d^-(t)$, 证明完成. 现设 $A\cap B=\varnothing$, 则可断定

$$A=\varnothing. \tag{7.33}$$

反设 $A\neq\varnothing$. 依据 $\mathcal{R}$ 的选取, 使得 $\mathcal{L}$ 满足 (7.31) 式, 不能忽略任何一个不与 (7.30) 式冲突的集合. 所以, 不可能有 $A=Z$, 因为这将会忽略不与 (7.30) 式冲突的 Z. 现在由 (7.30) 式知存在从 A 到 $Z-A$ 的一条弧 uv. 因 $\mathcal{L}$ 满足 (7.30), 则弧 uv 或是进入 $\mathcal{S}$ 的某个成员, 或者离开 $\mathcal{U}$ 的一个成员. 如果它进入 $\mathcal{S}$ 的一个成员 M, 则由 A 的定义, M 的规模不能够为 1. 另一方面, 由 $\mathcal{L}$ 是片层和 Z 的最小性, M 也不能有至少为 2 的规模. 因此, uv 必须是离开 $\mathcal{U}$ 的一个成员 W. 由于已经假定 $A\cap B=\varnothing$, 则必须存在一个规模大于 1 的集合. 使用 $\mathcal{L}$ 是片层, 得到 $W\subset Z$, 与 Z 的选取矛盾. 因而, 必有 $A=\varnothing$, 这就建立了 (7.33) 式. 接下来, 我们断言

$$B=Z. \tag{7.34}$$

因为 $A=\varnothing$ 以及 Z 是所有规模至少为 2 的 $\mathcal{L}$ 的成员中最小者, 每一条具有 2 个端点在 Z 中的弧必须离开 B 的一个成员 (使用和上面相同的论证). 因而有

$B \neq \varnothing$, 且必有 $B = Z$, 不然, (7.32) 式将表明从 $Z - B$ 到 B 的一条弧存在, 这矛盾于上面所肯定的.

我们来完成定理的证明. 因为 $B = Z$, 则 Z 中的每一个顶点有出度 k. 于是有

$$\begin{aligned} k|Z| &= \sum_{v \in Z} d^+(v) \\ &= d^+(Z) + |A(D\langle Z \rangle)| \geqslant k + |A(D\langle Z \rangle)| \\ &= k + \left(\sum_{v \in Z} d^-(v) \right) - d^-(Z) = \sum_{v \in Z} d^-(v) \geqslant k|Z|. \end{aligned}$$

所以, 等式处处成立, 尤其是 Z 中的每一个顶点均有出度 k 和入度 k. □

使用定理 7.5.3 和定理 7.10.3, 我们可得到下面 Mader 的 k 弧强有向多重图的完整特征[537].

定理 7.10.4[537] 一个有向多重图 D 是 k 弧强的充要条件是 D 可以由一个孤立顶点使用下面的 2 种运算构造得到.

运算 A 添加一条新弧连通已存在的顶点.

运算 B 选择 k 条不同的弧 $u_1v_1, u_2v_2, \cdots, u_kv_k$, 用 $2k$ 条新弧 $u_1s, u_2s, \cdots, u_ks$, sv_1, sv_2, $\cdots$, sv_k 来取代它们, 其中 s 是一个新顶点.

证明 显然, 运算 A 保持是 k 弧强的性质. 为了证明运算 B 也具有此性质, 需要应用 Menger 定理. 设 D 是 k 弧强的, D' 是对 D 实施运算 B 得到的有向图, 但 D' 不是 k 弧强的. 令 $U \subset V(D')$ 是子集, 使得 $d^+_{D'}(U) \leqslant k-1$. 则必有 $U \neq \{s\}$ 和 $U \neq V(D)$, 这是因为 s 在 D' 中的入度和出度均为 k. 现在可看到, 所对应的集合 $U - s$ 在 D 中有出度小于 k, 矛盾. 根据以上论证, 对顶点的数目运用数学归纳法易证每个经由运算 A 和 B 构造的有向多重图是 k 弧强的. 其中, 由定义假定只有一个顶点的有向伪图是 k 弧强的.

也可以对弧的数目使用归纳法来进行证明. 如果 D 是 k 弧强的, 但不是最小 k 弧强, 则可移走一条弧, 然后运用归纳法. 否则, 根据定理 7.10.3, D 包含一个顶点 s, 使得 $d^+(s) = d^-(s) = k$. 按照定理 7.5.3, 这个顶点和 $2k$ 条关联于它的弧一起可以被 k 条新弧所替换, 从而产生 k 弧强有向多重图 D'. 按照归纳假定, D' 可以经由运算 A 和运算 B 构造出来, 由于可以使用运算 B 一次就从 D' 回到 D, 这已经表明 D 可以由运算 A 和运算 B 构造出来. □

读者可参见图 7.10 中关于这个定理的一个解释.

7.10.2 最小 k 强有向图

在这一小节里, $D = (V, A)$ 总是表示有向图 (即无多重弧), 即对每一个顶点 $v \in V$, 总有 $d^+(v) = |N^+(v)|$.

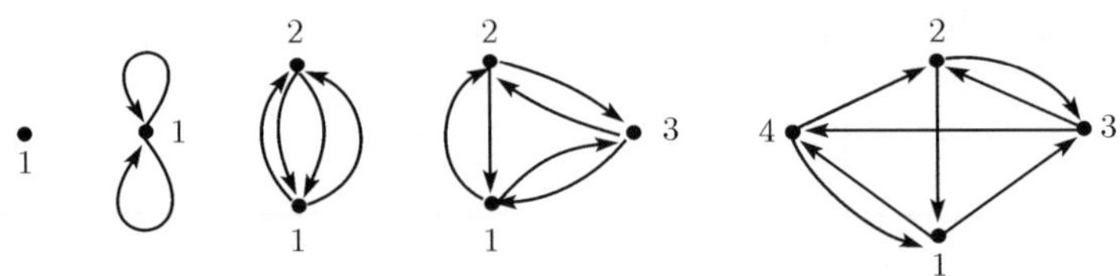

图 7.10　从一个孤立顶点开始构造出一个 2 弧强有向多重图

在上一节中已经证明：每一个最小 k 弧强有向多重图至少有 2 个出度和入度均等于 k 的顶点. Mader 猜测对有向图的顶点强连通性情形, 这个结论也成立.

猜想 7.10.5[538]　每一个最小 k 强有向图至少包含出度和入度均等于 k 的 2 个顶点.

这个猜想仍然是公开的, 但似乎是相当困难的. 当 $k=1$ 时, 猜想 7.10.5 的真实性可由定理 7.10.3 证得, Mader 证得猜想对 $k=2$ 的情形成立[541]. 对于 k 的其他的值, 仍然没有证明猜想 7.10.5. Mader 给出的例子表明不能够将猜想 7.10.5 中 2 个顶点换为 3 个顶点[535].

如果一个 k 强有向图的一条弧 e 使得图 $D-e$ 不再是 k 强有向图, 我们就称这条弧 e 是 k **临界弧** (参见 7.7.4 小节). 对于每一条 k 临界弧 uv, 由引理 7.7.2, 则有伴随集合 T_{uv}, H_{uv}, 使得 (T_{uv}, H_{uv}) 是 $D-uv$ 中的一个单行对, 且 $h(T_{uv}, H_{uv})=k-1$. 这种单行对不会是唯一的, 但在下面总假定对 D 中每一条 k 临界弧, 已经选择了一个固定的单行对. 读者可以将它与引理 7.7.15 进行比较.

引理 7.10.6　设 $D=(V,A)$ 为 k 强有向图, 则下列陈述为真:

(a) 如果 D 有 2 条 k 临界弧 ux, uy, 且 $d^+(u)\geqslant k+1$, 则 $|T_{uy}|>|H_{ux}|$.

(b) 如果 D 有 2 条 k 临界弧 xu, yu, 且 $d^-(u)\geqslant k+1$, 则有 $|H_{xu}|>|T_{yu}|$.

证明　因可利用 D 的逆由 (a) 证明 (b), 故仅证 (a). 设 ux, uy 是 D 的 k 临界弧, 且有 $d^+(u)\geqslant k+1$, 令 $(T_{ux}, H_{ux}), (T_{uy}, H_{uy})$ 是 ux, uy 的伴随对, 注意存在从 T_{ux} 到 H_{ux} 的 (唯一的) 一条弧 ux, 以及存在从 T_{uy} 到 H_{uy} 的 (唯一的) 一条弧 uy, 故它们不是 D 的单行对. 令 $S_{ux}=V-(T_{ux}\cup H_{ux})$ 和 $S_{uy}=V-(T_{uy}\cup H_{uy})$. 则有 $|S_{ux}|=|S_{uy}|=k-1$ 和 $x\in H_{ux}-H_{uy}, y\in H_{uy}-H_{ux}$. 参见图 7.11.

设 a,b,c,d,e 如图 7.11 所定义. 因为集合 S_{ux}, S_{uy} 中的每一个的规模均为 $k-1$, 可见

$$a+b+2c+d+e=2k-2. \tag{7.35}$$

我们断言 $H_{ux}\cap H_{uy}=\varnothing$. 反设这不是真实的情形. 任取一个顶点 $z\in H_{ux}\cap H_{uy}$. 因而, (T_{ux}, H_{ux}) 是 $D-ux$ 的一个单行对, (T_{uy}, H_{uy}) 是 $D-uy$ 的一个单行对, 集合 C_I (在图 7.11 中由线 I 表示) 在 D 中将 u 与 v 分离开. 因而, 依据 D 是 k 强有向图, 有 $c+d+e\geqslant k$. 注意到 (7.35) 式表明集合 C_{II} (在图 7.11 中由线 II

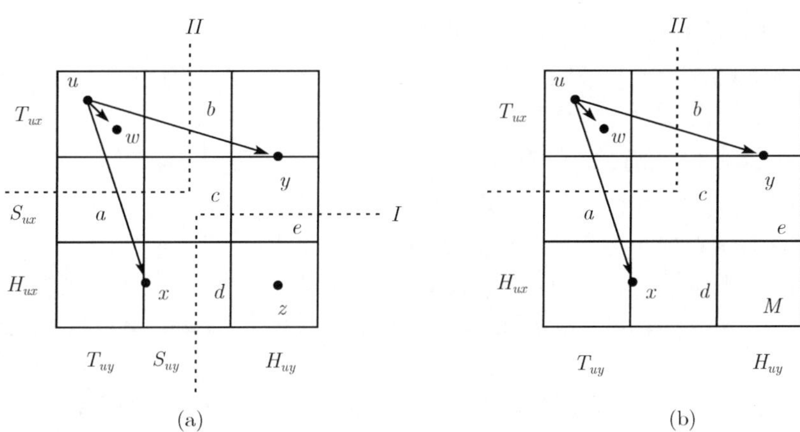

图 7.11 引理 7.10.6 证明的解释

(a) 解释 $H_{ux} \cap H_{uy} \neq \varnothing$ 时的情形; (b) 解释 $H_{ux} \cap H_{uy} = \varnothing$ 时的情形. 每一个 3×3 图示的第一行对应集合 T_{ux}, 第一列对应 T_{uy}. 顶点 x, y 的位置表示它们能够在 2 个相邻方格中的一个. 数 a, b, c, d, e 表示对应小方格的集合的基数

表示) 的规模至多为 $k-2$. 因为 $d^+(u) \geqslant k+1$, 又因 u 只有 2 条弧 ux, uy 在 $D - C_{II}$ 中的 $T_{ux} \cap T_{uy}$ 之外, 可见存在 u 的某个出邻点 w 属于 $T_{ux} \cap T_{uy}$. 但是, 现可知 $C_{II} \cup \{u\}$ 将 w 与 z 分离, 这与 D 是 k 强有向图矛盾. 所以, 这就证得 $H_{ux} \cap H_{uy} = \varnothing$.

要完成证明, 仅需证明 $a \geqslant d$. 假定没有这个情形. 特别地, 有 $d \geqslant 1$, 集合 C_{II} 的规模至多是 $|S_{uy}| + a - d \leqslant k-2$. 同上论证, u 有一个出邻点 w 于 $T_{ux} \cap T_{uy}$ 内. 在 D 中集合 $C_{II} \cup \{u\}$ 把 w 与 x 分离开, 矛盾. □

一个**反有向迹** (anti-directed trail) 是有向图 $\bar{T}$, 它是对于一个偶长闭无向迹 T, 我们来固定 T 的一个游走, 然后定向它的每一条边, 使当恰好考虑 v 和其前趋后继者间的 2 条弧, 每一个次顶点 v 有零入度. 用 $\bar{T} = v_1\bar{v}_1v_2\bar{v}_2\cdots v_r\bar{v}_rv_1$ 来表示反有向迹 $\bar{T}$, 其中 $\bar{v}_i$ 表示顶点 $\bar{v}_i$ 在 T 中被它的前趋和后继者所支配. 在 $\bar{T}$ 上一个顶点支配 (被支配) 它的前趋和后继叫做 $\bar{T}$ 的**源点** (source) (**收点** (sink)). 注意一个顶点在 $\bar{T}$ 上反复出现, 则它就是源点又是收点. 一个**反有向圈** (anti-directed cycle) 是一个反有向迹, 且没有顶点在这个迹上出现 2 次 (也就是说, 它的底图恰好是一个圈). 见图 7.12 关于这些定义的解释.

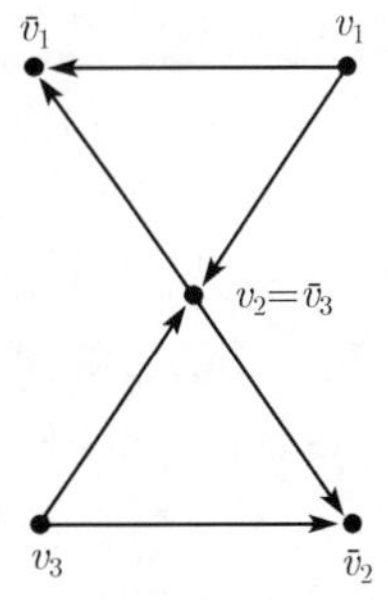

图 7.12 一个具有 6 个顶点的反有向迹 $v_1\bar{v}_1v_2\bar{v}_2v_3\bar{v}_3v_1$

顶点 $v_2 = \bar{v}_3$ 既是 $\bar{T}$ 的源点又是 $\bar{T}$ 的收点. 注意 $\bar{T}$ 不含反有向圈

现在我们能够证明下面 Mader 的重要结论.

定理 7.10.7[538]　设 D 是 k 强有向图, 且包含一个反有向迹 $\bar{T}=v_1\bar{v}_1v_2\bar{v}_2\cdots v_r\bar{v}_rv_1$. 则下列陈述中至少一个成立:

(a) 某弧 $e\in A(\bar{T})$ 在 D 中不是 k 临界的.

(b) $\bar{T}$ 的某源点 v_i 在 D 中有出度 k.

(c) $\bar{T}$ 的某收点 $\bar{v}_j$ 在 D 中有出度 k.

证明　如果 (b) 成立, 或者 (c) 成立, 则无需再进行证明. 设对 $\bar{T}$ 的每一个源点 v_i, 有 $d^+(v_i)\geqslant k+1$, 对 $\bar{T}$ 的每一个收点 $\bar{v}_j$, 有 $d^-(\bar{v}_j)\geqslant k+1$. 现在证明 (a) 成立.

反设 $\bar{T}$ 中每一条弧 e 是 k 临界的. 应用引理 7.10.6(a) 到弧 $v_1\bar{v}_r, v_1\bar{v}_1$, 得到 $|T_{v_1\bar{v}_r}|>|H_{v_1\bar{v}_1}|$. 相似地, 由引理 7.10.6 (b), 有 $|H_{v_1\bar{v}_1}|>|T_{v_2\bar{v}_1}|$. 围绕迹反复进行这个推证, 最后达到下面的矛盾

$$|T_{v_1\bar{v}_r}|>|H_{v_1\bar{v}_1}|>|T_{v_2\bar{v}_1}|>|H_{v_2\bar{v}_2}|>\cdots>|H_{v_r\bar{v}_r}|>|T_{v_1\bar{v}_r}|.$$

这就证得 (a) 成立. □

下面的结论是定理 7.10.7 的一个简单推论 (见习题 7.48).

推论 7.10.8[538]　每一个最小 k 强有向图含有一个入度为 k 的顶点 x, 或者包含一个出度为 k 的顶点 y.

运用定理 7.10.7, Mader 证明了下面极其重要的结果.

定理 7.10.9[538]　每一个最小 k 强有向图至少含有 $k+1$ 个出度为 k 的顶点和至少 $k+1$ 个入度为 k 的顶点.

定理 7.10.7 有许多漂亮的应用, 下面是关于无向图的一个结论.

推论 7.10.10[533]　设 C 是 k 连通无向图 G 的一个圈. 则 C 上含有一条边 e, 移走 e 后而不减少 G 的连通性, 或者存在某个顶点 $v\in V(C)$ 它在 G 中的度数为 k.

证明　只要考虑 G 的完全定向 D 就可以了. 注意 $D-xy$ 是 k 强有向图当且仅当 $D-\{xy,yx\}$ 是 k 强有向图 (习题 7.25), 它发生当且仅当 $G-e$ 是 k 连通的, 其中 $e=xy$. 接下来考察: 当 $|C|$ 为奇数时, D 中的圈 C 对应一个反有向迹 C', 其中 2 次绕 C 交错定向弧就可得到 C'; 或者当 $|C|$ 为偶数时, 它对应 2 个反有向迹 C', C''. 遵照定理 7.10.7, 结论得证. □

推论 7.10.10 之所以重要, 其原因之一是下面由 Jordán 给出的有关无向图增广的推论.

推论 7.10.11[469]　设无向图 $G=(V,E)$ 是 k 连通的, 但不是 $(k+1)$ 连通的. 则每一个增大 G 的连通度到 $(k+1)$ 的最小边集 F 导出一个森林.

对于有向图从 k 强连通性增广到 $(k+1)$ 强连通性, Jordán 给出了下面的结论, 读者可将它与定理 7.7.8 进行比较.

推论 7.10.12[467] 设 $D=(V,A)$ 是 k 强有向图, 但不是 $(k+1)$ 强有向图. 令 F 是一个最小新弧集, 把它加到 D 上就产生一个 $(k+1)$ 强有向图. 则由 F 中的弧导出的有向图不含反有向迹.

可以应用定理 7.10.7 来提问: 在一个 k 强有向图中能够删去多少条弧, 使得剩余有向图是 $(k-1)$ 强的 (关于无向图的相应结论可见文献 [122])[540]? 我们有如下的一个简单推论:

推论 7.10.13[540] 如果 $D=(V,A)$ 是最小 k 强有向图, $D'=(V,A')$ 是 D 的支撑 $(k-1)$ 强有向子图, 则差 $D_0=(V,A-A')$ 不含反有向迹.

证明 设 $\bar{T}=v_1\bar{v}_1v_2\bar{v}_2\cdots v_r\bar{v}_rv_1$ 是 D_0 的一个反有向迹. 因 D 是最小 k 强有向图, 在定理 7.10.7(a) 不成立. 不失一般性, 不妨设 (b) 成立. 则有某源点 v_i, 使得 $d_D^+(v_i)=k$. 然而, 因为 $d_{\bar{T}}^+(v_i)=2$, 可见 $d_{D'}^+(v_i)=k-2$, 这与 D' 是 $(k-1)$ 强有向图的事实矛盾. □

定理 7.10.7 有一些重要的应用. 7.16 节中将给出一个如此的应用, 我们用 Mader 的一个猜想来结束这一节.

猜想 7.10.14[540] 每一个具有 n 个顶点的最小 k 强有向图至少包含 $k+(n-k)/(k+1)$ 个出度为 k 的顶点.

Mader 已经证明: 至少存在 $\frac{1}{3}\sqrt{n/(k+1)}$ 个如此的顶点. 关于这个专题的更多信息读者可参见 Mader 的综述性文章[540].

7.11 临界 k 强有向图

本节考虑有向图 (无多重弧). 有向图 D 的一个顶点 v 是**临界的**, 如果 $\kappa(D-v)<\kappa(D)$. 本节的内容是解释某些条件, 以便于我们总能够找到有向图 D 的一个非临界顶点. 首先注意到, 不存在具有如下性质的函数 $f(k)$, 使得每一个具有至少 $f(k)$ 个顶点的 k 强有向图 D 有一个顶点 v, 使得 $D-v$ 仍然是 k 强有向图. 对于竞赛图来说, 这也不是一件容易的事情, 图 7.13 中 Thomassen 的例子 (1985 年的私人通信) 就能够说明这一点.

我们可以容易地把图 7.13 中的例子推广到任意顶点强连通性度上去, 只要用一个 $(2k+1)$ 圈的第 k 次幂来取代 7 个顶点竞赛图的每一个 (图中左、右侧), 再用从左边的拷贝顶端的 k 个顶点出发, 终止在右边拷贝的 k 个顶点的 k 条长路来取代 3 条长路.

下面介绍 Mader 的结论, 它们给出了含一个非临界顶点的 k 强有向图的一些充分性条件.

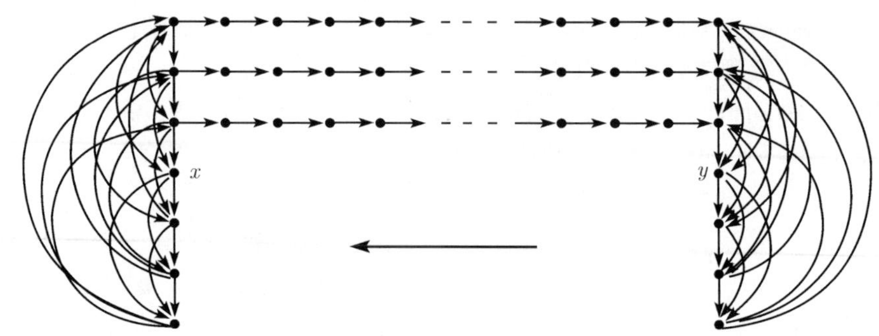

图 7.13　一个 3 强竞赛图族 $\mathcal{T}$ (从左到右的 3 条路可以是任意长)

大弧表示所有没有显示给出的从右到左的弧. 可以验证 (习题 7.46) 在族 $\mathcal{T}$ 中的每个竞赛图是 3 强的, 且具有性质：每一个不是 x, y 的顶点是临界的. 于是, 最多移走 2 个顶点就可以得到每个顶点均是临界的 3 强竞赛图

定义 7.11.1　设 D 有 $\kappa(D)=k$. D 的一个**片段** (fragment) 是一个子集 $X \subset V$, 它具有性质 $|N^+(X)|=k$ 和 $X \cup N^+(X) \neq V$, 或者 $|N^-(X)|=k$ 和 $X \cup N^-(X) \neq V$.

于是, 一个片段 X 对应着一个具有 $h(X,Y)=k$ 的单行对 (X,Y). Mader 证得下面的重要结果：

定理 7.11.2[539]　每一个临界 k 强有向图包含一个规模至多为 k 的片段.

Hamidoune 曾经猜想过定理 7.11.2, 他也猜测了下面 2 个均是定理 7.11.2 的简单推论[394].

推论 7.11.3[539]　每一个临界 k 强有向图包含一个出度或者入度小于 $2k$ 的顶点.

证明　设 $D=(V,A)$ 是临界 k 强有向图. 依据定理 7.11.2, D 包含一个片段 X, 有 $|X| \leqslant k$. 可考虑 D 的逆, 如果必须的话, 不妨设 $|N^+(X)|=k$. 下面证明 X 中的每一个顶点有至多为 $2k-1$ 的出度. 任取 $x \in X$, 注意在 X 外的 x 的出邻点的个数是 $|N^+(X)|$, 这说明至多存在 k 个这样的顶点. 所以, 本推论可以从 $d^+_{D\langle X\rangle}(x) \leqslant k-1$ 证得. □

下面简单推论的证明留作习题 7.41.

推论 7.11.4[539]　每个临界 k 强定向图至少包含一个入度、或出度小于 $\lfloor (3k-1)/2 \rfloor$ 的顶点.

7.12　弧强连通性与最小度

设 $D=(V,A)$ 是一个有向图, 对 $v \in V$, 令 $\delta(v)=\min\{d^+(v),\ d^-(v)\}$. 显然, 一个有向图的最高弧强连通性是 $\delta^0(D)$. 按照实际成立的等式 $\lambda(D)=\delta^0(D)$ 来分

类有向图是不容易的. 然而, 由于能够在多项式时间内计算 $\lambda(D)$ (见 7.4 节), 就能容易验证一个给定有向图 D 是否满足 $\lambda(D)=\delta^0(D)$.

本节将为这个性质陈述 2 个充分性条件, 第一个结果是 Dankelmann 和 Volkmann 给出的.

定理 7.12.1[173] 令 $D=(V,A)$ 是 n 个顶点的有向图, 且无多重弧. 设顶点 $v_1,v_2,\cdots,v_n$ 排好序, 使得 $\delta(v_1)\geqslant\delta(v_2)\geqslant\cdots\geqslant\delta(v_n)=\delta^0(D)$. 如果 $\delta^0(D)\geqslant\lfloor n/2\rfloor$, 或者 $\delta^0(D)<\lfloor n/2\rfloor$, 则存在 k $(1\leqslant k\leqslant\delta^0(D))$, 使得

$$\sum_{i=1}^{k}[\delta(v_i)+\delta(v_{n+i-\delta^0(D)-1})]\geqslant k(n-2)+2\delta^0(D)-1,$$

则 $\lambda(D)=\delta^0(D)$①.

定理 7.12.1 隐含了下面由 Xu 得到的一个结论, 它是关于无向图结论的一个推广[329].

推论 7.12.2[742] 设 D 是 n 个顶点的有向图, 如果存在 $\lfloor n/2\rfloor$ 个不交的顶点对 (v_i,w_i), 且对每一个 $i=1,2,\cdots,\lfloor n/2\rfloor$, 有 $\delta(v_i)+\delta(w_i)\geqslant n$. 则有 $\lambda(D)=\delta^0(D)$.

需要了解更多有关 $\lambda(D)$ 和 $\delta^0(D)$ 之间的联系的读者可参见文献 [38, 173].

7.13 特殊类有向图的连通性性质

在这一节中, 我们将叙述几个在 1.8 节和第 4 章介绍的几类有向图的连通性以及其他章节将使用的一些结论.

下面的引理揭示了几乎所有的最小 k 强可分解有向图是有向图扩张的有向子图.

引理 7.13.1[52] 设 $D=F[S_1,S_2,\cdots,S_f]$, 其中 F 是有 f $(\geqslant 2)$ 个顶点的强有向图, 每一个 S_i 是有 n_i 个顶点的有向图, 令 $D_0=F[\overline{K}_{n_1},\overline{K}_{n_2},\cdots,\overline{K}_{n_f}]$ 是在 D 中删去 S_i 的每一条弧 (注意 $\overline{K}_{n_i}$ 是 n 个顶点的无弧有向图) 剩余的有向图. 令 S 是 D_0 的最小 (关于包括) 分离集. 则 S 也是 D 的一个分离集, 除非下列陈述都成立:

(a) 对某 $i\in\{1,2,\cdots,f\}$, 有 $S=V(S_1)\cup V(S_2)\cdots\cup V(S_f)\setminus V(S_i)$,

(b) $D\langle S_i\rangle$ 是强有向图, 和

(c) $D=C_2[S,S_i]$.

特别地, 若 F 至少有 3 个顶点, 则 D 是 k 强有向图当且仅当 D_0 也是 k 强有向图.

① 原文把 $\delta(v_{n+i-\delta^0(D)-1})$ 写成 $\delta(v_{n+i-\delta(D)-1})$.—— 译者注

证明　设 S 是 D_0 的一个最小分离集, 但不是 D 的最小分离集. 不难看到, 如果有顶点 $x, y \notin S$, 且 x, y 属于不同的 S_i, 则 $D-S$ 有一条 (x,y) 路的充要条件是 D_0-S 也有一条如此的路. 于是, 根据 S 是 D_0 的一个最小分离集但不是 D 的, 则对某 $i \in \{1,2,\cdots,f\}$, 必有 $S=(V(S_1)\cup V(S_2)\cup\cdots\cup V(S_f))\setminus V(S_i)$. 注意, 我们已经使用了 S 的最小性以得到有某 j, 使 $S\cap S_j=\varnothing$. 现在 $D\langle S_i\rangle$ 必须是强有向图, 这是因为 $D-S$ 是强的, 且 S 的最小性导出 $D=C_2[S,S_i]$ (如果有某 $S_j\subset S$ 不具有到 S_i 的 2 个方向上的弧, 则 $S-S_j$ 也是分离集, 这与 S 的选取矛盾). □

图 7.14 是引理 7.13.1 的一个图例解释, 将这个引理与定理 4.8.5 结合, 得到

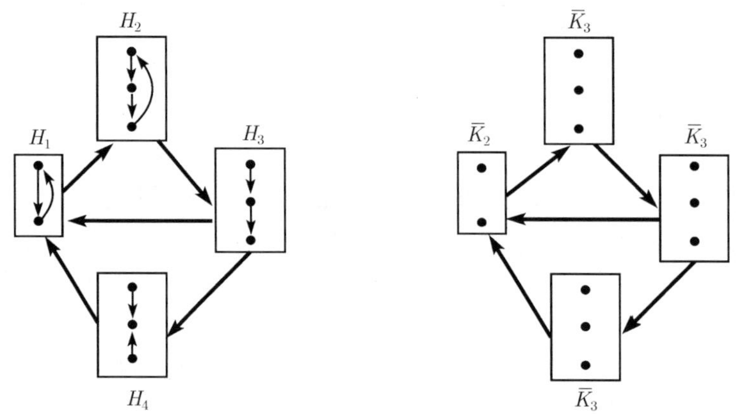

图 7.14　一个 2 强有向图 D 具有分解 $D=Q[H_1,H_2,H_3,H_4]$

粗弧表示所有可能出现的具有指定方向的弧. 右边的图表示将 D 中每一个 H_i 里的弧全部删去而得到的 2 强有向图 $D_0=Q[\overline{K}_2,\overline{K}_3,\overline{K}_3,\overline{K}_3]$

推论 7.13.2　如果 D 是 k 强拟可传递有向图, 且 $D=Q[W_1,W_2,\cdots,W_{|Q|}]$, 则 $D_0=Q[\overline{K}_{|W_1|},\overline{K}_{|W_2|},\cdots,\overline{K}_{|W_{|Q|}|}]$ (就是删去每一个 W_i 中所有的弧后剩余的有向图) 也是 k 强有向图.

引理 7.13.1 的另一个简单的推论是下面由 Bang-Jensen, Gutin 和 Yeo 得到的结果.

引理 7.13.3[70]　设可以将有向图 D 分解为 $D=F[S_1,S_2,\cdots,S_f]$, 其中 $f=|V(F)|\geqslant 2$, 令 $D_0=D-\bigcup_{i=1}^{f}\{uv:\ u,v\in V(S_i)\}$. 则 D 是强有向图充要条件为 D_0 也是强有向图.

我们给出 Bang-Jensen 得到的一个关于局部半完全有向图的结论, 其证明留作习题 7.38.

引理 7.13.4[44]　设 D 是强局部半完全有向图, S 是 D 的一个最小分离集 (不必须是最小的). 则 $D-S$ 是连通的.

引理 7.13.5　设 $D=(V,A)$ 是 k 强有向图. 是由 D 构造有向图 D', 即给 D 添加一个新顶点集 X, 并连接 X 的每一个顶点到 V, 使对每一个 $v\in X$, 有 $|N_{D'}^+(v)|,\ |N_{D'}^-(v)|\geqslant k+1$. 则 D' 是 k 强有向图. 若 D' 不是 $(k+1)$ 强有向图, 则 D' 的每一个最小分离集也是 D 的最小分离集.

证明　设 D' 不是 $(k+1)$ 强有向图, 并令 S' 是 D' 的一个最小分离集, 则有 $|S'|\leqslant k$. 令 $S=S'\cap V(D)$. 因为 $X-S'$ 的每一个顶点有 $V-S$ 中的一个入邻点和出邻点, 则知 $D-S$ 不是强的, 因而 $S=S'$ 必须成立, 所以 S' 也是 D 的分离集. 这说明 $|S'|=k$, 且 D' 是 k 强有向图, 且 D' 的每一个最小分离集也是 D 的一个最小分离集. □

7.14　有向图的高连通定向

前面的推论 7.2.7 已经指出每个无桥强有向图有一个强定向. 本节将研究有向图 D 出自它的 2 圈的弧强连通性或顶点强连通性究竟有多大. 准确地说, 如果原始有向图具有一个高弧强连通性或高顶点强连通性, 假定必须从每一个 2 圈中删去一条弧 (于是得到 D 的一个定向), 还能够维持原有的高弧强连通性或顶点强连通性吗？不难证明, 无法保持原有的弧强连通性或顶点强连通性的程度, 甚至对 D 为半完全有向图也是如此. 图 7.15 给出一个这样的例子. 我们有这样的问题：是否存在具有这样性质的函数 $f(k)$ (或 $g(k)$), 使得每个 $f(k)$ 强 (或 $g(k)$ 弧强) 有向图包含一个无 2 长圈的支撑 k 强 (或 k 弧强) 子图.

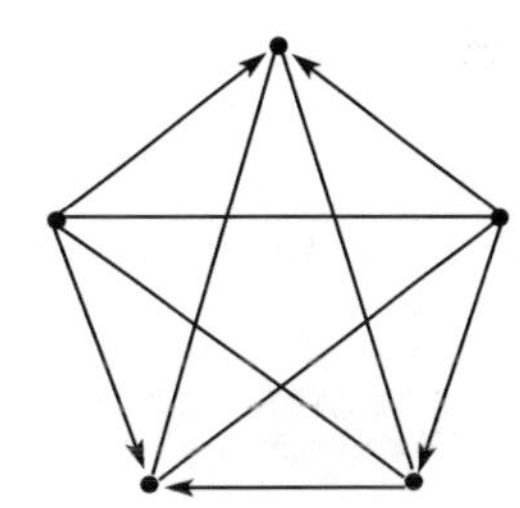

图 7.15　一个 2 强半完全有向图

不含 2 弧强支撑子竞赛图, 其中无向边对应有向 2 圈

首先考虑弧强连通性. 注意到每个 k 弧强定向图 D 必须使得其底图 $UG(D)$ 是 $2k$ 边连通的. 特别地, 若 G 是边连通度为 $\lambda(G)=2k-1$ 的无向图, 且 $\overleftrightarrow{G}$ 是 G 的完全定向, 则 D 不包含一个支撑 k 弧强子图, 因为下面由 Jackson 和 Thomassen 得到的结果表明 $g(k)=2k$, 而且由上面的注解, 即知这是最好的.

定理 7.14.1[451, 708]　每个 $2k$ 弧强有向图有一个 k 弧强定向.

因为可以把一个有向图转换成一个混合图, 即用一条无向边来取代每一个 2 圈, 定理 7.14.1 可由定理 8.9.1 证得. 顶点强连通性看起来好像非常困难, Jackson 和 Thomassen 提出了如下的猜想[708]：

猜想 7.14.2　每个 $2k$ 强有向图有一个 k 强定向.

如果这个猜想是真实的, 它也将是最好的 (意味着不可能对所要求的顶点强连通度减去 1, 而不添加额外的要求), 我们来说明这一点. 令 G 是 $2r$ 个顶点的无向圈 $C=v_1v_2\cdots v_{2r}v_1$ 的 k 次幂 $(r>k)$. 不难证明 G 是 $2k$ 连通的, G 中仅有的规模

为 $2k$ 的分离集是取 C 上的 2 个 k 个连续顶点的集合而构成的, 这 2 个集合至少被一个顶点分开成两侧. 由这些特性可知, 如果添加对角 $v_1v_{r+1}, v_2v_{r+2}, \cdots, v_rv_{2r}$, 则得到一个 $(2k+1)$ 连通图 H. 现令 D 是 H 的一个完全定向, 则有 $\kappa(D) = 2k+1$. 显然, D 不含 $(k+1)$ 强定向, 因为 $UG(D)$ 不是 $2(k+1)$ 边连通. 见图 7.16 和习题 7.43.

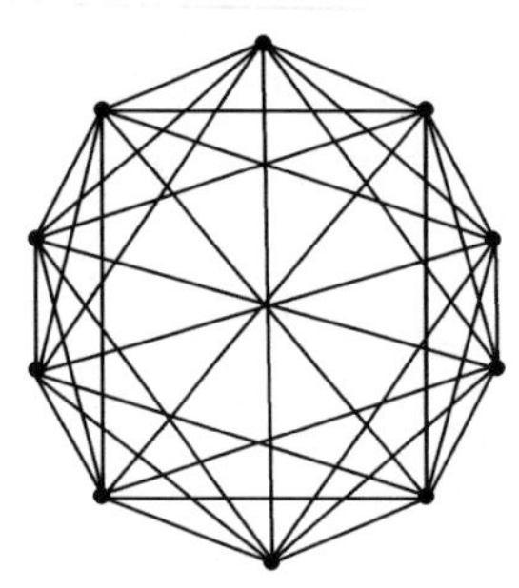

图 7.16 一个 7 连通 7 正则图
它是给 10 圈的 3 次幂添加最长对角后得到的

如果一个定向图 D 是 k 强有向图, 则其底图 $UG(D)$ 是 k 连通和 $2k$ 边连通. 然而, 其逆不真, 也就是说, 不足以要求 D 是 k 强和 $UG(D)$ 是 $2k$ 边连通就能保证 D 有一个 k 强定向. 在图 7.15 中的半完全有向图解释了这一说法, 可以将这个例子推广到任意一个有奇数个顶点的有向图, 通过取一个奇圈 C 的二次幂, 并按图 7.15 原有的边来定向. 这说明既不能将猜想 8.6.7 推广到混合图, 也不能够将它推广到一般的有向图上. Alon 和 Ziegler 给出了另一个例子[708], 它说明 $UG(D)$ 可以是 k 连通和 $2k$ 边连通, 但 D 无 k 强定向, 其中 D 是由下面方法构造得到的. 取 2 个大的完全图 G_1, G_2, 它们只有一个公共顶点 v, 添加 $k-1$ 条独立的边, 使得它们中的每一条边的一个端点在 $V(G_1)-v$ 中, 另一个端点在 $V(G_2)-v$ 中, 最后所得到的图的完全定向就是 D.

关于猜想 7.14.2 只有相当小的进展, 也不知是否存在函数 $f(k)$, 使得每个 $f(k)$ 强有向图有一个 k 强定向, 下面将给出关于特殊类有向图的几个结果.

应用关于局部半完全有向图的结构定理 (定理 4.11.15), Guo 证明了能够将每个 $(2k-1)$ 强局部半完全有向图但不是半完全有向图定向成为一个 k 强局部竞赛图, Huang 又将这个结论改进成下面非常强的结论[437]:

定理 7.14.3[437] 能够将每个 k 强局部半完全但不是半完全的有向图定向为一个 k 强局部竞赛图.

Bang-Jensen 和 Thomassen 证得关于半完全有向图函数 $f(k)$ 确实存在[44], 后来 Guo 又改进了这个函数的值.

定理 7.14.4[344] 对自然数 k, 每个 $(3k-2)$ 强局部半完全有向图有一个为 k 强局部竞赛图的定向.

这里将不证明界 $3k-2$. 然而, 关于半完全有向图有 $f(k) \leqslant 5k$, 我们介绍 Bang-Jensen 和 Thomassen 给出的证明. 这个证明解释了主要思路, 而且 Guo 的证明是这里证明的加细. 根据定理 7.14.3, 仅考虑半完全有向图就足够了.

对 k 运用数学归纳法进行证明, 我们要证明每个 $5k$ 强半完全有向图 D 包含一个支撑 k 强竞赛图. $k=1$ 的情形是容易的, 因为由定理 1.5.1, 每个半完全有向图有一个哈密尔顿圈. 令 C 是 D 的一个哈密尔顿圈, 对 D 的每一个 2 圈任意删去其上的一条弧, 除非 C 使用了这条弧. 在后一种情形中, 删去 2 圈的另一条弧而保护 C, 这就得到 D 的一个支撑强竞赛图. 注意, $k=1$ 的情形也可以由推论 7.2.7 证得.

假定对所有的 $r \leqslant k-1$, 已证明陈述, 即每个 $5r$ 强半完全有向图包含一个支撑 r 强竞赛图. 设 D 是 $5k$ 强半完全有向图, 反设 D 不包含一个支撑 k 强竞赛图. 对这种假设要推出一个矛盾, 首先可知, 必有 $|V(D)| \geqslant 5k+2$; 不然的话, 因为 D 是一个 $5k+1$ 个顶点的完全有向图, 显然它包含一个 k 连通支撑竞赛图.

按照归纳假定, D 包含一个支撑 $(k-1)$ 强竞赛图, 令 T 是从 D 的全体 $(k-1)$ 强支撑竞赛图选取出来且使得下列陈述成立:

(i) T 中规模为 $k-1$ 的分离集的数目 s 是跑遍 D 的全体 $(k-1)$ 强支撑子竞赛图中的最小者.

(ii) T 有一个规模为 $k-1$ 的分离集 S, 使得 $T-S$ 的强分支的数目 m 是跑遍 T 的全体规模为 $k-1$ 的分离集中的最小者.

令 S 是 T 的分离集, 使得 $T-S$ 只有 m 个强分支 $T_1, T_2, \cdots, T_m$ (写成唯一的无圈序). 令 $U=V(T_1)\cup V(T_2)\cup\cdots\cup V(T_{m-1})$ 和 $W=V(T_m)$. 因为 D 是 $5k$ 强有向图, 由 Menger 定理 (推论 7.3.2) 易知, 在 D 中有 $5k$ 条从 W 到 U 的内部不交的路 (见习题 7.19), 这些路中至多有 $k-1$ 条能够通过 S. 于是在 $D-S$ 中至少有 $4k+1$ 条从 W 到 U 的弧, 令 $U' \subset U$ 是 U 中的那些顶点 v, 使得 D 中有从 W 到 U 的以 v 为头的弧; 再令 $W' \subset W$ 是 W 中的那些顶点 v, 使得 D 中有从 W 到 U 的以 v 为尾的弧. 因为 $D-S$ 至少有 $4k+3$ 个顶点, 故 U 或 W 的规模至少为 $2k+2$. 对 $u\in U$, $w\in W$ 的每一次选取, 应用这一点和 $D-S$ 有 $4k+1$ 条内部不交的 (w,u) 路, 根据推论 7.3.2, 便可得 $|U'|\geqslant 2k+1$, 或者 $|W'|\geqslant 2k+1$. 如果必须的话, 可以考虑 D 的逆, 下设 $|U'|\geqslant 2k+1$.

有向图 $T\langle U'\rangle$ 是至少有 $2k+1$ 个顶点的竞赛图, 因而它有一个顶点 x, 在 U' 中 x 至少有 k 个出邻点. 令 y 是 W' 中的一个顶点, 使得 yx 是 D 的一条弧 (因 $x\in U'$, 故 y 存在). 在 T 中有弧 xy (因 U 中的每一个顶点支配 W 中的每一个顶点), 因 x 在 $T\langle U\rangle$ 中有出度至少为 k, 则 T 中至少存在 k 条长为 2 的 (x,y) 路. 令 T' 是 D 的支撑竞赛图, 它是把 T 中的弧 xy 取代为弧 yx 后得到的. 应用引理 7.9.6, 知 T' 没有多于 s 个最小分离集. 然而, 不难看到, 或有 $T'-S$ 是强的 (如果 $x\in V(T_1)$), 或者它的强分支个数小于 $T-S$ 的强分支个数. 按照上面的 (i) 和 (ii), 我们得到与 T 的选取相矛盾的情形. □

通过检查文献 [344] 中 Guo 的证明易知, $(3k-2)$ 强连通性是用这种方法能够证明的最好的界. 然而, 至少对 $k=2$, 这个界不是紧的, 有多于 $2k$ 个顶点的结论:

命题 7.14.5[83]　每个至少有 5 个顶点的 3 强半完全有向图包含一个支撑 2 强竞赛图.

值得注意的是, 大概不能容易地构造具有很多顶点的 k 强半完全有向图, 使得某 2 圈的 2 条弧关于 k 强连通性是临界的 (也就是说, 删去这 2 弧条中的任何一条, 剩余的有向图不再是 k 强有向图). 为了得到一个如此的半完全有向图, 必须把它构造的能够证明它是 k 强半完全有向图, 使得某 2 圈 xyx 具有这样的性质: 使得 $D-\{xy\}$ 和 $D-\{yx\}$ 均不是 k 强的. 在这里, 单行对的概念和引理 7.7.2 是有用的工具. 假设 $D-\{xy\}$ 和 $D-\{yx\}$ 均不是 k 强半完全有向图, 则它们皆是 $(k-1)$ 强半完全有向图. 于是, 在 $D-xy$ 中有单行对 (T_1,H_1), 在 $D-yx$ 中有单行对 (T_2,H_2), 使得 $h(T_1,H_1)=h(T_2,H_2)=k-1$ 以及 $x\in T_1\cap H_2$, $y\in T_2\cap H_2$. 基于这些事实, 就可以构造出具有所期望的性质的半完全有向图. 见图 7.17, 我们将验证它是 k 强半完全有向图的细节留给读者 (习题 7.42).

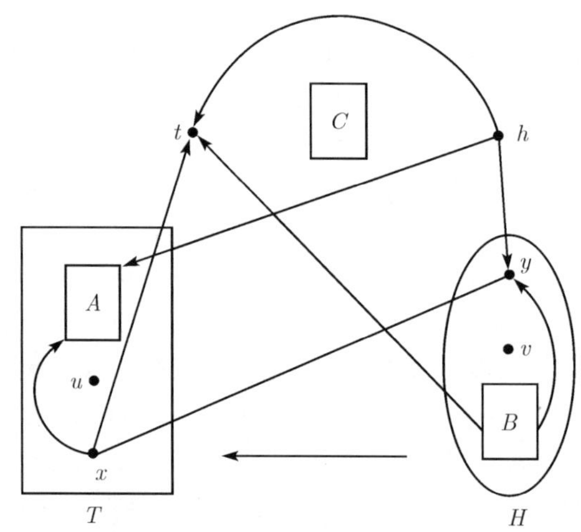

图 7.17 一个 k 强半完全有向图 D

H 和 T 之间的每一条弧是从 H 到 T, 除了把 2 圈 xyx 展示为一条边. 所有没有展示的弧均在 2 圈中. A,B,C 表示至少有一个顶点的任意完全有向图. 集合 C 有 $k-3$ 个顶点, 因此定义 k 为 $|C|+3$. 单行对 T,H (在 $D-xy$ 中) 表明不可删去弧 xy, 并且单行对 (T',H') 定义为 $T'=A\cup\{y,t\}$ 和 $H'=B\cup\{h,x\}$, 则表明不能删去弧 yx

一个半完全有向图 D 中的 2 圈 xyx 叫做**临界的**, 如果删去弧 xy,yx 中的任何一条弧都会减少 D 的顶点强连通性.

问题 7.14.6 研究半完全有向图中临界 2 圈的结构.

作为定理 4.8.5 中拟可传递有向图的特征结构的一个应用, 我们来说明定理 7.14.4 如何对拟可传递有向图有相同的陈述.

推论 7.14.7 对于自然数 k, 每个 $(3k-2)$ 强拟可传递有向图有一个是 k 强拟可传递有向图的定向.

证明 设 D 是 $(3k-2)$ 强拟可传递有向图, 按照定理 4.8.5, D 有一个分解 $D=Q[W_1,W_2,\cdots,W_q]$, $q=|Q|$. 根据推论 7.13.2, 在 D 中删去 W_i 的每一条弧得到的 D_0 也是 $(3k-2)$ 强有向图. 再由定理 4.8.5, 如果 Q 包含一个 2 圈 $q_iq_jq_i$, 则 W_i,W_j 中的每一个的规模均为 1. 在 D_0 中给 $V(W_i)$ 中的每一对顶点之间任意添加一条弧所得的半完全有向图记为 H. 显然, H 至少是 $(3k-2)$ 强半完全有向图, 因而由定理 7.14.4, 它包含一个支撑 k 连通竞赛图 T (删去 H 中的每一个 2 圈里的一条弧, 也就是说 T 是 H 的一个定向). 由构造 H 的方法, 对具有 $|W_1|,|W_2|,\cdots,|W_q|$ 个顶点的竞赛图 $T_1,T_2,\cdots,T_{|Q|}$ 的选取, 知 $T=Q'[T_1,T_2,\cdots,T_q]$, 其中 Q' 是 Q 中的支撑竞赛图, 对 $T=Q'[T_1,T_2,\cdots,T_q]$ 应用推论 7.13.2, 可见拟可传递有向图 $D'=Q'[\overline{K}_{|W_1|},\overline{K}_{|W_2|},\cdots,\overline{K}_{|W_q|}]$ 是 k 强的, 并由上述对 Q 中 2 圈的注解, 知 D' 是 D 的一个支撑子图. 如果删去拟可传递有向图的每一个 2 圈的一条弧, 易见所得到图是拟可传递有向图. 令 W'_i 是在 W_i 中删去每一个 2 圈的一条弧得到的图, $i=1,2,\cdots,W_q$. 我们已经证明 $D''=Q'[W'_1,W'_2,\cdots,W'_q]$ 就是所期望的 D 的 k 强定向. □

注意, 上面的证明指出: 每个 $(3k-2)$ 强拟可传递有向图包含一个支撑 k 强扩张竞赛图.

7.15 拼装割集

本节考虑有向多重图. 设 $D=(V,A)$ 是一个连通有向多重图, 但不是强连通的. D 中一个**有向割** (directed cut) (或简写为 dicut) 是一个形如 $(X,V-X)$ 的弧集合, 其中 X 是 V 的一个非空真子集, 且使得不存在从 $V-X$ 到 X 的弧 (即 $(X,V-X)$ 是一个具有 $h(X,V-X)=0$ 的单行对). 2 个有向割是弧不交的, 如果它们不共享任何一条弧. 注意 2 个有向割 $(X,V-X)$ 和 $(Y,V-Y)$ 可能是弧不交的, 但仍然有 $X\cap Y\neq\varnothing$. 作为一个例子, 我们考虑一条有向路 $x_1x_2\cdots x_k$, 其中集合 $\{(\{x_1,x_2,\cdots,x_i\},\{x_{i+1},x_{i+2},\cdots,x_k\}):\ 1\leqslant i\leqslant k-1\}$ 是一个 $k-1$ 个弧不交割集族 (每一个只包含一条弧). 显然, 当考虑它们的顶点集时, 这些割集相当多地叠加. 为了简明扼要, 有时用 X 就表示有向割 $(X,V-X)$.

一个**有向交** (dijoin) 是一个弧子集 $A'\subset A$, 它覆盖了全体有向割. 分别定义 $\Omega(D)$ 和 $\tau(D)$ 如下:

$$\Omega(D)=D\text{ 中弧不交有向割集的最大数目},$$
$$\tau(D)=\min\{|A'|:\ A'\text{是一个有向交}\}. \tag{7.36}$$

设 $D=(V,A)$ 是连通的, 但不是强连通的. 十分清楚, 收缩某些弧就可以得到一个强有向多重图. 如果收缩一条不在一个有向割 $(X,V-X)$ 中的弧 a, 则在所得

到的有向多重图 $D'=(V',A')$ 中对应的对 $(X',V-X')$ 仍然是有向割. 另一方面, 如果 A' 是一个有向交, 则收缩 A' 中所有的弧, 就得到强有向多重图. 令 $\rho(D)$ 表示弧的最小数目, 收缩这些弧就产生一个强有向多重图. 根据以上论述, 有

$$\Omega(D)\leqslant\rho(D)\leqslant\tau(D). \tag{7.37}$$

注意, 如果 D 是 r 个顶点的有向 (x,y) 路, 则有 $a_1(D)=1$, 因为可以给它添加弧 yx 而产生强有向图. 然而, 通过收缩弧来得到一个强有向多重图, 则必须收缩 $r-1$ 条弧, 可见 $\rho(D)=r-1$. 这已经说明 $\rho(D)$ 和 $a_1(D)$ 之间的差距会任意的大.

设 D 是一个有向多重图. 已知剖分一条弧 xy 的运算是用长度为 2 的路 xuy 来取代这条弧, 其中 u 是一个新顶点. 如果剖分了若干条弧, 则所有 (剖分弧时添加的) 的新顶点是互不相同的.

引理 7.15.1　设 $D=(V,A)$ 是有向多重图, D' 是将 D 的每一条弧剖分一次得到的有向图. 如果 D 有 k 个弧不交的有向割集, 则 D' 有 $2k$ 个弧不交的有向割集.

证明　令 $D'=(V',A')$ 是将 D 中每一条弧剖分一次得到的有向图, 选取 $X_1,X_2,\cdots,X_k$, 使得有向割集 $(X_1,V-X_1),(X_2,V-X_2),\cdots,(X_k,V-X_k)$ 在 D 中是弧不交的, 对于每一个有向割 $(X_i,V-X_i)$, 用 X'_i 表示集合是在 D' 中取 X_i 和剖分离开 X_i 的弧新添加的新顶点之并, 易见 $2k$ 个割集 $(X_j,V'-X_j)$, $(X'_j,V'-X'_j)$ $(j=1,2,\cdots,k)$ 是弧不交的. □

Lucchesi 和 Younger 得到下面的定理, 它指出 (7.37) 式中的等号处处成立.

定理 7.15.2 (Lucchesi-Younger 定理)[528]　设 $D=(V,A)$ 是连通有向多重图, D 或只有一个顶点, 或者 D 不是强连通的. 则有 $\Omega(D)=\tau(D)$.

证明　我们采用 Lovász 的证明[521], 方法是对弧的数目采用数学归纳法. 如果 $A=\varnothing$, 则 D 仅有一个顶点, 自然没有有向割, 因而定理的结论成立.

任取一条弧 $a\in A$, 收缩 a, 然后考虑所得到的有向多重图 D/a. 注意到 D/a 的有向割是那些 D 中不含弧 a 的有向割, 依据归纳假定, 即得 $\tau(D/a)=\Omega(D/a)$. 如果有 $\Omega(D/a)\leqslant\Omega(D)-1$, 则可以用 $\tau(D/a)+1\leqslant\Omega(D)$ 条弧来覆盖 D 的全体有向割, 定理得证. 因而, 下设对于每一条弧 $a\in A$, 有

$$\Omega(D/a)=\Omega(D). \tag{7.38}$$

如果剖分 A 中的每一条弧, 根据引理 7.15.1, 所得到的有向图至少有 $\Omega(D)+1$ 个弧不交的有向割 (仅当 $\Omega(D)=1$, 才有等号). 因此, 从 D 开始剖分任意的弧 (不是前面剖分过的), 得到一个有向多重图序列 $D_0=D,D_1,\cdots,D_h$, 其中对 $i\leqslant h-1$, $\Omega(D_i)=\Omega(D)$ 以及 $\Omega(D_h)=\Omega(D)+1$. 设 f 是在这个程序中最后一个被剖分的

弧, 令 $H = D_{h-1}$, 现在 H 包含了 $\Omega(D)+1$ 个有向割 $X_1, X_2, \cdots, X_{\Omega(D)+1}$, 使得它们之中仅有 2 个具有一条公共弧, 这就是弧 f.

注意到 H/f 是由 G/f 剖分得来的, 因而, 由 (7.38) 式的假定, 有 $\Omega(H/f) = \Omega(D)$, 使得 H 包含 $\Omega(D)$ 个弧不交的有向割 $Y_1, Y_2, \cdots, Y_{\Omega(D)}$, 它们中任何一个均不含弧 f, 可见 $X_1, X_2, \cdots, X_{\Omega(D)+1}$, 而且 $Y_1, Y_2, \cdots, Y_{\Omega(D)}$ 是 H 中一组 $2\Omega(D)+1$ 个有向割, 使得没有属于多于它们中 2 个以上的弧. 于是下面的引理将给出一个矛盾, 隐含 (7.38) 式不能够成立, 从而定理得证.

引理 7.15.3 如果有向图 D 至多包含 k 个弧不交的有向割, $\mathcal{C}$ 是 D 中任意一组有向割, 使得没有一条弧属于它们中 2 个以上的有向割, 则 $|\mathcal{C}| \leqslant 2k$.

证明 说 2 个有向割 $(X, V-X)$, $(Y, V-Y)$ 是交叉的, 如果 X 和 Y 是交叉集. 第一步要对族中交叉集进行除去交叉.

如果 $(X, V-X)$, $(Y, V-Y)$ 是交叉有向割, 依照 (7.2) 式, 则 $(X \cup Y, V-(X \cup Y))$, $(X \cap Y, V-(X \cap Y))$ 的均是有向割, 且有 $d(X,Y) = 0$. 此外, 有向割 $(X \cup Y, V-(X \cup Y))$ 和 $(X \cap Y, V-(X \cap Y))$ 盖住 D 的每一条弧的次数相同于有向割 $(X, V-X)$, $(Y, V-Y)$ (已经使用了 $d(X,Y)=0$). 令 $\mathcal{C}' = \mathcal{C} - \{(X, V-X), (Y, V-Y)\} + \{(X \cup Y, V-(X \cup Y)), (X \cap Y, V-(X \cap Y))\}$. 则 $\mathcal{C}'$ 具有与 $\mathcal{C}$ 相同的性质, 没有弧盖住 $\mathcal{C}$ 中 2 个以上的有向割. 此外, 有

$$\sum_{(X,V-X)\in\mathcal{C}} |X|^2 \leqslant \sum_{(Z,V-Z)\in\mathcal{C}'} |Z|^2. \tag{7.39}$$

由于 X, Y 交叉, 有 $|X \cup Y|^2 + |X \cap Y|^2 > |X|^2 + |Y|^2$. 因此, 如同上面所做的, 如果取代两两交叉的有向割, 最终得到一个规模为 $|\mathcal{C}|$ 的新族 $\mathcal{C}^*$, 使得 $\mathcal{C}^*$ 中的有向割是两两不交叉的, 且 D 中无弧属于 $\mathcal{C}^*$ 中 2 个以上的有向割. 所以, 下面只要证明 $\mathcal{C}^*$ 至多包含了 $2k$ 个有向割.

令 $\mathcal{C}^* = \{Z_1, Z_2, \cdots, Z_M\}$, $A_i = (Z_i, V-Z_i)$ $(1 \leqslant i \leqslant M)$ 是对应的弧集. 我们来构造一个无向图 $G(\mathcal{C}^*) = (V, E)$: $V = \{v_1, v_2, \cdots, v_M\}$, 在 v_i 和 v_j 之间有一条边当且仅当 $A_i \cap A_j \neq \varnothing$. 因为 D 至多包含了 k 个弧不交的有向割, 则 $G(\mathcal{C}^*)$ 至多有 k 个独立集. 只需证明 $G(\mathcal{C}^*)$ 是二部分图, 因为已经有 $|\mathcal{C}| = |\mathcal{C}^*| \leqslant 2k$.

令 $v'_1 v'_2 \cdots v'_s v'_1$ 是 $G(\mathcal{C}^*)$ 中的任意一个圈, 注意到所对应有向割 $A'_1, A'_2, \cdots, A'_s$ 的弧集合必须是不同的, 这是因为若对 $1 \leqslant i < j \leqslant s$, 有 $(Z'_i, V-Z'_i) = (Z'_j, V-Z'_j)$, 则 $(Z'_i, V-Z'_i)$ 中的每一条弧被盖住 2 次 (由 $(Z'_i, V-Z'_i)$ 和 $(Z'_j, V-Z'_j)$). 因而在 $G(\mathcal{C}^*)$ 中, 顶点 v'_i 和 v'_j 的度数均只有 1, 这与它们在一个圈上的事实矛盾. 也要注意到, 若 2 个有向割 $(X, V-X)$ 和 $(Y, V-Y)$ 满足 $X \cup Y = V$, 则它们是弧不交的, 在 $G(\mathcal{C}^*)$ 中没有相邻的.

因对 $0 \leqslant i \leqslant s-1$, 有 $A'_i \cap A'_{i+1} \neq \varnothing$, 其中 $A'_0 = A'_s$, 根据上面的注解, 可得 $Z'_i \subset Z'_{i+1}$, 或者 $Z'_{i+1} \subset Z'_i$. 下面证明 2 种可能性交替出现, 即 s 是偶数. 反

设不是这样的, 不妨设 $Z'_0 \subset Z'_1 \subset Z'_2$. 我们说一个有向割 A'_i 是到另一个有向割 A'_j 的**左侧**, 如果有 $Z'_i \subset Z'_j$, 或者 $Z'_i \cup Z'_j = V$ (它等价于 $V - Z'_i \subset Z'_j$), 说 A'_i 是到 A'_j 的**右侧**, 如果 $Z'_i \cap Z'_j = \varnothing$ (等价于 $Z'_i \subset V - Z'_j$), 或 $Z'_j \subset Z'_i$ (等价于 $V - Z'_i \subset V - Z'_j$). 见图 7.18. 因为 $\mathcal{C}^*$ 不含交叉成员, 每一个 A'_i $(\neq A'_j)$ 要么是到 A'_j 的右侧, 要么到 A'_j 的左侧. 因为 A'_2 是到 A'_1 的右侧, 且 $A'_0 = A'_s$ 是到 A'_1 的左侧, 则有某 $2 \leqslant j \leqslant s-1$, 使得 A'_j 是到 A'_1 的右侧, A'_{j+1} 是 A'_1 的左侧. 先设 $Z'_j \cap Z'_1 = \varnothing$, 则当 A'_{j+1} 和 A'_j 有公共弧, 不能够有 $Z'_{j+1} \subset Z'_1$. 所以, 必须是 $Z'_1 \cup Z'_{j+1} = V$, 则任何 2 个 A'_j 和 A'_{j+1} 的公共的弧 a 进入 Z'_1, 这与 $d^-(Z'_1) = 0$ 矛盾. 因而, 必须是 $Z'_1 \subset Z'_j$. 事实上, A'_j, A'_{j+1} 有公共的弧 a (因此, $Z'_j \subset Z'_{j+1}$, 或者 $Z'_{j+1} \subset Z'_j$) 以及由 j 的选取, 隐含 $Z'_{j+1} \subset Z'_1 \subset Z'_{j+1}$. 这说明弧 a 属于 3 个有向割 A'_1, A'_j 和 A'_{j+1}, 矛盾, 这就完成了引理 7.15.3 的证明. 综合上面的论证, 这也完成了定理 7.15.2 的证明. □

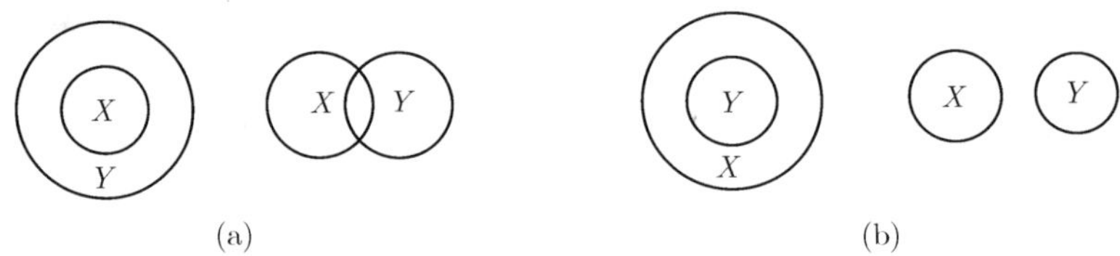

图 7.18 对割集是到右侧和到左侧的定义的解释

在 2 种情况中, 在 (a) ((b)) 里有向割 $(X, V-X)$ 是到有向割 $(Y, V-Y)$ 的左侧 (右侧). 在 (a) 的右侧, 有 $X \cup Y = V$

结合 (7.37) 式和定理 7.15.2, 有

推论 7.15.4 设 D 是非强有向多重图, 它的底图是连通的. 则有 $\rho(D) = \tau(D)$, 也就是说, 收缩 $\tau(D)$ 条弧就可以把 D 变成强连通的.

定理 7.15.2 的证明不是构造性的, 但是使用了子模流, 可以在多项式时间内找到 D 的一个**最小有向交** $A' \subseteq A$, 见推论 8.8.10.

7.16 应用：关于 k(弧) 强连通性的小认证

我们用一个具有实际意义的专题来结束这一章. 同时也给出本章中几个概念的重要应用.

令 $D=(V,A)$ 是 k(弧) 强有向多重图. D 的一个最小费用支撑子图 $D'=(V,A')$ 的费用 (用弧的数目度量, 或当 D 是赋权 k(弧) 强有向多重图时, 就是弧费用的总和) 等于多少, 使得 D' 是 k(弧) 强有向多重图? D 的一个支撑 k(弧) 强子图 D' 叫做 D 的关于 k(弧) 强连通性的一个**认证** (certification). 寻找关于 k(弧)

强连通性的一个最优化认证 (也就是最小费用) 是困难问题, 甚至是对 $k=1$ 时的情形也是如此. 如果所有费用是 1 (也就是仅计数弧的条数), 则最优化 D' 有 n 条弧当且仅当 D 有一个哈密尔顿圈. 于是, 当 $k=1$ 和有一致的费用时, 这个问题早已是 $\mathcal{NP}$ 困难问题. 综上所述, 哈密尔顿圈问题是关于强连通性寻找一个最优化认证问题的一个特殊情形. 这就使得我们考虑具有如下性质的有向图类是有意义的, 即关于这些图类哈密尔顿圈问题是多项式可解的, 而且能够关于顶点强连通性寻找最优化认证的复杂性. 在 6.11 节中, 我们已经对于几个竞赛图的推广类做了如此的工作.

在实际应用中我们要加速算法, 重要的是研究具有 k(弧) 连通性的小认证. 这说明有意义的是寻找多项式算法能够为 k(弧) 强连通性确定一个认证 D', 而且 D' 的费用不大于最优化认证费用的某常数 (大于 1) 倍①.

本节将给出最近由 Cheriyan 和 Thurimella 得到的几个结果, 这些结果表明：k 值越高, 近似一个最小 k(弧) 强支撑子图的规模就越好[151].

7.16.1 寻找强连通性的小认证

对于情形 $k=1$, 因为 D 是 1 强有向图当且仅当 D 也是 1 弧强有向图, 我们可以使用在定理 7.10.1 的证明中所运用的 2 **近似算法**. 然而, 可以做得比这个更好. 当 $k=1$ 时, 对强连通性寻找一个小认证的问题是寻找一个有向多重图的**最小等价有向子图** (minimum equivalent subdigraph) 问题的特殊情形②. 也就是说, 对给定的有向图 D, 寻找一个具有尽可能少的弧的支撑子图 D', 使得 D' 包含一条 (x,y) 路当且仅当对于每一对 $x,y\in V(D)$ 的选取, D 也有一条 (x,y) 路 (这是清楚的, D' 将不含多重弧, 因此必须是一个有向图). 这个具有许多实际应用的问题已被文献 [5, 317, 434, 478, 479, 554, 636, 673] 等深入地研究, 读者可参见 4.3 节.

现设 D 是强连通有向图 (前面曾假定 D 无多重弧, 因为多重弧不出现在一个最小强有向多重图中). Khuller, Raghavachari 和 Young 获得关于任意强连通有向图的最小强连通子图的规模的 1.65 近似算法[478]. 文献 [478] 中算法的主要思路是找到一个长圈, 然后收缩它, 且接连不断地进行这个过程. 文献 [478] 的作者证实能够实施这个方法, 并在多项式时间内得到不超过一个最优化解的规模 1.65 倍的一个解. 后来, 使用文献 [479] 的结果, 这个算法可以被改进约为 1.61.

Khuller, Raghavachari 和 Young 也考虑了问题中的有向图没有多于 r 条弧的圈的限制. 就是称为 SCCS_r 的问题[478]. 文献 [479] 给出了如果仅考虑每个长为 3

① 如此的一个多项式算法和寻找一个解 (关于最小化问题) 的费用至多是一个最优化解的 μ 倍 ($\mu\geqslant 1$), 统称为关于这个问题的一个 μ **近似算法** (μ-approximation algorithm).

② 实际上, 它是最重要的成分, 因为一旦知道每个强分支内最好的子图, 则可把每个强分支收缩到一个顶点, 并且考虑寻找一个无圈有向多重图的最小等价有向子图的问题. 根据命题 4.3.5, 这个问题在多项式时间内是可解的.

的圈的有向图, 则可以在多项式时间内找到最优化认证, 算法基于下面的定理:

定理 7.16.1[479] 在时间 $O(n^2)$ 内可将 $SCCS_3$ 问题简约到在一个二部分图内寻找最小边覆盖的问题①.

这为 $SCCS_3$ 问题找到了一个 $O(n^2+m\sqrt{n})$ 时间算法, 因为在一个二部分图内寻找一个最小边覆盖问题等价于在该图内寻找一个最大匹配问题[497]. 最后的问题可以在时间 $O(m\sqrt{n})$ 内解决 (见定理 3.11.1).

然而, 已知 $SCCS_5$ 问题是 $\mathcal{NP}$ 困难问题, $SCCS_{17}$ 甚至是 MAX $\mathcal{SNP}$ 困难问题, 这意味着对这个问题不可能存在一个多项式近似设计, 除非 $\mathcal{P}=\mathcal{NP}$ 为真[478]. Khuller, Raghavachari 和 Young 提出涉及权重类型的问题, 其目标是寻找一个最小权重支撑强有向子图.

问题 7.16.2[478] 对具有 $\mu<2$ 最小权强连通性认证, 是否存在一个 μ 近似算法?

可根据寻找具有已知根的最小费用入分枝 (出分支) 在多项式时间内解决具有近似保证 2 的多项式算法的存在性 (见 9.10 节). 事实上, 若 F_r^- (F_r^+) 是以 r 为根的最小费用入分枝 (出分枝), 则 $D'=(V,A(F_r^-)\cup A(F_r^+))$ 是强有向图, 显然费用至多是最优费用的 2 倍. 在习题 7.49 中, 要求读者证明这个方法的近似保证不低于 2.

前面我们曾提醒读者, 当 D 属于几类推广竞赛图之一的情形时, 6.11 节中的结论说明能够在多项式时间内找到一个有向图 D 的最优化强有向子图.

7.16.2 寻找 k 强认证 $(k>1)$

Cheriyan 和 Thurimella 最近给出了一个具有非常好的近似保证的近似算法, 归因于他们把一些关于 (有向) 图的子图的相当初等的结果与有关反有向迹和 k 临界弧 (定理 7.10.7) 的 Mader 的强有力的结果相结合. 我们先介绍 2 个关于子图的结果, 然后描述文献 [151] 中的简洁算法.

命题 7.16.3[151] 设 $B=(V,E)$ 是具有最小度 k 的二部分图. 令 $E'\subset E$ 是 E 的最小基数子集, 使得 $B'=(V,E')$ 有最小度 $k-1$. 则 $|E'|\leqslant|E|-|V|/2$, 且这个界是最好的.

命题 7.16.4 存在一个多项式算法 $\mathcal{A}$, 对给定的具有最小半度 $\delta^0(D)\geqslant r$ 的有向多重图 $D=(V,A)$, 返回一个最小基数子集 $A'\subseteq A$, 使得有向多重图 $D'=(V,A')$ 满足 $\delta^0(D')\geqslant r$②.

证明 在一个由 D 构造的合适的网络上使用最小值 (最小费用) 流算法就能够解决这个问题 (以及更一般的最小弧费用版本). □

① 无向图 $G=(V,E)$ 的一个**边覆盖** (edge cover) 是一个边集合 $E'\subset E$, 使得每一个顶点 $v\in V$ 至少与 E' 中的一条边关联.

② 原文把命题中的 2 个最小半度均写为 $\delta(D)\geqslant r$ 和 $\delta(D')$. —— 译者注

定理 7.16.5[151] 存在一个多项式算法, 对给定的 k 强有向图 $D=(V,A)$, 返回 D 的一个支撑 k 强子图 $D''=(V,A'')$, 使得 $|A''|\leqslant\left(1+\frac{1}{k}\right)|A^*_{\rm opt}|$, 其中 $A^*_{\rm opt}$ 表示 A 中一个最小基数弧集, 使得 $D^*=(V,A^*_{\rm opt})$ 是 k 强有向图.

证明 令 $\mathcal{B}$ 是如下的算法：

算法 $\mathcal{B}$

输入：一个有向图 $D=(V,A)$ 和一个自然数 k, 使得 D 是 k 强有向图.

输出：关于 D 的 k 强连通性的一个小认证 $\tilde{D}=(V,\tilde{A})$.

1. 运用命题 7.16.4 中的算法 $\mathcal{A}$ 来寻找一个最小基数子集 $A'\subset A$, 使得有向图 $D'=(V,A')$ 具有 $\delta^0(D')\geqslant k-1$;
2. 令 $\tilde{A}=A-A'$;
3. 寻找一个最小 (关于包含) 子集 $A''\subset\tilde{A}$, 且具有性质 $\tilde{D}=(V,A'\cup A'')$ 是 k 强有向图;
4. 返回 $\tilde{D}$.

显然, $\tilde{D}=(V,A'\cup A'')$ 是 k 强有向图, 所以, 我们就能够专注于近似因子和运行时间.

为了明白所断言的近似因子, 令 $D^*=(V,A^*_{\rm opt})$ 表示关于 D 的 k 强连通性的一个任意最优化认证, 显然有

$$|A'|\leqslant|A^*_{\rm opt}|. \tag{7.40}$$

为了给出 A'' 规模的界, 我们使用定理 7.10.7, 且断言 $D''=(V,A'')$ 没有反有向迹. 反设它有, 并且令 T 是 $\tilde{D}$ 的一个反有向迹, 注意到 T 是 $\tilde{D}$ 的一个有向子图, 因而可以对 $\tilde{D}$ 运用定理 7.10.7. 因为 A'' 的每一条弧在 $\tilde{D}$ 中是 k 临界的, 则对 $\tilde{D}$ 运用定理 7.10.7 时, 只有 (b) 或者 (c) 成立, 然而, 由 A' 的选取, 在 $\tilde{D}$ 中 (b) 不成立, (c) 也不成立, 这是因为 T 的每一个源 (收点) 在 D 中至少有出度 (入度) $k+1$. 从而, T 不存在, 并且 D'' 也没有反有向迹. 按照这一点, 考虑二部分表示 $BG(D'')$, 有

$$|A''|\leqslant 2|V|-1. \tag{7.41}$$

这个证明留作习题 7.48 (见第 1 章关于 $BG(D)$ 的定义).

将 (7.40) 式与 (7.41) 式结合, 易知 $\mathcal{B}$ 的近似保证至少和 $(1+\frac{2}{k})$ 一样的好. 然而, 使用命题 7.16.3 还能够把工作做得稍好一些. 令 A^{**} 是 $A^*_{\rm opt}$ 最小基数子集, 使得支撑子图 $D^{**}=(V,A^{**})$ 具有 $\delta^0(D^{**})\geqslant k-1$.

考察 D^* 的二部分表示 $BG(D^*)$ 和分别对应于 $A^*_{\rm opt}$ 和 A^{**} 的边集合 E^* 和 E^{**}, 根据命题 7.16.3, 有

$$|A^{**}|=|E^{**}|\leqslant|E^*|-|V(BG(D^*))|/2=|A^*_{\rm opt}|-|V|. \tag{7.42}$$

由 A' 的选取, 有 $|A'| \leqslant |A^{**}|$, 因为, 显然有 $|A^*_{\rm opt}| \geqslant k|V|$, 则 (7.41) 式和 (7.42) 式给出

$$\frac{\tilde{A}}{|A^*_{\rm opt}|} \leqslant \frac{|A^*_{\rm opt}| - |V| + (2|V| - 1)}{A^*_{\rm opt}} \leqslant 1 + \frac{1}{k}. \tag{7.43}$$

余下证明 $\mathcal{B}$ 能够准确地在多项式时间内运行. 步骤 1 能够由多项式算法 $\mathcal{A}$ 执行, 已经在习题 7.47 中证得 $\mathcal{A}$ 的存在性. 步骤 3 可以从 D 开始, 一条接一条的删去 $\tilde{A}$ 的弧, 直到 $\tilde{A}$ 中剩余的弧皆为 k 临界的. 显然, 这部分工作可以使用任何一个判定有向图是否为 k 强的算法在多项式时间内实施①. □

在文献 [151] 中, 作者声称此算法的运行时间能够确定为 $O(k|A|^2)$.

7.16.3　关于弧强连通性认证

在定理 7.10.1 中已经看到对 k 弧强连通性, 使用**弧不交入分枝、出分枝**就能够用一个 2 因子来近似关于 k 弧强连通性的最优化认证规模 (用弧的数目度量). 在第 9 章读者将看到, 甚至能够控制弧上有费用的情形, 并得到一个 2 近似算法. 因为 D 是 1 弧强的充要条件为它是强的, 在上面对顶点强连通性的讨论中已经解决了 $k = 1$ 时的情形.

Cheriyan 和 Thurimella 证得关于弧强连通性的情形, 当弧强连通性越高, 近似最优化认证的规模就越好.

定理 7.16.6[151]　存在一个多项式算法, 对于一个给定的 k 弧强有向图 $D = (V, A)$ 返回 D 的一个支撑 k 弧强子图 $D' = (V, A')$, 使得 $|A'| \leqslant (1 + 4/\sqrt{k})|A_{\rm opt}|$, 其中 $|A_{\rm opt}|$ 表示关于 k 弧强连通性的一个最优化认证中弧的数目, 这个算法的运行时间是 $O(k^3|V|^3 + |A|^{1.5}(\log(|V|)^2)$.

证明　因为证明的主要思路类似于顶点强连通性的情形, 所以, 我们仅给出证明的框架. 令 $D = (V, A)$ 是 k 弧强的. 运用算法 $\mathcal{A}$ 先找出一个最小基数子集 $U \subset A$, 使得 $H = (V, U)$ 以及 $\delta^0(H) \geqslant k$. 然后寻找一个两两包含的最小子集 $U' \subset (A - U)$, 使得 $\tilde{H} = (V, U \cup U')$ 是 k 弧强的. 如同定理 7.16.5 的证明一样, 关键步骤是估计 U' 的规模, 因为 $|U|$ 明显至多是一个最优化解的规模.

为了估计 $|U'|$, 我们要使用如下的定义: 称一个 k 弧强有向图 W 的一条弧 uv 是**特定的**, 如果 $W - uv$ 不是 k 强有向图, 且有 $d^+_W(u) \geqslant k + 1$, $d^-_W(v) \geqslant k + 1$. 显然, 在 $\tilde{H}$ 中集合 U' 中的每一条弧是特定的, 则有下面的估计:

定理 7.16.7[151]　设 $k\ (\geqslant 1)$ 是整数, $W = (V, A)$ 是 k 强有向图. 则 W 中特定弧的数目至多为 $4|V|\sqrt{k}$.

结合 $|A'|$ 不大于一个最优化认证规模的事实, 我们证得定理. 复杂性的界直接引用文献 [151]. □

关于文献 [151] 的一个推广版本读者也可参见文献 [152].

① 原文把这段证明中的 2 个最小半度写为 $\delta(D') \geqslant k - 1$ 和 $\delta(D^{**}) \geqslant k - 1$. —— 译者注

7.17 习　题

7.1 $|N^-|$ **和** $|N^+|$ **的子模性**. 证明命题 7.1.3.

7.2 (−) 证明推论 7.2.3.

7.3 **转换一个有向多重图和它的网络表示的复杂性**. 证明: 给定一个有向多重图 D, 可以在多项式时间内构造它的网络表示 $\mathcal{N}(D)$. 说明反过来的转换并不可能总是在网络表示规模的多项式时间内完成. 提示: 假设用双数表示容量.

7.4 证明: 若 $D=(V,A)$ 是欧拉有向多重图, X 是 V 的一个非空真子集, 则 $d^+(X)=d^-(X)$.

7.5 验证: 每个 k 正则竞赛图是 k 弧强的.

7.6 (−) 证明: 每个欧拉有向多重图是强的.

7.7 设 D 是一个有向图, s 是 D 的一个顶点, k 是自然数, 并假定对每一个顶点 $v\in V(D)-s$, 有 $\min\{\lambda(s,v),\lambda(v,s)\}\geqslant k$. 证明: $\lambda(D)\geqslant k$.

7.8 (−) **平面图的顶点强连通性**. 在一个具有 n 个顶点和 m 条边的平面无向图中, 依照欧拉公式 (见推论 4.14.3), 总有 $m\leqslant 3n-6$. 证明: 不存在 6 强平面图.

7.9 (−) 设 D 是 k 强有向图, a 是 D 的任意一条弧. 证明: 有向图 $D-a$ 是 $(k-1)$ 强的.

7.10 (−) 设 D 是 k 强有向图, a 是 D 的任意一条弧, 在 D 中反转 a 的方向得到新有向图 D'. 证明: D' 是 $(k-1)$ 强有向图.

7.11 **圈幂的连通性**. 一个圈 $C=v_1v_2\cdots v_nv_1$ 的 k 次幂是具有顶点集 $\{v_1,v_2,\cdots,v_n\}$ 和弧集合 $\{v_iv_j:\ i+1\leqslant j\leqslant i+k,\ i=1,2,\cdots,n\}$ 的有向图. 证明: n $(\geqslant k+1)$ 个顶点的圈的 k 次幂是 k 强有向图.

7.12 (−) 对于每一个自然数 k, 描述一个 k 强有向图 D, 使得反转 D 的任何一条弧必将产生一个强连通性小于 k 的有向图.

7.13 (+) **寻找 k 条最小总权重的弧不交的 (x,y) 路**. 设 $D=(V,A,w)$ 是具有弧权的有向多重图, $x,y\in V$ 是 D 的不同顶点, k 是自然数. 描述一个多项式算法, 用它可寻找 k 条弧不交 (x,y) 路的一个最小权组, 或者揭示 D 不含有 k 条弧不交的 (x,y) 路. 提示: 使用流, 运用一个相似的方法论证能够找到 k 条内部不交的最小总权的 (x,y) 路.

7.14 (+) **最小增广确保 k 条弧不交的 (s,t) 路**. 令 $D=(V,A,w)$ 是一个有向多重图, s,t 是 D 的 2 个特定的顶点, k 是自然数, 使得 D 不含 k 条弧不交 (s,t) 路. 证明: 尽可能最优化地增广 D, 使得新有向多重图包含 k 条弧不交 (s,t) 路, 添加的每一条新弧均是从 s 到 t. 对弧上有权的情形, 考虑相同的问题. 设计一个算法可寻找到最便宜的新弧集, 把它加到 D 上后产生一个包含 k 条弧不交的 (s,t) 路的有向多重图. 提示: 使用最小费用流.

7.15 (+) **添加最少数目的新弧使得新有向图有以 s 为根的 k 条弧不交的出分枝**. 说明如何把这个问题简约到一般的 k 弧连通增广. 尝试为新弧的最优化数目推导出一个最大最小公式.

7.16 **Menger 定理和最大流最小割定理的等价性**. 证明: 对于整值容量的网络, Menger 定理隐含了最大流最小割定理.

7.17 **加细 Menger 定理**. 设 D 是 k 强有向多重图. 令 $x_1,x_2,\cdots,x_r,\ y_1,y_2,\cdots,y_s$ 是

D 的不同顶点, 且设 $a_1, a_2, \cdots, a_r$, $b_1, b_2, \cdots, b_s$ 是自然数, 满足

$$\sum_{i=1}^{r} a_i = \sum_{j=1}^{s} b_j = k.$$

证明: D 包含 k 条内部不交的路 $P_1, P_2, \cdots, P_k$, 它们中只有 a_i (b_j) 条从 x_i 出发 (终止在 y_j). 如果用弧强连通性取代顶点强连通性, 论证关于弧不交路的相似叙述是真实的.

7.18 **关于无向图的 Menger 定理的加细**. 证明: 对于无向图, 有相似于习题 7.17 表述的结论.

7.19 **关于顶点集合的 Menger 定理**. 设 D 是 k 强有向图, X, Y 是 $V(D)$ 的不同子集. 证明: D 包含 k 条内部不交的从 X 出发、终止在 Y 的路, 并在 X (Y) 内它们具有唯一的出发 (终止) 顶点.

7.20 **增广无圈竞赛图到 k 强连通**. 证明: 给具有 n ($\geqslant k+1$) 个顶点的无圈竞赛图添加 $k(k+1)/2$ 条弧而产生 k 强有向图. 提示: 利用习题 7.11.

7.21 (+) **线性时间内的耳朵分解**. 补充推论 7.2.5 证明中缺失的算法细节, 尤其是要描述如何存储弧使得在线性时间内找到耳朵分解.

7.22 (+) **线性时间内混合图的强定向**. 给出一个 $O(n+m)$ 算法来寻找一个混合图的强定向, 或者证明不存在此定向[157].

7.23 (+) **包含特定弧的圈有向子图**. 证明: 设 D 是 k 强 (或 k 弧强) 有向图, $e_1, e_2, \cdots, e_k$ 是 D 的弧, 使得任何 2 条弧没有公共的头或尾, 则 D 有一个圈子图 (或是一组弧不交的圈) $\mathcal{F} = \{C_1, C_2, \cdots, C_r\}$ ($1 \leqslant r \leqslant k$), 使得每一条弧 e_i 只是 $\mathcal{F}$ 中唯一的一个圈上的弧. 提示: 添加 2 个新顶点 s, t, 适当地将它们连接到 D, 然后对 s 和 t 应用 Menger 定理.

7.24 证明: 每一个 s 正则圆有向图的强顶点连通度和弧连通度均等于 s [34].

7.25 **无向图完全双定向的连通性**. 对某 $k \geqslant 1$, 设 G 是 k 连通无向图, 且 D 是 G 的完全双定向. 证明: 对 D 的每条弧 xy, 有向图 $D - xy$ 是 k 强的当且仅当 $D - \{xy, yx\}$ 是 k 强有向图.

7.26 **添加顶点产生新的 k 强有向图**. 设 D 是 k 强有向图, x 是一个新的顶点. 添加 k 条从 x 到 D 的不同顶点的弧, 再添加 k 条从 D 的不同顶点到 x 的弧, 所得的图记为 D'. 证明: D' 是 k 强有向图.

7.27 **添加顶点得到新的 k 弧强有向多重图**. 设 D 是 k 弧强有向多重图, x 是一个新顶点, 添加从 x 到 D 中任何顶点的 k 条弧, 再添加从 D 的任何顶点到 x 的 k 条弧, 得到有向多重图 D'. 证明: D' 是 k 弧强有向多重图.

7.28 (+) **Frank 算法中弧的贪婪删除**. 说明如何应用流来实施 7.6 节中 Frank 算法的步骤 2 和步骤 3, 从而找到弧的最大数目, 对于每一个顶点 v_i 可以删去这些弧[258]. 提示: 令 t 是 $V - v_i$ 的一个顶点, 重合 s 和 t 成为一个顶点 t', 然后在所得到的有向多重图中计算 $\lambda(v_i, t')$. 对所有的顶点 $t \in V - v_i$ 进行此过程, 令 ρ 表示所计算的数中最小者. 应用 Menger 定理, 说明可以删去 $\min\{\mu(v_i, s), \rho - \kappa\}$ 条从 v_i 到 s 的弧而不与 (7.9) 式冲突.

7.29 对图 7.19 中的有向图运行 Frank 算法, 目标是得到一个 2 弧强有向多重图.

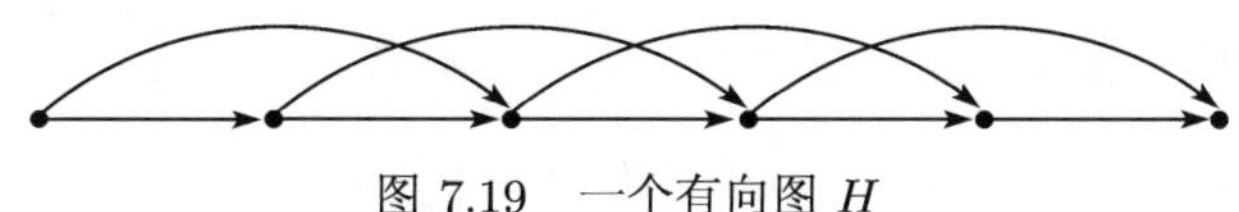

图 7.19　一个有向图 H

7.30 (+) **寻找可容许撕裂**. 说明 7.6 节中 Frank 算法的步骤 5 可以运用流来执行, 也就是说明如何判定一个已知撕裂 (us, sv) 是否为可容许的, 即在 V 中 k 弧强连通性[258]. 提示：需要判定是否存在一个集合 $U \subset V$, 使得 $u, v \in U$, 且有 $d^+(U) = k$, 或是 $d^-(U) = k$. 运用流就可以完成, 方法相似于习题 7.28 的提示里所描述的.

7.31 (+) 令 $D = \vec{C}_n[\overleftrightarrow{K}_k, I_1, \overleftrightarrow{K}_k, \cdots, \overleftrightarrow{K}_k, I_1]$, 其中 I_1 表示只有一个弧立顶点的有向图, n 为偶数. 证明：$\gamma_k(D) = k$, 尝试确定 $a_k(D)$.

7.32 设 H 是图 7.19 中给出的有向图. 确定 $a_2(H)$ 和一个具有 $a_2(H)$ 条弧的集合, 把这个弧集合加到 H 上而产生一个 2 强有向图. 使用单行对来验证最优化性.

7.33 设 D 是一个有向图, 且有 $\kappa(D) = k$, 并假定 $\gamma^*_{r+1}(D) = 2k + 1$. 证明：$a_{k+1}(D) = \gamma^*_{k+1}(D)$.

7.34 设 D 是图 7.9 中所给出的有向图. 证明：$r_2(D) \geqslant 2$.

7.35 推广图 7.9 中的例子, 从而得到一个有向图的集合 $\mathcal{D} = \{D_1, D_2, \cdots\}$, 使得 $\mathcal{D}$ 中的每一个 D_k 满足 $r_k(D_k) > a_k(D_k)$, $k = 1, 2, \cdots$.

7.36 **半完全有向图中具有高入度和高出度的顶点**. 证明：每一个至少有 $4k - 1$ 个顶点的半完全有向图有一个顶点 x, 使得 $d^+(x)$, $d^-(x) \geqslant k$, 并说明这是最好的.

7.37 **最小 k 出临界集是强连通的**. 证明：设 D 是有向多重图, X 是一个最小 k 出临界集, 则导出图 $D\langle X\rangle$ 是强连通有向多重图.

7.38 **在局部半完全有向图中移走一个最小分离集**. 证明引理 7.13.4.

7.39 **由定理 7.8.1 推证定理 7.6.3**. 说明：定理 7.6.3 可由定理 7.8.1 证得. 提示：使用 (7.22) 式和 2 个是 (S, T) 独立的方法来推证定理 7.6.3.

7.40 设 T 是图 7.20 中具有 7 个顶点的竞赛图. 证明：$r_2(T) = 1$ 和 $r_2(T - v) = 3$.

7.41 由定理 7.11.2 证明推论 7.11.4.

7.42 **具有一个 k 临界 2 圈的半完全有向图**. 证明：图 7.17 中的有向图是 k 强半完全有向图, 但是 $D - xy$ 和 $D - yx$ 均不是 k 强的.

7.43 **构造 k(强) 连通 k 正则 (有向) 图**. 证明：一个无向圈的 r 次幂是 $(2r)$ 连通图. 令 n 是偶数, G 是给偶圈 $v_1v_2\cdots v_{2k}v_1$ 的 r 次幂添加最长对角 $(v_1v_{k+1}, v_2v_{k+2}$, 等等) 后得到的图. 证明：G 是 $(2r + 1)$ 连通图. 这些图均为 Harary 得到的[399], 读者可参见 Thulasiraman 和 Swamy 编写的书[717].

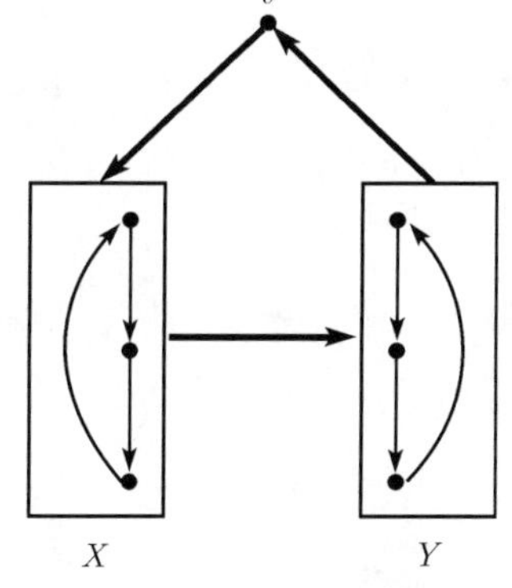

图 7.20　7 个顶点的强竞赛图 T
粗弧表示集合间所有指定方向的弧

7.44 **单行对上函数 $h(X, Y)$ 的双子模性**. 设 $D = (V, A)$ 是一个有向图, $X, Y \subset V$, 已知 (X, Y) 是一个单行对, 如果没有从 X 到 Y 的边, 定义 $h(X, Y) := |V - (X \cup Y)|$. 证明：函数 $h(X, Y)$ 是**双子**

模 (bi-submodular), 即选取单行对 (X,Y), (X',Y'), 总有

$$h(X,Y)+h(X',Y')\geqslant h(X\cup X',Y\cap Y')+h(X\cap X',Y\cup Y')$$

成立. 提示: 考虑一个顶点 $v\in V$ 对不等式每一端的贡献.

7.45 设 D 是 k 强有向图, 但不是 $(k+1)$ 强有向图. 如果 $h(X,Y)=k$, 称单行对 (X,Y) 是**临界单行对**. 依据引理 7.7.2, 族 $\mathcal{F}=\{(X,Y):\ (X,Y)$ 是一个临界单行对$\}$ 是非空的. 证明: $\mathcal{F}$ 是集合对的交叉族, 即若 (X,Y), $(X',Y')\in\mathcal{F}$, 满足 $X\cap X'\neq\varnothing$ 和 $Y\cap Y'\neq\varnothing$, 则有 $(X\cup X',Y\cap Y')$, $(X\cap X',Y\cup Y')\in\mathcal{F}$. 提示: 使用习题 7.44.

7.46 **每一个顶点为临界的大 3 强竞赛图**. 证明: 图 7.13 中类 $\mathcal{T}$ 的每个竞赛图是 3 强的, 每一个不同于 x,y 的顶点均是临界的.

7.47 **寻找具有度上特定界的子图**. 描述一个多项式算法可用于输入 n 个顶点的有向图 $D=(V,A)$, 非负整数 $a_1,a_2,\cdots,a_n$, $b_1,b_2,\cdots,b_n$, 对于每一个 $i=1,2,\cdots,n$, 有 $d_D^+(v_i)\geqslant a_i$ 和 $d_D^-(v_i)\geqslant b_i$. 然后, 返回 A 的一个最小基数子集 A', 使得有向图 $D'=(V,A')$ 对于每一个 $i=1,2,\cdots,n$ 满足 $d_{D'}^+(v_i)\geqslant a_i$ 和 $d_{D'}^-(v_i)\geqslant b_i$. 提示: 使用流和类似于定理 3.11.5 的证明中使用过的网络.

7.48 证明: 若有向图 $D=(V,A)$ 不含反有向迹, 则 $|A|\leqslant 2|V|-1$. 提示: 考虑 D 的二部分表示 $BG(D)$, 并证明它无圈.

7.49 (+) 证明: 对于每一个 p $(1<p<2)$, 存在一个赋权有向图 $D=D(p)$, 使得有向图 $D'=(V,A(F_r^-)\cup A(F_r^+))$ 的权至少是 D 的一个最小费用支撑有向子图的权的 p 倍, 其中 F_r^- 和 F_r^+ 分别是 D 中根为 r 的最小费用入分枝和出分枝.

7.50 (−) 设 D 是至少有 $2(k+1)$ 个顶点的 k 弧强半完全有向图. 证明: 存在 D 的一条弧 a, 使得有向图 $D-a$ 是 k 强有向图. 提示: 证明 D 不可能是最小 k 弧强有向图.

7.51 (−) 对已知有向多重图 D 描述一个多项式算法可判定是否有 $\lambda(D)=\delta^0(D)$.

第8章　图的定向

本章研究 (多重) 图定向的各种特征, 已有不少的方式可用于研究如此的问题. 我们可以寻找那一个可以定向为某一类型的有向图 (例如, 一个局部半完全有向图), 试图得到不含偶长有向圈, 或不含较长的路的定向, 我们也可以尝试将一个图的某个参数联系到这个图的全体定向族 (例如, 对于一个图的定向高色数隐含着什么). 另一方面, 我们要寻找条件以保证定向具有高弧强连通性或每一个顶点的高入度等等. 已有数百篇文章用各种方法研究了图的定向, 本章的内容仅仅覆盖图定向的某些专题. 因而, 我们选择了上面所提到的几个专题. 这一章的最后部分将简要地研究子模流理论, 它推广了网络的标准流, 并给出对某些类型的连通性问题以及定向问题的一个非常有用的工具 (不仅是理论上的, 而且是算法上的). 关于混合图的定向问题, 我们将介绍子模流技术的应用, 并简短地证明 Lucchesi-Younger 定理和 Nash-Williams 定向定理. 注意, 本章中的 n 和 m 总是表示所讨论问题中 (有向) 图的顶点数目和边 (弧) 的数目.

8.1　几类有向图的底图

这一节讨论几类广义竞赛图的无向底图. 我们将会看到, 所讨论的无向图类在实际应用中是非常有意义的, 例如可比性图、正常循环弧图和弦图等. 我们鼓励读者阅读文献 [133,331,613], 以获得有关这些有向图类及其相互间关系更多的信息. 接下来, 我们定义本章所需要用到的图类. 一个图 G 称为**循环弧图** (circular arc graph), 如果存在一个由图的顶点标定的循环弧族, 使得 2 个顶点相邻当且仅当它们所对应的 2 条弧是相交的, 这个循环弧族形成 G 的一个**表示** (representation). 一个**正常循环弧图** (proper circular arc graph) 是一个循环弧图, 它具有一个循环弧的表示, 且没有一个循环弧被另一个循环弧完全包含. 一个图 G 是**弦图** (chordal graph), 如果 G 的每个长至少为 4 的圈上有一条弦, 也就是说, G 无长为 4 或更长的导出圈. 最后一个图是**可比性图** (comparability graph) G, 如果它有一个可传递定向 (换句话说, 存在一个可传递定向 T, 使得其底图 $UG(T)$ 同构于 G). 本章中, Δ 总表示所论及的无向图的最大度.

8.1.1　可传递有向图和拟可传递有向图的底图

因为每个可传递有向图也是拟可传递有向图, 每个可比性图有一个拟可传递定向, 下面由 Ghouila-Houri 得到的定理指明了充要性条件.

定理 8.1.1[316] 一个图 G 有一个拟可传递定向当且仅当它有一个可传递定向.

证明 为了说明拟可传递有向图分解定理 (定理 4.8.5) 的应用, 我们给出一个完全不同于文献 [316] 中的证明, 即对顶点的个数采用数学归纳法进行证明. 对情形 $n \leqslant 3$, 容易验证结论. 因而, 对 $n \geqslant 4$, 运行归纳步骤. 假定 D 是拟可传递定向, 但 D 不是可传递定向. 如果 D 不是强连通的, 则由定理 4.8.5, 可以分解 D 为 $D = T[W_1, W_2, \cdots, W_t]$, $t = |V(T)| \geqslant 2$, 其中 T 是可传递的, 并且每个 W_i 是强拟可传递有向图. 由于 $t \geqslant 2$, 依照归纳假定, 则可以重新定向每个底图 $UG(W_i)$ 为可传递有向图 T_i $(1 \leqslant i \leqslant t)$, 于是得到 G 的一个可传递定向 $D' = T[T_1, T_2, \cdots, T_t]$.

下设 D 是强拟可传递定向. 按照定理 4.8.5, 存在分解 $D = S[W_1, W_2, \cdots, W_s]$, 其中 $s = |V(S)| \geqslant 2$, 且 S 是强半完全有向图, 每一个 W_i 是一个单顶点, 或是一个非强拟可传递有向图. 则由归纳假设 (同上), 能够把 $UG(W_i)$ 定向为一个可传递有向图 T'_i $(1 \leqslant i \leqslant s)$. 设 TT_s 是具有 s 个顶点的可传递竞赛图, 则知 $D' = TT_s[T'_1, T'_2, \cdots, T'_s]$ 就是 G 的一个可传递定向. □

Ghouila-Houri 给出了下面的图构造[316]. 设 $G = (V, E)$ 是一个无向图, 我们用 G 来构造一个图 G_{qtd} 如下: 设置 $V(G_{qtd}) = \bigcup_{uv \in E(G)} \{x_{uv}, x_{vu}\}$; 如果 $w = v$ 和 $uz \notin E$, 则 G_{qtd} 有一条从 x_{uv} 到 x_{wz} 的边; 或当 $u = z$ 和 $vw \notin E$, G_{qtd} 仅有一条从 x_{uv} 到 x_{wz} 的边. 图 8.1 是这种构造的一个解释. 注意, 如果 $x_{uv}x_{vw}$ 是 G_{qtd} 的一条边, 则 $x_{wv}x_{vu}$ 也是 G_{qtd} 的一条边. G_{qtd} 的每一条边对应 G 的一个定向边的禁用对. 这个构造的意义被解释在下面非常有用的事实中.

定理 8.1.2[316] 一个无向图 G 是可比性图 (因而, G 有一个可传递定向) 当且仅当 G_{qtd} 为二部分图.

证明 设 $G = (V, E)$ 是一个可比性图, $T = (V, A)$ 是 G 的一个可传递定向. 在 G_{qtd} 中, 对应 T 的弧 (对于每一边 $uv \in E$, uv 的特殊定向) 的顶点 X_1 形成一个独立集. 依照 G_{qtd} 的边定义的对称性, G_{qtd} 中剩余的顶点 X_2 也导出一个独立集. 因此, 知 G 是一个具有二部划分 (X_1, X_2) 的二部分图.

反之, 设 G_{qtd} 是具有二部划 (X, Y) 的二部分图. 因为 G_{qtd} 包含由形如 $x_{uv}x_{vu}$ 的边构成的完美匹配, 这说明 $|X| = |Y|$, 并且对于每一条边 $uv \in E$, 集合 X 只包含顶点 x_{uv}, x_{vu} 中的一个. 按照 G_{qtd} 的定义, 定向对应到 X (或 Y) 中顶点的边能够产生 G 的一个拟可传递定向 (如果 $x_{uv} \in X$, 则从 u 到 v 定向边 uv; 否则, 就从 v 到 u 定向边 uv). 根据定理 8.1.1, G 有一个可传递定向. □

推论 8.1.3 能够在时间 $O(\Delta m)$ 内识别可比性图, 其中 m 是所输入的图的边数目.

证明 由定理 8.1.2 和 G_{qtd} 中边的数目为 $O(\Delta|E|)$ 知结论成立. 现在使用

BFS 算法 (习题 8.2), 则在线性时间内就能判定一个给定的无向图是否为二部分图. □

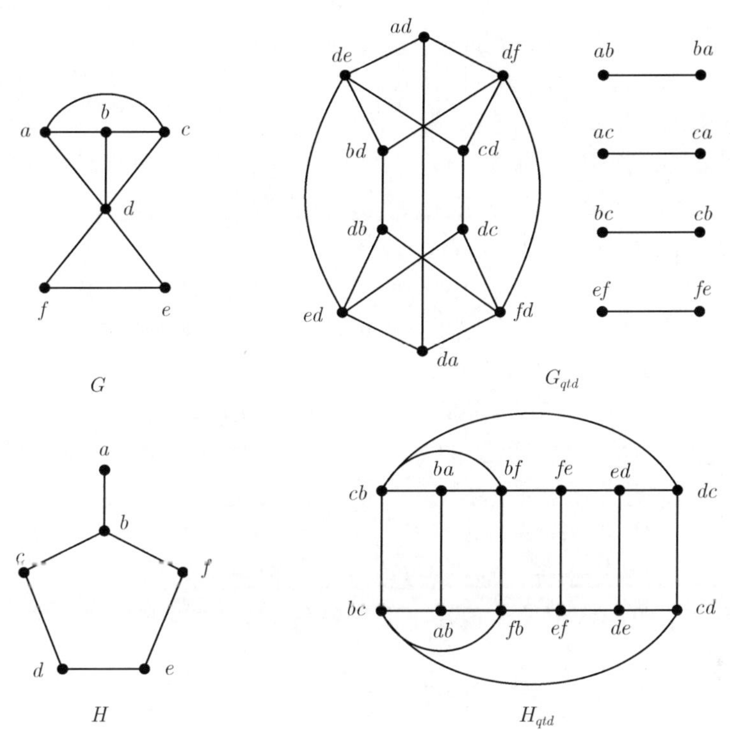

图 8.1 对于 2 个图的 G_{qtd} 构造的解释

出于本书容量的考虑, 在图 G_{qtd}, H_{qtd} 的顶点命名中丢掉 x. G 是可比性图, 图 H 不是可比性图. 注意, bf, cb, dc, ed, fe, bf 是 H_{qtd} 中的一个 5 圈

由文献 [330,411,574,577] 读者能够看到有关识别可比性图的各种各样的结果.

考察图 8.1 中的可比性图 G, 我们的目标是得到 G 的一个拟可传递定向. 如果选择定向 $a \to d$, 这就迫使将 d 和 e 之间的边定向为 $e \to d$, 结果是迫使 $c \to d$ 和 $b \to d$, 并且, 前面所有的每一个均迫使 $f \to d$. 类似地, 可见到 5 条边 ad, bd, cd, de, df 是相互压迫, 易见 G_{qtd} 中所对应的 10 个 顶点形成 G_{qtd} 的一个连通分支.

不难理解这个观察对任意的可比性图成立, 即若 x_{uv} 和 x_{wz} 同在 G_{qtd} 的一个连通分支中, 且 $wz \neq vu$, 则对 G 中的边 uv 一次就确立了一个定向, 这个定向压迫边 wz 上的定向. 关于 $G=(V,E)$ 的一个**蕴涵类** (implication class) 是一个最大的边集合 E', 使得在每一个定向 G 为拟可传递有向图中, 一条边 $e \in E'$ 的一个定向的选取就压迫出 E' 中其余边的定向.

由上所述, 关于 G 的蕴涵类一致于 G_{qtd} 的连通分支. 较为准确地说, G_{qtd} 的连通分支 C 对应于蕴涵类 $E' = \{uv \in E:\ x_{uv} \in V(C)\}$. 不难理解, G 的蕴涵类形成 G 的一个划分, 给定 G_{qtd}, 可以通过寻找 G_{qtd} 的连通分支来得到 G 的蕴涵类. 从而, 可在时间 $O(\Delta m)$ 内找到蕴涵类 (注意, G_{qtd} 有 $O(\Delta m)$ 条边).

设 G 是一个可比性图, 我们来寻找 G 的一个可传递定向. 恰好可以从每一个蕴涵类中任意地取出一条边, 然后为这条边选择一个定向, 则这条边所在的蕴涵类的其余边就被压迫而定向, 从而得到一个拟可传递定向. 问题是在一般的情形中, 这个定向不一定是可传递的. 我们来看图 8.1 中的图 G, 因为边 ab, bc 和 ac 中的每一个形成规模为 1 的蕴涵类, 则没有任何困难地定向这 3 条边为 3 圈 $a \to b \to c \to a$.

为得到一个可比性图的一个可传递定向, 我们介绍由 Hell 和 Huang 提供的一个简单而又有用的技巧[411]. 设 $1, 2, \cdots, n$ 是 G 的顶点的一个固定标号, 说 G_{qtd} 的一个顶点 x_{ij} 是字典序较小于一个顶点 x_{rs}, 如果有 $i < r$, 或者 $i = r$ 和 $j < s$.

G_{qtd} 的**字典序 2 着色** (lexicographic 2-colouring) 是由下面所得到的唯一的 2 着色 (关于色 A, B). 先标注 G 的每一个顶点无色. 接下来, 只要还有未着色的顶点, 就选取字典序最小的未着色的顶点 x_{ij}, 然后给它着色 A. 给在同一连通分支中的顶点着色, 当它们被压迫时 (也就是与 x_{ij} 之间的距离是偶数, 就着色 A, 否则就着色 B). 当 G_{qtd} 的全部顶点均已着色, 这个过程就停止.

字典序 2 着色的应用性体现在下面的结果中 (也见定理 8.1.9).

定理 8.1.4[411]　设 G 是具有顶点 $1, 2, \cdots, n$ 的可比性图, 且设 $f: V(G_{qtd}) \to \{A, B\}$ 是 $V(G_{qtd})$ 的字典序 2 着色. 定义 G 的一个定向 D, 使得当 x_{ij} 由着色函数 f 着色 A 时, 则将边 ij 定向为 $i \to j$. 则 D 是 G 的一个可传递定向.

证明留作习题 8.4.

注意, 如果对一个非可比性图运用字典序 2 着色, 就会发现, 在形成 G_{qtd} 之后要尝试 2 着色 G_{qtd} 的一个非二部分连通分支 H. 算法将会发现 H 不是二部分的, 因而 G 没有如拟可传递有向图的定向. 于是就得到定理 8.1.1 的另一个证明 (字典序 2 着色算法或是发现 G 的一个可传递定向, 或是断定 G 没有拟可传递定向).

由于使用 BFS 算法就能够找到 G_{qtd} 的连通分支, 所以整个算法 (包括构造 G_{qtd}) 能够在时间 $O(\Delta m)$ 内运行, 其中 m 是 G 的边数目.

8.1.2　局部半完全有向图的底图

对于一个预先指定循环弧表示的正常循环弧图 G, 通过固定圆上的一个顶点, 按照在圆上关于这个点的它们的间隔 (循环弧) 的右端点的顺时针方向给顶点 $v_1, v_2, \cdots, v_n$ 进行标号, 就能够得到 G 的顶点的一个自然序. 因为每个正常循环弧图有一个没有 2 条弧盖住整个圈的表示[331], 所以, 下面总假设在这个表示上进行工作. 现在, 我们就不难明白下面的程序导出 G 的一个圆局部竞赛图定向 (见第 4 章中有关圆局部竞赛图的定义①)：如果第 j 个间隔的左端点恰被第 i 个间隔包含, 从 v_i 到 v_j 定向 v_i 与 v_j 之间的边, 从而有如下的 Skrien 结论[44, 410, 436]：

命题 8.1.5[675] 每个正常循环弧图拥有一个圆局部竞赛图的定向.

事实上, Hell 和 Huang 证得上述命题的逆也成立.

定理 8.1.6[411] 一个连通图是正常循环弧图的充要条件为可以定向它为一个圆局部竞赛图.

证明 在上面已经给出必要性的证明, 这里仅证充分性. 设 D 是一个圆局部竞赛图, 并且 $v_1, v_2, \cdots, v_n$ 是 $V(D)$ 的一个圆标号. 如果没有给出如此的一个标号, 则可以在时间 $O(n+m)$ 内找到一个标号 (习题 8.6). 现使用循环弧来表示底图 $UG(D)$, 令 ε 是一个固定的数, 满足 $0<\varepsilon<1$. 在一个圈上作一个 n 刻度时钟, 对每一个 $i=1,2,\cdots,n$, 按顺时针方向把顶点 v_i 与从 i 到 $i+d_D^+(i)+\varepsilon$ 的循环弧结合 (标号取模 n). 不难验证, 这就是底图 $UG(D)$ 的一个正常循环弧表示. 注意, 我们使用了 D 的每一个顶点的出邻点导出一个传递竞赛图 (见第 4 章), 因而没有弧被其他的弧完全包含. □

依照定理 8.1.6, 局部半完全有向图的底图类包含了正常循环弧图类, 接下来的 Skrien 结果指出：不存在其他的图可以被定向为局部半完全有向图[410,436,675].

定理 8.1.7[675] 局部半完全有向图的底图仅仅是正常循环弧图.

Bang-Jensen, Hell 和 Huang 证实：在可比性图的情形中, 存在一个关联到定向是局部竞赛图的有用的辅助图 G_{ltd}[410]. 给定 $G=(V,E)$, 定义 G_{ltd} 如下：$V(G_{ltd})=\bigcup_{uv\in E(G)}\{x_{uv},x_{vu}\}$, 仅当 $v=z$ 和 $uw\notin E$, 或者 $u=w$ 和 $vz\notin E$ 时, 有一条从 x_{uv} 到 x_{wz} 的边. 此外, 对于每一条边 $uv\in E$, 边 $x_{uv}x_{vu}$ 在 $E(G_{ltd})$ 中. 下面结论的证明留作习题 8.7.

定理 8.1.8[410] 图 G 有一个局部竞赛图的定向当且仅当图 G_{ltd} 是二部分图.

设 G 是一个正常循环弧图, 则由定理 8.1.7 和定理 8.1.8 知, G_{ltd} 是二部分的. 而且, G_{ltd} 的每个连通分支对应着 G 的边的一个蕴涵类 E'. 所以, 通过任意地固定每一个蕴涵类的一条弧的定向, 然后给出所有剩余弧的压迫定向, 于是就得到了 G 的一个局部竞赛图定向.

如果我们的目标是寻找 G 的一个正常循环弧图的表示, 则不再对 G 的任何局部竞赛图定向感兴趣, 而是需要一个圆局部竞赛图的定向 (与定理 8.1.6 进行比较). 对这个问题仍然可以使用在 8.1.1 小节中介绍的字典序方法. 由于 G_{ltd} 是二部分图, 故可应用在 8.1.1 小节介绍的字典序 2 着色程序, 根据下面的定理以及定理 8.1.6 的证明, 字典序方法也可以运用到识别正常循环弧图.

定理 8.1.9[411] 设 G 为正常循环弧图, 令 $f:V(G_{ltd})\rightarrow\{A,B\}$ 是 $V(G_{ltd})$

① Hell 和 Huang 使用名称**局部可传递竞赛图**代替圆局部竞赛图[411].

的字典序 2 着色. 定义 G 的一个定向 D, 使得 x_{ij} 在着色 f 下被着为 A 色时, 定向边 ij 为 $i \to j$. 则 D 是 G 的一个圆局部竞赛图定向.

这就表明使用字典序方法可以得到一个 $O(\Delta m)$ 算法来识别并表示正常循环弧图. 其实, Deng, Hell 和 Huang 已经找到了一个识别正常循环弧图的快速且优化的算法[190]. 这个算法采用了这样的一个事实：一个图是正常循环弧图当且仅当它能够定向为一个圆局部竞赛图.

定理 8.1.10[190]　存在一个 $O(n+m)$ 算法可寻找到图 G 的一个圆竞赛图定向, 或者报告 G 不承认如此的一个定向. 此外, 如果圆竞赛图的定向存在, 这个算法也等同于所有的平衡弧.

下一节定义平衡弧.

8.1.3　正常循环弧图的局部竞赛图定向

本节介绍 Huang 的一个深刻结果, 它给出了一个已知正常循环弧图的全部可能的局部竞赛图定向的一个完整特征[435, 436]. 为了叙述下面的定理 8.1.12, 我们需要下面的几个定义.

设 $G=(V,E)$ 是一个无向图. 对于 G 的一条边 xy, 如果每一个顶点 $z \in V-\{x,y\}$ 与 x,y 均相邻, 或者不与 x,y 中的任何一个相邻, 则称边 xy 是**平衡的** (balanced); 称一条边是**非平衡的** (unbalanced), 如果它不是平衡的. 如果 G 的每一条边是非平衡的, 则称 G 是**简约的** (reduced), 或是**可简约的** (reducible). 依据这个定义, 能够将一个不可简约的图分解为下面引理所描述的图, 见图 8.2 中给出的一个解释.

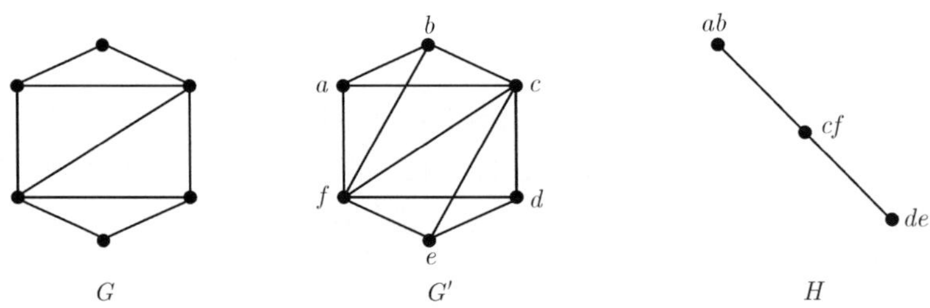

图 8.2　一个简约图 G 和一个可简约图 G'

通过等同对 $\{a,b\},\{c,f\}$ 和 $\{d,e\}$, 可以将图 G' 简约到图 H

引理 8.1.11　如果 G 不是一个可简约图, 即有一条平衡边, 则存在 G 的一个简约子图 H 和 G 的完全子图 $K_{a_1},K_{a_2},\cdots,K_{a_h}$, 使得 $G=H[K_{a_1},K_{a_2},\cdots,K_{a_h}]$, 其中 $h=|V(H)|$①. 此外, 能够在时间 $O(n^3)$ 内找到这个 (唯一的) 分解.

① 这里的**合成** $H[G_1,G_2,\cdots,G_{|V(H)|}]$ 类似于 1.3 节有向图的合成.

证明留给读者.

实际上, 我们能够在更快的时间 $O(n^2)$ 内找到这个分解[217].

设 $G=(V,E)$ 是一个正常循环弧图. 我们在前面曾指出: 可以分解 E 为不交非空子集 $E_1,E_2,\cdots,E_r$, 使当固定每一个 E_i 中的一条边的定向, 则只有一种方式去定向 E_i 的全部剩余的边, 从而产生一个局部竞赛图. 换句话说, E_i 中的一条边的定向隐含了 E_i 中其余边的定向, $E_1,E_2,\cdots,E_r$ 被叫做 G 的**蕴涵类** (见下面的定理 8.1.12 和定理 8.1.13).

定理 8.1.12[436] 设 G 是连通正常循环弧图, $C_1,C_2,\cdots,C_k$ 是 G 的补图 $\overline{G}$ 的连通分支, 则下列陈述之一成立:

(a) $\overline{G}$ 是二部分的, G 中具有 2 个端点在一个固定的 C_i 中的全体非平衡边之集形成一个蕴涵类, 并在 2 个不同的 C_i 和 C_j 之间 G 的全体非平衡边集合形成一个蕴涵类 (见图 8.3).

(b) $\overline{G}$ 不是二部分的, $k=1$, 则 G 的全体非平衡边形成一个蕴涵类.

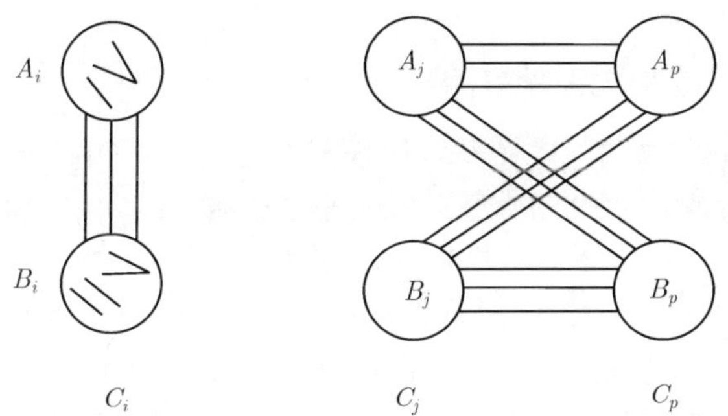

图 8.3 关于图 G 的定向是一个局部竞赛图的蕴涵类

集合 C_i,C_j,C_p 表示补图 $\overline{G}$ 的不同的连通分支. 每个分支的二部划分为 A_r,B_r. 在 C_i 中的边形成一个蕴涵类, 在 C_j 和 C_p 之间的边形成另一个蕴涵类

定理 8.1.13[436] 设正常循环弧图 G 是简约的 (每一条边是非平衡的), $\overline{G}$ 表示 G 的补图, $C_1,C_2,\cdots,C_k$ 为 $\overline{G}$ 的连通分支.

(a) 若 $\overline{G}$ 不是二部分图, 则 $k=1$, 且 (视为一个满反转) G 仅有一个局部竞赛图的定向, 即圆定向.

(b) 若 $\overline{G}$ 是二部分图, 则 G 的每个局部竞赛图的定向可以由 G 的圆局部竞赛图定向 D 得到, 通过重复使用下列运算之一:

(I) 反转 D 中在 2 个不同的 C_i 之间的每一条弧.

(II) 反转 D 中 2 个端点均在同一个 C_i 内的每一条弧.

读者也可以推导一个相似的结果来刻画 G 的全体为局部半完全有向图的定向, 并能够在文献 [436] 中找到相关的细节. 作为 Huang 的结果的作用的例子 (定理

8.1.12 和 8.1.13), 我们来叙述并证明在文献 [436] 中隐含式叙述的推论.

推论 8.1.14 设 D 是局部竞赛图, 且使得 D 的底图的补图 $\overline{UG(D)}$ 不是二部分图, 则有 $D = R[S_1, S_2, \cdots, S_r]$, 其中 R 是具有 r 个顶点的圆局部竞赛图, 每个 S_i 是强竞赛图, $1 \leqslant i \leqslant r$.

证明 若 D 的底图 $UG(D)$ 是简约的, 由定理 8.1.13 立即证得本推论, 因为按照定理 8.1.13, $UG(D)$ 只有唯一的局部竞赛图定向. 因而设 $UG(D)$ 不是简约的.

按照引理 8.1.11, $UG(D) = H[K_{a_1}, K_{a_2}, \cdots, K_{a_h}]$, 其中 H 是一个简约正常循环弧图, $h = |V(H)|$, 每个 K_{a_i} 是一个完全图, 且 $a_i \geqslant 2$. 因为可以从每一个 K_{a_i} 中任意选取一个顶点而得到如同 $UG(D)$ 的子图的 H 的一个同构拷贝, 则由定理 8.1.12 可断定, 在 D 中位于 2 个不同的 K_{a_i}, K_{a_j} 之间的所有的弧均有相同的方向 (注意, $\overline{H}$ 不是二部分的). 于是, 有 $D = R[S_1, S_2, \cdots, S_r]$, 其中 (视为所有弧的反转) R 是 H 的唯一的圆局部竞赛图的定向, 而且每个 S_i 是竞赛图 $D\langle V(K_{a_i})\rangle$. 注意到 $D\langle V(K_{a_i})\rangle$ 可能不是强的, 但由推论 4.11.7, 可以得到 D 的一个圆分解, 完成证明. □

8.1.4 局部入半完全有向图的底图

局部入半完全有向图的底图结构比局部竞赛图和拟可传递有向图的底图结构更为复杂. Urrutia 和 Gavril 研究了局部入半完全有向图, 使用的名称是**兄弟定向图** (fraternally oriented graph)[725]. 尽管在几篇文章中使用了这种叫法[292,307~309,725], 我们认为多少有些误导, 因为这种叫法容易与无向图中所使用的名称**兄弟定向** (fraternally orientable) 发生混淆, 这种无向图具有一个如同兄弟定向图的定向.

在文献 [725] 中, 作者给出了一个算法, 用于识别可定向为局部半完全有向图的图 (以及寻找一个局部入竞赛图的定向, 如果它存在). 这个算法的复杂性为 $O(nm)$, 与下面命题 8.1.15 中基于 2 可满足性的简单算法相比, 它是不好的.

Urrutia 和 Gavril 借助可定向为局部入竞赛图的图中的禁用子图给出了一个特征[725]. 不幸的是, 特征不是用最小禁用子图. 事实上, 当文献 [725] 中的算法无能力去寻找一个局部入竞赛图定向时, 这个特征仅仅是一个发生了什么结构的观察.

我们在 1.10 节中曾指出: 关于 2-SAT 问题的算法对于某些定向问题是非常有用的, 下面的命题就是这样的一个例子.

命题 8.1.15[81] 能够在时间 $O(\Delta m)$ 内识别可定向为局部入竞赛图的图.

证明 设图 $G = (V, E)$ 如题设, 且 $D = (V, A)$ 是 G 的任意一个定向, 其中 $A = \{a_1, a_2, \cdots, a_m\}$. 如果弧 a_i 是 G 的边 yz 的定向, 则这条边的逆定向记为 $\overleftarrow{a_i}$. 现在来构造 2-SAT 问题的一个事例如下: 变量集为 $X = \{x_1, x_2, \cdots, x_m\}$. 表示变量, 如果 $x_i = 1$, 则保持定向 a_i, 否则取相反定向 $\overleftarrow{a_i}$. 子句是由一些文字对 $(\ell_i + \ell_j)$ 构成, $\overline{\ell_i}$, $\overline{\ell_j}$ 对应 D 中具有相同终点和非相邻起点的弧. 易知, G 可定向为一个

局部入竞赛图的充要条件是上面定义的 2-SAT 事例是可满足的. 根据定理 1.10.5, 2-SAT 的复杂性是 $O(K)$, 其中 K 是子句的个数. 因此, 依照上述构造子句的方法, 可以在时间 $O(\Delta m)$ 内识别可定向为局部入竞赛图的图. □

图 8.4 给出了上述证明中所使用的构造的一个解释. (a) 给出一个无向图 G; (b) 是 G 的任意一个定向. 对应于这个定向的 2 可满足事例包含了关于 D 的每一条弧的一个变量, 并有下面的子句:

$$(\bar{x}_{ab}+\bar{x}_{cb}),\quad (\bar{x}_{ad}+\bar{x}_{cd}),\quad (x_{cb}+x_{ce}),\quad (x_{cd}+x_{ce}),\quad (\bar{x}_{ce}+\bar{x}_{fe}),$$

$$(\bar{x}_{ce}+\bar{x}_{he}),\quad (\bar{x}_{fe}+\bar{x}_{he}),\quad (\bar{x}_{fg}+\bar{x}_{hg}),\quad (\bar{x}_{ce}+\bar{x}_{eg}).$$

(c) 是 G 的一个入竞赛图的定向, 它对应真分配

$$(x_{ab},x_{ad},x_{cb},x_{cd},x_{ce},x_{db},x_{eg},x_{fe},x_{fg},x_{he},x_{hg})=(0,0,1,1,0,1,1,0,0,0,0).$$

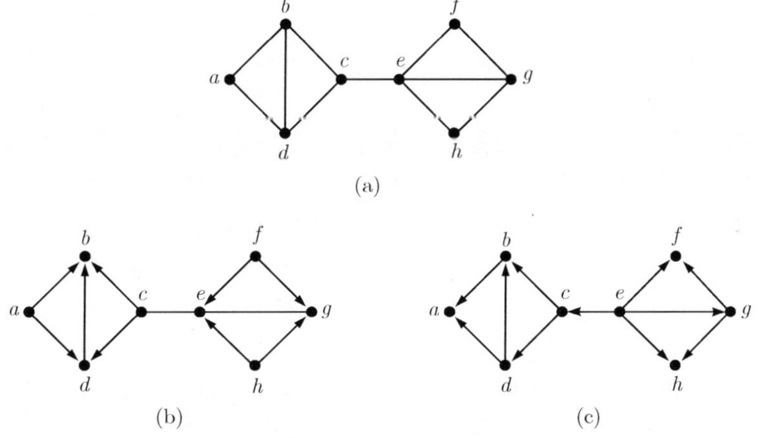

图 8.4 一个无向图 G 和它的 2 个定向

习题 1.68 给出了 2-SAT 问题和判定具有完美匹配图中规模为 $n/2$ 的独立集存在性问题之间的一个有用的对应. 对于具有可定向为入竞赛图的图使用这个对应, 并不惊奇的是存在一个相似于定理 8.1.2 中关于可比性图所使用过的构造 (在定理 8.1.8 中也看到过一个关于局部半完全有向图的底图的相似构造).

设 $G=(V,E)$ 是无向图, 定义无向图 G_{itd} 的顶点集合为: $V(G_{itd})=\bigcup_{uv\in E(G)}\{x_{uv},x_{vu}\}$, 且 G_{itd} 有从 x_{uv} 到 x_{wz} 的一条边仅当 $w=v$ 和 $z=u$, 或者 $v=z$ 和 $uw\notin E$.

下面引理的证明留作习题. 正如上面所提到的, 读者将这个引理与习题 1.68 进行比较是有益的.

引理 8.1.16 一个 n 阶图 $G=(V,E)$ 可定向为局部入竞赛图的充要条件是 G_{itd} 有一个规模为 n 的独立集.

令 $\mathcal{B}$ 是图 8.5 中的 3 个图的族, 令 F 是 $\mathcal{B}$ 的不为 $\{B_1\}$ 或 $\{B_2\}$ 的任意一个子集. Skrien 刻画了那些可定向的图类, 每个图的定向不含 F 的一个成员作为导出有向子图[675]. 这些图类是: 完全图类、可比性图类、正常循环弧图类以及嵌套区间图类. 由于禁用设置的每一个恰好包含 2 条弧, 可以在时间 $O(\Delta m)$ 内运用 2-SAT 来解决关于这 4 类图中的每一个类的识别问题.

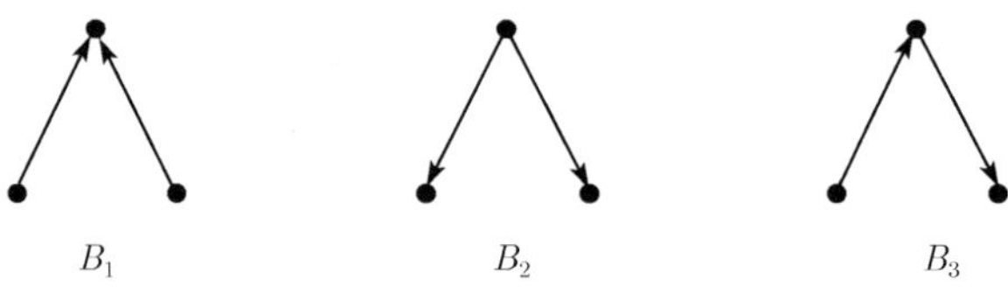

图 8.5 有向图 B_1, B_2, B_3

一个集合族 $F'=\{S_x:\ x\in V\}$ 的**交图** (intersection graph) $\varGamma(F')$ 有自己的顶点集 V, 且当 $S_x\cap S_y\neq\varnothing$ 时, 它的 2 个不同顶点 x,y 相邻. 一个图 G 是**可表示** (representable) 于图 H 内, 如果 G 同构于 H 的连通子图 $\{H_x:\ x\in V(G)\}$ 族的交图. 似乎有意义的是, 上述 4 类图中的 3 个类均能够用可表示性定义. 在局部入竞赛图的底图情形中, 迄今为止没有一个相似的特征 (见定理 8.1.19 中的结论).

如果考虑另一类包含有点集的可表示性, 则如此的表示的确存在. 一个**有点集** (pointed set) 是由一个集合 X 和一个元素 $p\in X$ 构成的对 (X,p). Maehara 定义有点集合族 $F=\{(S_x,p_x):\ x\in V\}$ 的**捕捉有向图** $\varOmega(F)$ (catch digraph) 为这样的有向图, 它具有顶点集 V, 且对顶点 $x\neq y\in V$, 若 $p_y\in S_x$, 存在 $\varOmega(F)$ 的一条从 x 到 y 的弧[542]. 显然, $\varOmega(\{(S_x,p_x):x\in V\})$ 的底图是关于任何有点集族 $\varGamma(\{S_x:\ x\in V\})$ 的一个支撑子图, 其逆仅当特殊情形成立.

引理 8.1.17[81, 725] 若 D 是局部半完全有向图, 则 $\varOmega(\{(N_D^+[x],x):\ x\in V\})=D$ 和 $\varGamma(\{N_D^+[x]:\ x\in V\})=UG(D)$.

证明 第一个陈述是显然的. 现令 x 和 y 是 D 的不同顶点, 使得 $N_D^+[x]\cap N_D^+[y]\neq\varnothing$. 则有 $x\to y$ 或 $y\to x$, 或 x 和 y 有公共的后继 z. 在最后的情形中, 因为 D 是局部入半完全有向图, 仍然有 $x\to y$ 或 $y\to x$. 依据上面的注解, 有 $UG(D)=\varGamma(\{N_D^+[x]:\ x\in V\})$. □

Gavril 和 Urrutia 借助捕捉有向图和可表示性找到了如下局部半完全有向图的特征:

定理 8.1.18[725] 一个有向图 $D=(V,A)$ 是局部入半完全有向图的充要条件为它是一个族 $(\{(S_x,p_x):\ x\in V\})$ 的捕捉有向图, 使得 D 的底图 $UG(D)$ 等于 $\varGamma(\{S_x:\ x\in V\})$.

证明 设 D 是 $(\{(S_x,p_x):\ x\in V\})$ 的捕捉有向图, 使得 $UG(D)$ 是 $(\{S_x:\ x\in V\})$ 的交图 G. 选择一个顶点 y 的前趋 x,z. 则有 $p_y\in S_x\cap S_z$, 这就导致 $xz\in E(G)$. 然而, 在 D 中有 $x\to z$ 或 $z\to x$. 由引理 8.1.17, 定理得证. □

如果一个无向图仅含有一个圈, 则称它为**唯一圈图** (unicyclic graph). 下面的推论是 Prisner 得到的, 这个推论表明可定向为入竞赛图的图类是相当大的.

定理 8.1.19[612] 每一个可以表示成唯一圈图的图 G 能够被定向为局部入竞赛图.

证明 这里采用 Bang-Jensen, Huang 和 Prisner 给出的证明[81]. 设 $\{H_x:\ x\in V(G)\}$ 是 G 的一个用唯一圈图 H 的表示, H 具有圈 $C=z_0z_1\cdots z_{\ell-1}z_0$. 按顺时针方向绕圈 C 标号 (读者应想象它已经画在平面上), 可设 H 是连通的. 对 G 的那些顶点 x, 它们的表示 H_x 包含了圈 C 的全部顶点, 则定义 $p_x:=z_0$. 如果 H_x 包含了圈 C 的部分而不是全部顶点, 因为 H_x 是连通的, 则它恰含一条子路. 对于如此的顶点 x, 把 p_x 取为这条路顺时针定向的第一个顶点. 如果 $H_x\cap C=\varnothing$, 则存在 H_x 的唯一一个顶点将 H_x 的其余顶点与 C 分离, 令 p_x 就是那个顶点.

根据定理 8.1.18, 只要证明族 $\{(V(H_x),p_x):\ x\in V(G)\}$ 的捕捉有向图 D 是 G 的一个定向即可. 令 xy 是 G 的一条边, 即 $H_x\cap H_y\neq\varnothing$. 取 $z\in H_x\cap H_y$, 如果 $H_x\cap C$ 和 $H_y\cap C$ 是非空的, 则易知 $p_y\in V(H_x\cap C)$, 或者 $p_x\in V(H_y\cap C)$. 于是, 在 D 中有 $x\to y$ 或 $y\to x$.

不失一般性, 可设 $H_x\cap C=\varnothing$. 则确实存在一条从 z 到 C 的路, 而且顶点 p_x 必在这条路上以及 $H_y\cap C=\varnothing$, 顶点 p_y 也是如此. 因而, 可设 p_x 在 (p_y,z) 子路上. 现在 D 中有 $p_x\in V(H_y)$ 和 $y\to x$. 如果 $H_y\cap C\neq\varnothing$, 因在 D 中有 $y\to x$, 则从 z 到 C 的整条路必被包含在 H_y 内. □

定理 8.1.19 的逆是不真的. 图 8.6 展示了一个局部入竞赛图, 它的底图不可表示成一个唯一圈图. 不难证明, 在一个可表示为一个唯一圈图的图中, 下面的叙述必定成立: 圈长至少为 4 的一个导出圈的一个顶点 x 必相邻于 $G-x$ 中另一个导出圈的某个顶点 (见习题 8.7). 但是, 图 8.6 中的有向图的底图并不具有这个性质.

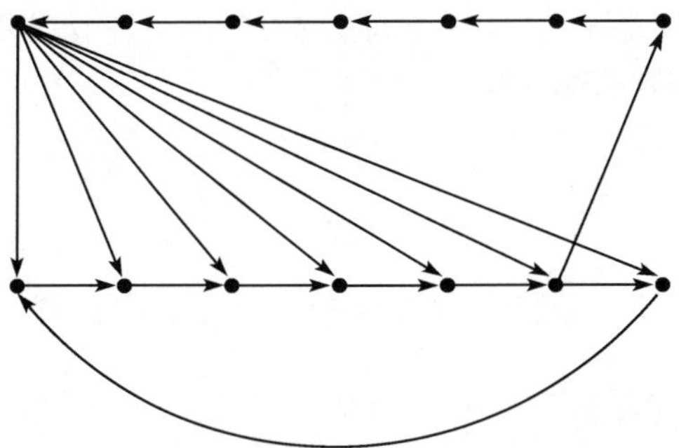

图 8.6 一个局部入竞赛图, 它的底图不可表示成为唯一圈图

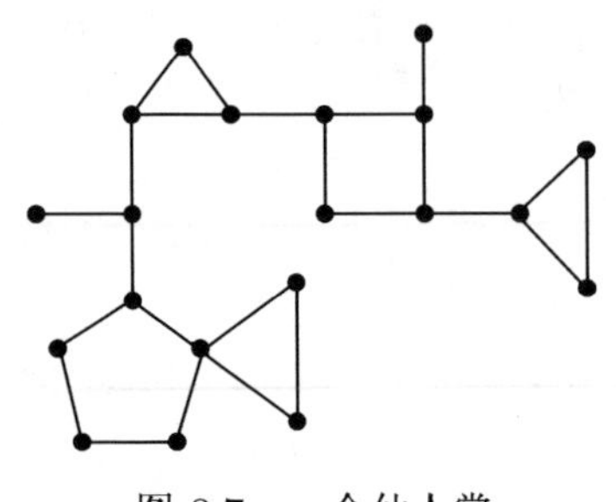

图 8.7 一个仙人掌

一个**仙人掌**是一个连通图, 它的每一个块 ① 是一个圈, 或是一条边 (见图 8.7). Bang-Jensen, Huang 和 Prisner 给出了下面的猜想[81]:

猜想 8.1.20[81] 每个能够定向为局部入竞赛图的图均可表示成仙人掌.

注意, 此猜想的逆是不成立的, 即不存在具有至少 2 个长不小于 4 的圈的仙人掌可以定向为局部入竞赛图, 这就隐含了断言: 每个图能够被表示成它自身的剖分, 且只剖分每条边一次, 并取表示一个顶点 x 的集合为剖分图中这个顶点所在的星.

我们列出定理 8.1.19 的几个推论如下:

推论 8.1.21 可定向每一个弦图和循环弧图为局部入竞赛图.

证明 弦图可被表示为树和唯一圈图[331]. 按照定义, 每个循环弧图可被表示为某个唯一圈图. 由定理 8.1.19, 定理得证. □

Bang-Jensen, Huang 和 Prisner 得到了另一个 (非平凡的) 推论, 在文献 [81] 中可见到此推论的证明.

推论 8.1.22[81] 每一个具有唯一的长大于 3 的导出圈的图是可定向为局部入竞赛图.

这里使用 Bang-Jensen, Huang 和 Prisner 关于那些可定向为局部入竞赛图的线图的一个刻画. 我们说无向图 G 是一个**线图** (line graph), 如果存在一个无向图 H, 使得 G 是 H 中边的相交图 (考虑规模为 2 的 $V(H)$ 的子集族). 如果 G 是 H 的线图, 则记 $G = L(H)$.

设 $C = x_0x_1\cdots x_{\ell-1}x_0$ 是一个圈. 对 $p = \min\{j-i, i+\ell-j\}$, 弦 x_ix_j $(0 \leqslant i < j \leqslant \ell-1)$ 叫做一条 p **弦** (p-chord). 不失一般性, 如果有 $0 \leqslant i < k < j < m \leqslant \ell-1$, 则 2 条弦 x_ix_j 和 x_kx_m 是**交叉的** (crossing).

定理 8.1.23[81] 对任何连通无向图 G, 下列叙述是等价的:

(i) 可定向 $L(G)$ 为局部入竞赛图.

(ii) 最多有一个例外, G 的每一个块是 K_2 或 K_3, 且这个例外是 K_4 或是一个 (可能) 具有无交叉 2 弦的圈.

8.2 快速识别局部半完全有向图

这一节将研究局部半完全有向图的识别, 我们将要说明如何通过使用定理 8.1.12

① 一个无向图的**块**是一个最大连通无割点的子图.

和定理 8.1.13 的结构特征以及定理 8.1.10 关于识别和表示正常循环弧图的线性算法得到一个 $O(n^2)$ 算法, 并以介绍 8.1.3 小节中主要结论的一个应用来结束本节.

本节专注局部竞赛图, 然而能够将有关它们的结果扩展到一般的局部半完全有向图 (见习题 8.10 和文献 [76]).

易知, 可以在多项式时间内识别局部竞赛图. 给定一个定向的图 D, 判定 D 是否为局部竞赛图, 只需要对 D 的每一条弧 (x,y) 检验如下的性质：顶点 x 必须相邻于每一个支配 y 的顶点, 顶点 y 必须相邻于每一个被 x 支配的顶点. 如果对 D 的每一条弧来说, 这个性质均被满足, 则 D 就是一个局部竞赛图; 否则, D 不是一个局部竞赛图. 不难看到, 这个检验可以在时间 $O(\Delta(D)m)$ 内完成, 其中 $\Delta(D)$ 是 D 的最大度.

下面介绍如何得到一个识别局部竞赛图的 $O(n^2)$ 算法, 这里引用文献 [76] 的描述. 需要指出的是, 作者在文献 [76] 中声称算法是线性的, 这并不完全为真. 因为使用对补图的变换作为一个重要的手段, 并且补图的规模一般来说在原图的规模中也不是线性的. 在我们的算法中, 假定有向图 D 是可由入邻点和出邻点列表表示的. 这就允许使用 $O(d(v))$ 次运算得到一个顶点 v 的全部入邻点和出邻点, 其中 $d(v)$ 是顶点 v 在底图 $UG(D)$ 中的度数. 也需要附加的信息在时间 $O(1)$ 内对给定的顶点 u 和 v 适当地确定是否有 u 支配 v, 或是 v 支配 u, 或者二者均没有. 能够在时间 $O(m)$ 内得到 D 的相邻矩阵的一个版本 (借助一个附加堆栈与所认证的有效元素), 它也允许我们进行如此地操作 (见习题 2.12). 如果忽视取补图的复杂性, 则需要给出这个表示的一个线性算法.

假定 D 是一个局部竞赛图. D' 是把 D 中一条平衡弧反转后得到的图, 则 D' 也是一个局部竞赛图①. 于是, 可以任意独立地反转任何一条平衡弧, 直到获得一个局部竞赛图. 用合适的组合也能够反转非平衡弧. 设 $C_1, C_2, \cdots, C_k$ 是 $\overline{UG(D)}$ 的分支. D 的**偏反转运算** (partial reversal operation) 是反转一个分支 C_i 内的全体非平衡弧, 或者反转 2 个固定的 C_i 和 C_j 之间的每一条非平衡弧. 应用定理 8.1.13, 就能够证明偏反转运算也保持了有向图是一个局部竞赛图的性质. 但是, 我们可看到：设 D'' 是对 D 实施一个偏反转后得到的有向图, 如果 D'' 不是局部竞赛图, 则 D'' 包含 3 个顶点 x, y, z, 使得 y 和 z 是 x 的 2 个不相邻的入邻点或出邻点. 现设 y 和 z 是 x 的不相邻入邻点 (相似的讨论可用于 y 和 z 是 x 的不相邻出邻点). 注意 (y,x) 和 (z,x) 二者均是非平衡的, y 和 z 同在 $\overline{G(D)}$ 的一个分支中. 于是, 一个偏反转是反转弧 (y,x) 和 (z,x), 或者 2 条弧均不反转. 因而, D 或是包含了弧 (y,x) 和 (z,x), 或者均不包含, 这矛盾于 D 是局部竞赛图.

按照定理 8.1.13, 从任何一个 G 的固定竞赛图定向开始, 上面描述的 2 个运算足够得到一个给定正常循环弧图 G 的全部局部竞赛图定向. 为获得一个识别局部

① 一条弧是**平衡的**, 如果它所对应 $UG(D)$ 中的边是平衡的.

竞赛图的 $O(n^2)$ 算法, 思路是结合定理 8.1.13 和定理 8.1.10.

设 D 是输入的定向图, 也假定 D 是连通的, 否则就分别地考虑 D 的每个连通分支. 令 $G = UG(D)$. 由定理 8.1.7, G 是正常循环弧图的充要条件是它可以定向为局部竞赛图. 因而, 首先判定 G 是否承认一个局部竞赛图定向. 根据定理 8.1.10, 这项工作能够在时间 $O(n+m)$ 内完成. 如果 G 不承认一个局部竞赛图定向, 则可简单地报告 D 不是一个局部竞赛图. 不然的话, 等同全部平衡弧, 定理 8.1.10 的算法就能够找到 G 的一个局部竞赛图定向.

如果一条边在 D 和 D' 中有相同的方向, 就用 T 标注它; 如果它在 D 和 D' 中有相反方向则标注为 F. 根据先前的观察, 能够将平衡弧任意地反转, 仅仅需要检测关于 G 的非平衡边的 $T-F$ 分配. 如果在 G 的一个分支中有 2 条非平衡弧, 或者在 $\overline{G}$ 的 2 个固定分支之间有 2 条非平衡弧, 使一条被标注为 T, 另一条弧被标注为 F, 从而根据定理 8.1.12 知, D 不是局部竞赛图. 不然, D 是一个局部竞赛图, 因为按照上面所作的观察, D 可以从对 D' 实施偏反转运算和改变一些平衡弧的方向得到. 不难看到, 上面的检验能够在时间 $O(n^2)$ 内执行 (这里仍然强调为什么算法不是复杂性为 $O(n+m)$ 的唯一原因是需要找到补图的连通分支). 综上所述, 我们得到如下的算法:

局部竞赛图识别算法

输入: 一个定向的图 D.

输出: 如果 D 是一个局部竞赛图, 则 “yes”, 否则为 “no”.

1. 如 D 的底图 G 不承认一个局部竞赛图定向, 则 D 不是一个局部竞赛图. 返回答案 “no”.
2. 寻找 G 的一个局部竞赛图定向 D'.
3. 对 $UG(D)$ 的每一条边 e, 如果 e 在 D 和 D' 中有相同的定向, 则用 T 标注 e; 如果它在 D 和 D' 中有相反的定向, 则用 F 标注 e.
4. 构造 $UG(D)$ 的补图 $\overline{UG(D)}$, 并寻找 $\overline{UG(D)}$ 的连通分支.
5. 寻找 $UG(D)$ 中非平衡边集合.
6. 如果存在 G 的 2 条非平衡边 e, e', 使得 e 被标为 T, e' 被标为 F, 并且 e, e' 的端点均在同一个分支中, 或者 2 条边是在 $\overline{UG(D)}$ 的 2 个固定分支之间, 则 D 不是一个局部竞赛图, 返回答案 “no”.
7. 否则 D 是一个局部竞赛图, 返回答案 “yes”.

在不是强连通有向图的情形中, 我们可以得到一个较为简单的基于定理 4.11.6 的 $O(n+m)$ 算法来判断给定的有向图是否为局部半完全有向图. 这个结论的证明留作习题 (习题 8.11), 也可参见文献 [76].

8.3 无偶圈定向

在 10.6 节中, 读者将会看到判定一个给定的有向图是否有一个偶圈的问题是多项式可解的, 然而, 这个过程却相当繁琐, 但是, 关于无向图的相应问题却是容易的 (见习题 8.17). 本节考虑一个相反于定向的问题, 即希望发展无偶圈的定向. 因为在搜寻偶圈时能够涉及到强分支, 故仅考虑无偶圈的强定向. 显然, 这个问题是针对非二部分的图, 否则因为二部分图的每个圈必是偶圈, 答案显得过于简单了. 同样地, 我们要求仅考虑 2 连通的图.

设 G 是一个无向图, 说 G 的一个定向 D 是**奇的**当且仅当 D 中无偶长的有向圈. 1992 年, Bang-Jensen 提出了如下问题[313].

问题 8.3.1 对给定的无向图 G, 是否存在一个多项式算法, 它能够给出 G 的一个强奇定向 D, 或者 (以在多项式时间内检查认证的形式) 证明 G 不具有如此的定向?

这个问题似乎是很困难的, 至今只知道一个不完整的答案 (定理 8.3.3). 为了叙述定理 8.3.3, 需要给出如下的几个定义: 一个**奇** K_4 是 4 个顶点完全图的一个剖分, 其中 K_4 的 4 个 3 圈中的每一个变为奇圈 (见图 8.8 (a)). 一个**奇项链** (odd necklace) 是一个无向图, 它是由奇数 t 个奇圈 $C_1, C_2, \cdots, C_t$ 等同 (即将 2 个以上的顶点捏合成为一个顶点) C_i 的一个顶点与 C_{i+1} 的一个顶点而构成. 如果 $|i-j|=1 \pmod t$, 则有 $|V(C_i)\cap V(C_j)|=1$; 否则, 有 $|V(C_i)\cap V(C_j)|=0$ (见图 8.8 (b)). 下面引理的证明留作习题 8.16.

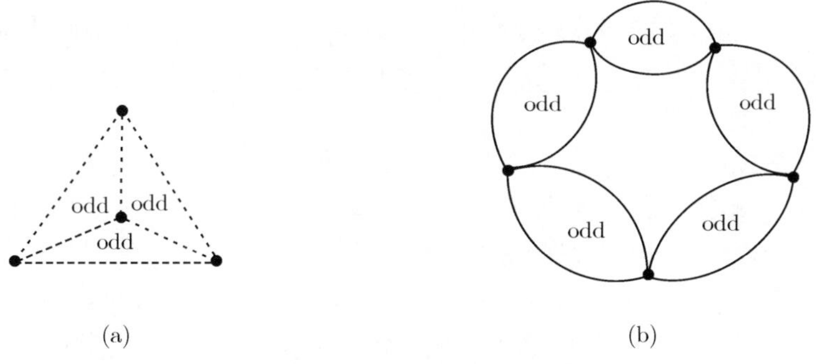

图 8.8 解释奇 K_4 和奇项链

(a) 奇 K_4 中的 6 条虚线的每一条对应于内部不交的路.

(b) 中一个圈中的文字 “odd” 表示所包围的圈的长度为奇数

引理 8.3.2[313] 设 G 是一个奇 K_4, 或是一个奇项链. 则 G 的每个强定向有一个偶圈.

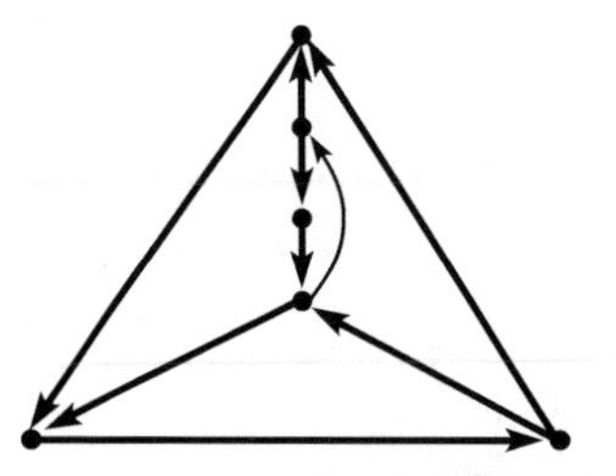

图 8.9　具有一个奇 K_4 的图的一个强奇定向 (用粗弧表示)

然而, 包含奇 K_4 的图可能会有强奇定向, 如图 8.9 所示. 注意, 在这个定向中, 对应奇 K_4 的 2 连通子图不能够被定向为强有向图. Gerards 和 Shepherd 证得如下的结论:

定理 8.3.3[313]　设 G 是 2 连通非二部分图, 如果 G 既不含奇 K_4, 也不含奇项链作为 G 的子图, 则 G 有一个强奇定向.

按照引理 8.3.2, 我们可以重新叙述定理 8.3.3 如下:

定理 8.3.4[313]　设 G 是一个无向图. 则 G 的每一个 2 连通非二部分的子图有一个强奇定向的充要条件是 G 既不含奇 K_4 也不含奇项链作为 G 的子图.

定理 8.3.3 的证明是基于构造无奇 K_4 和奇项链的特征[311,313].

已知能够在多项式时间内识别不含奇 K_4 和奇项链的图[313], 而且文献 [313] 中对定理 8.3.3 的证明是构造性的, 这就意味着对于问题 8.3.1 中有关无奇 K_4 和奇项链的图存在一个多项式算法. 关于不具有奇 K_4 图的定向更多的结论见 Gerards 的文章[310, 312].

G 有多少条边才能够使 G 的每个强定向至少有一个偶圈? 由于定理 1.5.1 指出 n 个顶点的完全图的每个强定向是无圈的. 显然, 对于那些具有强定向不含偶圈的图来说, 其边数 (作为 n 的函数) 是有上界的.

设 A 和 B 分别是规模为 $\lfloor (n-1)/2 \rfloor$ 和 $\lceil (n-1)/2 \rceil$ 的不交集合. 我们构造一个图 H_n, 使有 $V(H_n) = A \cup B \cup \{v\}$, 其中 v 是一个新顶点; $E(H_n) = \{ab: a \in A, b \in B\} \cup \{vc: v \in A \cup B\}$, 于是有 $|E(H_n)| = \lfloor (n+1)^2/4 \rfloor - 1$. 我们能够定向 H_n 是强的, 即通过定向从 v 到 A, 从 A 到 B, 从 B 到 v 的每一条弧, 则得定向的所有的圈是 3 圈.

设 $C_n = v_0v_1 \cdots v_{n-2}v_{n-1}v_0$ 是一个圈. 给 C_n 添加所有这样的弦 v_iv_j, 使得 $i-j$ 是一个正偶数, 记所得到图为 L_n. 不难验证 $|E(L_n)| = \lfloor (n+1)^2/4 \rfloor - 1$, 且 L_n 有一个不含偶圈的强定向 (习题 8.18).

这 2 类图说明如下由 Chung, Goddard 和 Kleitman 给出的结果可能是借助边数目表述的最好的结果. 关于定向的图, 我们将它叙述为下面的定理:

定理 8.3.5[158]　每一个至少有 $\lfloor (n+1)^2/4 \rfloor = f(n) + 1$ 条弧的强定向图包含一个偶圈. 此外, 每一个具有 $f(n)$ 条弧无偶圈的强定向图 D 是由 D 的一个具有奇数 ($2r+1$, 对某些 r) 个顶点最大哈密尔顿弧临界有向子图 H 和在剩余顶点上一个无圈二部分竞赛图 B 构成, 其中 B 的顶点二部分集具有尽可能相等的规模, 使得每一个顶点被 H 的 $r+1$ 个顶点连接.

按照 D 的最大哈密尔顿弧临界有向子图定义, 一个具有 n' 个顶点和 $f(n')$ 条边的 D 的有向子图是哈密尔顿的, 并且关于这些条件是最大的 (也就是说, D 的每一个具有 n'' ($> n'$) 个顶点的有向子图或是非哈密尔顿的, 或着它的弧数目小于 $f(n'')$).

尽管定理 8.3.3 和定理 8.3.5 对具有无偶圈强定向的一些图给出了一些信息. 然而, 存在着大量的图类, 对它们并没有给出任何的信息, 立方图就是如此的一类图, 可以用一个完美匹配连接 2 个同长的奇圈, Petersen 图也是其中一类图①. 易见 Petersen 图 (它的一个定向在图 8.10 中给出) 包含一个奇 K_4, 且不被定理 8.3.3 所包含. 在习题 8.15 中, 要求读者证明 Petersen 图的每个强定向包含一个偶圈.

显然, 一个定向图如果含有 2 个圈长相差 1 的圈, 则它有一个偶圈. 因此, 下面的问题具有值得研究的意义. 关于无向图中类似的问题曾经被 Bondy 和 Vince 考虑过[129].

问题 8.3.6 是否存在一个多项式算法, 可判定已知不含 2 个圈长相差 1 的圈的 2 连通图有一个强定向?

8.4 图的着色与定向

本节讨论无向图 G 的重要参数色数与 G 的定向性质之间的联系.

一个无向图 $G=(V,E)$ 的色数是 $\chi(G)$, 它是一个最小的数 k, 可以把 V 划分为不交的独立集 $V_1,V_2,\cdots,V_k$. 一个更为大众化且易懂的等价定义是: $\chi(G)$ 是最小的数 k, 使得能给每一个顶点 $v\in V$ 分配 $\{1,2,\cdots,k\}$ 中的一个色, 而 G 中与 v 相邻 (用一条边相连) 的顶点没有使用相同的色. 无向图 G 的一个 k **着色** (k-colouring) 是一个映射顶点集 $V(G)$ 到正整数集 $\{1,2,\cdots,k\}$ 的函数. 对于每一条边 $uv\in E(G)$, 如果 k 着色 f 总有 $f(u)\neq f(v)$, 称 f 是 G 的一个**正常** k **着色** (proper k-colouring). 为简便起见, 定义有向图 D 的着色数为 $\chi(D)=\chi(UG(D))$.

对任意一个有向图 D, 记号 $\mathrm{lp}(D)$ 表示 D 中最长路的长度. 第一个要讨论的关系是关于 G 的任意一个定向 D 的 $\mathrm{lp}(D)$ 与 $\chi(G)$ 之间的关系.

若 $\chi(G)=k$, 则能够得到 G 的一个**无圈定向** D, 且 $\mathrm{lp}(D)=k-1$. 只要将 V_i 和 V_j 之间的边定向为从 V_i 到 V_j, 其中 $V_1,V_2,\cdots,V_k$ 是 V 的一个具有 k 个不交独立集的划分, $1\leqslant i<j\leqslant k$. 因而, 当 $\chi(G)$ 是比较小的时候, 则 G 有一个不具有长有向路的定向. 有趣的事情是反方向的结论也成立, Gallai, Roy 和 Vitaver 各自独立地发现了这个事实.

定理 8.4.1 (Gallai-Roy-Vitaver 定理)[297, 646, 727] 对于有向图 D, 有 $\chi(D)\leqslant \mathrm{lp}(D)+1$.

① Petersen 图是由丹麦人 Julius Petersen (1839~1910) 首先给出, 他是图论研究的先驱. 这个图在无向图的一些研究问题中有着相当重要的作用 (读者可参见文献 [735] 中的例子).

证明　设 $D=(V,A)$ 是一个有向图, 并令 $T=(V,A')$ 是 D 的一个最大无圈有向子图. 定义函数 $f:V\to\mathcal{Z}_0$, 使 $f(v)$ 等于 T 中从 v 出发的最长路的顶点数目, 由于 T 是无圈的, f 是有意义的. 假定 f 在 $\{1,2,\cdots,k\}$ 中取值 (易见, f 取到此集合中的每一个值). 设 $V_i=\{v\in V:\ f(v)=i\}$.

对于每一个 $i=1,2,\cdots,k$, 我们说 V_i 是 D 的一个独立集, 显然, 此举意味着 $\chi(D)\leqslant \mathrm{lp}(D)+1$. 反设对某 i, 有顶点 $u,v\in V_i$, 使得 D 中有一条从 u 到 v 的弧, 令 P 是 T 中从 v 出发的具有 i 个顶点的路. 显然, 弧 uv 不属于 T, 否则 uP 是一条具有 $i+1$ 个顶点的路, 与 $f(u)=i$ 事实相冲突 (这里使用了 T 是无圈的, 以指明 uP 的确是一条路). 依据 T 的最大性, 则得到 $T+uv$ 包含一个圈, 它是由 T 中从 v 到 u 的一条路 P' 和弧 uv 构成. 设 P'' 是 T 中从 u 出发的具有 i 个顶点的路. 因为 T 是无圈的, 则路 P' 和 P'' 只有唯一的公共顶点 u. 但是 $P'P''$ 是 T 中从 v 出发顶点数目大于 i 的一条路, 矛盾.　□

Gallai 曾问到[297]：每一个无向图 G 是否恰有一条长为 $\chi(G)$ 的路的定向？但是, Youngs 给出的例子证明这个说法不成立[752]. 关于这个问题的详细讨论及其相关问题读者可参读 Jensen 和 Toft 的书[459].

定理 8.4.1 的一个变通表达是一个图的色数可以被定义为

$$\chi(G)=\min\{\mathrm{lp}(D)+1:\ D \text{ 是 } G \text{ 的一个定向}\}^{①}.$$

对于无向图 G 的任何一个定向 D, 由定理 8.4.1 得到 $\chi(G)$ 的一个上界 k. 寻找最小的 k, 使得一个无向图有一个 k 着色问题是 $\mathcal{NP}$ 困难问题 (正如 Karp 所证明的[474]), 也就是寻找一个无向图 G 的一个定向 D, 且有最小的 $\mathrm{lp}(D)$ 是一个 $\mathcal{NP}$ 困难问题. 下面 Tuza 给出的定理表明对无向图 G 的一个定向 D, 最多使用 $\mathrm{lp}(D)+1$ 种色就能够给 D 快速着色.

定理 8.4.2[723]　设有向图 D 满足 $\mathrm{lp}(D)<k$, 则 $UG(D)$ 的一个正常 k 着色可以在时间 $O(n+m)$ 内找到.

Bondy 得到了定理 8.4.1 关于强有向图的推广. 注意, Camion 定理是定理 8.4.3 的一个直接推论.

定理 8.4.3[124]　每个强有向图包含一个长至少为 $\chi(D)$ 的有向圈.

Minty 指出, 可以利用平衡定向中的定向圈的数目来度量一个图的色数.

定理 8.4.4[567]　如果 G 有一个定向, 使得每个定向圈在每一个方向上至少含有 $|V(C)|/k$ 条弧, 则 $\chi(G)\leqslant k$.

这个结论后来又被 Tuza 加强如下：

---

① 把这个表述与 Appel 和 Haken 的著名 4 色定理结合[27], 即每个平面图的色数至多为 4, 我们看到, 4 色定理等价于每个平面图有一个定向, 使得这个定向不含长大于 3 的有向路.

定理 8.4.5[723] 如果 G 有一个定向, 使得长为 $|V(C)| \equiv 1$ (模 k) 的每个圈在每一个方向至少包含 $|V(C)|/k$ 条弧, 则有 $\chi(G) \leqslant k$.

关于有向图的色数与路和圈之间的更多联系, 读者可参见 Bondy 的综述性文章[126] 以及 Szigeti 和 Tuza 的文章[685].

8.5 定向与无处零整流

除特别声明外, 本节中所涉及的图均为连通无向多重图.

设 $G=(V,E)$ 是一个无向多重图. G 上的一个 k **流** (k-flow) 是给每一条边 $e\in E$ 的一个定向 a 分配 $\{1,2,\cdots,k-1\}$ 中的一个整数 $x(a)$, 使对每一个顶点 v, 进入 v 的弧上流 x 的值之和等于离开 v 的弧上流 x 的值之和, 也就是说, 流 x 在所产生的定向多重图 D 中是一个循环. 因而可以把一个多重图 G 上的一个 k 流看成是一个**对** (D,x), 其中 $D=(V,A)$ 是 G 的一个定向, x 是 D 中一个整值循环, 对于每一条弧 $a\in A$, 总有 $x(a)\in\{1,2,\cdots,k-1\}$, 在下面我们使用这个记号. 流 x 也称为**无处零** k **流** (nowhere-zero k-flow), 为了强调流 x 在任何弧上不取零值. 如果在 G 上存在一个 k 流, 则说 G 有一个 k 流. 易知, 对某个整数 k, 一个多重图 G 有一个 k 流的充要条件是 G 的每个连通分支有一个 k 流. 此外, 不难证明, 一个具有一条割边 ($\lambda(G)=1$) 的连通多重图不可能关于任何 k 值有 k 流 (见习题 8.22). 同时易知, 一个伪图 G 有一个 k 流当且仅当从 G 中删去所有自环产生的新多重图 H 有一个 k 流. 这就是为什么下面总设定在多重图而不是在伪图上工作的原因.

为方便起见, 记号 $x(uv)$ 表示流 x 在弧 uv 上的值, 而不是在第 3 章中所使用的记号 x_{uv}. 我们先从关于 2 流的一个非常简单的结论开始本节内容的介绍.

命题 8.5.1 一个多重图 G 有一个 2 流的充要条件是 G 的所有顶点的度数均为偶数.

证明 显然, G 有一个 2 流, 则所有顶点的度数均为偶, 因为 x 是仅取值为 1 的循环. 现设 G 的所有顶点的度数为偶且 G 是连通的, 否则, 我们就转向考虑 G 的每个分支. 根据欧拉定理, G 有一个闭途径 $W=w_0w_1w_2w_3\cdots w_{m-1}w_m$, 其中 $w_0=w_m$, 且仅使用 G 的每条边一次. 从 w_i 到 w_{i+1} 定向每条边 w_iw_{i+1} ($i=0$, 1, $\cdots$, $m-1$), 得到一个定向 D, 则对 $(D,x\equiv 1)$ 是 G 中的一个 2 流. □

对任意的阿贝尔群① $(\Gamma,+)$, 在一个多重图 $G=(V,E)$ 中定义一个流如下: G 中的一个 Γ **流** (Γ-flow) 是一个对 (D,x), 其中 D 是 G 的一个定向, x 映射 $A(D)$ 到 Γ 的非零元素 $\{g_1,g_2,\cdots,g_{|\Gamma|-1}\}$, 且对于每一个顶点 $v\in V$, x 满足

$$\sum_{uv\in A(D)} x(uv)=\sum_{vw\in A(D)} x(vw). \tag{8.1}$$

① 一个可加群 $(\Gamma,+)$ 是**阿贝尔的** (Abelian), 若 $a+b=b+a$ 对 Γ 中所有的元素 a,b 成立.

这里加法是在群 Γ 中, $|\Gamma|$ 表示群 Γ 的元素数目. 也就是说, x 是从 $\Gamma - g_0$ 中取值的一个循环, 其中 g_0 是 $(\Gamma,+)$ 的中性元素.

Tutte 证得下面的重要定理, 将一个多重图 G 上的 k 流联系到 G 的定向上任何群值的循环.

定理 8.5.2[720] 设 $(\Gamma,+)$ 是一个有限阿贝尔群, 则一个无向多重图 G 有一个 Γ 流当且仅当它有一个 k 流, 其中 $k=|\Gamma|$.

证明定理 8.5.2 的一个关键性步骤是证明下面的 Tutte 定理. 尽管这里不证明定理 8.5.2, 但要证明定理 8.5.3, 并且在随后的讨论中要用到它. 群 $\mathcal{Z}_k$ 表示模 k 下的整数可加群.

定理 8.5.3[720] 设 $G=(V,E)$ 是一个无向多重图, 整数 $k \geqslant 1$. 则 G 有一个 k 流的充要条件是 G 有一个 $\mathcal{Z}_k$ 流.

证明 如果对 (D,x) 是 G 中的一个 k 流, 则对于每一条弧 $a \in A$, 有 $x(a) \in \{1,2,\cdots,k-1\}$, 且有

$$\sum_{uv\in A(D)} x(uv) - \sum_{vw\in A(D)} x(vw) = 0 \equiv 0 \pmod k.$$

因此, 对 (D,x) 也是 G 的一个 $\mathcal{Z}_k$ 流.

现设对 (D',x') 是 G 的一个 $\mathcal{Z}_k$ 流. 由于所有的循环是模 k, 对于每一条弧 $a \in A$, 可设 $x'(a) \in \{1,2,\cdots,k-1\}$, 按照 $\mathcal{Z}_k$ 流的定义, 便有

$$\sum_{uv\in A(D')} x'(uv) - \sum_{vw\in A(D')} x'(vw) \equiv 0 \pmod k.$$

对于一个已知的 $\mathcal{Z}_k$ 流 $(D=(V,A),x)$, 设 b_x 是在第 3 章中所定义的平衡向量, 即

$$b_x(v) = \sum_{vw\in A(D)} x(vw) - \sum_{uv\in A(D)} x(uv).$$

现假设对 (D',x') 是 G 中全体 $\mathcal{Z}_k$ 流中选取出来, 使得和

$$\phi(D',x') = \sum_{v\in V(D')} |b_{x'}(v)| \tag{8.2}$$

是最小的. 欲证 $\phi(D',x')=0$, 这隐含了 (D',x') 是 G 中一个 k 流. 反设不是这样的情形, 则令

$$P=\{v\in V:\ b_{x'}(v)>0\}, \quad M=\{v\in V:\ b_{x'}(v)<0\}.$$

依据标准流 (与 3.1 节比较), 有 $P\neq\varnothing$, $M\neq\varnothing$. 由定理 3.3.1 可知, 在 D' 中存在一条从 P 到 M 的路 Q. 反转 Q 上的每一条弧, 并对于每一条弧 $a\in A(Q)$,

定义其上的流值为 $k - x'(a)$, 而不在 Q 上的所有弧的流值不改变, 从而得到一个新对 (D'', x''). 容易检验 (D'', x'') 是 G 中的一个 $\mathcal{Z}_k$ 流, 并有 $\phi(D'', x'') = \phi(D', x') - 2k$ (它仍然至少为零, 因为 P (或 M) 中的每一个顶点对平衡向量贡献 k 的一个正的 (或负的) 倍数). 这与 (D', x') 的选取矛盾, 必有 $\phi(D', x') = 0$, 从而证得对 (D', x') 是一个 k 流. □

下面将多次用到定理 8.5.2, 关键是有时值得考虑去建立一个具有 Γ 流的多重图而比去证明一个多重图有 Γ 流容易得多. 如果一个多重图的每个顶点均有 3 度, 则称它是**立方图**.

命题 8.5.4 一个立方多重图 G 有一个 3 流的充要条件是 G 为二部分图.

证明 设 G 是立方二部分图, 且具有顶点集二部划分 (X, Y). 令 D 是定向从 X 到 Y 的每一条边所得到的定向. 设流 $x \equiv 1$, 则对 (D, x) 是 G 中一个 $\mathcal{Z}_3$ 流. 按照定理 8.5.3, G 有一个 3 流 (D', x').

设 G 是立方图, 并有一个 3 流 (D, x). 因为流 x 的值只能取 1 和 2, 易见取顶点集合 X (或 Y) 中的顶点是 x 值为 2 的一条弧的尾 (头), 则得到 $V(G)$ 的一个具有 2 个独立集的划分. 从而 G 是一个具有顶点集二部划分 (X, Y) 的二部分图. □

一个多重图 G 是 r **边可着色的** (r-edge-colourable), 如能够给每条边分配 $\{1, 2, \cdots, r\}$ 中的一个数, 使得所有关联到一个顶点的边接受到不同的数, 称如此的一个分配为 G 的一个 r **边着色** (r-edge-colouring). 依据习题 3.56, 每个立方二部分多重图是 3 边可着色的. 但是对于一般的 3 边可着色的立方多重图不能够找到一个 3 流 (见习题 8.29), 在下面的定理中却总能够找到一个 4 流.

定理 8.5.5 一个立方多重图 G 有一个 4 流当且仅当 G 是 3 边可着色的.

证明 根据定理 8.5.2, G 有一个 4 流的充要条件是它有一个 $\mathcal{Z}_2 \times \mathcal{Z}_2$ 流①. 可见 $\mathcal{Z}_2 \times \mathcal{Z}_2$ 的非零元素是它们自己的逆. 此外, 这 3 个元素全部加起来等于 $\mathcal{Z}_2 \times \mathcal{Z}_2$ 中的零元素. 这表明在 G 的每一个顶点上只有一条边具有流值分别等于 $(1,0), (0,1)$ 和 $(1,1)$. 于是, 如果对 (D, x) 是 G 中一个 $\mathcal{Z}_2 \times \mathcal{Z}_2$ 流, 则可考虑这 3 个元素 $(1,0), (0,1)$ 和 $(1,1)$ 作为边的着色, 从而 G 是 3 边可着色的, 这个论述对充分性的证明也是成立的, 从而证得本定理. □

定理 8.5.6 一个多重图 G 有一个 4 流的充要条件是它含有 2 个欧拉子图 G_1, G_2, 使得 $E(G) = E(G_1) \cup E(G_2)$.

证明留作习题 8.28.

定理 8.5.7[455] 每一个 4 边连通多重图 G 有一个 4 流.

证明 设 $G = (V, E)$ 是 4 边连通多重图. 按照定理 9.5.5, G 有 2 个**边不交的支撑树** T_1, T_2. 每一条边 $e \in E - E(T_1)$ 与 $E(T_1)$ 形成唯一的一个圈 C_e. 设 E_1 是全体形如 C_e 的圈的边集合的模 2 的和, $e \in E - E(T_1)$. 则 G 的由 E_1 导出的子图

① 可加群 $(\mathcal{Z}_2 \times \mathcal{Z}_2, +)$ 有元素 $\{(0,0), (0,1), (1,0), (1,1)\}$, 并且加法是坐标两两相加的.

G_1 是欧拉的, 且含有 $E - E(T_1)$ 的每一条边. 同理, 存在一个包含了 $E - E(T_2)$ 的每一条边的欧拉子图 G_2. 由于 T_1 和 T_2 是边不交的, 则有 $E(G) = E(G_1) \cup E(G_2)$, 定理得证. □

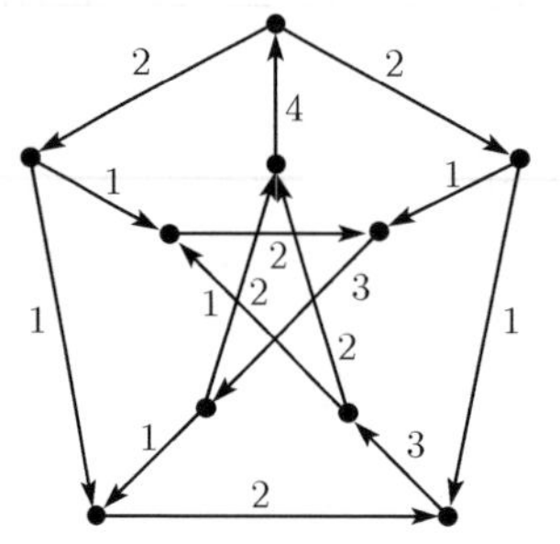

图 8.10 标注 5 流 (D, x) 的拟可传递 Petersen 图

注意, 值 4 仅使用了一次

依照定理 8.5.5 和 3 边可着色 2 边连通立方多重图的存在性 (最著名的例子是 Petersen 图, 见图 8.10 中 Petersen 图的一个定向), 我们可以断言: 不是所有的 2 连通多重图有一个 4 流. 然而, Tutte 猜测可以把 4 换为 5.

猜想 8.5.8 (Tutte 5 流猜想)[720] 每个 2 连通多重图有一个 5 流.

下面的引理 (曾被 Seymour 描叙成一个通俗的结果[663]) 指出: 只要对立方 3 连通多重图证明 Tutte 5 流猜想就足够了.

引理 8.5.9 设整数 $k \geqslant 3$, $G = (V, E)$ 是一个不具有 k 流的 2 边连通多重图, 但每一个满足 $|V''| + |E''| < |V| + |E|$ 的 2 边连通多重图 $H = (V'', E'')$ 有一个 k 流, 则 G 是立方 3 连通图.

证明 先设 G 有一个割顶点 z, 使得 $V - z$ 有连通分支 $H_1, H_2, \cdots, H_p$, $(p \geqslant 2)$. 根据 G 的最小性, 每个多重图 $H_i + z$ 有一个 k 流 $(i = 1, 2, \cdots, p)$, 运用这些流就可容易地得到 G 的一个 k 流. 因而, 设 G 是 2 连通的.

设 $\{e, e'\}$ 是 G 中的一个 2 边割. 令 $e = st$, 且 $U' \cup W'$ 是 V 的顶点集二部划分, 使得 $s \in U', t \in W'$, 并在 $G - \{e, e'\}$ 中 U' 和 W' 之间不存在边, 记 $U = U' - s$ 和 $W = W' - t$. 按照 U, W 的定义以及 G 无割顶点, 则在 G 中 U 和 W 之间只有一条边 e'. 现设多重图 $G' = (V', E')$ 是在 G 中收缩 e 成为一个顶点 v_e, 并删去由此产生的自环. 因为 $|V'| + |E'| < |V| + |E|$, 收缩并不减少边连通性, 则由关于 G 的假设, 在 G' 中有一个 k 流 (D', x').

不失一般性, 假设在 D' 中的边 e' 被定向为从 W 到 U 的一条弧 a'. 因 x' 是一个循环, 则必有

$$\sum_{w \in W} x'(v_e w) - \sum_{w' \in W} x'(w' v_e) = r,$$

$$\sum_{u \in U} x'(v_e u) - \sum_{u' \in U} x'(u' v_e) = -r.$$

在 $G - e$ 中, 顶点 s 仅与 U 中的顶点相邻, 顶点 t 仅与 W 中的顶点相邻. 令 D'' 是在 G 的边上由 D' 预先指定的定向, 并且从 s 到 t 定向边 st. 定义流 x'' 对

除弧 st 外的所有弧为 $x''(a)=x'(a)$, 令 $x''(st)=r$. 则 (D'',x') 是 G 的一个 k 流, 这矛盾于假设, 从而, G 是 3 边连通的.

如果 G 有一个度至少为 4 的顶点 s, 则由 Fleischner (见习题 8.38) 的一个结果[239], 顶点 s 有邻点 u,v, 使得用边 uv 取代边 su,sv 后产生一个 2 边连通多重图 G^*①. 依照 G 的最小性的选取, 则在 G^* 中存在一个 k 流 (D^*,x^*), 并由此易得 G 的一个 k 流 (正好用 G 中通过 s 的一条 2 长的路来取代 u 和 v 之间的那条弧, 使用 2 条边 su,sv 并沿那条路送入合适的流量). 这与 G 的选取矛盾, 因而断定 G 是立方的. 再按照习题 8.23 知, G 是 3 连通的. □

关于 Tutte 5 流猜想的一个主要突破是 Jaeger 证得每个 2 边连通的多重图有一个 8 流[455]. 他的证明是出奇的简短而优美, 读者被要求在习题 8.31 中给出 Jaeger 结果的证明. 迄今为止, Seymour 得到的结果是最强的.

定理 8.5.10[663] 每个 2 边连通多重图有一个无处零 6 流.

因为定理 8.5.10 的证明基于一个不涉及有向图的论证, 这里就不再给出它的详细证明[191,241,663]. 根据引理 8.5.9, 只要证明对 3 连通立方多重图结论成立就足够了. Seymour 证得如此的多重图 G 的边集可以被 2 个多重图 G_1, G_2 覆盖, 使得 G_1 是欧拉的, G_2 有一个 3 流 x'. 依照定理 8.5.1, G_1 有一个 2 流 x. 因为 $E(G)=E(G_1)\cup E(G_2)$, 使用流 x 和 x' 不难得到 G 中一个 $\mathcal{Z}_2\times\mathcal{Z}_3$ 流. 于是, 由定理 8.5.2, G 有一个 6 流.

Seymour 证明的算法版本是 Younger 得到的[751], 从而也导出一个在任何 2 边连通多重图中寻找 6 流的多项式算法.

最近, Bienia, Goddyn, Gvozdjak, Sebö 和 Tarsi 证得下面令人兴奋的结果, $k\geqslant 5$ 的情形是定理 8.5.10 的一个显然的推论.

定理 8.5.11[118] 如果 G 有一个至多含有 $k-1$ 个不同值的无处零流, 则 G 有一个 k 流.

需要无处零流更多信息的读者可参阅文献 [241,456,457,459,664]. 尤其是在文献 [459] 第 13 章里, 有大量关于这个专题的内容和重要的公开问题.

8.6 达到高弧强连通性的定向

已知一个多重图 $G=(V,E)$ 的定向 D 是给 G 的每条边分配 2 个方向上的一个 (尤其对平行边必须是 2 个相对立的方向). 依照 Robbin 定理, 无向多重图 $G=(V,E)$ 有一个强定向当且仅当 G 是 2 边连通的.

① 用 7.5 节的语言, 结论告诉我们: 对 s 的某对邻点 u,v, 存在一个可行撕裂 su,sv (关于 2 边连通性).

下面给出 Nash-Williams 的 2 个 Robbins 定理的推广, 它们均比 Robbins 定理更深刻, 特别是定理 8.6.4 的结论.

为了解释第 7 章介绍的撕裂技巧的作用, 下面运用无向图上撕裂结果来证明定理 8.6.3. 这个定理是 Lovász 发现的, 它极相似于定理 7.5.2, 要求读者在习题 8.37 中证明这个定理. 相似于有向图的情形, 记号 $\lambda(x,y)$ 表示 G 中边不交的 xy 路的最大数目. 对具有一个特殊顶点 s 的图 $G=(V+s,E)$, 如果对所有的 $x,y\in V$, 不等式 $\lambda(x,y)\geqslant k$ 总成立, 则说 G 是 V 中 k 边连通的.

定理 8.6.1 (Lovász 撕裂定理)[522] 设 $G=(V+s,E)$ 是一个多重图, 它具有一个特定的偶度数顶点 s, 且对某 $k\geqslant 2$, 多重图 G 在 V 中是 k 边连通的. 则对于 G 的每一条边 st, 存在 G 的另一条边 su, 使得撕裂开对 st,su 后, 新图在 V 中是 k 边连通有向图①.

如果无向图 $G=(V,E)$ 是 k 边连通的 ($\lambda(G)=k$), 但对于每一条边 $e\in E$, 总有 $\lambda(G-e)=k-1$, 称 G 是**最小 k 边连通图** (minimally k-edge-connected graph). 下面由 Mader 给出的定理相似于定理 7.10.3, 其证明留作习题 8.36.

定理 8.6.2[532] 每个最小 k 边连通多重图有一个 k 度顶点.

我们来证明著名的 Nash-Williams 定向定理:

定理 8.6.3 (Nash-Williams 定向定理)[583] 一个无向多重图 $G=(V,E)$ 有一个 k 弧强定向 D 当且仅当 G 是 $2k$ 边连通的.

证明 证明的主要思路是采用 Lovász 的思路[522]. 假定 G 有一个 k 弧强定向 D. 根据 Menger 定理 (推论 7.3.7 的版本), 对 V 的每一个非空真子集 X, 有 $d^+(X)\geqslant k$, $d^-(X)\geqslant k$, 这导致在 G 中有 $d(X)\geqslant 2k$. 因而, 由无向图的 Menger 定理, 知 G 是 $2k$ 边连通的.

下证充分性. 对 G 的边数目实施数学归纳法. 假定 $G=(V,E)$ 是 $2k$ 边连通的. 如果 $|E|=2k$, 则是 2 个顶点 x,y 之间连了 $2k$ 条边的图, 显然, 这个多重图有一个 k 弧强定向. 于是, 继续实施归纳步骤. 由于给有向多重图添加弧不可能减少弧强连通性, 故只考虑 G 是最小 $2k$ 边连通的情形.

根据定理 8.6.2, G 包含一个顶点 s, 使得 $d_G(s)=2k$. 对具有这个特殊顶点 s 的 G 实施 Lovász 撕裂定理, 可以将 G 中关联于 s 的 $2k$ 条边分成 k 个对 (su_1,sv_1), $(su_2,sv_2),\cdots,(su_k,sv_k)$, 使得删去 s 后, 给 $G-s$ 添加边 $u_1v_1,u_2v_2,\cdots,u_kv_k$ 而产生一个 $2k$ 边连通图 H, 因为 H 的边少于 G 的边, 依据归纳假定, H 有一个 k 强定向 D'.

根据习题 7.27, 给 H 添加顶点 s 和弧 $u_1s,u_2s,\cdots,u_ks$ 以及弧 $sv_1,sv_2,\cdots,sv_k$ 后就得到 D 的一个 k 弧强定向. □

① 关于有向图 (见 7.5 节) 的**撕开** (splitting off) 对 (su,sv) 是指用一条新边 uv 代替边 su,sv (或是那条边 uv 的拷贝, 如果它早已存在).

实际上, Nash-Williams 证明了下面更强的结果, 定理 8.6.3 仅仅是它的一个特殊情形.

定理 8.6.4 (Nash-Williams 强定向定理)[583] 一个无向图 G 有一个定向 D, 使对 V 的每一对顶点 x, y, 定向 D 总含有 $\left\lfloor\frac{1}{2}\lambda_G(x,y)\right\rfloor$ 条弧不交的 (x,y) 路.

给出这个定理的一个完整证明超出了本书的范围, Nash-Williams 的原始证明相当复杂[583], 并且也是 Mader 和 Frank 证明的变通性证明[259] (使用定理 8.6.1 的一个局部边连通性版本[536]), 为这个重要的定理找到一个简短而明晰的证明仍然是一个强有力的挑战.

接下来, 我们要勾画 Nash-Williams 证明的主要思路 (其余 2 个证明均使用了相同的方法). 首先考虑的是 G 为欧拉图, 我们容易证明这个叙述 (习题 8.34). 故设 G 不是欧拉图, 给 G 的奇度数顶点上添加一个匹配就把 G 变为欧拉图①. 如果可以给 G 的奇度数顶点上添加一个匹配 M, 使得定向 $G+M$ 后得到一个欧拉有向图 D', 然后再移走对应 M 的弧, 则对所有的 $x, y \in V$, 仍然有

$$\lambda_D(x,y) = \left\lfloor\frac{\lambda_G(x,y)}{2}\right\rfloor, \tag{8.3}$$

其中 $D = D' - M$②, 这就是所期望的定向.

我们来看匹配 M 满足哪些条件才能导致上面所期望的定向 D, 按照 Frank 的做法[259], 当 f 是整值函数, 使用记号 $\tilde{f} = 2\lfloor f/2\rfloor$. 定义 R 为: $R(\varnothing) = R(V) = 0$, 并且对于每一个集合 $X \neq \varnothing$, $X \neq V$, 令 $R(X) = \max\{\lambda_G(x,y):\ x \in X,\ y \in V - X\}$, 称 R 为 G 的**需求函数** (requirement function). 依照关于无向边连通性的 Menger 定理, (8.3) 式等价于对所有的 $X \subset V$, 要求

$$d_D^-(X) \geqslant \tilde{R}_G(X)/2. \tag{8.4}$$

关于 G 的奇顶点上的一个匹配 M 是**好奇顶点配对** (good odd-vertex pairing), 如果对所有的 $X \subset V$, 有

$$d_M(X) \leqslant d_G(X) - \tilde{R}_G(X), \tag{8.5}$$

这里 $d_M(X)$ 表示 M 中仅有一个端点在 X 中的边的数目. 假定 M 是 G 的一个好奇顶点配对, 设 D' 是 $G+M$ 的一个欧拉定向以及 $D = D' - M$, 则有

$$\begin{aligned} d_D^-(X) &\geqslant d_{D'}^-(X) - d_M(X) \\ &= (d_G(X) + d_M(X))/2 - d_M(X) \end{aligned}$$

① 参见习题 1.5, 每一个图有偶数个奇数顶点.

② 这个记号表示从 D' 中移走相对应于 M 的弧所得到的定向图.

$$
\begin{aligned}
&= (d_G(X) - d_M(X))/2 \\
&\geqslant \tilde{R}_G(X)/2,
\end{aligned}
\tag{8.6}
$$

这就推出 (8.4) 式, 从而证得 (8.3) 式成立. 于是, 如果找到一个好奇顶点配对, 则容易得到所期望的定向, 因而证明下面的定理是关键.

定理 8.6.5[583]　每个无向图有一个好奇顶点配对.

关于每一个顶点对 x, y, 使得 $\lambda_D(x,y)$ 和 $\lambda_D(y,x)$ 是尽可能地接近, 代替寻找定向, 我们可以寻找对于一个定向质量的不同测量. Pekéc (1997 年的私人通信) 提出了如下的问题:

问题 8.6.6　设 D 是一个无向图, 定义 M_{opt} 为

$$
M_{\text{opt}} = \max\left\{\sum_{x,y\in V(D)} \lambda_D(x,y):\ D \text{ 是 } G \text{ 的一个定向}\right\}.
$$

是否存在 M_{opt} 的一个优美特征? 特别地, 能否在多项式时间内计算 M_{opt}?

没有关于定向可达到高顶点强连通性的太多的信息. 下面 Frank 的猜想仍然是公开的, 注意对 $k=1$ 的情形, 这个猜想可被 Robbins 定理证得. 读者可将它与 7.14 节的内容进行比较.

猜想 8.6.7[262]　无向图 $G=(V,E)$ 有一个 k 强定向的充要条件是对每一个具有 j $(0 \leqslant j \leqslant k)$ 个顶点的集合 X, $G-X$ 是 $2(k-j)$ 边连通有向图.

8.7　具有度约束的定向

本节先考虑那些满足半度上具有预先指定约束的多重图的定向, 然后考虑更一般的情形, 即对某些顶点子集约束的情形 (可能是顶点集合的全体真子集). 在一个**基集合** (ground set) S 上的一个函数 f 是**母模** (supermodular), 如果不等式 $f(X)+f(Y) \leqslant f(X\cap Y)+f(X\cup Y)$ 对所有的子集 $X, Y \subseteq S$ 的选取均成立. 前面已经定义 f 是 S 上的子模, 即有不等式 $f(X)+f(Y) \geqslant f(X\cap Y)+f(X\cup Y)$ 对所有的子集 $X, Y \subset S$ 成立. 如果 f 既是子模又是母模, 称函数 f 是**模** (modular)①.

8.7.1　具有预先指定度序列的定向

在 3.11.3 小节中, 我们曾指出: 给定一个有向多重图 $D=(V,A)$ 和一组数 $a_1, a_2, \cdots, a_n$, 满足 $\sum_{i=1}^{n} a_i \leqslant |A|$. 对于最大流能够使用算法来判定 D 是否有一个支撑有向子图 D', 使得 $d^-_{D'}(v_i) = a_i$ $(1 \leqslant i \leqslant n)$.

① 注意, 一个具有 $f(\varnothing)=0$ 的模函数 f 满足 $f(X)=\sum_{x\in X} f(x)$.

我们运用流来说明可以解决一个类似的定向问题, 即对给定的无向多重图 $G = (V, E)$, 其顶点集合为 $V = \{1, 2, \cdots, n\}$ 和整数 $a_1, a_2, \cdots, a_n$, 使得 $\sum_{i=1}^{n} a_i = |E|$, 问 G 是否有一个满足 $d_D^-(i) = a_i \ (1 \leqslant i \leqslant n)$ 的定向 D?

当 $i < j$ 时, 先从 i 到 j 给边 ij 定向, 这就形成 G 的一个**参考定向** $H = (V, A)$. 然后再给 A 的每条弧赋予容量 1 和下界为零, 得到网络 $\mathcal{N} = (V, A, l \equiv 0, u \equiv 1)$. 我们可以把 $\mathcal{N}$ 中的一个可行流 x 表示为 G 的一个定向 $D' = (V, A')$: 如果 $x_{ij} = 1$, 则 A' 包含弧 ij, 否则 A' 包含弧 ji. 然后考察一个给定的流 x, 对于每一个 $i = 1, 2, \cdots, n$, 顶点 i 要满足

$$d_{D'}^-(i) = \sum_{ji \in A} x_{ji} + \left(d_H^+(i) - \sum_{ij \in A} x_{ij} \right).$$

由于希望有向图 D' 的顶点 i 上有入度 $a_i \ (1 \leqslant i \leqslant n)$, 从而得到关于 x 的平衡向量 b_x 的如下约束:

$$d_H^+(i) - a_i = \sum_{ij \in A} x_{ij} - \sum_{ji \in A} x_{ji} = b_x(i), \quad i = 1, 2, \cdots, n. \tag{8.7}$$

于是, 这已经把定向问题简约到判定 $\mathcal{N}$ 是否存在一个可行流, 它有一个如同 (8.7) 式的平衡向量 b_x. 因此, 依据引理 3.2.2, 对于最大流可以使用多项式算法来解决定向问题, 如果存在如此的一个定向, 就能够找到它.

基于上面的推导和流的可行性定理 (定理 3.8.4), 则可为一个具有预先指定入度序列 (出度序列) 的定向存在性问题推导充要条件. 如此非常著名的可行性定理是关于完全竞赛图定向. 下面, 我们称竞赛图的一个顶点的出度为**得分** (score). 关于竞赛图的**得分序列**, Landau 证得如下的特征 (读者要在习题 8.41 中给出它的证明):

定理 8.7.1 (Landau 定理)[508] 一个整数序列 $(s_1, s_2, \cdots, s_n)$ 满足 $0 \leqslant s_1 \leqslant s_2 \leqslant \cdots \leqslant s_n$, 它是某 n 个顶点的竞赛图的得分序列的充要条件是

$$\sum_{i=1}^{k} s_i \geqslant \binom{k}{2}, \quad k = 1, 2, \cdots, n,$$

其中 $k = n$ 时, 上述不等式中的等号成立.

需要 Landau 定理一组非常漂亮证明的读者可以阅读 Reid 的综述性文章[630]. Harary 和 Moser 刻画了强竞赛图如下的特征[402]:

定理 8.7.2[402] 一个非负整数序列 $s_1 \leqslant s_2 \leqslant \cdots \leqslant s_n \ (n \geqslant 3)$ 是某竞赛图的出度序列的充要条件是对于每一个 $j \ (1 \leqslant j \leqslant n-1)$, 有

$$\sum_{i=1}^{j} s_i > \binom{j}{2} \quad 和 \quad \sum_{i=1}^{n} s_i = \binom{n}{2}.$$

在下面, 对于一个无向图 $G=(V,E)$ 和一个子集 $X\subset V$, 用记号 $e_G(X)$ 表示 E 中那些一个端点在 X 中的边的数目, 记号 $i_G(X)$ 表示 E 中那些 2 个端点 在 X 中的边的数目. 此外, 用 $c(G)$ 表示 G 的连通分支数目. Frank 证得如下的定理, 它确定了关于一个定向的入度的界:

定理 8.7.3[268]　设 $G=(V,E)$ 是一个无向图. 令 $f:V\to \mathcal{Z}_0$ 和 $g:V\to \mathcal{Z}_+\cup\{\infty\}$ 是 V 上的模函数, 使得 $f\leqslant g$. 则下列叙述成立:

(a) 存在 G 的一个定向 D, 使对每一个顶点 $v\in V$, 有

$$d_D^-(v)\geqslant f(v) \tag{8.8}$$

当且仅当对每一个 $X\subset V$, 有

$$e_G(X)\geqslant f(X). \tag{8.9}$$

(b) 存在 G 的一个定向 D', 使对每一个顶点 $v\in V$, 有

$$d_{D'}^-(v)\leqslant g(v) \tag{8.10}$$

当且仅当对所有的 $X\subset V$, 有

$$i_G(X)\leqslant g(X). \tag{8.11}$$

(c) G 中存在同时满足 (8.8) 式和 (8.10) 式的一个定向 D^* 当且仅当存在一个满足 (8.8) 式的定向和一个满足 (8.10) 式的定向①.

证明　先证 (a). 如果 D 满 (8.8) 式, 则 (8.9) 式容易由下面的计算得

$$f(X)=\sum_{v\in X}f(x)\leqslant\sum_{v\in X}d_D^-(v)=e_G(X)-d^+(X)\leqslant e_G(X). \tag{8.12}$$

现设 (8.9) 式成立, 但没有满足 (8.8) 式的定向. 在 G 的所有可能的定向中选取定向 D, 使得下面的式子

$$\sum_{\{v\in V:\ f(v)>d_D^-(v)\}}(f(v)-d_D^-(v)) \tag{8.13}$$

是最小的. 设顶点 x 使 $f(x)>d_D^-(x)$. 令 X 是由这样的顶点 $u\in V$ 组成, 即在 D 中总有一条有向 (x,u) 路. 注意, 由 X 的定义得, $d_D^+(X)=0$, 或 $X=V$. 因为 $f(X)\leqslant e_G(X)$, 易知 (使用 $x\in X$) 存在某顶点 $u\in V$, 使得 $d^-(u)>f(u)$. 令 P 是 D 中任何一条 (x,u) 路. 在 D 中反转 P 上的每一条弧的定向, 所产生的新图记为

① Frank 把定理 8.7.3 (c) 中叙述的结论叫做**链接原则** (linking principle)[259, 263].

D'. 现在易知, 定向 D' 或满足 (8.8) 式, 或是对 (8.13) 式完成一个小计算, 这个矛盾说明 (8.8) 式成立.

我们证明 (b). 令 g' 是 V 上的模, 使有 $g'(v) = \min\{d_G(v), g(v)\}$. 易见 G 有一个满足 $d^-_{D'}(X) \leqslant g'(X)$ 的定向 D' 的充要条件是它有一个定向 D 满足 $d^-_D(X) \leqslant g(X)$. 另一方面, G 有一个关于 g' 的满足 (8.10) 式的定向当且仅当它有一个关于 $f(v) = d_G(v) - g'(v)$ 且满足 (8.8) 式的定向, 其中 $v \in V$ (恰好考虑如此一个定向的逆). 按照 (a), 如此定向的存在当且仅当 $e_G(X) \geqslant f(X)$ 对每一个子集 $X \subseteq V$ 成立. 运用 $\sum_{x\in X} d_G(x) = e_G(X) + i_G(X)$, 我们可推断 $e_G(X) \geqslant f(X)$ 当且仅当 $i_G(X) \leqslant g'(X)$, 从而证得 (b).

最后, 为证明 (c), 选择在全体定向中满足 (8.10) 式又最小化 (8.13) 式的一个定向 D. 如果关于这个定向 D, 和值是零, 则完成证明. 否则就考虑使用反转 P (如同 (a) 证明中的作法), 对于增加了入度的唯一的顶点 x, 有 $d^-_D(x) < f(v) \leqslant g(v)$, 因而仍有 $d^-_{D'}(x) \leqslant g(v)$, 并且得到与 (a) 证明中相同的矛盾. □

容易将上述非构造性证明转换成一个寻找所期望定向的多项式算法, 或者给出不存在所期望定向的证明 (习题 8.42). 我们要指出的是, 使用本小节开始的方法, 能够利用流证明定理 8.7.3 (习题 8.43). 尽管定理 8.7.3 容易被证明, 但它有几个推论, 其中之一是著名的 Hall 定理, 即刻画一个二部分图中的完美匹配的存在性 (定理 3.11.3). 要推证定理 8.7.3 隐含 Hall 定理, 只需要说明一个二部分图 $B = (U, V; E)$ 有一个完美匹配的充要条件是它有一个定向 D, 使得 U 中的每一个顶点在 D 中有入度 1, V 中的每一个顶点在 D 中有入度 $d_B(v) - 1$. 留给读者作为习题 8.44. 下面 Ford 和 Fulkerson 的推论可以由定理 8.7.3 推导出来, 这个推论的证明留作习题 8.40.

推论 8.7.4[246] 设 $M = (V, A, E)$ 是一个混合图, $G = (V, E)$ 是 M 的无向部分, $D = (V, A)$ 是 M 的有向部分. 可以定向 G 的边, 使得所产生的有向多重图①是欧拉图当且仅当 $d_G(v) + d^-_D(v) + d^+_D(v)$ 是偶数, 且对于每一个顶点 $v \in V$, 下面的式子对所有的子集 $X \subseteq V$ 成立:

$$d_G(X) \geqslant d^-(X) - d^+(X). \tag{8.14}$$

Frank 给出下面的 Robbins 定理 (定理 1.6.2) 和定理 8.7.3 的共同推广[268].

定理 8.7.5[268] 设 $G = (V, E)$ 是 2 边连通无向图. 令 $f : V \to \mathcal{Z}_0$ 和 $g : Z^+ \cup \{\infty\}$ 是 V 上的模函数, 且有 $f \leqslant g$. 则下面的叙述成立:

(a) 存在 G 一个强定向 D, 使对每一个顶点 $v \in V$, 有

$$d^-_D(v) \geqslant f(v) \tag{8.15}$$

① 一个混合图可以有一条边和一条弧共享相同的端点.

当且仅当对所有的 $X \subset V$, 有

$$e_G(X) \geqslant f(X) + c(G - X). \tag{8.16}$$

(b) 存在 G 的一个强定向 D', 使对每一个顶点 $v \in V$, 有

$$d^-_{D'}(v) \leqslant g(v) \tag{8.17}$$

当且仅当对所有的非空集合 $X \subset V$, 有

$$i_G(X) + c(G - X) \leqslant g(X). \tag{8.18}$$

(c) G 中存在同时满足 (8.15) 式和 (8.17) 式的一个强定向 D^* 当且仅当 G 有一个满足 (8.15) 式的定向, 还有满足 (8.17) 式的一个定向.

8.7.2　对顶点子集的限制

本小节研究定向中更一般的问题, 即定向顶点集合上具有度型条件而不是顶点自身.

设 $G = (V, E)$ 是一个无向图, 并令函数 $h : 2^V \to \mathcal{Z}_+ \cup \{0\}$ 满足 $h(\varnothing) = h(V) = 0$, 称 h 是 **满 G 母模** (fully G-supermodular)①, 如果

$$h(X) + h(Y) \leqslant h(X \cap Y) + h(X \cup Y) + d_G(X, Y) \tag{8.19}$$

对全体 V 的子集对成立 (已知 $d_G(X, Y)$ 表示 G 中那些一个端点在 $X - Y$ 中、一个端点在 $Y - X$ 中的边数目). 如果 (8.19) 式被要求仅对相交 (交叉) 集合, 则称 h 为**相交 (交叉) G 母模** (intersecting (crossing) G-supermodular). G 上的一个集合数 h 是**对称的** (symmetric), 如果对于每一个子集 $X \subset V$, 有 $h(X) = h(V - X)$. 文献 [251] 给出下面相当广泛的定理, 它允许我们为满足某些顶点上度约束的 k 弧强定向的存在寻找条件[259].

定理 8.7.6 (Frank 定向定理)[251]　设 G 是无向图, 令 h 是 V 的子集上一个非负交叉 G 母模函数. 则存在 G 的一个定向 D, 对每一个子集 $X \subset V$, 满足

$$d^-_D(X) \geqslant h(X) \tag{8.20}$$

当且仅当

$$e_{\mathcal{F}} \geqslant \sum_{V_i \in \mathcal{F}} h(V_i), \tag{8.21}$$

---

① 当考虑混合图的定向和 8.9 节中**子模流**之间的关系时, 这个看起来奇怪的定义将会容易地被理解. 特别地, 参见 (8.43) 式.

$$e_{\mathcal{F}} \geqslant \sum_{V_i \in \mathcal{F}} h(V - V_i). \tag{8.22}$$

对 V 的每一个划分 $\mathcal{F} = \{V_1, V_2, \cdots, V_t\}$ 成立, 其中 $e_{\mathcal{F}}$ 是连通不同的 V_i 之间边的数目. 如果 h 是相交 G 母模, 则 (8.21) 式是唯一的必要且充分条件. 仅对 V 的 2 个子集的划分而言, 如果 h 是满 G 母模, 或 h 是对称的以及交叉母模, 则它对要求 (8.21) 式和 (8.22) 式是充分的.

习题 8.51 表明, Frank 定向定理隐含了 Nash-Williams 的定向定理. Frank 解释了如何由 8.8 节所讨论的子模流理论来推导定理 8.7.6[259], 读者也可参见习题 8.66.

8.8 子 模 流

本节所考虑的集合函数均取整值, 对空集取零值. 我们介绍 Edmonds 和 Giles 关于流的一个非常有用的推广[215], 并说明在图论和组合优化中的不少重要定理是这个理论的特殊情形.

设 $D = (V, A)$ 是一个有向多重图, 令 $r : A \to \mathcal{R}$ 是 A 上的一个函数, 使用记号

$$r^+(U) = \sum_{a \in (U, \bar{U})} r(a), \quad r^-(U) = \sum_{a \in (\bar{U}, U)} r(a). \tag{8.23}$$

也就是说, $r^+(U)$ ($r^-(U)$) 是离开 (进入) U 和 $\overline{U} = V - U$ 的弧上 r 值之和①.

第 3 章中已经证明能够将一个网络 $\mathcal{N} = (V, A, l, u, b)$ 中的每个可行流模式化为一个增广网络的循环. 此外, 对网络 $\mathcal{N}$ 中的一个循环 x, 要求对于每一个顶点 v, 进入 v 的流等于流出 v 的流. 容易转换到顶点集 V 的非空真子集, 即对每一个循环 x 和 V 的每一个非空真子集, 有 $x^-(U) = x^+(U)$. 下面将考虑的流一般是不满足这个性质, 但存在一个有关进入 U 的流与离开 U 的流之差的上界.

设 $\mathcal{F}$ 是 S 的子集族, 并令 $b : \mathcal{F} \to \mathcal{Z} \cup \{\infty\}$ 是定义在 $\mathcal{F}$ 上的函数, 函数 b 是 $\mathcal{F}$ 上的**满子模** (fully submodular), 如果不等式

$$b(X) + b(Y) \geqslant b(X \cap Y) + b(X \cup Y) \tag{8.24}$$

对 $\mathcal{F}$ 中每一对 X, Y 的选取成立. 如果 (8.24) 式仅被要求对 $\mathcal{F}$ 的相交 (交叉) 成员成立, 则 b 是 $\mathcal{F}$ 上的**相交 (交叉) 子模**. 对于一个**相交 (交叉) 对** $(\mathcal{F}, b)$, 这里意指 $\mathcal{F}$ 是相交 (交叉), 且函数 b 是 $\mathcal{F}$ 的相交 (交叉) 子集上的子模.

8.8.1 子模流模型

令 $f : A \to \mathcal{Z} \cup \{-\infty\}$ 和 $g : A \to \mathcal{Z} \cup \{\infty\}$ 是定义在有向多重图 $D = (V, A)$ 的弧集上的函数, 设 $\mathcal{F}$ 是 V 的子集族, 使得 $\varnothing, V \in \mathcal{F}$, 并且 $b : \mathcal{F} \to \mathcal{Z} \cup \{\infty\}$ 是

① 注意, 函数 r^+ 是对任何有向多重图 D 的 d^+ 的一个推广, 因为取 $r \equiv 1$, 就可得到 d^+.

$\mathcal{F}$ 上的满子模. 一个函数 $x: A \to \mathcal{R}$ 关于 $\mathcal{F}$ 是**子模流** (submodular flow), 如果对所有的 $U \in \mathcal{F}$, 它满足

$$x^{-}(U) - x^{+}(U) \leqslant b(U). \tag{8.25}$$

一个子模流 x 关于 f, g 是**可行的**, 如果对所有 $a \in A$, 有 $f(a) \leqslant x(a) \leqslant g(a)$. 可行子模流的集合 (关于给定的 f, g 和对 $(\mathcal{F}, b)$) 形成一个多面体, 叫做**子模流多面体** (submodular flow polyhedron), 记为 $Q(f, g; (\mathcal{F}, b))$[259].

子模流是 Edmonds 和 Giles 首先介绍的[215]. 在他们的文章中, 仅要求函数 b 是一个交叉族 $\mathcal{F}$ 上的交叉子模, 是一个在应用中相当灵活的工具 (见 8.8.4 小节). 然而, 正如文献 [259] 中的注解, **交叉子模函数**定义了和满子模函数所定义的相同的多面体类.

子模流多面体有着非常好的性质, 它使得子模流成为组合优化中一个有力的工具 (见 8.8.4 小节的例子).

定理 8.8.1 (Edmonds-Giles 定理)[215]　设 $D = (V, A)$ 是一个有向多重图. $\mathcal{F}$ 是 V 的子集交叉族, 使得 $\varnothing, V \in \mathcal{F}$, 令 $b: \mathcal{F} \to \mathcal{Z} \cup \{-\infty\}$ 是 $\mathcal{F}$ 上的交叉子模, 具有 $b(\varnothing) = b(V) = 0$, 并设 $f \leqslant g$ 是 A 上的模函数, 使得 $f: A \to \mathcal{Z} \cup \{-\infty\}$ 和 $g: A \to \mathcal{Z} \cup \{\infty\}$, 则线性系统

$$\{f \leqslant x \leqslant g \text{ 和 } x^{-}(U) - x^{+}(U) \leqslant b(U), \text{ 对所有的 } U \in \mathcal{F}\} \tag{8.26}$$

是全对偶整的, 即如果 f, g, b 是整值的, 则线性规划 $\min\{c^T x: x$ 满足 (8.26) 式 $\}$ 有一个整值优化解 (已知它有一个解). 此外, 如果 c 是整值的, 则对偶线性规划有一个整值优化解 (已知解存在).

在子模流定义中, 我们引用或参考了 Frank 的文章[254, 255, 259, 263, 264, 274], 以及 Schrijver 的文章[655]. 我们指出, 子模流的定义在不同的文章或书籍中略有差别 [215,280]. 对所有的 $U \in \mathcal{F}$, 即要求 x 满足

$$f \leqslant x \leqslant g \quad \text{和} \quad x^{+}(U) - x^{-}(U) \leqslant b(U). \tag{8.27}$$

这 2 种定义之间其实不存在差别, 因为可看到关于相同的子模函数 b 和界 $-g \leqslant -f$, 若 x 满足 (8.26) 式, 则 x 满足 (8.27) 式.

通常, 也可以使用如同在下面的引理所表述定义的母模函数. 因而, 有几种模型可以把一个问题建立成一个子模流问题. 依赖于所掌握的问题, 一个模型比另外的模型可能更容易地使用. 在 8.8.4 小节中可以看到这种说法的一个解释, 在那里将会使用几种不同的定义.

引理 8.8.2　设 $D = (V, A)$ 是有向多重图, $\mathcal{F}$ 是 V 的子集交叉族, 且有 $\varnothing$, $V \in \mathcal{F}$. 集合函数 p 是 $\mathcal{F}$ 上的一个交叉母模函数, 具有 $p(\varnothing) = p(V) = 0$. 任何一个函

数 $x: A \to \mathcal{R}$, 如果对所有的 $U \in \mathcal{F}$, 满足

$$x^-(U) - x^+(U) \geqslant p(U), \tag{8.28}$$

则 x 是一个子模流.

证明 定义 $\overline{\mathcal{F}}$ 为 $\mathcal{F}$ 中集合的补集, 则函数 $b(U) = -p(\overline{U})$ 是交叉族 $\overline{\mathcal{F}}$ 上的交叉子模. 此外, 根据 (8.23) 式, 对所有的 $\overline{U} \in \overline{\mathcal{F}}$, (8.28) 式等价于 $x^-(\overline{U}) - x^+(\overline{U}) \leqslant -p(U) = b(\overline{U})$. □

8.8.2 可行子模流的存在性

下面 Frank 的定理刻画了关于函数 f, g 和 b 的一个可行子模流的存在性:

定理 8.8.3 (满子模流可行性定理)[254] 设 $D = (V, A)$ 是一个有向多重图, 设 $f \leqslant g$ 是 A 上模函数, 使得 $f: A \to \mathcal{Z} \cup \{-\infty\}$ 和 $g: A \to \mathcal{Z} \cup \{\infty\}$, 并设 b 是 2^V 上满子模函数. 则存在一个整值可行子模流当且仅当对所有的 $U \subseteq V$, 有

$$f^-(U) - g^+(U) \leqslant b(U). \tag{8.29}$$

特别地, 存在一个可行整值子模流的充要条件是存在任何可行子模流.

证明 我们引用 Frank 的证明[259]. 先设存在一个可行子模流 x, 则有 $f^-(U) - g^+(U) \leqslant x^-(U) - x^+(U) \leqslant b(U)$, 说明 (8.29) 式成立.

现假定 (8.29) 式成立. 定义集合函数 p 如下

$$p(U) = f^-(U) - g^+(U). \tag{8.30}$$

断言 函数 p 是满母模, 即对所有的 $U, W \subseteq V$, 有 $p(U) + p(W) \leqslant p(U \cap W) + p(U \cup W)$. 此外, 如果对于一个端点在 $U - W$ 中、另一个端点在 $W - U$ 中的每一条弧 a, 则有 $f(a) = g(a)$, 则等式成立.

证明 因为 f 和 g 是形如集合函数的模, 考虑 A 中每一条弧的贡献, 有

$$\begin{aligned}
p(U) + p(W) &= (f^-(U) - g^+(U)) + (f^-(W) - g^+(W)) \\
&= (f^-(U) + f^-(W)) - (g^+(U) + g^+(W)) \\
&= (f^-(U \cap W) + f^-(U \cup W) + f(U, W)) \\
&\quad - (g^+(U \cap W) + g^+(U \cup W) + g(U, W)) \\
&= (p(U \cap W) + p(U \cup W)) - (g(U, W) - f(U, W)),
\end{aligned}$$

其中 $f(U, W)$ 计算在那些一个端点在 $U - W$ 中、另一个端点在 $W - U$ 的弧上的 f 值①.

① 这个定义推广了第 7 章中相应的 $d(X, Y)$ 的定义.

由此知 p 是母模 (因 $f \leqslant g$), 并且等式成立仅对一个端点在 $U-W$ 中、另一个端点在 $W-U$ 中的每一条弧 a, 有 $f(a)=g(a)$, 这就完成了断言的证明.

如果一条弧 $a \in A$ 满足 $f(a) = g(a)$, 则说它是**紧的** (tight); 如果一个子集 $U \subset V$ 满足 $p(U)=b(U)$, 则称 U 是**紧的**. 反设在 D 中没有关于 f, g 和 b 的可行流, 选取 f,g, 使得紧弧的数目加上紧集合的数目是最大的.

如果每一条弧 $a \in A$ 是紧的, 则取 $x(a) = f(a) = g(a)$, $a \in A$. 现在有 $x^-(U) - x^+(U) = f^-(U) - g^+(U) \leqslant b(U)$, 因此, x 是 D 中的一个可行子模流, 矛盾.

所以, 可设有某弧 a_0, 使得 $f(a_0) < g(a_0)$. 反设没有紧集合使得 a_0 进入. 则能够增长 $f(a_0)$, 直到有新值 $f'(a_0)$ 等于 $g(a_0)$, 或者找到 a_0 进入的一个紧集合 (关于 f', g), 这说明新函数 f', g 有紧弧数加紧集数的高数值. 因而, 根据 f, g 的选取, 存在一个关于 f', g 的可行子模流 x. 显然 x 关于 f, g 也是可行的, 这与假设矛盾. 因此, 弧 a_0 必须进入一个紧集 U.

同理可证 (不然, 使用降低 g) 弧 a_0 必须离开某紧集合 W. 现在应用断言, (8.29) 式和事实 $p(U)=b(U)$, $p(W)=b(W)$, 则得

$$
\begin{aligned}
p(U \cap W) + p(U \cup W) &\geqslant p(U) + p(W) \\
&= b(U) + b(W) \\
&\geqslant b(U \cap W) + b(U \cup W) \\
&\geqslant p(U \cap W) + p(U \cup W),
\end{aligned}
$$

这说明上面的等式处处成立. 然而这与断言的第二个部分矛盾, 因为 $f(a_0) < g(a_0)$ 和已经证得弧 a_0 离开 U 并进入 W, 这个矛盾导致证明得以完成. □

注意, 定理 8.8.3 中 $b \equiv 0$ 的特殊情形指出: 对所有的子集 $U \subseteq V$, 有 $x^-(U) - x^+(U) = 0$. 尤其是对 $v \in V$, 有 $x^-(v) = x^+(v)$. 这就是关于 f, g 和 $b \equiv 0$ 的每个可行子模流是循环的, 反之也真. 容易看到，定理 8.8.3 在 $b \equiv 0$ 中的特征确实是 Haffman 循环定理 (定理 3.8.2) 的条件.

事实上, 定理 8.8.3 的证明在某种程度上说是组装了定理 3.8.2 的证明. 我们自然会问到: 如何容易地找到一个可行解, 或是探测它不存在? 能够从上面的证明中找到这个问题的答案: 基本步骤是判断一条弧是否进入或离开一个紧集 (或二者均有), 这就需要对有向多重图 D 的每一条弧 a 能够找到 $\min\{b(U)-p(U):\ a \in (U,\overline{U})\}$ 和 $\min\{b(U)-p(U):\ a \in (\overline{U},U)\}$. 这是最小化子模函数问题的一个特殊情形, 也就是寻找问题中的子模函数在规定集族上的最小值. 使用 Grötschel, Lovász 和 Schrijver 给出的椭圆法[338], 对任意子模函数, 这个问题可以在多项式时间内完成. 然而, 椭圆法尽管是多项式的, 但不能在实际中使用, 因为它是非常无效的.

是否存在一个多项式组合算法用于最小化一个族 $\mathcal{F}$ 上的子模函数 b, 即寻找 $\min\{b(U), u \in \mathcal{F}\}$? 这是一个经历了数十年的公开问题. 关于对称的子模函数 (就是 $b(X) = b(V - X)$), Queyranne 给出了一个如此的算法[617] (Nagamochi 和 Ibaraki 证得较一般的结果[582]). 使用在 7.4 节提及的最大相邻序, Queyranne 的算法推广了寻找一个图的边连通性的 Nagamochi 和 Ibaraki 的算法[580]. 最近, Schrijver 对由一个给值问答器 (value-giving oracle) 确定的任意子模函数的最小化问题, 给出了一个强多项式时间算法, 从而完全地解决了这个公开问题[660]. Schrijver 算法并没有使用椭圆法和其他的线性规划方法. Iwata, Fleischer 和 Fujishige 独立地给出了一个相似的结论[447].

值得注意的是, 尽管上面所说的特殊问题是寻找在那些 $U \in \mathcal{F}$ 上 $b(U)$ 的最小值, U 包含了一条固定弧 $a \in A$ 的头或尾, 但不是二者, 并且 b 是满子模, 似乎是最小化任何一个子模函数问题的很特殊的情形. 实际上, 它等价于那个问题. 设 $\mathcal{F}$ 是一个基集合 S 上的交叉族, b 是 $\mathcal{F}$ 上交叉子模函数, 设 D 是顶点集为 S 的完全有向多重图, 令 $\mathcal{F}_{uv} = \{X \in \mathcal{F}: u \in X, v \notin X\}$, 则 $\mathcal{F}_{uv}$ 是一个交叉族, 且显然有

$$\min\{b(X): X \in \mathcal{F}\} = \min\{\min\{b(Y): Y \in \mathcal{F}_{uv}\}: u, v \in S\}. \tag{8.31}$$

因此, 如果存在一个多项式算法去最小化 $\mathcal{F}_{uv}$ 族上的任意子模函数, 则对任意交叉族也有一个这样的算法.

前面我们已经提到过, 对于函数 b 是相交或交叉子模函数 (定义在有向多重图 D 的子集相交或交叉族上) 也能够定义子模流. 在相交情形中, 尤其是对交叉子模流, 可行性问题是相当复杂的. 基集合 S 的子集的一个组 $U_1, U_2, \cdots, U_k$ 是**共不交的** (co-disjoint), 如果它们的补集是两两不交的 (就是对 $i \neq j$, 有 $U_i \cup U_j = S$). 关于相交和交叉子模流, Frank 证得下面 2 个可行性定理.

定理 8.8.4 (相交子模流可行性定理)[255] 设 $D = (V, A)$ 是一个有向多重图, f, g 是实值模函数, 且满足 $f \leqslant g$. 设 $\mathcal{F}'$ 是 V 的子集相交族, 有 $\varnothing$, $V \in \mathcal{F}'$, 并令 b' 是 $\mathcal{F}'$ 上的相交子模函数. 则存在一个关于 f, g 和 b' 的可行子模流的充要条件是当 $X_1, X_2, \cdots, X_t$ 是 $\mathcal{F}'$ 中不交的成员时, 有

$$f^-\left(\bigcup_{i=1}^t X_i\right) - g^+\left(\bigcup_{i=1}^t X_i\right) \leqslant \sum_{i=1}^t b'(X_i) \tag{8.32}$$

成立. 此外, 如果 f, g, b' 皆为整值函数, 且 (8.32) 式成立, 则存在一个关于 f, g, b' 的整值可行子模流.

定理 8.8.5 (交叉子模流可行性定理)[255] 设 $D = (V, A)$ 是一个有向多重图, 设 f, g 是实值模函数, 满足 $f \leqslant g$. 设 $\mathcal{F}''$ 是 V 的子集交叉族, 且有 $\varnothing, V \in \mathcal{F}''$, 并设 b'' 是 $\mathcal{F}''$ 上的交叉子模函数, 则存在关于 f, g 和 b'' 的一个可行子模流的充

要条件是对 V 的每一个子划分 $\{X_1, X_2, \cdots, X_t\}$, 且使得 X_i 是 $\mathcal{F}''$ 的共不交成员 $X_{i1}, X_{i2}, \cdots, X_{iq_i}$ 的交, 有

$$f^-\left(\bigcup_{i=1}^{t} X_i\right) - g^+\left(\bigcup_{i=1}^{t} X_i\right) \leqslant \sum_{i=1}^{t}\sum_{j=1}^{q_i} b''(X_{ij}) \tag{8.33}$$

成立. 此外, 若 f, g, b'' 均为整值函数, 且 (8.33) 式成立, 则存在关于 f, g 和 b'' 的可行整值子模流.

寻找一个可行子模流, 或是说明不存在性的一个配置比在网络中寻找一个可行循环更为困难 (参见 3.8 节). 对于寻找关于界 f, g 和对 $(\mathcal{F}, b)$ 的一个可行整值子模, Frank 给出了一个组合算法[255], 其中对 $(\mathcal{F}, b)$ 或是相交的或是交叉的子模. 这个算法是多项式的, 使得我们有一个可以最小化复杂的子模函数的算法, 为了完成这个任务, 可以应用 Schrijver 和 Iwata 最近给出的算法以及上面提到的 Fleischer 和 Fujishige 的算法.

8.8.3 最小费用子模流

设 $D = (V, A)$ 是一个有向多重图, 令 $f: A \to \mathcal{Z} \cup \{-\infty\}$, $g: A \to \mathcal{Z} \cup \{\infty\}$ 分别是 D 的弧集上的函数. 令 $c: A \to R$ 是 D 的弧集上的费用函数. 令 $\mathcal{B} \subseteq 2^V$ 是一个交叉族, 且有 $\varnothing, V \in \mathcal{B}$. 设 $b: 2^V \to \mathcal{Z} \cup \{\infty\}$ 是 $\mathcal{B}$ 上的交叉子模, 满足 $b(\varnothing) = b(V) = 0$. 由 D 和这些函数所定义的网络记为 $\mathcal{N}_S = (V, A, f, g, (\mathcal{B}, b), c)$. 定义**最小费用子模流问题** (minimum cost submodular flow problem) 如下:

$$\begin{aligned} \min \quad & \sum_{a \in A} c(a)x(a), \\ \text{s.t.} \quad & x^-(U) - x^+(U) \leqslant b(U), \quad \text{对所有的 } U \in \mathcal{B}, \\ & f(a) \leqslant x(a) \leqslant g(a), \quad \text{对所有的 } a \in A. \end{aligned}$$

一个关于 f, g 和 b 的达到这个最小值的可行子模流叫做 $\mathcal{N}_S$ 中的一个**最优子模流** (optimal submodular flow). 这个问题推广了第 3 章中最小费用循环问题, 且是相当有意义的, 因为它形成了关于 (有向) 图以及其他邻域的诸多问题的公共扩张[280], 也参见定理 8.8.1.

Fujishige 证得下面的定理 [170,254]:

定理 8.8.6[281] 存在一个有效的多项式算法可最小化所关联的子模函数, 使得最小费用子模流问题能够在多项式时间内被解决.

8.8.4 子模流的应用

这一节介绍作为一个工具的子模流的多种用途. 例如, 利用子模流可以得到许多重要结果的简短证明以及各种连通性问题的算法.

先从 Nash-Williams 的定向定理 (定理 8.6.3) 开始, 方法是采用 Frank 的思路[256] (Jackson 也使用了相同的思路[451]). 设 $G=(V,E)$ 是一个无向图, D 是 G 的任意一个定向. 显然, G 有一个 k 弧强定向当且仅当可以重新定向 D 的某些弧产生一个 k 弧强有向多重图. 定义函数 $x: A \to \{0,1\}$ 如下: $x(a)=1$ 代表重新定向了 D 的弧 a, 并且 $x(a)=0$ 表示保持 a 在 D 中原有的定向. 则 G 有一个 k 弧强定向当且仅当可选择 x, 对所有的非空集合 $U \subset V$, 使得下面的式子成立

$$d_D^-(U)+x^+(U)-x^-(U) \geqslant k. \tag{8.34}$$

对所有非空真子集 $U \subset V$, 这等价于

$$x^-(U)-x^+(U) \leqslant (d_D^-(U)-k)=b(U), \tag{8.35}$$

$$b(\varnothing)=b(V)=0. \tag{8.36}$$

可以看到, 函数 b 是 $\mathcal{F}=2^V$ 上的交叉子模 (一般它不是满子模, 因为已经取值 $b(\varnothing)=b(V)=0$). 因此, 我们已经证明: G 有一个 k 弧强定向的充要条件是 D 中存在关于函数 $f \equiv 0$, $g \equiv 1$ 和 b 的一个可行整值子模流.

现设 G 是 $2k$ 边连通的, 也就是对 V 中所有的非空真子集 X, 有 $d_G(X) \geqslant 2k$ 成立 (依照 Menger 定理). 则说 $x \equiv \frac{1}{2}$ 是一个可行子模流, 因而可以由下面的计算得到

$$\begin{aligned} d_D^-(U)+x^+(U)-x^-(U) &= d_D^-(U)+\frac{1}{2}d_D^+(U)-\frac{1}{2}d_D^-(U) \\ &= \frac{1}{2}d_D^-(U)+\frac{1}{2}d_D^+(U) \\ &\geqslant \frac{1}{2}(2k-d_D^+(U))+\frac{1}{2}d_D^+(U) \\ &= k. \end{aligned}$$

因此, 根据定理 8.8.5 的整值性叙述以及 (8.34) 式和 (8.35) 式之间的等价性, 在 D 中存在一个关于 f, g 和 b 的可行整值子模流 x. 如上所述, 这说明 G 有一个 k 弧强定向, 其中 x 的值规定反转弧是为了从 D 得到如此的一个定向.

注意, 把问题表述为最小费用子模流问题, 我们就可以解决赋权版本, 其中一条边的 2 个可能的定向上有不同的费用, 并且目标是找到最便宜图的 k 弧强定向 (习题 8.64). 依据定理 8.8.6, 能够在多项式时间内找到 D 中关于函数 $f \equiv 0$, $g \equiv 1$ 和 b (如在 (8.35) 式中定义的) 的优化 (最小费用可行的) 子模流 (习题 8.63).

下面的结论曾被 Frank 提到过[254], 利用上述的讨论和定理 8.8.6, 即可得证.

推论 8.8.7[254] 存在一个多项式算法可用于寻找反转一个有向多重图 D 的弧的最小数目而产生 D 的一个 k 弧强定向.

相似地, 把上面的讨论与 Frank 的寻找一个关于交叉子模函数可行子模流 (或判定不存在性) 的算法结合, 我们就得到下面的结论 (见习题 8.39 中基于 Lovász 撕裂定理的一个不同的证明):

推论 8.8.8[254] 存在一个多项式算法可用于寻找已知无向多重图 G 的一个 k 弧强定向, 或验证 G 无如此的定向.

下面的 Frank 定理也可利用表述 k 弧强定向为一个子模流问题的方式推导出来[280].

定理 8.8.9[253] 如果 D 和 D' 分别是无向图 G 的 k 弧强定向, 则存在 G 的一个 k 弧强定向序列 $D = D_0, D_1, \cdots, D_r = D'$, 使对每一个 $i = 1, 2, \cdots, r$, 每一个 D_i 是反转 D_{i-1} 中一条有向路或一个有向圈的所有的弧而产生的有向图.

Frank 给出这个定理的一个直接而简短的证明, 并且没有使用子模流, 然而他的证明却使用了子模增广 (见习题 8.47~8.50)[253].

在文献 [275] 中, Frank 和 Tardós 揭示了如何转化下列问题到一个子模流问题. 给定一个有向图 $D = (V, A)$ 和一个特殊顶点 s, 寻找一个最小新弧集合, 使得将它添加到 D 上而产生一个有向多重图, 对于每一个顶点 $v \in V - s$, 此图含有从 s 到 v 的 k 条内部不交的路. 对于弧不交 (s, v) 路的相似问题通过拟阵相交算法是可解的 (见习题 9.57). 至于特殊情形, 即对每一个顶点 $v \in V$, 有向图 D 已含有 $k - 1$ 条弧不交 (s, v) 路, 故该问题可以用 Frank-Fulkerson 算法解决, 这个算法将在 9.11 节中介绍.

在对子模流一般性的专门解释中, 通过把问题表述为一个最小费用子模流问题和线性规划的对偶定理, 我们说明如何证明关于弧不交**有向割** (dicut)① 覆盖的 Lucchesi-Younger 定理 (定理 7.15.2). Edmonds 和 Giles 首先给出子模流的这个应用[215].

我们期望找到一个覆盖 D 的全体有向割的最小弧集合. 设 D 是连通的, 不然的话, 某有向割根本没有弧, 自然覆盖也不存在 (见 7.15 节). 设函数 $x : A \rightarrow \{0, 1\}$, 表示 $x(a)$ 的值为: 当选取覆盖中一条弧 a, 有 $x(a) = 1$; 如果不选择 a, 则 $x(a) = 0$. 由于选取的弧集合必须是覆盖了全体有向割, 则要求对所有的 $W \subset V$, $x^-(W) \geqslant 1$, 使得

$$d_D^+(W) = 0. \tag{8.37}$$

令 $\mathcal{F} = \{W : W \neq \varnothing, W \neq V \text{ 和 } d_D^+(W) = 0\}$. 因为对所有的 $W \in \mathcal{F}$, 均有 $d_D^+(W) = 0$, 则 (8.37) 式等价于对所有的 $W \in \mathcal{F}$, 有

$$x^+(W) - x^-(W) \leqslant -1 = b(W). \tag{8.38}$$

① 在第 7 章中, 一个有向割被定义为一个形如 $(U, V - U)$ 的弧集合, 其中 $d^-(U) = 0$.

根据前面对不同的表述子模流问题的注解, 可以看到这 (有 (8.27) 式的形式) 的确是一个子模流的明确表达.

根据上面的注解, 给每条弧分配费用 1, 就能够把寻找一个有向割的优化覆盖问题表述为下面的最小费用子模流问题 (用 (8.27) 式的形式).

$$\begin{aligned}\mathcal{LY}: \min \quad & \sum_{a\in A} x(a),\\ \text{s.t.} \quad & x^-(W) \geqslant 1, \quad \text{对所有的 } W \in \mathcal{F} - \{\varnothing, V\},\\ & 0 \leqslant x(a) \leqslant 1, \quad \text{对所有的 } a \in A.\end{aligned}$$

对 $\mathcal{F}$ 的每一个成员取对偶变量 y_W, 且对于每条弧 $a \in A$, 有 $\varepsilon(a)$, 则 $\mathcal{LY}$ 的对偶是

$$\begin{aligned}\mathcal{LY}^*: \max \quad & \sum_{W\in\mathcal{F}-\{\varnothing,V\}} y_W - \sum_{a\in A}\varepsilon(a),\\ \text{s.t.} \quad & -\varepsilon(a) + \sum_{a\in(\overline{W},W)} y_W \leqslant 1, \quad \text{对所有的弧 } a \in A,\\ & y_W \geqslant 0, \quad \text{对所有的 } W \in \mathcal{F},\\ & \varepsilon(a) \geqslant 0, \quad \text{对所有的弧 } a \in A.\end{aligned}$$

从 $\mathcal{LY}^*$ 中消去变量 $\varepsilon(a)$, 并注意到, 如果对所有由 a 进入的成员 $W \in \mathcal{F}$, $y_W = 0$, 则对 $\varepsilon(a)$ 的优化选择是 $\varepsilon(a) = 0$. 从而, $\mathcal{LY}^*$ 等价于问题

$$\mathcal{LY}^{**}: \ \max \quad \sum_{W\in\mathcal{F}-\{\varnothing,V\}} y_W + \sum_{a\in A}\min\left\{0, \left[1 - \sum_{a\in(\overline{W},W)} y_W\right]\right\}, \tag{8.39}$$

$$\text{s.t.} \quad y_W \geqslant 0, \quad \text{对所有的 } W \in \mathcal{F}. \tag{8.40}$$

按照 Edmonds-Giles 定理, 关于 $\mathcal{LY}^*$ 存在整值最优解 $\{y_W: \ w \in \mathcal{F}\} \cup \{\varepsilon(a): a \in A\}$, 从而也是关于 $\mathcal{L}^{**}$ 的. 注意, 如果在一个解中变量 y_W 是 2 或更多的值, 则能把它的值减少到 1, 而不改变 (8.39) 式中对象函数的值. 因而, 关于 $\mathcal{LY}^{**}$ 有一个最优解, 其中所有的值是零或 1. 依据解的最优性, 如果 $y_W = y_{W'} = 1$, 则可假定没有弧同时进入 W, W' (否则, 可令 $y_{W'} = 0$, 而不改变对象函数的值). 这表明对应到 y 的非零值的割是弧不交的, 这已经证明了最优覆盖规模等于弧不交的有向割的最大数目, 这正是定理 7.15.2 的陈述. 此外, 利用定理 8.8.6, 我们可得到下面的推论:

推论 8.8.10 存在多项式算法, 对给定的有向多重图 $D = (V, A)$ 能够寻找到 D 的一个最小有向交 $A' \subseteq A$.

注意, 可以在多项式时间 (采用流) 内最小化关于一组已知集合的 (8.38) 式中的函数 b, 即如果这个组包含 $\mathcal{F}$ 的一个成员, 最小值为 -1, 否则, 最小值为零.

根据表述最小有向割覆盖问题为子模流问题和定理 8.8.6, 我们也能解决弧上不是一致费用的最小费用版本问题, 且能够找到一个有向割的最小费用覆盖. 此外, 我们也能够解决关于每个 k 寻找覆盖每个有向割至少 k 次的弧集合问题 (在 (8.38) 式中用 $-k$ 替换数 -1).

需要了解子模流更多知识的读者可参阅文献 [254,255,259,263,264,274,280,655] 尤其是文献 [274,280] 给出有关子模流结构的大量有意义的结论以及子模流与其他模型之间的关系, 如独立流和多项式流. 最后, Schrijver 的文章是一个非常有用的且高瞻于各类模型以及它们之间的相互关系[655].

8.9 混合图的定向

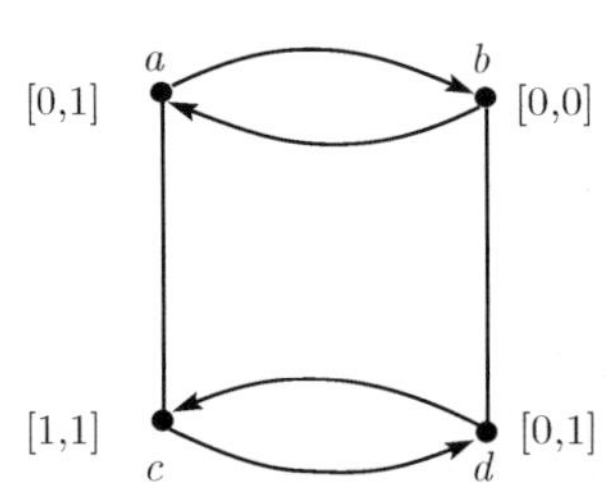

图 8.11　一个关于所期望的入度上具有预先指定的上、下界混合图 M

在定向 M 中, a 和 c 之间的弧以及 b 和 d 之间的弧后导出有向多重图 D. 不难看到, 定向边 ac, bd 为 $a\to c, d\to b$, 就得到一个强定向, 满足由新定向弧导出的有向多重图的下界. 相似地, 如果这 2 条相同的边被定向为 $c\to a, b\to d$, 则可得一个强定向满足由新定向的弧导出的有向多重图的上界. 然而, 没有强定向同时满足由新定向的弧导出的有向多重图的上、下界

我们用介绍有关混合图定向的内容来结束本章, 任务是要求其定向满足度和 (或) 连通性要求. 必须提醒读者, 本节中的混合图可能有多重边和 (或) 多重弧. 复习前面的定义, 我们说定向一个混合 (多重) 图是指对于每一条边分配一个定向, 而原有的弧的方向不发生变化 (这意味着产生的图不是一个定向图).

一般说来, 混合图的定向问题远比无向图的定向问题艰难得多, 其中的一个解释在图 8.11 中给出, 这个例子是 Tardos 给出的[263], 他指出：有关强连通性定向的链接原则对于一般的混合图不成立 (与定理 8.7.5 进行比较).

不是所有的 $2k$ 弧强混合图均有 k 弧强定向 (习题 8.54), 但是 Jackson 证得下面定理 8.6.3 的推广, 其证明留给读者作为习题 8.53.

定理 8.9.1[451]　设 $M=(V,A,E)$ 是一个混合图, $G=(V,E)$ 和 $D=(V,A)$ 分别表示 M 的无向部分和有向部分, 且定义 k 为

$$k=\min\left\{\frac{1}{2}d_G(X)+d_D^+(X):\ X\text{ 是 }V\text{ 的一个非空真子集}\right\}.$$

则可以定向 E 的边而产生一个 k 弧强有向多重图.

不难看到, 只要用相同于 8.8.4 小节中的方法, 就可以把定向一个混合图成为 k 弧强有向多重图问题表述为一个子模流问题, 唯一的变化是对原有的弧要保持 $x(a)=0$ (习题 8.53).

Jackson 曾经猜测定理 8.9.1 能够扩展到局部连通性上, 因而就提供了 Nash-Williams 定向定理 (定理 8.6.4) 的一个推广[451]. 然而, Enni 给出的例子却说明这个猜想是错误的[218], 当混合图 $M=(V,A,E)$ 的有向部分是欧拉图时, 如此扩展是确实可行的. 在文献 [218] 中, Enni 说明如何把定理 8.6.5 扩展到混合图, 其中有向部分 $D=(V,A)$ 是欧拉图.

我们指出, 似乎没有简单容易的方式把关联到局部连通性的定向问题表述为子模流问题.

在考虑定向问题中, 输入一个混合图 $M=(V,A,E)$, 希望定向它, 使它的每一个顶点子集 X 的入度满足某一个下界 $h(X)$. 一般地, 不能够应用一个像 Frank 定向定理 (定理 8.7.6) 的定理, 关于这一点的理由是如果函数 $h(X)$ "很好地运行", 则不得不考虑 A 中的弧, 因为这将贡献最后的定向图 D' 的入度. 下面给出一个例子: 考虑一个混合图 $M=(V,A,E)$, 对 V 的每个非空真子集 X, 设 $h(X)=k$ 以及 $h(\varnothing)=h(V)=0$. 欲寻找 M 的一个 k 弧强定向. 当要应用一个如同定理 8.7.6 的定理, 则不得不考虑用 $h'(X)=k-d_D^-(X)$ 来修正入度下界 h', 其中 $D=(V,A)$ 是由 M 中已经定好向的弧导出的有向图. 这个函数 h' 显然是交叉 G 母模, 其中 $G=(V,E)$ 是 M 的无向部分 (习题 8.62). 然而, 在某些集合上, h' 明显是负数, 故不能应用定理 8.7.6.

按照上面所说的, 当 $\varnothing\neq X\neq V$, 对特殊的下界 $h(X)=k$, 可以将这个问题表述为一个子模流. 正如下面要证明的, 这并不是一个巧合.

设 $G=(V,E)$ 是无向图, 令 $h:2^V\to\mathcal{Z}\cup\{-\infty\}$ 是交叉 G 母模, 有 $h(\varnothing)=h(V)=0$, 设 $D=(V,A)$ 是 G 的任意一个非固定的定向. 令 $x:A(D)\to\{0,1\}$ 是一个向量, 通过取 $A'=\{a:\ a\in A, x(a)=0\}\cup\{\overleftarrow{a}:\ a\in A, x(a)=1\}$, 并定义 G 的定向 $D'=(V,A')$, 这里 $\overleftarrow{a}$ 表示弧 a 的相反定向 (与 8.8.4 节比较). 则对所有的 $U\subset V$, 定向 D' 要满足

$$d_{D'}^-(U)\geqslant h(U) \tag{8.41}$$

当且仅当对所有 $U\subset V$, 有 $d_D^-(U)-x^-(U)+x^+(U)\geqslant h(U)$, 或者对所有的 $U\subset V$, 等价于

$$x^-(U)-x^+(U)\leqslant d_D^-(U)-h(U)=b''(U). \tag{8.42}$$

因为 d_D^- 满足 (7.1.2) 式, 且 h 是交叉 G 母模①, 则当 U, W 是交叉集合时, 断定下面式子成立:

---

① 注意, 这里是如何使用交叉 G 母模来摆脱一个端点在 $X-Y$ 中、另一个端点在 $Y-X$ 中的边的贡献.

$$
\begin{aligned}
&b''(U)+b''(W)=(d_D^-(U)-h(U))+(d_D^-(W)-h(W))\\
&=d_D^-(U\cap W)+d_D^-(U\cup W)+d_G(U,W)-(h(U)+h(W))\\
&\geqslant d_D^-(U\cap W)+d_D^-(U\cup W)+d_G(U,W)-(h(U\cap W)\\
&\quad +h(U\cup W)+d_G(U,W))\\
&=b''(U\cap W)+b''(U\cap W).
\end{aligned}
\tag{8.43}
$$

于是函数 b'' 是 $\mathcal{F}''=2^V-\{\varnothing,V\}$ 上的交叉子模, (8.41) 式和 (8.42) 式的等价性表明：存在满足 (8.41) 式的一个定向和关于 (8.42) 式定义的子模流问题的整值解之间的一一对应, $0\leqslant x\leqslant 1$. 这说明可以使用子模流算法来解决定向问题, 也能够由定理 8.8.5 推导满足 (8.41) 式的定向存在性的一个特征. 接下来, 我们要解释如何对交叉子模流使用可行性定理 (定理 8.8.5).

假定关于上面定义的交叉子模函数 b'' 存在一个整值可行子模流, 按照 (8.33) 式, 这就意味着不等式

$$
f^-\left(\bigcup_{i=1}^{t}X_i\right)-g^+\left(\bigcup_{i=1}^{t}X_i\right)\leqslant\sum_{i=1}^{t}\sum_{j=1}^{q_i}b''(X_{ij})
\tag{8.44}
$$

对于 V 的每一个子划分 $\mathcal{P}=\{X_1,X_2,\cdots,X_t\}$ 均成立, 其中 X_i 是 V 的共不交子集 X_{i1}, X_{i2}, $\cdots$, X_{iq_i} 的交.

我们使用 (8.44) 式来推导一个仅关联于 G 和 h 的表达式, 为了达到这个目的, 研究图 8.12 中的图例是有帮助的.

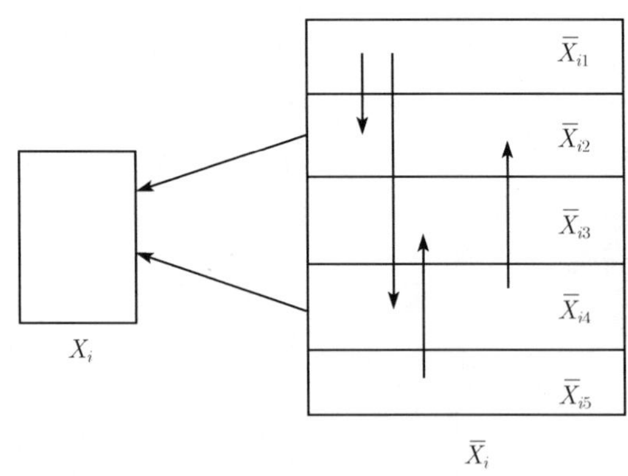

图 8.12 由定理 8.8.5 推证定理 8.9.2 的情形

集合 X_i 是 V 的一个子划分 $\mathcal{P}$ 的部分, 并且 X_i 是 5 个共不交集合 $X_{i1},X_{i2},\cdots,X_{i5}$ 的交, 它们的补 (形成 $\overline{X}_i$ 的一个划分) 用图框表示, 所展示的弧是那些在不同集合 $\overline{X}_{ij}$, $\overline{X}_{ir}$ 之间的弧 (它们相同于那些在不同 X_{ij} 之间的弧!), 并且那些弧进入 X_i

使用 $f \equiv 0$ 和 $g \equiv 1$ 以及 b'' 的定义, 可见 (8.44) 式等价于下面的不等式

$$-d_D^+\left(\bigcup_{i=1}^{t} X_i\right) \leqslant \sum_{i=1}^{t}\sum_{j=1}^{q_i}(d_D^-(X_{ij}) - h(X_{ij})). \tag{8.45}$$

对固定的 i, 和 $\sum_{j=1}^{q_i} d_D^-(X_{ij})$ 计算出下面的弧:

(1) 那些从 X_i 的补进入 X_i (全体 X_{ij} 的公共交) 的弧, 加上

(2) 那些穿行在不同的 X_{ij} 之间的弧 (从某 $\overline{X}_{ij}$ 到另一个 $\overline{X}_{ir}$ 之间的弧是视为相同的). 这是相同于 G 中在 2 个 X_{ij} 之间边的数目, 用 e_i 表示 G 中这类边的总数目.

使用这个观察, 则可断定 (8.45) 式等价于

$$d_D^+\left(\bigcup_{i=1}^{t} X_i\right) + \sum_{i=1}^{t} d_D^-(X_i) \geqslant \sum_{i=1}^{t}\left(\sum_{j=1}^{q_i} h(X_{ij}) - e_i\right). \tag{8.46}$$

最后, 观察到 (8.46) 式左边的部分准确地计算出那些进入某 $X_i \in \mathcal{P}$ 的 G 的边. 至此, 我们已经证明了下面由 Frank 给出的定向定理:

定理 8.9.2 (Frank 一般定向定理)[259] 设 $G = (V, E)$ 是一个无向图, 令 $h: 2^V \to \mathcal{Z} \cup \{-\infty\}$ 是具有 $h(\varnothing) = h(V) = 0$ 的交叉 G 母模, 则存在 G 的一个定向 D, 对所有的子集 $X \subset V$, 满足

$$d_D^-(X) \geqslant h(X), \tag{8.47}$$

当且仅当对 V 的每一个子划分 $\mathcal{P} = \{X_1, X_2, \cdots, X_t\}$, 其中 X_i 是**共不交集合** (co-disjoint set) $X_{i1}, X_{i2}, \cdots, X_{iq_i}$ 的交, 不等式

$$e_{\mathcal{P}} \geqslant \sum_{i=1}^{t}\left(\sum_{j=1}^{q_i} h(X_{ij}) - e_i\right) \tag{8.48}$$

成立, 这里, $e_{\mathcal{P}}$ 是进入 $\mathcal{P}$ 的某成员的全体边的数目, e_i 则是穿行在不同集合 X_{ij}, X_{ir} 之间的边的数目.

根据前面对函数 $k - d_D^-$ 的注释, 能够使用定理 8.9.2 来推证混合图的 k 弧强定向存在的一个充要条件, 留给读者作为习题 8.56.

大概有人会问, 在定理 8.9.2 中如此复杂的包含划分和共划分的条件是否为必要? 下面 Frank 的例子说明不能够有一个仅包含划分或者子划分的条件[263].

设 $G = (V, E)$ 是图 8.13 中的图, 设集合 X_1, X_2, X_3 如图中所确定. 定义 h 为: $h(\varnothing) = h(V) = 0, h(X_1) = h(X_3) = 1, h(X_2) = 2$, 且对 V 的所有其他的子集 X, $h(X) = -\infty$. 则 h 是交叉 G 母模, 因为没有 2 个交叉集合 X, Y, 使得

$h(X) > -\infty$, $h(Y) > -\infty$. 易验证 G 没有满足 (8.47) 式关于 h 的定向. 另一方面, 如果使 $h(X_i)$ 减少 1 ($i = 1, 2, 3$), 则存在一个关于新 h_i 的可行定向. 这说明对于一个关于 h 的定向非存在性的每一个认证必须包括集合 X_1, X_2, X_3. 容易看到, 这 3 个集合既不形成一个子划分, 也不形成一个共划分.

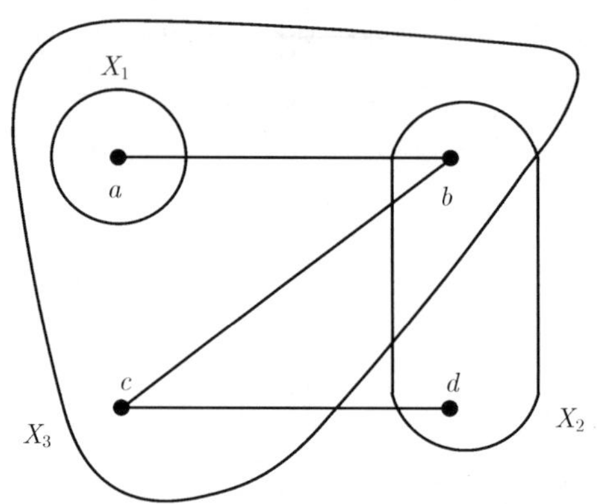

图 8.13 Frank 的例子说明关于满足 (8.47) 式的定向存在性没有 (子) 划分型条件

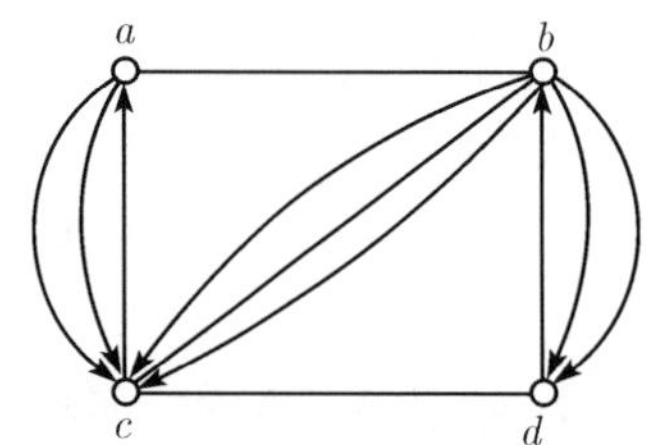

图 8.14 一个不具有 2 弧强定向的混合图 对于这个图来说, 关于如此定向的非存在性的每一个认证须包括 3 个子集 $\{a\}, \{b,d\}, \{a,b,c\}$[263]

图 8.13 中的例子说明了图 8.14 中的混合图没有一个 2 弧强定向. 因此, 关于混合图的定向则不能够希望有一个非常简单的条件得到弧强连通性的一致性.

在用定理 8.8.5 推导定理 8.9.2 时, 如果找到一个关于交叉对 $(\mathcal{F}'', b'')$ 的子模流的可行性刻画, 可能会得到一个较为简单的特征. Frank 最近作了如此的工作, 找到了一个多少有些简单的特征 (但离简洁性还很远)[263].

8.10 习 题

8.1 证明引理 8.1.16.

8.2 说明如何在线性时间内使用 BFS 来检查一个无向图是否为二部分的, 能够将你的方法推广到强连通有向图中吗? 也就是说, 你能够使用 BFS 来检查一个强有向图是否为二部分的吗? 提示: 考察定理 1.8.1 的证明.

8.3 证明: 如果一个局部半完全有向图 D 包含一个 2 圈 xyx, 则边 xy 在 $UG(D)$ 中是平衡的.

8.4 (+) **字典序 2 着色给出可比性图的一个可传递定向**. 证明定理 8.1.4.

8.5 证明：如果 G 是一个简约的正常循环弧图，那么反转其所有弧的定向，则 G 有一个唯一的圆局部竞赛图的定向.

8.6 (+) **识别圆局部竞赛图的线性算法**. 证明：存在一个 $O(n+m)$ 算法可找到一个定向图 D 的圆标号，或者判定 D 不是一个圆局部竞赛图[436].

8.7 证明定理 8.1.8.

8.8 使用相同于命题 8.1.15 证明中的方法表述对应于图 8.15 中定向图 D 的 2-SAT 的事例. 证明：D 的底图 $UG(D)$ 没有一个局部入竞赛图的定向.

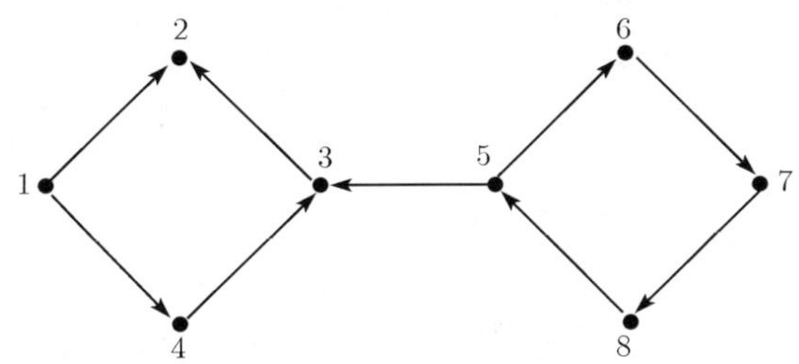

图 8.15 一个定向的图 D

8.9 **正常区间图的定向特征**. 一个定向图的一个**直列举** (straight enumeration) 是一个线性序 $v_1, v_2, \cdots, v_n$，使对每一个 i，顶点 v_i 被 $v_{i-d^-(v_i)}, v_{i-d^-(v_i)+1}, \cdots, v_{i-1}$ 支配，它又支配 $v_{i+1}, v_{i+2}, \cdots, v_{i+d^+(v_i)}$. 对于每一个 $i=1,2,\cdots,n$，下标不是模 n 的，即 $1 \leqslant i-d^-(v_i)$ 和 $i+d^+(v_i) \leqslant n$. 一个有向图是**直的**，如果它有一个直列举[190]. 一个图是**正常区间图** (proper interval graph)，如果它是实轴上一个禁用包含区间族的交图.

(a) 证明：如果 D 有一个平直列举，则 D 是一个无圈圆局部竞赛图.

(b) 证明：一个无向图 G 是正常区间图的充要条件是它有一个平直定向. 提示：与定理 8.1.6 进行比较.

8.10 (+) **在时间 $O(n^2)$ 内识别局部半完全有向图**. 把 8.2 节中相应的结论扩展到局部半完全有向图[76]. 提示：使用习题 8.3.

8.11 **在线性时间内识别非强局部半完全有向图**. 利用定理 4.11.6 给出一个可识别非强局部半完全有向图简单线性算法[76].

8.12 (+) **可表示为唯一圈图的图中导出圈之间的相邻**. 设无向图 G 可表示成唯一圈图 H. 证明：如果 C 是 G 中长至少为 4 的导出圈，则 C 的每一个顶点 x 相邻于 $G-x$ 中长至少为 4 的每一个导出圈上的至少一个顶点.

8.13 由定理 8.4.3 推证定理 8.4.1.

8.14 (+) **使得每一个顶点在一条 (s,t) 路上的无圈定向**. 设 $G=(V,E)$ 是无向图，s,t 是 G 的特殊顶点，并设若 G 有割点，则 G 的每一个割点 v 把 $G-v$ 分成 2 个连通分支，一个包含 s，一个包含 t. 证明：G 有一个无圈定向 D，使得 D 的每一个顶点在一条 (s,t) 路上[313].

8.15 **含偶圈的 Petersen 图的强定向**. 证明 Petersen 图的每个强连通定向含有一个偶圈.

8.16 **含偶圈的奇 K_4 和奇项链的强定向**. 证明引理 8.3.2.

8.17 **无偶圈的无向图**. 描述不含偶圈的连通无向图的结构.

8.18 **具有无偶圈和最大顶点数目的强定向的图**. 证明: 8.3 节中定义的图 L_n 具有不含偶圈的强定向.

8.19 (−) 证明: 定理 8.4.3 隐含了每个强竞赛图有一个哈密尔顿圈.

8.20 **Petersen 图的 3 着色**. 寻找 Petersen 图的一个定向, 使其不含长为 3 的有向路, 借助这个结论并运用定理 8.4.1 证明中的着色法来寻找 Petersen 图的一个 3 着色.

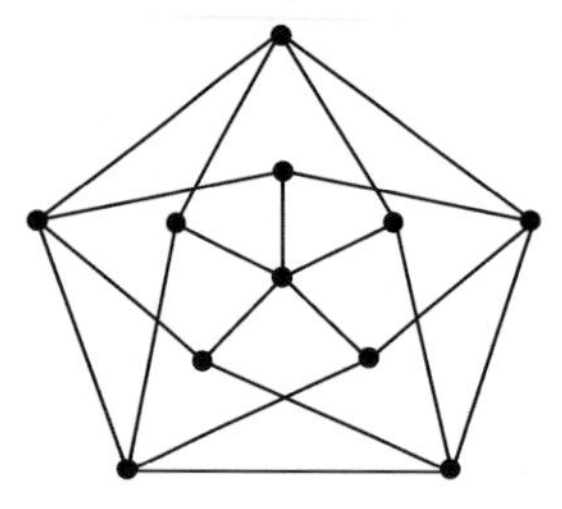

图 8.16 Grötzsch 图

8.21 图 8.16 中的图 G 叫做 **Grötzsch 图**. 证明: G 的每个定向有长为 3 的路. 寻找 G 的一个定向 D, 使得 $\mathrm{lp}(D)=3$. 再证明: 如果 e 是 G 的任何一条边, 则能够找到 $G-e$ 的一个无 3 长路的定向.

8.22 证明: 对某 k, 如果连通图 G 有一个 k 流 (D,x), 则 D 是强连通图.

8.23 证明: 一个立方图是 3 边连通的当且仅当它是 3 连通图.

8.24 (−) 证明: Petersen 图无 4 流.

8.25 **哈密尔顿图有 4 流**. 证明: 每个哈密尔顿图有一个 4 流. 提示: 使用定理 8.5.6.

8.26 在图 8.17 的立方图中寻找一个 4 流.

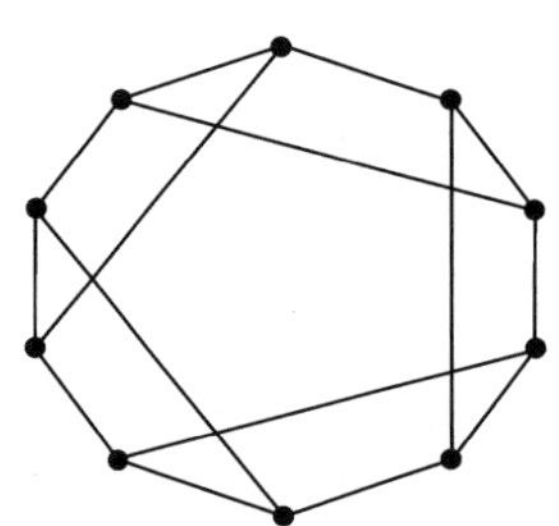

图 8.17 一个哈密尔顿立方图

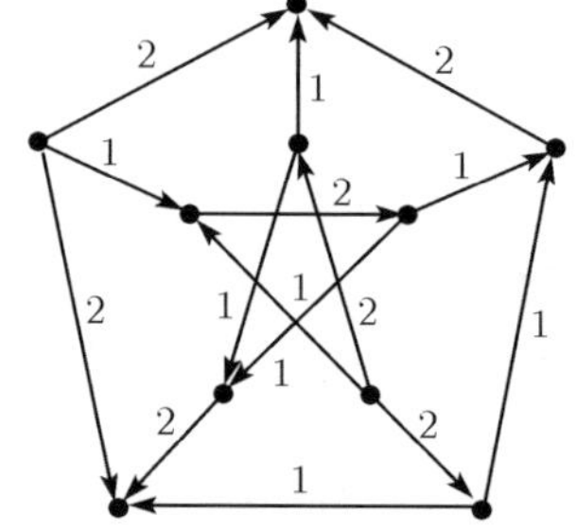

图 8.18 Petersen 图中的一个 $\mathcal{Z}_5$ 流

8.27 **转换一个 $\mathcal{Z}_k$ 流到一个 k 流**. 定理 8.5.3 的证明给出一个多项式算法用于转换一个 $\mathcal{Z}_k$ 流到一个 k 流. 描述如此的一个算法, 并用转换图 8.18 中 Petersen 图中的 $\mathcal{Z}_5$ 流到一个 5 流来解释该算法.

8.28 (+) 证明定理 8.5.6. 提示: 由 G_1, G_2 定义一个 $\mathcal{Z}_2\times\mathcal{Z}_2$ 流, 反之亦然.

8.29 证明: 4 个顶点上的完全图是 3 边可着色的, 且无 3 流.

8.30 (+) **3 边连通图中 3 个边不交的支撑树**. 证明: 每个 3 边连通图有 3 个支撑树 T_1, T_2, T_3, 使得 $E(T_1)\cap E(T_2)\cap E(T_3)=\varnothing$. 提示: 由定理 9.5.5.

8.31 (+) **Jaeger 8 流定理**. 不使用定理 8.5.10, 证明每一个 2 边连通图 G 有一个 8 流. 提示: 注意到, 只要对 3 边连通图证明该陈述即可. 根据习题 8.30, G 有 3 棵支撑树, 使得无边在所有这些树中. 利用这一点构造 G 中一个 $\mathcal{Z}_2\times\mathcal{Z}_2\times\mathcal{Z}_2$ 流, 与定理 8.5.7 的证明进行比较.

8.32 **关于 Tutte 5 流猜想无 3 圈的一个最小反例**. 证明: 若 G 是 3 边连通立方图, C 是 G 的一个 3 圈, 则在 G 中缩 C 到一个顶点 v 并删去自环所得新图 H 也是 3 边连通立方图.

再证明：能够扩展 H 中的每个 5 流到 G 中一个 5 流.

8.33 用例子说明：习题 8.32 的思路对长大于 5 的圈是无效的.

8.34 (−) **关于欧拉多重图的 Nash-Williams 强定向定理**. 证明关于欧拉图的定理 8.6.4. 提示：考虑一个欧拉途径.

8.35 **几乎平衡的 k 弧连通定向**. 证明 Nash-Williams 定向定理的推广：如果 $G=(V,E)$ 是 $2k$ 连通无向图, 则它有一个 k 弧强定向 D, 使得 $\max\{|d_D^+(x)-d_D^-(x)|:\ x\in V(D)\}\leqslant 1$. 提示：利用定理 8.6.3 的证明, 并根据需要作适当的变化.

8.36 (+) **最小边连通图中的 k 度顶点**. 证明：每个最小 k 边连通图包含一个 k 度顶点. 提示：利用类似于命题 7.1.1 中关于无向图的结果.

8.37 (+) **关于无向连通性的 Lovász 撕裂定理**. 证明定理 8.6.1. 提示：定义一个不含特殊顶点 s 的顶点集合 X 是 k **危险** (k-dangerous), 如果 $d(X)\leqslant k+1$. 显然, 一个撕裂 (su,sv) 保持 k 边连通性, 除非存在某 k 危险集 $X\subset V$, 使得 $u,v\in X$. 注意到, 一个无向图的度函数具有相似于命题 7.1.1 的诸性质, 使用它们来证明至少存在 2 个不同的最大 k 危险集合 X,Y, 它们包含 s 的一个已知的邻点 t. 如果这样的集合存在, 就令 X,Y 是最大的 k 危险集合, 包含 t 但不含 s; 不然的话, 或令 X 是唯一的包含 t 的最大 k 危险集合, 但不含 s 和 $Y=\varnothing$; 或者没有只含 t 不含 s 的 k 危险集, 就令 $X=Y=\varnothing$. 可以断定在 $V-(X\cup Y)$ 中 s 有一个邻点 t', 并证明 (st,st') 是一个可接纳撕裂.

8.38 (+) **不产生割边的撕裂**. 证明 Fleischner 的结论[239]：如果 G 是一个 2 边连通无向图, 且 s 是度至少为 4 的一个顶点. 则存在 s 的邻点 u,v, 使得用边 uv 取代边 su,sv 产生的图是 2 边连通的. 提示：如果 $d_G(s)$ 是偶数, 可由定理 8.6.1 证得结论, 如果 $d_G(s)$ 是奇数, 则研究包含 s 的邻点的最大 2 危险集合, 也见习题 8.37 的提示.

8.39 (+) **寻找 $2k$ 边连通多重图的 k 弧强定向的多项式算法**. 把定理 8.6.3 的证明转换成为一个多项式算法, 用它可以寻找到任意输入的多重图的一个 k 弧强定向, 或者输出此类定向不存在的证明.

8.40 证明推论 8.7.4.

8.41 (+) 说明如何由定理 3.8.4 来推证定理 8.7.1.

8.42 说明如何把定理 8.7.3 的证明转换成一个多项式算法, 用它寻找具有所期望性质的一个定向, 或者找到一个与必要条件矛盾的集合.

8.43 说明如何用在 8.7.1 节开始处和习题 3.32 中所使用的方法来推证定理 8.7.3.

8.44 证明：定理 8.7.3 隐含了 Hall 定理 (定理 3.11.3).

8.45 证明：为得到一个 k 强定向, 猜想 8.6.7 中的条件不可缺.

8.46 **反转一个圈的定向保持弧强连通性**. 证明：如果 D 是 k 弧强的, C 是 D 中一个圈, 则反转 C 上每一条弧的定向所得到的新图也是 k 弧强有向图.

8.47 (+) **通过反转圈把一个 k 强定向转换成另一个 k 强定向**. 设 D 和 D' 分别是无向图 $G=(V,E)$ 的 k 弧强定向, 且对每一个顶点 $v\in V$, 有 $d_D^-(v)=d_{D'}^-(v)$. 证明：可以连续地在当前的图中反转一个圈的定向, 从而由 D 得到 D'.

8.48 **反转一条路而保持 k 弧强连通性**. 设 D 和 D' 分别是无向图 G 的 k 弧强定向, 并存在一个顶点 u, 使得 $d_D^-(u)<d_{D'}^-(u)$. 证明：D' 包含一个顶点 v, 使得 $d_D^-(v)>d_{D'}^-(v)$ 以及

一条 (u,v) 路 P. 在什么条件下能够反转 P 的每一条弧而得到 G 的一个新的 k 弧强定向?

8.49 (+) **寻找一条到反转的好路**. 设 D 和 D' 分别是图 G 的 k 弧强定向, 且存在一个顶点 u, 使得 $d_D^-(u) < d_{D'}^-(u)$. 证明：总存在一个顶点 v, 使得 $d_D^-(v) > d_{D'}^-(v)$ 和一条 (u,v) 路 P, 使得反转 P 的每一条弧而不破坏 k 弧强连通性. 提示：使用习题 4.48 中你的结论, 反设所有的路是坏的, 利用 d_D^- 的子模性来证明在 D 中含 v 不含 u 具有入度 k 的最大的集合 $X_1, X_2, \cdots, X_h$ 是两两不交的. 计算至少有一个端点同时在 D 和 D' 中的 $\bigcup_{i=1}^h X_i$ 里的弧, 从而得到一个矛盾[253].

8.50 **定理 8.8.9 的证明**. 把你在习题 8.47 ~ 习题 8.49 的工作组合成定理 8.8.9 的一个证明.

8.51 证明定理 8.6.3 是定理 8.7.6 的一个特殊情形.

8.52 设 $D=(V,A)$ 是一个有向图, $x: A \to \mathcal{R}$ 是 D 的弧集上的一个函数. 证明：函数 $x^-(U) - x^+(U)$ 是一个模函数.

8.53 (+) 证明定理 8.9.1. 提示：利用一个相似于 8.8.4 小节中运用子模流证明定理 8.6.3 而使用过的方法.

8.54 构造不具有 k 弧强定向的 $2k$ 弧强混合图. 提示：它们必须与定理 8.9.1 中的条件冲突.

8.55 直接证明条件 (8.48) 式对满足 (8.47) 式定向的存在性是必须的. 提示：假定 D 是满足 (8.47) 式的一个定向, 并研究由和式 $\sum_{j=1}^{q_i} d_D^-(X_{ij})$ 所计算的边.

8.56 (+) **定向一个混合图到 k 弧强**. 运用定理 8.9.2, 为一个混合图 $M=(V,A,E)$ 有一个 k 弧强定向推导一个充要条件[259, 263].

8.57 (+) **包含出自一个已知根的 k 个弧不交的出分枝的定向**. 设 $G=(V,E)$ 是具有特殊顶点 $s \in V$ 的无向图, k 是一个自然数. 不使用定理 8.7.6 来证明：对每一个 $X \subseteq V-s$, G 有一个定向, 使得 $d^-(X) \geqslant k$ 的充要条件是 (9.5.4) 式成立[260].

8.58 (+) **定向一个混合图得到弧不交的分枝**. 考虑寻找一个混合图 $M=(V,A,E)$ 的定向问题, 使得它有以一个特殊顶点 s 为根的 k 个弧不交的出分枝, 或判定没有如此的定向存在. 说明如何把这个问题简约为一个子模流问题. 论述你也能够解决该定向问题的最小费用版本, 其中在一条边 $e \in E$ 的 2 个可能的定向上有不同的费用.

8.59 (+) **在图的定向中具有一个固定根的弧不交入分枝和出分枝**. 描述一个算法来判断一个给定的无向图 $G=(V,E)$ 是否有一个定向 D, 使得 D 中存在弧不交的入分枝 F_v^+ 和出分枝 F_u^-, 其中 u,v 是 V 的特殊顶点 (不必须是不相同的). 证明：关于混合图的对应问题是 $\mathcal{NP}$ 完全问题. 提示：使用定理 9.9.2.

8.60 (−) 刻画一个无向图 $G=(V,E)$ 有一个定向, 使对特定不同的顶点 $x,y \in V$, 这个定向有一个包含 x 和 y 的强分支.

8.61 **定向一个混合图得到包含 2 个特定顶点的闭迹**. 证明下列问题是 $\mathcal{NP}$ 完全问题：给定一个混合图 $M=(V,A,E)$ 和它的 2 个不同的顶点 s,t. 判定 M 是否有一个定向, 该定向包含了弧不交的 (s,t) 路和 (t,s) 路.

8.62 设 $M=(V,A,E)$ 是一个混合图, $D=(V,A)$ 是 M 的有向部分. 证明：对于每一个 k, 函数 $k-d_D^-$ 是交叉 G 母模. 提示：使用 d_D^- 是子模.

8.63 说明在多项式时间内对一组已知的子集如何最小化 (8.35) 式和 (8.36) 式定义的子模函数 b. 提示：使用流来确定相关集合的入度.

8.64 设 k 是自然数, $G=(V,E)$ 是具有费用函数 c 的图, 对于每一条边 $e\in E$, 给 e 的 2 个可能的定向都分配费用. 说明如何把寻找关于 c 的最小费用 G 的 k 弧强定向问题表述成一个最小费用子模流问题.

8.65 **反转弧得到若干个出自一个固定根的弧不交出分枝**. 说明如何使用子模流来解决下面的问题. 给定一个有向多重图 $D=(V,A)$, 一个顶点 $s\in V$ 和一个自然数 k. 判定是否有可能反转 A 中的某些弧的定向, 使得所产生的新有向多重图含 k 条弧不交的根为 s 的出分枝. 论述在多项式时间内能够解决该问题的最小费用版本.

8.66 利用关于交叉子模流的可行性定理 (定理 8.8.5) 来推证定理 8.7.6.

第 9 章　不交路和不交树

本章将集中研究 (弧) 不交的路或树 (树形图) 问题. 先介绍 2 路问题, 即关于具有预先规定起始顶点和终止顶点的 2 条不交路存在性问题, 我们将给出 Fortune 等人的一个证明来说明 2 路问题是 $\mathcal{NP}$ 完全问题. 我们要在各种各样的有向图类上进行更一般的 k 路问题的研究, 尤其是对无圈有向图, 当 k 不是输入部分时, 并要证明其上的 k 路问题是多项式可解的. 随后描述几个关于广义竞赛图 k 路问题的结论. 对于其他的结论, 我们将证明把强半完全有向图的每一个顶点替换为任意的有向图而得到的新有向图的 2 路问题是多项式可解的. 然后, 我们简要地讨论平面有向图的 k 路问题, 并指出在证明中如何使用平面性的拓扑概念以及关于平面有向图中不交路问题的算法.

本章的另一个主要专题是对弧不交分枝的讨论, 为此我们要证明著名的 Edmonds 分枝定理, 并给出这个非常重要而有用的结果的几个推论. 在讨论关于分枝的一些相关问题之后, 本章将讨论弧不交的路问题, 并对 k 至少为 2 时, 证明 k 路问题的弧不交的版本也是 $\mathcal{NP}$ 完全问题. 利用 Shiloach 给出的一个漂亮方法, 我们可以证明：对顶点 u, v, x, y 的每一次选取, 当一个有向图不含 2 条弧不交的路, 其中一条是从顶点 u 到顶点 v 的路, 另一条是从顶点 x 到顶点 y 的路, 则 D 不是 2 弧强的. 我们给出在竞赛图的推广以及欧拉有向图中弧不交路的结论, 并将指出关于非 2 链接欧拉有向图的结构特征是如何含有无向图的相似问题.

本章也研究弧不交的入分枝和出分枝, 我们将为读者展示一个 $\mathcal{NP}$ 完全问题, 即判断一个有向图是否有弧不交的分枝 F_v^+, F_v^-, 使得 F_v^- 是以顶点 v 为根的入分枝, F_v^+ 是以顶点 v 为根的出分枝. 我们还要描述 Bang-Jensen 对这个问题在竞赛图上的一个完全解, 并指出此问题 (关于竞赛图) 的复杂性版本紧密相连于竞赛图中弱链接问题, 它把 2 个弱链接问题的多项式算法作为一个子程序.

最后, 我们讨论在赋权有向图中寻找一个给定根的最小费用分枝问题, 并将描述这个问题的一个推广, 同时, 它也涵盖了含有 k 条但不是 $k+1$ 条弧不交的根为已知顶点 s 的分枝有向图的情形, 目的是添加尽可能少的弧产生以 s 为根的 $k+1$ 条弧不交的出分枝的新有向图. 本章结尾将给出 Frank 和 Fulkerson 的一个算法来解决更一般的分枝问题, 并解释当把 Frank-Fulkerson 算法应用到最小费用分枝问题时它是如何工作的.

9.1 补充定义

已知一个有向图中以 s 为根的出分枝 (入分枝) 是一棵支撑定向树 T, 对于每一个顶点 $x \neq s$, 它的定向满足 $d_T^-(x) \geqslant 1$ ($d_T^+(x) \geqslant 1$). 本章将考虑一个分枝的如下特征: 即一个**根为 s 的出树形图** (out-arboresocence from s) 是一棵定向的树 T, 它不必是支撑的, 且有 $s \in V(T)$, 对于每一个顶点 $x \in V(T) - s$, 则总有 $d_T^-(x) \geqslant 1$. 读者可类似地定义一个根为 s 的**入树形图**.

在第 7 章中, 对于一个有向图 $D = (V, A)$ 的不同顶点 x, y, 规定记号 $\kappa_D(x, y)$ 代表最大的整数 k, 使得 D 包含 k 条内部不交的 (x, y) 路. 依照 Menger 定理, $\kappa_D(x, y)$ 等于一个最小 (x, y) 分离因子的规模.

在讨论 2 条路 P, Q 之间的交时, 我们将使用短语 "设 u 是 P 上第一个 (最后一个) 顶点且在 Q 上" 来表示: 如果设 P 是一条 (x, y) 路, 则 u 是子路 $P[x, u]$ (子路 $P[u, y]$) 中唯一的在 Q 上的顶点.

在某些小节中使用如下的记号是方便的: 对给定的有向图 D 的弧集合 F 和一个顶点集合 X, 记号 $d_F^-(X)$ 和 $d_F^+(X)$ 分别表示进入 X 的 F 中的弧数目和离开 X 的 F 中的弧数目. 因而, 记号 $d_F^-(X)$ 是 $d_{D\langle F\rangle}^-(X)$ 的速记.

设 $x_1, x_2, \cdots, x_k$, $y_1, y_2, \cdots, y_k$ 是有向多重图 D 的顶点 (不必是不同的). D 中的一个 **(弱) k 链接** ((weak) k-linking) 是从 $(x_1, x_2, \cdots, x_k)$ 到 $(y_1, y_2, \cdots, y_k)$ 是一组 (弧) 不交的路 $P_1, P_2, \cdots, P_k$, 使得每条路 P_i 是 D 中的一条 (x_i, y_i) 路. 这里 "不交的" 是指: 当 $j \neq i$ 时, 没有路 P_i 以 x_j, y_j 作为其内部顶点 (但是这些路可能共享相同的起始顶点或终止顶点). 注意, 在一个弱 k 链接中唯一的限制是弧不交的. 一个有向多重图 $D = (V, A)$ 是 **(弱) k 链接** ((weak) k-linked), 如果对于每次选取不必是不相同的顶点 $x_1, x_2, \cdots, x_k$, $y_1, y_2, \cdots, y_k$, 有向图 D 总含有一个从 $(x_1, x_2, \cdots, x_k)$ 到 $(y_1, y_2, \cdots, y_k)$ 的 (弱) k 链接. 如果对于一个有向图 D 的每次 k 个顶点 $x_1, x_2, \cdots, x_k$ (或 k 条弧 $a_1, a_2, \cdots, a_k$) 的选取, D 总含有覆盖这些顶点 (弧) 的圈, 则说 D 是 **k(弧) 圈有向图** (k-(arc)-cyclic digraph).

已知一个有向多重图中的 $[x, y]$ 路表示一条 (x, y) 路, 或是一条 (y, x) 路.

9.2 不交路问题

这一节考虑关于某些 (弧) 不交的、具有特定的顶点或包含特定内部顶点的路的一般存在性问题. 在下面结论的复杂叙述中, 我们可以看到路和圈的问题之间存在着紧密的联系, 证明留作练习题 9.1.

命题 9.2.1 对于一般的有向图, 下列陈述按计算的观点是相互等价的 (也就是说, 一个问题是多项式可解的或是 $\mathcal{NP}$ 完全问题, 则其余的每一个也是如此).

(P1) 已知 u_1, u_2, v_1, v_2 是有向图 D 的不同顶点, 判定 D 是否含有不交的路连通 u_1 和 v_1、连通 u_2 和 v_2. 我们称它为 2 **路问题** (2-path problem).

(P2) 已知 e_1, e_2 是有向图 D 的不同的弧, 判定 D 是否有一个通过 e_1 和 e_2 的圈.

(P3) 任选有向图 D 的 2 个不同顶点 u, v, 判定 D 是否有一个通过 u 和 v 的圈.

(P4) 任选有向图 D 的 2 个不同顶点 x 和 y, 判定 D 是否有 2 个不交的圈 C_x 和 C_y, 使得 $x \in C_x$ 和 $y \in C_y$.

(P5) 任选有向图 D 的 3 个不同顶点 x, y, z, 判定 D 是否有一条 (x, z) 路, 它也包含了顶点 y.

在定理 9.2.3 中, 我们将证明 2 路问题是 $\mathcal{NP}$ 完全问题. 因而, 命题 9.2.1 中提到的问题皆为 $\mathcal{NP}$ 完全问题.

值得注意的是, 尽管问题 (P1)~(P5) 对于一般的有向图是非常艰难的, 但对某些有向图类, 对这些问题还是可以进行研究的. 例如, 问题 (P3) 对竞赛图 (和更一般的局部半完全有向图) 是平凡的. 因为 D 中如此的一个圈存在当且仅当顶点 x 和顶点 y 同在 D 的一个强分支中. 问题 (P4) 对半完全有向图也是容易的, 因为如此的圈存在当且仅当存在不交的圈 C, C', 使得一个圈含顶点 x, 另一个圈含顶点 y (习题 9.14). 然而, 问题 (P1) 和 (P2) 关于竞赛图要证明是多项式可解的似乎更困难 (见定理 9.3.12). 再有, 如果不要求在问题 (P1) 中的顶点是不同的, 问题 (P2) 和 (P5) 可以看成是问题 (P1) 的特殊情形.

下面 2 路问题的推广叫做 k **路问题** (k-path problem): 给定一个有向图 D 和它的不相同的顶点 $x_1, x_2, \cdots, x_k$, $y_1, y_2, \cdots, y_k$, D 是否有一组不交的路 $P_1, P_2, \cdots, P_k$, 使得每条路 P_i 是 (x_i, y_i) 路, $i = 1, 2, \cdots, k$? 下面的结论表明, 在证明有向图是 k 链接的时候, 只要考虑那些不同的顶点就足够了 (证明留作习题 9.3).

命题 9.2.2　对于每个整数 $k \geqslant 1$, 有向图 $D = (V, A)$ 是 k 链接的当且仅当对于所选取的不同顶点 $x_1, x_2, \cdots, x_k$, $y_1, y_2, \cdots, y_k$, 有向图 D 中总存在不交的 (x_i, y_i) 路 P_i, $i = 1, 2, \cdots, k$.

在研究 k 路问题中, 我们首先证明该问题对情形 $k = 2$ 是 $\mathcal{NP}$ 完全问题, 并说明没有顶点强连通性的度可以保证如此的路存在. 在随后的小节中, 我们将继续进行特殊图类的推广, 例如无圈有向图的推广和竞赛图的推广. 读者将会看到有关 k 路问题的大量结论, 并且该问题关于这些有向图类仍然是不容易被解决的.

9.2.1　k 路问题的复杂性

本小节先介绍 Fortune, Hopcroft 和 Wyllie 的结论, 当 $k = 2$ 时, 它表明对于一般的有向图来说, k 路问题已经是相当困难的问题.

定理 9.2.3[247] 2 路问题是 $\mathcal{NP}$ 完全问题.

由于这个定理的重要性, 在证明中所使用的小规模构造① 是值得说明的. 下面我们给出引自文献 [247] 的详细证明, 首先需要一个引理, 其证明留作习题 9.4.

引理 9.2.4[247] 考察图 9.1 (a) 中给出的有向图 S, 假定存在通过 S 的 2 条不交的路 P 和 Q, 使得 P 在 A 处离开 S, 路 Q 在 B 处进入 S, 则 P 必须在 C 处进入 S, Q 必须在 D 处离开 S. 此外, 只存在一条通过 S 的路 R, 它与 P 和 Q 均不交, 并且它的存在依赖于 P 的实际走向的 $(8,9,10,4,11)$, 或者 $(8',9',10',4',11')$.

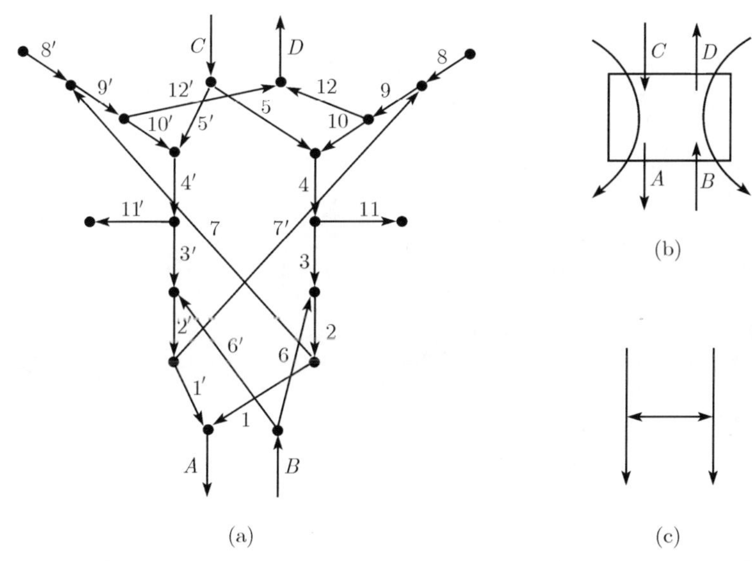

图 9.1

(a) 表示开关 S; (b) 和 (c) 展示开关的大概图示[247]; 在 (c) 中, 2 条垂直弧分别对应路 $(8,9,10,4,11)$ 和 $(8',9',10',4',11')$. 为简便, 我们仅给图中的弧标号而不给顶点标号

图 9.1 中的有向图 S 叫做**开关** (switch). 我们可以把许多开关堆积起来, 使得一个开关在另一个开关的头顶上, 对于每个开关使得命题 9.2.4 的结论仍然成立. 堆积开关的方式是简单地把一个开关的弧 C 和 D 等同于另一个开关的弧 A 和弧 B (见图 9.2). 一个开关可以被图示性地表示为图 9.1 (c) 中的概要图示, 或者表示为图 9.1 (b) 中所示的堆积开关.

定理 9.2.3 的证明 简约是 3-SAT (见 1.10 节中的定义). 设 $\mathcal{F} = C_1 * C_2 * \cdots * C_r$ 是具有变量 $x_1, x_2, \cdots, x_k$ 的 3-SAT 的一个事例. 对于每个变量 x_i, H_i 表

① 通常, $\mathcal{NP}$ 完全性的证明是将若干个能够证明某性质的小技巧串连在一起而构造出来的. 基于这些性质, 我们就能够证明整个构造具有所期望的性质. 需要其他的技术事例的读者可参见第 11 章中的例子.

示由 2 条内部不交的长为 r (是 $\mathcal{F}$ 中子句的数目) 的 (u,v) 路构成的有向图. 给这 2 条路之一辅以文字 x_i, 剩余的一条路辅以文字 $\bar{x}_i$. 现在已经准备好可以解释有向图 $D[\mathcal{F}]$ 的结构, 并来证明它包含 2 条不交的 (u_1,v_1) 路, (u_2,v_2) 路当且仅当 $\mathcal{F}$ 是可满足的.

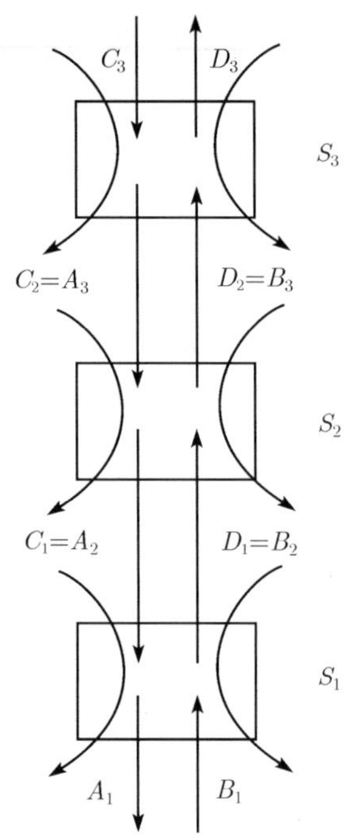

图 9.2　堆积 3 个开关, 使得每一个开关在另一个开关的头顶上

在图 9.3 中, 将对应每一个变量的有向子图形成一条链 $H_1 \to H_2 \to \cdots \to H_k$ (图示中可看见的中间部分, H_i 对应变量 x_i). 给每个子句 C_i 辅以 3 个开关, 每个开关辅以它所包含的文字. 这些开关的左边的路 (也就是在图示的左手边) 全部文字从顶点 n_{i-1} 出发且终止在顶点 n_i 上. 每个开关右边的路用 H_i 的一条 (私有) 弧替换, 使得此弧是从对应 x_i 的路上取得当文字是 x_i, 当文字是 $\bar{x}_i$ 时, 则从对应 $\bar{x}_i$ 的路上取得这条弧. 在图示中给出了子句 $C_i = x_1 + \bar{x}_2 + x_5$ 的替换. 按照 H_i 中路长度的选取, 可以构造替换使得 H_i 中不同的弧被对应到几个子句的不同的开关取代, 这些子句均含有文字 x_i 和 $\bar{x}_i$. 对应到子句 C_i 的开关记为 $S_{i,1}, S_{i,2}, S_{i,3}$. 按顺序 $S_{1,1}, S_{1,2}, S_{1,3}, S_{2,1}, S_{2,2}, S_{2,3}, \cdots, S_{r,1}, S_{r,2}, S_{r,3}$ 堆积这些开关, 如图示的右边部分所示. 在一个子句和某 H_j (仅对 C_i 所示) 之间的一条 2 方式弧代表一个开关, 此开关是由这些弧所取代, 注意这是在图示的右边所展示的相同开关! 最后, 把开关 $S_{r,3}$ 的 D 弧连接到 H_1 的顶点 z_1, 并添加一条从 H_k 中的 w_k 到 n_0 的弧, 然后

选择如图所示的顶点 u_1, u_2, v_1, v_2 (也就是, u_2 为 $S_{r,3}$ 的 C 弧的尾, u_1 是 $S_{1,1}$ 的 B 弧的尾, v_2 是 $S_{1,1}$ 的 A 弧的头). 这就完成了对 $D[\mathcal{F}]$ 的描述.

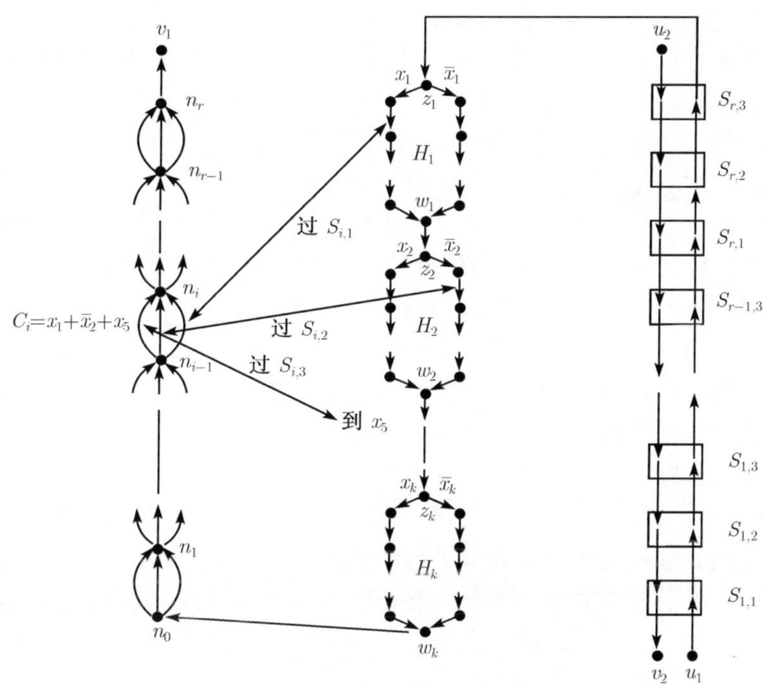

图 9.3　有向图 $D[\mathcal{F}]$ 的概要图示

下面证明 $D[\mathcal{F}]$ 包含不交的 (u_1, v_1) 路、(u_2, v_2) 路当且仅当 $\mathcal{F}$ 是可满足的.

先设 $D[\mathcal{F}]$ 有 2 条不交的 (u_1, v_1) 路 P, (u_2, v_2) 路 Q. 依据 $D[\mathcal{F}]$ 的定义, 路 P 和路 Q 将使用所有在 2 个开关之间穿行的弧 (即这些弧被显式地展现在图 9.3 的右边). 因此, 根据引理 9.2.4, 当移走从 u_1 到 H_1 的第一个顶点 z_1 的路 P 上和路 Q 上的弧之后, 则穿过一个开关 $S_{i,j}$ 的唯一的方式是使用 $S_{i,j}$ 右边的路或左边路, 但不是二者! 依照 $D[\mathcal{F}]$ 的构造, 路 P 必须穿过对应序列 $H_1, H_2, \cdots, H_k$ 中的变量的有向子图, 并且每一次路 P 仅使用 H_i 的 2 条路中的之一 (我们曾说到图 9.3 中 H_i 的某些弧对应某个开关的右边的路). 设 T 是真分配, 即当路 P 使用了对应 $\bar{x}_i$ 的路集合, 有 $x_i := 1$, 对相反的情形, 则有 $x_i := 0$. 下面要证明这是关于 $\mathcal{F}$ 的一个可满足真分配.

根据 $D[\mathcal{F}]$ 的构造以及上面关于路 Q 所使用的弧的注释和从 u_1 到 H_1 的路 P 的第一个部分, 路 P 包含的顶点按序是 $n_0, n_1, \cdots, n_r$. 由于从 n_j 到 n_{j+1} 的每一条路是一个开关的部分, 对于每一个 $j = 0, 1, \cdots, r-1$, 必须使用从 n_j 到 n_{j+1} 穿

行的这些开关中仅仅一个开关的左边路. 应用引理 9.2.4, 每次只使用一个开关里的左边的路, 不可使用其右边的路. 由此可知, 对于每个子句 C_j $(j = 1, 2, \cdots, r)$, 必有 C_j 中的至少一个文字 y (尤其是我们能够使用开关左边的路) 变成满足的, 这就导致 P 必须使用对应到中间的 $\bar{y}$ 的路, 这说明 $\mathcal{F}$ 是可满足的.

设 T' 是关于 $\mathcal{F}$ 的一个满足真分配, 则对于每一个为真 (假) 的变量 x_i, 可以使用 H_i 中对应到 $\bar{x}_i$ (x_i) 的子路. 对于每个子句 C_j, 能够固定一个为真的文字, 并使用对应到这个文字的开关的左边的路 (这条路不能够被所选择 H_i 中的诸子路阻断). 依照引理 9.2.4, 可以找到不交的路 P 和路 Q, 使得路 P 在 u 处开始且终止在 H_1 的出始顶点 z_1, 路 Q 是 $D[\mathcal{F}]$ 右部分中的一条 (u_2, v_2) 路. 此外, 再由引理 9.2.4, 在移走 P 和 Q 这 2 条路的顶点之后, 我们仍然有对应到每个文字变量的所期望的路, 这说明能够勾画出 $D[\mathcal{F}]$ 中不交的 (u_1, v_1) 路、(u_2, v_2) 路. □

上面的有向图 $D[\mathcal{F}]$ 不是强连通有向图. 有读者会问到：如果要求高顶点强连通性问题是否会变得简单？然而, 使用定理 9.2.3, Thomassen 证明了 2 路问题关于较高连通的有向图来说仍然是 $\mathcal{NP}$ 完全问题[710].

对于无向图来说, 当 k 是输入的部分时, Lynch 证得 k 路问题是 $\mathcal{NP}$ 完全问题[529]. 对 $k = 2$ 的情形, Seymour 已经证实 2 路问题是多项式可解的[662], Shiloach[670] 以及 Thomassen 也分别证得了这个事实[697]. 此外, Seymour[662] 和 Thomassen[697] 分别给出了一个完整的特征. 在文献 [470, 662, 697] 中的结论隐含了每个 6 连通无向图是 2 链接的无向图 (也见 9.4 节结尾处的注释). 对固定的 $k(\geqslant 3)$, 则 k 路问题是多项式可解的[642], 它是 Robertson 和 Seymour 关于图子形的深刻结果的许多重要推论之一. 有意义的是文献 [642] 对固定的 k(常数完全依赖于 k) 仅证明一个 $O(n^3)$ 算法的存在性, 至今没有实际的算法给出, 甚至对 $k = 3$ 的情形也是如此.

下面 Thomassen 的结果表明对于有向图来说, 情形是极不同于无向图中的情形, 即没有顶点强连通性可保证一个有向图是 2 链接的.

定理 9.2.5[710]　对于每个自然数 k, 总存在一族无穷多个 k 强非 2 链接的有向图 D_k.

事实上, Thomassen 已经证明：就是对通过 2 个固定顶点的圈的特殊情形 (命题 9.2.1 中的问题 (P3)), 没有顶点强连通性度足以保证如此的一个圈存在. 已知一个有向图 $D = (V, A)$ 是 2 圈的当且仅当对于每次不同顶点 $x, y \in V$ 的选取, 它有一个包含 x, y 的圈.

定理 9.2.6[710]　对于每个自然数 k, 总存在着一族无穷多个 k 强非 2 圈有向图 D'_k.

9.2.2　有向图是 k 链接的充分性条件

对某些特定的 k, 本小节将简要地讨论有向图是 k 链接的几个充分条件. 毫无疑问, 如果一个有向图有足够多的弧, 则它是 k 链接有向图. 接下来, Manoussakis 的结论说明那些接近于完全有向图的有向图是 k 链接的, 其证明留作习题 9.5.

定理 9.2.7[545] 设 $D=(V,A)$ 是 n 阶有向图, k 是整数且满足 $n \geqslant 2k \geqslant 2$. 如果 $|A| \geqslant n(n-2)+2k$. 则 D 是 k 链接有向图.

文献 [545] 中定理 9.2.7 的证明是基于下面的引理.

引理 9.2.8[545] 如果对某顶点 $x \in V$, 有向图 $D-x$ 是 k 链接的, 其中 $d^+(x) \geqslant 2k-1$, $d^-(x) \geqslant 2k-1$, 则 D 是 k 链接有向图.

证明 设 $x_1, x_2, \cdots, x_k$, $y_1, y_2, \cdots, y_k \in V(D)$ 是任意一组起终点, 欲证 D 中存在内部不交的路 $P_1, P_2, \cdots, P_k$, 其中每条路 P_i 是 (x_i, y_i) 路 $(1 \leqslant i \leqslant k)$. 按照题设, $D-x$ 是 k 链接有向图, 故只要考虑对某 i, 有 $x=x_i$, 或者对某 j, 有 $x=y_j$ 时的情形. 因为, x 是终点之一, 则在 $2k$ 个终点中, 至多有 $2k-1$ 个终点是 x 的出邻点 (入邻点).

因为一条从 x 到 x 的一个出邻点 u 的路可以被取为弧 xu, 且不可能被其他期望找到的路打断. 如果对某 i, 可设 $x=x_i$, 则 $y_i \notin N^+(x)$, 并且相似地, 若对某 j, 有 $x=y_j$, 则 $x_j \notin N^-(x)$. 令 T 表示不同终点之集, 易知, 对于每一条所期望的从 x 出发的路 P_i, 可选取一个 $N^+(x)-T$ 的私有成员 u_i, 用 $x'_i=u_i$ 来取代 x_i. 类似地, 对于每一条所期望的终止在 x 的路 P_j, 可以选择一个 $N^-(x)-T$ 的私有成员 v_j 来替换 y_j, 即 $y'_j=v_j$. 如果 x'_r 或 y'_s 不是上面替换所介绍的, 则令 $x'_r=x_r$ 或 $y'_s=y_s$. 因而, 所期望的链接的存在性可由选取 $D-x$ 的一个关于终点集 $x'_1, x'_2, \cdots, x'_k$, $y'_1, y'_2, \cdots, y'_k$ 的 k 链接所体现. □

在定理 9.2.7 中所需要的弧的数目比较大, 因而定理的结论不是非常的有用. 然而, Manoussakis 用一个例子来说明定理 9.2.7 中弧数目的下界可能是最好的[545].

下面 Heydemann 和 Sotteau 的结果指出：关于 2 链接问题可以得到用最小半度 $\delta^0(D)$ 来叙述的一个充分性条件. 该结果的证明是容易的, 留作习题 9.6. 读者可参考下面的定理 9.2.10.

定理 9.2.9[426] 如果有向图 D 满足 $\delta^0(D) \geqslant n/2+1$, 则 D 是 2 链接有向图.

上面定理 9.2.9 的条件仍然过于苛刻, 因此我们期望得到一个较强的结论. 文献 [426] 中的例子表明不能够减弱度型条件. 然而, 却可以用下面的方式来加强结论.

定理 9.2.10 如果有向图 D 满足 $\delta^0(D) \geqslant n/2+1$, 则对于每次不同顶点 $x, y, u, v \in V$ 的选取, D 包含内部不交的 (x,y) 路 P 和 (u,v) 路 Q, 使得 $V(P) \cup V(Q)=V$.

证明 令 $X=V-\{x,y,u,v\}$. 现构造一个新有向图 D' 如下：给 $D-\{x,y,u,v\}$ 添加 2 个新顶点 p 和 q, 且使

$$N^-_{D'}(p) = N^-_D(v) \cap X, \quad N^+_{D'}(p) = N^+_D(x) \cap X,$$

$$N^-_{D'}(q) = N^-_D(y) \cap X, \quad N^+_{D'}(q) = N^+_D(u) \cap X.$$

易知, 对于每一个顶点 $w \in V - \{x, y, u, v\}$, 有 $d^-_{D'}(w) \geqslant d^-_D(w) - 2$ 和 $d^+_{D'}(w) \geqslant d^+_D(w) - 2$. 因此, 新有向图 D' 具有 $n' = n - 2$ 个顶点, 且满足 $\delta^0(D') \geqslant n'/2$. 根据推论 5.6.3, D' 有一个哈密尔顿圈 C. 令 p^+, q^+ 分别表示 C 上 p, q 的前趋, 以及 p^-, q^- 分别表示 C 上 p, q 的后继, 则路 $xC[p^+, q^-]y$ 和路 $uC[q^+, p^-]v$ 正是所期望的覆盖 V 的路. □

Manoussakis 将定理 9.2.9 扩展到 3 链接情形.

定理 9.2.11[545] 如果有向图 D 有 n ($\geqslant 9$) 个顶点和 $\delta^0(D) \geqslant n/2 + 2$, 则 D 是 3 链接有向图.

基于定理 9.2.9 和定理 9.2.11, Manoussakis 提出了如下的问题:

问题 9.2.12[545] 确定最小函数 $f(n,k)$, 使得每一个具有 n 个顶点的有向图 D, 当 $\delta^0(D) \geqslant f(n,k)$ 时, 它是 k 链接有向图.

由于完全有向图是 k 链接的, 注意到有 $f(n,k) \leqslant n - 1$. 按照 Manoussakis 的问题要求[545], Hurkens 证明: 当 $n \geqslant 13$, 有 $f(n, 4) = 3 + n/2$. 此外, Manoussakis 指出: 对 $n \geqslant 4k - 3$, 大概有 $f(n,k) \leqslant n/2 + k - 1$.

我们用涉及命题 9.2.1 中问题 (P3) 的一个结论来结束这一节. 不难看到, 如果有向图是 2 链接的, 则它也是 2 弧圈的, 因而也是 2 圈的. 如果仅要求有向图是 2 圈的, Heydemann 和 Sotteau 证实, 则多少可以削弱定理 9.2.7 中的条件.

定理 9.2.13[426] 对于一个强有向图 $D = (V, A)$, 若有 $\delta^0(D) \geqslant 2$ 和 $|A| \geqslant n^2 - 5n + 15$, 则 D 是 2 圈的.

9.2.3 无圈有向图的 k 路问题

当所考虑的有向图是无圈时, 则对每个固定的 k, 有大量的结构使得 k 路问题有一个充分性条件. Rerl 和 Shiloach 证得无圈有向图的 2 路问题是多项式可解的[602], 在他们的漂亮证明中展示了如何把一个无圈有向图的 2 路问题简约到在另一个有向图中寻找一条简单路的问题. Fortune, Hopcroft 和 Wyllie 把 Perl 和 Shiloach 的结论扩展到任意的 k. 下面结论的证明是 Perl 和 Shiloach 证明的一个扩展 (也见 Thomassen 的综述性文章[707]).

定理 9.2.14[247] 对于每个固定的 k, 无圈有向图的 k 路问题是多项式可解的.

证明 设 $D = (V, A)$ 是无圈有向图, 并令 $x_1, x_2, \cdots, x_k$, $y_1, y_2, \cdots, y_k$ 是 D 的不同顶点, 我们欲找到从 $(x_1, x_2, \cdots, x_k)$ 到 $(y_1, y_2, \cdots, y_k)$ 的一个 k 链接. 对于每一个 $i = 1, 2, \cdots, k$, 可设 $d^-_D(x_i) = d^+_D(y_i) = 0$, 因为如此的弧在该问题中不起作用, 因而可以删去它们.

构造一个新有向图 $D' = (V', A')$, 其顶点集合是 V 的不同顶点的 k 元组, 对任何一个 **k 元组** (k-tuple) $(v_1, v_2, \cdots, v_k)$, 至少存在一个顶点 v_r, 使得其余顶点的任何一个 v_i 不可能由 D 中一条路到达 v_r (已经使用了 D 是无圈的). 对 v_r 的每一个出邻点 w, 使有 $w \notin \{v_1, v_2, \cdots, v_k\}$, 设弧集合 A' 包含弧

$$(v_1, v_2, \cdots, v_{r-1}, v_r, v_{r+1}, \cdots, v_k) \rightarrow (v_1, v_2, \cdots, v_{r-1}, w, v_{r+1}, \cdots, v_k),$$

而且仅有上面所描述的弧是在 A' 中.

易见, 有向图 D' 有一条从顶点 $(x_1, x_2, \cdots, x_k)$ 到顶点 $(y_1, y_2, \cdots, y_k)$ 的有向路的充要条件是 D 包含不交的路 $P_1, P_2, \cdots, P_k$, 使得每条路 P_i 是 (x_i, y_i) 路 $(1 \leqslant i \leqslant k)$.

首先假定有向图 D' 有一条从顶点 $(x_1, x_2, \cdots, x_k)$ 到顶点 $(y_1, y_2, \cdots, y_k)$ 的路 P. 按照定义, 路 P 的每一条弧对应着 D 中的一条弧. 因而, 存在一组路 P_1, P_2, $\cdots$, P_k, 使得路 P_i 是一条 (x_i, y_i) 路, 通过设置 P_i 包含那些对应到一个 k 元组的第 i 个顶点的一个**转换** (shift) 的弧, $1 \leqslant i \leqslant k$. 设这些路中的某 2 条路 P_i, P_j 是相交的. 则由假定 $d_D^-(x_i) = d_D^+(y_i) = 0$ $(1 \leqslant i \leqslant k)$ 和 D' 的定义, 存在某顶点 $u \in V - \{x_1, x_2, \cdots, x_k,\ y_1, y_2, \cdots, y_k\}$, 使得 $u \in V(P_i) \cap V(P_j)$. 令 w 是 u 在 P_i 上的前趋, z 是 u 在 P_j 上的前趋. 不失一般性, 可设路 P 上对应到 wu 的弧在对应到 zu 之前已经被使用, 这就意味着已经改变了从 w 到 u 的第 i 个坐标, 第 j 个坐标对应一个顶点 z', 它在 D 中能够到达 u (经过 z). 依照 A' 中弧的定义, 在使用 D' 中对应到 zu 的弧之前, 则不能够再改变第 i 个坐标. 然而, 这将导出一个 k 元组, 它包含了 D 中相同顶点 u 的 2 个拷贝, 这矛盾于 D' 的定义. 因此, 路 P_i 和路 P_j 必须是不交的.

下面假定 D 包含不交的路 $Q_1, Q_2, \cdots, Q_k$, 使得每条路 Q_i 是 (x_i, y_i) 路, $1 \leqslant i \leqslant k$. 那么, 我们可以构造 D' 中一条从顶点 $(x_1, x_2, \cdots, x_k)$ 到顶点 $(y_1, y_2, \cdots, y_k)$ 的路如下: 先从 k 元组 $(x_1, x_2, \cdots, x_k)$ 开始, 在任何时候, 选择当前的 k 元组 $(z_1, z_2, \cdots, z_k)$ 的一个坐标 j, 使得顶点 z_j 不在 $\{y_1, y_2, \cdots, y_k\}$ 中, 且在 D 中顶点 z_j 不能够被这个元组中的任何一个顶点达到. 注意, 因为 D 无圈且 $d^+(y_i) = 0$, $1 \leqslant i \leqslant k$, 则如此的顶点是存在的. 如果 $z_j \in V(P_i)$, 则使用对应到 P_i 上顶点 z_j 外的弧 $z_j w$, 并改变从 z_j 到 w 的第 i 个坐标, 依据路 $Q_1, Q_2, \cdots, Q_k$ 是不交的事实, 这将产生 D' 的一条从顶点 $(x_1, x_2, \cdots, x_k)$ 到顶点 $(y_1, y_2, \cdots, y_k)$ 的路.

设 $[D, x_1, x_2, \cdots, x_k,\ y_1, y_2, \cdots, y_k]$ 是 k 路问题的任意一个事例, 我们能够在时间 $O(k!\, n^{k+2})$ 内构造出一个有向图 D', 通过形成所有 k 元组并且按照 D' 的定义判定添加什么样的弧. 于是, 使用 BFS 算法在多项式时间内就可判定 D' 中一条从 $(x_1, x_2, \cdots, x_k)$ 到 $(y_1, y_2, \cdots, y_k)$ 的路的存在性. 对于每个固定的 k, 从而证得 k 路问题是多项式可解的. □

注意, 上述证明并没有实际真正地去构造 D'. 只要说明顶点和弧, 使得它们成为相关于搜索 D' 中一条从顶点 $(x_1, x_2, \cdots, x_k)$ 到顶点 $(y_1, y_2, \cdots, y_k)$ 的路为 k 条不交的路就足够了.

不难明白, 可以把上述方法应用到去寻找 k 条不交路的最便宜的组, 其中第 i 条路是一个无圈有向图中的一条 (x_i, y_i) 路. 这个无圈有向图弧上赋有权, 目标是最小化被这些路所使用的弧的权重总和 (见习题 9.9).

设 D 是一个无圈图, 顶点 v 在 D 中入度为 1, 令 u 是 v 的唯一的入邻点, 则新有向图 $D' = D//uv$ 是路收缩弧 uv 的结果, 且也是无圈的. 此外, 收缩如此的一条弧对有向图中的某一个**链接** (linkage) 的存在可能是无效的, 这是因为在如此的链接中只有唯一的一条路能进入顶点 v. 这表明可设在考虑无圈有向图 2 链接问题 (和更一般的 k 链接问题) 中除终点外其余每一个顶点的出度和入度均至少为 2. 此外, 我们可设无弧进入 x_i, 也无弧离开 y_i $(i = 1, 2)$.

易见, 对给定的具有不同顶点 x_1, x_2, y_1, y_2 的无圈有向图 D, 可以在多项式时间内判定不交的 (x_1, y_1) 路、(x_2, y_2) 路的存在, 或得到一个新的简约有向图 D^*, 使得 $d^-_{D^*}(x_1) = d^-_{D^*}(x_2) = d^+_{D^*}(y_1) = d^+_{D^*}(y_2) = 0$, 有向图 D^* 中的其余顶点的出度、入度均至少为 2, 并且 D^* 含期望的路当且仅当 D 有如此的路. 因此, 依据计算的观点, 下面 Thomassen 的结论已经完全地解决了无圈有向图的 2 路问题.

定理 9.2.15[704]　设 D 是至少有 5 个顶点的无圈有向图, x_1, x_2, y_1, y_2 是 D 的不同顶点, 使得 $d^-(x_1) = d^-(x_2) = d^+(y_1) = d^+(y_2) = 0$, 且 D 的其余顶点的出入度均至少为 2. 假定 D 中不存在不交的 (x_1, y_1) 路、(x_2, y_2) 路. 给 D 添加 2 个新顶点 x_0, y_0 以及弧 $x_0x_1, x_0x_2, y_1y_0, y_2y_1, x_1y_2, x_2y_1$ 后产生新有向图 H. 则可以将 H 画在平面上, 使得外圈由 2 条路 $x_0x_1y_2y_0, x_0x_2y_1y_0$ 构成, H 的每个面化圈① 是 H 中 2 条有向路的并 (见图 9.4).

Metzlar 推广了定理 9.2.15[563]. 下面有意义的结论是定理 9.2.15 的一个推论, 它将无向图中的 2 路问题和无圈有向图的 2 路问题联系在一起.

推论 9.2.16[704]　设 $D = (V, A)$ 是无圈有向图, 顶点 x_1, x_2, y_1, y_2 是 D 的不同顶点, 并满足 $d^-(x_i) = d^+(y_i) = 0$ $(i = 1, 2)$, D 的其余顶点的出度、入度至少为 2, 则 D 包含不交的 (x_1, y_1) 路、(x_2, y_2) 路的充要条件是底图 $UG(D)$ 也包含一对如此的不交路.

Thomassen 指出[704]：找到推论 9.2.16 的一个直接的证明将是有意义的. 如此的一个证明被 Lucchesi 和 Glglio 找到[527]. 在他们的文章中, 无圈有向图的 2 路问题与无向图的 2 路问题之间的联系得到了研究, 并说明了这 2 类问题之间的确存在着一个紧密的联系.

① 平面图 G 中的一个圈 C 关于 G 的一个平面嵌入是**面化的** (facial), 如果 C 是某一个面的边界.

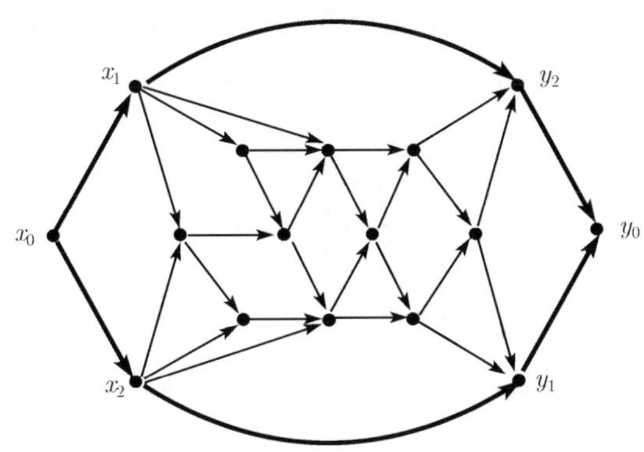

图 9.4 给 D 添加顶点 x_0, y_0 和弧 $x_0x_1, x_0x_2, y_1y_0, y_2y_0, x_1y_2, x_2y_1$ (如粗弧所示) 得到有向图 H

图 9.5 中的例子说明了推论 9.2.16 对情形 $k > 2$ 没有类似的结论.

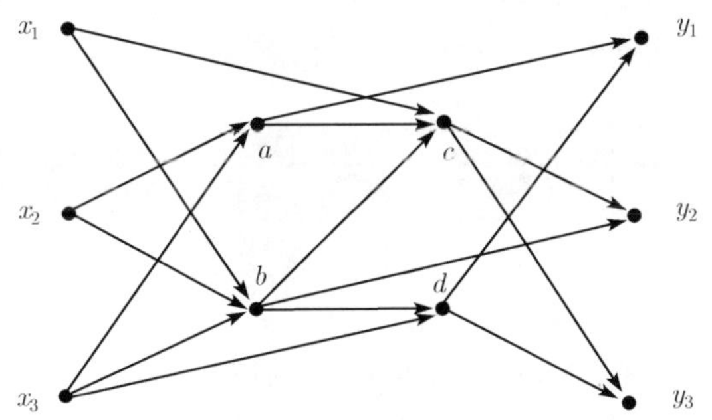

图 9.5 一个无圈有向图

其中每一个非特殊顶点的出入度至少为 2. 但是没有不交的路 P_1, P_2, P_3, 使得每条路 P_i 是 (x_i, y_i) 路, $i = 1, 2, 3$. 然而, 底图 $UG(D)$ 却有如此的三条路

9.3 竞赛图和广义竞赛图的链接问题

我们考虑有关竞赛图和它们的推广的链接问题. 因此, 关于半完全有向图的大量结构表明 2 路问题有多项式算法 (定理 9.3.12). 在 9.3.3 小节中, 我们将指出这个算法可以被用作有关一个半完全有向图大超类的 2 路问题多项式算法中的一个子程序. 下面讨论几个具有 (局部) 强连通度型的充分条件.

9.3.1 具有 (局部) 连通性的充分性条件

Thomassen 给出了下面关于竞赛图情形的命题[701]. 对文献 [701] 中证明的检查可见, 唯一的是处理竞赛图, 而不是一般的有向图. 可以肯定, 在如下路 $P_1, P_2, \cdots,$

P_p 上顶点 x 的每个后继与顶点 y 的每个前趋之间存在着一条弧. 因而, 可以用下面更强的形式叙述并证明 Thomassen 的结论.

命题 9.3.1[52, 701] 设 D 为有向图, x,y,u,v 是 D 的不同顶点, 使得 $\kappa(u,v)\geqslant q+2$, 且 $P_1,P_2,\cdots,P_p$ 是不交的 (x,y) 路, 使得有向子图 $D\langle V(P_1)\cup V(P_2)\cup\cdots\cup V(P_p)\rangle$ 没有长小于或等于 3 的 (x,y) 路, 且对所有的 $i,j\in\{1,2,\cdots,p\}$, 使得 P_i 上 x 的后继相邻于 P_j 上 y 的前趋. 则 D 有 q 条内部不交的 (u,v) 路, 它们的并与 $P_1,P_2,\cdots,P_p$ 中的至多 $2q$ 条路相交.

证明 可设 $p\geqslant 2q+1$, 否则, 结论是自然地成立. 设 $\mathcal{Q}=\{Q_1,Q_2,\cdots,Q_q\}$ 是 $D-\{x,y\}$ 中内部不交的 (u,v) 路, 定义 $\mathcal{Q}$ 中的 2 组路的子路如下 (在习题 9.15 中, 要求读者描述一个算法可用于构造从 $\mathcal{Q}$ 出发的如此的组):

选取 $Q'_1,Q'_2,\cdots,Q'_q$, 使有 $Q'_i=Q_i$, 或对某顶点 $z\in V(P_j)$, 有 $Q'_i=Q[u,z]$, 其中 $j\in\{1,2,\cdots,p\}$, 并且 $P_j[z,y]$ 与 $U=V(Q'_1)\cup V(Q'_2)\cup\cdots\cup V(Q'_q)$ 有唯一的公共顶点 z. 并设 $|U|$ 是关于上述条件的最小者, 如果某路 P_r 包含 U 中的一个顶点 w, 并且 $P_r[w,y]$ 不含 $U-w$ 的任何顶点, 则 U 的最小性意味着路 $Q'_1,Q'_2,\cdots,Q'_q$ 中的一条路终止在 w, 这说明组 $Q'_1,Q'_2,\cdots,Q'_q$ 相交于 $P_1,P_2,\cdots,P_p$ 中的至多 q 条路.

类似地, 可以定义组 $Q''_1,Q''_2,\cdots,Q''_q$, 其中 Q''_i 或为 Q_i, 或对某 P_k 上的一个顶点 w, 有 $Q''_i=Q_i[w,v]$, 满足 $P_k[x,w]$ 仅包含 $V(Q''_1)\cup V(Q''_2)\cup\cdots\cup V(Q''_q)$ 的一个顶点 w, 使得 $Q''_1,Q''_2,\cdots,Q''_q$ 相交于 $P_1,P_2,\cdots,P_p$ 中的最多 q 条路.

我们来构造所期望的路：对于每一个 $i=1,2,\cdots,q$, 如果 $Q'_i=Q_i$, 或者说 $Q''_i=Q_i$, 则令 $R_i:=Q_i$, 否则, 令 z 是 Q'_i 的终止顶点, w 是 Q''_i 的起始顶点, 并令 r, j 被选取为 $z\in V(P_j)$, $w\in V(P_r)$. 设 x' 是 x 在 P_r 上的后继, y' 是 y 在 P_j 上的前趋. 按照假定, D 不含长为 3 的 (x,y) 路, 在路 $P_1,P_2,\cdots,P_p$ 上, x 的每个后继相邻于 y 的每个前趋, 便有 $y'x'\in A$. 令 $R_i:=Q'_iP_j[z,y']P_r[x',w]Q''_i$ (见图 9.6).

因为 $R_1,R_2,\cdots,R_q$ 是内部不交的 (u,v) 路, 且根据上面对它们的构造, 这些路包含了不多于 $2q$ 个路 $P_1,P_2,\cdots,P_p$ 的顶点. □

因为上面命题 9.3.1 的证明是构造性的, 故容易将它转换成一个寻找所期望的路组的快速算法 (习题 9.16). 下面 Thomassen 的结论是一个容易的推论.

推论 9.3.2[701] 任意 5 强半完全有向图是 2 链接的.

证明 设 D 是 5 强半完全有向图, 并令 x_1,x_2,y_1,y_2 是 D 的任意 4 个不同的顶点. 对 $i=1$ 或 2, 如果 $D-\{x_{3-i},y_{3-i}\}$ 有长至多为 3 的一条 (x_i,y_i) 路 P, 则 $D-P$ 是强的, 因而包含一条 (x_{3-i},y_{3-i}) 路. 于是, 可设 $D-\{x_{3-i},y_{3-i}\}$ 中的每一条 (x_i,y_i) 路的长度至少为 4 $(i=1,2)$.

设 P_1,P_2,P_3 是 $D-\{x_2,y_2\}$ 中内部不交的 (x_1,y_1) 路. 则 D 和这些路满足定

理 9.3.1 对情形 $q=1$ 的假定, 这导致 D 有一条 (x_2, y_2) 路, 它与路 P_1, P_2, P_3 至多有 2 个公共的顶点. 由于 x_1, x_2, y_1, y_2 是任意选取的, 由引理 9.2.2, D 是 2 链接的. □

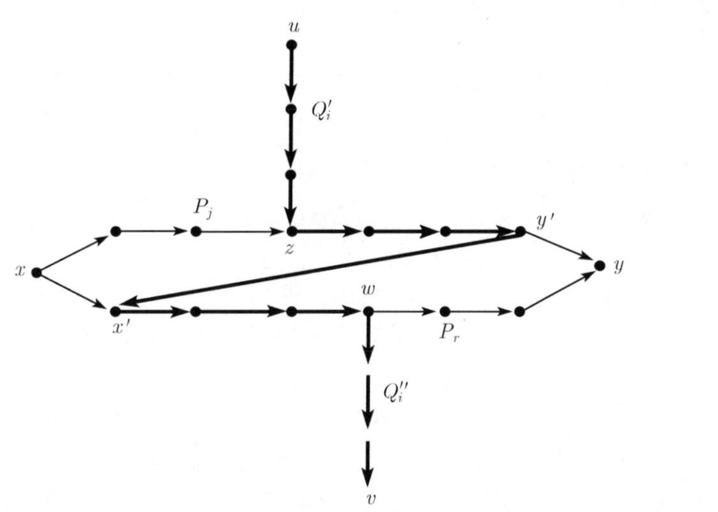

图 9.6 如何从 Q'_i, Q''_i, P_j 和 P_r 得到 R_i. 粗弧表示所产生的 (u, v) 路

Bang-Jensen 构造了图 9.7 中的 4 强非 2 链接的半完全有向图[43], 它说明对于一般的半完全有向图, 5 强连通性可能是最好的.

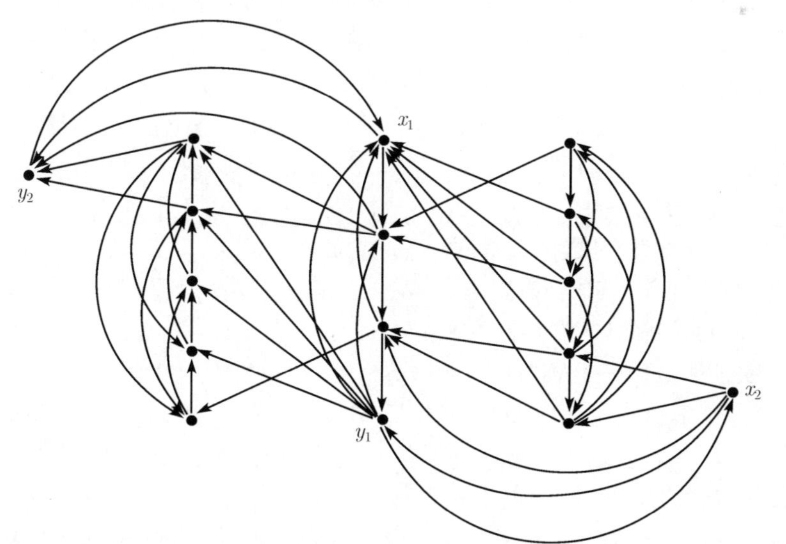

图 9.7 一个 4 强非 2 链接的半完全有向图 T

没有展示的弧均是从左到右, 并且 $x_1y_2x_1$, $x_2y_1x_2$ 是 T 中仅有的 2 圈. T 中不存在不交的 (x_1, y_1) 路、(x_2, y_2) 路. 从 T 中删去弧 y_2x_1 和 y_1x_2 后产生的竞赛图也是 4 强的

现在, 我们将注意力放在特殊的广义竞赛图类上. 下面的第一个引理说明对于圈可分解局部半完全有向图类, 可以改进推论 9.3.2 中的界, 证明留作习题 9.20.

引理 9.3.3[52] 对于任意的自然数 k, 每一个 $(3k-2)$ 强圆可分解局部半完全有向图是 k 链接的.

为了得到不是圆可分解的局部半完全有向图关于 k 链接的一个结果, 且能够应用命题 9.3.1, 我们将使用下面的引理. 注意, 由习题 4.33, 如果 D 是局部半完全有向图, 但不是圆可分解的, 则独立数 $\alpha(D) \leqslant 2$.

引理 9.3.4[52] 设 x 和 y 是一个局部半完全有向图 D 的不同顶点, 使得独立数 $\alpha(D) \leqslant 2$, 并设 $P_1, P_2, \cdots, P_p$ 是内部不交的 (x,y) 路, 使得局部半完全有向图 $D' = D\langle V(P_1) \cup V(P_2) \cup \cdots \cup V(P_p)\rangle$ 不含长小于 6 的 (x,y) 路. 则对所有的 $1 \leqslant i,j \leqslant p$, 路 P_i 上顶点 y 的前趋 u 支配路 P_j 上顶点 x 的后继 v.

证明 设每条路 P_i 是最小的 (x,y) 路. 假定存在 i 和 j, 使得 P_i 上顶点 y 的前趋 u 不相邻于 P_j 上顶点 x 的后继 v. 注意引理的题设和习题 9.18, 这导致 $y \to x$. 所以, D' 是强的, 并且由习题 9.18 (应用到 u,v) 可断定 D' 包含长至多为 5 的 (x,y) 路, 这与假设矛盾. 因此, 必有 $u \to v$. □

下面 Bang-Jensen 的定理给出了关于局部半完全有向图中特定的 k 链接存在性的一个充分性条件, 这个局部半完全有向图按局部连通性不是圆可分解的, 它推广了 Thomassen 关于竞赛图的一个结论[701]. Bang-Jensen 也证得关于拟可传递有向图的一个类似的结论, 需要有关细节的读者可参见文献 [52].

定理 9.3.5[52] 对于每个自然数 k, 存在自然数 $f(k)$, 使得下面的陈述成立: 如果 D 是局部半完全有向图, 且独立数 $\alpha(D) \leqslant 2$, 且 $x_1, x_2, \cdots, x_k$, $y_1, y_2, \cdots, y_k$ 是 D 的不同顶点, 使得 $\kappa(x_i, y_i) \geqslant f(k)$ $(1 \leqslant i \leqslant k)$, 则 D 有不交的路 $P_1, P_2, \cdots, P_k$, 使得每条路 P_i 是 (x_i, y_i) 路 $(1 \leqslant i \leqslant k)$.

证明 令 $f(1) = 1$, $f(k) = 2(k-1)f(k-1) + 2k + 1$ $(k \geqslant 2)$. 我们关于 k 运用数学归纳法来证明这种选择对 f 是成立的. 当 $k = 1$, 结论是显然的, 下设 $k \geqslant 2$ 并实施归纳法步骤. 设 $x_1, x_2, \cdots, x_k$, $y_1, y_2, \cdots, y_k$ 是局部半完全有向图 D 的不同顶点, 独立数 $\alpha(D) \leqslant 2$, 并假定 $\kappa(x_i, y_i) \geqslant 2(k-1)f(k-1) + 2k + 1$ $(1 \leqslant i \leqslant k)$. 欲证明 $D - \{x_2, x_3, \cdots, x_k, y_2, y_3, \cdots, y_k\}$ 有一条 (x_1, y_1) 路 P_1, 使对 $2 \leqslant i \leqslant k$, 有 $\kappa_H(x_i, y_i) \geqslant f(k-1)$, 其中 $H = D - V(P_1)$. 由归纳假定, 结论得证. 如果 $D - \{x_2, x_3, \cdots, x_k, y_2, y_3, \cdots, y_k\}$ 有一条长至多为 5 的 (x_1, y_1) 路, 则它可扮演 P_1 的角色, 因而反设不存在这样的路. 设 $Q_1, Q_2, \cdots, Q_{2(k-1)f(k-1)+1}$ 是 $D - \{x_2, x_3, \cdots, x_k, y_2, y_3, \cdots, y_k\}$ 中内部不交的 (x_1, y_1) 路. 下面要证明这些路之一能够扮演 P_1 的角色. 首先注意到, 由引理 9.3.4 和上面的论证, 对所有的 $1 \leqslant i,j \leqslant 2(k-1)f(k-1)+1$, Q_i 上 y_1 的前趋支配 Q_j 上 x_1 的后继. 因此, 由命题 9.3.1, 对于每一个 $i = 2, 3, \cdots, k$, 存在内部不交的 (x_i, y_i) 路 $P_{1,i}, P_{2,i}, \cdots, P_{f(k-1),i}$

它们与 $Q_1, Q_2, \cdots, Q_{2(k-1)f(k-1)+1}$ 中至多 $2f(k-1)$ 条路相交. 因此, 至少存在一条路 Q_r 不与 $P_{j,i}$ 相交, $2 \leqslant i \leqslant k$, $1 \leqslant j \leqslant f(k-1)$. 于是, 我们可以将路 Q_r 当作 P_1 来使用. □

结合引理 9.3.3, 定理 9.3.5 和定理 4.11.15, 则有 Bang-Jensen 的结果 (推广了半完全有向图上 Thomassen 的一个相似结果) 如下[701]：

定理 9.3.6[52] 对于每个自然数 k, 存在一个自然数 $f(k)$, 使得每个 $f(k)$ 强局部半完全有向图是 k 链接的.

定理 9.3.6 和下面推论中的函数 $f(k)$ 均是定理 9.3.5 的证明中所定义的函数.

推论 9.3.7[52] 任何 $f(k)$ 强局部半完全有向图是 k 弧圈的.

对于定理 9.3.6 和推论 9.3.7 来说, 函数 $f(k)$ 离最好的可能性还很远. 尤其是, 已知 $f(2) = 7$, 但是使用定理 4.11.15, 大概能够证明下面的猜想成立.

猜想 9.3.8[52] 每个 5 强局部半完全有向图是 2 链接的.

9.3.2 半完全有向图的 2 路问题

在推论 9.3.2 的证明中, 我们仅使用了局部强连通度 $\kappa_{T-\{x_i,y_i\}}(x_{3-i}, y_{3-i})$ 至少为 3 $(i = 1, 2)$, 为了确保 $D - \{x_2, y_2\}$ 中 3 条内部不交的 (x_1, y_1) 路的存在, 然后又应用了命题 9.3.1, Bang-Jensen 加强了这个充分性条件.

定理 9.3.9[43] 设 T 为半完全有向图, x_1, x_2, y_1, y_2 是 T 的不同顶点. 假定

$$\min\{\kappa_{T-\{x_2,y_2\}}(x_1, y_1),\ \kappa_{T-\{x_1,y_1\}}(x_2, y_2)\} \geqslant 2,$$

$$\max\{\kappa_{T-\{x_2,y_2\}}(x_1, y_1),\ \kappa_{T-\{x_1,y_1\}}(x_2, y_2)\} \geqslant 3,$$

则 T 有一对不交的 (x_1, y_1) 路和 (x_2, y_2) 路.

对于局部连通性来说, 这个结果可能是最好的. 图 9.7 中的半完全有向图说明不能够把上面定理 9.3.9 中不等式里的 3 换为 2. 然而, 根据定理 9.3.13, 对于一个特殊情形, 我们却可以这样做.

Bang-Jensen 证得：对于通过 2 条弧的圈 (当 $y_1 \to x_2$ 和 $y_2 \to x_1$ 时的特殊情形), 关于竞赛图则能够加强命题 9.3.2. 图 9.7 中的有向图说明对于半完全有向图不能够总是削弱连通性要求.

定理 9.3.10[43] 每个 3 强竞赛图和 5 强半完全有向图均是 2 弧圈的.

依照文献 [43] 中对定理 9.3.10 的证明, 对于 2 条固定的弧 e, e', 我们能够取代连通性要求, 即当弧对 e, e' 中的 i $(i = 1, 2)$ 条弧不在一个 2 圈中时, D 是 “5 强的” 可被 “$(5 - i)$ 强的” 取代.

猜想 9.3.11[52] 每个 3 强局部竞赛图是 2 弧圈的.

图 9.7 中的例子指出：对于给定的不同顶点 x,y,u,v, 在那些不含 (x,y) 路、(u,v) 路的半完全有向图中寻找一个完整的推广可能是十分困难的. 在允许 u 和 y 是相等的特殊情形中, 寻找一条通过顶点 u 的 (x,v) 路 (这就是命题 9.2.1 中的问题 (P5)), 确实可以给出一个特征. Bang-Jensen 证得了如此的一个特征[45].

从计算的观点上看, Bang-Jensen 和 Thomassen 证得半完全有向图的 2 路问题是多项式可解的, 他们的结论如下：

定理 9.3.12[89] 半完全有向图的 2 路问题在时间 $O(n^5)$ 内是可解的.

这个定理的证明是极为不寻常的[89], 基本方法是采用分治 (divide and conquer) 技术. 然而, 需要几个不平凡的结论和步骤才能够使算法顺利运行. 下面说明这些最重要的结论具有独立的意义.

在第 6 章中, 对于一个 (s,t) 分离因子 S, 如果在 $D-S$ 中顶点 t 有零入度, 或顶点 s 有零出度, 则说 S 是**平凡的**. 作为定理 9.3.9 的补充结论, 下面对 Bang-Jensen 和 Thomassen 的算法的正确性证明是非常重要的, 因为它对应了一个没有可能简约的情形 (运用在算法中所取的方式).

定理 9.3.13[89] 设 T 为半完全有向图, x_1,x_2,y_1,y_2 是 T 的不同顶点, 对于每一个 $i=1,2$, 在 $T-\{x_{3-i},y_{3-i}\}$ 中存在 2 条而不是 3 条内部不交的 (x_i,y_i) 路. 假定 $T-\{x_{3-i},y_{3-i}\}$ 中的全体规模为 2 的 (x_i,y_i) 分离因子是平凡的 $(i=1,2)$, 则 T 有一对不交的 (x_1,y_1) 路、(x_2,y_2) 路. 此外, 我们可以在时间 $O(n^3)$ 内构造出这 2 条路.

注意, 图 9.7 中的半完全有向图并不满足定理 9.3.13 的假定, 因为在中间的 2 个未标号的顶点形成 $T-\{x_1,y_1\}$ 的一个非平凡的规模为 2 的 (x_2,y_2) 分离因子.

9.3.3 广义竞赛图的 2 路问题

在这一小节中, 我们来证明对相当大的有向图类 2 路问题是多项式可解的, 可以对半完全有向图实施若干个替换构造出这些有向图类. 这里所描述的算法使用了定理 9.3.12 中有关半完全有向图情形的多项式算法作为其一个子程序. 本节的结果均是 Bang-Jensen 得到的[52].

定理 9.3.14[52] 设 $D=F[S_1,S_2,\cdots,S_f]$, 其中 F 是具有 f $(\geqslant 2)$ 个顶点的强有向图, 每个 S_i 是 n_i 个顶点的有向图, 并设 x_1,x_2,y_1,y_2 是 D 的不同顶点. 则存在半完全有向图 $T_1,T_2,\cdots,T_f$, 使得 $V(T_i)=V(S_i)$ $(1\leqslant i\leqslant f)$, 有向图 $D'=F[T_1,T_2,\cdots,T_f]$ 有顶点不交的 (x_1,y_1) 路、(x_2,y_2) 路当且仅当 D 有如此的 2 条路. 此外, 对给定的 D, x_1,x_2,y_1,y_2, 能够在时间 $O(n^2)$ 内构造出 D', 其中 n 是 D 的顶点数目.

证明 如果 D 含所期望的路, 则给 D 添加弧所得到的有向图也含有如此的路. 因此, 如果 D 含期望的路则导致 D' 是平凡的存在, 且当知道一对不交的 (x_1,y_1)路和 (x_2,y_2) 路后, 可以在时间 $O(n^2)$ 内构造出 D'.

如果没有 S_i 包含 x_1 和 y_1, 或者包含 x_2 和 y_2, 则容易看到 D 含期望的路当且仅当它有这样的路且不使用任何 S_j 内的弧. 因而, 在这种情形中可以给 S_i 内添加任意的弧而得到满足要求的 D'.

接下来设某 S_i 包含了 x_1, x_2, y_1, y_2 这 4 个顶点, 如果 $S_i-\{x_{3-j}, y_{3-j}\}$ $(j=1,2)$ 包含了一条 (x_j, y_j) 路 P, 则根据 F 是强的事实, D 含期望的路, 并且在时间 $O(n^2)$ 内可以构造出这 2 条路来. 因此, 依照最初的诠释, 对 $j=1,2$, 可设 $S_i-\{x_{3-j}, y_{3-j}\}$ 不含 (x_j, y_j) 路 P. 现在易知, D 中存在所期望的路当且仅当它有如此的路而不使用任何 S_j 中的弧. 于是, 能够用一个竞赛图来取代这个 S_i, 此竞赛图中的顶点 x_1 和顶点 x_2 均没有 $S_i-\{x_1, x_2\}$ 中的出邻点, 其余的 S_k 用相同顶点的竞赛图来替换. 显然, 用这种方式得到的有向图 D' 满足定理的要求.

不失一般性, 设对某 j, 有 $x_1, y_1 \in V(S_j)$, 但 $x_2 \notin V(S_j)$. 先设 $y_2 \in V(S_j)$. 如果在 $S_j - y_2$ 中不存在 (x_1, y_1) 路, 则 D 含期望的路当且仅当它有如此的路且不使用任何 S_i 内的弧, 并且可以构造有向图 D', 通过给 S_j 添加弧, 使得没有避开 y_2 的 (x_1, y_1) 路产生 (也就是, 在 $D'\langle V(S_j)\rangle$ 中 y_2 仍然分离 x_1 和 y_1), 对其余的 S_i 添加任意的弧. 另一方面, 如果 $S_j - y_2$ 包含了一条避开 y_2 的 (x_1, y_1) 路, 则由 F 是强的事实, D 中存在所期望的路. 并且 D' 的存在性如同上面的论证. 因此, 可设 $y_2 \notin V(S_j)$.

如果 S_j 包含一条 (x_1, y_1) 路, 但它不覆盖 S_j 的全部顶点, 则因 F 是强的, D 中存在所期望的路. 于是, 假定 S_j 或不含 (x_1, y_1) 路, 或者所含的每一条 (x_1, y_1) 路均包含了 S_j 的全部顶点. 在最后的情形中, 可设 $V(S_j)$ 分离了 x_2 和 y_2. 现在, D 有所期望的路当且仅当它有如此的路而不使用 S_j 中的任何弧. 于是, 在 2 个情形中, 均可用一个无 (x_1, y_1) 路的竞赛图来取代 S_j, 其余的 S_i 被任何一个具有相同顶点数目的竞赛图来替换, 就可构造出 D'. 要除去 x_2 和 y_2 同属于某 S_i, $i \neq j$, 在此情形中, 用一个无 (x_2, y_2) 路的竞赛图来取代这个 S_i (注意, 由上面的论述, 可以设 S_i 不含 (x_2, y_2) 路).

根据上面的论证, 我们能够在时间 $O(n^2)$ 内构造出所期望的有向图 D'. □

按照定理 4.8.5, 我们能够分解拟可传递有向图, 因而, 可以在这些有向图中应用定理 9.3.14.

定理 9.3.15[52] 关于拟可传递有向图的 2 路问题存在一个多项式算法.

证明 设 D 是一个拟可传递有向图, x_1, x_2, y_1, y_2 是特别指定的 D 的不同顶点, 我们期望判定不交的 (x_1, y_1) 路、(x_2, y_2) 路存在. 先检查 $D-\{x_i, y_i\}$ 包含一条 (x_{3-i}, y_{3-i}) 路 $(i=1,2)$. 如果这样的路不存在, 则算法停止. 依照定理 4.8.5, 或是 x_1, x_2, y_1, y_2 均在 D 的同一个强分支中, 或者所期望的路存在. 例如, 如果 D 是强的, 譬如说 y_1 不和 x_1 在同一个强分支中, 则由定理 4.8.5, 顶点 x_1 和 y_1 属于正规分解 $D=Q[W_1, W_2, \cdots, W_{|Q|}]$ 中不同的集合 W_i, W_j, 其中 Q 是一个可传递有

向图. 因此, $x_1 \to y_1$, 所期望的路显然存在.

于是, 设 D 是强的. 按照定理 4.8.5, D 有一个分解 $D = S[W_1, W_2, \cdots, W_{|S|}]$. 现在应用定理 9.3.14 并构造新有向图 D', 则 D' 中存在所期望的路当且仅当 D 也含有如此的路. 正如在定理 9.3.14 中所论述的, 能够在多项式时间内构造出 D'. 根据 D' 的构造 (用半完全有向图来替换每一个 W_i), D' 是一个半完全有向图, 并且可以对 D' 应用定理 9.3.12 的多项式算法以判定 D 中所期望的路的存在性. 再应用定理 9.3.12 的算法来寻找 D' 中不交的 (x_1, y_1) 路、(x_2, y_2) 路, 如它们存在, 并且对已知的这些路能够构造出 D 中对应的路来 (只要取最小路). □

通过检查定理 9.3.14 的证明, 不难发现下面更一般的结论成立. 关键是在定理 9.3.14 的证明中, 或是发现所期望的路, 或者判定它们存在当且仅当存在如此的路而不使用任何 S_i 中的弧. 因此, 代替使每一个 T_i 为半完全有向图, 只需删去 S_i 中的每一条弧, 恰好把它变为一个独立集.

定理 9.3.16[52]　设 Φ 是强连通有向图类, Φ_0 表示在 Φ 中的图的全体扩张类, 并设

$$\Phi^* = \{F[D_1, D_2, \cdots, D_{|F|}]:\ F \in \Phi,\ \text{每个 } D_i \text{ 是任意的有向图}\}.$$

则对 Φ^* 中的 2 路问题存在一个多项式算法当且仅当对 Φ_0 中每个有向图的 2 路问题存在一个多项式算法.

这个结论表明研究有向图的扩张是相当有价值的, 如此的一个类 Φ 的例子是在定理 9.3.16 中所使用的强半完全有向图类. 采用曾在定理 9.3.15 证明中对拟可传递有向图所用的相同方式, 我们可以把扩张半完全有向图的 2 路问题简约到半完全有向图的 2 路问题. 因此, 2 路问题对全体这样的有向图是多项式可解的, 即它们是对强半完全有向图进行替换成有关顶点的任意有向图而构造得到的有向图类. 重要的是要注意 Φ 仅由强有向图构成, 因为不难把任意有向图的 2 路问题 (由定理 9.2.3, 它是 $\mathcal{NP}$ 完全问题) 简约到强有向图的 2 路问题, 它们是对仅由一条弧 uv 构成的有向图 H 取代关于顶点 v 的任意有向图而得到的有向图.

下面简单引理的证明留给读者作为习题 9.21. 注意 4 是最好的可能性, 可以从 4 圈 $x_1x_2y_1y_2x_1$ 和一个新顶点 z, 并且链接 z 与其余 4 个顶点所得到的无向图的完全双定向中看到这一点.

引理 9.3.17　设有向图 D 是形如 $D = \vec{C}_2[S_1, S_2]$, 其中 S_i 是任意 n_i 个顶点的有向图, $i = 1, 2$. 如果 D 是 4 强有向图, 则 D 是 2 链接的.

下面的结论推广了推论 9.3.2.

定理 9.3.18[52]　设自然数 $k \geqslant 4$, F 是 $f\ (\geqslant 2)$ 个顶点的有向图, 且具有性质: 每个形如 $F[T_1, T_2, \cdots, T_f]$ 的 k 强连通有向图是 2 链接的, 其中每个 T_i 是一个半完全有向图, $1 \leqslant i \leqslant f$. 设 $D = F[S_1, S_2, \cdots, S_f]$, 其中 S_i 是 n_i 个顶点的任意有向图, $1 \leqslant i \leqslant f$. 如果 D 是 k 强连通有向图, 则 D 是 2 链接的.

证明 设 $D = F[S_1, S_2, \cdots, S_f]$, 其中 S_i 是 n_i 个顶点的任意有向图, $1 \leqslant i \leqslant f$. 按照引理 9.3.17, 可假定不能够将 D 分解为 $D = \vec{C}_2[R_1, R_2]$, 其中 R_1 和 R_2 是任意的有向图. 构造如同定理 9.3.14 中所描述有向图 D'. 再由引理 7.13.1, 有 $\kappa(D') = \kappa(D)$. 于是, D' 是 k 强有向图, 并由定理 9.3.14 和本定理的题设, 便知 D 是 2 链接的. □

推论 9.3.19[52] 任意一个 5 强拟可传递有向图是 2 链接的.

证明 根据定理 4.8.5, 每个强拟可传递有向图 D 可分解为 $D = F[S_1, S_2, \cdots, S_f]$, 其中 F 是强半完全有向图, $f = |F|$, 并且每个 S_i 是 n_i 个顶点的非强拟可传递有向图. 依据引理 4.8.4 和强连通性, 则有 $|F| \geqslant 3$. 注意, 对任意半完全有向图 $T_1, T_2, \cdots, T_f$ 的选取, 有向图 $D' = F[T_1, T_2, \cdots, T_f]$ 是半完全的. 因此, 依照定理 9.3.18 和推论 9.3.2, 每个 5 强半完全有向图是 2 链接的, 结论得证 (因 F 至少有 3 个顶点, 由引理 7.13.1, 便得 $\kappa(D') = \kappa(D)$). □

9.4 平面有向图的链接问题

本节将简要地讨论平面有向图的 k 路问题 (见 4.14 节中平面有向图的定义), 对于问题中的有向图的限制要求是它们可以被嵌入平面. 显然, 要给出不交路的结构限制, 我们用下面的结论来解释这一点.

命题 9.4.1 设 $D = (V, A)$ 是一个平面有向图, $x, y, u, v \in V$ 是不同的顶点, 且 D 可以被嵌入平面中, 使得 x, v, y, u 按图 9.8 所示的顺序出现在外平面边界上, 则 D 没有一对不交的 (x, y) 路和 (u, v) 路.

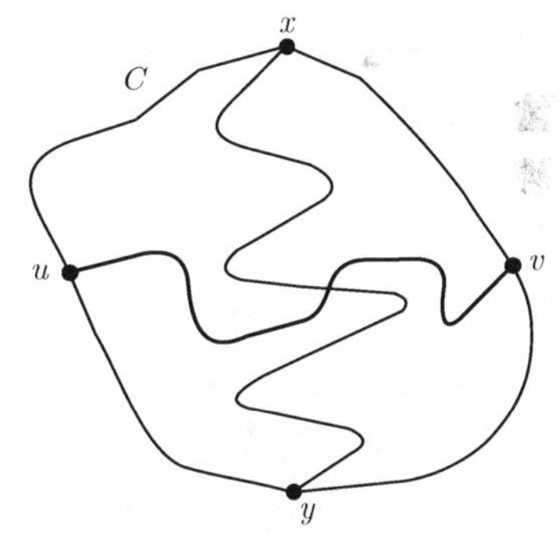

图 9.8 一个平面图 G 中不交 (x, y) 路和 (u, v) 路的一个拓扑阻断 圈 C 是 G 的外平面的边界

证明 我们先证明无论怎样用简单 (就是非自相交的) 曲线 R 来连接 x 和 y, 用另外一条简单曲线 R' 来连接 u 和 v, 且 2 条曲线均在边界 C 的区域内 (见图 9.8), 则它们必相交. 假定可选择简单的曲线 R, R', 使得 R 连接 x 和 y, 曲线 R' 连接 u 和 v, 则可以在外平面的内部添加一个顶点 z, 把它与 x, y, u, v 分别用简单曲线连接, 它们全部都在由外平面和它的边界 C 所形成的闭圆盘中. 这给出 K_5 的一个平面嵌入, 矛盾于定理 4.14.1.

现设 P, Q 是 D 中不交的路, 使得 P 是一条 (x, y) 路, Q 是一条 (u, v) 路, 在 D 的平面嵌入中, 它们对应到简单的曲线. 因而由上面的论证, 它们必须相交在平面中的某点上, 因为 D 是平面有向图, 没有 2 条弧在内面中相交 (作为曲线), 故可

断定 P 和 Q 必定相交在 D 的某顶点 v 上. 然而, 这与它们是不交的假定矛盾. □

我们要指出的是, 上面命题证明中的第一部分可以直接使用 **Jordan 曲线定理**来建立, 即直接使用 R 和 R' 必定相交于具有边界 C 的圆盘中的某处[127].

Lynch 已经证得: 当 k 是输入的部分时, 平面有向图的 k 路问题是 $\mathcal{NP}$ 完全问题[529]. 对固定的 k, Schrijver 得到了一个多项式算法.

定理 9.4.2[656, 657]　对于每一个固定的 k①, 平面有向图的 k 路问题是多项式可解的.

此定理证明的方法是基于自由 (非阿贝尔) 群上的**共同调** (cohomology), 介绍这个专题则需要太多的篇幅. Schrijver 提及到群论和拓扑的部分主要是用于证明中使得记号相当的简单, 由于证明过于复杂, 故难以在这里给出一个 (使人信服的) 框架. 需要其他附加的讨论和这个非常有力的证明技巧的应用 (关于有向图嵌入曲面) 的读者可阅读 Schrijver 的文章[656~658]. 值得指出的是, 在命题 9.4.1 的证明中所使用的论证在 Schrijver 的方法中扮演着重要的角色.

对于进一步解释如何使用平面性来论证不交路问题, 我们来考虑 k 路问题的一个特殊情形. Ding, Schrijver 和 Seymour 找到了预先指定链接存在性的一个较好的特征[194].

设给定一个平面有向图 $D=(V,A)$, 把它嵌入平面, 使得顶点 $s_1,s_2,\cdots,s_k,t_1,t_2,\cdots,t_k$ 均属于 D 的外平面的边界. Ding, Schrijver 和 Seymour 已经证明, 对于这种情形存在一个多项式算法可判定一组不交的路 $P_1,P_2,\cdots,P_k$ 的存在性, 其中每条路 P_i 是 (s_i,t_i) 路 $(1\leqslant i\leqslant k)$[194].

事实上, 正如下面将要看到的, 我们可以容易地为此问题的一个小扩展来描述一个如下的算法: 对顶点 $s_1,s_2,\cdots,s_k$, $t_1,t_2,\cdots,t_k$ 附加一组 A 的子集 A_1, $A_2,\cdots,A_k$, 并要求路 P_i 仅能使用 A_i 中的弧②, $i=1,2,\cdots,k$.

受到图 9.8 中的例子启发, 说 2 对终点 (s_i,t_i) 和 (s_j,t_j) 关于面 F 的边界 $bd(F)$ **交叉** (cross), 如果在 $\mathcal{R}^2-F$ (考虑成 $\mathcal{R}^2$ 的一个子空间) 中的每一条从 s_i 到 t_i 的简单曲线与 $\mathcal{R}^2-F$ 中的每一条从 s_j 到 t_j 的简单曲线交叉. 根据命题 9.4.1, 有关 D 的不交的 $(s_1,t_1),(s_2,t_2),\cdots,(s_k,t_k)$ 路的存在性的必要条件为满足下列**禁用交叉** (cross-freeness) 条件:

$$\text{对任何 } i\neq j,\ (s_i,t_i) \text{ 和 } (s_j,t_j) \text{ 不交叉.} \tag{9.1}$$

使用禁用交叉条件可知, 除非终点按顺序 $u_1,v_1,u_2,v_2,\cdots,u_k,v_k$ 出现在边界

① 即是说 k 不为输入的部分.

② 在文献 [194] 中, Ding, Schrijver 和 Seymour 考虑了更一般的一个情形, 不是所有的链接不同对起终点的路必须为不交的. 为简明起见, 我们假定它们均是不交的.

$bd(F)$ 上, 不然该问题无解, 其中关于 $\{1,2,\cdots,k\}$ 的某置换 π, 有 $(u_i,v_i)=\{s_{\pi(i)},t_{\pi(i)}\}$. 显然, 对给定的平面有向图 D 的 (多边形) 平面嵌入可以在多项式时间内检验这个条件.

我们能够用这 2 条路之间的面积来度量 2 条具有相同起终点的多边形路的**接近度** (closeness), 图 9.9 中的图例是接近度的一个解释. 下面引理 9.4.3 的证明留作习题 9.23.

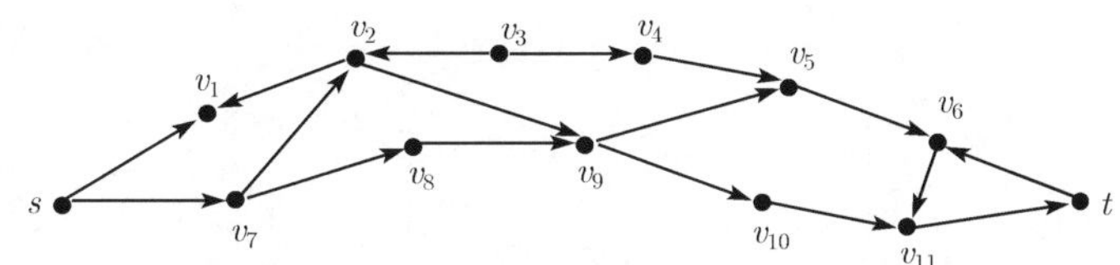

图 9.9 设 R 是 D 的底图中的一条路 $sv_1v_2v_3v_4v_5v_6t$

可见, (s,t) 路 $sv_7v_2v_9v_5v_6v_{11}t$ 比 (s,t) 路 $sv_7v_8v_9v_5v_6v_{11}t$ 更接近 R

引理 9.4.3 设 R 是一条沿着外平面边界从 x 到 y 的路 (忽视 D 中弧的定向), 并设 D' 是包含顶点 x 和 y 的 D 的一个有向子图. 则 D' 或没有 (x,y) 路, 或者 D' 中存在唯一的最接近 R 的 (x,y) 路 Q. 给定 D 的一个平面嵌入, 如果 Q 存在, 则能够在多项式时间内找到它. 此外, 没有其他的 (x,y) 路在任何点上与 Q 交叉 (例如, 图 9.9 中的路 $v_8v_9v_5$ 与路 $v_2v_9v_{10}$ 交叉在顶点 v_9).

上述的准备工作使得我们能够描述一个**贪婪算法**, 可寻找到 D 中所期望的路, 或者是证明不存在如此的路 (使用来自 $A_1,A_2,\cdots,A_k$ 的唯一的弧).

从 s_k,t_k 开始. 因为 D 满足禁用交叉条件, 在 s_k 和 t_k 之间沿 $bd(F)$ 的 2 条路之一不含其他的终点, 记这条路为 P.

如果 $D\langle A_k\rangle$ 不含 (s_k,t_k) 路, 则无解, 因而下设如此的一条路存在.

设 P_k 是 $D\langle A_k\rangle$ 中最接近 P 的唯一的 (s_k,t_k) 路. 我们来调整 $A_i\,(1\leqslant i\leqslant k-1)$, 通过移走 A_i 中的每一条弧, 这等同于 P_k 上的一个顶点. 关于顶点 s_{k-1}, t_{k-1} 重复上面的步骤, 并继续下去.

在最多 k 次重复之后, 或是找到所期望的链接, 或者断定不存在如此的链接.

为证明算法的正确性, 注意到, 如果 $Q_1,Q_2,\cdots,Q_k$ 是一个解, 则 $Q_1,Q_2,\cdots,Q_{k-1},P_k$ 也是一个解. 实际上, 如果 P_k 交叉于某 Q_i, 则也交叉于 Q_{k-1}, 因为 P_k 或是等于 Q_k, 或者它比 Q_k 更严格地接近 P, 这说明贪婪选取是合理的, 即算法是正确的. 按照引理 9.4.3, 上面的算法是 D 的规模下的多项式算法.

我们现在给出几个注解来结束这一节, 即关于平面有向图情形中命题 9.2.1 中的问题 (P3). 根据定理 9.2.6, 不存在顶点强连通性度可以保证一个有向图是 2 圈的

(即对于每次顶点 x, y 的选取, 总有一个包含 x, y 的圈). 对于平面有向图, 顶点强连通性的最大度是 5 (习题 7.8), 要问是否存在某顶点强连通性度是以保证平面有向图是 2 圈的? 然而, 这是不可能的, 如图 9.10 中 5 强非 2 圈平面有向图 D_k ($k = 20$) 所示 (习题 9.25). 这个例子是与 Böhme 和 Harant (1999 年 10 月) 的私人通信中提出来的. 其实, 在 Bermond 和 Thomassen 的综述文章中也提到了 5 强非 2 圈平面有向图[115]. 也要注意到, 这些 5 强非 2 圈平面有向图表明, 对有向图来说, 不存在相似于关于哈密尔顿平面图的 Tutte 定理 (每个 4 连通平面图是哈密尔顿图[721]).

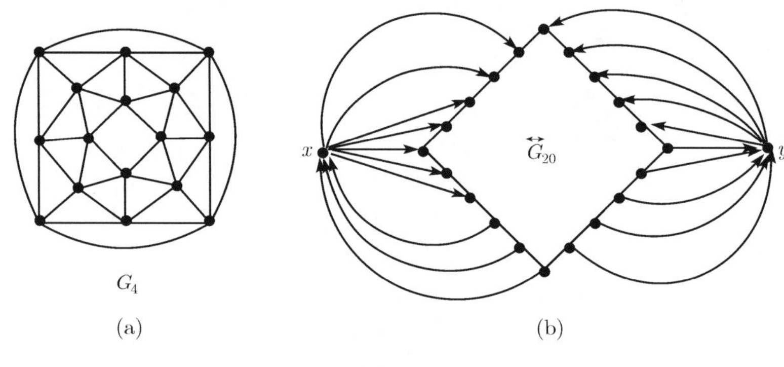

图 9.10

(a) 展示一个平面 5 连通图 G_k ($k = 4$); (b) 给出一个 5 强平面有向图 D_k, 给 G_k (是 $k = 20$ 的情形) 的完全双定向再添加 2 个新顶点 x, y, 并连接它们由指定的弧就得到 D_k. 这个有向图没有通过 x 和 y 的圈

使用相同的平面无向图 G_k 族 ($k \geqslant 20$), 如图 9.10 所示, 我们可以构造 5 强平面有向图, 使得它们不包含不交的 $[s_1, t_1]$ 路、$[s_2, t_2]$ 路, 因而提供了证明 6 连通的条件对无向图来说不能够降低到 5 连通 (参见 9.2.1 小节尾部的讨论).

9.5 弧不交分枝

我们在这一节要介绍一个非常重要的定理, 即是 Edmonds 定理, 它可以被视为是 Menger 定理的一个相当简单的推广[214]. 然而, 在下一个小节中可以清楚地看到, 该推广有着许多重要的推论. 已知一个出分枝是一个支撑出树形图. 在本节和下一节中, 除非特别声明外, 我们总认为所的对象为有向多重图 (即允许有平行弧, 但无自环).

定理 9.5.1 (Edmonds 分枝定理)[214] 一个具有特殊顶点 v 的有向多重图 $D = (V, A)$ 有 k 条弧以 v 为根的弧不交的支撑出分枝的充要条件① 是对每一

① 根据 Menger 定理 (定理 7.3.1), (9.2) 式等价于从 z 到 D 的每一个顶点的 k 条弧不交路的存在性.

个顶点子集 $X \subseteq V - z$, 有

$$d^-(X) \geqslant k. \tag{9.2}$$

证明 我们采用 Lovász 的一个简短证明[521]. 必要性是显然的, 我们仅证明充分性. 主要思路是从 z 生长出一个出树形图 F 来, 要满足下列条件, 对所有的顶点子集 $U \subseteq V - z$, 有

$$d^-_{D-A(F)}(U) \geqslant k - 1. \tag{9.3}$$

如果能够保持增长 F 直到它变成支撑的图, 而且总满足 (9.3) 式, 则定理可由对 k 的数学归纳法证得. 为了说明能够做到这一点, 只要证明能够一次对 F 添加一条弧直到它成为支撑的图. 我们称一个顶点子集 $X \subseteq V - z$ 是**不可预知** (problematic), 如果 $d^-_{D-A(F)}(X) = k - 1$. 依照 $d^-_{D-A(F)}$ 的子模性 (见 7.1.2 节), 如果 X, Y 是不可预知且 $X \cap Y \neq \varnothing$, 则 $X \cap Y$, $X \cup Y$ 均是不可预知的. 同时注意到, 若 X 是不可预知的, 则 $X \cap V(F) \neq \varnothing$, 因为在 D 中 X 至少有入度 k. 令 T 表示全体不被包含在 $V(F)$ 中的不可预知的集合的交. 由上面的论证, T 也是不可预知的. 如果全体不可预知的集合均被 $V(F)$ 包含, 则取 $T = V$.

我们断言 D 中存在弧 uv, 使得 $u \in V(F) \cap T$ 和 $v \in T - V(F)$. 如果不是这样, 则进入 $T - V(F)$ 的每一条弧也进入 T, 从而得到

$$d^-_D(T - V(F)) = d^-_{D-A(F)}(T - V(F)) \leqslant d^-_{D-A(F)}(T) \leqslant k - 1. \tag{9.4}$$

这与定理的假设矛盾.

这条弧 uv 则不能够进入一个不可预知集 T', 因为将矛盾于 T 的定义 (注意 $u \in T$). 因而, 我们能够给 F 添加弧 uv 而不与 (9.3) 式发生冲突, 结论即刻由归纳法证得. □

我们能够将上面 Edmonds 分枝定理的证明转换为一个多项式算法, 即对给定的有向多重图 $D = (V, A)$, 一个特定的顶点 $z \in V$ 和一个自然数 k, 或者找到 k 条弧不交以 z 为根的出分枝, 或者找到一个顶点子集 $X \subseteq V - z$, 它具有小于 k 的出度 (习题 9.27).

下面的推广是自然的. 对 z 增加要求, 给定一个子集 $T \subseteq U - z$, 使对每个子集 $X \subseteq V - z$, $X \cap T \neq \varnothing$, 有 $d^-(X) \geqslant k$ (依据 Menger 定理, 这等价于对每一个 $t \in T$, 存在 k 条弧不交的 (z, t) 路的说法). 确实存在 k 条弧不交的根为 z 的**出树形图**, 使得它们中的每个均包含 T 的每一个元素吗? 如果 $T = V - z$ (依据 Edmonds 定理) 或 $|T| = 1$ (依据 Menger 定理), 答案是肯定的. 然而, Lovász 发现图 9.11 中的例子[519], 它说明对于一般图来说, 这个说法不真实, 可以将这个例子推广到具有任意

个顶点的有向多重图中去 (习题 9.30).

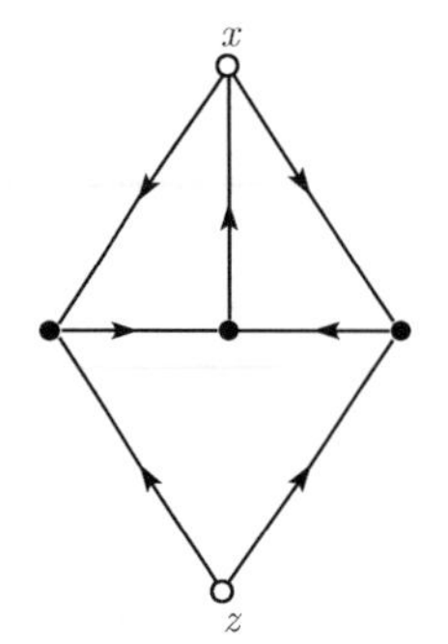

图 9.11 具有 $\lambda(z,t) \geqslant 2$ 的有向图, $t \in T$

它没有 2 条弧不交的根为 z 的出树形图, 且它们中的每一个包含 T 的全体元素, 其中子集 T 由 3 个黑顶点构成[519]

考察图 9.11 中的有向图, $d^-(x) = 1 < 2 = d^+(x)$ 对不在 T 中的顶点中的唯一的顶点 x 成立, 且注意到上面所期望的弧不交的树形图的数目是 2. Bang-Jensen, Frank 和 Jackson 证实: 如果对这样的顶点 $x \in V(D)$, $\lambda(z,x) \geqslant k$, 则有 $d^+(x) > d^-(x)$ 成立 (也就是说, k 的值被从 z 到这些顶点的局部弧连通性限制), 则推广是确实可行的.

定理 9.5.2[53] 设 $D = (V, A)$ 是具有特殊顶点 z 的有向多重图, 令 $T' := \{x \in V - z: \ d^-(x) < d^+(x)\}$. 如果对每一个顶点 $x \in T'$, 有 $\lambda(z,x) \geqslant k$ ($\geqslant 1$), 则存在一个具有 k 条弧不交的根为 z 的出树形图族 $\mathcal{F}$, 使得 V 中的每一个顶点 x 属于 $\mathcal{F}$ 的至少 $r(x) := \min\{k, \lambda(z,x)\}$ 个成员.

显然, 若在定理 9.5.2 中, 对每一个顶点 $x \in V$, 有 $\lambda(z,x) \geqslant k$ 成立, 我们则回到 Edmonds 定理.

值得提及的另一个情形是, 称一个具有根 z 的有向多重图 $D = (V, A)$ 为**前置流有向多重图** (preflow directed multigraph), 如果对于每一个顶点 $x \in V - z$, 总有 $d^-(x) \geqslant d^+(x)$ 成立 (这个名称出自于 Karzanov[475] 以及 Goldberg 和 Tarjan[324] 的一个最大流算法, 也见第 3 章中前置流的定义). 下面定理 9.5.2 的推论可以认为是定理 3.3.1 的一个推广.

推论 9.5.3[53] 在一个前置流有向多重图 $D = (V, A)$ 中, 对任意整数 k ($\geqslant 1$), 存在一个具有 k 条弧不交的根为 z 的出树形图族 $\mathcal{F}$, 使得 V 中的每一个顶点 x 属于 $\mathcal{F}$ 的 $\min\{k, \lambda(z,x;D)\}$ 个成员. 特别地, 若有 $k := \max\{\lambda_D(z,x): \ x \in V - z\}$, 则 V 中的每一个顶点 x 属于 $\mathcal{F}$ 的 $\lambda_D(z,x)$ 个成员.

Aharoni 和 Thomassen 已经证明不能够将 Edmonds 定理推广到无穷有向多重图中去[4].

9.5.1 Edmonds 分枝定理的重要性

下面将要给出定理 9.5.1 的一组漂亮推论 (另一个推论见定理 9.7.2). 第一个结果是 Even 得到的, 它可以被看作是全局弧强连通性的 Menger 定理的一个推广.

推论 9.5.4[229] 设 $D = (V, A)$ 是一个 k 弧强有向多重图, 令 x, y 是 V 的任意 2 个不同顶点, 则对每一个 $r = 0, 1, \cdots, k$, 存在 D 中弧不交的路 $P_1, P_2, \cdots, P_k$, 使得前 r 条路是 (x, y) 路, 后 $k - r$ 条路是 (y, x) 路.

证明 设 $[D, x, y]$ 是推论所描述的一个事例. 给它添加一个新顶点 s, 并将 s 用 r 条平行弧 sx 与 x 连接, 并用 $k - r$ 条形如 sy 的平行弧连接 s 与 y, 用 D' 表示所产生的新有向多重图, 我们说 D' 满足 (9.2) 式. 为证明这一点, 任取一个顶点子集 $X \subseteq V$. 若 $X \neq V$, 因 D 是 k 弧强的, 有 $d^-_{D'}(X) \geqslant d^-_D(X) \geqslant k$. 如果 $X = V$, 则有 $d^-_{D'}(V) = d^+_D(s) = k$, 按照定理 9.5.1, D' 包含 k 条弧不交的以 s 为根的出分枝. 再由 D' 的构造, 这些限制到 D 的分枝必须由 r 条以 x 为根的出分枝和以 y 为根的 $k-r$ 条出分枝组成. 从这些以 x 为根的出分枝中取 r 条 (x,y) 路, 再从以 y 为根的 $k-r$ 条出分枝中取 $k-r$ 条 (y,x) 路, 我们就得到所期望的路. □

下面由 Nash-williams 得到的关于无向图中 k 边连通支撑树的存在性结果给出了一个充分性条件. 这个条件是以边连通性给出的最好的条件 (见定理 9.5.6 之后的评注), 并且可见无向图中需要 2 倍于边连通要求才能保证 **k 棵边不交的树**. 与有向的图中的类似情形相比, 由 Edmonds 定理知 k 弧强连通性是足够保证如此的结论.

定理 9.5.5[584] 每个 $2k$ 边连通无向图包含 k 棵边不交的支撑树.

证明 设 $G=(V,E)$ 是 $2k$ 边连通无向图. 根据 Nash-Williams 定向定理 (定理 9.6.3), G 有一个 k 弧强定向 $D=(V,A)$. 任取顶点 $z \in V$, 并注意到 $d^-(X) \geqslant k$ 对于每一个顶点子集 $X \subseteq V - z$ 成立, 因而由定理 9.5.1, D 包含以 z 为根的 k 条弧不交的出分枝. 除去这些分枝上每一条弧的定向, 我们得到 $G = UG(D)$ 中的 k 棵边不交的树. □

Tutte 给出了下面有关无向图有 k 棵边不交的支撑树的一个特征, 该特征也可以由 Edmonds 分枝定理和定理 8.7.6 (见习题 9.35) 推证得到. 参见习题 8.57 中有关简单定向的一个结论, 它仍然隐含了定理 9.5.6.

定理 9.5.6[722] 一个无向图 $G=(V,E)$ 有 k 棵边不交支撑树当且仅当不等式

$$\sum_{1 \leqslant i<j \leqslant p} e(V_i, V_j) \geqslant k(p-1) \tag{9.5}$$

对 V 的每一个划分 $V_1, V_2, \cdots, V_p$ 都成立, 其中 $e(V_i, V_j)$ 表示一个端点在 V_i 中另一个端点在 V_j 中的边的数目.

由定理 9.5.6 能够容易地推证定理 9.5.5. 此外, 也可应用定理 9.5.6 来证明定理 9.5.5 中的条件以边连通性来说是最好的. 设 G_k 是在 $2k+2$ 个顶点的完全图中移走一个哈密尔顿圈的边后产生的图, 容易证明 G_k 是 $(2k-1)$ 边连通的, 使用定理 9.5.6 关于划分对应到划分中每个集的一个顶点, 能够看到 G_k 没有 k 棵边不交的支撑树 (事实上, 这个划分仅有一条弧少于所要求的数目). 对于每一个 k, 为了得到一个具有任意多个顶点不含 k 棵边不交树的例子, 设 H 是任意一个 $2k$ 边连通图, 以及 H_k 是由 H 的 $2k+2$ 个拷贝 $H_1, H_2, \cdots, H_{2k+2}$ 组成的图, 且 H_i 和 H_j 之间有一条边仅当在 G_k 中所对应的顶点 v_i, v_j 是相邻的 (其中, 已经假定 G_k 的顶点被标号为 $v_1, v_2, \cdots, v_{2k+2}$, 对 $i=1,2,\cdots,2k+2$, H_i 对应到 v_i). 不难证明 H_k

是 $(2k-1)$ 边连通的, 对应到 H 的 $2k+2$ 个拷贝的划分表明 H_k 没有 k 棵边不交的支撑树. 也注意到, 上面的 G_k 是 $(2k-1)$ 边连通和 $(2k-1)$ 正则图. 此外, 一个简单的计算论证说明除了有限多个例外, 其余的 $(2k-1)$ 边连通和 $(2k-1)$ 正则图均无 k 棵边不交的支撑树 (显然是因为它们没有足够多的边).

在一些应用中 (例如, 当一定数量的任务被分配给不同部门时, 这些部门能够胜任部分工作或需求), 有意义的一个应用是用森林 (树形图) 来覆盖一个无向 (有向) 图的每一条边 (弧).

定理 9.5.7[585]　设 $G=(V,E)$ 是一个无向图, 则 E 可以被 k 个森林覆盖的充要条件是, 对所有的 $X\subseteq V$, 有

$$|E(G\langle X\rangle)|\leqslant k(|X|-1). \tag{9.6}$$

证明　因为没有森林可以使用多于 $|X|-1$ 条边, 其 2 个端点均在任何集合 X 中, 因而条件 (9.6) 式是必需的. 为证充分性, 使用定理 9.5.1 和下面容易由定理 8.7.3 证得的结论.

命题 9.5.8　一个图 $H=(V,E)$ 有一个定向 $D=(V,A)$, 使对每一个顶点 $v\in V$, 有 $d_D^-(v)\leqslant k$ 当且仅当对每一个顶点子集 $X\subseteq V$, 总有 $|E(G\langle X\rangle)|\leqslant k|X|$.

假设 $G=(V,E)$ 满足 (9.6) 式. 依据命题 9.5.8, G 有一个定向 D, 使对每一个顶点 $v\in V$, 有 $d_D^-(v)\leqslant k$. 给 D 添加一个新顶点 s, 对于每一个顶点 $v\in V$, 再添加从 s 到 v 的 $k-d_D^-(v)$ 条弧, 产生的新多重图记为 D', 则对每一个顶点子集 $X\subseteq V$, 我们断言

$$d_{D'}^-(X)\geqslant k. \tag{9.7}$$

这个断言可由下面的事实证得：对于每个子集 $X\subseteq V$, 有

$$\begin{aligned} d_{D'}^-(X) &= \sum_{v\in X} d_D^-(v) - |E(G\langle X\rangle)| \\ &= k|X| - |E(G\langle X\rangle)| \\ &\geqslant k|X| - k(|X|-1) = k. \end{aligned}$$

根据定理 9.5.1, D' 有 k 个弧不交的根为 s 的出分枝. 这些分枝必须使用 D 的所有弧, 这是因为 V 的每一个顶点在这些分枝中的每一个里有入度 1, 且仅添加了 $k-d_D^-(v)$ 条从 s 到 v 的弧. 我们从每一个分枝中删去顶点 s, 并去掉所有弧的定向, 从而得到盖住 E 的 k 个森林. □

上面定理证明的最后部分也隐含下面定理的充分性部分. (9.8) 式的必要性可依据没有任何出分枝的顶点有大于 1 的入度而证得, (9.9) 式的必要性可在上面定理 9.5.7 的证明中找到.

定理 9.5.9[252]　有向图 $D=(V,A)$ 的弧集合可以被 k 个出树形图覆盖当且仅当对于每一个顶点 $v\in V$, 有

$$d^-(v)\leqslant k, \tag{9.8}$$

并且对每一个顶点子集 $X\subseteq V$, 有

$$|A(D\langle X\rangle)|\leqslant k(|X|-1). \tag{9.9}$$

9.6　边不交的混合分枝

在定理 9.5.5 的证明中, 我们能够使用 Edmonds 分枝定理来证明每个 $2k$ 边连通图有 k 棵边不交的支撑树. 然而, 证明并不隐含一个算法可用于检查一个给定的无向图是否有 k 棵边不交的支撑树. 其实, 这个问题关于无向图要复杂于在一个有向多重图中寻找 k 个弧不交的共用一个已知根的出分枝问题, 后面的问题已由 Edmonds 分枝定理提供了答案. 对于无向图, 定理 9.5.6 中给出的特征是相当复杂的, 并且不隐含一个对于问题的多项式算法. 注意到如此的一个算法可以由表示该问题为一个拟阵划分问题而得到 (见习题 12.46), 也见本节末尾处的注释.

除了允许平行弧和平行于边以及平行边的弧外, 一个**混合多重图** (mixed multigraph) 就如同一个混合图. 我们考虑一个无向多重图中以 s 为根的支撑树和一个有向多重图中以 s 为根的出分枝的公共特征. 一个以顶点 s 为根的**混合出分枝** (mixed out-branching) 是一个混合图 F, 它的底图是一棵树, 使得 $\overleftrightarrow{F}$ 包含一个以顶点 s 为根的出分枝. 如果混合多重图的 2 个子图不共享任何弧或任何边 (它们可能包含一条弧/边的拷贝, 但互不相同), 则称它们是**边不交的**.

定义 9.6.1　设 $M=(V,E\cup A)$ 是一个具有特殊顶点 s 的混合多重图. 一个具有根 s 的混合出分枝 F_s^+ 是 M 的底无向多重图 G 中的一棵支撑树, 且 F_s^+ 中总含有从 s 到其余每一个顶点 v 的路.

在联系到无向图中为什么混合出分枝是有意义的一个原因可以从下面的引理看到 (尤其是覆盖了没有 M 的弧被定向的情形).

引理 9.6.2　设 $M=(V,E\cup A)$ 是一个具有作为根的特殊顶点 s 的混合多重图. M 中存在 k 个以 s 为根的边不交混合出分枝当且仅当存在 M 的一个定向 D, 使得 D 具有以 s 为根的 k 个边不交的出分枝.

证明留作习题 9.31.

Frank 给出了下面推广了定理 9.5.6 和定理 9.5.1 的一个特征, 这个定理可以由相交子模流的可行性定理证得 (习题 9.33).

定理 9.6.3[252]　设 $M=(V,E\cup A)$ 是一个具有特殊顶点 s 的混合多重图. 则存在以 s 为根的 k 个边不交混合出分枝当且仅当对 $V-s$ 的全体子划分 $\mathcal{F}=$

$\{V_1, V_2, \cdots, V_t\}$, 有

$$a_{\mathcal{F}} \geqslant kt, \tag{9.10}$$

其中 $a_{\mathcal{F}}$ 表示进入某 V_i 的 (包括定向的和未定向的) 边的数目.

我们指出：可以使用子模流在多项式时间内判定一个给定的无向图 G 是否有 k 棵边不交的支撑树. 根据引理 9.6.2, 需要检查是否存在 G 的一个定向, 它含有以一个特定顶点为根的 k 个弧不交的出分枝. 于是, 对于给定的 G, 形成 G 的任意一个定向 D, 然后运用习题 8.65 中的方法. 不难用一个小的调整将相同的方法用在一个混合图中来确定具有一个已知根的 k 个边不交的混合分枝的存在性 (习题 9.32).

9.7 弧不交的路问题

前面已经定义一个弱 k 链接的有向多重图 $D = (V, A)$ 为：如果对于每次选取顶点 $s_1, s_2, \cdots, s_k$, t_1, t_2, $\cdots$, t_k (可能有相同的顶点), D 包含弧不交的路 $P_1, P_2, \cdots, P_k$, 使得每条路 P_i 是 (s_i, t_i) 路 $(1 \leqslant i \leqslant k)$. 我们定义**弧不交的 k 路问题** (arc-disjoint k-problem) 如下：给定有向多重图 $D = (V, A)$ 和它的不同顶点 $x_1, x_2, \cdots, x_k, y_1, y_2, \cdots, y_k$, 判定 D 是否包含 k 条弧不交的路 $P_1, P_2, \cdots, P_k$, 使得每条路 P_i 是 (x_i, y_i) 路. 用下面定理 9.7.2 的观点来看, 由 Fortune, Hopcroft 和 Wyllie 得到的结论似乎有些令人惊讶.

定理 9.7.1[247] 对 $k = 2$, 弧不交的 k 路问题是 $\mathcal{NP}$ 完全问题.

证明 设 $[D, x, y, u, v]$ 是 2 路问题的一个事例. 通过实施顶点撕裂程序把 $D = (V, A)$ 转换成有向多重图 H (见 3.2 节). 则易证 H 有一对弧不交的 (x_t, y_s) 路、(u_t, v_s) 路当且仅当 D 有不交的 (x, y) 路、(u, v) 路 (习题 9.36). 因为可由 D 在多项式时间内构造出 H, 则结论由定理 9.2.3 证得. □

对于平面有向多重图, 是否存在一个多项式算法可判定 2 条具有预先指定起终点的弧不交路的存在性仍然是一个公开问题[265, 656, 658], 甚至是寻找弧不交的 (x, y) 路和 (y, x) 路这种特殊情形的复杂性问题也没有解决. 因此, 由定理 9.4.2 可看到, 对于平面有向图来说, **弧不交的 2 路问题**比平面有向图 2 路问题更为困难. 这并不令人困惑, 因为平面性具有关于顶点不交路的含意, 尽管除了某些地方有关弧不交的路的含意不是那么明显.

注意, 如果有向多重图 D 是弱 k 链接, 则 D 是 k 弧强有向多重图. 为了证实这一点, 只需对于每一个 i, 取 $s_i = x$ 和 $t_i = y$, 则在 D 中存在 k 条弧不交的 (x, y) 路, 并因顶点 x, y 的任意选取性, 立即推出 D 是 k 弧强有向多重图.

Shiloach 观察到, Edmonds 分枝定理隐含了 k 弧强连通性对具有预先指定起终点的弧不交的 k 条路的存在性也是充分性条件[669]：

定理 9.7.2 一个有向多重图 D 是弱 k 链接的当且仅当 D 是 k 弧强的.

证明 在上面已经论证了本定理的必要性, 我们来证充分性. 令 $x_1, x_2, \cdots$, x_k, y_1, y_2, $\cdots$, y_k 是已知的顶点, 通过给 D 添加一个新顶点 s 和诸弧 sx_i ($i = 1, 2, \cdots, k$), 构造出新的有向多重图 D'. 因为 D 是 k 弧强有向多重图, 对于 V 的每个子集 X, 不难验证均有 $d^-_{D'}(X) \geqslant k$. 因而, 依据 Edmonds 分枝定理, 有向多重图 D' 有以 s 为根的弧不交的出分枝 $F^+_{s,1}, F^+_{s,2}, \cdots, F^+_{s,k}$, 由于 s 在 D' 中有出度 k, 故每一个 $F^+_{s,i}$ 只能使用出自 s 的一条弧. 不失一般性, $F^+_{s,i}$ 使用了弧 sx_i. 现在可以清楚地看到, 每一个出分枝 $F^+_{s,i}$ 确实包含一条 (x_i, y_i) 路 P_i ($1 \leqslant i \leqslant k$), 因而, 路 $P_1, P_2, \cdots, P_k$ 形成所期望的链接. □

借助一个相似的方法, 即使用定理 9.5.2, 我们就能够得到下面 Bang-Jensen, Frank 和 Jackson 给出的有关具有预先规定起终点的 k 条弧不交的路的存在性 (习题 9.37) 的充分性条件.

定理 9.7.3[53] 设 $(s_1, t_1), (s_2, t_2), \cdots, (s_k, t_k)$ 是有向多重图 $D(V, A)$ 的 k 对顶点, 对于每一个顶点 x, 有 $d^-(x) < d^+(x)$, 或当 $x = t_j$ 时, 存在从 s_i 到 x 的弧不交的路 ($1 \leqslant i \leqslant k$). 则对每一个 $i = 1, 2, \cdots, k$, 存在从 s_i 到 t_i 的弧不交的路.

注意, 如果仅把定理 9.7.3 的条件加在顶点 t_i ($1 \leqslant i \leqslant k$) 上, 则 D 可能没有从 s_i 到 t_i 的弧不交的路 ($1 \leqslant i \leqslant k$), 从图 9.12 中的例子可以看到这一说法. 当保持平面性时, 可以将这个例子推广到任意的从 s_i 到 t_i 的局部强连通性 ($i = 1, 2$). 我们把它形成下面的一个定理:

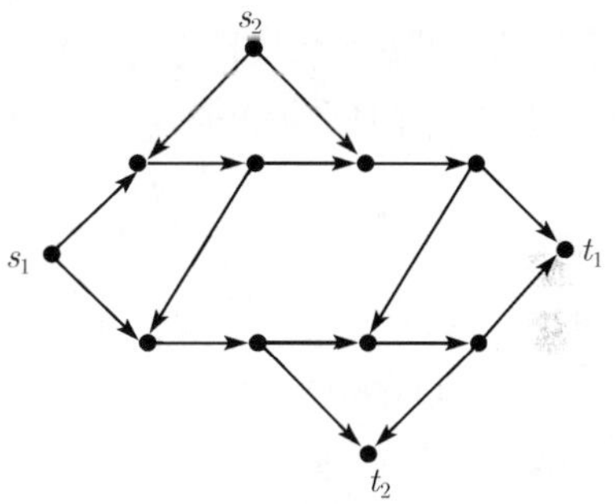

定理 9.7.4 对于每个自然数 k, 存在一个具有顶点 s_1, s_2, t_1, t_2 的平面有向图 D, 使得 D 满足 $\kappa_D(s_i, t_i) \geqslant k$ ($i = 1, 2$). 但是, D 不含弧不交的 (s_1, t_1) 路和 (s_2, t_2) 路.

图 9.12 一个平面有向图的例子
其中有 $\kappa(s_i, t_i) = 2$ ($i = 1, 2$), 并且没有弧不交的 (s_1, t_1) 路、(s_2, t_2) 路.

这表明没有用从顶点 s_i 到顶点 t_i ($1 \leqslant i \leqslant r$) 局部顶点强连通性的充分性条件就可以判定连接预先给定集合里的顶点的弧不交路的存在性.

作为 Edmonds 分枝定理应用的另一个例子, 我们考虑下面的**弧不交 (t_1, t_2) 链接问题** (arc-disjoint (t_1, t_2)-linking problem): 给定一个有向多重图 D 以及它的 2 个特定的顶点 t_1 和 t_2. 对于每一次 D 中 2 个顶点 s_1, s_2 的选取, 是否有弧不交的 (s_1, t_1) 路、(s_2, t_2) 路, 除去可能的情形 $s_i = t_j \neq t_i$, 并且顶点 s_i 无出弧? 由 D 满足的 (t_1, t_2) **割条件** ((t_1, t_2)-cut condition) 是不等式

$$|(S, \bar{S})| \geqslant |\{i = 1, 2: \ t_i \notin S\}| \tag{9.11}$$

对于每一个 (t_1,t_2) 割 $(S,\bar{S})$ 成立. 割条件显然对具有弧不交的链接性质的有向多重图来说是必要的条件, 下面给出 Frank 的一个简单证明 (1994 年 4 月间的私人通信), 它也是充分性条件.

定理 9.7.5 有向多重图 D 有关于 $\{t_1,t_2\}$ 的弧不交的链接性质当且仅当 D 满足 (t_1,t_2) 割条件.

证明 依据上面的注释, 只需考虑 D 满足 (t_1,t_2) 割条件时的情形. 给 D 添加一个新顶点 t 和弧 t_1t, t_2t, t_1s_2, t_2s_1. 现在应用定理 9.5.1 和 D 满足 (t_1,t_2) 割条件的事实, 则在扩张有向图中, 存在 2 条弧不交的根为 t 的入分枝 $F^-_{t,1}$, $F^-_{t,2}$. 它们包含了在原来的有向图中 2 条所期望的路, 这是因为新弧 t_1s_2 和 t_2s_1 不能够起作用. □

9.7.1 无圈有向多重图中弧不交的路

下面容易观察到的结论是 Fortune, Hopcroft 和 Wyllie 得到的, 使用它可以把弧不交的 k 路问题简约到无圈有向多重图情形的 k 路问题. 我们需要下面的引理, 此引理的证明留作习题 9.38.

引理 9.7.6 若 D 是无圈有向图, 则它的线有向图 $L(D)$ 也是无圈有向图.

定理 9.7.7[247] 对于每个正整数 k, 存在一个关于无圈有向多重图类的弧不交的 k 路问题的多项式算法.

证明 设 $[D,x_1,x_2,\cdots,x_k,\ y_1,y_2,\cdots,y_k]$ 是弧不交的 k 路问题的一个事例, 其中 D 是一个无圈有向多重图, 如果某 x_i 有零出度, 或某 y_j 有零入度, 则所期望的路不存在. 因此, 以下可设这些情形不出现.

我们将事例 $[D,x_1,x_2,\cdots,x_k,\ y_1,y_2,\cdots,y_k]$ 转换为一个新的事例 $[D',x'_1, x'_2,\cdots,x'_k,y'_1,y'_2,\cdots,y'_k]$ 如下: 如果 x_i 有出度 2 或大于 2 的出度, 给 D 添加一个新顶点 x'_i 和弧 x'_ix_i; 否则, 令 $x'_i:=x_i$ $(1\leqslant i\leqslant k)$. 类似地, 如果 y_j 有入度大于 1, 再添加新顶点 y'_j 和弧 $y_jy'_j$; 不然, 令 $y'_j:=y_j$ $(1\leqslant j\leqslant k)$. 显然, D' 有弧不交的路 $P'_1,P'_2,\cdots,P'_k$, 使得 P'_i 是一条 (x'_i,y'_i) 路当且仅当 D 有弧不交的路 $P_1,P_2,\cdots,P_k$, 其中 P_i 是一条 (x_i,y_i) 路 $(1\leqslant i\leqslant k)$.

下面考察 D' 的线有向图 $D^*:=L(D')$, 并令 s_i 是 D^* 中的顶点对应到具有尾 x'_i 的唯一的弧, 以及 t_i 是 D^* 中的顶点对应到具有头 y'_i 的唯一的弧. 容易证明, D^* 有一组弧不交的路 $Q_1,Q_2,\cdots,Q_k$, 且每条路 Q_i 是 (s_i,t_i) 路 $(1\leqslant i\leqslant k)$ 当且仅当 D' 有弧不交的路 $P'_1,P'_2,\cdots,P'_k$, 使得每条路 P'_i 是 (x'_i,y'_i) 路 $(1\leqslant i\leqslant k)$.

由于存在一个多项式算法来把事例 $[D,x_1,x_2,\cdots,x_k,y_1,y_2,y_k]$ 转换为事例 $[D^*,s_1,s_2,\cdots,s_k,t_1,t_2,\cdots,t_k]$, 所以, 本定理由定理 9.2.14 立即证得. □

在文献 [656] 中, Schrijver 展示了如何运用无圈有向图中弧不交的 k 路问题的一个多项式算法来解决航空时间表问题.

9.7.2 欧拉有向多重图中弧不交的路

在下面读者将会看到，上述弧不交的路问题对于欧拉有向多重图来说比任意有向多重图要容易得多. 然而，弧不交的 2 路问题看起来似乎是困难的，目前它仍然属于公开问题. 正如在第 7 章中说到的，欧拉有向多重图常常具有相似于无向多重图中的若干性质. 从本小节里的一些结论可以看到，二者关于弧不交路的性质对上述说法的一个解释 (见图 9.14).

我们先从一个简单而重要的结论开始这一小节的内容. 注意，先前已经说到关于平面有向图中相应问题的复杂性版本仍然是一个公开问题.

引理 9.7.8 设 D 是欧拉有向多重图，s,t 是 D 的不同顶点. 则 D 有弧不交的 (s,t) 路、(t,s) 路当且仅当 D 含有一条 (s,t) 路.

证明 设 P 是任意一条 (s,t) 路. D' 是从 D 中移走路 P 的所有弧后得到的有向图. 在 D' 中，每一个不同于 s,t 的顶点具有出度等于入度，且有 $d^-_{D'}(s)=d^+_{D'}(s)+1$, $d^+_{D'}(t)=d^-_{D'}(t)+1$. 设 $\mathcal{N}(D')$ 是 D' 的网络表示 (见定义 7.1.4)，x 是值等于每一条弧上容量的流. 根据流分解定理 (定理 3.3.1)，可以将 x 分解为值为 1 的一个 (t,s) 路流和某些圈流. 因为 $\mathcal{N}(D')$ 中的 (t,s) 路也是 D' 中的一条路，则 D' 包含一条如所断言的 (t,s) 路. □

设 $x_1,x_2,\cdots,x_k$ 是一个顶点 k 元组 (不一定要求互不相同的)，把这个 k 元组称为**终点** (terminals). 称一个迹 $T=(v_0v_1v_2\cdots v_{t-1}v_t)$ **按序** $x_1,x_2,\cdots,x_k$ **访问终点** (visits the terminals in the order $x_1,x_2,\cdots,x_k$)，如果对某些 $0\leqslant i_1\leqslant i_2\leqslant\cdots\leqslant i_k\leqslant t$，有 $x_1=v_{i_1},x_2=v_{i_2},\cdots,x_k=v_{i_k}$ (这里并不排除在一个迹中终点重复出现. 一般地，一个迹可以按几种不同的序访问终点). 基于下面的引理 (其证明留作习题 9.42)，我们可以限制在欧拉迹上进行讨论. 然而，有时在非欧拉迹中讨论也是方便的.

引理 9.7.9 设 D 为欧拉有向多重图. 假定有一个迹按序 $x_1,x_2,\cdots,x_k$ 访问了终点，则存在一个欧迹按相同序访问了终点.

给定一个欧拉有向多重图和终点 $x_1,x_2,\cdots,x_k$，至少存在以下 3 个不同的问题可以考虑[440]：

特殊迹问题 (ST-problem).

事例 一个欧拉有向多重图 G 和一个终点 $x_1,x_2,\cdots,x_k$ 的有序 k 元组.

问题 是否存在一个按序 $x_1,x_2,\cdots,x_k$ 访问终点的迹?

唯一迹问题 (UT-problem).

事例 一个欧拉有向多重图 G 和一个终点 $x_1,x_2,\cdots,x_k$ 的无序 k 元组.

问题 所有的欧拉迹是否访问了同一个圈序中的终点?

全迹问题 (AT-problem).

事例 一个欧拉有向多重图 G 和一个终点 $x_1,x_2,\cdots,x_k$ 的无序 k 元组.

问题 对 $\{1,2,\cdots,k\}$ 的每个置换 π, 是否存在一个按序 $x_{\pi(1)},x_{\pi(2)},\cdots,x_{\pi(k)}$ 访问终点的迹?

记号 k-ST, k-UT 和 k-AT 分别表示上面的 3 个问题, 其中 k 是终点的数目. 在这 3 个问题当中, ST 问题看起来似乎是最重要的, 因为它等价于欧拉弧不交的链接问题 (见引理 9.7.10). 然而, 其余 2 个问题自然地出现在 ST 问题研究当中.

在下面要说明, 关于欧拉有向多重图的这 3 个问题的结论其实是十分强地联系到非欧拉有向多重图中弧不交的链接, 因为添加若干条**需求弧** (demand arc) 就可以将它们变成欧拉有向多重图. 设 $[D,s_1,s_2,\cdots,s_k,\ t_1,t_2,\cdots,t_k]$ 是弧不交的 k 路问题的一个事例, 伴随着这个事例的**需求有向多重图** (demand directed multiguaph) H 是这样的一个有向多重图, 它具有弧 $t_1s_1,t_2s_2,\cdots,t_ks_k$①. 当 $D+H$ (这个 H 是 D 的需求有向多重图) 是欧拉有向图时, 弧不交的 k 路问题的特殊情形就叫做**欧拉弧不交的 k 链接问题** (eulerian arc-disjoint k-linking problem). 当 k 不是固定的且需求弧的数目是输入部分时, 把上述问题称为**欧拉弧不交的链接问题** (Eulerian arc-disjoint linking problem).

引理 9.7.10 k-ST 问题等价于欧拉弧不交的 k 链接问题.

证明 运用下面的简约来证明 k-ST 问题是欧拉弧不交的 k 链接问题的一个特殊情形. 设 $[D,x_1,x_2,\cdots,x_k]$ 是 k-ST 问题的一个事例, 定义 $s_1,t_1,s_2,t_2,\cdots,s_k,t_k$ 为 $s_i=x_i$ 和 $t_i=x_{i+1}$, $i=1,2,\cdots,k$ $(x_{k+1}=x_1)$, 并令 H 由弧 t_is_i 组成 $(1\leqslant i\leqslant k)$, 则 $D+H$ 是欧拉有向图. 易知 $D+H$ 有弧不交的路 $P_1,P_2,\cdots,P_k$, 其中每条路 P_i 是 (s_i,t_i) 路 $(1\leqslant i\leqslant k)$ 当且仅当 D 有一个迹按序 $x_1,x_2,\cdots,x_k$ 访问了终点.

反之, 给定欧拉弧不交的 k 链接问题 (关于 $D+H$ 是欧拉的) 的一个事例 $[D,s_1,s_2,\cdots,s_k,t_1,t_2,\cdots,t_k]$, 我们来构造 k-ST 问题的一个事例如下: 给 D 添加新顶点 $x_1,\cdots,x_k$ 和弧 x_is_i,t_ix_{i+1}, $i=1,2,\cdots,k$, 产生的新有向图记为 $\tilde{D}$. 显然, $\tilde{D}$ 是欧拉有向多重图, 它承认一个按序 $x_1,x_2,\cdots,x_k$ 访问终点的闭迹当且仅当它对预先指定终点对 (s_i,t_i) $(1\leqslant i\leqslant k)$ 承认一个弧不交的 k 链接. □

从引理 9.7.8 中可看到, 弧不交的 2 路问题是这样的情形, 给问题中的有向多重图添加 2 条需求弧 t_1s_1,t_2s_2 后就变为欧拉有向多重图, 这一点也被 Frank 注意到[257]. 欧拉弧不交的 3 链接问题早先被认为是困难的, 但是, 它被 Ibaraki 和 Poljak 解决[440], 我们将把他们的主要结论描述在定理 9.7.11 中.

对情形 $k=3$ 不难看到, 按计算的观点, 3-ST、3-UT 和 3-AT 问题是相互等价的, 理由是存在 2 个不交的终点序, 即 (x_1,x_2,x_3) 和 (x_1,x_3,x_2). 此外, 可设 G 的一个欧拉迹 T 已给定 (因为按照习题 1.72, 可以用多项式时间算法来构造它). 迹

① 因此, 若 $s_1=s_2=\cdots=s_k$ 和 $t_1=t_2=\cdots=t_k$, 则需求有向多重图就由 k 条从 t_1 到 s_1 的平行弧构成.

T 按可能的序中之一访问终点, 比如序 (x_1, x_2, x_3). 因此, 余下的工作是判定是否存在一个迹, 它按另外的序访问终点.

我们再来考察由 Ibaraki 和 Poljak 得到的 UT 问题的解[440], 因而对其余的 2 个问题给出一个可能的方式. 对于 D 的一条弧 a, 已经定义记号 D/a 表示一个有向多重图是由 D 得来, 通过 (集合) 收缩 D 的弧 a, 并允许终点由收缩被等同. 下面用 X 表示终点集, $[D, X]$ 表示 UT 问题的一个事例. 显然, 如果 $[D, X]$ 承认几个访问终点的序, 则事例 $[D/a, X]$ 也承认几个访问终点的序, 但反之未必为真. 如果 $[D, X]$ 承认按一个欧拉迹访问终点的唯一的圆圈序, 但是当任意弧 a 被收缩后, $[D/a, X]$ 承认几个序, 我们称事例 $[D, X]$ 是 UT **最小事例** (UT-minimal). Ibaraki 和 Poljak 刻画了 UT 最小事例如下:

定理 9.7.11[440] 设 $[D, X]$ 是一个 UT 最小事例, 则

(a) 对每一个终点 x, 有 $d^+(x) = d^-(x) = 1$, 并对每一个非终点 u, 有 $d^+(u) = d^-(u) = 2$.

(b) 可以将 D 嵌入在平面中, 使得每一个面是一个有向圈以及所有的终点位于一个公共的面上.

注意结论 (b) 的第一部分等价于性质: 关联于非终点 u 的 4 条边交替被定向为出、入顶点 u (在平面表示中). 见图 9.13.

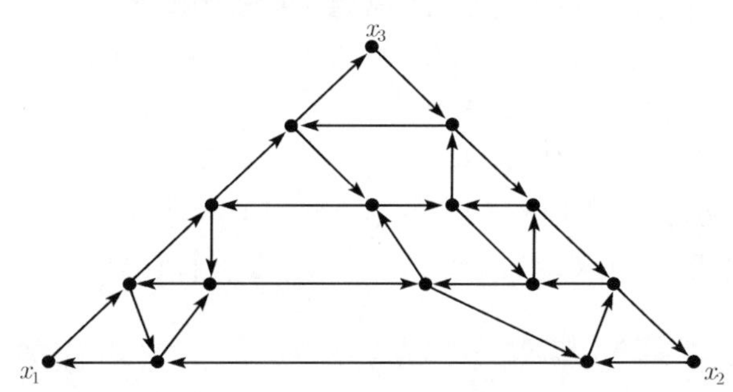

图 9.13 一个欧拉有向图, 没有按序 x_1, x_2, x_3 访问终点 x_1, x_2, x_3 的 (欧拉) 迹

定理 9.7.12[440] UT 问题和 3-ST 问题均是多项式可解的.

此外, Ibaraki 和 Poljak 证明欧拉弧不交的链接问题和 ST 问题均是 $\mathcal{NP}$ 完全问题.

定理 9.7.13[440] 欧拉弧不交的链接问题是 $\mathcal{NP}$ 完全问题.

证明 我们介绍文献 [440] 中所使用的构造. 简约来自弧不交的 2 路问题, 根据定理 9.7.1 , 知它是 $\mathcal{NP}$ 完全问题. 设 $[D = (V, A), s_1, s_2, t_1, t_2]$ 是弧不交的 2 路问题的一个事例. 给 D 添加 2 条需求弧 $t_1 s_1$ 和 $t_2 s_2$ 后得到有向多重图记为 $D^* = D + H$.

再构造另一个有向多重图 D' 如下：给 D 添加 2 个新顶点 s, t, 且对每一个顶点 $v \in V$, 添加形如 sv 的 $\max\{0, d^+_{D^*}(v) - d^-_{D^*}(v)\}$ 条弧, 并且添加形如 vt 的 $\max\{0, d^-_{D^*}(v) - d^+_{D^*}(v)\}$ 条弧. 令 p 是 $d^+_{D^*}(v) - d^-_{D^*}(v)$ 的和, 跑遍使得这个数是正的每一个顶点. 令 $s_i = s$ 和 $t_i = t$, $i = 3, 4, \cdots, p+2$ 是新的终点, 则 $[D', s_1, s_2, \cdots, s_{p+2}, t_1, t_2, \cdots, t_{p+2}]$ 是欧拉弧不交的链接问题的一个事例, 不难证明 D 有弧不交的 (s_1, t_1) 路、(s_2, t_2) 路当且仅当 D' 有弧不交的 (s_i, t_i) 路, $i = 1, 2, \cdots, p+2$ (习题 9.43). □

Ibaraki 和 Poljak 给出了下面的猜想：

猜想 9.7.14[440] k-ST 问题对固定的 k 是多项式可解的.

在定理 9.7.11 中所使用的最小化条件可以被一个强技术性的不可约概念所取代. 我们称一个事例 $[D, X]$ 是 2 **不可约的** (2-irreducible), 如果没有顶点集合 S $(|S| > 1)$, 使得下列陈述之一成立：

(a) $|(S, \bar{S})| = |(\bar{S}, S)| \leqslant 2$, $D\langle S\rangle$ 是连通有向图, 且 $S \cap X = \varnothing$.

(b) $|(S, \bar{S})| = |(\bar{S}, S)| = 1$ 和 $|S \cap X| = 1$.

注意到当 D 是欧拉的, 则 D/S (由收缩 S 得来的有向多重图) 也是欧拉有向多重图, 不难看到下面的事实：

引理 9.7.15 设 $[D, X]$ 是 UT 问题的一个事例, 它承认唯一的序, 设 S 满足上述条件 (a) 和 (b) 之一, 则 $[D/S, X]$ 也承认唯一的序.

容易看到, D/S 可以由一系列弧收缩而实现, 因而每个最小 UT 事例是 2 不可约的. 于是, 我们有定理 9.7.11 的推广如下：

定理 9.7.16[440] 设 $[D, X]$ 是一个具有 2 不可约的 UT 事例, 并承认具有唯一的终点序的欧拉迹, 则定理 9.7.11 中的 2 个条件 (a) 和 (b) 均成立.

UT 问题的多项式时间算法是定理 9.7.16 的一个推论. 文献 [440] 中的算法由下列步骤组成：

(1) 把一个事例 $[D, X]$ 简约到一个 2 不可约事例, 应用网络流技术可以完成这个步骤.

(2) 检验度型条件.

(3) 使用一个平面性检测来判定 D 是否可嵌入平面, 并检验定理 9.7.16 的其余条件.

这里表述的 2 不可约概念比文献 [440] 中所使用的不可约概念要弱, 文献 [440] 中要求附加的条件是事例 $[D, X]$ 不含入度和出度均为 1 的任何非终点. 然而, 使用文献 [88, 第 3 节] 给出的不可约性的一般定义, 能够看到这个附加条件由任何 AT 非可行和不可约事例自动满足.

设 $[D, X]$ 是 AT 问题的一个事例. 如果 $[D, X]$ 不承认一个欧拉迹按每一个给定的序访问终点, 但对任何可收缩的弧 a, 有向图 $[D/a, X]$ 却承认, 则称 $[D, X]$ 是

AT 最小的 (AT-minimal). 下面由 Bang-Jensen 和 Poljak 得到的结论表明也存在 AT 最小事例上的度约束.

定理 9.7.17[88] 设 $[D, X]$ 是 k-AT 最小的. 则对于每一个非终点 u, 有 $d^+(u) \leqslant k-1$, 且对每一个终点 x, 有 $d^+(x) \leqslant k-2$.

无向图中的**边不交 2 路问题**是多项式可解的, 而且存在不含边不交 s_1t_1 路和 s_2t_2 路无向图的一个完整特征[196,197,662,697] 可以将如此的一个图 G 简约到一个具有如下性质的平面表示的图 G' (见图 9.14 (a)):

(a) 4 个终点均有 2 度, 其余顶点皆有 3 度, 且

(b) 终点按序 s_1, s_2, t_1, t_2 位于外平面上.

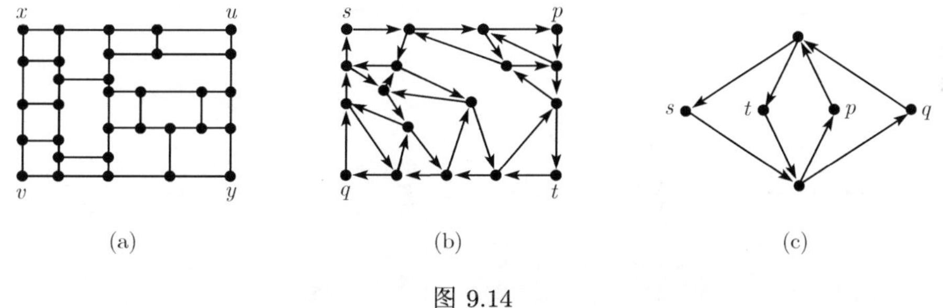

图 9.14

(a) 给出无向图中边不交 2 路问题的一个不可行事例, 给出的图没有边不交的 xy 路和 uv 路; (b) 和 (c) 展示了欧拉有向多重图中弧不交的 $[s,t]$ 路和 $[p,q]$ 路的不可行事例

一个无向图 G 的完全双定向 $\overleftrightarrow{G}$ 是欧拉的, 且含有弧不交的 (s_1, t_1) 路和 (s_2, t_2) 路的充要条件是 G 包含边不交 s_1t_1 路和 s_2t_2 路. 因此, 欧拉有向图的弧不交的 2 路问题推广了边不交 2 路问题. 至今, 欧拉有向图的弧不交的 2 路问题仍然是一个公开问题. 然而, 这个问题的简单版本, 即要求弧不交的 $[s_1, t_1]$ 路, $[s_2, t_2]$ 路 (也就是说, 在第 i 条路中, s_i, t_i 的顺序是不固定的 $(i = 1, 2)$), 仍然是推广了边不交的 2 路问题. 最近, Frank, Ibaraki 和 Nagamochi 解决了这个问题[270], 他们证得这个问题在多项式时间内可解. 此外, 他们给出了下面的结果. 下面的一个**简约**表示一系列变换, 使得所期望的路存在于一个新有向图中当且仅当它们也存在于前一个有向图中[270].

定理 9.7.18[270] 设 D 是一个欧拉有向多重图, s_1, s_2, t_1, t_2 是 D 的顶点 (不一定要求不相同). 则 D 包含弧不交的 $[s_1, t_1]$ 路和 $[s_2, t_2]$ 路, 除非可以将它简约到一个欧拉有向多重图 D', 使得 D' 或有 6 个顶点并同构于图 9.14 (c) 中的有向图, 或者下列陈述均成立:

(a) s_1, s_2, t_1, t_2 中的每一个顶点具有入度 1 和出度 1, D' 中其余顶点均有入度

2 和出度 2.

(b) 底图 $UG(D')$ 至多有一个割顶点①.

(c) D 有一个平面嵌入, 使得每一个面是一个有向圈, 且每一个终点按序 s,p,t,q 位于外平面上, 其中 $\{s,t\}=\{s_1,t_1\}$ 和 $\{p,q\}=\{s_2,t_2\}$.

我们用 Seymour 和 Johnson 最近的工作给出一个注解来结束这一节 (2000 年 2 月与 Seymour 和 Johnson 进行研讨的私人通信), 这些工作可能达到更新的结果. 对于欧拉有向多重图来说似乎是一个理论, 相似于无向图中由 Seymour 和 Robertson 进行的图子形理论工作[642], 当研究欧拉有向多重图时, 代替 "**子形** (minor)" 的自然包含关系是下面要定义的关于 2 正则有向多重图的**浸入** (immersion).

一个 2 正则有向多重图 H 是可**浸入** (immersed) 另一个 2 正则有向多重图 D 中, 如果能够由 D 按如下方式构造出 H, 通过重复选择一个具有入邻点 u_1,u_2 和出邻点 w_1,w_2 的顶点 v, 删去 v 并添加 2 条新弧 u_1w_1, u_2w_2, 见图 9.15.

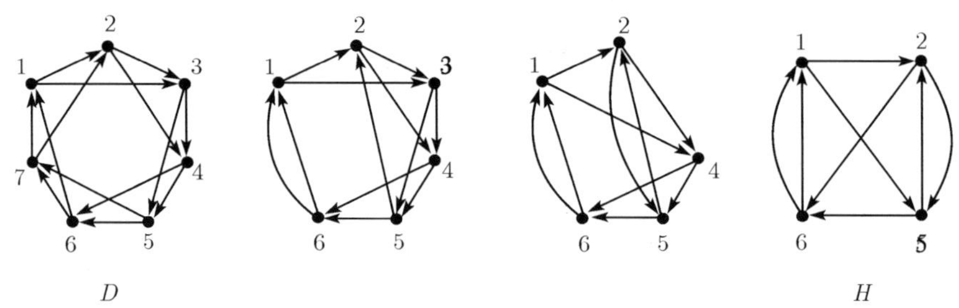

图 9.15　把有向多重图 H 浸入有向多重图 D 中通过顺序 7,3,4 压迫顶点 7,3 和 4

关于 2 正则有向多重图一个相似于图子形结构的定理成立②. 这个定理的潜在应用包括在浸入下的 2 正则有向多重图的**良拟序** (well-quasi ordering) 和弧不交的 k 路问题的多项式时间算法. 弧不交的 k 路问题的多项式可解性甚至在一般欧拉有向多重图中成立 (与 Seymour 在 2000 年 2 月间的私人通信).

9.7.3　竞赛图和广义竞赛图中弧不交的路

本小节要考虑关于某些广义竞赛图的弧不交的 2 路问题, 并将证明这个问题和一个相关特殊的情形 (命题 9.2.1 中问题 (P5) 的弧版本) 对半完全有向图是多项式可解的. 在 9.9 节中读者可以看到, 关于竞赛图中弧不交的入分枝和出分枝问题的对应算法是一个非常复杂的算法中的一个子程序. 我们要证明的第一个结果是关于扩张局部入半完全有向图而不是半完全有向图, 之所以这样做是说明不需要太多

① 如果连通图 G 中的一个顶点 x 使得图 $G-x$ 是不连通的, 则称它为 G 的割顶点.

② 需要这个深刻结论的一个漂亮的介绍可见文献 [191].

的力气就可以得到有关这个大有向图类的结果 (对于半完全有向图本身也有相同的结论). 本小节的结论均是 Bang-Jensen 证得的[46, 51].

已知 2 个顶点是**相似的**当且仅当它们是非相邻的, 并有相同的入邻点和出邻点. 注意到, 如果不相邻顶点 x, y 在扩张局部入半完全有向图中有一个公共的出邻点 w, 按照扩张的定义和局部入半完全有向图的定义, 则 x 和 y 是相似的.

可以沿用相同于引理 9.7.20 线索证得下面的引理, 具体的证明留作习题 9.39.

引理 9.7.19 设 D 是强扩张局部入半完全有向图, x, y 是 D 的不同顶点, 则 D 有弧不交的 (x,y) 路、(y,x) 路当且仅当不存在弧 a, 使得 $D-a$ 不含 (x,y) 路和 (y,x) 路.

引理 9.7.20[51] 设 D 是扩张局部入半完全有向图, x,y,z 是 D 的顶点以及 $x\neq z$, 并且 D 包含一条从 y 到 z 的路. 如果 D 有弧不交的 (x,y) 路、(x,z) 路, 则 D 包含弧不交的 (x,y) 路、(y,z) 路. 相似地, 如果一个扩张局部出半完全有向图 D' 包含一条从 x 到 y 的路和 (x,z) 路、(y,z) 路, 则 D' 包含弧不交的 (x,y) 路和 (y,z) 路.

证明 设 P_1 和 P_2 是弧不交的路, 使得 P_2 是一条 (x,z) 路, P_1 是一条最小 (x,y) 路. 如果 $y\in V(P_2)$, 或者 $y\to x$, 则断言显然成立, 故可设这些情形均不成立. 再设 x 和 y 不是相似顶点, 因为当它们是相似顶点时, 则 y 支配 x 在 P_2 上的后继, 这也导致断言是显然的.

如果 D 有一条 (y,z) 路, 它与 $V(P_1)\cup V(P_2)$ 的第一个相交 (从 y 开始) 是在 P_2 上, 则所期望的路显然存在. 因而, 可设 D 包含一条从 y 到 $V(P_1)\cup V(P_2)-y$ 的路, 它的唯一的一个顶点 $w\in V(P_1)\cup V(P_2)-y$ 是在 $V(P_1)-V(P_2)$ 中, 在全体如此的路中选择 P, 使得 w 在 P_1 上尽可能接近 x. 依照上面的假设, 有 $w\neq x$. 令 u 是在 P_1 上 w 的前趋, v 是在 P 上 w 的前趋, 即有 $u=w^-_{P_1}$ 和 $v=w^-_P$.

先设 u 和 v 是不相邻的. 则由引理 9.7.19 之前的注解, u 和 v 是相似的. 则 P 的选取隐含 $v=y$ (不然, 在 P 上 v 的前趋支配 u, 这与 P 的选取矛盾). 由前面的假定, x 和 y 不是相似的, 故断定 $u\neq x$, 但有 $u^-_{P_1}\to y$, 这与 P_1 的最小性矛盾.

再设 u 和 v 是相邻的. 由 P 的选取, 这意味着 $u\to v$. 在 P 上选取第一个被 u 支配的顶点 r, 根据 P_1 的最小性, $r\neq y$. 令顶点 s 是 P 上 r 的前趋, 则 r 和 P 的选取导致 u 和 s 是相似的. 于是, 如同上述理由, 必有 $s=y$, 且因 $u\neq x$, 这又得到与前面相同的矛盾.

引理第二部分的证明相同于第一部分的证明, 只要考虑 D 的逆并交换 x 和 z 的名称. □

使用引理 9.7.20, 我们可以刻画没有弧不交的 (x,y) 路、(y,z) 路的扩张局部入半完全有向图的特征.

定理 9.7.21[51] 一个扩张局部入半完全有向图 D 有弧不交的 (x,y) 路、(y,z)

路当且仅当它有 (x,y) 路和 (y,z) 路, 并且 D 没有这样的弧 e, 使得 $D-e$ 不含 (x,y) 路和 (y,z) 路.

证明 如果 D 有如此的这条弧 e, 显然这些路不可能存在. 现设 D 不含如此的弧, 并且 D 有一条 (x,y) 路和一条 (y,z) 路, 下证 D 中存在所期望的路. 按照引理 9.7.19, 设 $x \neq z$.

根据引理 9.7.20, 可设 D 不含一对弧不交的 (x,y) 路、(x,z) 路. 于是, 依据 Menger 定理, 存在一条弧 $e=uv$, 使得 $D-e$ 不含从顶点 x 到 $\{y,z\}$ 的路, 令 $A=\{w: 在\ D-e\ 中存在\ (x,w)路\}$, $B=V(D)-A$. 则有 $x\in A$ 以及 $y,z\in B$, 并且唯一的从 A 到 B 的弧就是 e.

因为 D 含一条 (x,y) 路, $D\langle A\rangle$ 有一条 (x,u) 路, 并且 $D\langle B\rangle$ 有一条 (v,y) 路. $D\langle B\rangle$ 也有一条 (y,z) 路, 这是因为 e 并没有破坏从顶点 y 到顶点 z 之间的每一条路.

如果 $v=y$, 则所期望的路显然存在 (事实上, 能够选取顶点不交的). 如果 $v=z$, 则由上面的假定, 没有 $D\langle B\rangle$ 中的弧 a, 它将 y 与 z 分离, 也把 z 与 y 分离开. 依照引理 9.7.19, $D\langle B\rangle$ 包含弧不交的 (z,y) 路、(y,z) 路. 因而 D 包含所期望的路, 于是可设 $v\neq y,\ z$.

现在我们可清楚地看到所期望的路存在当且仅当 $D\langle B\rangle$ 有弧不交的 (v,y) 路、(y,z) 路. 根据归纳法, 除非有这样的情形, 即存在 $D\langle B\rangle$ 中的一条弧 $e'=ab$, 使得 $D\langle B\rangle-e'$ 不含从 v 到 y 的路, 也不含从 y 到 z 的路, 可是在 D 中, 弧 e' 将 y 与 x 分离开, 又将 z 与 y 分离开, 这与 D 不含此类弧的假定矛盾. □

因为上面的证明是构造性的, 我们有下面的结论 (也见习题 9.40):

推论 9.7.22[46] 对给定的扩张入半完全有向图 D 和它的不同顶点 x,y,z, 存在一个多项式算法可判定 D 是否有 (x,y) 路、(y,z) 路 (等价于一条通过顶点 y 的 (x,z) 迹).

我们来证明本小节的主要结论.

定理 9.7.23[46] 半完全有向图的弧不交 2 路问题是多项式可解的.

证明 (框架) 设 $[D,x_1,x_2,y_1,y_2]$ 是关于半完全有向图的弧不交 2 路问题的一个事例. 如果需要可重新标号, 故可设 $x_1\to x_2$. 在下面应理解只要检测出所期望的路, 程序就停止.

容易检测 D 是否含有 (x_i,y_i) 路, $i=1,2$. 如果不是这样, 则 D 不含所期望的路, 程序就停止. 接下来检测是否存在一条弧 e, 使得 $D-e$ 中不存在 (x_i,y_i) 路 $(i=1,2)$. 如果如此的弧存在, 则 D 中没有所期望的路, 程序停止. 现来检查 D 是否含有弧不交的 (x_2,y_1) 路 P 和 (x_2,y_2) 路 P'. 如果存在如此的一对路, 则或有 x_1P, 或有 $P[x_1,y_1]$ (如果 $x_1\in V(P)$) 以及 P' 是所期望的路, 程序停止.

因而, 依据 Menger 定理, 存在一条弧 e, 使得 $D-e$ 没有从 x_2 到 $\{y_1,y_2\}$ 的路. 令

$$Y:=\{v:\ 在\ D-e\ 中有一条从\ v\ 到\ \{y_1,y_2\}\ 的路\};\quad X:=V(D)-Y.$$

则 $x_2\in X$ 和 $x_1\in Y$, 因为弧 e 并没有把 x_1 与 $\{y_1,y_2\}$ 分离开. 此外, e 是由 X 到 Y 的唯一的一条弧, 设 z 是 e 是头, w 是它的尾. 注意到, 因为 D 包含一条 (x_2,y_2) 路, 则 $D\langle X\rangle$ 包含一条 (x_2,w) 路 Q.

如果 $z=x_1$, 则所期望的路存在. 则在 $D'=D\langle Y\rangle$ 中不可能有另外的一条弧 e', 这条弧将 x_1 与 $\{y_1,y_2\}$ 分离开, 这是因为 e' 把 $\{x_1,x_2\}$ 与 $\{y_1,y_2\}$ 分离开, 则程序早就停止. 依据 Menger 定理, 则 D' 包含弧不交的 (x_1,y_1) 路 P_1、(x_1,y_2) 路 P_2. 现在, 可知路 P_1 和路 QP_2 就是所期望的路.

如果 $z=y_2$, 因为 D' 中任何一条 (x_1,y_1) 路和 Qy_2 将是所期望的路.

如果 $z=y_1$, 则所期望的路存在当且仅当 D' 包含弧不交的 (x_1,y_1) 路、(y_1,y_2) 路. 利用推论 9.7.22 中的算法可以在多项式时间内判定这一点.

最后, 如果顶点 $z\notin\{x_1,y_1,y_2\}$, 则所期望的路存在当且仅当 D' 包含弧不交的 (x_1,y_1) 路、(z,y_2) 路. 因而, 这已经把问题简约到同类问题中一个较小的情形.

上述步骤可以在多项式时间内实施的证明以及算法的复杂性估计留作习题 9.41. □

9.8 整多物品流

需要读者复习第 3 章中有关网络和流的定义. 这一节将简要地考虑下面流和弧不交路的共同推广, 叫做**整多物品流问题** (integer multi commodity flow problem) (如果在研究中 k 是固定的, 称它为**整 k 物品流问题** (integer k-commodity flow problem)):

给定一个自然数 $k\geqslant 1$, 一个网络 $\mathcal{N}=(V,A,\ell\equiv 0,u)$, 并且有 V 的 $2k$ 个不一定不相同的顶点 $s_1,s_2,\cdots,s_k,\ t_1,t_2,\cdots,t_k$ 和整数 $r_1,r_2,\cdots,r_k$, 判定是否存在整值流 $f^1,f^2,\cdots,f^k$, 使得下列每一个陈述成立 (注意, $|f^i|$ 表示流 f^i 的值):

(i) f^i 是 $\mathcal{N}$ 中的一个 (s_i,t_i) 流, $i=1,2,\cdots,k$;

(ii) $|\ f^i\ |\geqslant r_i$, $i=1,2,\cdots,k$;

(iii) 对于每一条弧 $ij\in A$, 有 $f^p_{ij}\geqslant 0$, $p=1,2,\cdots,k$;

(iv) 对于每一条弧 $ij\in A$, 有 $\sum_{p=1}^k f^p_{ij}\leqslant u_{ij}$.

一组满足 (i)~(iv) 的流 $f^1,f^2,\cdots,f^k$ 叫做**关于 (s_i,t_i) 的可行 k 物品流** (feasible k-commodity flow with respect to (s_i,t_i)), $i=1,2,\cdots,k$. 一般也可考虑**最大化版本** (maximization version), 其中并不要求 $r_1,r_2,\cdots,r_k$ 是被预先指定的 (或它们可以被考虑成下界), 并且目标是最大化流值的和.

当取 $k=1$ 时, 整 1 物品流问题就是标准的 (最大) (s,t) 流问题, 我们在第 3 章中研究过关于这个问题的几个多项式算法. 然而, 对 $k=2$ 的情形, 已经证实的结果表明该问题变得异常艰难.

定理 9.8.1[230] 整 2 物品问题是 $\mathcal{NP}$ 完全问题.

证明 对于一个已知可行事例, 由于可以取 2 可行流的特定情形, 一个是从 s_1 到 t_1, 另一个是从 s_2 到 t_2 作为一个有效认证, 所以整物品问题显然是 $\mathcal{NP}$ 完全问题.

设 $[D=(V,A),x_1,x_2,y_1,y_2]$ 是弧不交 2 路问题的一个事例. 设网络 $\mathcal{N}=(V,A,\ell\equiv 0,\ u\equiv 1)$, 取 $s_i=x_i,\ t_i=y_i\ (i=1,2)$, 并令 $r_1=r_2=1$. 则易知 D 有弧不交的 (x_1,y_1) 路、(x_2,y_2) 路当且仅当网络 $\mathcal{N}$ 有关于 (s_i,t_i) $(i=1,2)$ 的一个可行整 2 物品流, 根据定理 9.7.1, 我们已经证得定理. □

上面所观察到的是弧不交 2 路问题仅仅为 2 物品流问题的一个非常特殊的情形. 这并不使人惊奇, 因为如果关注一个可行整 2 物品流中 2 个流 f^i 中的一个 (关于值 r_1,r_2 和给定网络的容量), 则 f^i 正是一个正规的 (s_i,t_i) 流, 因而由定理 3.3.1, 可以分解它为 r_i 条 (s_i,t_i) 路流和若干个圈流. 因此, 整多物品问题就是弧不交路问题的推广.

多物品流 (multi-commodity flow) 名称出自把每一个流表示成一个不同的物品, 关于网络总容量从物品的源头运送物品到指定的目的地. 这种类型的问题在实际应用当中是非常重要的, 如**电子通讯和路径问题**等. 如何解决实际中的多物品流问题的不少结论可见 Gondran 和 Minoux 的书[332], 也可见 Assad 的综述性文章[31].

9.9 弧不交的出分枝和入分枝

9.5 节已经证明可以有效地解决判定 k 个弧不交的具有同一根的出分枝存在的问题, 并且在 9.5.1 小节中也看到许多问题可以使用关于 k 个弧不交的出分枝问题的一个算法来解决. 本节将考虑较为困难的弧不交的出分枝和入分枝问题.

问题 9.9.1 给定一个有向图 D 和顶点 u,v (不必是不相同的), 判定 D 是否有一对弧不交的分枝 F_u^+, F_v^-, 使得 F_u^+ 是一个以 u 为根的出分枝, F_v^- 是一个以 v 为根的入分枝.

定理 9.9.2[46] 对任意有向图, 问题 9.9.1 是 $\mathcal{NP}$ 完全问题.

证明 我们采用 Thomassen 的证明[46]. 此问题属于 $\mathcal{NP}$ 类, 这是因为如果所期望的分枝存在, 则如此的一对分枝形成对已知事例是一个 "yes" 事例的一个认证. 下面说明如何在多项式时间内把弧不交的 2 路问题简约到问题 9.9.1.

设 $[D=(V,A),x_1,x_2,y_1,y_2]$ 是弧不交的 2 路问题的一个事例, 给它添加 4 个

新顶点 x'_1, x'_2, y'_1, y'_2 和下面的弧 (见图 9.16) 就得到一个新有向图 D': $\{x'_1x_1, x'_2x_2, y_1y'_1, y_2y'_2, x'_2x'_1, y'_1x'_1, y'_2y'_1, y'_2x'_2, y'_2x'_1\} \cup \{vx'_1: v \in V(D) - x_1\} \cup \{y'_2v: v \in V(D) - y_2\}$.

读者可以容易地验证 (习题 9.48): D' 中存在弧不交的分枝 $F^+_{x'_2}$, $F^-_{y'_1}$ 当且仅当 D 包含一对弧不交的 (x_1, y_1) 路、(x_2, y_2) 路. 由于能够在多项式时间内构造出 D', 这已经证得问题 9.9.1 是 $\mathcal{NP}$ 完全问题. □

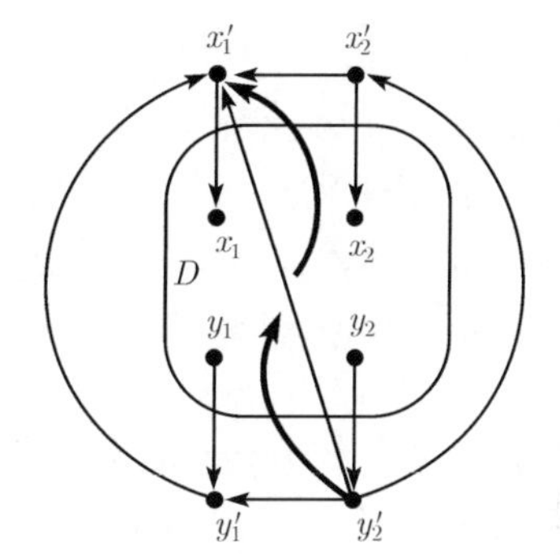

图 9.16 定理 9.9.2 的证明中 D' 的构造

粗弧表示所指定方向的全体弧, 除去弧 $x'_1x_1, y_2y'_2$

容易 (在多项式时间内) 把问题 9.9.1 关于 $u \neq v$ 的情形简约到对任意有向图 $u = v$ 的情形 (习题 9.49). 因此, 当寻求弧不交的具有相同根的一个出分枝和一个入分枝, 这个问题仍然是 $\mathcal{NP}$ 完全问题. 但是, Bang-Jensen 和 Huang 证实: 如果根有向图的每一个顶点相邻且不在任何一个 2 圈上, 这个问题是多项式可解的.

定理 9.9.3[79] 设 $D = (V, A)$ 是强连通有向图, v 是 D 的一个顶点, 且使得 v 不在任何一个 2 圈上以及 $V(D) = \{v\} \cup N^-(v) \cup N^+(v)$. 令 $\mathcal{A} = \{A_1, A_2, \cdots, A_k\}$ ($\mathcal{B} = \{B_1, B_2, \cdots, B_r\}$) 表示 $D\langle N^+(v)\rangle$ ($D\langle N^-(v)\rangle$) 中终止 (初始) 分支的集合. 则 D 包含一对弧不交的分枝 F^+_v, F^-_v, 使得 F^+_v 是根 v 的出分枝, F^-_v 是根 v 的入分枝当且仅当存在弧不交的集合 $E_{\mathcal{A}}$, $E_{\mathcal{B}} \subset A$, 使得全体在 $E_{\mathcal{A}} \cup E_{\mathcal{B}}$ 中的弧里从 $N^+(v)$ 到 $N^-(v)$, 且每一个 $A_i \in \mathcal{A}$ ($B_j \in \mathcal{B}$) 关联于一条 $E_{\mathcal{A}}$ ($E_{\mathcal{B}}$) 的弧. 此外, 存在一个多项式算法来寻找所期望的分枝, 或者证明如此的分枝不存在.

证明 我们仅给出特征部分的证明, 有关算法部分的证明建议读者参阅文献 [79] 和习题 9.51.

注意到, 若分枝存在, 则弧集 $E_{\mathcal{A}}$ 和 $E_{\mathcal{B}}$ 存在. 事实上, 若 F^+_v, F^-_v 是如此的分枝, 则必存在 F^-_v 中的一条弧, 它离开 $D\langle N^+(v)\rangle$ 的每一个终止分支, 也必存在 F^+_v 中的一条弧, 它离进入 $D\langle N^-(v)\rangle$ 的每一个初始分支. 又因为顶点 v 不在任何 2 圈上, 所有这样的弧是从 $N^+(v)$ 到 $N^-(v)$.

假定存在题设的集合 $E_{\mathcal{A}}$ 和 $E_{\mathcal{B}}$. 每一个顶点 $x \in N^+(v)$ 有一条路到 $\mathcal{A}$ 中的一个终止分支, 每一个顶点 $x \in N^-(v)$ 可以经由一条路从 $\mathcal{B}$ 中初始分支之一而达到. 因此, 可选择一族顶点不交的树形图 $F^-_1, F^-_2, \cdots, F^-_k$, $F^+_1, F^+_2, \cdots, F^+_r$, 使得 F^-_i 是以 A_i 中某顶点为根的入树形图, 以及得 F^+_j 是以 B_j 中某顶点为根的出树形图, 且有 $\bigcup_{i=1}^k V(F^-_i) = N^+(v)$, $\bigcup_{j=1}^r V(F^+_j) = N^-(v)$. 设 F^+_v 是由弧集 $\{vw: w \in N^+(v)\} \cup E_{\mathcal{B}} \cup \bigcup_{j=1}^r E(F^+_j)$ 导出的出分枝, 再设 F^-_v 是由弧集

$\{uv:\ u \in N^-(v)\} \cup E_{\mathcal{A}} \cup \bigcup_{i=1}^{k} E(F_i^-)$ 导出的入分枝, 则 F_v^+ 和 F_v^- 就是所期望的分枝. □

下面的结论是定理 9.9.3 的一个简单推论.

推论 9.9.4[46]　竞赛图 $D=(V,A)$ 有以 V 中一个特定顶点 v 为根的弧不交的分枝 F_v^+, F_v^- 当且仅当 D 是强的, 且对于每一条弧 $a \in A$, 有向图 $D-a$ 或包含一个根 v 的出分枝, 或包含一个根 v 的入分枝.

文献 [79] 中对定理 9.9.3 的叙述 (和证明) 有一点小疏漏, 就是没有提到那个顶点 v 不能在一个 2 圈上, 叙述 (包含尾在 $E_{\mathcal{A}}$, $E_{\mathcal{B}}$ 中的弧的部分) 对 v 在一个 2 圈上是稍有不同的. 然而, 读者被要求在习题 9.51 中证明：仍然可以描述一个漂亮的特征, 且证明可以在多项式时间内判定是否存在所期望的分枝, 如果它们存在, 接着找到如此的分枝. 因为上面的讨论是在半完全有向图范围内, 接下来可考虑由 Bang-Jensen 提出的如下问题.

问题 9.9.5[65]　刻画那些局部半完全有向图 D, 对于每一个给定的顶点 $v \in V(D)$, D 有弧不交的分枝 F_v^+, F_v^-.

对于情形 $u \neq v$, 就是对竞赛图来说, 问题 9.9.5 变得异常艰难. 下面关于竞赛图情形的完整特征是 Bang-Jensen 发现的. 值得注意的是, 它仅对竞赛图有效, 对于一般的半完全有向图是不成立的 (在这个情形中, X,Y,Z,W 不是 $V-\{u,v\}$ 的一个划分).

定理 9.9.6[46]　设 $T=(V,A)$ 是竞赛图, u,v 是 T 的不同顶点. 分别定义 T 的顶点子集合 X,Y,Z,W 如下：

$$X=\{x \in V:\ ux, vx \in A\}, \quad Y=\{x \in V:\ ux, xv \in A\},$$

$$Z=\{x \in V:\ xu, vx \in A\}, \quad W=\{x \in V:\ xu, xv \in A\}.$$

则 T 有一个出分枝 F_u^+ 和一个入分枝 F_v^-, 使得 $A(F_u^+) \cap A(F_v^-)=\varnothing$ 当且仅当下列任何一个陈述不成立：

(1) $|V| \leqslant 3$ 或 $|V|=4$, 且 $vu \in A$.

(2) T 不是强的, 或是 u 不在 T 的初强分支中, 或者 v 不在 T 的终止强分支中.

(3) T 是强的, 且存在一条弧 e, 使得 u 不在 $T-e$ 的初强分支中以及 v 不在 $T-e$ 的终止强分支中.

(4) T 是强的, $uv \in A$, $Y=\varnothing$ 和 $X, W \neq \varnothing$, 且下面的 (I) 成立：

(I) $\begin{cases} \text{只存在一条弧 } e_1 \text{ 离开 } T\langle X\rangle \text{ 的终止强分支, 也只存在一条弧 } e_2 \\ \text{进入 } T\langle W\rangle \text{ 的初强分支, 并有 } e_1 \neq e_2. \end{cases}$

最终, $T-\{u,v\}$ 中的每一条 (X,W) 路均包含 e_1 和 e_2.

(5) T 是强的, $vu \in A$, $Y=\{y\}$, $X,W \neq \varnothing$, 事例 $[T,u,v]$ 满足 (I), 在 $T-\{u,v\}$ 中不存在包含 y 的 (X,W) 迹, 且 $T-\{u,v\}$ 中的每一条 (X,W) 路均包含 e_1 和 e_2.

(6) T 是强的, $vu \in A$, $Y=\varnothing$, $X,W \neq \varnothing$, 事例 $[T,u,v]$ 满足 (I), 存在一对弧不交的 (u,v) 路, 且对于每一次选取弧不交的 (u,v) 路 P_1, P_2, 或有 $e_1,e_2 \in A(P_1)$, 或有 $e_1,e_2 \in A(P_2)$.

经过仔细检查上面的每一个例外, 不难推导出下面关于竞赛图中弧不交入分枝和出分枝存在性的一个充分性条件.

推论 9.9.7[46] 对于每一次 $r,s \in V$ 的选取, 每个 2 弧强竞赛图 $T=(V,A)$ 包含弧不交的入分枝 F_r^- 和出分枝 F_s^+.

定理 9.9.6 中的几个条件是相当复杂的, 甚至证明必要性仍需要做一些工作 (习题 9.50). 下面介绍如何有效地检查定理 9.9.6 中的条件. 这与文献 [46] 中的构造性证明一起隐含了竞赛图中弧不交的入分枝和出分枝问题的一个多项式算法.

定理 9.9.8[46] 存在一个多项式算法可判定一个给定的具有不同顶点 u,v 的竞赛图是否有弧不交的分枝 F_u^+, F_v^-, 且当它们存在时, 能够找到它们.

证明 这里证明的构造部分依赖于文献 [46] 中关于定理 9.9.6 的构造性证明, 但是那个证明过于冗长和专业. 因而, 我们仅仅说明如何在多项式时间内检查条件 (1)~(6) 中的每一个, 容易在多项式时间内检查条件 (1)~(4), 因而我们关注检查条件 (5) 和 (6). 设 $[T,u,v]$ 是本定理问题的一个事例, 关于这个图要检查条件 (5) 和条件 (6).

首先说明如何应用推论 9.7.22 中的多项式算法检查条件 (5). 因为每一个 (X,W) 迹包含一条 (X,W) 路, 且每一条 (X,W) 路又包含 e_1 和 e_2. 所以, 每一个 (X,W) 迹包含了 e_1 和 e_2, 这就是说每一个 (X,W) 迹必须从 e_1 的尾 x 开始, 终止在 e_2 的头 w. 容易说明, 存在一个包含 y 的 (x,w) 迹当且仅当存在弧不交的 (x,y) 路、(y,w) 路. 现在使用推论 9.7.22 中的多项式算法来检查竞赛图中是否存在弧不交的 (x,y) 路、(y,w) 路, 竞赛图满足条件 (5) 当且仅当其中不存在如此的路.

接下来, 应用定理 9.7.23 中多项式算法 $\mathcal{A}$ 来检查条件 (6). 不难验证 2 条弧不交的 (u,v) 路的存在性 (使用引理 7.1.5). 事实上, 如果如此的路不存在, 则事例 $[T,u,v]$ 满足条件 (3). 设 X_l 表示 $T\langle X\rangle$ 的终止强分支, W_1 是 $T\langle W\rangle$ 的初始强分支, 并设 s 是 $T\langle W\rangle$ 的强分支的数目. 因为 $Y=\varnothing$, 且存在唯一的一条弧离开 X_l 以及存在唯一的一条弧进入 W_1, 故 2 条弧不交的 (u,v) 路的存在性隐含了 $l,s \geqslant 2$, 即 $X-X_l \neq \varnothing$, $W-W_1 \neq \varnothing$. 令 $T''=T-X_l$, 并检查 T'' 是否有 2 条弧不交的 (u,v) 路, 如果如此的路存在, 则事例 $[T,u,v]$ 不满足条件 (6), 算法停止. 令 $T'''=T-W_1$, 并检查 T''' 中是否存在 2 条弧不交的 (u,v) 路, 如果如此的路存在,

因事例 $[T,u,v]$ 不满足条件 (6), 就停止算法.

至此, 已经知道 (因为没有停止算法) 对于每一对弧不交的 (u,v) 路 P_1,P_2, 有 e_1 和 e_2 属于 $A(P_1)\cap A(P_2)$, 也就是事例 $[T,u,v]$ 满足条件 (6) 当且仅当不存在弧不交的 (u,v) 路 P_1,P_2, 使得 $e_i\in P_i$ $(i=1,2)$. 按下面的方式使用多项式算法 $\mathcal{A}$ 来检查可能性.

因为已经知道事例 $[T,u,v]$ 满足 (I), 则对于每一对弧不交的 (u,v) 路, 只有它们中的一个包含 X_l 中的一个顶点, 并且只有二者之一包含 W_1 中的一个顶点. 此外, 如果存在弧不交的 (u,v) 路 P_1,P_2, 具有 $e_i\in A(P_i)$ $(i=1,2)$, 则可设 $P_1[u,X_l]=ux$ 和 $P_2[W_1,v]=wv$, 其中顶点 x 是 e_1 的尾, 顶点 w 是 e_2 的头.

令 T' 是由 T 把 X_l 收缩成一个顶点 x_2, 把 W_1 收缩成一个顶点 y_1 构造的竞赛图. 此外, 若在 x_2 和某顶点 $z\in T'-x_2$ 之间存在 2 个方向上的弧, 就移走弧 zx_2. 对关联于 y_1 的弧也做相似的调整, 令 $x_1=u$ 和 $y_2=v$.

现在容易看到 T 中存在弧不交的 (u,v) 路 P_1, P_2, 且具有 $e_i\in A(P_i)$ $(i=1,2)$ 当且仅当在 T' 中存在弧不交的 (x_1,y_1) 路 $P_{(x_1,y_1)}$, (x_2,y_2) 路 $P_{(x_2,y_2)}$, 现在就可以使用多项式算法 $\mathcal{A}$ 来检查 T' 中是否有如此的路.

不难看到, 上面的方法提供了验证条件 (5) 和条件 (6) 的一个多项式算法. □

Bang-Jensen 还提出了如下的猜想. 当 D 是拟可传递有向图和 $u=v$ 的特殊情形时, Bang-Jensen 和 Huang 验证了这个猜想[79].

猜想 9.9.9[65] 对于局部半完全有向图和拟可传递有向图, 问题 9.9.1 是多项式可解的.

关于顶点 v 相邻于其他每一个顶点的情形, 使用定理 9.9.3 和习题 9.51 的扩展 (见习题 9.52) 可以证明如下的结论:

定理 9.9.10 设 D 是 2 弧强有向图, D 的顶点 v 相邻于 D 的其余每一个顶点, 则 D 有弧不交的根为 v 的入分枝和出分枝.

关于检查一个有向图中弧不交的具有相同根的入分枝和出分枝的存在性问题, Thomassen 猜测存在用弧强连通性叙述的某充分性条件.

猜想 9.9.11[708] 存在一个自然数 N, 对于每一次选取顶点 $v\in V(D)$, 每个 N- 弧强有向图 D 有弧不交的分枝 F_v^+, F_v^-.

对于竞赛图, Bang-Jensen 和 Gutin 给出了下面更强性质的猜想:

猜想 9.9.12[65] 存在一个函数 $f:\mathcal{Z}_+\to\mathcal{Z}_+$, 使对每个自然数 k, 每个 $f(k)$ 强弧连通竞赛图 T 有 $2k$ 个弧不交分枝 $F_{v,1}^+,F_{v,2}^+,\cdots,F_{v,k}^+,F_{v,1}^-,F_{v,2}^-,\cdots,F_{v,k}^-$, 对于每一个顶点 $v\in V$, 则 $F_{v,1}^+,F_{v,2}^+,\cdots,F_{v,k}^+$ 是根为 v 的出分枝, 且 $F_{v,1}^-,F_{v,2}^-,\cdots,F_{v,k}^-$ 是根为 v 的入分枝.

应用推论 9.9.7, 便得 $f(1)=2$.

9.10 最小费用分枝

给定一个有向多重图 $D=(V,A)$, 一个特殊顶点 s 和一个弧上的非负费用函数 w, 问 D 中根为 s 的出分枝 F_v^+ 的最小费用是多少? 这个问题是无向图中最小支撑树问题的一个自然推广, 我们称它为**最小费用分枝问题** (the minimum cost branching problem), 这个问题自然地来自于实际应用, 即要寻找一个最小费用子网络, 使得从一个已知源与大网络中的其余顶点间产生通信 (见本节结尾处的讨论).

最小费用分枝问题首先由 Edmonds 证明为多项式可解的[211]. 后来, Fulkerson 给出一个二阶段贪婪算法, 该算法非常漂亮地解决了最小费用分枝问题[283]. 关于这个问题的最快算法是 Tarjan 得到的[689]. Tarjan 的算法能够在时间 $O(m\log n)$ 内解决问题, 也就是说, 与无向图中的 **Kruskal 算法**具有相同的复杂性[169]. 本节的内容是描述可用于解决更一般问题的 Fulkerson 算法的一个推广[250].

9.10.1 拟阵相交的表述

为了解释拟阵的一般性, 我们引用 12.7 节有关拟阵的相关定义, 说明如何把最小费用分枝问题准确地表述为一个赋权拟阵相交问题.

设 $D=(V,A)$ 是一个有向多重图, 设顶点 $r\in V$ 能够沿有向路到达 D 的其余顶点. 定义 $M_1=(A,\mathcal{I}_1)$ 和 $M_2=(A,\mathcal{I}_2)$ 如下 (其中 $\mathcal{I}_1,\mathcal{I}_2\subseteq 2^A$):

- $A'\in\mathcal{I}_1$ 当且仅当没有 A' 中的 2 条弧有公共的头, 且没有弧以 r 为头.
- $A''\in\mathcal{I}_2$ 当且仅当 $UG(D\langle A''\rangle)$ 无圈.

由 M_2 的定义, M_2 是 $UG(D)$ 的围道拟阵 (见 12.7 节). 易见, M_1 满足公理 $(I_1)\sim(I_3)$, 故 M_1 是一个拟阵. 特别地, 因为 $\mathcal{I}_1$ 的每一个最大成员有相同的规模 $n-1$ (由上面的假定, $V-r$ 中的每一个顶点至少有一个入邻点), 因而, M_1 是秩为 $n-1$ 的拟阵.

因为 r 能够到达其他每一个顶点, 故 $UG(D)$ 是连通的, 因此 M_2 的秩是 $n-1$. 则可断言 M_1 和 M_2 的每一个公共的基是一个根为 r 的出分枝. 根据出分枝的定义和 M_2 的秩为 $n-1$, 易知任何公共基对应 $UG(D)$ 的一棵支撑树.

于是, 可以对 M_1,M_2 应用定理 12.7.11 关于拟阵相交的算法来找到根为 r 的出分枝. 当然, 如此的出分枝也可以使用由 r 出发的 DFS 而轻松地找到, 关键点是使用赋权拟阵相交算法能够找到 D 的一个最小费用出分枝 F_r^+, 不难看到, 有关检测 M_1 和 M_2 中独立性所需要的问答器能够有效地被补偿 (习题 9.55). 事实上, 相当重要的 (在有关最小费用分枝更多其他的有效算法存在的保证中) 是使用拟阵相交算法, 能够在弧上赋非负权的有向多重图中找到一个最小费有向子图, 它具有特殊根为 s 的 k 个出分枝 (习题 9.56). 此外, 在习题 9.57 中要说明使用拟阵相交也能解决增广问题, 即对给定的有向多重图 $D=(V,A)$, 一个根 $s\in V$ 和一个自然数 k, 目标是找到具有相同顶点集的弧赋权有向多重图 $D'=(V,A')$ 中的一个最便宜的新弧集合, 使得把这个集合加到 D 上后产生一个新有向多重图, 以确保新有向多重图含有 k 个弧不交的根为 s 的出分枝. 因而, 使用拟阵相交准确表述我们就能够解决许多比最小费用分枝问题更一般的问题.

9.10.2　有关最小费用分枝问题推广的一个算法

这一小节将给出一个由 Frank[250] 得到的 Fulkerson 算法的推广[283], 可以用它来寻找一个给定根上的最小费用出分枝. 这个推广允许确定一个最小费用新弧集, 把它加到一个具有 k 个弧不交的根为 s 的出分枝的有向多重图上, 以确保产生的新有向多重图拥有 $k+1$ 个弧不交的根为 s 的出分枝.

我们先从上面所说的增广问题入手来引出下面的推广. 给定一个有向多重图 $D=(V,A)$, 一个顶点 $s\in V$ 和自然数 k, 有向多重图 D 有 k 个但不是 $(k+1)$ 个弧不交的根为 s 的出分枝 (依据 Edmonds 分枝定理和引理 7.1.5, 这个条件容易用流进行有效地检查). 此外, 对另外一个与 D 有相同顶点集的有向多重图 $H=(V,A')$ 以及在 A' 上的一个非负赋权函数 $w:A'\to\mathcal{R}_0$, 目标是从 H 中找到一个最便宜弧集合 F, 使得有向多重图 $D^*=(V,A\cup F)$ 包含了 $(k+1)$ 个弧不交的根为 s 的出分枝. 为了确保问题有一个解, 可设 $D''=(V,A\cup A')$ 有 $k+1$ 个弧不交的根为 s 的出分枝. 注意, 如果取 $H:=D$, 则 $D=(V,\varnothing)$ 和 $k:=0$, 则得到最小费用分枝问题. 因此, 增广问题推广了最小费用分枝问题.

依据 (9.2) 式, 对每一个顶点子集 $X\subseteq V-s$, 有 $d_D^-(X)\geqslant k$, 且因 D 不含 $k+1$ 个弧不交的根为 s 的出分枝, 则必有某些集合使得等式成立, 我们把这样的集合 X (具有 $d_D^-(X)=k$) 叫做**紧的** (tight). 使用 d_D^- 的子模流, 易见族 $\mathcal{F}_k=\{X\subset V-s:\ d_D^-(X)=k\}$ 是一个相交族 (注意, 这意味着, 如果 $X,Y\in\mathcal{F}_k$ 且 $X\cap Y\neq\varnothing$, 则有 $X\cap Y\in\mathcal{F}_k$, $X\cup Y\in\mathcal{F}_k$). 依据 Edmonds 分枝定理, 我们的目标是找到 A' 中一个最小费用弧子集 F, 对于每个子集 $X\in\mathcal{F}_k$, 总有 $d_F^-(X)\geqslant 1$ (在做到这点之后, 对每一个顶点子集 $X\subseteq V-s$, 在所产生的有向多重图中将有 $d^-(X)\geqslant k+1$).

现在已经看到, 上面所讨论的问题是下面更一般问题的一个特殊情形 (如果取 $\mathcal{F}=\mathcal{F}_k$, 就得到上面的问题):

问题 9.10.1　给定一个集合 V, 一个相交族 $\mathcal{F}\subseteq 2^V$ 和一个具有赋权函数 $w:A'\to\mathcal{R}_0$ 的有向多重图 $H=(V,A')$. 寻找一个最小费用子集 $F\subseteq A'$, 对于每一个 $X\in\mathcal{F}$①, 皆有 $d_F^-(X)\geqslant 1$.

为了确保解的存在, 必须要求对每一个 $X\in\mathcal{F}$, 有 $d_{A'}^-(X)\geqslant 1$.

① 也就是希望用 H 的一条弧盖住 (cover) $\mathcal{F}$ 的每一个成员.

用解决这个推广来代替解决最小费用分枝问题. 这就启发我们对读者要说明, 经常考虑一个问题的实质将导致去解决更一般的问题 (见下一节). 此外, 有关这种实质的解常常是较为简单的 (不是很困难的), 这是因为摆脱了原始问题的特殊要求 (当然, 仍然要继承这些实质部分, 从而获得更大的自由性).

为解决问题 9.10.1, 我们给出下面的二阶段贪婪算法. 设 M 是一个矩阵, 它的行是由 $F=\{X_1, X_2, \cdots, X_q\}$ 的成员标定下指标, 它的列是由 H 中的弧 $e_1, e_2, \cdots, e_m$ 标定下指标. 如果弧 e_j 进入集合 X_i, 则令 $M_{X_i,e_j}=1$.

现在就可以把问题 9.10.1 准确地表述为如下的一个线性规划问题:

$$\begin{aligned}\min \quad & \sum_{e\in A'} w(e)x(e) \\ \text{s.t.} \quad & Mx \geqslant 1, \qquad \text{对所有的 } X\in\mathcal{F}, \\ & x \geqslant 0. \end{aligned} \tag{9.12}$$

这里, 我们仅对整数值解感兴趣. 然而, 随着讨论的进行, 将会看到所提供的权重是整数值, 即下面的系统存在整值优化解 (这也可由系统是一个 **TDI 系统**而证得[659]). 但是, 我们将直接证明解的整值性. 注意, 若 x 是 (9.12) 式的一个最优解, 则 $x \leqslant 1$, 这是因为费用是非负的. 因此, 当 x 是 A' 的弧上的函数时, 则说 $x(e_i)=1$ ($x(e_i)=0$) 对应解中包含 (排除) e_i. 问题 (9.12) 的对偶是

$$\begin{aligned}\max \quad & \sum_{i=1}^{q} y(X_i), \\ \text{s.t.} \quad & y^T M \leqslant w(e), \qquad \text{对于每一条弧 } e\in A', \\ & y \geqslant 0, \end{aligned} \tag{9.13}$$

其中 $y(X_i)$ 表示伴随 $\mathcal{F}=\{X_1, X_2, \cdots, X_q\}$ 的集合 X_i 的对偶变量. 注意, 如果令

$$m(y,e) = \sum_{\{X\in F:\ e \text{ 进入 } X\}} y(X). \tag{9.14}$$

则在对偶问题中的第一个约束中, 对于每一条弧 e, 必有 $m(y,e) \leqslant w(e)$.

下面的二阶段贪婪算法工作原理为: 先用贪婪方式找到关于对偶问题的一个可行解, 然后利用在第一段中得到的对偶解来解决原始的问题.

问题 (9.12) 和问题 (9.13) 的一个解对 (x, y) 分别是最优的 (分别关于原始问题和对偶问题) 当且仅当它满足补充松弛条件 (见文献 [160] 中的例子):

(I) 对于每一条弧 $e\in A'$: $x(e)>0$ 隐含 $m(y,e)=w(e)$, 且

(II) 对于每一个 $X\in\mathcal{F}: y(X)>0$ 隐含 $x^-(X)=1$①.

① 这里的 $x^-(U)$ 表示进入集 U 的每一条弧上流 x 值的和, 参见第 8 章.

现在来叙述算法, 并说明在终止处, 最后的向量 x, y 是整值的, 且分别满足 (I) 和 (II), 因而, 它们对于原始问题和对偶问题分别是最优的. 我们给出的叙述是基于在 1996 年 6 月 Frank 于 Grenoble 所作的演讲中第一位作者的注记, 也见 Frank 的文章[250].

Frank-Fulkerson 算法

阶段 1

从 $y \equiv 0$ 开始. 在开始的步骤中, 选择 $A_1 \in \mathcal{F}$, 使得它是 $\mathcal{F}$ 中的一个最小成员, 也就是说, 没有 A_1 的真子集属于 $\mathcal{F}$ (见习题 9.59 有关寻找如此最小成员的一个算法, 其中 $\mathcal{F}$ 是避开有向多重图中的一个固定顶点 s 的一个紧集合族). 选取一条进入 A_1 的弧 e_1 (即 $d_{e_1}^-(A_1) = 1$), 使得 $w(e_1)$ 在 A' 中是进入 A_1 的全体弧中最小的. 设置 $y(A_1) := w(e_1)$.

在一般的步骤中, 设已经确定 $(A_1, e_1, y(A_1)), (A_2, e_2, y(A_2)), \cdots, (A_{i-1}, e_{i-1}, y(A_{i-1}))$. 令 $A'' = \{e_1, e_2, \cdots, e_{i-1}\}$. 如果对所有的 $X \in \mathcal{F}$, 有 $d_{A''}^-(X) \geqslant 1$, 则阶段 1 就完成, 然后转向阶段 2. 如果不是这种情形, 选取 $A_i \in \mathcal{F}$ 作为 $\mathcal{F} - \{A_1, A_2, \cdots, A_{i-1}\}$ 的一个最小成员, 满足 $d_{A''}^-(A_i) = 0$.

根据对于每一个 $X \in \mathcal{F}$, 有 $d_{A'}^-(X) \geqslant 1$ 的假设, 则至少存在 A' 中的一条进入 A_i 的弧, 在这样的弧中选取一条弧 e_i, 它使 $w(e_i) - m(y, e_i)$ 达到最小. 令 $y(A_i) := w(e_i) - m(y, e_i)$ (可能有 $y(A_i) := 0$). 注意到, 容易找到 e_i, 因为现在存在 (至多) $i-1$ 个集合, 使得 y 是非零的. 因此, 对 A' 中每一条进入 A_i 的弧, 能够容易地计算 $m(y, e)$. 令 $i := i + 1$, 并继续一般的步骤, 这就完成了阶段 1 的描述. 见图 9.17 中阶段 1 运行 (关于最小费用分枝问题的一个事例) 的一个例子.

在进行算法的第二个阶段叙述之前, 我们给出几个直观的结论. 令 $\mathcal{L} = \{A_1, A_2, \cdots, A_t\}$ 是在阶段 1 终止处所选取的集合族 (在 $\mathcal{F}$ 中仅有有限多个集合, 因此由假定 A' 至少有一条弧进入 $\mathcal{F}$ 的每一个成员, 知阶段 1 终止). 已知一个集合族 $\mathcal{H}$ 是片层的, 如果 $A,B \in \mathcal{H}$ 和 $A \cap B \neq \varnothing$, 则隐含 $A \subseteq B$, 或者 $B \subseteq A$.

断言 A $\mathcal{L}$ **是片层族.**

证明 设 $A_i - A_j, A_i \cap A_j, A_j - A_i$ 均为非空集合, $1 \leqslant i < j \leqslant t$. 因为 $\mathcal{F}$ 是相交的, 有 $A_i \cap A_j \in \mathcal{F}$. 注意, 此时 A_i 选取的标准为它是 $\mathcal{F} - \{A_1, A_2, \cdots, A_{i-1}\}$ 中最小成员, 因而现在没有所选取的弧 $e_1, e_2, \cdots, e_{i-1}$ 中的任何一个进入 A_i, 则必有一个 $p < i$, 使得 e_p 进入 $A_i \cap A_j$, 但不进入 A_i (这就是意味着 e_p 的尾在 $A_i - A_j$ 中). 但是, 现在弧 e_p 进入 A_j 就矛盾于最后在考虑 A_j 时, 没有先前选择的弧进入这个集合, 这个矛盾说明断言成立. □

断言 B **在阶段 1 之后, 向量** $\boldsymbol{y}$ **是问题** (9.13) **的一个可行解.**

证明 用给 y 分配值的方法, 对于每一个 $X \in \mathcal{F}$, 总有 $y(X) \geqslant 0$. 因而, 只要证明对于每一条弧 $e \in A'$, 有 $m(y, e) \leqslant w(e)$. 注意到 y 在 $\mathcal{F} - \mathcal{L}$ 中是零, 因而

仅考虑在 $\mathcal{L}$ 的集合上 y 的贡献. 因为 $\mathcal{L}$ 是片层的, 那些来自 $\mathcal{L}$ 的集合被一条已知弧 e 进入形成一个链 $A_{i_1} \subset A_{i_2} \subset \cdots \subset A_{i_r}$. 此外, 依据在阶段 1 中选取诸 A_i 的方式, 有 $1 \leqslant i_1 < i_2 < \cdots < i_r \leqslant t$.

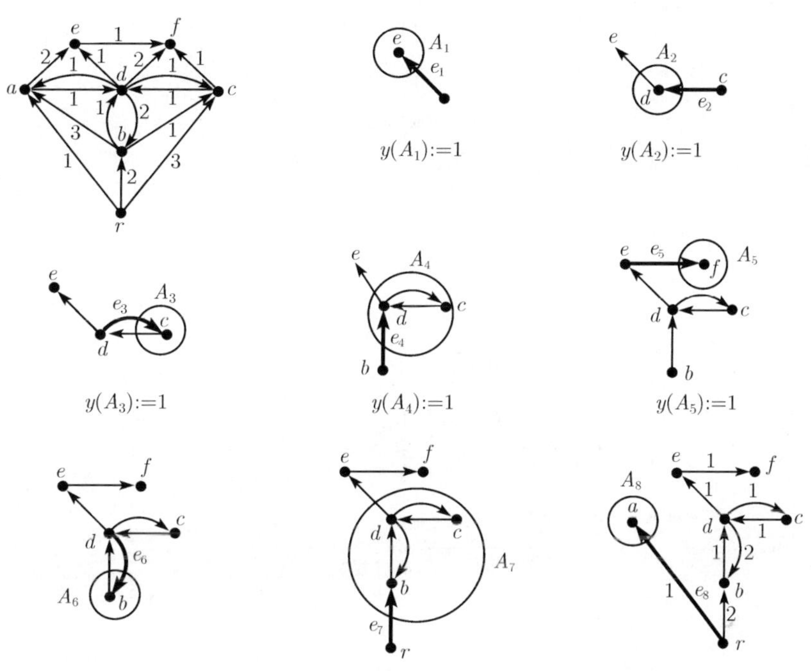

图 9.17 在左上角具有根 r 的有向图中阶段 1 的一个运行 (有关最小费用分枝问题)

粗弧表示在步骤中所选取的弧; 正常弧表示在这点处正巧选取好的弧

现在考虑一条固定的弧 e, 我们希望证明不等式 $m(y,e) \leqslant w(e)$ 在阶段 1 中的每一处均保持成立. 显然, 开始选取 $y \equiv 0$ 满足这个不等式. 当考虑 $\mathcal{L}$ 中第一个集合 A_{i_1} 贡献出 $m(y,e)$, 选取 $y(A_{i_1})$ 作为维持不等式 $m(y,e) \leqslant w(e)$, 因为对跑遍全体进入 A_{i_1} 的弧 (包括 e), $y(A_{i_1})$ 是 $w(e') - m(y,e')$ 的最小值, 我们可选取 $y(A_{i_2})$ 为 $w(e) - m(y,e)$ 的最小值, 用相同于前面的论证可知在给 $y(A_{i_2})$ 分配值之后, 仍有 $m(y,e) \leqslant w(e)$. 现在容易运用关于 r ($\mathcal{L}$ 中被 e 进入的集合数目) 上的数学归纳法来证明不等式 $m(y,e) \leqslant w(e)$ 在整个阶段 1 中保持成立, 因为 e 是任意选取的一条弧, 这已经证明 y 是问题 (9.13) 的一个可行解. □

设 $e_1, e_2, \cdots, e_t$ 是阶段 1 中所选取的弧. 如果一条弧 $e \in A'$ 使 $m(y,e) = w(e)$, 就称弧 e 是**紧的**. 注意到, 按照选取对偶变量 (注意是如何给 $y(A_i)$ 分配值) 的方式, $e_1, e_2, \cdots, e_t$ 中的每一个是紧的.

如果能够找到一个子集 $F \subseteq \{e_1, e_2, \cdots, e_t\}$, 使得 x 仅在 F 中的弧上是唯非零

的, 且 x 是原始问题的一个可行解, 这样就会容易地满足补充松弛条件 (I). 为了确保解的最优性, 必须选择 x 和 F, 使得 (II) 也成立, 也就是说, 对于每一个 $X \in \mathcal{F}$, 必须有 $y(X) > 0$ 隐含 $x^-(X) = 1$. 至此已经准备好来叙述算法的第二个阶段和最后一个阶段.

阶段 2

令 $F := \varnothing$. 按照顺序来考虑 $e_t, e_{t-1}, \cdots, e_2, e_1$. 在考虑 $e_t, e_{t-1}, \cdots, e_{i+1}$ 之后, 把 e_i 加给 F 当且仅当 $d_F^-(A_i) = 0$ (也就是说, 如果没有进入 A_i 中的弧具有高下标, 弧 e_i 是唯一的被添加给 F 的). 见图 9.18 中有关阶段 2 的一个解释 (对应于图 9.17 中的相同例子).

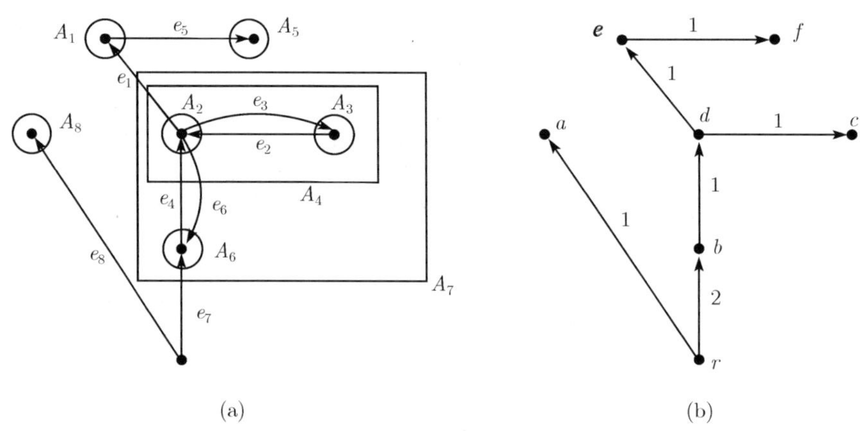

图 9.18　关于图 9.17 中的有向图上的阶段 2

(a) 展示了输入到阶段 2; (b) 说明从阶段 2 输出

如果 $e \in F$, 设 $x(e) := 1$; 对其他的弧 e, 有 $x(e) := 0$, 这就是阶段 2 的全部.

容易看到上面所作的有关 x 和 F 的选取满足条件 (II), 这是因为 y 仅关于属于 $\mathcal{L}$ 的那个集合是非零的.

断言 C　**x 是问题 (9.12) 的一个可行解.**

证明　按照 x 的定义, 这个断言等价于对所有的 $Z \in \mathcal{F}$, 有 $d_F^-(Z) \geqslant 1$. 如果在阶段 2 中没有弧 e_i 被处理 (即被选取), 则由阶段 1 的终止, $\mathcal{F}$ 的每一个成员被弧 $e_1, e_2, \cdots, e_t$ 中至少一条进入. 因此, 可设至少有一条弧 e_j 在阶段 2 被处理过, 且有 $\mathcal{F}$ 的某成员 Z, 使得 $d_F^-(Z) = 0$. 下面证明这将导致一个矛盾.

设 Z 是 $\mathcal{F}$ 的一个最大成员, 使得 $d_F^-(Z) = 0$ 成立.

先证明存在一个下标 i, 使得 $A_i \subset Z$ 和 e_i 进入 Z. 选择 i 尽可能地小, 使得 $e_i \notin F$ 且 e_i 进入 Z. 假定 $A_i \not\subset Z$, 则 $A_i - Z$, $A_i \cap Z$, $Z - A_i$ 皆为非空的 (最后

的集合由 i 的最小性和 A_i 的定义知其是非空的). 因为 $\mathcal{F}$ 是相交的, 集合 $A_i \cap Z$ 属于 $\mathcal{F}$, 现在 A_i 的最小性 (正是在阶段 1 中选取) 隐含存在某 $j < i$, 使得 e_j 进入 $A_i - Z$, 而不进入 A_i. 这就意味着 e_j 的尾属于 $A_i - Z$ (并且 e_j 进入 Z). 然而, 因 $d_F^-(Z) = 0$, 有 $e_j \notin F$, 这与 i 的选取矛盾. 于是, 我们已经证明存在一个下标 i, 使得 $A_i \subset Z$, 且 e_i 进入 Z.

在全体对 (A_i, e_i) 中选取使 $A_i \subset Z$ 和 e_i 进入 Z, 且具有最高的下标 p. 因为在阶段 2 中, e_p 没有被加到 F 中, 则存在下标 $j > p$, 使得 $e_j \in F$ 且 e_j 进入 A_p, 运用 $\mathcal{L}$ 是片层和 $j > p$, 则有 $A_p \subset A_j$ (根据在阶段 1 中所选取的 A_p, 不能有 $A_j \subset A_p$).

注意到 $A_j \not\subset Z$, 不然, e_p 将进入 A_j, 矛盾于在阶段 1 中选取 A_j 时, $j > p$ 和 A_j 有零入度. 此外, 因为 $d_F^-(Z) = 0$, 则 e_j 不进入 Z. 于是有图 9.19 所示的状态. $Z \cup A_j \in \mathcal{F}$ 不被任何来自 F 的弧进入 (注意, e_j 是唯一的来自 F 且进入 A_j 的一条弧). 这与 Z 的最大性矛盾.

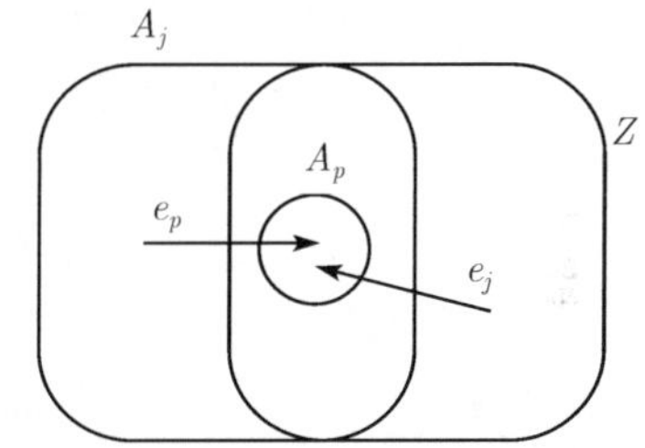

图 9.19 集合 A_j, A_p 和 Z 以及弧 e_j, e_p 的位置

因而, 我们证明集合 Z 不存在, 即 x 的确是问题 (9.12) 的一个可行解, 断言 C 得证. □

根据断言 B 和断言 C, 原始问题和对偶问题的解对 (x, y) 满足补充松弛条件 (I) 和 (II), 从而对问题 (9.12) 和问题 (9.13) 分别有最优的解, 这就证得算法的正确性.

设 D 是具有特殊顶点 s 的有向多重图, 一个 s 割是指形如 $(\bar{U}, U)$ 的一个弧集合, 其中 $U \subset V - s$ (也就是一个 s 割, 关于某些不含 s 的集合 U 且进入 U 的全体弧的集合). 下面由 Fulkerson 得到的最大最小结果是上面增广的一个推论[283], 其中已经证明有关原始问题和对偶问题最优整值解的存在性. 借用图 9.17 和图 9.18 的例子, 可以构造性地检验如下定理的叙述.

定理 9.10.2[283] 设有向多重图 $D = (V, A)$ 具有一个特殊顶点 $s \in V$, 且 s 可达到 V 中其余所有的顶点, 设有一个在弧上的非负整权函数 $w : A \to \mathcal{Z}_0$. 一个根 s 的出分枝的最小权重等于 s 割的最大数目 (允许重复), 使得没有弧在多于 $w(a)$ 个割中.

9.10.3 最小覆盖树形图问题

正如在习题 9.60 (和 Tarjan 的算法[689]) 所看到的, 能够十分有效地找到一个最优分枝, 也容易确定一个有向图中是否存在根在预先指定顶点 s 的若干个树形图, 它们 (也就是包含了顶点) 覆盖了顶点集合的一个特殊子集 X (习题 9.54). 这就使得我们自然地考虑下面所谓的**最小覆盖树形图问题** (minimum covering arborescence problem): 给定一个有向图 $D = (V, A)$, 它有一个弧上的非负整值权函数 w,

一个特定顶点 $s \in V$ 和一个顶点子集 $X \subseteq V$. 一个具有 $X \subseteq V(F_s^+)$ 的根 s 的最小出树形图 F_s^+ 的费用是多少?

定理 9.10.3 最小覆盖树形图问题是 $\mathcal{NP}$ 困难的, 对 $w \equiv 1$ 也是如此.

证明 现在说明如何把**图 Steiner 问题**在多项式时间内简约到最小覆盖树形图问题的特殊情形 $w \equiv 1$. 图 Steiner 问题 (这是一个特殊情形, 早已证明是 $\mathcal{NP}$ 完全问题) 叙述如下: 给定一个无向图 $G = (V, E)$, 关于 G 的一个顶点子集 $X \subset V$, 寻找 G 的一个子树它覆盖了 X 的每一个顶点且尽可能少地覆盖其他的顶点.

设 $[G, X]$ 是图 Steiner 问题的一个事例. 通过取 D 为 G 的一个完全双定向, 取 s 为 X 的某顶点, 使用相同的集合 X, 我们构造出最小覆盖树形图的一个事例 $[D, X, s]$. G 中每一棵覆盖 X 的树显然对应 D 中一个盖住 X 的出树形图, 反之也真. 这个构造显然可以在多项式时间内完成, 因为图 Steiner 问题是 $\mathcal{NP}$ 困难问题[474], 则断定最小覆盖树形图问题也是 $\mathcal{NP}$ 困难问题. □

下面是取自文献 [265] 中 Frank 的结论, 如果全体头不属于 X 的弧的费用是零, 则可以在多项式时间内解决问题. 事实上, 文献 [265] 中的模型表明: 甚至可以在多项式时间内解决具有如下性质的推广, 即在全体头不在 X 中的弧的费用是零的条件下, 寻求覆盖预先指定顶点集 X 的每一个顶点的具有一个公共根的 k 个弧不交的树形图.

在实际生活应用中, 比如电子通信中, 经常出现仅服务于顾客的一个子集, 它拥有一个已知的源, 而不是全体具有相同需求的顾客. 这就提出下面更一般的问题, 我们称它为**具有连通性约束的有向 Steiner 问题** (the directed Steiner problem with connectivity constraints), 简称为 DSCC[171]. 给定一个弧上具有权的有向图 $D = (V, A)$, 一个特殊顶点 s 和伴随每一个顶点 $v \in V - s$ 的一个数 k_v, 寻找一个最小费用子集 $A' \subseteq A$, 使得 $D\langle A' \rangle$ 对于每一个顶点 $v \in V - s$ 包含 k_v 条弧不交的 (s, v) 路. 依照上面的论证, 这个问题是 $\mathcal{NP}$ 完全问题, 甚至是对于每一个顶点 $v \in V - s$, 使得 $k_v \in \{0, 1\}$ 也是如此. 在文献 [171] 中, Dahl 讨论了一个分割平面的方法来解决 DSCC 问题. 在文献 [171] 中也给出了如何表述来自**运筹学**的另一类问题作为 DSCC 问题的一个事例, 这类问题是**无容量限制设备定位问题** (the un-capacitated facility location problem) (见习题 9.71).

在结束这一节之前, 关于有向 Steiner 问题有一个小注释. **有向 Steiner 问题** (the directed Steiner problem) 定义如下: 给定一个有向多重图 $D = (V, A)$, 它的一个顶点子集 S, 寻找弧集 A 的一个最小子集 A', 使得有向图 $D' = (V, A')$ 对每次 $s, t \in S$ 的选取, 总存在一条 (s, t) 路, S 中的顶点叫做**终点** (terminals). 显然这个问题是 $\mathcal{NP}$ 困难问题, 因为它包含了图 Steiner 问题作为它自己的一个特殊情形. 在习题 9.69 中, 读者被要求对 $|s| = 2$ 的情形描述一个多项式算法.

最近, Feldman 和 Ruhl 证明[233]: 对于每个固定的 k, 具有 k 个终点的有向 Steiner 问题在多项式时间内是可解的. 事实上, 对于每个固定的 p, 他们证得下面更一般的问题是多项式可解的：给定有向多重图 $D=(V,A)$ 和 p 个对 $\{(s_1,t_1),(s_2,t_2),\cdots,(s_p,t_p)\}$, 寻找一个最小的弧集合 $A'\subseteq A$, 对于每一个 $i=1,2,\cdots,p$, 有向图 $D'=(V,A')$ 包含 (s_i,t_i) 路. Feldman 和 Ruhl 也证明了赋权版本 (在 p 是固定的条件下) 仍然是多项式可解的.

9.11 添加新弧以增加有根弧强连通性

上一小节中介绍的方法并不允许解决增广问题, 即从任意一个具有特殊顶点 s 的有向图开始, 目标是给有向图添加新弧, 使得新有向图有 k 个弧不交的根为 s 的出分枝. 当 D 中已经存在 $k-1$ 个弧不交的根为 s 的出分枝时, 这个问题已被解决.

下面的定理回答了更一般的情形, 它可以由定理 7.6.3 证得 (习题 9.73). 我们给出一个直接的证明, 此证明相当简单且又展示了子模性在证明中的应用性.

定理 9.11.1 设有向图 $D=(V,A)$ 有一个特殊顶点 s, k 是自然数. 给 D 添加最小数目的 $\gamma_{s,k}(D)$ 条新弧产生具有 k 个弧不交的根为 s 的出分枝的新有向图 $D'=(V,A\cup F)$, 满足 $\gamma_{s,k}(D)=r$, 其中

$$\gamma=\max\left\{\sum_{X\in\mathcal{F}}\max\{0,k-d_D^-(X)\}:\ \mathcal{F}\text{ 是 }V-s\text{ 的一个子划分}\right\}.\tag{9.15}$$

此外, 总能够选取一个最优增广集 F, 使得每一条新弧的尾均在 s 上.

证明 设 $[D,k,s]$ 是给定的一个事例. 遵照 Edmonds 分枝定理, 对每一个顶点子集 $X\subseteq V-s$, 总有 $d_{D'}^-(X)\geqslant k$. 因此, 必有 $\gamma_{s,k}(D)\geqslant\gamma$ 成立. 下面要证明存在一个不多于 γ 条弧的好增广集, 读者可以将这里的证明与定理 7.6.3 的证明进行比较.

设 $v_1,v_2,\cdots,v_{n-1}$ 是 $V-s$ 的一个固定标号, 添加从 s 到其余每一个顶点的 k 条平行弧. 显然, 用这种方式获得的有向图满足 (9.2) 式, 为了将添加的弧和 A 中原有的弧区分开, 称添加的弧为**新弧** (new arcs). 从 $i=1$ 开始, 尽可能多地删去形如 sv_i 的新弧, 而在当前的有向图中总是保持 (9.2) 式. 如果 $i<n-1$, 令 $i:=i+1$, 重复这个删除步骤; 否则, 过程停止. 令 F 是在删除阶段之后剩余新弧的最后集合, 用 $D^*=(V,A\cup F)$ 表示这个删除过程结束之后的有向图. 我们要证明 $|F|\leqslant\gamma$, 这将完成证明, 并也隐含了第二个断言, 因 F 中的每一条弧的尾是 s.

因为没有留下的新弧 sv 可以被移走而不与 (9.2) 式冲突, 则必存在一个集合 X, 使得 $d_{D^*}^-(X)=k$. 下面称一个集合 $X\subseteq V-s$ 是**临界的**, 如果 $d_{D^*}^-(X)=k$. 设 $S:=\{v:\ sv\in F\}$, 也就是说, 被 F 中的某一条弧进入的所有顶点之集是 S. 选取

一个临界集族 $\mathcal{F}=\{X_1,X_2,\cdots,X_t\}$, 使得 $\mathcal{F}$ 盖住 S①, 并且 t 是关于这个条件的最小值.

我们断定 $\mathcal{F}$ 是 $V-s$ 的一个子划分. 反设这个断言不真, 则 $\mathcal{F}$ 包含 2 个集合 $X_i,X_j\ (i\neq j)$, 使得 $X_i\cap X_j\neq\varnothing$. 然而, 运用 $d^-_{D^*}$ 的子模性, 便得

$$k+k=d^-_{D^*}(X_i)+d^-_{D^*}(X_j)\geqslant d^-_{D^*}(X_i\cap X_j)+d^-_{D^*}(X_i\cup X_j)\geqslant k+k.$$

因而有 $d^-_{D^*}(X_i\cup X_j)=k$, 用集合 $X_i\cup X_j$ 替换 X_i, X_j, 但这与 $\mathcal{F}$ 的选取 (注意 $X_i\cup X_j\subseteq V-s$, 因此, 必须有 $d^-_{D^*}(X_i\cup X_j)\geqslant k$ 成立) 矛盾. 从而证得 $\mathcal{F}$ 确为 $V-s$ 的一个子划分. 现有

$$kt=\sum_{i=1}^{t}d^-_{D^*}(X_i)=|F|+\sum_{i=1}^{t}d^-_{D}(X_i),$$

这是因为 F 的每一条弧只进入一个集合 $X_i\in\mathcal{F}$, 且对于每一个 X_i, 有 $d^-_{D^*}(X_i)=k$. 于是, 有

$$|F|=\sum_{i=1}^{t}(k-d^-_{D}(X_i))\leqslant\gamma,$$

完成定理证明. □

定理 9.11.1 的证明中所使用的方法不能够扩展到这样的情形中, 即新弧有费用, 这说明不可能用这种方式解决费用版本的问题. 按照在 9.10.1 小节的结尾处所给出的注释, 可以使用有关赋权拟阵相交的一个算法解决这个问题. 因而, 赋权拟阵相交算法是一个相当有用的工具.

Frank 曾指出[265], 使用一个与在 9.10 节所使用的相似方法 (但很复杂), 就可以解决这样的问题, 其目标是给一个有向图 $D=(V,A)$ 添加最小基数的新弧集, D 有一个特殊顶点 s, 且对每一个顶点 $v\in V-s$, 有 $\kappa(s,v)\geqslant k$, 则对每一个顶点 $v\in V-s$, 添新弧集后的新有向图至少将 $\kappa(s,v)$ 增加到 $k+1$. 在第 7 章中, 我们已经指出这个问题可以在子模流的帮助下得以解决[275]. 但是, 文献 [265] 中的方法是较为简单的方法, 因为它不需要有关子模流的 (相当复杂的) 算法.

9.12　习　　题

9.1 证明命题 9.2.1.

9.2 证明：可以在多项式时间内将命题 9.2.1 中有关半完全有向图的问题 (P5) 简约到有关半完全有向图的 2 路问题.

9.3 证明命题 9.2.2.

① 一组集合 $\mathcal{F}$ 盖住一个集合 S, 如果每一个 $s\in S$ 属于 $\mathcal{F}$ 的某一个成员 X.

9.4 证明引理 9.2.4.

9.5 证明定理 9.2.7. 提示：使用引理 9.2.8.

9.6 不使用定理 9.2.10 证明定理 9.2.9.

9.7 设 D 是图 9.20 中的无圈有向图. 证明：在定理 9.2.14 证明中定义的有向图 D' 有一条从 (x_1, x_2, x_3) 到 (y_1, y_2, y_3) 的有向路.

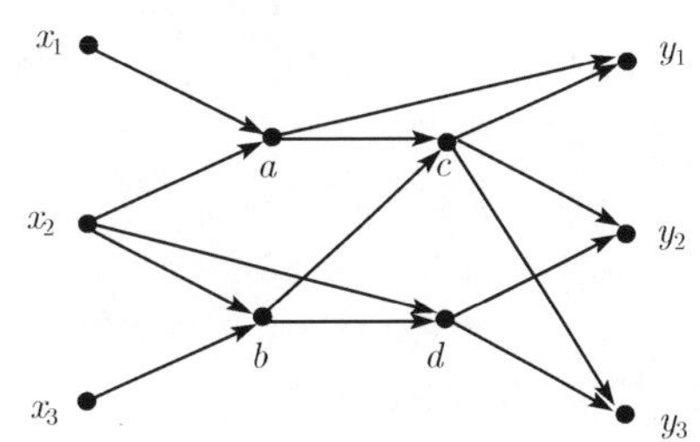

图 9.20 有关无圈有向图 3 路问题的一个事例

9.8 (+) 论证：在搜索一条从 $(x_1, x_2, \cdots, x_k)$ 到 $(y_1, y_2, \cdots, y_k)$ 的路时确实不需要构造 D'. 在复杂性估计中这是否导致一个改进？

9.9 **在无圈有向图中寻找一组最便宜的 k 条不交的具有预先指定终点的路**. 证明：在定理 9.2.14 证明中所使用的方法可以被调整用作寻找一组最便宜的连接 x_i 到 y_i 的不交路, $i = 1, 2, \cdots, k$.

9.10 (+) 在推论 9.2.16 的假定条件下, 证明：对于每一个非特殊顶点 v, 有向图 D 包含有向的 (x_1, v) 路, (x_2, v) 路和 (v, y_1) 路、(v, y_2) 路, 使得 v 是这些路中任何一条路的唯一的公共顶点[527]. 提示：使用 Menger 定理以及 D 是无圈的事实.

9.11 **关于有向图是 2 链接的一个充分性条件**. 设有向图 $D = (V, A)$ 对不是自身的 xy 弧满足 $d^+(x) + d^-(y) \geqslant n + 2$, 其中 $n = |V|$. 证明：D 是 2 链接有向图. 提示：先证明如果 $xy \notin A$, 则 D 中存在 3 条内部不交的 2 长的 (x, y) 路[426].

9.12 证明：每个 k 链接有向图也是 k 强有向图.

9.13 证明：若 $D = (V, A)$ 是 2 链接有向图, 则对每次选取不同的顶点 x, y, D 包含不交圈 C_x, C_y, 使得 $x \in V(C_x)$, $y \in V(C_y)$. 把这个结论推广到选取 k 个顶点和 k 链接有向图的情形.

9.14 (−) **竞赛图中包含预先指定顶点的不交圈**. 证明：一个竞赛图 T 包含不交圈 C_x, C_y, 使得 $x \in V(C_x)$, $y \in V(C_y)$ 当且仅当 T 包含不交的若干个 3 圈, 使得一个包含 x, 其他的则包含 y.

9.15 描述如何在命题 9.3.1 的证明中构造子路组 $Q'_1, Q'_2, \cdots, Q'_q$, 你的算法的复杂性是多少？

9.16 说明如何把命题 9.3.1 的证明转换成一个算法, 它是输入一组内部不交的 (x, y) 路 $P_1, P_2, \cdots, P_p$ 和 $D - \{x, y\}$ 中的一组内部不交的 (u, v) 路 $Q_1, Q_2, \cdots, Q_q$, 并且寻找一组 q 条 (u, v) 路, 它们与路 $P_1, P_2, \cdots, P_p$ 相交不多于 $2q$ 个顶点.

9.17 设 D 是局部半完全有向图, 且 x, y 是 D 的 2 个不相邻的顶点. 证明：每一条最小 (x, y) 路是一条导出路[44].

9.18 (−) 设 D 是局部半完全有向图, 使得 $\alpha(D) = 2$. 证明：如果 x 和 y 是 D 的不相邻顶点, 且 D 有一条 (x, y) 路, 则它有一条长至多为 3 的 (x, y) 路 P.

9.19 证明如下的陈述：令 $k \geqslant 3$, D 是 k 强局部半完全有向图, $D = R[S_1, S_2, \cdots, S_r]$ 是 D 的圆分解. 设顶点 x 和 y 满足 $x \in V(S_i)$ 和 $y \in V(S_j)$, 其中 $i \neq j$, 并设 P 是一条最小

(x,y) 路, 则 $D-V(P)$ 是 $(k-2)$ 强的[52]. 提示：使用习题 9.18.

9.20 (+) 证明引理 9.3.3. 提示：使用习题 9.19.

9.21 证明引理 9.3.17.

9.22 (++) 证明引理 9.3.13.

9.23 证明引理 9.4.3. 提示：说明如何通过一个步步 (但是有限的, 限制为多项式的) 改进将一条已知不是最接近 R 的 (x,y) 路调整到一条比较接近 R 的路. 对于算法部分所能使用的嵌入是具有多边形折线.

9.24 证明图 9.10 (a) 中的 G_4 是 5 连通图.

9.25 证明图 9.10 (b) 中的图 D_k 是 5 强平面有向图, 且没有通过顶点 x,y 的圈. 提示：使用习题 7.26 和命题 9.4.1.

9.26 说明如何由 Edmonds 分枝定理 (定理 9.5.1) 来推证 Menger 定理 (定理 7.3.1)

9.27 (+) **寻找根为一个特殊顶点的 k 个弧不交的出分枝的多项式算法**. 说明如何把定理 9.5.1 的证明转换成一个多项式算法, 用它可寻找一组 k 个弧不交的根为 z 的出分枝, 或者证明不存在如此的分枝组. 提示：使用流.

9.28 **贪婪分枝算法**. 代替应用定理 9.5.1 的算法版本来寻找 k 个弧不交的在一个已知根上的出分枝, 我们可以尝试一个贪婪方法：寻找一个以 z 为根的出分枝 F_z^+, 然后删去 F_z^+ 的每一条弧. 在余下的图中寻找一个以 z 为根的新分枝, 然后删去它的每一条弧, 如此进行下去. 列举一个有向图 D, 使得它有根为 z 的 2 个弧不交的出分枝, 但没有每个出分枝 F_z^+ 的弧能够被删去, 而留下另一个根为 z 的出分枝.

9.29 (+) **无向图中关于边不交树的 Tutte 定理**. 由定理 8.7.6 推证定理 9.5.6.

9.30 把图 9.11 中的例子推广到任何多个顶点的有向图中去.

9.31 证明引理 9.6.2.

9.32 说明如何使用子模流在多项式时间内判定一个混合图 M 是否有 k 个边不交的在一个已知根上的混合分枝. 提示：参见习题 8.65, 并适当地调整弧的上下界.

9.33 使用你在前一个习题中找到的简约法和关于相交子模流的可行性定理给出定理 9.6.3 的一个证明.

9.34 (+) **具有不同根的弧不交的出分枝**. 证明下面 Frank 的结论[252]：在一个有向图 $D=(V,A)$ 中, 存在 k 个弧不交的出分枝 (可能具有不同的根) 当且仅当不等式

$$\sum_{i=1}^{t} d^-(X_i) \geqslant k(t-1) \tag{9.16}$$

对 V 的每个子划分 $\{X_1,X_2,\cdots,X_t\}$ 成立. 提示：给 D 添加一个新顶点 s 和从 s 到 V 的一个最小新弧集, 使得顶点 s 是新图中 k 个分枝的根. 证明这个新弧集恰有 k 条弧.

9.35 证明定理 9.5.6. 提示：使用 Edmonds 分枝定理和定理 8.7.6.

9.36 为定理 9.7.1 的证明提供缺失的细节.

9.37 证明定理 9.7.3.

9.38 (−) 证明引理 9.7.6.

9.39 证明引理 9.7.19.

9.40 确定推论 9.7.22 中算法的复杂性.

9.41 将定理 9.7.23 证明的细节补全, 这个递推算法的复杂性是多少?

9.42 证明引理 9.7.9.

9.43 证明定理 9.7.13 证明中的最后一个断言. 提示：使用相同于引理 9.7.8 证明中的方法.

9.44 **欧拉有向多重图中扇进、扇出**. 设 D 是欧拉有向多重图, 假定 D 有弧不交的路 P_1, $P_2, \cdots, P_k$, 使对 $i=1,2,\cdots,k$, 每一条路 P_i 从 x_i 出发到 u 终止. 证明：D 包含弧不交的路 $P'_1, P'_2, \cdots, P'_k$, 使得 P'_i 是一条 (u,x_i) 路, 且 P'_i 与 P'_j 是弧不交的, $1 \leqslant i,j \leqslant k$.

9.45 (+) **拟可传递有向图中弧不交的 (x,y) 路、(y,z) 路**. 证明：能够将定理 9.7.21 的特征移植到拟可传递有向图中.

9.46 证明：有关欧拉有向图的 3-ST 问题可以在多项式时间内被简约到判定欧拉有向图中具有特殊顶点 s_1,t_1,s_2,t_2 弧不交的 $[s_1,t_1]$ 路、$[s_2,t_2]$ 路的存在性问题. 提示：使用习题 9.44.

9.47 证明：命题 9.2.1 中问题 (P5) 的弧版本是 $\mathcal{NP}$ 完全问题.

9.48 提供定理 9.9.2 证明中缺失的细节.

9.49 说明如何把问题 9.9.1 有关 $u \neq v$ 的情形简约到 $u=v$ 的情形中.

9.50 (+) 证明：如果定理 9.9.6 中条件 (1)~(6) 中任何一个被满足, 则 T 不存在 2 个不交的分枝 F_u^+, F_v^-.

9.51 (+) 把定理 9.9.3 移植到 v 不在某 2 圈的情形中. 提示：如何调整集合 $E_{\mathcal{A}}$, $E_{\mathcal{B}}$ 和所描述的分枝?

9.52 证明定理 9.9.10. 提示：使用定理 9.9.3 和习题 9.51.

9.53 把 Fulkerson 最小费用分枝算法应用到图 9.21 中的有向图上, 找出一个根为 r 的最小费用出分枝.

9.54 **寻找覆盖预先指定顶点集合的树形图**. 说明如何在多项式时间内判定有向图 $D=(V,A)$ 是否有一个根为 s 的树形图, 此图盖住了一个预先指定的顶点子集 $X \subseteq V$ 的每一个顶点 (和其他可能的顶点).

9.55 **有效地执行独立问答器关于最小费用分枝问题的拟阵相交叙述**. 为检查 9.10.1 小节中所使用的 2 个拟阵 M_1, M_2 下的独立性说明如何执行必要的问答器. 你的算法的复杂性大约为 $O(m)$, 其中 m 是有向多重图的弧数目.

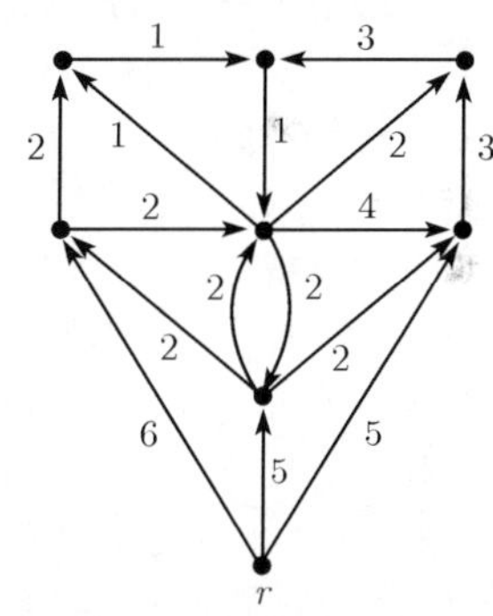

图 9.21　最小费用出分枝问题的一个事例

9.56 (+) **在有向多重图中寻找一个最小费用有向子图, 使得它含有 k 个弧不交的根为 s 的出分枝**. 说明如何把这个问题准确地表述为一个拟阵相交问题, 然后设计一个能够寻找所期望的分枝的算法. 提示：调整 9.10.1 小节中的拟阵 M_1, M_2.

9.57 (+) **寻找一个最小新弧集, 把它加到一个有向多重图中以保证存在 k 个弧不交的根为 z 的出分枝**. 说明如何使用一个关于赋权拟阵相交的算法来解决这个问题. 提示：使用相似于习题 9.56 中的方法. 读者可将它与习题 8.65 进行比较.

9.58 **把最小支撑树问题准确地表叙成一个最小费用分枝问题**. 证明：能够将最小支撑树问

题 (给定一个边上赋非负权的连通无向图, 寻找一个具有最小权的支撑树) 准确地表叙为一个最小费用分枝问题而使问题得到解决.

9.59 设有向图 D 有 k 个但不是 $k+1$ 个弧不交的根为 s 的出分枝, 令 $\mathcal{F}=\{X \subset V-s: d_D^-(X)=k\}$. 解释如何寻找到 $\mathcal{F}$ 的一个最小成员 (即没有 $Y \subset X$, 且 $Y \in \mathcal{F}$). 提示: 先用流来说明如何找到 $\mathcal{F}$ 的一个成员 X, 然后说明如何在 X 内找到一个最小成员. 对于后者可参见习题 3.35 的结论.

9.60 (+) **有效地执行 Frank-Fulkerson 算法**. 尝试确定 Frank-Fulkerson 算法如何被有效地执行, 即在算法中一个搜索时间消耗步骤的等同地方能够被有效地完成.

9.61 **把最短路问题简约到最小费用分枝问题**. 说明如何把具有边上赋有非负权的有向图中最短 (s,t) 路问题简约到最小费用出分枝问题.

9.62 使用前一个习题中你的简约来为具有边上赋有非负权的有向图中的最短 (s,t) 路设计一个算法, 即把最小费用分枝算法特殊化到仅寻找一条最小费用 (s,t) 路. 提示: 在算法的每个步骤中有多少个最小集合被选取?

9.63 把上一道习题中你的算法与 Dijkstra 算法 (见第 2 章) 和第 2 章中其他类型的最短路算法进行比较.

9.64 **关于有根弧连通的保持增广的简单性**. 关于下面的断言给出一个增广: 可以使用 Frank-Fulkerson 算法来寻找最便宜的新弧集, 把它添加到一个有向图中, 使得根为一个特殊顶点的边不交出分枝的最大数目由 k 增长到 $k+1$, 不允许添加的弧与已经存在的弧平行. 提示: 考虑相交族 $\mathcal{F}$ 的结构和具有新弧的有向图的结构.

9.65 **增长弧容量使有根弧连通性增强**. 证明: Frank-Fulkerson 算法对于新弧不得不平行已存在弧的情形也成立.

9.66 证明: 如果 $\mathcal{L}$ 是在一个规模 n 的基集上的一个片层族 (即 $X, Y \in \mathcal{L}$ 隐含 $X \cap Y=\varnothing$, 或者 $X \subset Y$, 或有 $Y \subset X$), 则 $\mathcal{L}$ 中的集合数目至多是 $2n-1$. 再证明: 确实存在使 Frank-Fulkerson 算法可以 (合理地) 运行的有向图, 使得它在终止阶段 1 之前找到 $2n-1$ 个集合.

9.67 **将 Frank-Fulkerson 算法与传统的最小支撑树算法进行比较**. 假定 $D=(V,A)$ 是一个**对称有向图** (即对弧 $xy \in A$ 当且仅当弧 $yx \in A$), 且函数 $c: A \rightarrow \mathcal{R}_+$ 满足 $c(xy)=c(yx)$. 把最小费用分枝算法与已知著名的在赋权 (无向) 图 G 中寻找最小支撑树的算法进行比较. 如此的算法可以在 Cormen, Leiserson 和 Rivest 的书中找到[169].

9.68 **一个最小最大公式用于添加一个最小权新弧集到一个有向图中, 使得弧不交的根为一个固定顶点的出分枝的数目增加 1**. 使用 9.10 节中 Frank-Fulkerson 算法正确性的证明和描述来推导一个如此增广集的最小权的最小最大公式. 提示: 叙述部分相似于定理 9.10.2 中的叙述.

9.69 (++) 描述一个多项式算法, 可在一个给定特殊顶点 s, t 的有向图 $D=(V,A)$ 中寻找一个最小规模子集 $A' \subseteq A$, 使得有向图 $D'=(V,A')$ 有一个强分支包含了顶点 s, t [589].

9.70 (+) **最短路的一个最小最大特征**. 证明下面的 Fulkerson 结论.

定理 9.12.1[282]　设有向图 $D=(V,A)$ 包含一条 (s,t) 路, 则 D 中一条最短 (s,t) 路的长度等于弧不交的 (s,t) 割的最大数目.

把这个结论移植到赋权版本情形, 并用 (s,t) 割给出一条最短 (s,t) 路长度的特征. 提示: 把要证明的结论简约到最小费用分枝问题, 然后应用定理 9.10.2.

9.71 **无容量限制设备定位问题**. 给定设备 (每一个没有容量的限制) 可能定位的一个集合 $L=\{l_1,l_2,\cdots,l_p\}$, 它们将服务于一个客户集合 $C=\{c_1,c_2,\cdots,c_q\}$. 存在一个固定费用 w_i 来定位一个设备的位置 l_i, 满足来自位置 l_i 的客户 c_j 的需求的费用记为 d_{ij}. 问题是判定哪些设备将开放和哪些设备将满足一个客户的需求, 以使得总费用最小. 说明如何准确表叙这个问题为 DSCC 问题 (见 9.10.3 小节) 的一个事例. 提示：因为在每个设备上没有容量的限制, 也没有一个客户需求 2 个以上的设备进行服务, 如何用一条弧的费用模型化开放一个设备的费用?

9.72 证明：如果开放一个设备的费用是零, 则存在一个相当简单的贪婪算法来解决无容量限制设备定位问题 (在习题 9.71 中定义的问题).

9.73 说明如何由定理 7.6.3 来推证定理 9.11.1.

第 10 章　有向图的圈结构

在前面的章节中, 尤其是在第 5 章和第 6 章中介绍了有向图中圈的各种性质. 有向图的圈结构研究是有向图理论中最重要的领域之一, 由于在前面的章节里没有涉及这个领域内几个有意义的专题, 所以本章将专门讨论它们, 并将极大地考虑 (有向) 圈. 在许多情形中我们省去形容词 "有向的", 有时也使用定向的圈, 即无向圈的定向.

10.1 节介绍有向图的圈空间, 将说明圈空间的性质隐含了有向图的某些结构性结论. 10.2 节介绍 Alon, Yuster 和 Zwick 的多项式算法, 该算法能够在 n 阶有向图中寻找长为 $\Theta(\log n)$ 的路和圈. 10.3 节将研究一个有向图有多少个顶点不交的圈或弧不交的圈, 并且寻找最小数目的顶点或最小数目的弧, 使得删去这些顶点或弧就会破坏一个图中每一个圈的问题. 10.4 节介绍有向图 D 中最大顶点不交圈的数目是关联到最小的顶点数目, 删去这些顶点就破坏了 D 的每一个圈, 并且介绍对应弧的相同问题. Younger 猜想叙述了这种相互依赖性. 同时, 这一节给出 Reed, Robertson, Seymour 和 Thomas 有关 Younger 猜想证明的一个轮廓.

模 p 下 k 长圈的讨论放在 10.5 节里, 我们将说明模 p 下的零长圈在 Markov 链的研究中是非常有用的. 关于有向图的偶圈问题的几个著名结论在 10.6 节中给出, 这些结论包括了：McCuaig, Robertson, Seymour 和 Thomas 的定理, 即偶圈问题是多项式时间可解的; 还有 Thomassen 定理, 每一个具有最小出度、入度至少是 3 的强有向图包含一个偶圈. 10.6 节将要描述这些结论和其他若干结论移植到模 p 下长为 k 的圈的范围. 10.7 节简要地浏览半完全多部分有向图中有关短圈的结论. 在强半完全多部分有向图中最长路的长度与最长圈的长度之间存在着一个有意义的等式, 它曾经被 Volkmann 猜想到, 后来被 Gutin 和 Yeo 完全地证明, 我们在 10.8 节里给出这个证明. 10.9 节将给出关于有向图围长的著名的 Caccetta-Häggkvist 猜想的一些结论, 其中包括 Chvátal 和 Szemerédi 的一个结论. 10.10 节专门介绍 2 个附加的专题：一个专题是关于有向图的圈数目的Ádám 猜想, 另一个专题是有关圈上弦的 Marcus 定理及其应用.

10.1　有向图的向量空间

本节介绍连通有向图的圈空间和共圈空间, 并将证明这些向量空间的若干基本性质, 接着介绍关于 2 弧着色有向图上的一个有意义的结果, 它的证明使用了圈空间的记号和性质. 本节仅使用 (一般) 向量空间的最基本的记号和性质[573].

设 $D=(V,A)$ 是具有弧 $e_1,e_2,\cdots,e_m$ 的有向图. D 的**弧空间** (arc space) $\mathcal{A}(D)$ 是在所有的函数 $A\to GF(2)$ 的 2 元素域 $GF(2)=\{0,1\}$ 上的向量空间. $\mathcal{A}(D)$ 中的每个向量自然地对应到 A 的一个子集, 就是分配 1 的那些弧的集合. 可以将 $\mathcal{A}(D)$ 看作是 A 的全体子集的集合形成的一个向量空间. A 的 2 个子集 B,C 的和记为 $B\bigtriangleup C$, 即它们的**对称差** (symmetric difference) $B\bigtriangleup C=B\cup C-B\cap C$. 注意到 $\mathcal{A}(D)$ 的零向量是空集 $\varnothing$; 集合 $\{e_i\}(1\leqslant i\leqslant m)$ 是线性独立的, $\mathcal{A}(D)$ 中的每个向量是对应**孤立**(singleton) 的和. 于是, 弧集合 $\{e_i\}(1\leqslant i\leqslant m)$ 形成 $\mathcal{A}(D)$ 的一个基, 且 $\mathcal{A}(D)$ 的维数 $\dim\mathcal{A}(D)=m$.

设 B,C 是 $\mathcal{A}(D)$ 中的一对向量, 有 $B=\beta_1e_1\varDelta\beta_2e_2\varDelta\cdots\varDelta\beta_me_m$ 和 $C=\gamma_1e_1\varDelta\gamma_2e_2\varDelta\cdots\varDelta\gamma_me_m$, 其中 $\beta_i,\gamma_i\in\{0,1\}$. 记 B 和 C 的**标量积**(scalar product) 为

$$\langle B,C\rangle:=\sum_{i=1}^{m}\beta_i\gamma_i\pmod 2.$$

如果 $\langle B,C\rangle=0$, 称向量 B 和 C 是**直交向量**(orthogonal vectors). 注意, B 和 C 是直交的当且仅当 $|B\cap C|$ 是偶数. 对于 $\mathcal{A}(D)$ 的一对不同的子空间 $\mathcal{S}$ 和 $\mathcal{F}$, 如果 $\mathcal{S}$ 中的每个向量与 $\mathcal{F}$ 中的每一个向量直交, 称 $\mathcal{S}$ 和 $\mathcal{F}$ 是一对**直交子空间**(orthogonal subspaces). 按照线性代数的结论, **直交子空间** $\mathcal{S}$ 和 $\mathcal{F}$ 的维数满足

$$\dim\mathcal{S}+\dim\mathcal{F}\leqslant m. \tag{10.1}$$

图论中弧空间 $\mathcal{A}(D)$ 的某些子空间是有特殊意义的, 如圈空间和共圈空间. 一个有向图 $D=(V,A)$ 的**圈空间**(cycle space) 是弧空间 $\mathcal{A}(D)$ 的一个子空间, 由弧集合 B 构成, 使得全体在有向子图 $D\langle B\rangle$ 中的顶点的度数均为偶数 ①. 圈空间确实是弧空间 $\mathcal{A}(D)$ 的一个子空间. 在这个圈空间中 2 个向量的和仍属于该圈空间, 集合 $\{0,1\}$ 中的一个系数与圈空间中的一个向量的积仍然在该圈空间中. 用 $\mathcal{C}(D)$ 表示圈空间, 它的名称则由 G 的定向圈产生的 $\mathcal{C}(G)$ 来命名. 事实上, 如果 B 是圈空间 $\mathcal{C}(D)$ 中的一个向量, 则 $D\langle B\rangle$ 包含一个定向圈 Z; $B-A(Z)$ 也是圈空间 $\mathcal{C}(D)$ 的一个向量, 可以关于 B 的基数运用数学归纳法. 稍后 (见定理 10.1.4) 我们将说明, 如果 D 是强有向图, 实际上圈空间 $\mathcal{C}(D)$ 是唯一的由 D 的有向圈生成的空间.

对于一个连通有向图 $D=(V,A)$, 如果一个弧子集 B 使得 $D-B$ 是不连通的, 则称它为 D 的一个**共圈**(cocycle). **共圈空间**(cocycle space) $\mathcal{C}^*(D)$ 由 G 的全体共圈组成. 将下面命题的证明留作习题 10.2[191].

---

① 注意, 一个有向图 D 的顶点 x 的度数等于和 $d_D^+(x)+d_D^-(x)$, 也就是底图 $UG(D)$ 中顶点 x 的度数.

命题 10.1.1　对于一个连通有向图 $D=(V,A)$, 共圈空间 $\mathcal{C}^*(D)$ 是弧空间 $\mathcal{A}(D)$ 的一个子空间. 则该共圈空间由形如 $C(x)=\{xy\in A: y\neq x\}\cup\{zx\in A: z\neq x\}$ 的共圈生成.

运用 D 的圈空间是由 D 的定向圈生成以及 D 的共圈空间是由共圈 $C(x)$ 与标量积的线性生成, 不难证明下面的命题:

命题 10.1.2　对于一个连通有向图 D, 圈空间直交于共圈空间.

我们现在已经准备好来证明下面关于圈空间和共圈空间的一个重要定理.

定理 10.1.3　设 D 为连通有向图, 则有 $\dim\mathcal{C}(D)=m-n+1$ 和 $\dim\mathcal{C}^*(D)=n-1$.

证明　设 T 是 D 的一棵支撑定向树, 则知 $|A(T)|=n-1$. 对于 T 中的一条弧 e, 集合 $C_e=A(D)-A(T)+e$ 是一个共圈. 显然, 共圈 C_e 是线性独立的. 因此, $\dim\mathcal{C}^*(D)\geqslant n-1$, 如果把一条不在 T 中的弧加到 T 上, 则得到一个具有唯一的定向圈 Z_e 的有向图 $T+e$. 因为定向圈 Z_e 的集合是一个线性独立集合, 则知 $\dim\mathcal{C}(D)\geqslant m-n+1$. 因而, 有 $\dim\mathcal{C}(D)+\dim\mathcal{C}^*(D)\geqslant m$.

另一方面, 根据命题 10.1.2 和公式 (10.1), 又有 $\dim\mathcal{C}(D)+\dim\mathcal{C}^*(D)\leqslant m$. 于是, $\dim\mathcal{C}(D)+\dim\mathcal{C}^*(D)=m$, 这隐含了定理的 2 个公式. □

非常有意义地是, 我们能够在下面的关于强有向图简单结论中看到某些基完全由有向圈组成.

定理 10.1.4　对于强有向图 D, 则 D 的 (有向) 圈生成圈空间 $\mathcal{C}(D)$.

证明　依据定理 7.2.2 和推论 7.2.3, 强有向图 D 有一个耳朵分解 $P_1,P_2,\cdots,P_{m-n+1}$, 其中 P_1 是一个 (有向) 圈, 每一个 $P_i(i>1)$ 或是一条 (有向) 路且与 $\bigcup_{k=1}^{i-1}V(P_k)$ 仅相交在它的端顶点上, 或是一个 (有向) 圈且与 $\bigcup_{k=1}^{i-1}V(P_k)$ 仅有一个公共顶点. 显然, 由 $\bigcup_{k=1}^{i}V(P_k)$ 导出的 D 的有向子图中存在包含 P_i 的圈 C_i. 注意到圈 $C_1,C_2,\cdots,C_{m-n+1}$ 是线性独立的, 根据 $\dim\mathcal{C}(D)=m-n+1$, 这些圈 $C_1, C_2, \cdots, C_{m-n+1}$ 形成圈空间 $\mathcal{C}(D)$ 的一个基. □

已知一个有向图 D 的一个可传递三元组是 D 的一个有向子图, 它是 3 阶非强竞赛图. 对于特殊的有向图类可以找到它们的基. 例如, Thomassen 证得下面的 2 个结论[709]:

命题 10.1.5　如果 T 是一个竞赛图, 则圈空间 $\mathcal{C}(T)$ 由可传递三元组和 T 的哈密尔顿 (有向) 圈一起生成.

证明　显然, T 的圈空间是由 3 长定向圈生成 (可以应用习题 10.1 的结论). 如果 T 不是强的, 但有一个有向 3 圈, 则考虑如此的一个 3 圈 $C=xyzx$. 存在一个顶点 v, 使得 v 支配 x,y,z 中的每一个, 或者 v 被 x,y,z 中的每一个支配. 在这样的情形下, $C=A(T_{xy})\Delta A(T_{yz})\Delta A(T_{zx})$, 其中 T_{uw} 是包含 v 和弧 uw 的可传递三元组. 因此, $\mathcal{C}(T)$ 是由可传递三元组生成.

所以, 下设 T 是强竞赛图. 按照定理 10.1.4, 只需证明 T 的每个 (有向) 圈 $C = x_1x_2\cdots x_{n-t}x_1$ 是 T 中某些三元组和哈密尔顿圈的和. 对 $t = |V(T)| - |V(C)|$ 运用数学归纳法进行证明. 如果 $t = 0$, 断言是显然的. 设 $t > 0$, 且顶点 $v \notin V(C)$. 如果有 $v \mapsto C$, 或者有 $C \mapsto v$, 则如上面所看到的, C 是三元组的和. 否则, 不妨设有 $x_1 \to v \to x_2$. 因此, $A(C) = A(C') \triangle (A(C') \triangle A(C))$, 其中 $C' = C[x_2, x_1]vx_2$. 注意到 $A(C') \triangle A(C)$ 是一个可传递三元组, 依据归纳假定, 命题得证. □

定理 10.1.6 如果 T 是 n 阶 4 强连通竞赛图, 则圈空间 $\mathcal{C}(T)$ 是由长为 n 和 $n-1$ 的 (有向) 圈生成.

证明 设弧 xy, yz, xz 形成 T 的一个可传递三元组 R. 根据习题 6.16, 3 强竞赛图 $T-y$ 含有一个通过弧 xz 的哈密尔顿圈 H, 便有

$$A(R) = A(H) \triangle [A(H) \triangle A(R)].$$

注意到在方括号内的项是 T 的哈密尔顿圈的弧集合. 因此, 圈空间 $\mathcal{C}(T)$ 中的每一个可传递三元组是由长为 n 和 $n-1$ 的圈生成, 由命题 10.1.5. 定理得证. □

我们介绍 Thomassen 得到的一个优美结果, 这个结果不仅仅是有关圈空间, 而且它的证明开发了圈空间的性质. 先给出**2 弧着色有向图**的**单色有向子图**的定义, 设 $D = (V, A)$ 是一个有向图, 函数 $f : A \to \{1, 2\}$. 称 D 的一个有向子图 $D' = D\langle A'\rangle$ 是**单色的**(monochromatic), 如果对所有的 $a \in A'$, 有 $f(a) = i$, 其中 $i = 1$ 或 2.

定理 10.1.7[709] 设强有向图 D 的底图是 2 连通的, 且 D 的每条弧着有 1 色或 2 色, 对于每一种色, D 含有一条着有此色的弧. 则 D 有一个**非单色 (有向) 圈**.

定理 10.1.7 可由下面的引理和定理 10.1.4 证得.

引理 10.1.8[709] 设有向图 D 是 2 弧着色的且非单色的, 使得底图 $UG(D)$ 是 2 连通的. 如果一个定向圈的集合 G_D 生成圈空间 $\mathcal{C}(D)$, 则 G_D 有一个非单色定向圈.

证明 假设 G_D 的每个圈是单色的, 欲证明这将导致一个矛盾. 令 x 是 D 的关联到 2 条弧的顶点, 譬如说 xy 和 zx, 它们着有不同的色. 因为 $UG(D)$ 是 2 连通的, 则 $D-x$ 有一条定向的 (y, z) 路 P. 显然, P 与 xy 和 zx 一起形成 D 的一个非单色定向圈 C. 由于 G_D 生成圈空间 $\mathcal{C}(D)$, 则有 $C = C_1 \Delta C_2 \Delta \cdots \Delta C_k$, 其中每个 C_i 是在 G_D 中. 不失一般性, 可设每个 C_i 是单色的, 且定向圈 $C_1, C_2, \cdots, C_p (0 < p < k)$ 仅着有色 1. 因此, 2 个圈集合 $C_1, C_2, \cdots, C_p$ 和 $C_{p+1}, C_{p+2}, \cdots, C_k$ 没有公共弧. 所以 $C = C_1 \Delta C_2 \Delta \cdots \Delta C_k$ 隐含 $Q = C_1 \Delta C_2 \Delta \cdots \Delta C_p$ 必须是 C 的真非空有向子图. 故 Q 是定向路的非平凡组, 且 $Q \in \mathcal{C}(D)$, 这与 $\mathcal{C}(D)$ 是一个圈空间 (Q 中的某些顶点有奇度数) 矛盾. □

应用定理 10.1.7, 可以断定检验一个 2 弧着色有向图是否有一个非单色有向圈的问题是多项式时间可解的. 有意义的是把这个结论与定理 11.2.2 进行比较, 定理 11.2.2 断言检验一个 2 弧着色有向图是否有一个有向圈, 弧上交替着色的问题是 $\mathcal{NP}$ 完全问题. 可以推敲, 是非单色确实很含糊, 是一个远比交替着色弱的性质.

几个竞赛图上有意义的结论基于圈空间性质的证明可以在 Thomassen 的文章中找到[709,714].

10.2 关于路和圈的多项式算法

当判断一个 n 阶有向图 D_n 是否有一条 n 个顶点的路和一个 n 个顶点的圈成为 $\mathcal{NP}$ 完全问题时, 要确切知道函数 $l_p(n)$ 和 $l_c(n)$ 的具体表达式的确不是一件简单的事情. 已知能够在多项式时间内判定 D_n 是否包含一条长为 $l_p(n)$ 的路, 以及长为 $l_c(n)$ 的圈, 尤其是 Papadimitriou 和 Yannakakis 猜测可以在多项式时间内决定长为 $p_l(n) = \Theta(\log n)$ 的一条路的存在[141]. Alon, Yuster 和 Zwick 肯定了这个猜想[16,17], 他们证实: 当 $k = O(\log n)$ 时, 可以在多项式时间内检验一个 n 阶有向图是否有 $\vec{C}_k$. 本节将简明扼要地介绍某些在文献 [16, 17] 中算法设计背后的漂亮思想. 可以在文献 [18] 和其后的参考文献中找到有关这个专题的进一步的提高内容. 也将在本节里讨论关于短圈估计方面的各种各样的算法.

我们先来看关于**几何随机变量**的期望的一个简单的技术性结论, 该结论可以在许多概率论书中见到, 并给出其一个简短证明. 记号 Prob(E) 表示事件 E 的概率.

引理 10.2.1 对 $0 < p \leqslant 1$, 设 $x_1, x_2, \cdots$ 是随机布尔变量序列, 对于每一个 $j \geqslant 1$, 在概率 p 下有 $x_j = 1$. 定义一个随机变量 ν 如下: 对 $j \geqslant 1$, $\nu = j$ 当且仅当 $x_j = 1$, 且 $x_1 = x_2 = \cdots = x_{j-1} = 0$. 则 ν 的期望是 $1/p$.

证明 ν 的期望等于

$$\sum_{i=1}^{\infty} i \cdot \mathrm{Prob}(\nu = i) = \sum_{i=1}^{\infty} \mathrm{Prob}(\nu \geqslant i) = \sum_{i=1}^{\infty} (1-p)^{i-1} = 1/p. \qquad \square$$

为了设计验证路和圈的算法, Alon, Yuster 和 Zwick 介绍了 2 种方式[16,17]: 随机无圈有向子图方法和色码方法. 我们在下面先介绍随机无圈有向子图方法, 然后再介绍**色码方法** (colour-coding method). 本节的其余内容引自文献 [17].

设 $D = (V, A)$ 是具有顶点集 $V = \{u_1, u_2, \cdots, u_n\}$ 的有向图. 令 $M = [m_{ij}]$ 是 D 的邻接矩阵, 即当 $u_i \to u_j$ 时, 有 $m_{ij} = 1$, 否则, $m_{ij} = 0$. 已知 (见习题 2.20) M 的 k 次幂和第 (i, j) 元素是非零的当且仅当存在一条长为 k 的 (u_i, u_j) 途径. 然而, 许多长为 k 的 (u_i, u_j) 途径可能有重复的顶点 (和弧). 于是, 自然会问到如何摆脱不是路和圈的途径. 如此的一个方法是**随机无圈有向子图方法**(the random acyclic subdigraph method)：随机地选取 $\{1,2,\cdots,n\}$ 的一个置换 π, 并且通过取如下的弧来构造 D 的相应**无圈支撑有向子图** H：$u_{\pi(i)}u_{\pi(j)} \in A(H)$ 当且仅当 $\pi(i)<\pi(j)$ 和 $u_{\pi(i)}u_{\pi(j)} \in A$. 显然, H 的每一条途径在 D 中是一条路 (因 H 无圈, 没有顶点重复出现). 另一方面, D 中具有 k 条弧的每一条路 P 具有 $1/(k+1)!$ 的概率成为 H 中的一条路 (习题 10.5).

令 $O(n^{\omega})$ 表示布尔矩阵乘法 (即 2 个 $n \times n$ 阶布尔矩阵的乘积) 的复杂性. 已知, Coppersmith 和 Winograd 证得 $\omega < 2.376$[168]. 使用随机无圈有向子图方法可以证明下面的结论：

定理 10.2.2[16,17] 设有向图 $D(V,A)$ 包含一条长为 k 的路 (或一个圈). D 中一条长为 k 的路 (圈) 可以在所期望的时间 $O((k+1)!\cdot m)$(或 $O(k!\cdot n^{\omega}\cdot \log k)$) 内找到.

证明 我们运用下面的算法来找到 D 中一条长为 k 的路. 随机地选取 $\{1,2,\cdots,n\}$ 的一个置换 π, 并构造如上面所描述的 D 的相对应的无圈有向子图 H. 使用 2.3.2 小节中的 $O(m)$ 算法来找到 H 中的一条最长路 P. 如果 P 的长度小于 k, 则重复上面的程序. 否则, 就返回 P 的一条长为 k 的子路.

因为 D 包含 $\vec{P}_k$, 于是在概率至少为 $1/(k+1)!$ 下, 无圈有向子图 H 含有一条长至少为 k 的路. 因而, 由引理 10.2.1, 在上面算法中重复迭代的期望数目至多为 $(k+1)!$. 于是, 算法运行时间为 $O((k+1)!m)$, 正如所期望的.

为了在 D 中找到长为 k 的圈, 我们运用如下的算法：随机地选取 $\{1,2,\cdots,n\}$ 的一个置换 π, 且构造如上所描述的 D 中相对应的无圈支撑有向子图 H. 依据计算 (在时间 $O(n^{\omega}\cdot\log k)$, 见习题 2.21)H 的邻接矩阵的 $(k-1)$ 次幂, 找到全体是 H 中 $(k-1)$ 路的端顶点的顶点对 (见习题 10.6). 如果这些路的之一的终止顶点在 D 中支配起始顶点, 就已经构造出相应的 k 圈, 程序停止. 如果没有发现 k 圈, 继续进行上面的程序.

显然, 在上面算法中重复迭代的期望数目最多为 $k!$, 从而表明了所期望运行的时间等于 $O(k!\cdot n^{\omega}\cdot\log k)$. □

下面介绍一个更有力的方法, 即色码方法. 设 $c: V\to\{1,2,\cdots,k\}$ 是 D 的一个顶点着色. 如果 D 的一条路 P 上任何一对顶点着有不同的色, 称 P 是一条**彩虹路**(a colourful path).

引理 10.2.3 设 $D=(V,A)$ 是一个有向图, $c: V\to\{1,2,\cdots,k\}$ 是 D 的一个顶点着色, 若 D 中有一条彩虹路 $\vec{P}_k$ 存在, 则可在时间 $m\cdot 2^{O(k)}$ 内找到它.

证明 给 D 添加一个着有色 0 的新顶点 s, 令其支配 D 的每一个顶点而不受 D 的任何顶点支配. 结果是得到一个新有向图 D', 它有一条从 s 开始的 $(k+1)$ 路当且仅当 D 有一条 k 长的路. 为了找到 D' 中由 s 出发的一条 $k+1$ 长的路, 对于每一个顶点 $v\in V$, 使用动态规划. 假定对于每一个顶点 $v\in V$, 已经找到长为 i

的彩虹 (s,v) 路的色集合以及相对应的路 (对于每一个可能的色集合, 只对应一条路), 这样的集合叫做**彩虹集合**(colourful sets). 注意到, 对于每一个顶点 v, 分别至多有 $\binom{n}{i}$ 个彩虹集合和 (s,v) 路. 我们来检查每一个彩虹集合 C, 它属于顶点 v 和弧 vu 的组. 令 $P(C)$ 是对应 C 的彩虹路. 如果 $c(u)\notin C$, 就把 $C\cup c(u)$(或 $P(C)u$) 添加到基数 (长) 为 $i+1$ 的 u 的彩虹集合 (路) 组中. 显然, D' 有一条关于着色 c 的 $(k+1)$ 路当且仅当关于某顶点的长为 $k+1$ 的彩虹路组不是空的. 实施这个算法的次数最多是

$$O\left(\sum_{i=0}^{k+1} i\binom{k+1}{i}m\right)=O(m(k+1)2^{k+1}).\qquad\square$$

下面的引理可以由引理 10.2.3 证得, 其证明留作习题 10.8.

引理 10.2.4 设 $D(V,A)$ 是有向图, $c:V\to\{1,2,\cdots,k\}$ 是 D 的一个顶点着色. 对于任何不同顶点有序对 x,y, 长为 $k-1$ 的彩虹 (x,y) 路如果存在, 则可在时间 $nm\cdot 2^{O(k)}$ 内找到它.

对于密集有向图, 可以将这个引理的复杂性准确地改进为 $2^{O(k)}\cdot n^{\omega}$[17]. 显然, 引理 10.2.4 给出了一个 $(nm\cdot 2^{O(k)})$ 算法来寻找 D 中的一个 k 圈.

如果 D 中一条 k 长路 P 的顶点被 k 种色随机地着色, 则 P 有 $k!/k^k>\mathrm{e}^{-k}$ 个机会成为彩虹路. 于是, 根据引理 10.2.1, 随机地生成 k 着色来探测 P 的次数的预期数至多是 $\lfloor \mathrm{e}^k\rfloor$ 这个事实与引理 10.2.3 和引理 10.2.4 一起给出下面的结论:

定理 10.2.5[16, 17] 如果有向图 D 有 k 长路 (或 k 圈), 则在时间 $m\cdot 2^{O(k)}$ ($nm\cdot 2^{O(k)}$) 内一定能够找到一条 k 长路 (或 k 圈).

这个定理所提到的算法是相当简单的, 然而, 不幸地是该算法是不确定的. 幸运地是, 我们可以在重新随机化这些算法后获得具有复杂性为 m 的线性的确定算法. 注意到对 $D=(V,A)$ 中长为 k 的路 P, 许多 V 的 k 着色依赖于 P 是否为彩虹而均等地是好的或是坏的, 这就意味着并不需要考虑 V 的 n^k 个 k 着色来探测 D 中长为 k 的路; 一个颜色的子集 S 是充分的, 使得每一条 k 路关于 S 的至少一种染色是彩虹的. 换句话说, 希望关于顶点的每个 ***k* 集** W, 存在一个 S 上的着色, 它分配给 W 顶点以不同的色.

这就是从 $\{1,2,\cdots,n\}$ 到 $\{1,2,\cdots,k\}$**加细函数的 k 完美族** (k-perfect family of hash functions) 概念. Schmidt 和 Siegel[653] 在 Fredman, Komlós 和 Szemerédi[277] 之后给出了一个从 $\{1,2,\cdots,n\}$ 到 $\{1,2,\cdots,k\}$ 的 k 完美族的显式构造, 其中每个函数特定义为 $b=O(k)+2\log_2\log_2 n$. 于是, 这个族的规模为 $2^b=2^{O(k)}\log_2^2 n$. 在 $\{1,2,\cdots,n\}$ 中的每一个特定元素上, 可以在时间 $O(1)$ 内计算出这些函数的每一个值. 使用这个族, 定理 10.2.5 中的算法就可以被重新随机化而分别得到运行在时间 $O(2^{O(k)}\cdot m\ \log^2 n)$ 和 $O(2^{O(k)}\cdot mn\ \log^2 n)$ 内的确定算法. Alon, Yuster 和 Zwick

指出如何用乘积因子 $\log n$ 来减少上述每一个算法的复杂性, 他们也给出如何重新随机化定理 10.2.2 中所提到的算法的某些版本[16, 17].

10.3 不交圈和反馈弧集

这一节讨论关于顶点不交和弧不交圈的几个有意义且不平凡的结论. 实际上, 这些结论涉及到下面的一个问题：给定一个有向图 D, 寻找 D 中顶点不交 (弧不交) 圈的最大数目. 对于顶点和弧的 2 个版本, 这个问题本身就是 $\mathcal{NP}$ 困难问题 (见下面所述). 但是, 关于大数目的顶点不交 (弧不交) 的圈的存在性还是发现了一些重要而有意义的充分性条件.

我们需要补充几个记号和术语. 对于一个有向图 D, 它的顶点不交圈的最大数目和弧不交圈的最大数目分别记为 $\nu_0(D)$ 和 $\nu_1(D)$. D 的一个顶点 (弧) 集合 S 是**反馈顶点集** (**反馈弧集**) (feedback vertex (arc) set), 如果 $D-S$ 是无圈的. 在 D 的全体反馈顶点集合和反馈弧集合中, 这 2 类集合元素最小的数目分别记为 $\tau_0(D)$ 和 $\tau_1(D)$. 值得注意的是, 参数 $\tau_0(D)$ 和 $\tau_1(D)$ 有几个实际方面的重要应用. 最重要的应用之一是检测电子电路[512]. 可以用有向图为一个电子电路建立模型, 让每一个 (布尔) 门对应一个顶点, 每一条进入一个门的线为一条进入该门所对应顶点的弧. 寻找一个小的弧集合, 使得移走它之后所产生的无圈有向图能够帮助简化硬件过热需要使用所谓**扫描登记** (scan register) 来检测电路[506].

10.3.1 不交圈和反馈集问题的复杂性

我们先介绍下面简单而又非常有用的结论.

命题 10.3.1 对于每个有向图 D, 存在有向图 D' 和 D'', 使得 $\nu_0(D)=\nu_1(D')$, $\tau_0(D)=\tau_1(D')$,$\nu_1(D)=\nu_0(D'')$ 和 $\tau_1(D)=\tau_0(D'')$. 则由 D 可以在多项式时间内构造出有向图 D' 和 D''.

证明 有向图 D'' 可以定义为 $D'':=L(D)$. 只要对 D 的全体顶点使用撕裂程序 (见 3.2.4 小节中的定义), 就可构造出 D'. 建议读者去验证这个命题的所有的结论确实为真. □

上面的命题 10.3.1 预示着下面的 2 个问题具有相同的复杂性 (至多有一个多项式因子).

FVS 问题 给定一个整数 k 和一个有向图 D, 验证 $\tau_0(D)\leqslant k$ 是否成立.

FAS 问题 给定一个整数 k 和一个有向图 D, 验证 $\tau_1(D)\leqslant k$ 是否成立.

简单地说, 判定是否有 $\nu_0(D)\geqslant k$ 的问题是多项式地等价于判定是否有 $\nu_1(D)\geqslant k$ 的问题. Karp 是第一个证明如下定理的人[474]：

定理 10.3.2 FAS 问题是 $\mathcal{NP}$ 完全问题.

Gavril 证实：FAS 问题是 $\mathcal{NP}$ 完全问题[306]，甚至包括 $\delta^0(D) \leqslant 3$ 的有向图 D，或者是有向线图. 命题 10.3.1 和定理 10.3.2 一起表明 FVS 问题也是 $\mathcal{NP}$ 完全问题. 使用 Bang-Jensen 和 Thomassen 的定理 12.6.1，我们有下面更强的结论：

定理 10.3.3[89] FVS 问题是 $\mathcal{NP}$ 完全问题，甚至对竞赛图也是如此.

FVS 问题对具有 $\delta^0(D) \leqslant 2$ 的有向图 D 和具有 $\delta^0(D) \leqslant 3$ 的平面有向图 D 是 $\mathcal{NP}$ 完全问题[303]，对有向线图也是如此[306]. 然而，FVS 问题不同于 FAS 问题，就是对无向图它也是 $\mathcal{NP}$ 完全问题[303].

自然地，上面所提到的关于参数 ν_0 和 ν_1 的判定性问题均为 $\mathcal{NP}$ 完全问题.

定理 10.3.4 给定一个有向图 D 和一个整数 k，判定是否有 $\nu_0(D) \geqslant k$，或者 $\nu_1(D) \geqslant k$ 的问题均是 $\mathcal{NP}$ 完全问题.

证明 按照命题 10.3.1，只要证明这个断言仅对 ν_0 成立即可. 有关 ν_0 的不等式证明的一个方案在习题 10.9 中给出. □

10.3.2 最大出度至少为 k 的有向图中不交圈

本小节介绍为保证一个有向图 D 中存在大量的顶点不交的圈的充分性条件是 $\delta^+(D)$ 要足够的大. 令 $f(k)$ 是最小的整数，使得最小出度至少为 k 的一个有向图包含 k 个顶点不交的圈. 但是对于每一个 $k \geqslant 1$，整数 $f(k)$ 的存在性是不明显的. Thomassen 首次发现并证得 $f(k) \leqslant (k+1)!$[700]. Bermond 和 Thomassen 猜测[115]，实际上有 $f(k) = 2k-1$. 对 $k=1$，它是真实的，这是因为每个无圈有向图有一个零出度顶点. 对 $k=2$，这个猜想也成立 (见习题 10.21 和习题 10.22). Alon 是第一位证明函数 $f(k)$ 为线性的人[10]，他给出了下面的结论：

定理 10.3.5 存在一个绝对常数 C，使得 $f(k) \leqslant Ck$ 对所有的 k 成立. 尤其是对 $C = 64$，结论也成立.

我们不打算给出定理 10.3.5 的一个证明，多多少少是因为它的冗长而繁琐的证明. 然而，我们将要证明一个稍弱的结论，即下面的定理 10.3.8，该证明展示了文献 [10] 中有关定理 10.3.5 证明的最基本的思路. 下面推论的证明留作习题 10.23.

推论 10.3.6[10] 每个具有出度至少为 k 的有向图至少包含 $k^2/128$ 个弧不交的圈.

对于 k 正则有向图，这个推论的结论看起来远不够严格. Alon, McDiarmid 和 Molloy 给出如下的猜想[13]：

猜想 10.3.7 每个 k 正则有向图包含 $\binom{k+1}{2}$ 个弧不交的圈.

对 $k \leqslant 3$ 的情形，这个猜想已被证实[13]. 下面，我们来表述定理 10.3.8.

定理 10.3.8[10] 对于每一个足够大的 k，有 $f(k) \leqslant (3+o(1))k\ \log_e k$.

出于技术方面的原因,不仅对有向图,而且对无平行弧的有向伪图均要证明这个定理. 然而,为了叙述的简短性,在这一小节余下的部分里仍将使用名称"有向图",包括那些可能有自环的有向图.

当 $k=1$, 定理 10.3.8 显然成立. 假定定理 10.3.8 对直到 k 的每一个值是真实的. 设 $k+1$ 是最小的整数,使不等式不成立,则有 $f(k+1)>f(k)+4$. 设 $D=(V,A)$ 是最小出度为 r 的一个有向图,其中 $r=f(k+1)-1$, 使得 D 不含 $k+1$ 个顶点不交的圈. 也假定 D 有最小可能的顶点数目,服从于这个性质,即最小规模. 依照 D 的定义, D 的每一个顶点的出度等于 r 且 $\delta^-(D)>0$. 此外, D 无自环. 不然的话,删去 D 中的一个有自环的顶点所得到有向图不含 k 个顶点不交的圈,说明 $f(k+1)-2=r-1\leqslant f(k)-1$, 这是不可能的,因为上面已说到 $f(k+1)>f(k)+4$.

我们把证明 D 的某些性质表述为下面的引理. 引理 10.3.11 的证明利用了一个概率论证. 第一个引理是 Thomassen 得到的[700], 接下来的 2 个引理是 Alon 得到的[10].

引理 10.3.9[700] 对于每个顶点 $v\in V$, 有向子图 $D\langle N^-(v)\rangle$ 包含一个圈.

证明 固定任意一个顶点 $v\in V$, 令 $H=D\langle N^-(v)\rangle$. 只要证明有 $\delta^-(H)>0$ 即可. 反设有顶点 $u\in V(H)$, 使 $d_H^-(u)=0$. 则没有 D 的顶点支配 u 和 v. 这就说明除去弧 uv 之外,先删去 D 中以 u 为尾的弧,然后收缩弧 uv, 得到的有向图 D' 有出度 r(注意 D' 可能有一条弧). 依照 D 的最小性, D' 有 $k+1$ 个顶点不交的圈. 这些圈可以容易地转换成 D 的顶点不交的圈,矛盾. □

引理 10.3.10[10] 有 $|V|\leqslant k(r^2-r+1)$.

证明 记 $n=|V|$, 设 G 是具有顶点集 V 的无向图,其中一对不同的顶点 u 和 v 是相邻的当且仅当有 D 中的一个顶点支配它们 2 个. 令 $m=n\binom{r}{2}$, 注意到 G 的规模至多是 m(因为 D 的每一个顶点有出度 r). 所以,正如已知的, G 有一个基数至少为 $\frac{n^2}{2m+n}$ 的独立集[105,282]. 如果这个数至少是 $k+1$, 则存在 G 的一个顶点独立集 $x_1,x_2,\cdots,x_{k+1}$, 这就意味着集合 $N^-(x_1),N^-(x_2),\cdots,N^-(x_{k+1})$ 是两两不交的. 根据引理 10.3.9. D 有 $k+1$ 个顶点不交的圈,矛盾. 因此,必有 $\frac{n^2}{2m+n}\leqslant k$. 这已得到引理 10.3.10 的不等式. □

引理 10.3.11[10] 有$k(r^2-r+2)\left(1-\frac{1}{k+1}\right)^r\geqslant 1$.

证明 假设引理的不等式为不真,即有

$$k(r^2-r+2)\left(1-\frac{1}{k+1}\right)^r<1.$$

接下来,各自独立地给每一个顶点 $v\in V$ 按概率 $p=\frac{1}{k+1}$ 分配一个色 $i\in\{1,2,\cdots,$

$k+1\}$, 设 V_i 是着有色 i 的顶点之集. 对于每一个顶点 $v\in V$, 令 E_v 表示 v 的全部出邻点着有不同于 v 的色的事件. 因为 D 的每一个顶点有出度 r, 则对 $i=1,2,\cdots,k+1$, 有 $\text{Prob}(E_v)=(1-p)^r$. 用 F_i 表示 $V_i=\varnothing$ 的事件, 则 $\text{Prob}(F_i)=(1-p)^n\leqslant(1-p)^{r+1}$. 因而, 由引理 10.3.10, 便得

$$\begin{aligned}\sum_{v\in V}\text{Prob}(E_v)+\sum_{i=1}^{k+1}\text{Prob}(F_i)&\leqslant n(1-p)^r+(k+1)(1-p)^{r+1}\\&\leqslant k(r^2-r+1)(1-p)^r+k(1-p)^r\\&=k(r^2-r+2)(1-p)^r\\&<1.\end{aligned}$$

这就证得具有正概率的每一个 $D\langle V_i\rangle$ 是非空的, 且有一个正的最小出度, 因而具有一个圈. 于是, 存在 $V_1,V_2,\cdots,V_{k+1}$ 的一个选取, 从而给出 D 的 $k+1$ 个不交的圈, 矛盾. □

定理 10.3.8 的证明　引理 10.3.11 隐含了 $k(r^2-r+2)\geqslant \mathrm{e}^{r/(k+1)}$. 因此, 当 k 是足够大时, 便得

$$f(k)\leqslant f(k+1)-1=r\leqslant(3+o(1))k\log_{\mathrm{e}}k,$$

这就证得了定理 10.3.8. □

10.3.3　有向图的反馈集和线性序

我们在前面曾指出：在许多应用中, 实际需要是找到一个最小 (基数) 反馈弧集. 注意到, 如果 A' 是一个任意的反馈弧集, 则由定义, $D-A'$ 是无圈有向图, 因而它有一个无圈序 $v_1,v_2,\cdots,v_n$. 关于这个无圈序, 弧集 $A-A'$ 中的每一条弧 v_iv_j 满足 $i<j$. 按照计算的观点, 寻找 D 中的一个反馈弧集等价于寻找 V 的一个序 $u_1,u_2,\cdots,u_n$, 它最大化 (最小化) 向前弧 (向后弧) 的数目; 关于上面的排序, 如果 $i<j$, 称弧 u_iu_j 是**向前的**, 否则称弧 u_iu_j 是**向后的** ①. 这仍然是 (算法地) 等价于寻找 D 中一个具有最大弧数目的无圈有向子图 (习题 10.14). 后面的问题是已知的**无圈有向子图问题** (acyclic subdigraph problem).

为了解释上面的定义并获得对上面问题的研究困难的认识与感受, 我们先考虑竞赛图.

对于一个竞赛图 T, 令 $\gamma(T)$ 是 T 的一个最大规模的无圈有向子图的规模. 固定 T 中顶点的任意一个排序 $u_1,u_2,\cdots,u_n$ 可知, 向前弧的数目加上向后弧的数目等于 $\binom{n}{2}$. 如果需要, 则用序 $u_n,u_{n-1},\cdots,u_1$ 来替换序 $u_1,u_2,\cdots,u_n$, 便得到

① 显然, 向后弧的集合形成一个反馈弧集.

$\gamma(T) \geqslant n(n-1)/4$. 可以猜测, 通过选取一个特定含义的数, 比如是 $\varepsilon n(n-1)/4$, 其中 ε 是一个绝对正数, 且不依赖于 n, 总能够找到一个规模超过 $n(n-1)/4$ 的无圈有向子图. 然而, 这并不真实, 原因如下:

定理 10.3.12 对于每个整数 $n \geqslant 3$, 存在一个 n 阶竞赛图 T, 使得

$$\gamma(T) \leqslant n(n-1)/4 + \sqrt{n^3 \log_e n}/2.$$

证明 考虑顶点集为 $\{1, 2, \cdots, n\}$ 的一个随机竞赛图 T_n, 即 T_n 是在全体顶点集为 $\{1, 2, \cdots, n\}$ 的竞赛图中随机挑选出来的. 注意, 关于每一对 $i \neq j \in \{1, 2, \cdots, n\}$, 弧 $ij \in A(T_n)$ 具有概率 1/2.

关于每一对 $i, j \in \{1, 2, \cdots, n\}$ 且 $i < j$, 定义随机变量 $x_{i,j}$ 如下:

$$x_{i,j} := \begin{cases} 1, & \text{如果弧 } ij \in A(T_n), \\ -1, & \text{其他}. \end{cases}$$

令 $N = \binom{n}{2}$. 关于序 $\pi = 1, 2, \cdots, n$, 向前弧的数目减去向后弧的数目等于

$$\sum_{1 \leqslant i < j \leqslant n} x_{i,j} =: S_N.$$

则 $E_\pi := \{|S_N| > a\}$ 表示在 2 个排序 $\pi = \pi(1), \pi(2), \cdots, \pi(n)$ $(= 1, 2, \cdots, n)$ 和 $\pi^* = \pi(n), \pi(n-1), \cdots, \pi(1)$ $(= n, n-1, \cdots, 2, 1)$ 中的一个里向前弧的数目超过 $n(n-1)/4 + a/2$. 另一方面, S_N 是取值为 $+1$ 和 -1 的 $\binom{n}{2}$ 个随机独立变量的和, 每一个随机变量取值的概率为 1/2, 根据文献 [14] 中的推论 A.2, 对于每一个正数 a, 有

$$\mathrm{Prob}(|S_N| > a) \leqslant 2\mathrm{e}^{-a^2/(2N)}. \tag{10.2}$$

考察事件 E: 对至少一个 $1, 2, \cdots, n$ 的置换, 超过 $n(n-1)/4 + a/2$ 的向前弧的数目等于对 $1, 2, \cdots, n$ 的全体置换事件 E_ν 的并, 这些置换的总数为 $n!$. 取 $a = \sqrt{n^3 \log_e n}$, 然后应用 (10.2) 式, 则得

$$\begin{aligned} \mathrm{Prob}(E) &\leqslant 2n! \exp(-n \ \log_e n) \\ &\leqslant 2n! \ n^{-n} \\ &< 1 \end{aligned}$$

关于每一个整数 $n (\geqslant 3)$ 成立. 这就意味着具有正概率的事件 E 不成立, 即对 $1, 2, \cdots, n$ 的每一个置换, 向前弧的数目并不超过 $n(n-1)/4 + \sqrt{n^3 \log_e n}/2$. 按照 T_n 的定义, 则存在一个具有上述性质的 n 阶竞赛图. □

de la Vega 得到了一个稍为好些的结果[186], 在命题 10.3.12 中的不等式里, 他证明可以用一个常数来取代数 $\sqrt{\log_e n}$.

我们也可考虑上述问题的赋权问题的版本, 即给每一条弧分配一个非负实值权重, 目的是寻找一个最小总权重的反馈弧集 (一个有最大权的无圈有向子图). 无圈有向子图问题的赋权版本也称为**线性序问题** (the linear ordering problem), 它是在研究一个经济系统的各种向量间的相交时自然产生的问题[284,337,631].

对于线性序问题有一个容易的办法可得到一个序, 它至少完成了一个序的一半最优值. 下面命题的证明作为一个简单的习题 (习题 10.15).

命题 10.3.13 对赋权有向图 $D=(V,A,w)$, 可以在时间 $O(m)$ 内找到一个无圈有向子图 $D'=(V,A')$, 使得 $w(A')\geqslant w(A)/2$.

因为 $w(A)/2\leqslant w(A')\leqslant w(A_o)\leqslant w(A)$, 其中 $w(A_o)$ 是最优权, 这个命题说明对线性序问题存在着一个多项式 2 近似算法 ①.

注意到, 尽管以计算的角度看线性序问题和反馈弧集问题是等价的, 不能够将上面所说的近似算法用作反馈弧集问题的一个 2 近似算法, 原因是当上面的序仍然小于一半的正确方向上的弧最优序可以拥有全部或几乎全部正确方向中的弧 (这将导致数 τ_1 接近于零). 事实上, 逼近数 τ_1 似乎是非常困难的, 对任何常数 c, 迄今为止没有一个 c 近似算法. 已知反馈弧集问题的最好的近似保证是 Seymour 得到的[665].

定理 10.3.14 关于反馈弧集问题存在一个 $O(\log n\ \log\log n)$ 近似算法.

需要详细地了解逼近一个有向图的数 τ_1, 建议读者去阅读 Shmoys 的书[671]. 另一个关于反馈弧集问题的推广的近似算法 (以及**反馈顶点集问题**) 由 Even, Naor, Schieber 和 Sudan 提供[227].

然而, 对于任意有向图反馈弧集问题是 $\mathcal{NP}$ 困难问题 (见定理 10.3.2). 对于平面有向图, 情形则完全不同 (除非 $\mathcal{P}=\mathcal{NP}$), 原因归结于下面 Lucchesi 的结论:

定理 10.3.15[526] 反馈弧集问题对于平面有向图是多项式可解的.

下面给出定理 10.3.15 的一个证明. 首先定义一个平面有向多重图的对偶. 设 $G=(V,E)$ 是一个平面无向伪图, F 是 G 的全体面的集合 (关于 G 的一个固定的平面嵌入). 设 G^* 表示这样的一个伪图, 对于每一个面 $f_i\in F$, 它有一个顶点 v_i, 且每一条边 $e\in E$ 是在面 f_i,f_j 的边界上, 对应于面 f_i,f_j 的 2 个顶点 v_i,v_j 则由一条边连接 ②. 在一般的情形中, G^* 有平行边, 或有自环. 对于平面有向伪图, 也能够定义一个**有向对偶** (directed dual). 这相同上面所说的对偶, 但在 v_i 和 v_j 之

① 对于一个最小化问题 $\mathcal{M}$, 我们说一个算法 $\mathcal{A}$ 是一个 $f(n)$ 近似算法, 如果对每一个规模 n 的 $\mathcal{M}$ 的一个事例, 算法 $\mathcal{A}$ 能够找到一个解, 其值 ρ 满足 $\rho/\rho^*\leqslant f(n)$, 其中 ρ^* 表示最优值.

② 注意, 如果 e 不是一个面圈边界的部分, 则 $f_i=f_j$, 得到顶点 v_i 上的一个自环.

间的弧的定向总是选取使得弧从左到右地交叉于原始弧 e(这里的左面意味着行走时从 e 的尾到 e 的头的左边). 见图 10.1 中一个有向多重图对偶的具体例子.

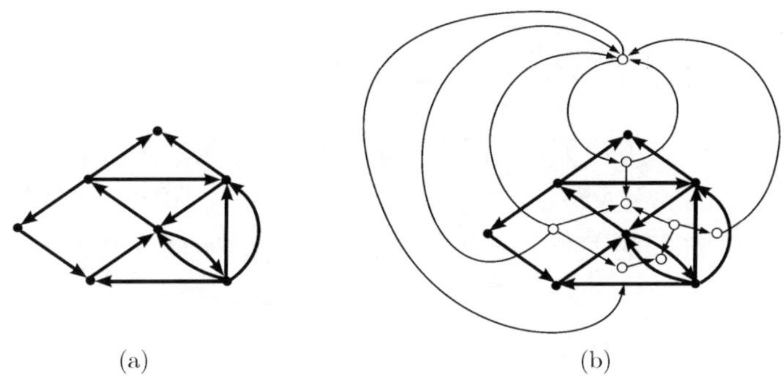

(a) (b)

图 10.1

(a) 一个平面有向多重图 D; (b)D 的有向对偶 D^* 被画在 D 的上面,

白色小圆圈代表 D^* 的顶点, 细弧是 D^* 的弧, 粗弧为 D 的弧

如果 $D=(V,A)$ 是一个平面有向多重图, D^* 是它的有向对偶, 则不难看到 D^* 也是平面有向多重图 (习题 10.10). 事实上, $(D^*)^*$ 同构于 D 的逆 (习题 10.11).

定理 10.3.15 的证明 设 D 是平面有向多重图, 并设 D 与其有向对偶 D^* 是嵌入在平面中. 显然, 可设底图 $UG(D)$ 是连通的, 不然的话, 我们可以分别讨论 D 的每一个连通的分支.

我们欲证明 D 的一个最小反馈弧集的规模等于 D 的一个有向交的最小规模 (见 7.15 节中关于有向交的定义). 注意, 这就是 7.15 节中在一个强连通有向多重图中要收缩的弧的最小数目.

如果删去 D 的一条弧 a, 在对偶上的效果是相同于收缩对偶中对应 a 的弧 a^*(一条从左到右穿过 a 的弧). 如果 C 是 D 的一个**面圈** (facial cycle), 则对应到 C 的顶点 v 有进入和离开它的所有方向上的弧 (依赖于 C 的定向是顺时针还是逆时针性). 于是, D^* 中关联于 v 的弧形成 D^* 的一个有向割 (见 7.15 节中有向割的定义), 这说明 D^* 不是强连通平面有向多重图.

相反地, 若 D^* 不是强连通平面有向多重图, 则令 H 是 D^* 的一个初强分支 (也就是 D 中没有从 $V-V(H)$ 到 $V(H)$ 的弧). 现在不难知, 对应于 D^* 中有向割 $(V(H),V-V(H))$ 的 D 中的弧形成一个有向圈 (习题 10.12). 于是, 已经证明了 D 有一个有向圈的充要条件是 D^* 不为强连通平面有向多重图. 此外, 删去 D 的弧, 直到获得一个无圈有向多重图是等价于收缩 D^* 的弧直到获得一个强有向多重图. 这表明 D 的一个最小反馈弧集的规模等于 D^* 中一个最小有向交的规模. 根据推论 8.8.10, 能够在多项式时间内找到反馈数 (和一个最小反馈弧集). □

上面的论证隐含了下面的结论：

推论 10.3.16 设 D 是一个平面有向图, 则 $\nu_1(D)=\tau_1(D)$.

10.4 不交圈对反馈集的比较

在本节中, 我们一方面要研究有向图中顶点不交圈的最大数目 ν_0 和弧不交圈的最大数目 ν_1 之间的关系, 另一方面也要研究最小反馈顶点集的规模 τ_0 和最小反馈弧集的规模 τ_1 之间的关系. 我们将叙述 Younger 猜想并给出 Reed, Robertson, Seymour 和 Thomas 有关这个猜想证明的一个主要轮廓, 然后给出几个仍然为公开的猜想和问题.

10.4.1 参数 ν_i 和 τ_i 的关系

显然, 对于每个有向图 D, 总有 $\nu_0(D)\leqslant\nu_1(D)$, 并可以找到一族无穷多个有向图 D, 使得族中的每个有向图 D 的这个 2 个参数是不相等的. 对于参数 τ_0,τ_1 也有相同的结论. 此外, 显然也有 $\nu_i(D)\leqslant\tau_i(D)(i=1,2)$. 不难构造一族无穷多个有向图 D, 使得 $\nu_0(D)<\tau_0(D)$(习题 10.19). 因而, 根据命题 10.3.1, 存在一族无穷多个有向图 D, 使得 $\nu_1(D)<\tau_1(D)$.

另一方面, 也存在有向图族, 族中每个有向图使得上面最后 2 个不等式变为等式. Szwarcfiter 描绘了如此的一个有向图族[686], 使得族中的每个有向图 D 满足 $\nu_0(D)=\tau_0(D)$. 他的有向图族推广了 Frank 和 Gyárfás[267] 以及 Wang, Floyd 和 Soffa 给出的 2 个有向图族[732]. Szwarcfiter 也为他的有向图族识别提供了多项式算法[686], 并找到 k 圈因子和基数为 k 的反馈顶点集, 其中 $k=\nu_0(D)=\tau_0(D)$. 已知平面有向图 D 满足 $\nu_1(D)=\tau_1(D)$. Seymour 证得对于一类特殊的欧拉有向图有相同的结论成立[666]. Ramachandran 考虑了具有相同性质的另一类有向图[620].

通常, 并不总有 $\nu_i(D)=\tau_i(D)$ $(i=0,1)$, 其情形是 $\tau_i(D)$ 超过 $\nu_i(D)$, Younger 曾猜想前者被后者的一个函数所界定① [750]. 换句话说, 他猜测关于每一个 k, 存在 (至少) 一个自然数 $t_0(k)$ (或 $t_1(k)$), 对于每一个有向图 D 有下面的事情成立：D 包含 k 个顶点不交的 (弧不交的) 圈, 或者 D 有一个基数至多为 $t_0(k)$(或 $t_1(k)$) 的反馈顶点 (弧) 集. 依据命题 10.3.1, Younger 猜想的 “顶点” 版本的真实性隐含了 “弧” 版本的成立, 反之亦真. 另外, 命题 10.3.1 也表明, 如果 $t_0(k)$ 和 $t_1(k)$ 均存在, 则它们相等 (习题 10.20). Younger 猜想最近被 Reed, Robertson, Seymour 和 Thomas 彻底地解决[626]. 下一节将介绍解决这个猜想的证明, 本节的剩余部分内容是讨论竞赛图的参数 ν_1 和 τ_1.

---

① 最早是 Gallai 猜测 $\tau_0(2)$ 的存在性 [626].

就是对竞赛图 T 而言, 参数 $\nu_1(T)$ 和 $\tau_1(T)$ 也不总是一致的. 根据定理 10.3.12 的证明, 对于每一个整数 $n \geqslant 3$, 具有 n 个顶点和概率趋于 $1(n \to \infty)$ 的随机竞赛图 T_n 有 T 中一个反馈弧集的至少 $n(n-1)/4-\sqrt{n^3\log_e n}/2$ 条弧. 另一方面, 采用 Chartrand, Geller 和 Hedetniemi 的一个结果[144] 可知, T_n 至多有 $\left\lfloor n\left\lfloor\frac{n-1}{2}\right\rfloor/3\right\rfloor \leqslant \frac{1}{3}\binom{n}{2}$ 个弧不交的圈 (每个 3 圈至少有 3 条弧). Isaak 给出了如下的猜想:

猜想 10.4.1[446] 如果竞赛图 T 具有一个最小反馈弧集 A, 使得导出图 $T\langle A\rangle$ 是 T 的可传递子竞赛图, 则 $\nu_1(T)$ 与 $\tau_1(T)$ 一致.

Isaak 也提出了如下的问题[446]. 注意, 如果问题的答案是 yes 的话, 这将导致猜想 10.4.1.

问题 10.4.2 假定竞赛图 T 有一个最小反馈弧集, 它导出一个具有哈密尔顿路的无圈有向图. T 中弧不交的圈的最大数目等于 T 的一个最大反馈弧集的基数吗?

易见, 一个给定的有向图 D 的一个最小反馈弧集必导出 D 的一个无圈有向子图 (习题 10.16). 下面由 Barthélémy, Hudry, Isaak, Roberts 和 Tesman 得到的结论表明: 每个无圈有向图是某竞赛图的一个最小反馈弧集的导出有向子图.

定理 10.4.3[95] 设 D 是无圈有向图, 则存在一个竞赛图 T 以 D 为它的一个有向子图, 使得 D 的弧形成 T 的一个最小反馈弧集.

Bang-Jensen 和 Thomassen 提出了下面的猜想:

猜想 10.4.4[89] 对于竞赛图, 反馈弧集问题是 $\mathcal{NP}$ 困难问题.

依照定理 10.3.3, 我们指出有关竞赛图的反馈顶点集问题是 $\mathcal{NP}$ 困难问题.

10.4.2 Younger 猜想的解决

在前面一节中, 我们提到了有关各种有向图族的 Younger 猜想的顶点和弧版本均被证明. McCuaig 利用刻画**内圈有向图** (intercyclic digraph)D 有 $\nu_0(D) \leqslant 1$, 从而证得 $t_0(2)$ 的存在[559]. 此外, 他确定了 $t_0(2)=3$. Reed 和 Shepherd[627] 运用 Seymour[665] 的一个结论证得平面有向图中 Younger 猜想的顶点版本. Reed 和 Sheperd 的结论与 Goemans 和 Williamson 的一个结果结合[323] 就导致 $t_0^{pd}(c)=O(c)$, 其中 $t_0^{pd}(c)$ 是限制在平面有向图上的函数 $t_0(c)$. 最终, Younger 猜想被 Reed, Roberstson, Seymour 和 Thomas 完全彻底地解决[626]. 在这一小节里, 我们将给出他们的证明的一个轮廓, 并将提供文献 [626] 中最重要的引理的一个完整证明.

在文献 [626] 的证明中, 重要的工具之一就是极为著名的 Ramsey 定理[621].

定理 10.4.5 对于所有的整数 $q,l,r \geqslant 1$, 存在一个 (最小的) 整数 $R_l(r,q) \geqslant 0$, 使得下列事情成立: 令 Z 是基数至少为 $R_l(r,q)$ 的一个集合, 且 Z 的每一个 l 子集被分配 $\{1,2,\cdots,q\}$ 中的一个颜色. 则存在 Z 的一个 r 子集 S 和 $\{1,2,\cdots,q\}$ 中的一个颜色 k, 使得 S 中每一个 l 子集均着有色 k.

一些读者可能非常熟悉这个定理有关图论中的特殊情形：对于每一对自然数 q,r, 存在一个整数 $R_2(r,q)\geqslant 0$, 使得阶数至少为 $R_2(r,q)$ 的每个 q 边着色完全图有一个 r 阶的**单色完全子图**.

我们先从下面的引理开始来描述解决 Younger 猜想的证明轮廓, 该引理的证明作为习题 10.24.

引理 10.4.6[626] 令 $c\geqslant 1$ 是使 $t_0(c-1)$ 存在的整数; 设有向图 D 具有 $\nu_0(D)<c$, 且 T 是 D 的基数为 $\tau_0(D)$ 的反馈顶点集, 假定 U,W 是 T 的 2 个基数为 r 的不交的子集, 其中 $r\geqslant 2t_0(c-1)$. 则存在 D 的一个从 U 到 W 的 r 路有向子图, 它不含 $T-(U\cup W)$ 中的任何顶点.

设 $\mathcal{L}=P_1\cup P_2\cup\cdots\cup P_k$ 是有向图 D 的 k 路有向子图, 并设 u_i,w_i 分别是路 P_i 的起始顶点、终止顶点 $(1\leqslant i\leqslant k)$, 则说 $\mathcal{L}$ 将 $(u_1,u_2,\cdots,u_k)$ 链接到 $(w_1,w_2,\cdots,w_k)$, 也可以说成 $\mathcal{L}$ 是从 $\{u_1,u_2,\cdots,u_k\}$ 到 $\{w_1,w_2,\cdots,w_k\}$.

下面的引理 10.4.7 是文献 [626] 的作者与 Alon 共同证明的, 引理的证明使用了 Ramsey 定理以及 Erdös 和 Szekeres 的定理 5.2.3.

引理 10.4.7 令 $c(\geqslant 2)$ 是使得 $t_0(c-1)$ 存在的整数, 并令 $k(\geqslant 1)$ 是整数. 则存在一个整数 $t\geqslant 0$(依赖于 k), 使得下列的事情成立：如果 D 是具有 $\nu_0(D)<c$ 和 $\tau_0(D)\geqslant t$ 的有向图, 则存在 D 的不同顶点 $u_1,u_2,\cdots,u_k,w_1,w_2,\cdots,w_k$ 和 D 的一对 k 路有向子图 $\mathcal{L}_1,\mathcal{L}_2$, 使得

(i) $\mathcal{L}_1$ 把 $(u_1,u_2,\cdots,u_k)$ 链接到 $(w_1,w_2,\cdots,w_k)$.

(ii) $\mathcal{L}_2$ 把 $(w_1,w_2,\cdots,w_k)$ 链接到 $(u_1,u_2,\cdots,u_k)$ 或链接到 $(u_k,u_{k-1},\cdots,u_1)$.

(iii) $\mathcal{L}_1\cup\mathcal{L}_2$ 的每个 (有向) 圈包含 $\{u_1,u_2,\cdots,u_k,\ w_1,w_2,\cdots,w_k\}$.

证明 令 $l:=(k-1)^2+1, r:=\max\{2t_0(c-1),(k+1)l\}, q:=(l!+1)^2$ 和 $t:=R_l(r,q)+l$, 其中 $R_l(r,q)$ 是定理 10.4.5 中定义的整数. 则有 $r\geqslant l$ 和 $t\geqslant 2r$, 显然 $R_l(r,q)\geqslant 2r-1$. 欲证明对 t 的这种选取满足本引理. 设 D 是满足 $\nu_0(D)<c$ 和 $\tau_0(D)\geqslant t$ 的有向图. 选取 D 的一个基数为 $\tau_0(D)$ 的反馈顶点集 T, 和 T 的一个 l 子集 U, 令 $Z:=\{z_1,z_2,\cdots,z_{|Z|}\}:=T-U$. 于是, 有 $|Z|\geqslant R_l(r,q)$.

对于每一个子集 $X\subseteq Z$, 具有 $X=\{z_{i_1},z_{i_2},\cdots,z_{i_{|X|}}\}$, 其中 $i_1<i_2<\cdots<i_{|X|}$; 设 $\bar{X}:=(z_{i_1},z_{i_2},\cdots,z_{i_{|X|}})$ 和 $\bar{X}(h)=z_{i_h}, h=1,2,\cdots,|X|$.

设 X 是 Z 的一个 l 子集. 如果 D 中存在从 U 到 X 且不含 $Z-X$ 的顶点的一个 l 路有向子图 $\mathcal{L}_1(X)$, 则存在 U 的顶点一个置换 $(u_1,u_2,\cdots,u_l)$, 使得 $\mathcal{L}_1(X)$ 链接 $(u_1,u_2,\cdots,u_l)$ 到 $\bar{X}$, 可设 $p_1(X):=(u_1,u_2,\cdots,u_l)$; 如果没有如此的有向子图存在, 就设 $p_1(X):=\varnothing$. 相似地, 如果存在一个从 X 到 U 的 l 路有向子图 $\mathcal{L}_2(X)$, 它链接 $\bar{X}$ 到 $(w_1,w_2,\cdots,w_l)$, 且不含 $Z-X$ 的顶点, 就设置 $p_2(X):=(w_1,w_2,\cdots,w_l)$. 如果不存在如此的有向子图, 设置 $p_2(X):=\varnothing$. 给 X 分配颜色 $(p_1(X),p_2(X))$. 显然, 存在 q 种可能的颜色 (q 是本证明开始定义的). 根据定理 10.4.5, 存在 Z 的一

个 r 子集 S 和一个颜色 (u,w), 使得 S 的每一个 l 子集着有色 (u,w).

我们断言 u 和 w 均是非空的. 实际上, 若 $u=\varnothing$, 就选取一个 r 集合 U', 使得 $U\subseteq U'\subseteq T-S$. 按照引理 10.4.6, 存在 D 中的一个 r 路有向子图 $\mathcal{L}'$, 它是从 U' 到 S 且不含 $T-(U'\cup S)$ 的顶点. 路有向子图 $\mathcal{L}'$ 包含一个从 U 到某个 $X\subseteq S$ 且不含 $T-(U\cup X)$ 的顶点的路有向子图. 于是, $u=p_1(X)\neq\varnothing$. 类似地, 我们可以证明 $w\neq\varnothing$.

令 $u:=(u_1,u_2,\cdots,u_l)$ 和 $w:=(w_1,w_2,\cdots,w_l)$, 并令 $\mathcal{L}_1(X),\mathcal{L}_2(X)$ 是对应的链接. 对于每一个 S 的 l 子集 X, 我们已经建立了 $\mathcal{L}_1(X)$ 链接 u 到 $\bar{X}$, $\mathcal{L}_2(X)$ 链接 $\bar{X}$ 到 w.

对 $i=1,2,\cdots,l$, 定义 j_i 如下: $w_{j_i}=u_i$. 依据 l 的定义以及 Erdös 和 Szekeres 的定理 5.2.3, 存在 $1\leqslant i_1<i_2<\cdots<i_k\leqslant l$, 使得序列 j_{i_1}, j_{i_2}, $\cdots$, j_{i_k} 或是单调增, 或是单调减. 在第一种情形 (单调增) 中, 定义 $(i'_1,\ i'_2,\ \cdots,\ i'_k)$ 为 $(j_{i_1},\ j_{i_2},\ \cdots,\ j_{i_k})$; 在后一种情形中, 定义 $(i'_1,i'_2,\ \cdots,\ i'_k)$ 是 $(j_{i_k},j_{i_{k-1}},\ \cdots,\ j_{i_1})$. 因此, 总有 $i'_1<i'_2<\cdots<i'_k$.

令 $G:=\{\bar{S}(l),\bar{S}(2l),\cdots,\bar{S}(kl)\}$. 选择 S 的一个 l 子集 X, 使得 $\bar{S}(hl)=\bar{X}(i_h)$, $h=1,2,\ \cdots,\ k$. 因为 $\mathcal{L}_1(X)$ 链接 $(u_1,u_2,\cdots,u_l)$ 到 $\bar{X}$, 因而它包含了一个路有向子图 $\mathcal{L}_1$ 链接 $(u_{i_1},u_{i_2},\ \cdots,\ u_{i_k})$ 到 $\bar{G}$. 此外, $\mathcal{L}_1$ 中 T 的唯一的顶点属于 $U\cup G$.

类似地，选取 S 的一个 l 子集 Y，使得 $\bar{S}(hl)=\bar{Y}(i'_h)$，$h=1,2,\cdots,k$. 因 $\mathcal{L}_2(Y)$ 链接 $\bar{Y}$ 到 $(w_1,w_2,\ \cdots,\ w_l)$，它包含一个链接 $\bar{G}$ 到 $(w_{i'_1},w_{i'_2},\ \cdots,\ w_{i'_k})$ 的路有向子图 $\mathcal{L}_2$. 注意，$(w_{i'_1},w_{i'_2},\ \cdots,\ w_{i'_k})$ 等于 $(u_{i_1},u_{i_2},\ \cdots,\ u_{i_k})$，或者 $(w_{i'_1},w_{i'_2},\ \cdots,\ w_{i'_k})$ 等于 $(u_{i_k},u_{i_{k-1}},\ \cdots,\ u_{i_1})$. 此外，$\mathcal{L}_1\cup\mathcal{L}_2$ 中的每个 (有向) 圈相交于 T (因 T 是一个反馈顶点集)，且在 $V(\mathcal{L}_1\cup\mathcal{L}_2)$ 中仅有 T 的顶点是 $u_{i_1},\ u_{i_2},\ \cdots,\ u_{i_k}$ 和 G 的元素. 因而 $\mathcal{L}_1$ 和 $\mathcal{L}_2$ 满足引理. □

一个有向图 D 是**双服务** (bivalent), 如果对于每一个顶点 $v\in V(D)$, 有 $d^+(v)=d^-(v)\in\{1,2\}$. 下面的引理是文献 [626] 的基本结论中最有技术难度的.

引理 10.4.8 对于每个整数 $c\geqslant 1$, 存在 $k\geqslant 0$, 使得关于每一个双服务有向图 D, 若 D 中存在一对 k 路有向子图 $\mathcal{L}_1,\mathcal{L}_2$, 使得 $\mathcal{L}_1$ 的每一条路相交于 $\mathcal{L}_2$ 的每一条路, 又 $\mathcal{L}_1\cup\mathcal{L}_2$ 不含 (有向) 圈, 则 $\nu_0(D)\geqslant c$.

使用引理 10.4.8 和定理 10.4.5, 我们可以证明:

引理 10.4.9 对于每一个整数 $c\geqslant 1$, 存在整数 $k\geqslant 0$, 使得下列陈述成立. 设 D 是一个有向图, 且设 $u_1,u_2,\cdots,u_k,w_1,w_2,\ \cdots,\ w_k$ 是 D 的不同顶点. 设 $\mathcal{L}_1,\mathcal{L}_2$ 是 D 中的路有向子图, 它们分别链接 $(u_1,u_2,\ \cdots,\ u_k)$ 到 $(w_1,w_2,\ \cdots,\ w_k)$, 链接 $(w_1,w_2,\ \cdots,\ w_k)$ 到 $(u_1,u_2,\cdots,u_k)$ 和 $(u_k,u_{k-1},\ \cdots,\ u_1)$ 之一. 如果 $\mathcal{L}_1\cup\mathcal{L}_2$ 的每个 (有向) 圈包含 $\{u_1,u_2,\ \cdots,\ u_k,w_1,w_2,\ \cdots,\ w_k\}$, 则 $\nu_0(D)\geqslant c$.

定理 10.4.10[626]　对于每一个整数 $c(\geqslant 1)$, 存在一个 (最小) 整数 $t_0(c)$, 使得每一个满足 $\nu_0(D) < c$ 的有向图 D, 总有 $\tau_0(D) \leqslant t_0(c)$.

证明　对整数 $c(\geqslant 1)$ 运用数学归纳法进行证明. 对于情形 $c = 1$, 这个定理是自然成立. 假定 $c \geqslant 2$, 且 $t_0(c-1)$ 存在. 令 k 是引理 10.4.9 中的 k, 并且 t 是引理 10.4.7 中的 t, 下面证明不存在有向图 D 具有 $\nu_0(D) < c$ 和 $\tau_0(D) > t-1$ (即 $t_0(c) \leqslant t-1$). 反设 D 是这样的有向图, 依据引理 10.4.7, 存在 $u_1, u_2, \cdots, u_k, w_1, w_2, \cdots, w_k$ 和引理 10.4.7 中的 $\mathcal{L}_1, \mathcal{L}_2$. 根据引理 10.4.9, 这意味着 $\nu_0(D) \geqslant c$, 矛盾. □

10.5　应用：Markov 链的周期

Markov 链是一个特殊类型的随机过程, 它在遗传学、经济、运动科学等领域中有着大量的应用. 在这一节里, 我们将看到对于 Markov 链来说有向图圈结构是非常重要的.

令 $S_1, S_2, \cdots, S_n$ 是某系统全体可能的**状态**. 这个系统初始是在具有概率 $p_i^{(0)}$ 的一个状态 $S_i(1 \leqslant i \leqslant n)$. 在运行的每一个步骤中, 系统从当前的状态 S_i 运动到一个具有概率 p_{ij} 仅仅依赖 i 和 j 的状态 S_j. 显然, 对于每一个 $i = 1, 2, \cdots, n$ 和所有的 i, j, 都有 $0 \leqslant p_{ij} \leqslant 1$, 并且 $\sum_{j=1}^{n} p_{ij} = 1$. 在这些条件下的随机过程叫做**Markov 链** (chain) (有关 Markov 链的更多细节见 Feller 的文章[234] 以及 Kemeny 和 Snell 的文章[476]) ①. 令 $\pi^{(0)} = (p_1^{(0)}, p_2^{(0)}, \cdots, p_n^{(0)})$, 设 $p_i^{(k)}$ 是系统在第 k 步骤之后在状态 S_i 的概率, 且令 $\pi^{(k)} = (p_1^{(k)}, p_2^{(0)}, \cdots, p_n^{(k)})$. 已知向量 $\pi^{(k)}$ 可以由 $\pi^{(k)} = \pi^{(0)} P^k$ 来计算, 其中 $P = [p_{ij}]$. 然而, 这个等式难以直接应用于在大量步骤之后获得概率分布 $\pi^{(k)}$, 实际上, 有意义地是 $\pi = \lim\limits_{n \to \infty} \pi^{(0)} P^k$(如果极限存在).

我们要知道这个极限不存在时会发生什么事情. 为了研究这个极限的存在性, 最有用的是研究伴随 Markov 链的有向伪图. D 的顶点集是 $\{v_1, v_2, \cdots, v_n\}$, 且弧集合是 $\{v_i v_j : p_{ij} > 0, 1 \leqslant i, j \leqslant n\}$; D 无平行弧但可能有自环. 不难看到, 当 $n \to \infty$ 时, 具有趋于 1 的概率, 系统将对应 D 的初强分支中的顶点在阶段中的某一个 (系统是在如此的一个 "顶点" 中, 它不能够逃脱所对应的初强分支). 这表明只需要研究对应到 Markov 链的强有向伪图 D. 当 D 是强的, 下面关于 D 的参数是有意义的. D 的**周期** $p(D)$ 是 D 中全部圈长的最大公共因子. 如果 $p(D) = 1$, 则知上面的极限确实存在, 且不依赖于初始分布 $\pi^{(0)}$. 如果 $p(D) \geqslant 2$, 因为 D 有一个相当特殊的结构, 这个情形就完全不同. 准确地说, 如果 $p(D)$ 为偶, 则由定理 1.8.1

---

① 一些读者可以发现把 $S_1, S_2, \cdots, S_n$ 看成盛水容器是有用的, 视 $p_i^{(0)}$ 是初始在 S_i 中的水的分数, 在一个步骤中, p_{ij} 是 S_i 中水的分数被移动到 S_j, 我们的目的是想知道在实施一大批步骤之后水将如何被贡献.

知, D 是二部分的. 然而, 下面更强的结果推广了定理 1.8.1 ①.

定理 10.5.1 如果强有向图 $D=(V,A)$ 有周期 $p\geqslant 2$, 则可以将 V 划分为 $V_1,V_2,\cdots,V_p$, 使对 $i=1,2,\cdots,p$, 每一条具有尾在 V_i 中的弧必使自己的头在 V_{i+1} 中, 其中 $V_{p+1}=V_1$.

证明 设 $D=(V,A)$ 有周期 $p\geqslant 2$. D 的每一个是欧拉有向图闭途径 W 均为圈的并 (见定理 6.8.1). 因此, W 的长度在模 p 下等于零. 令 x,y 是 D 的一对不同的顶点, 且令 P,Q 是 D 中一对不同的 (x,y) 路, 我们说 P 和 Q 的长度在模 p 下是相等的. 其实, 令 R 是 D 中的一条 (x,y) 路, 则 P 和 Q 与 R 一起形成一条闭途径. 因而, 根据上面的注释, 断言成立.

因为 D 是强有向图, 它可以由一个圈运用耳朵合成 (见 7.2 节) 构造出来. 从一个圈 C 开始, 在每次迭代中, 给当前的有向图 H 添加一条路, 它的顶点除末端顶点外, 均不属于 H; 或者添加一个圈, 仅与 H 有一个公共顶点. 开始, 所有的集合 $V_1,V_2,\cdots,V_p$ 是空的, 在 C 中任选一个顶点 x, 并考虑 C 中的每一个顶点 y; 把 y 放进 V_i 中, 如果 $C[x,y]$ 的长度在模 p 下等于 i 在耳朵合成的第一个迭代中, 给 C 添加一条路或一个圈 R. 如果 R 是一条路, 令 z 是 R 的初始顶点, 如果 R 是一个圈, 则令 z 是 R 与 C 的公共顶点, 且令 $z\in V_k$, 现在考虑 R 中的每一个顶点 y, 如果 $R[z,y]$ 的长度在模 p 下是 i, 则把 y 放进 V_{k+i}. 注意, 如果 R 是一条路, 则它的终止顶点 z' 将被放相同的集合 V_j, 它已经在其中, 不然的话, 可以找到一对 (z,z') 路, 使得它们的长度在模 p 下是不相等的. 用上述的耳朵合成进行这个过程, 最终把 V 划分为 $V_1,V_2,\cdots,V_p$, 对于每一个 $i=1,2,\cdots,p$, 每一条具有尾在 V_i 中的弧的头一定在 V_{i+1} 中 (顺便也形成每一个 V_i). □

显然, 当一个 Markov 链有向图的周期大于 1 时, 上述所说的极限是不存在的, 取而代之的是 Markov 链 "转圈式" 地移动. 定理 10.5.1 表明：一个 n 阶具有周期 $p\geqslant 2$ 的强有向图 D 是 $\vec{C}_p[\overline{K}_{n_1},\overline{K}_{n_2},\cdots,\overline{K}_{n_p}]$ 的一个支撑有向子图, 对某些 $n_1,n_2,\cdots,n_p$, 满足 $\sum_{i=1}^{p}n_i=n$. 特别地, 用同态表述是 $D\to\vec{C}_p$(见 12.5 节).

在最优时间 $O(n+m)$ 内有 2 个算法可以计算一个强有向图的周期. 第一个算法是 Balcer 和 Veinott 给出的[39], 该算法基于如下的思路：对于一个顶点 x, 且满足 $d^+(x)\geqslant 2$, 如果收缩 $N^+(x)$ 中的每一个顶点并删去所得到的任何平行弧, 则由定理 10.5.1, 新有向图有与原来的有向图具有相同的周期. 重复这个迭代, 最终得到一个圈 C(见习题 10.25). 显然, 圈 C 的长度就是所期望的周期. 例如, 对于一个 3 圈和一个 6 圈开始等同的它们的一个顶点所得到的有向图 H 在进行上面的 5 次迭代后将变成一个 3 圈 (见图 10.2). 第二个算法由 Knuth 提供[29], 它是基于 DFS 树.

① 我们不给出第一篇文章中关于这个结果的证明, 而是使用了先前章节中的几个结论.

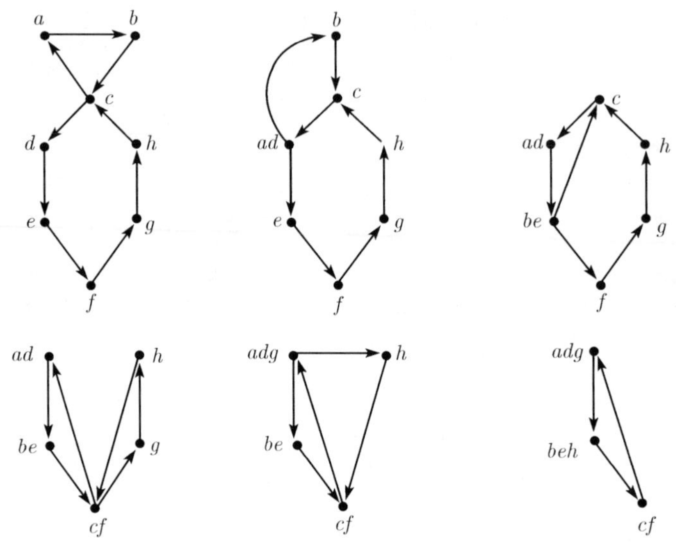

图 10.2　解释 Balcer-Veinott 算法

10.6　模 p 下的 k 长圈

10.5 节中的线性时间算法指出：对某个 p 检验一个有向图的所有圈长是否在模 p 下为零的问题是多项式时间可解的. 这个问题与下面的问题有着自然 "存在" 的相似性：给定一个 (固定) 整数 $p \geqslant 2$, 检验一个有向图 D 是否有一个模 p 下零长圈. 在本节中, 我们将讨论这个问题和更为广泛的模 p 下 k 长圈的存在性问题. 10.6.1 小节介绍有关这些问题的复杂性结果. 10.6.2 小节给出模 p 下 k 长圈存在性的充分性条件.

10.6.1　模 p 下 k 长圈存在性问题的复杂度

我们先从下面的问题进入讨论：已知一个 (固定) 整数 $p \geqslant 2$, 判定一个有向图 D 是否有一个模 p 下的零长圈? 当 $p = 2$ 时, 这个问题称为**偶圈问题** (even cycle problem). 偶圈问题有着大量的应用[643,711], 它关联于矩阵的恒久问题、图的 Pfaffian 定向问题、超图着色问题等等. 偶圈问题的复杂性曾经是一个长时间的公开问题. 对于平面有向图, Thomassen 证得偶圈问题是多项式时间可解的[712]. Galluccio 和 Loebl 把这个结果推广到底图不含可收缩到 K_5 或 $K_{3,3}$ 的有向子图[300]. 最终, McCuaig 与 Robertson, Seymour 和 Thomas[643] 各自独立地发现了下面结论的极为不简单的证明.

定理 10.6.1　偶圈问题是多项式时间可解的.

对固定的 $p>2$, 现在并不清楚是否有文章考虑了确定有向图有一个模 p 下的零长圈问题的复杂性.

问题 10.6.2 对固定的整数 $p>0$, 是否存在一个多项式算法能够判定一个有向图含有模 p 下的零长圈?

对于一对固定的整数 k,p, 满足 $0\leqslant k<p$ 和 $p\geqslant 2$, 我们可以将上面的问题推广到判定一个有向图 D 是否含有模 p 下的 k 长圈. $k=0$ 时的情形在前面已经考虑; Arkin, Papadimitriou 和 Yannakakis 研究了 $k>0$ 的情形[29], 他们证得下面的定理 (注意, 对 $k=1$ 和 $p=2$ 的情形, 问题是多项式时间可解的, 因为可以在多项式时间内判定一个有向图是否为二部分有向图):

定理 10.6.3 设 k,p 是一对固定的整数, 满足 $0<k<p$ 和 $p>2$. 则判定一个有向图 D 是否含有模 p 下的一个 k 长圈问题是 $\mathcal{NP}$ 完全问题.

证明 设 D 为有向图以及 $k\geqslant 2$. 任选 D 中的 k 条弧 $a_1,a_2,\cdots,a_k$, 用长为 p 的一条 (x,y) 路来替代 $A(D)-\{a_1,a_2,\cdots,a_k\}$ 中的每一条弧 xy, 这条路的内部顶点不属于 D(且每一条这样路的内部顶点均不相同). 显然, 所得到的有向图 D' 含有模 p 下的 k 长圈当且仅当 D 有一个通过所有的弧 $a_1,a_2,\cdots,a_k$ 的圈. 对于固定的 $k\geqslant 2$, 一个有向图中存在通过 k 条预先指定弧的一个圈的问题是 $\mathcal{NP}$ 完全问题 (见命题 9.2.1 和定理 9.2.3). 因而, 当 $k\geqslant 2$, 此定理得证. 对 $k=1$, 选取一对弧 a,b, 用一条 2 长的路来取代弧 a, 再用一条长为 $p-1$ 的路替换弧 b, 用长为 p 的路来替代每一条弧 $c\in A(D)-\{a,b\}$, 使得这些路的内部顶点均不相同, 也不相同于 D 的顶点. 显然, 所得到的有向图 D' 有模 p 下长为 1 的圈当且仅当 D 有一个通过弧 a 和弧 b 的圈. 正如在上面已经论证, 最后的这个问题是 $\mathcal{NP}$ 完全问题. □

根据上面的定理 10.6.3, 下面 Galluccio 和 Loebl 的结论具有一定的意义[299]:

定理 10.6.4 设 k,p 是一对固定整数, 使得 $0\leqslant k<p$ 和 $p\geqslant 2$. 则存在一个多项式算法能够判定一个平面有向图 D 是否有模 p 下的 k 长圈.

10.6.2 模 p 下 k 长圈存在的充分性条件

对于有向图 $D=(V,A)$ 的每一个弧子集 $B\subseteq A$, 如果剖分 B 的每一条弧产生的新有向图包含一个偶圈, 则说有向图 D 是**偶的** (even). 一个 k **弱倍圈** (k-weak-double-cycle) 是一个有向图, 它可以被递推地定义如下 (见图 10.3):

(1) 一个 k 圈的完全双定向 $\overleftrightarrow{C_k}$ 是一个 k 弱倍圈.

(2) 如果 H 是一个 k 弱倍圈, 剖分 H 的一条弧或撕裂 H 的一个顶点得新图 D, 则 D 是一个 k 弱倍圈.

易见, 对于奇数 k, 一个 k 弱倍圈是偶的, 因为它有奇数个圈, 且它的每一条弧在偶数个不同的圈中 (见习题 10.27). 证明下面的结论是非常困难的.

定理 10.6.5[667] 一个有向图是偶的当且仅当对某奇数 k, 它包含一个 k 弱倍圈.

Galluccio 和 Loebl 推广了这个结果[301], 他们称一个有向图 $D=(V,A)$ 是 (k,p) **奇的**((k,p)-odd), 如果对于每一个弧子集 $B\subseteq A$, 剖分 B 的每一条弧产生一个具有模 p 下长不为 k 的圈的新有向图.

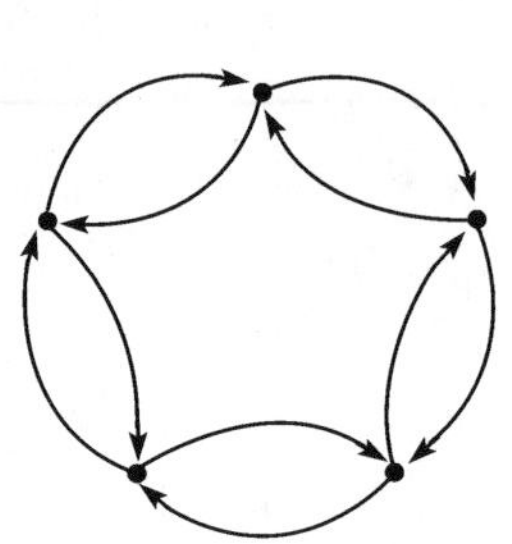
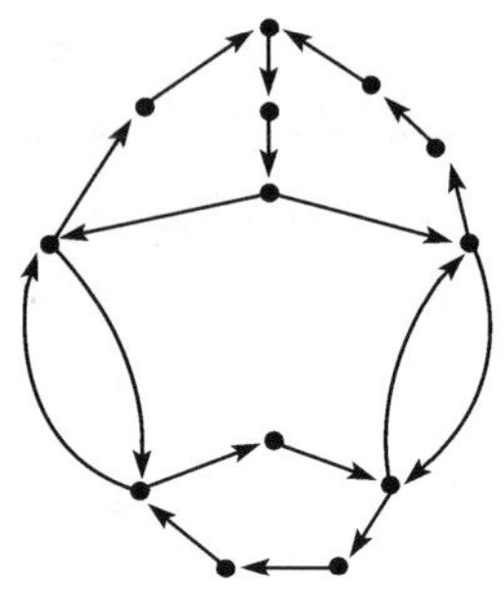

图 10.3　5 倍圈和 5 弱倍圈

定理 10.6.6[301]　一个有向图是 (k,p) 奇的当且仅当它包含一个 q 弱倍圈, 其中 $(q-2)k\not\equiv 0\ (\mathrm{mod}\ p)$.

使用定理 10.6.5 和其他的结论, Thomassen 证得了下面非常有意义的结论[711]:

定理 10.6.7(Thomassen 偶圈定理)　如果 D 是具有 $\delta^0(D)\geqslant 3$ 的强有向图, 则 D 是偶的.

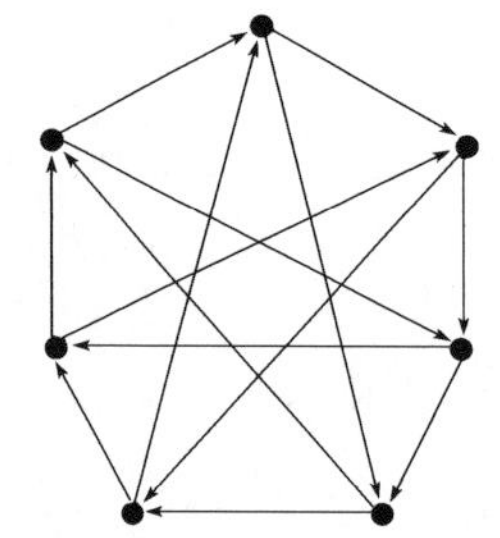

图 10.4　一个 2 强无偶圈的有向图

Koh 构造了一族无穷多个有向图 D[483], 族中的每一个有向图 D 满足 $\delta^0(D)\geqslant 2$ 且无偶圈. Thomassen 加强了这个结果[702]: 对于每个 $k\geqslant 2$, 存在有向图 D_k 满足 $\delta^0(D_k)\geqslant k$ 且无偶圈. 这说明定理 10.6.7 中强连通性要求是必需的, 定理 10.6.7 也隐含了每个 3 强有向图有一个偶圈. Thomassen 指出: 存在一个 7 阶 2 强有向图, 它没有偶圈[705]. 见图 10.4.

Thomassen 还构造了无穷多个 2 强非偶的有向图族[702]. 然而, 下面的问题仍然是公开问题:

问题 10.6.8[705]　是否存在无穷多个 2 强无偶圈的有向图?

Galluccio 和 Loebl 推广了定理 10.6.7[301], 他们证实: 对 $1\leqslant k<p, p\geqslant 3$, 如果有向图 D 满足 $\delta^0(D)\geqslant 3$, 则 D 包含模 p 下长不为 k 的一个圈.

尽管我们不提供定理 10.6.7 的一个证明, 却要证明定理 10.6.11, 因为它隐含了比定理 10.6.7 弱的一个结论, 即推论 10.6.12, 但是它的结论不仅仅是关于偶圈的, 而且关于模 $q(\geqslant 2)$ 下的零长圈. 为了证明定理 10.6.11, 我们还需要 2 个引理; 第一个引理是著名的 **Lovász 局部引理**[14,560]. 对于一个事件 E, 事件 $\overline{E}$ 意味着 E 不成立.

引理 10.6.9 设 $E_1, E_2, \cdots, E_n$ 是任意一个概率空间的事件. 假定每一个 E_i 与除去至多 d 个事件的其他所有事件是相互独立的, 且 $\mathrm{Prob}(E_i) \leqslant p$, $i = 1, 2, \cdots, n$. 如果 $ep(d+1) \leqslant 1$, 其中 e 是自然对数的基底, 则有 $\mathrm{Prob}(\bigcap_{i=1}^{n} \overline{E}_i) > 0$.

引理 10.6.10[12] 设 D 为有向图, 整数 $q \geqslant 2$. 假定 D 的每一个顶点 x 着有色 $c^*(x) \in \{0, 1, \cdots, q-1\}$, 对于每一个顶点 $u \in V(D)$, 存在一个具有 $c^*(v) \equiv c^*(u) + 1 (\mathrm{mod}\ q)$ 的出邻点 v, 则 D 包含一个零圈长的圈 $(\mathrm{mod}\ q)$.

证明 显然, 任选一个顶点 $u_0 \in V(D)$, 可以找到一个顶点序列 $u_0, u_1, \cdots$, 使得 $u_i u_{i+1} \in A(D)$, 且对 $i \geqslant 0$, 有 $c^*(u_{i+1}) \equiv c^*(u_i) + 1 (\mathrm{mod}\ q)$. 令 s 是最小的整数, 使对某个 $j < s$, 有 $u_j = u_s$. 剩余的工作就是考察圈 $u_j u_{j+1} \cdots u_s$ 的圈长为零 $(\mathrm{mod}\ q)$. □

Alon 和 Linial 给出了如下的结论:

定理 10.6.11[12] 对于每个有向图 $D = (V, A)$, 如果有

$$e(\Delta^-(D)\delta^+(D) + 1)(1 - 1/q)^{\delta^+(D)} < 1, \tag{10.3}$$

或有

$$e(\Delta^+(D)\delta^-(D) + 1)(1 - 1/q)^{\delta^-(D)} < 1, \tag{10.4}$$

则 D 包含一个圈长为零的圈 $(\mathrm{mod}\ q)$.

证明 因为用 D 的逆来取代 D 就可以把 (10.4) 式变换为 (10.3) 式, 故仅证 (10.3) 式隐含结论: D 有一个模 q 下的零长圈.

对于 D 的每一个顶点 u, 删去 $d^+(u) - \delta^+(D)$ 条以 u 为尾的弧得新有向图 D', 并独立地按一致分布给 $D' = (V, A')$ 的每一个顶点 u 分配 $\{0, 1, \cdots, q-1\}$ 中的一个色 $c(u)$. 对于每一个顶点 $u \in V$, 设 E_u 表示这样的事件, 不存在 $v \in V$, 有 $uv \in A'$, 且 $c(v) \equiv c(u) + 1 (\mathrm{mod}\ q)$. 显然, $\mathrm{Prob}(E_u) = (1 - 1/q)^{\delta^+(D)}$, 不难验证, 每个事件 E_u 与所有事件 E_v 是相互独立的, 除去那些满足 $N^+(u) \cap (v \cup N^+(v)) \neq \varnothing$ 的事件外. 如此的顶点 v 的数目至多为 $\Delta^-(D)\delta^+(D)$. 因此, 由 (10.3) 式和引理 10.6.9, 有 $\mathrm{Prob}(\bigcap_{u \in V} \overline{E}_u) > 0$, 这就意味着存在一个着色 c^*, 对于每一个顶点 $u \in V$, 存在另一个顶点 $v \in V$, 使得 $uv \in A'$ 和 $c^*(v) \equiv c^*(u) + 1 (\mathrm{mod}\ q)$. 根据引理 10.6.10 知, D 含有模 q 下的零长圈. □

因为下面推论的证明较容易, 留作习题 10.33.

推论 10.6.12 对 $k \geqslant 8$, 每个 k 正则有向图 D 有一个偶圈.

在上面的讨论中, 我们看到没有常数 k 可以保证一个出度至少为 k 的有向图有一个偶圈, 这就自然地引出下面的问题[702]: 最小的整数 $h(n)$ 是多少, 使得每一个具有最小出度 $h(n)$ 的 n 阶有向图包含一个偶圈? 为了得到 $h(n)$ 的一个上界, 则

需要有关超图着色的一个结论. 下面的引理是 Beck 得到的[98] ①:

引理 10.6.13 存在一个绝对的常数 d, 使得每一个至多具有 $\lfloor dm^{1/3}2^m \rfloor$ 条边的 m 齐超图是 2 可着色的.

引理 10.6.14[12] 对于每一个 $n \geqslant 2$, 有 $h(n) \leqslant \log_2 n - \frac{1}{3}\log_2\log_2 n + O(1)$.

证明 令整数 $m \geqslant 2$, d 是满足引理 10.6.13 的常数, 假定

$$n = \lfloor dm^{1/3}2^m \rfloor, \tag{10.5}$$

并设 $D = (V, A)$ 是一个 n 阶有向图, 满足 $\delta^+(D) \geqslant m - 1$. 设 H 是顶点集 V 上的一个超图, 它的 n 条边是集合 $N^+[u] = N^+(n) \cup u$. 因为 H 的每条边是至少为 m 的基数, 引理 10.6.13 隐含 H 是 2 可着色的. 这就意味着存在一个顶点着色 $c^* : V \to \{0, 1\}$, 对于每一个顶点 $u \in V$, 以及 $v \in N^+(v)$, 满足 $c^*(v) \equiv c^*(u) + 1 (\mathrm{mod}\ 2)$. 因此, 由引理 10.6.10, D 有一个偶圈. 从 (10.5) 式中解出 m, 便得到不等式

$$h(n) \leqslant m - 1 \leqslant \log_2 n - \frac{1}{3}\log_2\log_2 n + O(1),$$

从而完成证明. □

显然, 对某正整数 k 如果一个有向图 D 包含长为 k 和 $k+1$ 的圈, 则 D 有一个偶圈. 判定一个强有向图中存在如此连贯长度的圈问题是 $\mathcal{NP}$ 完全问题 (见习题 10.37). 此外, 容易构造出不具有如此 2 个圈的任意高的顶点强连通的有向图 (习题 10.38). 寻找一个非平凡的度型条件 (比隐含泛圈性的条件弱, 如 6.5 节中的那些条件) 将是有意义的, 这个条件保证一个非二部分有向图有 2 个连贯长度的圈. 也见习题 1.49 中关于 2 个连贯长度的圈存在的另一种类型的充分性条件.

10.7 半完全多部分有向图中的“短”圈

在第 5 章中, 我们已经说明关于任意的有向图哈密尔顿圈问题是 $\mathcal{NP}$ 完全问题. 但是, 对于包括半完全多部分有向图的某些有向图族, 这个问题却是多项式时间可解的. 本节考虑半完全多部分有向图中“短”圈的存在性. 利用半完全 p 部分有向图中的短圈确定那些圈长至多为 p 的圈.

根据定理 5.7.4、习题 6.33 和习题 6.44, 则知半完全二部分有向图的圈结构已经得到很好的研究. 当 $p \geqslant 3$ 时, 对于半完全 p 部分有向图的圈结构则研究的不多, 尤其对圈长大于 p 的圈. 本节将给出圈长至多为 p 的圈的几个结果, 许多有关半完

① 最近, Radhakrishnan 和 Srinivasan 把这个引理的界改进到 $0.7 \cdot 2^m\sqrt{m/\ln m}$[618]. 因此, 引理 10.6.14 的界略微得到了改进.

全多部分有向图的短圈的结果实际是由多部分竞赛图得来的, 故而用多部分竞赛图来叙述这些结果. 然而, 根据下面的 Volkmann 定理, 全体多部分竞赛图的结论立即可以扩张到半完全多部分有向图中.

定理 10.7.1[728] 设 D 是 n 阶强半完全 p 部分有向图, 且它具有一个圈长至少为 3 的圈 $C, p, n \geqslant 2$. 则 D 中存在一个含有圈 C 的强定向当且仅当 $D \neq \overleftrightarrow{K}_{1,n-1}$.

十分有意思地是, 对于最长路来说, 相似于这个定理的结果却不成立, 见习题 10.39(相似结论的松弛性却成立, 见习题 10.40). 较为方便地是使用这个定理的一个简单推论.

推论 10.7.2[728] 每个强半完全 p 部分有向图 $(p \geqslant 3)$ 包含一个支撑强定向子图.

关于“短”圈的存在性这个专题的最有意义的结果之一是下面的定理:

定理 10.7.3[350] 设 D 是强 p 部分竞赛图 $(p \geqslant 3)$, 具有顶点集划分 $V_1, V_2, \cdots, V_p$. 对于每一个 $i \in \{1, 2, \cdots, p\}$, 存在一个顶点 $v \in V_i$, 使对每一个 $s \in \{3, 4, \cdots, p\}$, 顶点 v 属于 D 的一个 s 圈.

证明 只要证明 V_1 有这样的顶点 v, 且对于每一个 $s \in \{3, 4, \cdots, p\}$, 顶点 v 在 D 的一个 s 圈上即可. 首先, 关于 s 运用数学归纳法进行证明.

先来证明 D 有通过 V_1 的一个顶点的一个 3 圈. 设 $C = v_1v_2\cdots v_kv_1$ 是一个最短圈, 通过 V_1 的一个顶点 v_1. 假定 $k \geqslant 4$. 依据 k 的最小性, $v_3 \in V_1$, 不然的话, $v_3 \to v_1$ 隐含 3 圈 $v_1v_2v_3v_1$ 过 V_1 的一个顶点, 矛盾. 这就意味着 $v_4 \notin V_1$, 不失一般性, 设 $v_4 \in V_2$, 因为 $k(\geqslant 4)$ 是最小的和 $v_3 \in V_1$, 则断定 $v_4 \to v_1$, 即 $k = 4$, 并有 $v_2 \in V_2$. 如果存在一个顶点 $x \in V - (V_1 \cup V_2)$, 它支配 C 的一个顶点且又被 C 的一个顶点所支配, 则存在 $i \in \{1, 2, 3, 4\}$, 使得 $v_{i+1} \to x \to v_i$(下标取模 4), 导致存在一个过 v_1 或 v_3 的 3 圈, 矛盾.

这就是说, 我们可以将集合 $V(D) - (V_1 \cup V_2)$ 划分为 2 个子集合 S_1, S_2, 使得 $S_2 \to V(C) \to S_1$. 不失一般性, 假定 $S_1 \neq \varnothing$. 因为 D 是强的, 故有一条从 S_1 到 C 的路, 且令 $P = x_1x_2\cdots x_q$, 就如此的路中最短的一条, 显然有 $q \geqslant 3$. 如果 P 不含 S_2 的顶点, 则顶点 x_2, x_3 之一属于 V_1, 另一个属于 $V_2(V - (S_1 \cup S_2) \subset V_1 \cup V_2)$. 根据 P 的最小性, $x_3 \to x_1$ 隐含 $x_1x_2x_3x_1$ 是包含 V_1 的一个顶点的 3 圈, 矛盾. 所以, P 有一个顶点在 S_2 中. 又由 P 的最小性和 $S_2 \to C$, 知 $x_{q-1} \in S_2$. 如果 $q = 3$, 则 $v_1x_1x_2v_1$ 是一个 3 圈, 矛盾. 因而, 下设 $q \geqslant 4$. 由于 x_{q-2} 不能够在 $S_1 \cup S_2$ 中, 则有 $x_{q-2} \in V_1 \cup V_2$. 如果 $x_{q-2} \in V_1$, 便得 $v_2 \to x_{q-2}$, 这导致 $x_{q-2}x_{q-1}v_2x_{q-2}$ 是一个 3 圈, 矛盾. 最后. 如果 $x_{q-2} \in V_2$, 则 $v_1x_{q-2}x_{q-1}v_1$ 又是一个 3 圈, 矛盾. 至此, 已经证明 D 有一个 3 圈, 它包含了 V_1 的一个顶点.

假定 $3 \leqslant s < p$, 对于每一个 $k = 3, 4, \cdots, s$, 集合 V_1 中的某顶点 u_1 被包含在

一个 k 圈中. 另一方面, 反设

$$\text{对于每一个 } k=3,4,\cdots,s,s+1, \text{ 没有 } V_1 \text{ 的顶点在一个 } k \text{ 圈中}. \tag{10.6}$$

设 $u_1u_2\cdots u_su_1$ 是 D 的一个 s 圈, 并设 S 是 D 的划分集的并, 它不被表示在 C 中. 我们断言 S 中没有顶点支配 C 中的一个顶点, 也不被 C 中的任何一个顶点支配. 其实, 如果如此的顶点存在, 就可以把它插入 C, 这与 (10.6) 式矛盾. 这意味着可以将 S 划分为 S_1, S_2, 使得 $S_2 \to C \to S_1$. 不失一般性, 设 $S_1 \neq \varnothing$. 因为 D 是强的, 故存在一条从 S_1 到 C 的路, 设 $P=y_1y_2\cdots y_q$ 是全体这样的路中最短者, 显然有 $q \geqslant 3$.

假定路 P 含有 S_2 的一个顶点. 显然, $y_{q-1} \in S_2$ 且无 P 的其他顶点在 S_2 中. 如果 $y_{q-2} \notin V_1$, 则 $y_{q-2}y_{q-1}C[u_3,u_1]y_{q-2}$ 是一条包含 u_1 的 $(s+1)$ 圈 ①. 这与 (10.6) 式冲突. 因此, 有 $y_{q-2} \in V_1$, 且有 $u_2 \to y_{q-2}$. 现在易见 $u_2y_{q-2}y_{q-1}P[u_4,u_2]$(或者当 $s=3$, 有 $u_1u_2y_{q-2}y_{q-1}u_1$) 是一个包含 u_1 的 $(s+1)$ 圈, 这又与 (10.6) 式矛盾. 于是, 证得 P 不包含 S_2 的任何顶点.

现设路 P 包含 V_1 的一个顶点 y_l. 令 l 的选取是使有 $\{y_1,y_2,\cdots,y_{l-1}\} \cap V_1 = \varnothing$. 假设 $q \leqslant s$. 由于 C 中的每一个顶点支配 y_1, 对于每一个 $k=3,4,\cdots,s+1$, $y_l \to \{y_1,y_2,\cdots,y_{l-2}\}$, 存在一个包含 C 和 P 的部分的 k 圈 C_k. 所以 C_k 也包含了 $y_l \in V_1$, 这又与 (10.6) 式冲突. 故必须 $q \geqslant s+1$. 设 $l \leqslant s+1$, 因为对 $i=3,4,\cdots,s+1$, $y_i \to y_1$, 得到包含 y_l 的一个 i 圈 $P[y_1,y_i]y_1$, 这与 (10.6) 式冲突, 于是有 $l \geqslant s+2$. 在圈 $C'=P[y_1,y_l]y_1$ 中, 顶点 y_l 支配每一个顶点. 因此, 对 $i=3,4,\cdots,s+1$, 能够使用 C' 的顶点构造出包含 y_l 的一个 i 圈, 与 (10.6) 式矛盾.

故路 P 不含 V_1 的顶点, 则 u_1 支配 P 的每一个顶点. 如果 $q \geqslant k+1$, 则 $P[y_{q-k},y_q]C[u_{k+1},\ u_1]$ 将是包含 u_1 的一个 $(s+1)$ 圈, 这与 (10.6) 式冲突, 所以 $q \leqslant k$. 因为 C 的每一个顶点支配 y_1, 故 $PC[u_{k+1},u_{k-q+1}]y_1$ 是包含 u_1 的一条 $(s+1)$ 圈, 又与 (10.6) 式冲突.

总之, (10.6) 式的假定产生矛盾, 这就证得定理. □

上面的定理推广了有关多部分竞赛图和 (普通) 竞赛图的几个结论. 这些结论中的 3 个是关于顶点泛圈竞赛图的 Moon 定理、定理 1.5.1, 以及下面由 Gutin 给出的定理 1.5.1 的扩张.

推论 10.7.4[364] 设 D 为强 p 部分竞赛图 $(p \geqslant 3)$, 使得 D 的顶点部分划分集中的一个是由单个顶点 v 构成. 则对每一个 $k \in \{3,4,\cdots,p\}$, D 包含一个过顶点 v 的 k 圈.

---

① 原文写为 $(s+1)$ 路. —— 译者注

依照定理 10.7.1, 可以将推论 10.7.4 推广到半完全 p 部分竞赛图中 $(p \geqslant 3)$. 定理 10.7.3 推广了下面 Bondy 的断言, 它确实是关于多部分竞赛图的圈的第一个非平凡的结论. 当然, 也能够将推论 10.7.5 推广到半完全 p 部分竞赛图中 $(p \geqslant 3)$.

推论 10.7.5[124] 对于每一个 $s \in \{3, 4, \cdots, p\}$, 强 p 部分竞赛图总包含一个 s 圈.

上面推论 10.7.5 的结果对于如下的情形可能是最好的, 即对每个 $p \geqslant 3$, 存在一个强 p 部分竞赛图它不含圈长大于 p 的圈. Bondy 提供了下面的例子[124]: 设 H 是一个 p 部分竞赛图, 其顶点部分集为 $V_1 = \{v\}, V_2, \cdots, V_p$, 且对 $2 \leqslant i \leqslant p$, 每一个 $|V_i| \geqslant 2$. 如果对 $2 \leqslant i < j \leqslant p$, 有 $V_2 \to v \to \bigcup_{j=3}^{p} V_j$ 和 $V_j \to V_i$, 则 H 是强的, 但对于每一个 $k > p$, 它不含 k 圈.

Goddard 和 Oelermann 给出 Moon 定理的另一个有意义的推广[322]:

定理 10.7.6 一个强 p 部分竞赛图 D 的每一个顶点属于一个圈, 对于每一个 $t \in \{3, 4, \cdots, p\}$, 这个圈包含了来自于 D 的 t 个顶点部分集合的顶点.

在习题 10.41 中, 读者被要求证明定理 10.7.3 在如下的情形中是最好的: 对于每一个 $p \geqslant 3$, 存在一个强 p 部分竞赛图 T, 使得 T 的某顶点不被一个 k 圈包含, $3 \leqslant k \leqslant p$. 如果仅仅考虑圈通过一个多部分竞赛图的一个已知顶点, 恐怕要丢失精确性. Guo, Pinkcrnell 和 Volkmann 给出了如下的结论来解释这一点:

定理 10.7.7[347] 设 D 为强 p 部分竞赛图, v 是 D 的任意一个顶点, 则对于每一个 $k \in \{3, 4, \cdots, p\}$, 顶点 v 属于 D 的一个 k 圈, 或者属于 D 的一个 $(k+1)$ 圈.

关于正则多部分竞赛图, Guo 和 Kwak 证得了下面更强的结论. 注意到一个正则多部分竞赛图的顶点部分集合有相同的基数.

定理 10.7.8[346] 设 D 为正则 p 部分竞赛图. 如果 D 的顶点部分集合的基数是奇数, 则 D 的每一条弧在一个圈中, 且对于每一个 $k \in \{3, 4, \cdots, p\}$, 这个圈包含了来自于 D 的 k 个顶点部分集合的顶点.

这个定理推广了由 Alspach 有关正则竞赛图的相应的结论[19]. 下面的定理是 Alspach 定理的另一个推广.

定理 10.7.9[345] 设 D 为正则 p 部分竞赛图. 如果 D 的每一条弧均被 D 的一个 3 圈包含, 则对每一个 $k \in \{3, 4, \cdots, p\}$, D 的每一条弧在一个 k 圈上.

10.8 半完全多部分有向图中圈对路的比较

对于一个有向图 D, 记号 $\mathrm{lp}(D)$, $\mathrm{lc}(D)$ 分别表示 D 中一条最长路、最长圈的顶点数目. 一个无圈半完全多部分有向图包含一条哈密尔顿路和一个哈密尔顿半完全多部分有向图的存在性表明：除了平凡情形外，最长路和最长圈的长度之间不存在关系. 然而，当考虑半完全多部分有向图时，情形却变得非常地不同. Volkmann 曾猜测[730]：若 D 是强半完全多部分有向图，则有 $\mathrm{lp}(D) \leqslant 2 \cdot \mathrm{lc}(D) - 1$.

在 10.7 节中，Bondy 的例子给出关于 $\mathrm{lp}(D)$ 的界是苛刻的. Volkmann 的猜想最终被 Gutin 和 Yeo(也见定理 10.8.3) 证明[382]. 本节的内容是给出文献 [382] 中有意义的证明. 然而，我们先要叙述 Volkmann 的更一般性的猜想. 记号 $\alpha(D)$ 表示 D 中最大独立集的基数.

猜想 10.8.1[728] 设 D 是强连通半完全多部分有向图，具且满足 $\kappa(D) < \alpha(D)$，则有

$$\kappa(D)\mathrm{lp}(D) \leqslant (\kappa(D)+1)\mathrm{lc}(D) - \kappa(D).$$

我们之所以给出条件 $\kappa(D) < \alpha(D)$，按照推论 5.7.25，是因为具有 $\kappa(D) \geqslant \alpha(D)$ 的半完全多部分有向图是哈密尔顿的. 因而，当 $\kappa(D) \geqslant \alpha(D)$ 时，这个猜想是无意义的. Tewes 和 Volkmann 证实这个猜想对 $\kappa(D) = \alpha(D) - 1 \geqslant 1$ 的情形成立[693]. 对于一条路 $P = x_1x_2\cdots x_p$，令 $P[x_i, x_j\rangle := P[x_i, x_{j-1}]$.

引理 10.8.2[382] 设 D 为半完全多部分有向图. 令非空集合 $Q_1, Q_2, \cdots, Q_l$ 形成 $V(D)$ 的一个划分，关于每一对 $1 \leqslant i < j \leqslant l$，使得 $Q_i \Rightarrow Q_j$. 假定 $|V(D)| > l$，且对于每一个 $i = 1, 2, \cdots, l$，导出图 $D\langle Q_i\rangle$ 含有一条哈密尔顿路 $(q_1^i q_2^i \cdots q_{|Q_i|}^i)$，则 D 有一条 $(q_1^1, q_{|Q_l|}^l)$ 路，且它至少有 $|V(D)| - l + 1$ 个顶点.

证明 关于 l 运用数学归纳法进行证明. 当 $l = 1$ 时，显然定理成立，故下设 $l > 1$.

如果 $|V(D) - Q_l| > l - 1$，则由归纳假定，在 $D - Q_l$ 中存在一条 $(q_1^1, q_{|Q_{l-1}|}^{l-1})$ 路 $p_1p_2\cdots p_k$，它包含了 $k \geqslant |V(D) - Q_l| - (l-1) + 1 \geqslant 2$ 个顶点. 因为 $\{p_{k-1}, p_k\} \Rightarrow q_1^l$，并且顶点 p_{k-1} 和顶点 p_k 分别属于 D 的不同的顶点部分集合，有 $p_{k-1} \to q_1^l$，或 $p_k \to q_1^l$. 所以，路 $p_1p_2\cdots p_s q_1^l q_2^l \cdots q_{|Q_l|}^l$ 是所期望的路，其中 $s = k-1$ 或 k.

如果 $|V(D) - Q_l| \leqslant l - 1$，则显然有 $|Q_l| > 1$. 因为 $q_1^1 \Rightarrow \{q_1^l, q_2^l\}$，且顶点 q_1^l 和顶点 q_2^l 分别属于不同的顶点部分集合，有 $q_1^1 \to q_1^l$，或者 $q_1^1 \to q_2^l$. 所以，路 $q_1^1 q_s^l q_{s+1}^l \cdots q_{|Q_l|}^l$ 就是所期望的路，其中 $s \in \{1, 2\}$. □

定理 10.8.3[382] 设 D 为强半完全多部分有向图，$l = \mathrm{lp}(D)$ 是 D 中一条最长路的顶点个数，$c = \mathrm{lc}(D)$ 是 D 中最长圈的顶点数目，则有 $l \leqslant 2c - 1$.

证明 设 $P = p_1p_2\cdots p_l$ 是 D 的一条最长路，令 $R = V(D) - V(P)$. 令 $x_0 = p_l$，我们递归地定义 S_i, x_i 和 y_i 如下 $(i = 1, 2, \cdots)$.

先设 S'_1 是有向图 $D - V(P - \{p_l, p_k\})$ 的一条 (p_l, p_k) 路，使得 k 的选取尽可能地小. 令 $x_1 = p_k, y_1 = p_l$ 和 $S_1 = S'_1 - \{x_1, y_1\}$(注意，由 l 的最大性，$S_1 = \varnothing$). 现在对 $i = 1, 2, 3, \cdots$，令 S'_i 是 $D\langle\{p_t, p_k\} \cup R - (V(S_1) \cup V(S_2) \cup \cdots \cup V(S_{i-1}))\rangle$

的一条 (p_t, p_k) 路, 使得 $p_t \in V(P[x_{i-1}, p_l])$ 和 $p_k \in V([p_1, x_{i-1}])$. 首先尽可能小地选取 k, 然后尽可能大地选取 t. 再令 $x_i = p_k, y_i = p_t$, 且 $S_i = S'_i - \{x_i, y_i\}$(某些路 S_i 可能是空的, 即 S'_i 只是一条弧).

继续上述的过程, 直到 $x_i = p_1$. 用 m 表示上面找到的 i 的最后的值 (即 $x_m = p_1$). 注意到, 因为 D 是强的, 路 S'_i 总是存在的. 又注意到 $y_1 = p_l$ 和下面的 T 是 D 中一条路:

$$T = y_1 S_1 P[x_1, y_2] S_2 P[x_2, y_3] S_3 \cdots P[x_{m-1}, y_m] S_m x_m.$$

令 $U_0 = P[x_m, x_{m-1}] - \{x_m, x_{m-1}\}$, 且对 $1 \leqslant i \leqslant m-1$, 有 $U_i = P[y_{m-i+1}, x_{m-i-1}] - \{y_{m-i+1}, x_{m-i-1}\}$. 注意到某些 U_i 可能是空的 $(i = 0, 1, 2, \cdots, m-1)$, 而且 $V(T), U_0, U_1, \cdots, U_{m-1}$ 划分了集合 $V(P) \cup V(S_1) \cup V(S_2) \cup \cdots \cup V(S_m)$. 令 $Z_0, Z_1, \cdots, Z_{m'-1}$ 是 $U_0, U_1, \cdots, U_{m-1}$ 中非空的集合, 其中相关排序保留 (即若有 $Z_i = U_{i'}, Z_j = U_{j'}$ 和 $i' < j'$, 则 $i < j$). 令 $B_0 = Z_0 \cup Z_2 \cup \cdots \cup Z_f$ 及 $B_1 = Z_1 \cup Z_3 \cup \cdots \cup Z_g$, 其中 f 和 g 分别是最大的且不超过 $m'-1$ 的偶整数和奇整数.

如果 $p_l \to p_1$, 则证明完成 (圈 Pp_1 的长为 l). 于是, 可设 p_1 不被 p_l 支配. 当 $x_m = p_1$, 则根据在上面路的构造 (总是尽可能地不返回), 有

$$p_1 \Rightarrow Z_1 \cup Z_2 \cup \cdots \cup Z_{m'-1} \cup \{p_l\}. \tag{10.7}$$

类似地, 按照 x_i, y_i 和 S_i 的定义, 得

$$Z_i \Rightarrow Z_{i+2} \cup Z_{i+3} \cup \cdots \cup Z_{m'-1} \cup \{p_l\}, \quad i = 0, 1, \cdots, m'-2. \tag{10.8}$$

当 $\{x_0, x_1, \cdots, x_m\} \subseteq V(T)$ 和 $m \geqslant m'$, 便有

$$|V(T)| \geqslant m' + 1. \tag{10.9}$$

当 $V(T), B_0, B_1$ 划分集合 $V(P) \cup V(S_1) \cup V(S_2) \cup \cdots \cup V(S_m)$, 则有

$$|V(T)| + |B_0| + |B_1| \geqslant l. \tag{10.10}$$

所有 $Z_i \cup \{x_i\}$ 是不交的集合, 且至少包含 2 个顶点. 于是, 至多存在 $l/2$ 个如此的集合. 因而得

$$m' \leqslant \frac{l}{2}. \tag{10.11}$$

下面的论证仅考虑 m' 是奇数的情形, 对于偶数 m' 的情形可以类似论证.

如果 $|B_0| + 2 > \frac{m'+1}{2}$, 则由 (10.7) 式 (10.8) 式和引理 10.8.2, 在 $D\langle\{p_1, p_l\} \cup B_0\rangle$ 中存在一条从 p_1 到 p_l 的路 W_0, 它至少有 $|B_0| + 2 - \frac{m'+1}{2} + 1$ 个顶点 (使用引理

10.8.2, 取 $V(Q_1)=\{p_1\}\cup Z_0, V(Q_2)=Z_2,\cdots,V(Q_{(m'-1)/2})=Z_{m'-3},V(Q_{(m'+1)/2})=Z_{m'-1}\cup\{p_l\})$. 相似地, 若有 $|B_1|>\frac{m'-1}{2}$, 则 $D\langle\{p_1,p_l\}\cup B_1\rangle$ 中存在一条从 p_1 到 p_l 的路 W_1, 此路至少有 $|B_1|-\frac{m'-1}{2}+1$ 个顶点 (此时, 取 $V(Q_1)=\{p_1\},V(Q_2)=Z_1,\cdots,V(Q_{(m'-1)/2})=Z_{m'-2},V(Q_{(m'+1)/2})=\{p_l\})$.

下面分别考察路 W_0 和 W_1 均不存在、一个存在或二者皆存在的情形.

情形 1.　W_0 和 W_1 同时存在. 圈 $C_0=W_0T$ 包含了 $|V(T)|+|V(W_0)|-2$ 个顶点 (p_1 和 p_l 分别被计数了 2 次). 圈 $C_1=W_1T$ 包含了 $|V(T)|+|V(W_1)|-2$ 个顶点. 根据 (10.9) 式和 (10.10) 式, 这导致

$$
\begin{aligned}
&|V(C_0)+|V(C_1)|=2|V(T)|+|V(W_0)|+|V(W_1)|-4\\
&\geqslant 2|V(T)|+\left(|B_0|+2-\frac{m'+1}{2}+1\right)+\left(|B_1|-\frac{m'-1}{2}+1\right)-4\\
&=|V(T)|+(|V(T)|+|B_0|+|B_1|)-m'\\
&\geqslant |V(T)|+l-m'\\
&\geqslant l+1.
\end{aligned}
$$

这表明最大的圈 C_0 和 C_1 包含了至少 $\lceil(l+1)/2\rceil$ 个顶点. 此情形证完.

情形 2.　W_0 和 W_1 中只有一个存在. 令 $j\in\{0,1\}$ 定义为 W_j 存在, 但 W_{1-j} 不存在. 使用 (10.10) 式和 (10.11) 式, 注意到或有 $|B_0|+2-\frac{m'+1}{2}+1\leqslant 1$, 或有 $|B_1|-\frac{m'-1}{2}+1\leqslant 1$, 则得到 ($C_j=W_jT$ 同上):

$$
\begin{aligned}
|V(C_j)|&\geqslant |V(T)|-2+\left(|B_0|+2-\frac{m'+1}{2}+1\right)+\left(|B_1|-\frac{m'-1}{2}+1\right)-1\\
&\geqslant |V(T)|+|B_0|+|B_1|-m'+1\\
&\geqslant l-m'+1\\
&\geqslant l-\frac{l}{2}+1\\
&\geqslant \frac{l+2}{2},
\end{aligned}
$$

这正是所期望的结果.

情形 3.　W_0 和 W_1 皆不存在. 这意味着 $|B_0|+2-\frac{m'+1}{2}\leqslant 0$ 和 $|B_1|-\frac{m'-1}{2}\leqslant 0$, 则有

$$
|V(T)|\geqslant |V(T)|+\left(|B_0|+2-\frac{m'+1}{2}\right)+\left(|B_1|-\frac{m'-1}{2}\right)
$$

$$
\begin{aligned}
&\geqslant |V(T)|+|B_0|+|B_1|+2-m' \\
&\geqslant l-m'+2 \\
&\geqslant \frac{l+2}{2}+1.
\end{aligned}
$$

如果 $p_1 \to p_l$, 则存在一个圈长至少为 $\lceil (l+2)/2+1 \rceil$ 的圈 (使用了 $V(T)$ 的每一个顶点). 根据 (10.7) 式, p_l 不支配 p_1, 因而可以假定 p_1 和 p_l 在同一个顶点部分集中. 故有 $S_m=\varnothing$, 否则 S_mP 比 P 长, 这是不可能的. 因此, y_m 和 p_l 是在不同的顶点部分集中. 如果 $p_l \to y_m$, 则 $P[y_m,p_l]y_m$ 或者 $P[p_1,y_m]p_1$ 是具有至少 $\lceil (l+1)/2 \rceil$ 个顶点的圈. 所以, 可设 $y_m \to p_l$, 则圈 $T[p_l,y_m]p_l$ 至少包含了 $\lceil (l+2)/2 \rceil$ 个顶点, 这就完成了定理的证明. □

10.9 围　长

已知一个有向图 D 的围长 $g(D)$ 是 D 中最短圈的长度. 围长是有向图的一个重要参数, 已有大量的文章研究过它, 尤其是关于它的极值.

定理 5.6.10 断言: 如果一个强有向图 D 的每一个顶点的最小度是足够的大, 那么 D 的最长圈的圈长也会很大. Caccetta 和 Häggkvist 猜测到有关围长的一个相似的结论 (上界明显的替代为下界)[139]:

猜想 10.9.1[139]　每个最小出度为 k 的 n 阶有向图有一个长至多为 $\lceil n/k \rceil$ 的圈.

对于 $k=1$, 这个猜想是显然的; Caccetta 和 Häggkvist 证得这个猜想对 $k=2$ 的情形成立[139]; $k=3$ 的情形被 Hamidoune 证明[396]; Hoang 和 Reed 证明了这个猜想对情形 $k=4$ 和 5 成立[430]. 对于具有可传递自同构群的有向图, Hamidoune 证得这个猜想[395]. 作为应用, 他给出了对于一个 n 阶有限群 G 和 G 的一个基数为 s 的子集 S, 存在 S 的一组至多 $\lceil n/s \rceil$ 个元素, 它的乘积等于 G 的单位元[395]. 对任意整数 $k \geqslant 1$, 则有下面的结论:

定理 10.9.2[163]　存在一个常数 c, 使得每个最小出度 $k(\geqslant 1)$ 的 n 阶有向图包含长至多为 $\lceil n/k \rceil + c$ 的圈. 此外, $c \leqslant 2500$.

Nishimura[593] 使用对文献 [163] 中证明的一个直接改进证得了 $c \leqslant 304$. 对于 n/k 相对小的值, 下面 Chvátal 和 Szemerédi 的结论是有意义的[163].

定理 10.9.3　每个最小出度为 k 的 n 阶有向图有一个长至多为 $\lceil 2n/(k+1) \rceil$ 的圈.

证明　我们的证明方法是关于 $n(\geqslant 2)$ 运用数学归纳法. 对 $n=2$ 或 3 以及 $k \geqslant 1$, 问题中的有向图或有一个 2 圈, 或有一个 3 圈, 因而结论成立. 设 D 是 $n(\geqslant 4)$ 阶最小出度为 $k(\geqslant 1)$ 的有向图. 因为 D 的规模至少为 kn, 则 D 包含一个

入度至少为 k 的顶点 v. 如果 D 有一个 2 圈, 则证明完成. 因而设 D 是一个定向的图. 我们用 D 来构造图 D', 方法是删去 $N^-[v]=N^-(v)\cup\{v\}$ 的顶点, 对于每个有序对 x,y 添加新弧 xy, 使得 $xy\notin A(D), y\in N^+(v)$ 和 x 支配 v 的一个入邻点. 显然, D' 的最小出度至少为 k 且阶至多为 $n-k-1$. 根据归纳假设, D' 包含一个圈长至多为 $2(n-k-1)/(k+1)$ 的圈 C. 用路 $xuvy$ 取代 C 中每一条新弧 xy, 就得到 D 中的一个闭途径 C^*. 如果 C 只有 s 条新弧, 则顶点 v 在 C^* 中出现 s 次, 因而 C^* 至少是 s 个圈的并 (见习题 1.12), 它的总长度至多为 $2(n-k-1)/(k+1)+2s$. 显然, 这些圈中最短者的长度至多是 $2n/(k+1)$. □

为了搜索研究 Caccetta-Häggkvist 猜想的新方法, Hoang 和 Reed 提了如下的猜想[430], 这个猜想隐含了 Caccetta-Häggkvist 猜想 (习题 10.43).

猜想 10.9.4 每个最小出度为 k 的有向图含有一个圈序列 $C_1,C_2,\cdots,C_k$, 使得 $\bigcup_{i=1}^{j-1}C_i$ 和 C_j 至多有一个公共顶点.

关于 $k=2$ 的情形, 此猜想被 Thomassen 解决[704].

定理 10.9.5 每个最小出度为 2 的有向图 D 含有仅有一个公共顶点的一对圈.

证明 关于 D 的阶 n 运用数学归纳法进行证明. 当 $n=3$ 时, 结论是成立的, 所以下设 $n\geqslant 4$. 因为在 D 的终止强分支中最小出度至少是 2, 故可设 D 是强的. 此外, 由于 $\delta^+(D)\geqslant 2$, D 有一个顶点 x, 使得 $D-x$ 是强有向图 (见习题 10.44). 如果 $D\langle N^-(x)\rangle$ 包含一个圈 C, 则所需要的这对圈由 C 和一个从 x 到 C 的最短路 P 且弧是从 P 的终止顶点到 x 形成的圈构成. 所以, 可设 $D\langle N^-(x)\rangle$ 是无圈的, 并且 $D\langle N^-(x)\rangle$ 有一个零入度顶点 y.

当删去所有以 y 为尾的弧, 然后把 x 和 y 等同成一个顶点之后, 就产生一个最小出度为 2 的 $(n-1)$ 阶有向图 D'. 根据归纳假设, D' 中存在只有一个公共顶点的一对圈, 这对圈对应到 D 的圈 C_1 和 C_2. 可设 C_1 和 C_2 有一个公共的弧 yx, 不然, 它们有一个公共顶点. 因为 $D-x$ 是强有向图, 顶点 y 在 $D-x$ 的一个圈 C_3 上. 不难看到, $C_1\cup C_2\cup C_3$ 包含了只有一个公共顶点 y 的一对圈. 事实上, 如果 C_3 与 C_1 或 C_2 只有一个公共顶点 y, 证明完成. 如果 C_3 与 $C_1\cup C_2$ 相交在不同于 y 的一个顶点, 令 z 是如此的顶点, 且选取它使得 $C_3[y,z]$ 是尽可能地短 (意指 $C_3[y,z]$ 与 $V(C_1)\cup V(C_2)$ 只有公共的顶点 y 和 z). 选择 i, 使得 z 在 C_i 中, 其中 $i=1$ 或 2, 则 C_{3-i} 和 $C_i[z,y]C_3[y,z]$ 就是一对所需要的圈. □

一个有向图 D 的**密度**是它的规模和阶的商 (即 m/n). 显然, 一个强有向图 D 的高密度保证围长 $g(D)$ 是小的. Thomassen 要求确定最小的整数 $m(n,k)$, 使得每一个 n 阶和规模至少为 $m(n,k)$ 的强有向图包含一个长至多为 k 的圈[112]. Bermond, Germa, Heydemann 和 Sotteau 解决了这个问题[112], 见如下的定理:

定理 10.9.6 设 D 是 n 阶强有向图, $k \geqslant 2$. 则由不等式

$$|A(D)| \geqslant \frac{n^2+(3-2k)n+k^2-k}{2},$$

有 $g(D) \leqslant k$.

这个定理的结论是最好的, 因为存在 n 阶和规模 $(n^2+(3-2k)n+k^2-k)/2-1$ 的强有向图具有圈长为 $k+1$ 的最短圈 (习题 10.45).

在许多有关 (有向) 图的性质问题中, 已知满足某一个性质的全体 (有向) 图是否有圈长至多为一个常数的圈, 大概最著名的此类问题被认为是无向图的着色数: 给定 $k \geqslant 3$ 和 $g \geqslant 3$, 是否存在一个色数为 k 和围长为 g 的无向图? 这个问题被 Erdös 用概率的方法漂亮的解决[220](Alon 和 Spencer 给出了原始证明的一个易读的版本[14]). 显然, 许多具有大的顶点强连通性的有向图是相当密集的, 于是有较小的围长. 然而, 却不难构造高顶点强连通性和大围长的有向图. Ayoub 和 Frisch(见习题 7.24)[34], Liu 和 Zhou (见习题 10.42) 分别证得下面结论的 "顶点强连通性" 和 "围长" 的部分[517].

命题 10.9.7 如果 $n=gs(g \geqslant 2)$, 则存在一个 n 阶 s 正则圆有向图, 它的围长为 g 且是 s 强的.

10.10 有关圈的补充专题

10.10.1 圈的弦

圈的弦的存在性不仅仅是涉及其自身有意义的问题, 而且还有几个其他的应用. 这些应用之一是研究有向图的**核**的存在性 (见 12.3.1 小节), 另一个是本节将要描述的应用.

设 D 是有向多重图, 使得 $\delta^0(D) \geqslant k$. 易知 D 含有至少有 $k-1$ 条弦的一个圈. 设 $P=p_1p_2\cdots p_k$ 是 D 一条最长路. 显然, 存在 k 条从 p_k 到 P 的其余顶点的弧. 这些弧和 P 的部分形成所期望的具有 $k-1$ 条弦的圈. 对 $k=1$, 这个结论是不可改进的 ($\vec{C}_n$ 或由几个圈构成的 "树形" 强有向图, 这些圈中的任何一对最多有一个公共顶点). 对 $k \geqslant 2$, Marcus 证明可以改进上面的简单结论为如下的形式[551]:

定理 10.10.1 (Marcus 定理)[551] 设强有向多重图 D 至少有 2 个顶点, 且有 $\delta^0(D) \geqslant k \geqslant 2$. 则 D 包含一个至少有 k 条弦的圈.

这个结论改进并扩大了由 Thomassen 得到的结论[713]: 每个 2 弧强有向多重图中存在一个至少有 2 条弦的圈. 在文献 [551] 中, 定理 10.10.1 的证明是复杂而相当长的, 故不宜在这里给出. 现在借用定理 10.10.1 的一个有意义的应用来考虑强有向多重图最小规模支撑子图的问题 (常叫做**最小等价有向子图问题** (the minimum equivalent subdigraph problem), 见 4.3 节的结尾处和 6.11 节).

引理 10.10.2[550]　设 k 为正整数, a 和 b 为非负实数, 假定每个至少有 2 个顶点的 k 弧强有向多重图有一个强子图 H, 它至少有 2 个顶点和一个强因子 H_0 ①, 使得

$$e_0 \leqslant ae + b(h-1),$$

其中 h 是 H 的阶, e 和 e_0 分别是 H 和 H_0 的规模. 则每个 n 阶和 m 规模的 k 弧强有向多重图包含一个至多有 $am + b(n-1)$ 条弧的强因子.

证明　因 $a \geqslant 0$, 结论对只有一个顶点的有向多重图是显然的. 于是, 考虑 $n(\geqslant 2)$ 阶有向多重图 D, 并设结论对小于 n 个顶点的有向多重图成立. 按照假定, D 有一个如引理题设所说的子图 H. 显然, 收缩的有向多重图 D/H 是 k 弧强的, 且有 $n-h+1<n$ 个顶点; 因而 D/H 有一个具有 $a(m-e)+b(n-h)$ 条弧的因子. 关于 H_0 的 e_0 条弧, D 的对应的弧形成 D 的规模至多为 $am+b(n-1)$ 的因子. □

在引理 10.10.2 中, 分别取 $a=1/(k+1)$ 和 $b=k/(k+1)$, 应用这个引理和定理 10.10.1, 则有下面的结论 (见习题 10.46):

推论 10.10.3[551]　对 $k \geqslant 2$, 每一个规模为 m 和 $n(\geqslant 2)$ 阶的 k 弧强有向多重图包含一个规模至多为 $(m+k(n-1))/(k+1)$ 的强因子.

10.10.2　Ádám 猜想

Ádám 猜想似乎是有向图中关于圈的最有意义的猜想之一[1,2].

猜想 10.10.4(Ádám 猜想)　每一个有向图含有这样的一条弧, 反转这条弧就会使圈的总数减少.

最初, Ádám 表述这个猜想是关于有向多重图的, 后来被 Grinberg 以及 Themassen 两人各自独立地加以推广[334,461,706]. Thomassen[706] 使用了下面由 Penn 和 Witte[601] 得到的结论, 这个结论具有独立的意义, 且是借助环面上纽结理论而建立起来的. 注意, 这个定理推广了定理 5.11.6.

定理 10.10.5　笛卡儿积 $\vec{C}_p \times \vec{C}_q$ 有一个长为 k 的圈当且仅当存在一对互素的自然数 a, b, 使得 $ap+bq=k$.

Thomassen 的主要思路是应用了下面的推论:

推论 10.10.6[706]　存在无穷多个形如 $\vec{C}_p \times \vec{C}_q$ 的有向图具有这样的性质, 即反转任何一条弧将增加一个最长圈的长度.

证明　依据上面的定理, $\vec{C}_5 \times \vec{C}_{7+10k}(k \geqslant 0)$ 没有长为 $35+50k$ 或 $34+50k$ 的圈 (习题 10.47). 然而, 反转任何一条弧将产生 $(34+50k)$ 圈. 对 $k=0$, 这个描述在图 10.5 中给出 [706]; 对 $k \geqslant 1$, 用一个相似的结构获得一个长为 $34+50k$ 的圈 (实际上, 图 10.5 展示了一个 35 圈, 并且对于每一个 $k \geqslant 0$, 这个圈可以被扩张). □

① 一个因子是一个支撑有向子图.

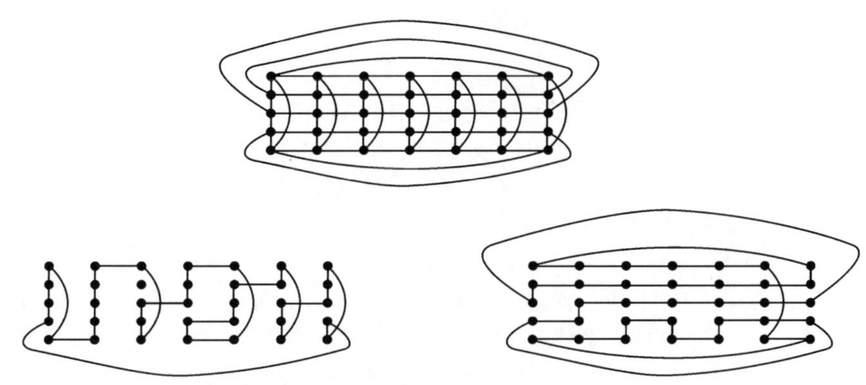

图 10.5 $\vec{C}_5 \times \vec{C}_7$

当反转一条弧, 它有长为 34 和 35 的 (有向) 圈 (所有用垂直或水平直线段表示的弧的方向朝上, 或方向朝右)[706]

定理 10.10.7[706] 在有向多重图的情形中, 存在一族有关Ádám 猜想的无穷多个反例.

证明 设 $D(k,f)$ 是对 $\vec{C}_5 \times \vec{C}_{7+10k}$ 实施用 f 条平行弧替代其每一条弧后产生的有向多重图. 令 t 表示通过 $\vec{C}_5 \times \vec{C}_{7+10k}$ 的一条弧的最多的圈数目, s 表示 $\vec{C}_5 \times \vec{C}_{7+10k}$ 中最长圈的长度, 则 $D(k,f)$ 没有弧被包含在多于 tf^{s-1} 个圈中. 但是, 如果反转 $\vec{C}_5 \times \vec{C}_{7+10k}$ 的一条弧 e, 则弧 e 是在至少 f^s 个圈中. 故当 $f > t$ 时, 有向多重图 $D(k,f)$ 是Ádám 猜想的一个反例. □

Grinberg 的反例是由射影几何激发而来的. 每一个由 Thomassen 和 Grinberg 提供的例子均有平行弧. 与此同时, Ádám 猜想对某些有向图族成立. 实际上, 它对有一个 2 圈的有向图成立.

命题 10.10.8[462] 如果有向图 D 包含一个 2 圈, 则 D 有一条弧, 它的反转会造成圈的总数减少.

证明 设 uvu 是 D 的一个 2 圈, 对于每一条弧 $a \in A(D)$, 令 c_a 表示 D 中包含 a 的圈的数目. 不失一般性, 可设 $c_{uv} \leqslant c_{vu}$. 因为 $c_{vu} - c_{uv} + 1 > 0$, 则弧 vu 的反转减少了 D 中圈的数目. □

除命题 10.10.8 外, Jirásek 还证得关于有向图族满足Ádám 猜想的其他几个结论[462], 其中最有意义的一个结论是:

定理 10.10.9 如果在反转最多 3 条弧之后, 一个非无圈有向图 D 就变成无圈的, 则 D 有一条弧, 使得这条弧的反转造成 D 的圈总数减少.

按照我们的最新信息, Ádám 猜想对定向图依然是公开的.

问题 10.10.10[706] 对定向图, 尤其是对竞赛图, 验证Ádám 猜想.

10.11　习　题

10.1 (−) 证明：一个强有向图 D 的圈空间是由无弦定向圈生成的.

10.2 证明命题 10.1.1.

10.3 (−) 设有向图 D 的底图 $UG(D)$ 有 c 个连通的分支. 证明：D 的圈空间维数是 $m-n+c$. 提示：对 D 的每个分支应用定理 10.1.3.

10.4 证明：设 D, H 是有向图, 且设 G_D 和 G_H 分别是产生 D 和 H 的圈空间的定向圈之集. 再设 $f: A(D) \to A(H)$ 是一个双射, 使得 $f(G_D) = G_H$. 则 f 和 f^{-1} 均保持定向圈 [709].

10.5 (−) 令 $1 \leqslant k \leqslant n$ 是整数. 设 $a_1, a_2, \cdots, a_k$ 是一个对象序列, 且令 c 是把颜色 $\{1, 2, \cdots, n\}$ 分配给每个对象的一个着色, 使得没有一种色被分配给 2 个对象. 证明：事件 $c(a_1) < c(a_2) < \cdots < c(a_k)$ 的概率等于 $1/k!$.

10.6 (−) 设 M 是一个 $n \times n$ 阶矩阵, k 是一个自然数. 描述一个算法, 使得仅运用 $O(\log k)$ 次关于 2 个 $n \times n$ 阶矩阵的乘法就寻找到 M 的 k 次幂.

10.7 证明引理 10.2.1 证明中的第一个等式.

10.8 使用引理 10.2.3 来证明引理 10.2.4.

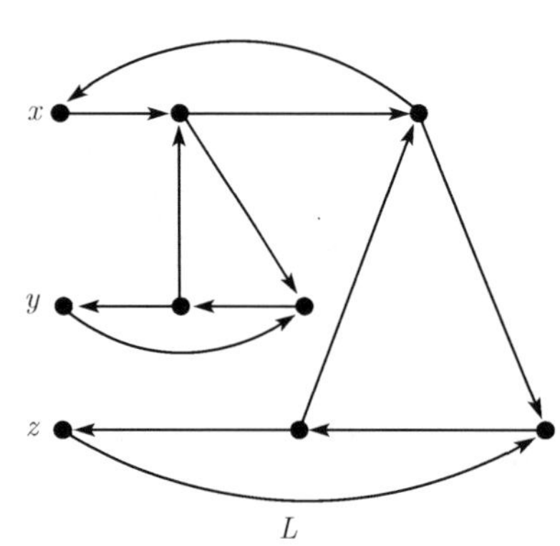

图 10.6　习题 10.9 证明的小技巧

10.9 证明下列问题是 $\mathcal{NP}$ 完全问题：给定一个有向图 D 和一个整数 k, 判定 D 是否至少有 k 个不交的圈. 提示：使用有关 **3 维匹配问题**的一简约 (给定 3 个具有相同基数 n 的集合 X^1, X^2, X^3 和 $X^1 \times X^2 \times X^3$ 的一个子集 R, 判定每个 X^i 的元素是否可以被标为 $x_1^i, x_2^i, \cdots, x_n^i$, 对于每一个 $j = 1, 2, \cdots, n$, 有 $(x_1^j, x_2^j, x_3^j) \in R$. 这个问题是 $\mathcal{NP}$ 完全问题 [303]. 在简化过程中, 可以使用图 10.6 中给出的小技巧 L. 从具有顶点 $X^1 \cup X^2 \cup X^3$ 的有向图 G 开始, G 无弧. 对于每一个 $(x, y, z) \in R$, 把 L 添加到 G 上. 证明产生的新有向图含 $n + 2|R|$ 个圈 (均为 3 圈) 当且仅当在 X^1, X^2 和 X^3 中存在元素所要求的标号 (与 Yeo 的一个私人通信)).

10.10 **平面有向多重图的有向对偶是平面的**. 证明：若 D 是平面有向多重图, 则它的有向对偶 D^* 也是平面的.

10.11 **反复取对偶**. 设 D 为平面有向多重图, 令 D^* 是 D 的有向对偶, 证明：D^* 的对偶与 D 的逆同构.

10.12 设 D 是平面有向多重图, D^* 是 D 的有向对偶. 证明：若 $(S, \overline{S})$ 是 D^* 的一个有向割, 则对应 D 中的弧形成 D 的一个有向圈.

10.13 设 $D = (V, A)$ 为图 10.1(a) 中的平面有向图. 寻找弧集 A 中的 2 条弧, 删去它们则产生一个无圈有向多重图. 然后检查收缩 D 的有向对偶 D^* 中对应的那 2 条弧, 从而产生一个强连通有向图.

10.14 (−) 证明：寻找一个有向多重图 $D = (V, A)$ 的最大规模无圈有向子图的问题等价于

寻找顶点集 V 的一个序 $v_1, v_2, \cdots, v_n$, 使得具有 $i < j$ 的弧 v_iv_j 的数目是最大的.

10.15 证明命题 10.3.13.

10.16 设 D 是任意的一个有向多重图, 证明: D 的每个最小反馈弧集导出 D 的一个无圈有向子图.

10.17 说明图 10.7 中的竞赛图 T 有一个最小反馈弧集, 它导出 T 的一个可传递子竞赛图.

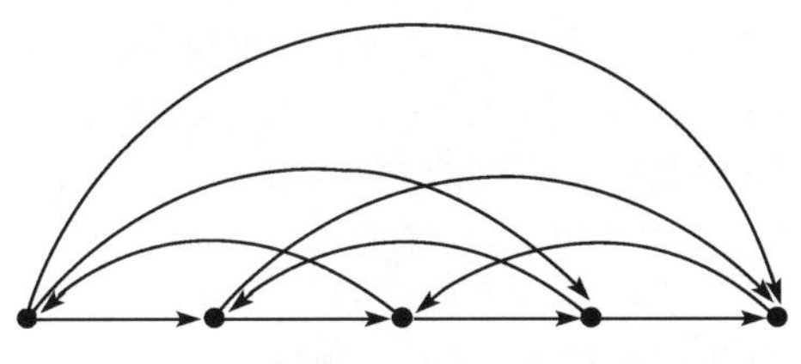

图 10.7 具有 5 个顶点的竞赛图 T

10.18 对于反馈弧集问题, 如果存在一个多项式近似算法具有近似保证 $\rho(n)$, 证明也存在一个关于反馈顶点集问题具有近似保证 $\rho(n)$ 的多项式近似算法, 反之亦真.

10.19 (–) 构造一族无穷多个有向图 D, 使得 $\nu_0(D) < \tau_0(D)$.

10.20 (–) 证明: 如果函数 $t_0(k)$ 和 $t_1(k)$(见 10.4.1 小节中的定义) 存在, 则它们相等. 提示: 应用命题 10.3.1.

10.21 关于每个整数 $n \geqslant 3$, 构造一个有向图, 使得它的最小出度为 2 且不含 2 个不交的圈.

10.22 证明: 每个具有 $\delta^+(D) \geqslant 3$ 的有向图 D 有一对顶点不交的圈. 提示: 使用引理 10.3.9[700].

10.23 使用定理 10.3.5 证明推论 10.3.6. 提示: 首先注意到每个具有 $\delta^+(D) \geqslant k$ 的有向图 D 至少有 $\frac{k}{64}$ 个顶点不交的圈, 移走这些圈上的弧, 然后继续递推.

10.24 (–) 证明引理 10.4.6. 提示: 使用 Menger 定理.

10.25 (–) 证明: Balcer-Veinott 算法 (10.5 节) 终止在一个圈上, 它的长是所输入的有向图的周期.

10.26 (–) 证明: 一个有向图 D 是偶的当且仅当对其弧上权 0 和 1 的每一个分配, D 包含一个偶权的圈.

10.27 设对某奇数 k, 有向图 D 是 k 弱倍圈的. 证明: D 有一个奇圈, 且每一条弧在偶数个圈中. 提示: 使用 k 弱倍圈的递推定义.

10.28 设对某奇数 k, 有向图 D 是 k 弱倍圈的. 证明: D 有一个偶圈. 提示: 假定 D 中所有的圈是奇圈, 使用习题 10.27 就可得到一个矛盾.

10.29 证明: 对有向图 D 中一条特定的弧 e, 判定 D 是否有一个过 e 的奇圈 (偶圈) 问题是 $\mathcal{NP}$ 完全问题 [720].

10.30 **所有的圈具有相同奇偶性的有向图**. 证明: 存在一个多项式算法可判定一个已知有向图中任何 2 个圈的圈长有相同的奇偶性.

10.31 (–) 对如下问题给出一个直接而简短的证明: 判定一个有向图 D 是否有模 p 下零长圈的问题是 $\mathcal{NP}$ 完全问题, 其中 D 和 p 均形成输入.

10.32 (−) 证明：一个具有 $\delta^0(D) \geqslant 3$ 且非二部分强有向图 D 的周期等于 1. 提示：使用定理 10.6.7.

10.33 证明推论 10.6.12.

10.34 (−) 证明引理 10.6.10 的推广. 设 $D=(V,A,w)$ 是一个赋权有向图, 令 $k(\geqslant 2)$ 为一个整数. 如果存在 D 的一个着色 $c^*: V \to \{0,1,\cdots,k-1\}$, 对于每一个顶点 $u \in V$, 存在一个顶点 $v \in N^+(u)$, 满足 $c^*(v) \equiv c^*(u)+w(u,v) (\bmod k)$, 则 D 有模 k 下的零长圈[12].

10.35 **赋权有向图中模 k 圈**. 使用前一个习题的结论和定理 10.6.11 证明中的方法, 证明下面有关定理 10.6.11 的推广：设 $D=(V,A,w)$ 是一个赋权有向图, 整数 $k \geqslant 2$. 如果 (10.3) 式或 (10.4) 式成立, 则 D 包含一个模 k 下权为零的圈[12].

10.36 证明：关于每一对整数 k 和 p, 且有 $1 \leqslant k < p$ 以及 $p \geqslant 3$, 每个 3 弱倍圈是 (k,p) 奇的[301].

10.37 证明：判定一个强有向图是否有圈长仅相差 1 的 2 个圈的问题是 $\mathcal{NP}$ 完全问题. 提示：把这个问题简约到哈密尔顿圈问题.

10.38 对于每个正整数 k, 构造一族无穷多个 k 强有向图, 使得没有族中的有向图含有长仅相差 1 的 2 个圈.

10.39 (+) 对 $p \geqslant 3$, 构造具有无穷多个强半完全多部分有向图族图 $\mathcal{F}_p$, 使得 $\mathcal{F}_p$ 中的每个有向图 D 包含一条哈密尔顿路. 此外, D 的任何一个强定向的最长路有 $n-2$ 个顶点, 其中 n 为 D 的阶[372].

10.40 (++) 证明下面的定理：设 D 为 n 阶强半完全多部分有向图, 使得 $D \neq \overleftrightarrow{K}_{n-1,1}$, 令 l 是 D 中最长路的长度. 则 D 包含一个强支撑定向子图, 它含一条长至少为 $l-2$ 的路[372].

10.41 对于每个 $p \geqslant 3$, 构造一个强 p 部分竞赛图 T, 使对 $3 \leqslant k \leqslant p$, 有向图 T 的某个顶点 v 不在一个 k 圈上.

10.42 (−) 证明：若 $n=gs$, 则 n 阶 s 正则圆有向图有围长 g.

10.43 证明猜想 10.9.4 隐含猜想 10.9.1.

10.44 设 D 是最小出度为 2 的强有向图. 证明：D 有一个顶点 x, 使得 $D-x$ 是强的. 提示：考虑 D' 是 D 的一个最大的强有向真子图. 证明 D' 包含除一个顶点外的 D 的其余顶点.

10.45 对于每个 $k \geqslant 2$, 构造一个 n 个顶点的强有向图, 它的弧数目是

$$\frac{n^2+(3-2k)n+k^2-k}{2}-1,$$

且它的最短圈的长度为 $k+1$.

10.46 利用引理 10.10.2 和 Marcus 定理 (定理 10.10.1) 证明推论 10.10.3.

10.47 证明：对于每一个 $k \geqslant 0$, 有向图 $\vec{C}_5 \times \vec{C}_{7+10k}$ 不含长为 $35+50k$ 的圈, 或没有长为 $34+50k$ 的圈. 提示：应用定理 10.10.5.

第 11 章　有向图的推广

在本章中, 几个有向图的结论要被移植到边着色图、弧着色有向图以及超竞赛图中来. 虽然这些结论的表述方式仍然保持先前的模式, 但是有关它们的证明却变得十分复杂和困难. 然而, 也有一些结论不再成立. 这就使得人们对有向图的理论需要其他方面的认识和深入的洞察, 尤其是通过得到关于有向图的各种各样的结论能够更清楚地看到有向图的性质.

11.1 节将研究边着色无向多重图中的正常着色迹 (即连贯的边着有不同的色). 11.1.1 小节将证明包含正常着色 (PC) 欧拉迹的边着色多重图的 Kotzig 特征, Pevzner 定理解释了如何从某些初始的边着色多重图来生成边着色多重图的全体 PC 欧拉迹.

11.1.2 小节将证明边着色图中有关 PC 圈的 Yeo 定理, 它在一定程度上刻画了没有 PC 圈的边着色图. 11.1.3 小节着重研究强连通性在边着色多重图中的推广. 11.1.4 小节要考虑有关 2 边着色多重图中哈密尔顿性以及最长 PC 路/圈的各种各样的结果. 通过使用这一小节中所介绍的变换, 许多结果可以从有向图中相应的结果得到.

包含哈密尔顿 PC 圈的边着色完全图的特征在 11.1.5 小节里给出, Bankfalvi 和 Bankfalvi 最先得到它. 在这一小节里, 我们还要证明刻画了 2 边着色完全图中的最长 PC 圈的 Saad 定理. 11.1.6 和 11.1.7 小节的内容是有关 c 边着色完全图中的 PC 路和 PC 圈的专题 ($c \geqslant 3$), 依据这些专题的结论, 我们将给出几个有意义而未解决的问题.

11.2 节的内容是介绍 Gutin, Sudakov 和 Yeo 得到的多少令人吃惊的结果, 即判定 2 弧着色有向图中 PC 有向圈的存在性问题是 $\mathcal{NP}$ 完全问题. 接下来, 我们要考虑有关弧着色有向多重图的 PC 欧拉迹问题, 这个问题的复杂性仍然是未知的.

11.3 节将要推广有关竞赛图的几个典型的定理, 它们分别是 Rédei 定理、Camion 定理和 Landau 定理. 尽管 Gutin 和 Yeo 证明了哈密尔顿超竞赛图的漂亮特征的存在, 然而有关超竞赛图哈密尔顿圈问题仍然是 $\mathcal{NP}$ 完全问题. 作为这一章的结束内容, 我们将简短地浏览 2 边着色多重图中交错哈密尔顿圈在遗传学中的应用 (见 11.4 节).

11.1　边着色多重图中的正常着色迹

本节研究的对象是**边着色无向多重图** (edge-coloured undirected multigraphs),

即无向多重图的每一条边均着有一个色, 且没有 2 条平行边 (连接相同顶点对) 着有相同的色. 如果使用的颜色数目为整数 c, 则称为 c **边着色多重图** (c-edge-coloured multigraphs). 通常也使用 $1, 2, \cdots, c$ 来表示在 c 边着色多重图中的颜色. 在情形 $c = 2$ 中, 常使用红色和蓝色分别代替 1 号色和 2 号色. 一个 2 边着色多重图 G 的**红色子图** (red subgraph) (**蓝色子图** (blue subgraph)) 是由 G 的顶点和 G 的全部红色 (蓝色) 的边构成.

设 G 是 c 边着色多重图 ($c \geqslant 2$). G 中的一个迹 T 是**正常着色 (PC)** (properly coloured (PC)), 如果没有 T 的 2 条连贯 (相邻) 的边着有相同的色, 简称 T 为 **PC 迹**. G 的一个 **PC m 路圈子图** (PC m-path-cycle subgraph) $\mathcal{F}_m$ 是 G 中 m 条 PC 路和若干个 PC 圈的并, 且所有的路和圈是顶点不交的. 当 $m = 0$ 时, $\mathcal{F}_0$ 被叫做 PC **圈子图** (PC cycle subgraph). 如果 G 是 2 边着色多重图, 则 G 中的一个正常着色迹也叫做**交错迹** (alternating trail). 为了理解 2 边着色多重图的交错路和圈结构是有向多重图的路和圈结构的推广, 我们要考虑由 Häggkvist 在文献 [548] 中给出的变换, 见图 11.1. 设 D 是有向多重图, 把 D 的每条弧 xy 用 2 条 (无定向) 边 xz_{xy} 和 $z_{xy}y$ 进行替换, 添加一个新顶点 z_{xy}, 然后给边 xz_{xy} 着红色, 给边 $z_{xy}y$ 染蓝色, 所得到的 2 边着色图记为 G. 易见, G 中的每个交错圈对应 D 中的一个有向圈, 反之也亦然. 因此, 有下面的命题:

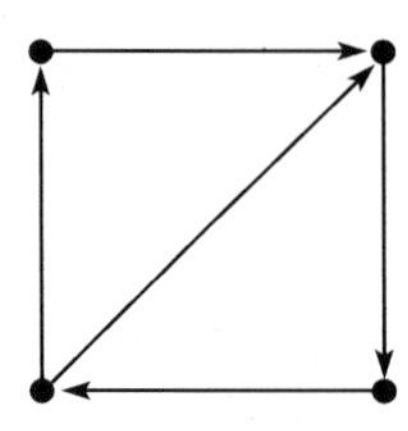

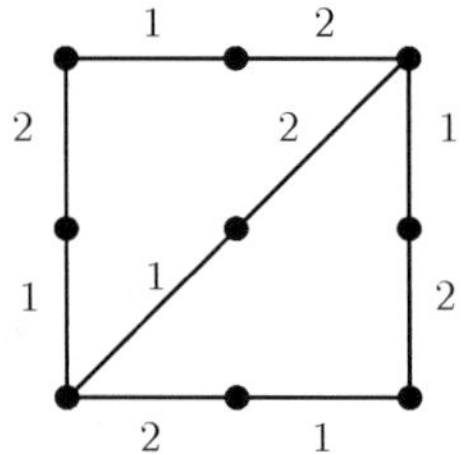

图 11.1 Häggkvist 变换

命题 11.1.1 下列有关 2 边着色图中路和圈的问题均是 $\mathcal{NP}$ 完全问题:

(a) 交错哈密尔顿圈问题.

(b) 寻找通过一对预先指定的顶点的交错圈.

证明留作习题 11.1.

显然, D 中的一条有向路也对应 G 中的一条交错路. 于是, 可以说 2 边着色图中交错路和圈结构推广了有向多重图的 (有向) 路和圈结构, 事实上, 不难看到, 前一个结构比后一个结构较为复杂些. 但是, 我们能够将有向多重图中得到的一些方法和结果移植到边着色多重图中.

Petersen 的著名文章似乎是人们能够找到的第一个 PC 迹的应用 [575,603]. 除了一些在图论和算法的应用外 [386,738], PC 迹的概念以及它的特殊情形 PC 路和圈出现在不少的领域中, 包括遗传学 [200~202,606], (也见本章最后一节) 和社会科学 [156].

设 G 是 c 边着色多重图. 顶点 v 的第 j **度** $d_j(v)$ 是染有色 j 且与 v 关联的边的数目 $(1 \leqslant j \leqslant 0)$. 定义 G 的**最大单色度** (maximum mono-chromatic degree) 为

$$\Delta_{\text{mon}}(G) = \max\{d_j(v):\ v \in V(G),\ j = 1, 2, \cdots, c\}.$$

用 $\chi(e)$ 表示 G 中一条边 e 上的颜色. 令 X 和 Y 是 G 的顶点集合, 则 XY 表示全体一个端点在 X 中另一端点在 Y 中的边集合, 且 $\chi(XY)$ 表示在 XY 中的边的颜色的集合. 如果 XY 中所有的边均染有相同的色 i, 则记 $\chi(XY) = i$.

边着色多重图 G 和 H 是**色同构** (colour-isomorphic), 如果存在一个同构映射 $f: V(G) \to V(H)$, 使对 G 的每一对不同的顶点 x, y, 有 $\chi(xy) = \chi(f(x)f(y))$. 令 $T = p_1p_2 \cdots p_l$ $(l \geqslant 2)$ 是 G 中一个迹, 则称迹 $p_lp_{l-1} \cdots p_1$ 是 T 的**反转** (reverse), 记为 T^{rev}, 且记

$$\chi_{\text{end}}(T) = \chi(p_{l-1}p_l), \quad \chi_{\text{start}}(T) = \chi(p_1p_2).$$

设 G 是偶数阶 n 的 2 边着色多重图. 称 G 是**交错泛圈的** (alternating pan-cyclic), 若对每一个 $k = 2, 3, 4, \cdots, n/2$, 图 G 有一条长为 $2k$ 的交错圈. 若对每一个顶点 $v \in V(G)$ 和每一个 $k \in \{2, 3, 4, \cdots, n/2\}$, 图 G 总含有一个过顶点 v 的长为 $2k$ 的交错圈, 则说 G 是**顶点交错泛圈的** (vertex alternating-pancyclic).

11.1.1 正常着色欧拉迹

Kotzig 证得下面包含正常着色欧拉迹的边着色多重图的特征[502].

定理 11.1.2[502] 一个边着色多重图 G 有一个正常着色欧拉迹的充要条件是 G 为连通的, 每一个顶点有偶度数, 且对于每一个顶点 v 和每一个色 i, 有 $d_i(x) \leqslant \sum_{j \neq i} d_j(x)$.

证明 显然, 上述条件是必要的.

假定 G 满足此定理的条件. 我们先证明对于每一个顶点 x, 多重图 G 中关联于 x 的边可以被划分为不同边的不交的边对, 使得每个边对里的 2 条边均染有不同的色, 这就保证由一条边 e 进入顶点 x, 然后沿边 f 离开 x, 其中边 f 与边 e 形成上面所说的边对 (下面用 $\text{match}_x(e)$ 表示 f).

为了确定这个划分, 对于每一个顶点 x, 构造一个辅助图 G_x, 使得 G_x 的顶点均为 G 中关联于 x 的边. G_x 中 2 个顶点是连通的, 如果它们所对应的 G 中的边着有不同的色. 易见, 上述划分存在当且仅当每一个 G_x 有一个完美匹配. 下面证明 G_x 确有一个完美匹配.

注意, 每个 G_x 是一个完全多部分图, 具有满足下面不等式的基数为 n_1, $n_2, \cdots, n_t$ 的划分集:

$$n_i \leqslant \sum_{j \neq i} n_j, \quad i = 1, 2, \cdots, t. \tag{11.1}$$

选择 G_x 的 2 个最大部分集间的一条边 b, 从 G_x 中删去 b 的顶点. 显然, 所得新图的部分集满足不等式 (11.1). 这就说明能够选择另一条边进行上述过程. 这个过程将产生 G_x 的一个完美匹配 (使用多重图中有关完美匹配的 Tutte 定理也可容易地证得相同的结论[127]).

对 G 中的每一个顶点 x, 固定 G_x 中的一个完美匹配 $\{(e, \mathrm{match}_x(e)) : e \in V(G_x)\}$. 称 G 的一个 PC 迹 Q 为 M **迹** (M-trail). 如果对于每一个顶点 $x \in V(Q)$, 有 $\mathrm{match}_x(e) \in E(Q)$, 其中每一条边 $e \in E(Q)$ 关联于 x. 显然, 每一个 M 迹是闭的. 在先前的方式中 (见下面 R 的构造), 可以构造一个 M 迹. 令 T 是 G 的一个最大边数目的 M 迹. 假定 $E(T) \neq E(G)$. 因为 G 是连通的, $G - E(T)$ 包含关联于 T 中的一个顶点 x_1 的一条边 e_1. 现在来构造 $G - E(T)$ 中的一个迹 $R : x_1$, e_1, x_2, $e_2 = \mathrm{match}_{x_2}(e_1)$, x_3, $e_3 = \mathrm{match}_{x_3}(e_2)$, x_4, $\cdots$, x_k, $e_k = \mathrm{match}_{x_k}(e_{k-1})$, x_{k+1}, 其中对于每一个 $i = 1, 2, \cdots, k$, 有 $e_i = x_i x_{i+1}$, 并且 $x_{k+1} = x_1$ 和 $e_1 = \mathrm{match}_{x_1}(e_k)$. 注意到, 由 M 迹的定义, T 和 R 是边不交的.

因为顶点 x_1 在 T 中, 则可记 T 为 $\cdots f$, x_1, $g, \cdots$. 不失一般性, 假定 $\chi(f) = 1$, $\chi(g) = 2$ 且 $\chi(e_1) \neq 1$. 如果 $\chi(e_k) \neq 2$, 则在 T 中用所得到的迹 R 替换 f 和 g 之间 x_1 的出现, 结果是 G 的一个 M 迹具有比 T 更多的边, 矛盾. 如果 $\chi(e_k) = 2$, 则用所得到迹 R^{rev} 来取代 T 中 f 和 g 之间 x_1 的出现, 得到 G 的一个具有比 T 的边更多边的 M 迹 (注意, $\chi(e_1) > 2$), 矛盾.

于是 $E(T) = E(G)$, 即 T 是欧拉迹. □

Benkouar, Manoussakis, Paschos 和 Saad 描述了一个 $O(n^2 \log n)$ 算法可在 n 个顶点的边着色多重图中寻找到一条正常着色欧拉迹, 且该迹满足定理 11.1.2 的条件[103]. Pevzner 推荐下面简单实用的算法来寻找 G 中一条 PC 欧拉迹[606]. 设 $P = x_1 x_2 \cdots x_k$ 是一条 PC 迹, 一个着色 χ' **关于** P **是临界的** (critical with respect to P), 如果它是具有一个端点在 x_k 另一个端点在 $V(G) - V(P)$ 中的边的最频繁的着色 $\chi' \neq \chi(x_{k-1}x_k)$. 关于满足定理 11.1.2 的边着色多重图 G 的 Pevzner 算法运行如下. 令 x_1 是 G 的任意一个顶点. 设置 $P_1 = x_1$, 并添加任意一条色为 $\chi(x_1 x_2)$ 的边 $x_k x_{k+1}$ 来建立 $P_k = x_1 x_2 \cdots x_k$, 如果这个色关于 P 是临界的, (否则) 是关于 P 的任何一个临界色. 如果没有临界色边是可用的, 则停止算法. Pevzner 证明: 如果一条 PC 欧拉迹存在, 则用这个算法总可以找到它 (习题 11.3)[606].

利用前面提到的 Häggkvist 变换, 可以容易地得到下面的结论 (见定理 1.6.3 中关于此结论的一个直接证明):

推论 11.1.3 一个有向多重图 D 是欧拉的当且仅当 D 是连通的, 且对 D 中每一个顶点 x, 有 $d^+(x) = d^-(x)$.

Fleischner, Sabidussi 和 Wegner[242] 以及 Pevzner[606] 各自独立地研究了能够将 2 边着色多重图的一个交错欧拉迹变换成另一个欧拉迹的运算. 非常有意义的是, 当第一篇文章给出一个纯理论动机之时, 在第二篇文章中作者展示了交错欧拉迹的某些应用, 通常是对那些变换, 特别是对遗传学中的一个重要的 $\mathcal{NP}$ 困难问题. 在这里, 我们仅讨论文献 [606] 中的变换特征.

设 G 是包含一条交错欧拉迹的 2 边着色多重图. 在这一小节的其余部分中, 为方便起见, 把交错迹看成是边的有序集. 令 $T = T_1T_2T_3T_4T_5$ 是一条交错迹 (其中 T_i 是 T 的片段, 视为 $E(G)$ 的子集), 如果 $T^* = T_1T_4T_3T_2T_5$ 是一条交错迹, 则将变换 $T \to T^*$ 叫做**序交换** (order exchange). 令 $T = T_1T_2T_3$ 是一条交错迹, 如果 $T^* = T_1T_2^{\rm rev}T_3$ 是一条交错迹, 我们称变换 $T \to T^*$ 为**序反射** (order reflection). 令 X 和 Y 是 G 中的一对交错迹, X 和 Y 的最大公共子迹的顶点数目叫做 X 和 Y 的**指标** (index), 记为 ind(X, Y).

定理 11.1.4[606] 在一个 2 边着色多重图中, 借助一系列序变换 (交换和反射), 均可将每一对交错欧拉迹 X 和 Y 进行相互变换.

证明 在交错欧拉迹的集合 $\mathcal{T}$ 中, 它可以由 X 借助一系列序变换得到, 选取一个元素 $X^* = x_1x_2\cdots x_q$ 与 $Y = y_1y_2\cdots y_q$ 有最大的公共子迹 (显然, $x_1 = x_q$ 和 $y_1 = y_q$). 可以假定 ind$(X^*, Y) = \ell < q$. 由于 X^* 和 Y 均为闭的, 不失一般性, 设对 $1 \leqslant i \leqslant \ell$, 有 $x_i = y_i$.

令 $e_1 = x_\ell x_{\ell+1}$ 和 $e_2 = y_\ell y_{\ell+1}$. 显然, $\chi(e_1) = \chi(e_2)$. 因为 X^* 是欧拉的, 故 X^* 包含 e_2. 依照方向有 2 种可能性, 其中经过 X^* 中的边 e_2 (从 x_1 走到 x_q).

情形 1. 在 X^* 中从 $y_{\ell+1}$ 到 y_ℓ 经过边 e_2. 此时有

$$X^* = x_1x_2\cdots x_\ell x_{\ell+1}\cdots y_{\ell+1}y_\ell\cdots x_q.$$

令 $T_1 = x_1x_2\cdots x_\ell$, $T_2 = x_\ell x_{\ell+1}\cdots y_{\ell+1}y_\ell$ 和 $T_3 = y_\ell y_{\ell-1}\cdots x_q$. 因为 $\chi(e_1) = \chi(e_2)$, 变换 $X^* \to X^{**} = T_1T_2^{\rm rev}T_3$ 是一个序反射. 但是, 有 $X^{**} \in \mathcal{T}$ 和 ind$(X^{**}, Y) >$ ind(X^*, Y), 这与 X^* 的选取矛盾.

情形 2. 在 X^* 中从 y_ℓ 到 $y_{\ell+1}$ 经过 e_2. 此时有

$$X^* = x_1x_2\cdots x_\ell x_{\ell+1}\cdots(x_p = y_\ell)(x_{p+1} = y_{\ell+1})\cdots x_q.$$

令 $X_1 = x_1x_2\cdots x_\ell$, $X_2 = x_\ell x_{\ell+1}\cdots x_p$ 和 $X_3 = x_px_{p+1}\cdots x_q$.

断言 迹 X_3 包含一个属于 X_2 的顶点 x_j ($j > p$).

证明 设 $i > \ell$ 是满足下列条件的最小的数: 迹 Y 的顶点 y_i 在 X_2 中. 如此的一个 i 的存在是由于对某 $t > \ell$, Y 包含边 $e_1 = y_{t-1}y_t$. 由于 i 的最小性, 边

$y_{i-1}y_i$ 不属于 X_2. 条件 $i > \ell$ 指出这条边也不在 X_1 中. 因此, 这条边在 X_3 中, 导致 X_2 和 X_3 有一个公共顶点, 断言得证.

按照上述断言, 迹 X^* 可以重写为

$$X^* = x_1x_2\cdots x_\ell x_{\ell+1}\cdots(x_k = x_j)\cdots(x_p = x_\ell)(x_{p+1} = y_{\ell+1})\cdots x_j\cdots x_q.$$

令 $T_1 = x_1x_2\cdots x_\ell$, $T_2 = x_\ell x_{\ell+1}\cdots x_k$, $T_3 = x_k\cdots x_p$, $T_4 = x_p\cdots x_j$ 和 $T_5 = x_j\cdots x_q$. 考察边 $f_1 = x_{k-1}x_k$ 和边 $f_2 = x_{j-1}x_j$. 如果 $\chi(f_1) = \chi(f_2)$, 则 $\chi(f_2) \neq \chi(x_kx_{k+1})$, 并且 $X^{**} = T_1T_4T_3T_2T_5$ 是借助某些序交换从 X^* 得到的交错迹. 显然有 $\mathrm{ind}(X^{**}, Y) > \mathrm{ind}(X^*, Y)$, 这与 X^* 的选取矛盾.

如果 $\chi(f_1) \neq \chi(f_2)$, 则 $X^{**} = T_1T_4T_2^{\mathrm{rev}}T_3^{\mathrm{rev}}T_5$ 是一条交错迹, 这条迹是由 X^* 实施 2 个序反射得到的:

$$\begin{aligned}&T_1T_2T_3T_4T_5 \to T_1T_2(T_3T_4)^{\mathrm{rev}}T_5\\=\ &T_1T_2T_4^{\mathrm{rev}}T_3^{\mathrm{rev}}T_5 \to T_1(T_2T_4^{\mathrm{rev}})^{\mathrm{rev}}T_3^{\mathrm{rev}}T_5\\=\ &T_1T_4T_2^{\mathrm{rev}}T_3^{\mathrm{rev}}T_5.\end{aligned}$$

显然, 有 $\mathrm{ind}(X^{**}, Y) > \mathrm{ind}(X^*, Y)$, 但这与 X^* 的选取矛盾. □

11.1.2 正常着色圈

使用 Häggkvist 变换可以看到, 判定一个 c 边着色图是否有一个正常着色圈问题比判定有向图是否有一个有向圈 (见命题 1.4.2 和后面的注释) 的简单问题更为一般 (甚至对情形 $c = 2$). 本小节的其余部分是考虑如下的问题:

问题 11.1.5 给定一个 c 边着色图 G, 检验 G 是否含有一个正常着色圈.

Grossman 和 Häggkvist 是最先研究这个问题的人[335], 他们证明了下面 $c = 2$ 情形时的定理 11.1.6. Yeo 证得 $c \geqslant 2$ 情形时的定理 11.1.6[743].

设 G 是 c 边着色图, 且设 x, y 是 G 的任意不同顶点, 我们将要使用下面附加的记号:

$$\chi_{\mathrm{end}}(x, y) = \{\chi_{\mathrm{end}}(P):\ P \text{ 是一条 PC } (x, y)\text{路}\},$$

$$\chi_{\mathrm{start}}(x, y) = \{\chi_{\mathrm{start}}(P):\ P \text{ 是一条 PC } (x, y)\text{路}\}.$$

定理 11.1.6[743] 设 G 是一个 c 边着色图 $(c \geqslant 2)$, 且不含 PC 圈. 那么, G 有一个顶点 $z \in V(G)$, 使得没有 $G - z$ 的连通分支被多于一色的边连接到 z.

证明 设 $G = (V, E)$ 是一个不含 PC 圈的边着色图. 任取一个顶点 $p_1 \in V$. 设 $S = \{p_1\} \cup \{s \in V - \{p_1\}:\ |\chi_{\mathrm{end}}(p_1, s)| = 1\}$. 现令 $P = p_1p_2\cdots p_l$ $(l \geqslant 1)$ 是一条最长的 PC 路, 使得 $p_l \in S$, 并对每一个 $k \in \{1, 2, \cdots, c\}$, 设 $T_k = \{t \in V - \{p_l\}:$

$k \in \chi_{\text{start}}(p_l, t)\}$. 如果 $l = 1$, 则令 C^* 是 G 中所有的颜色之集合; 如果 $l \geqslant 2$, 则令 C^* 是 G 中除 $\chi_{\text{end}}(P)$ 外所有的颜色之集合. 我们将在下面的三个步骤里证明这个定理.

(1) 对所有的 $k \in C^*$, 有 $V(P) \cap T_k = \varnothing$.

如果 $l = 1$, 则陈述是自然成立的 (因 $p_l \notin T_k$). 现设 $l \geqslant 2$, 且反设陈述不真, 这隐含了有一条 PC (p_l, p_i) 路 $R = p_l r_1 r_2 \cdots r_{m-1} r_m p_i$ $(m \geqslant 0)$, 具有 $\chi_{\text{start}}(R) = k, i \in \{1, 2, \cdots, l-1\}$ 和 $V(R) \cap V(P) = \{p_i, p_l\}$. 显然, 有 $\chi(p_i p_{i+1}) = \chi_{\text{end}}(R)$, 不然的话, 将存在 PC 圈 $p_i p_{i+1} \cdots p_l r_1 r_2 \cdots r_{m-1} r_m p_i$. 这表明 $Q = p_1 p_2 \cdots p_i r_m r_{m-1} \cdots r_1 p_l$ 是一条 PC (p_1, p_l) 路, 且具有 $\chi_{\text{end}}(Q) = \chi_{\text{start}}(R) = k \neq \chi_{\text{end}}(P)$. 由于已证得 $\{\chi_{\text{end}}(Q), \chi_{\text{end}}(P)\} \subseteq \chi_{\text{end}}(p_1, p_l)$, 从而导致 $|\chi_{\text{end}}(p_1, p_l)| \geqslant 2$. 所以, $p_l \notin S$, 与 P 的定义矛盾.

(2) 如果有某 $k \in C^*$, 使得 $xy \in E$, $x \in T_k$, $y \notin T_k$, 则有 $y = p_l$ 和 $\chi(xy) = k$.

首先肯定有一条 PC (p_l, x) 路 R, 使得 $\chi_{\text{end}}(R) \neq \chi(xy)$ 和 $\chi_{\text{start}}(R) = k$.

根据上面有关 T_k 的定义, 则存在一条 PC (p_l, x) 路 Q, 使得 $\chi_{\text{start}}(Q) = k$. 如果有 $\chi_{\text{end}}(Q) \neq \chi(xy)$, 则令 $R := Q$, 所以假定 $\chi_{\text{end}}(Q) = x(xy)$. 依照断言 (1), PQ 是一条 PC (p_1, x) 路, 它比 P 长. 这导致 $x \notin S$, 所以 $|\chi_{\text{end}}(p_1, x)| \geqslant 2$. 因而, 存在一条 PC (p_1, x) 路 L, 具有 $\chi_{\text{end}}(L) \neq \chi(xy)$. 选取 $w \in (V(L) \cap V(P \cup Q)) - \{x\}$, 使得 $V(L[w, x]) \cap V(P \cup Q) = \{w, x\}$.

假定 $w \in V(P) - \{p_l\}$. 则 $QL^{\text{rev}}[x, w]$ 是一条 PC (p_l, w) 路, 它的第一条边着有色 k. 这说明 $w \in T_k$. 与断言 (1) 矛盾. 因此, $w \in V(Q)$ 和 $\chi_{\text{start}}(Q[w, x]) = \chi_{\text{start}}(L[w, x])$, 否则, 出现 $Q[w, x]L^{\text{rev}}[x, w]$ 是一个 PC 圈的情形. 这表明 $R = Q[p_l, w]L[w, x]$ 是一条 PC (p_l, x) 路, 具有 $\chi_{\text{start}}(R) = k$ 和 $\chi_{\text{end}}(R) \neq \chi(xy)$. 于是断言 (2) 得证.

设 R 是由断言 (2) 所保证的路. 如果 $y \neq p_l$. 则 Ry 是一条 PC (p_l, y) 路, 且有 $\chi_{\text{start}}(Ry) = k$, 这与 $y \notin T_k$ 的假定矛盾. 于是, 有 $y = p_l$. 若 $\chi(xy) \neq k$, 则得 PC 圈 Ry, 这也是一个矛盾, 故只有 $\chi(xy) = k$.

(3) 没有 $G - p_l$ 的连通分支被多于一种色的边连接到 p_l.

反设断言 (3) 不真, 并令 $p_l x$ 和 $p_l y$ 是 G 的一对不同的边, 使得 x 和 y 同属 $G - p_l$ 的一个连通分支, 并有 $\chi(p_l x) \neq \chi(p_l y)$. 不失一般性, $\chi(p_l x) \in C^*$ (否则交换 x 和 y). 在 $G - p_l$ 中, 于 $x = r_1$ 和 $y = r_m$ 之间存在一条 (不必是 PC) 路 $R = r_1 r_2 \cdots r_m$ $(m \geqslant 2)$. 如果 $y \in T_{\chi(p_l x)}$, 则因为 $p_l \notin T_{\chi(p_l x)}$, 则断言 (2) 导出 $\chi(p_l y) = \chi(p_l x)$, 这是一个矛盾. 所以, $y \notin T_{\chi(p_l x)}$ 与 $x \in T_{\chi(p_l x)}$ 一起导致存在一个 i $(1 \leqslant i \leqslant m-1)$, 使得 $r_i \in T_{\chi(p_l x)}$ 和 $r_{i+1} \notin T_{\chi(p_l x)}$. 然而, 因为 $r_i r_{i+1} \in E$, 但是 $p_l \neq r_{i+1}$, 这与断言 (2) 冲突. □

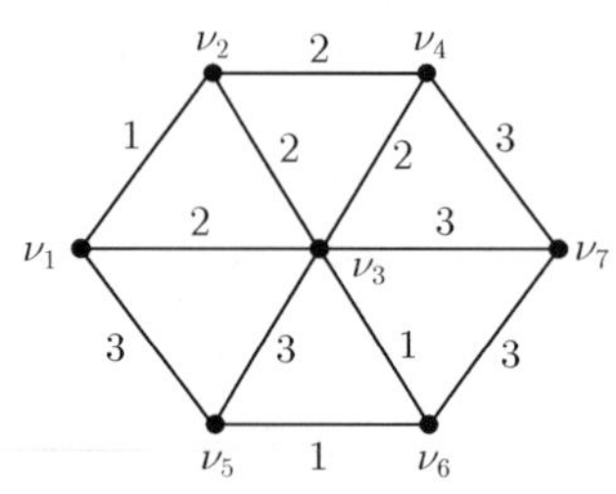

图 11.2　一个无 PC 圈的边着色图

为了看到无 PC 圈, 只要检查每个顶点 v_i 仅有到 $\{v_1, v_2, \cdots, v_{i-1}\}$ 的着有相同色的边

可以看到定理 11.1.6 准确地解决了问题 11.1.5. 其实, 如果 G 无顶点 z, 使得所有从 z 到 $G-z$ 的任何一个连通分支的边着有相同色, 则定理 11.1.6 预示 G 包含一个 PC 圈. 如果 G 有一个如此的顶点 z, 因为没有 PC 圈能够包含 z (见图 11.2), 则仅考虑 $G-z$, 或者考虑 $G-z$ 的分支 (如果 $G-z$ 不连通). 这就引出一个显然的多项式递推算法 (对于一个顶点 $x \in G$, 能够在时间 $O(|V(G)|+|E(G)|)$ 内找到 $G-x$ 的分支).

定理 11.1.6 的有意义的推论作为本章的习题给出 (习题 11.7 和习题 11.8), 它也隐含了下面的结论:

推论 11.1.7[100, 501, 534]　不存在包含唯一完美匹配的无桥图.

证明留作习题 11.6.

另一个解决问题 11.1.5 的可能性是使用下面 Bang-Jensen 和 Gutin 提供的构造[61], 见图 11.3 的解释. 此构造能够在多项式时间内准确地找到 c 边着色多重图中具有最大数目顶点的 PC 圈子图. 作为一个出发点, 该算法对于若干 PC 圈和 PC 路的问题是非常有效的.

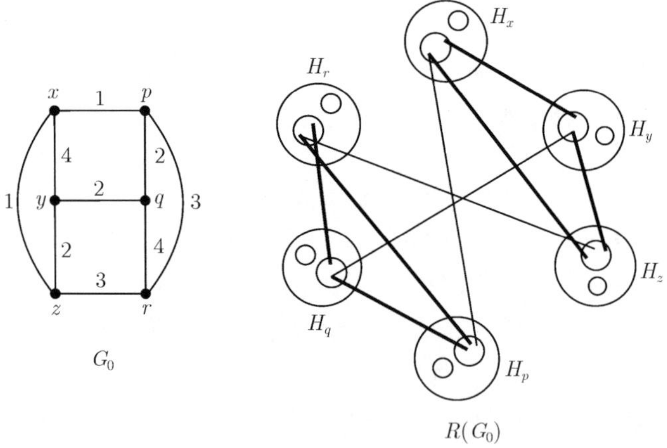

图 11.3

左面的图形给出一个 4 边着色图 G_0. 右面的图形描述了文献 [61] 中有关 G_0 的构造. 在每一个 H_v 中的大圆圈有 $c=4$ 个顶点, 小圆圈有 $c-2=2$ 个顶点. 仅给出在图 H_v 之间 $R(G_0)$ 的边. 粗边是 $R(G_0)$ 的一个最大权完美匹配的部分, 它们对应到 G_0 的 PC 圈 $xyzx$ 和 $rqpr'$ ①

① 原文写为 "它们对应到 G_0 的 PC 圈 $abca$ 和 $defd$". —— 译者注

设 G 是任意一个 c 边着色多重图 (具有色 $1,2,\cdots,c$). 对于 G 的每一个顶点 v, 构造一个图 H_v, 使得 $V(H_v)=\{v_1,v_2,\cdots,v_{2c-2}\}$, 且在 H_v 中, 顶点 v_i 相邻于顶点 v_j $(i<j)$ 当且仅当同时有 $i,j\in\{1,2,\cdots,c\}$, 或者 $i\in\{1,2,\cdots,c\}$ 和 $j\in\{c+1,c+2,\cdots,2c-2\}$. 我们用图 H_v ($v\in V(G)$) 的不交并来构造一个新图 $R=R(G)$. 一条边 v_iu_j 在 R 中当且仅当 $i=j=\chi_G(vu)$. 令 R 中形如 v_iv_j $(i,j\in\{1,2,\cdots,c\})$ 的边的权为零, 给 R 中其余的边均赋权 1. 则 R 中一个最大权完美匹配对应 G 中一个具有最大数目顶点的 PC 圈子图 F. 为了看到这一点, 只需注意到对 R 的任何完美匹配和任何 H_v (对应到 G 的一个顶点 v), 除 2 个顶点外, 其余所有的顶点 $v_1,v_2,\cdots,v_c$ 将被匹配到 H_v 的顶点且具有下指标至少为 $c+1$. 因而, 如果 H_v 中余下的 2 个顶点间的边不在匹配中, 这将对应到 G 中 v 是在一个 PC 圈上, 反之也真. 这个构造表明存在一个多项式算法可以找到 F, 这是因为能够在时间 $O(p^3)$ 内找到具有 p 个顶点的赋权图中的一个最大权完美匹配[600].

有时需要寻找一个 c 边着色多重图 G 的一个最大 PC 1 路圈子图. 在下面能够容易地把后面的问题转换为最大 PC 圈子图问题. 给 G 添加一个额外的顶点 x, 连接 x 到 G 的每一个顶点, 并分别用色 $c+1$ 和色 $c+2$ (新颜色) 给新边着色. 显然, 新多重图的一个最大 PC 圈子图对应 G 的一个**最大 PC 1 路圈子图**. 我们把所得到的结果表述如下:

定理 11.1.8[61] 在具有 n 个顶点的 c 边着色多重图中, 于时间 $O((cn)^3)$ 内能够在该多重图中分别构造出一个最大 PC 圈子图和一个最大 PC 1 路圈子图.

设 G 是一个 c 边着色多重图, x 是 G 的一个顶点. 下面考虑对 $R(G)$ 的调整 $R'(G)$: 改变边 x_ix_j ($1\leqslant i<j\leqslant c$) 的权从 0 到 ∞, 则在 $R'(G)$ 中存在一个有限权的完美匹配当且仅当 G 有一个过顶点 x 的 PC 圈, 这就导出下面的命题:

命题 11.1.9 给定一个 c 边着色多重图 G 和它的一个顶点 x, 可以在多项式时间内判定 G 是否有一个过顶点 x 的 PC 圈.

将上述命题与命题 11.1.1(b) 相比较, 这个命题的结论是不可改进的.

11.1.3 边着色多重图的连通性

在有向图的研究中, 强连通性扮演着一个中心的角色. 因此, 我们自然地要尝试获得强连通性在边着色图中的某些扩展. 许多文献中已经介绍和研究了如此的扩展. 事实上, 存在着 2 个非常有用的强连通性扩展: 一是推广了普通的强连通性定义, 关键是应用了顶点对之间的路; 二是延展了有向图中**圈连通性**的定义 (见习题 1.30), 它等价于 (有向图的) 强连通性. 然而, 对于边着色图这 2 类推广不再是相互等价的.

本节将研究上面提到的强连通性的推广. 因为稍后仅对 2 边着色图使用连通性, 故限制在 2 边着色多重图中进行研究, 这也使得今后的讨论更加容易些. 但是, 读者应记住能够将下面的结论推广到 c 边着色多重图中 ($c \geqslant 2$).

Saad 首先介绍了下面的色连通性的记号 (他曾为这个记号使用了另一个名字)[648]. 设 G 是 2 边着色多重图, G 的一对顶点 x, y 是**色连通的** (colour-connected), 如果存在交错 (x, y) 路 P 和 Q, 使得 $\chi_{\mathrm{start}}(P) \neq \chi_{\mathrm{start}}(Q)$ 和 $\chi_{\mathrm{end}}(P) \neq \chi_{\mathrm{end}}(Q)$ (注意, 这里的 P 和 Q 是路而不是迹). 自然地, 定义一个顶点 x 对其自身是色连通的. 如果 G 的每对顶点均为色连通的, 则称 G 是**色连通的** (colour-connected).

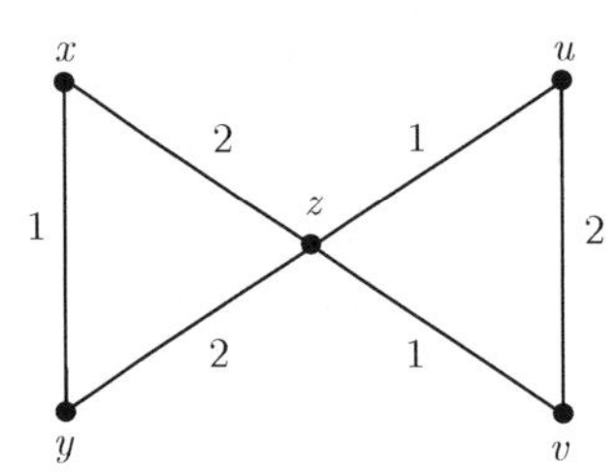

图 11.4　一个非简便 2 边着色图

显然, 每一个交错圈是色连通图. 这预示色连通性可能对解决交错圈问题是有用的. 如果知道所考虑的图的顶点上色连通性是一个等价关系, 我们就可以有效地使用色连通性. 这就引出下面的定义: 一个 2 边着色多重图 G 是**简便的** (convenient), 如果色连通性是 G 的顶点上的一个等价关系. 不幸的是, 存在非简便多重图. 考虑图 11.4 中的图 H, 不难检查到顶点 x 和 y 是色连通到 u, 但是 x 和 y 在 H 中不是色连通的.

可以仅使用色连通性定义证明下面的命题. 下面 Bang-Jensen 和 Gutin 的结论提供了另一个检查色连通性的途径, 它的证明留给读者作为习题 11.9.

命题 11.1.10[64]　一个 2 边着色多重图中的一对顶点 x_1, x_2 是色连通的当且仅当 G 有 4 条 (不要求互不相同) 交错 (x_1, x_2) 路 P_1, P_2, Q_1, Q_2, 使得 $\chi_{\mathrm{start}}(P_i) = \chi_{\mathrm{end}}(Q_i) = i$, $i = 1, 2$.

设有向图 G 有一个匹配 M. 称 G 中一条路 P **关于 M 增广** (augmenting with respect to M), 如果 P 中任何一对相邻边中只有一条边属于 M, 且 P 的第一条边和最后一条边均不属于 M. 对于 2 边着色多重图 G, 下面由 Bang-Jensen 和 Gutin 给出的命题表明可以在多项式时间内判定 G 的一对顶点是否为色连通的.

命题 11.1.11[64]　设 $G = (V, E)$ 是连通的 2 边着色多重图, x, y 是 G 的不同顶点. 对 $i, j \in \{1, 2\}$ 的选取, 能够在时间 $O(|E|)$ 内找到一条交错 (x, y) 路 P (如果存在), 使得 $\chi_{\mathrm{start}}(P) = i$ 和 $\chi_{\mathrm{end}}(P) = j$.

证明　令 $W = V - \{x, y\}$. 创建一个无着色图 $G_{xy,ij}$: 它的顶点集为 $V(G_{xy,ij}) = \{x, y\} \cup W^1 \cup W^2$, 其中对 $r = 1, 2$, $W^r = \{z^r : z \in W\}$; 它的边集为 $E(G_{xy,ij}) = \{xz^i : z \in W, \chi(xz) = i\} \cup \{z^j y : z \in W, \chi(zy) = j\} \cup \{u^k v^k : u, v \in W, \chi(uv) = k\} \cup \{z^1 z^2 : z \in W\}$.

读者可检验到 G 中存在所期望的路当且仅当 $G_{xy,ij}$ 中存在关于匹配 $M = \{z^1 z^2 : z \in W\}$ 的一条增广路. 稍后可检验到, 如果这条增广路存在, 则可在时间

$O(|E|)$ 内构造出它来. 利用 $G_{yx,ij}$ 中的任何一条增广路 P, 通过简单地收缩 M 中那些在 P 上的边, 就能够获得 G 中所期望的路 ①. □

由于色连通性不是每一个 2 边着色多重图顶点上的一个等价关系, Bang-Jensen 和 Gutin 介绍了连通性的另一个概念 ——**圈连通**, 有时它是很有用的. 设 $\mathcal{P} = \{H_1, H_2, \cdots, H_p\}$ 是多重图 G 的子图之集. P 的**相交图** (intersection graph) $\Omega(\mathcal{P})$ 的顶点集为 $\mathcal{P}$ 以及边集为 $\{H_iH_j: V(H_i) \cap V(H_j) \neq \varnothing, 1 \leqslant i < j \leqslant p\}$. 一个 2 边着色多重图 H 中的一对顶点 x, y 是**圈连通的** (cyclic connected), 如果 H 有一组交错圈 $\mathcal{P} = \{C_1, C_2, \cdots, C_p\}$, 使得 x 和 y 均在 $\mathcal{P}$ 中的某些圈上, 且相交图 $\Omega(\mathcal{P})$ 是连通的.

在下面将简单但有用的观察表述为一个命题.

命题 11.1.12　圈连通性是 2 边着色多重图顶点上的一个等价关系.

这个命题允许我们将圈连通性分支看作类似于有向图的强连通性分支.

下面的定理是 Yeo 在 1998 年私人通信中给出的, 它表明可以在多项式时间内检验一对顶点之间的圈连通性.

定理 11.1.13　对于 2 边着色多重图 $H = (V, E)$ 中的一对顶点 x, y, 可以在时间 $O(|E|(|V| + |E|))$ 内判定 x 和 y 是否为圈连通的.

证明　根据命题 11.1.11, 在时间 $O(|E|)$ 内可以检验 H 是否有一个通过一条固定边 $e \in E$ 的交错圈. 这表明在时间 $O(|V|\,|E|)$ 内能够检验 H 是否有一个通过一个固定顶点 $v \in V$ 的交错圈.

下面描述一个多项式算法以检验 x 和 y 是否为圈连通的. 算法从初始化 $X := \{x\}$ 开始, 然后寻找一条通过 x 的交错圈. 令 X' 是这个交错圈的顶点集, 不含 x. 如果 $y \in X'$, 则算法结束. 否则, 从 H 中删去 X 的顶点, 设置 $X := X'$, 且令 $X' := \varnothing$. 接下来, 对有一个端点在 X 中的每一条边 e, 寻找一条通过边 e 的交错圈 (如果存在). 除 X 中的顶点外, 现在用尽了所有的顶点, 在圈中已经找到 X', 并且检查是否有 $y \in X'$. 如果 $y \notin X'$, 则继续进行上述过程, 直到有 $y \in X'$, 或者不存在交错圈通过任何如此的边 e, 它的一个端点在 X 中, 另一个端点不在 X 中. 显然, 在某阶段后, 有 $y \in X'$, 则 x 和 y 是圈连通的, 否则是不连通的.

删除运算所需要的总时间为 $O(|V|\,|E|)$, 依据上述复杂性的界和期望寻找通过一条边仅一次的一个交错圈, 则所描述的算法的复杂性是 $O(|E|(|V| + |E|))$. □

Bang-Jensen 和 Gutin 给出下面的定理说明圈连通性隐含了色连通性.

定理 11.1.14[64]　如果一个 2 边着色多重图 G 的 2 个顶点 x, y 是圈连通的, 那么 x 和 y 是色连通的.

证明　如 x 和 y 同属于一个公共的交错圈, 则它们是色连通的, 反设没有这种情形.

① 在此证明的最后一段里, 原文把 2 个 “$G_{yx,ij}$” 写为 “G_{yx}”. —— 译者注

因为 x 和 y 是圈连通的, 则存在 G 中的一组交错圈 $\mathcal{P}=\{C_1,C_2,\cdots,C_p\}$, 使得 $x\in V(C_1)$, $y\in V(C_p)$, 且对每一个 $i=1,2,\cdots,p-1$ 和 $j=1,2,\cdots,p$, 以及 $|i-j|>1$, 有 $V(C_i)\cap V(C_{i+1})\neq\varnothing$, $V(C_i)\cap V(C_j)=\varnothing$ ($\mathcal{P}$ 对应相交图 $\Omega(\mathcal{R})$ 中的一条 (C_1,C_p) 路, 其中 $\mathcal{R}$ 是 G 中全体交错圈构成的集合). 我们在 $\mathcal{P}$ 中进行如下的行走: 开始在关联到 x 的圈 C_1 的红 (蓝) 边, 沿圈 C_1 走到同时属于 C_1 和 C_2 的第一个顶点 u. 在到达 u 之后, 沿圈 C_2 走, 使得正在形成的路保持交错. 重复上述过程, 当遇到同时属于 C_2 和 C_3 的第一个顶点等等. 显然, 最终到达 y, 这就存在一条从一条红 (蓝) 边出发的 (x,y) 路. 按照对称性, 可以构造一条终止在一条红 (蓝) 边的 (x,y) 路. 根据命题 11.1.10, x 和 y 是色连通的. □

11.1.4 边着色二部分多重图的交错圈

本小节将介绍 2 个简单的方法, 因而可以利用有向图中的若干结论来得到 2 边着色二部分多重图的结论.

设 D 为具有顶点二部划分 V_1,V_2 的二部分有向图. 定义一个 2 边着色多重图 $CM(D)$ 如下: $CM(D)$ 与 D 有相同的顶点划分集. 用红色边 v_1v_2 取代从 V_1 到 V_2 的每一条弧 (v_1,v_2), 且用蓝色边 v_1v_2 替换从 V_2 到 V_1 的每一条弧 (v_2,v_1). 此外, 如果 $CM(H)=G$, 则有 $CM^{-1}(G)=H$. 称这种简单的对应为 **BB 对应** (BB-correspondence), 该对应将有助于在这一节和下一个小节中获得一些简单而多少又显得复杂的结论 (其中的一个例子就是有关二部分 2 边着色图的交错哈密尔顿圈问题是 $\mathcal{NP}$ 完全问题). 在许多有关圈的结论中, 我们将利用如下容易验证的命题 (见习题 11.10).

命题 11.1.15 下面的三个关于二部分有向图 D 的断言是相互等价的:

(a) D 是强连通的.

(b) $CM(D)$ 是色连通的.

(c) $CM(D)$ 是圈连通的.

称下面的对应为 **BD 对应** (BD-correspondence), 尽管不是通用的, 它却允许我们开发二部分有向图中的大量结果. BD 对应的思想可以追溯到 Häggkvist 的文章[386]. 设 G 是一个 2 边着色二部分多重图, 具有二部划分 V_1 和 V_2, 且使 $|V_1|=|V_2|=m$, 并设 G' 是 G 的红色子图. 假定 G' 有一个完美匹配 $v_{11}v_{21}$, $v_{12}v_{22},\cdots,v_{1m}v_{2m}$, 其中 $v_{ij}\in V_i$ $(i=1,2,\ 1\leqslant j\leqslant m)$. 构造一个有向图 $D=D(G)$ 如下: $V(D)=\{1,2,\cdots,m\}$, 且对 $1\leqslant i\neq j\leqslant m$, (i,j) 是 D 的一条弧当且仅当 $v_{1i}v_{2j}\in E(G)-E(G')$ (见图 11.5). 不难看到, 如果 D 有一个哈密尔顿圈, 则 G 有一个包括了完美匹配每一条边的交错哈密尔顿圈. 利用 BD 对应和推论 5.6.3, Hilton 证明了[429]:

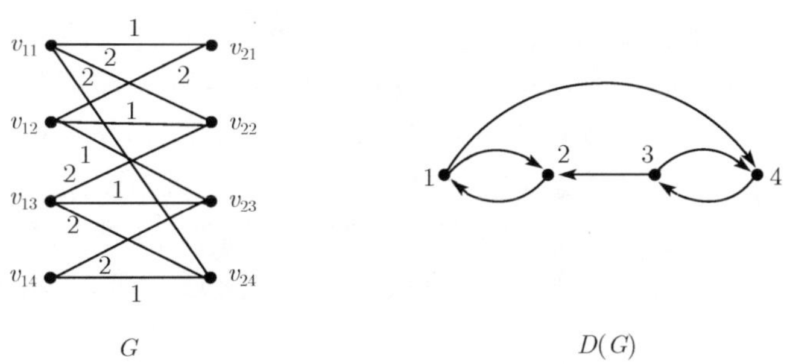

图 11.5 BD 对应的一个解释

定理 11.1.16 设 G 是 r 正则 2 边着色二部分图, 使得 G 的顶点二部划分集的每一个顶点集有 m 个顶点, 且令 G'' 是 G 的蓝色子图. 如果 $r \geqslant 1 + m/2$, G'' 是 s 正则的且满足 $m/2 \leqslant s \leqslant r-1$, 则 G 有一个交错哈密尔顿圈.

证明留作习题 11.11.

尽管最后的这个定理可能是最好的 (考虑 2 个不交的 $K_{m/2,m/2}$ 的拷贝, 每一个拷贝有一个红色边的完美匹配, 其余的边皆为蓝色), Hilton 确信关于 r 的界还可以缩得较小些, 如设 G 是连通的[429]. Chetwynd 和 Hilton 注意到了这一点[155], 下面 Häggkvist 的结论可以容易地得到定理 11.1.16 (使用 BB 对应)[386].

定理 11.1.17 设 G 是二部分图, 使得其顶点二部划分集的每一个顶点集有 m 个顶点. 如果关于每一对来自不同划分集的顶点 v, w, 有 $d(v) + d(w) \geqslant m + 1$, 则 G 的每一个完美匹配在 G 的一个哈密尔顿圈中.

当考虑完全二部分多重图时, BB 对应是非常有用的. 此时, 就可以利用半完全二部分有向图的丰富理论 (在第 5 章、第 6 章中讨论过). 根据 BB 对应以及命题 11.1.15 和定理 5.7.4, 则有

定理 11.1.18 一个 2 边着色完全二部分多重图包含一个交错哈密尔顿圈当且仅当它是色连通的, 且有一个交错圈因子. 存在一个算法可在时间 $O(n^{2.5})$ 内构造 n 个顶点色连通 2 边着色完全二部分多重图中的一个交错哈密尔顿圈 (如果存在).

Chetwynd 和 Hilton 得到了另一个关于 2 边着色完全多重图中交错哈密尔顿圈的条件[155]:

定理 11.1.19 一个 2 边着色完全二部分图 B 具有顶点二部划分集 U 和 W, 其中 $|U| = |W| = n$. 则 B 有一个交错哈密尔顿圈当且仅当它有一个交错圈因子, 且对于每一个 $k = 2, 3, \cdots, n-1$ 和每一对 k 集合 X 和 Y, 有 $X \subset U$, $Y \subset W$ 以及

$$\min\left\{\sum_{x\in X} d_i(x) + \sum_{y\in Y} d_{3-i}(y):\ i = 1, 2\right\} > k^2.$$

我们指出：定理 11.1.19 的原始证明极相似于定理 5.7.4 的证明 (定理 11.1.19 的另一个证明是 Bang-Jensen 和 Gutin 得到的, 见习题 11.14)[61]. 注意到在 X 和 Y 之间的边数目等于 k^2, 就知道这个定理的不等式集合是必要的. 如果 B 有一个哈密尔顿圈 C, 则 C 包含从 $U-X$ 到 Y 的一条边 e_1 以及一条 X 到 $W-Y$ 的边 e_2, 使得 $\chi(e_1)=\chi(e_2)$. 这 2 条边中只有一条边贡献给对应不等式中的和.

运用半完全二部分有向图中有关最长圈的相应结论 (定理 5.7.6), 我们能够得到如下的结论：

定理 11.1.20 在一个色连通 2 边着色完全二部分多重图 G 的最长交错圈的长度等于 G 的最大交错圈子图的顶点的数目. 存在一个算法可在时间 $O(n^3)$ 内找到一个 n 个顶点的色连通 2 边着色完全二部分多重图中的一个最长交错圈.

设 B_r 和 B'_r 均为 2 边着色完全二部分多重图, 且具有相同的顶点二部划分集 $\{v_1,v_2,\cdots,v_{2r}\}$ 和 $\{w_1,w_2,\cdots,w_{2r}\}$. B_r 的红色子图的边集合以及 B'_r 的蓝色子图的边集合均由集合

$$\{v_iw_j:\ 1\leqslant i,j\leqslant r\}\cup\{v_iw_j:\ r+1\leqslant i,\ j\leqslant 2r\}$$

构成. 下面的结果是顶点交错泛圈 2 边着色完全二部分多重图的一个特征, 我们能够容易地从定理 6.13.1 中半完全二部分有向图的对应特征得到它.

定理 11.1.21 一个 2 边着色完全二部分多重图是顶点交错泛圈当且仅当它有一个交错哈密尔顿圈, 且它不是色同构于图 $B_r,\ B'_r\ (r=2,3,\cdots)$ 中的任何一个图.

因为图 $B_r,\ B'_r\ (r=2,3,\cdots)$ 中的任何一个都不是交错泛圈的, 从而有下面的结果：

推论 11.1.22 设 G 为 2 边着色完全二部分多重图, 则 G 是交错泛圈的当且仅当它有一个交错哈密尔顿圈, 且它不是色构于图 $B_r,B'_r\ (r=2,3,\cdots)$ 中的任何一个图.

这个结果是 Das 得到的[182]. 有关二部分竞赛图的等价断言 (通过 BB 对应) 由 Beineke 和 Little 证得 (这 2 个结果被公开发表于同一年!)[99].

鉴于本书的容量, 我们不再给出有关半完全二部分有向图中圈和路 (见第 5、6 章) 的其他 “BB 转换” 的结论转换成交错圈和路的结论.

11.1.5 2 边着色完全多重图的最长交错路和圈

由于有关 2 边着色完全多重图的最长交错路问题远比最长交错圈问题简单, 故先从前者开始本节内容的介绍. Bang-Jensen 和 Gutin 刻画了具有一个**交错哈密尔顿路**的 2 边着色完全多重图 (见推论 11.1.24).

定理 11.1.23[61] 设 G 是具有 n 个顶点的 2 边着色完全多重图. 则对 G 的任何一个 1 路圈子图 $\mathcal{F}$, 存在 G 的一条交错路 P, 使得 $V(P)=V(\mathcal{F})$ (如果 $\mathcal{F}$ 是 G 的一个最大交错 1 路圈子图, 则 P 是 G 的一条最长交错路). 此外, 存在一个能够找到 G 的一条最长交错路的 $O(n^3)$ 算法.

证明 显然, $\mathcal{F}$ 是 G 的一个完全二部分子图 B 的一个 1 路圈因子. 因子 $\mathcal{F}$ 对应到 $CM^{-1}(B)$ 的顶点不交的一条有向路和一组有向圈构成的子图 $\mathcal{F}'$. 所以, 按照关于半完全二部分有向图的定理 5.7.1, 存在 $CM^{-1}(B)$ 中的一条路 P', 满足 $V(P')=V(\mathcal{F}')$. 这条路对应于 B 的一条交错路 P, 使得 $V(P')=V(P)$. 显然, P 是 G 的一条交错路, 即得 $V(P)=V(\mathcal{F})$.

算法的复杂性可以由上述的构造和定理 5.7.1 以及定理 11.1.8 得到. □

推论 11.1.24[61] 一个 2 边着色完全多重图有一条交错哈密尔顿路当且仅当它包含一个交错 1 路圈因子.

直接地证明推论 11.1.24 是不难的 (见习题 11.17). 显然, 利用推论 11.1.24 可立即证明定理 11.1.23 的第一部分. 因而, 定理 11.1.23 的第一部分和推论 11.1.24 实际上是等价的.

1968 年, 为解决 Erdös 的一个问题, Bankfalvi 和 Bankfalvi 给出了具有一个交错哈密尔顿圈的 2 边着色完全图的一个特征[91].

定理 11.1.25[91] 一个 $2n$ 阶 2 边着色完全图 G 有一个交错哈密尔顿圈当且仅当它有一个交错圈因子, 且对每一个 $k=2,3,\cdots,n-1$ 和每一对 $V(G)$ 的不交的 k 子集 X 和 Y, 有 $\sum_{x\in X}d_1(x)+\sum_{y\in Y}d_2(y)>k^2$.

不难明白, 定理 11.1.25 的条件是必要的 (习题 11.13). Saad 证得下面更一般的结论[648], 使用了色连通性概念而不是度型条件刻画了结论. 在对定理 11.1.26 的含义和推广讨论之后, 我们将在本小节的结尾处给出定理 11.1.26 的一个证明.

定理 11.1.26[648] 一个色连通 2 边着色完全多重图 G 中最长交错圈的长度等于 G 的一个最大交错圈子图中的顶点数目.

推论 11.1.27[648] 一个 2 边着色完全多重图 G 有一个交错哈密尔顿圈当且仅当 G 是色连通的且包含一个交错圈因子.

我们能够在多项式时间内检验推论 11.1.27 和色连通性 (见命题 11.1.10 和命题 11.1.11), 这表明关于 2 边着色完全多重图交错哈密尔顿圈问题是多项式时间可解的. 然而, 却不能够对最长交错圈问题 (有关 2 边着色完全多重图) 仅由定理 11.1.26 和定理 11.1.8 以及命题 11.1.10 和命题 11.1.11 推导出相似的结论, 原因是不知道如何在多项式时间内获得任何一个 2 边着色多重图的全体最大色连通子图. 所幸的是, 对于 2 边着色完全多重图 G, 色连通性是顶点集合上的一个等价关系 (Saad 是第一个证明这个结论的人[648], 它又被 Bang-Jensen 和 Gutin 利用命题 11.1.12 和下面更深刻的定理证得):

定理 11.1.28[64]　一个 2 边着色完全多重图 G 是色连通的当且仅当 G 是圈连通的.

证明留作习题 11.15.

于是, 我们可以利用命题 11.1.10 和命题 11.1.11 来获得 G 的 (顶点不交) 色连通分支. 因而, 有关 2 边着色完全多重图的最长交错圈问题是多项式时间可解的. 在文献 [64] 中, Bang-Jensen 和 Gutin 还证得下面更一般的结论 (显然, 对于每个顶点 $x \in V(G)$, 情形 $f(x) = 1$ 对应于最长交错圈问题).

定理 11.1.29[64]　下列问题是多项式时间可解的：已知一个从 2 边着色完全多重图 G 的顶点集合 $V(G)$ 到 $\mathcal{Z}_0$ 的函数 f, 寻找 G 中一个最大规模交错闭迹 H, 对于每一个顶点 $x \in V(G)$, 总有 $d_{1,H}(x) = d_{2,H}(x) \leqslant f(x)$.

先是 Das[182], 后来是 Häggkvist 和 Manoussakis[389], 他们通过使用下面的构造均观察到能够将有关 2 边着色完全二部分多重图的交错哈密尔顿圈问题简约到 2 边着色完全多重图的相同问题. 考虑一个具有顶点二部划分 (X, Y) 的 2 边着色完全二部分多重图 L, 给 L 添加边 $\{x'x'', y'y'':\ x',\ x'' \in X,\ y', y'' \in Y\}$, 并设置 $\chi(XX) = 1,\ \chi(YY) = 2$. 用 K 表示由 L 构造的新 2 边着色完全多重图. 不难检验 K 没有包含来自 $XX \cup YY$ 的任何边的交错圈. 因此, K 包含一个交错哈密尔顿圈当且仅当 L 是色连通的. 在下面的讨论中, 称上面的构造为 **DHM 构造** (DHM-construction). DHM 构造表明定理 11.1.18 (的非算法部分) 可由推论 11.1.27 立即证得. 同时也解释了这样一个事实, 许多有关 2 边着色完全多重图的交错圈问题比那些 2 边着色完全二部分多重图上的问题更具有一般性.

下面考虑不是**偶泛圈**的哈密尔顿 2 边着色完全图 (见下面有关这个事实的证明). 令整数 $r \geqslant 2$. 图 $H(r)$, $H'(r)$, $H''(r)$ 有相同的顶点集 $A \cup B \cup C \cup D$, 使得集合 A, B, C, D 均有 r 个顶点并且是两两不交的. 此外, $H(r)$ 的红色子图的边集合由 $AA \cup CC \cup AC \cup AD \cup CB$ 构成. $H'(r)$ ($H''(r)$) 的红色 (蓝色) 子图的边集合由 $AC \cup CB \cup BD \cup DA$ 组成. 根据 DHM 构造, 由 Bang-Jensen 和 Gutin 得到的如下结论是定理 11.1.21 的一个推广 (证明留作习题 11.16)[61].

定理 11.1.30　设 G 为 2 边着色完全多重图, 则 G 是顶点交错泛圈的充要条件是 G 有一个交错哈密尔顿圈, 且对每一个 $r = 2, 3, \cdots$, G 不色同构于 $H(r)$, $H'(r)$, $H''(r)$ 中的任何一个图.

因为图 $H(r)$, $H'(r)$, $H''(r)$ $(r = 2, 3, \cdots)$ 不是交错泛圈的, Das 首先证明了下面的一个特征[182]：

推论 11.1.31　一个 2 边着色完全多重图 G 是交错泛圈的当且仅当 G 有一个交错哈密尔顿圈, 且对每一个 $r = 2, 3, \cdots$, G 不色同构于 $H(r)$, $H'(r)$, $H''(r)$ 中的任何一个图.

本小节剩余部分给出 Bang-Jensen 和 Gutin 对定理 11.1.26 的证明[64]. 在下面的叙述和证明中, 我们要使用如下的记号: G 是 n 个顶点的 2 边着色完全多重图, $\mathcal{F}_p = C_1 \cup C_2 \cup \cdots \cup C_p$ 是 G 中由 P 个圈 $C_1, C_2, \cdots, C_p$ 组成的交错圈子图; 对于每一个 $i = 1, 2, \cdots, p$, 有 $C_i = v_1^i v_2^i \cdots v_{2k(i)}^i v_1^i$, 使得 $\chi(v_1^i v_2^i) = 1$, $\chi(v_{2k(i)}^i v_1^i) = 2$ 和 $X_i = \{v_1^i, v_3^i, \cdots, v_{2k(i)-1}^i\}$, $Y_i = V(C_i) - X_i$. 记号 $C_j \to C_i$ 表示:

$$\chi(X_i X_i) = \chi(X_i V(C_j)), \quad \chi(Y_i Y_i) = \chi(Y_i V(C_j)) \quad 和 \quad \chi(X_i X_i) \neq \chi(Y_i Y_i).$$

要指出的是, $C_j \to C_i$ 的意义是对任意顶点 $x \in V(C_j)$ 和 $y \in V(C_i)$ 的选取, 存在交错 (x, y) 路 P 和 P', 使得在 P 和 P' 中与 x 相邻的边的色均不相同, 但在 P 和 P' 中与 y 关联的边的色是相同的. 因此, 若 $C_j \to C_i$, 由这 2 个圈的顶点导出的多重图不是色连通的 (见图 11.6, 有 $C_2 \to C_3$).

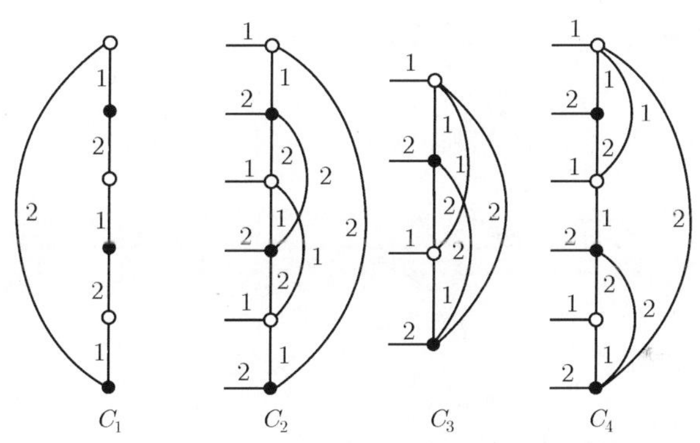

图 11.6 一个不可约 PC 圈因子

在从 C_i $(2 \leqslant i \leqslant 4)$ 上一个顶点到左面流出的边上的数字 $s \in \{1, 2\}$ 表示从那个顶点到 C_j 的全部顶点的所有的边上颜色 $(j < i)$ 是 s. 用黑色和白色顶点表示顶点被划分为 2 个相等规模的集合. 在同一个圈上的 2 个黑色 (白色) 顶点间的一条边的数字 $r \in \{1, 2\}$ 表示在这个圈上黑色 (白色) 顶点间的全部边均着相同的色 r

引理 11.1.32 假设 G 有一个交错圈因子 $\mathcal{F}_2 = C_1 \cup C_2$, 则 G 有一个交错哈密尔顿圈当且仅当没有 $C_1 \to C_2$ 也没有 $C_2 \to C_1$. 给定 G 的一对圈 C_1 和 C_2, 使得没有 $C_1 \to C_2$, 也无 $C_2 \to C_1$, 则能够在时间 $O(|V(C_1)|\ |V(C_2)|)$ 内找到 G 的一个交错哈密尔顿圈.

证明 如果有 $C_1 \to C_2$ 或有 $C_2 \to C_1$, 易知 G 不是色连通的. 因而, 反设 G 不含交错哈密尔顿圈. 故设既无 $C_1 \to C_2$, 也无 $C_2 \to C_1$, 并且反设 G 中不存在交错哈密尔顿圈. 考虑具有顶点二部划分集 $V_1 = X_1 \cup X_2$ 和 $V_2 = Y_1 \cup Y_2$ 的二部分有向图 T, 它是用下面的方式构造出来的: 删去在 C_2, C_1 上顶点之间但不属于

C_2, C_1 的边, 再删去在同一个划分集顶点之间的边. 现在给所产生的二部分多重图的每一条边定向, 对 $i=1,2$ 和任意一对顶点 $v_1 \in V_1$, $v_2 \in V_2$, 如果存在一条在 v_1 和 v_2 之间的边 e, 则抹去边 e 上的颜色, 定向它为弧 (v_i, v_{3-i}) 当且仅当 $\chi(e)=i$. 显然, T 有一个支撑圈子图, 它是由 2 个有向圈 Z_1, Z_2 组成, 这 2 个有向圈分别是 C_1 和 C_2 的定向. 类似地, 便有 T 中的每一个有向圈对应 G 中的一个交错圈. 于是, 依照 G 不含交错哈密尔顿圈, 知 T 不是哈密尔顿图, 根据习题 5.34, 这意味着 T 不是强的, 即 Z_1 和 Z_2 之间的所有弧有相同的定向. 不失一般性, 可设所有弧的定向是从 Z_1 到 Z_2. 则由 T 的定义, 得 $\chi(X_1Y_2)=1$, $\chi(Y_1X_2)=2$.

考虑如下的一个二分部有向图 T', 它的顶点二部划分集分别为 $V'_1 = X_1 \cup Y_2$ 和 $V'_2 = Y_1 \cup X_2$. T' 其余部分的定义与 T 的定义完全一致. T' 也包含一个支撑圈子图, 它由 C_1 和 C_2 的定向组成. 因为 G 无交错哈密尔顿圈, T' 不是哈密尔顿图, 依据推论 5.34, 这意味着 T' 不是强连通有向图. 这也使得我们能够断言存在 $\chi(X_1X_2)=1$ 和 $\chi(Y_1Y_2)=2$, 或者有 $\chi(X_1X_2)=2$ 和 $\chi(Y_1Y_2)=1$. 则第一种可能性与前一段结论一起表明 $\chi(X_1V(C_2))=1$, $\chi(Y_1V(C_2))=2$. 第二种可能性则给出 $\chi(X_2V(C_1))=2$, $\chi(Y_2V(C_1))=1$. 不失一般性, 可设 $\chi(X_1V(C_2))=1$, $\chi(Y_1V(C_2))=2$.

假定对某 $i \neq j$, 存在一条色 2 的边 $v^1_{2i+1}v^1_{2j+1}$, 则 G 有交错哈密尔顿圈

$$v^2_1 v^1_{2j} v^1_{2j-1} \cdots v^1_{2i+1} v^1_{2j+1} \cdots v^1_{2k(1)} v^1_1 \cdots v^1_{2i} v^2_{2k(2)} \cdots v^2_1.$$

因此得 $\chi(X_1X_1)=1$. 相似地, 有 $\chi(Y_1Y_1)=2$. 于是 $C_2 \to C_1$, 这是一个矛盾.

复杂性的界可由推论 5.34 证得. □

G 的一个交错圈子图 $\mathcal{R}$ 是**不可简约的** (irreducible), 如果 G 中没有其他的交错圈子图 $\mathcal{Q}$, 使得 $V(\mathcal{R})=V(\mathcal{Q})$, 且 $\mathcal{Q}$ 的圈数目比 $\mathcal{R}$ 的少 (见图 11.6).

定理 11.1.33 设 G 有一个由 $p\ (\geqslant 2)$ 个圈组成的交错圈因子 $\mathcal{F}$. 则 $\mathcal{F}$ 是 G 的一个不可简约交错圈因子当且仅当可以把 $\mathcal{F}$ 的圈标为 $C_1, C_2, \cdots, C_p$, 按照上面介绍的记号, 使对每一个 $1 \leqslant i < j \leqslant p$, 有 $\chi(X_jV(C_i))=1$, $\chi(Y_jV(C_i))=2$, $\chi(X_jX_j)=1$, $\chi(Y_jY_j)=2$. 如果 G 的一个不可简约交错圈因子存在, 则能够在时间 $O(n^{2.5})$ 内找到它.

证明 如果 G 的边有上述的结构, 则对所有的 $i<j$, 有 $C_i \to C_j$, 且 $\mathcal{F}$ 中的每一个圈形成一个色连通分支. 显然, $\mathcal{F}$ 是不可简约的.

为证必要性, 设 $\mathcal{F}$ 是 G 的一个不可简约交错圈因子, 并令 $p\ (\geqslant 2)$ 是 $\mathcal{F}$ 中圈的个数. 根据引理 11.1.32, 不存在 $\mathcal{F}$ 中的 2 个圈导出一个色连通子图. 于是, 对所有的 $1 \leqslant i < j \leqslant p$, 或有 $C_i \to C_j$, 或有 $C_j \to C_i$. 所以, 具有顶点集 $\{C_1, C_2, \cdots, C_p\}$ 和弧集 $\{(C_i, C_j):\ C_i \to C_j,\ 1 \leqslant i \neq j \leqslant p\}$ 的有向图是一个竞赛图. 因此, 如果存在 $\mathcal{F}$ 中的圈 $C'_1, C'_2, \cdots, C'_k$, 使得 $C'_1 \to C'_2 \to \cdots \to C'_k \to C'_1$, 则对情形 $k=3$, 也

存在如此的一组圈. 读者容易发现, G 中存在覆盖了这些圈的全部顶点的一个交错圈, 这与 $\mathcal{F}$ 的不可简约性矛盾. 因此, 现设不存在如此的一个圈. 于是, 存在唯一的方式把 $\mathcal{F}$ 中圈标为 $C_1, C_2, \cdots, C_p$, 使得 $C_i \to C_j$ 当且仅当 $i < j$. 如果存在 $\mathcal{F}$ 中的 3 个圈 C_i, C_j 和 C_k, 使得 $C_i \to C_j, C_k$ 和 $C_j \to C_k$, 但 $\chi(X_kV(C_i)) \neq \chi(X_kV(C_j))$, 则容易找到一个覆盖了 C_i, C_j 和 C_k 的全部顶点的交错圈, 这又矛盾于 $\mathcal{F}$ 的不可简约性. 因而, 对所有的 $1 \leqslant i < j \leqslant p$, 可设 $\chi(X_jV(C_i)) = 1$ 和 $\chi(Y_jV(C_i)) = 2$. 从而, 根据引理 11.1.32 的证明和 $\mathcal{F}$ 的最小性, 得 $\chi(X_jX_j) = 1$, $\chi(Y_jY_j) = 2$.

运用引理 11.1.32 的证明, 可以将上面的证明转换成一个 $O(n^2)$ 算法, 它可将任何一个交错圈因子转换成一个交错哈密尔顿圈或一个不可简约交错圈因子. 此时, 引理的复杂性的界可由一个简单的事实证得, 即可在时间 $O(|V(L)|^{2.5})$ 内找到 2 边着色多重图 L 中的一个支撑交错圈子图 (如果存在). 其实, 就是在 L 中的红色和蓝色子图里寻找一个最大匹配. 显然, L 有一个支撑交错圈子图当且仅当这 2 个子图有完美匹配. Even 编写的书中为寻找任意一个图中最大匹配所描述的算法可用于证明本定理复杂性的界[231]. □

我们在后面将要使用下面的简单引理.

引理 11.1.34 设 $P = x_1x_2\cdots x_k$ 是一条交错路, C 是 G 中一个不与 P 相交的交错圈. 假定 $\chi(x_1V(C)) = i \neq \chi(x_1x_2)$, 其中 $i = 1$ 或者 $i = 2$, 且 G 包含一条边 x_kz, 有 $z \in V(C)$ 和 $\chi(x_{k-1}x_k) \neq \chi(x_kz)$. 如果 $\chi(x_kz) = i$, 则 G 包含一个圈 C', 使得 $V(C') = V(P) \cup V(C)$; 不然, G 包含一个圈 C'', 有 $V(C'') = V(P) \cup V(C) - w$, 其中 w 是交错圈 C 上 z 的邻点, 并有 $\chi(wz) = 3 - i$.

证明留作习题 11.18.

定理 11.1.26 的证明 设 $\mathcal{F} = C_1 \cup C_2 \cup \cdots \cup C_p$ 是 G 的一个交错圈子图, 令 $\mathcal{F}' = C_1 \cup C_2 \cup \cdots \cup C_{p-1}$. 下面关于 p 运用数学归纳法来证明 G 有一个交错圈 C^*, 它至少有与 $\mathcal{F}$ 相同的顶点数目. 如果 $p = 1$, 证明完成, 下设 $p \geqslant 2$. 按照定理 11.1.33 以及归纳假定, 对 $1 \leqslant i < j \leqslant p$, 可设

$$\chi(X_jV(C_i)) = 1, \quad \chi(Y_jV(C_i)) = 2, \quad \chi(X_jX_j) = 1, \quad \chi(Y_jY_j) = 2. \tag{11.2}$$

因为 G 是色连通的, 存在一条最小长度的交错 (x, y) 路 R, 使得 $x \in V(C_p)$, $\{y\} = V(R) \cap V(\mathcal{F}')$ 和 $\chi(xx') \neq \chi(xV(\mathcal{F}'))$, 其中 x' 是 R 中 x 的后继. 我们要证明 $(V(R) - \{x, y\}) \cap V(\mathcal{F}) = \varnothing$. 反设不是如此, 也就是说, R 至少包含 C_p 的 2 个顶点. 考虑 $(V(R) \cap V(C_p)) - x$ 中的一个顶点 z. 令 z' 是 R 中顶点 z 的后继. 显然, $\chi(zz') = \chi(zV(\mathcal{F}'))$, 这是因为 R 的 (z, y) 部分比 R 短. 另一方面, 由 (11.2) 式知, x' 不在 C_p 中, 且由 R 的最小性, 得 $\chi(x'V(\mathcal{F}')) = \chi(xx')$. 则交错路 Qv 比 R 短, 其中 Q 是 R 的 (x', z) 部分的反转, v 是 C_{p-1} 中的一个顶点, 矛盾.

现在考虑一条交错 (x,y) 路 R, 它具有上述性质且包含 $(V(R)-\{x,y\})\cap V(\mathcal{F})=\varnothing$. 不失一般性, 可设 $x=v_1^p$ 和 $\chi(xV(\mathcal{F}'))=\chi(v_2^pv_1^p)$. 选取 t, 使得 $y\in V(C_t)$. 把引理 11.1.34 应用到路 $v_{2k(p)}^pv_{2k(p)-1}^p\cdots v_2^pR'$ 上, 其中 R' 是路 R 去掉 y 和圈 C_t 的并. 因而, 存在一个新的交错圈 C', 使得 $V(C')\subset V(R)\cup V(C_t)\cup V(C_p)$, 并且 C' 至少覆盖了 C_t 和 C_p 的所有的顶点. 因而用 C' 取代 $\mathcal{F}$ 中的 C_t 和 C_p, 我们就得到一个具有较少圈的新交错圈子图且至少覆盖了 $\mathcal{F}$ 的每一个顶点. 根据归纳假定, 证得 C^* 存在. □

当一个已知的最大圈子图作为输入的部分时, 上述证明可以被转换成一个寻找 G 的一个最长圈的 $O(n^3)$ 算法.

11.1.6 c 边着色完全图中正常着色哈密尔顿路 ($c\geqslant 3$)

记号 K_n^c 表示一个具有 n 个顶点的 c 边着色完全图. 关于 c 边着色完全图正常着色 (PC) 哈密尔顿路问题对 $c\geqslant 3$ 的情形看起来似乎远比上面处理的 $c=2$ 情形困难得多.

问题 11.1.35[61] 对于 $c\geqslant 3$, 确定一个 c 边着色完全图是否有一个 PC 哈密尔顿路问题的复杂性.

如果下面推论 11.1.24 的推广是真实的话, 我们就会得到一个关于问题 11.1.35 的多项式时间算法.

猜想 11.1.36[61] 对于 $c\geqslant 3$, K_n^c 有一条 PC 哈密尔顿路当且仅当 K_n^c 包含一个 PC 支撑 1 路圈子图.

当 $c=2$ 时, 这个猜想成立 (见推论 11.1.24). Bang-Jensen, Gutin 和 Yeo 得到下面较弱的结果[73].

定理 11.1.37 如果 K_n^c ($c\geqslant 2$) 包含一个 PC 支撑圈子图, 则它有一条 PC 哈密尔顿路.

证明 设 $C_1,C_2,\cdots,C_t$ 是 K_n^c 的一个 PC 支撑圈子图的圈. 令 $\mathcal{F}$ 是在 K_n^c 的全体支撑圈子图中这样选取的, 使得 $\mathcal{F}$ 的圈数目 t 是最小的. 我们说 C_i **边支配** (edge-dominate) C_j $(i\neq j)$, 若对 C_i 的每一条边 xy, 存在 x 和 C_j 之间的一条边, 以及 y 和 C_j 之间的一条边, 它们的颜色不同于 xy 的颜色. 构造一个有向图 D 如下: D 的顶点是 $1,2,\cdots,t$, 且 (i,j) 是 D 中一条弧 $(1\leqslant i\neq j\leqslant t)$ 当且仅当 C_i 支配 C_j.

我们先证明 D 是半完全的. 反设不是如此的情形, 即存在不相邻的顶点 i 和 j. 这就是说 C_i 不是边支配 C_j, 也没有 C_j 边支配 C_i. 于是 C_i 有一条边 xy, 使得 $\chi(xV(C_j))=\chi(xy)$, 且 C_j 有一条边 uv, 使得 $\chi(uV(C_i))=\chi(uv)$. 这就导致

$$\chi(xy)=\chi(xu)=\chi(uv)=\chi(xv)=\chi(uy).$$

所以, 可以把 2 个圈融合成为一个新的正常着色圈如下: 删去边 xy 和边 uv, 然后添加边 xv 和边 yu, 但这与 t 是最小的矛盾. 因而, 证得 D 是半完全的.

因为 D 是半完全的, 根据定理 1.4.5, D 有一条有向哈密尔顿路 $i_1i_2\cdots i_t$. 不失一般性, 可对每一个 $k=1,2,\cdots,t$, 设 $i_k=k$. 换句话说, 对 $1\leqslant i\leqslant t-1$, C_i 边支配 C_{i+1}. 令 $C_i=z_1^iz_2^i\cdots z_{m_i}^iz_1^i$ $(i=1,2,\cdots,t)$. 由于 C_1 边支配 C_2, 不失一般性, 可设 C_1 和 C_2 中顶点的标号是使 $\chi(z_{m_1}^1z_1^1)\neq\chi(z_1^1z_2^2)$. 因为边 $z_1^2z_2^2$ 和边 $z_2^2z_3^2$ 着有不同的颜色, 故可设 $\chi(z_2^2z_3^2)\neq\chi(z_1^1z_2^2)$. 相似地, 对于每一个 $i=1,2,\cdots,t-1$, 设 $\chi(z_{m_i}^iz_1^i)\neq\chi(z_1^iz_2^{i+1})\neq\chi(z_2^{i+1}z_3^{i+1})$, 则得到一条 PC 哈密尔顿路 $z_2^1z_3^1\cdots z_{m_1}^1z_1^1z_2^2z_3^2\cdots z_{m_2}^2z_1^2\cdots z_2^tz_3^t\cdots z_{m_t}^tz_1^t$. □

可以将上面的定理看作是边着色完全多重图有 PC 哈密尔顿路的充分性条件. 我们在下面叙述其他 2 个充分性条件的定理. Barr 得到第一个定理, 有一个关于这个定理的归纳式证明 (习题 11.19); 第二个定理是 Manoussakis, Spyratos, Tuza 和 Voigt 给出的, 由于其证明过于复杂, 故略去.

定理 11.1.38[94] 每一个无单色三角形的 K_n^c 有一条 PC 哈密尔顿路.

定理 11.1.39[549] 若 $c\geqslant\frac{1}{2}(n-3)(n-4)+2$, 则存在一个整数 $n_0=n_0(c)$, 对于每一个整数 $n\geqslant n_0$, K_n^c 有一条 PC 哈密尔顿路.

11.1.7 c 边着色完全图中正常着色哈密尔顿圈 ($c\geqslant 3$)

Benkouar, Manoussakis, Paschos 和 Saad 提出下面类似于问题 11.1.35 的问题:

问题 11.1.40[103] 对于 $c\geqslant 3$, 确定关于 c 边着色完全图的 PC 哈密尔顿圈问题的复杂性.

另外一个有意义的问题是寻找含有 PC 哈密尔顿圈的 c 边着色完全图 ($c\geqslant 3$) 的一个非平凡特征. 本小节介绍涉及到问题 11.1.40 的几个结论[103], 并给出一个例子来说明相似于推论 11.1.27 的显然结论对情形 $c\geqslant 3$ 是不成立的. 稍后给出几个保证 c 边着色完全图中 PC 哈密尔顿圈存在的条件.

K_n^c 中一个**严格交错圈** (strictly alternating cycle) 是一个长为 pc (p 是一个整数) 的圈, 使得颜色 $(12\cdots c)$ 的序列重复 p 次. Benkouar, Manoussakis, Paschos 和 Saad 证明:

定理 11.1.41[103] 设 $c\geqslant 3$, 判定 K_n^c 中一个严格交错哈密尔顿圈存在性的问题是 $\mathcal{NP}$ 完全问题.

证明留作习题 11.20.

下面的结论表明, 如果放宽对颜色性质的严格地要求, 但保留它们在哈密尔顿圈中的重复次数, 仍然会得到一个 $\mathcal{NP}$ 完全问题.

定理 11.1.42[103]　给定正整数 $p, c \geqslant 3$, 判定 K_{cp}^c 的 PC 哈密尔顿圈 C 存在性且使得每一个色在 C 中重复 p 次的问题是 $\mathcal{NP}$ 完全问题.

证明留作习题 11.21.

下面的例子表明, 相似于推论 11.1.27 的结论对情形 $c \geqslant 3$ 显然是不成立的. 图 G_6 是顶点 1,2,3,4,5,6 上的一个 3 边着色完全图. 除了三角形 2342 着 2 色, 三角形 2562 着 3 色, $\chi(36) = \chi(45) = 2$ 和 $\chi(12) = 3$ 外, 其余的边均着 1 色. 容易验证 G_6 是色连通的, 且有交错支撑圈子图 $1231 \cup 4564$, 但 G_6 不包含 PC 哈密尔顿圈 (习题 11.22). 注意到证明 G_6 是色连通的交错路可以这样来选取, 对于每次顶点 x 和 y 的选择, 在色连通的定义中描述的路 P 和 P' 是内部不交的. 因而, 改变这个定义要求 P 和 P' 不相交是不充足的, 这个条件对 PC 哈密尔顿圈存在性明显是必要的. 对于每一个偶数 n, 使用 G_6 的定义, 可以容易地构造出 n $(\geqslant 8)$ 个顶点的 3 边着色完全图, 使得它们是色连通的, 且有 PC 支撑圈子图, 但不含 PC 哈密尔顿圈 (见习题 11.23).

现在考虑边着色完全图包含一个 PC 哈密尔顿圈的充分性条件, 即下面由 Manoussakis, Spyratos, Tuza 和 Voigt 得到的简单结论.

命题 11.1.43[549]　如果 $c \geqslant \frac{1}{2}(n-1)(n-2)+2$, 那么每个 K_n^c 有一个 PC 哈密尔顿圈.

证明留作习题 11.24.

为说明命题 11.1.43 中的界是不可改进的, 我们来看下面的 K_n^c. 给全体关联到一个固定顶点 $x \in V(K_n^c)$ 的边染 1 色, 其余的边染不是 1 的色. 显然, 如此的 K_n^c 没有 PC 哈密尔顿圈且有 $c = \frac{1}{2}(n-1)(n-2)+1$.

在文献 [184] 中, Daykin 提出了下面的有趣问题: 寻找一个正常数 d, 使得每一个满足 $\Delta_{\text{mon}}(K_n^c) \leqslant dn$ 的 K_n^c 有一个 PC 哈密尔顿圈. 这个问题分别由 Bollobás 和 Erdös[121] 以及 Chen 和 Daykin[145] 各自独立地解决. 在文献 [121, 145] 中, 他们证明: 当 $69\Delta_{\text{mon}}(K_n^c) < n$ (或 $17\Delta_{\text{mon}}(K_n^c) \leqslant n$) 时, K_n^c 有一个 PC 哈密尔顿圈. Shearer 改进了最后面的结论[668], 他证实: 如果 $7\Delta_{\text{mon}}(K_n^c) < n$, 则 K_n^c 有一个 PC 哈密尔顿圈. 最近, Alon 和 Gutin 给出了较好的渐近估计[11].

定理 11.1.44[11]　对于每一个实数 $\varepsilon > 0$, 存在一个整数 $n_0 = n_0(\varepsilon)$, 使对 $n > n_0$, 每一个满足

$$\Delta_{\text{mon}}(K_n^c) \leqslant \left(1 - \frac{1}{\sqrt{2}} - \varepsilon\right) n \qquad (= (0.2928\cdots - \varepsilon)n\ ). \tag{11.3}$$

的 K_n^c 有一个 PC 哈密尔顿圈.

然而, 定理 11.1.44 看起来似乎离最好的结论还很远, 至少是下面 Bollobás 和 Erdös 猜想为真[121].

猜想 11.1.45 每一个 K_n^c 若满足 $\Delta_{\mathrm{mon}}(K_n^c) \leqslant \lfloor n/2 \rfloor - 1$, 则它有一个 PC 哈密尔顿圈.

本小节的其余内容均为定理 11.1.44 的概率证明①. 为简明起见, 先设 $n = 2m$ 为偶数, 然后在本节结尾处解释如何调整适应奇数 n 的情形的论证. 对固定的正数 ϵ, 设 $K = K_n^c$ 是具有 $n = 2m$ 个顶点且满足 (11.3) 式的边着色完全图. 我们先来证明下面的引理:

引理 11.1.46 对足够大的 m, c 边着色完全图 K 包含一个支撑边着色完全二部分图 $K_{m,m}^c$, 使得

$$\Delta_{\mathrm{mon}}(K_{m,m}^c) \leqslant \left(1 - \frac{1}{\sqrt{2}} - \frac{\varepsilon}{2}\right) m. \tag{11.4}$$

证明 设 $u_i v_i$ $(1 \leqslant i \leqslant m)$ 是 K 中任意一个完美匹配, 且选取 K 的顶点集一个随机划分, 是 2 个基数均为 m 的不交的子集合 A 和 B, 对于每一个 i $(1 \leqslant i \leqslant m)$, 随机独立地选取集合 $\{u_i, v_i\}$ 的一个元素为 A 的一个成员, 另一个是 B 的一个成员. 固定 K 的一个顶点 w 和一个颜色, 比如是红色, 它出现在 K 的边着色中. 在 A 中, 使得边 wa 是红色的 w 的邻点 a 的数目尽可能地被写成 m 个独立指标随机变量 $x_1, x_2, \cdots, x_m$ 的和, 其中 x_i 是在 u_i, v_i 中 A 的顶点 w 的红色邻点的数目. 于是, 在概率 1 下每个 x_i 为 1 (这种情形是 wu_i, wv_i 均为红色), 或在概率 1 下 x_i 是零 (这种情形是没有 wu_i, wv_i 中的一个为红色), 或在概率 1/2 下 x_i 等于 1 (这时 wu_i, wv_i 中只有一条边为红色). 接下来, 如果关联于 w 的红色边的总数为 r, 则 w 由红色边相邻于 A 中至多 $(r+s)/2$ 个顶点的概率等于在 q 次独立掷一枚硬币为 "头" 中至多 $(q+s)/2$ 次掷出的概率, 其中 q 是在诸 x_i 中非常量指标随机变量的数目. 这个能够被著名的 Chernoff 不等式 $\mathrm{e}^{-2s^2/q} < \mathrm{e}^{-2s^2/m}$ 来界定 (参见文献 [14], 第 235 页, 定理 A.4). 因为相同的论证可以应用到 B 中 w 的 "红色" 邻点的数目, 在 K 的给定着色中的一个颜色和一个二部划分集 (A 或 B), 且因为对于一个顶点 w 存在少于 $8m^3$ 次选择, 故断定存在一个顶点与多于 $\left(1 - \frac{1}{\sqrt{2}} - \frac{\varepsilon}{2}\right) m$ 个在 A 中或者在 B 中同色的邻点的概率最多是 $8m^3 \mathrm{e}^{-2\varepsilon^2 m}$, 对于足够大的 m, 它是远远小于 1 的. 所以, 关于集合 A 和 B 总存在一个选择, 使得上述情形不出现, 完成本引理的证明. □

接下来的引理可以利用有关鞅 (martingale) 的结论, 即 Azuma 不等式的一个大偏差结果证得[14].

引理 11.1.47[11] 设 U 是 $M = \{1, 2, \cdots, m-1\}$ 的一个子集, 假定对每一个 $u \in U$, 存在一个子集 $S_u \subset M$, 且总有 $|S_u| \leqslant r$. 令 $f: U \mapsto M$ 是 U 到 M 的一个

① 已经证实, 概率方法是解决各种问题的非常有力的方法 [14].

随机一一映射, 它是在 U 到 M 的全体一一映射中一致地选取, 并定义:

$$B(f)=|\{u\in U:\ f(u)\in S_u\}|,$$

则 $B(f)$ 的期望等于

$$E=E(B(f))=\sum_{u\in U}\frac{|S_u|}{m-1}\quad\left(\leqslant\frac{|U|r}{m-1}\right)^{①},$$

并且使得 $B(f)$ 是较大的概率满足下面的不等式: 对于每一个 $\lambda>0$, 有

$$\mathrm{Prob}[B(f)-E>4\lambda\sqrt{m-1}]<\mathrm{e}^{-\lambda^2}.$$

推论 11.1.48　设 $K_{m,m}^c$ 是在顶点二部划分集 A 和 B 上的边着色完全二部分图, 并设 (11.4) 式成立. 则对于每一个足够大的 m, 存在 $K_{m,m}^c$ 的一个完美匹配 a_ib_i $(1\leqslant i\leqslant m)$, 使得下列 2 个条件成立:

(i) 对于每一个 i, 在 a_i 和 B 之间的边 a_ib_j 的颜色不同于 a_ib_i 和 a_jb_j 的颜色的边数目 $d^+(i)$ 至少为 $m/2+1$.

(ii) 对于每一个 j, 在 b_j 和 A 之间的边 a_ib_j 的颜色不同于 a_ib_i 和 a_jb_j 的颜色的边数目 $d^-(j)$ 至少是 $m/2+1$.

证明　令 a_ib_i $(1\leqslant i\leqslant m)$ 是 A 和 B 之间的一个随机完美匹配, 它们是在全体可能的匹配中用一致的概率选取出来的. 设置 $r=\Delta_{\mathrm{mon}}(K_{m,m}^c)$, 并注意到, 由 (11.4) 式, 便有

$$r\leqslant\left(1-\frac{1}{\sqrt{2}}-\frac{\varepsilon}{2}\right)m.$$

固定一个 i, 比如 $i=m$, 我们来估计关于 i 推论的条件 (i) 不成立的概率. 假定关于上面的随机匹配已经选取边 a_mb_m, 并且匹配的其余成员仍要随机地选取. 至多存在 r 条边 a_mb ($b\in B$) 具有与边 a_mb_m 相同的色. 令 U 是 B 中剩余元素之集, 则有 $|U|\geqslant m-r$. 对于每一个 $u\in U$, 令 S_u 表示全部元素 $a\in A-a_m$ 的集合, 使得边 au 的色相同于边 a_mu 的色. 限制到 U 的随机匹配简单地是一个从 U 到 $A-a_m$ 的随机一一对应函数 f. 此外, 边 a_mu 不再被计算在关联于 a_m 的边中, 且有不同于边 a_mb_m 的色和不同于匹配到 u 的边的色当且仅当匹配到 u 的边将在 S_u 中. 结果是计算形如 a_mu 的边数目的随机变量确实像引理 11.1.47 中的随机变量 $B(f)$. 按照选取 $\lambda=\sqrt{\log(4m)}$, 可以肯定 $B(f)$ 超过 $|U|r/(m-1)+4\lambda\sqrt{m-1}$

① 原文将 "$|S_u|$" 写为 "$|S(u)|$". —— 译者注

的概率小于 $1/(4m)$. 所以, 在概率至少是 $1-\frac{1}{4m}$ 下, 下面的不等式

$$\begin{aligned} d^+(m) &\geqslant |U| - \frac{|U|r}{m-1} - 4\sqrt{m}\sqrt{\log(4m)} \\ &\geqslant \frac{(m-r)(m-r-1)}{m-1} - 4\sqrt{m}\sqrt{\log(4m)} \\ &> m/2+1 \end{aligned}$$

对足够大的 m (使用事实 $r \leqslant (1-\frac{1}{\sqrt{2}}-\frac{\varepsilon}{2})m$) 成立.

由于关于顶点 a_i 存在 m 个选择 (并且关于顶点 b_j 相似地有 m 个选择, 计算是相似的), 因而断言, 对于所有的 i 和 j, 在概率至少是 1/2 下, 有 $d^+(i) > m/2+1$ 和 $d^-(j) > m/2+1$. 特别地, 存在如此的一个匹配, 完成了此推论的证明. □

定理 11.1.44 的证明 对 $n=2m$, 给定一个满足 (11.3) 式的边着色的 K_n^c, 应用引理 11.1.46 和推论 11.1.48 可得到满足推论中 2 个条件的一个匹配 a_ib_i. 在顶点集合 $V=\{v_1,v_2,\cdots,v_m\}$ 上构造一个有向图 $D=(V,E)$, 设置 v_iv_j 为一条有向边 $(i\neq j)$ 当且仅当在 K_n^c 中 a_ib_j 的颜色不同于 a_ib_i 和 a_jb_j 的颜色. 依照推论 11.1.48, D 中每一个顶点的出度和入度均超过 $m/2$, 由推论 5.6.3, 这说明 D 包含一个有向哈密尔顿圈 $v_{\pi(1)}v_{\pi(2)}\cdots v_{\pi(m)}v_{\pi(1)}$, 其中 $\pi=\pi(1),\pi(2),\cdots,\pi(m)$ 是 $\{1,2,\cdots,m\}$ 的一个置换, 则圈 $b_{\pi(1)}a_{\pi(1)}b_{\pi(2)}a_{\pi(2)}\cdots b_{\pi(m)}a_{\pi(m)}b_{\pi(1)}$ 显然是 K_n^c 中的一个 PC 哈密尔顿圈, 正如所需要的.

对于 $n=2m+1$ 的情形, 固定一条长为 2 的路 $P=a_1c_1b_1$, 使得边 a_1c_1 和 c_1b_1 着有不同的色, 在图的其余部分选取一个随机匹配 $a_2b_2,a_3b_3,\cdots,a_mb_m$, 并证明在高概率下存在包含 P 和这个匹配的一个 PC 哈密尔顿圈. 如上面的论证来应用推论 5.6.3. 由于此时的证明细节几乎等同于偶数情形的证明细节, 故略去. 我们完成了定理的证明. □

11.2 弧着色有向多重图

这一节将说明检验一个 2 弧着色有向图是否有一个交错有向圈的问题令人惊奇的是 $\mathcal{NP}$ 完全问题. 将证明关于含交错有向圈的 2 弧着色有向图的几个充性条件, 这些结论归功于 Gutin, Sudakov 和 Yeo[371]. 我们将得到弱欧拉弧着色有向多重图 (见下面的定义) 的一个原始特征, 并提出一个问题, 即是寻找弧着色有向多重图欧拉迹问题的复杂性.

在本节里, 总是假定有向多重图的弧着有 c 种色: $1,2,\cdots,c$. 在完全清楚而不会发生混淆的时候, 我们引用前一节的记号和术语.

一个 **2 弧着色有向图中交错圈的存在问题** (ADC 问题) 推广了下列 2 个多项式可解的问题：2 边着色图中交错圈的存在问题 (见前一节), 有向图中偶长圈的存在问题 (见第 10 章). 为了明白 ADC 问题是如何推广了偶圈问题, 用 2 条顶点不交长为 3 的交错路来取代 D 的每一条弧 (x,y), 一条路起始边染 1 色, 另一条路起始边染 2 色. 显然, 所得到的 2 边着色有向图有一个交错圈当且仅当 D 有一个偶长的圈. 通过提供一个从著名的 3-SAT 问题 (见 1.10 节) 到 ADC 问题的变换, 我们将证明 ADC 问题是 $\mathcal{NP}$ 完全问题[371]. 作为参照的简单事实是关于 2 弧着色二部分有向图的 ADC 问题为多项式时间可解的.

为了表示一条弧 (x,y) 着有色 $i\in\{1,2,\cdots,c\}$, 记为 $(x,y)_i$. 对于 c 弧着色有向多重图 D 中的一个顶点 v, 用记号 $d_i^+(v)$ ($d_i^-(v)$) 表示离开 (进入) 顶点 v 的着有色 i 的弧的数目 $(i=1,2,\cdots,c)$, 并记

$$\delta^{\,0}_{\rm mon}(v)=\min\{d_i^+(v),\ d_i^-(v):\ i=1,2,\cdots,c\}.$$

下面的参数是非常重要的：

$$\delta^{\,0}_{\rm mon}(D)=\min\{\delta^{\,0}_{\rm mon}(v):\ v\in V(D)\}.$$

令 $f(n)$ 是最小的整数, 使得每一个具有 n 个顶点和 $\delta^{\,0}_{\rm mon}(D)\geqslant f(n)$ 的强连通 2 弧着色有向图 D 有一个交错圈. 类似地, 令 $g(n)$ 是最小的整数, 使得具有 n 个顶点和 $\delta^{\,0}_{\rm mon}(D)\geqslant g(n)$ 的 2 弧着色有向图 D 有一个交错圈. 下面将证明 $f(n)=\Theta(\log n)$ 和 $g(n)=\Theta(\log n)$

根据对照比较, 关于偶圈问题对应的函数 $f(n)$ 不超过 3 (见 8.3 节的 Thomassen 偶圈定理). 使用文献 [702] 中的定理 3.2, 可以证明关于偶圈问题对应的函数 $g(n)$ 等于 $\Theta(\log n)$. 运用文献 [702] 中定理 3.2, 存在具有 n 个顶点和最小出度至少为 $\frac{1}{2}\log n$ 且不含偶圈的有向图 H_n, 令 H'_n 是 H_n 的逆. 取顶点不交的 H_n 和 H'_n 的拷贝, 并添加所有从 H'_n 到 H_n 的弧, 所得到的有向图和文献 [702] 的定理 3.2 中的上界提供了估计 $\Theta(\log n)$.

一个有向迹是**正常着色的 (PC)**, 如果它的连贯弧均着有不同色. 特别地, 对于只有 2 种色的情形, 称这个迹为**交错迹**. 如果能够将一个弧着色有向多重图 D 的弧集划分为 PC 闭迹 $T_1,T_2,\cdots,T_k$, 则说 D 是**弱欧拉的**. 若 D 有一个包含了自身全部弧的 PC 闭迹, 则称 D 是**欧拉弧着色有向多重图**.

11.2.1　交错有向圈问题的复杂性

下面命题的证明作为一个简单的习题 (习题 11.27).

命题 11.2.1　关于 2 弧着色二部分有向图的 ADC 问题是多项式时间可解的.

在图 11.7 中, 对于 $\mathcal{F}$ 中的每一个子句 c_j, 这个有向图有一个顶点 c_j 和一个额外的顶点 c_{m+1}. 对于每一个变量 x_i $(i=1,2,\cdots,k)$, D 包含 2 条交错路 P_i, Q_i, 使得它们出发和终止在相同顶点. 然而是两两不交的, 2 条路出发和终止在色 1. (a) 表明这些结构放在一起形成 D. 从一对 P_i, Q_i 到下一对 P_{i+1}, Q_{i+1} 只存在唯一的一条弧, 且这条弧着有色 2. 对每一个 $j=1,2,\cdots,m$, c_j 被 3 条长为 2 的路连接到 c_{j+1}. (b) 的图解展示了 3 条长为 2 的 (c_j,c_{j+1}) 路的详细图形. 当 c_j 是子句 $c_j=x_r+\bar{x}_s+x_t$, 这些路是 c_juc_{j+1}, 其中 $u\in V(T_i)$, $T_i\in\{P_i,Q_i\}$. 这些路的第一条弧染色 1. 此外, 选取足够长的路 $P_1,P_2,\cdots,P_k,Q_1,Q_2,\cdots,Q_k$, 使得没有顶点 $v\in V(P_i)\cup V(Q_i)$ 能够被使用到形如 c_juc_{j+1} 的 2 条不同的路上.

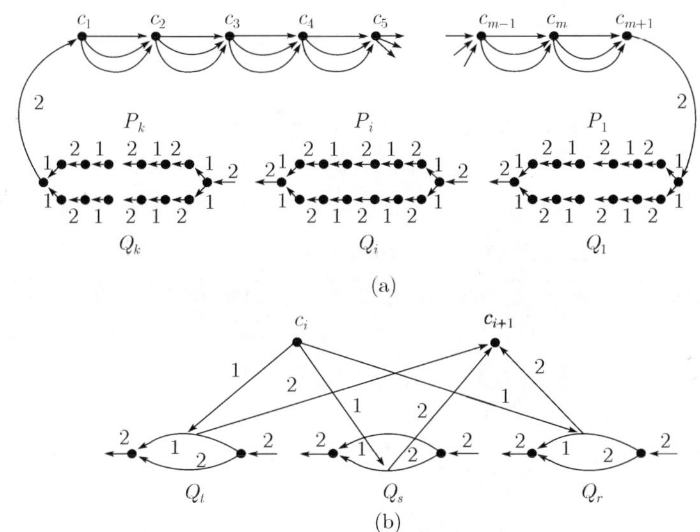

图 11.7 有向图 D 的一个图解浏览

对照上面的命题 11.2.1, 有

定理 11.2.2[371] ADC 问题是 $\mathcal{NP}$ 完全问题.

证明 为证明 ADC 问题是 $\mathcal{NP}$ 完全的, 需将 3-SAT 问题变换成 ADC 问题 (见 1.10 节中 3-SAT 问题的定义). 设 $X=\{x_1,x_2,\cdots,x_k\}$ 是变量的集合, 设 $\mathcal{F}=c_1*c_2*\cdots*c_m$ 是 3-SAT 问题的一个事例, 使得每一个 c_i 有 3 个文字, 且所有这些文字均是来自 X 的变量或变量的否定.

我们构造一个 2 弧着色有向图 D, 使得它有一个交错圈 C 当且仅当 C 是可满足的. 使用相同于文献 [371] 的简约, 但不是给出 D 的一个正式定义, 而是借助图 11.7 中的大写字母来描述这个结构, 并使用这个图形进行论证, 就能够容易地给出 D 的一个准确描述[371]. 根据 D 的定义, 不难证明下面的引理, 它给出了 D 的重要

结构性质 (习题 11.26). □

引理 11.2.3　设 C 是 D 中一个交错有向圈, 则下列陈述成立:

(a) 对于每一个 $j=1,2,\cdots,m$, C 仅使用了 3 条从 c_j 到 c_{j+1} 长为 2 的路中的一条路.

(b) 对于每一个 $j=1,2,\cdots,m$, 子路 $C[c_j,c_{j+1}]$ 的长度为 2, 并且只含有顶点集合 $\bigcup_{i=1}^k(V(P_i)\cup V(Q_i))$ 中的一个顶点.

(c) C 按顶点 $c_1,c_2,\cdots,c_m,c_{m+1}$ 的序包含了它们中的每一个.

(d) 如果 C 使用了一条路 c_juc_{j+1}, 使得 $u\in V(P_i)$ ($u\in V(Q_i)$), 则没有 C 的形如 c_qvc_{q+1} 的子路 $(q\neq j)$ 使用 $V(Q_i)$ ($V(P_i)$) 的一个顶点, 且 C 包含整条路 Q_i (P_i) 作为其一条子路.

(e) 对于每一个 $i=1,2,\cdots,k$, C 只使用交错有向路 P_i,Q_i 中的一条路, 且按 i 增长的顺序使用它们.

引理 11.2.4　有向图 D 有一个交错有向圈当且仅当 $\mathcal{F}$ 是可满足的.

证明　设 C 是 D 的一个交错有向圈. 依据引理 11.2.3, 下面是到 $X=\{x_1, x_2,\cdots,x_k\}$ 的一个真分配. 对于每一个 $i=1,2,\cdots,k$, 如果 C 使用 P_i, 则令 $x_i=0$; 否则 (由 (e), C 使用 Q_i), 令 $x_i=1$. 我们断言: 每一个子句 c_j 是被这个分配所满足的. 根据引理 11.2.3, 对某 $u\in\bigcup_{i=1}^k(V(P_i)\cup V(Q_i))$, C 有从 c_j 到 c_{j+1} 的形如 c_juc_{j+1} 的子路. 令 ℓ 是对应 u 的 c_j 的文字 (也就是说, 若 $u\in P_i$ 则由 (d) 和 D 的定义, $\ell=x_i$; 若 $u\in Q_i$, 则 $\ell=\bar{x}_i$). 如果 $u\in V(P_i)$, 则 C 使用路 Q_i, 且上面的真分配将给出 $\ell=x_i=1$. 如果 $u\in V(Q_i)$, 使 C 使用 P_j, 且 x_i 被分配为零, 这导致 $\ell=\bar{x}_i=1$. 这就证明了子句 c_j 是可满足的. 由于这个论证对所有的子句是成立的, 故上面所描述的真分配满足 $\mathcal{F}$.

现假定 $\mathcal{F}$ 有一个满足真分配 $t=\{t_1,t_2,\cdots,t_k\}$ (见 1.10 节). 则对于每一个子句 c_j, 我们能够固定一个文字 l_j, 按照这个分配它是真的. 令 $\ell_1,\ell_2,\cdots,\ell_m$ 表示这些固定的文字. 注意到, 因 t 是一个真分配, 没有所选择的文字是另一个的否定. 按照 D 的构造, 存在唯一的路 $C_j=c_ju_jc_{j+1}$, 它对应到 ℓ_j 的选取 (即若 $\ell_j=x_i$, 则有 $u_j\in P_i$; 若 $\ell_j=\bar{x}_i$, 便有 $u_j\in Q_j$). 此外, 对某 $j_1\neq j_2$, 若 $\ell_{j_1}=\ell_{j_2}$, 则有 $u_{j_1}\neq u_{j_2}$. 对于每一个 $i=1,2,\cdots,k$, 固定路 P_i, Q_i 中的一条路如下: 如果对某 $r\in\{1,2,\cdots,m\}$, 有 $\ell_r=x_i$, 则令 $T_i=Q_i$, 否则令 $T_i=P_i$. 依据上面的论证, 对于每一个 $i=1,2,\cdots,k$, 对子路的这个分配总能够选取一条子路.

现在易知, $C_1C_2\cdots C_mT_1T_2\cdots T_kC_1$ 是 D 中的一个交错有向圈, 这就完成了引理的证明.

我们现在来完成定理 11.2.2 的证明, 只要注意到能够在多项式时间内关于任何给定的 3-SAT 问题的事例构造有向图 D 就足够了. □

目前还不知道关于竞赛图的 ADC 问题的复杂性.

问题 11.2.5[371] 是否存在一个多项式算法可检查 **2 弧着色竞赛图**有一个交错圈?

图 11.8 解释了这个问题的难度. 在与"无着色"的情形比较中, 图 11.8 中的 2 弧着色竞赛图 T 有一个**唯一交错圈**, 且是哈密尔顿圈. 所以, 该图的一个简约到"短的"交错圈是不可能的.

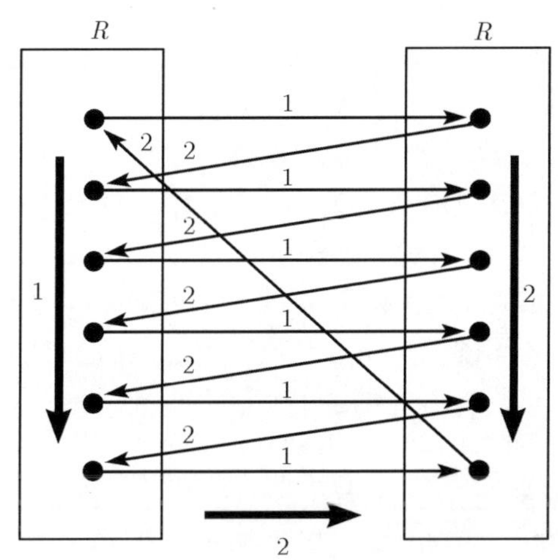

图 11.8 具有唯一交错圈 C 的一个 2 弧着色竞赛图

在 R 中的每一条弧着色 1, 在 B 中的每一条弧着色 2. 圈 C 是哈密尔顿交错圈, 且它是由从 R 到 B 着色 1 的匹配和从 B 到 R 着色 2 的匹配组成. 如果反转 C 中任何一条着色 1 的弧, 就得到一个无交错圈的竞赛图

命题 11.2.6 在图 11.8 的竞赛图 T 中的圈 C 是哈密尔顿有向图, 它由从 R 到 B 的色 1 的匹配和从 B 到 R 的色 2 的匹配组成. 如果反转 C 中着有色 1 的任何一条弧, 就得到没有交错圈的竞赛图.

证明留作习题 11.31.

11.2.2 函数 $f(n)$ 和函数 $g(n)$

因为 $f(n) \leqslant g(n)$, 我们将在定理 11.2.10 中证明关于 $f(n)$ 的一个下界, 在定理 11.2.11 中证明 $g(n)$ 的一个上界.

令 $S(k)$ 是全体元素为 1 或 2 的序列的集合, 使得在一个序列中没有 1 也没有 2 出现的次数多于 k, 并且设没有任何元素的序列 (即空序列) 也在 $S(k)$ 中. 我们先从 3 个技术性引理开始本小节内容的介绍, 它们的证明分别被表述为习题 11.28, 习题 11.29 和习题 11.30.

引理 11.2.7[371]　$|S(k)| = \binom{2k+2}{k+1} - 1$.

引理 11.2.8[371]　对于每一个整数 $k \geqslant 1$, 有

$$\binom{2k}{k} < \frac{1}{\sqrt{\pi}} \frac{4^k}{\sqrt{k}}. \tag{11.5}$$

令 $d(n) = \left\lfloor \frac{1}{4}\log n + \frac{1}{8}\log\log n - a \right\rfloor$, 其中 $a = (5 - \log \pi)/8$ ($\leqslant 0.5$).

引理 11.2.9[371]　对于每一个自然数 $n \geqslant 24$, 则有 $\binom{4d(n)+2}{2d(n)+1} < n$.

至此, 我们能够证明下面 Gutin, Sudakov 和 Yeo 的结论[371]：

定理 11.2.10　对于每一个整数 $n \geqslant 24$, 存在具有 n 个顶点的 2 弧着色强连通有向图 G_n, 满足 $\delta^{\,0}_{\text{mon}}(G_n) \geqslant d(n)$, 但不含交错圈.

证明　设有向图 D_n 的顶点集为 $S(2d(n))$, 且令 D_n 的二个顶点相邻当且仅当它们中的一个是另一个的**前题** (prefix). 此外, 如果 $x = (x_1, x_2, \cdots, x_p)$ 和 $y = (y_1, y_2, \cdots, y_q)$ 是 D_n 的顶点, 且 x 是 y 的一个前题 (即对于每一个 $i = 1, 2, \cdots, p$, 有 $x_i = y_i$), 则 x 和 y 之间的弧 $a(x, y)$ 着色 y_{p+1}, 且定向 $a(x, y)$ 从 x 到 y 当且仅当 $|\{j : j \geqslant p+1, y_j = y_{p+1}\}| \leqslant d(n)$.

我们说 D_n 是强连通有向图, 因为在一对顶点 $x = (x_1, x_2, \cdots, x_p)$ 和 $y = (x_1, x_2, \cdots, x_p, x_{p+1})$ 之间的弧是定向为从 x 到 y, 且空序列 $\varnothing$ 和 D_n 的一个顶点 v (它是一个具有 $4d(n)$ 个元素的序列) 之间的弧被定向为从 v 到 $\varnothing$ (D_n 的每一个顶点属于一个包含 $\varnothing$ 和一个对应到一个具有 $4d(n)$ 个元素的序列顶点的圈).

令 $x = (x_1, x_2, \cdots, x_p)$ 是 D_n 的一个顶点, 易见 $d_1^+(x) \geqslant d(n)$. 其实, 如果 x 包含至多 $d(n)$ 个等于 1 的元素, 则 $(x, x^r)_1$ 在 D_n 中, 其中, $r = 1, 2, \cdots, d(n)$, 且 x^r 是 x 后面跟随了 $3r$ 个 1. 如果 x 包含 $t > d(n)$ 个等于 1 的元素, 则 $(x, y)_1$ 在 D_n 中, 其中 y 是从 x 得来, 或是从 x 中至多删去了 $2d(n) - t$ 个 1, 或者从 x 中删去多于 $d(n)$ 个最右边的 1 与这些 1 之间的 2.

类似地, 可以证明 $d_1^-(x) \geqslant d(n)$, 按照对称性, 则有 $\delta^{\,0}_{\text{mon}}(D_n) \geqslant d(n)$.

现在证明有向图 D_n 不含交错圈. 反设 D_n 含一个交错圈 C, 因空序列 $\varnothing$ 由色 $i \in \{1, 2\}$ 的弧相邻于形如 $(i, \cdots)$ 的顶点, 则空序列 $\varnothing$ 不在 C 中. 但是形如 $(1, \cdots)$ 的顶点不相邻于形如 $(2, \cdots)$ 的顶点. 类似地, 可以证明顶点 (1) 和 (2) 不在 C 中. 一般地, 在证明 C 不含具有 p 个元素的顶点之后, 就能够证明 C 也没有具有 $p+1$ 个元素的顶点.

根据引理 11.2.7, D_n 有 $b(n) = \binom{4d(n)+2}{2d(n)+1} - 1$ 个顶点. 由引理 11.2.9, 有 $b(n) < n$. 现在用弧给 D_n 添加 $n - b(n)$ 个顶点, 得到一个有向图 G_n, 满足 $\delta^{\,0}_{\text{mon}}(G_n) \geqslant d(n)$. 取一个具有 $4d(n)$ 个元素的顶点 $x \in D_n$, 给 D_n 添加 $n - b(n)$ 个 x 的拷贝, 使得每个拷贝具有与 x 相同的每一个色的出邻点和入邻点. 顶点 x 和它的拷贝一同形成一个独立顶点集.

应用与 D_n 相同的理由, 则知 G_n 的构造隐含了 $\delta^{\,0}_{\rm mon}(G_n) \geqslant d(n)$, 并且 G_n 是强连通的、不含交错圈. □

上面的准备工作能够使我们证明函数 $g(n)$ 的一个上界 ①.

定理 11.2.11 设 $D=(V,A)$ 是 $n=|V|$ 个顶点上的 2 弧着色有向图. 如果对于每一个 $i=1,2$ 和每一个顶点 $v\in V$, 有 $d_i^+(v)\geqslant \log n-\frac{1}{3}\log\log n+O(1)$, 则 D 包含一个交错圈.

证明 不失一般性, 设对 $v\in V$, 有 $d_i^+(v)=k$ (稍后将定义 k); 不然的话, 则移走额外的弧. 对于每一个顶点 $v\in V$ 和每一个色 $i=1,2$, 令

$$B^{\,i}_v=\{u\in V:\ (v,u)\ \text{是着有色}\ i\ \text{的弧}\},$$

每一个集合 $B^{\,i}_v$ 的规模等于 k, 于是它们形成一个具有 n 个顶点和 $2n$ 条边的 k 齐超图. 令 $k=\log n-\frac{1}{3}\log\log n+b$, 其中 b 是一个常数. 则容易看到, 选取足够大的 b, 必有 $ck^{1/3}2^k>2n$. 根据引理 10.6.13, 超图 H 是 2 可着色的. 取 H 的一个 2 着色, 存在一个二部划分 $V=X\cup Y$, 对于每一个 $i=1,2$ 和 $v\in V$, 集合 $B^{\,i}_v$ 与 X 和 Y 均相交. 设 D_1 是 D 的一个有向子图, 它仅包含了从 X 到 Y 着有色 1 的弧, 和从 Y 到 X 着有色 2 的弧. D_1 中每个顶点的出度是正的, 因为所有集合 $B^{\,i}_v$ 相交于 X 和 Y. 所以, D_1 包含一个圈, 根据 D_1 的构造, 这个圈是交错的. □

11.2.3 弱欧拉弧着色有向多重图

下面的定理给出了弱欧拉弧着色有向多重图的一个特征. 按照定理 11.1.2, 每一个弱欧拉连通边着色多重图也是欧拉的 (弱欧拉边着色多重图的定义相似于弧着色有向多重图的定义), 可将这一点与不是每个连通弱欧拉弧着色有向多重图是欧拉的进行比较. 例如, 设 C 和 Z 是一对 2 弧着色交错有向圈, 它们仅有一个公共顶点 x 以及 $1=\chi(xx^+_C)\neq\chi(xx^+_Z)=2$, 见图 11.9. 则 C 和 Z 的并图 H 是弱欧拉的, 但 H 无 PC 欧拉迹.

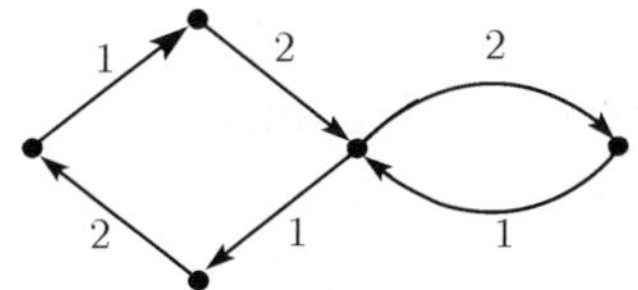

图 11.9 弱欧拉 2 弧着色的非欧拉有向图

下面定理的证明相似于定理 11.1.2 的证明, 故留作习题 11.34.

① 正如我们在引理 10.6.13 之前脚注中说到的, 该引理的界可以被略微改进. 因此, 关于函数 $g(n)$ 的界也可相应地作小小的改进.

定理 11.2.12 一个弧着色有向多重图 D 是弱欧拉的当且仅当对 D 的每一个顶点 x, 总有 $d^+(x)=d^-(x)$, 且对每一个顶点 $x\in V$ 和每一个色 i, 有

$$d_i^-(x)\leqslant \sum_{j\neq i} d_j^+(x).$$

迄今为止, 有关弧着色有向多重图的欧拉迹问题既没有其特征也没有其复杂性的报道.

问题 11.2.13 寻找检验一个有向多重图是否为欧拉弧着色有向多重图的复杂性.

对于只有 2 种色的情形, 可以运用 Fleischner 提供的一个简单变换[240]. 设 D 是一个 2 弧着有向多重图, 把 $\delta^0(v)>0$ 的顶点 v 撕开成为一对顶点 v',v'', 使得 v' 继承所有进入 v 的红色弧和离开 v 的蓝色弧, v'' "继承" 所有进入 v 的蓝色弧和离开 v 的红色弧. 忽视所得到的 2 弧着色有向多重图的颜色, 最终, 我们得到一个有向多重图 H. 显然, D 是欧拉的当且仅当 H 是欧拉的. 有关弧着色有向多重图为欧拉的若干充分性条件可在文献 [240] 中找到.

11.3 超竞赛图

给定 2 个整数 n 和 k, 且 $n\geqslant k>1$. 一个具有 n 个顶点的 k **超竞赛图** (k-hypertournament) T 是一个对 (V,A), 其中 V 是**顶点集**以及 $|V|=n$, A 是顶点 k 元组的集合, 每一个顶点 k 元组叫做**弧**, 使对关于 V 的任何 k 子集合 S, 集合 A 恰包含 $k!$ 个 k 元组, 且每个 k 元组是 S 的一个成员. 也就是说, 可以将 T 看成是 n 阶完全 k 齐超图的一个定向 (是顶点的一个固定置换). 显然, 一个 2 超竞赛图就是一个竞赛图.

我们来看一个 3 超竞赛图的例子. 设 L 有顶点集 $V(L)=\{1,2,3,4\}$, 及弧集 $A(L)=\{(1,2,3),(1,2,4),(1,4,3),(4,3,2)\}$. L 的 4 条弧是集合 $\{(1,2,3)\}$, $\{(1,2,4)\}$, $\{(1,4,3)\}$ 和 $\{2,3,4\}$ 的定向.

很多人研究过超竞赛图[32,92,93,117,276,374,552,553,599,759]. Reid 描述了有关由上述作者得到的超竞赛图的几个结论并且给出了这个专题的一些有意义的问题[630], 尤其是他提供了把竞赛图上的最重要的结果移植到超竞赛图中的问题.

这一节的内容主要依据于 Gutin 和 Yeo[374] 以及 Zhou, Yao 和 Zhang[759] 文章中的结论, 我们介绍竞赛图上最基本的 3 个定理的扩张, 它们是: 每一个竞赛图有一条哈密尔顿路 (Rédei 定理)、每一个强竞赛图有一个哈密尔顿圈 (Camion 定理) 以及关于竞赛图的出度序列的 Landau 定理 (定理 8.7.1). 因而, 每一个 n $(>k)$ 阶 k 超竞赛图有一条哈密尔顿路, 每一个具有 n $(\geqslant k+2\geqslant 5)$ 个顶点的强 k 超竞赛

图包含一个哈密尔顿圈. 对于每一个 $k \geqslant 3$, 本节将介绍在 $k+1$ 个顶点上的 k 超竞赛图没有哈密尔顿圈. 我们来考虑 k 超竞赛图中哈密尔顿圈问题的复杂性, 并注意到, 对 $k=3$ 的情形问题是多项式时间可解的, 但当 $k \geqslant 4$, 该问题却变为 $\mathcal{NP}$ 完全问题. 依据定理 11.3.4, 判定超竞赛图的强连通性确实是 $\mathcal{NP}$ 完全问题. 非常有趣的是, 关于竞赛图和强竞赛图的出度序列的 Landau 定理, Harary-Moser 定理 (定理 8.7.2) 可以直接被移植到超竞赛图上.

设 $T=(V,A)$ 表示一个 n 阶超竞赛图 T. T 中的一条**路**是不同顶点 $v_1, v_2, \cdots, v_t$ 和不同的弧 $a_1, a_2, \cdots, a_{t-1}$ 的一个序列 $v_1a_1v_2a_2v_3\cdots v_{t-1}a_{t-1}v_t$ $(t \geqslant 1)$, 使得在弧 a_i 中顶点 v_i 先于顶点 v_{i+1}, $1 \leqslant i \leqslant t-1$. T 的一个**圈**是不同的顶点 $v_1, v_2, \cdots, v_t$ 和不同的弧 $a_1, \cdots, a_t$ $(t \geqslant 1)$ 的序列 $v_1a_1v_2a_2v_3\cdots v_{t-1}a_{t-1}v_ta_tv_1$, 使得顶点 v_i 在弧 a_i 中先于顶点 v_{i+1}, $1 \leqslant i \leqslant t$ $(a_{t+1}=a_1)$. 上述超竞赛图的路和圈的定义是相似于超图的路和圈的定义.

对于一条路或一个圈 Q, 记号 $V(Q)$ 和 $A(Q)$ 分别表示顶点 (上面的 v_i) 集合和弧 (上面的 a_i) 集合. 对于一条路或圈 Q 上的一对顶点 v_i 和 v_j, 符号 $Q[v_i, v_j]$ 表示 Q 上从顶点 v_i 到 v_j 的一条子路 (有可能是空的). 一条路或圈 Q 如果满足 $V(Q)=V(T)$, 则说它是 T 的**哈密尔顿路或圈**. 在本节开始处所考虑的 3 超图 L 有一条哈密尔顿路 1, (1,2,3), 2, (1,2,4), 4, (1,4,3), 3. 一个超竞赛图 T 是**哈密尔顿的**, 如果有它有一个哈密尔顿圈. 从 x 到 y 的路记为 (x,y) 路. 一个超竞赛图 T 是强的如果关于 T 的每对不同的顶点 x, y, T 总有一条 (x,y) 路. 上面提及的 3 超竞赛图 L 不是强的, 因在 L 中不存在 $(2,1)$ 路. 这尤其是指 L 不是哈密尔顿图.

我们也考虑有向图的路和圈, 它们将被表示为对应顶点的序列.

一个超竞赛图 T 的顶点 v 的**出度** $d^+(v)$ 是 T 中那些以 v 为最后一个顶点的弧的数目. $T=(V,A)$ 的**出度序列**是非负整数的不减序列 $s_1, s_2, \cdots, s_n$, 使得 $\{s_1, s_2, \cdots, s_n\} = \{d^+(v): v \in V\}$. 对于 T 的 2 个不同顶点 x, y, 记号 $A_T(x,y)$ 表示 T 的全体满足 x 先于 y 的弧的集合. 显然, 对于所有的不同顶点 $x, y \in V(T)$, 有

$$|A_T(x,y)| + |A_T(y,x)| = \binom{n-2}{k-2}. \tag{11.6}$$

11.3.1 超竞赛图的出度序列

可以将有关竞赛图的出度序列的 Landau 定理直接移植到超竞赛图中. 类似地, 也可以扩张关于强竞赛图的出度序列的 Harary-Moser 定理, 这些扩张均由 Zhou, Yao 和 Zhang 证得[759].

定理 11.3.1[759] 给定 2 个整数 n 和 k, 且有 $n \geqslant k \geqslant 2$. 一个非负整数的序列 $s_1, s_2, \cdots, s_n$ 是某 k 超竞赛图的出度序列当且仅当对于每一个 j $(k \leqslant j \leqslant n)$,

有

$$\sum_{i=1}^{j} s_i \geqslant \binom{j}{k},$$

且仅当 $j=n$ 时, 不等式中的等式成立.

定理 11.3.2[759] 一个非负整数的序列 $s_1 \leqslant s_2 \leqslant \cdots \leqslant s_n$ $(n > k \geqslant 2)$ 是某强 k 超竞赛图的出度序列当且仅当对于每一个 j $(k \leqslant j \leqslant n-1)$, 有

$$\sum_{i=1}^{j} s_i > \binom{j}{k} \quad 和 \quad \sum_{i=1}^{n} s_i = \binom{n}{k}.$$

11.3.2 哈密尔顿路

在这一小节里, 总设 $k \geqslant 2$. 显然, 不存在 k $(\geqslant 3)$ 个顶点的 k 超竞赛图有一条哈密尔顿路. 然而, 其他的超竞赛图却有哈密尔顿路, 有

定理 11.3.3 每一个具有 n $(> k)$ 个顶点的 k 超竞赛图包含一条哈密尔顿路.

证明 设 $T=(V,A)$ 是 n 个顶点 $1,2,\cdots,n$ 的 k 超竞赛图 T. 下面分别考虑 $k=n-1$ 和 $k<n-1$ 这 2 种情形.

情形 1. $k=n-1$. 证明方法是对 k $(\geqslant 2)$ 实施数学归纳法. 当 $k=2$ 时, 这个定理显然是成立的. 因此, 下设 $k \geqslant 3$. 设 (如果需要, 可给顶点标号) T 包含弧 $a=(23\cdots n)$, 令 b 是 T 的那些顶点为 $1,2,\cdots,n-1$ 的弧 (在某序中). 考虑在 T 中删去弧 a, 从 $A-\{a,b\}$ 中的弧里删去 n, 然后从 b 中删去 1, 就得到 $(k-1)$ 超竞赛图 $T'=(V',A')$. 所以, 有顶点集 $V'=\{1,2,\cdots,n-1\}$ 和弧集

$$A'=\{e':\ e' \text{ 是无 } n \text{ 的 } e,\ \ e \in A-\{a,b\}\} \cup \{b'\},$$

其中 b' 是无 1 的 b. 根据归纳假定, T' 有一条哈密尔顿路 $x_1a_1'x_2a_2'\cdots a_{n-2}'x_{n-1}$. 这条路对应 T 中的路 $Q=x_1a_1x_2a_2\cdots a_{n-2}x_{n-1}$. 显然, $\{x_1,x_2,\cdots,x_{n-1}\}=\{1,2,\cdots,n-1\}$ 和 $A-\{a_1,a_2,\cdots,a_{n-2}\}$ 由弧 a 和另一条弧 c 组成.

如果 $x_{n-1} \neq 1$, 则 Qan 是 T 的一条哈密尔顿路. 因此, 由当前的假定, 有 $x_{n-1}=1$. 我们要考虑下面的 2 个子情形.

子情形 1.1. $c \neq b$. 如果弧 c 的最后顶点是 n, 则 Qcn 是 T 的一条哈密尔顿路, 否则, 对某 $j \leqslant n-1$, x_j 是 c 的最后顶点. 如果 $j>1$, 就用 Q 中的 anc 替换 a_{j-1}, 就可得到 T 的一条哈密尔顿路. 若 $j=1$, 则 ncQ 就是 T 的一条哈密尔顿路.

子情形 1.2. $c=b$. 如果弧 $c \neq (x_{n-1}x_{n-2}\cdots x_1)$, 对某 i $(1 \leqslant i \leqslant n-2)$, 使得在 c 中 x_i 先于 x_{i+1}, 则 $P=Q[x_1,x_i]cQ[x_{i+1},x_{n-1}]$ 是 T 的一条路. 因 $a_i \neq b$, 如同子情

形 1.1, 则可由路 P 来构造 T 的一条哈密尔顿路. 如果弧 $c=(x_{n-1},x_{n-2},\cdots,x_1)$, 那么 $Q[x_2,x_{n-1}]cx_1an$ 是 T 的一条哈密尔顿路.

情形 2. $k<n-1$. 对 $n\ (\geqslant 4)$ 运用数学归纳法进行证明. $n=4$ 的情形 (和因而有 $k=2$) 是容易验证的 (也可由 Rédei 定理证得). 所以, 下设 $n\geqslant 5$. 考虑新的 k 超竞赛图 T'', 它是从 T 中删去在 A 中所有包含 n 的弧的顶点 n. T'' 含有一条哈密尔顿路, 因为若 $n=k-2$, 有情形 1, 否则可由归纳假定得到.

设 $P=x_1a_1x_2a_2\cdots a_{n-2}x_{n-1}$ 是 T'' 中的一条哈密尔顿路. 如果 T 有一条弧 $a\in A_T(x_{n-1},n)$, 则 Pan 就是 T 的一条哈密尔顿路. 假定 $A_T(x_{n-1},n)=\varnothing$, 则或有 $\bigcup_{l=1}^{n-1}A_T(x_l,n)=\varnothing$, 或者存在一个 i, 使得 $\bigcup_{l=i+1}^{n-1}A_T(x_l,n)=\varnothing$ 且 T 包含一条 x_i 先于 n 的弧 b. 在第一种情形里, ncP 是 T 的一条哈密尔顿路, 其中 c 是 T 的包含 x_1 和 n 的一条弧. 在第二种情形里, $P[x_1,x_i]bndP[x_{i+1},x_{n-1}]$ 是 T 的一条哈密尔顿路, 其中 d 是 T 的包含 x_{i+1} 和 n 且不同于 b 的一条弧. □

11.3.3 哈密尔顿圈

显然, 每个哈密尔顿超竞赛图是强的. 然而, 对于每一个 $k\geqslant 3$, 存在具有 $n=k+1$ 个顶点的非哈密尔顿强 k 超竞赛图. 事实上, 设 $(n-1)$ 超竞赛图 H_n 的顶点集为 $\{x_1,x_2,\cdots,x_n\}$、弧集为 $\{a_1,a_2,\cdots,a_n\}$, 其中 $a_1=(x_2x_3\cdots x_{n-2}x_nx_{n-1})$, $a_2=3$, $a_3=(x_1x_2x_4x_5\cdots x_n)$, $a_4=(x_2x_3x_1x_5x_6\cdots x_n)$, 以及

$$a_i=(x_1x_2\cdots x_{i-4}x_{i-3}x_{i-1}x_{i-2}x_{i+1}x_{i+2}\cdots x_n),\quad 5\leqslant i\leqslant n.$$

超竞赛图 H_n 是强的 (习题 11.35). 然而, H_n 不是哈密尔顿图. 为了证明这一点, 可反设 H_n 有一个哈密尔顿圈 C, 我们尝试从顶点 x_n 开始构造 C. 因为 a_1 是唯一的有一个顶点后继于 x_n 的一条弧, C 是形如 $x_na_1x_{n-1}\cdots$. 因为 a_n 是唯一的一条弧, 它有一个不同于 x_n 的顶点后继于 x_{n-1}, $C=x_na_1x_{n-1}a_nx_{n-2}\cdots$. 如此进行下去, 就得到 $C=x_na_1x_{n-1}\cdots x_4a_5x_3\cdots$. 则唯一使 x_3 后继于 x_1 或 x_2 的弧是 a_4. 因此 $C=x_na_1x_{n-1}\cdots x_4a_5x_3a_4x_1\cdots$. 现在需要把 x_2,a_3 和 a_2 包含在 C 中. 然而, 这是不可能的, 因为只有弧 a_3, a_2 中的一条包含了 x_2.

在文献 [374] 中, 对 $3\leqslant k\leqslant n-2$, 已证明每一个具有 n 个顶点的强 k 超竞赛图是哈密尔顿图. 下面的概念起着重要的作用. n 个顶点上的 k 超竞赛图 H 的**主有向图** (majority digraph) $D_{\rm major}(H)$ 有与 H 相同的顶点集 V, 且对 V 中每对不同顶点 x,y, 弧 xy 在 $D_{\rm major}(H)$ 中的充要条件是 $|A_H(x,y)|\geqslant|A_H(y,x)|$ (或根据 (11.6) 式, $|A_T(x,y)|\geqslant\frac{1}{2}\binom{n-2}{k-2}$ 成立). 显然, $D_{\rm major}(H)$

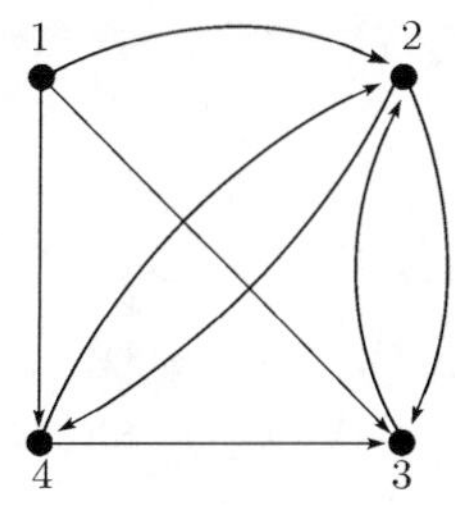

图 11.10 L 的主有向图 $D_{\rm major}(L)$

是半完全有向图. 图 11.10 展示了 3 超竞赛图 L 的主有向图 $D_{\text{major}}(L)$, 其中 $V(L) = \{1,2,3,4\}$, 弧集 $A(L) = \{(1,2,3),(1,2,4),(1,4,3),(4,3,2)\}$.

因为下面有意义的结论的证明过程太长, 故不在这里提供给读者.

定理 11.3.4[374] 对于 $3 \leqslant k \leqslant n-2$, 具有 n 个顶点的每一个强 k 超竞赛图包含一个哈密尔顿圈.

已经知道关于 2 超竞赛图的哈密尔顿圈问题是多项式时间可解的 (见第 5 章). 我们给出了 $k=3$ 时, k 超竞赛图哈密尔顿性仍然是保持多项式时间可解. 但是当 $k \geqslant 4$ 时, 该问题却变成 $\mathcal{NP}$ 完全问题.

设 $H=(V,A)$ 是一个 k 超竞赛图, 其弧集为 $A=\{a_1,a_2,\cdots,a_m\}$. 下面是伴随 H 的弧着色有向多重图 $D(H)$: $D(H)$ 的顶点集是 V. 对于不同的顶点 $x,y \in V$, $D(H)$ 有色 i 的弧 xy 当且仅当 $a_i \in A_H(x,y)$. 显然, H 包含一条从顶点 x 到另一个顶点 y 的路当且仅当 $D(H)$ 有一条从 x 到 y 的路 P, 使得路 P 上的任何二条弧均无相同的色.

定理 11.3.5[374] 关于 3 超竞赛图类的哈密尔顿圈问题是多项式时间可解的.

证明 设 H 为 3 超竞赛图. 因为可以在常量时间内验证 $n \leqslant 4$ 的情形, 故下设 $n \geqslant 5$. 根据定理 11.3.4, 只需要在多项式时间内检验 H 中从一个顶点 x 到另一个顶点 y 的一条路的存在性. 构造如上面所述的弧着色有向多重图 $D(H)$. 现在证明 H 有一条从 x 到 y 的路当且仅当 $D(H)$ 也包含一条 (x,y) 路. 显然, 如果 H 含有一条从 x 到 y 的路, 则 $D(H)$ 也包含一条如此的路. 设 $D(H)$ 有一条从 $x=x_1$ 到 $y=x_p$ 的路 $Q=x_1x_2\cdots x_p$. 如果路 Q 没有相同色的弧, 显然, 路 Q 对应着 H 的一条 (x,y) 路. 反设路 Q 包含有相同色的弧. 这就意味着存在一个下标 i 和一个整数 j, 使得弧 $x_{i-1}x_i$ 和 x_ix_{i+1} 有相同的色 j (只有这 2 条弧能够在路 Q 中有色 j). 用路 $Q[x_1,x_{i-1}]Q[x_{i+1},x_p]$ 取代路 Q. 如此进行下去, 最终得到 $D(H)$ 的一条从 x 到 y 的新路, 且没有重复色出现. 这条新路对应着 H 中的一条 (x,y) 路. □

定理 11.3.6[374] 令 $k \geqslant 4$, k 超竞赛图的哈密尔顿圈问题是 $\mathcal{NP}$ 完全问题.

在文献 [374] 中, 有关这个定理的证明是相当复杂且冗长的, 主要思路是把 3.SAT 问题简约到 4 超竞赛图的哈密尔顿圈问题.

11.4 应用: 遗传学中的交错哈密尔顿圈

在文献 [200, 201] 中, Dorninger 考虑了一个真核生物组织的细胞**染色体排列**的 Bennett 模型[104,423,424], 对染色体为偶数 n 的情形进行了研究. 这里, 我们仅考虑这种有意义的情形. 每一个个体染色体是由一个长臂和一个短臂组成, 它们就像所谓的着丝点 (粒). 在细胞分离的某一个阶段使生物学家最感兴趣的是 n 个染色

体的臂形成一个 n 角星, 它的内部点是着丝点 (见图 11.11), 外部点由“相邻”着丝点的臂构成. 为了找出着丝点的规律, Bennett 假定外部点是由最相似规模臂形成[104]. Bennett 和 Dorninger 把相似性概念推广到 k 相似性[201], 并且 Dorninger 分析了这个广义概念的一致性[201]. 现在, 我们考察这个生物系统的图理论模型. 令 s_i 和 l_i 分别表示染色体数目 i 的短臂和长臂. 设染色体被标为 $1,2,\cdots,n$. 如果 $i<j$, 使 s_i 比 s_j 长; 再令 π 是 $1,2,\cdots,n$ 的一个置换, 使当 $i<j$ 时, $l_{\pi(i)}$ 比 $l_{\pi(j)}$ 长.

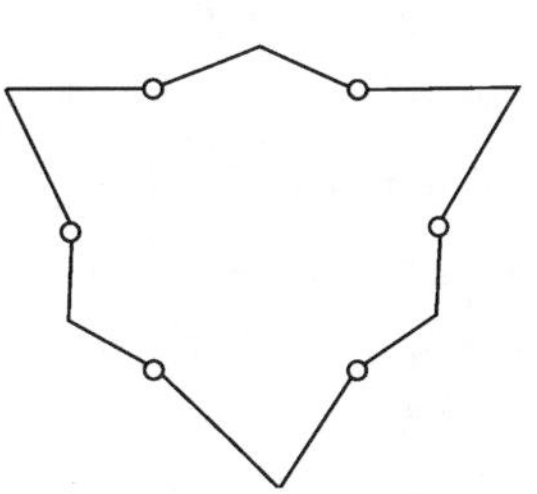

图 11.11　染色体排列

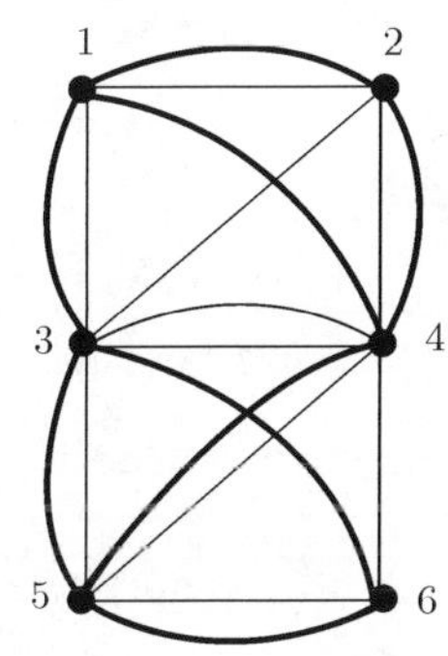

图 11.12　一个 2 边着色图 $G(6,2,\tau)$

其中 $\tau(1)=2$, $\tau(2)=1$, $\tau(3)=4$, $\tau(4)=3$, $\tau(5)=5$, $\tau(6)=6$. 蓝色边被表示为普通的线; 红色边则由粗线表示

称 2 个短臂 s_i 和 s_j (或长臂 $l_{\pi(i)}$ 和 $l_{\pi(j)}$) 是 k **相似的** (k-similar), 如果 $|i-j|\leqslant k$, 且 $i\neq j$. 在这种方式下, $k=1$ 的情形就是 Bennett 的“最相似规模”的概念. 设 $G(n,k,\pi)$ 是一个具有顶点集 $\{1,2,\cdots,n\}$ 的 2 边着色多重图. $G(n,k,\pi)$ 的蓝色 (红色) 子图 $G_1(n,k,\pi)$ ($G_2(n,k,\pi)$) 由边 pq ($p\neq q$) 构成, 使得 s_p 和 s_q (l_p 和 l_q) 是 k 相似的 (见图 11.12).

按照 Bennett 的假定, $G(n,k,\pi)$ 有一个交错哈密尔顿圈. 对于每一个置换 π, Dorninger 分析了 $G(n,k,\pi)$ 有一个交错哈密尔顿圈[201]. 显然, 当 $k=1$ 时, 2 边着色多重图是一组 t ($\geqslant 1$) 个交错圈, 并当 $t\geqslant 2$ 时, Bennett 的假定不成立. Dorninger 证实：对于每一个具有 n ($\leqslant 12$) 的置换 π, $G(n,k,\pi)$ 有一个交错哈密尔顿圈. 他也证明：当 $n\leqslant 14$, 存在一个置换 π, 使得 $G(n,2,\pi)$ 没有交错哈密尔顿圈[201]. Yeo (在 1999 年 4 月的私人通信中) 证得关于图 $G(n,2,\pi)$ 的交错哈密尔顿圈问题是 $\mathcal{NP}$ 困难的. 非常有意思地是, 对于每一个置换 π, $G(n,3,\pi)$ 却总是包含一个交错哈密尔顿圈. 于是, 3 相似性概念似乎是与 Bennett 假定最一致.

本节的其余部分是证明以下 2 个结论:

定理 11.4.1[201]　对于每一个偶正整数 $n\leqslant 12$ 以及 $1,2,\cdots,n$ 的每一个置换 π, 2 边着色多重图 $G(n,2,\pi)$ 有一个交错哈密尔顿圈.

定理 11.4.2[201]　对于每一个正整数 n 和每一个 $1,2,\cdots,n$ 的置换, 2 边着色多重图 $G(n,3,\pi)$ 有一个交错哈密尔顿圈.

11.4.1　定理 11.4.1 的证明

本小节考虑有向多重图 $G = G(n, 2, \pi)$ 以及 Yeo 提供的证明 (1999 年 4 月间的私人通信). 我们已经知道 $V(G) = V(G_1) = V(G_2) = \{1, 2, \cdots, n\}$, $E(G_1) = \{ij:\ |i-j| \leqslant 2\}$ 和 $E(G_2) = \{\pi(i)\pi(j):\ |i-j| \leqslant 2\}$ (见图 11.12). 显然, G 的每一个交错圈因子 $\mathcal{F}$ 是 G_1 的一个完美匹配 F_1 和 G_2 的一个完美匹配 F_2 的并, 记 $\mathcal{F} = C(F_1, F_2)$.

假定 $e = ij$ 和 $f = pq$ 在 F_1 中, 且 e 和 f 分属 $\mathcal{F}$ 的 2 个不同的圈 X 和 Y. 再假设 $i < j$, $p < q$, 且边 ip 和 jq 也在 G_1 中. 如果从 F_1 中删去 e 和 f, 然后添加边 ip 和 jq, 就得到 G_1 的一个新的完美匹配 F'_1. 注意到 $C(F'_1, F_2)$ 的圈比 $C(F_1, F_2)$ 的圈少一个, 这是因为 X 和 Y 的顶点形成一个新的交错圈. 称 F'_1 为 F_1 的 (e, f) **开关** ((e, f)-switch); 从 F_1 得到 F'_1 的运算叫做**开关**, 或 (e, f) **开关**.

令 $S = \{\{2t-1, 2t\}:\ t = 1, 2, \cdots, n/2\}$ 和 $L = \{\pi(2t-1)\pi(2t):\ t = 1, 2, \cdots, n/2\}$. 显然, S 和 L 分别是 G_1 和 G_2 的一个完美匹配.

引理 11.4.3　设 $C(S, L)$ 包含了 m 个圈. 则 S 中存在一个边的开关序列, 使得所产生的 G_1 的完美匹配 F 导致 $C(F, L)$ 至多含 $\lfloor (m+1)/2 \rfloor$ 个圈. 此外, 对 $C(S, L)$ 中的任何一个圈 C_h, 可选择 F, 使得除 C_h 外所有 $C(F, L)$ 的圈的长度至少为 4.

证明　设 $C(S, L)$ 由圈 $C_1, C_2, \cdots, C_m$ 构成. 令 $e_i = \{2r_i - 1, 2r_i\}$ 是 C_i 的一条边, 使得 r_i 是最小的. 假定圈 $C_1, C_2, \cdots, C_m$ 被标号, 使得 $1 = r_1 < r_2 < \cdots < r_m$. 对于每一个 $i = 1, 2, \cdots, m$, 定义 q_i 是最大的数, 使得 $\{2r_i - 1, 2r_i\}$, $\{2r_i + 1, 2r_i + 2\}$, $\cdots$, $\{2q_i - 1, 2q_i\}$ 均属于 C_i. 注意, 有 $1 = r_1 \leqslant q_1 < r_2 \leqslant q_2 < \cdots < r_m \leqslant q_m = n$.

固定 $h \in \{1, 2, \cdots, n\}$. 利用构造开关, 我们将证明可能除 C_i 外, 每一个圈能够被重合进另一个圈中. 在下面的过程里, 我们要递推地实施开关. 当有一个圈 C_i, 有 $i < h$, 且它没有被重合进另一个圈, 则选取 i 是最小的下标, 并实施 $(\{2q_i - 1, 2q_i\}$, $\{2q_i + 1, 2q_i + 2\})$ 开关. 若有某圈 C_i 具有 $i > h$, 且它没有被重合进一个圈中, 则选取 i 是最大的下标, 并实施 $(\{2r_i - 3, 2r_i - 2\}, \{2r_i - 1, 2r_i\})$ 开关. 注意, 上述所有的开关均使用了不同的边.

因为每一个圈已经被重合进另一个圈中, C_h 可能除外, 从而至少实施了 $\lfloor m/2 \rfloor$ 次重合. 所以, 最多剩余 $m - \lfloor m/2 \rfloor = \lfloor (m+1)/2 \rfloor$ 个圈, 这就证得到引理的第一个部分. 第二个部分可由上述构造立即证得. □

定理 11.4.1 由下面的引理证得.

引理 11.4.4　如果 $C(S, L)$ 至多含 6 个圈, 则 G 有一个交错的哈密尔顿圈.

证明　依据先前的引理, 交错圈因子 $C(F, L)$ 至多含 3 个圈. 此外, 可设 $C(F, L)$ 中的每一个圈的长度至少为 4, 除去包含顶点 $\pi(1)$ 的圈外. 如果 $C(F, L)$ 是由一个圈构成, 则证明完成. 假定 $C(F, L)$ 至少有 2 个或 3 个圈, 类似于引理 11.4.3

的证明, 标号它们分别为 D_1, D_2, D_3 (或 D_1, D_2). 令 $f_i = \pi(2r_i - 1)\pi(2r_i)$ 是 D_i 的一条边, 且使 r_i 是最小的. 假定圈 D_1, D_2, D_3 分别被标有 $1 = r_1 < r_2 < r_3$. 对 $i \geqslant 2$, 令 $f'_i = \pi(2r_i - 3)\pi(2r_i - 2)$.

注意到除 D_1 外, 每一个圈的长度至少为 4. 如果 $C(F, L)$ 有 2 个圈 (D_1 和 D_2), 则构造 L 的 (f'_2, f_2) 开关 M. 显然, $C(F, M)$ 由一个圈组成. 假定 $C(F, L)$ 有 3 个圈 D_1, D_2, D_3, 实施 (f'_2, f_2) 开关. 若 $f'_3 \neq f_2$, 则实施 (f'_3, f_3) 开关, 它给出所期望的圈. 如果 $f'_3 = f_2$, 则令 $g = \pi(2j - 1)\pi(2j)$ 是最小 $j > r_3$ 的边, 它不在 D_3 中, 且令 $g' = \pi(2j - 3)\pi(2j - 2)$. 现在实施 (g', g) 开关, 我们得到所期望的圈. □

11.4.2 定理 11.4.2 的证明

这一小节的内容均引自文献 [201]. 考虑有向多重图 $G = G(n, 3, \pi)$, 则有 $V(G) = V(G_1) = V(G_2) = \{1, 2, \cdots, n\}$, $E(G_1) = \{ij: |i - j| \leqslant 3\}$, 和 $E(G_2) = \{\pi(i)\pi(j): |i - j| \leqslant 3\}$. 我们将使用与前一节相同的记号, 尤其是记号 $C_1, C_2, \cdots$, C_m 和 $e_1, e_2, \cdots, e_m$ 仍然有效. 设 G^k 为圈 $C_1, C_2, \cdots$, C_k 的顶点导出的 G 的子图, 并令 $L^k = L \cap E(G_2^k)$.

我们要证明: 对于每一个 $k \geqslant 1$, 存在 G_1^k 的一个完美匹配 F^k, 使得 $C(F^k, L^k)$ 由一个单圈构成. 显然, 这个断言隐含了定理 11.4.2. 对情形 $k = 1$, 断言为真. 因而, 设断言对 $i \leqslant k - 1$ 成立. 令 $e_k = \{s + 1, s + 2\}$, 其中 s 是一个适当的偶数. 我们考虑下列三种情形.

情形 1. 边 $e = \{s, s - j\}$ 是在 F^{k-1} 中, 其中 $j = 1$ 或 2. 则所期望的 F^k 是 $F^{k-1} + e_k$ 的 (e_k, e) 开关. 其实, $C(F^k, L^k)$ 仅由一个圈构成.

情形 2. 边 $e' = \{s, s-3\}$ 和 $e'' = \{s-1, s-2\}$ 是在 F^{k-1} 中. 令 M_1 (M_2) 是 G_1^{k-1} 的一个完美匹配, 它是在 F^{k-1} 中用 $\{s, s - 1\}, \{s - 3, s - 2\}, (\{s, s - 2\}, \{s - 3, s - 1\})$ 分别取代边 e', e'' 而得到的. 显然, 对某 $i \in \{1, 2\}$, $C(M_i, L^{k-1})$ 仅由一单圈 H 构成. 因为 $\{s, s - 1\}$ 在 H 中, 或者 $\{s, s - 2\}$ 在 H 中, 可以对合适的匹配 M_i 应用情形 1 中的变换.

情形 3. 边 $e' = \{s, s-3\}$ 和 $e'' = \{s-1, s-4\}$ 是在 F^{k-1} 中. 则 $e = \{s-2, s-5\}$ 必在 F^{k-1} 中. 令 H 是 $C(F^{k-1}, L^{k-1})$ 的单圈, 我们考虑下面的 2 个子情况.

子情形 3.1. 边 e 和 e' 的顶点在 H 的圈序 $s - 5, s - 2, s - 3, s$ 中. 则用 $\{s - 5, s - 3\}$ 和 $\{s, s - 2\}$ 分别替代 e 和 e', 则得到 G_1^{k-1} 的一个完美匹配 M, 使得 $C(M, L^{k-1})$ 是由一个单圈组成. 因为 $\{s, s - 2\} \in M$, 则可把情形 1 中的变换应用到 M 上.

子情形 3.2. 边 e 和 e' 的顶点在 H 的圈序 $s - 2, s - 5, s - 3, s$ 中. 如果 e'' 属于 $H[s - 5, s - 3]$, 我们能够用 3 条边来取代 e, e', e'', 这 3 条边之一是 $\{s, s - 1\}$, 从而获得 G_1^{k-1} 的一个完美匹配 M, 使得 $C(M, L^{k-1})$ 仅由一个单圈构成. 因为边

$\{s, s-1\} \in M$, 则可把情形 1 中的变换运用到 M 上. 如果 e'' 属于 $H[s, s-2]$, 则用 3 条边来替换 e, e', e'', 其中的一条边是 $\{s, s-2\}$. 此时, 得到 G_1^{k-1} 的一个完美匹配 M, 使得 $C(M, L^{k-1})$ 仅由一个单圈构成. 因为边 $\{s, s-2\} \in M$, 则能够把情形 1 中的变换应用到 M 上. □

11.5 习　题

11.1 证明命题 11.1.1. 提示：使用 Häggkvist 的变换以及定理 5.0.1, 命题 9.2.1 和定理 9.2.3.

11.2 (−) 借助定理 11.1.2 来推证结论：如果一个无向多重图 G 是连通的且每一个顶点有偶度数, 则它有一个欧拉迹.

11.3 证明：在定理 11.2.3 之后描述的 Pevzner 算法是正确的.

11.4 (−) 每一个欧拉有向图有一个圈 (除非它是仅有一个顶点的平凡有向图). 证明：在 2 边着色图中关于交错迹和交错圈相应的结论不成立.

11.5 设 G 是一个 2 边着色图. 令 $V(G) = X + Y$, 使对每一个 $x \in X$, $d_1(x) = d_2(x)$, 且对每一个 $y \in Y$, 有 $d_1(y) = d_2(y) - 1$. 那么, 覆盖 $E(G)$ 的边不交的交错迹的最小数目是多少?

11.6 证明推论 11.1.7.

11.7 **每一个无桥图 G 对自身的一个完美匹配 M 有一个 M 交错圈**. 设 M 是图 G 的一个完美匹配. 使用定理 11.1.6 证明：若没有 M 的边是 G 的桥, 则 G 有一个圈, 它的边是交替地从 M 和 $G - M$ 取得 [335].

11.8 (+) 设 G 是 2 边着色欧拉图, 使得所有的单色度是奇数. 使用定理 11.1.6 证明 G 有一个交错圈 [335].

11.9 证明命题 11.1.10.

11.10 证明命题 11.1.15. 提示：见习题 1.30.

11.11 使用 BD 对应和推论 5.6.3 证明定理 11.1.16.

11.12 利用定理 11.1.17 推证定理 11.1.16.

11.13 证明定理 11.1.25 的条件是必要的. 提示：它相似于定理 11.1.19 之后的注释.

11.14 借助定理 11.1.25 推证定理 11.1.19. 提示：使用 DHM 构造.

11.15 (+) 证明定理 11.1.28.

11.16 (+) 证明定理 11.1.30.

11.17 给出推论 11.1.24 的一个直接证明 [73].

11.18 证明引理 11.1.34.

11.19 证明定理 11.1.38.

11.20 证明定理 11.1.41.

11.21 证明定理 11.1.42.

11.22 检查定理 11.1.42 之后导出的图 G_6 是色连通的, 且有一个交错圈子图 $1231 \cup 4564$, 但 G_6 不含 PC 哈密尔顿圈.

11.23 使用定理 11.1.42 之后给出的图 G_6 的定义, 对于每一个偶数 n, 构造一个具有 n ($\geqslant 8$) 个顶点的 3 边完全图, 它是色连通的, 且有一个 PC 支撑圈子图, 但无 PC 哈密尔顿圈.

11.24 证明命题 11.1.43. 提示: 考虑 K_n^c 的一个最大支撑子图 G 的完全双定向, 使得 G 中不存在一对具有相同色的边. 应用习题 5.22 可知 $\overleftrightarrow{G}$ 哈密尔顿的.

11.25 (−) 证明: 交错哈密尔顿有向圈问题对二部分 2 弧着色有向图是 $\mathcal{NP}$ 完全的.

11.26 证明引理 11.2.3.

11.27 (−) 证明命题 11.2.1.

11.28 证明引理 11.2.7.

11.29 (+) 使用著名的不等式[234]

$$\sqrt{2\pi}\, n^{n+1/2}\mathrm{e}^{-n}\mathrm{e}^{(12n+1)^{-1}} < n! < \sqrt{2\pi}\, n^{n+1/2}\mathrm{e}^{-n}\mathrm{e}^{(12n)^{-1}},$$

证明引理 11.2.8.

11.30 (+) 证明引理 11.2.9.

11.31 (−) 证明命题 11.2.6.

11.32 设 H 是具有顶点集 $\{1,2,3,4,5\}$ 的 4 超竞赛图, 弧集为 $\{(2,3,4,5), (3,1,5,4), (2,1,4,5), (1,5,3,2), (1,2,3,4)\}$. 找到 H 的一条哈密尔顿路.

11.33 设 H 是如上定义的 4 超竞赛图. H 有一个哈密尔顿圈吗?

11.34 证明定理 11.2.12.

11.35 证明: 在 11.3.3 小节开始处介绍的超竞赛图 H_n 是强的.

11.36 直接证明: 对于每一个固定的 $k \geqslant 4$ 和足够大的 n, 每一个 k 超竞赛图 T 是可描绘的. 提示: 使用 T 的主有向图是半完全的.

11.37 (+) 证明: 每一个具有 n ($\geqslant 5$) 个顶点的强 3 超竞赛图均是哈密尔顿的 [374].

11.38 证明: 每个超竞赛图 T 有一个 2 王, 它是一个顶点 x, 对于每一个顶点 $y \in V(T) - x$, 存在一条长度至少为 2 的 (x, y) 路. 提示: 见习题 11.36 的提示.

11.39 (−) 在图 11.12 中的 2 边着色图里构造一个交错哈密尔顿圈.

第 12 章　一些重要的专题

本章的内容是简要地讨论前面章节未涉及的一些专题, 而且我们认为有必要提及它们, 并将这些专题 (和其他专题因篇幅限制被完全舍去) 形成整个一章. 当然, 要谨慎地采用以及介绍这些专题的实质和潜在的使用性, 例如应用到拟阵以及得到 $\mathcal{NP}$ 困难问题好解的探索法.

12.1　Seymour 第二邻集猜想

对于一个有向图 D 中的一个顶点 x, 记号 $N^{+2}(x)$ 表示到顶点 x 距离为 2 的全体顶点的集合. Seymour 提出了如下的猜想[187] (或见《离散数学》(1999) 第 197/198 卷 804 页上的问题 325).

猜想 12.1.1　每一个定向图 $D=(V,A)$ 含有一个顶点 x, 使得

$$|N^{+}(x)| \leqslant |N^{+2}(x)|. \tag{12.1}$$

注意, 如果允许有 2 圈, 此猜想就不再成立, 只要取完全有向图 $\overleftrightarrow{K}_n$ 就可以看到这一点. 同时也注意到, 如果定向图有一个零出度顶点, 则这个顶点满足猜想 12.1.1. 这个观察表明只需要关于强连通定向图研究这个猜想.

在竞赛图的情形中, 猜想 12.1.1 的真实性也曾被 Dean 猜测过[187]. 猜想的这个特殊情形被 Fisher 用一个分析的办法而解决[237]. Fisher 的论证是不简单的, 包括使用了顶点上 Farkas 引理的概率分布和其他的几个工具. 此外, Fisher 的方法并不明显地等同于满足 (12.1) 式的一个顶点. 注意, 给定任意一个定向图 D, 我们能够在时间 $O(nm)$ 内找到如此的一个顶点, 或者证明 D 是该猜想的一个反例 (习题 12.1).

下面给出猜想 12.1.1 关于竞赛图情形的一个初等证明, 它是 Havet 和 Thomassé 得到的[407], 该证明使用了关于竞赛图顶点集合的中值序概念. 一个竞赛图 T 的**中值序** (median order) 是一个顶点序 $\mathcal{L}=v_1,v_2,\cdots,v_n$, 使得向后弧 (即形如 v_iv_j 的弧, $i>j$) 集合的基数是最小的. 换句话说, 若 H 是 T 的一个无圈有向子图, 它的规模是 T 中全体无圈有向子图中最大的, 则 H 的任何一个无圈序导出 T 上的一个中值序.

按照定义, 若 $\mathcal{L}=v_1,v_2,\cdots,v_n$ 是 $T=(V,A)$ 的一个中值序, 则 $A'=\{v_iv_j: i>j\}$ 是 T 中的一个最小反馈弧集 (见 10.3 节). 因此, 在猜想 10.4.4 的启示下, 寻

找竞赛图的中值序似乎是困难的问题, 且其权重版本 (其中要寻找一个序, 它能够最小化向后弧的总权) 是 $\mathcal{NP}$ 困难问题, 因为容易用这种方法来表述反馈弧集问题 (习题 12.2)

下面中值序的**松弛** (relaxation) 在文献 [407] 中也叫做局部中值序, 在后面将看到它仍然是一个强有力的工具. 竞赛图 $T=(V,A)$ 的顶点上一个序 $\mathcal{L}=v_1,v_2,\cdots,v_n$ 是一个**局部中值序** (local median order), 如果对所有的 $1\leqslant i\leqslant j\leqslant n$ (对 $1\leqslant i\leqslant j\leqslant n$, 从此使用记号 $[v_i,v_j]=\{v_i,v_{i+1},\cdots,v_j\}$), 下面的式子成立：

$$|N^+(v_i)\cap[v_i,v_j]|\geqslant|N^-(v_i)\cap[v_i,v_j]|, \tag{12.2}$$

$$|N^-(v_j)\cap[v_i,v_j]|\geqslant|N^+(v_j)\cap[v_i,v_j]|. \tag{12.3}$$

注意到, 如果 (12.2) 式不成立, 则在序

$$\mathcal{L}'=v_1,v_2,\cdots,v_{i-1},v_{i+1},\cdots,v_{j-1},v_i,v_j,\cdots,v_n$$

中向前弧的数目比 $\mathcal{L}$ 中向前弧的数目大. 类似地, 若 (12.3) 式不成立, 则可移动 v_j 到 v_i 之后就得到一个更好的序 (关于向后弧的数目). 于是, 一个局部中值序就是一个局部最优化, 不可能移动序中的一个顶点而得到改进的序, 使用下面 12.8 节中 1-OPT 程序就可以在多项式时间内找到一个给定有向图的一个如此的序.

下面的结论是局部中值序定义的一个直接推论.

引理 12.1.2 设 $\mathcal{L}=v_1,v_2,\cdots,v_n$ 是竞赛图 T 的一个局部中值序. 则对 $1\leqslant i\leqslant j\leqslant n$, 序 $\mathcal{L}_{ij}=v_i,v_{i+1},\cdots,v_j$ 是 $T\langle\{v_i,v_{i+1},\cdots,v_j\}\rangle$ 的一个局部中值序.

稍后我们可看到引理 12.1.2 提供了一个强有力的归纳工具. 设 T 是一个竞赛图, 且 $\mathcal{L}=v_1,v_2,\cdots,v_n$ 是 T 的一个局部中值序. 定义 $N^-(v_n)$ 的一个划分 $G_{\mathcal{L}}$, $B_{\mathcal{L}}$ 如下：

$$G_{\mathcal{L}}=\{v_j:\ v_j\rightarrow v_n\ \text{且存在}\ i<j,\ \text{使得}\ v_n\rightarrow v_i\rightarrow v_j\},\quad B_{\mathcal{L}}=N^-(v_n)-G_{\mathcal{L}}.$$

$G_{\mathcal{L}}$ 中的顶点称为**好顶点** (good vertices), 而 $B_{\mathcal{L}}$ 中的顶点则称为**坏顶点** (bad vertices). 注意, 有 $|N^{+2}(v_n)|\geqslant|G_{\mathcal{L}}|$. 下面 Havet 和 Thomassé 的结果表明猜想 12.1.1 对竞赛图成立.

定理 12.1.3[407] 设 T 是一个竞赛图, $\mathcal{L}=v_1,v_2,\cdots,v_n$ 是 T 的一个局部中值序. 则顶点 v_n 使得 $|N^{+2}(v_n)|\geqslant|N^+(v_n)|$ 成立.

证明 设 $\mathcal{L}=v_1,v_2,\cdots,v_n$ 是 T 的一个局部中值序, 关于 n 使用归纳法证明

$$|N^+(v_n)|\leqslant|G_{\mathcal{L}}|. \tag{12.4}$$

如果 $n = 1$, 则断言是显然的, 故下设 $n > 1$. 如果 $B_{\mathcal{L}} = \varnothing$, 则有 $|G_{\mathcal{L}}| = |N^-(v_n)| \geqslant |N^+(v_n)|$, 其中由好顶点的定义等式成立, 且由局部中值序的定义不等式成立. 因此可设存在一个坏顶点, 尽可能小地选择 i, 使得 v_i 是坏顶点. 分别定义集合 $G^{\,l}_{\mathcal{L}}$, $G^h_{\mathcal{L}}$, $N^{\,l}$ 和 N^h 如下:

$$G^{\,l}_{\mathcal{L}} = G_{\mathcal{L}} \cap [v_1, v_i], \quad G^h_{\mathcal{L}} = G_{\mathcal{L}} \cap [v_{i+1}, v_n],$$

$$N^{\,l} = N^+(v_n) \cap [v_1, v_i] \quad 和 \quad N^h = N^+(v_n) \cap [v_{i+1}, v_n].$$

注意, 如果一个顶点关于对 $(T\langle\{v_{i+1}, v_{i+2}, \cdots, v_n\}\rangle, \mathcal{L}^h)$ 是好的, 其中 $\mathcal{L}^h = v_{i+1}, v_{i+2}, \cdots, v_n$, 则它关于对 $(T, \mathcal{L})$ 也是好的. 因此, 根据归纳假定 (应用到 $T\langle\{v_{i+1}, v_{i+2}, \cdots, v_n\}\rangle$ 和序 $\mathcal{L}^h$), 则有 $|N^h| \leqslant |G^h_{\mathcal{L}}|$. i 的最小性则表明 $\{v_1, v_2, \cdots, v_{i-1}\}$ 中的每一个顶点或是在 $G^{\,l}_{\mathcal{L}}$ 中, 或是在 $N^{\,l}$ 中. 此外, 由于 v_i 是坏的, 故有 $N^{\,l} \subseteq N^+(v_i) \cap [v_1, v_{i-1}]$ 和 $N^-(v_i) \cap [v_1, v_{i-1}] \subseteq G^{\,l}_{\mathcal{L}}$. 现在利用 (12.3) 式, 便得

$$|G^{\,l}_{\mathcal{L}}| \geqslant |N^-(v_i) \cap [v_1, v_{i-1}]| \geqslant |N^+(v_i) \cap [v_1, v_{i-1}]| \geqslant |N^{\,l}|.$$

因而有

$$|G_{\mathcal{L}}| = |G^{\,l}_{\mathcal{L}}| + |G^h_{\mathcal{L}}| \geqslant |N^{\,l}| + |N^h| = |N^+(v_n)|,$$

这说明对所有的正整数 n, (12.4) 式成立. □

如果一个竞赛图有一个零出度顶点, 则这个顶点满足 (12.1) 式, 且 n 个顶点的可传递竞赛图表明这个顶点可能是唯一的满足 (12.1) 式的顶点. Havet 和 Thomassé 使用中值序证实: 除存在一个零出度顶点外, 一个竞赛图至少有 2 个满足 (12.1) 式的顶点[407].

Havet 和 Thomassé 用一个例子说明他们的方法 (也是 Fisher 的方法[237]) 不足以完整地证明猜想 12.1.1. 然而, 正如说明中值序的威力是作为证明 (关于竞赛图) 结论的一个工具, Havet 和 Thomassé 证得如下的结果. 已知一个定向树是一棵无向树的定向.

定理 12.1.4　每一个阶至少为 $(7n-5)/2$ 的竞赛图包含每一棵 n 个顶点的定向树作为它的有向子图.

这是一个朝向证明 Sumner 猜想的重大步骤[740]. 前面有关猜想的结论 (包括至少有 $(4+o(1))n$ 个顶点的竞赛图包含每一棵 n 个顶点的定向树的证明) 是 Häggkvist 和 Thomason 得到的[390].

猜想 12.1.5　每一个至少有 $2(n-1)$ 个顶点的竞赛图包含每一棵 n 个顶点的定向树.

12.2 配对比较有向图的顶点排序

这一节介绍给赋权有向图的顶点排序的几个方法. 尽管所学习的方法能够应用到任意赋权有向图中, 我们仍然要特别关注**配对比较有向图** (PCDs), 它是关于配对比较方法的一个图理论模型[183], 在 12.2.1 小节中, 我们将介绍这个方法. 同时, 也要介绍对 PCDs 的顶点进行排序的**得分法** (score method) 和反馈集排序方法, 这 2 种方法的局限性表明要学习和研究其他排序方法的必要性. 我们还要介绍 Kano 和 Sakamoto 在 1983 年给出的 3 种排序方法, 在 12.2.2 小节里给出它们, 有关这些方法的几个结论将在下面的小节中给出.

12.2.1 配对比较有向图

配对比较方法是对于一组顶点进行排序的方法, 这个方法的主要思路是把对象考虑配成对, 一次配一个对, 判断哪 2 个顶点在一起是最好的组合. 这个过程关于全部的对或某些对反复地实施, 通常是将这个方法应用到由许多参数或若干未知、不确定的参数 (非数值本质) 所刻画的对象. 配对比较法经常是由一组专家来实施. 专家们一般有不同的观点, 因而一个对象 M 比起另一个对象 N 可能受到部分专家的偏爱, 而其余的专家却偏爱 N 而不是 M (注意, 一般情形中的某些对是根本配不成功的). 因此, 配对比较方法使用的结果常常被分析为寻找一个 "平均" 排序.

为了介绍这种分析方法, 先要构造一个配对比较有向图 D. 使得 D 的顶点对应到所研究的对象, 对于 D 中一对有序的顶点 x, y (即对象), 弧 xy 在 D 中当且仅当某些专家喜欢 y 胜过 x. 弧 xy 的权是那些专家偏爱 x 胜过 y 的分数. 现在介绍 Kano 和 Sakamoto 的配对比较有向图如下[472, 473]：设 $D=(V, A, \varepsilon)$ 是一个赋权有向图, 它的每一条弧 xy 有一个正实值权 $\varepsilon(xy)$. 如果 D 满足下列要求：

(a) 对于每一条弧 $xy \in A$, 有 $0 < \varepsilon(xy) \leqslant 1$;

(b) 如果 A 包含弧 xy 和弧 yx, 则 $\varepsilon(xy)+\varepsilon(yx)=1$;

(c) 如果弧 $xy \in A$, 但弧 $yx \notin A$, 则 $\varepsilon(xy)=1$.

称这个有向图 D 为**配对比较有向图** (paired comparison digraph), 以下简称为 PCD.

一个配对比较有向图 H 在图 12.1 中给出. 可以将一个 (无赋权) 有向图 $D=(V, A)$ 看成是一个 PCD, 通过如下设置 D 的每一条弧的权：

(i) 若有弧 $xy, yx \in A$, 则令 $\varepsilon(xy)=\varepsilon(yx)=0.5$;

(ii) 若弧 $xy \in A$, 但弧 $yx \notin A$, 则令 $\varepsilon(xy)=1$.

具有由 (i) 和 (ii) 定义的赋权函数 ε 的 PCD $D'=(V, A, \varepsilon)$ 被叫做**对应到 D 的一致 PCD** (uniform PCD corresponding to D). 定义一个顶点 $x \in V$ 的**正、负得**

分 (positive or negative score) 分别为

$$\sigma^+(x) = \sum_{xy \in A} \varepsilon(xy), \qquad \sigma^-(x) = \sum_{yx \in A} \varepsilon(yx).$$

在图 12.1 中, 顶点 u 的正得分为 $\sigma^+(u) = 0.5$, 它的负得分为 $\sigma^-(u) = 1.5$.

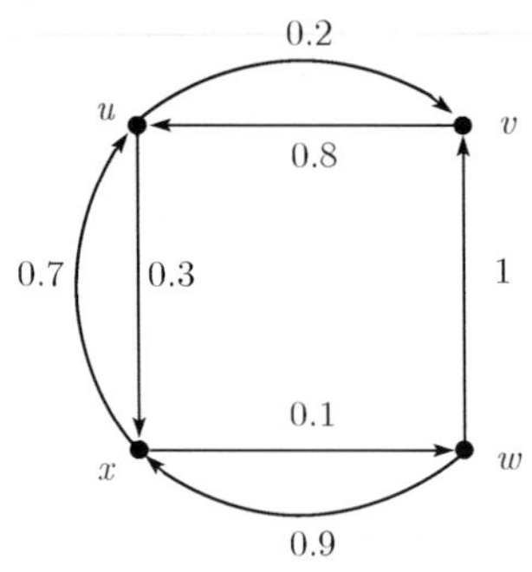

图 12.1　一个配对比较有向图 H

一个 PCD 不总是半完全的 (某些对可能没有配成). 如果 D 是一个竞赛图, 通常 D 的顶点可按照它们的得分进行排序, 使得第一个顶点具有最高的得分. 这个方法称为**得分法** (score method), 它由一系列自然公理证明成立[647]. 得分法可以自然地应用到半完全 PCD 中去, 但对于一个不是半完全的 PCD, 得分法会产生一些从实际观点上看没有证明有效的结果. 例如, 考虑有向图 $R = (V, A)$, 具有顶点集 $V = \{1, 2, \cdots, n\}$ $(n \geqslant 5)$ 和弧集 $A = \{12, 13\} \cup \{41, 51, \cdots, n1\}$. 令 $R' = (V, A, \varepsilon)$ 是对应于 R 的一致 PCD. 尽管顶点 1 的正得分是最大的, 但是不会按照直观感觉在 R' 中把顶点 1 排在第一位 (即胜利者). 这引出在任何 PCD 的顶点中找一个排序方法的问题, 使得该法与有关半完全 PCD 的得分法一致.

在 10.3.3 小节中, 我们研究了给赋权有向图 $D = (V, A, \varepsilon)$ 的顶点排序的方法, 即**反馈集排序** (FSO). 对于一个序 $\alpha = (v_1, v_2, \cdots, v_n)$, 其中 $V = \{v_1, v_2, \cdots, v_n\}$ 和 $n = |V|$. 前面已经定义, 若 $i < j$ ($i > j$), 称 $(v_i, v_j) \in A$ 为向前 (向后) 弧. 在图 12.1 中, 关于序 $\beta = (u, v, w, x)$, 弧 uv, ux 和 wx 是向前弧, 弧 vu 和 xw 是向后弧. 可以将一个序 $\alpha = (v_1, v_2, \cdots, v_n)$ 看成是从 V 到 $\{1, 2, \cdots, n\}$ 的一个双射. 于是, 对于一个顶点 $x \in V$, 若 $x = v_i$, 则 $\alpha(x) = i$. V 的一个序 α 是 **FSO 最优的** (FSO-optimal), 如果向后弧的数目是最小的. 设 $\mathrm{OR}(D)$ 表示 V 的全体 FSO 最优序之集. 在许多情形中, $\mathrm{OR}(D)$ 的元素不止一个. 此时, 最终的目标是计算 D 的每一个顶点 x 的**正常 FSO 秩** (proper FSO-rank), 即

$$\pi_{\mathrm{FSO}}(x) = \frac{1}{|\mathrm{OR}(D)|} \sum_{\alpha \in \mathrm{OR}(D)} \alpha(x). \tag{12.5}$$

最终的序是按照正常 FSO 秩给出的; 最好的顶点有最小的 FSO 秩.

尽管 FSO 方法对于某些应用确实是重要的, 但它却不同于有关半完全有向图的得分法: 令 T 是具有顶点 1, 2, 3, 4, 5 的有向图, 其中除去对 $\{i, i{+}1\}$ $(i = 1, 2, 3, 4)$ 和 $\{1, 3\}$ 外, 任何一对不同顶点间存在 2 条方向相对立的弧. 此外, $i \to i + 1$ $(i = 1, 2, 3, 4)$ 以及 $3 \to 1$. 令 T' 是对应于半完全有向图 T 的一致 PCD, 按照得分方法,

最优序集合是 $\{(3,i,j,k,5):\ \{i,j,k\}=\{1,2,4\}\}$. 这隐含了按照得分法顶点的正常秩 (按照 (12.5) 式的一个明显相似) 为 $\pi_S(3)=1$, $\pi_S(1)=\pi_S(2)=\pi_S(4)=3$ 和 $\pi_S(5)=5$. 同时, 按照 FSO 最优的序形成集合 $\mathrm{OR}(T')=\{(1,2,3,4,5),(2,3,1,4,5),(3,1,2,4,5),(2,3,4,5,1),(3,1,4,5,2),(3,4,5,1,2)\}$. 要看到这一点, 首先注意到关于序来自 2 圈的贡献是独立的, 因而可以忽略. 其次, 注意到在一个 FSO 最优序中实际上仅有一条向后的正常弧 ①, 3 必须在 4 和 5 之前, 4 在 5 之前, 且顶点 1, 2, 3 必须出现在这个序中, 或如 2, 3, 1, 或者是 3, 1, 2. 依据 (12.5) 式, 便有

$$\pi_{\mathrm{FSO}}(3)<\pi_{\mathrm{FSO}}(1)=\pi_{\mathrm{FSO}}(2)<\pi_{\mathrm{FSO}}(4)<\pi_{\mathrm{FSO}}(5).$$

读者可以自行构造其他的半完全 PCD 的例子, 使得 FSO 和得分法会产生不同的结论 (习题 12.4).

12.2.2 Kano-Sakamoto 排序法

本小节介绍 Kano 和 Sakamoto 的三种排序法 (向前、向后和相互)[472, 473]. 注意, 关于半完全有向图这三种方法与得分法是一致的, 在 12.2.3 小节中, 我们将要证明这个重要的结论. 12.2.4 小节刻画关于相互法的最优序的特征. 在 12.2.5 小节中, 我们研究一些问题的复杂性, 即寻找向前最优序, 向后最优序以及为这些限制在半完全多部分 PCDs 和接近于它们的 PCDs 的问题寻找几个多项式算法.

尽管读者可以用 Kano 和 Sakamoto 方法找到 PCDs 的例子, 尤其是用相互法产生反直觉的序, 这些方法似乎为接近于半完全的 PCDs 给出足够多的结论, 大概主要的意义是关于配对比较方法.

设 $D=(V,A,\varepsilon)$ 是一个 PCD. 设 x,y 是 D 的一对不同的顶点, 且 α 是 D 的一个序, 则 α_{xy} 表示 D 的一个序如下：对于每一个顶点 $z\notin\{x,y\}$, $\alpha_{xy}(z)=\alpha(z)$ 以及 $\alpha_{xy}(x)=\alpha(y)$, $\alpha_{xy}(y)=\alpha(x)$. 一条弧 $vu\in A$ 的**长度**是 $\varepsilon(vu)|\alpha(v)-\alpha(u)|$. 序 α 的**向前 (向后) 长度** $f_D(\alpha)$ ($b_D(\alpha)$) 是全体向前 (向后) 弧的长度之和. α 的**相互长度** (mutual length) 是 $m_D(\alpha)=f_D(\alpha)-b_D(\alpha)$. 在图 12.1 中, 序 $\beta=(u,v,w,x)$ 的向前长度是 $f_H(\beta)=(0.2\cdot 1+0.3\cdot 3+0.9\cdot 1)=2$, 它的向后长度为 $b_H(\beta)=(0.8\cdot 1+1\cdot 1+0.1\cdot 1+0.7\cdot 3)=4$, 以及相互长度 $m_H(\beta)=-2$. 显然, (x,w,v,u) 是一个比序 β 较好的序 (关于所有的 3 个准则), 这是因为有 $f_H(\beta_{uv})=2.3>f_H(\beta)$.

一个序 α 是**向前 (向后、相互) 最优的** (forward (backward, mutual) optimal), 如果对应的参数 $f_D(\alpha)$ ($b_D(\alpha)$, $m_D(\alpha)$) 跑遍 D 的全体序是最大 (最小、最大) 的, D 的全体向前 (向后、相互) 最优序的集合记为 $\mathrm{FOR}(D)$ $(\mathrm{BOR}(D),\mathrm{MOR}(D))$. 我们的目标是计算 D 中每一个顶点 x 的**正常向前秩** (proper forward rank) (**正常向后秩** (proper bockward rank) 以及**正常相互秩** (proper mutual rank)) 可用

① 我们说一条弧 xy 是**正常的** (ordinary), 如果与其对立的弧 yx 不存在.

FOR(D) (或 BOR(D), MOR(D)) 来取代 (12.5) 式中的 OR(D) 后得到它们. 显然, D 的最好的顶点在每一种情形中有最小的正常秩. 在图 12.1 中, BOR(H) $= \{(w,v,x,u),(w,x,v,u)\}$ (在 12.2.5 小节中, 我们将看到如何寻找一个半完全多部分 PCD 的 BOR(D)). 于是, 有 $\pi_B(w)=1$, $\pi_B(x)=\pi_B(v)=2.5$ 和 $\pi_B(u)=4$.

12.2.3　半完全 PCD 的顶点排序

引理 12.2.1[472, 473]　设 $K=(V,A,\epsilon)$ 是 n 个顶点的半完全 PCD, 且 α 是 V 的一个序, 则有

$$f_K(\alpha)=\frac{n}{3}(n^2-1)-\sum_{x\in V}\sigma^+(x)\alpha(x),$$

$$b_K(\alpha)=\sum_{x\in V}\sigma^+(x)\alpha(x)-\frac{n}{6}(n^2-1).$$

证明　关于 $f_K(\alpha)$ 的等式, 可以对 n 运用数学归纳证得 (习题 12.5). 应用公式 $f_K(\alpha)+b_K(\alpha)=n(n^2-1)/6$, 容易证得有关 $b_K(\alpha)$ 的等式, 留作习题 12.6. □

利用引理 12.2.1, 可以证得下面的结论:

定理 12.2.2[472, 473]　设 $K=(V,A,\varepsilon)$ 是 n 个顶点的半完全 PCD, α 是 V 的一个序. 则 $\alpha=(v_1,v_2,\cdots,v_n)$ 是向前 (向后) 最优的当且仅当对于每一个 $i=1,2,\cdots,n-1$, 总有 $\sigma^+(v_i)\geqslant\sigma^+(v_{i+1})$.

证明　设 $\alpha=(v_1,v_2,\cdots,u_n)$ 是一个向前 (向后) 最优序. 反设对某个 i, 有 $\sigma^+(v_i)<\sigma^+(v_{i+1})$. 根据引理 12.2.1,

$$f_K(\alpha)-f_K(\alpha_{v_iv_{i+1}})=\sigma^+(v_i)-\sigma^+(v_{i+1})<0.$$

因此, α 不是向前最优的, 矛盾. 类似地, 可反设 α 不是向后最优的, 仍然会得到一个矛盾. 所以, 对于每一个 $i=1,2,\cdots,n-1$, 可知 $\sigma^+(v_i)\geqslant\sigma^+(v_{i+1})$. 另一方面, 设 $\beta=(w_1,w_2,\cdots,w_n)$ 是一个序, 使对 $i=1,2,\cdots,n-1$, 有 $\sigma^+(w_i)\geqslant\sigma^+(w_{i+1})$. 按照引理 12.2.1 中关于 $f_K(\alpha)$ 的公式, 得 $f_K(\alpha)=f_K(\beta)$. 因此, $\beta\in$ FOR(K). 类似地, 我们可证得 $\beta\in$ BOR(K). □

不难看到, 这个定理能够使我们在多项式时间内计算半完全 PCD 的正常向前秩和向后秩. 显然, 定理 12.2.2 对半完全 PCD 的相互秩也是成立的. 然而, 关于相互序有一个更一般的结论成立, 我们将在下一个小节里证明它.

对于一个 PCD 的顶点 x, 令 $\sigma^*(x)=\sigma^+(x)-\sigma^-(x)$. 因为对 n 阶半完全 PCD, 有 $\sigma^+(x)+\sigma^-(x)=n-1$, 则 $\sigma^+(x)\geqslant\sigma^+(y)$ 当且仅当 $\sigma^*(x)\geqslant\sigma^*(y)$. 故可以用 σ^* 代替 σ^+ 来表述定理 12.2.2.

12.2.4　相互序

Kano 和 Sakamoto 证得关于序 σ 的相互长度的一个特征:

引理 12.2.3[472]　设 $D=(V,A,\varepsilon)$ 是一个 PCD, α 是 V 的一个序, 则 α 的相互长度满足

$$m_D(\alpha)=-\sum_{x\in V}\sigma^*(x)\alpha(x).$$

证明　定义

$$\bar{\varepsilon}(u,v)=\begin{cases}\varepsilon(u,v), & \text{如果 } (u,v) \text{ 是 } D \text{ 的一条弧},\\ 0, & \text{其他 (尤其 } u=v).\end{cases}$$

设 $F(\alpha)$ ($B(\alpha)$) 是关于 α 的向前 (向后) 弧集合, 则有

$$\begin{aligned}m_D(\alpha)&=\sum_{(x,y)\in F(\alpha)}\varepsilon(x,y)(\alpha(y)-\alpha(x))-\sum_{(x,y)\in B(\alpha)}\varepsilon(x,y)(\alpha(x)-\alpha(y))\\&=\sum_{(x,y)\in A}\varepsilon(x,y)(\alpha(y)-\alpha(x))\\&=\sum_{y\in V}\left(\sum_{x\in V}\bar{\varepsilon}(x,y)\alpha(y)\right)-\sum_{x\in V}\left(\sum_{y\in V}\bar{\varepsilon}(x,y)\alpha(x)\right)\\&=\sum_{y\in V}\sigma^-(y)\alpha(y)-\sum_{x\in V}\sigma^+(x)\alpha(x)\\&=-\sum_{x\in V}\sigma^*(x)\alpha(x).\end{aligned}$$

□

相似于定理 12.2.2, 使用引理 12.2.3 代替引理 12.2.1, 即可证明如下的结果:

定理 12.2.4[472]　设 $D=(V,A,\varepsilon)$ 是 n 个顶点的 PCD, α 是 V 的一个序. 则 $\alpha=(v_1,v_2,\cdots,v_n)$ 是相互最优的当且仅当对于每一个 $i=1,2,\cdots,n-1$, 有 $\sigma^*(v_i)\geqslant\sigma^*(v_{i+1})$.

这个定理表明, 顶点的正常相互序仅依赖于 σ^*, 并不是 PCDs 的结构. 这也说明相互序大概对非半完全 PCDs 不是完整的.

12.2.5　关于向前序和向后序的算法及其复杂性

在前一个小节里, 我们已经说明如何寻找一个相互最优序 (按照 σ^* 的值简单地排序), 显然, 可以在多项式时间内完成它. 下面将会看到关于寻找向前最优序和向后最优序问题的时间复杂性是相当困难的 (除非有 $\mathcal{P}=\mathcal{NP}$).

定理 12.2.5[473]　寻找一个 PCD 的向后最优序问题是 $\mathcal{NP}$ 困难问题.

证明　下面叫做**最优线性安排问题** (OLAP) 是 $\mathcal{NP}$ 完全问题[303].

事例　一个图 $G=(V,E)$ 和一个正整数 k.

查询　是否存在 V 的一个序 α, 使得

$$\sum_{\{x,y\}\in E}|\alpha(x)-\alpha(y)|\leqslant k.$$

设 $G=(V,E)$ 是一个无向图, 且设 $D=\overleftrightarrow{G}$ 是 G 的完全双定向. 对于每一条弧 $xy\in A(D)$, 设置 $\varepsilon(xy)=0.5$. 则对于每一个序 α, 有

$$\sum_{\{x,y\}\in E}|\alpha(x)-\alpha(y)|=2f_D(\alpha).$$

因此, OLAP 可以被多项式简约到在一个 PCD 中寻找顶点的一个向后最优序. □

文献 [373] 中一个相似但稍为长些的证明表明寻找 PCDs 顶点的一个向前最优序问题也是 $\mathcal{NP}$ 困难问题 (习题 12.7). 这就意味着为了设计多项式算法来计算向前和向后最优序需要限制在特殊的 PCDs 类上. 因为当一个 PCD 是很密集时, 配对比较方法起着主要的作用, 对于考虑那些接近半完全的 PCDs 来说, 它是非常有用的. 关于半完全多部分 PCDs, Kano 给出了向前向后 (向前) 序的特征 [373,471]. 这一小节仅仅描述文献 [471] 的主要结果, 而文献 [373] 中的特征太复杂. 使用上面所说的特征, Gutin[360] 以及 Gutin 和 Yeo[373] 对半完全多部分 PCDs 的顶点构造了多项式算法, 该算法能够分别寻找正常向前秩和正常向后秩. 我们也将讨论多部分完成法[471, 473], 它允许我们在接近一个半完全多部分 PCD 的那些 PCDs 中有效地找到所有的向前最优序和向后最优序.

设 $D=(V,A,\varepsilon)$ 是一个半完全多部分 PCD, α 是 V 的一个序. 则对每一个顶点 $x\in V$, 定义 $\psi(\alpha,x)=\sigma^+(x)+|\{y\in U:\ \alpha(y)>\alpha(x)\}|$, 其中 U 是 D 中包含 x 的顶点部分集. 下面的引理在文献 [471] 中已经证得, 我们介绍文献 [373] 中关于这个引理的一个非常简短的证明.

引理 12.2.6　设 $D=(V,A,\varepsilon)$ 是半完全多部分 PCD, α 是 V 的一个序, $n=|V|$, 则有

$$b_D(\alpha)=\sum_{x\in V}\psi(\alpha,x)\alpha(x)-\frac{n}{6}(n^2-1).$$

证明　对于 D 的每一个顶点部分集 U, 给 A 添加弧集 $\{vw:\ v,w\in U,\alpha(w)>\alpha(v)\}$ (所有的权均为 1). 新的 PCD 记为 H, 它是半完全的. 注意到 H 中一个顶点的得分等于 $\psi(\alpha,x)$. 依照引理 12.2.1 中有关 $b_K(\alpha)$ 的公式和 $b_D(\alpha)=b_H(\alpha)$ (因为 H 中新添加的弧均为向前, 这个等式成立), 我们证得此引理的公式. □

这个引理导致下面的结论 (习题 12.9):

引理 12.2.7[471] 设 β 是半完全多部分 PCD D 的顶点上的一个序, X 和 Y 是 D 的不同的顶点部分集, 则有

(a) 如果 $x, y \in X$, 且有 $m = \beta(y) - \beta(x) > 0$, 于是

$$b_D(\beta_{xy}) - b_D(\beta) = m(\sigma^+(x) - \sigma^+(y)).$$

(b) 若 $x \in X$, $y \in Y$, $m = \beta(y) - \beta(x) > 0$, 且不存在顶点 $z \in X \cup Y$, 使得 $\beta(x) < \beta(z) < \beta(y)$, 则有

$$b_D(\beta_{xy}) - b_D(\beta) = m(\psi(\beta, x) - \psi(\beta, y)).$$

使用上面的引理就可以证得下面的结论 (实际的证明留作习题 12.10):

定理 12.2.8[471] 设 D 是 n 阶半完全多部分 PCD. 一个序 $\alpha = (v_1, v_2, \cdots, v_n)$ 是向后最优的当且仅当下述 2 个条件成立:

(a) $\psi(\alpha, v_1) \geqslant \psi(\alpha, v_2) \geqslant \cdots \geqslant \psi(\alpha, v_n)$.

(b) 对在 D 的同一个顶点部分集的每一对顶点 x, y, 有 $\alpha(x) < \alpha(y)$ 隐含 $\sigma^+(x) \geqslant \sigma^+(y)$.

我们用图 12.1 中的半完全二部分 PCD H 来解释上面的定理. 计算得 $\sigma^+(u) = 0.5$, $\sigma^+(v) = \sigma^+(x) = 0.8$, $\sigma^+(w) = 1.9$. 设 α 是向后最优的, 则由定理 12.2.8 (b), $\alpha(w)$ 小于 $\alpha(u)$ 说明 $\psi(\alpha, w) = 2.9$, $\psi(\alpha, u) = 0.5$. 因为顶点 v 和顶点 x 的正得分一致, 存在 2 个向后最优序 α', α'', 且 $\psi(\alpha', v) = \psi(\alpha'', x) = 0.8$, $\psi(\alpha'', v) = \psi(\alpha', x) = 1.8$. 依据定理 12.2.8 (a), 便得 $\mathrm{BOR}(H) = \{(w, x, v, u), (w, v, x, u)\}$. 因此, $\pi_B(w) = 1$, $\pi_B(x) = \pi_B(v) = 2.5$ 以及 $\pi_B(u) = 4$. 解释定理 12.2.8 的另一个例子在习题 12.11 中给出.

应用定理 12.2.8 不难构造一个多项式算法来寻找半完全多部分 PCDs 顶点上的正常向后秩 (习题 12.12)[360].

令 $\ell(D)$ 表示有向图 D 的一个向后最优序的向后长度. 设 D 是具有顶点部分集 $V_1, V_2, \cdots, V_k$ 的非半完全多部分 PCD, 给 D 的每对来自不同顶点部分集的非相邻顶点之间只添加一条弧, 产生的半完全多部分 PCD 叫做 D 的一个**多部分完成** (multipartite completion). 记号 $\mathcal{C}(D)$ 表示 D 的多部分完成的集合, 这个集合的重要意义体现在下面的定理之中:

定理 12.2.9[473] 设 D 是一个非半完全多部分 PCD, 则有

$$\ell(D) = \min\{\ell(H) : H \in \mathcal{C}(D)\}.$$

此外, 如果 $\mathcal{H} = \{H \in \mathcal{C}(D) : \ell(H) = \ell(D)\}$, 则有

$$\mathrm{BOR}(D) = \bigcup_{H \in \mathcal{H}} \mathrm{BOR}(H).$$

证明留作习题 12.13.

显然, 如果集合 $\mathcal{C}(D)$ 的基数不够大, 这个定理使我们能够列出 D 的全体向后最优序.

12.3 (k,l) 核

Galeana-Sánchez 和 Li 介绍了有向图的 (k,l) 核概念[293], 这个概念推广了几个著名的特殊顶点独立集, 例如核和拟核. 这一节将要讨论 (k,l) 核概念及其重要的特殊情形: 核和拟核, 并研究核和拟核的某些基本性质. (k,l) 核概念有着各种各样的应用, 尤其是 $(2,1)$ 核.

令 k 和 l 是整数, 且有 $k \geqslant 2$ 和 $l \geqslant 1$. 设 $D=(V,A)$ 是一个有向图, 一个子集 $J \subseteq V$ 是 D 的一个 (k,l)**核** ((k,l)-kernel), 如果

(a) 对于 J 中每一对有序的不同顶点 x,y, 有 $\mathrm{dist}(x,y) \geqslant k$.

(b) 对于每一个顶点 $z \in V-J$, 存在顶点 $x \in J$, 使得 $\mathrm{dist}(z,x) \leqslant l$.

一个**核**是 $(2,1)$ 核, 一个**拟核** (quasi-kernel) 是 $(2,2)$ 核. Galeana-Sánchez 和 Li 证得有向图 D 中 (k,l) 核关联到 D 的线有向图中 (k,l) 核的几个结论[293]. 特别是他们证得下面的定理:

定理 12.3.1　设 D 是有向图且有 $\delta^-(D) \geqslant 1$, 那么线有向图 $L(D)$ 中 $(k,1)$ 核的数目小于或等于 D 中 $(k,1)$ 核的数目.

12.3.1　核

先介绍核的一个等价定义. 有向图 $D=(V,A)$ 中的一个顶点集合 K 是一个核, 如果 K 是独立的, 且 K 的第一闭邻集 $N^-[K]$ 等于 V. 这个定义是 von Neumann 首先介绍的[731]. 已经发现核的许多应用, 例如, 在对策论中的应用 (一个核表示赢家位置的集合 [108,731]、在逻辑中的应用[109]、在图的列表着色中的应用 (见 12.4 节) 等等. Chvátal 证明了检验一个给定的有向图是否有一个核的问题是 $\mathcal{NP}$ 完全问题[303]. 已经证得关于核存在的几个充分性条件. 很多这样的条件可以轻易地扩张到**核完美有向图** (kernel-perfect digraph) 中, 即这样的有向图的每一个导出有向子图具有一个核. 核完美有向图的概念允许我们去简化某些结论的证明 (比如使用归纳法的可能性, 见定理 12.3.2 的证明), 并且这个概念对于实际应用也是非常重要的 (见 12.4 节).

显然, 每一个对称有向图 (即有向图的每一条弧在一个 2 圈中) 是核完美的 (每一个最大独立集是一个核). von Neumann 和 Morgenstern 证得每一个无圈有向图是核完美的[731]. Richardson 将这个结论推广如下[635]:

定理 12.3.2　每一个无奇圈的有向图是核完美的.

这里给出定理 12.3.2 的证明, 它是 Berge 和 Duchet 的证明的一个改写[110]. 一个有向图不是核完美的, 称它为**核不完美** (kernel-imperfect). 如果一个有向图 D 是核不完美的, 但 D 的每一个导出有向真子图是核完美的, 则说 D 是**临界核不完美的** (critical kernel-imperfect).

引理 12.3.3 每一个临界核不完美有向图是强的.

证明 采用反证法, 设 $D=(V,A)$ 是一个临界核不完美的非强有向图. 设 T 是 D 的一个终止强分支, 且令 S_1 是 T 的一个核. 因为 D 无核, 则集合 $M=V-N^-[S_1]$ 是非空的. 因而, 由 D 是临界核不完美的事实可知 $D\langle M\rangle$ 有一个核 S_2. 由于不存在从 S_1 到 S_2 的弧, 故 $S_1\cup S_2$ 是独立的 (按照终止强分支的定义), 且没有从 S_2 到 S_1 的弧 (根据 M 的定义). 显然, $N^-[S_1\cup S_2]=V$, 说明 $S_1\cup S_2$ 是 D 的一个核, 矛盾. □

定理 12.3.2 的证明 设 D 是无奇圈的核不完美有向图, 并设 D' 是 D 的一个核不完美有向子图. 依据上面的引理 12.3.3, D' 是强的. 又因 D' 无奇圈, 则由定理 1.8.1, D' 是二部分的. 设 K 是 D' 的一个顶点部分集, 由于 D' 是强的, 则 K 是 D' 的一个核, 矛盾. □

这个定理在许多文章中被加强. Duchet 给出了下面定理的条件 (a) 和 (b)[110,294]. 对于每个 $k\geqslant 2$, Galeana-Sánchez 证明了存在非核完美有向图, 它的每一个奇圈上至少有 k 条弦[291].

定理 12.3.4 当下列条件之一成立, 有向图 D 是核完美的:

(a) 每一个奇圈有 2 条属 2 圈的弧.

(b) 每一个奇圈有 2 条弦, 它们的头是这个圈上的连贯顶点.

也有加强 Richardson 定理 12.3.2 的其他尝试, 特别是 Duchet 猜测[132]:

每一个不是奇圈且没有核的有向图 D 包含一条弧 e, 使得 $D-e$ 也不含核.

Aparsin, Ferapontova 和 Gurvich 发现了这个猜想的一个反例[26], 现给出这个反例如下: 对于一个整数 $n\geqslant 2$ 和一个集合 $W\subseteq\{1,2,\cdots,n-1\}$, 一个**循环有向图** (circular digraph) $C_n(W)$ 定义为: $V(C_n(W))=\{1,2,\cdots,n\}$, 且

$$A(C_n(W))=\{(i,i+j\ (\mathrm{mod}\ n)\ ):\ 1\leqslant i\leqslant n,\ j\in W\}.$$

特别地, $C_n(\{1,2,\cdots,n-1\})=\overleftrightarrow{K}_n$ 和 $C_n(\{1\})=\vec{C}_n$.

Aparsin, Ferapontova 和 Gurvich 证得: 循环有向图 $C_{43}(\{1,7,8\})$ 无核, 但从其中删去任何一条弧, 余下的图中将有一个核出现. 注意到 $C_{43}(\{1,7,8\})$ 的对称性, 只要证明 $C_{43}(\{1,7,8\})-(1,2)$, $C_{43}(\{1,7,8\})-(1,8)$ 和 $C_{43}(\{1,7,8\})-(1,9)$ 有核, 这个证明留作习题 12.16. 应该提醒的是, $C_{43}(\{1,7,8\})$ 是目前发现关于 Duchet 猜想的唯一的一个反例. Gurvich (1999 年 12 月间的私人通信) 怀疑存在一族无穷多个如此的循环有向图. 后来, 文献 [26] 证明了 $C_n(\{1,7,8\})$ 有一个核当且仅当 $n\equiv 0\ (\mathrm{mod}\ 3)$ 或者 $n\equiv 0\ (\mathrm{mod}\ 29)$. 下面的问题看起来似乎是自然的.

问题 12.3.5　刻画有核的循环有向图.

如果图 G 的一个双定向 D 的每一个是半完全有向图的子图有一个核, 则说这个双定向 D 是**正规的** (normal). 一个无向图 G 是**核可解的** (kernel-solvable), 如果 G 的每一个正规双定向有一个核. Boros 和 Gurvich 证得上述 Duchet 猜想的一个略微调整是成立的[132], 他们给出如下的结论:

定理 12.3.6　设 G 是连通非核可解的图, 且它不是一个长至少为 5 的奇圈, 则 G 中存在一条边 e, 使得 $G-e$ 不是核可解的.

Berge 和 Duchet 曾猜测到, 一个图 G 是**完美的** ① 当且仅当 G 是核可解[543], Boros 和 Gurvich 在一个方面证得这个猜想[131], 即

定理 12.3.7　每一个完美图是核可解的.

定理 12.3.7 的 2 个原始证明是相当繁琐而冗长的. Aharoni 和 Holzman 使用分数核概念发现了定理 12.3.7 的一个简短证明[3], 读者可参见文献 [543] 和本书的参考文献. 特别要提及的是 Maffray 证得如下的结论[543]:

定理 12.3.8　一个线图的一个双定向是核完美的当且仅当它是正规的.

Borodin, Kostochka 和 Woodall 已经将这个结论推广到线多重图中[130].

12.3.2　拟核

先介绍拟核的一个等价定义. 一个有向图 $D=(V,A)$ 中的一个顶点集合 Q 是一个**拟核** (quasi-kernel), 如果 Q 是独立的, 且 Q 的第二入邻集 $N^{-2}[Q]$ 等于 V. 下面将把前面提到的关于竞赛图 2 王 (或是更准确地说是 2-serfs) 的 2 个结果推广到任意有向图的拟核中. 第一个定理是 Chvátal 和 Lovász 得到的[162] (也见文献 [524]), 它的证明是出奇的简短.

定理 12.3.9　每一个有向图 D 有一个拟核.

证明　下面对 D 的阶数 n 运用归纳法进行证明. 基本的情形是顶点数目为 1 时, 结论是显然的. 设 D 是 n 阶有向图, 且假定 (如归纳假定) 所有阶数小于 n 的有向图有一个拟核. 如果 D 有一个核, 则证明完成. 反设 D 无核, 令 x 是 D 的一个顶点, 考虑 $D'=D-(x\cup N^-(x))$. 根据归纳假定, D' 有一个拟核 Q'. 如果 $Q'\cup x$ 是一个独立集, 这个集合显然就是 D 的一个拟核.

现设 $Q'\cup x$ 不是独立集. 则存在一个顶点 $z\in Q'$, 它与 x 相邻, 当 $z\notin N^-(x)$, 有 $x\to z$, 现在就知 Q' 是有向图 D 的一个拟核. □

第二个定理是 Jacob 和 Meyniel 得到的[454].

定理 12.3.10　如果有向图 $D=(V,A)$ 无核, 则 D 至少含有 3 个拟核.

① 一个图 G 是完美的, 如果 G 的每个导出子图 H 的色数等于 H 中最大团的阶数.

证明　按照定理 12.3.9, D 有一个拟核 Q_1. 因为 D 无核, 则有 $V \neq N^-[Q_1]$. 设 Q_2 是 $D - N^-[Q_1]$ 的一个拟核, 下面要证明 $Q'_2 = Q_2 \cup (Q_1 - N^-(Q_2))$ 是 D 的一个拟核. 只要直接证明 Q'_2 是独立的, 且有

$$V = (V - N^-[Q_1]) \cup N^-[Q_1 \cap N^-(Q_2)] \cup N^-[Q_1 - N^-(Q_2)].$$

根据 Q_2 的定义, $V - N^-[Q_1]$ 的每一个顶点是长至多为 2 且终止在 Q_2 的一条路的初始顶点. 因为 $N^-[Q_1 \cap N^-(Q_2)] \subseteq N^{-2}[Q_2]$, 则 $N^-[Q_1 \cap N^-(Q_2)]$ 的每一个顶点是终止在 Q_2 中长至多为 2 的一条路的初始顶点. 因为 $N^-[Q_1 - N^-(Q_2)] \subseteq N^-[Q_1]$, 则 $N^-[Q_1 - N^-(Q_2)]$ 的一个顶点或是属于 Q_1, 或者是一条头在 $Q_1 - N^-(Q_2)$ 中的弧的尾. 因此, Q_2 是一个拟核.

注意到, $Q_1 \cap Q_2 = \varnothing$ 和 $Q_2 \neq \varnothing$, 则有 $Q'_2 \neq Q_1$.

因 Q'_2 不是 D 的一个核, 故有 $V \neq N^-[Q'_2]$. 设 Q_3 是 $D - N^-[Q'_2]$ 的一个拟核, 且设 $Q'_3 = Q_3 \cup (Q'_2 - N^-(Q_3))$. 如上面所证, 我们能够证明 Q'_3 是一个不同于 Q'_2 的拟核. 现在只剩下证明 $Q'_3 \neq Q_1$. 注意到 $Q_3 \subseteq V - N^-[Q'_2]$ 和 $Q_1 \subseteq N^-[Q'_2]$, 便有 $Q_1 \cap Q_3 = \varnothing$. 依据这个事实和 Q_3 是非空的, 因而, 我们能够断定 $Q'_3 \neq Q_1$. □

12.4　完全二部分有向图的列表边着色

这一节的专题看起来与有向图似乎没有多大关系, 正如将要看到的对解决下面要说到的有向图 Dinitz 问题是一个有力的工具. 本节的讨论取自文献 [8, 302].

一个在整数集 $\{1, 2, \cdots, n\}$ 上的 $n \times n$ 阶矩阵 M 是**拉丁方** (Latin square) (规模 n), 如果矩阵 M 中的任何一行或任何一列里没有 2 个元素是相同的. 作为一个简单的习题, 对于每一个整数 $n \geqslant 1$, 证明存在一个拉丁方 (习题 12.7).

一个无向图 $G = (V, E)$ 的**正常边着色** (proper edge-colouring) 是给 G 的边的一个整数分配, 使得任何一对有公共端点的边接受不同的色. G 的**边色数** (chromatic index) 是一个最小的非负整数 k, 使得 G 有一个仅用 $\{1, 2, \cdots, k\}$ 中的色的正常边着色. 不难看到在规模 n 的拉丁方集合与使用色 $\{1, 2, \cdots, k\}$ 的完全二部分有向图 $K_{n,n}$ 的正常边着色集之间存在着一一对应.

对于各种实际应用, 正常边着色是很有用的, 如时间表构造 [459], 在这一节的剩余部分中, 我们将省去 "正常" 二个字, 因为以下仅考虑正常边着色.

1979 年, Dinitz 提出了这样的问题[221, 222]：设有一个 $n \times n$ 阶矩阵, 它的元素 (i, j) 是 n 个整数的集合 $C(i, j)$ $(1 \leqslant i, j \leqslant n)$, 是否总可以从 $C(i, j)$ 中选取一个元素 c_{ij}, 使得每行元素互不相同, 并且每列元素也互不相同?

Dinitz 问题可以用完全二部分有向图的边着色重新表述. 假定对完全二部分有向图 $K_{n,n}$ 的每条边 ij 有一个可能着色的集合 $C(i, j)$, 问是否存在 $K_{n,n}$ 的一个

正常边着色, 使得每条边 ij 上的色 c_{ij} 属于 $C(i,j)$? 在这种表述下, Dinitz 问题就成为更一般的**列表着色猜想** (list colouring conjecture) 的一个特殊情形[459], 这个猜想为: 如果图 G 有一个 k 种色的边着色, 则无论怎样给 G 的每条边 e 分配一个有任意 k 种色的集合 C_e, 图 G 有一个边着色, 使对每条边 $e\in E$ 的色在集合 C_e 中, 如此的一个着色叫做 G 的**列表边着色** (list edge-colouring). 解决 Dinitz 猜想的一个重要举措是 Jansen 给出的[458], 他证实: 如果所有的列表的长度为 $n+1$ (替换 n), 则解总是存在的.

为了利用有向图中的核, 我们先研究 $K_{n,n}$ 的线图. 线图的定义相似于线有向图的定义: $L(G)$ 的每个顶点对应 G 的一个边, 且 $L(G)$ 的 2 个顶点由一条边连接当且仅当它们所对应的边在 G 中有一个公共的端点. 容易知道, $K_{n,n}$ 的每一个列表边着色对应 $L(K_{n,n})$ 的使用相同集合 (列表) 的一个列表顶点着色 (简称为**列表着色** (list colouring)). 因此, 为了解决 Dinitz 问题, 只要证明无论给 $L(K_{n,n})$ 的 n^2 个顶点分配集合 $C_{11}, C_{12}, \cdots, C_{nn}$ (每一个的规模为 n) 中的哪一个集合, 总存在 $L(K_{n,n})$ 的一个正常着色, 使得每个顶点 i 的色是从它所对应的集合 C_i 中选取的. 现在转到有向图, 下面的引理是 Bondy, Boppana 和 Siegel 给出的[15] (也见文献 [302]).

引理 12.4.1 设 $D=(V,A)$ 为有向图, 给 D 的每一个顶点 v 分配一个预先指定的色集合 $C(v)$, 且 $|C(v)|>d^+(v)$. 如果 D 是核完美的 (即 D 的每一个导出有向子图有一个核), 则存在底图 $UG(D)$ 的一个列表着色, 对于每一个顶点 $v\in V$, 它被着上 $C(v)$ 中的一个色.

证明 对 n 实施归纳法证明. $n=1$ 的情形是显然的, 故结论成立. 固定一个色 c, 它至少属于集合 $C(v)$ ($v\in V$) 中的一个, 令 $X(c):=\{v\in V:\ c\in C(v)\}$. 依照引理的题设, 导出有向子图 $D\langle X(c)\rangle$ 有一个核 Y. 现在给 G 的属于核 Y 的每一个顶点着色 c (根据 $X(c)$ 定义, 它是一个正常的选取), 并且考虑有向图 $D'=D-Y$, 它有色集合 $C'(v)=C(v)-\{c\}, v\in V(D')$. 注意到, 对于 $X(c)-Y$ 中的每一个顶点 v, 它在有向图 D' 中的出度至少比在 D 中的出度小 1. 因而, 对所有的 $v\in V(D')$, 有 $|C'(v)|>d^+_{D'}(v)$. 此外, 对于每一个不属于 $X(c)$ 的顶点 u, 有 $|C(u)|=|C'(u)|$. 于是, 根据归纳假定, 存在 D' 的一个列表着色, 对于每一个顶点 $v\in V(D')$, 它使用了 $C'(v)$ 中的一个色, 使用 Y 中关于顶点的色 c, 我们就完成了所期望的列表着色. □

由引理 12.4.1 可看到, 如果能够获得 $L(K_{n,n})$ 的一个定向的存在性, 使得 D 的每一个导出子图有一个核, 且对于每一个顶点 v, 有 $d^+_D(v)\leqslant n-1$, 这样就证得 $L(K_{n,n})$ 的列表着色数至多为 n.

为了得到如此的定向, 下面将说明能够用 $K_{n,n}$ 的任何一个 n 边着色进行合适的定向. 要证明每一个导出子图中核的存在性, 我们将使用下面介绍的**稳定匹配**

(stable matchings) 概念.

以下总设 $B=(X\cup Y,E)$ 是一个二部分图, 对于每一个顶点 $u\in X\cup Y$, 存在 u 的邻点上的一个固定的序 $>_u$, 记号 $>_u$ 表示 $N_B(u)$ 上的一个序 $v_1>_u v_2>_u\cdots>_u v_{d_B(u)}$.

称 $B=(X\cup Y,E)$ 中的一个匹配 M 关于序 $\{>_u|\ u\in X\cup Y\}$ 族是**稳定的** (stable), 如果对所有的弧 $uv\in E-M$ 下列陈述成立：对某顶点 y, 有弧 $uy\in M$, 使得 $y>_u v$; 或者对某顶点 x, 有弧 $xv\in M$, 使 $x>_v u$.

稳定匹配有一个较为实际的逗人解释. 将 X 视为男人的集合, Y 代表女人的集合. 对 $x\in X$, $y\in Y$, 一条边 $xy\in E$ 的存在即表示男人 x 和女人 y 结婚. 正如在定理 3.11.2 中所看到的, 可以在多项式时间内决定男人和女人能够结婚的最大数目, 而不使任何人犯重婚罪. 然而, 实际当中的一个男人 x 和一个女人 y 结婚并不意味着这种选择对 x 或对 y 是最佳的选择. 因而, 在一个最实际的配置中, 每一个人有一个可能的配偶名单, 并且名单按照最喜欢选择的配偶排序到极少希望的配偶 (但仍然是可能的选择). 不难可看到, 这种描述对应着上述的序. 此外, 一个已知匹配的稳定性对应着所说的在配对成婚的男人和女人中, 不存在配对 xy, 使得男人 x 喜欢其他的女人 y' 而不是女人 y. 同时, 女人 y 喜欢另一个男人 x' 胜过喜欢男人 x. 因而, 在某些情形中一个稳定匹配对应着一个没有配对极其希望分开的状态.

Gale 和 Shapley 介绍了稳定匹配的概念, 并证得下面令人惊讶的事实, 其证明留作习题 12.18.

定理 12.4.2[290] 对于每一个二部分图 $B=(X\cup Y,E)$ 和每一个产生于 B 中每个顶点的邻点的局部线性序的序 $\{>_u|\ u\in X\cup Y\}$ 族, 则存在关于 $\{>_u|\ u\in X\cup Y\}$ 的一个稳定匹配.

在习题 12.19 中, 要求读者用一个例子来说明并不总是存在一个最大的稳定匹配. 关于稳定匹配的更多信息可见 Balinski 和 Ratier 的文章[40, 41]. 现在, 我们可以描述关于 Dinitz 猜想的 Galvin 的证明.

定理 12.4.3[302] 对于每一个整数 $n\geqslant 1$, 完全二部分图 $K_{n,n}$ 的列表边色数是 n.

证明 用 (i,j) $(1\leqslant i,j\leqslant n)$ 表示 $L(K_{n,n})$ 的顶点, 其中 (i,j) 与 (i',j') 相邻当且仅当 $i=i'$, 或者 $j=j'$, 但不是二者. 令 Q 是规模 n 的拉丁方 (注意这对应到 $K_{n,n}$ 的一个正常边着色), 且用 Q_{ij} 表示 Q 的第 ij 个元素. D 表示给 $L(K_{n,n})$ 的边定向而产生的定向图, 定向 $L(K_{n,n})$ 的边如下：

$$(i,j)\to(i,j') \text{ 当且仅当 } Q_{ij}<Q_{ij'};$$

$$(i,j)\to(i',j) \text{ 当且仅当 } Q_{ij}>Q_{i'j} \text{ (见图 12.2)}.$$

容易看到 D 是 $(n-1)$ 正则的 (习题 12.20). 于是, 依据引理 12.4.1, 只要证明 D 的每一个导出有向子图有一个核. 为了证明这一点, 我们使用定理 12.4.2.

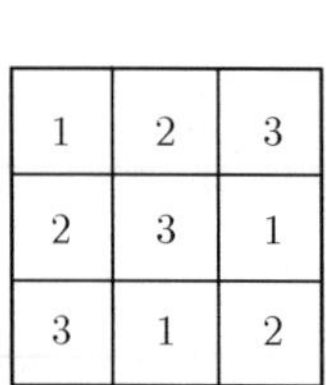

1	2	3
2	3	1
3	1	2

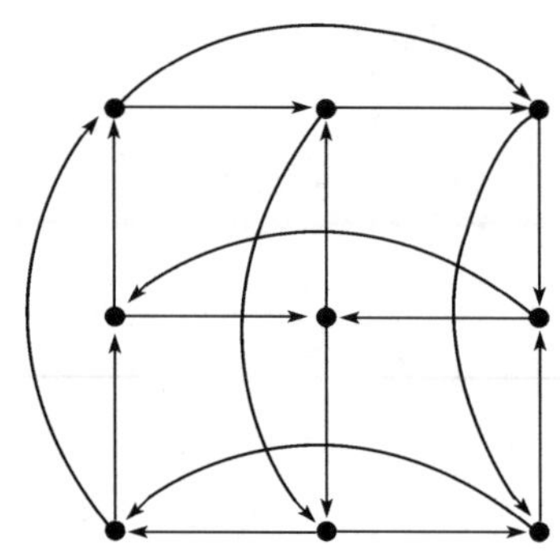

图 12.2　基于规模 3 的一个拉丁方的 $L(K_{3,3})$ 的定向

设 D' 是 D 的任意一个导出有向子图, 且 $B=(X,Y,E)$ 是 $K_{n,n}$ 中那些对应属于 D' 的顶点 (i,j) 的边导出的二部分子图. 对于每一个顶点 $i\in X$, 定义 B 中 i 的邻点的一个序 $>_i$ 如下：当 D 中有 $(i,j)\to(i,j')$, 则令 $j'>_i j$. 相似地, 对于每一个顶点 $j\in Y$, 当在 D 中有 $(i,j)\to(i',j)$, 定义 B 中 j 的邻点的序 $>_j$ 为 $i'>_j i$.

按照定理 12.4.2, B 有一个关于序 $\{>_u|\ u\in X\cup Y\}$ 的一个稳定匹配 M. 因为 M 也是 $K_{n,n}$ 的一个匹配, 则它在 D 中所对应的顶点是独立的. 此外, 按照 M 是关于序 $\{>_u|\ u\in X\cup Y\}$ 稳定的事实, 对于每一个顶点 (i,j), 使得 $ij\notin M$, 或是存在 $j'\in Y$, 使得 $ij'\in M$ 和 $j'>_i j$, 或者存在一个 $i'\in X$, 使得 $i'j\in M$ 和 $i'>_j i$. 在第一种情形下, 导致在 D 中有 $(i,j)\to(i,j')$. 在第二种情形下, 则在 D 中有 $(i,j)\to(i',j)$. 于是, 这就证明 D' 的每一个不在 M 中的顶点支配 M 的一个顶点. 因此, M 是一个核, 完成证明. □

上面定理的证明中定向 $L(K_{n,n})$ 的思路归功于 Maffray[543].

12.5　同态 —— 着色的一个推广

设 D 和 H 为有向图. 一个映射 $f:V(D)\to V(H)$ 是一个**同态** (homomorphism), 如果它保持弧, 即对 $xy\in A(D)$, 有 $f(x)f(y)\in A(H)$. 以下用记号 $f:D\to H$ 表示同态 f, 或者当具体的同态 f 不再是重要时就直接记为 $D\to H$. 如果不存在 D 和 H 之间的同态, 则记 $D\not\to H$. 见图 12.3 中关于同态概念的一个解释. 如果 $G\to H$, 则称 G **是同态到** H. 类似地, 对于无向图, 同态是一个边保持映射. 为了引发所要讨论的内容, 我们先从无向图开始.

如果一个无向图是 k 可着色的, 则能够给它的顶点分配数 $1,2,\cdots,k$, 使得相邻的顶点接受不同的数 (色). 易知, 一个无向图 G 是 k 可着色的当且仅当 $G\to K_k$ (k 个顶点的完全图). 基于这个观察, 我们说一个 (有向) 图 G 关于某 (有向) 图 H

是 H **可着色的** (H-colourable), 如果有 $G \to H$, 且称映射自身为 G 的一个 H **着色** (H-colouring). 于是, 如果 G 和 H 是事例的部分, 判定问题 "是否存在 G 到 H 的一个同态?" 完全包含了 k 着色, 所以它是 $\mathcal{NP}$ 完全问题[474].

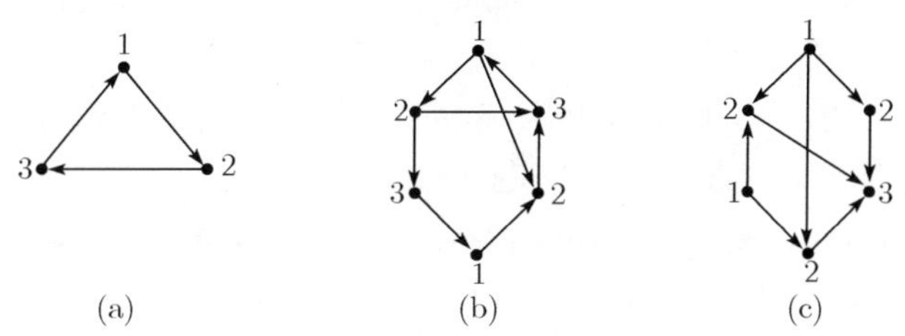

图 12.3 同态概念的解释

(a) 一个 3 圈 $\vec{C}_3$; (b) 和 (c) 分别给出了用标号表示具有同态到 $\vec{C}_3$ 的有向图

有意义的工作是考虑相同的问题, 即是 H 在研究过程中是固定的. H 着色问题的正式定义如下:

H 着色问题

事例 一个有限图 G.

询问 是否存在一个 G 到 H 的同态?

不难看到一个图 G 有一个同态到二部分图 B 当且仅当 G 是 2 可着色的 (因而, 这是同态到 K_2). 已知最后的这个问题是相同于检验 G 是否为二部分的, 并且是容易的 (因为这可以使用 BFS 或 DFS). 然而, 当目标图 (也就是要把已知图映射到的那个图) H 不是二部分的, 如 Hell 和 Nešetřil 所证明的 H 着色问题总是困难的.

定理 12.5.1[412] 如果 H 是一个固定有限非二部分图, 则 H 着色是 $\mathcal{NP}$ 完全的. 如果 H 是一个固定的二部分图, 则 H 着色是多项式的.

所以, 对于无向图来说, 容易和困难问题之间的分界线是很清楚的: 二部分对非二部分. 然而, 对于有向图来说, 情形就不是那么清楚. 在后面的篇幅中, 我们将给出几个结果和猜想来解释这个专题及其有意义的公开问题.

先来看一个简单的事实: 如果对 H 的某导出有向子图 H', 有 $H \to H'$, 则 $D \to H$ 当且仅当 $D \to H'$ (即同态合成). 设 H' 是 H 的一个有向子图, 一个同态 $r: H \to H'$ 叫做**收缩** (retraction), 如果到 H' 的同态 r 是 H' 的一个恒等映射. 如果存在一个收缩 $H \to H'$, 则称 H' 为 H 的一个**收缩核** (retract kernel). 一个有向图是一个**柱心** (core) 当且仅当它没有正常收缩. 上面的观察表明, 仅需要研究关于是柱心的有向图的 H 着色问题. 每一个有向图关于同构有唯一的柱心 (见习题 12.21). 不幸的是, 判定一个有向图是否确为一个柱心的问题是困难的.

定理 12.5.2[413] 判定一个给定输入的有向图是否不为一个柱心 ①的问题是 $\mathcal{NP}$ 完全问题.

然而, 对于某些特殊类有向图, 容易知道它们是否为柱心. 作为一个简单的习题, 证明每一个半完全有向图是一个柱心 (习题 12.22). 稍为有些困难的工作是刻画那些是柱心的半完全二部分有向图 (习题 12.23).

接下来的第一项工作是处理有向路和有向圈. 下面由 Maurer, Sudborough 和 Welzl 得到的简单观察的证明留作习题 12.25.

命题 12.5.3[556] 存在一个可判定一个给定输入的有向图是否同态到有向路 $\vec{P}_k$ 的多项式算法.

当 H 是一条路的任意一个定向时, Gutjahr Welzl 和 Woeginger 证明了判定一个已知有向图是否同态到 H 的问题仍然是多项式的 (尽管是相当不平凡的).

定理 12.5.4[384] 设 H 是一条 k 个顶点的路的任意一个定向, 则 H 着色是多项式的.

因为同态合成具有如下的性质：如果 $D \to H$, 则每一个同态到 D 的有向图也同态到 H. 于是, 证明 D 不同态到 H 的一个方法应该是说明一个同态到 D 的图不同态到 H, 使用这个方法, Hell 和 Zhu 证得如下的结论[417]：

定理 12.5.5[417] 设 D 是 n 个顶点的有向图, P 是 k 个顶点的定向路, 则 $D \not\to P$ 当且仅当存在一条至少有 $n2^k+1$ 个顶点的定向路 P', 使得 $P' \to D$ 和 $P' \not\to P$.

对于一个给定的强有向图 $D=(V,A)$ 和一个已知的整数 $k \geqslant 2$, 不难检验是否有 $D \to \vec{C}_k$ 成立. 其实, 设 C_k 的顶点被标定为 $\{1,2,\cdots,k\}$. 现在来检查是否有 $D \to \vec{C}_k$, 任意地选取一个顶点 $v \in V$, 把它映射到 1, 在映射 V 中所有的顶点之后, 容易检查这个 (唯一的) 映射是否为弧保持的. 通过使用 DFS 从顶点 v 开始标号, 并同时检查是否保持每条弧, 这项工作在时间 $O(n+m)$ 内就可以完成. 当 D 不是强连通有向图时, 检查 $D \to C_k$ 稍微有些繁琐, 但仍然可以在时间 $O(n+m)$ 内完成检查 (习题 12.26). 因而, 我们有下面 Maurer, Sudborough 和 Welzl 的结论：

定理 12.5.6[556] 对于每一个 $k \geqslant 2$, $\vec{C}_k$ 着色是多项式的.

下面的简单观察仅仅是同态定义的一个重新叙述 (注意, 根据定义有向图无自环)：

命题 12.5.7 设 D 和 H 为有向图. 则 $D \to H$ 当且仅当存在 H 的一个扩张 $H_{\text{ext}} = H[\overline{K}_{a_1}, \overline{K}_{a_2}, \cdots, \overline{K}_{a_h}]$, 其中 $h=|V(H)|$, 使得 D 是 H_{ext} 的一个有向子图 (不必是导出的子图).

① 这里证明 D 不是一个柱心的认证, 而是一个 D 到 D 的一个真有向子图的映射.

设 D 是一个有向图, C 是 D 的一个定向圈, 定义圈 C 的**净长度** (net length) 是关于 C (一个无向圈) 的任何一个固定的定向向前弧数目和向后弧数目差的绝对值. 使用命题 12.5.7, 容易证明下面有关同态到一个 k 圈的有向图的一个特征[556], 它是 Häggkvist, Hell, Miller 和 Neuman-Lara 发现的.

定理 12.5.8[388] 一个有向图 D 同态到 $\vec{C}_k$ 当且仅当 D 中每一个定向圈的净长度可以被 k 整除.

证明留作习题 12.27.

当 H 是一个圈的定向圈时, 对应的 H 着色问题可能是多项式的. Gutjahr 在文献 [383] 中证明: 存在定向圈, 使得关于它们的 H 着色问题是 $\mathcal{NP}$ 完全问题. Hell 和 Zhu 也证实: 如果 H 是一个具有净长度不为零的定向圈, 则相似于定理 12.5.5 的陈述也成立 (这些条件的必要性是清楚的):

定理 12.5.9[418] 设 C 是一个净长度不为零的定向圈. 一个有向图 D 同态到 C 当且仅当每一条同态到 D 的路也同态到 C, 且 D 的每个圈的净长度是 C 的净长度的乘积.

Gutjahr, Welzl 和 Woeginger[384] 以及 Hell, Nešetřil 和 Zhu[414] 分别证明: 关于树的定向 H 着色问题是 $\mathcal{NP}$ 完全问题. 因此, 对于任意有向图的 H 着色问题的复杂性进行分类几乎是没有希望的.

当目标有向图 H 具有 $\delta^0(H) > 0$, 情形似乎是清楚的. 如果 H 的柱心是一个有向圈, 则由定理 12.5.6, H 着色问题是多项式的. 对于其他的情形, 这个问题似乎是困难的. 事实上, 正如下面 3 个结论要解释的, 柱心中 2 个圈的存在对 H 着色的 $\mathcal{NP}$ 完全性是充分的. 第一个结论是定理 12.5.1 的一个简单推论 (习题 12.28).

定理 12.5.10[412] 设 H 是一个无向图 G 的完全双定向. 如果 G 是二部分图, 则 H 着色是多项式的, 如 G 不是二部分图, 则 H 着色是 $\mathcal{NP}$ 完全问题.

下面二个结论是属于 Bang-Jensen, Hell 和 MacGillivray, 以及 Bang-Jensen 和 Hell, 他们分别指出: 对某些有向图类, 圈的数目在 H 着色问题中扮演着一个重要角色.

定理 12.5.11[77] 设 H 是一个半完全有向图. 如 H 有 2 个或更多的圈, 则 H 着色是 $\mathcal{NP}$ 完全问题. 如果 H 至多包含一个有向圈, 则 H 着色是多项式的.

定理 12.5.12[74] 设 H 是一个半完全二部分有向图, 它也是一个柱心. 如果 H 有 2 个或更多的圈, 则 H 着色是 $\mathcal{NP}$ 完全问题. 如果 H 至多包含一个有向圈, 则 H 着色是多项式的.

这些结论激励了研究者对这个专题的进一步研究[74, 85]. 基于文献 [74] 的结论, Bang-Jensen 和 Hell 给出了如下的猜想, 他们主张用 $\delta^0(H) > 0$ 和 H 的柱心而不是用一个圈来对全体有向图的 H 着色问题的复杂性进行分类. 注意到, 一个具有 $\delta^0(H) > 0$ 的有向图 H 同态到一个有向圈 $\vec{C}_k$ 当且仅当对某 r, 它的柱心是 $\vec{C}_r$, 其中 r 是 k 的一个乘积.

猜想 12.5.13[74]　设有向图 H 具有 $\delta^0(H)>0$, 其底图是连通的. 如果 H 同态到一个有向圈, 则 H 着色是多项式的; 否则, H 着色是 $\mathcal{NP}$ 完全问题.

因为上面已经证实 $\vec{C}_k$ 着色是多项式的, 所以容易理解猜想 12.5.13 中的第一个陈述. 对于许多有向图类, 猜想 12.5.13 已经被证实成立, 读者可参见文献 [74, 77, 78, 85, 383, 384, 412, 530, 531].

在文献 [74, 77, 412] 中, 作者描述了证明有向图的 H 着色问题是 $\mathcal{NP}$ 完全性的一些主要技巧, 其中包括 Hell 和 Nešetřil 提供的 2 种构造. 下面说明如何使用这些工具.

指标构造 (the indicator construction). 设 I 是一个固定的有向图, i,j 是 I 的不同顶点. 指标构造 (关于 (I,i,j)) 是把一个给定的有向图 $H=(V,A)$ 转换成为一个有向伪图 $H^*=(V,A^*)$, 其中对于每次顶点 $h,h'\in V$ 的选取 (不一定是不相同的), 弧 hh' 是 A^* 的一条弧仅当存在一个同态 $f:I\to H$, 使得 $f(i)=h$ 和 $f(j)=h'$. 见图 12.4.

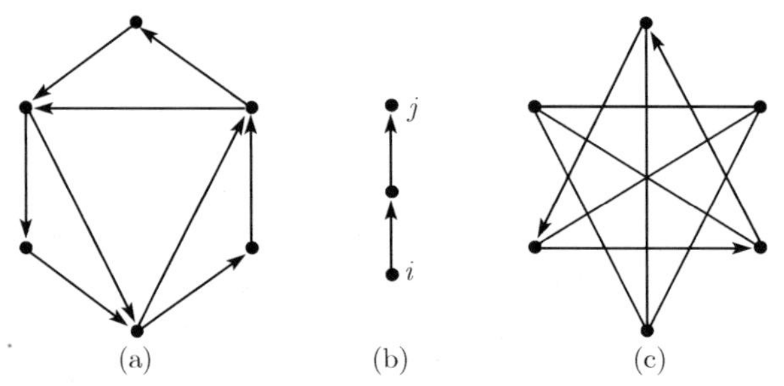

图 12.4　解释指标构造

(a) 一个有向图 H; (b) 一个具有特殊顶点 i,j 的指标; (c) 对 H 应用关于 (I,i,j) 的指标所得到的结果 H^*, 使用无向边表示 2 圈

引理 12.5.14[412]　如果 H^* 着色问题是 $\mathcal{NP}$ 完全问题, 则 H 着色问题也是如此.

注意到, H^* 可能有自环, 此时的 H^* 着色问题是简单的. 因而, 可以把每个顶点映射为 H^* 中具有自环的一个顶点上. 故指标构造仅对无自环的 H^* 有效, 且在这种情形里, H^* 总是一个有向图.

次指标构造 (the sub-indicator construction). 设 J 是一个具有特定顶点 $j,v_1,v_2,\cdots,v_t$ 的固定有向图. 关于 $(J,j,v_1,v_2,\cdots,v_t)$ 的次指标构造是把具有特定顶点 $h_1,h_2,\cdots,h_t$ 的柱心 $H=(V,A)$ 转换到 H 的一个由顶点集 $\tilde{V}\subseteq V$ 导出的有向图 $\tilde{H}$, 其中 $\tilde{V}$ 定义如下: 设 W 是从 H 和 J 的不交的并所得到的有向图, 通过等同 v_i

和 h_i $(i=1,2,\cdots,t)$. 一个顶点 $v \in V$ 属于 $\tilde{V}$ 当且仅当存在一个收缩 $f: W \to H$, 它把顶点 j 映射到顶点 v. 见图 12.5.

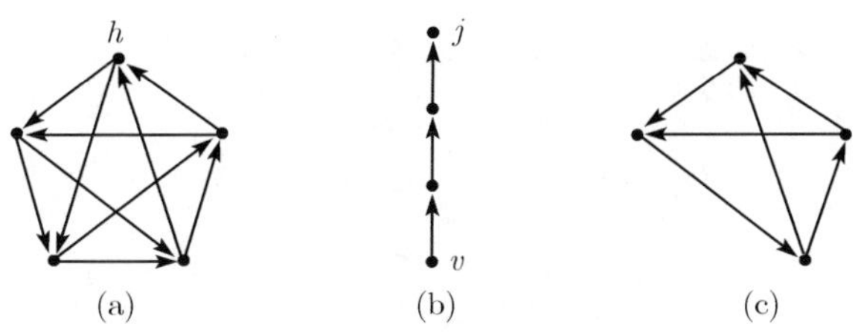

图 12.5 解释次指标构造

(a) 一个具有特殊顶点 h 的有向图; (b) 具有特殊顶点 j,v 的次指标 J; (c) 把关于 (J,j,v) 的次指标构造应用到 (H,h) 后所得结果 $\tilde{H}$

引理 12.5.15[412] 设 H 是一个柱心. 如果 $\tilde{H}$ 着色问题是 $\mathcal{NP}$ 完全问题, 则 H 着色问题也是 $\mathcal{NP}$ 完全问题.

现在说明如何使用指标构造和次指标构造. 如果 H 是图 12.4 (a) 中的有向图, 则 H 着色问题是 $\mathcal{NP}$ 完全问题. 首先对 H 关于图 12.4 (b) 所给出的指标应用指标构造, 这就给出了图 12.4 (c) 中的有向图 H^*. 依照引理 12.5.14, H 着色是 $\mathcal{NP}$ 完全问题当且当 H^* 着色是 $\mathcal{NP}$ 完全的. 现在设 J 是一个由一个 3 圈的完全双定向组成的次指标, 这个 3 圈有一个标为 j 的顶点和一个孤立顶点 v_1. 令 H' 是对 H^* 应用关于 (J,j,v) 的次指标构造所得的结果. 因为 v_1 是孤立的, H^* 的一个顶点将在 H' 中仅当它自己是在 H^* 中一个 3 圈的完全双定向上. 因此, H' 是一个 3 圈的完全定向. 根据定理 12.5.10, H' 着色是 $\mathcal{NP}$ 完全问题. 现在由引理 12.5.15 就可以断定 H^* 着色、H 着色皆是 $\mathcal{NP}$ 完全问题.

尽管次指标构造和指标构造对证明许多 H 着色问题的 $\mathcal{NP}$ 完全性是非常有用的, 却存在需要另外一种方法的有向图 H, 例如来自不同类型的 $\mathcal{NP}$ 完全问题的直接简约. 如此的简约通常来自可满足性问题的某些变量 (见 1.10 节). 在习题 12.29 中读者被要求给出如此的一个简约.

需要研究有向图同态其他内容的读者可阅读文献 [135, 416, 590, 680, 761, 762].

12.6 有向图独立性的其他度量法

本书中所使用的有向图顶点子集独立性定义没有借助有向图中独立性的唯一似乎合理的定义. 至少有 2 种方式可以削弱有向图的独立性定义, 它们也推广了无向图的独立性概念.

(1) 考虑无圈导出有向子图, 即提出**无圈独立数** (acyclic independence number) $\alpha_{\text{acyc}}(D)$, 它表示最大顶点集合 X 的规模, 使得 $D\langle X\rangle$ 是无圈的.

(2) 考虑不含 2 圈的导出有向子图, 这就是**定向独立数** (oriented independence number) $\alpha_{\text{or}}(D)$, 它表示最大顶点集 Y 的规模, 使得 $D\langle Y\rangle$ 是一个定向图.

这 2 个定义均推广了无向图的独立性定义: 若 G 是一个具有独立数 k 的无向图, 则有 $\alpha_{\text{acyc}}(D)=\alpha_{\text{or}}(D)=k$, 其中 D 是 G 的一个双定向. 注意到, 总有

$$\alpha(D)\leqslant\alpha_{\text{acyc}}(D)\leqslant\alpha_{\text{or}}(D).$$

此外, 依据上面的注释, 计算这些参数中的每一个至少与计算 $\alpha(D)$ 一样的困难. 事实上, 计算它们是相当困难的, 对于竞赛图、半完全有向图而言, 计算它们也是 $\mathcal{NP}$ 困难问题. 对于半完全竞赛图计算 $\alpha_{\text{or}}(D)$ 是困难的, 证明留给读者作为习题 12.31. 下面证明关于竞赛图计算 $\alpha_{\text{acyc}}(D)$ 是 $\mathcal{NP}$ 困难问题. 这个结论分别是由 Bang-Jensen 和 Thomassen 以及 Speckenmeyer 各自独立得到的.

定理 12.6.1[89, 681]　在一个竞赛图中寻找一个最大可传递子竞赛图的问题是 $\mathcal{NP}$ 困难问题.

证明　我们来说明如何用一个多项式简约把无向图的独立集问题简约到这个问题上来. 因为独立集问题 $\mathcal{NP}$ 困难问题[303], 故可完成证明. 设 $G=(V,E)$ 是具有顶点集 $\{v_{1,0},v_{2,0},\cdots,v_{n,0}\}$ 的无向图. 构造一个竞赛图 T 如下: 对于每一个 $i=1,2,\cdots,n$, 添加一个有 $n+1$ 个新顶点集合 $\{v_{i,1},v_{i,2},\cdots,v_{i,n+1}\}$. 则当 $i>j$, 或 $i=j$ 且 $k>m$, T 包含有向弧 $v_{i,k}v_{j,m}$. 除 $k=m=0$ 外, 顶点 $v_{i,0},v_{j,0}$ 在 G 中是相邻的. 在最后的情形中, T 包含弧 $v_{j,0}v_{i,0}$, G 中一个顶点集 S 是一个最大独立集当且仅当 $T-(V-S)$ 是 T 的一个最大的可传递子竞赛图. □

Jackson 给出了如下的猜想:

猜想 12.6.2[453]　每一个具有 $\alpha_{\text{or}}(D)\leqslant\kappa(D)+1$ 的有向图 D 包含一条哈密尔顿路.

正如 6.10.2 小节中指出的, 当把 $\alpha_{\text{or}}(D)$ 替换为 $\alpha(D)$ 后, 猜想 12.6.2 不成立.

Chvatál 和 Erdös 的一个著名结论指出[161]: 如果一个无向图的顶点连通度至少和最大独立集的规模一样的话, 则 G 是哈密尔顿图. 但对有向图来说, 这个结论不为真. 正如已经在命题 3.11.12 中指出的, 当 D 是 $\alpha(D)$ 强有向图, 则 D 中至少存在一个圈. 如果考虑定向独立数 $\alpha_{\text{or}}(D)$, Jackson 证得存在类似于 Chvatál-Erdös 定理的一个结论.

定理 12.6.3[450]　设 D 是 k 强有向图, 其中 $k=2^{\alpha_{\text{or}}}(D)(\alpha_{\text{or}}(D)+2)!$, 则 D 有一个哈密尔顿圈.

12.7 拟　阵

这一节将给出拟阵的一个简单介绍, 原因是有关拟阵的算法对解决各种图理论的问题是一个非常有用的工具. 这样的例子可参见 9.10 节和习题 12.46. 不幸的是限于本书的篇幅, 而不能够详细地描述有关 2 拟阵相交和拟阵划分的算法 (在上面说到的应用中均使用了这些算法), 建议读者去阅读文献 [166, 623] 以获得这些算法的相关细节.

定义 12.7.1　设 S 是一个有限集, $\mathcal{I}$ 是一组 S 的子集. 称对 $M=(S,\mathcal{I})$ 是一个**拟阵** (matroid), 如果下列陈述均成立:

(I1) $\varnothing \in \mathcal{I}$.

(I2) 如果 $Y \in \mathcal{I}$ 和 $X \subseteq Y$, 则 $X \in \mathcal{I}$.

(I3) 若 $X, Y \in \mathcal{I}$ 且 $|X|<|Y|$, 则存在一个元素 $y \in Y-X$, 使得 $X \cup \{y\} \in \mathcal{I}$.

设对 $M=(S,\mathcal{I})$ 是一个拟阵. 一个集合 $X \subseteq S$, 使有 $X \in \mathcal{I}$, 称为**独立集** (independent set), 其余的集合叫做**依赖集** (dependent sets). 拟阵 M 的一个**基底** (base) 是一个最大的集合, 它的一个**围道** (circuit) 是一个最小的集合. 令 $\mathcal{B}$ 表示 M 的全体基底的集合以及 $\mathcal{C}$ 表示 M 的全体围道的集合.

直接由 (I3) 和一个基底的定义:

$$\text{一个拟阵的任何 2 个基底有相同的规模.} \tag{12.6}$$

存在几个定义拟阵公理的等价集. 易见, 可以用下面的 (I3′) 来取代 (I3) (习题 12.33):

(I3′) $\mathcal{I}$ 中所有的最大元素均有相同的规模.

下面给出拟阵基底的几个重要性质. (B1) 是由 (I1) 得来, 且 (B2) 可由 (I3) 证得, 我们把 (B3) 的证明留作习题 12.32.

命题 12.7.2　设对 $M=(S,\mathcal{I})$ 是一个拟阵. M 的基底集合 $\mathcal{B}$ 满足:

(B1) $\mathcal{B} \neq \varnothing$.

(B2) 对所有的 $B, B' \in \mathcal{B}$, 则有 $|B|=|B'|$.

(B3) 设 $B, B' \in \mathcal{B}$. 对于每一个 $b \in B$, 存在一个元素 $b' \in B'$, 使得 $(B-b) \cup \{b'\} \in \mathcal{B}$.

反之, 下面的结论也成立 (见习题 12.35).

命题 12.7.3　设 S 为有限集, $\mathcal{B}$ 是一组 S 的子集, 且满足命题 12.7.2 中的 (B1)~(B3), 则存在一个拟阵 $M=(S,\mathcal{I})$, 它的基底集合恰是 $\mathcal{B}$.

设对 $M=(S,\mathcal{I})$ 是一个拟阵, $X \subseteq S$. 称一个子集 $Y \subseteq X$ 是 X 的一个**最大独立子集** (maximal independent subset), 如果 $Y \in \mathcal{I}$ 且 $Y \subset Z \subseteq X$, 则导致 $Z \notin \mathcal{I}$.

引理 12.7.4　设对 $M=(S,\mathcal{I})$ 是一个拟阵, $X\subseteq S$, 则 X 的全体最大独立子集有相同的规模.

证明留作习题 12.34.

根据引理 12.7.4, 对于 S 的全体子集, 下面的函数是自然定义的:

$$r(X)=\max\{|Y|:\ Y\subseteq X, Y\in\mathcal{I}\}. \tag{12.7}$$

一个拟阵 $M=(S,\mathcal{I})$ 的**秩** (rank) 是数 $r(S)$, 即拟阵 M 中一个基底的规模.

拟阵的例子

例 1　设 $G=(V,E)$ 是一个无向图. 定义对 $M(G)=(E,\mathcal{I})$, 其中 $E'\in\mathcal{I}$ 当且仅当支撑子图 $G_{E'}=(V,E')$ 无圈. 则 $M(G)$ 就是一个拟阵 (叫做 G 的**围道拟阵** (circuit matroid)). 为了理解这一点, 只需检验 (I3), 因为 (I1) 和 (I2) 显然成立. 令 X,Y 是 E 的子集使得 $G\langle X\rangle$ 和 $G\langle Y\rangle$ 皆无圈, 且 $|X|<|Y|$. 不难看到, 如果 Z 在 $M(G)$ 中是独立的, 则 $G\langle Z\rangle$ 的连通分支数是 $n-|Z|$, 其中 n 是 G 的顶点个数. 于是, $|X|<|Y|$ 表明 $G\langle X\rangle$ 的连通分支数目大于 $G\langle Y\rangle$ 的连通分支数目. 因而, Y 包含一条边 y, 使得 y 的 2 个端点分别在 $G\langle X\rangle$ 的不同分支中. 这说明 $G\langle X\cup\{y\}\rangle$ 是无圈的, 故有 $X\cup\{y\}\in\mathcal{I}$.

$M(G)$ 的基底是 G 的最大森林 (边的集合), 且 $M(G)$ 的一个圈是 G 的关于一个最大森林的一个**基圈** (fundamental cycle). $M(G)$ 的秩是顶点数目 $|V|$ 减去 G 的连通分支数目的结果.

例 2　设 S 是 n 个元素之集. 对 $k\leqslant n$, 定义一个**对**如下: $U_{n,k}=(S,\{X\subseteq S:|X|\leqslant k\})$, 这就自然地定义了一个拟阵, 叫做**一致拟阵** (uniform matroid). 若 $k=n$, 得到一个特殊情形, 即其中所有的子集是独立的. 这个拟阵叫做 n 个元素的**自由拟阵** (free matroid).

例 3　设 $D=(V,A)$ 是一个有向图, 使有 $\delta^-(D)>0$, 并定义 $\mathcal{B}$ 是 A 的若干子集 A' 的集合, 使关于 A', 每一个顶点 $v\in V$ 在 $D\langle A'\rangle$ 中仅有入度为 1. 我们来证明 $\mathcal{B}$ 满足命题 12.7.2(B1)~(B3), 因而由命题 12.7.3, 形成一个拟阵 $M^-(D)$ 的基底集合. 其实, 因 $\delta^-(D)>0$, (B1) 成立, 且由 $\mathcal{B}$ 的定义, (B2) 成立. 下证 (B3) 对 $\mathcal{B}$ 成立. 考虑集合 A', $A''\in\mathcal{B}$, 并令 $a'\in A'$, 弧 a' 进入一个顶点 x, 且在 A'' 中仅存在具有头 x 的一条弧 a'', 则知 $(A'-a')\cup\{a''\}\in\mathcal{B}$.

相似地, 如果 $\delta^+(D)>0$. 则可定义一个拟阵 $M^+(D)$, 它的基底集合是那些弧子集 X, 关于 X 每一个顶点 $v\in V$ 在 $D\langle X\rangle$ 中仅有出度 1. 借用 D 的逆以及上面的论证知 $M^+(D)$ 的基底集合满足命题 12.7.2 (B1)~(B3).

下面的结论则表明一个拟阵的秩函数是子模的, 这就是拟阵具有重要作用的原因之一.

命题 12.7.5　拟阵 $M=(S,\mathcal{I})$ 的秩函数 r 满足下列陈述：

(R1) 对于每一个 $X\in S$, $0\leqslant r(X)\leqslant |X|$.

(R2) $X\subseteq Y$ 则意味着 $r(X)\leqslant r(Y)$.

(R3) 对所有的 $X,Y\subseteq S$, 则有 $r(X)+r(Y)\geqslant r(X\cap Y)+r(X\cup Y)$.

证明　由定义可得 (R1) 和 (R2), 下面证明 (R3). 考虑 S 的 2 个子集 X,Y, 可设 $X\neq Y$. 设 A 是 $X\cap Y$ 的一个最大独立子集, 并令 B 是 A 到 $X\cup Y$ 的一个最大独立子集的一个扩张. 按照 (R2), 则有

$$r(X)+r(Y)\geqslant |B\cap X|+|B\cap Y|=|B|+|A|=r(X\cup Y)+r(X\cap Y). \tag{12.8}$$

完成命题的证明. □

12.7.1　拟阵的对偶

一个拟阵 $M=(S,\mathcal{I})$ 的**对偶** (dual) 是一个对 $M^*=(S,\mathcal{I}^*)$, 其中

$$\mathcal{I}^*=\{X\subseteq S:\ B\text{ 是 }M\text{ 的某个基底且 }X\cap B=\varnothing\}.$$

在习题 12.37 中, 读者被要求证明 M^* 是一个拟阵. 注意到 M^* 的基底形成集合 $B^*=\{S-B:\ B\text{ 是 }M\text{ 的一个基底}\}$.

命题 12.7.6　对任意拟阵 $M=(S,\mathcal{I})$, 则有

(i) $(M^*)^*=M$.

(ii) $r^*(X)=|X|+r(S-X)-r(S)$.

证明留作习题 12.38.

对偶 M^* 的一个围道叫做 M 的**割集** (cut-set), 或叫做**共围道** (cocircuit). 根据 M^* 的定义, M 的一个共围道是 S 的一个最小子集, 它与 M 的所有的基底有一个非空的交.

12.7.2　拟阵的贪婪算法

设 $M=(S,\mathcal{I})$ 是一个拟阵. 对于每一个 $X\in\mathcal{I}$, 定义集合 $\mathrm{ext}(X)$ 如下：

$$\mathrm{ext}(X)=\{y\in S-X:\ X\cup\{y\}\in\mathcal{I}\}. \tag{12.9}$$

即表明 $\mathrm{ext}(X)$ 包含那些在 $S-X$ 中的元素 y, 使得 y 能够被添加给 X 而不产生一个独立集.

假定在 S 的元素上有一个权重函数 $w:S\to\mathcal{R}_+\cup\{0\}$. 令 $w(X)=\sum_{x\in X}w(x)$, 下面将寻找具有最大权的 S 的一个独立子集. 因对于每一个 $s\in S$, 有 $w(s)\geqslant 0$, 则有一个最大权独立子集总能够被假定为一个基底 (使用 (I3), 可以给 X 添加权

为零的额外的元素, 如果 X 具有最大权但不是一个基底). 一个**最优基底** (optimal base) 是一个基底 B, 对于每一个 $B' \in \mathcal{B}$, 总有 $w(B) \geqslant w(B')$.

下面的算法 $\mathcal{GA}$ 叫做**拟阵贪婪算法** (the greedy algorithm for matroid).

拟阵贪婪算法 $\mathcal{GA}$

输入: 一个拟阵 $M=(S,\mathcal{I})$ 和一个权重函数 $w: S \to \mathcal{R}_+ \cup \{0\}$.

输出: 拟阵 M 的一个最优基底.

1. 令 $X := \varnothing$;
2. 如果 $\text{ext}(X) = \varnothing$, 则转到步骤 5;
3. 选择一个元素 $x \in \text{ext}(X)$, 使得 $w(x) = \max\{w(y):\ y \in \text{ext}(X)\}$;
4. 令 $X := X \cup \{x\}$, 转到步骤 2;
5. 返回 X.

因为拟阵 M 中只有最大独立集是基底, 从而贪婪算法返回 M 的一个基底 X. 如此的基底叫做 M 的一个**贪婪基底** (greedy base). 下面 Rado 的结论表明拟阵的贪婪算法运行良好.

定理 12.7.7[619] 关于**拟阵的贪婪算法**总能够找到一个最优基底.

证明 假定存在一个拟阵 $M=(S,\mathcal{I})$ 和权重函数 w, 使得贪婪算法找不到拟阵 M 的一个最优基底. 设 B_g 是贪婪基底, 它是由算法返回的. 依据假设, 拟阵 M 没有另一个基底 B, 使得

$$w(B_g) < w(B). \tag{12.10}$$

因为 $\varnothing \subset B \cap B_g$ 且 $B_g \neq B$, 存在时间循环的一个良定义首迭代, 其中 $\mathcal{GA}$ 选择不在 B 中的一个元素 x. 令 A 是在算法 $\mathcal{GA}$ 添加 x (给 A) 之前由算法找到的当前独立子集. 考虑独立集 $A' = A \cup x$. 按照 (I3), 能够添加 B 的元素把 A' 扩张到拟阵 M 的一个基底 B'. 依照这一点和 (B2), 对某 $y \in B - B_g$, 有 $B' = (B-y) \cup \{x\}$. 因为 $A \cup y \subseteq B'$, 得 $y \in \text{ext}(A)$. 由于算法 $\mathcal{GA}$ 在它扩张 A 时, 选择 x 而不是 y, 便有 $w(y) \leqslant w(x)$. 然而, 这意味着

$$w(B_g) = w(B) - w(y) + w(x) \geqslant w(B),$$

与 (12.10) 式矛盾. □

我们能够证明, 如果存在集合 S 的子集的一个组 $\mathcal{F}$, 使得 (I1) 和 (I2) 成立, 但不使 (I3) 成立, 则存在一个非负实值权重函数, 使得把拟阵贪婪算法 $\mathcal{GA}$ 应用到这组集合上, 绝对找不到一个最优基底 (习题 12.39).

知道传统的 Kruskal 算法的读者会注意上述算法 $\mathcal{GA}$ 和 Kruskal 算法之间的相似性, Kruskal 算法是在具有边上赋权无向图中寻找一个最小权支撑树[169]. Kruskal 算法实际是拟阵贪婪算法 $\mathcal{GA}$ 关于输入 G 的围道拟阵 $M(G)$ 的特殊情形.

12.7.3　独立性问答器

关于拟阵的最快算法是什么？如何有效地表达一个拟阵？这些是重要的问题. 特别地, 在一般的情形下, 应清楚地认识到存储一个拟阵的一串独立子集的信息是不可行的. 例如, M 是一致拟阵 $U_{n,k}$, 将不得不存储 $\{1,2,\cdots,n\}$ 的规模至多为 k 的全体子集. 而在另一方面, 关于 $U_{n,k}$, 容易判定 $\{1,2,\cdots,n\}$ 的一个已知子集是否为独立的, 简单地计算它的规模并检查计算结果是否至多为 k. 这说明重要的不是具有所有的独立集合的列表, 而是有能力确定基集合 A 的一个给定子集 X 是否在 M 中为独立的.

以下假定总是用**基集合** S 给出拟阵以及一个子程序 O_M 用于对给定的 $X \subseteq S$ 判定 X 在 M 中是否为独立的. 如此的一个子程序 O_M 叫做拟阵 $M=(S,\mathcal{I})$ 的一个**独立问答器** (independence oracle). 我们说具有独立问答器 O_M 的拟阵 $M=(S,\mathcal{I})$ 的一个拟阵算法 $\mathcal{A}$ 是**快速的**, 如果 $\mathcal{A}$ 的步骤数目在 $|S|$ 和任何其他输入 (如一个权重函数) 中是多项式的, 其中总认为每次调用 O_M 是取常量时间. 按此假定, 贪婪算法是一个快速拟阵算法.

为使一个快速拟阵算法在实际中是有用的, 必须能够补充一个独立问答器, 它运行于多项式时间内 (并且令人非常满意地快). 在上述 Kruskal 算法的情形中, 存在如此的一个问答器, 因为在 $G=(V,E)$ 的围道拟阵中一个子集 $X \subseteq E$ 是独立的当且仅当 X 导出 G 的一个森林, 某些事情可以用 DFS 在线性时间内检验, 例如习题 12.41. 相似地, 可以在线性时间内完成检验一个子集在 $U_{n,k}$ 中是否为独立的.

12.7.4　拟阵的并

设 $M_i=(S,\mathcal{I}_i)$ $(1\leqslant i\leqslant k)$ 是在同一个基集合 S 上的拟阵, 定义 $\bigvee_{i=1}^k M_i = (S,\bigvee_{i=1}^k \mathcal{I}_i)$ 如下：一个集合 $X\subseteq S$ 在 $\bigvee_{i=1}^k M_i$ 中是独立的当且仅当可以将 X 分解为 $X=X_1\cup X_2\cup\cdots\cup X_k$, 其中对于每一个 $i=1,2,\cdots,k$, 有 $X_i\in\mathcal{I}_i$. 证明下面的结论是一个不简单的练习 (习题 12.42)：

命题 12.7.8　设 $M_i=(S,\mathcal{I}_i)$ $(1\leqslant i\leqslant k)$ 是在同一个基集合 S 上的拟阵. 则 $\bigvee_{i=1}^k M_i$ 是一个拟阵.

注意, 如果 X 在 $\bigvee_{i=1}^k M_i$ 中是独立的, 则 X 有一个划分集合 $X_1,X_2,\cdots,X_k$, 使得 X_i (可能是空的) 在 M_i 中是独立的 $(1\leqslant i\leqslant k)$. 于是判定 X 是否在 $\bigvee_{i=1}^k M_i$ 中为独立的等价于判定是否可以将 X 划分为 k 个子集 $X_1,X_2,\cdots,X_k$, 使对 $i=1,2,\cdots,k$, 有 $X_i\in\mathcal{I}_i$.

拟阵划分问题 (the matroid partition problem)：设 $M_i=(S,\mathcal{I}_i)$ $(1\leqslant i\leqslant k)$ 是同一个基集合 S 上的拟阵以及一个子集 $X\in S$. 是否存在 S 的子集 $X_1,X_2,\cdots,X_k$, 使有 $X=\bigcup_{i=1}^k X_i$, 且对于每一个 $i=1,2,\cdots,k$, $X_i\in\mathcal{I}_i$?

在习题 12.45 中, 读者的任务是证明判定一个无向图有 k 棵边不交支撑树的问题能否被表述为一个拟阵划分问题. 因而, 下面的定理隐含了一个多项式算法的存在, 此算法可判定一个无向图是否有 k 棵边不交的支撑树 (见习题 12.46).

定理 12.7.9 对于每一个拟阵 M_i $(i=1,2,\cdots,k)$, 有多项式时间实现独立问答器. 则拟阵划分问题是多项式时间可解的.

建议读者阅读 Recski 的书以获得有关拟阵划分问题的快速算法[623]. 注意, 若 $M=(S,\mathcal{I})$ 是一个拟阵, X 是 S 的一个子集, 则 $M\langle X\rangle=(X,\mathcal{I}_X)$ 也是一个拟阵 (习题 12.43), 其中 $\mathcal{I}_X=\{Y\in\mathcal{I}:\ Y\subseteq X\}$. 因此, 拟阵划分问题等价于判定基集合 S 在 $\bigvee_{i=1}^{k}M_i$ 中是否为独立的问题. 这个问题在文献 [623] 中已经得到解决.

12.7.5 二个拟阵的相交

另一个关于拟阵的重要专题是拟阵相交, 这并不是指 2 个在同一个基集合 S 上的拟阵 $M_1=(S,\mathcal{I}_1)$, $M_2=(S,\mathcal{I}_2)$, 则 $M=(S,\mathcal{I}_1\cap\mathcal{I}_2)$ 也是一个拟阵. 这是错误的, 读者可以容易地从一个例子认识到这一点 (习题 12.47). 本小节的研究重点是在如下的问题上:

拟阵相交问题 (the matroid intersection problem): 已知 2 个拟阵 $M_1=(S,\mathcal{I}_1)$, $M_2=(S,\mathcal{I}_2)$, 且有 $r_1(S)=r_2(S)$. 寻找一个最大基数的子集合 $T\subseteq S$, 使得它在拟阵 M_1 和 M_2 中的每一个里是独立的.

下面的结果表明拟阵相交问题和拟阵划分问题是紧密相关的.

定理 12.7.10 设 $M_1=(S,\mathcal{I}_1)$, $M_2=(S,\mathcal{I}_2)$ 是在同一个基集合 S 上的拟阵, 具有 $r_1(S)=r_2(S)=r$, 令 $n=|S|$. 存在 M_1, M_2 的一个公共基底当且仅当 $M_1\vee M_2^*=U_{n,n}$.

证明 如果 X 是 M_1 和 M_2 的一个基底, 则 $S-X$ 在 M_2^* 中是独立的, 因而 $S=X\cup(S-X)$ 在 $M_1\vee M_2^*$ 中是独立的, 表明这就是 $n=|S|$ 个元素上的自由拟阵.

下证充分性. 假定 S 在 $M_1\vee M_2^*$ 是独立的, 则可以将 S 划分为 $S=S_1\cup S_2$, 其中 $S_1\in\mathcal{I}_1, S_2\in\mathcal{I}_2^*$. 可得

$$\begin{aligned}|S|&=|S_1|+|S_2|=r_1(S_1)+r_2^*(S_2)\\&\leqslant r_1(S)+r_2^*(S)=r+(|S|-r_2(S))\\&=r+(|S|-r)=|S|.\end{aligned}\qquad(12.11)$$

这说明 $r_1(S_1)=r$ 和 $r_2^*(S_2)=|S|-r_2(S)$. 于是 S_1 是 M_1 的一个基底, 且 S_2 $(=S-S_1)$ 是对偶 M_2^* 的一个基底. 于是知 S_1 是 M_1 和 M_2 的一个公共基底. □

Edmonds 给出下面的结果:

定理 12.7.11[212] 对 M_1, M_2 有多项式时间可实现独立问答器, 能够在多项式时间内解决拟阵相交问题. 此外, 在相同的假设下, 关于任何给定的 S 上的实值函数, 能够在多项式时间内找到一个最大 (或最小) 权公共独立子集.

有关 (赋权) 拟阵相交的一个多项式算法的描述可见文献 [166, 623].

拟阵相交对于模式化 (和解决) 许多组合优化问题是非常有用的. 例如, 在一个弧赋权有向图中寻找一个最小权圈因子问题可以被表述为 2 个赋权拟阵相交问题. 考虑拟阵 $M^-(D)$ 和 $M^+(D)$ 的相交, 它们在本节开始时已经被定义. 这 2 个拟阵有一个公共基底当且仅当 D 有一个圈因子. 此外, 一个公共基底的最小权等于一个圈因子的最小权. 2 个例子分别在 9.10 节和习题 12.48 中给出.

12.7.6 多个拟阵的相交

如果考虑在一个基集合上的 3 个以上的拟阵, 并且要知道它们的一个公共基底, 正如将会在下面的特殊情形看到的, 这个问题包含了少量的困难问题作为其特殊情形.

k **拟阵相交问题** (k-matroid intersection problem): 已知在同一个基集合上的拟阵 $M_i = (S, \mathcal{I}_i)$ $(1 \leqslant i \leqslant k)$, 问是否存在一个集合 $X \subseteq S$, 使得 X 是每一个 M_i $(1 \leqslant i \leqslant k)$ 的基底?

定理 12.7.12 对 $k \geqslant 3$, k 拟阵相交问题是 $\mathcal{NP}$ 完全问题.

证明 只要对情形 $k = 3$ 证明定理就足够了, 因为通过使用同一个拟阵的几个拷贝可以将证明推广到较高的 k. 下面证明在多项式时间内能够将一个 $\mathcal{NP}$ 完全问题简约到 3 拟阵相交问题, 这个 $\mathcal{NP}$ 完全问题是判定一个有向图中是否存在一条从一个预先指定的顶点 u 出发到一个预先指定的顶点 v 终止的哈密尔顿路问题 (见习题 6.3).

设 $D = (V, A)$ 是一个有向图, $u, v \in V$ 是 D 的 2 个特殊顶点. 定义拟阵 $M_i = (S, \mathcal{I}_i)$ $(i = 1, 2, 3)$ 如下:

$S = A$.

$M_1 = M(UG[D])$.

$X \in \mathcal{I}_2$ 当且仅当不存在弧进入 $D_X = (V, X)$ 中的顶点 u, 并且其他的每一个顶点至多有一条 D_X 中的弧进入它.

$Y \in \mathcal{I}_3$ 当且仅当在 $D_Y = (V, Y)$ 中不存在弧离开 v, 并且其他的每一个顶点至多有一条 D_Y 中的弧离开它.

在 9.10 节中, 我们曾证明 $M_2 = (A, \mathcal{I}_2)$ 是一个拟阵. 同理, $M_3 = (A, \mathcal{I}_3)$ 也是一个拟阵. 不难看到, D 有一条从 u 到 v 的哈密尔顿路 P 当且仅当 M_1, M_2, M_3 有一个公共的基底 (一条哈密尔顿路中的弧对应到 M_1, M_2, M_3 的一个公共基底).

注意, 上述的简约是一个多项式简约, 因为对具有预先指定初始和终止顶点的哈密尔顿路问题的一个事例 $[D, u, v]$, 我们能够容易地提取 A 的弧来形成上述 3 个拟阵的基集合. □

12.8 为 $\mathcal{NP}$ 困难问题寻找好解

本书介绍了许多的 $\mathcal{NP}$ 困难问题, 比如反馈弧集问题 (为简便在下面表示为 FAS) 具有重要的实际意义, 所以下面讨论的部分内容集中在反馈弧集问题上. 但是, 按我们的所知, 这里的大部分讨论也适合 $\mathcal{NP}$ 困难问题的主体.

显然, 如果可以简单地尝试弧集合的全体子集, 并且获得所找到的最小反馈弧集, 则能够解决 FAS 问题. 当然, 如果是可行的, 就是对至多有 100 条弧的有向图, 也需要指数时间. 这个程序就是在今天最快的计算机上, 甚至是在将来不久的计算机上, 它也是极为消耗时间的!

一个较好途径是尝试简便地解决这个问题, 通过一个明智的方式检查在全部可能解的集合中那些可能是最优解的候选者. 设有一个 20 条弧的反馈弧集, 且有一个 (令人满意地快速) 方法来探测某一组弧子集合中所有的子集合, 如果不存在少于 20 条弧的反馈弧集合, 则不再考虑这些子集合, 因为找不到最优解. 我们不在这里详细描述这个思路, 它是在一个叫做**分枝和界** (branch and bound) 的方法中 2 个主要成份之一[600], 可以用分枝和界去解决较小的 FAS 问题的事例, 但对 100 个顶点的有向图, 寻找一个最优解却是相当地消耗时间.

下面的部分内容是描述几个方法, 但不能保证解的质量, 甚至不能保证实施方法的运行时间. 但是实验证据表明: 在实际当中, **直观探索法** (heuristics) 能够给出若干个接近最优解的解. 此外, 当谨慎地在一台 PC 机上运行它们时, 它们常常运行得非常快. 此方法对一些理论家来说似乎是没有多大意义, 因为这些理论家所考虑的是要证明得到最优解, 或者关于值得研究的解获得近似保证. 然而, 实际情形却截然不同. 当要求工程师们为 FAS 问题的一个事例去寻找一个适当的、合乎道理的解时, 他们却说不能够采取这样的方式. 所需要的是得到一个好解的方法, 这个解中的某些特征比一个随机解要好, 且不能够被轻易地改进 (参见 6.12 节中关于 TSP 问题算法的支配数的讨论). 显然, 如此的解常常比工程师们随手找来的解要好得多.

首先介绍一个寻找反馈弧集的简单方法, 但它是局部最优的. 给定一个有向多重图 $D = (V, A)$ 和其顶点集 V 的一个序 $s = v_1, v_2, \cdots, v_n$. 对于这个给定的序, 能够容易地确定向前弧集 A_f (就是那些满足 $i < j$ 的弧 v_iv_j), 集合 $A - A_f$ 显然是 D 的一个反馈弧集. 现假定有下标 i, j, 使得删去顶点 v_j, 然后把它又重新插入 v_i 和 v_{j+1} 之间①, 这就得到了一个较小的反馈弧集. 显示出不需要涉及所有的弧就能够

① 因为 v_{i+1} 和 v_0 显然是有意义的, 故允许 $i = n$ 和 $i = 0$.

轻易地计算出关于反馈弧集值的效果 (习题 12.49).

按照一个解 s (by a solution s) 是指 D 的顶点的一个序 $s = v_1, v_2, \cdots, v_n$. 一个解 s 的**值** $v(s)$ 是关于 s 的向后弧的数目. 2 个解 s, s' 是**相邻解**, 如果能够通过在一个解中删去一个顶点然后再把它插回余下顶点的序中的某处的方法从一个解来得到另一个解. 根据一个解 s 的相邻解的定义, 可以定义解 s 的**相邻解集** $N(s)$ 是包含了 s 的所有相邻解. 现在可以为 FAS 问题描述一个非常简单的直观探索法, 叫做 FAS 问题的 **1-OPT**:

1-OPT

输入：一个有向多重图 $D = (V, A)$;

输出：V 的一个序 (这个序的向后弧形成 D 的一个反馈弧集).

1. 先从对应 V 的一个随机置换的解 s 开始;
2. 如果存在 s 的一个相邻解 s', 使得 $v(s') < v(s)$; 则取 $s := s'$ 作为新的当前解. 然后重复这个步骤;
3. 输出局部最优解 s 并停止.

不难证明 (习题 12.50) 1-POT 算法在经过有限步骤后停止在一个局部最优解. 这里**局部最优** (locally optimal) 是指向后弧的数目不能由移动单一的顶点而减少.

对于 FAS 问题, 存在其他方法来确定一个解的显式相邻解集. 例如, 可以考虑所有这样的解, 即在给定的序中交换 2 个顶点的位置而得到的解 (习题 12.52 和习题 12.53). Olsen 的实验结果表明最后的这个方式比前面的方法选择相邻解集并不产生高质量的解[594].

尽管 1-OPT 产生的解一般来说比随机选取的解要好得多, 但它仅仅保证最后找到的解是局部最优的. 此外, 如果改进对象函数仅取得一个新解, 则算法还是不能够逃脱一个局部最小值.

我们可以重新开始算法数次, 这样多少可以补救这个缺点, 每次是从顶点的一个新随机置换开始. 由于通常算法运行得很快, 可能 (从不同的随机解) 重新运行多次, 我们能够在所找到的局部最优化解中提取最好的解.

另外的一个可以摆脱局部最小值的方法是允许当前解 s 的一个相邻解 s' 在某正概率下具有 $v(s') > v(s)$ 而被选取. 然而, 除非这个概率随步骤的数目增加而减少, 否则这个方法绝对不会收敛到一个局部最小值.

我们将要简单地描述解决这个问题的叫做**模拟退火** (simulated annealing) 方法. 该方法的基本思路是允许相邻解 s' 以概率 p 有 $v(s') > v(s)$ 而被选取, 依赖于 $\tau = v(s') - v(s)$ 和当前算法运行的步骤数目.

下面对可能解集 S 和对象函数 f 以及相邻解集结构 N 上的一个最小化问题来介绍生成模拟退火方法. 注意这是一个**亚直观探索法** (meta-heuristic), 即它是一个设计方案, 可以将它应用到许多类型的组合优化问题中, 而不仅仅是一个特殊问题.

生成模拟退火 (generic simulated annealing)

1. 挑选一个初始解 s_0;
2. 对于一个值 t_0 初始化控制参数 t;
3. 为控制参数 t 挑选一个简约法 M;
4. 重复 $K(n)$ 次:
5. 随机地选择一个相邻解 $s \in N(s_0)$;
6. 令 $\tau := f(s) - f(s_0)$;
7. 若 $\tau \leqslant 0$, 则令 $s_0 := s$;
8. 否则以概率 $\exp(-\tau/t)$ 令 $s_0 := s$;
9. 令 $t := M(t)$;
10. 如果满足停止条件, 则返回所遇到的最好解, 停止; 否则, 转向步骤 4.

尽管在上面没有写出解来, 应理解为算法保持当前所找到的最好解的踪迹 (注意, 这并不与当前解 s_0 一致).

在上面 (松散) 的描述中, 很明显的是关于如何运行不同的步骤算法的任何一个实施卷入了多次的选取. 下面简单地讨论一般的思路, 如要获得更详细的细节, 建议读者阅读 Dowsland 的综述性文章[203], Johnson, Aragon, McGeoch 和 Schevon 所给出的模拟退火的实验证据[464]. 重要的是要注意到对于实施算法要寻找值/方法的一个好集合并不总是简单的工作. 这个过程的部分由**调整** (tuning) 参数 t_0, $K(n)$, 关于减少 t 的方法 M 以及停止原则组成. 这可操作一系列包含所有的参数而不是一个固定的参数运行来完成, 然后选取看起来允许选取的值. 在这个过程的几个步骤之后, 可以达到对参数的一个选取, 似乎改进它们是不容易的 (依据所使用的最好数据), 可见习题 12.51. 然而, 由 Hansen[397] 和 Olsen[594] 报道的实验数据指出: 关于一个如同 FAS 的问题构造一个选取集合并不困难, 此集合将使算法运行的相当好.

我们能够任意地选取初始解, 或者说它是一个由 1-OPT 所找到的局部最优解. 控制参数 t 将被初始化, 使得在开始阶段有一个公平的机会, 算法将接受一个具有比当前解 s_0 高的 f 值的相邻解. 正规地说, 这可以从一个随机解出发来完成, 然后执行算法的 1000 个步骤, 而始终保持追踪可接受为新的当前解的相邻解的数目①. **初始可接受率** (initial acceptance rate) 是可接受解与所检验过相邻 (1000 以上) 解总数的商. 在文献 [464] 中给出的实验表明在区间 [0.3, 0.9] 中的可接受率均工作良好 (这些实验不是针对 FAS 问题, 但结论似乎对 FAS 也成立[594]).

① 这包括有比当前解以及较坏解更好 (或相等) 值的解, 但是, 它们是在概率的步骤 8 中所选取.

实验说明, 在每一个圈 $K(n)$ 个步骤之后简约 t 所使用的实际简约方法不与简约 t 的比率一样重要. 这个比率应该尽可能地降低 (也就是说, 当时间允许的话)[464]. 事实上, 通常没有理论存在对用局部搜索直观探索法比如说 1-OPT 对寻找到的解保证质量. 可以证明[30], 在理想的条件下 (比如无限地、慢慢地简约参数 t, 对于每一个 t 的值取一个相当大数量的步骤, 使用一个允许从任意一个解搜索某最优解的邻居结构) 模拟退火将确实地找到一个最优解. 当然, 如此的一个仅仅是有理论意义的解并不优美. 因为这些结论中的某些结论是依赖于 Markov 链, 结果表明较慢的一个简约 t 和较高的 $K(n)$ (作为相邻集规模的一个函数), 将得到一个更好的结果. 这个结论对 n 个模拟退火应用似乎是真实的[203, 464].

通常, 我们也使用一个简单的几何简约, 其中对某固定的数 $0 < r < 1$, 令 $t := rt$, 其中 r 接近于 1. 实验表明 $r = 0.95$ 通常是好的选择[464]. 对于每一个由 t 产生的假设的值, 步骤的数目 $K(n)$ 至少是一个任意解的相邻解集规模下的线性函数. 最终共同使用一个停止条件, 对某些移动的数目 N 在当前解中不存在改进. 另一种可能性是使用**当前接受率** (current acceptance rate) (计算相似于初始接受率通过保持追踪到最终的可接受移动数目, 比如说 1000 个步骤) 作为一种测量, 当这个比率降低, 比如说一个百分点, 则停止. 当控制参数变得比预先指定的值 t_s 小的时候, 可以决定停止. 注意, 在最后的情形中由算法所执行的步骤数总是相同的 (对于 $K(n)$ 和固定的 M).

鉴于篇幅的限制, 我们不再介绍有关模拟退火方法的更多细节, 鼓励有兴趣的读者完成习题 12.51 和习题 12.52 的程序设计. 关于各种组合优化问题的模拟退火方法的成功改变了过程 (也极为依赖于实验它的人的才能, 尤其是在调整阶段), 对于类似于线性序问题的问题, 该算法似乎工作的良好. Hansen 指出[397]：当对规模在 75 个顶点以内的线性序问题的实际生活事例应用算法时, 在一台标准的 PC 机上模拟退火算法总是在很短的几分钟内就找到最优解, 而且不是限制在最优解的百分之一内的最优解.

需要知道如何调整模拟退火算法以及该算法与其他各种组合优化问题之间的比较和彻底讨论的读者可阅读 Johnson, Aragon, McGeoch 和 Schevon 的实验文章[464, 465]. 也有一些其他的方法非常好的适合于许多类型组合优化问题, 我们给读者推荐 Reeves 编写的书以获取有关专题的详细讨论[628].

12.9 习　　题

12.1 证明：给定一个定向图 D, 在时间 $O(nm)$ 内检验 D 是否满足猜想 12.1.1. 使用定向图的哪一个表示可以得到这个复杂性?

12.2 证明：寻找一个弧赋权竞赛图的中值序 (即一个序最小化向后弧的总权) 是 $\mathcal{NP}$ 困难问题, 利用给出一个把反馈弧集问题多项式地简约到这个问题.

12.3 (+) 用一个简短且直接的证明来证明：存在一个函数 $f(n)$, 使得每一个具有 $f(n)$ 个顶点的竞赛图包含每一棵 n 个顶点的定向树. 提示：考虑从树中移走一片叶子, 然后运用数学归纳法.

12.4 构造你自己的半完全 PCDs 的例子, 使得对这些例子使用 FSO 和得分法会产生不同的结论.

12.5 关于 n 运用数学归纳法来证明引理 12.2.1 中有关 $f_K(\alpha)$ 的公式.

12.6 证明：设 $K = (V, A, \varepsilon)$ 是具有 n 个顶点的完全 PCD, 令 α 是 K 的一个序, 则 $f_K(\alpha) + b_K(\alpha) = n(n^2 - 1)/6$. 提示：对 n 运用数学归纳法.

12.7 证明：寻找一个 PCD 的向前最优序是 $\mathcal{NP}$ 困难问题[373].

12.8 (−) 叙述并证明关于向前序的一个引理, 它相似于引理 12.2.6.

12.9 使用引理 12.2.6 推证引理 12.2.7.

12.10 证明定理 12.2.8.

12.11 (−) 计算对应于图 12.6 中有向图 D 的一致 PCDs 顶点的正常向后秩.

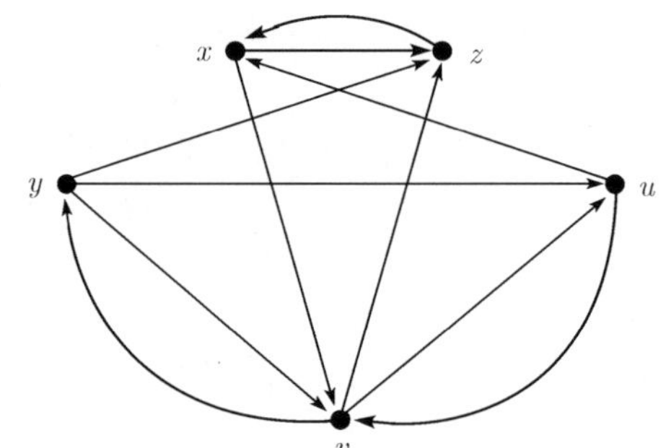

图 12.6　一个半完全 3 部分有向图 D

12.12 使用定理 12.2.8 来构造一个多项式算法, 用它可以寻找一个半完全多部分 PCD 的顶点的正常向后秩.

12.13 证明定理 12.2.9.

12.14 (−) 寻找对应有向图 $D - vz$ 的一致 PCDs 顶点的正常向后秩, 其中 D 是图 12.6 中描述的有向图.

12.15 对于每一个无圈有向图是核完美的结论给出一个直接的证明. 证明：一个无圈有向图有唯一的一个核[731].

12.16 已知 $C_{43}(\{1,7,8\})$ 是一个循环有向图, 证明：$C_{43}(\{1,7,8\}) - (1,2)$, $C_{43}(\{1,7,8\}) - (1,8)$ 和 $C_{43}(\{1,7,8\}) - (1,9)$ 均有核.

12.17 (−) 对于每一个整数 $n \geqslant 1$, 给出 n 阶拉丁方的一个构造.

12.18 (+) 证明定理 12.4.2.

12.19 构造一个二部分图 $B = (X \cup Y, E)$, 它具有每一个顶点的邻点的序导出的一个序族 $\{>_u \mid u \in X \cup Y\}$, 使得 B 无最大匹配是稳定的.

12.20 (−) 论证定理 12.4.3 证明中的定向图 D 是 $(n-1)$ 正则的.

12.21 (+) 证明：每一个有向图有唯一的柱心 (到同态).

12.22 (−) 证明：每一个半完全有向图是一个柱心.

12.23 **刻画柱心半完全二部分有向图**. 证明下面 Bang-Jensen 和 Hell 的定理.

定理 12.9.1[74]　设 B 是具有顶点二部划分 X, Y 的半完全二部分有向图. 则 B 是一个柱心当且仅当

(a) B 是一个 2 圈, 或者

(b) 对所有的 $x, y \in X$, 使得 $x \neq y$, 或有 $y \in N^{+2}(x)$, 或有 $x \in N^{+2}(y)$ 以及对所有的 $u, v \in Y$, 使得 $u \neq v$, 或有 $u \in N^{+2}(v)$, 或有 $v \in N^{+2}(u)$.

12.24 说明存在一个多项式算法, 它可以把一个给定的半完全二部分有向图转换成它自己的柱心. 提示：使用定理 12.9.1.

12.25 证明命题 12.5.3. 提示：先说明你可以假定输入的有向图是无圈的, 然后使用无圈序.

12.26 **关于 $\vec{C}_k$ 着色的多项式算法**. 完成从文本到 $O(n+m)$ 算法的描述：已知任意一个阶 n 和规模 m 的有向图 D, 或是找一个同态 $D \to \vec{C}_k$, 或者证明 $D \not\to \vec{C}_k$.

12.27 证明定理 12.5.8.

12.28 (−) 证明定理 12.5.10.

12.29 (+) **把 3-SAT 简约到 H 着色问题**. 设 H 是图 12.7 (a) 中的有向图, 且 Y 是图 12.7 (b) 中的有向图.

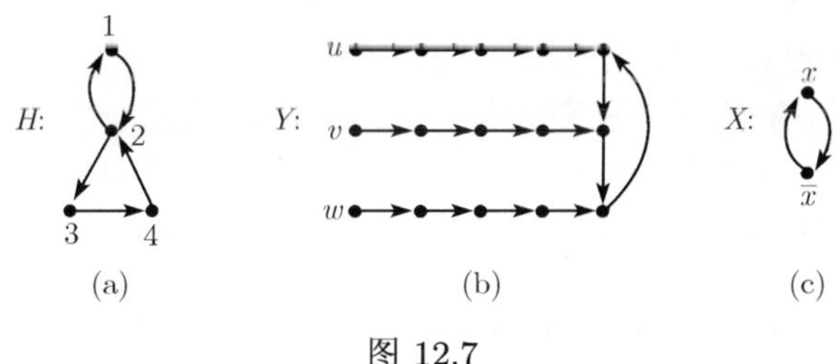

图 12.7

(a) 有向图 H; (b) 有向图 Y; (c) 有向图 X

(i) 证明：对于 Y 的每一个 H 着色, 顶点 u, v, w 中至少一个不被映射到 1.

(ii) 证明：对于 Y 的每一个部分 H 着色, 其中顶点 u, v, w 中至多有 2 个顶点被映射到 1, 可以被扩张到 Y 的一个 H 着色.

(iii) (−) 证明：在 X 的每一个 H 着色中, 或者 x 被着为 1 色和 $\tilde{x}$ 被着为 2 色, 反之也真.

(iv) (+) 使用 (i) 和 (ii) 在多项式时间内关于 3-SAT 的一个事例 $\mathcal{F} = C_1 * C_2 * \cdots * C_n$ 构造一个有向图 $D[\mathcal{F}]$, 使得 $D[\mathcal{F}] \to H$ 当且仅当 $\mathcal{F}$ 是可满足的. 提示：对于每一个变量使用 X 的一个拷贝, 对于每一个子句使用 Y 的一个拷贝, 并按照公式 $\mathcal{F}$ 把它们拼合在一起.

12.30 (+) 使用相似于习题 12.29 的一个简约, 证明：如果 H 是 4 个顶点的强竞赛图, 则 H 着色问题是 $\mathcal{NP}$ 完全问题.

12.31 证明：计算 α_{or} 是 $\mathcal{NP}$ 困难问题, 甚至对半完全有向图也是如此. 提示：将无向图的独立数问题简约到这个问题上来.

12.32 证明：(B3) 对任意拟阵成立.

12.33 (−) 证明：$M = (S, \mathcal{I})$ 是一个拟阵当且仅当它满足于 (I1), (I2) 和 (I3′).

12.34 (−) 证明引理 12.7.4.

12.35 证明命题 12.7.3.

12.36 **关于拟阵的围道公理**. 证明下面的命题:

命题 12.9.2　设 $\mathcal{C}$ 是拟阵 $M=(S,\mathcal{I})$ 的围道之集. 则下列陈述成立:

(C1) 如果 $C,C'\in\mathcal{C}$ 和 $C\subseteq C'$, 则 $C=C'$.

(C2) 若 $C,C'\in\mathcal{C}$, $C\neq C'$ 和 $u\in C\cap C'$, 则存在一个围道 $Z\in\mathcal{C}$, 使得 $Z\subseteq C\cup C'-u$. 提示: 使用 (R3), 对于每一个围道 C 和每一个 $x\in C$, $C-x$ 是独立的.

12.37 证明: 若 M 是一个拟阵, 则 M 的对偶 M^* 也是一个拟阵.

12.38 证明命题 12.7.6.

12.39 (+) **愚弄关于不是拟阵的子集族的贪婪算法**. 假定 $\mathcal{F}$ 是集合 S 的一组子集, 它们满足 (I1), (I2), 但不满足 (I3). 构造一个赋权函数 w, 使得算法 $\mathcal{GA}$ 不能够找到一个最优基底 [213].

12.40 (+) 证明下面的结论:

定理 12.9.3　设 $M=(S,\mathcal{I})$ 满足 (I1), (I2). 对 S 上的每一个非负实值函数 w 的选取, 贪婪算法 $\mathcal{GA}$ 找到关于 M 的一个最优解基底当且仅当 M 是一个拟阵. 提示: 说明当 $A=\{a_1,a_2,\cdots,a_k\}$ 和 $B=\{b_1,b_2,\cdots,b_k,b_{k+1}\}$ 均属于 $\mathcal{I}$ 时, 可以选取 S 的元素上的一个赋权函数 w, 使得 $\mathcal{GA}$ 将总是选择 A 为开始的 k 个元素, 除非有一个 $b_i\in B$, 使得 $A\cup\{b_i\}\in\mathcal{I}$, 贪婪算法 $\mathcal{GA}$ 将不能达到一个最优基底.

12.41 描述一个 $O(n+m)$ 算法来判定 n 个顶点和 m 条边的无向图是否有一个圈.

12.42 (+) 证明命题 12.7.8. 提示: 只要对 2 个拟阵证明断言成立. 考虑 (I3) 的一个反例 X,Y, 其中 $X=X_1\cup X_2$, $Y=Y_1\cup Y_2$, $X_1,Y_1\in\mathcal{I}_1$, $X_2,Y_2\in\mathcal{I}_2$, 且 $|X_1\cap Y_2|+|X_2\cap Y_1|$ 是最大的.

12.43 证明: 在 12.7 节中定义的 $M\langle X\rangle$ 是一个拟阵.

12.44 设 $D=(V,A)$ 是一个具有 2 个特殊顶点 s,t 的有向图, 使对某 k, 有 $\lambda(s,t)\geqslant k$. 定义 $\mathcal{I}=\{X\subseteq A:\lambda_{D-X}(s,t)\geqslant k\}$. 用一个例子说明对 $(A,\mathcal{I})$ 并不总是一个拟阵. (+) 你能够刻画那些有向图, 关于它们 $(A,\mathcal{I})$ 确为一个拟阵?

12.45 (+) **检验图中 k 棵边不交的支撑树**. 说明如何把判定一个无向图是否有 k 棵边不交支撑树的问题表述为一个拟阵划分问题.

12.46 (+) **判定 k 棵边不交的支撑树存在的算法**. 使用习题 12.45 的表述推导一个多项式算法可判定一个无向图是否有 k 棵边不交的支撑树问题. 要记住检验所需要的问答器可以被作为多项式算法来执行.

12.47 给出一个例子: 对于相同基集合 S 上的 2 个拟阵 $M_1=(S,\mathcal{I}_1)$, $M_2=(S,\mathcal{I}_2)$, 使得 $M=(S,\mathcal{I}_1\cap\mathcal{I}_2)$ 不是一个拟阵.

12.48 (+) **把一个二部分图的最大 (赋权) 匹配问题表述为一个 (赋权) 拟阵相交问题**.

(a) 说明如何把一个 $2n$ 顶点的二部分图 $G=(U,V,E)$ 中规模为 n 的匹配存在性问题表述为一个拟阵相交问题.

(b) 如果关于 G 的边上的权均是非负的, 说明如何解决在上面的图 G 中寻找一个规模为 n 的最大赋权匹配问题.

(c) 论证：事实上可以使用有关拟阵相交问题的一个算法在多项式时间内找到任何二部分图的一个最大匹配.

12.49 对 FAS 问题考虑用 1-OPT 方法. 从一个序 $v_1, v_2, \cdots, v_n$ 中移走第 j 个顶点, 然后把它插进 v_i 和 v_{i+1} 之间得到一个新序. 描述如何在线性时间内确定关于这个新序的向后弧的数目.

12.50 证明：应用到反馈弧集问题的 1-OPT 算法总会停止. 然后给出关于算法采取的步骤数目的一个好界.

12.51 (+) **设计关于反馈弧集问题执行一个模拟退火算法**. 这个设计的目标是执行模拟退火的一个版本, 它允许为反馈弧集问题的限制规模事例得到一个好解 ($n \leqslant 500$). 使用 12.8 节中所描述的细节与在 1-OPT 算法中所使用的邻集结构, 在各种实验数据 (比如一个随机生成的数据和一个已知的好反馈弧集的数据) 上运行实验并研究下列问题 ①：

(1) t 的初始值 (用产生初始可接受率度量) 将多大程度地影响解的质量?

(2) 是否存在最终解的值明显依赖于初始解的值? 从一个好解出发比从一个随机解出发更好吗?

(3) 慢慢地减少 t 是怎样的重要?

(4) 在 t 的 2 个连贯简约之间将执行多少次迭代? 尝试寻找一个好的估计并弄清楚它是如何依赖所输入的图的规模.

(5) 尝试结合模拟退火算法和 1-OPT, 通过 1-OPT 的运行中运用模拟退火完成一个计算, 或者在模拟退火算法的每一个步骤中使用 1-OPT, 并且使用产生解 s' 的值 (基于当前解 s) 作为关于算法的 (调整的) 对象函数, 即取 $f(s)$ 为局部最优解 s' 中向后弧的数目, 接受一个新提出的邻解, 它的 f 值比 $f(s)$ 好, 或者它通过算法的第 8 步中的检验.

12.52 对 FAS 问题代替在 12.8 节所做的定义一个解 s 的邻集, 可以说 2 个解 (有序) s, s' 是相邻的如果能够交换 2 个顶点 v_i, v_j 在序中的位置而从一个解得到另一个解. 尝试用这种邻集的选择完成习题 12.51, 并比较结论. 你认为哪一种邻集选择是最好的, 为什么? 给出一个计算实验检查这种邻集的选择.

12.53 **设计：比较有关反馈弧集问题的各种局部搜索算法**. 考虑下列关于 FAS 问题的直观探索法:

(a) 1-OPT.

(b) 2-OPT 使用了在习题 12.52 中所定义的邻集, 并且交换 2 个顶点位置只要存在如此的一对顶点, 使得这种交换将改进对象函数.

(c) 加深 1-OPT 下去: 如同 1-OPT, 如果总有一个较小值, 除了考虑当前解 s 的所有的邻集, 还要取一个对象函数是最好的解, 否则就停止.

(d) 加深 2-OPT 下去: 同上, 但不是关于 2-OPT.

执行它们中的每一个, 并关于各种实际数据比较它们, 弄清楚哪一个能找到最好的解, 还要比较它们的运行时间. 然后尝试具有概率版本的相同做法, 其中按照随机出发解重新开始多次的直观探索法.

---

① 应该理解为你要改变一个参数, 其余所有的参数被固定在找到的好实验值上, 或是在 12.8 节中所描述的值上.

参考文献

[1] Ádám A. Problem//*Theory Graphs Applications. Proc. Coll. Smolenice*. Czech. Acad. Sci. Publ., 1964: 12-18.

[2] Ádám A. Bemerkungen zum graphentheoretischen Satze von I. Fidrich. *Acta Math. Acad. Sci. Hungar.*, 1965, 16: 9-11.

[3] Aharoni R and Holzman R. Fractional kernels in digraphs. *J. Combin. Theory Ser. B*, 1998, 73(1): 1-6.

[4] Aharoni R and Thomassen C. Infinite, highly connected digraphs with no two arc-disjoint spanning trees. *J. Graph Theory*, 1989, 13(1): 71-74.

[5] Aho A V, Garey M R and Ullman J D. The transitive reduction of a directed graph. *SIAM J. Computing*, 1972, 1(2): 131-137.

[6] Aho A V, Hopcroft J E and Ullman J D. *The design and analysis of computer algorithms.* London-Amsterdam: Addison-Wesley Publishing Co., Reading, Mass, 1975.

[7] Ahuja R K, Magnanti T L and Orlin J B. *Network flows.* Englewood Cliffs, NJ: Prentice Hall Inc., 1993. Theory, algorithms, and applications.

[8] Aigner M and Ziegler G. *Proofs from the book.* Berlin Heidelberg, New York: Springer-Verlag, 1998.

[9] Ainouche A. An improvement of Fraisse's sufficient condition for hamiltonian graphs. *J. Graph Theory*, 1992, 16: 529-543.

[10] Alon N. Disjoint directed cycles. *J. Combin. Theory Ser. B*, 1996, 68(2): 167-178.

[11] Alon N and Gutin G. Properly colored Hamilton cycles in edge colored complete graphs. *Random Structures and Algorithms*, 1997, 11: 179-186.

[12] Alon N and Linial N. Cycles of length 0 modulo k in directed graphs. *J. Combin. Theory Ser. B*, 1989, 47(1): 114-119.

[13] Alon N, McDiarmid C and Molloy M. Edge-disjoint cycles in regular directed graphs. *J. Graph Theory*, 1996, 22(3): 231-237.

[14] Alon N and Spencer J H. *The probabilistic method.* Wiley-Interscience Series in Discrete Mathematics and Optimization. New York: John Wiley & Sons Inc., 1992. With an appendix by Paul Erdős, A Wiley-Interscience Publication.

[15] Alon N and Tarsi M. Colourings and orientations of graphs. *Combinatorica*, 1992, 12: 125-134.

[16] Alon N, Yuster R and Zwick U. Color-coding: a new method for finding simple paths, cycles and other small subgraphs within large graphs//*Proc.* 26th *Annual ACM Symp. Theory Computing*, 1994: 326-335. Montreal, Canada: ACM Press.

[17] Alon N, Yuster R and Zwick U. Color-coding. *Journal of the ACM*, 1995, 42: 844-856.

[18] Alon N, Yuster R and Zwick U. Finding and counting given length cycles. *Algorithmica*, 1997, 17: 209-223.

[19] Alspach B. Cycles of each length in regular tournaments. *Canad. Math. Bull.*, 1967, 10: 283-285.

[20] Alspach B, Bermond J C and Sotteau D. Decomposition into cycles. I. Hamilton decompositions//*Cycles and rays* (*Montreal*, *PQ*, 1987), pages 9-18. Dordrecht: Kluwer Acad. Publ., 1990.

[21] Alspach B and Rosenfeld M. Realization of certain generalized paths in tournaments. *Discrete Math.*, 1981, 34: 199-202.

[22] Alspach B and Tabib C. A note on the number of 4-circuits in a tournament//*Theory and practice of combinatorics.* volume 60 of *North-Holland Math. Stud.*, pages 13-19. Amsterdam: North-Holland, 1982.

[23] Alt H, Blum N, Mehlhorn K and Paul M. Computing a maximum cardinality matching in a bipartite graph in time $O(n^{1.5}\sqrt{m/\log n})$. *Inform. Process. Lett.*, 1991, 37(4): 237-240.

[24] Amar D and Raspaud A. Covering the vertices of a digraph by cycles of prescribed length. *Discrete Math.*, 1991, 87: 111-118.

[25] Andersson A. Sublogarithmic Searching without Multiplications//*Proceedings of the 36th Symposium on Foundations of Computer Science*, pages 655-663. IEEE Computer Society Press, 1995.

[26] Apartsin A, Ferapontova E and Gurvich V. A circular graph-counterexample to the Duchet kernel conjecture. *Discrete Math.*, 1998, 178: 229-231.

[27] Appel K and Haken W. Every planar map is four colorable. *Bull. Amer. Math. Soc.*, 1976, 82(5): 711-712.

[28] Arkin E M and Papadimitriou C H. On negative cycles in mixed graphs. *Operations Research Letters*, 1985, 4: 113-116.

[29] Arkin E M, Papadimitriou C H and Yannakakis M. Modularity of cycles and paths in graphs. *J. Assoc. Comput. Mach.*, 1991, 31: 255-274.

[30] Arts E H L and Korst J H M . *Simulated Annealing and Boltzmann Machines.* Chicester: Wiley, 1989.

[31] Assad A A. Multicommodity network flows-A survey. *Networks*, 1978, 8: 37-91.

[32] Assous R. Enchaînabilité et seuil de monomorphie des tournois n-aires. *Discrete Math.*, 1986, 62(2): 119-125.

[33] Ausiello G, Crescenzi P, Gambosi G, Kann V A. Marchetti-Spaccamela and M. Protasi. *Complexity and Approximation.* Berlin: Springer-Verlag, 1999.

[34] Ayoub J N and Frisch I T. Optimally invulnerable directed communication networks. *IEEE Trans. Comm.* Technol., 1970, 18: 484-489.

[35] Babel L and Woeginger G J. Pseudo-Hamiltonian graphs//*Graph-theoretic concepts in computer science* (Berlin, 1997), pages 38-51. Berlin: Springer, 1997.

[36] Baffi L and Petreschi R. Parallel maximal matching on minimal vertex series parallel digraphs//*Algorithms, concurrency and knowledge* (*Pathumthani, 1995*), pages 34-47. Berlin: Springer, 1995.

[37] Balas E and Simonetti N. Linear time dynamic programming algorithms for some new classes of restricted travelling salesman problems//*Proceedings of IPCO V, volume* 1084 *of Lecture Notes in Comput. Sci.*, pages 316-329. Berlin: Springer-Verlag, 1996.

[38] Balbuena M C, Carmona A, Fàbrega J and Fiol M A. Connectivity of large bipartite digraphs and graphs. *Discrete Math.*, 1997, 174(1-3): 3-17. Combinatorics (Rome and Montesilvano, 1994).

[39] Balcer Y and Veinott A F. Computing a graph's period quadratically by node condensation. *Discrete Math.*, 1973, 4: 295-303.

[40] Balinski M and Ratier G. On stable marriages and graphs, and strategy and polytopes. *SIAM Rev.*, 1997, 39(4): 575-604.

[41] Balinski M and Ratier G. Graphs and marriages. *Amer. Math. Monthly*, 1998, 105(5): 430-445.

[42] Bampis E, Hell P, Manoussakis Y and Rosenfeld M. Finding an antidirected hamiltonian path starting with a forward arc from a given vertex in a tournament. *Lect. Notes Comp. Sci.*, 1996, 1120: 67-73.

[43] Bang-Jensen J. On the 2-linkage problem for semicomplete digraphs// *Graph theory in memory of G. A. Dirac* (*Sandbjerg*, 1985), volume 41 of *Ann. Discrete Math.*, pages 23-37. Amsterdam: North-Holland, 1989.

[44] Bang-Jensen J. Locally semicomplete digraphs: a generalization of tournaments. *J. Graph Theory*, 1990, 14(3): 371-390.

[45] Bang-Jensen J. A note on a special case of the 2-path problem for semicomplete digraphs// *Graph theory, combinatorics, and applications, Vol. 1* (*Kalamazoo, MI, 1988*), Wiley-Intersci. Publ., pages 77-86. New York: Wiley, 1991.

[46] Bang-Jensen J. Edge-disjoint in-and out-branchings in tournaments and related path problems. *J. Combin. Theory Ser. B*, 1991, 51(1): 1-23.

[47] Bang-Jensen J. On the structure of locally semicomplete digraphs. *Discrete Math.*, 1992, 100(1-3): 243-265. Special volume to mark the centennial of Julius Petersen's "Die Theorie der regulären Graphs", Part I.

[48] Bang-Jensen J. Arc-local tournament digraphs: a generalization of tournaments and bipartite tournaments. *Technical report* 2. Department of Mathematics and Computer Science, Odense University, Denmark, 1993.

[49] Bang-Jensen J. A reformulation of Huang's structure theorem for local tournaments with some consequences. *Technical report* 13. Department of Mathematics and Computer Science, Odense University, Denmark, 1994.

[50] Bang-Jensen J. Digraphs with the path-merging property. *J. Graph Theory*, 1995, 20(2): 255-265.

[51] Bang-Jensen J. Disjoint Paths with Prescribed Ends and Cycles through Given Arcs in Locally Semicomplete Digraphs and Quasi-Transitive Digraphs. *Technical Report* 22. Dept. of Math. and Comp. Sci.. Odense University, *Technical report*, 1996.

[52] Bang-Jensen J. Linkages in locally semicomplete digraphs and quasi-transitive digraphs. *Discrete Math.*, 1999, 196(1-3): 13-27.

[53] Bang-Jensen J, Frank A and Jackson B. Preserving and increasing local edge-connectivity in mixed graphs. *SIAM J. Discrete Math.*, 1995, 8: 155-178.

[54] Bang-Jensen J and Guo Y. A note on vertex pancyclic oriented graphs. *J. Graph Theory*, 1999, 31: 313-318.

[55] Bang-Jensen J, Guo Y, Gutin G and Volkmann L. A classification of locally semicomplete digraphs. *Discrete Math.*, 1997, 167/168: 101-114. 15th British Combinatorial Conference (Stirling, 1995).

[56] Bang-Jensen J, Guo Y and Volkmann L. Weakly Hamiltonian-connected locally semicomplete digraphs. *J. Graph Theory*, 1996, 21(2): 163-172.

[57] Bang-Jensen J, Guo Y and Yeo A. A new sufficient condition for a digraph to be Hamiltonian. *Discrete Applied Math.*, 1999, 95: 61-72.

[58] Bang-Jensen J, Guo Y and Yeo A. Complementary cycles containing prescribed vertices in tournaments. *Discrete Math.*, 2000, 214: 77-87.

[59] Bang-Jensen J and Gutin G. Longest paths and cycles in extended locally semicomplete digraphs. *Technical Report* 53. Department of Mathematics and Computer Science. Odense University, Denmark, 1993.

[60] Bang-Jensen J and Gutin G. Paths, trees and cycles in tournaments. Congr. Numer., 1996, 115: 131-170. *Surveys in graph theory* (San Francisco, CA, 1995).

[61] Bang-Jensen J and Gutin G. Alternating paths and cycles in edge-coloured multigraphs: a survey. *Discrete Math.*, 1997, 165-166: 39-60.

[62] Bang-Jensen J and Gutin G. Paths and cycles in extended and decomposable digraphs. *Discrete Math.*, 1997, 164(1-3): 5-19. The Second Krakow Conference on Graph Theory (Zgorzelisko, 1994).

[63] Bang-Jensen J and Gutin G. Vertex heaviest paths and cycles in quasitransitive digraphs. *Discrete Math.*, 1997, 163(1-3): 217-223.

[64] Bang-Jensen J and Gutin G. Alternating cycles and trails in 2-edge-coloured complete multigraphs. *Discrete Math.*, 1998, 188: 61-72.

[65] Bang-Jensen J and Gutin G. Generalizations of tournaments: A survey. *Journal of Graph Theory*, 1998, 28: 171-202.

[66] Bang-Jensen J and Gutin G. On the complexity of hamiltonian path and cycle problems in certain classes of digraphs. *Discrete Applied Math.*, 1999, 95: 41-60.

[67] Bang-Jensen J, Gutin G and Huang J. Weakly Hamiltonian-connected ordinary multipartite tournaments. *Discrete Math.*, 1995, 138(1-3): 63-74. 14th British Combinatorial Conference (Keele, 1993).

[68] Bang-Jensen J, Gutin G and Huang J. A sufficient condition for a semicomplete multipartite digraph to be Hamiltonian. *Discrete Math.*, 1996, 161(1-3): 1-12.

[69] Bang-Jensen J, Gutin G and Li H. Sufficient conditions for a digraph to be Hamiltonian. *J. Graph Theory*, 1996, 22(2): 181-187.

[70] Bang-Jensen J, Gutin G and Yeo A. On k-strong and k-cyclic digraphs. *Discrete Math.*, 1996, 162(1-3): 1-11.

[71] Bang-Jensen J, Gutin G and Yeo A. Hamiltonian cycles avoiding prescribed arcs in tournaments. *Combin. Probab. Comput.*, 1997, 6(3): 255-261.

[72] Bang-Jensen J, Gutin G and Yeo A. A polynomial algorithm for the Hamiltonian cycle problem in semicomplete multipartite digraphs. *J. Graph Theory*, 1998, 29: 111-132.

[73] Bang-Jensen J, Gutin G and Yeo A. Properly coloured Hamiltonian paths in edge-coloured complete graphs. *Discrete Applied Math.*, 1998, 83: 267-270.

[74] Bang-Jensen J and Hell P. The effect of two cycles on the complexity of colourings by directed graphs. *Discrete Appl. Math.*, 1990, 26(1): 1-23.

[75] Bang-Jensen J and Hell P. Fast algorithms for finding Hamiltonian paths and cycles in in-tournament digraphs. *Discrete Appl. Math.*, 1993, 41(1): 75-79.

[76] Bang-Jensen J, Hell P and Huang J. Optimal recognition of local tournaments. *Congressus Numerantium*, 1994, 100: 141-146.

[77] Bang-Jensen J, Hell P and MacGillivray G. The complexity of colouring by semicomplete digraphs. *SIAM J. Discrete Math.*, 1988, 1(3): 281-298.

[78] Bang-Jensen J, Hell P and MacGillivray G. On the complexity of colouring by superdigraphs of bipartite graphs. *Discrete Math.*, 1992, 109(1-3): 27-44. Algebraic graph theory (Leibnitz, 1989).

[79] Bang-Jensen J and Huang J. Quasi-transitive digraphs. *J. Graph Theory*, 1995, 20(2): 141-161.

[80] Bang-Jensen J and Huang J. Kings in quasi-transitive digraphs. *Discrete Math.*, 1998, 185(1-3): 19-27.

[81] Bang-Jensen J, Huang J and Prisner E. In-tournament digraphs. *J. Combin. Theory Ser. B*, 1993, 59(2): 267-287.

[82] Bang-Jensen J, Huang J and Yeo A. Strongly connected spanning subgraphs with the minimum number of arcs in quasi-transitive digraphs. *Technical Report* 5. Department of Mathematics and Computer Science, Odense University, Denmark, 1999.

[83] Bang-Jensen J and Jordán T. Spanning 2-strong subtournaments in 3-strong semicomplete digraphs. Unpublished manuscript, November 1995. Department of Mathematics and Computer Science, Odense University, Denmark.

[84] Bang-Jensen J and Jordán T. Adding and reversing arcs in semicomplete digraphs. *Combin. Probab. Comput.*, 1998, 7(1): 17-25.

[85] Bang-Jensen J and MacGillivray G. Further effects of two directed cycles on the complexity of H-colouring. *J. Combin. Math. Combin. Comput.*, 1991, 10: 33-50.

[86] Bang-Jensen J and Manoussakis Y. Weakly Hamiltonian-connected vertices in bipartite tournaments. *J. Combin. Theory Ser. B*, 1995, 63(2): 261-280.

[87] Bang-Jensen J, Manoussakis Y and Thomassen C. A polynomial algorithm for Hamiltonian-connectedness in semicomplete digraphs. *J. Algorithms*, 1992, 13(1): 114-127.

[88] Bang-Jensen J and Poljak S. Eulerian trails through a set of terminals in specific, unique and all orders. *Contemporary Mathematics*, 1993, 147: 247-258.

[89] Bang-Jensen J and Thomassen C. A polynomial algorithm for the 2-path problem for semicomplete digraphs. *SIAM J. Discrete Math.*, 1992, 5: 366-376.

[90] Bang-Jensen J and Yeo A. Strongly connected spanning subgraphs with the minimum number of arcs in semicomplete multipartite digraphs. *Technical report* 4. Department of Mathematics and Computer Science, Odense University, Denmark, 1999.

[91] Bankfalvi M and Bankfalvi Zs. Alternating hamiltonian circuit in twocoloured complete graphs. In *Proceedings of Colloq, Tihany*, 1968: 11-18. New York: Academic Press, 1968.

[92] Barbut E and Bialostocki A. A generalization of rotational tournaments. *Discrete Math.*, 1989, 76(2): 81-87.

[93] Barbut E and Bialostocki A. On regular r-tournaments. *Ars Combin.*, 1992, 34: 97-106.

[94] Barr O. Properly coloured Hamiltonian paths in edge-coloured complete graphs without monochromatic triangles. *ARS Combinatoria*, 1998, 50: 316-318.

[95] Barthélémy J P, Hudry O, Isaak G, Roberts F S and Tesman B. The reversing number of a digraph. *Discrete Appl. Math.*, 1995, 60(1-3): 39-76. ARIDAM VI and VII (New Brunswick, NJ, 1991/1992).

[96] Baskoro E T, Miller M, Plesník J and Znám S. Digraphs of degree 3 and order close to the Moore bound. *J. Graph Theory*, 1995, 20: 339-349.

[97] Battista G, Eades P, Tamassia R and Tollis I G. *Graph Drawing*. Englewood Cliffs, NJ: Prentice Hall, 1999.

[98] Beck J. On 3-chromatic hypergraphs. *Discrete Math.*, 1978, 24(2): 127-137.

[99] Beineke L W and Little C H C. Cycles in bipartite tournaments. *J. Combin. Theory Ser.* B, 1982, 32(2): 140-145.

[100] Beineke L W and Plummer M D. On the 1-factors of a nonseparable graph. *J. Combin. Theory Ser. B*, 1967, 2: 285-289.

[101] Beineke L W and Zamfirescu C M. Connection digraphs and second order line graphs. *Discrete Math.*, 1982, 39: 237-254,.

[102] Bellman R E. On a routing problem. *Quart. Appl. Math.*, 1958, 16: 87-90.

[103] Benkouar A, Manoussakis Y, Paschos V and Saad R. On the complexity of finding alternating Hamiltonian and Eulerian cycles in edge-coloured graphs. In volume 557 of *Lecture Notes in Comput. Sci.*, pages 190-198. Berlin: Springer Verlag, 1991.

[104] Bennett M D. Nucleotypic basis of the spacial ordering of chromosomes in eucariotes and the implications of the order for genome and phenotypic variation//*Genome Evolution*, pages 239-261. London: Academic Press, 1982.

[105] Berge C. *Graphs and Hypergraphs*. Second edition. Amsterdam: North-Holland Publishing Co., 1976.

[106] Berge C. Diperfect graphs. *Combinatorica*, 1982, 2(3): 213-222.

[107] Berge C. Path partitions in directed graphs//*Combinatorial Mathematics* (*Marseille-Luminy*, 1981), pages 59-63. Amsterdam: North-Holland, 1983.

[108] Berge C. *Graphs*. Amsterdam: North-Holland Publishing Co., 1985. Second revised edition of part 1 of the 1973 English version.

[109] Berge C and Rao A R. A combinatorial problem in logic. *Discrete Math.*, 1977, 17: 23-26.

[110] Berge C and Duchet P. Recent problems and results about kernels in directed graphs. *Discrete Math.*, 1990, 86(1-3): 27-31.

[111] Berman K A and Liu X. Cycles through large degree vertices in digraphs: a generalization of Meyniel's theorem. *J. Combin. Theory, Ser. B*, 1998, 74: 20-27.

[112] Bermond J C, Germa A, Heydemann M C and Sotteau D. Girth in digraphs. *J. Graph Theory*, 1980, 4(3): 337-341.

[113] Bermond J C and Hell P. On even factorizations and the chromatic index of the Kautz and de Bruijn digraphs. *J. Graph Theory*, 1993, 17: 647-655.

[114] Bermond J C and Peyrat C. De Bruijn and Kautz networks: A competitor for the hypercube?//*Hypercube and distributed computers*. André F and Verjus J P (eds.), pages 279-493. North-Holland: Elsevier, 1989.

[115] Bermond J C and Thomassen C. Cycles in digraphs-a survey. *J. Graph Theory*, 1981, 5(1): 1-43.

[116] Bertolazzi P, Cohen R F, Di Battista G, Tamassia R and Tollis I G. How to draw a series-parallel digraph. Internat. *J. Comput. Geom. Appl.*, 1994, 4(4): 385-402.

[117] Bialostocki A. An application of the Ramsey theorem to ordered r-tournaments. *Discrete Math.*, 1986, 61(2-3): 325-328.

[118] Bienia W, Goddyn L, Gvozdjak P, Sebö A and Tarsi M. Flows, view obstructions, and the lonely runner. *J. Combin. Theory Ser. B*, 1998, 72(1): 1-9.

[119] Biggs N L, Lloyd E K and Wilson R J. *Graph Theory*, 1736-1936. Clarendon Press, 1976.

[120] Boesch F and Tindell R. Robbins's theorem for mixed multigraphs. *Amer. Math. Monthly*, 1980, 87(9): 716-719.

[121] Bollobás B and Erdös P. Alternating Hamiltonian cycles. *Israel J. Math.*, 1976, 23: 126-131.

[122] Bollobás B, Goldsmith D L and Woodall D R. Indestructive deletions of edges from graphs. *J. Combin. Theory Ser. B*, 1981, 30(3): 263-275.

[123] Bollobás B and Häggkvist R. Powers of Hamilton cycles in tournaments. *J. Combin. Theory Ser. B*, 1990, 50(2): 309-318.

[124] Bondy J A. Diconnected orientations and a conjecture of Las Vergnas. *J. London Math. Soc.*, 1976, 14(2): 277-282.

[125] Bondy J A. A short proof of the Chen-Manalastas theorem. *Discrete Math.*, 1995, 146(1-3): 289-292.

[126] Bondy J A. Basic graph theory: paths and circuits//*Handbook of combinatorics, Vol.* 1, 2, pages 3-110. Amsterdam: Elsevier, 1995.

[127] Bondy J A and Murty U S R. *Graph theory with applications.* New York: American Elsevier Publishing Co., Inc., 1976.

[128] Bondy J A and Thomassen C. A short proof of Meyniel's theorem. *Discrete Math.*, 1977, 19(2): 195-197.

[129] Bondy J A and Vince A. Cycles in a graph whose lengths differ by one or two. *J. Graph Theory*, 1998, 27(1): 11-15.

[130] Borodin O V, Kostochka A V and Woodall D R. On kernel-perfect orientations of line graphs. *Discrete Math.*, 1998, 191(1-3): 45-49. Graph theory (Elgersburg, 1996).

[131] Boros E and Gurvich V. Perfect graphs are kernel-solvable. *Discrete Math.*, 1996, 159: 35-55.

[132] Boros E and Gurvich V. A corrected version of the Duchet kernel conjecture. *Discrete Math.*, 1998, 179(1-3): 231-233.

[133] Brandstädt A. *Graphen und Algorithmen.* Stuttgart: B. G. Teubner, 1994.

[134] Brassard G and Bratley P. *Fundamentals of algorithmics.* Englewood Cliffs, NJ: Prentice Hall Inc., 1996.

[135] Brewster R C and MacGillivray G. The homomorphism factoring problem. *J. Combin. Math. Combin. Comput.*, 1997, 25: 33-53.

[136] Bridges W G and Toueg S. On the impossibility of directed Moore graphs. *J. Combin. Theory, Ser.* B, 1980, 29: 339-341.

[137] Burkard R E, Deineko V G and Woeginger G J. The travelling salesman problem and the PQ-tree//*Proceedings of IPCO V*, volume 1084 of *Lecture Notes in Comput. Sci.*, pages 490-504. Berlin: Springer-Verlag, 1996.

[138] Busacker R G and Gowen P J. A procedure for determining a family of minimal cost network flow patterns. *Technical Report* 15, *ORO Tech. report.* John Hopkins University, 1961.

[139] Caccetta L and Häggkvist R. On minimal digraphs with given girth. *Congressus Numerantium*, 1978, 21: 181-187.

[140] Camion P. Chemins et circuits hamiltoniens des graphes complets. *C. R. Acad. Sci. Paris*, 1959, 249: 2151-2152.

[141] Papadimitriou C H and Yannakakis M. On limited nondeterminism and the complexity of the V-C dimension//*Proc. 8th Annual Symp. Structure in Complexity Theory, pages* 12-18, San Diego, Ca., 1993.

[142] Chang G J, Hwang F K and Tong L D. The Hamiltonian property of the consecutive-3 digraphs. *Math. Comp. Mod.*, 1997, 25: 83-88.

[143] Chang G J, Hwang F K and Tong L D. The consecutive-4 digraph are Hamiltonian. *J. Graph Theory*, 1999, 31: 1-6.

[144] Chartrand G, Geller D and Hedetniemi S. Graphs with forbidden subgraphs. *J. Comb. Theory Ser. B*, 1971, 10: 12-41.

[145] Chen C C and Daykin D E. Graphs with Hamiltonian cycles having adjacent lines of different colors. *J. Combin. Theory, Ser. B*, 1976, 21: 135-139.

[146] Chen C C and Jr. Manalastas P. Every finite strongly connected digraph of stability 2 has a Hamiltonian path. *Discrete Math.*, 1983, 44(3): 243-250.

[147] Chen G T, Gould R J and H Li. Partitioning Vertices of a Tournament into Independent Cycles. *Technical report* 1158, LRI, Universite Paris-sud, 1998.

[148] Cheng E and Jordán T. Successive edge-connecitity augmentation problems. *Mathematical Programming, Series B*, 1999, 84: 577-593.

[149] Cheriyan J and Maheshwari S N. Analysis of preflow push algorithms for maximum network flow. *SIAM J. Computing*, 1989, 18: 1057-1086.

[150] Cheriyan J and Reif J H. Directed s-t numberings, rubber bands, and testing digraph k-vertex connectivity. *Combinatorica*, 1994, 14(4): 435-451.

[151] Cheriyan J and Thurimella R. Approximating minimum-size k-connected spanning subgraphs via matching (extended abstract)//37*th Annual Symposium on Foundations of Computer Science* (*Burlington, VT*, 1996), pages 292-301. IEEE Comput. Los Alamitos, CA: Soc. Press, 1996.

[152] Cheriyan J and Thurimella R. Approximating minimum size k-connected spanning subgraphs via matching. *Electronic Colloquium on Computational Complexity*, Report no. 25: 36 pages, 1998.

[153] Cherkassky B V and Goldberg A V. Negative-cycle detection algorithms. *Mathematical Programming*, 1999, 85: 277-311.

[154] Cherkassky B V, Goldberg A V and Radzik T. Shortest paths algorithms: theory and experimental evaluation. *Mathematical Programming*, 1996, 73: 129-174.

[155] Chetwynd A G and Hilton A J W. Alternating Hamiltonian cycles in two colored complete bipartite graphs. *J. Graph Theory*, 1992, 16: 153-158.

[156] Chow W S, Manoussakis Y, Megalakaki O, Spyratos M and Zs. Tuza. Paths through fixed vertices in edge-colored graphs. *Math. Informatique et Sciences Humaines*, 1994, 127(32): 49-58.

[157] Chung F R K, Garey M R and Tarjan R E. Strongly connected orientations of mixed multigraphs. *Networks*, 1985, 15(4): 477-484.

[158] Chung F R K, Goddard W and Kleitman D J. Even cycles in directed graphs. *SIAM J. Discrete Math.*, 1994, 7(3): 474-483.

[159] Chvátal V. On Hamilton's ideals. *J. Combin. Theory, Ser. B*, 1972, 12: 163-168.

[160] Chvátal V. *Linear programming*. W. H. Freeman and Company, 1983.

[161] Chvátal V and Erdős P. A note on Hamiltonian circuits. *Discrete Math.*, 1972, 2: 111-113.

[162] Chvátal V and Lovász L. Every directed graph has a semi-kernel. *Lecture Notes in Mathematics*, 1974, 411: 175.

[163] Chvátal V and Szemerédi E. Short cycles in directed graphs. *J. Combin. Theory Ser. B*, 1983, 35(3): 323-327.

[164] Chvátal V and Thomassen C. Distances in orientations of graphs. *J. Combin. Theory Ser. B*, 1978, 24(1): 61-75.

[165] Cook S A. The complexity of theorem-proving procedures//*Proceedings of the* 3rd *Ann. ACM Symp. on Theory of Computing*, 1971: 151-158.

[166] Cook W J, Cunninghan W H, Pulleyblank W R and Schrijver A. *Combinatorial Optimization.* New York: John Wiley & Sons, 1998.

[167] Cooper C, Frieze A and Molloy M. Hamilton cycles in random regular digraphs. *Combin. Probab. Comput.*, 1994, 3(1): 39-49.

[168] Coppersmith D and Winograd S. Matrix multiplication via arithmetic progressions//*Proceedings of the* 19th *Ann. ACM Symp. on Theory of Computation.* ACM Press, 1987: 1-6.

[169] Cormen T H, Leiserson C E and Rivest R L. *Introduction to algorithms.* The MIT Electrical Engineering and Computer Science Series. Cambridge, MA: MIT Press, 1990.

[170] Cunningham W H and Frank A. A primal-dual algorithm for submodular flows. *Math. Oper. Res.*, 1985, 10(2): 251-262.

[171] Dahl G. Directed Steiner problems with connectivity constraints. *Discrete Appl. Math.*, 1193, 47: 109-128.

[172] Dalmazzo M. Nombre d'arcs dans les graphes k-arc-fortement connexes minimaux. *C.R.Acad. Sci. Paris A*, 1977, 2853: 341-344.

[173] Dankelmann P and Volkmann L. Degree sequence conditions for maximally edge-connected graphs and digraphs. *J. Graph Theory*, 1997, 26(1): 27-34.

[174] Darbinyan S K. Cycles of any length in digraphs with large semidegrees. *Akad. Nauk Armyan. SSR Dokl.*, 1982, 75(4): 147-152.

[175] Darbinyan S K. Pancyclicity of digraphs with large semidegrees. *Akad. Nauk Armyan. SSR Dokl.*, 1985, 80(2): 51-54.

[176] Darbinyan S K. Pancyclicity of digraphs with the Meyniel condition. *Studia Sci. Math. Hungar.*, 1985, 20(1-4): 95-117.

[177] Darbinyan S K. A sufficient condition for the Hamiltonian property of digraphs with large semidegrees. *Akad. Nauk Armyan. SSR Dokl.*, 1986, 82(1): 6-8.

[178] Darbinyan S K. On the pancyclicity of digraphs with large semidegrees. *Akad. Nauk Armyan. SSR Dokl.*, 1986, 83(3): 99-101.

[179] Darbinyan S K. Hamiltonian and strongly Hamilton-connected digraphs. *Akad. Nauk Armyan. SSR Dokl.*, 1990, 91(1): 3-6.

[180] Darbinyan S K. On hamiltonian bypasses in digraphs satisfying Meyniel-like conditions (in Russian). *Math. Problems in Computer Science*, 1998, 20: 7-19.

[181] Darrah M, Liu Y P and Zhang C Q. Cycles of all lengths in arc-3-cyclic semicomplete digraphs. *Discrete Math.*, 1997, 173(1-3): 23-33.

[182] Das P. Pan-alternating cyclic edge-partitioned graphs. *ARS Combinatoria*, 1982, 14: 105-114.

[183] David H A. *The method of paired comparisons*. second edition. London: Oxford Univ. Press, 1988.

[184] Daykin D E. Graphs with cycles having adjacent lines of different colors. *J. Combin. Theory, Ser.* B, 1976, 20: 149-152.

[185] de Bruijn N G. A combinatorial problem. *Nederl. Akad. Wetensh. Proc.*, 1946, 49: 758-764.

[186] de la Vega W F. On the maximum cardinality of a consistent set of arcs in a random tournament. *J. Comb. Theory Ser. B*, 1983, 35: 328-332.

[187] Dean N and Latka B J. Squaring the tournament-an open problem. *Congressus Numerantium*, 1995, 109: 73-80.

[188] Deineko V G and Woeginger G J. A study of exponential neighbourhoods for the traveling salesman problem and the quadratic assignment problem. *Technical Report Woe*05, Tech. University Graz, Austria, 1997.

[189] Delorme C, Ordaz O and Quiroz D. Tools for studying paths and cycles in digraphs. *Networks*, 1998, 31: 125-148.

[190] Deng X, Hell P and Huang J. Linear-time representation algorithms for proper circular-arc graphs and proper interval graphs. *SIAM J. Computing*, 1996, 25(2): 390-403.

[191] Diestel R. *Graph theory*. 2nd edition. New York: Springer-Verlag, 2000. first edition, 1997.

[192] Dijkstra E W. A note on two problems in connection with graphs. *Numerische Mathematik*, 1959, 1: 269-271.

[193] Dilworth R P. A decomposition theorem for partially ordered sets. *Annals of Mathematics*, 1950, 51: 161-166.

[194] Ding G, Schrijver A and Seymour P D. Disjoint paths in a planar graph——a general theorem. *SIAM J. Discrete Math.*, 1992, 5(1): 112-116.

[195] Dinic E A. An algorithm for the solution of the problem of maximal flow in a network with power estimation. *Dokl. Akad. Nauk SSSR*, 1970, 194: 754-757.

[196] Dinits E A and Karzanov A V. On the existence of two edge-disjoint chains in multi-graph connecting given pairs of its vertices. *Graph Theory Newsletters*, 1979, 8: 2-3.

[197] Dinits E A and Karzanov A V. On two integer flows of value 1//*Combinatorial methods for network flow problems. A.V. Karzanov, ed.*, pages 127-137. Institute for System Studies, Moscow, 1979.

[198] Dirac G A. Some theorems on abstract graphs. *Proc. London Math. Soc.*, 1952, 2(3): 69-81.

[199] Dolan A and Aldous J. *Networks and algorithms*. Chichester: John Wiley & Sons Ltd., 1993. An introductory approach.

[200] Dorninger D. On permutations of chromosomes//*Contributions to General Algebra*, volume 5, pages 95-103. Stuttgart: Teubner-Verlag, 1987.

[201] Dorninger D. Hamiltonian circuits determining the order of chromosomes. *Discrete Applied Math.*, 1994, 50: 159-168.

[202] Dorninger D and Timischl W. Geometrical constraints on Bennett's predictions of chromosome order. *Heredity*, 1987, 58: 321-325.

[203] Dowsland K. Simulated annealing//*Modern heuristic techniques for combinatorial problems*. Reeves C R ed., pages 20-69. McGraw-Hill Book Company, 1995.

[204] Du D Z, Cao F and Hsu D F. De Bruijn digraphs, and Kautz digraphs, and their generalizations//*Combinatorial network theory*. Du D-Z and Hsu D F (eds), pages 65-105. Dordrecht: Kluwer Acad. Publ., 1996.

[205] Du D Z and Hsu D F. On Hamiltonian consecutive-d digraphs. *Banach Center Publ.*, 1989, 25: 47-55.

[206] Du D Z, Hsu D F and Hwang F K. Hamiltonian property of *d*-consecutive digraphs. *Math. and Comput. Modeling*, 1993, 17: 61-63.

[207] Du D Z, Lyuu Y D and Hsu D F. Line digraph iterations and the spread concept-with application to graph theory, fault tolerance, and routing//*Graph-theoretic concepts in computer science* (*Fischbachau*, 1991), pages 169- 179. Berlin: Springer, 1992.

[208] Duff I S, Erisman A M and Reid J K. *Direct methods for sparse matrices.* Oxford University Press, 1997.

[209] Duffin R J. Topology of series-parallel networks. *J. Mathematical Analysis and Applications*, 1965, 10: 303-318.

[210] Edmonds J. Paths, trees, and flowers. Canad. *J. Math.*, 1965, 17: 449-467.

[211] Edmonds J. Optimum branchings. *J. Res. Nat. Bur. Standards Sect. B*, 1967, 71B: 233-240.

[212] Edmonds J. Submodular functions, matroids, and certain polyhedra//*Combinatorial Structures and their Applications* (*Proc. Calgary Internat. Conf.*, *Calgary, Alta.*, 1969), pages 69-87. New York: Gordon and Breach, 1970.

[213] Edmonds J. Matroids and the greedy algorithm. *Math. Programming*, 1971, 1: 127-136.

[214] Edmonds J. Edge-disjoint branchings//*Combinatorial Algorithms* (*Rustin B, ed.*), pages 91-96. New York: Academic Press, 1973.

[215] Edmonds J and Giles R. A min-max relation for submodular functions on graphs//*Studies in integer programming* (*Proc. Workshop*, *Bonn*, 1975), pages 185-204. Ann. of Discrete Math., Vol. 1. Amsterdam: North-Holland, 1977.

[216] Edmonds J and Karp R M. Theoretical improvements in algorithmic efficiency for network flow problems. *Journal of the ACM*, 1972, 19: 248-264.

[217] Ehrenfeucht A, Gabow H N, McConnell R M and Sullivan S J. An $O(n^2)$ divide-and-conquer algorithm for the prime tree decomposition of twostructures and modular decomposition of graphs. *J. Algorithms*, 1994, 16(2): 283-294.

[218] Enni S. A note on mixed graphs and directed splitting off. *J. Graph Theory*, 1998, 27(4): 213-221.

[219] Enni S. A 1-ST-edge-connectivity augmentation algorithm. *Mathematical Programming Ser. B*, 1999, 84: 529-535.

[220] Erdös P. Graph theory and probability. *Canad. J. Math.*, 1959, 11: 34-38.

[221] Erdős P. Some old and new problems in various branches of combinatorics. *Congressus Numerantium*, 1979, 23: 19-37.

[222] Erdős P, Rubin A L and Irwing R W. Choosability in graphs. *Congressus Numerantium*, 1980, 26: 122-157.

[223] Erdős P and Trotter W T. When the Cartesian product of directed cycles is Hamiltonian. *J. Graph Theory*, 1978, 2: 137-142.

[224] Esfahanian A H and Hakimi S L. On computing the connectivities of graphs and digraphs. *Networks*, 1984, 14(2): 355-366.

[225] Euler L. Solutio problematis ad geometriam situs pertinentis. *Comment. Academiae Sci. Petropolitanae*, 1736, 8: 128-140.

[226] Euler L. Solutio problematis as geometriam situs pertinentis. *Commentarii Academiae Scientiarum Imperialis Petropolitanae*, 1736, 8: 128-140.

[227] Even G, Naor J, Schieber B and Sudan M. Approximating minimum feedback sets and multicuts in directed graphs. *Algorithmica*, 1998, 20(2): 151-174.

[228] Even S. An algorithm for determining whether the connectivity of a graph is at least k. *SIAM J. Computing*, 1975, 4(3): 393-396.

[229] Even S. *Graph algorithms.* Computer Science Press Inc., Woodland Hills, Calif., 1979. Computer Software Engineering Series.

[230] Even S, Itai A and Shamir A. On the complexity of timetable and multicommodity flow problems. *SIAM J. Computing*, 1976, 5(4): 691-703.

[231] Even S and Kariv O. An $O(n^{2.5})$-algorithm for maximum matchings in general graphs//*Proceedings of the* 16th *Annual Symp. Foundations of CS*, *Berkley*, 1975, pages 100-112. IEEE Comput. Los Alamitos, CA: Soc. Press, 1975.

[232] Even S and Tarjan R E. Network flow and testing graph connectivity. *SIAM J. Computing*, 1975, 4(4): 507-518,.

[233] Feldman J and Ruhl M. The directed Steiner network problem is tractable for a constant number of terminals//*Proceedings of the* 40th *annual Symposium on Foundations of Computer Science*, pages 299-308. IEEE Computer Society Press, 1999.

[234] Feller W. *An introduction to probability theory and its applications. Vol. I.* third edition. New York: John Wiley & Sons Inc., 1968.

[235] Fink J F and Lesniak-Foster L. Graphs for which every unilateral orientation is traceable. *ARS Combinatoria*, 1980, 9: 113-118.

[236] Fiol M A, Yebra J L A and Alegre I. Line digraph iteration and the (d, k) digraph problem. *IEEE Transections on Computers*, 1984, C-33: 400-403.

[237] Fisher D C. Squaring a tournament: a proof of Dean's conjecture. *J. Graph Theory*, 1996, 23(1): 43-48.

[238] Fisher M J and Meyer A R. Boolean matrix multiplication and transitive closure//*Proceedings of the 12th Ann. ACM Symp. on Switching and Automata Theory*, pages 129-131. ACM Press, 1971.

[239] Fleischner H. Eine gemeinsame Basis für die Theorie der Eulerschen Graphen und den Satz von Petersen. *Monatsh. Math.*, 1976, 81(4): 267-278.

[240] Fleischner H. *Eulerian graphs and related topics. Part* 1. Vol. 1. Amsterdam: North-Holland Publishing Co., 1990.

[241] Fleischner H. *Eulerian graphs and related topics. Part* 1. *Vol.* 2. Amsterdam: North-Holland Publishing Co., 1991.

[242] Fleischner H, Sabidussi G and Wegner E. Transforming eulerian trails. *Discrete Math.*, 1992, 109: 103-116.

[243] Floyd R W. Algorithm 97, shortest path. *Comm. ACM*, 1962, 5: 345.

[244] Forcade R. Parity of paths and circuits in tournaments. *Discrete Math.*, 1973, 6: 115-118.

[245] Ford Jr, Network flow theory L R. *Technical Report P*-923, The Rand Corp., 1956.

[246] Ford Jr L R and Fulkerson D R. *Flows in networks*. Princeton, N.J.: Princeton University Press, 1962.

[247] Fortune S, Hopcroft J E and Wyllie J. The directed subgraph homeomorphism problem. *Theoretical Computer Science*, 1980, 10: 111-121.

[248] Fraigniaud P and Lazard E. Methods and problems of communication in usual networks. *Discrete Applied Math.*, 1994, 53: 79-133.

[249] Fraisse P and Thomassen C. Hamiltonian dicycles avoiding prescribed arcs in tournaments. *Graphs Combin.*, 1987, 3(3): 239-250.

[250] Frank A. Kernel systems of directed graphs. *Acta Sci. Math. (Szeged)*, 1979, 41(1-2): 63-76.

[251] Frank A. On the orientation of graphs. *J. Combin. Theory Ser. B*, 1980, 28(3): 251-261.

[252] Frank A. On disjoint trees and arborescences//*Algebraic methods in graph theory, Vol. I, II* (*Szeged*, 1978), pages 159-169. Amsterdam: North-Holland, 1981.

[253] Frank A. A note on k-strongly connected orientations of an undirected graph. *Discrete Math.*, 1982, 39(1): 103-104.

[254] Frank A. An algorithm for submodular functions on graphs//*Bonn Workshop on Combinatorial Optimization* (*Bonn*, 1980), volume 16 of *Ann. Discrete Math.*, pages 97-120. Amsterdam: North-Holland, 1982.

[255] Frank A. Finding feasible vectors of Edmonds-Giles polyhedra. *J. Combin. Theory Ser. B*, 1984, 36(3): 221-239.

[256] Frank A. Submodular flows//*Progress in combinatorial optimization* (*Waterloo, Ont.*, 1982), pages 147-165. Toronto, Ont.: Academic Press, 1984.

[257] Frank A. On connectivity properties of Eulerian digraphs//*Graph theory in memory of G. A. Dirac* (*Sandbjerg,* 1985), volume 41 of Ann. Discrete Math., pages 179-194. Amsterdam: North-Holland, 1989.

[258] Frank A. Augmenting graphs to meet edge-connectivity requirements. *SIAM J. Discrete Math.*, 1992, 5(1): 25-53.

[259] Frank A. Applications of submodular functions//*Surveys in combinatorics*, 1993 (*Keele*), volume 187 of *London Math. Soc. Lecture Note Ser.*, pages 85-136. Cambridge: Cambridge Univ. Press, 1993.

[260] Frank A. Submodular functions in graph theory. *Discrete Math.*, 1993, 111(1-3): 231-243. Graph theory and combinatorics (Marseille-Luminy, 1990).

[261] Frank A. Connectivity augmentation problems in network design//*Mathematical Programming: State of the art* (*J. R. Birge, K. G. Murty eds.*), pages 34-63. The University of Michigan, 1994.

[262] Frank A. Connectivity and network flows. In *Handbook of combinatorics, Vol.* 1, 2, pages 111-177. Amsterdam: Elsevier, 1995.

[263] Frank A. Orientations of graphs and submodular flows. *Congr. Numer.*, 1996, 113: 111-142. Festschrift for C. St. J. A. Nash-Williams.

[264] Frank A. Applications of relaxed submodularity. *Documenta Mathematica*, Extra Vol., 1998, III: 343-354.

[265] Frank A. Increasing the rooted-connectivity of a digraph by one. *Mathematical Programming, Series B*, 1999, 84: 565-576.

[266] Frank A. Finding minimum edge-coverings of pairs of sets. *manuscript*, 1998.

[267] Frank A and Gyárfás A. Directed graphs and computer programs//*Problémes Combinatoires et Théorie des Graphes*. Colloque Internationaux C.N.R.S., 260, 1976: 157-158.

[268] Frank A and Gyárfás A. How to orient the edges of a graph?//*Combinatorics* (*Proc. Fifth Hungarian Colloq., Keszthely*, 1976), *Vol. I*, volume 18 of *Colloq. Math. Soc. J'anos Bolyai*, pages 353-364. Amsterdam: North-Holland, 1978.

[269] Frank A, Ibaraki T and Nagamochi H. On sparse subgraphs preserving connectivity properties. *J. Graph Theory*, 1993, 17(3): 275-281.

[270] Frank A, Ibaraki T and Nagamochi H. Two arc-disjoint paths in Eulerian digraphs. *SIAM J. Discrete Math.*, 1998, 11(4): 557-589 (electronic).

[271] Frank A and Jordán T. How to make a strongly connected digraph twoconnected//*Integer programming and combinatorial optimization* (*Copenhagen*, 1995), volume 920 of *Lecture Notes in Comput. Sci.*, pages 414-425. Berlin: Springer, 1995.

[272] Frank A and Jordán T. Minimal edge-coverings of pairs of sets. *J. Combin. Theory Ser. B*, 1995, 65(1): 73-110.

[273] Frank A and Jordán T. Directed vertex-connectivity augmentation. *Mathematical Programming, Series B*, 1999, 84: 537-553.

[274] Frank A and Tardos É. Generalized polymatroids and submodular flows. *Mathematical Programming Series B*, 1988, 42(3 (Ser. B)): 489-563. Submodular optimization.

[275] Frank A and Tardos É. An application of submodular flows. *Linear Algebra Appl.*, 1989, 114/115: 329-348.

[276] Frankl P. What must be contained in every oriented k-uniform hypergraph. *Discrete Math.*, 1986, 62(3): 311-313.

[277] Fredman M L, Komlós J and Szemerédi E. Stroring a sparse table with O(1) worst case access time. *Journal of the ACM*, 1984, 31: 538-544.

[278] Fredman M L and Tarjan R E. Fibonacci heaps and their uses in improved network optimization algorithms. *J. Assoc. Comput. Mach.*, 1987, 34(3): 596-615.

[279] Friedland S. Every 7-regular digraph contains an even cycle. *J. Combin. Theory Ser. B*, 1989, 46(2): 249-252.

[280] Fujishige S. *Submodular functions and optimization.* Amsterdam: North-Holland Publishing Co., 1991.

[281] Fujishige S, Röck H and Zimmermann U. A strongly polynomial algorithm for minimum cost submodular flow problems. *Math. Oper. Res.*, 1989, 14(1): 60-69.

[282] Fulkerson D R. Networks, frames and blocking systems//*Mathematics of the decision sciences, part I* (*eds : G.B.Danzig and A.F. Veinott*), pages 303-334. Amer. Math. Soc., Providence, R.I., 1968.

[283] Fulkerson D R. Packing rooted directed cuts in a weighted directed graph. *Math. Programming*, 1974, 6: 1-13.

[284] Funke M and Reinelt G. A polyhedral approach to the feedback vertex set problem//*Integer programming and combinatorial optimization* (*Vancouver, BC*, 1996), pages 445-459. Berlin: Springer, 1996.

[285] Fűredi Z, Horak P, Pareek C M and Zhu X. Minimal oriented graphs of diameter 2. *Graphs and Combinatorics*, 1998, 14: 345-350.

[286] Furman M E. Application of a method of fast multiplication of matrices in the problem of finding the transitive closure of a graph. *Sov. Math. Dokl.*, 1970, 11: 1252.

[287] Gabow H N. A matroid approach to finding edge connectivity and packing arborescences. *J. Comput. System Sci.*, 1995, 50(2): 259-273. 23rd Symposium on the Theory of Computing (New Orleans, LA, 1991).

[288] Gabow H N and Jordán T. Bipartition constrained edge-splitting in directed graphs. *Discrete Applied Math.*. to appear.

[289] Gale D. A theorem on flows in networks. *Pacific Journal of Mathematics*, 1957, 7: 1073-1082.

[290] Gale D and Shapley L S. College admissions and the stability of marriage. *Amer. Math. Monthly*, 1962, 69: 9-15.

[291] Galeana-Sánchez H. A counterexample to a conjecture of Meyniel on kernelperfect graphs. *Discrete Math.*, 1982, 41: 105-107.

[292] Galeana-Sánchez H. A characterization of normal fraternally orientable perfect graphs. *Discrete Math.*, 1997, 169(1-3): 221-225.

[293] Galeana-Sánchez H and Li X. Semikernels and (k,l)-kernels in digraphs. *SIAM J. Discrete Math.*, 1998, 11(2): 340-346.

[294] Galeana-Sánchez H and Neuman-Lara V. On kernels and semikernels of digraphs. *Discrete Math.*, 1984, 48: 67-76.

[295] Galil Z. Finding the vertex connectivity of graphs. *SIAM J. Computing*, 1980, 9(1): 197-199.

[296] Gallai T. *Problem* 15//*Fiedler M ed., Theory of Graphs and its Applications*, page 161. Czech. Akad. Sci. Prague, 1964.

[297] Gallai T. On directed paths and circuits//*Theory of Graphs (Proc. Colloq., Tihany,* 1966), pages 115-118. New York: Academic Press, 1968.

[298] Gallai T and Millgram A N. Verallgemeinerung eines graphentheoretischen Satzes von Rédei. *Acta Sci. Math. Szeged*, 1960, 21: 181-186.

[299] Galluccio A and Loebl M. Cycles of prescribed modularity in planar digraphs. *J. Algorithms*, 1996, 21(1): 51-70.

[300] Galluccio A and Loebl M. Even directed graphs in H-free digraphs. *J. Algorithms*, 1996, 27.

[301] Galluccio A and Loebl M. (p,q)-odd digraphs. *J. Graph Theory*, 1996, 23(2): 175-184.

[302] Galvin F. The list chromatic index of a bipartite multigraph. *Journal of Combin. Theory. Series B*, 1995, 63: 153-158.

[303] Garey M R and Johnson D S. *Computers and intractability.* San Francisco, Calif.: W. H. Freeman and Co., 1979.

[304] Garey M R, Johnson D S and Stockmeyer L. Some simplified **NP**-complete graph problems. *Theoret. Comput. Sci.*, 1976, 1(3): 237-267.

[305] Garey M R, Johnson D S and Tarjan R E. The planasr hamiltonian circuit problem is **NP**-complete. *SIAM J. Computing*, 1976, 5: 704-714.

[306] Gavril F. Some **NP**-complete problems on graphs//*Proc. 11th Conf. on Information Sciences and Systems*, pages 91-95. John Hopkins University, Baltimore, MD, 1977.

[307] Gavril F. Intersection graphs of proper subtrees of unicyclic graphs. *J. Graph Theory*, 1994, 18(6): 615-627.

[308] Gavril F, Toledano Laredo V and de Werra D. Chordless paths, odd holes, and kernels in graphs without m-obstructions. *J. Algorithms*, 1994, 17(2): 207-221.

[309] Gavril F and Urrutia J. Intersection graphs of concatenable subtrees of graphs. *Discrete Appl. Math.*, 1994, 52(2): 195-209.

[310] Gerards A M H. Homomorphisms of graphs into odd cycles. *J. Graph Theory*, 1988, 12(1): 73-83.

[311] Gerards A M H. *Graphs and polyhedra. Binary spaces and cutting planes.* Stichting Mathematisch Centrum Centrum voor Wiskunde en Informatica, Amsterdam, 1990.

[312] Gerards A M H. An orientation theorem for graphs. *J. Combin. Theory Ser. B*, 1994, 62(2): 199-212.

[313] Gerards A M H and Shepherd F B. Strong orientations without even directed circuits. *Discrete Math.*, 1998, 188(1-3): 111-125.

[314] Ghouila-Houri A. Diametre maximal d'un graphe fortement connexe. *C.R. Acad. Sci. Paris*, 1960, 250: 254-256.

[315] Ghouila-Houri A. Une condition suffisante d'existence d'un circuit hamiltonien. *C.R. Acad. Sci. Paris*, 1960, 25: 495-497.

[316] Ghouila-Houri A. Caractérisation des graphes non orientés dont on peut orienter les arêtes de manière à obtenir le graphe d'une relation d'ordre. *C. R. Acad. Sci. Paris*, 1962, 254: 1370-1371.

[317] Gibbons P, Karp R, Ramachandran V, Soroker D and Tarjan R. Transitive compaction in parallel via branchings. *J. Algorithms*, 1991, 12(1): 110-125.

[318] Glover F. Ejection chains, reference structures, and alternating path algorithms for traveling salesman problem. University of Colorado-Boulder, April 1992.

[319] Glover F, Gutin G, Yeo A and Zverovich A. Construction heuristics and domination analysis for the asymmetric TSP. European *J. Oper. Res.*. to appear.

[320] Glover F and Punnen A P. The travelling salesman problem: new solvable cases and linkages with the development of approximation algorithms. *J. Oper. Res. Soc.*, 1997, 48: 502-510.

[321] Goddard W D, Kubicki G, Oellermann O R and Tian S L. On multipartite tournaments. *J. Combin. Theory Ser. B*, 1991, 52(2): 284-300.

[322] Goddard W D and Oellermann O R. On the cycle structure of multipartite tournaments//*Graph Theory Combin. Appl.* 1, pages 525-533. New York: Wiley, 1991.

[323] Goemans M X and Williamson D. Primal-dual approximation algorithms for feedback problems in planar graphs. *Combinatorica*, 1998, 18: 37-59.

[324] Goldberg A V and Tarjan R E. A new approach to the maximum-flow problem//*Proceedings of the* 18th *ACM Symposium on the Theory of Computing*, pages 136-146. ACM Press, 1986.

[325] Goldberg A V and Tarjan R E. A new approach to the maximum-flow problem. *J. Assoc. Comput. Mach.*, 1988, 35(4): 921-940.

[326] Goldberg A V and Tarjan R E. Finding minimum-cost circulations by canceling negative cycles. *J. Assoc. Comput. Mach.*, 1989, 36(4): 873-886.

[327] Goldberg M K. Some applications of the operation of contraction to strongly connected graphs. *Uspehi Mat. Nauk*, 1965, 20(5(125)): 203-205.

[328] Goldberg M K. The diameter of a strongly connected graph. *Dokl. Akad. Nauk SSSR*, 1966, 170: 767-769.

[329] Goldsmith D L and White A T. On graphs with equal edge-connectivity and minimum degree. *Discrete Math.*, 1978, 23(1): 31-36.

[330] Golumbic M C. The complexity of comparability graph recognition and coloring. *Computing*, 1977, 18(3): 199-208.

[331] Golumbic M C. *Algorithmic graph theory and perfect graphs*. New York: Academic Press [Harcourt Brace Jovanovich Publishers], 1980. With a foreword by Claude Berge, Computer Science and Applied Mathematics.

[332] Gondran M and Minoux M. *Graphs and algorithms*. Chichester: John Wiley & Sons Ltd., 1984. Translated from the French by Steven Vajda, A Wiley-Interscience Publication.

[333] Goralcikova A and Koubek V. A reduct-and-closure algorithm for graphs//*Proceedings of the 8th Symp. on Math. Foundations of Computer Science*, volume 74 of *Lecture Notes in Computer Science*, pages 301-307. Berlin: Springer-Verlag, 1979.

[334] Grinberg È Y . Examples of non-Ádám multigraphs. Latv. Mat. Ezhegodnik, 1988, 31: 128-138, 253.

[335] Grossman J W and Häggkvist R. Alternating cycles in edge-partitioned graphs. *J. Combin. Theory Ser. B*, 1983, 34: 77-81.

[336] Grötschel M and Harary F. The graphs for which all strong orientations are hamiltonian. *J. Graph Theory*, 1979, 3: 221-224.

[337] Grötschel M, Jünger M and Reinelt G. A cutting plane algorithm for the linear ordering problem. *Oper. Res.*, 1984, 32(6): 1195-1220.

[338] Grötschel M, Lovász L and Schrijver A. The ellipsoid method and its consequences in combinatorial optimization. *Combinatorica*, 1981, 1(2): 169-197.

[339] Grötschel M, Lovász L and Schrijver A. *Geometric algorithms and combinatorial optimization*. Berlin: Springer-Verlag, 1988.

[340] Grünbaum B. Antidirected Hamiltonian paths in tournaments. *J. Combin. Theory Ser. B*, 1971, 11: 249-257.

[341] Guo Y. *Locally semicomplete digraphs*. PhD thesis, RWTH Aachen, Germany, 1995.

[342] Guo Y. Strongly Hamiltonian-connected locally semicomplete digraphs. *J. Graph Theory*, 1996, 22(1): 65-73.

[343] Guo Y. Path-connectivity in local tournaments. *Discrete Math.*, 1997, 167/168: 353-372. 15th British Combinatorial Conference (Stirling, 1995).

[344] Guo Y. Spanning local tournaments in locally semicomplete digraphs. *Discrete Appl. Math.*, 1997, 79(1-3): 119-125. 4th Twente Workshop on Graphs and Combinatorial Optimization (Enschede, 1995).

[345] Guo Y. Semicomplete Multipartite Digraphs: A Generalization of Tournaments. German Habilitation Thesis, RWTH Aachen, Germany 1998.

[346] Guo Y and Kwak J H. The cycle structure of regular multipartite tournaments. Aachen, submitted.

[347] Guo Y, Pinkernell A and Volkmann L. On cycles through a given vertex in multipartite tournaments. *Discrete Math.*, 1997, 164(1-3): 165-170. The Second Krakow Conference on Graph Theory (Zgorzelisko, 1994).

[348] Guo Y, Tewes M, Volkmann L and Yeŏ A. Sufficient conditions for semicomplete multipartite digraphs to be hamiltonian. *Discrete Math.*. to appear.

[349] Guo Y and Volkmann L. Pancyclic locally semicomplete digraphs. Unpublished manuscript, 1992.

[350] Guo Y and Volkmann L. Cycles in multipartite tournaments. *J. Combin. Theory Ser. B*, 1994, 62(2): 363-366.

[351] Guo Y and Volkmann L. On complementary cycles in locally semicomplete digraphs. *Discrete Math.*, 1994, 135(1-3): 121-127.

[352] Guo Y and Volkmann L. Locally semicomplete digraphs that are complementary m-pancyclic. *J. Graph Theory*, 1996, 21(2): 121-136.

[353] Gutin G. Criterion for complete bipartite digraphs to be Hamiltonian. *Vestsi Akad. Navuk BSSR Ser. Fiz.-Mat. Navuk*, 1984, 1: 109-110.

[354] Gutin G. On an approach to solving the traveling salesman problem//*Proceedings of the USSR Conference on System Research*, pages 184-185. Moscow: Nauka, 1984. (in Russian).

[355] Gutin G. Effective characterization of complete bipartite digraphs that have a Hamiltonian path. *Kibernetika (Kiev)*, 1985, 4: 124-125.

[356] Gutin G. The radii of n-partite tournaments. *Mat. Zametki*, 1986, 40(3): 414-417, 430.

[357] Gutin G. Finding the largest contour in a complete bipartite digraph. *Kibernetika*, 1987, (2): 117-118.

[358] Gutin G. Characterization of complete n-partite digraphs that have a Hamiltonian path. *Kibernetika* (*Kiev*), 1988, 1: 107-108, 136.

[359] Gutin G. Characterization of vertex pancyclic partly oriented k-partite tournaments. *Vestsi Acad. Navuk BSSR Ser.Fiz.-Mat.*, 1989, 2: 41-46.

[360] Gutin G. Determining the ranks of vertices in a complete multipartite graph of paired comparisons. *Automation and Remote Control*, 1989, 10: 139-147.

[361] Gutin G. m-sources in complete multipartite digraphs. *Vestsi Akad. Navuk BSSR Ser. Fiz.-Mat. Navuk*, 1989, 5: 101-106, 128.

[362] Gutin G. *Cycles and paths in directed graphs.* PhD thesis, School of Mathematics, Tel Aviv University, 1993.

[363] Gutin G. Finding a longest path in a complete multipartite digraph. *SIAM J. Discrete Math.*, 1993, 6: 270-273.

[364] Gutin G. On cycles in multipartite tournaments. *J. Combin. Theory Ser. B*, 1993, 58(2): 319-321.

[365] Gutin G. Polynomial algorithms for finding Hamiltonian paths and cycles in quasi-transitive digraphs. *Australas. J. Combin.*, 1994, 10: 231-236.

[366] Gutin G. Minimizing and maximizing the diameter in orientations of graphs. *Graphs Combin.*, 1994, 10(3): 225-230.

[367] Gutin G. Characterizations of vertex pancyclic and pancyclic ordinary complete multipartite digraphs. *Discrete Math.*, 1995, 141(1-3): 153-162.

[368] Gutin G. Cycles and paths in semicomplete multipartite digraphs, theorems, and algorithms: a survey. *J. Graph Theory*, 1995, 19(4): 481-505.

[369] Gutin G. Exponential neighbourhood local search for the travelling salesman problem. *Computers and Operations Research*, 1999, 26: 313-320.

[370] Gutin G. Connected (g, f)-factors and supereulerian digraphs. *ARS Combinatoria*, 2000, 54: 311-317.

[371] Gutin G, Sudakov B and Yeo A. Note on alternating directed cycles . *Discrete Math.*, 1998, 191: 101-107.

[372] Gutin G, Tewes M and Yeo A. Longest paths in strong spanning oriented subgraphs of strong semicomplete multipartite digraphs. *Discrete Math.*, 2000, 222: 269-274.

[373] Gutin G and Yeo A. Ranking the vertices of a complete multipartite paired comparison digraph. *Discrete Appl. Math.*, 1996, 69(1-2): 75-82.

[374] Gutin G and Yeo A. Hamiltonian paths and cycles in hypertournaments. *J. Graph Theory*, 1997, 25(4): 277-286.

[375] Gutin G and Yeo A. Small diameter neighbourhood graphs for the traveling salesman problem: at most four moves from tour to tour. *Computers and Operations Research*, 1999, 26: 321-327.

[376] Gutin G and Yeo A. Kings in semicomplete multipartite digraphs. *J. Graph Theory*, 2000, 33: 177-183.

[377] Gutin G and Yeo A. Note on the path covering number of a semicomplete multipartite digraph. *J. Combin. Math. and Combin. Computing.*, 2000, 32: 231-237.

[378] Gutin G and Yeo A. Orientations of digraphs almost preserving diameter and the one-way street and gossip problems. *Technical Report* 4, Brunel University, 2000.

[379] Gutin G and Yeo A. Quasi-hamiltonicity: a series of necessary conditions for a digraph to be hamiltonian. *J. Combin. Theory Ser. B*, 2000, 78: 232-242.

[380] Gutin G and Yeo A. Remarks on hamiltonian digraphs. submitted: 4 pp., 2000.

[381] Gutin G and Yeo A. Polynomial approximation algorithms for the TSP and the QAP with factorial domination number. *Discrete Applied Math.*. to appear.

[382] Gutin G and Yeo A. Solution of a conjecture of Volkmann on the number of vertices in longest paths and cycles of strong semicomplete multipartite digraphs. *Graphs and Combinatorics*. to appear.

[383] Gutjahr W. Graph Colourings. PhD thesis, Freie Universität Berlin, Berlin, 1991.

[384] Gutjahr W, Welzl E and Woeginger G. Polynomial graph-colorings. *Discrete Appl. Math.*, 1992, 35(1): 29-45.

[385] Habib M, Morvan M and Rampon J X. On the calculation of transitive reduction-closure of orders. *Discrete Math.*, 1993, 111: 289-303.

[386] Häggkvist R. On F-Hamiltonian graphs//*Graph Theory and Related Topics*, pages 219-231. New York: Academic Press, 1979.

[387] Häggkvist R. Hamilton cycles in oriented graphs. *Combin. Probab. Comput.*, 1993, 2(1): 25-32.

[388] Häggkvist R, Hell P, Miller D J and Neumann Lara V. On multiplicative graphs and the product conjecture. *Combinatorica*, 1988, 8(1): 63-74.

[389] Häggkvist R and Manoussakis Y. Cycles and paths in bipartite tournaments with spanning configurations. *Combinatorica*, 1989, 9(1): 33-38.

[390] Häggkvist R and Thomason A. Trees in tournaments. *Combinatorica*, 1991, 11(2): 123-130.

[391] Häaggkvist R and Thomassen C. On pancyclic digraphs. *J. Combin. Theory Ser. B*, 1976, 20(1): 20-40.

[392] Hajnal A, Milner E C and Szemerédi E. A cure for the telephone disease. *Canad. Math. Bull.*, 1972, 15: 447-450.

[393] Hall P. On representation of subsets. *J. London Math. Soc.*, 1935, 10: 26-30.

[394] Hamidoune Y O. *Contribution a l'étude de la connectivité d'un graphe*. PhD thesis, 1980.

[395] Hamidoune Y O. An application of connectivity theory in graphs to factorizations of elements in finite groups. *Europ. J. Combin.*, 1981, 2: 349-355.

[396] Hamidoune Y O. A note on minimal directed graphs with given girth. *J. Combin. Theory Ser. B*, 1987, 43: 343-348.

[397] Hansen S. Heuristic and exact methods for solving the feedback arc set problem (Masters Thesis University of Southern Denmark, Odense), 1999.

[398] Hao J and Orlin J B. A faster algorithm for finding the minimum cut in a directed graph. *J. Algorithms*, 1994, 17(3): 424-446. Third Annual ACM-SIAM Symposium on Discrete Algorithms (Orlando, FL, 1992).

[399] Harary F. The maximum connectivity of a graph. *Proc. Nat. Acad. Sci. U.S.A.*, 1962, 48: 1142-1146.

[400] Harary F, Kabell J A and McMorris F R. Bipartite intersection graphs. *Comment. Math. Univ. Carolin.*, 1982, 23: 739-745.

[401] Harary F, Krarup J and Schwenk A. Graphs suppressible to an edge. *Canadian Math. Bull.*, 1971, 15: 201-204.

[402] Harary F and Moser L. The theory of round robin tournaments. *Amer. Math. Mon.*, 1966, 73: 231-246.

[403] Harary F and Norman R Z. Some properties of line digraphs. *Rend. Circ. Mat. Palermo*, 1960, 9(2): 161-168.

[404] Harary F, Norman R Z and Cartwright D. *Structural Models.* John Wiley and Sons, 1965.

[405] Havet F. Finding an oriented hamiltonian path in a tournament. *submitted*, 1999.

[406] Havet F. Hamiltonian cycles in tournaments. *submitted*, 1999.

[407] Havet F and Thomassé S. Median orders of tournaments: a tool for the second neighbourhood problem and Sumner's conjecture. *submitted*, 1999.

[408] Havet F and Thomassé S. Oriented hamiltonian paths in tournaments: a proof of Rosenfeld's conjecture. *J. Comb. Theory, Ser B*, 2000, 78: 243-273.

[409] Hedetniemi S M, Hedetniemi S T and Liestman A. A survey of gossiping and broadcasting in communication networks. *Networks*, 1988, 18: 129-134.

[410] Hell P, Bang-Jensen J and Huang J. Local tournaments and proper circular arc graphs//*Algorithms* (*Tokyo*, 1990), volume 450 of *Lecture Notes in Comput. Sci.*, pages 101-108. Berlin: Springer, 1990.

[411] Hell P and Huang J. Lexicographic orientation and representation algorithms for comparability graphs, proper circular arc graphs, and proper interval graphs. *J. Graph Theory*, 1995, 20(3): 361-374.

[412] Hell P and Nešetřil J. On the complexity of H-coloring. *J. Combin. Theory Ser. B*, 1990, 48(1): 92-110.

[413] Hell P and Nešetřil J. The core of a graph. *Discrete Math.*, 1992, 109(1-3): 117-126. Algebraic graph theory (Leibnitz, 1989).

[414] Hell P, Nešetřil J and Zhu X. Duality and polynomial testing of tree homomorphisms. *Trans. Amer. Math. Soc.*, 1996, 348(4): 1281-1297.

[415] Hell P and Rosenfeld M. The complexity of finding generalized paths in tournaments. *J. Algorithms*, 1983, 4(4): 303-309.

[416] Hell P, Zhou H S and Zhu X D. On homomorphisms to acyclic local tournaments. *J. Graph Theory*, 1995, 20(4): 467-471.

[417] Hell P and Zhu X D. Homomorphisms to oriented paths. *Discrete Math.*, 1994, 132(1-3): 107-114.

[418] Hell P and Zhu X D. The existence of homomorphisms to oriented cycles. *SIAM J. Discrete Math.*, 1995, 8(2): 208-222.

[419] Hemminger R L and Beineke L W. Line graphs and line digraphs//*Selected Topics in Graph Theory* (*Beineke and Wilson, eds.*), pages 271-305. London: Academic Press, 1978.

[420] Hendry G R T. Extending cycles in directed graphs. *J. Combin. Theory Ser. B*, 1989, 46(2): 162-172.

[421] Hendry G R T. Extending cycles in graphs. *Discrete Math.*, 1990, 85(1): 59-72.

[422] Henzinger M R, Rao S and Gabow H N. Computing vertex connectivity: new bounds from old techniques//37th *Annual Symposium on Foundations of Computer Science* (*Burlington, VT*, 1996), pages 462-471. IEEE Comput. Los Alamitos, CA: Soc. Press, 1996.

[423] Heslop-Harrison J S and Bennett M D. Prediction and analysis of spacial order in haploid chromosome complements. *Proc. Roy. Soc. London, B*: 1983, 211-223.

[424] Heslop-Harrison J S and Bennett M D. The spacial order of chromosomes in root-tip metaphases of Aegilops umbellulata. *Proc. Roy. Soc. London*, 1983, B: 225-239.

[425] Heuchenne C. Sur une certaine correspondance entre graphs. *Bull. Soc. Roy. Sci. Liége*, 1964, 33: 743-753.

[426] Heydemann C M and Sotteau D. About some cyclic properties in digraphs. *J. Combin. Theory Ser. B*, 1985, 38(3): 261-278.

[427] Heydemann M C, Sotteau D and Thomassen C. Orientations of Hamiltonian cycles in digraphs. *Ars Combin.*, 1982, 14: 3-8.

[428] Heydemann M C. On cycles and paths in digraphs. *Discrete Math.*, 1980, 31: 217-219.

[429] Hilton A J W. Alternating Hamiltonian circuits in edge-coloured bipartite graphs. *Discrete Applied Math.*, 1992, 35: 271-273.

[430] Hoang C T and Reed B. A note on short cycles in digraphs. *Discrete Math.*, 1987, 66(1-2): 103-107.

[431] Hoffman A J. Some recent applications of the theory of linear inequalities to extremal combinatorial analysis//*Combinatorial Analysis, edited by R. Bellman and M. Hall*, pages 113-128. American Mathematical Society, Providence, RI, 1960.

[432] Hopcroft J E and Tarjan R E. Efficient planarity testing. *Journal of the Association for Computing Machinery*, 1974, 21: 549-568.

[433] Hromkovič J, Klasing R, Monien B and Peine R. Dissemination of information in interconnection networks (broadcasting & gossiping)//*Combinatorial network theory*, pages 125-212. Dordrecht: Kluwer Acad. Publ., 1996.

[434] Hsu H T. An algorithm for finding a minimal equivalent graph of a digraph. *J. Assoc. Comput. Mach.*, 1975, 22: 11-16.

[435] Huang J. *Tournament-like oriented graphs.* PhD thesis, School of Computing Science, Simon Fraser University, Burnaby B.C. Canada, 1992.

[436] Huang J. On the structure of local tournaments. *J. Combin. Theory Ser. B*, 1995, 63(2): 200-221.

[437] Huang J. A note on spanning local tournaments in locally semicomplete digraphs. *Discrete Applied Math.*, 1998, 89: 277-279.

[438] Huang J. Which digraphs are round? *Australasian J. Combinatorics*, 1999, 19: 203-208.

[439] Hwang F K. The Hamiltonian property of linear functions. *Oper. Res. Letters*, 1987, 6: 125-127.

[440] Ibaraki T and Poljak S. Weak three-linking in Eulerian digraphs. *SIAM J. Discrete Math.*, 1991, 4(1): 84-98.

[441] Imase M and Itoh M. Design to monimize a diameter on Building block networks. *IEEE Trans. on Computers*, 1981, C-30: 439-443.

[442] Imase M and Itoh M. Design for directed graphs with minimum diameter. *IEEE Trans. on Computers*, 1983, C-32: 782-784.

[443] Imase M, Soneoka I and Okada K. Connectivity of regular directed graphs with small diameter. *IEEE Trans. on Computers*, 1985, C-34: 267-273.

[444] Imase M, Soneoka I and Okada K. A fault tolerant processor interconnection network. *Systems and Computers in Japan*, 1986, 17: 21-30.

[445] Imori M, Matsumoto M and Yamada H. The line digraph of a regular and pancircular digraph is also regular and pan circular. *Graphs and Combinatorics*, 1988, 4: 235-239.

[446] Isaak G. Tournaments as feedback arc sets. *Electronic J. Combinatorics*, 1995, 2: 19.

[447] Iwata S, Fleischer L and Fujishige S. A strongly polynomial time algorithm for minimizing submodular functions. *manuscript*, 1999.

[448] Carlier J and Villon P. A new heuristic for the travelling salesman problem. *RAIRO. Recherche Operationelle*, 1990, 24: 245-253.

[449] Jackson B. Long paths and cycles in oriented graphs. *J. Graph Theory*, 1981, 5(2): 145-157.

[450] Jackson B. A Chvátal-Erdős condition for Hamilton cycles in digraphs. *J. Combin. Theory Ser. B*, 1987, 43(3): 245-252.

[451] Jackson B. Some remarks on arc-connectivity, vertex splitting, and orientation in graphs and digraphs. *J. Graph Theory*, 1988, 12(3): 429-436.

[452] Jackson B and Ordaz O. A Chvátal- Erdős condition for (1, 1)-factors in digraphs. *Discrete Math.*, 1985, 57(1-2): 199-201.

[453] Jackson B and Ordaz O. Chvátal-Erdős conditions for paths and cycles in graphs and digraphs. A survey. *Discrete Math.*, 1990, 84(3): 241-254.

[454] Jacob H and Meyniel H. About quasi-kernels in a digraph. *Discrete Math.*, 1996, 154(1-3): 279-280.

[455] Jaeger F. On nowhere-zero flows in multigraphs. *Congressus Numerantium*, 1976, 15: 373-378.

[456] Jaeger F. On five-edge-colorings of cubic graphs and nowhere-zero flow problems. *Ars Combin.*, 1985, 20(B): 229-244.

[457] Jaeger F. Nowhere-zero flow problems//*Selected topics in graph theory*, 3, pages 71-95. San Diego, CA: Academic Press, 1988.

[458] Janssen J. The Dinitz problem solved for rectangles. *Bull. Amer. Math. Soc.*, 1993, 29: 243-249.

[459] Jensen T R and Toft B. *Graph coloring problems*. New York: John Wiley & Sons, Inc., 1995. A Wiley-Interscience Publication.

[460] Jewell W S. Optimal flow through networks. *Technical Report* 8, OR center, MIT, Cambridge, Mass., 1958.

[461] Jirásek J. On a certain class of multidigraphs, for which reversal of no arc decreases the number of their cycles. *Comment. Math. Univ. Carolinae*, 1987, 28: 185-189.

[462] Jirásek J. Some remarks on Ádám's conjecture for simple directed graphs. *Discrete Math.*, 1992, 108: 327-332.

[463] Johnson D B. Efficient algorithms for shortest paths in sparse networks. *Journal of the Association for Computing Machinery*, 1977, 24: 1-13.

[464] Johnson D S, Aragon C R, McGeoch L and Schevon C. Optimization by simulated annealing: an experimental evaluation; part 1, Graph partitioning. *Operations Research*, 1989, 37: 865-892.

[465] Johnson D S, Aragon C R, McGeoch L and Schevon C. Optimization by simulated annealing: an experimental evaluation; part 2, Graph coloring and number partitioning. *Operations Research*, 1991, 39: 378-406.

[466] Johnson D S and McGeoch L A. The traveling salesman problem: A case study in local optimization//Aarts E H L and Lenstra J K, editors. *Local Search in Combinatorial Optimization*, pages 215-310. New York: John Wiley & Sons, 1997.

[467] Jordán T. Increasing the vertex-connectivity in directed graphs//*Algorithms-ESA' 93 (Bad Honnef, 1993), volume 726 of Lecture Notes in Comput. Sci.*, pages 236-247. Berlin: Springer, 1993.

[468] Jordán T. *Connectivity augmentation problems in Graphs.* PhD thesis, Department of Computer Science, Eötvös University, Budapest, 1994.

[469] Jordán T. On the optimal vertex-connectivity augmentation. *J. Combin. Theory Ser. B*, 1995, 63: 8-20.

[470] Jung H A. Eine Verallgemeinerung des n-fachen zusammenhangs für Graphen. *Math. Ann.*, 1970, 187: 95-103.

[471] Kano M. Ranking the vertices of an r-partite paired comparison digraph. *Discrete Appl. Math.*, 1987, 17(3): 245-253.

[472] Kano M and Sakamoto A. Ranking the vertices of a weighted digraph using the length of forward arcs. *Networks*, 1983, 13(1): 143-151.

[473] Kano M and Sakamoto A. Ranking the vertices of a paired comparison digraph. *SIAM J. Algebraic Discrete Methods*, 1985, 6(1): 79-92.

[474] Karp R M. Reducibility among combinatorial problems//*Complexity of computer computations (Proc. Sympos., IBM Thomas J. Watson Res. Center, Yorktown Heights, N.Y.*, 1972), pages 85-103. New York: Plenum, 1972.

[475] Karzanov A V. The problem of finding the maximal flow in a network by the method of preflows. *Dokl. Akad. Nauk SSSR*, 1974, 215: 49-52.

[476] Kemeny J G and Snell J L. *Finite Markov Chains.* New York: Springer-Verlag, 1976.

[477] Kemnitz A and Greger B. A forbidden subdigraph condition implying an oriented graph to be Hamiltonian. *Congr. Numer.*, 1998, 130: 127-131.

[478] Khuller S, Raghavachari B and Young N. Approximating the minimum equivalent digraph. *SIAM J. Computing*, 1995, 24(4): 859-872.

[479] Khuller S, Raghavachari B and Young N. On strongly connected digraphs with bounded cycle length. *Discrete Appl. Math.*, 1996, 69(3): 281-289.

[480] Klein M. A primal method for minimum cost flows with applications to the assignment and transportation problems. *Management Science*, 1967, 14: 205-220.

[481] Knuth D E. *The art of computer programming. Vol. 1: Fundamental algorithms.* Addison-Wesley Publishing Co., Reading, Mass.-London-Don Mills, Ont, 1968. Second printing.

[482] Kocay W and Stone D. An algorithm for balanced flows. *J. Combin. Math. Combin. Comput.*, 1995, 19: 3-31.

[483] Koh K M. Even circuits in directed graphs and Lovasz's conjecture. *Bull. Malaysian Math. Soc.*, 1976, 7(3): 47-52.

[484] Koh K M and Tan B P. The diameters of a graph and its orientations. *Technical report*, Department of Mathematics, National University of Singapore, 1992.

[485] Koh K M and Tan B P. Kings in multipartite tournaments. *Discrete Math.*, 1995, 147: 171-183.

[486] Koh K M and Tan B P. Number of 4-kings in bipartite tournaments with no 3-kings. *Discrete Math.*, 1996, 154(1-3): 281-287.

[487] Koh K M and Tan B P. The diameter of an orientation of a complete multipartite graph. *Discrete Math.*, 1996, 149(1-3): 131-139.

[488] Koh K M and Tan B P. The minimum diameter of orientations of complete multipartite graphs. *Graphs Combin.*, 1996, 12(4): 333-339.

[489] Koh K M and Tan B P. The number of kings in a multipartite tournament. *Discrete Math.*, 1997, 167/168: 411-418.

[490] Koh K M and Tay E G. On optimal orientations of Cartesian products of even cycles and paths. *Networks*, 1997, 30(1): 1-7.

[491] Koh K M and Tay E G. Optimal orientations of products of paths and cycles. *Discrete Appl. Math.*, 1997, 78(1-3): 163-174.

[492] Koh K M and Tay E G. On optimal orientations of Cartesian products of graphs (I). *Discrete Math.*, 1998, 190: 115-136.

[493] Koh K M and Tay E G. On optimal orientations of Cartesian products of trees. *Graphs and Combinatorics.* to appear, 1999.

[494] Koh K M and Tay E G. On optimal orientations of Cartesian products with a bipartite graph. *Discrete Applied Math.*, 1999, 98: 103-120.

[495] Koh K M and Tay E G. On optimal orientations of Cartesian products of graphs (II): complete graphs and even cycles. *Discrete Math.*, 2000, 211: 75-102.

[496] Koh K M and Tay E G. On optimal orientations of G vertex-multiplications. *Discrete Math.*, 2000, 219: 153-171.

[497] König D. Über Graphen und ihre Anwendung auf Determinantentheorie und Mengenlehre. *Math. Ann.*, 1916, 77: 454-465.

[498] König D. Graphs and matrices (in Hungarian). *Mat. Fiz. Lapok*, 1931, 38: 116-119.

[499] König D. *Theorie der endlichen und unendlichen Graphen.* Akademische Verlagsgesellschaft, 1936.

[500] König J C, Krumme D W and Lazard E. Diameter preserving orientation of the torus. *Networks*, 1998, 32: 1-11.

[501] Kotzig A. On the theory of finite graphs with a linear factor II. *Math. Fyz. Čazopis*, 1959, 9: 73-91.

[502] Kotzig A. Moves without forbidden transitions in a graph. *Math. Fyz.Čazopis*, 1968, 18: 76-80.

[503] Kotzig A. The decomposition of a directed graph into quadratic factors consisting of cycles. *Acta Fac. Rerum Natur. Univ. Comenian. Math. Publ.*, 1969, 22: 27-29.

[504] Krumme D W, Cybenko G and Venkataraman K N. Gossiping in minimal time. *SIAM J. Computing*, 1992, 21(1): 111-139.

[505] Kuhn H W. The Hungarian method for the assignment problem. *Naval Research Logistics Quarterly*, 1955, 2: 83-97.

[506] Kunzmann A and Wunderlich H J. An analytical approach to the partial scan problem. *J. Electronic Testing : Theory and Applications*, 1990, 1: 163-174.

[507] Kuratowski C. Sur le probléme des courbes gauches en topologie. *Fund. Math.*, 1930, 15: 271-283.

[508] Landau H G. On dominance relations and the structure of animal societies III. The condition for a score structure. *Bull. Math. Biophys.*, 1953, 15: 143-148.

[509] Lawler E L. *Combinatorial Optimization: Networks and Mathroids.* Holt, Rinehart and Winston, New York, 1976.

[510] Lawler E L. Sequencing jobs to minimize total weighted completion time subject to precedence constraints. *Ann. Discrete Math.*, 1978, 2: 75-90. Algorithmic aspects of combinatorics (Conf., Vancouver Island, B.C., 1976).

[511] Lawler E L, Lenstra J K, Rinooykan A H G and Shmoys D B, editors. *Travelling Salesman Problem : A Guided Tour of Combinatorial Optimization.* New York: John Wiley & Sons, 1985.

[512] Leiserson C E and Saxe J B. Retiming synchronous circuitry. *Algoritmica*, 1991, 6: 5-35.

[513] Levin L A. Universal sorting problems. *Problems of Information Transmission*, 1973, 9: 265-266.

[514] Lewin M. On maximal circuits in directed graphs. *J. Combin. Theory, Ser. B*, 1975, 18: 175-179.

[515] Linial N, Lovász L and Wigderson A. Rubber bands, convex embeddings and graph connectivity. *Combinatorica*, 1988, 8(1): 91-102.

[516] Little C, Teo K and Wang H. On a conjecture on directed cycles in a directed bipartite graph. *Graphs Combin.*, 1997, 13(3): 267-273.

[517] Liu J and Zhou H S. Graphs and digraphs with given girth and connectivity. *Discrete Math.*, 1994, 132(1-3): 387-390.

[518] Liu X and West D B. Line digraphs and coreflexive vertex sets. *Discrete Math.*, 1998, 188(1-3): 269-277.

[519] Lovász L. Connectivity in digraphs. *J. Combin. Theory Ser. B*, 1973, 15: 174-177.

[520] Lovász L. Coverings and coloring of hypergraphs. volume 8, pages 3-12, Winnipeg, Man., 1973. Utilitas Math.

[521] Lovász L. On two min-max theorems in graph theory. *J. Combin. Theory Ser. B*, 1976, 21: 26-30.

[522] Lovász L. *Combinatorial problems and exercises.* Amsterdam: North-Holland Publishing Co., 1979.

[523] Lovász L. Connectivity algorithms using rubber bands//*Foundations of software technology and theoretical computer science* (*New Delhi*, 1986), pages 394-411. Berlin: Springer, 1986.

[524] Lovász L. *Combinatorial problems and exercises.* second edition. Amsterdam: North-Holland Publishing Co., 1993.

[525] Lovász L and Plummer M D. *Matching theory.* Amsterdam: North-Holland Publishing Co., 1986. Annals of Discrete Mathematics, 29.

[526] Lucchesi C L. *A minimax equality for directed graphs.* PhD thesis, University of Waterloo, Ontario, Canada, 1976.

[527] Lucchesi C L and Giglio M C M T. On the connection between the undirected and the acyclic directed two disjoint paths problem. *Ars Combin.*, 1997, 47: 191-200.

[528] Lucchesi C L and Younger D H. A minimax theorem for directed graphs. *J. London Math. Soc.* 1978, (2), 17(3): 369-374.

[529] Lynch J F. The equivalence of theorem proving and the interconnection problem. *(ACM) SIGDA Newsletter*, 1975, 5(3): 31-36.

[530] MacGillivray G. *The complexity of generalized colouring.* PhD thesis, Simon Fraser University, Burnaby, B.C. Canada, 1990.

[531] MacGillivray G. On the complexity of colouring by vertex-transitive and arc-transitive digraphs. *SIAM J. Discrete Math.*, 1991, 4(3): 397-408.

[532] Mader W. Minimale n-fach kantenzusammenhängende Graphen. *Math. Ann.*, 1971, 191: 21-28.

[533] Mader W. Ecken vom Grad n in minimalen n-fach zusammenhängenden Graphen. *Arch. Math. (Basel)*, 1972, 23: 219-224.

[534] Mader W. 1-factoren von Graphen. *Math. Ann.*, 1973, 201: 269-282.

[535] Mader W. Ecken vom Innen- und Aussengrad n in minimal n-fach kantenzusammenhängenden Digraphen. *Arch. Math. (Basel)*, 1974, 25: 107-112.

[536] Mader W. A reduction method for edge-connectivity in graphs. *Ann. Discrete Math.*, 1978, 3: 145-164. Advances in graph theory (Cambridge Combinatorial Conf., Trinity College, Cambridge, 1977).

[537] Mader W. Konstruktion aller n-fach kantenzusammenhängenden Digraphen. *European J. Combin.*, 1982, 3(1): 63-67.

[538] Mader W. Minimal n-fach zusammenhängende Digraphen. *J. Combin. Theory Ser. B*, 1985, 38(2): 102-117.

[539] Mader W. Ecken von kleinem Grad in kritisch n-fach zusammenhängenden Digraphen. *J. Combin. Theory Ser. B*, 1991, 53(2): 260-272.

[540] Mader W. On vertices of degree n in minimally n-connected graphs and digraphs// *Combinatorics, Paul Erdős is eighty, Vol.* 2 (*Keszthely*, 1993), pages 423-449. János Bolyai Math. Soc., Budapest, 1996.

[541] Mader W. On vertices of out-degree n in minimally n-connected digraphs. manuscript, 1999.

[542] Maehara H. A digraph represented by a family of boxes or spheres. *J. Graph Theory*, 1984, 8(3): 431-439.

[543] Maffray F. Kernels in perfect line graphs. *Journal of Combin. Theory. Series B*, 1992, 55: 1-8.

[544] Malhotra V M, Kumar M P and Maheshwari S N. An $O(n^3)$ algorithm for finding maximum flows in networks. *Information Processing Letters*, 1978, 7: 277-278.

[545] Manoussakis Y. k-linked and k-cyclic digraphs. *J. Combin. Theory Ser. B*, 1990, 48(2): 216-226.

[546] Manoussakis Y. A linear-time algorithm for finding Hamiltonian cycles in tournaments. *Discrete Appl. Math.*, 1992, 36(2): 199-201.

[547] Manoussakis Y. Directed Hamiltonian graphs. *J. Graph Theory*, 1992, 16(1): 51-59.

[548] Manoussakis Y. Alternating paths in edge-coloured complete graphs. *Discrete Applied Math.*, 1995, 56: 297-309.

[549] Manoussakis Y, Spyratos M, Tuza Zs and Voigt M. Minimal colorings for properly colored subgraphs. *Graphs and Combinatorics*, 1996, 12: 345-360.

[550] Marcus D A. Spanning subgraphs of k-connected digraphs. *J. Combin. Theory Ser. B*, 1981, 30(1): 21-31.

[551] Marcus D A. Directed cycles with chords. *J. Graph Theory*, 1999, 31(1): 17-28.

[552] Marshall S. On the existence of k-tournaments with given automorphism group. *Discrete Math.*, 1996, 152(1-3): 259-268.

[553] Marshall S. Representing posets with k-tournaments. *Order*, 1996, 13(2): 147-158.

[554] Martello S and Toth P. Finding a minimum equivalent graph of a digraph. *Networks*, 1982, 12: 89-100.

[555] Masuzawa T, Hagihara K and Tokura N. An optimal time algorithm for the k-vertex-connectivity unweighted augmentation problem for rooted directed trees. *Discrete Appl. Math.*, 1987, 17(1-2): 67-105.

[556] Maurer H A, Sudborough J H and Welzl E. On the complexity of the general coloring problem. *Inform. and Control*, 1981, 51(2): 128-145.

[557] May D. The next generation transputers and beyond//*Distributed Memory Computing*, volume 487 of *Lecture Notes in Comput. Sci.*, pages 7-22. Berlin: Springer-Verlag, 1991.

[558] McCanna J E. Orientations of the n-cube with minimum diameter. *Discrete Math.*, 1988, 68(2-3): 309-310.

[559] McCuaig W. Intercyclic digraphs//*Graph structure theory* (*Seattle, WA*, 1991), volume 147 of *Contemp. Math.*, pages 203-245. Amer. Math. Soc., Providence, RI, 1993.

[560] McDiarmid C. Probability//*Graph connections. Relationships between graph theory and other areas of mathematics* (*eds : Beineke, L.W. et al.*), pages 194-207. Oxford, UK: Oxford University Press, 1997.

[561] Mehlhorn K. *Data Structures and Algorithms* 2 : *Graph Algorithms and NPcompleteness*. Berlin: Springer-Verlag, 1984.

[562] Menger K. Zur allgemeinen Kurventheorie. *Fund. Math.*, 1927, 10: 96-115.

[563] Metzlar A. Disjoint paths in acyclic digraphs. *J. Combin. Theory Ser. B*, 1993, 57(2): 228-238.

[564] Meyniel H. Une condition suffisante d'existence d'un circuit Hamiltonien dans un graphe orienté. *J. Combin. Theory Ser. B*, 1973, 14: 137-147.

[565] Miller M. Digraph covering and its application to two optimizatio problems for digraphs. Australas. *J. Combinatorics*, 1991, 3: 151-164.

[566] Miller M and Fris I. Maximum order digraphs for diameter 2 or degree//*Pullman Volume of Graphs and Matrices*, volume 139 of *Lecture Notes in Pure and Applied Math.*, pages 269-278. Pullman, New York, 1992.

[567] Minty G J. A theorem on n-colouring the points of a linear graph. *American Mathematical Monthly*, 1962, 69: 623-624.

[568] Monma C L and Sidney J B. A general algorithm for optimal job sequencing with series-parallel constraints. *Math. of Operations Research*, 1977, 4: 215-224.

[569] Moon J W. Solution to problem 463. *Math. Mag.*, 1962, 35: 189.

[570] Moon J W. On subtournaments of a tournament. *Canad. Math. Bull.*, 1966, 9: 297-301.

[571] Moon J W. *Topics on tournaments.* New York: Holt, Rinehart and Winston, 1968.

[572] Moore E F. The shortest path through a maze//*Proc. of the Int. Symp. on the Theory of Switching*, pages 285-292. Harward University Press, 1959.

[573] Morris A O. *Linear Algebra: an Introduction.* Van Nostrand Reinhold, Workingham, England, second edition edition, 1982.

[574] Morvan M and Viennot L. Parallel comparability graph recognition and modular decomposition//*STACS* 96 (*Grenoble*, 1996), pages 169-180. Berlin: Springer, 1996.

[575] Mulder H M. Julius Petersen's theory of regular graphs. *Discrete Math.*, 1992, 100: 157-175.

[576] Müller H. Recognizing interval digraphs and interval bigraphs in polynomial time. *Discrete Appl. Math.*, 1997, 78: 189-205.

[577] Muller J H and Spinrad J. Incremental modular decomposition. *J. Assoc. Comput. Mach.*, 1989, 36(1): 1-19.

[578] Murty K G. *Network programming.* Englewood Cliffs, NJ: Prentice Hall Inc., 1992.

[579] Nagamochi H and Ibaraki T. A linear-time algorithm for finding a sparse k-connected spanning subgraph of a k-connected graph. *Algorithmica*, 1992, 7(5-6): 583-596.

[580] Nagamochi H and Ibaraki T. Computing edge-connectivity in multigraphs and capacitated graphs. *SIAM J. Discrete Math.*, 1992, 5(1): 54-66.

[581] Nagamochi H and Ibaraki T. Deterministic $\tilde{O}(nm)$ time edge-splitting in undirected graphs. *J. Comb. Optim.*, 1997, 1(1): 5-46.

[582] Nagamochi H and Ibaraki T. A note on minimizing submodular functions. *Inform. Process. Lett.*, 1998, 67(5): 239-244.

[583] Nash-Williams C St J A. On orientations, connectivity and odd-vertexpairings in finite graphs. *Canad. J. Math.*, 1960, 12: 555-567.

[584] Nash-Williams C St J A. Edge-disjoint spanning trees of finite graphs. *J. London Math. Soc.*, 1961, 36: 445-450.

[585] Nash-Williams C St J A. Decomposition of finite graphs into forests. *J. London Math. Soc.*, 1964, 39: 12.

[586] Nash-Williams C St J A. Problem 47//*Proceedings of Colloq. Tihany 1966*, page 366. Academic Press, 1968.

[587] Nash-Williams C St J A. Hamilton circuits in graphs and digraphs//*The many facets of graph theory*, Springer-Verlag Lecture Notes 110, pages 237-243. Springer-Verlag, 1969.

[588] Nash-Williams C St J A. Hamilton circuits//*Studies in Graph Theory Part II*, Studies in Mathematics 12, pages 301-360. Washington: M.A.A., 1975.

[589] Natu M and Fang S C. The point-to-point connection problem-analysis and algorithms. *Discrete Applied Math.*, 1997, 78: 207-226.

[590] Nešetřil J and Zhu X D. Path homomorphisms. *Math. Proc. Cambridge Philos. Soc.*, 1996, 120(2): 207-220.

[591] Ng L L. Hamiltonian decomposition of complete regular multipartite digraphs. *Discrete Math.*, 1997, 177(1-3): 279-285.

[592] Ng L L. Hamiltonian decomposition of lexicographic products of digraphs. *J. Combin. Theory Ser. B*, 1998, 73(2): 119-129.

[593] Nishimura T. Short cycles in digraphs. *Discrete Math.*, 1988, 72(1-3): 295-298.

[594] Olsen C. Heuristics for combinatorial optimization problems (course project in Danish University of Southern Denmark, Odense), 1998.

[595] Ore O. *Theory of graphs.* American Mathematical Society, Providence, R.I., 1962. American Mathematical Society Colloquium Publications, Vol. XXXVIII.

[596] Erdős P and Szekeres G. A combinatorial problem in geometry. *Compositio Math.*, 1935, 2: 463-470.

[597] Overbeck-Larisch M. Hamiltonian paths in oriented graphs. *J. Combin. Theory Ser. B*, 1976, 21(1): 76-80.

[598] Overbeck-Larisch M. A theorem on pancyclic-oriented graphs. *J. Combin. Theory Ser. B*, 1977, 23(2-3): 168-173.

[599] Pan L, Zhou G and Zhang K M. A note on hypertournaments. *Chinese Science Bull.*, 1999, 44: 1460-1463.

[600] Papadimitriou C H and Steiglitz K. *Combinatorial optimization : algorithms and complexity.* Englewood Cliffs, N.J.: Prentice-Hall Inc., 1982.

[601] Penn L E and Witte D. When the Cartesian product of two directed cycles is hypohamiltonian. *J. Graph Theory*, 1983, 7: 441-443.

[602] Perl Y and Shiloach Y. Finding two disjoint paths between two pairs of vertices in a graph. *J. Assoc. Comput. Machin.*, 1978, 25: 1-9.

[603] Petersen J. Die Theorie der regulären graphs. *Acta Math.*, 1891, 15: 193-220.

[604] Petrović V. Kings in bipartite tournaments. *Discrete Math.*, 1997, 173(1-3): 187-196.

[605] Petrović V and Thomassen C. Kings in k-partite tournaments. *Discrete Math.*, 1991, 98(3): 237-238.

[606] Pevzner P A. DNA physical mapping and alternating eulerian cycles in colored graphs. *Algorithmica*, 1995, 13.

[607] Plesník J. Remarks on diameters of orientations of graphs. *Acta Math. Univ. Comenian.*, 1985, 46/47: 225-236 (1986).

[608] Plesník J. Remarks on diameters of orientations of graphs. *Acta Math. Univ. Comenian.*, 1985, 46/47: 225-236 (1986).

[609] Plesník J and Znám S. Strongly geodetic directed graphs. *Acta F. R. N. Univ. Comen.-Mathe.*, 1975, 29: 29-34.

[610] Pósa L. A theorem concerning Hamiltonian lines. *Publ. Math. Inst. Hungar. Acad. Sci.*, 1962, 7: 225-226.

[611] Potts C N and van de Velde S L. Dynasearch-iterative local improvement by dynamic programming: Part I, the traveling salesman problem. Univ. Southampton, UK, November 1995.

[612] Prisner E. *Familien zusammenhängender Teilgraphen eines Graphen und ihre Durchschnittsgraphen*. PhD thesis, University of Hamburg, 1988.

[613] Prisner E. *Graph dynamics*. Harlow: Longman, 1995.

[614] Prisner E. Line graphs and generalizations-a survey. *Congressus Numerantium*, 1996, 116: 193-229. Surveys in graph theory (San Francisco, CA, 1995).

[615] Punnen A and Kabadi S. Domination analysis of some heuristics for the asymmetric traveling salesman problem. April 1999.

[616] Punnen A P. The traveling salesman problem: new polynomial approximation algorithms and domination analysis. University of New Brunswick-St. John, December 1996.

[617] Queyranne M. Minimizing symmetric submodular functions. *Math. Programming*, 1998, 82(1-2, Ser. B): 3-12. Networks and matroids; Sequencing and scheduling.

[618] Radhakrishnan J and Srinivasan A. Improved bounds and algorithms for hypergraph 2-colouring. *Random Structures and Algorithms*, 2000, 16: 4-32.

[619] Rado R. Note on independence functions. *Proc. London Math. Soc.*, 1957, 7: 300-320.

[620] Ramachandran V. A minimax arc theorem for reducible flow graphs. *SIAM J. Discrete Math.*, 1990, 3: 554-560.

[621] Ramsey F P. On a problem of formal logic. *Proc. London Math. Soc.*, 1930, 30: 264-286.

[622] Rattner J. The new age of supercomputing//Distributed Memory Computing, volume 487 of *Lecture Notes in Comput. Sci.*, pages 1-6. Berlin: Springer Verlag, 1991.

[623] Recski A. *Matroid theory and its applications in electric network theory and in statics*. Berlin: Springer-Verlag, 1989.

[624] Reddy S M, Pradhan D K and Kuhl J G. Directed graphs with minimal diameter and maximal connectivity. *Tech. rep.*, School of Engineering Oakland Univ., 1980.

[625] Rédei L. Ein kombinatorischer Satz. *Acta Litt. Szeged*, 1934, 7: 39-43.

[626] Reed B, Robertson N, Seymour P D and Thomas R. Packing directed circuits. *Combinatorica*, 1996, 16(4): 535-554.

[627] Reed B A and Shepherd F B. The Gallai-Younger conjecture for planar graphs. *Combinatorica*, 1996, 16(4): 555-566.

[628] Reeves (editor) C R. *Modern heuristic techniques for combinatorial problems*. McGraw-Hill Book Company, 1995.

[629] Reid K B. Two complementary circuits in two-connected tournaments//*Cycles in graphs* (*Burnaby, B.C.*, 1982), volume 115 of *North-Holland Math. Stud.*, pages 321-334. Amsterdam: North-Holland, 1985.

[630] Reid K B. Tournaments: scores, kings, generalizations and special topics. *Congressus Numerantium*, 1996, 115: 171-211. Surveys in graph theory (San Francisco, CA, 1995).

[631] Reinelt G. *The linear ordering problem : algorithms and applications*. Berlin: Heldermann Verlag, 1985.

[632] Reinelt G. *The Travelling Salesman : Computational Solutions for TSP Applications*. Berlin: Springer-Verlag, 1994.

[633] Rendl F. Quadratic assignment problems on series-parallel digraphs. *Z. Oper. Res. Ser. A-B*, 1986, 30(3): A161-A173.

[634] Richards P I. Precedence constraints and arrow diagrams. *SIAM Rev.*, 1967, 9: 548-553.

[635] Richardson M. Solution of irreflective relations. *Ann. Math.*, 1953, 58: 573-580.

[636] Richey M B, Parker R G and Rardin R L. An efficiently solvable case of the minimum weight equivalent subgraph problem. *Networks*, 1985, 15(2): 217-228.

[637] Robbins H E. A theorem on graphs with an application to a problem on traffic control. *American Mathematical Monthly*, 1939, 46: 281-283.

[638] Roberts F S and Xu Y. On the optimal strongly connected orientations of city street graphs I: Large grids. *SIAM J. Discrete Math.*, 1988, 1: 199-222.

[639] Roberts F S and Xu Y. On the optimal strongly connected orientations of city street graphs II: Two east-west avenues or north-south streets. *Networks*, 1989, 19: 221-233.

[640] Roberts F S and Xu Y. On the optimal strongly connected orientations of city street graphs III: Three east-west avenues or north-south streets. *Networks*, 1992, 22: 109-143.

[641] Roberts F S and Xu Y. On the optimal strongly connected orientations of city street graphs IV: Four east-west avenues or north-south streets. *Discrete Applied Math.*, 1994, 49: 331-356.

[642] Robertson N and Seymour P D. Graph minors. XIII: The disjoint paths problem. *J. Comb. Theory, Ser. B*, 1995, 63: 65-110.

[643] Robertson N, Seymour P D and Thomas R. Permanents, Pfaffian orientations, and even directed circuits. *Ann. Math.*, 1999, 150: 929-975.

[644] Rosenfeld M. Antidirected Hamiltonian paths in tournaments. *J. Comb. Theory, Ser. B*, 1971, 12: 93-99.

[645] Rosenfeld M. Antidirected Hamiltonian cycles in tournaments. *J. Comb. Theory, Ser. B*, 1974, 16: 234-242.

[646] Roy B. Nombre chromatique et plus longs chemins d'un graphe. *Rev. Francaise Informat. Recherche Opérationnelle*, 1967, 1(5): 129-132.

[647] Rubinstein A. Ranking the participants in tournaments. *SIAM J. Applied Math.*, 1980, 38: 108-111.

[648] Saad R. Finding a longest alternating cycle in a 2-edge-coloured complete graph is in RP. *Combinatorics, Probability and Computing*, 1996, 5: 297-306.

[649] Samathan M R and Pradhan D K. The de Bruijn multiprocessor network: a versatile parallel processing and sorting network for *VLSI. IEEE Trans. on Computers*, 1989, C-38: 567-581.

[650] Sanyal B K and Sen M K. New characterization of digraphs represented by intervals. *J. Graph Theory*, 1996, 22: 297-303.

[651] Sarvanov V I and Doroshko N N. The approximate solution of the traveling salesman problem by a local algorithm that searches neighborhoods of exponential cardinality in quadratic time//*Software : Algorithms and Programs*, volume 31, pages 8-11. Math. Institute of the Belorussian Acad. Sci., Minsk, 1981. (in Russian).

[652] Sarvanov V I and Doroshko N N. The approximate solution of the traveling salesman problem by a local algorithm with scanning neighborhoods of factorial cardinality in cubic time//*Software : Algorithms and Programs*, volume 31, pages 11-13. Math. Institute of the Belorussian Acad. Sci., Minsk, 1981. (in Russian).

[653] Schmidt J P and Siegel A. The spatial complexity of oblivious k-probe hash functions. *SIAM J. Computing*, 1990, 19(5): 775-786.

[654] Schnorr C P. Bottlenecks and edge connectivity in unsymmetrical networks. *SIAM J. Computing*, 1979, 8(2): 265-274.

[655] Schrijver A. Total dual integrality from directed graphs, crossing families, and sub- and supermodular functions//*Progress in combinatorial optimization* (*Waterloo, Ont.*, 1982), pages 315-361. Toronto, Ont.: Academic Press, 1984.

[656] Schrijver A. A group-theoretical approach to disjoint paths in directed graphs. *CWI Quarterly*, 1993, 6(3): 257-266.

[657] Schrijver A. Finding k disjoint paths in a directed planar graph. *SIAM J. Computing*, 1994, 23(4): 780-788.

[658] Schrijver A. Paths in graphs and curves on surfaces//*Joseph, A. (ed.) et al., First European congress of mathematics Paris, France: ECM,* 1992, *July* 6-10, *Volume II : Invited lectures (Part* 2). *Basel : Birkhaeuser.* [*ISBN* 3-7643- 2799-5/hbk], 1994: 381-406.

[659] Schrijver A. Polyhedral combinatorics//*Handbook of combinatorics, Vol.* 1, 2, pages 1649-1704. Amsterdam: Elsevier, 1995.

[660] Schrijver A. A combinatorial algorithm minimizing submodular functions in strongly polynomial time. *manuscript*, 1999.

[661] Sen M, Das S, Roy A B and West D B. Interval digraphs: an analogue of interval graphs. *J. Graph Theory*, 1989, 13(2): 189-202.

[662] Seymour P D. Disjoint paths in graphs. *Discrete Math.*, 1980, 29: 293-309.

[663] Seymour P D. Nowhere-zero 6-flows. *J. Combin. Theory Ser. B*, 1981, 30(2): 130-135.

[664] Seymour P D. Nowhere-zero flows//*Handbook of combinatorics, Vol.* 1, 2, pages 289-299. Elsevier, Amsterdam, 1995. Appendix: Colouring, stable sets and perfect graphs.

[665] Seymour P D. Packing directed circuits fractionally. *Combinatorica*, 1995, 15(2): 281-288.

[666] Seymour P D. Packing circuits in Eulerian digraphs. *Combinatorica*, 1996, 16(2): 223-231.

[667] Seymour P D and Thomassen C. Characterization of even directed graphs. *J. Combin. Theory Ser. B*, 1987, 42(1): 36-45.

[668] Shearer J. A property of the colored complete graph. *Discrete Math.*, 1979, 25: 175-178.

[669] Shiloach Y. Edge-disjoint branching in directed multigraphs. *Inform. Process. Lett.*, 1979, 8(1): 24-27.

[670] Shiloach Y. A polynomial solution to the undirected two paths problem. *J. Assoc. Comput. Mach.*, 1980, 27: 445-456.

[671] Shmoys D. Cut problems and their application to divide and conquer//*Approximation algorithms for NP-hard problems, D. Hochbaum ed.*, pages 192-235. Boston: PWS publishing company, 1997.

[672] Simon K. An improved algorithm for transitive closure on acyclic digraphs. *Theoret. Comput. Sci.*, 1988, 58: 325-346.

[673] Simon K. Finding a minimal transitive reduction in a strongly connected digraph within linear time//*Graph-theoretic concepts in Computer Science* (*Kerkrade*, 1989), Lecture Notes in Computer Science, pages 245-259. Berlin: Springer-Verlag, 1990.

[674] Skiena S S. *The Algorithm Design Manual.* New York: Springer-Verlag, 1997.

[675] Skrien D J. A relationship between triangulated graphs, comparability graphs, proper interval graphs, proper circular-arc graphs, and nested interval graphs. *J. Graph Theory*, 1982, 6(3): 309-316.

[676] Šoltés L. Orientations of graphs minimizing the radius or the diameter. *Math. Slovaca*, 1986, 36(3): 289-296.

[677] Song Z M. Complementary cycles in bipartite tournaments. *J. Nanjing Inst. Tech.*, 1988, 18: 32-38.

[678] Song Z M. Complementary cycles of all lengths in tournaments. *J. Combin. Theory Ser. B*, 1993, 57(1): 18-25.

[679] Song Z M. Pancyclic oriented graphs. *J. Graph Theory*, 1994, 18(5): 461-468.

[680] Sopena E. The chromatic number of oriented graphs. *J. Graph Theory*, 1997, 25(3): 191-205.

[681] Speckenmeyer E. On feedback problems in digraphs//*Proceedings of the 15th WG*, volume 411 of *Lecture Notes in Comput. Sci.*, pages 218-231. Berlin: Springer, 1989.

[682] Steiner G. A compact labeling scheme for series-parallel graphs. *Discrete Appl. Math.*, 1985, 11(3): 281-297.

[683] Straight H J. The existence of certain type of semi-walks in tournaments. *Congressus Numerantium.*, 1980, 29: 901-908.

[684] Su X Y. Paths, cycles, and arc-connectivity in digraphs. *J. Graph Theory*, 1995, 19(3): 339-351.

[685] Szigeti J and Tuza Z. Generalized colorings and avoidable orientations. *Discuss. Math. Graph Theory*, 1997, 17(1): 137-145.

[686] Szwarcfiter J L. On minimum cuts of cycles and maximum disjoint cycles//*Graphs and algorithms* (*Boulder*, *CO*, 1987), volume 89 of *Contemp. Math.*, pages 153-166. Amer. Math. Soc., Providence, RI, 1989.

[687] Tardos É. A strongly polynomial minimum cost circulation algorithm. *Combinatorica*, 1985, 5(3): 247-255.

[688] Tarjan R E. Depth-first search and linear graph algorithms. *SIAM J. Computing*, 1972, 1(2): 146-160.

[689] Tarjan R E. Finding optimum branchings. *Networks*, 1977, 7(1): 25-35.

[690] Tarjan R E. *Data structures and network algorithms.* Society for Industrial and Applied Mathematics (SIAM), Philadelphia, Pa., 1983.

[691] Tay E G. *Optimal orientations of graphs.* PhD thesis, National University of Singapore, Department of Mathematics, 1999.

[692] Tewes M. *In-tournaments and Semicomplete Multipartite Digraphs.* PhD thesis, Lehrstuhl II für Mathematik, RWTH Aachen, 1998.

[693] Tewes M and Volkmann L. The ratio of the longest cycle and longest path in semicomplete multipartite digraphs. RTWH Aachen.

[694] Thomason A. Paths and cycles in tournaments. *Trans. Amer. Math. Soc.*, 1986, 296(1): 167-180.

[695] Thomassé S. Covering a strong digraph by $\alpha - 1$ disjoint paths. A proof of Las Vergnas's conjecture. manuscript, 2000.

[696] Thomassen C. An Ore-type condition implying a digraph to be pancyclic. *Discrete Math.*, 1977, 19(1): 85-92.

[697] Thomassen C. 2-linked graphs. *European J. Combinatorics*, 1980, 1: 371-378.

[698] Thomassen C. Hamiltonian-connected tournaments. *J. Combin. Theory Ser. B*, 1980, 28(2): 142-163.

[699] Thomassen C. Edge-disjoint Hamiltonian paths and cycles in tournaments. *Proc. London Math. Soc.* (3), 1982, 45(1): 151-168.

[700] Thomassen C. Disjoint cycles in digraphs. *Combinatorica*, 1983, 3(3-4): 393-396.

[701] Thomassen C. Connectivity in tournaments//*Graph theory and combinatorics* (*Cambridge*, 1983), pages 305-313. London: Academic Press, 1984.

[702] Thomassen C. Even cycles in directed graphs. *European J. Combin.*, 1985, 6(1): 85-89.

[703] Thomassen C. Hamilton circuits in regular tournaments//*Cycles in graphs* (*Burnaby, B.C.*, 1982), volume 115 of *North-Holland Math. Stud.*, pages 159-162. Amsterdam: North-Holland, 1985.

[704] Thomassen C. The 2-linkage problem for acyclic digraphs. *Discrete Math.*, 1985, 55(1): 73-87.

[705] Thomassen C. Sign-nonsingular matrices and even cycles in directed graphs. *Linear Algebra Appl.*, 1986, 75: 27-41.

[706] Thomassen C. Counterexamples to Adám's conjecture on arc reversals in directed graphs. *J. Combin. Theory Ser. B*, 1987, 42(1): 128-130.

[707] Thomassen C. Paths, circuits and subdivisions//*Selected topics in graph theory Vol. 3*, pages 97-131. Academic Press Limited, 1988.

[708] Thomassen C. Configurations in graphs of large minimum degree, connectivity, or chromatic number. *Annals of the New York Academy of Sciences*, 1989, 555: 402-412.

[709] Thomassen C. Whitney's 2-switching theorem, cycle spaces, and arc mappings of directed graphs. *J. Combin. Theory Ser. B*, 1989, 46(3): 257-291.

[710] Thomassen C. Highly connected non-2-linked digraphs. *Combinatorica*, 1991, 11(4): 393-395.

[711] Thomassen C. The even cycle problem for directed graphs. *J. Amer. Math. Soc.*, 1992, 5(2): 217-229.

[712] Thomassen C. The even cycle problem for planar digraphs. *J. Algorithms*, 1993, 15: 61-75.

[713] Thomassen C. Directed cycles with two chords and strong spanning directed subgraphs with few arcs. *J. Combin. Theory Ser. B*, 1996, 66(1): 24-33.

[714] Thomassen C. Parity, cycle space and K_4-subdivisions in graphs//*Surveys in Combinatorics, J.D. Lamb and D.A. Preece, eds.*, London Math. Soc. Lect. Note Series, 267, pages 223-237. Cambridge, UK: Cambridge Univ. Press, 1999.

[715] Thorup M. On RAM priority queues//*Proceedings of the Seventh Annual ACM-SIAM Symposium on Discrete Algorithms*, pages 59-67, 1996. New York: ACM Press.

[716] Thorup M. Undirected single-source shortest paths with positive integer weights in linear time. *Journal of the Association for Computing Machinery*, 1999, 46: 362-394.

[717] Thulasiraman K and Swamy M N S. *Graphs : theory and algorithms*. New York: John Wiley & Sons Inc., 1992.

[718] Tian F, Wu Z S and Zhang C Q. Cycles of each length in tournaments. *J. Combin. Theory Ser. B*, 1982, 33(3): 245-255.

[719] Tillson T W. A Hamiltonian decomposition of $K^*_{2m}, 2m \geqslant 8$. *J. Combin. Theory Ser. B*, 1980, 29(1): 68-74.

[720] Tutte W T. A contribution to the theory of chromatic polynomials. *Canadian J. Math.*, 1954, 6: 80-91.

[721] Tutte W T. A theorem on planar graphs. *Trans. Amer. Math. Soc.*, 1956, 82: 99-116.

[722] Tutte W T. On the problem of decomposing a graph into n connected factors. *J. London Math. Soc.*, 1961, 36: 221-230.

[723] Tuza Z. Graph coloring in linear time. *J. Combin. Theory Ser. B*, 1992, 55(2): 236-243.

[724] Tuza Z. Characterization of $(m, 1)$-transitive and (3, 2)-transitive semicomplete directed graphs. *Discrete Math.*, 1994, 135(1-3): 335-347.

[725] Urrutia J and Gavril F. An algorithm for fraternal orientation of graphs. *Inform. Process. Lett.*, 1992, 41(5): 271-274.

[726] Valdes J, Tarjan R E and Lawler E L. The recognition of series parallel digraphs. *SIAM J. Computing*, 1982, 11(2): 298-313.

[727] Vitaver L M. Determination of minimal coloring of vertices of a graph by means of Boolean powers of the incidence matrix. *Dokl. Akad. Nauk SSSR*, 1962, 147: 758-759.

[728] Volkmann L. Cycles in multipartite tournaments: results and problems. *Discrete Math.*. to appear.

[729] Volkmann L. Longest paths in semicomplete multipartite digraphs. *Discrete Math.*, 1999, 199: 279-284.

[730] Volkmann L. Spanning multipartite tournaments of semicomplete multipartite digraphs. *ARS Combinatoria*. to appear.

[731] Von Neumann J and Morgenstern O. *Theory of Games and Economic Behaviour*. Princeton: Princeton University Press, 1944.

[732] Wang C, Floyd E L and Soffa M L. Feedback vertex sets and cyclically reducible graphs. *J. ACM*, 1985, 32: 296-313.

[733] Wang H, Little C and Teo K. Partition of a directed bipartite graph into two directed cycles. *Discrete Math.*, 1996, 160(1-3): 283-289.

[734] Warshall S. A theorem on boolean matrices. *J. ACM*, 1962, 9: 11-12.

[735] West D B. *Introduction to graph theory*. Prentice-Hall, 1996.

[736] West D B. Short proofs for interval digraphs. *Discrete Math.*, 1998, 178(1-3): 287-292.

[737] Wilson R J. An Eulerian trail through Königsberg. *J. Graph Theory*, 1986, 8: 265-275.

[738] Woodall D. Improper colourings of graphs//Graph Colourings, volume 218 of *Pitman Research Notes in Math. Series*, pages 45-63. Longman, 1990.

[739] Woodall D R. Sufficient conditions for cycles in digraphs. *Proc. London Math. Soc.*, 1972, 24: 739-755.

[740] Wormald N C. Subtrees of large tournaments. *Lecture Notes in Mathematics*, 1983, 1036: 417-419.

[741] Wu Z S, Zhang K M and Zou Y. A necessary and sufficient condition for arc-pancyclicity of tournaments. *Sci. Sinica Ser. A*, 1982, 25: 249-254.

[742] Xu J M. A sufficient condition for equality of arc-connectivity and minimum degree of a digraph. *Discrete Math.*, 1994, 133(1-3): 315-318.

[743] Yeo A. A note on alternating cycles in edge-coloured graphs. *J. Combin. Theory Ser. B*, 1997, 69: 222-225.

[744] Yeo A. One-diregular subgraphs in semicomplete multipartite digraphs. *J. Graph Theory*, 1997, 24(2): 175-185.

[745] Yeo A. *Semicomplete Multipartite Digraphs*. PhD thesis, Department of Mathematics and Computer Science, Odense University, Denmark, 1998.

[746] Yeo A. A polynomial time algorithm for finding a cycle covering a given set of vertices in a semicomplete multipartite digraph. *J. Algorithms*, 1999, 33(1): 124-139.

[747] Yeo A. Diregular c-partite tournaments are vertex-pancyclic when $c \geqslant 5$. *J. Graph Theory*, 1999, 32: 137-152.

[748] Yeo A. How close to regular must a semicomplete multipartite digraph be to secure Hamiltonicity? *Graphs Combin.*, 1999, 15: 481-493.

[749] Yeo A. Large diregular 4-partite tournaments are vertex-pancyclic. manuscript, 1999.

[750] Younger D H. Graphs with interlinked directed circuits//*Proceedings of the Midwest symposium on circuit theory* 2, pages XVI 2.1-XVI 2.7, 1973.

[751] Younger D H. Integer flows. *J. Graph Theory*, 1983, 7(3): 349-357.

[752] Youngs D A. Minimal orientations of colour critical graphs. *Combinatorica*, 1995, 15(2): 289-295.

[753] Zadeh N. Theoretical efficiency of the Edmonds-Karp algorithm for computing maximal flows. *J. Assoc. Comput. Mach.*, 1972, 19: 184-192.

[754] Zhang C Q. Every regular tournament has two arc-disjoint hamiltonian cycles. *J. Qufu Normal College*, Special Issue Oper., 1980, Res.: 70-81.

[755] Zhang K M. Vertex even-pancyclicity in bipartite tournaments. *J. Nanjing Univ. Math. Biquarterly*, 1981, 1: 85-88.

[756] Zhang K M, Manoussakis Y and Song Z M. Complementary cycles containing a fixed arc in diregular bipartite tournaments. *Discrete Math.*, 1994, 133(1- 3): 325-328.

[757] Zhang K M and Wang J Z. Complementary cycles containing a fixed arc and a fixed vertex in bipartite tournaments. *Ars Combin.*, 1993, 35: 265-269.

[758] Zhao L C and Meng J H. A sufficient condition for Hamiltonian cycles in digraphs. *Ars Combinatoria*, 1991, 32: 335-338.

[759] Zhou G, Yao T and Zhang K M. On score sequences of khypertournaments. *Europ. J. Combin.*. to appear, 2000.

[760] Zhou G and Zhang K. A sufficient condition for a semicomplete multipartite digraph to be hamiltonian. *Australas. J. Combin.*, 1999, 19: 231-234.

[761] Zhou H. Multiplicativity of acyclic digraphs. *Discrete Math.*, 1997, 176(1-3): 263-271.

[762] Zhou H S. Characterization of the homomorphic preimages of certain oriented cycles. *SIAM J. Discrete Math.*, 1993, 6(1): 87-99.

记 号 索 引

为了缩短和简化记号, 在这个索引中作如下约定:

B 表示一个二部分 (有向) 图.

C, C_i 表示圈 (有向的、无向的、边着色的、定向的).

D, D_i 表示有向图, 有向多重图和有向伪图.

G, G_i 表示无向图和无向多重图.

H 表示一个超图.

M 表示一个混合图或一个拟阵.

P, P_i 表示路 (有向的、无向的、边着色的、定向的).

S 表示一个矩阵或一个多重集合.

X, X_i 表示抽象集合或顶点集合.

Y, K 表示弧集合.

术 语 索 引

C

D

E

F

G

H

K

L

M

N

O

P

R

S

T

W

X

Y

其 他

译 后 记

译稿交付出版社, 我们却没有如释重负之感.《有向图的理论、算法及其应用》一书的容量十分庞大: 书中引用的论文和书籍 762 篇 (本), 还不包括书中涉及的私人通信里未发表的文章等. 全书 12 章, 共有 151 个引理, 465 个定理, 100 个推论, 89 个命题, 26 个问题, 54 个猜想以及三十余个算法. 书中有很多没有用正规格式表述的结论、未解决的问题和猜想, 还有那些嵌入在证明内的算法等, 我们均没有一一进行统计. 值得注意的是, 在 700 多道习题中, 部分习题是正文中没有提及的结论、算法和问题等.

本书中的有向图理论几乎涵盖了当今有向图理论的主要研究专题, 如哈密尔顿圈问题、最短路问题、网络流理论等. 书中关于哈密尔顿圈问题的深入研究, 为读者介绍了各种各样关联到哈密尔顿问题及其推广的专题; Menger 定理在研究 k(弧)强有向图的应用和推广, 如 Edmonds 分枝定理和 k 链接问题等, 将十分有助于启发我们研究问题的思路和认识研究对象的方式, 有益于我们设计研究方案或提出进攻困难问题的方向.

本书作者南丹麦大学数学与计算机科学系 J. 邦詹森 (Jøgen Bang-Jensen) 教授和伦敦大学皇家霍洛威学院计算机科学系 G. 古廷 (Gregory Gutin) 教授在内容编排和写作设计方面独具匠心, 由浅显基本的结论逐步过渡到当今有向图理论中某些专题研究的前沿. 他们力图使读者不仅理解、掌握有向图的成熟理论, 而且有能力投入到有向图中未解决问题的研究主流里. 加上书后的参考文献、精炼的记号和详尽的术语, 我们认为这是一本兼顾教学和研究双重任务的高度专业性书籍.

本书的重要特色之一是提供了大量的证明技巧和方法. 例如, Mader 和 Lovász 的撕裂技巧、多重插入技巧、两类问题之间的简约或等价转换、算法式论证、网络流模型、集合函数的子模流、拟阵算法等. 书中使用了一些代数、组合、概率和线性规划等学科中的部分方法, 如 Ramsey 定理、Erdös-Szekeres 定理、阿贝尔群、布尔变量、对偶定理等, 为读者的自行研究提供了大量的工具. 作者指出, 无向图在一定程度上是有向图的一个特殊类 (对称有向图). 所以, 无向图理论和有向图理论的有机结合也是值得我们考虑和研究的一个方面.

给我们留下深刻印象的是, 两位作者不仅把自己数十年的研究成果写进了这本书, 在书中出现多达百余处, 并且提出了不少公开问题和猜想. 此外, 他们的部分研究成果形成了一些特殊的研究体系. 例如, 他们发展的方法可用于刻画哈密尔顿和可描绘拟可传递有向图, 也能够为判定拟可传递有向图中哈密尔顿路和圈的存在性构造多项式算法, 而且它们可以容易地被推广到更大范围的图类中. 他们提出了研究有向图的全 Φ 可分解, 并为此做了大量的系统性工作. 将数学的抽象性证明和算法式论证结合应用于进攻难题的研究, 是他们强调的技术之一. 毫无疑问, 这也是现代数学研究中的一个重要技术手段.

由于这本书的高度专业性以及其庞大的容量、数百个记号和不易计数的专业术语, 加之我们的水平有限, 本译著难免存在晦涩或不准确的语句、错译或漏译的地方等, 敬请各位读者指正. 此外, 本译著参考了《英汉数学词汇》(科学出版社, 1978).

我们对为此译著做过直接或间接工作的每一个人致以衷心地感谢!

姚 兵
西北师范大学数学与信息科学学院
张忠辅
兰州交通大学应用数学研究所
2008 年 6 月 30 日于兰州

《现代数学译丛》已出版书目

（按出版时间排序）

1　椭圆曲线及其在密码学中的应用——导引　2007. 12　〔德〕Andreas Enge 著　吴　铤　董军武　王明强　译
2　金融数学引论——从风险管理到期权定价　2008. 1　〔美〕Steven Roman 著　邓欣雨　译
3　现代非参数统计　2008. 5　〔美〕Larry Wasserman 著　吴喜之　译
4　最优化问题的扰动分析　2008. 3　J. Frédéric Bonnans　Alexander Shapiro 著　张立卫　译
5　统计学完全教程　2008. 6　L. 沃塞曼 著　张　波　等译
6　应用偏微分方程　2008. 3　谭永基　程　晋　蔡志杰　译
7　有向图的理论、算法及其应用　2009. 1　J.邦詹森　G .古廷 著　姚兵　张忠辅　译
8　微分方程的对称与积分方法　2009. 1　G. W.布卢曼　S. C.安科 著　闫振亚　译